Vaskuläre Biomechanik

T. Christian Gasser

Vaskuläre Biomechanik

Konzepte, Modelle und Anwendungen

T. Christian Gasser
KTH Solid Mechanics, Department of Engineering Mechanics, KTH Royal Institute of Technology
Stockholm, Sweden

ISBN 978-3-031-52636-7 ISBN 978-3-031-52637-4 (eBook)
https://doi.org/10.1007/978-3-031-52637-4

Die Deutsche Nationalbibliothek verzeichnet diese Publikation in der Deutschen Nationalbibliografie; detaillierte bibliografische Daten sind im Internet über https://portal.dnb.de abrufbar.

Dieses Buch ist eine Übersetzung des Originals in Englisch „Vascular Biomechanics" von T. Christian Gasser, publiziert durch Springer Nature Switzerland AG im Jahr 2021. Die Übersetzung erfolgte mit Hilfe von künstlicher Intelligenz (maschinelle Übersetzung). Eine anschließende Überarbeitung im Satzbetrieb erfolgte vor allem in inhaltlicher Hinsicht, so dass sich das Buch stilistisch anders lesen wird als eine herkömmliche Übersetzung. Springer Nature arbeitet kontinuierlich an der Weiterentwicklung von Werkzeugen für die Produktion von Büchern und an den damit verbundenen Technologien zur Unterstützung der Autoren.

Planung/Lektorat: Merry Stuber
Springer Vieweg ist ein Imprint der eingetragenen Gesellschaft Springer Nature Switzerland AG und ist ein Teil von Springer Nature.
Die Anschrift der Gesellschaft ist: Gewerbestrasse 11, 6330 Cham, Switzerland

Das Papier dieses Produkts ist recycelbar.

Für meine Familie

Geleitwort

Herz-Kreislauf-Erkrankungen bleiben weltweit eine führende Ursache für Morbidität und Mortalität. Da die Hauptfunktion des Herz-Kreislauf-Systems biomechanisch ist – Transport von Blut und der darin enthaltenen Substanzen durch ein Drucksystem – ist es nicht überraschend, dass die Gefäßbiomechanik grundlegend für das Verständnis von Herz-Kreislauf-Gesundheit und -Krankheit ist. Tatsächlich sind alle primären Gefäßzellen – Endothelzellen der Intima, glatte Muskelzellen der Media und Fibroblasten der Adventitia – äußerst empfindlich auf Veränderungen in ihrer lokalen biomechanischen Umgebung und ändern oft entsprechend die Genexpression. Das Wissen über die Biomechanik ist daher sowohl für das Verständnis der molekularen und zellulären Grundlagen der Gefäßbiologie als auch für das Verständnis von Gewebeverhalten wie Vasokonstriktion-Vasodilatation, die Entwicklung von atherosklerotischen Plaques oder Aneurysmen und deren katastrophalen Rupturen von entscheidender Bedeutung.

Die Gefäßbiomechanik baut auf den Grundlagen der nichtlinearen Kontinuumsmechanik auf, daher muss man diese gut verstehen. Probleme in der Gefäßbiomechanik beinhalten oft komplexe Geometrien, Materialeigenschaften und Belastungen, deshalb sind numerische Methoden oft unerlässlich für das Verständnis von Gesundheit und Krankheit. Die Physiologie und Pathophysiologie erfordern auch ein gutes Verständnis sowohl der Gefäßwand als auch der Hämodynamik, d.h. der Festkörpermechanik als auch der Fluidmechanik mit zugehöriger Anatomie und Histologie, der groben und feinen Strukturen von Geweben.

Dieses Buch, *Vaskuläre Biomechanik: Konzepte, Modelle und Anwendungen*, von Professor T. Christian Gasser betont angemessen die Grundlagen der nichtlinearen Kontinuumsmechanik sowie Methoden der numerischen Lösung, hauptsächlich über die Finite Elemente Methode. Es berücksichtigt gleichermaßen sowohl die Festkörper- als auch die Fluidmechanik, was einen ausgewogenen Ansatz zur Formulierung und Lösung kritischer Probleme bietet, die sowohl für Grundlagenforschung als auch für klinische Translation wichtig sind. Diskussionen über die Mechanik werden ausreichend mit Physiologie und Histologie ergänzt.

Der Leser wird ermutigt, die Grundlagen – biologisch, mechanisch und rechnerisch – gut zu studieren, denn nur durch fundierte Grundlagen können wichtige neue Probleme formuliert und gelöst werden. Abschließend ist es wichtig zu bedenken, dass Biomechanik auch die Entwicklung und Erweiterung der Mechanik einschließen muss, nicht nur deren Anwendung. Das volle Potential der Gefäßbiomechanik und die Erwartungen in diese sind nur durch das Verständnis der grundlegenden Prinzipien und Ansätze zu erreichen, so dass diese auch entsprechend weiter entwickelt werden können. Mit den Worten von Professor Y.C. Fung, den viele als den Vater der modernen Biomechanik betrachten: „Genießen Sie die Arbeit.“

New Haven, CT, USA
Februar 15, 2021

Jay D. Humphrey

Vorwort

Die Entwicklung des Gefäßsystems war ein kritischer Schritt in der Evolution der Arten. Sie ermöglichte es Organismen, die wachsenden metabolischen Anforderungen zu erfüllen und öffnete die Tür für die Entwicklung komplexerer Lebensformen. Die Gefäßfunktion hängt von der feinfühligen Wechselwirkung zwischen dem Blutfluss und der Gefäßgewebebelastung ab – biomechanische Faktoren sind daher Indikatoren vieler Gefäßerkrankungen. Selbst wenn man epidemische Bedrohungen durch Viren, wie COVID 19, in Betracht zieht, sind es Gefäßerkrankungen, die bei weitem die häufigste Todesursache in der industrialisierten Welt darstellen. Die Biomechanik des Gefäßsystems ist daher ein sehr wichtiges Studienobjekt von weitreichender sozioökonomischer Bedeutung.

Gibt es nicht genug Bücher über vaskuläre Biomechanik? Tatsächlich hat die Bedeutung des Themas zu einer großen Anzahl von Texten geführt, von denen viele wahre Meisterwerke sind. Leider sind die meisten Texte eher eng gefasst und decken damit die vielen interdisziplinären Aspekte des Gefäßsystems nur unzureichend ab. Disziplinen wie Mathematik, Physik, Bildgebung, Medizin und Biochemie bilden die Grundlage für erfolgreiche Anwendungen der vaskulären Biomechanik, siehe Abb. 1.1. Ein grundlegendes Verständnis des Gefäßsystems erfordert daher die enge Integration dieser Disziplinen, und ich bin fest davon überzeugt, dass breiter gefasste Texte zur vaskulären Biomechanik Studenten besser ausbilden um die heterogenen Problemstellungen zu meistern.

Was deckt dieses Buch ab? Dieses Buch zielt darauf ab, dem Leser ganzheitliche biomechanische Information des Gefäßsystems zu bieten. Es behandelt analytische und numerische Lösungsstrategien und deckt Themen wie Gefäßperfusion, Gefäßgewebemechanik, Blutflussmechanik und Vasoreaktivität sowie Gewebewachstum und -umbau ab. Während zu Beginn Top-Down-Ansätze verfolgt werden, sind die grundlegenden und systembeschreibenden Gleichungen später durch Bottom-Up-Ansätze charakterisiert.

An wen richtet sich dieses Buch? Dieser Text richtet sich hauptsächlich an Leser, die über grundlegende Kenntnisse in Mathematik und Mechanik verfügen. Die Hauptzielgruppen sind daher Studenten und Forscher im Bereich der klassischen und rechnergestützten Gefäßbiomechanik. Das Buch ist in sich schlüssig und kann (kapitelweise) als Kursbuch auf Bachelor- sowie Master-Ebene verwendet werden. Das Buch ist auch für Entwickler von medizinischen Produkten, wie beispielsweise Gefäßprothesen sowie Experten, die mit der regulatorischen Zulassung von biomedizinischen Simulationen arbeiten, von Interesse. Ausgewählte Teile behandeln auch Themen, die für Studenten der Kontinuumsmechanik, Physik, wissenschaftlichen Datenverarbeitung und Medizin von Interesse sind.

Wie ist dieses Buch konzipiert? Dieses Buch folgt dem Prinzip „Lernen durch praktische Anwendung“ und bietet viele vollständig durchgerechnete Beispiele für aktives Lernen und begleitende Selbstkontrolle. Die eingeführten Konzepte werden durch Beispielanwendungen verdeutlicht. Es ist dann, wenn der Funke zwischen den Konzepten und ihrer Anwendung überspringt, dass *Lernen* stattfindet. Neben der Verdeutlichung der Theorie sind Beispiele daraufhin ausgelegt, den Inhalt der einzelnen Kapitel zu erweitern, aufgestellte Behauptungen zu beweisen und neue Erkenntnisse zu gewinnen. Sie müssen hart arbeiten, und ich muss eingestehen, dass einige dieser Beispiele ziemlich schwierig zu lösen sind, besonders wenn sie zum ersten Mal gesehen werden.

Einige zusätzliche Gedanken und Informationen. Obwohl die Lösungen zu allen Beispielen am Ende des Buches bereitgestellt werden, schauen Sie bitte nicht direkt nach. Nutzen Sie Ihre Vorstellungskraft und versuchen Sie zuerst, die Beispiele selbst zu lösen. Jeder Versuch, auch der erfolglose, wird Ihnen helfen, Zusammenhänge zu sehen und dem Ziel aller Dinge – *Verständnis* – näher zu kommen. Wenn die Lösung eines Beispiels nicht direkt funktioniert, suchen Sie erst Abstand und versuchen Sie es später erneut – Unter Umständen sollten Sie sogar erstmal darüber schlafen, um die verborgenen Kapazitäten Ihres Gehirns zu entfalten[1]. Viele der Beispiele in diesem Buch können mit „Papier und Stift“ gelöst werden, andere erfordern jedoch Software. Ich habe MATHEMATICA (Wolfram Research Inc.) und COMSOL (COMSOL AB) verwendet, um die komplexeren Beispiele zu lösen, und die Eingabedateien dazu sind als zusätzliches Material auf der Website des Verlags verfügbar.

Stockholm, Schweden T. Christian Gasser
25. Mai 2022

[1] B. Carrey, How We Learn and Why It Happens (Random House, New York, 2015)

Danksagungen

Eine Idee in ein Buch umzuwandeln ist so schwierig, wie es klingt. Die Erfahrung ist sowohl herausfordernd als auch belohnend, und schier nicht umsetzbar ohne der Unterstütung vieler.

Zuerst möchte ich meiner Familie danken, insbesondere *Carmen* – ohne ihre Unterstützung, Ermutigung und Ratschläge würde dieses Buch einfach nicht existieren. Unsere Kinder, *Antonia*, *Amelie* und *Leo*, deren Energie auf mich überschlug und dann Tag für Tag meine Motivation ankurbelte. Meine Eltern, die mir Durchhaltevermögen und Ausdauer und so viel mehr beigebracht haben, um meine Ziele zu verfolgen bis sie erreicht sind.

Einen riesen Dank auch an alle Studenten, die meinen Vorlesungen beiwohnten und sich für Gefäßbiomechanik, Kontinuumsmechanik, Finite Elemente Methode und konstitutive Modellierung interessierten – ihr wart die Inspiration für den Start dieses Projekts. Ein besonderer Dank geht hier an die Doktoranden *Marta Alloisio*, *Christopher Miller*, *Andrii Gytsan*, *Giampaolo Martufi*, *Caroline Forsell* und *Jacopo Biasetti*. Neben den zahlreichen redaktionellen Anmerkungen führte ihr Feedback zu einer wesentlich pädagogischeren Darstellung des Materials.

Natürlich bedanke ich mich auch für die nie endenden Inspirationen von meinen Kollegen am Karolinska Institut und Universitätskrankenhaus – *Jesper Swedenborg*, *Joy Roy*, *Rebecka Hultgren*, *Ulf Hedin*, *Magnus Bäck*, und *Anders Arner*, und den Doktoranden *Moritz Lindquist-Liljeqvist*, *Antti Siika*, *Marko Bogdanovic*, *Andrew Buckler*, *Emma Larsson*, und *Maggi Folkesson* – ihre Arbeit hatte einen enormen Einfluss auf dieses Buch. Darüber hinaus war natürlich auch die inspirierende Arbeitsumgebung am Institut für Solid Mechanics und die vielen Diskussionen am Kaffeetisch redaktionell hilfreich.

Die Erfahrungen und Unterstützung meiner Fachkollegen hatte auch einen wesentlichen Einfluss auf dieses Buch. Dank für die vielen Gedanken zu den Originalmanuskripten geht an *Stéphane Avril*, *Salvatore Federico*, *Sae-Il Murtada*, *Mårten Olsson*, *Lisa Prahl Wittberg* und *Daniela Valdez-Jasso*. Euer fundiertes Expertenwissen verfeinerte maßgeblich die jeweiligen Kapitel dieses Buches.

An die vielen Mitautoren, mit denen ich das Privileg hatte, in den vergangenen Jahren zusammenzuarbeiten. Der Inhalt dieses Buches spiegelt ihre fachliche Expertise in den unterschiedlichen Ansätze zur Gefäßbiomechanik wider. Ein besonderer Dank geht an *Ray W. Ogden*, dessen schier unerschöpfliches Wissen und Fähigkeiten mich tief beeindruckt haben. Ich möchte auch *Stanislav Polzer* für seine Kreativität und Inspirationen danken. Ein ganz besonderer Dank gilt auch der nie endenden Ermutigung von meinem Freund *Prashanth Srinivasa* – seine zahlreichen redaktionellen Bemerkungen und inhaltlichen Ratschläge sind ebenfalls sehr geschätzt.

An die Redner auf Ingenieur- und Medizinkonferenzen und Autoren von Arbeiten, die meinen Schreibtisch passierten. Danke für die vielen Veranschaulichungen und Inspirationen, die dann einige der Bespielaufgaben dieses Buches beinflussten und es ermöglichten, so viele verschiedene Themen abzudecken – Ihr Beitrag hat dieses Buch zu einem wahrhaft multidisziplinären Text gemacht.

Zu guter Letzt möchte ich mich bei dem Verlagsteam bedanken, das mir so sehr geholfen hat. Ein besonderer Dank, die englische Originalversion betreffend, geht an die immer geduldige leitende Redakteurin *Merry Stuber*, die Projektleiterin *Mary Diana Manickam* und den Administrator *Shabib Shaikh*. Die deutsche Übersetzung kam maßgeblich mit der großartigen Hilfe von *Claus-Dieter Bachem* zu Stande, als Gegenpol zu den vielen KI-Unzulänglichkeiten.

Inhaltsverzeichnis

1 Modellierung im Bioengineering . . . 1
1.1 Einführung . . . 1
1.1.1 Bottom-Up-Ansatz . . . 2
1.1.2 Top-Down-Ansatz . . . 3
1.1.3 Möglichkeiten und Herausforderungen . . . 4
1.2 Modellentwurf . . . 5
1.2.1 Vereinfachungen . . . 6
1.2.2 Strategien . . . 7
1.3 Modellentwicklung . . . 9
1.3.1 Sensitivitätsanalyse . . . 9
1.3.2 Verifizierung . . . 13
1.3.3 Validierung . . . 13
1.4 Statistikbasierte Modellierung . . . 14
1.4.1 Korrelation zwischen Variablen . . . 15
1.4.2 Regressionsmodell . . . 17
1.4.3 Hypothesentest . . . 21
1.4.4 Mittelwertdifferenztest . . . 23
1.5 Künstliche Intelligenz . . . 26
1.5.1 Lernen und Vorhersage . . . 26
1.5.2 Künstliches Neuronales Netzwerk . . . 27
1.5.3 Bayessches Netzwerk . . . 28
1.5.4 Entscheidungsbaum . . . 30
1.6 Fallstudie: Biomechanische Rupturrisikobewertung eines abdominalen Aortenaneurysmas . . . 31
1.6.1 Mängel der aktuellen AAA Risikobewertung . . . 31
1.6.2 Beabsichtigte Modellanwendung . . . 32
1.6.3 Materialversagenshypothese . . . 32
1.6.4 Arbeitsablauf und Diagnoseinformationen . . . 33
1.6.5 Schlüsselmodellannahmen . . . 34
1.6.6 Klinische Validierung . . . 34
1.7 Zusammenfassung und Schlussfolgerung . . . 36
Literatur . . . 38

2 Das Kreislaufsystem . . . 43
2.1 Einführung . . . 43
2.1.1 Blutgefäßsystem . . . 45
2.1.2 Schlüsselkonzepte . . . 46
2.1.3 Zellen im Gefäßsystem . . . 47
2.1.4 Makrozirkulation . . . 50
2.1.5 Lymphatisches System . . . 54
2.1.6 Mikrozirkulation . . . 56
2.1.7 Hämodynamische Regulation . . . 61
2.2 Mechanische Systemeigenschaften . . . 63
2.2.1 Wellen im Gefäßsystem . . . 63
2.2.2 Vaskulärer Druck . . . 65
2.2.3 Vaskuläre Compliance . . . 67
2.2.4 Gefäßfluss . . . 68
2.2.5 Die Druck-Geschwindigkeits-Kurve . . . 70
2.2.6 Vaskulärer Widerstand . . . 70
2.2.7 Transkapillärer Transport . . . 71
2.3 Modellierung der Makrozirkulation . . . 72
2.3.1 Windkessel Modelle . . . 72
2.3.2 Modellierung von Gefäßnetzwerken . . . 87
2.4 Modellierung der Mikrozirkulation . . . 94
2.4.1 Transkapillärer Konzentrationsunterschied . . . 94
2.4.2 Filtration . . . 96
2.5 Zusammenfassung und Schlussfolgerung . . . 102
Literatur . . . 103

3 Kontinuumsmechanik . . . 107
3.1 Einführung . . . 108
3.2 Kinematik . . . 108
3.2.1 Deformationsgradient . . . 109
3.2.2 Multiplikative Zerlegung . . . 109
3.2.3 Polare Zerlegung . . . 110
3.2.4 Verformung des Linienelements . . . 111
3.2.5 Verformung des Volumenelements . . . 111
3.2.6 Verformung des Flächenelements . . . 112
3.2.7 Konzept der Deformation . . . 113
3.3 Konzept der Spannung . . . 118
3.3.1 Cauchysches Spannungstheorem . . . 120
3.3.2 Hauptspannungen . . . 120
3.3.3 Koordinatenrotation und Spannungskomponenten . . . 121
3.3.4 Isochore und Volumetrische Spannung . . . 124
3.3.5 Oktaedrische Spannung und von Mises Spannung . . . 124
3.3.6 Cauchy Spannung in rotierten Koordinaten . . . 126
3.3.7 Erste Piola-Kirchhoff Spannung . . . 127

3.3.8 Zweite Piola-Kirchhoff Spannung 128
3.3.9 Auswirkung der Inkompressibilität auf den Spannungszustand 128
3.4 Materielle Zeitableitungen 129
3.4.1 Kinematische Variablen 129
3.4.2 Spannungsraten 131
3.4.3 Leistungskonjugierte Spannung und Verzerrungsraten 132
3.5 Konstitutive Modellierung 133
3.5.1 Einige mechanische Eigenschaften von Materialien 134
3.5.2 Linear-elastisches Material 138
3.5.3 Hyperelastizität 141
3.5.4 Viskoelastizität 144
3.5.5 Mehrphasige Kontinuumstheorien 156
3.6 Grundlegenden Physikalische Bilanzgesetze 158
3.6.1 Massebilanz 159
3.6.2 Impulserhaltung 161
3.6.3 Thermodynamische Gesetze 164
3.6.4 Die Beziehung zwischen der Spannung und der Helmholtz freien Energie 167
3.7 Allgemeine Prinzipien 170
3.7.1 Maxwell Transport und Lokalisierung 170
3.7.2 Freikörperdiagramm 172
3.7.3 Randwertproblem 173
3.7.4 Prinzip der virtuellen Arbeit 175
3.8 Schädigung und Versagen 178
3.8.1 Physikalische Konsequenzen der Materialschädigung 178
3.8.2 Verformungslokalisierung 179
3.8.3 Lineare Bruchmechanik 181
3.8.4 Nichtlineare Bruchmechanik 182
3.9 Zusammenfassung und Schlussfolgerung 184
Literatur 184

4 Die Finite Elemente Methode 187
4.1 Einführung 187
4.2 Räumliche Diskretisierung 188
4.2.1 Formfunktion 189
4.2.2 Gradientinterpolation 193
4.2.3 Gemischte und hybride Finite Elemente 195
4.3 Variationsrechnung 196
4.3.1 Diffusions Randwertproblem 196
4.3.2 Advektions-Diffusions Randwertproblem 198
4.3.3 Lineares Randwertproblem der Festkörpermechanik 199
4.3.4 Nichtlineares Randwertproblem der Festkörpermechanik 200
4.3.5 Randwertproblem der inkompressiblen Strömung 201

4.4 Finite Element Gleichungen ... 202
4.4.1 Diffusionsprobleme ... 203
4.4.2 Advektion-Diffusionsprobleme ... 203
4.4.3 Probleme der linearen Festkörpermechanik ... 204
4.4.4 Probleme der nichtlinearen Festkörpermechanik ... 207
4.4.5 Probleme mit inkompressibler Strömung ... 209
4.4.6 Numerische Quadratur ... 210
4.5 Probleme mit Nebenbedingungen ... 213
4.5.1 Penalty Methode ... 213
4.5.2 Lagrange Methode ... 214
4.5.3 Erweiterte Lagrange Methode ... 215
4.6 Globalisierung ... 216
4.7 Stabilisierung ... 219
4.7.1 Positive Definitheit der Finite-Elemente-Steifigkeit ... 219
4.7.2 Stabilisierung des Advektion-Diffusion finiten Elements ... 220
4.8 Lösen des Systems der Finite-Elemente-Gleichungen ... 226
4.8.1 Lösen spärlich besetzter linearer Systeme ... 226
4.8.2 Zeitintegration ... 228
4.8.3 Nichtlineare Formulierungen ... 230
4.8.4 Inkrementelle Formulierung ... 230
4.8.5 Explizite Lösung ... 231
4.8.6 Implizite Lösung ... 232
4.9 Fallstudie: Ebene biaxiale Zugprüfung ... 240
4.9.1 Beschreibung des mechanischen Problems ... 241
4.9.2 Ergebnisse und Verifizierung ... 241
4.10 Fallstudie: Druckbeaufschlagter Zylinder ... 242
4.10.1 Ergebnisse und Verifizierung ... 243
4.11 Fallstudie: Bulge-Inflationsexperiment ... 244
4.11.1 Beschreibung des mechanischen Problems ... 244
4.11.2 Analytische Problembeurteilung ... 245
4.11.3 Lösungsstrategie und Ergebnisse ... 246
4.12 Fallstudie: Fluss durch ein Netzwerk von Arterien ... 247
4.13 Fallstudie: Blutströmung durch das zylindrische Rohr ... 249
4.13.1 Stationäre Analyse ... 249
4.13.2 Stetig-Pulsatile Analyse ... 250
4.13.3 Analyse mit Windkessel-Ausströmrandbedingung ... 251
4.14 Zusammenfassung und Schlussfolgerung ... 252
Literatur ... 253

5 Leitungsgefäße ... 255
5.1 Einführung ... 256
5.2 Histologie und Morphologie der Gefäßwand ... 256
5.2.1 Geschichtete Organisation der Gefäßwand ... 257

5.2.2 Unterschiede zwischen Arterien und Venen 259
5.2.3 Extrazelluläre Matrix (ECM) 259
5.2.4 Zellen 262
5.3 Mechanische Eigenschaften und experimentelle Beobachtungen 262
5.3.1 Aorta 265
5.3.2 Halsschlagader 268
5.3.3 Koronararterie 268
5.3.4 Becken- und Oberschenkelarterie 269
5.4 Gefäßerkrankungen 270
5.4.1 Diagnostische Untersuchungen 270
5.4.2 Atherosklerose 273
5.4.3 Biomechanische Faktoren bei Atherosklerose 275
5.4.4 Verengung der Halsschlagader 278
5.4.5 Koronare Herzkrankheit 280
5.4.6 Aneurysma 281
5.5 Konstitutive Beschreibungen 285
5.5.1 Compliance eines Gefäßsegments 287
5.5.2 Hyperelastizität für inkompressible Festkörper 288
5.5.3 Phänomenologische Beschreibungen der Gefäßwand 289
5.5.4 Druckbeaufschlagtes und axial gestrecktes zweischichtiges Blutgefäß 292
5.5.5 Druckbeaufschlagtes und axial gestrecktes dickwandiges Blutgefäß 295
5.5.6 Histo-mechanische Beschreibungen 299
5.5.7 Allgemeine Theorie des faserigen Bindegewebes 302
5.5.8 Residualspannung und lastfreie Konfiguration 307
5.5.9 Visko-hyperelastische Beschreibungen 308
5.5.10 Zyklische Verformung des visko-hyperelastischen dünnwandigen Rohrs 310
5.5.11 Beschreibungen von Schädigung und Versagen 312
5.6 Identifikation von konstitutiven Parametern 317
5.6.1 Analytische Modelle der Gefäßwand 318
5.6.2 Optimierungsproblem 321
5.7 Fallstudie: Strukturanalyse der aneurysmatischen infrarenalen Aorta 327
5.7.1 Modellannahmen 327
5.7.2 Ergebnisse und Interpretation der berechneten Wandspannung 329
5.8 Zusammenfassung und Schlussfolgerung 329
Literatur 331

6 Hämodynamik 347
6.1 Einführung 348
6.2 Blutzusammensetzung 348

6.2.1 Erythrozyt . . . 348
6.2.2 Leukozyt . . . 349
6.2.3 Thrombozyt . . . 350
6.2.4 Plasma . . . 351
6.3 Kräfte, die auf Blutpartikel wirken . . . 351
6.3.1 Strömungswiderstandskraft . . . 352
6.3.2 Gravitations- und Trägheitskräfte . . . 353
6.3.3 Kräfte verursacht durch Flüssigkeitsdruck . . . 353
6.3.4 Kräfte verursacht durch Geschwindigkeit und Scherspannung der Flüssigkeit . . . 353
6.3.5 Kräfte aus Kollisionen . . . 354
6.3.6 Chemische und elektrische Kräfte . . . 356
6.3.7 Segregation von Blutpartikeln . . . 357
6.4 Modellierung der Blutrheologie . . . 357
6.4.1 Scherratenabhängige Veränderungen der Blutmikrostruktur . . . 358
6.4.2 Modellierung generalisierter Newtonscher Flüssigkeiten . . . 359
6.4.3 Einphasige Viskositätsmodelle für Blut . . . 360
6.4.4 Zusammensetzungsbasierte Viskositätsmodelle für Blut . . . 361
6.5 Blutschädigung . . . 366
6.5.1 Hämolyse . . . 366
6.5.2 Thrombozytenaktivierung . . . 368
6.6 Beschreibung inkompressibler Strömungen . . . 369
6.6.1 Energieerhaltung . . . 369
6.6.2 Erhaltung des linearen Impulses . . . 372
6.6.3 Strömung in der elastischen Röhre . . . 383
6.7 Phänomene des Blutflusses . . . 386
6.7.1 Laminare und Turbulente Strömung . . . 386
6.7.2 Grenzschichtströmung . . . 387
6.7.3 Blutfluss durch zirkuläre Röhren . . . 388
6.7.4 Mehrdimensionale Strömungsphänomene . . . 389
6.8 Quantitative Beschreibung der Blutströmung . . . 391
6.8.1 Parameter auf Basis der Wandschubspannung . . . 391
6.8.2 Transportbasierte Strömungsparameter . . . 393
6.9 Fallstudie: Blutfluss in der aneurysmatischen infrarenalen Aorta . . . 393
6.9.1 Modellierungsannahmen . . . 394
6.9.2 Ergebnisse . . . 395
6.10 Zusammenfassung und Schlussfolgerung . . . 396
Literatur . . . 398

7 Die Gefäßwand, eine aktive Einheit 403
7.1 Einführung 404
7.2 Vasoreaktivität 405
7.2.1 SMC Phänotypische Modulation 405
7.2.2 Struktur und Kontraktionsmechanismus der kontraktilen SMC 406
7.2.3 SMC-Tonus und Gefäßwandeigenschaften 411
7.3 Arteriogenese 414
7.3.1 Interaktion von Endothelzellen und glatten Muskelzellen 415
7.3.2 WSS-Profil und Entzündung 415
7.3.3 Kollagensynthese 416
7.3.4 Elastinsynthese 418
7.4 Angiogenese 418
7.5 Modellierung der Vasoreaktivität 419
7.5.1 Hill's Drei-Parameter Muskelmodell 419
7.5.2 Phänomenologische Beschreibungen 419
7.5.3 Strukturbasierte Beschreibungen 423
7.5.4 Kalziumkonzentrationsbasierte Beschreibungen 425
7.5.5 Thermodynamik der SMC-Kontraktion 428
7.5.6 Eine chemo-mechanische Beschreibung von SMC 430
7.6 Modellierung der Arteriogenese 438
7.6.1 Beschreibung Offener Systeme 438
7.6.2 Kinematikbasierte Wachstumsbeschreibung 440
7.6.3 Räumliche Verteilung des Volumenwachstums 442
7.6.4 Die dickwandige elastische Röhre bei homöostatischem Wachstum 445
7.6.5 Beschreibung des Wachstums auf Basis kontinuierlichen Gewebeumsatzes 447
7.6.6 Gewebe unter einfacher Zugbelastung und kontinuierlichem Massenumsatz 450
7.6.7 Mehrphasige und alternative Beschreibungen 453
7.7 Zusammenfassung und Schlussfolgerung 455
Literatur 456

Anhang A 463

Anhang B 483

Anhang C 487

Anhang D 489

Anhang E 491

Anhang F 497

Anhang G 503

Lösungen 509

Abkürzungsverzeichnis

18F-FDG	18-Fluor-Desoxy-Glukose
1D/2D/3D	Ein/Zwei/Drei-Dimensional
AAA	Bauchaortenaneurysma
AD	Advektion-Diffusion
ADP	Adenosindiphosphat
ANN	Künstliches Neuronales Netzwerk
ANP	Atriales natriuretisches Peptid
ATP	Adenosintriphosphat
AVR	Aufsteigende Vasa Recta
BAB	Blut-Aqueous-Schranke
BBB	Blut-Hirn-Schranke
BC	Randbedingung
BN	Bayessches Netzwerk
BNB	Blut-Nerven-Schranke
BRRA	Biomechanische Rupturrisikobewertung
BVP	Randwertproblem
Ca	Kalzium
CaM	Calmodulin
CDF	Kumulative Dichtefunktion
CDM	Kontinuum-Schädigungsmechanik
CFL	Courant-Friedrichs-Lewy Kriterium
cGMP	Zytoplasmatisches zyklisches Guanylylmonophosphat
CI	Konfidenzintervall
CKD	Chronische Nierenerkrankung
CNS	Zentrales Nervensystem
CO	Herzleistung
COPD	Chronisch obstruktive Lungenerkrankung
CoU	Kontext der Verwendung
CT-A	Computertomographie-Angiographie
DAG	Diacylglycerol
DICOM	Digitale Bildgebung und Kommunikation in der Medizin
DNS	Direkte Numerische Simulation
EC	Endothelzelle
ECAP	Potenzial zur Aktivierung von Endothelzellen

ECG	Elektrokardiogramm
ECM	Extrazelluläre Matrix
EDHF	Endothelium-vermittelte Hyperpolarisationsfaktoren
EEL	Externe Elastica Lamina
eNOS	Endotheliale NO-Synthase
FB	Fibroblast
FBD	Freikörperdiagramm
FDG	Fluor-Desoxy-Glukose
FDM	Finite Differenzen Methode
FEM	Finite Elemente Methode
Fr	Froude-Zahl
FSI	Flüssigkeits-Struktur Interaktion
GAG	Glykosaminoglykan
GLS	Galerkin-Methode der kleinsten Quadrate
HDL	High-Density-Lipoprotein
HI	Hämolyseindex
HPC	Hochleistungsrechnen
HU	Hounsfield Einheit
iBVP	Anfangs-Randwertproblem
IEL	Interne Elastica Lamina
ILT	Intra-Luminaler Thrombus
IMA	Beabsichtigte Modellanwendung
IP3	Inositol Triphosphat
IQR	Interquartilbereich
IVUS	Intravaskulärer Ultraschall
K	Kalium
KI	Künstliche Intelligenz
LDL	Low-Density-Lipoprotein
LFM	Lineare Bruchmechanik
MAP	Mittlerer arterieller Druck
ML	Maschinelles Lernen
MLC	Myosin-Leichtkette
MLCK	Myosin-Leichtkettenkinase
MLCP	Myosin-Leichtketten-Phosphatase
MLU	Mediale Lamellareinheit
MMP	Matrix Metalloproteinase
MR-A	Magnetresonanz-Angiographie
mRNA	Boten-Ribonukleinsäure
Na	Natrium
NCX	$Na^{+}-Ca^{2+}$ Austauscher
NF-κB	Nuclearer Faktor Kappa-Leichtketten-Enhancer von aktivierten B-Zellen
NO	Stickstoffmonoxid
NURBS	Nicht-Uniforme Rationaler B-Spline
O	Sauerstoff

OSI	Oszillatorischer Scherindex
PECAM1	Thrombozyten-Endothelzelladhäsionsmolekül-1
PDE	Partielle Differentialgleichung
PDF	Wahrscheinlichkeitsdichtefunktion
Pe	Péclet-Zahl
PG	Proteoglykan
pH	Potenzial von Wasserstoff
Pi	Phosphation
PKC	Protein-Kinase C
PKG	Proteinkinase G
PMCA	Plasmamembran Ca^{2+} ATPase
PUFEM	Partition of Unity Finite Element Methode
PVW	Prinzip der virtuellen Arbeit
PWI	Pulswellen Bildgebung
PWRI	Peak Wand Ruptur Index
PWS	Peak Wandspannung
RANS	Reynolds-gemittelte Navier-Stokes-Gleichungen
Re	Reynolds-Zahl
RNA	Ribonukleinsäure
ROCC	Rezeptor-aktivierte Calciumkanäle
ROS	Reaktive Sauerstoffspezies
RRED	Rupturrisikoäquivalenter Durchmesser
RVE	Repräsentatives Volumenelement
SERCA	Sarco/Endoplasmatisches Retikulum Ca^{2+}-ATPase
SD	Standardabweichung
SMC	Glatte Muskelzelle
SPECT	Single-Photonen-Emissionscomputertomographie
Sr	Strouhal-Zahl
St	Stokes-Nummer
STL	Stereo Lithographie
SUPG	Streamline Upwind Petrov-Galerkin
TAA	Thorakales Aortenaneurysma
TSL	Traktions-Separations Gesetz
VE-cadherin	Vaskuläres Endotheliales Cadherin
vWF	von Willebrands Faktor
VEGF	Vaskulärer endothelialer Wachstumsfaktor
VGCC	Spannungsgesteuerter Ca^{2+} Kanal
VS	Vortex, Vortexstruktur
WK	Windkessel
Wo	Womersley-Zahl
WSS	Wandschubspannung
XFEM	Erweiterte Finite Elemente Methode

Modellierung im Bioengineering 1

Zusammenfassung

Dieses Kapitel diskutiert Konzepte und Strategien zur Entwicklung biotechnischer Modelle. Wir betrachten im speziellen die Komplexität von vaskulären Bioingenieurproblemstellungen und führen dazu den Begriff der beabsichtigten Modellanwendung (IMA) ein. Die IMA ist der Fokus aller Aktivitäten und bestimmt damit alle Entwicklungsprotokolle. Nach der Modellspezifikation werden die Ansätze zur Überprüfung der jeweiligen Modelle diskutiert – deren Sensitivität, Verifizierung und Validierung steht dabei im Fokus. Aufgrund ihrer Bedeutung im der Biotechnik werden auch statistische Ansätze betrachtet und Begriffe wie Studiendesign, Hypothesentest, Korrelationstest und Mittelwertdifferenztest diskutiert. Neben der statistischen Modellierung werden auch die Grundlagen von Künstlicher Intelligenz-basierten (KI-basierten) Modellierungsansätzen kurz angerissen. Eine Fallstudie veranschaulicht dann die Interaktion der zuvor genannten Schlüsselelemente biotechnischer Modellierung. Es wird dabei das Rupturrisiko von Bauchaortenaneurysmen (AAA) modellmässig beschrieben, eine Risikoanalyse in der klinischen Behandlung von AAA-Patienten. Schlussfolgerungen bezüglich der optimalen Modellkomplexität und Zukunftsperspektiven fassen dieses Kapitel dann zusammen.

1.1 Einführung

Die biotechnische Modellierung spielt eine wichtige Rolle bei der Untersuchung biologischer Systeme und Prozesse und kann auch von großem Nutzen sein, um die Funktion des Gefäßsystems zu erforschen. Insbesondere die Leistungsfähigkeit der computergestützten Modellierung hat, und wird weiterhin, sowohl die Industrie

Ergänzende Information Die elektronische Version dieses Kapitels enthält Zusatzmaterial, auf das über folgenden Link zugegriffen werden kann https://doi.org/10.1007/978-3-031-52637-4_1.

T. Gasser, *Vaskuläre Biomechanik*, https://doi.org/10.1007/978-3-031-52637-4_1

wie auch das Gesundheitswesen grundlegend verändert. Schon heute ist die Wettbewerbsfähigkeit in diesen Bereichen eng mit Modellierungsexpertise verknüpft. Während einige Eigenschaften eines biologischen Systems direkt gemessen werden können, erfordert die Erforschung anderer, insbesondere der *in vivo* Eigenschaften, den Einsatz von Modellen. Darüber hinaus können zukünftige Ereignisse und Fragen wie *Was wäre das Ergebnis einer bestimmten klinischen Intervention bei einem individuellen Patienten?*, nur durch modellbasierte Simulationen untersucht werden.

Ein Modellierer sollte sich immer auf die beabsichtigte Modellanwendung (IMA), auch manchmal Kontext der Verwendung (CoU) genannt, konzentrieren. *Welche biotechnische Frage soll beantwortet werden?* Die IMA bestimmt *alle* Entwicklungsschritte, von der Spezifikation der Modellanforderungen bis hin zu ihrer Verifizierung und Validierung [2, 45]. Darüber hinaus sind biologische Daten immer gestreut, und das Design eines biotechnischen Modells, sowie das Ziehen von Schlussfolgerungen daraus, erfordern den Einsatz statistischer Methoden; einige davon werden in diesem Kapitel diskutiert. Eine Fallstudie veranschaulicht danach die unterschiedlichen Arbeitsschritte im biotechnischen Modellieren, und abschließende Bemerkungen fassen das Kapitel zusammen. Während dieses Kapitel das Gefäßsystem oft durch Black-Box Modellierung beschreibt, werden die nachfolgenden Teile dieses Buches sich auf White-Box Modellierung konzentrieren.

Die Gefäßbiomechanik ist eine Spezialisierung der Biotechnik und verwendet dabei hochgradig multidisziplinäre Problemlösungsstrategien, wie in Abb. 1.1 durch einen Baum illustriert. Die Wurzeln des Baumes repräsentieren Wissenszweige, die dann zum Stamm zusammenfließen und anschliessend Zweige bilden, um die Anwendungen in der vaskulären Biotechnik zu veranschaulichen. Die Interaktion zwischen Disziplinen wie Mathematik, Physik, Bildgebung, Medizin und Biochemie ist die Grundlage, um Anwendungen in den Bereichen Diagnostik, Medizingerätebau, Behandlungsplanung, forensische Analyse und funktionelle Bildgebung zu adressieren. Angesichts sehr unterschiedlicher Denkweisen und Lehrpläne verwenden die einzelnen Disziplinen sehr unterschiedliche Methoden und Strategien der Problemlösung – sie müssen *synchronisiert* werden, um erfolgreiche biotechnische Arbeit zu leisten.

1.1.1 Bottom-Up-Ansatz

Ein Bottom-up-Ansatz ist das *Zusammenfügen* von Teilen, um komplexere Systeme zu erzeugen. Die Problemlösung in den Ingenieurwissenschaften folgt oft einem solchen Ansatz, und die jeweiligen Teile können auch als Wissensblöcke gesehen werden. Häufig repräsentieren solche Wissensblöcke grundlegende physikalische Prinzipien, und ein Bottom-up-Ansatz ist eine *prinzipdominierte* Lösungsstrategie. Prinzipien wie die Newtonschen[1] Gesetze der Mechanik werden

[1] Sir Isaac Newton, englischer Mathematiker, Physiker, Astronom, Theologe, 1642–1726.

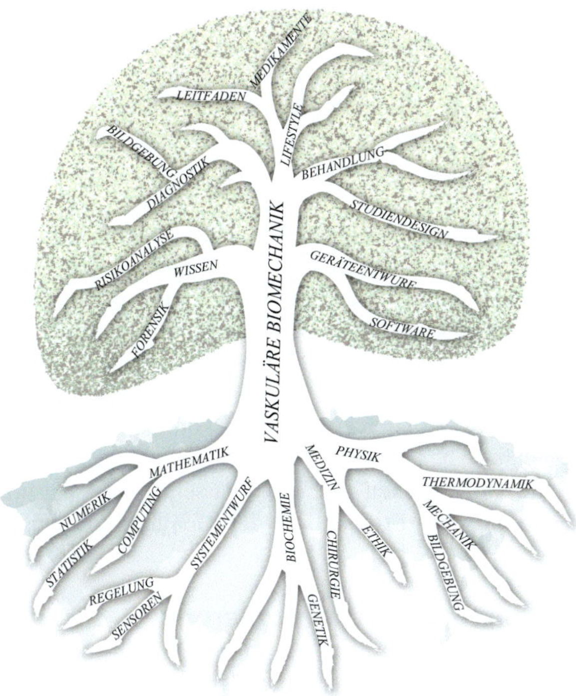

Abb. 1.1 Der „Gefäßbiomechanik-Baum" zielt darauf ab, den ganzheitlichen Problemlösungsansatz in der Gefäßbiomechanik zu veranschaulichen. Disziplinen wie Mathematik, Systemdesign, Biochemie, Medizin und Physik bilden die Wurzeln, während die Äste zu neuem Wissen und Anwendungen in Bereichen wie Diagnostik, Medizingerätebau, Patientenbehandlung und Medikamente führen

verwendet, und eine Problemstellung, die solche Grundprinzipien verletzte, wäre inakzeptabel. *Induktives Schlußfolgern* integriert diese Wissensblöcke, was dann zu Systemen, so komplex wie ein Flugzeug, eine Fahrzeugproduktionslinie oder ein Finite Elemente Methode (FEM) Modell, führt.

Angesichts der Tatsache, dass die Gefäße eine sehr komplexe hierarchische Struktur zeigen, erfordert der Bottom-up-Ansatz für praktisch relevanten Fragestellungen die Integration einer sehr großen Anzahl von Einheitsblöcken. Quantitative Vorhersagen sind dabei oft herausfordernd, und es ist fast immer erforderlich, phänomenologische „Skalierungs"-Parameter einzuführen. Es erlaubt dann ein Modell zu *kalibrieren,* damit es letztendlich mit experimentellen Beobachtungen übereinstimmt.

1.1.2 Top-Down-Ansatz

Der Patient ist sehr komplex, und seine Repräsentation durch die Zusammenstellung von vollständig überprüfbaren Wissensblöcken ähnlich dem Bottom-up-Ansatz, kaum denkbar. Die klinische Wissenschaft verwendet daher oft einen

Top-down-Ansatz. Dieser kann als das *Zerlegen* eines komplexen Systems in einfachere Unterstrukturen angesehen werden, um einen besseren Einblick zu gewinnen. Es ermöglicht die Erforschung von biotechnischen Phänomenen durch *deduktive Schlußfolgerung*. Prinzipien werden dabei weniger wichtig, und eine klinische Methode wird als geeignet angesehen, solange sie in der Lage ist, den Patienten zu heilen, unabhängig davon, ob sie irgendwelche physikalischen Prinzipien verletzt oder nicht.

Klinische Forschungsfragen werden häufig retrospektiv gestellt, wie zum Beispiel *Welche Behandlung hatte einen statistisch merkbaren Effekt auf das Ergebnis?* Wenn der Nutzen einer Behandlung durch eine retrospektive Studie festgestellt wurde, würde ihre klinische Implementierung immer noch von dem positiven Resultat zusätzlicher *prospektiver* Validierungsstudien abhängen.

Zu viel Komplexität behindert eine deduktive Schlußfolgerung, und der *vorklinische Ansatz* verwendet daher ein weniger komplexes System, wie ein Tiermodell oder ein Labor-Experiment. Während ein solches System ausreichend sein kann, um Schlussfolgerungen zu ziehen, ist seine Relevanz im Sinne des entsprechenden realen klinischen Problems in vielen Fällen stark eingeschränkt.

1.1.3 Möglichkeiten und Herausforderungen

Biotechnische, und speziell biomechanische Untersuchungen können unser Verständnis von Blutgefäßphysiologie und -pathologien, Wechselwirkungen mit medizinischen Geräten, dem Zusammenspiel von Struktur und Funktion von Gefäßgeweben, Mechanotransduktion und vielen anderen Vorgängen, verbessern. Der Erfolg solcher Untersuchungen hängt oft mit der Wertschätzung der multidisziplinären Komplexität der Blutgefäße zusammen. Während eine *rein medizinische* Perspektive oft physikalische Prinzipien verfehlt, unterschätzen *rein technische* Ansätze die klinischen Dimensionen des Problems. Darüber hinaus sind medizinische Untersuchungen oft rein beobachtend, während die technische Perspektive oft zu sehr auf das Lösen (komplexer) Gleichungen fokussiert ist – manchmal sind solche Gleichungen sogar realitätsfern.

Leider sind medizinische und technische Zugänge zu biomechanischen Problemen oft isoliert und interagieren nicht miteinander. Dies behindert natürlich ihre Lösungspotenziale. Abgesehen von den bereits erwähnten *strukturellen* Herausforderungen im Zusammenhang mit medizinischen und technischen Lehrplänen, sieht sich die Erforschung von vaskulären biotechnischen Problemen vielen weiteren *spezifischen* Herausforderungen gegenüber, einige davon sind unten aufgeführt:

- *Technische Herausforderungen.* Aufgrund der Komplexität der Blutgefäße sind herkömmliche technische Methoden oft nicht direkt anwendbar. Sie erfordern spezifische Weiterentwicklungen und sogar die Einführung von grundlegend neuen Paradigmen. Die inhärente Eigenschaft von Gefäßgewebe, sich an mechanische und biochemische Umgebungen anzupassen, bleibt eine solche herausfordernde

Modellierungsaufgabe – sie ist noch lange nicht gelöst. Darüber hinaus kann die Untersuchung der Blutzirkulation die herausfordernde Kopplung von strukturellen, fluidmechanischen, chemischen und elektrischen Variablen erfordern.

- *Herausforderungen bei der Datenerfassung und deren Streuung.* Labortests von biologischen Systemen sind schwierig, insbesondere in Bezug auf die Untersuchung von menschlichen Proben. Ethische Aspekte, Einschränkungen bei der Probenentnahme und Schwierigkeiten bei der Bereitstellung einer angemessenen *in vitro* Testumgebung, sind einige der Herausforderungen, denen man gegenübersteht. Biologische Daten sind immer mit Streuung beaufschlagt, und die Intra-Spezimen- und Inter-Spezimen-Variabilität der Eingangsparametern von Simulationsmodellen, wie Belastung und konstitutive Eigenschaften, schmälert deren Vorhersagbarkeit und Nutzen.
- *Herausforderungen der Modellvalidierung.* Die klinische Akzeptanz eines biotechnischen Modells erfordert seine solide prospektive Validierung, um deren klinischen und wirtschaftlichen Vorteil nachweisen zu können. Solche Validierungen sind immer zeitaufwendig und oft durch ethische und andere Einschränkungen gekennzeichnet. Die erfolgreiche klinische Integration eines Modells wird oft durch eine unzureichende klinische Validierung verhindert.
- *Herausforderungen bei der Produktentwicklung.* Eine technische Lösung könnte einen zu eingeschränkten Markt haben oder ihre erste kommerzielle Einführung könnte zu teuer sein. Die Integration eines Medizinproduktes in den klinischen Arbeitsablauf kann auch unpraktisch sein. Das vorgeschlagene Produkt könnte den Markt operativer medizinischer Unternehmen, sowie die Routinearbeit von Klinikern „bedrohen“. Auch könnte ein niedriger klinischer Nutzen die Risiken der klinischen Integration einer biotechnischen Lösung nicht rechtfertigen, was dann zum Scheitern der rechtlichen Zulassung von medizinischen Geräten führt.

1.2 Modellentwurf

Ein Modell stellt ein *reales Objekt* oder einen realen *Prozess* bis zu einem gewissen Grad der Vollständigkeit dar, und Albert Einstein[2] sagt:

> Alles sollte so einfach wie möglich gemacht werden, aber nicht einfacher.[3] Jeder intelligente Narr kann Dinge größer und komplexer machen. Es braucht einen Hauch von Genialität – und viel Mut, um in die entgegengesetzte Richtung zu gehen.[4]

Die *Flache-Erde-Hypothese* ist ein ausreichendes Modell für viele Anwendungen im Bauwesen, wie zum Beispiel den Entwurf eines Hauses. Die Verwendung eines

[2] Albert Einstein, deutschstämmiger theoretischer Physiker, 1879–1955.

[3] http://quoteinvestigator.com/2011/05/13/einstein-simple/#more-2363.

[4] http://www.alberteinsteinsite.com/quotes/einsteinquotes.html.

sphärischen Gravitationsfeldes, und damit das Arbeiten mit einem kugelförmigen Erdmodell wäre für eine solche Aufgabe eindeutig überflüssig. Ähnlich sind *Newtons Gesetze der Mechanik* für „normale" Bedingungen perfekt brauchbar, obwohl sie nur ein Spezialfall der allgemeinen Relativitätstheorie sind und bei Geschwindigkeiten nahe der Lichtgeschwindigkeit versagen. Ebenso sind *Kontinuumstheorien* sehr erfolgreich anwendbar, obwohl Materie auf kleinen Längenskalen diskret und inhomogen ist. Die Einführung einer repräsentativen Längenskala, und damit eines Repräsentativen Volumenelements (RVE), über das Eigenschaften gemittelt werden können, ermöglicht dann die kontinuumsmechanische Problembeschreibung.

1.2.1 Vereinfachungen

Ein Modell führt Annäherungen an das reale Problem ein, und wie bei anderen Modellierungsaktivitäten leitet die IMA solche Vereinfachungen an. Abb. 1.2 veranschaulicht ein typisches Modell der Blutgefäßbiomechanik, und Vereinfachungen beziehen sich auf die folgenden Aspekte:

- *Gefäßgeometrie.* Blutgefäße mit Durchmessern von Mikrometern bis Zentimetern durchziehen den gesamten menschlichen Körper. Der Modellierer muss die *Längenskalen trennen* und eine Längenskala festlegen, oberhalb derer die individuelle Geometrie der Gefäßstruktur explizit modelliert werden soll. Unterhalb einer solchen Längenskala wird die Wirkung von kleinen Gefäßen verschmiert, und damit als Kontinuum approximiert – oder in einigen Fällen können sie einfach vernachlässigt werden.
- *Materialeigenschaften.* Die Gefäßwand zeigt komplexe mechanische Eigenschaften. Sie werden von histologischen, biologischen und klinischen Faktoren beeinflusst. Der Modellierer muss entscheiden, welche mechanischen Eigenschaften wesentlich sind und welche vernachlässigt werden können.

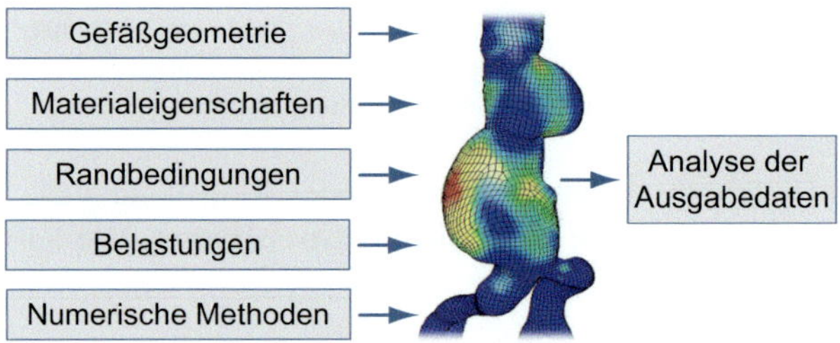

Abb. 1.2 Annahmen, die hinsichtlich der Eingabe und Ausgabe von Gefäßbiomechaniksimulationen gemacht werden müssen. Jede Annahme muss in Bezug auf die beabsichtigte Modellanwendung (IMA) validiert werden

- *Rand- und Anfangsbedingungen.* Ein Simulationsobjekt wird nur einen bestimmten Bereich des realen Problems abdecken können. Der Modellierer muss festlegen, wie das Modell in Raum und Zeit mit seiner Umgebung an solchen Grenzen interagiert. Bei Mehrfeldmodellen müssen zusätzlich die Randbedingungen für die verschiedenen Lösungsfelder festgelegt werden.
- *Belastungsbedingungen.* Blutgefäße sind komplexen zeitabhängigen mechanischen Belastungen ausgesetzt, und der Modellierer muss Belastungsfälle auswählen, die für die IMA relevant sind. Die Belastung resultiert aus Faktoren wie dem Blutdruck, der Körperbewegung und den Wechselwirkungen mit anderen Organen und Geweben.
- *Numerische Methoden.* Ein Biomechanikmodell muss den physikalischen Prinzipien gehorchen und erfordert das Lösen eines Anfangs-Randwertproblems (iBVP) durch eine geeignete numerische Methode. Es obliegt am Modellierer, eine geeignete und stabile Methode zur Lösung der numerischen Gleichungen auszuwählen.
- *Analyse der Ausgabedaten.* Ein Biomechanikmodell erzeugt eine große Menge an Daten, wie zum Beispiel Spannung und Verzerrungen in der Gefäßwand oder Blutflussgeschwindigkeit im Lumen an tausenden Berechnungspunkten. Der Modellierer muss diese Informationen mit der IMA in Beziehung setzen, was wiederum Annahmen erfordert.

Zusammenfassend basiert ein Biomechanikmodell auf einer Reihe von Vereinfachungen, die alle auf *unsicheren Informationen* basieren. Ein Modell erfordert daher sorgfältige Validierung, um seinen Nutzen im Sinne der IMA sicherzustellen.

1.2.2 Strategien

Ein Modell kann immer als eine *Transformationsmatrix* betrachtet werden, die den Vektor $\mathbf{x}$ der Eingabevariablen in den Vektor $\mathbf{y}$ der Ausgabevariablen transformiert. Bei einem linearen Modell ist die Transformationsmatrix konstant. Bei einem nichtlinearen Modell hingegen ist die Transformationsmatrix nicht konstant und kann von der Eingabe $\mathbf{x}$, der Ausgabe $\mathbf{y}$ oder einem anderen Faktor abhängen. Man kann sehr unterschiedliche Strategien zur Entwicklung der Transformationsmatrix verfolgen.

Ein Modellentwurf kann danach bewertet werden inwieweit er das *innere* Funktionieren eines Modells preisgibt und die *Physik* des biotechnischen Problems widerspiegelt. Ein Modell, das solche Einblicke vollständig erlaubt, wird als *White-Box* Modell bezeichnet, während eine *Black-Box* Modell keine physikalische Transparenz erlaubt. Praktisch alle Modelle sind *Gray-Box* Modelle und liegen zwischen den Grenzen des White-Box- und Black-Box Modells.

1.2.2.1 White-Box Modell

White-Box Modelle zerlegen ein System in seine zugrundeliegenden *physikalischen Mechanismen* und legen das innere Funktionieren des Modells vollständig offen. Ein solcher Modellentwurf liefert eine vollständige physikalische Erklärung, wie Modellinput in Modelloutput umgewandelt wird. White-Box Modelle implementieren physikalische Prozesse und stellen eine *realistische,* aber dennoch *reduzierte* Beschreibung des realen Problems dar. Ein Modell führt immer Annäherungen ein, und daher kann ein vollständig genaues Modell *nicht* existieren, da es damit im Wesentlichen eine Kopie der Realität wäre.

White-Box Modelle ermöglichen die *hierarchische* Integration von physikalischen Prozessen und ihren Wechselwirkungen. Sie liefern tiefe Einblicke in ein biotechnische Problem und fördern das Verständnis von *qualitativem* Zusammenhängen. Ein White-Box Modell ermöglicht es, ein Problem auf der Grundlage von *begrenzten* experimentellen Daten zu beschreiben und Modellrevisionen sind einfach zu verwirklichen. Allerdings kann die Beschreibung der zugrundeliegenden Physik komplex sein, und die Berechnung des Modelloutputs erfordert oft erhebliche Rechenressourcen.

1.2.2.2 Black-Box Modell

Black-Box Modelle beziehen sich nicht auf eine zugrundeliegende Physik – sie verwenden *empirische* Beschreibungen, um Modellinput und -output zu verknüpfen. Folglich ermöglichen sie keine physikalische Erklärung, wie der Input in den Output umgewandelt wird. Black-Box Modelle verwenden rein *phänomenologische* Beschreibungen und liefern quantitative Daten ohne tiefe Einblicke in die jeweiligen biotechnischen Prozesse. Back-Box Modelle erfordern *ausreichende und genaue* experimentelle Daten für eine robuste Modellkalibrierung, und ihr Design ist unflexibel gegenüber Modellrevisionen; das gesamte Modell benötigt eine Neukalibrierung nach jeder kleineren Änderung im Modellentwurf. Allerdings transformieren sie *schnell* Modellinput in -output, und oft erfordert die Komplexität biotechnischer Probleme einen Black-Box-Ansatz.

1.2.2.3 Gray-Box Modell

Ein Gray-Box Modell implementiert eine physikalische Darstellung des biotechnischen Problems, wobei phänomenologische Beschreibungen *einige* der physikalischen Zusammenhänge approximieren. Ein Gray-Box Modell kann beispielsweise einen nichtlinearen Prozess linearisiert darstellen oder die beschreibende Physik anderwertig vereinfachen.

1.2.2.4 Ersatz- oder Surrogatmodell

Modellreduktions-Techniken können verwendet werden, um ein Modell zu vereinfachen, und damit *anwendbar* für eine spezifische Aufgabe zu machen, wie beispielsweise seine Integration in einen klinischen Arbeitsablauf. Das Modell wird dann als Ersatzmodell bezeichnet. Bei einer Anzahl von Anwendungen wird dabei die Zeit Modellinput in Output zu transformieren minimiert, oft auf Kosten der Modellgenauigkeit.

1.3 Modellentwicklung

Abb. 1.3 veranschaulicht den *Modellentwicklungszyklus*. Er beginnt mit der Beschreibung des *realen Problems,* welches durch das Modell repräsentiert werden soll. Die Modellentwicklung ist durch die IMA spezifiziert, eine Liste von Modellanforderungen, Leistungszielen und Risikobewertungsaspekten. Auf der Grundlage dieser Informationen werden die mathematischen Gleichungen formuliert, die das reale Problem repräsentieren. Oft haben sie keine geschlossene Lösung, und numerische Methoden werden verwendet, um den Modelloutput zu berechnen. Die Vorhersagen des Modells werden dann durch *Verifizierung* und *Validierung* getestet, um festzustellen, ob das Modell weitere Überarbeitungen erfordert, oder der Entwicklungszyklus abgeschlossen ist. Testprotokolle werden durch die IMA [45] und Risikoaspekte bestimmt. Werden alle Überprüfungen bestanden, kann das Modell *eingesetzt* werden, wobei wiederum die IMA den Einsatzbereich bestimmt.

1.3.1 Sensitivitätsanalyse

Biomechanische Modelle sind komplex und hängen von einer Vielzahl *unsicherer* Eingabeparameter ab. Viele biomechanische Modelle sind nichtlinear und erfordern eine sorgfältige Untersuchung, wie sich Eingabeunsicherheiten auf den Modelloutput auswirken. Eine *Parameter-Sensitivitätsanalyse* ist daher ein wesentlicher Schritt in der Entwicklung eines Modells. Sie quantifiziert auch die Qualitätsanforderungen an die Eingabedaten und ist damit ein wesentlicher Aspekt im Prozess der Zulassung von medizinischen Geräten.

Eine einzelne Ausgabevariable eines Modells kann immer durch eine Funktion $y = f(\mathbf{x})$ dargestellt werden, wobei $\mathbf{x}$ ein Vektor von n (unsicheren) Modellparametern $(x_1, x_2, \ldots, x_n)$ darstellt, und y die jeweilige Modellausgabe ist; mehrere Modellausgaben können nacheinander untersucht werden. Die Sensitivität von y in

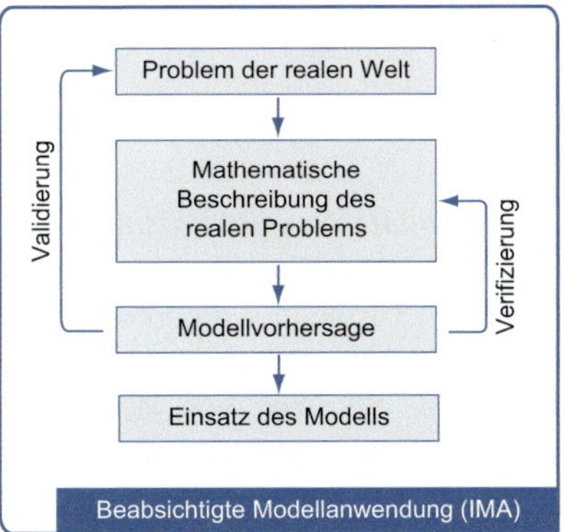

Abb. 1.3 Modellentwicklungszyklus. Alle Entwicklungs- und Testaktivitäten werden in Bezug auf die beabsichtigte Modellanwendung (IMA) durchgeführt

Bezug auf die Modellparameter $\mathbf{x}$ kann entweder *lokal* oder *global* untersucht werden. Eine lokale Analyse zieht Schlussfolgerungen an einer gegebenen Position $\mathbf{x}_0$ im Parameterraum. Die Variation der Ausgabe kann dann durch

$$\Delta y = \mathbf{s}(\mathbf{x}_0) \cdot \Delta \mathbf{x}\,, \tag{1.1}$$

ausgedrückt werden, wobei $\mathbf{s}(\mathbf{x}_0) = \partial y / \partial \mathbf{x}|_{\mathbf{x}_0}$ den Sensitivitätsvektor (Empfindlichkeitsvektor) bezeichnet. Das Modell wird daher bei x_0 linearisiert und die Modellsensitivität durch eine solche Linearisierung untersucht.

Im Gegensatz zur lokalen Analyse untersucht eine globale Sensitivitätsanalyse die Modellausgabe für den gesamten Parameterraum, den Bereich, der von allen (relevanten) Modellparametern $\mathbf{x}$ abgedeckt wird [44].

Beispiel 1.1 (Sensitivität des Widerstands eines Blutgefäßes) Der Widerstand R [Pa s m^{-3}] eines Blutgefäßes beschreibt das Verhältnis zwischen dem Druck p [Pa] und dem Fluss q [m^{3}s^{-1}]. Gegeben ist ein zylindrisches Gefäß der Länge l und des Durchmessers d, der Widerstand wird durch das Hagen-Poiseuille-Gesetz gegeben,

$$R = \frac{p_\mathrm{i} - p_\mathrm{o}}{q} = \frac{128 l \eta}{\pi d^4}\,, \tag{1.2}$$

wobei der Begriff $p_\mathrm{i} - p_\mathrm{o}$ [Pa] den Druckabfall zwischen Ein- und Auslass bezeichnet und η [Pa s] die dynamische Viskosität des Blutes beschreibt, siehe Abschn. 2.3.2.1.

(a) Berechnen Sie den Sensitivitätsvektor $\mathbf{s} = \partial R / \partial \mathbf{x}$, um die lokale Sensitivität des Hagen-Poiseuille-Gesetzes gegenüber Variationen von $\mathbf{x} = [l\ d\ \eta]^\mathrm{T}$ zu untersuchen. Drücken Sie den absoluten Widerstandsfehler ΔR und den relativen Widerstandsfehler $\Delta R/R$ in Reaktion auf die Variation der Eingabe aus.
(b) Betrachten Sie jeweils die Variation eines einzelnen Parameters und schätzen Sie die Genauigkeit der Eingabe ab, um sicherzustellen, dass R sich nicht um mehr als $\pm 10\,\%$ ändert.
(c) Was ist der größtmögliche relative Fehler von R, der aufgrund der Schätzungen in Aufgabe (b) zu erwarten ist?

■

Beispiel 1.2 (Globale versus lokale Sensitivitätsmaße) Ein biomechanisches Finite Elemente Methode (FEM) Modell wird verwendet, um einen Risikoindex r zu berechnen. Das FEM-Modell verwendet mehrere Eingabeparameter, von denen die Wanddicke h und die Gewebefestigkeit s des Blutgefäßes die unsichersten Eingaben darstellen. Durch eine Sequenz von Berechnungen wurden die Daten in Tab. 1.1 erstellt. Angesichts dieser Informationen sollte die lokale und globale Sensitivität des Modells in Bezug auf seine beiden Eingabeparameter h und s untersucht werden.

Tab. 1.1 Berechnungen des Risikoindex r mit einem Finite Elemente Methode (FEM) Modell. Die Daten repräsentieren 48 Vorhersagen, indem die Wandstärke h und die Gewebefestigkeit s des Blutgefäßes variiert werden

	s [kPa]					
h [mm]	100	400	700	1000	1300	1600
0,5	0,558955	0,964567	1,48654	2,08449	2,74171	3,44859
1,0	0,553621	0,966734	1,50520	2,12866	2,82038	3,57075
1,5	0,538621	0,964234	1,53021	2,19616	2,94538	3,76825
2,0	0,508955	0,952067	1,55654	2,28199	3,11171	4,03609
2,5	0,459621	0,925234	1,57921	2,38116	3,31438	4,36925
3,0	0,385621	0,878734	1,59321	2,48866	3,54838	4,76275
3,5	0,281955	0,807567	1,59354	2,59949	3,80871	5,21159
4,0	0,143621	0,706734	1,57521	2,70866	4,09038	5,71075

(a) Identifizieren Sie die Koeffizienten a_i, b_j, c_k des Polynom-Ersatzmodells

$$r = a_0 + a_1 h + a_2 h^2 + b_1 s + b_2 s^2 + c_1 hs + c_2 hs^2 + c_3 h^2 s + c_4 h^2 s^2 \tag{1.3}$$

aus den in Tab. 1.1 aufgeführten Datenpunkten.

(b) Berechnen Sie die lokale Sensitivität am Punkt $h = 2{,}0$ mm und $s = 900{,}0$ kPa im Parameterraum. Wie stark würde eine Wanddickenänderung von 0,6 mm und eine Gewebefestigkeitsänderung von 250 kPa den Risikoindex beeinflussen?

(c) Betrachten Sie die normalverteilte Wanddicke $h = 2{,}0(SD\ 0{,}6)$ mm und die Gewebefestigkeit $s = 900{,}0(SD\ 250{,}0)$ kPa, um die globale Empfindlichkeit des Modells zu untersuchen. Verwenden Sie Monte Carlo Simulation und berechnen Sie die Verteilung des Risikoindex r. Die Notation $a(SD\ b)$ bezeichnet den Mittelwert a und die Standardabweichung (SD) einer Stichprobe, siehe Abschn. 1.4.

■

1.3.1.1 Sobols varianzbasierte Sensitivitätsanalyse

Sobols varianzbasierte Sensitivitätsanalyse [49] ist eine Form der *globalen* Sensitivitätsanalyse, die es ermöglicht, die Varianz einzelner Eingabeparameter mit der Varianz der Modellausgabe zu verknüpfen. Sie berücksichtigt den Eingabeparameterraum von $0 < x_i < 1$, $i = 1, \ldots, n$ und stützt sich auf die *analysis of variances (ANOVA)-Darstellung* der Modellantwortfunktion

$$\begin{aligned} y = f(x_1, x_2, \ldots, x_n) = & f_0 + \sum_i f_i(x_i) + \sum_{i<j} f_{ij}(x_i, x_j) \\ & + \cdots + f_{12\cdots n}(x_1, x_2, \ldots, x_n), \end{aligned} \tag{1.4}$$

wobei alle Funktionen (außer f_0) die Orthogonalitätsbedingung

$$\int_0^1 f_{i \cdots j}(x_i, \ldots, x_j) \mathrm{d}x_k = 0 \text{ for } k = i, \ldots, j$$

erfüllen. Mit der Definition der Varianz

$$V = \mathrm{Var}(y) = \int (f(\mathbf{x}) - f_0)^2 \mathrm{d}\mathbf{x} = \int f^2(\mathbf{x}) \mathrm{d}\mathbf{x} - f_0^2 ,$$

ergibt die ANOVA-Darstellung (1.4) die Varianzzerlegung

$$V = \sum_i \underbrace{\int f_i^2(x_i) \mathrm{d}x_i}_{V_i = \mathrm{Var}(y|x_i)} + \sum_{i<j} \underbrace{\int f_{ij}^2(x_i, x_j) \mathrm{d}x_i \mathrm{d}x_j}_{V_{ij} = \mathrm{Var}(y|x_i, x_j) - V_i - V_j} + \cdots , \tag{1.5}$$

wobei die Notation $V_i = \mathrm{Var}(y|x_i)$ die Varianz von y unter der Variation von x_i bezeichnet, und $V_{ij} = \mathrm{Var}(y|x_i, x_j) - V_i - V_j$ die Varianz von y bezeichnet, die aus gemischten Effekten der Variation von x_i und x_j entsteht.

Mit der Varianzzerlegung (1.5), können *Sobols Sensitivitätsindizes*

$$S_i = \frac{V_i}{V} , \quad S_{ij} = \frac{V_{ij}}{V} , \quad \cdots$$

eingeführt werden. Die Summe über alle Sobolschen Sensitivitätsindize ist eins.

Der *Sensitivitätsindex erster Ordnung* (oder Haupteffekt) S_i gibt den relativen Effekt der Eingabevariable x_i auf die Modellausgabe y an. Ebenso bezeichnet S_{ij} den *Effekt zweiter Ordnung* auf y und er entsteht aus der gemischten Interaktion der Eingabevariablen x_i und x_j. Gemischte Effekte werden oft in einer Sensitivitätsanalyse vernachlässigt.

Beispiel 1.3 (Sobolsche Varianzbasierte Sensitivitätsanalyse) Ein biomechanisches Finite Elemente Methode (FEM) Modell berechnet einen Risikofaktor r, wobei die Wandstärke H und die Gewebefestigkeit S die unsichersten Eingaben sind. Sobols varianzbasierte Sensitivitätsanalyse sollte verwendet werden, um die globale Sensitivität des Modells gegenüber diesen beiden Eingabeparametern zu untersuchen. Zu diesem Zweck kann das Ersatzmodell

$$\begin{aligned} r = & \underbrace{0.555}_{f_0} \underbrace{-0.03(h - 1/2) - 0.4(h - 1/2)^3}_{f_h} \\ & \underbrace{+0.25(s - 1/2)}_{f_s} \underbrace{+0.1(h - 1/2)(s - 1/2)}_{f_{hs}} \end{aligned} \tag{1.6}$$

verwendet werden, wobei die Wandstärke H und die Gewebefestigkeit S transformiert wurden, so dass ihre dimensionslosen Gegenstücke $0<h<1$ und $0<s<1$ den Einheitsquadrat-Parameterraum abdecken.

(a) Zeigen Sie, dass das Modell (1.6) eine analysis of variances (ANOVA)-Darstellung ist.
(b) Berechnen Sie Sobols Sensitivitätsindize.
(c) Wie übertragen sich die Varianzen $\mathrm{Var}(h) = 0{,}2$ und $\mathrm{Var}(s) = 0{,}1$ in die Varianzen $\mathrm{Var}(r|h)$ und $\mathrm{Var}(r|s)$ des Risikofaktors r?

■

1.3.2 Verifizierung

Verifizierung prüft die Korrektheit der mathematischen Implementierung des Modells, siehe Abb. 1.3. *Werden die Gleichungen korrekt gelöst?* wird daher von Verifizierungsübungen hinterfragt. Sie testen das Modell auf analytische Fehler, Software-Codierungsfehler, Parameter-Eingabefehler und stellen die Angemessenheit der angewandten numerischen Technik zur Lösung der mathematischen Gleichungen sicher. Die Verifizierung wird auf jeder (Teil-)Modell-Ebene durchgeführt und verwendet Black-Box- und White-Box-Testansätze. Black-Box-Tests überprüfen, ob eine gegebene Eingabe das korrekte Ergebnis liefert, während White-Box-Tests die korrekte innere Funktion der Modellimplementierung überprüfen. Verifizierungsübungen sehen Ansätze vor, wie das Testen von Modellvorhersagen gegen analytische Lösungen, das Durchführen von Software-Code-Inspektionen und Datenplausibilitätsprüfungen.

1.3.3 Validierung

Eine Validierung prüft ob ein Modell die gewünschten Eigenschaften des realen Objekts oder Prozesses vorhersagt, siehe Abb. 1.3. Sie stellt sicher, dass das Modell das reale Objekt oder den Prozess bis zu dem von der IMA festgelegten Niveau repräsentiert. *Werden die richtigen Gleichungen gelöst?* wird von Validierungsübungen hinterfragt. Während jede Modellannahme separat validiert werden muss, ist es von größter Bedeutung, dass auch die *globale Modellausgabe* gegen experimentelle Beobachtungen validiert wird. Eine Validierungsstudie sollte gut konzipiert sein und keine *unberücksichtigten Faktoren* enthalten, siehe Abschn. 1.3.3.1. In der Biotechnik wird die Validierung oft durch *ethische Einschränkungen* und Kostenaspekte erschwert, Faktoren, die oft den Engpass für die erfolgreiche klinische Integration von biotechnischen Modellen bilden.

1.3.3.1 Studiendesign

Im Allgemeinen kann eine *Studie* als kontrollierter Ansatz gesehen werden, um die *Ursache und Wirkung* einer *Behandlung,* wie einem Medikament, einer klinischen Intervention oder einem diagnostischen Parameter, zu verstehen. Der Analyst versucht dann zu kontrollieren, wie Studieneinheiten den Behandlungsgruppen zugewiesen werden und welche Behandlung diese erhalten. Alle Studien bestehen aus den folgenden drei Teilen.

- *Studieneinheiten.* Empfänger der Behandlung, wie Menschen, Tiere oder Pflanzen.
- *Unabhängige Variablen.* Faktoren, die vom Analysten kontrolliert und manipuliert werden. Diese Faktoren sind kausale oder erklärende Problemvariablen. Die Menge eines an die Studieneinheiten verabreichten Medikaments könnte ein solcher Faktor sein.
- *Abhängige Variablen.* Antwortvariablen, die die Ursache oder Wirkung einer Behandlung darstellen, wie die Anzahl der Patienten, die am Ende der Studie symptomfrei sind.

Eine *ordentlich gestaltete* Studie liefert einen *sauberen* Test von kausalen Zusammenhängen zwischen abhängigen und unabhängigen Variablen – sie beseitigt den Einfluss von *störenden* (oder versteckten) Variablen. Störvariablen sind Variablen, die die Studie beeinflussen können, oft auf unbekannte Weise. Sie sind weder unabhängige noch abhängige Variablen. Schritte zur Reduzierung der Auswirkungen von Störvariablen sind wichtig, und eine ordentlich gestaltete Studie implementiert die folgenden Ansätze:

- *Kontrolle.* Eine Studie so ähnlich wie möglich für die Studieneinheiten in jedem Behandlungszustand zu gestalten. Eine *doppeltblinde Studie* ist ein solcher Ansatz, bei dem weder Studienteilnehmer noch Analysten Informationen über die Behandlung erhalten.
- *Randomisierung.* Verwendung von Zufallsmethoden zur Zuweisung von Studieneinheiten zu Behandlungsgruppen, was wiederum den Einfluss von Störvariablen randomisiert. Die Randomisierung verbessert oft auch die Angemessenheit statistischer Analysemethoden, von denen viele eine zufällige Verteilung (Normalverteilung) von Variablen voraussetzten.
- *Replikation.* Jede Behandlung wird vielen Studieneinheiten zugewiesen. Je mehr Studieneinheiten in jedem Behandlungszustand sind, desto geringer ist die Variabilität durch Störvariablen.

Wenn der Einfluss von Störvariablen nicht beseitigt wurde, ist die Studie von diesen *gestört.* Eine gestörte Studie liefert plausible alternative Erklärungen für die beobachtete Beziehung zwischen unabhängigen und abhängigen Variablen.

1.4 Statistikbasierte Modellierung

Biologische Daten sind unsicher und *statistikbasierte Modellierung* ist ein gängiger Ansatz zur Beschreibung von biomechanischen Phänomenen. Ein Modell wird einfach als eine Black-Box gesehen und somit als eine mathematische Funktion, die Modellinput und -output korreliert. Dieser Abschnitt diskutiert einige Methoden zum *Definieren* und *Testen* solcher Modelle, und die statistischen Voraussetzungen dazu sind in Anhang A.1 aufgeführt.

1.4.1 Korrelation zwischen Variablen

Ein *Korrelationstest* untersucht ob eine Korrelation zwischen Variablen von Beobachtungsdaten eines biotechnischen Phänomens besteht oder nicht – eine Korrelation könnte gegebenfalls dann durch ein Modell ausgedrückt werden. Ein Korrelationstest liefert einen *Korrelationskoeffizienten* $-1 \leq r \leq +1$. Positive und negative Korrelationskoeffizienten bezeichnen positive und negative Korrelationen. Bei einer positiven Korrelation nimmt die abhängige Variable mit der zunehmenden unabhängigen Variable zu. Das Gegenteil gilt für eine negative Korrelation. Je größer der absolute Wert $|r|$ des Korrelationskoeffizienten ist, desto stärker ist die Korrelation zwischen den Variablen. Das Testen der Abhängigkeit einer einzelnen Variablen y_i in Bezug auf eine einzelne unabhängige Variable x_i wird als *einfacher Korrelationstest* bezeichnet.

1.4.1.1 Pearsons Produkt-Moment Korrelationskoeffizient

Pearsons[5] *Korrelationskoeffizient* zeigt die lineare Beziehung zwischen zwei Variablen an, die in Intervall- oder Verhältnisskalen angegeben sind. Mit x_i, y_i; $i=1, \ldots, n$, die eine Stichprobe mit den Mittelwerten $\overline{x} = (\sum_{i=1}^{n} x_i)/n$ und $\overline{y} = (\sum_{i=1}^{n} y_i)/n$ bezeichnen, lautet der Pearsonsche Korrelationskoeffizient

$$r = \frac{\sum_{i=1}^{n}(x_i - \overline{x})(y_i - \overline{y})}{\sqrt{\sum_{i=1}^{n}(x_i - \overline{x})^2 \sum_{i=1}^{n}(y_i - \overline{y})^2}}. \tag{1.8}$$

Abb. 1.4 zeigt Streudiagramme von verteilten Datenpunkten zusammen mit ihrem Pearsonschen Korrelationskoeffizienten r. Die Darstellungen (a)–(c) zeigen linear korrelierte Daten, und die Pearsonschen Korrelationskoeffizienten beschreiben solche Korrelationen damit angemessen. Die Stichprobe in Abb. 1.4a zeigt die stärkste mögliche positive Korrelation, die Stichprobe in Abb. 1.4b zeigt eine starke negative Korrelation, und die Stichprobe in Abb. 1.4c zeigt unkorrelierte Daten.

Die in Abb. 1.4d gezeigte Stichprobe veranschaulicht die stärkste mögliche, aber *nicht lineare* Korrelation. Aufgrund dieser Nichtlinearität kann der Pearsonsche Korrelationskoeffizient diese Daten nicht charakterisieren und ergibt $r=0{,}826$, anstatt des Wertes eins für eine perfekte Korrelation.

[5] Karl Pearson, englischer Mathematiker und Biostatistiker, 1857–1936.

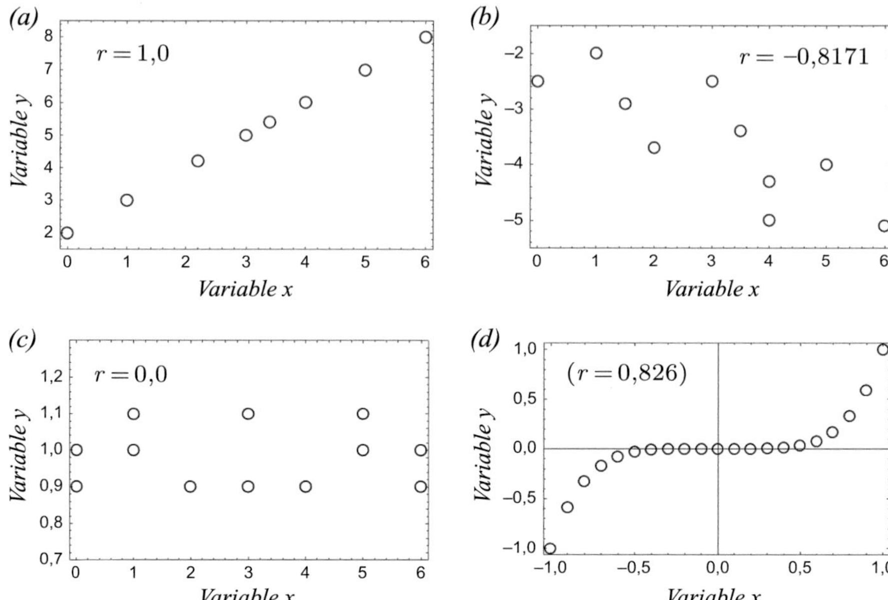

Abb. 1.4 Pearsons Korrelationskoeffizienten r bezeichnet Korrelationen zwischen den Variablen x_i und y_i. Der lineare Pearsons Korrelationskoeffizient charakterisiert die Datensätze (**a**)–(**c**) angemessen. Die perfekte, aber nicht lineare Korrelation dargestellt in (**d**) kann damit jedoch nicht erfassen werden

1.4.1.2 Spearmansche Rangkorrelationskoeffizient

Spearmansche[6] *Korrelationskoeffizient* r_s zeigt die *monotone* (lineare oder nicht lineare) Beziehung zwischen zwei Variablen an, die in Intervall- oder Verhältnisskalen gegeben sind. Die Spearman-Korrelation funktioniert, indem sie die Pearson-Korrelation (1.8) berechnet, aber auf den Rangdaten. Folglich liest er sich

$$r_s(x_i, y_i) = r(\text{rg}(x_i), \text{rg}(y_i)), \tag{1.9}$$

wobei $\text{rg}(x_i)$ und $\text{rg}(y_i)$ die Rangvariablen von x_i und y_i bezeichnen. Rangdaten entstehen durch eine Transformation, die die Daten sortiert und dann die numerischen Werte durch ihren Rang ersetzt. Zum Beispiel wird das Set $x_i = \{2{,}7;\ 0{,}1;\ 1{,}9;\ 3{,}4\}$ dabei durch $\text{rg}(x_i) = \{3;\ 1;\ 2;\ 4\}$ abgebildet.

Abb. 1.5a,b zeigt Spearmans Korrelationskoeffizienten für ausgewählte Beispiele. Dabei zeigt Abb. 1.5a die Rohdaten x_i, y_i, während Abb. 1.5b die Rangvariablen $\text{rg}(x_i)$, $\text{rg}(y_i)$ darstellt. Die Rangdaten sind immer linear verteilt, was dann die Verwendung der Pearson-Korrelation (1.8) ermöglicht. Unabhängig davon, dass eine lineare Korrelation für die in Abb. 1.5a nichtlinear korrelierten Daten bedeutungslos wäre, ist der Pearson-Korrelationskoeffizient trotzdem in Klammern angezeigt.

[6] Charles Edward Spearman, englischer Psychologe, 1863–1945.

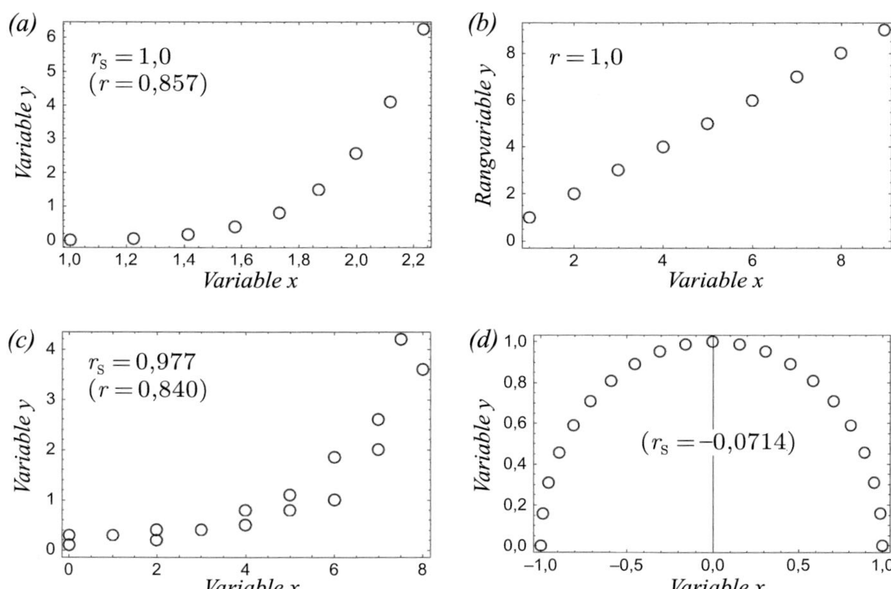

Abb. 1.5 Spearmans Korrelationskoeffizienten r_s bezeichnen die monotonen Beziehungen zwischen den Variablen x_i und y_i. (**a**), (**b**) Perfekte nicht lineare Korrelation, wobei (**a**) die Rohdaten und (**b**) die Rangdaten zeigen. Der nicht lineare Korrelationskoeffizient bestimmt angemessen den in (**c**) gezeigten nicht lineare monotonen Zusammenhang, aber er versagt bei der Beschreibung der perfekten, aber nicht-monotonen Korrelation, die in (**d**) dargestellt ist

Abb. 1.5c zeigt den Spearmanschen Korrelationskoeffizienten (1.9) gestreuter Daten. Wiederum wird der (bedeutungslose) Pearson-Korrelationskoeffizient in Klammern angegeben. Eine perfekte, aber *nicht-monotone* Korrelation zwischen x_i und y_i wird in Abb. 1.5d gezeigt. Bei einer nicht-monotonen Korrelationen ist Spearmans Korrelationskoeffizient bedeutungslos. Trotz der perfekten Korrelation wäre er $r_s = -0{,}0714$. Eine nicht-monotoner Zusammenhang kann in monotone Teilbereiche aufgeteilt werden, oder mit fortgeschritteneren Korrelationsmethoden untersucht werden.

1.4.2 Regressionsmodell

Regressionsmodellierung wird verwendet, um den Zusammenhang von *Ursache* und *Wirkung* zu beschreiben. Der Zusammenhang einer einzelnen abhängigen Variable und einer einzelnen unabhängigen Variable wird als *einfaches Regressionsmodell* bezeichnet.

Mit x_i, y_i; $i = 1, \ldots, n$, die eine Stichprobe mit den Mittelwerten $\bar{x} = (\sum_{i=1}^{n} x_i)/n$ und $\bar{y} = (\sum_{i=1}^{n} y_i)/n$ bezeichnen, liest sich ein einfaches lineares Regressionsmodell

$$y_i = b_0 + b_1 x_i + e_i, \tag{1.10}$$

wobei e_i den i-ten *Fehler* oder das *Residuum* bezeichnet. Die Koeffizienten b_0 und b_1 werden durch Least-Square-Optimierung (die Methode der kleinsten Quadrate)

$$\sum_{i=1}^{n} e_i^2 = \sum_{i=1}^{n} (y_i - b_0 - b_1 x_i)^2 \rightarrow \text{MIN}$$

bestimmt, wo das Quadrat des Residuums e_i minimiert wird. Abb. 1.6 zeigt ein Streudiagramm mit der (linearen) Regressionslinie der Stichprobe überlagert.

Das *Bestimmtheitsmaß* eines einfachen linearen Regressionsmodells liest sich

$$R^2 = \left[\frac{\frac{1}{n} \sum_{i=1}^{n} (x_i - \overline{x})(y_i - \overline{y})}{s_x s_y} \right]^2 \tag{1.11}$$

wobei

$$s_x = \sqrt{\frac{\sum_{i=1}^{n} (x_i - \overline{x})^2}{n-1}} \quad \text{und} \quad s_y = \sqrt{\frac{\sum_{i=1}^{n} (y_i - \overline{y})^2}{n-1}}$$

die jeweiligen *Standardabweichungen (SD)* der Stichprobe bezeichnen. Das Bestimmtheitsmaß fällt in den Bereich von $0 \leq R^2 \leq 1$, wobei für $R^2 = 0$ das Modell die Daten nicht vorhergesagt kann, während für $R^2 = 1$ dies ohne Fehler ($e_i = 0$) möglich ist. Die Definitionen (1.8) und (1.11) ergeben direkt die Beziehung

$$R^2 = [r(n-1)/n]^2 \tag{1.12}$$

zwischen dem Pearson-Produkt-Moment-Korrelationskoeffizienten r und dem Bestimmtheitsmaß R^2.

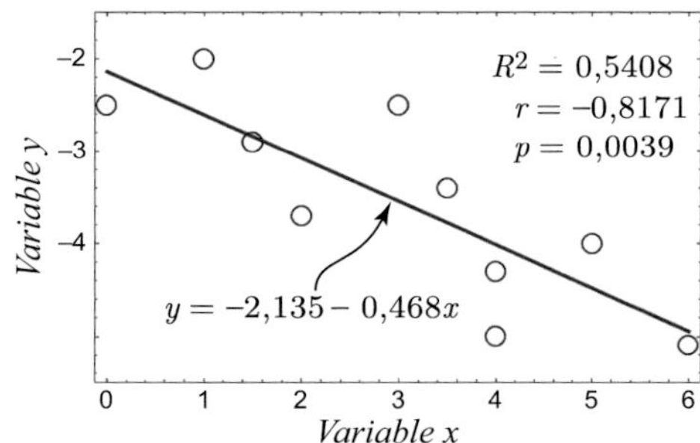

Abb. 1.6 Lineare Regression bezeichnet den Zusammenhang der abhängigen Variable y_i und der unabhängigen Variable x_i. Das Bestimmtheitsmaß R^2 bezeichnet die Qualität der Regression, und die Least-Square-Optimierung definiert die in Blau dargestellte Regressionslinie. Der Pearson-Korrelationskoeffizient wird durch r bezeichnet, und p ist die Signifikanz der Regression

1.4.2.1 Bedeutung einer Regression

Wie bei jeder probabilistischen Datenanalyse sollte die *Bedeutung* der Ergebnisse untersucht werden. Nach der *Hypothesenprüfung* (siehe Abschn. 1.4.3), können die Daten gegen die Nullhypothese $H_0 : b_1 = 0$ getestet werden, wobei b_1 den durch das Regressionsmodell eingeführten Modellparameter bezeichnet (1.10). Ein solcher Test untersucht die Wahrscheinlichkeit, dass die Steigung der Regressionsgeraden null ist, und damit den Umstand, dass x_i und y_i unkorreliert sind. Daher lautet die Teststatistik

$$t = \frac{r\sqrt{n-2}}{\sqrt{1-r^2}}, \tag{1.13}$$

und die Ablehnung von H_0 hat die Wahrscheinlichkeit von $p = 2\int_{-\infty}^{t} \rho_t(x)\mathrm{d}x$. Hier bezeichnet $\rho_t(x)$ die *Wahrscheinlichkeitsdichtefunktion (PDF)* der *Student*[7] *t-Verteilung* (A.3) von $n-2$ Freiheitsgraden. Die Bestimmung der beiden Parameter b_0 und b_1 führt zur Reduktion von zwei Freiheitsgraden der Daten, und der Test ist ein zweiseitiger Signifikanztest, was den Faktor 2 bei der Berechnung der Wahrscheinlichkeit p erklärt.

Beispiel 1.4 (Korrelation von Gefäßwandsteifigkeit und -festigkeit) Eine *in vitro* Gewebecharakterisierungsstudie verwendete Zugversuche zur Messung der Gefäßwandsteifigkeit x und der Gefäßwandfestigkeit y. Die aufgenommenen Daten umfassen Beobachtungen von Gefäßwandproben, die von $n = 20$ Tieren entnommen wurden, siehe Tab. 1.2.

Eine Korrelationsanalyse soll Schlussfolgerungen aus den experimentellen Daten ziehen, wobei folgende Aufgaben zu bearbeiten sind:

(a) Untersuchen Sie, ob die Steifigkeit x und die Festigkeit y linear oder nicht linear korreliert sind.
(b) Berechnen Sie den Korrelationskoeffizienten r und das Bestimmtheitsmaß R^2.
(c) Berücksichtigen Sie ein Signifikanzniveau von 5 % und testen Sie die statistische Signifikanz einer möglichen Korrelation zwischen x und y.

[7] Benannt nach William Sealy Gosset, englischer Statistiker, 1876–1937, der das Pseudonym „Student“ verwendete.

Tab. 1.2 Steifigkeit x und Festigkeit y von Gefäßwandproben, die von $n = 20$ Tieren entnommen wurden

Probe	Steifigkeit x [kPa]	Festigkeit y [kPa]
1	86,5	906,1
2	191,7	1301,9
3	193,3	1854,5
4	228,2	627,5
5	128,0	1299,1
6	169,8	1751,3
7	219,1	1538,5
8	182,4	1815,9
9	155,8	880,7
10	194,3	1352,8
11	233,7	1907,2
12	172,7	3060,1
13	245,2	1871,4
14	175,4	1516,3
15	300,5	2462,8
16	266,7	1851,2
17	190,0	2640,5
18	350,7	1821,5
19	384,0	2272,3
20	257,8	2491,5

■

1.4.2.2 Nichtlineare Regression

Ein einfaches lineares Regressionsmodell erfordert eine lineare Korrelation zwischen x_i und y_i, was wiederum ein *normalverteiltes Residuum* e_i des Regressionsmodells (1.10) ergibt. Anhang A.1.3 skizziert Methoden zur Prüfung der Verteilung von Zufallsdaten. Sind x_i und y_i nicht linear korreliert, kann eine oder beide Variablen transformiert werden, so dass die transformierten Variablen dann eine lineare Korrelation kennzeichnen. Eine solche Transformationsregel hängt natürlich von der individuellen Datenprobe ab und der Leser wird dazu auch auf weiterführende Statistikliteratur [33] verwiesen.

1.4.2.3 Multiple Regression

Mehrere unabhängige Variablen können die abhängige Variable beinflussen. Die Vorhersage einer abhängigen Variable aus einer Reihe von unabhängigen Variablen wird als *multiple Regressionsmodellierung* bezeichnet. Mit zwei unabhängige Variablen x_i^{A} und x_i^{B}, liest sich ein lineares multiples Regressionsmodell

$$y_i = b_0 + b_1^{\mathrm{A}} x_i^{\mathrm{A}} + b_1^{\mathrm{B}} x_i^{\mathrm{B}} + e_i ,$$

wobei e_i den i-ten Fehlerterm oder Residuum bezeichnet, und die Koeffizienten b_0, b_1^{A} und b_1^{B} werden durch Least-Square-Optimierung (Methode der kleinsten Quadrate) identifiziert, und somit $\sum_{i=1}^{n} e_i^2 \rightarrow$ MIN. Es kann schwierig sein, eine Gruppe von Variablen zu identifizieren, die *unabhängige Effekte* auf die abhängigen Variable projizieren – Variablen interagieren oft auf unbekannte (und verborgene) Weise.

Stufenweise Regression ist eine Möglichkeit, multiple Regressionsprobleme zu lösen. Ein automatisches Verfahren fügt unabhängige Variablen (erklärende Variablen) hinzu oder entfernt sie aus dem Regressionsmodell, ein Auswahlprozess, der durch die Optimierung der Modellsignifikanz [24] gesteuert wird. Techniken, die gemeinsam als *Künstliche Intelligenz (KI)* oder *Maschinelles Lernen (ML)* bezeichnet werden, können auch verwendet werden, um mit interagierenden Variablen umzugehen, siehe Abschn. 1.5.

1.4.2.4 Multivariate Regression

Ein *multivariates* Regressionsmodell verwendet eine Reihe von unabhängigen (erklärenden) Variablen und bildet diese auf mehrere abhängige Variablen (Ergebnisvariablen) ab. Solche Modelle versuchen die Beziehungen zwischen den jeweiligen Variablen und ihre Relevanz für das untersuchte Problem zu verstehen.

1.4.3 Hypothesentest

Der beste Weg, die Signifikanz eines Modells zu testen, wäre die Untersuchung der gesamten Population und somit aller Daten, die schließlich vom Modell verarbeitet werden. Da dies oft nicht praktikabel ist, müssen Schlussfolgerungen aus einer zufälligen Stichprobe aus jener Population gezogen werden, eine Methode, die als *Hypothesentest* bezeichnet wird. Es bezieht sich auf die formalen Verfahren zur Annahme oder Ablehnung statistischer Hypothesen. Der Test verwendet Stichprobendaten aus Populationen, um Fragen zu Beobachtungen in den Populationen zu beantworten. Wenn die Stichprobendaten nicht mit der statistischen Hypothese übereinstimmen, wird die Hypothese *abgelehnt*. Es gibt zwei Arten von statistischen Hypothesen:

- *Nullhypothese* H_0. Die Nullhypothese ist in der Regel die Hypothese, bei der die Stichprobenbeobachtungen als rein zufällig resultieren würde.
- *Alternativhypothese* H_{a}. Die Alternativhypothese ist die Hypothese, bei der die Stichprobenbeobachtungen durch eine nicht-zufällige Ursache beeinflusst wäre.

Die Nullhypothese H_0 und die Alternativhypothese H_{a} schließen sich gegenseitig aus.

Betrachten wir das Problem der Beurteilung, ob ein Würfel fair (und nicht gefälscht) ist, wodurch jede Seite $f=1, 2, 3, 4, 5, 6$ mit der gleichen Wahrscheinlichkeit $p(f)=1/6$ gewürfelt werden würde. Dies könnte mit

$$H_0 : p(f) = 1/6 \quad ; \quad H_{\mathrm{a}} : p(f) \neq 1/6 \tag{1.17}$$

getestet werden, wobei H_0 und H_{a} jeweils die Nullhypothese und die Alternativhypothese bezeichnet. Die Ablehnung von H_0 würde bedeuten, dass der Würfel *nicht* fair ist, und die Ablehnung von H_{a} würde bedeuten, dass der Würfel *fair* ist.

Die Beweisstärke zur Unterstützung einer Hypothese wird durch die Wahrscheinlichkeit und somit dem *p-Wert* gemessen. Wenn der p-Wert kleiner als das (vordefinierte) Signifikanzniveau ist, lehnen wir die Hypothese ab. Ein Test einer statistischen Hypothese, bei dem der Ablehnungsbereich auf einer oder beiden Seiten der Stichprobenverteilung liegt, wird als *einseitiger* oder *zweiseitiger* Test bezeichnet. Abb. 1.7 veranschaulicht das.

Zusammenfassend folgt die statistische Hypothesenprüfung in der Regel den folgenden drei unterschiedlichen Schritten:

- Formulieren Sie die zu testenden Hypothesen und spezifizieren Sie die Statistiken, die das Problem repräsentieren.
- Formulieren Sie einen Analyseplan und berechnen Sie die Wahrscheinlichkeit p unter der jeweiligen Hypothese.
- Ist p unterhalb des (ausgewählten) Signifikanzniveaus, lehnen Sie die Hypothese ab und ziehen die entsprechenden Schlussfolgerungen.

1.4.3.1 Fehler und Trennschärfe eines Hypothesentests

Ein *Fehler 1. Art* tritt auf, wenn die Nullhypothese H_0 fälschlicherweise abgelehnt wird, und somit ein *falsch positives* Ergebnis vorhergesagt wird. Die Wahrscheinlichkeit, einen Fehler 1. Art zu begehen, wird als das Signifikanzniveau des Tests bezeichnet. Im oben genannten Beispiel mit dem Würfel würde H_0 abgelehnt werden, obwohl der Würfel tatsächlich fair wäre.

Ein *Fehler 2. Art* tritt auf, wenn die Nullhypothese H_0 eine negative Beobachtung nicht ablehnt, und somit ein *falsch negatives* Ergebnis vorhergesagt wird – H_0 würde nicht abgelehnt werden, obwohl der Würfel tatsächlich unfair wäre. Die Wahrscheinlichkeit, einen Fehler 2. Art zu begehen, wird als die *Trennschärfe* des Tests bezeichnet. Je größer die Stichprobengröße und je höher das Signifikanzniveau (d.h., je geringer die Wahrscheinlichkeit, einen Fehler 1. Art zu begehen), desto

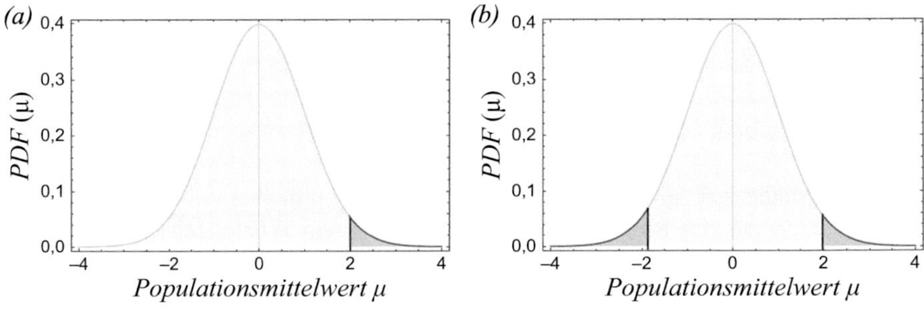

Abb. 1.7 Statistische Hypothesentests des Populationsmittelwerts μ. (**a**) Die Ablehnung der Nullhypothese $H_0 : \mu \leq 2$ wird durch den hervorgehobenen Bereich veranschaulicht und führt zu einem einseitigen Test. (**b**) Die Ablehnung der Nullhypothese $H_0 : |\mu| \leq 2$ wird durch den hervorgehobenen Bereich veranschaulicht und führt zu einem zweiseitigen Test

größer ist die Trennschärfe des Tests. Darüber hinaus ist die Trennschärfe des Tests umso größer, je größer der Unterschied zwischen dem „wahren“ Wert eines Parameters und dem in der Nullhypothese angegebenen Wert ist.

Beispiel 1.5 (Test auf Hellsehen) Einer Person wird die Rückseite von $n = 25$ zufällig ausgewählten Spielkarten gezeigt, und sie wird dann gefragt zu welchem der vier Kartensymbole (Pik, Karo, Herz oder Kreuz) sie gehört. Die Person sollte auf Hellsehen gemäß den folgenden Aufgaben getestet werden:

(a) Formulieren Sie eine geeignete Nullhypothese H_0 und eine Alternativhypothese H_a.
(b) Zeichnen Sie ein Baumdiagramm und berechnen Sie die Anzahl der falsch positiven Ergebnisse in einem solchen Test.
(c) Berechnen Sie das Signifikanzniveau für mindestens $x = 9$ korrekte Antworten.
(d) Berechnen Sie, wie viele Antworten korrekt sein müssen, um ein Signifikanzniveau von weniger als 5 % zu erreichen.

■

1.4.4 Mittelwertdifferenztest

Ob zwei *Stichproben* aus *verschiedenen Populationen* stammen, kann mit einem Mittelwertdifferenztest untersucht werden. Ein solcher Test ist typischerweise geeignet für normalverteilte Populationen und eine Stichprobengröße von 15 oder mehr. Die Stichprobe sollte keine Ausreißer enthalten und kleinere Stichproben sollten symmetrisch sein. Die Voraussetzungen für das Überprüfen von Datenverteilungen in der Statistik sind in Abschn. A.1.3 zusammengefasst.

1.4.4.1 Einfacher t-Test

Der *einfache t-Test* testet die Nullhypothese $H_0 : \mu = \mu_0$, dass der Populationsmittelwert μ einem bestimmten Wert μ_0 entspricht. Mit einer Stichprobe der Größe n, dem Mittelwert $\bar{x}$, und der SD s, lautet die Statistik

$$t = \frac{\bar{x} - \mu_0}{s/\sqrt{n}} \,. \tag{1.18}$$

Dementsprechend hat der zweiseitige Signifikanztest zur Ablehnung von H_0 die Wahrscheinlichkeit $p = 2\int_{-\infty}^{t} \rho_t(x)\mathrm{d}x$, wobei $\rho_t(x)$ die PDF der Studentschen t-Verteilung (A.3) bezeichnet.

Der einfache t-Test kann auch verwendet werden, um die Differenz $x = x_2 - x_1$ von Beobachtungen x_1 und x_2 aus n *gepaarten Stichproben* zu testen.

1.4.4.2 Zwei-Stichproben-t-Test für unabhängige Stichproben

Gegeben sind zwei unabhängige Stichproben x und y, der *Zwei-Stichproben-t-Test* prüft, ob die beiden *Stichproben* aus *unterschiedlichen Populationen* stammen. Die

Nullhypothese $H_0: \mu_x = \mu_y$ wird häufig verwendet, wobei μ_x und μ_y die jeweiligen Populationsmittelwerte der Stichproben x und y bezeichnen. Folglich würde die Ablehnung von H_0 darauf hindeuten, dass die beiden Stichproben aus unterschiedlichen Populationen stammen. Im Allgemeinen haben die beiden Stichproben unterschiedliche Größen n_x, n_y und SD s_x, s_y, so dass die Statistik

$$t = \frac{\overline{x} - \overline{y}}{\overline{s}} \; ; \; \overline{s} = \sqrt{\frac{s_x^2}{n_x} + \frac{s_y^2}{n_y}}, \tag{1.19}$$

lautet, wobei $\overline{s}$ eine gewichtete SD bezeichnet. Ein solcher Test wird *Welch*[8] *t-Test*, eine Verallgemeinerung des *Studentschen t-Tests*, genannt.

Um die Wahrscheinlichkeit der Ablehnung von H_0 zu berechnen, bestimmt die nächste ganze Zahl des Ausdrucks

$$(s_x^2/n_x + s_y^2/n_y)^2 \Big/ \left[\frac{(s_x^2/n_x)^2}{n_x - 1} + \frac{(s_y^2/n_y)^2}{n_y - 1} \right] \tag{1.20}$$

die Freiheitsgrade ν des Problems. Schließlich hat die Ablehnung von H_0 die Wahrscheinlichkeit von $p = 2 \int_{-\infty}^{t} \rho_t(x) \mathrm{d}x$ des zweiseitigen Signifikanztests, wobei $\rho_t(x)$ die PDF der Studentschen t-Verteilung (A.3) bezeichnet.

Beispiel 1.6 (Schlussfolgerungen aus Daten zur Gefäßwandsteifigkeit) Betrachten wir eine *in vivo* Gewebecharakterisierungsstudie zur Untersuchung der Auswirkungen von Bluthochdruck auf die Steifigkeit der Aorta bei Ratten. Die Steifigkeit des Gefäßes wurde zu Beginn der Studie gemessen, und die Ratten wurden dann medikamentös behandelt, um ihren Blutdruck zu erhöhen. Nach sechs Wochen wurde die Steifigkeit erneut bei den gleichen Tieren gemessen. Die Daten wurden unabhängig von zwei Experimentatoren (Experimentator A und Experimentator B) und bei einer Reihe verschiedener Tiere erhoben. Sie sind in Tab. 1.3 aufgeführt, und das Signifikanzniveau von $p = 0{,}05$ kann für die Hypothesentests verwendet werden.

Schlussfolgerungen aus den experimentellen Daten in Tab. 1.3 sollten durch die Analyse der folgenden Aufgaben gezogen werden:

(a) Sind die experimentelle Daten normal verteilt?
(b) Sind die experimentelle Daten unabhängig von dem Experimentator, der sie erfasst hat?
(c) Verändert die Einnahme des Medikaments die Steifigkeit der Aorta der Ratten?

[8] Bernard Lewis Welch, britischer Statistiker, 1911–1989.

Tab. 1.3 Steifigkeit der Aortenwand, die durch eine *in vivo* Gewebecharakterisierungsstudie ermittelt wurde. Die Proben A1–A20 wurden von Experimentator A und die Proben B1 bis B23 von Experimentator B erhoben

Probe	Ausgangszustand [kPa]	Medikamentierter Zustand [kPa]	Veränderung [kPa]
A1	1235,6	827,5	−408,1
A2	595,6	705,1	109,5
A3	833,0	974,9	141,9
A4	498,5	955,4	456,9
A5	709,7	1194,2	484,6
A6	996,7	912,4	−84,3
A7	540,8	944,7	403,9
A8	612,3	867,5	255,2
A9	592,2	964,4	372,2
A10	1193,7	1161,7	−32,0
A11	579,9	1010,7	430,8
A12	707,8	753,5	45,6
A13	763,7	946,0	182,3
A14	1089,4	1121,6	32,2
A15	883,6	954,9	71,3
A16	628,6	911,1	282,5
A17	614,9	590,4	−24,5
A18	909,3	1108,7	199,5
A19	628,2	1243,5	615,3
A20	953,0	1169,2	216,2
B1	634,8	837,6	202,8
B2	771,3	1121,8	350,5
B3	1496,3	1118,4	−378,0
B4	554,3	569,8	15,5
B5	1346,6	909,7	−436,9
B6	1217,5	1018,8	−198,7
B7	535,6	1010,9	475,3
B8	1246,3	715,9	−530,5
B9	298,2	1075,4	777,1
B10	978,0	1110,7	132,7
B11	1203,3	872,6	−330,7
B12	1181,9	1004,1	−177,9
B13	512,0	1275,8	763,8

(Fortsetzung)

Tab. 1.3 (Fortsetzung)

Probe	Ausgangszustand [kPa]	Medikamentierter Zustand [kPa]	Veränderung [kPa]
B14	785,6	925,7	140,1
B15	483,3	1115,5	632,2
B16	590,1	1068,0	477,8
B17	1122,8	717,4	−405,4
B18	814,4	1008,6	194,2
B19	1709,0	979,5	−729,5
B20	466,2	964,4	498,2
B21	45,2	1041,6	996,4
B22	543,0	1056,0	513,0
B23	776,5	797,9	21,5

■

1.5 Künstliche Intelligenz

Künstliche Intelligenz (KI) (ein Teilbereich davon ist Maschinelles Lernen (ML)), bezieht sich auf den Bereich der Informatik, der Maschinen (Software) erstellt, um eine spezifische Aufgabe ohne explizite Anweisungen auszuführen. Es kann als *die Fähigkeit eines Systems definiert werden, externe Daten korrekt zu interpretieren, aus solchen Daten zu lernen und diese Erkenntnisse zur Erreichung spezifischer Ziele und Aufgaben durch flexible Anpassung zu nutzen* [25]. KI-Algorithmen ahmen oft kognitive Funktionen nach, wie *Lernen* und *Problemlösen*, indem sie Algorithmen auf der Basis von Künstlichen Neuronalen Netzwerken (KNN), Bayesschen Netzwerken (BN), mathematischer Optimierung, Support-Vektor-Maschinen, Entscheidungsbäumen und dergleichen verwenden. Solche Ansätze können große Mengen an Daten verarbeiten und verwenden, um Vorhersagen zu treffen [32]. KI-Algorithmen lernen nicht nur aus Daten, sondern verbessern sich und ihre Vorhersagefähigkeit durch das Erlernen neuer Heuristiken. Die Lösung praktisch relevanter Probleme ist oft mit der Verfügbarkeit von Hochleistungsrechenressourcen (HPC) und großen Datensätzen von experimentellen Beobachtungen verbunden. Dieses Modellierungsfeld entwickelt sich schnell, und zahlreichen mathematische Algorithmen [22] in Open Souce Software sind verfügbar.

1.5.1 Lernen und Vorhersage

KI-Algorithmen erwerben ihr Wissen durch *Lernen* oder *Training*. *Überwachtes Lernen* erwirbt Wissen aus Daten, die sowohl die Eingaben als auch die gewünschten Ausgaben enthalten. Es ähnelt sehr einer Regressionsanalyse, siehe Abschn. 1.4.2, bei der die unabhängigen Variablen die Eingabe und die abhängigen Variablen die Ausgabe sind. Das durch das Lernen erlangte Wissen wird durch die Koeffizienten des Regressionsmodells repräsentiert. KI-Ansätze sind jedoch überlegen im Umgang mit potenzieller Abhängigkeit der unabhängigen Variablen sowie jeglicher Nichtlinearität, die mit dem Problem verbunden ist. Bei *unüberwachtem Lernen* erwirbt der KI-Algorithmus Wissen aus einem Datensatz, der nur Eingaben und *keine* gewünschten Ausgaben enthält.

Reale Daten sind oft inkonsistent („verschmutzt"), und *Anomalieerkennung,* auch bekannt als *Ausreißererkennung,* wird verwendet, um die Daten von „verdächtigen" Beobachtungen zu bereinigen, bevor die Lernphase beginnt.

1.5.2 Künstliches Neuronales Netzwerk

KNNs sind Modelle, die vage von der Struktur des Gehirns inspiriert sind. *Knoten* repräsentieren *Neuronen* und sind durch *Leitungen*, die die *Synapsen* in einem biologischen Gehirn darstellen, verbunden, siehe Abb. 1.8a. Jede Leitung kann ein *Signal* (Information) von einem Knoten zu einem anderen übertragen. Ein Knoten verarbeitet die empfangene Information und gibt seinerseits Information, an die mit ihm verbundenen Knoten, weiter. In gängigen KNN-Implementierungen ist das Signal, das durch Leitungen übertragen wird, eine reale Zahl, und die Ausgabe jedes Knotens ist eine nichtlineare Funktion der Summe seiner Eingaben. Leitungen haben ein *Gewicht,* das die Signalstärke entsprechend verändert. Die Gewichte werden in der *Lernphase* oder *Trainingsphase* des Modells festgelegt. Ein Knoten kann auch einen Schwellwert haben, und ein Signal wird nur gesendet, wenn es diese Schwelle überschreitet.

Typischerweise werden Knoten in Ebenen angeordnet. Verschiedene Ebenen können verschiedene Transformationen ihrer jeweiligen Eingaben durchführen. Die Signale übertragen sich von der *Eingabeebene,* durch *innere Ebenen,* zur *Ausgabeebene.* Ein KNN mit mehreren inneren Ebenen verwendet einen *Deep-Learning* Ansatz und kann avancierte Lernalgorithmen sowie HPC-Ressourcen erfordern.

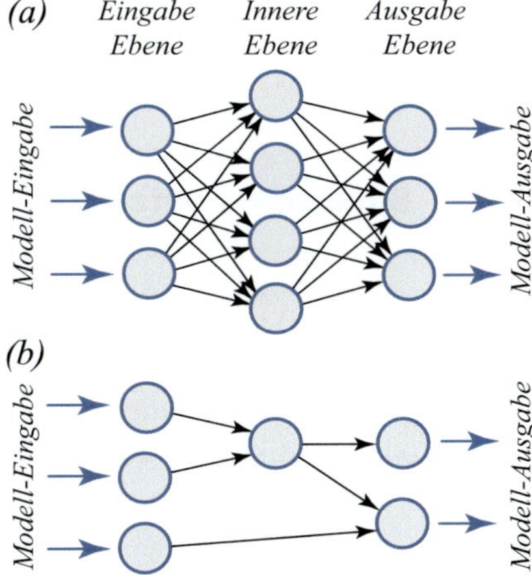

Abb. 1.8 Zwei gängige Modellansätze, die in der Künstlichen Intelligenz (KI) verwendet werden. (**a**) Ein Künstliches Neuronales Netzwerk (KNN) ist eine vernetzte Gruppe von Knoten, die ein Netzwerk von Neuronen in einem biologischen Gehirn nachahmt. (**b**) Ein Bayessches Netzwerk (BN) modelliert die bedingte Abhängigkeit von Variablen in einem Netzwerk

Das Training von KNN und damit die Identifizierung der Gewichte der Leitungen zwischen den Knoten kann als Optimierungsproblem betrachtet werden. Der *Backpropagation-Algorithmus* folgt diesem Konzept und ermöglicht das effiziente Training eines KNN, indem er ein Gradientenverfahren verfolgt [42].

Beispiel 1.7 (Training eines künstlichen Neuronalen Netzwerks) Abb. 1.9 zeigt einen Teil eines Künstlichen Neuronalen Netzwerks (KNN). Die Eingaben x_1 und x_2 werden durch w_1 und w_2 gewichtet, und der Knoten N bestimmt dann den Ausgang y. Der Knoten N wird durch die logistische Funktion

$$y = [1 + \exp(-z)]^{-1} \tag{1.22}$$

bestimmt, wobei $z = \sum_{i=1}^{2} x_i w_i$ die kumulative Eingabe bezeichnet.

(a) Drücken Sie den „Lernprozess" des KNN durch ein Least-Square-Optimierungsproblem aus.
(b) Identifizieren Sie die Gewichte w_1 und w_2 im Sinne von überwachtem Lernen, wobei Tab. 1.4 die jeweiligen Trainingsdaten auflistet.

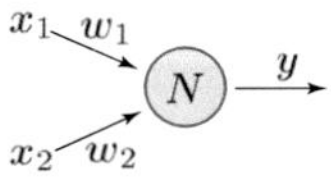

x_1 w_1 N y x_2 w_2

Abb. 1.9 Teil eines Künstlichen Neuronalen Netzwerks (KNN) mit x_1, x_2 und y, die Eingabe und Ausgabe bezeichnen. Die Gewichte w_1 und w_2 werden durch Training identifiziert

Tab. 1.4 Trainingsdaten für überwachtes Lernen. Die Eingabe wird durch x_1, x_2 bezeichnet, während $\tilde{y}$ der gewünschte Ausgang des Knotens N ist

x_1	x_2	$\tilde{y}$
− 1,0	0,3	0,2
− 0,9	0,1	0,3
2,0	2,0	0,9
3,0	1,0	1,0

■

1.5.3 Bayessches Netzwerk

Ein BN, auch bekannt als Bayes[9] Netzwerk oder Entscheidungsnetzwerk, ist ein probabilistisches Modell, das *eine Anzahl von Variablen* und ihre *bedingten* Abhängigkeiten darstellt.

Betrachten wir einen Patienten mit einer Erkrankung, die entweder mit Medikament A oder Medikament B behandelt werden kann. Beide Medikamente haben das Risiko für gefährliche Wechselwirkungen und dürfen nicht zusammen ver-

[9] Thomas Bayes, englischer Statistiker und Philosoph, 1701–1761.

abreicht werden. Das in Abb. 1.10 dargestellte BN repräsentiert dieses Problem, wobei jede Variable (Verabreichung von Medikament A, Verabreichung von Medikament B und Behandlungserfolg) entweder Wahr (W) oder Falsch (F) sein kann. Die Verabreichung beider Medikamente ist bedingt abhängig (sie dürfen nicht zusammen verabreicht werden), und beide Medikamente beeinflussen die Wahrscheinlichkeit des Behandlungserfolgs.

Eine *bedingte Wahrscheinlichkeitstabelle* drückt die bedingte Abhängigkeit aller Variablen aus, siehe Tab. 1.5. Die oberste Tabelle zeigt, dass Medikament A 20 % der Patienten verabreicht wurde, während 80 % es nicht erhielten. Die mittlere Tabelle betrifft die Verabreichung von Medikament B. Unabhängig von gefährlichen Wechselwirkungen zwischen den beiden Medikamenten erhielten einige Patienten beide Medikamente, siehe die unterste Zeile in der Tabelle. Die unterste Tabelle zeigt die Wahrscheinlichkeit des Behandlungserfolgs in Bezug auf die Verabreichung der beiden Medikamente.

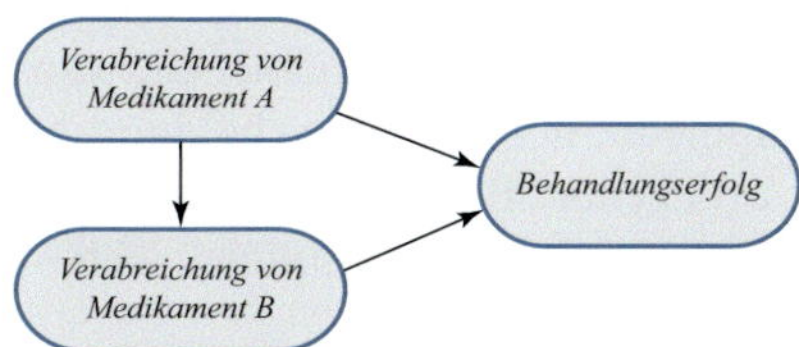

Abb. 1.10 Behandlung einer Erkrankung mit zwei verschiedenen Medikamenten. Variablen und ihre bedingten Abhängigkeiten werden durch einen gerichteten azyklischen Graphen dargestellt

Tab. 1.5 Bedingte Wahrscheinlichkeitstabellen. Die drei binären Variablen (Verabreichung von Medikament A, Verabreichung von Medikament B und Behandlungserfolg) beschreiben das Problem. (W - wahr; F - falsch)

Verabreichung von Medikament A	
W	F
0,2	0,8

Verabreichung von Medikament B		
Verabreichung von Medikament A	W	F
F	0,4	0,6
W	0,01	0,99

Behandlungserfolg			
Verabreichung von Medikament A	Verabreichung von Medikament B	W	F
F	F	0,0	1,0
F	W	0,8	0,2
W	F	0,9	0,1
W	W	0,99	0,01

Zusammenfassend gesagt, ist ein BN ein *vollständiges* Modell für seine Variablen und ihre Beziehungen, und kann zur Beantwortung jeglicher probabilistischer Abfragen verwendet werden. Bei KI-Anwendungen werden die Informationen, die von den bedingten Wahrscheinlichkeitstabellen ausgedrückt werden, durch *Lernen* oder *Training* erworben. Ähnlich wie bei ANN können Optimierungsmethoden verwendet werden, um ein BN zu trainieren.

1.5.4 Entscheidungsbaum

Eine große Anzahl von Beobachtungen erlaubt es einen *Entscheidungsbaum* aus solchen Daten „wachsen" zu lassen, ein Prozess, der Entscheidungsbaum-Lernen genannt wird. Abb. 1.11 veranschaulicht die Anwendung eines Entscheidungsbaums zur Vorhersage der Steifigkeit der Gefäßwand. Der Entscheidungsbaum beginnt an seiner Wurzel; eine Kohorte von Patienten mit Eigenschaften wie Geschlecht, Raucherstatus und Alter. Darüber hinaus enthält jeder Patienteneintrag eine Gefäßwandsteifigkeit k_i [kPa], eine Variable, die von den Patientenattributen abhängt. Es ist dieser Parameter, der vom Entscheidungsbaummodell vorhergesagt werden soll. Für das vorliegende Beispiel beträgt die durchschnittliche Wandsteifigkeit der Wurzelkohorte $\bar{k} = 98{,}3$ kPa, siehe Abb. 1.11. Die Kohorte wird

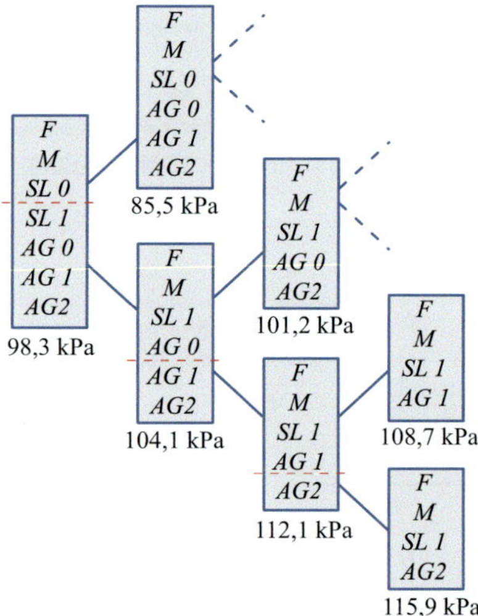

Abb. 1.11 Entscheidungsbaum-Lernen zur Analyse der Steifigkeit der Blutgefäßwand. Eine Box bezeichnet eine Patientenkohorte mit einer Anzahl von Attributen (*F*-weiblich; *M*-männlich; *SL 0*-Rauchlevel 0; *SL 1*-Rauchlevel 1; *AG 0*-Altersgruppe 0; *AG 1*-Altersgruppe 1; *AG 2*-Altersgruppe 2), und unter jeder Box wird die durchschnittliche Gefäßwandsteifigkeit innerhalb dieser Kohorte angegeben. Die Verzweigungen entwickeln sich durch rekursives Aufteilen im Sinne der Homogenisierung der Gefäßwandsteifigkeit in den (entstehenden) Untergruppen. Die roten gestrichelten Linien zeigen, wo die Kohorten aufgeteilt werden

dann in zwei Untergruppen, $\mathcal{A}$ und $\mathcal{B}$, aufgeteilt, um die Homogenität jeder Untergruppe in Bezug auf k_i zu erreichen. Üblicherweise beinhaltet dies die Minimierung einer Kostenfunktion

$$\sum_{i \in \mathcal{A}} (k_i - \overline{k}_{\mathcal{A}})^2 + \sum_{i \in \mathcal{B}} (k_i - \overline{k}_{\mathcal{B}})^2 \rightarrow \text{MIN}\,, \tag{1.24}$$

wobei $\overline{k}_{\mathcal{A}}$ und $\overline{k}_{\mathcal{B}}$ die Mittelwerte von k_i in den Untergruppen bezeichnen, und es bestimmt die optimale Partitionierung der Daten. Der Prozess ist *inhärent rekursiv* und endet mit einer Anzahl von Untergruppen und ihrer jeweiligen durchschnittlichen Gefäßwandsteifigkeit.

Verschiedene Kriterien werden verwendet, um das Aufteilen zu *beenden* und den Baum zu *„beschneiden"*, Operationen, die notwendig sind, um *Überanpassung (overfitting)* zu vermeiden und die Komplexität des Baums zu reduzieren. Da die Steifigkeit der Gefäßwand eine kontinuierliche Variable ist, stellt das oben genannte Beispiel einen *Regressions*-Entscheidungsbaum dar. Die Vorhersage eines bestimmten Krankheitsstatus würde eine binäre Variable $p_i \in \{0, 1\}$ verwenden, und ein *Klassifikations*-Entscheidungsbaum beschreibt dann das Problem.

1.6 Fallstudie: Biomechanische Rupturrisikobewertung eines abdominalen Aortenaneurysmas

Diese Fallstudie integriert einige der zuvor genannten Konzepte um das Risiko von Rupturen abdominaler Aortenaneurysmen (AAA) zu modellieren. Die AAA Krankheit kennzeichnet eine Erweiterung der Bauchaorta, die unter Umständen rupturieren kann. AAA Rupturen verursachen viele Todesfälle, insbesondere bei Männern über 65 Jahren wird oft ein AAA diagnostiziert. Eine chirurgische oder endovaskuläre Behandlung kann (und sollte) nicht allen Patienten angeboten werden. Eine AAA Reparatur wird empfohlen, wenn das AAA Rupturrisiko als höher als das Risiko des Eingriffs eingestuft wird. Während die krankenhausspezifischen Behandlungsrisiken gut vorhersehbar sind, bleibt die Risikobewertung einer *in vivo* AAA-Ruptur beim jeweiligen Patienten nach wie vor schwierig.

1.6.1 Mängel der aktuellen AAA Risikobewertung

Die aktuelle klinische Praxis zur Bewertung des AAA Rupturrisikos bezieht sich auf den größten Durchmesser des Aneurysmas sowie dessen Veränderung im Laufe der Zeit. Eine AAA Reparatur wird im Allgemeinen empfohlen, wenn der Durchmesser entweder 55 mm überschreitet oder schneller als 10 mm pro Jahr wächst [6, 20, 50]. Die Mehrheit der Klinikern folgt diesem Rat[10] und verwendet beide genannten

[10] Siehe die Umfrage unter Gefäßklinikern auf https://www.artecdiagnosis.com/files/Vascops_survey2006.pdf

Indikationskriterien für die klinische Entscheidungsfindung. Diese Bewertung des Rupturrisikos ist jedoch Gegenstand anhaltender Diskussionen – AAA mit Durchmessern kleiner als 55 mm reißen (sogar unter klinischer Überwachung), während viele Aneurysmen, die größer als 55 mm sind, auf Lebzeiten unauffällig bleiben [8, 35]. Angesichts der *schlechten* Spezifizität der durchmesserbasierten Risikoeinschätzung ist die AAA-Patientenbehandlung ökonomisch suboptimal. Die Unzulänglichkeit der durchmesserbasierten Risikoeinschätzung hat auch zu erheblichen Forschungsanstrengungen auf diesem Gebiet geführt, und eine besser *individualisierte* AAA Reparaturindikation wäre von großem klinischem Nutzen. Die Biomechanische Rupturrisikobewertung (BRRA) [13, 16, 19, 29, 40, 48, 52, 54, 56] ist ein solches Konzept und bildet die Grundlage unserer Fallstudie.

1.6.2 Beabsichtigte Modellanwendung

Das BRRA Modell soll einen auf Biomechanik basierenden Rupturrisikoindex liefern, der direkt in den klinischen Entscheidungsprozess integrierbar ist, und Klinikern bei der Entscheidung unterstützt ob ein Aneurysmabehandlungseingriff notwendig ist oder nicht. Die diagnostischen Informationen sollten aus routinemäßig aufgenommenen Computertomographie-Angiographie (CT-A) Bildern, zusammen mit anderen Patienteninformationen, wie beispielsweise. Alter, Geschlecht und medizinischer Vorgeschichte, abgeleitet werden. Die diagnostischen Informationen sollten auch direkt von klinischen Operateuren unter Verwendung von gewöhnlicher Computer-Hardware, wie sie im Krankenhaus verfügbar ist, abgeleitet werden.

1.6.3 Materialversagenshypothese

Das Erhöhen der Belastung in der Gefäßwand auf überphysiologische Spannung führt zur Bildung lokaler *Spannungskonzentrationen*, die das Gewebe auf der Mikroskala schädigen. Angesichts der beeinträchtigten biologischen Funktionalität des Aneurysmagewebes [7] können solche *Mikrodefekte* nicht heilen, und die Gefäßwand verliert kontinuierlich an Festigkeit. Die Mikrodefekte verschmelzen miteinander und führen zur Bildung von *Makrodefekten,* die schließlich die AAA-Wand rupturieren.

Eine Reihe technischer Konzepte steht zur Verfügung, um die Entstehung und Ausbreitung von Fehlern (Makrodefekte) in Materialien zu untersuchen [36]. Die Einführung eines Risikoindex $\xi = \sigma_M / Y$, der die von Mises[11] Spannung σ_M in der Wand mit der Wandfestigkeit Y in Beziehung setzt, ist ein solches Konzept. Der Index ξ wird in der gesamten aneurysmatischen Aortawand berechnet, und sein Maximum, der Peak Wand Rupture Index (PWRI) genannt, als diagnostischer Risikoindex verwendet.

[11] Richard von Mises, österreichisch-ungarischer Mathematiker, 1883–1953.

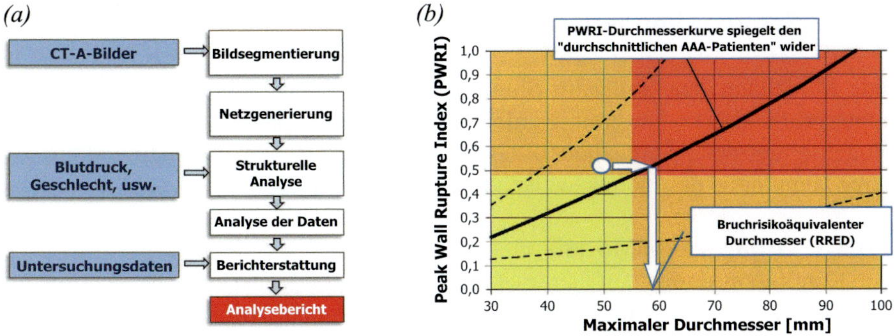

Abb. 1.12 (**a**) Arbeitsablauf der biomechanischen Rupturrisikobewertung (BRRA) von abdominalen Aortenaneurysmen (AAA) mit der A4clinicsRE Software (VASCOPS GmbH, Graz, Österreich). (**b**) Definition des Rupturrisikoäquivalenten Durchmessers (RRED) für einen individuellen AAA-Patienten. Der RRED bezeichnet den Durchmesser eines durchschnittlichen AAA, das denselben Peak Wand Rupturindex (PWRI) aufweist wie der individuelle Fall

1.6.4 Arbeitsablauf und Diagnoseinformationen

Eine robuste, schnelle und bedienerfreundliche und -unabhängige Simulationskette ist erforderlich, um die BRRA in den klinischen Arbeitsablauf zu implementieren, und Abb. 1.12a veranschaulicht einen solchen Ansatz mit der A4clinicsRE Software (VASCOPS GmbH, Graz, Österreich). Ein *Bildsegmentierungsschritt* entwickelt ein 3D-geometrisches Modell, und ein *Netzgenerierungsschritt* bereitet die Struktur auf ihre numerische Analyse vor [3]. Der Benutzer legt patientenspezifische Eigenschaften fest, und eine *Strukturanalyse* berechnet die mechanische Spannung in der AAA Wand, die durch den Blutdruck und die individuelle Aneurysma Anatomie entsteht. Ein *Datenanalyse*-Schritt extrahiert geometrische und biomechanische Schlüsselparameter, Informationen, die dann zusammen mit anderen Untersuchungsdaten im *Analysebericht* dargestellt werden. Die gesamte Analyse dauert etwa 10 Minuten mit Standard-Laptops oder PCs.

Das individuelle Rupturrisiko kann auf das durchschnittliche Risiko mit Hilfe des *Rupturrisikoäquivalenten Durchmessers (RRED)* in Beziehung gesetzt werden, siehe Abb. 1.12b. Der RRED spiegelt die Größe des durchschnittlichen Aneurysmas wider, das dasselbe biomechanische Rupturrisiko aufweist wie der individuelle Fall [19]. Er übersetzt das individuelle biomechanische Risiko in ein Durchmesserrisiko, d.h. den klinisch angewendeten Risikostratifizierungsparameter. Der RRED verbindet auch die individuelle biomechanische Bewertung mit den Ergebnissen großer durchmesserbasierter klinischer Studien, wie der UK Small Aneurysm Trial [19, 51].

1.6.5 Schlüsselmodellannahmen

Jede Modellannahme sollte im Sinne der IMA auf die Unsicherheit der Modellinputinformationen bewertet werden. Ein effizientes BRRA Modell sollte nur Modellierungsdetails enthalten, die das klinische Ergebnis verbessern und alle anderen Kenntnisse des biomechanischen Problems *ignorieren.*

1.6.5.1 Organ-Level Modell

Ein Kontinuumsansatz auf der makroskopischen Längenskala von Zentimetern wird verwendet, um ein biomechanisches Aortenmodel zu entwickeln. Das Modell umfasst die infrarenale Aorta, und ihre genaue 3D-geometrische Darstellung wurde als der wichtigste Parameter für die zuverlässige Berechnung der Wandspannung identifiziert [10, 40]. Das AAA Modell ist an den Nierenarterien und der Aortenbifurkation fixiert, es wird kein Kontakt mit umgebenden Organen berücksichtigt, und die Wandspannung wird bei mittlerem arteriellem Druck (MAP) berechnet. Das diskretisierte biomechanische Modell wird dann mit der nichtlinearen FEM gelöst [59].

1.6.5.2 Gefäßgewebemodell

Die Histologie der Blutgefäßwand ist sehr komplex, was zu ihren nichtlinearen, anisotropen und zeitabhängigen mechanischen Eigenschaften führt, siehe Abschn. 5.3. Nicht immer muss diese Komplexität *auch* modelliert werden.

AAA Wandspannungsberechnungen sind nicht besonders empfindlich gegenüber der konstitutiven Beschreibungen des Gewebes [10, 40], solange ihr nichtlineares Verhalten respektiert wird, d.h. die anfänglich geringe Wandsteifigkeit bei höheren Dehnungen maßgeblich zunimmt [39]. Eine ähnliche Vereinfachung kennzeichnet den Intra-Luminalen Thrombus (ILT). Obwohl er hochporös [1, 17] ist und viel Wasser enthält, liefert ein Einphasenmodell, das den Flüssigkeitsfluss innerhalb des Gewebes vernachlässigt, die Wandspannung mit ausreichender Genauigkeit im Kontext der BRRA [4, 37]. Das isotrope Yeoh Modell mit zwei Parametern [58], kalibriert auf Durchschnittsdaten der AAA Wand [40] sowie des ILT [17], wurde daher bei der Modellierung von AAA Gewebe verwendet.

Die Festigkeit der AAA Wand streut stark und ist von vielen Faktoren beeinflusst [11, 14, 15, 28, 30, 41, 46]. Wandfestigkeit und Wanddicke sind stark negativ korreliert [18], eine Beobachtung, die die Verwendung einer einheitlichen Wanddicke im BRRA Modell begünstigt.

1.6.6 Klinische Validierung

Die BRRA spiegelt das reale Objekt bis zu einem begrenzten Grad der Vollständigkeit wider. Ob das Modell die wichtigsten Aspekte des realen Problems berücksichtigt, muss *validiert* werden – das Modell muss gegen seine IMA getestet werden. Zumindest muss die BRRA-Diagnose eine *Verbesserung* gegenüber dem aktuellen klinischen Standard zeigen. Die Implementierung in den regulären klinischen

Arbeitsablauf wäre dann gerechtfertigt. Die Validierung bezieht sich immer auf verschiedene Aspekte und einige davon werden unten diskutiert.

Operator Variabilität Die Intra-Operator- und Inter-Operator-Variabilität des A4clinicsRE Rupturrisikobewertungssystems wurde in klinischen Umgebungen getestet [23, 50]. Die Studien zeigten eine Intra-Operator-Variabilität von 2,7 % [497] für PWRI-Prognosen und von 1,5 % für Messungen des maximalen Durchmessers. Diese hohe Präzision konnte nur mit aktiven (verformbaren) Bildsegmentierungsmodellen erreicht werden [3, 57].

Retrospektiver Vergleich zwischen rupturierten und nicht rupturierten AAA Der diagnostische Wert der BRRA wurde bereits fast 25 Jahre lang untersucht [13, 16, 19, 29, 38, 40, 52, 54, 56]. In diesen Studien wurde regelmäßig gezeigt, dass Peak Wandspannung (PWS) bei rupturierten/symptomatischen AAA höher ist als bei intakten/nicht symptomatischen AAA [26, 47]. Die Einbindung der AAA Wandfestigkeit, basierend auf einem statistischen Modell, das mechanische *in vitro* Experimente mit Patientencharakteristika korrelierte [55], führte zu einer weitern Verbesserung der Klassifizierbarkeit von rupturierten und nicht rupturierten Fällen [16, 29]. Abb. 1.13 fasst diese Ergebnisse zusammen und zeigt, dass RRED im Durchschnitt 14,0 mm größer war bei Patienten, die eine AAA-Ruptur erlebten, im Vergleich zu nicht rupturierten Fällen.

Quasi-prospektiver Vergleich zwischen rupturierten und nicht rupturierten AAA CT-A-Aufnahmen von Patienten vor der Ruptur ihres AAA liefern ideale Informationen zur Validierung der BRRA. Angesichts solcher Daten konnte die BRRA erfolgreich zwischen AAA, die später rupturierten, und einer Kontrollgruppe von stabilen Fällen unterscheiden [12]. In mehr als der Hälfte der Fälle korrelierten

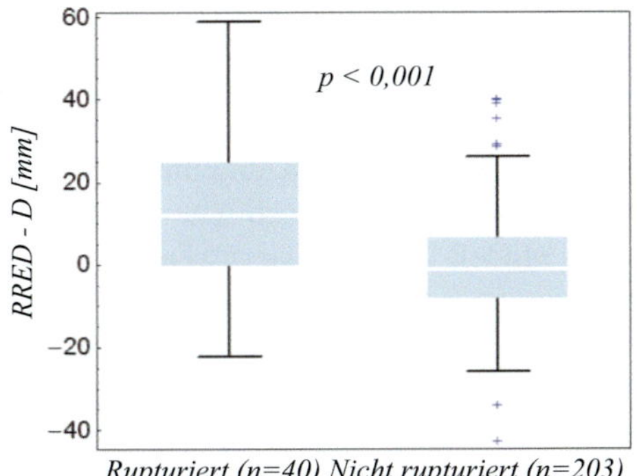

Abb. 1.13 Größenangepasster Vergleich zwischen rupturierten und nicht rupturierten abdominalen Aortenaneurysmen (AAAs). Der Vergleich basiert auf dem Unterschied zwischen dem Rupturrisikoäquivalenten Durchmesser (RRED) und dem maximalen transversalen Durchmesser (D). Die Anzahl der Patienten und der einseitige p-Wert sind jeweils durch n und p gekennzeichnet. Das Bild wurde von Referenz [19] übernommen.

die Rupturstellen sogar mit der Stelle, an der PWRI berechnet wurde. Die Autoren kamen daher zu dem Schluss, dass asymptomatische AAA Patienten mit hohen PWRI- und RRED-Werten ein erhöhtes Rupturrisiko haben.

Weibliches versus männliches AAA-Rupturrisiko Während die AAA Prävalenz bei Frauen mehrfach niedriger ist als bei Männern, rupturieren weibliche Aneurysmen bei *kleineren* Durchmessern [9, 21, 27]. *In vitro* AAA Wandcharakterisierungen zeigen auch eine geringere Festigkeit der weiblichen AAA-Wand [53, 55], ein Wandabschwächungseffekt, der von der BRRA berücksichtigt wird. Im Speziellen entsprach das biomechanische Risiko eines durchschnittlich 53 mm großen weiblichen AAA einem durchschnittlich 66,2 mm großen männlichen AAA [19].

Korrelation von PWRI und FDG-Aufnahme 18-Fluor-Deoxy-Glucose (18F-FDG), ein Tracer-Molekül für die Positronenemissionstomographie (PET) Bildgebung [43], ermöglicht die indirekte Bewertung der biologischen Aktivität der AAA Wand durch ihren Energieverbrauch. Gefäßzellen reagieren auf die mechanische Belastung [5], und obwohl die aneurysmatische Wand ihre biologische Vitalität verliert [7, 31], zeigten PET-Bilder immer noch eine vernünftige Korrelation zwischen Wandspannung und 18F-FDG-Aufnahme [28, 34].

Korrelation von PWRI und Wandhistopathologie Die komplexe Geometrie und Morphologie des AAA führt zu stark inhomogenen Wandspannungen. AAA Wandsegmente, die hohen Wandspannungen ausgesetzt waren, zeigten weniger glatte Muskelzellen (SMC), weniger elastische Fasern, mehr weiche und harte Plaques sowie eine Tendenz zu erhöhter Fibrose [11].

1.7 Zusammenfassung und Schlussfolgerung

Biomechanische Modellierung ist eine Schlüsselkomponente bei der Erforschung von Problemen der Biotechnik. Ein Modell repräsentiert das reale Objekt oder den realen Prozess bis zu dem Grad an Komplexität, wie es durch die IMA bestimmt wird [45]. Die IMA leitet die Modellentwicklung und -prüfung, und ein Modellierer sollte immer versuchen, ein Modell so einfach wie möglich zu halten. Kein Modell ist vollständig, und jedes Modell kann kritisiert werden. *Ist das Modell korrekt?* ist eine nutzlose Frage, stattdessen sollte man sich die Frage stellen: *Erfüllt das Modell seine beabsichtigte Aufgabe?* Modellierung versucht nicht die Realität zu replizieren, was ohnehin unmöglich wäre. Das Zitat, *jedes Modell ist falsch, aber einige sind nützlich*[12], ist eine passende Aussage, um die Natur eines Modells zu beschreiben.

Die *Komplexität* des Modells wird in der Regel erhöht, um seine Genauigkeit zu verbessern und damit den *systematischen Modellfehler* zu verringern, siehe Abb. 1.14. Ein komplexes Modell ist jedoch nicht notwendigerweise genauer als ein einfaches –

[12] George E. P. Box, britischer Statistiker, 1919–2013.

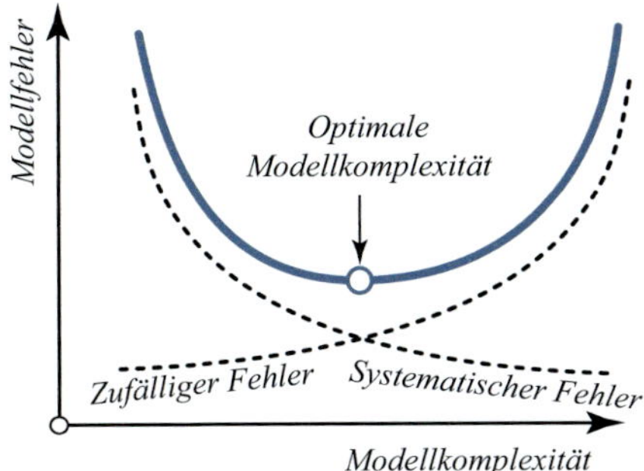

Abb. 1.14 Modellfehler als Funktion der Modellkomplexität. Der systematische Modellfehler nimmt mit der Modellkomplexität ab, während seine Unsicherheit, und damit sein zufälliger Fehler, mit der Modellkomplexität zunimmt. Die optimale Modellkomplexität ist der Kompromiss zwischen beiden Fehlern

häufig ist das Gegenteil der Fall. Ein *(einfaches)* lineares Modell wird die Eingabeunsicherheiten immer linear auf die Ausgabe übertragen, während ein *(komplexes)* nichtlineares Modell solche Eingabefehler verstärken könnte, was potenziell zu gravierend falschen Vorhersagen führen könnte.

Die Eingabeinformationen des Modells werden immer unsicher sein, insbesondere wenn Daten in einer klinischen Umgebung gesammelt werden müssen. Unsicherheiten verbreiten sich, und somit erhöht mehr Eingabeinformation den *zufälligen Modellfehler*, siehe Abb. 1.14. Die optimale Modellkomplexität ist ein Kompromiss zwischen systematischen und zufälligen Fehlern, und praktisch ist es oft die Qualität der Eingabeinformationen, die das Niveau der Modellkomplexität begrenzt. Maßnahmen zur Verbesserung der Qualität der Eingabedaten, wie standardisierte Datenerfassungsprotokolle, sind oft erfolgreicher, im Vergleich zur Erhöhung der Modellkomplexität.

Bis jetzt hat die vaskuläre biomechanische Modellierung nicht viel klinischen Anklang gefunden, und nur wenige in der Literatur vorgeschlagene vaskuläre Biomechanikmodelle waren klinisch hilfreich. Selbst nach Jahrzehnten der vaskulären biomechanischen Forschung bleibt eine Kluft zwischen ingenieurtechnischen und klinischen Ansätzen bestehen. Um die biomechanische Simulationstechnologie klinisch attraktiver zu machen, ist *gründliche Validierung* in Bezug auf die IMA notwendig. Validierungsstudien müssen *gut konzipiert* und frei von *Störfaktoren* sein. Ohne solide Validierung ist ein biomechanisches Modell nutzlos, und biotechnische Arbeit muss sich daher von der Modellentwicklung stärker zur Modellvalidierung verlagern.

Viele biomechanische Modelle sind *überladen* mit mechanischen Komplexitäten und scheitern daran, ein reales Problem zu lösen oder zu erklären. In der Biomechanik kann *ein Modell nur ein Werkzeug sein, um ein bestimmtes biologisches Phänomen zu erforschen*[13], und die wissenschaftliche Arbeit sollte sich nicht nur auf das Entwerfen solcher Modelle beschränken.

[13] Rik Huiskes, Professor für Biomedizinische Technik, 1944–2010.

Angesichts der Komplexität des Gefäßsystems haben Black-Box Modellierungsansätze erhebliches klinisches Interesse geweckt. Während solche Ansätze einfach zu implementieren sind, darf eine *statistische Korrelation nicht mit Kausalität verwechselt werden,* und Black-Box Modelle können nur begrenzte biologische Einblicke liefern. White-Box Modellierungsansätze berücksichtigen die Physik des Gefäßsystems. Sie sind oft herausfordernder, ermöglichen aber ein viel tieferes Verständnis physiologischer und pathologischer Gefäßmechanismen – die Entwicklung solcher Modelle wird die kommenden Kapitel kennzeichnen.

Literatur

1. R. Adolph, D.A. Vorp, D.L. Steed, M.W. Webster, M.V. Kameneva, S.C. Watkins, Cellular content and permeability of intraluminal thrombus in Abdominal Aortic Aneurysm. J. Vasc. Surg. **25**, 916–926 (1997)
2. ASME, *Assessing Credibility of Computational Modeling through Verification and Validation: Application to Medical Devices* (The American Society of Mechanical Engineers (ASME), New York, 2018)
3. M. Auer, T.C. Gasser, Reconstruction and finite element mesh generation of Abdominal Aortic Aneurysms from computerized tomography angiography data with minimal user interaction. IEEE T. Med. Imaging **29**, 1022–1028 (2010)
4. A. Ayyalasomayajula, J.P. Vande Geest, B.R. Simon, Porohyperelastic finite element modeling of abdominal aortic aneurysms. J. Biomech. **132**, 371–379 (2010)
5. M. Bäck, T.C. Gasser, J.-B. Michel, G. Caligiuri, Review. biomechanical factors in the biology of aortic wall and aortic valve diseases. Cardiovasc. Res. **99**, 232–241 (2013)
6. E.L. Chaikof, R.L. Dalman, M.K. Eskandari, B.M. Jackson, W.A. Lee, M.A. Mansour, et al., The society for vascular surgery practice guidelines on the care of patients with an abdominal aortic aneurysm. J. Vasc. Surg. **87**, 2–77 (2018)
7. E. Choke, G. Cockerill, W.R. Wilson, S. Sayed, J. Dawson, I. Loftus, M.M. Thompson, A review of biological factors implicated in Abdominal Aortic Aneurysm rupture. Eur. J. Vasc. Endovasc. Surg. **30**, 227–244 (2005)
8. R.C. Darling, C.R. Messina, D.C. Brewster, L.W. Ottinger, Autopsy study of unoperated Abdominal Aortic Aneurysms. Circulation **56**(II suppl), 161–164 (1977)
9. B.G. Derubertis, S.M. Trocciola, E.J. Ryer, F.M. Pieracci, J.F. McKinsey, P.L. Faries, K.C. Kent, Vascular endothelium responds to fluid shear stress gradients. J. Vasc. Surg. **46**, 630–635 (2007)
10. E.S. DiMartino, D.A. Vorp, Effect of variation in intraluminal thrombus constitutive properties on abdominal aortic wall stress. Ann. Biomed. Eng. **31**, 804–809 (2003)
11. P. Erhart, C. Grond-Ginsbach, M. Hakimi, F. Lasitschka, S. Dihlmann, D. Böckler, and A. Hyhlik-Dürr, Finite element analysis of abdominal aortic aneurysms: predicted rupture risk correlates with aortic wall histology in individual patients. J. Endovas. Ther. **21**, 556–564 (2014)
12. P. Erhart, J. Roy, J-P. de Vries, M. Lindquist Liljeqvist, C. Grond-Ginsbach, A. Hyhlik-Dürr, D. Böckler, Prediction of rupture sites in abdominal aortic aneurysms after finite element analysis. J. Endovas. Ther. **23**, 121–124 (2016)
13. M.F. Fillinger, S.P. Marra, M.L. Raghavan, F.E. Kennedy, Prediction of rupture risk in Abdominal Aortic Aneurysm during observation: wall stress versus diameter. J. Vasc. Surg. **37**, 724–732 (2003)
14. C. Forsell, T.C. Gasser, J. Swedenborg, J. Roy, The quasi-static failure properties of the abdominal aortic aneurysm wall estimated by a mixed experimental-numerical approach. Ann. Biomed. Eng. (2012). https://doi.org/10.1007/s10439-012-0712-3

15. C. Forsell, H. M. Björck, P. Eriksson, A. Franco-Cereceda, T.C. Gasser, Biomechanical properties of the thoracic aneurysmal wall; differences between bicuspid aortic valve (BAV) and tricuspid aortic valve (TAV) patients. Ann. Thorac Surg. **98**, 65–71 (2014)
16. T.C. Gasser, M. Auer, F. Labruto, J. Swedenborg, J. Roy, Biomechanical rupture risk assessment of Abdominal Aortic Aneurysms. Model complexity versus predictability of finite element simulations. Eur. J. Vasc. Endovasc. Surg. **40**, 176–185 (2010)
17. T.C. Gasser, G. Görgülü, M. Folkesson, J. Swedenborg, Failure properties of intra-luminal thrombus in Abdominal Aortic Aneurysm under static and pulsating mechanical loads. J. Vasc. Surg. **48**, 179–188 (2008)
18. T.C. Gasser, Biomechanical rupture risk assessment: a consistent and objective decision-making tool for abdominal aortic aneurysm patients. AORTA **4**, 42–60 (2016)
19. T.C. Gasser, A. Nchimi, J. Swedenborg, J. Roy, N. Sakalihasan, D. Böckler, A. Hyhlik-Dürr, A novel strategy to translate the biomechanical rupture risk of abdominal aortic aneurysms to their equivalent diameter risk: method and retrospective validation. Eur. J. Vasc. Endovasc. Surg. **47**, 288–295 (2014)
20. R.M. Greenhalgh, J.T. Powell, Endovascular repair of abdominal aortic aneurysm. N. Engl. J. Med. **358**, 494–501 (2008)
21. M. Heikkinen, J. Salenius, R. Zeitlin, J. Saarinen, V. Suominen, R. Metsanoja, O. Auvinen, The fate of AAA patients referred electively to vascular surgical unit. Scand. J. Surg. **91**, 354–352 (2002)
22. J. Hoffman, *Methods in Computational Science*. Computational Science and Engineering, Bd. 24, SIAM, 2021. ISBN 1611976723, 9781611976724
23. A. Hyhlik-Dürr, T. Krieger, P. Geisbüsch, D. Kotelis, T. Able, D. Böckler, Reproducibility of deriving parameters of AAA rupture risk from patient-specific 3d finite element models. J. Endovas. Ther. **18**, 289–298 (2011)
24. C.M. Judd, G.H. McClelland, C.S. Ryan, *Data Analysis: A Model Comparison Approach To Regression, ANOVA, and Beyond*, 3. Aufl. (Taylor & Francis, London, 2017)
25. A. Kaplan, M. Haenlein, Siri, Siri, in my hand: Who's the fairest in the land? On the interpretations, illustrations, and implications of artificial intelligence. Bus. Horiz. **62**, 15–25 (2019)
26. S. Khosla, D.R. Morris, J.V. Moxon, P.J. Walker, T.C. Gasser, J. Golledge, Meta-analysis of peak wall stress in ruptured, symptomatic and intact abdominal aortic aneurysms. Br. J. Surg. **101**, 1350–1357 (2014)
27. E. Larsson, *Abdominal Aortic Aneurysm—Gender Aspects on Risk Factors and Treatment*. Ph.D. thesis, Karolinska Institute, Stockholm, Sweden, 2011
28. A. Maier, M. Essler, M.W. Gee, H.H. Eckstein, W.A. Wall, C. Reeps, Correlation of biomechanics to tissue reaction in aortic aneurysms assessed by finite elements and [18F]-fluorodeoxyglucose-PET/CT. Int. J. Numer. Meth. Biomed. Eng. **28**, 456–471 (2012)
29. A. Maier, M.W. Gee, C. Reeps, J. Pongratz, H.H. Eckstein, W.A. Wall, A comparison of diameter, wall stress, and rupture potential index for abdominal aortic aneurysm rupture risk prediction. Ann. Biomed. Eng. **38**, 3124–3134 (2010)
30. V. Marque, P. Kieffer, B. Gayraud, I. Lartaud-Idjouadiene, F. Ramirez, J. Atkinson, Aortic wall mechanics and composition in a transgenic mouse model of Marfan syndrome. Arterioscl. Thromb. Vasc. Biol. **21**, 1184–1189 (2001)
31. J.-B. Michel, J.L. Martin-Ventura, J. Egido, N. Sakalihasan, V. Treska, J. Lindholt, E. Allaire, U. Thorsteinsdottir, G. Cockerill, J. Swedenborg, Novel aspects of the pathogenesis of aneurysms of the abdominal aorta in humans. Cardiovasc. Res. **90**, 18–27 (2011)
32. T. Mitchell, *Machine Learning* (McGraw Hill, New York, 2017)
33. H. Motulsky, A. Christopoulos, *Fitting Models to Biological Data Using Linear and Nonlinear Regression* (Oxford University Press, New York, 2004)
34. A. Nchimi, J.-P. Cheramy-Bien, T.C. Gasser, G. Namur, P. Gomez, A. Albert, L. Seidel, J.O. Defraigne, N. Labropoulos, N. Sakalihasan, Multifactorial relationship between 18F-fluorodeoxy-glucose positron emission tomography signaling and biomechanical properties in unruptured aortic aneurysms. Circ. Cardiovasc. Imaging **7**, 82–91 (2014)

35. S.C. Nicholls, J.B. Gardner, M.H. Meissner, H.K. Johansen, Rupture in small abdominal aortic aneurysms. J. Vasc. Surg. **28**, 884–888 (1998)
36. A. Öchsner, *Continuum Damageand Fracture Mechanics* (Springer, Singapore, 2016)
37. S. Polzer, T.C. Gasser, B. Markert, J. Bursa, P. Skacel, Impact of poroelasticity of the intraluminal thrombus on the wall stress of abdominal aortic aneurysms. Biomed. Eng. Online **11**, 62 (2012). https://doi.org/10.1186/1475--925X--11--62
38. S. Polzer, T.C. Gasser, R. Vlachovský, L. Kubíček, L. Lambert, V. Man, K. Novaák, M. Slažanský, J. Burša, R. Staffa, Biomechanical indices are more sensitive than diameter in predicting rupture of asymptomatic abdominal aortic aneurysms. J. Vasc. Surg. **71**, 617–626 (2020)
39. S. Polzer, T.C. Gasserb, J. Bursa, R. Staffa, R. Vlachovsky, V. Mana, P. Skacela, Importance of material model in wall stress prediction in abdominal aortic aneurysms. Med. Eng. Phys. **35**, 1282–1289 (2013)
40. M.L. Raghavan, D.A. Vorp, Toward a biomechanical tool to evaluate rupture potential of Abdominal Aortic Aneurysm: identification of a finite strain constitutive model and evaluation of its applicability. J. Biomech. **33**, 475–482 (2000)
41. C. Reeps, A. Maier, J. Pelisek, F. Hartl, V. Grabher-Maier, W.A. Wall, M. Essler, H.-H. Eckstein, M.W. Gee, Measuring and modeling patient-specific distributions of material properties in abdominal aortic wall. Biomech. Model. Mechanobio. **12**, 717–733 (2013)
42. D.E. Rumelhart, G.E. Hinton, R.J. Williams, Learning representations by back-propagating errors. Nature **323**, 533–536 (1986)
43. N. Sakalihasan, H. Van Damme, P. Gomez, P. Rigo, CM. Lapiere, B. Nusgens, R. Limet, Positron emission tomography (pet) evaluation of abdominal aortic aneurysm (AAA). Eur. J. Vasc. Endovasc. Surg. **23**, 431–436 (2002)
44. A. Saltelli, M. Ratto, T. Andres, F. Campolongo, J. Cariboni, D. Gatelli, M. Saisana, S. Tarantola, *Global Sensitivity Analysis. The Primer*. John Wiley & Sons Ltd, (2008).
45. R.G. Sargent, Verification and validation of simulation models, in *Proceedings of the 2011 Winter Simulation Conference*, Hrsg S. Jain, R.R. Creasey, J. Himmelspach, K.P. White, M. Fu (Institute of Electrical and Electronic Engineers, Piscataway, 2011), S. 183–198
46. C.Y. Shim, I.J. Cho, W.-I. Yang, M.-K. Kang, S. Park, J.-W. Ha, Y. Jang, N. Chung, Central aortic stiffness and its association with ascending aorta dilation in subjects with a bicuspid aortic valve. J. Am. Soc. Echoradiogr. **24**, 847–852 (2011)
47. T.P. Singh, J.V. Moxon, V. Iyer, T.C. Gasser, J. Jenkins, J. Golledge, Comparison of peak wall stress and peak wall rupture index in ruptured and asymptomatic intact abdominal aortic aneurysms. Br. J. Surg. (2020). https://doi.org/10.1002/bjs.11995
48. T.P. Singh, J. Moxon, T.C. Gasser, J. Golledge, Systematic review and meta-analysis of peak wall stress and peak wall rupture index in ruptured and asymptomatic intact abdominal aortic aneurysms. J. Am. Heart Ass. **10**, e019772 (2021)
49. I.M. Sobol, Global sensitivity indices for nonlinear mathematical models and their Monte Carlo estimates. Math. Comp. Simul. **55**, 271–280 (2001)
50. A. Teutelink, E. Cancrinus, D. van de Heuvel, F. Moll, J.P. de Vries, Preliminary intraobserver and interobserver variability in wall stress and rupture risk assessment of abdominal aortic aneurysms using a semiautomatic finite element model. J. Vasc. Surg. **55**, 326–330 (2012)
51. The UK Small Aneurysm Trial Participants, Mortality results for randomised controlled trial of early elective surgery or ultrasonographic surveillance for small abdominal aortic aneurysms. Lancet **352**, 1649–1655 (1998)
52. M. Truijers, J.A. Pol, L.J. Schultzekool, S.M. van Sterkenburg, M.F. Fillinger, J.D. Blankensteijn, Wall stress analysis in small asymptomatic, symptomatic and ruptured Abdominal Aortic Aneurysms. Eur. J. Vasc. Endovasc. Surg. **33**, 401–407 (2007)
53. J.P. Vande Geest, E.D. Dillavou, E.S. DiMartino, M. Oberdier, A. Bohra, M.S. Makaroun, D.A. Vorp, Gender-related differences in the tensile strength of Abdominal Aortic Aneurysm. Ann. N.Y. Acad. Sci. **1085**, 400–402 (2006)

54. J.P. Vande Geest, E.S. DiMartino, A. Bohra, M.S. Makaroun, D.A. Vorp, A biomechanics-based rupture potential index for Abdominal Aortic Aneurysm risk assessment: demonstrative application. Ann. N.Y. Acad. Sci. **1085**, 11–21 (2006)
55. J.P. Vande Geest, D.H.J. Wang, S.R. Wisniewski, M.S. Makaroun, D.A. Vorp, Towards a non-invasive method for determination of patient-specific wall strength distribution in Abdominal Aortic Aneurysms. Ann. Biomed. Eng. **34**, 1098–1106 (2006)
56. A.K. Venkatasubramaniam, M.J. Fagan, T. Mehta, K.J. Mylankal, B. Ray, G. Kuhan, I.C. Chetter, P.T. McCollum, A comparative study of aortic wall stress using finite element analysis for ruptured and non-ruptured Abdominal Aortic Aneurysms. Eur. J. Vasc. Surg. **28**, 168–176 (2004)
57. C. Xu, D.L. Pham, J.L. Prince, Image segmentation using deformable models, in *Handbook of Medical Imaging. Volume 2. Medical Image Processing and Analysis*, Hrsg M. Sonka, J.M. Fitzpatrick (Spie Press, Bellingham, 2000), S. 129–174
58. O.H. Yeoh, Some forms of strain energy functions for rubber. Rubber Chem. Technol. **66**, 754–771 (1993)
59. O.C. Zienkiewicz, R.L. Taylor, *The Finite Element Method. Solid Mechanics*, Bd. 2, 5. Aufl. (Butterworth Heinemann, Oxford, 2000)

Das Kreislaufsystem

2

Zusammenfassung

Dieses Kapitel beschäftigt sich mit der Makrozirkulation, der Mikrozirkulation und den lymphatischen System des Gefäßapparates. Wir diskutieren die Struktur der Gefäßwand, die Hauptprinzipien der hämodynamischen Kontrolle und die Mechanismen des vaskulären Stoffaustauschs. Wir betrachten die Zirkulation aus einer Systemperspektive und führen mechanische Eigenschaften, wie Blutdruck, Gefäßcompliance, Blutfluss und Widerstand des Gefäßbettes, ein. Darüber hinaus setzten wir uns mit der Struktur der Kapillarwand auseinander, um Transportmechanismen in der Mikrozirkulation zu untersuchen. Der letzte Teil dieses Kapitels führt eine Reihe von Lumped-Parameter Modellen (konzentrierte Parametermodelle) in der Beschreibung der Makro- und Mikrozirkulation ein. Neben Windkessel (WK) Modellen werden zwei- und dreielementige Modelle abgeleitet um Gefäßnetzwerke darzustellen. Solche Modelle zielen darauf ab, die stationäre, periodisch-stationäre und zeitabhängige Beschreibung von Gefäßen zu erfassen. In Bezug auf die Mikrozirkulation werden hydrostatische und osmotische Effekte inkludiert und der vaskuläre Austausch wird durch lineare und nichtlineare Filtrationsmodelle beschrieben. Schlussfolgerungen bezeichnen die Vorteile und Einschränkungen der diskutierten Lumped-Parameter Modelle und Zukunftsperspektiven fassen dieses Kapitel zusammen.

2.1 Einführung

Die Evolution der Arten führte zu einem immer mehr organisierteren Kreislaufsystem. Die Diffusion von extrazellulärer Flüssigkeit in einfachen Lebewesen entwickelte sich dabei weiter zu einem hoch *organisierten Kreislaufsystem* bei Säugetieren.

Ergänzende Information Die elektronische Version dieses Kapitels enthält Zusatzmaterial, auf das über folgenden Link zugegriffen werden kann https://doi.org/10.1007/978-3-031-52637-4_2.

T. Gasser, *Vaskuläre Biomechanik*, https://doi.org/10.1007/978-3-031-52637-4_2

Dies wurde durch die Pumpfähigkeit des Herzens ermöglicht und durch periphere Widerstände reguliert, die zusammen den *Blutdruck* und den *Blutfluss* erzeugten. Die Entwicklung eines Kreislaufsystems spielte eine zentrale Rolle und erst damit war eine Evolution und Anpassung des Lebens möglich.

Das Kreislaufsystem besteht aus zwei getrennten Systemen: dem *kardiovaskulären System,* das das Blut verteilt, und dem *lymphatischen System,* das die Lymphe sammelt und in das kardiovaskuläre System zurückführt, siehe Abb. 2.1.

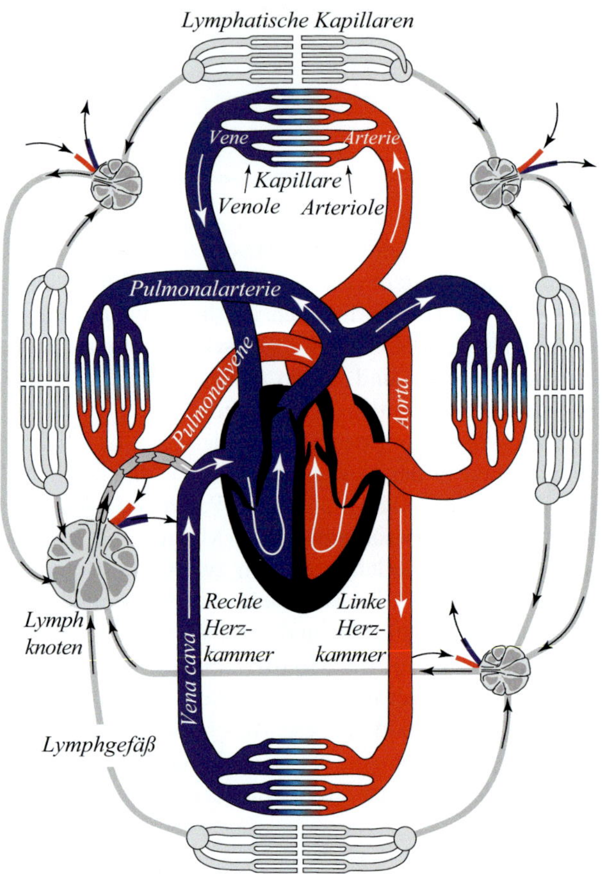

Abb. 2.1 Das Kreislaufsystem umfasst das kardiovaskuläre System (systemischer und pulmonaler Kreislauf) und das lymphatische System. *Systemischer Kreislauf:* Die linke Herzkammer pumpt sauerstoffreiches Blut durch die Aorta in alle Organe außer die Lungen. In der Mikrozirkulation wird das Blut desoxygeniert, und dann fließt das gesammelte Blut durch die Vena cava und kehrt in die rechte Herzkammer zurück. *Pulmonaler Kreislauf:* Die rechte Herzkammer pumpt sauerstoffarmes Blut durch die Pulmonalarterie in die Lungen. In der Mikrozirkulation der Lungen wird das Blut oxygeniert und kehrt durch die Pulmonalvene in die linke Herzkammer zurück. *Lymphatisches System:* Ein einseitiges Netzwerk von Drainagekanälen (lymphatische Kapillaren) mit geringem Widerstand führt die Lymphe von dem Interstitium zu den Lymphknoten und dann, durch die lymphatisch-venöse Anastomose, in das venöse System

Das kardiovaskuläre System versorgt die Organe des Körpers mit Blut und passt sich schnell dem Bedarf an Sauerstoff, Nährstoffen und anderen Faktoren, je nach Aktivität des Organismus an. Das lymphatische System ist offen und recycelt im Wesentlichen das Blutplasma, nachdem es aus der *interstitiellen Flüssigkeit,* der Flüssigkeit zwischen den Zellen, gefiltert wurde. Beide Systeme kooperieren, um potenziell schädliche Microorganismen oder Substanzen zu bekämpfen, d.h. Immunantworten zu koordinieren.

Die Physiologie und Pathophysiologie des kardiovaskulären Systems wurden ausführlich untersucht und hervorragende Texte sind verfügbar [41, 56]. Das vorliegende Kapitel zielt darauf ab, das Thema Bioingenieuren vorzustellen, und der Leser sollte dann in der Lage sein, die Schlüsseleigenschaften des Gefäßsystems zu verstehen und zu modellieren.

2.1.1 Blutgefäßsystem

Das Blutgefäß- (oder kardiovaskuläre) System hat drei Hauptfunktionen:

- *Versorgung.* Verteilung und Austausch von Sauerstoff, Nährstoffen und anderen Substanzen
- *Reinigung.* Entfernung von Abfallprodukten
- *Immunantwort.* Lieferung von Leukozyten zu Organen in Reaktion auf Pathogene, d.h. zu Allem, was Krankheiten verursachen kann

Bei Wirbeltieren ist das kardiovaskuläre System geschlossen und besteht aus dem *systemischen* und dem *pulmonalen* Kreislauf, siehe Abb. 2.1. Der systemische Kreislauf (Körperkreislauf) transportiert sauerstoffreiches Blut von der linken Herzkammer durch die Aorta zum Rest des Körpers und führt dann sauerstoffarmes (desoxigeniertes) Blut zurück zur rechten Herzkammer. Beachten Sie, dass sauerstoffarmes Blut immer noch etwa 75 % des Sauerstoffs von sauerstoffreichem Blut enthält. Der pulmonale Kreislauf (Lungenkreislauf) transportiert dieses Blut durch die Lungen, wo es oxygeniert wird. Es kehrt dann in die linke Herzkammer zurück und tritt wieder in den systemischen Kreislauf ein. Absolute Werte für den Sauerstoffverbrauch hängen von der Körpergröße ab, und junge gesunde Menschen verbrauchen in Ruhe irgendwo zwischen 0,15 und 0,4 l Sauerstoff pro Minute, ein Bedarf, der sich bei körperlicher Anstrengung um das 10- bis 15-fache erhöhen kann [26].

Die wesentlichen Bestandteile des kardiovaskulären Systems sind das Herz, das Blut und die Blutgefäße. Ein durchschnittlicher Erwachsener enthält etwa 5,5 l Blut, was etwa 7 % seines Gesamtkörpergewichts ausmacht. In Ruhe werden etwa 4 l min^{-1} oder 80 % des Herzoutputs auf das Gehirn, das Herz, die Nieren und die Leber gerichtet. Obwohl das kardiovaskuläre System geschlossen ist, bewegen sich Sauerstoff, Nährstoffe und Makromoleküle über die Wand kleiner Blutgefäße und gelangen in die interstitielle Flüssigkeit auf ihrem Weg zu den Zielzellen. Im Gegenzug gelangen Kohlendioxid und Abfälle aus der interstitiellen Flüssigkeit entweder direkt zurück in die kleinen Blutgefäße oder werden indirekt über das lymphatische System zurück in das kardiovaskuläre System geführt. Der Transport von Substanzen in und aus dem Gefäßsystem wird insgesamt als *Stoffaustausch* bezeichnet.

Das Gefäßsystem kann seiner Funktion nach auch in zwei Teilen geteilt werden: einer *Makrozirkulation* und einer *Mikrozirkulation*.

2.1.2 Schlüsselkonzepte

Obwohl das Herz-Kreislauf-System über die Arten hinweg große anatomische Variabilität aufweist, bleiben Schlüsselkonzepte erhalten. Einige dieser Konzepte werden im Folgenden diskutiert.

2.1.2.1 Die Form folgt der Funktion

Unter normalen Bedingungen passt sich das Herz-Kreislauf-System *ständig* an die jeweiligen Anforderungen an, um eine optimale Systemleistung zu erreichen. Das System befindet sich dann in *Homöostase* und Zielvariablen (internen Bedingungen) bleibt zeitlich stabil. Homöostase ist eine wesentliche Komponente der biologischen Evolution [57], und Cannon[1] [6] beschreibt diese Eigenschaft biologischer Systeme wie folgt:

> Das hochentwickelte Lebewesen ist ein offenes System mit vielen Beziehungen zu seiner Umgebung. Veränderungen in der Umgebung erregen Reaktionen in diesem System oder beeinflussen es direkt, so dass interne Störungen des Systems entstehen. Solche Störungen werden normalerweise innerhalb enger Grenzen gehalten, da automatische Anpassungen innerhalb des Systems in Aktion treten und dadurch weite Schwankungen verhindert und die internen Bedingungen ziemlich konstant gehalten werden.

Mechanische Spannung regt auch Gefäßgewebereaktionen an und erklärt eine Reihe von Eigenschaften des Gefäßsystems. Der Blutdruck im systemischen Kreislauf ist *viel höher* als im pulmonalen Kreislauf, und die linke Herzkammer ist daher muskulöser und hat eine dickere Wand als die rechte Herzkammer. Aus dem gleichen Grund ist die Wand der Arterien dicker als die der Venen. Der Blutdruck bestimmt die Spannung in der Gefäßwand, und die zirkumferentielle [8, 36, 62] als auch die axiale [17] *Zugkraft* in der Gefäßwand korreliert mit ihrer Dicke. Abgesehen von der druckbedingten Anpassung der Wand passt sich auch der Durchmesser der Blutgefäße dem Blutfluss im Gefäß an. Das Blut fließt über das Endothel und induziert dabei *Wandschubspannung (WSS)*, eine Größe, die durch Anpassung des Gefäßdurchmessers konstant gehalten wird [7, 21].

Das Herz-Kreislauf-System nutzt eine Vielzahl von Maßnahmen, um homöostatische Ziele zu erreichen. Wir können sie in vier Klassen von Mechanismen einteilen:

---

[1] Walter Bradford Cannon, amerikanischer Physiologe, 1871–1945.

- *Passive Reaktion.* Reine passive Verformung unter der Einwirkung von Kräften
- *Vasoreaktivität.* Vasokonstriktion oder Vasodilatation aufgrund der An- oder Entspannung von kontraktilen Zellen in der Gefäßwand
- *Arteriogenese.* Veränderung des Durchmessers und der Wanddicke des Gefäßes in Reaktion auf den kontinuierlichen Umsatz von Gewebebestandteilen
- *Angiogenese.* Bildung neuer Gefäße, die aus bestehenden Gefäßen sprießen

Diese Anpassungsmechanismen sind an charakteristische *Zeitskalen* gebunden und ermöglichen es dem System, sich schnell (passive Reaktion) oder sehr langsam (Angiogenese) an die Systembedürfnisse anzupassen. Während die genannten Mechanismen lokal sind, haben sie deutliche systemische und damit globale Auswirkungen. Die Homogenisierung der WSS wäre ein solches Beispiel. Sie erfordert, dass die Gesamtquerschnittsfläche der Gefäße von der aortalen Querschnittsfläche von 3 bis 5 cm^2 auf die Gesamtquerschnittsfläche des Kapillarbett von 4500 bis 6000 cm^2 zunimmt. Eine solche Konfiguration des Gefäßbaums ist energieeffizient und hält den Blutdruck im systemischen Kreislauf relativ niedrig.

2.1.2.2 Blut fließt in geschlossenen Schleifen

Das Gefäßsystem ist geschlossen und lokale Veränderungen haben globale Auswirkungen – das durch ein Organ fließende Blut beeinflusst den Fluss durch ein anderes Organ. Ebenso beeinflusst der pulmonale Kreislauf den systemischen Kreislauf und *umgekehrt,* und der venöse Fluss beeinflusst den arteriellen Fluss und *umgekehrt.*

Das Gefäßsystem kann auch in Unter-Schleifen mit spezieller Organversorgungsfunktion unterteilt werden, was am deutlichsten in der Niere, dem Herzen und dem Gehirn zu beobachten ist. Der Druck und der Fluss innerhalb solcher Unter-Schleifen werden separat gesteuert, ein Mechanismus, der als *Autoregulation* bekannt ist, und ermöglicht dann den (teilweise) unabhängigen „Betrieb“ von Organen. Die Bildung von Unter-Schleifen erklärt auch die anatomische Organisation des Gefäßbaums mit Arterien und (tiefen) Venen, die oft parallel und in enger Nähe zueinander verlaufen.

2.1.2.3 Das Gefäßnetzwerk ist „raumfüllend“

Nur sehr wenige Gewebe bei Säugetieren, wie die Bänder, die Klappensegel und die Hornhaut, sind *avaskulär* und enthalten keine Blutgefäße. Sie werden vollständig durch *Diffusion* versorgt. Alle anderen Gewebe enthalten Gefäße, wobei das Gefäßnetzwerk „raumfüllend“ ist. Aufgrund begrenzter Auflösungen bleibt der größte Teil der Gefäße für *Bildgebungsmodalitäten,* wie Computertomographie (CT), Magnetresonanz (MR) und Ultraschall, unsichtbar.

2.1.3 Zellen im Gefäßsystem

Das Gefäßsystem führt viele sehr unterschiedliche Aufgaben aus, wie Transport und Austausch von Stoffen, Immunantwort, Regulation von Blutdruck und Blutfluss, Umsatz der extrazellulären Matrix (ECM) und Kontrolle von Blutgerinnung und Wundheilung. Diese Funktionen werden von *Zellen* in Wechselwirkungen mit ECM und Blutplasma ausgeführt. Zellen desselben Typs führen oft mehrere Aufgaben aus, um Systemeffizienz zu gewährleisten.

2.1.3.1 Endothelzelle

Endothelzellen (EC) sind miteinander verbunden und bilden dabei eine einschichtige Zellschicht (Monolayer), die als *Endothel* bezeichnet wird und eine klare Trennung zwischen Blut und Gefäßwand darstellt. EC sind flach und 0,2 bis 2 μm dick. Laminarem Blutfluss ausgesetzt, richten sie sich innerhalb von 12 bis 14 Tagen [13] an der Flussrichtung aus und erscheinen dann in einer länglichen Form. Die Länge der EC variiert dann von 1 bis 20 μm. Beim Menschen machen EC etwa 1,0 kg aus und bedecken eine Fläche von etwa 7000 m^2. EC in Arterien, Kapillaren, Venen und Lymphgefäßen sind deutlich unterschiedlichen hämodynamischen Beanspruchungen ausgesetzt und müssen unterschiedliche Funktionen erfüllen.

EC erfassen WSS, als Reaktion darauf sezernieren sie vasoaktive Substanzen, die den Tonus benachbarter kontraktiler Gefäßzellen, wie SMC und Perizyten, steuern. EC spielen auch eine entscheidende Rolle bei der Reaktion auf Entzündungen. Sie exprimieren Adhäsionsmoleküle, um zirkulierende Leukozyten zu erfassen und deren Transport ins Gewebe zu fördern. EC sind auch an der Immunantwort und Gewebeumbau beteiligt. In ihrer Nähe verhindern EC die Blutgerinnung durch die Sekretion vasoaktiver Substanzen. In Kapillaren bilden EC eine semipermeable Membran, die den Transport von Sauerstoff, Nährstoffen und anderen Faktoren in periphere Gewebe ermöglicht, während sie die meisten Blutzellen und einen Großteil des Plasmas im Kreislauf zurückhalten.

2.1.3.2 Glatte Muskelzelle

Glatte Muskelzellen (SMC) können entweder im *kontraktilen Phänotyp* oder im *synthetischen Phänotyp* vorliegen. Im kontraktilen Phänotyp dienen die SMC als kontraktile Elemente in den Arterien, Arteriolen und Venen. Sie erscheinen in einer spindelförmigen Konfiguration, die etwa 2 bis 5 μm im Durchmesser und 100 bis 500 μm in der Länge misst. Im synthetischen Phänotyp synthetisiert die SMC ECM-Proteine und hat eine eher pflastersteinartige Form. Die Zelle erscheint dann weniger verlängert als im kontraktilen Phänotyp. In der Gefäßwand sind (kontraktile) SMC hauptsächlich in zirkumferenzieller Gefäßrichtung ausgerichtet und kommunizieren miteinander durch *tight junctions* und *gap junctions*.

2.1.3.3 Perizyt

Perizyten sind die *kontraktilen* Zellen von Kapillaren und Venolen. Sie regulieren den Kapillarblutfluss und zusammen mit EC die Durchlässigkeit der Gefäßwand im Sinne von Stoffaustausch. Die Kommunikation zwischen Perizyten und EC wird durch *Integrine* erreicht. Perizyten erscheinen in einer verlängerten Form von etwa 5 bis 10 μm Länge.

2.1.3.4 Fibroblast

Fibroblasten (FB) *synthetisieren ECM-Proteine,* wovon Kollagen biomechanisch das wichtigste ist. FB sind 10 bis 15 μm groß und haben ein verzweigtes Zytoplasma, das einen elliptischen Kern umgibt. Aktive FB haben reichlich raues endoplasmatisches Retikulum, während inaktive FB, auch Fibrozyten genannt, eher spindelförmig erscheinen. Aktive FB sind an Kollagenfasern befestigt und setzten diese unter Zug. Dicht gedrängte FB sind oft lokal in parallelen Clustern ausgerichtet.

2.1.3.5 Erythrozyt

Erythrozyten (oder rote Blutkörperchen) sind die häufigste Art von Blutzellen und machen fast die Hälfte des Blutvolumens aus. Ihre Hauptaufgabe ist der Transport von *Sauerstoff.* Erythrozyten haben keinen Zellkern und sind hoch deformierbare bikonkave Scheiben, die etwa 6 bis 8 μm im Durchmesser und 2 bis 4 μm in der Höhe messen.

2.1.3.6 Leukozyt

Leukozyten (oder weiße Blutkörperchen) sind Zellen des *Immunsystems*, die an der Abwehr des Körpers gegen Infektionen und fremden Eindringlingen beteiligt sind. Leukozyten kommen in sehr unterschiedlichen Typen vor, wie Plasmazellen, Lymphozyten und Makrophagen.

Plasmazellen sezernieren große Mengen an Antikörpern. Sie produzieren *Antikörpermoleküle,* die sich an fremde Substanzen (Zielantigen) binden und diese neutralisieren oder deren Zerstörung einleiten. Sie sind 12 bis 15 μm groß, eiförmig und werden sowohl im Blutplasma als auch in der Lymphe transportiert. *Lymphozyten* sind die Hauptzellen, die in der Lymphe vorkommen und umfassen natürliche Killerzellen, T-Zellen und B-Zellen. Sie sind etwa 6 bis 30 μm groß. *Makrophagen* verschlingen und verdauen Pathogene, beteiligen sich an der Einleitung und Beendigung von Entzündungen und an dem Umbau von Geweben. Sie sind etwa 20 μm im Durchmesser groß und zeigen sehr unterschiedliche Formen, angepasst an die auszuführenden Funktionen.

2.1.3.7 Blutplättchen

Blutplättchen (oder Thrombozyten) sind winzige Blutzellen, die zusammen mit Gerinnungsfaktoren Blutungen durch *Thrombusbildung (Blutpfropfbildung)* stoppen. Sie haben keinen Zellkern und nicht aktivierte Blutplättchen sind etwa 2 μm groß und von kompakter Form. Bei Aktivierung nehmen Blutplättchen oktopusähnliche Formen, mit mehreren Armen und Beinen, an. Minuten nach der Aktivierung beginnen die Blutplättchen sich zu attrahieren, und aggregieren auf Oberflächen, die nicht von EC bedeckt sind.

2.1.3.8 Dendritische Zelle

Dendritische Zellen verarbeiten Antigenmaterial und präsentieren es auf der Zelloberfläche der T-Zellen des Immunsystems. Dendritische Zellen sind 10 bis 15 μm groß und haben ein sehr großes Oberflächen-Volumen-Verhältnis.

2.1.4 Makrozirkulation

Die Makrozirkulation *transportiert* Blut durch das Herz-Kreislauf-System. Der *systemische Kreislauf* führt das Blut dabei durch alle Organe außer der Lunge, die durch den *pulmonalen Kreislauf* versorgt wird.

Der erste Teil des systemischen Kreislaufs ist die *Aorta*, eine massive und dickwandige Arterie, die an der Aortenklappe entspringt. Sie wölbt sich dann und gibt Äste, die den oberen Teil des Körpers versorgen, ab. Nachdem sie die Aortenöffnung des Zwerchfells passiert, tritt sie in den Bauchbereich ein und versorgt Äste zu Bauchorganen, Becken, Perineum und den unteren Gliedmaßen. Die Nierenzirkulation allein wird mit etwa 20 % des Blutvolumens versorgt.

Entlang des Gefäßbaums nimmt das arterielle Lumen kontinuierlich ab, bis das Blut durch Arteriolen fließt und Kapillaren passiert, wo der *Austausch* von Sauerstoff, Nährstoffen und anderen Substanzen stattfindet. Kapillaren sind oft in einem *Kapillarbett* organisiert, einem verflochtenen Netzwerk von Kapillaren, das Gewebe und Organe versorgt. Das Blut wird dann von Venolen gesammelt, bevor Venen es zum Herzen zurückführen, siehe Abb. 2.1. Die Eigenschaften der verschiedenen Arten von Blutgefäßen sind an ihre Funktion angepasst:

- Eine *Arterie* führt Blut vom Herzen weg. Der Lumendurchmesser erreicht Zentimeter und die dicke Wand ist darauf ausgelegt, dem hohen Blutdruck standzuhalten.
- Eine *Arteriole* verbindet Arterien mit Kapillaren. Das Lumen hat einen Durchmesser von etwa 10 bis 100 μm, und die Vasoreaktivität (Vasokonstriktion oder Vasodilatation) ermöglicht es, den Blutfluss in die Kapillaren zu steuern.
- Eine *Kapillare* hat einen Lumendurchmesser von etwa 5 bis 8 μm, gerade breit genug, um Erythrozyten durchzulassen/durchzuquetschen. Die Wand ist durchlässig und ermöglicht es der Kapillare, Gewebe mit Sauerstoff und Nährstoffen zu versorgen und im Gegenzug Abfallprodukte zu entfernen.
- Eine *Venole* verbindet Kapillaren mit Venen und hat einen Lumendurchmesser von etwa 10 bis 200 μm. Die Wand ist dünner als die von Arteriolen und mit einer, für Stoffaustausch hochdurchlässigen Endothelschicht ausgestattet.
- Eine *Vene* führt Blut zum Herzen zurück. Die Wand zeigt eine dünne Media und eine dicke Adventitia. Venen haben einen Durchmesser, der bis zu Zentimeter reicht und sie sind oft größer als Arterien.

Die Blutflussgeschwindigkeit ändert sich um *vier* Größenordnungen entlang des arteriellen Baums. In großen Arterien zeigt das Blut Phasen von *vorwärts und rückwärts* Bewegungen mit Geschwindigkeiten von Dezimetern pro Sekunde, während der Blutfluss in Kapillaren *eindirektional* und im Bereich von mehreren Mikrometern pro Sekunde ist. In Venen ist der Blutfluss im Allgemeinen gleichmäßiger als in Arterien, ein Zustand, der teilweise durch *Ventile* unterstützt wird. Speziell in den Venen der unteren Extremitäten wirken Ventile der Schwerkraft entgegen und verhindern den Rückfluss. Die Blutflussgeschwindigkeiten in den systemischen und pulmonalen Kreisläufen sind ähnlich.

Neben der Transportfunktion der Makrozirkulation ist die *Elastizität* der großen Blutgefäße von grundlegender Bedeutung für die physiologische Funktion des Herz-Kreislauf-Systems. Insbesondere die Aorta trägt fast die gesamte *Volumencompliance (Volumennachgiebigkeit)* zum Herz-Kreislauf-System bei. Venen sind viel dehnbarer als Arterien, was ihnen ermöglicht, als *venöses Kompartiment* zu dienen. Etwa 60 % des Blutes wird in den Venen gespeichert, ein Kompartiment, das vom autonomen Nervensystem gesteuert wird.

2.1.4.1 Struktur und Funktion der Blutgefäße

Blutgefäße sind *dehnbar*, eine Schlüsseleigenschaft, um den Pulsdruck zu senken und den kontinuierlichen Blutfluss in das distale Gewebe zu unterstützen. Die Dehnbarkeit ist eine Folge der Elastizität der Wand. Sie wird durch die ECM und damit durch die Wechselwirkung von Strukturen wie Elastin, Kollagen, Proteoglykanen (PG), Fibronektin und Fibrillin bestimmt. Während die ECM die strukturelle Integrität der Gefäßwand bestimmt, sind die Zellen für ihre Vasoreaktivität und Immunantwort verantwortlich. Vaskuläre Zellen können auch die Elastizität der Gefäßwand verändern. Kontraktile Zellen können die Eigenschaften der Gefäßwand innerhalb von Sekunden verändern, während der Effekt neu synthetisierter ECM erst nach Wochen mechanisch merkbar wird.

Die Wand von Arterien, Arteriolen, Venen und Venolen besteht aus *drei* unterschiedlichen Gefäßwandschichten: *Intima, Media und Adventitia*, siehe Abb. 2.2.

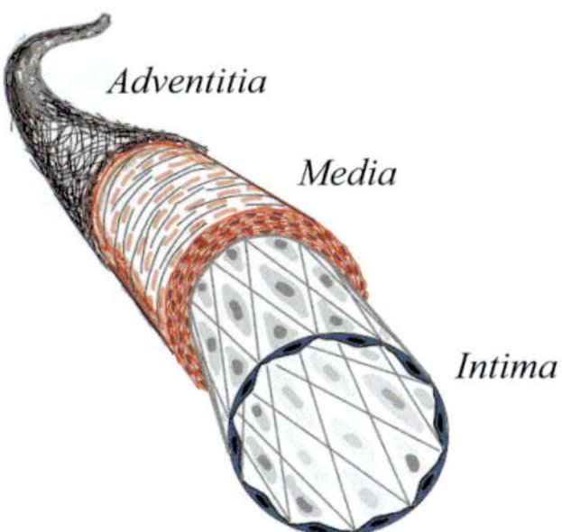

Abb. 2.2 Die geschichtete Struktur großer Blutgefäße. Die Adventitia ist eine kollagenreiche Faserschicht, die die inneren Schichten vor übermäßigen mechanischen Spannungen schützt und das Gefäß mit seiner Umgebung verankert. Die Media ist eine Schicht, die reich an glatten Muskelzellen (SMC) ist und die mechanischen Eigenschaften großer elastischer Gefäße im Bereich des physiologischen Blutdrucks bestimmt. Die Media ist darauf ausgelegt, mechanischen Belastungen entlang des Umfangs standzuhalten. Die Intima wird von einer einzigen Schicht Endothelzellen (EC) dominiert, die die Trennlinie zwischen Blut und Gewebe darstellt. Die Intima hat wichtige Barrierefunktionen beim Soffaustausch

Im Gegensatz zu größeren Gefäßen bilden die Glykokalyx, das Endothel und eine Basalmembran die (einschichtige) Wand der Kapillaren. Die Struktur von Venen und Arterien ist sehr ähnlich. Aufgrund des niedrigen Drucks im Venensystem haben Venen eine dünnere Wand als Arterien. Sie können auch mit passiven Ventilen ausgestattet sein, um den Rückfluss von Blut zu verhindern.

2.1.4.2 Die Intima und das Endothel

Die Glykokalyx, das Endothel (eine Monoschicht von EC) und eine subendotheliale Schicht Bindegewebe bilden die *Intima*. Die Glykokalyx bindet verschiedene entzündungshemmende und antikoagulatorische Faktoren, und ihre Störung führt zur Thrombingenerierung und Plättchenadhäsion. Die Glykokalyx trägt auch zur Mechanotransduktion des Endothels bei und damit zur Umwandlung von biomechanischen Kräften in die biomolekulare Reaktion von EC. Zum Beispiel führt der Verlust der Glykokalyx zur beeinträchtigten WSS-Wahrnehmung des Blutgefäßes bei.

Das Endothel bietet eine antithrombogene Auskleidung mit niedrigem hydraulischen Widerstand zwischen dem Blut und dem Gewebe der Gefäßwand. Es reagiert auf WSS und produziert eine Vielzahl von chemischen Substanzen, wie Stickstoffmonoxid (NO), Endothelin, Prostacyclin (PGI_2) und Angiotensinogen, die alle dazu dienen, die vaskuläre Homöostase zu erhalten [41]. Sie verändern die Fähigkeit von Blutplättchen an der Gefäßwand zu haften und mit Thrombusbildung zu reagieren. Das Endothel ist auch eine selektive Barriere für Substanzen wie Sauerstoff, Nährstoffe, Leukozyten, Lipoproteine und beeinflusst Faktoren wie die Durchlässigkeit der Gefäßwand, den Tonus der kontraktilen Zellen, Entzündungen, Blutgerinnung und Gewebeumbau.

2.1.4.3 Die Media

Die *Media* enthält 30 bis 60 % vaskuläre SMC, die ihrerseits in der ECM eingebettet sind. Die ECM der Media enthält 5 bis 25 % Elastin, 15 bis 40 % Kollagen und 15 bis 25 % anderes Bindegewebe. Die Media wird durch *Mediale Lamellare Einheiten (MLU)* gebildet, eine Struktur, die in elastischen Arterien deutlich sichtbar ist, aber in Richtung muskulärer Arterien verschwindet. Elastische Arterien sind reich an Elastin und befinden sich am Anfang des Gefäßbaums, während muskuläre Arterien eine große Menge an vaskulären SMC enthalten und weiter hinten im Gefäßbaum auftreten. Die Media ist die dominierende Schicht in großen elastischen Arterien und von größter Bedeutung für die ordnungsgemäße Funktion des Herz-Kreislauf-Systems. Die Media ist darauf ausgelegt, mechanische Belastung hauptsächlich entlang ihrer Umfangsrichtung zu tragen.

SMC in der Media sind spezialisiert auf tonische Kontraktion (kontraktiler Phänotyp) aber auch auf die Produktion von ECM-Bestandteilen (synthetischer Phänotyp). Der SMC-Tonus wird durch das autonome Nervensystem gesteuert und reguliert den Blutfluss durch Vasoreaktivität in Reaktion auf die Aktivität des Körpers. Die Zellen in den inneren Teilen der Media (hauptsächlich SMC) werden vollständig durch *transmuralen Fluss* versorgt, eine Flüssigkeitsströmung, die sich aufgrund des Druckunterschieds zwischen Lumen und interstitiellen Raum ergibt.

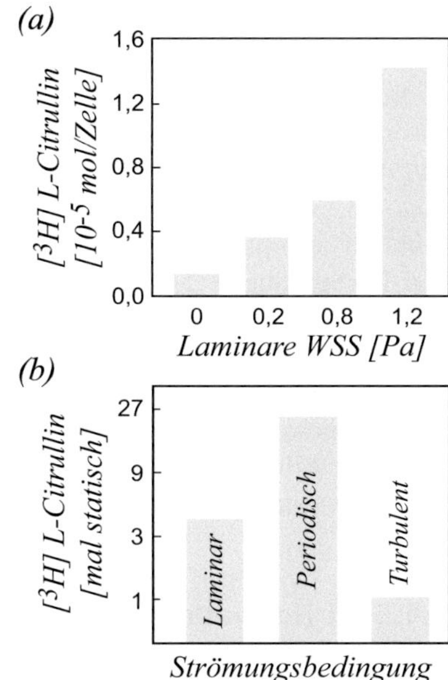

Abb. 2.3 Ausdruck von Stickstoffmonoxid (NO) in Reaktion auf die Wand Schubspannung (WSS), die auf die Membran der Endothelzellen (EC) **(a)** oder auf die Endothelschicht **(b)** ausgeübt wird. Die Freisetzung von NO wird durch die Bildung von [^{3}H] L-Citrullin, einem Nebenprodukt des NO-Freisetzung, veranschaulicht

SMC beteiligen sich auch an entzündlichen Reaktionen, indem sie den Gefäßtonus modulieren, haben aber eine begrenzte Wirkung in der direkten Immunantwort.

2.1.4.4 Die Adventitia

Die *Adventitia* ist eine ECM-reiche Schicht mit Kollagenfasern, die etwa 60 bis 80 % ihres Volumens ausmachen. Weitere 10 bis 25 % werden von anderen Bindegewebebestandteilen eingenommen. Neben zahlreichen Makrophagen, um die Immunantwort sicherzustellen, ist FB der primäre Zelltyp in der Adventitia und macht etwa 10 % ihres Volumens aus. Kleine Blutgefäße, das *Vasa vasorum*, durchbluten die Adventitia zusammen mit der äußeren Media und versorgen sie mit Zellen, wie Leukozyten für die Immunantwort. Die Adventitia verankert Blutgefäße an umliegende Gewebe, und ihr dichtes Netz aus Kollagen schützt die biologisch aktiven medialen und intimalen Schichten vor Überdehnung. Die Adventitia wird von Nerven durchzogen, die die SMC in der Media steuern, und sie ist oft dünner in Venen als in Arterien.

2.1.4.5 Wand Schubspannung (WSS)

NO hat eine wichtige Signalfunktion in der Gefäßwand. Es wird aus L-Arginin durch die Aktivität der endothelialen Stickstoffmonoxid-Synthase (eNOS) produziert, einem Enzym, das kontinuierlich von EC freigesetzt wird. Nach der Diffusion von NO in die Media entspannen sich SMC und das Gefäßlumen erweitert sich. Reize für die Freisetzung von NO aus EC umfassen WSS, eine Belastung, die direkt auf die EC-Membran bzw. die Endothelschicht ausgeübt wird [43], siehe Abb. 2.3. Die Freisetzung von NO wird auch durch die dynamischen Blutflussbedingungen und damit den zeitlichen Verlauf der WSS beeinflusst, siehe Abb. 2.3b.

Periodische Blutströmung stimuliert stark die NO-Freisetzung, während turbulente Strömung eine ähnliche Wirkung wie statische Bedingungen hat.

Neben der Regulierung des Blutgefäßdurchmessers durch die Produktion von vasoaktiven Mediatoren, ist WSS auch ein wichtiger Bestimmungsfaktor für die endotheliale Genexpression [41]. WSS reguliert Faktoren wie Transkriptionsfaktoren, Wachstumsfaktoren, Adhäsionsmoleküle und Enzyme. Die Endothelfunktion ist optimal während der Jugend und in Abwesenheit von Herz-Kreislauf-Erkrankungen. Mit dem Alter verschlechtert sich die Endothelfunktion progressiv, was dann die Verfügbarkeit von NO verringert und mit anatomischen Veränderungen, wie der Verdickung der Endothelschicht, assoziiert wird. Die offensichtlichste Dysfunktion des Endothels ist bei altersbedingten Krankheiten wie Atherosklerose zu sehen [41]. Die Endothelfunktion ist nicht erst bei entwickelter Atherosklerose defekt, sondern bereits bei Personen mit Risikofaktoren für Atherosklerose [58].

2.1.5 Lymphatisches System

Das lymphatische System stellt ein *einseitiges* Netzwerk von Drainagekanälen mit geringem Widerstand dar. Es arbeitet parallel zum kardiovaskulären System und führt Lymphe aus dem Interstitium in das venöse System zurück, siehe Abb. 2.1. Es ist ein wichtiger Teil des *Immunsystems* und dient als „Autobahn" für die schnelle und effiziente Lieferung von Immunzellen sowie freien Antigenen [63] um den Körper gegen Krankheiten zu verteidigen. Bei einem gesunden Menschen wird ein Lymphfluss von etwa acht Litern pro Tag erwartet, von denen etwa die Hälfte von den Mikrogefäßen der Lymphknoten aufgenommen werden kann, sodass vier Liter pro Tag postnodaler Lymphfluss übrig bleiben.

Das lymphatische System besteht aus lymphatischen Gefäßen und lymphoiden Organen, wie dem Knochenmark, Thymus, Lymphknoten, Milz, Peyer's[2] Patches, Mandeln und dem Blinddarm. Der Lymphfluss ist einseitig und wird durch die rhythmische Kontraktion von lymphatischen kontraktilen Zellen hergestellt. Skelettmuskelkontraktionen und arterielle Pulsationen unterstützen das synchronisierte Öffnen und Schließen von intraluminalen lymphatischen Klappen – die *Lymphpropulsion.* Neben Nerven und Chemikalien beeinflussen mechanische Faktoren, wie der Druckgradient, der transmurale Druck, die Vorlast und die Nachlast die Lymphpropulsion.

Lymphatische Gefäße sind *absorbierende* Gefäße und in fast allen Organen zu finden – kürzlich wurden sie auch im Gehirn identifiziert [1]. Lymphknoten befinden sich an den Kreuzungen der sammelnden Lymphgefäße. Lymphknoten filtern den interstitiellen Fluss und zersetzen Bakterien, Viren und Abfall. Unter

[2] Johann Conrad Peyer, Schweizer Anatom, 1653–1712.

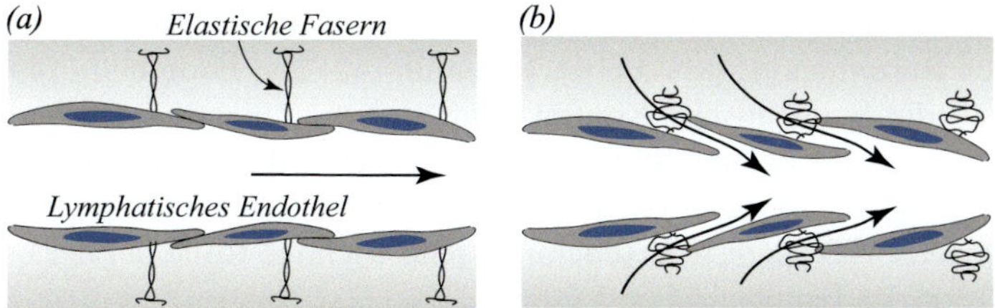

Abb. 2.4 Funktion der primären Klappen der Lymphkapillaren. Gefäßkonfigurationen bei niedrigem (**a**) und hohem (**b**) interstitiellem Druck. Pfeile zeigen den Flüssigkeitsstrom an

normalen Bedingungen liegt der interstitielle Flüssigkeitsdruck unter dem atmosphärischen Druck, während die Flüssigkeit in den lymphatischen Kapillaren leicht über dem atmosphärischen Druck liegt. Der intralymphatische Druck *steigt* langsam entlang der Drainageroute an, d.h. in Richtung der größeren sammelnden Gefäße hin zum Thoraxgangs oder des rechten lymphatischen Rumpfes, wo die Lymphe in den Blutkreislauf zurückgeführt wird. Die Lymphpropulsion stellt daher einen Fluss gegen einen positiven Druckgradienten her.

Die Biomechanik des lymphatischen Systems ist grundsätzlich noch nicht sehr gut erforscht, jedoch berichtet die Literatur bereits weitere Details, einschließlich seiner Modellierung [25, 34, 46].

2.1.5.1 Lymphatische Gefäße

Lymphkapillaren (oder initiale Lymphgefäße) haben einen Durchmesser von etwa 10 bis 60 μm. Eine einzelne Schicht von teilweise überlappenden lymphatischen EC bildet ihre etwa 50 bis 100 nm dicke Wand, siehe Abb. 2.4. Lymphkapillaren haben weder eine Basallamina noch kontraktile Zellen, sind aber mit aktiven Klappen, den sogenannten *primären Klappen* ausgestattet um interstitielle Flüssigkeit einzusammeln. Die lymphatischen EC sind eichenblattförmig und durch „knopfähnliche" Verbindungen verbunden, um solche primären Klappen zu bilden. Die lymphatischen EC sind auch über elastische Fasern, die als Mechanosensoren fungieren, mit dem umgebenden ECM verankert. Die Fasern erkennen einen erhöhten Gewebedruck und öffnen dann die primären Klappen, um das Eindringen von interstitieller Flüssigkeit zu ermöglichen, siehe Abb. 2.4. Sobald das umgebende Gewebe anschwillt, öffnen sich die primären Klappen und Flüssigkeit, Makromoleküle und Immunzellen treten in das lymphatische Kapillargefäß ein.

Die Präkollektoren verbinden die Lymphkapillaren mit den Kollektoren (sammelnden Lymphgefäßen). Kollektoren haben Durchmesser von 1 bis 2 mm, enthalten intraluminale Klappen und ihre EC sind miteinander verbunden. Ähnlich wie bei Blutgefäßen wird die Wand der Kollektoren durch drei unterschiedliche Wandschichten gebildet: *Intima, Media* und *Adventitia.*

Wie bei Blutgefäßen passen sich Lymphgefäße mechanischen und biochemischen Reizen an [15]. NO [16], Histamin [42] und Endothelin [49] sind bekannt dafür, die lymphatische Kontraktilität zu beeinflussen. Der Lymphfluss ist komplex und man beobachtet Stagnation, langsame Strömung und retrograde Strömung. Das Endothel ist daher einer breiten Palette von WSS ausgesetzt, und endothel-abgeleitetes NO spielt wahrscheinlich eine wichtige Rolle bei der orchestrierten Propulsion des lymphatischen Systems [10, 11].

2.1.6 Mikrozirkulation

Organe werden durch *Zufuhrarterien* versorgt, die sich von einer Hauptarterie abzweigen. Vier bis sechs Verzweigungsordnungen werden dann gezählt, bevor die terminalen Arteriolen in Kapillaren übergehen, wo der *Stoffaustausch* mit dem interstitiellen Gewebe stattfindet.

Arteriolen, Kapillaren und Venolen regulieren den vaskulären *Druck* und *lenken* den Blutfluss um, um lokalen metabolischen Bedürfnisse gerecht zu werden. Ihre Durchmesser werden durch den Tonus der Perizyten kontrolliert, was wiederum den Druckabfall entlang dieser Gefäße bestimmt. Es sind die Arteriolen, die eine wichtige Rolle bei der Verteilung des Blutes in die am stärksten metabolisch belasteten Bereiche spielen. Bei kontrahierenden Skelettmuskeln, zum Beispiel, sieht man eine deutliche Dilatation in den kleinsten Arteriolen [59], während etwa 80 % der Kapillaren dabei bei konstantem Durchmesser durchstömt werden.

Geringfügige Veränderungen in den Kapillar-„Kräften" und Gefäßeigenschaften verändern bereits den Stoffaustausch und ermöglichen eine Moment-zu-Moment-Regulierung des *transkapillaren Flüssigkeitsflusses,* ein Mechanismus, der als *Filtration* bekannt ist. Während Diffusionsmechanismen den Transport der kleinen Moleküle bestimmen, kontrolliert die Filtration die Advektion großer gelöster Stoffe. Die Durchlässigkeit der Kapillaren für Wasser und gelöste Stoffe wird oft als konstant angesehen. Es zeigt sich jedoch, dass volumenregulierende Hormone und WSS die Durchlässigkeit der Kapillaren verändern kann [29, 33].

Neben dem Stoffaustausch kontrolliert die Mikrogefäßstruktur den Blutdruck und dient als Autotransfusions-Kompartiment – bei Überlastung des Gefäßsystems wird Flüssigkeit automatisch aus dem Blutkreislauf *entfernt* und *umgekehrt.*

2.1.6.1 Stoffaustausch

Jeder Faktor im Blut, der von den Kapillaren in das Gewebe geliefert wird, muss die Gefäßwand passieren, die aus der Glykokalyx, dem Endothel und einer Basalmembran besteht. Diese Struktur ist auf den molekularen Austausch angepasst. Der Transport von Flüssigkeit und gelösten Stoffen zwischen dem intravaskulären Raum und dem Interstitium und somit über die semipermeable vaskuläre endotheliale Barriere wird erreicht durch:

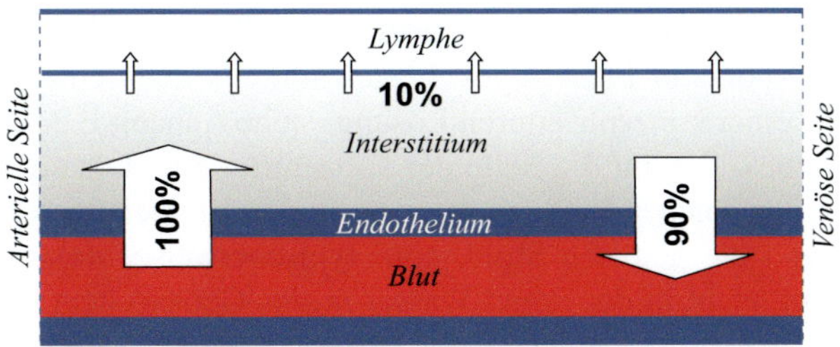

Abb. 2.5 Historisches Verständnis der mikrozirkulatorischen Flüssigkeitsströme zwischen vaskulärem (rot), interstitiellem (grau) und lymphatischem (weiß) Räumen. Neuere Erkenntnisse deuten jedoch auf eine viel geringere Resorption zurück in den vaskulären Raum in einigen Geweben hin, und viel mehr Flüssigkeit gelangt dann in das lymphatische System

- *Diffusion.* Transport einer Substanz entlang ihres Konzentrationsgradienten. Es ist der primäre Mechanismus für Sauerstoff und Lipide, wohingegen Proteine nur teilweise diesem Transportmechanismus folgen.
- *Advektion.* Transport einer Substanz (Solut) zusammen mit der Bewegung des Lösungsmittels (meist Wasser) und bestimmt durch Gradienten von hydrostatischem und osmotischem Druck. Es ist der primäre Mechanismus für Ionen und auch teilweise der Transportmechanismus für Proteine.
- *Transzytose.* Makromoleküle, wie Proteine, werden auf einer Seite der EC in Vesikel eingefangen, durch die Zelle transportiert und auf der anderen Seite dann wieder ausgestoßen.

Unter normalen Bedingungen begünstigt das Gleichgewicht der „Kräfte", die auf die Wände der Austauschgefäße (Kapillaren) wirken, den Nettofluss von Flüssigkeit *vom Blutkreislauf in das Interstitium,* ein Prozess, der allgemein als *Kapillarfiltration* bezeichnet wird. Basierend auf Starlings[3] Gleichung (siehe Abschn. 2.4.2), wurde geschätzt, dass bei einem gesunden Menschen etwa 90 % der Flüssigkeit, die von den vaskulären Kapillaren in das Interstitium gelangt, wieder in das vaskuläre System *rückaufgenommen (resorpiert)* wird, während 10 % in das lymphatische System gelangen, siehe Abb. 2.5. Diese Quantifizierung wurde 1896 von Starling vorgeschlagen [52] und lieferte nützliche Einblicke in den vaskulären Austausch. Sie konnte jedoch einige experimentelle Beobachtungen nicht erklären [32], und zusätzliche experimentelle Daten [39] deuteten auf eine viel geringere Resorption in einigen Geweben hin. Die Drainage des Kapillarfiltrats durch das lymphatische System ist dann ein dominierender Faktor in der interstitiellen Volumenhomöostase [32].

[3] Ernest Henry Starling, britischer Physiologe, 1866–1927.

2.1.6.2 Kolloidosmotischer Druck und die Rolle des Albumins

Osmose ist der spontane Fluss eines Lösungsmittels über eine semipermeable Membran *hin zu* einer konzentrierteren Lösung, siehe Anhang E.2. Der osmotische Druck ist der Druck, der auf die Seite der konzentrierteren Lösung ausgeübt werden muss, um einen solchen Fluss zu stoppen. In den Blutgefäßen ist das Lösungsmittel Wasser und die gelösten Stoffe sind typischerweise Makromoleküle. Der osmotische Druck zieht in der Regel Wasser *in* das Gefäßsystem und wirkt somit dem hydrostatischen Druck entgegen, der Wasser durch die Kapillarwand *aus* dem Gefäßsystem hinausdrückt.

Der *Kolloidosmotische Druck (COP),* oder onkotischer Druck, ist der osmotische Druck, der von Proteinen ausgeübt wird und der hauptsächlich durch die Konzentration von *Albumin* bestimmt ist. Der gesamte COP einer durchschnittlichen Kapillare beträgt etwa 28 mmHg, wobei Albumin etwa 22 mmHg beiträgt. Albumin wird in der Leber produziert. Es ist das am häufigsten vorkommende Blutplasmaprotein und macht etwa 50 % der menschlichen Plasmaproteine aus. Es ist für die Aufrechterhaltung des COP unerlässlich und somit verantwortlich für die richtige Verteilung der Körperflüssigkeiten zwischen Blutgefäßen und Körpergeweben. Mit einem Durchmesser von etwa 10 nm ist Albumin kleiner als die meisten anderen Proteine, was ihm ermöglicht, die Kapillarwand relativ leicht zu passieren. Daher befinden sich etwa 50 bis 60 % des Albumins im Interstitium bei einer durchschnittlichen Konzentration von etwa 15 g l^{-1}. In Fettgewebe wurden Konzentrationen von 4,3 bis 10,7 g l^{-1}, und in Skelettmuskel 9,7 bis 15,7 g l^{-1} berichtet [12]. Zusätzlich schließen Glykosaminoglykane (GAGs) und Kollagen Albumin von bis zu 50 % des interstitiellen Raums aus, so dass die lokale Albuminkonzentration im Interstitium 20 bis 30 g l^{-1} erreicht. Dies ist etwa die Hälfte der Albuminkonzentration von 35 bis 50 g l^{-1} im Kapillarlumen [3].

Neben der Kontrolle des COP transportiert Albumin eine Vielzahl von Substanzen, wie Fettsäuren, Kalzium, Phospholipide, Bilirubin, Enzyme, Hormone, Medikamente, Metaboliten und Ionen. Wie andere Proteine in den interstitiellen Räumen kehrt Albumin über das Lymphsystem in den Blutkreislauf zurück.

2.1.6.3 Funktionelle Anpassung der Kapillaren

Die Kapillaren sind zwar die kleinsten Gefäße, haben aber die *größte kumulative Oberfläche* für den Stoffaustausch zur Verfügung. Der Austausch von Sauerstoff erfolgt hauptsächlich aus Erythrozyten-„Paketen“ im Blutstrom, während CO, Flüssigkeiten und Moleküle bis zur Größe der Plasmaproteine direkt zwischen Plasma und interstitiellem Raum ausgetauscht werden. Aufgrund ihrer unterschiedlichen Funktionen können Kapillaren als *kontinuierlich, fenestriert* und *diskontinuierlich* klassifiziert werden, siehe Abb. 2.6.

Kontinuierliche Kapillaren haben eine geringe hydraulische Leitfähigkeit und bilden starke Barrieren zwischen Blut und Gewebe. Die dichtesten kontinuierlichen Kapillaren bilden Barrieren, die als Blut-Hirn-Schranke (BBB), die Blut-Aqueous-Schranke (BAB), die Blut-Nerven-Schranke (BNB) und die Blut-Hoden-Schranke bekannt sind. Solche Barrieren beinhalten die Bildung von spezia-

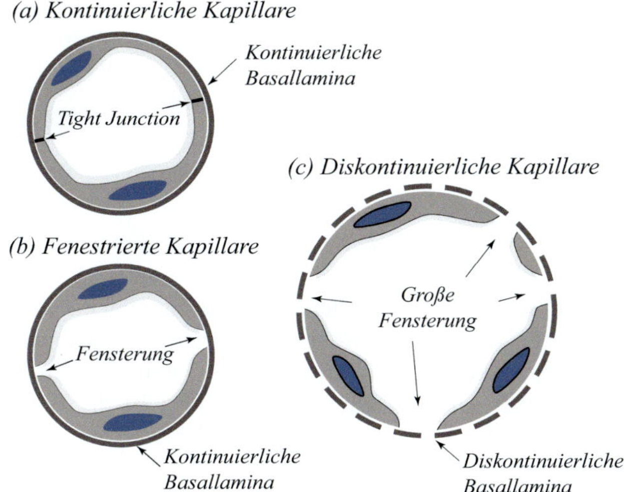

Abb. 2.6 Arten von Kapillaren. (**a**) Kontinuierliche Kapillaren haben ein kontinuierliches Endothel und eine kontinuierliche Basalmembran. Endothelzellen (EC) sind über Tight Junctions verbunden. (**b**) Fenestrierte Kapillaren zeigen ein fenestriertes Endothel auf einer kontinuierlichen Basalmembran. (**c**) Diskontinuierliche Kapillaren sind größer als die anderen Kapillaren und zeigen große Fensterungen und eine fragmentierte Basalmembran

lisierten Adhärenz- und Tight Junction-Strukturen zwischen benachbarten EC. Aufgrund der Dichtheit der Kapillare spielt die Transzytose eine wichtige Rolle im Stoffaustausch. Spezialisierte Transporter erlauben dabei die einseitige und selektive Bewegung von Glukose und anderen kleinen gelösten Stoffen über die Gefäßwand. Pathologische Veränderungen der BBB sind mit Schlaganfall, Entzündungen des Zentralnervensystems und Neuropathologien wie Alzheimer-Krankheit, Parkinson-Krankheit, Epilepsie, Multiple Sklerose und Hirntumoren verbunden.

Fenestrierte Kapillaren sind mit Fensterungen der Größe von 20 bis 100 nm ausgestattet, die das Endothel durchdringen und Flüssigkeitsaustausch ermöglichen. Fenestrierte Kapillaren finden sich in der Niere, im postrema, im Glomus caroticum, in endokrinen und exokrinen Pankreas, in der Schilddrüse, in der Nebennierenrinde, in der Hypophyse, in den Darmzotten, in den Gelenkkapseln und im epididymalen Fettgewebe.

Diskontinuierliche Kapillaren zeigen weite Abstände (Fensterungen) zwischen den EC, die bis zu Mikrometern reichen. Die EC liegen auf einer diskontinuierlichen Basalmembran, und die Wand hat daher eine sehr hohe hydraulische Leitfähigkeit. Diskontinuierliche Kapillaren finden sich in Organen, die an der Filterung oder Bildung von Gefäßzellen beteiligt sind, wie der Milz, dem Knochenmark, oder mit der Synthese und dem Abbau von Fetten und Proteinen, wie in der Leber, einhergeht.

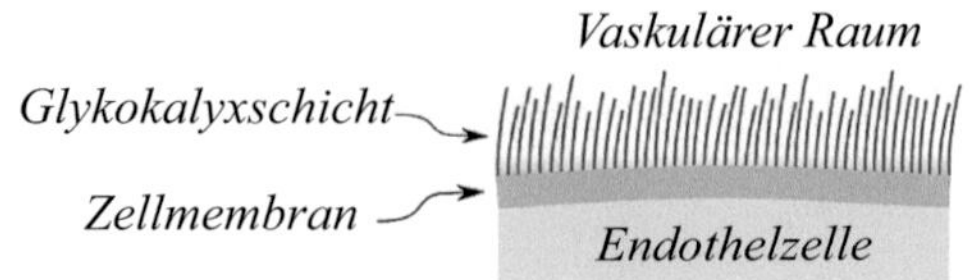

Abb. 2.7 Schematische Darstellung der Glykokalyx-Schicht, eine Barriere an der Blut-Endothel-Schnittstelle

2.1.6.4 Die Glykokalyx

Abb. 2.7 veranschaulicht die *Glykokalyx*, eine Schicht, die eine zentrale Rolle als physische Barriere an der Blut-Endothel-Schnittstelle spielt. Es handelt sich um eine negativ geladene, polysaccharidreiche Oberflächenschicht, die die luminalen Seite des Endothels bedeckt. Die Glykokalyx ist etwa ein Mikrometer dick; in der Elektronenmikroskopie erscheint ihre Dicke 50 bis 300 nm und in der konfokalen Mikroskopie 2,5 bis 4,5 μm. Die Glykokalyx-Schicht ist die erste Barriere, die für Wasser und gelöste Stoffe, wie Elektrolyte und kleine Moleküle, durchlässig ist. Sie verhindert jedoch, dass Erythrozyten mit der EC-Oberfläche in Kontakt kommen und hält Plasmaproteine und Leukozyten im Gefäßraum zurück, bevor etwaige trans- oder parazellulären Transfermechanismen einsetzen. In kontinuierlichen Kapillaren wird die Filtration durch die Glykokalyx-Schicht streng kontrolliert, und ihre Interpolymerräume fungieren als ein System von kleinen Poren mit Radien von etwa 5 nm. Bei fenestrierten und diskontinuierlichen Kapillaren bieten die Fensterungen eine zusätzliche Passage für Lösungsmittel und gelöste Stoffe, siehe Abb. 2.6.

2.1.6.5 Kontrolle des Blutdrucks und die Rolle der Widerstandsgefäße

Die kleinen Durchmesser von Arteriolen, Kapillaren und Venolen stellen einen erheblichen Widerstand für den Blutfluss dar – sie werden daher auch *Widerstandsgefäße* bezeichnet. Widerstandsgefäße sind hoch vasoreaktiv, und der Tonus der Perizyten in ihren Wänden kontrolliert ihre Durchmesser, ein Mechanismus zur Aufrechterhaltung eines nahezu konstanten Systemdrucks. Während intensiver körperlicher Betätigung steigt das Herzzeitvolumen auf das Vier- bis Achtfache, während der mittlere arterielle Druck (MAP) um etwa 15 bis 20 mmHg und damit um weniger als 20 % [37] ansteigt.

Die Widerstandsgefäße sind in der Lage, Blutströme umzuleiten, wie bereits Ende des 18. Jahrhunderts von Hunter berichtet wurde:[4] *„Blut geht dorthin, wo es benötigt wird"*. Bei einem lokalen Bedarf an Blutversorgung wird der Durchmesser der lokalen Widerstandsgefäße in Reaktion auf den *metabolischen Stress* des umgebenden Gewebes gesteuert. Bei intensiver körperlicher Betätigung können bis zu zwei Liter Blutfluss zu den Skelettmuskeln umgeleitet werden [26]. Die Vasodilatation in der Muskelmikrozirkulation beginnt bereits 5 bis 20 s nach Beginn der Muskelkontraktionen [35].

[4] William Hunter, schottischer Anatom und Arzt, 1718–1783.

Während der MAP bei körperlicher Anstrengung nur leicht ansteigt, kann der Pulsdruck dramatisch ansteigen. Die periphere Vasodilatation reduziert den diastolischen Druck, und das vergrößerte vom linken Ventrikel ausgestoßene Blutvolumen, erhöht gleichzeitig den systolischen Druck [48]; beides trägt zur Erhöhung des Pulsdrucks bei.

2.1.7 Hämodynamische Regulation

Hämodynamische Regulation zielt darauf ab, das lokale Gleichgewicht zwischen Lieferung und Verbrauch von blutgetragenen Substanzen aufrechtzuerhalten. Die Blutflussverteilung durch das Gefäßsystem kann entweder durch das Zentralnervensystem oder lokal durch neuronale Impulse und hormonelle Signale gesteuert werden. Das Endothel, eine semipermeable Barriere, die an der strategischen Position zwischen Blut und Wand sitzt, spielt dabei eine zentrale Rolle und reagiert auf mechanische sowie chemische Signale.

Der Tonus von kontraktilen Zellen ermöglicht die Kontrolle des Gefäßdurchmessers und damit die lokale Blutversorgung des Gewebes. Bei dem physiologischen Tonus hat das Gefäß seinen physiologischen Durchmesser, der dann durch die Expression von *Vasodilatatoren* und *Vasokonstriktoren* erhöht oder verringert werden kann. Während NO ein dominanter Vasodilatator in großen Arterien ist, tragen endothelium-kontrollierte Hyperpolarisationsfaktoren (EDHF), wie Wasserstoffperoxid, Epoxyeicosatriensäuren, Prostacyclin, Prostaglandin und andere zur Dilatation der Widerstandsgefäßen bei. Die Konzentration von Vasokonstriktoren, wie Katecholaminen, atrialem natriuretischem Peptid (ANP), Vasopressin, Bradykinin, beeinflusst auch den Zustand kontraktiler Gefäßzellen. Viele dieser Faktoren können auch die NO-Freisetzung von EC beeinflussen, und der Nettoeffekt von Vasodilatatoren und Vasokonstriktoren bestimmt den endgültigen Gefäßdurchmesser.

2.1.7.1 Autoregulationsmechanismen

Die hämodynamische Regulation findet auf verschiedenen Ebenen statt und einzelne Gefäßregionen werden autonom von anderen Teilen des Gefäßsystems reguliert.

Bei der *myogenen Regulation* erweitert oder verengt sich das Gefäß in Reaktion auf sich ändernden intravaskulären Druck [24, 51]. Ein erhöhter Druck führt paradoxerweise zu Vasokonstriktion und erhöht dann den arteriellen Widerstand. Dieser Mechanismus ermöglicht die Anpassung der Blutversorgung an den Gewebebedarf im einem Druckbereich von etwa 8 bis 20 kPa. Die myogene Regulation wird durch kontraktile Gefäßzellen vermittelt und ist unabhängig von EC. Eine Druckerhöhung in den meisten Widerstandsarterien verursacht eine durch Dehnung induzierte Aktivierung von nichtselektiven Kationenkanälen. Diese Aktivierung führt zu einer Depolarisation der Zellmembran, erhöht damit das Einströmen

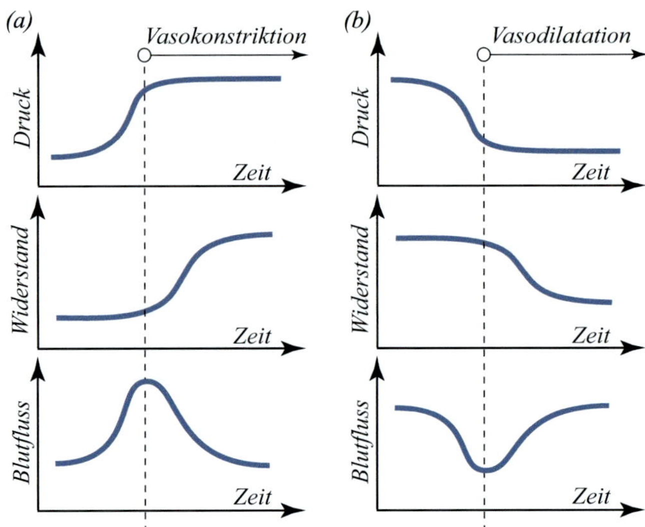

Abb. 2.8 Der Bayliss-Effekt ist ein spezieller Mechanismus myogener Regulation von Arteriolen. (**a**) Ein plötzlicher Anstieg des intravaskulären Drucks führt zu einer Vasokonstriktion und erhöht somit den Widerstand des Gefäßes, was wiederum den Blufluss aufrechterhält. (**b**) Ein plötzlicher Druckabfall führt zu einer Vasodilatation und verringerten Widerstand, auch zur Aufrechterhaltung des Blutflusses

von Kalzium und verursacht die Zellkontraktion. Der *Bayliss*[5] *Effekt* ist ein spezielles Beispiel für die myogene Regulation von Arteriolen, siehe Abb. 2.8.

Blutflussabhängige Regulation nutzt die Fähigkeit des Gefäßes, WSS zu erfassen. Das Endothel reagiert auf WSS mit der Freisetzung von NO, das wiederum die kontraktilen Zellen in der Gefäßwand entspannt.

Der Tonus der kontraktilen Gefäßzellen kann auch durch andere Faktoren gesteuert werden, wie die Auf- und Abwärtsübertragung von Botenstoffen entlang der Gefäßwände sowie das Niveau des lokalen Stoffwechsels. Regulatorische Botenstoffe, die an einem Ort der metabolischen Aktivität hergestellt und freigesetzt werden, beeinflussen die Aktivierung von kontraktilen Gefäßzellen, insbesondere in der Wand von Arteriolen [56].

2.1.7.2 Kurzfristige neuronale Kontrolle des Blutdrucks

Körperbewegung und Aktivität erfordern die *unabhängige* neuronale Kontrolle des Blutdrucks der verschiedenen Teile des Gefäßsystems. Bei der Einnahme einer aufrechten Stehposition zum Beispiel, muss eine gravitative Verschiebung des Blutes hin zu den unteren Gliedmaßen innerhalb von Sekunden ausgeglichen werden, um eine orthostatische Hypotonie zu vermeiden. Das Gefäßsystem ist daher mit Drucksensoren ausgestattet, die kontinuierlich den Blutdruck aufzeichnen,

[5] Sir William Maddock Bayliss, englischer Physiologe, 1860–1924.

die Signale umwandeln und die Informationen dann an entsprechende afferente Neuronen weiterleiten. Solche Rezeptoren werden *Barorezeptoren* in der Hochdruckzirkulation und *Volorezeptoren* in der Niederdruckzirkulation genannt. Prominente Barorezeptoren befinden sich im Karotissinus und im Aortenbogen, während Volorezeptoren in der Pulmonalarterie, den Vorhöfen, den Ventrikeln und den Hohlvenen zu finden sind.

2.1.7.3 Langfristige Kontrolle des Blutdrucks

Die langfristige Kontrolle des Blutdrucks beinhaltet die indirekte Überwachung des *Blutvolumens*. Die hormonbasierte Kontrolle stellt das Blutvolumen und anschließend den Blutdruck wieder her. Das Blutvolumen wird durch Flüssigkeiten und Elektrolyte, wie Natrium und Kalium, gesteuert, wie sie von der Niere ausgeschieden werden. Andere an der Kontrolle des Blutvolumens beteiligte Organe sind der Hypothalamus, der Sympathikus, die Nebenniere und andere.

2.2 Mechanische Systemeigenschaften

Das Kreislaufsystem basiert auf dem pumpenden Herzen und dem Widerstand im Gefäßbett. Diese beiden Effekte erzeugen zusammen den arteriellen *Blutdruck* p [Pa] und *Blutfluss* q [m^3 s^{-1}] – die grundlegendsten mechanischen Eigenschaften des Kreislaufsystems. Druck und Fluss treten als Wellen auf und breiten sich entlang des Gefäßbaums aus.

Der Herzschlag zwingt das Gefäßsystem zur Oszillation und es befindet sich normalerweise in nahezu periodischer stationärer Oszillation. Wenn das Herz plötzlich aufhört zu schlagen, hört das Gefäßsystem auf zu oszillieren und Druck und Fluss sinken gleichmäßig auf null. Dies ist charakteristisch für ein *übergedämpftes System*.

Obwohl Arterien komplexe Geometrien haben, betrachten wir sie in diesem Abschnitt 1D, d.h. als lange, dünne Röhren. Die 1D-Annäherung ignoriert auch die Variation der Geschwindigkeit über den Querschnitt und ignoriert notwendigerweise die Bluthaftbedingung an der Wand.

2.2.1 Wellen im Gefäßsystem

Während die Definition einer Welle üblicherweise mit einem spezifischen physikalischen Phänomenen verbunden ist, können Wellen allgemein als Störungen betrachtet werden, die sich in Raum und Zeit ausbreiten. Eine Welle hat eine Wellenform oder ein Profil, das sich mit ihrer Ausbreitung ändert. Das Profil kann in Unterwellen zerlegt werden. Eine solche Zerlegung ist nicht eindeutig und historisch gesehen ist die *Fourier*[6] *Zerlegung*, die gebräuchlichste Art, kardiovaskuläre

[6] Jean-Baptiste Joseph Fourier, französischer Mathematiker und Physiker, 1768–1830.

Wellenformen zu studieren, siehe Anhang A.3. Sie behandelt die Wellenform als Überlagerung von sinusförmigen Wellen, d.h. der Grundwelle und all ihrer Oberwellen. Da die Fourier-Analyse im *Frequenzbereich* durchgeführt wird, kann es schwierig sein, Merkmale der Fourier-Darstellung auf spezifische Zeiten im Herzzyklus zu beziehen.

Die *Wellenausbreitungsgeschwindigkeit* c [m s^{-1}] im kardiovaskulären System wird durch die Querschnittsflächenelastizität $D=(\mathrm{d}A/\mathrm{d}p)/A$ [Pa^{-1}] des Gefäßes bestimmt und durch die Beziehung

$$c = \frac{1}{\sqrt{\rho D}} \tag{2.1}$$

angegeben, wobei ρ [kg m^{-3}] die Dichte des Blutes und A [m^2] den Querschnitt des Gefäßes bezeichnet. Die Ableitung von (2.1) wird in Abschn. 6.6.3 gegeben. Die Wellen werden durch die Blutflussgeschwindigkeit v advektiert, so dass die beobachtete Ausbreitungsgeschwindigkeit $v+c$ in Flussrichtung und $v-c$ gegen die Flussrichtung ist. Bei normalen Arterien ist die Blutgeschwindigkeit v immer viel niedriger als die Wellengeschwindigkeit c.

Beispiel 2.1 (Stromaufwärts gerichtete Druckwellenausbreitung) Blut mit der Dichte $\rho=1060{,}0$ kg m^{-3} steht unter dem Druck p und fließt mit der Geschwindigkeit v in einer Arterie mit dem Querschnitt A, siehe Abb. 2.9. Eine Druckwelle breitet sich mit der Geschwindigkeit $c-v$ gegen die Strömungsrichtung aus und ändert die Geschwindigkeit und den Druck um Δv bzw. Δp.

(a) Drücken Sie den Massenstrom (Massendurchsatz), der durch das in Abb. 2.9 gezeigte Kontrollvolumen fließt, aus. Die Wellenausbreitungsgeschwindigkeit c im Gefäß kann als viel größer als die Blutflussgeschwindigkeit v betrachtet werden.
(b) Verwenden Sie das zweite Newtonsche Gesetz der Mechanik und wenden Sie es auf das Kontrollvolumen an, um die Beziehung zwischen der Wellenausbreitungsgeschwindigkeit c, den Inkrementen Δv, Δp und der Blutdichte ρ, eine Beziehung, die als Wasserschlaggleichung bezeichnet wird, abzuleiten.
(c) Betrachten Sie ein Gefäß mit einer Elastizität $D=0{,}0301$ kPa^{-1} und berechnen Sie die Wellenausbreitungsgeschwindigkeit c.
(d) Berechnen Sie die Geschwindigkeitsänderung Δv, die durch eine Druckwelle von $\Delta p=0{,}23$ kPa verursacht wird.

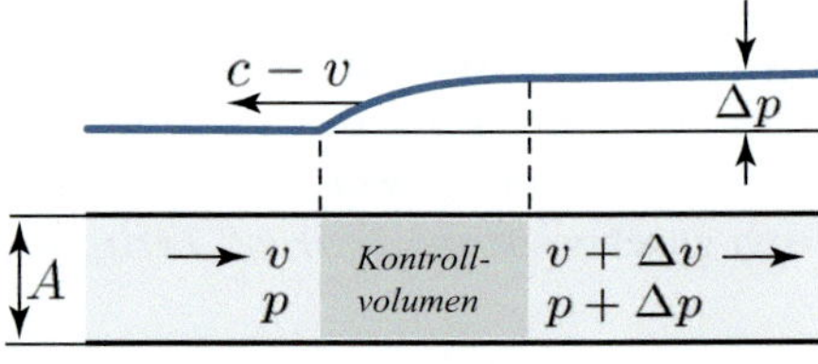

Abb. 2.9 Stromaufwärts gerichtete Ausbreitung einer Druckwelle in einem Blutgefäß

■

Die Wellenausbreitungsgeschwindigkeit in der Aorta wurde traditionell dadurch bestimmt, indem man die Zeit misst, die die Ausbreitung der Pulswelle zwischen zwei Messstellen benötigt – normalerweise von der Karotis zur Femoralarterie [41]. Obwohl die Spitze des Druckpulses oder des Geschwindigkeitspulses am einfachsten zu verfolgen ist, ist es genauer, die Zeit, die vom Wellenfuss zurückgelegt wird, zu messen. Eine solche Methode ist als *Fuß-zu-Fuß* Messungen bekannt, und sie ist relativ insensitiv mit der Änderung der Wellenform, wie sie während der Wellenausbreitung vorkommt. Die Druck-Geschwindigkeits-Kurve bietet eine alternative Methode zur Messung der Wellengeschwindigkeit, siehe Abschn. 2.2.5.

Die Dehnbarkeit des Blutgefäßbereichs D ist nicht konstant, sondern eine Funktion des Blutdrucks, ein Faktor, der die Wellenausbreitungsgeschwindigkeit (2.1) beeinflusst. Betrachten wir die Aorta, wo sich die Aortenklappe bei diastolischem und spätsystolischem Druck öffnet bzw. schließt. Das Öffnen und Schließen der Klappe löst Wellen aus, die sich dann mit *unterschiedlichen* Geschwindigkeiten entlang der Aorta ausbreiten, und diese Information kann dann zur Identifizierung der nichtlinearen Spannungs-Dehnungs-Eigenschaften der Gefäßwand verwendet werden [27].

2.2.2 Vaskulärer Druck

An der Position x entlang des Gefäßwegs ergibt die Integration über die Druckwellenform $p(x,t)$ [Pa] den *mittleren Druck*

$$p_{\text{mean}}(x) = \frac{1}{T}\int_0^T p(x,t)\mathrm{d}t \approx \frac{1}{3}p_{\text{syst}}(x) + \frac{2}{3}p_{\text{diast}}(x)\,, \tag{2.3}$$

wobei T [s] die Dauer eines Herzzyklus ist, und p_{syst} und p_{diast} systolischen und diastolischen Blutdruck bezeichnen. Aus praktischen Gründen würde man nicht nur über einen, sondern über eine Anzahl von Herzzyklen integrieren.

Der mittlere Druck p_{mean} nimmt kontinuierlich von der Aorta zur Vena cava ab. Der Druckgradient ist jedoch nicht kontinuierlich entlang des Gefäßwegs, sondern tritt fast ausschließlich in Arteriolen, Kapillaren und Venolen auf – den Gefäßen mit den kleinsten Durchmessern, siehe Abb. 2.10. Das *Gefäßbett* beherbergt diese Gefäße und bestimmt daher den Widerstand des Gefäßsystems. Diese Schlüsselrolle des Gefäßbetts wurde bereits von Hales festgestellt.[7]

Neben dem mittleren Druck ist der *Pulsdruck (Blutdruckamplitude)* $p_{\text{p}} = p_{\text{syst}} - p_{\text{diast}}$ eine weitere wichtige hämodynamische Eigenschaft des Gefäßsystems. Hales scheint wieder der Erste gewesen zu sein, der den Blutdruck misst und bemerkt, dass der Druck im arteriellen System nicht konstant ist, sondern über den Herzschlag variiert. Die Druckwellenpuls- oder Wellenform wird nicht nur durch den Herzschlag bestimmt, sondern ist auch von der Gefäßeigenschaften stark beinflusst. Die Druckwellenform entsteht fast ausschließlich durch das Zusammenspiel der elastischen Eigenschaften der *thorakalen Aorta* und dem Herzschlag.

[7] Stephen Hales, englischer Geistlicher, 1677–1761.

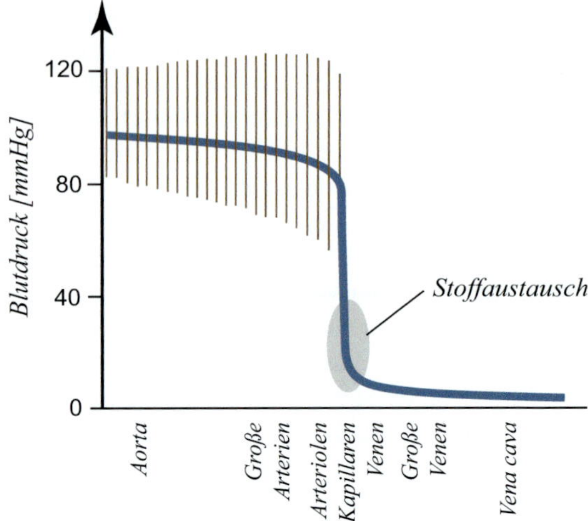

Abb. 2.10 Druckänderung entlang des Gefäßpfades. Der mittlere Druck p_{mean} (dicke Linie) fällt schnell auf Höhe der kleinsten Gefäße. Der Pulsdruck p_{p} (schraffierter Bereich) nimmt in Richtung distaler Arterien infolge der zunehmenden Wellenreflexion zu, bevor er auf Höhe der kleinsten Gefäße stark abfällt. Die Kapillaren und das gesamte Venensystem sind frei von Pulsatilität. Der Austausch von Sauerstoff, Nährstoffen und anderen Substanzen erfolgt auf Höhe der Kapillaren (grauer Bereich)

Die Druckwelle breitet sich über den arteriellen Baum mit der Wellenausbreitungsgeschwindigkeit c aus, und ist damit viel schneller als die Blutflussgeschwindigkeit v. Die Dehnbarkeit und der Durchmesser des Gefäßes bestimmen die *Wellenausbreitungsgeschwindigkeit* gemäß Gl. (2.1). Im Vergleich zur Aorta, breitet sich die Pulsdruckwelle zweimal schneller in großen, und sogar viermal schneller in kleinen Arterien aus.

2.2.2.1 Druckwellenform

Eine Reihe von Faktoren beinflussen das charakteristische Aussehen der Druckwelle, und Abb. 2.11 veranschaulicht ihre typische Form in der Aorta. Sie entsteht aus der Überlagerung der *vorwärts* und *rückwärts* laufenden Wellen, siehe Abb. 2.11b. Die Vorwärtswelle entsteht am Ventrikel, während die Rückwärtswelle von Wellenreflexionen an nachgelagerten arteriellen Verzweigungspunkten ausgeht, wobei die Aortenbifurkation am dominantesten ist. Die Reflexionen erklären, dass der Pulsdruck p_{p} von der Aorta hin zu den distalen Arterien zunimmt und dass die Druckwelle bei jungen und alten Probanden sehr unterschiedlich aussieht, siehe Abb. 2.11c. Die Aorta bei älteren Probanden ist steifer und somit weniger dehnbar, und Druckwellen breiten sich daher schneller aus. Die Rückwärtswelle trifft dann früher ein und trägt mehr zur *systolischen Druckerhöhung* bei.

Wenn sie die Arteriolen erreicht, flacht die Druckwelle aufgrund der hohen viskosen Dissipation des Flusses in kleinen Gefäßen ab. Folglich sind Kapillaren und das gesamte venöse System frei von Pulsatilität, siehe Abb. 2.10.

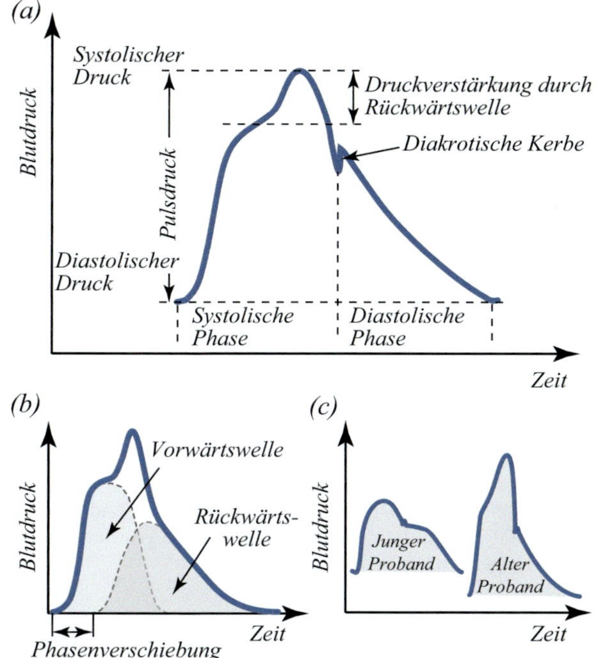

Abb. 2.11 Der Pulsdruck. (**a**) Typische Druckwellenform. Der systolische Druck wird durch die Rückwärtswelle verstärkt. Der diakrotische Kerbe kennzeichnet das Schließen der Aortenklappe. (**b**) Die Überlagerung von vorwärts und rückwärts laufenden Wellen bestimmt den Pulsdruck. (**c**) Typische Druckwellenformen bei jungen und alten Probanden

2.2.3 Vaskuläre Compliance

Die *Compliance* C [m^3 Pa^{-1}], auch bekannt als *Volumenkapazität*, bestimmt die Volumenelastizität des Gefäßsystems und somit seine Reservoir/Pufferfunktion. Mit ihrer Definition

$$C = \frac{\Delta V}{\Delta p} \tag{2.4}$$

bezeichnet sie die Zunahme des Blutvolumens ΔV [m^3] im Gefäßsystem als Funktion einer Zunahme des Blutdrucks Δp [Pa]. Die Elastizität und Größe der größten Blutgefäße bestimmen die Compliance des Gefäßsystems.

Abb. 2.12 zeigt das Blutvolumen in den arteriellen und venösen Systemen als Funktion des Drucks [20]. Die Tangente zu diesen Kurven ist die jeweilige Compliance, und $C_{\text{art}} = 2$ ml mmHg^{-1} und $C_{\text{ven}} = 100$ ml mmHg^{-1} approximieren die arteriellen und venösen Compliancen eines erwachsenen Menschen. Das venöse

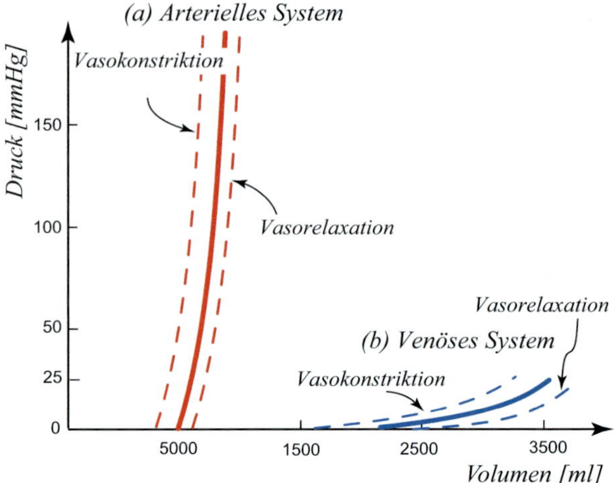

Abb. 2.12 Druck-Volumen-Beziehungen von (**a**) dem arteriellen und (**b**) dem venösen Gefäßsystem. Die Vasoreaktivität beeinflusst die Beziehung, wie die gestrichelten Kurven zeigen und die Compliance ist die Tangente an diese Kurven

System speichert etwa fünfmal mehr Blut als das arterielle System und seine Compliance ist etwa fünfzigmal größer als die des arteriellen Systems.

Die Aorta trägt fast die gesamte Compliance zum Gefäßsystem bei, wobei allein das thorakale Segment 85 % davon zusteuert [19]. Die Compliance der Aorta ist über einen weiten Druckbereich konstant und bestimmt die *Windkessel (WK) Eigenschaften* des Kreislaufs. Die Compliance der Aorta und somit ihre Elastizität ist von größter Bedeutung für das gesamte Herz-Kreislauf-System. Eine steife Aorta erhöht die linke ventrikuläre Last, die dann zu Herzkomplikationen wie Kardiomyopathie führen kann. Neben genetischen oder Elastinopathien [9] versteift die Aorta auch natürlich mit dem Alter. Es begründet sich im Fragmentieren und Ausdünnen elastischer Lamellen, was zu Ektasie und einer allmählichen Übertragung der mechanischen Last auf Kollagen führt. Kollagen ist 100 bis 1000 Mal steifer ist als Elastin, und reduziert damit die Compliance des Gefäßsystems [18].

2.2.4 Gefäßfluss

Die Aorta ist das erste arterielle Segment des systemischen Kreislaufs, direkt mit dem Herzen verbunden. Eine unidirektionale Strömung des aus dem linken Ventrikel ausgestoßenen Blutes wird durch die *Aortenklappe* aufrechterhalten. Sie öffnet und schließt sich passiv mit jedem Herzschlag. Der diskontinuierliche Blutzustrom zusammen mit der Aortencompliance definiert den *pulsierenden Blutfluss* in der Aorta. Am Ende der Systole fließt das Blut unidirektional und mit Geschwindigkeiten von etwa 60 cm s^{-1}, während sich Rückfluss in Teilen der diastolischen

Phase einstellt. Der Rückfluss im Aortenbogen und in der Bauchaorta erreicht Geschwindigkeiten von etwa -20 cm s^{-1} bzw. -10 cm s^{-1}.

Der Blutfluss in den großen Arterien ähnelt der Strömung in der Aorta. In der Beckenarterie variieren beispielsweise die Geschwindigkeiten über den Herzzyklus von etwa $-7{,}5$ bis 60 cm s^{-1}. Der Blutfluss in den Venen ist im Vergleich zu den Arterien wesentlich homogener, und in der Vena saphena zum Beispiel ändert sich die Geschwindigkeit nur zwischen etwa 20 und 30 cm s^{-1}. Die Verteilung der Blutflussgeschwindigkeit über den Querschnitt des Gefäßes ist komplex und wird durch Faktoren wie die Form der Druckwelle, den Durchmesser des Gefäßes, der Krümmung der Gefäßmittellinie, den stromauf- und stromabwärts gelegenen Strömungseigenschaften, der Vortexdynamik, usw. beeinflusst. Solche Effekte gehen weit über eine 1D Beschreibung hinaus und werden dann in Kap. 6 diskutiert.

Der Blutfluss ist umgekehrt proportional zur Querschnittsfläche der Gefäße, und auf der Ebene der Kapillaren, wo in Summe die größte Querschnittsfläche auftritt, fließt das Blut nur mehr mit Geschwindigkeiten von Mikrometern zu (sehr) wenigen Millimetern pro Sekunde. Eine Stokes[8] Strömung ist dann ein angemessenes Modell des Blutflusses. Die sehr niedrige Flussgeschwindigkeit ist wichtig, um genügend Zeit für den Austausch von Sauerstoff, Nährstoffen und anderen Substanzen in den Kapillaren zu ermöglichen. Der Blutfluss ist durch die WSS mit der biochemischen Aktivität des Gefäßes verknüpft und ändert sich in Reaktion auf Faktoren wie den oxidativen Stress (Sauerstoffspannung) des umgebenden Gewebes.

Bei einer 1D-Beschreibung sind der Durchfluss q und die Geschwindigkeit v in einem Gefäß durch $q = Av$ [m^3 s^{-1}] miteinander verbunden, wobei A den luminalen Querschnitt des Gefäßes bezeichnet. Ähnlich wie der Druck $p(x,t)$, erscheint auch der Durchfluss $q(x,t)$ als Welle im Gefäßsystem, wobei x und t die Position entlang des Gefäßweges und die Zeit bezeichnen.

2.2.4.1 Venöser Rückfluss

Bei Homöostase entspricht das zeitgemittelte Herzzeitvolumen (der Herzoutput) dem Fluss in den Vorhof, d.h. den *venösen Rückfluss*. Venöser Rückfluss und Herzzeitvolumen sind daher voneinander abhängig, eine Beziehung, die als *Frank-Starling-Mechanismus* bekannt ist. Neben Faktoren wie rhythmischer Kontraktion der Gliedmaßenmuskulatur während normaler Fortbewegungsaktivität, Vasoreaktivität, Atmung und Gravitation hat der (teilweise) Venenkollaps, d.h. das physiologische Zusammenfallen der Venen einen wichtigen Einfluss auf den venösen Rückfluss. Es tritt bei negativem Umgebungsdruck auf und wurde ausführlich untersucht [23, 45]. Siehe auch Abb. 2.13, die einige beinflussenden Faktoren auf den venösen Rückfluss darstellt. Bei *negativem* Vorhofdruck fallen die Venen zusammen, und die Linearität zwischen Druck und Durchfluss ist gebrochen. Der venöse Rückfluss nimmt dann nicht mehr mit steigendem Druckgradienten zu, und die Druck-Durchfluss-Kurve flacht ab.

[8] Sir George Gabriel Stokes, englischer/irischer Physiker und Mathematiker, 1819–1903.

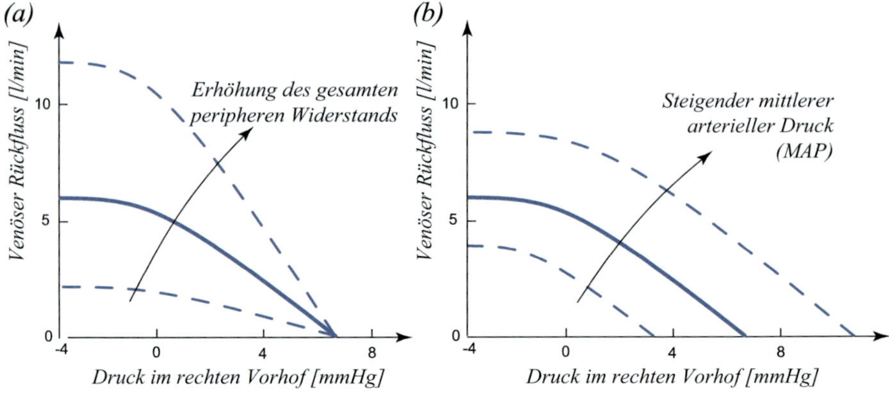

Abb. 2.13 Die nichtlineare Beziehung zwischen dem venösen Rückfluss und dem Vorhofdruck. (**a**) Einfluss des gesamten peripheren Widerstands. (**b**) Einfluss des mittleren arteriellen Blutdrucks (MAP)

2.2.5 Die Druck-Geschwindigkeits-Kurve

Mit dem Druck $p(x,t)$ und der Geschwindigkeit $v(x,t)$ an der Position x in einem Gefäß, kann die Druck-Geschwindigkeits-Kurve dargestellt werden, siehe Abb. 2.14. Am Anfang, wenn die Druck- und Geschwindigkeitswellen beginnen, bezeichnet die Tangente an die Druck-Geschwindigkeits-Kurve die gewichtete Wellenausbreitungsgeschwindigkeit ρc, wobei ρ die Dichte des Blutes und c die Wellenausbreitungsgeschwindigkeit sind. Die *Wasserhammergleichung* (2.2) $\Delta p/\Delta v = \rho c$ erklärt diese Eigenschaft der Druck-Geschwindigkeits-Kurve, wobei $c >> v$ in der Ableitung von (2.2) angenommen wurde. Sie verbindet die Druck- und Geschwindigkeitsänderungen Δp und Δv der Wellenausbreitung, und geht auf Pulswellenuntersuchungen in Blutgefäßen von von Kries[9] zurück [60]. Wenn $p(x, t)$ und $v(x, t)$ genau und gleichzeitig gemessen werden können, stellt die Druck-Volumen-Kurve eine einfache und genaue Methode zur Bestimmung der Wellenausbreitungsgeschwindigkeit dar [28].

2.2.6 Vaskulärer Widerstand

Der hydraulische Widerstand $R = \Delta p/q$ [Pa s m^{-3}] eines Gefäßes gegenüber dem Durchfluss q wird durch den Druckabfall Δp zwischen dem Ein- und Auslass des Segments ausgedrückt. Die Viskosität des Blutes und die Strömungsbedingungen im Gefäß bestimmen seinen Widerstand. Bei laminarer stationärer Rohrströmung drückt das Hagen[10]-Poiseuille[11] Gesetz den hydraulischen Widerstand aus, siehe

[9] Johannes von Kries, deutscher Physiologe, 1853–1928.

[10] Gotthilf Heinrich Ludwig Hagen, deutscher Bauingenieur, 1797–1884.

[11] Jean Léonard Marie Poiseuille, französischer Physiker und Physiologe, 1797–1869.

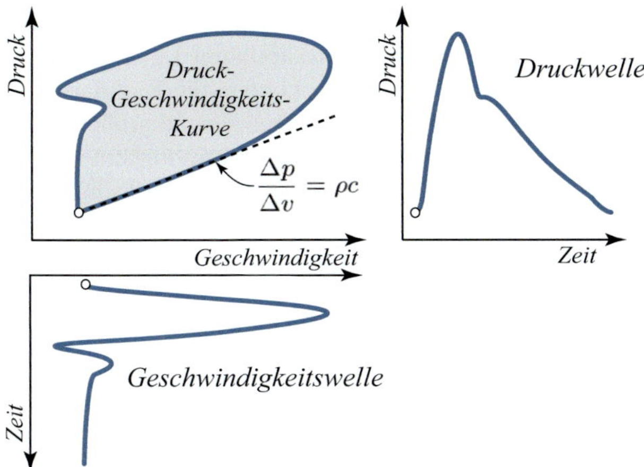

Abb. 2.14 Die Druck-Geschwindigkeits-Kurve veranschaulicht die gewichtete Wellenausbreitungsgeschwindigkeit ρc. Der eingetragene Punkt kennzeichnet den Beginn der Druck- und Geschwindigkeitswellen

Abschn. 2.3.2.1. Es besagt, dass ein Rohr mit Durchmesser d einen Widerstand hat, der proportional zu $1/d^4$ ist. Daher können nur die kleinsten Gefäße, die Widerstandsgefäße, einen wesentlichen Widerstand gegenüber den Blutfluss bieten [63].

Wie bei einem einzelnen Gefäß, hat auch ein Netzwerk von Gefäßen einen hydraulischen Widerstand. Die Abmessungen der Gefäße zusammen mit ihrer Anordnung innerhalb des Netzwerks bestimmen dann den Widerstand. Die Anordnung von Gefäßen in Serie erhöht den Widerstand, während ihre parallele Anordnung den Widerstand verringert. Bei einem erwachsenen Menschen geben $R_{\text{art}} = 1$ mmHg s ml^{-1} und $R_{\text{ven}} = 0{,}06$ mmHg s ml^{-1} die ungefähren Widerstände der arteriellen und venösen Systeme an.

2.2.7 Transkapillärer Transport

Die Veränderungen des hydrostatischen und osmotischen Drucks über die Kapillarwand lenken den *transkapillären Flüssigkeitsstrom* und somit den Flüssigkeitsaustausch zwischen den vaskulären und interstitiellen Räumen. Die Flüssigkeit ist hier grundsätzlich *Wasser,* welches Proteine und Elektrolyte löst, und dann als Plasma bezeichnet wird. Die Größe der gelösten Stoffe und ihre elektrische Ladung bestimmen, ob sie die semipermeable Kapillarwand passieren können oder nicht. Der Flüssigkeitsstrom ist daher immer filtriert, und der transkapilläre Transport wird auch als *Filtration* bezeichnet. Zusammen mit dem lymphatischen System bestimmt diese Filtration die transkapillären Lösungskonzentrationen und kontrolliert damit die interstitielle (Volumen-) Homöostase.

Während der Muskeltonus den hydrostatischen Druck in der Mikrogefäßstruktur kontrolliert, bestimmen die transkapillären Lösungskonzentrationen den osmotischen Druck. Kleine gelöste Stoffe können die Kapillarwand leicht passieren, und in den meisten Geweben zeigen daher nur die großen makromolekularen gelösten Stoffe signifikante transkapilläre Konzentrationsunterschiede. Der transkapilläre osmotische Druck $\Delta\Pi$ kann daher durch die Summe der Druckunterschiede, die durch solche Makromoleküle ausgeübt werden, angenähert werden. *Albumin* ist das wichtigste Makromolekül in diesem Zusammenhang und bestimmt etwa 80 % des osmotische Drucks $\Delta\Pi$.

Abgesehen von transkapillären Druckunterschieden bestimmt die Durchlässigkeit der Wand und somit ihre *hydraulische Leitfähigkeit* L_p [m $\mathrm{Pa}^{-1}\mathrm{s}^{-1}$] wie viel Flüssigkeit ausgetauscht wird. Die hydraulische Leitfähigkeit wird durch das Darcysche[12] Gesetz

$$L_\mathrm{p} = \frac{k}{\eta L} \tag{2.5}$$

definiert, wobei k [m^2] und L [m] die intrinsische Permeabilität und Dicke der Kapillarwand bezeichnen, während η [Pa s] die Viskosität des Wassers ist, siehe auch Anhang E.2. Die hydraulische Leitfähigkeit kann auch direkt durch Laborversuche [22] gemessen werden.

2.3 Modellierung der Makrozirkulation

Dieser Abschnitt folgt einem Top-Down-Ansatz, bei dem *Lumped- Parameter Modelle (konzentrierte Parametermodelle)* Teile des Gefäßsystems beschreiben. Sie repräsentieren die Gefäßkomplexität durch eine geringe Anzahl von Parametern, erfassen dabei jedoch wesentliche Systemmerkmale. Eine Topologie, bestehend aus *Widerstand (beschreibt den hydraulischen Widerstand), Kapazität (beschreibt die Gefäßcompliance)* und *Induktivität (beschreibt die Blutträgheit)*, kennzeichnet dabei das räumlich verteilte Gefäßsystem. Solche Modelle berücksichtigen nicht die anatomische Organisation der Gefäße und können Merkmale wie Wellenausbreitung nicht darstellen. Die Modellierung des Gefäßsystems mit Lumped-Parameter Modellen ist gut dokumentiert, und es sind hervorragende Übersichten [61] in der Literatur verfügbar.

2.3.1 Windkessel Modelle

Während Weber[13] anscheinend der Erste war, der den Vergleich der *Compliance (Volumenkapazität)* der großen Arterien mit dem *Windkessel (WK)* in Feuerwehr-

[12] Henry Philibert Gaspard Darcy, französischer Ingenieur, 1803–1858.

[13] Ernst Heinrich Weber, deutscher Arzt, 1795–1878.

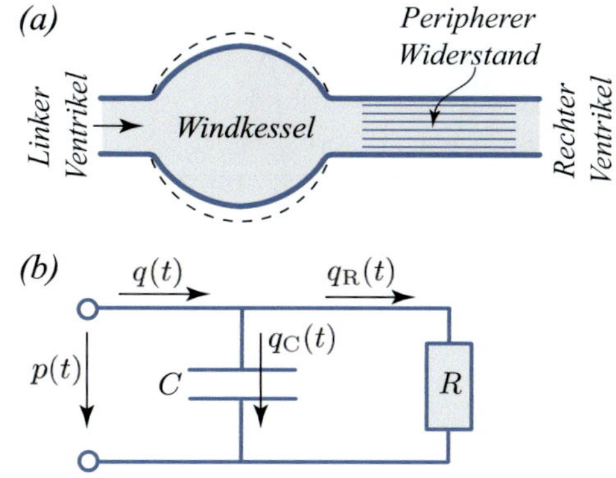

Abb. 2.15 (**a**) Hydraulische und (**b**) elektrische Darstellungen des zwei-element Windkessel (WK) Modells. Der Blutfluss $q(t)$ und Blutdruck $p(t)$ beschreiben den Systemzustand, wobei R und C den Widerstand und die Compliance bezeichnen

fahrzeugen vorschlug, war es Frank[14] [14], der das sogenannte zwei-element WK Modell quantitativ formulierte und populär machte.

2.3.1.1 Zwei-Element Windkessel Modell

Das *zwei-element WK Modell* stellt den systemischen Gefäßkreislauf durch zwei konzentrierte Parameter dar – seine gesamte *Compliance* C [$\mathrm{m^3\ Pa^{-1}}$] und seinen gesamten hydraulischen *Widerstand* R [$\mathrm{Pa\ m^{-3}}$], siehe Abb. 2.15. Die Compliance $C = \Delta V/\Delta p$ beschreibt die Aufnahme des Blutvolumens ΔV [$\mathrm{m^3}$] in das (elastische) arterielle System als Reaktion auf den Druckanstieg Δp [Pa]. Im Gegensatz dazu bezieht der Widerstand $R = \Delta p_{\mathrm{mean}}/q_{\mathrm{CO}}$ den Abfall des mittleren Drucks Δp_{mean} von der arteriellen zur venösen Seite, auf den Herzausstoß q_{CO} [$\mathrm{m^3\ s^{-1}}$]. Angesichts des viel höheren Drucks im arteriellen als im venösen System kann die Vereinfachung $R \approx p_{\mathrm{mean\ art}}/q_{\mathrm{CO}}$ gemacht werden, wobei $p_{\mathrm{mean\ art}}$ den MAP bezeichnet. Während die Elastizität der Aorta und der größten Leitungsarterien die Compliance C des Systems bestimmt, kennzeichnen die Widerstandsgefäße den hydraulischen Widerstand R des Systems.

Der gesamte Blutfluss $q(t)$ durch das System teilt sich in den Fluss $q_{\mathrm{R}}(t)$ durch den Widerstand R und den Fluss $q_{\mathrm{C}}(t)$ in den Kondensator C, siehe die elektrische Darstellung des zwei-element WK Modells in Abb. 2.15b. Die Flussbilanz lautet dann

$$q(t) = q_{\mathrm{R}}(t) + q_{\mathrm{C}}(t) = \frac{p(t)}{R} + C\frac{\mathrm{d}p(t)}{\mathrm{d}t}, \tag{2.6}$$

wobei $p(t)$ den zeitabhängigen arteriellen Blutdruck bezeichnet, und die Beziehungen $q_{\mathrm{R}} = p/R$ und $q_{\mathrm{C}} = C(\mathrm{d}p/\mathrm{d}t)$ jeweils den Widerstand und den Kondensator beschreiben, siehe Anhang E.1. Die beschreibende Gleichung des zwei-element WK Modells (2.6) legt die Beziehung zwischen Druck $p(t)$ und Fluss $q(t)$ des systemischen Kreislaufs fest, wobei das System als solches durch die Eigenschaften C und R beschrieben wird.

[14] Otto Frank, deutscher Arzt und Physiologe, 1865–1944.

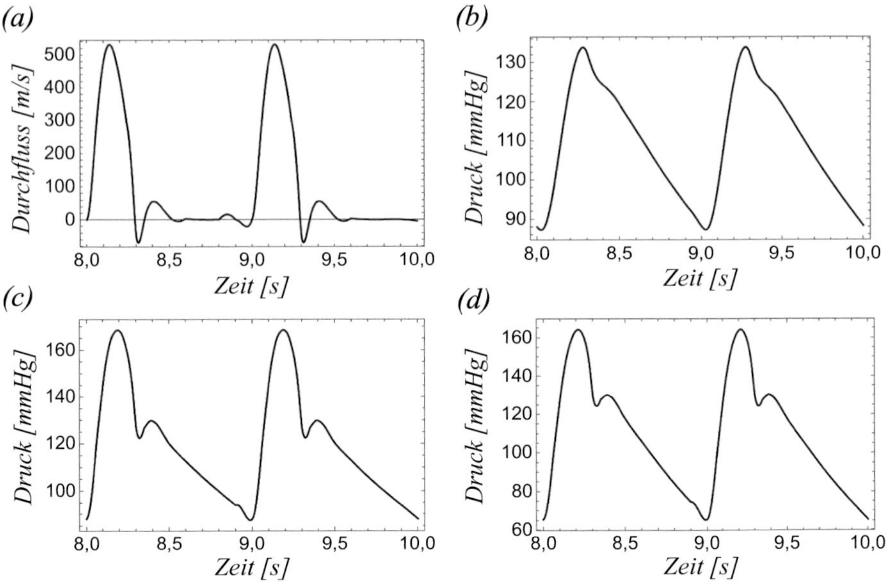

Abb. 2.16 Windkessel (WK) Modellierung des systemischen Kreislaufs. (**a**) Vorgeschriebenes Strömungsprofil $q(t)$. (**b**) Druckprofil $p(t)$ bestimmt durch das zwei-element WK Modell (2.6). (**c**) Druckprofil $p(t)$ bestimmt durch das drei-element WK Modell (2.20). (**d**) Druckprofil $p(t)$ bestimmt durch das vier-element WK Modell (2.30). Tab. 2.1 gibt die für die WK Modelle verwendeten Parameter an

Tab. 2.1 Systemparameter, die für Windkessel (WK) Modelle verwendet werden

Hydraulischer Widerstand des Gefäßbettes R	1,1 mmHg s ml^{-1}
Arterielle Compliance C	0,7 ml $mmHg^{-1}$
Aortenimpedanz[a] Z	0,1 mmHg s ml^{-1}
Trägheit des Arteriellen Blutes[b] L	0,02 mmHg s^2 ml^{-1}

[a]Nur vom drei-element und vier-element WK Modell verwendet.
[b]Nur vom vier-element WK Modell verwendet.

Mit vorgeschriebenem Druck $p(t)$ stellt die Beziehung (2.6) einen algebraischen Ausdruck dar, der dann die direkte Bestimmung von $q(t)$ erlaubt. Im Gegensatz dazu stellt sie bei gegebenen $q(t)$ eine lineare Differentialgleichung erster Ordnung in $p(t)$ dar und kann (beispielsweise numerisch) zusammen mit der Anfangsbedingung $p(0) = p_0$ gelöst werden. Abb. 2.16b veranschaulicht eine solche (zeitabhängige) Lösung für den Druck $p(t)$. Tab. 2.1 gibt die Parameter des systemischen Kreislaufs an, während Abb. 2.16a den vorgeschriebenen Fluss $q(t)$ durch das System zeigt, der für die jeweilige Lösung verwendet wurden. Die Herzzykluszeit von $T = 1{,}0$ s wurde verwendet, und das Strömungsprofil wurde zwischen einer Anzahl von Datenpunkten interpoliert. Das zwei-element WK Modell (2.6) wurde unter der Anfangsbedingung $p_0 = 80$ mmHg gelöst, und Abb. 2.16b zeigt $p(t)$ für das Zeitintervall von 8,0 bis 10,0 s. Es handelt sich um den neunten und zehnten Herzzyklus, und das System hat hier bereits seinen stationären periodischen Zustand erreicht.

Beispiel 2.2 (Vorhersagen des zwei-element WK Modells) Ein Gefäßsystem kann durch ein zwei-element Windkessel Modell (WK) dargestellt werden, bei dem $R = 50{,}1$ mmHgs ml^{-1} und $C = 0{,}018$ ml mmHg^{-1} den Widerstand und die Compliance des Systems beschreiben. Gegeben ist die Herzzyklusperiode $T = 1$ s, und der Blutfluss

$$q(t) = \begin{cases} q_0 \sin(6\pi t) & 0 \leq t \leq 1/6\text{s}, \\ 0 & 1/6 < t < 1\text{s}, \end{cases} \tag{2.7}$$

passiert das System, wobei $q_0 = 18{,}2$ ml s^{-1} den maximalen Durchfluss bezeichnet.

(a) Verwenden Sie die rückwärts-gerichtete Euler-Zeitdiskretisierungsmethode um eine diskretisierte Version des zwei-element WK Modells (2.6) aufzustellen.
(b) Lösen Sie iterativ die in (a) aufgestellte diskretisierte Gleichung und bestimmen Sie damit den Druck $p(t)$ im System unter stationären periodischen Bedingungen. Verwenden Sie verschiedene Anzahl k von Zeitschritten, um die Konvergenz in Bezug auf diesen Parameter zu untersuchen.

■

Beispiel 2.3 (Systemische Auswirkungen der EVAR-Behandlung) Gegeben ist eine endovaskuläre Aortenreparatur (EVAR), bei der ein Stent-Graft mit einem Durchmesser von $d_{\text{sg}} = 2{,}5$ cm in die $l_{\text{aorta}} = 35$ cm lange thorakale Aorta eingesetzt wird, um ein Aneurysma abzudecken, siehe Abb. 2.17. Der Stent-Graft hat die radiale Steifigkeit von $k_{\text{sg}} = \Delta d/\Delta p = 1{,}2 \cdot 10^{-3}$ cm kPa^{-1} und bedeckt insgesamt

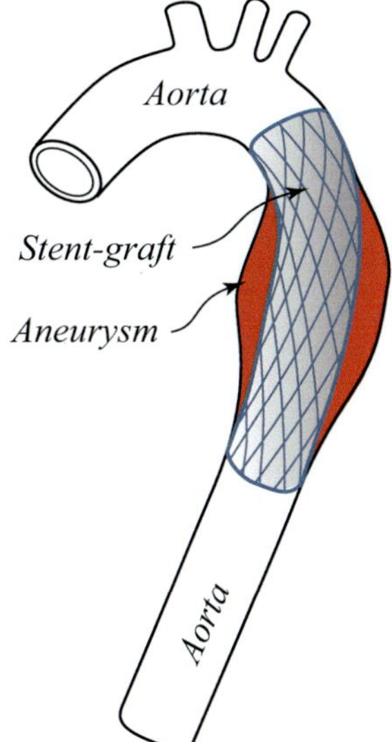

Abb. 2.17 Schematische Darstellung eines thorakalen Aortenaneurysmas, das mit einer endovaskulären Aortenreparatur (EVAR) behandelt wurde. Der Stent-Graft bedeckt das $l_{\text{sg}} = \alpha l_{\text{aorta}}$ lange Aortensegment, wobei l_{aorta} und α die Gesamtlänge der thorakalen Aorta und einen dimensionslosen Parameter bezeichnen

70 % der thorakalen Aorta. Die EVAR-Behandlung ändert die Compliance C des systemischen Kreislaufs, und vor der Behandlung bestimmten die Compliance $C_n = 9{,}7\ \text{cm}^3\ \text{kPa}^{-1}$ und der hydraulische Widerstand $R = 0{,}18\ \text{kPa s cm}^{-3}$ die systemische Zirkulation des Patienten.

(a) Geben Sie die Beziehung der Compliance $C_{EVAR}(\alpha)$ als Funktion der Stent-Graft-Abdeckung α für den EVAR-behandelten Patienten an. Die Stent-Graft-Abdeckung $\alpha = l_{sg}/l_{aorta}$ ist das Verhältnis zwischen der Länge des Stent-Grafts und der Länge der thorakalen Aorta.

(b) Betrachten Sie den vereinfachten Blutfluss $q(t) = Q \sin(\pi t)^2$ mit $Q = 150\ \text{cm}^3\ \text{s}^{-1}$ und verwenden Sie ein zwei-element Windkessel (WK) Modell, um die systemischen Auswirkungen der EVAR-Behandlung zu untersuchen. Betrachten Sie den Anfangsdruck $p(0) = 13{,}3$ kPa und lösen Sie die WK-Gleichung jeweils für $\alpha = 0$ und $\alpha = 1$. Tragen Sie den aortalen Druck über die Zeit in einen Diagramm, und für die genannten Parameter auf.
Das Ergebnis

$$I = \int \exp(x/a) \sin^2(\pi x) \mathrm{d}x$$
$$= \frac{a \exp(x/a) \left[1 + 4a^2\pi^2 - \cos(2\pi x) - 2a\pi \sin(2\pi x)\right]}{2 + 8a^2\pi^2} + K$$

kann verwendet werden, um die lineare Differentialgleichung erster Ordnung des WK Modells zu lösen, wobei K eine Integrationskonstante bezeichnet.

■

2.3.1.2 Homogene Lösung

In den meisten Fällen ist nur die *stationäre periodische, oder homogene* Lösung des Problems (2.6) von Interesse. Die Analyse in der komplexen Ebene, oder Argands[15] Diagramm ist dann praktisch, siehe Anhang A.2. Der Fluss und der Druck werden durch komplexe Zahlen beschrieben, die durch die Vektoren $\mathbf{q}$ und $\mathbf{p}$ in der komplexen Ebene dargestellt werden.

Betrachten wir zunächst den Fall, in dem der Druck $p(t) = \text{Re}(\mathbf{p})$ bekannt ist, während der Fluss $q(t) = \text{Re}(\mathbf{q})$ durch das System zu bestimmen sei. Im stationären Zustand ist der Druck $p(t)$ (wie der Fluss $q(t)$) periodisch und kann durch die Fourier-Reihe (siehe Anhang A.3) ausgedrückt werden

$$p(t) = \text{Re}(\mathbf{p}) = \text{Re}\left(\sum_{n=-\infty}^{+\infty} \mathbf{P}_n \exp[i\omega t]\right), \tag{2.9}$$

wobei $\mathbf{P}_n$ und $i = \sqrt{-1}$ die komplexen Fourier-Koeffizienten und die imaginäre Einheit bezeichnen. Angesichts der additiven Darstellung (2.9) der Druckwelle

[15] Jean-Robert Argand, französischer Amateurmathematiker, 1768–1822.

durch die Überlagerung der Grundwelle und all ihren Oberwellen genügt es, einen einzelnen komplexen Vektor $\mathbf{p} = \mathbf{P}\exp(i\omega t) = P\exp(i\omega t)$ mit $P = |\mathbf{P}|$ zu betrachten, der einfachheitshalber zur Zeit $t=0$ in die reale Richtung zeigt. Mit den Eigenschaften des Widerstands und des Kondensators (E.1) lautet die beschreibende Gleichung (2.6) dann

$$\begin{aligned} \mathbf{q} &= R^{-1}P\exp(i\omega t) + iC\omega P\exp(i\omega t) \\ &= P(R^{-1} + iC\omega)\exp(i\omega t) \\ &= \mathbf{Q}\exp(i\omega t)\,, \end{aligned} \tag{2.10}$$

wobei $|\mathbf{Q}| = Q = P\sqrt{R^{-2} + C^2\omega^2}$ und $\phi = \arg(CR\omega) = \arctan(CR\omega)$ jeweils die *Amplitude (Norm)* und das *Argument* des komplexen Flussvektors $\mathbf{q}$ bezeichnen. Der zeitabhängige Blutfluss liest sich dann als $q(t) = \mathrm{Re}(\mathbf{q}) = Q\cos(\omega t + \phi)$, und Abb. 2.18a veranschaulicht diesen in der komplexen Ebene.

Im Gegensatz zur vorhergehenden Analyse betrachten wir nun den Systemfluss $q(t)$ als gegeben, während der Druck $p(t)$ zu bestimmen sei. Der Fluss $q(t) = \mathrm{Re}(\mathbf{q})$ kann wieder als Fourier-Reihe $\mathbf{q} = \sum_{n=-\infty}^{+\infty} \mathbf{Q}_n \exp(i\omega t)$ mit $\mathbf{Q}_n$ als Fourier-Koeffizienten ausgedrückt werden. Wiederum reicht es Gl. (2.6) für einen einzelnen komplexen Vektor $q(t) = Q\exp(i\omega t)$ zu lösen, wobei bei $t=0$ dieser wieder in die reale Richtung zeigt, und $\mathrm{Q} = |\mathrm{Q}|$ gilt. Wir erhalten dabei die Gleichung

$$\begin{aligned} Q\exp(i\omega t) &= R^{-1}P\exp[i(\omega t + \phi)] + iC\omega P\exp[i(\omega t + \phi)] \\ &= P\{R^{-1}\exp(i\phi) + C\omega\exp[i(\phi + \pi/2)]\}\exp(i\omega t)\,, \end{aligned} \tag{2.11}$$

wo der Ansatz $p(t) = \mathbf{P}\exp(i\omega t) = P\exp[i(\omega t + \phi)]$ verwendet wurde. Während $P = |\mathbf{P}|$ die *Druckamplitude* (Norm) bezeichnet, ist ϕ der *Phasenwinkel* zwischen Druck und Fluss. Beide Parameter müssen aus der komplexen Gl. (2.11) identifiziert werden. Gl. $(2.11)_1$ zeigt bereits die jeweiligen realen und imaginären Beiträge, und $P = Q/\sqrt{R^{-2} + C^2\omega^2}$ bezeichnet damit die Norm des Flusses. Zur Spezifikation des Phasenwinkels ϕ können wir den Ausdruck (2.11) zur Zeit $t=0$ betrachten. Der Fluss $\mathbf{q}$ zeigt dann in die reale Richtung, und somit verschwindet der imaginäre Teil von (2.11). Die Bedingung

$$\begin{aligned} 0 &= \mathrm{Im}\big[P\{R^{-1}\exp(i\phi) + C\omega\exp[i(\phi + \pi/2)]\}\exp(i\omega t)\big]_{t=0} \\ &= R^{-1}\sin\phi + C\omega\underbrace{\sin(\phi + \pi/2)}_{\cos\phi} \end{aligned}$$

führt auf $\tan\phi = -RC\omega$ und bestimmt damit den Phasenwinkel. Abb. 2.18b zeigt den Zusammenhang von Fluss und Druck im Argand-Diagramm zur Zeit $t=0$, d.h. zum Zeitpunkt wenn der Fluss $\mathbf{q}$ in die reale Richtung zeigt. Die Gleichungen (2.10) und (2.11) beschreiben beide das zwei-element WK Modell, und somit sind auch die beiden Vektordiagramme in Abb. 2.18a,b rotierte Versionen voneinander.

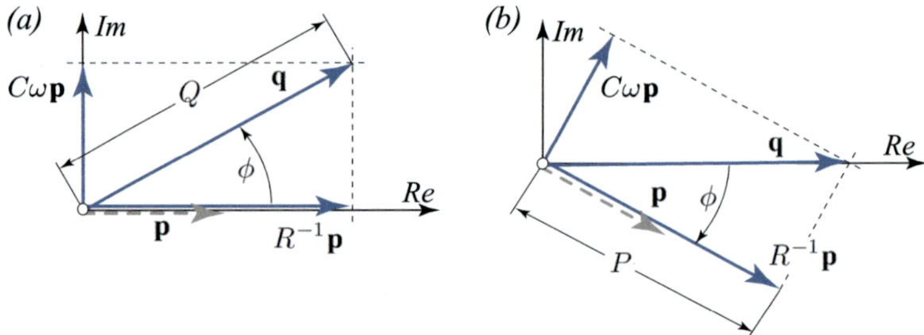

Abb. 2.18 Darstellung des Flusses $q(t) = \mathrm{Re}(\mathbf{q})$ und des Drucks $p(t) = \mathrm{Re}(\mathbf{p})$ in der komplexen Ebene. Die Beziehung zwischen den beiden Größen wird durch ein zwei-element Windkessel (WK) Modell beschrieben, das den systemischen Blutkreislauf mit den Widerstand R und der Compliance C beschreibt. **(a)** Der Druck $\mathbf{p}$ ist vorgegeben, und das WK Modell bestimmt den Fluss $\mathbf{q}$. **(b)** Der Fluss $\mathbf{q}$ ist vorgegeben, und das WK Modell bestimmt den Druck $\mathbf{p}$

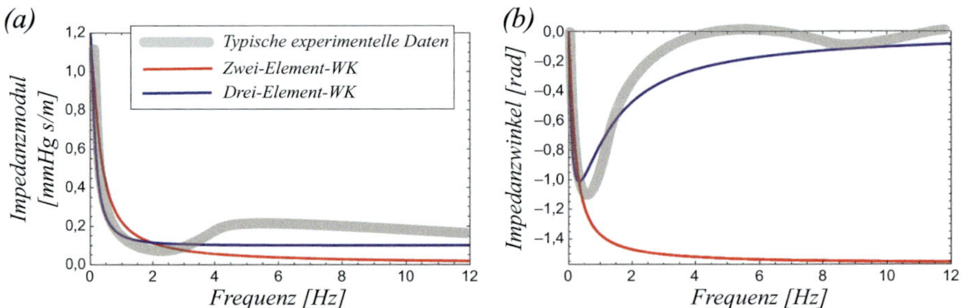

Abb. 2.19 **(a)** Impedanzmodul Z und **(b)** Impedanzwinkel ϕ des zwei-element Windkessel (WK) Modells (rot) und des drei-element WK Modells (blau). Die Modelle verwenden die in Tab. 2.1 aufgeführten Parameter, und die grauen Kurven zeigen typische experimentelle Daten

2.3.1.3 Impedanz

Die *Impedanz* $\mathbf{z}$ ist ein komplexer Vektor, der den Eingang und Ausgang eines Systems in Beziehung setzt. In der Beschreibung der Gefäßstruktur stellt sie den Zusammenhang von Blutdruck $\mathbf{p}$ und Blutfluss $\mathbf{q}$ her. Der *Impedanzmodul* $|\mathbf{z}| = Z = |\mathbf{p}|/|\mathbf{q}| = P/Q$ [Pa s m^{-3}] ist der Quotient von Druck- und Flussamplituden, während der *Impedanzwinkel* $\phi = \arg \mathbf{q} - \arg \mathbf{p}$ [rad] die Phasendifferenz zwischen den beiden komplexen Vektoren $\mathbf{q}$ und $\mathbf{p}$ bezeichnet. Mit Fluss und Druck, wie für das in Abschn. 2.3.1.2 abgeleitete zwei-element WK Modell, drücken

$$Z = (R^{-2} + C^2\omega^2)^{-1/2} \quad \text{und} \quad \phi = \arctan(RC\omega) \tag{2.12}$$

jeweils dessen Impedanzmodul Z und Impedanzwinkel ϕ aus. Abb. 2.19 zeigt diese Größen als Funktion der Systemfrequenz $f = \omega/(2\pi)$ und basiert auf den in Tab. 2.1 aufgeführten Parametern. Im stationären Zustand $f = 0$ fließt der gesamte Blutstrom über den Widerstand; die Impedanz des Systems entspricht dann seinem Widerstand, $Z = R$.

Beispiel 2.4 (Impedanz des Gefäßsystems) Tab. 2.2 zeigt Messungen des aortalen Drucks $p(t)$ und des Flusses $q(t)$ in der aufsteigenden Frettchenaorta. Mit diesen Messungen sollte die Impedanz $\mathbf{z}$ des Gefäßsystems berechnet werden.

Tab. 2.2 Gemessene Fluss- und Druckwellen in der aufsteigenden Aorta eines Frettchens. Die Daten sind aus Diagrammen entnommen, die anderswo veröffentlicht wurden [62]

Zeit [s]	Fluss [ml s^{-1}]	Druck [mmHg]
0,0	0,00	78
0,0125	0,00	78
0,025	0,04	77
0,0375	0,23	77
0,05	0,48	78
0,0625	3,00	95
0,075	4,61	97
0,0875	4,50	97
0,1	3,96	96
0,1125	3,20	93
0,125	2,10	90
0,1375	0,00	81
0,15	−0,32	83
0,1625	−0,08	85
0,175	0,14	87
0,1875	0,15	89
0,2	0,16	90
0,2125	0,20	90
0,225	0,30	89
0,2375	0,20	87
0,25	0,16	86
0,2625	0,13	84
0,275	0,10	84
0,2875	0,08	83
0,3	0,07	82
0,3125	0,06	81
0,325	0,06	81
0,3375	0,04	80
0,35	0,02	80
0,3625	0,00	79
0,375	0,00	78

(a) Geben Sie eine Fourier-Reihen-Näherung von $p(t)$ und $q(t)$ bis zu $M = 10$ Termen an. Zeichnen Sie die Fourier-Reihen-Näherung über dem ursprünglichen Signal auf.
(b) Berechnen Sie den Impedanzmodul Z und den Impedanzwinkel ϕ des Systems und tragen Sie deren Verläufe über der Signalfrequenz f auf.

■

2.3.1.4 Parameteridentifikation

Der Widerstand des Gefäßbettes R bestimmt die Beziehung zwischen dem mittleren Fluss q_{mean} und dem mittleren Druck p_{mean} über den Herzzyklus. Mit der Zeit T des Herzzyklus, erlaubt daher der Ausdruck

$$R = \frac{p_{\text{mean}}}{q_{\text{mean}}} = \frac{\int_0^T p(t)\mathrm{d}t}{\int_0^T q(t)\mathrm{d}t} \tag{2.14}$$

eine Bestimmung des hydraulischen Widerstands R aus dem Fluss $q(t)$ und dem Druck $p(t)$. Das Herz-Kreislauf-System ist ein übergedämpftes System und das Herz bestimmt direkt seine Pulsatilität. Daher können $p(t)$, $q(t)$ und T von Zyklus zu Zyklus variieren und ihre Durchschnittswerte über eine Anzahl von Herzzyklen sollten verwendet werden, um R durch (2.14) zu berechnen.

Zusätzlich zum Widerstand R muss die Compliance C des zwei-element WK Modells bestimmt werden. Ein Ansatz, der als *Druckabfallmethode* bekannt ist, berücksichtigt dabei die späte diastolische Phase, in der der Blutfluss annähernd verschwindet, siehe Abb. 2.16a. Die beschreibende Gleichung (2.6) lautet dann $q(t) = p(t)/R + C\mathrm{d}p(t)/\mathrm{d}t = 0$, und die Compliance

$$C = \frac{\Delta t}{R \ln\left(\frac{p_0}{p_1}\right)} \tag{2.15}$$

wird durch den Druckabfall über den Zeitraum $\Delta t = t_1 - t_0$ berechenbar. Die Drücke $p_0 = p(t_0)$ und $p_1 = p(t_1)$ werden üblicherweise zur Zeit t_0 direkt nach der diakrotischen Kerbe sowie zur Zeit t_1 am Ende der diastolischen Phase gemessen. Alternative Methoden zur Identifizierung von C unter Verwendung der späten diastolischen Phase sind anderswo diskutiert [61].

Beispiel 2.5 (Abklingungsmethode zur Schätzung des Gefäßwiderstands) Gegeben ist die arterielle Compliance $C = 0{,}012$ ml mmHg^{-1} eines Organs, und das in Abb. 2.20 dargestellt experimentelle Setup wird verwendet, um den Widerstand R des Gefäßbetts zu bestimmen. Zum Zeitpunkt $t = 0$ schließt das Ventil und stoppt damit den Zufluss, so dass $q_{\text{in}}(t) = 0$ für $t > 0$ gilt. Zu den Zeiten $t_0 = 0{,}1$ s und $t_1 = 0{,}9$ s misst das Manometer jeweils die Drücke $p_0 = p_{\text{in}}(t_0) = 112{,}0$ mmHg und $p_1 = p_{\text{in}}(t_1) = 75{,}0$ mmHg.

(a) Entwerfen Sie ein Lumped-Parameter Modell, das das Problem, bei vernachlässigbarem Zufluss $q_{\text{m}} = 0$ in das Manometer, darstellt. Leiten Sie die be-

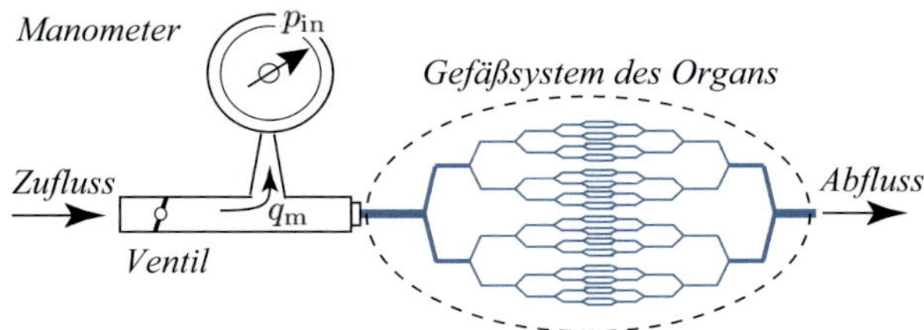

Abb. 2.20 Schematische Darstellung eines experimentellen Setups zur Bestimmung des Gefäßwiderstands R eines Organs

schreibende Gleichung des Modells ab und bestimmen Sie den Widerstand R aus den beiden Druckmessungen p_0 und p_1.

(b) Betrachten Sie den Fluss $q_{\text{m}}(t) = \xi \mathrm{d}p_{\text{in}}/\mathrm{d}t$ in das Manometer als proportional zur Druckänderung, wobei ξ einen manometerabhängigen Parameter bezeichnet. Geben Sie die beschreibende Gleichung für dieses Problem an und bestimmen Sie R aus den beiden Druckmessungen p_0 und p_1. Berechnen Sie den relativen Fehler $e = 100(R - R_{\text{exact}})/R_{\text{exact}}$ [%] für $0 < \xi < 0{,}5C$, wobei R_{exact} den Widerstand bei $q_{\text{m}} = 0$ bezeichnet.

(c) Betrachten Sie das Manometer als vertikales Aufnahmerohr mit einem Innendurchmesser von $d_{\text{i}} = 1{,}0$ mm, das mit Wasser der Dichte $\rho = 1000{,}0$ kg m^{-3} gefüllt ist. Berechnen Sie ξ für dieses Gerät und bestimmen Sie den Widerstand R des Gefäßbetts aus den beiden Druckmessungen p_0 und p_1.

■

Least-Square-Parameteridentifikation ist ein beliebter Ansatz bei der Identifikation von Modellparametern. Mit n Messungen des Drucks p_i und des Flusses q_i jeweils zu den Zeiten t_i, ergibt die Methode der kleinsten Quadrate das Minimierungsproblem

$$\sum_{i=0}^{n} \left[\alpha(p(R, C; t_i) - p_i)^2 + (q(R, C; t_i) - q_i)^2\right] \rightarrow \text{MIN}\,, \tag{2.17}$$

und dessen Lösung liefert die optimalen Parameter R und C des zwei-element WK Modells. Hier bezeichnet α einen Skalierungs bzw. Gewichtungsparameter, um Unterschiede in Bezug auf die Werte von Druck und Fluss zu berücksichtigen und sicherzustellen, dass beide Fehlerterme ähnlich zum Minimierungsproblem beitragen. Neben der direkten Verwendung der Druck- und Flussmessungen kann auch der Impedanzmodul $Z = (R^{-2} + C^2\omega^2)^{-1/2}$ und der Impedanzwinkel $\phi = \arctan(RC\omega)$ zur Bestimmung von R und C verwendet werden. Die Fourier-Reihe der Druck- und Flusswellen liefert die Paare (Z_i, ω_i) und (ϕ_i, ω_i) für $0 \le i \le M$, siehe Beispiel 2.4. Hierbei ist M die Anzahl der von der Parameteridentifikation berücksichtigten Terme, während ω die Winkelgeschwindigkeit bezeichnet. Das Minimierungsproblem

$$\sum_{i=0}^{M} \left[\alpha(Z(R, C; \omega_i) - Z_i)^2 + (\phi(R, C; \omega_i) - \phi_i)^2\right] \rightarrow \text{MIN} \tag{2.18}$$

ermöglicht dann die Identifizierung der optimalen Parameter R und C, wobei α für Unterschiede der beiden Datentypen Z und ϕ korrigiert.

Obwohl diese Methode die (mathematisch) optimalen Parameter des Modells liefert, sodass dieses bestmöglich mit den experimentellen Daten übereinstimmt, kann die physikalische Interpretation von R als Gefäßbettwiderstand und C als Volumencompliance nicht garantiert werden.

2.3.1.5 Drei-Element Windkessel Modell

Bei höheren Frequenzen zeigt Abb. 2.19 eine qualitative Nichtübereinstimmung zwischen experimentellen Daten und den Vorhersagen des zwei-element WK Modells. Während das zwei-element WK Modell den Impedanzmodul $Z = 0$ und den Impedanzwinkel $\phi = -\pi/2$ für die Frequenz $f \to \infty$ annähert, wird dieses Limit nicht durch experimentelle Daten unterstützt. Das zwei-element WK Modell berücksichtigt keine Trägheitseffekte des Blutes, was der Hauptgrund für diese Unzulänglichkeit ist.

Die Beschleunigung und Verzögerung der großen Blutmasse in der Aorta beeinflussen das Gefäßsystem; es stellt bei höheren Frequenzen einen signifikanten Gefäßwiderstand dar. Das *drei-element WK Modell* führt daher einen zusätzlichen Widerstand $Z_a = v_{pw}\rho/A$ ein, wobei v_{pw}, ρ und A jeweils die Wellenausbreitungsgeschwindigkeit in der Aorta, die Blutdichte und den Aortenquerschnitt bezeichnen. Der Widerstand Z_a wird auch als *Aortenimpedanz* bezeichnet, und Abb. 2.21 zeigt die hydraulischen und elektrischen Darstellungen des drei-element WK Modells.

Angesichts des Flusses $q(t)$, der über den Widerstand Z_a fließt, fällt der Druck von $p(t)$ auf $\overline{p}(t)$ ab, und

$$\overline{p}(t) = p(t) - Z_a q(t) \tag{2.19}$$

gilt. Darüber hinaus teilt sich der Gesamtfluss in den Teil $q_R(t)$ durch den Widerstand und den Teil $q_C(t)$ in den Kondensator auf. Es ergibt sich die Beziehung

$$q(t) = q_R(t) + q_C(t) = \frac{\overline{p}(t)}{R} + C\frac{d\overline{p}(t)}{dt},$$

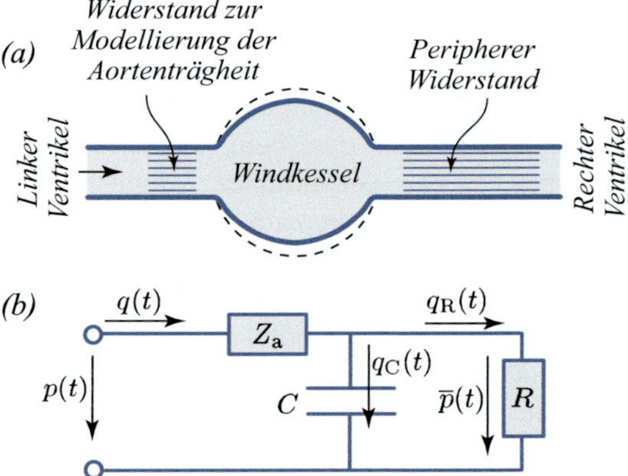

Abb. 2.21 (**a**) Hydraulische und (**b**) elektrische Darstellungen des drei-element Windkessel (WK) Modells. Blutfluss $q(t)$ und Blutdruck $p(t)$ beschreiben den Systemzustand, während R, Z_a und C den Gefäßbettwiderstand, die Aortenimpedanz und die arterielle Compliance bezeichnen

und die Substitution von $\overline{p}(t)$ durch (2.19) führt dann zur beschreibenden Gleichung

$$\frac{\mathrm{d}p(t)}{\mathrm{d}t} + \frac{p(t)}{RC} = Z_\mathrm{a}\frac{\mathrm{d}q(t)}{\mathrm{d}t} + \frac{R + Z_\mathrm{a}}{RC}q(t) \tag{2.20}$$

des drei-element WK Modells. Ist entweder $p(t)$ oder $q(t)$ gegeben, ergibt die Beziehung (2.20) immer eine lineare Differentialgleichung erster Ordnung. Abb. 2.16c zeigt die entsprechende (zeitabhängige) Lösung. Sie basiert auf der Vorgabe des in Abb. 2.16a gezeigten Flusses und den in Tab. 2.1 aufgeführten Parametern. Die Lösung beginnt bei der Anfangsbedingung $p_0 = 80$ mmHg, und Abb. 2.16c zeigt $p(t)$ unter bereits stationären periodischen Bedingungen.

Das drei-element WK Modell ist wahrscheinlich das am häufigsten verwendete Modell zur Beschreibung des Gefäßsystems. Es wird auch oft als (physische) Testanlage zur Prüfung von vaskulären medizinischen Geräten eingesetzt.

Beispiel 2.6 (Gegenüberstellung des zwei-element- und drei-element WK Modells) Tab. 2.2 gibt Messungen des Drucks $p(t)$ und des Flusses $q(t)$ in der aufsteigenden Frettchenaorta an. Diese Daten sollen zur Bestimmung der Modellparameter der zwei-element- und drei-element WK Modells verwendet werden.

(a) Identifizieren Sie den peripheren hydraulischen Widerstand R des Gefäßsystems des Frettchens.
(b) Identifizieren Sie die gesamte arterielle Compliance C des Gefäßsystems des Frettchens.
(c) Identifizieren Sie die Aortenimpedanz Z_a des Frettchens. Der Aortendurchmesser von 6,0 mm, die aortale Wellenausbreitungsgeschwindigkeit von 6,3 m s^{-1} und die Blutdichte von $\rho = 1060$ kg m^{-3} können verwendet werden.
(d) Schreiben Sie den in Tab. 2.2 angegebenen Fluss *q(t)* vor und berechnen Sie den Druck *p(t)* durch die numerische Lösung der beschreibenden Gleichungen der zwei-element- und drei-element WK Modelle.

■

2.3.1.6 Homogene Lösung

Die stationäre periodische Analyse des Problems (2.20) kann in der komplexen Ebene erfolgen, wo die Druck- und Flusswellen jeweils durch $\mathbf{p} = P\exp(i\omega t)$ und $\mathbf{q} = Q\exp[i(\omega t + \phi)]$ dargestellt sind. Die komplexen Vektoren $\mathbf{p}$ und $\mathbf{q}$ rotieren mit der Winkelgeschwindigkeit ω in der komplexen Ebene und können als Fourier-Komponenten des jeweiligen Gesamtsignals gesehen werden. Der Phasenwinkel ϕ zwischen beiden Vektoren bezeichnet den Impedanzwinkel des Systems. Angesichts dieses Ansatzes für den Druck und den Fluss ergibt die beschreibende Gleichung (2.20) die Bedingung

$$i\omega Z + \frac{Z}{CR} = i\omega Z_a \exp(i\phi) + \frac{R + Z_a}{RC} \exp(i\phi)\,, \tag{2.21}$$

wobei die Definition des Impedanzmoduls des Systems $Z = P/Q$ verwendet wurde.

Die Auswertung des Ausdrucks (2.21) zur Zeit $t = 0$ kann dann zur Identifizierung der Systemunbekannten, dem Impedanzmodul Z, und der Impedanzphase ϕ, verwendet werden. Eulers[16] Formel $\exp(i\phi) = \cos\phi + i\sin\phi$ ermöglicht es uns, (2.21) in die imaginären und realen Teile

$$\left.\begin{aligned} \omega Z &= \omega Z_a \cos\phi + \frac{R + Z_a}{RC} \sin\phi\,, \\ \frac{Z}{RC} &= -\omega Z_a \sin\phi + \frac{R + Z_a}{RC} \cos\phi\,, \end{aligned}\right\} \tag{2.22}$$

zu zerlegen, was dann in einem System mit vier Lösungen für Z und ϕ resultiert. Die einzige physikalisch zulässige Lösung ist

$$Z = \frac{\sqrt{\alpha\beta}}{1 + C^2R^2\omega^2}\ ;\ \phi = \begin{cases} -\arccos\left(\dfrac{R + Z_a + C^2R^2\omega^2 Z_a}{\sqrt{\alpha\beta}}\right) & \omega > 0 \\ \arccos\left(\dfrac{R + Z_a + C^2R^2\omega^2 Z_a}{\sqrt{\alpha\beta}}\right) & \omega < 0 \end{cases} \tag{2.23}$$

mit $\alpha = 2RZ_a + Z_a^2 + R^2(1 + C^2\omega^2 Z_a^2)$ und $\beta = 1 + C^2R^2\omega^2$.

Unter Anwendung der in Tab. 2.1 aufgeführten Parameter, kann der Impedanzmodul und der Impedanzwinkel (2.23) gegen die Systemfrequenz $f = \omega/(2\pi)$ in Abb. 2.19 aufgetragen werden. Das drei-element WK Modell erfasst damit qualitativ die experimentellen Beobachtungen, und bei hohen Frequenzen nähert sich die Impedanz des Systems der Aortenimpedanz $Z \to Z_a$. Im stationären Zustand $f = 0$ passiert der gesamte Fluss den Gesamtwiderstand $R + Z_a$, und die Impedanz des Systems ist dann $Z = R + Z_a$.

Beispiel 2.7 (Impedanzbasierte Bestimmung von WK Parametern) Ein Frettchen-Kreislaufsystem hat einen Herzzyklus von $T = 0{,}375$ s, und Tab. 2.3 zeigt seine Impedanz **z** bis zur Frequenz f von etwa 10 Hz. Angesichts dieser Informationen sollten die Parameter der zwei-element- und drei-element Windkessel (WK) Modelle durch eine Least-Square-Optimierung (Methode der kleinsten Quadrate) identifiziert werden.

(a) Definieren Sie eine Zielfunktion (Fehlerquadratsumme) Φ und identifizieren Sie die optimalen Modellparameter. Für das zwei-element WK Modell, bestimmt dabei das Optimierungsproblem $\Phi(R, C; \omega) \to$ MIN den Widerstand R und die Compliance C. Für das drei-element WK Modell, bestimmt dabei das Optimierungsproblem $\Phi(R, C, Z_a; \omega) \to$ MIN den Widerstand R, die Compliance C, und die Aortenimpedanz Z_a.

[16] Leonhard Euler, Schweizer Mathematiker, Physiker, Astronom, Logiker und Ingenieur, 1707–1783.

Tab. 2.3 Impedanzmodul Z und Impedanzwinkel ϕ eines Frettchen-Kreislaufsystems, siehe auch Beispiel 2.4

Frequenz	Impedanzmodul [mmHg s ml^{-1}]	Impedanzwinkel [rad]
0,00000	108,415	0,00000
2,66667	4,12022	−0,96618
5,33333	3,34739	0,172411
8,00000	5,01376	0,132572
10,6667	4,60703	0,056390

Tab. 2.4 Fourier-Koeffizienten einer stationär periodischen Flusswelle $q(t)$ mit der Periodedauer von $T = 0{,}375$ s

Frequenz [Hz]	Fourier-Koeffizienten [ml s^{-1}]
0,00000	0,786333
2,66667	0,0276938 − 0,646413 i
5,33333	−0,555816 − 0,112961 i
8,00000	−0,0896779 + 0,408525 i
10,6667	0,216635 + 0,0557698 i

(b) Stellen Sie den Impedanzmodul Z und den Impedanzwinkel ϕ, wie sie von den jeweiligen WK Modellen vorhergesagt werden, und unter Verwendung der in Tab. 2.3 gezeigten Daten, dar.

(c) Betrachten Sie die Flusswelle $q(t)$, die durch die Fourier-Koeffizienten in Tab. 2.4 dargestellt wird, und berechnen Sie den vom jeweiligen WK Modell vorhergesagten Druck $p(t)$. Verwenden Sie eine stationäre periodische Analyse und vergleichen Sie den Druck mit den Vorhersagen einer zeitabhängigen Analyse. Die numerische Lösung der WK Gleichungen über eine ausreichend große Anzahl von Herzzyklen kann dabei verwendet werden.

■

2.3.1.7 Vier-Element Windkessel Modell

Während das drei-element WK Modell für viele Anwendungen geeignet ist, kann die physikalische Interpretation der Aortenimpedanz in Frage gestellt werden [54]. Motiviert durch diesen Mangel, beschreibt das *vier-element WK Modell* die *gesamte arterielle Trägheit* mit einem *Induktivitätselement L* in seiner Lumed-Parameter Modelierung, siehe Abb. 2.22. Es beeinflusst das System daher nur bei niedrigen Frequenzen.

Der Gesamtfluss $q(t)$ teilt sich in den Fluss q_R durch den Widerstand R des Gefäßbettes und den Fluss q_C in den Kondensator C und bestimmt damit die Beziehung

$$q(t) = q_R + q_C = \frac{\overline{p}(t)}{R} + C\frac{d\overline{p}(t)}{dt}\,. \tag{2.26}$$

Angesichts des Flusses $q_Z(t)$ über die Aortenimpedanz Z_a, fällt der Gesamtdruck $p(t)$ ab und

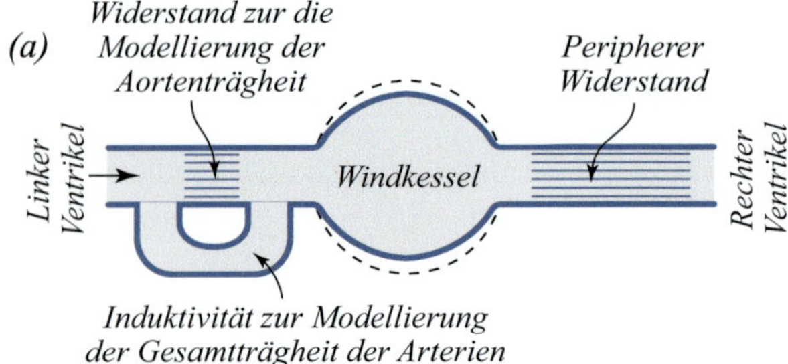

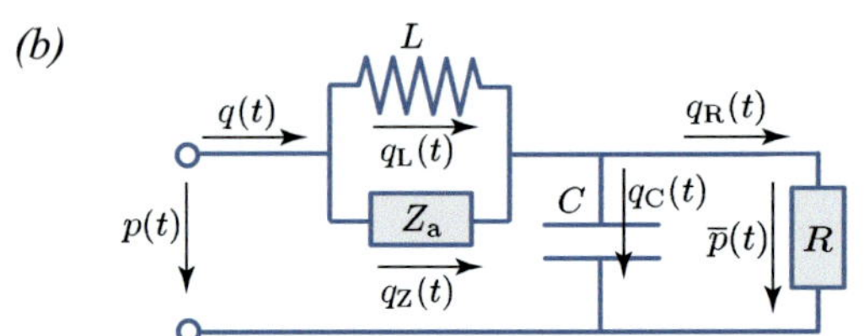

Abb. 2.22 (**a**) Hydraulische und (**b**) elektrische Darstellungen des vier-element Windkessel (WK) Modells. Fluss $q(t)$ und Druck $p(t)$ beschreiben den Systemzustand. Die Modellparameter R, Z_a, C und L bezeichnen den Widerstand des Gefäßbettes, die Aortenimpedanz, die arterielle Compliance sowie die gesamte arterielle Trägheit.

$$\overline{p}(t) = p(t) - Z_a q_Z(t) \tag{2.27}$$

gilt. Der Druckabfall über Z_a entspricht dem Druckabfall über den Induktor L, sodass

$$L\frac{\mathrm{d}q_L}{\mathrm{d}t} = Z_a q_Z(t) \tag{2.28}$$

gilt, wobei $p - \overline{p} = L(\mathrm{d}q_L/\mathrm{d}t)$ verwendet wurde und das Induktorelement beschreibt, siehe Anhang E.1. Der Fluss $q_L(t)$ und der Fluss $q_Z(t)$ bestimmen zusammen den Gesamtfluss des Systems

$$q(t) = q_L(t) + q_Z(t)\,, \tag{2.29}$$

welcher dann die mathematische Beschreibung des vier-element-WK Modells vervollständigt.

Die vier Gl. (2.26)–(2.29) bilden das System

$$\left.\begin{aligned} \frac{\mathrm{d}p(t)}{\mathrm{d}t} + \frac{p(t)}{CR} &= Z_a\frac{\mathrm{d}q_Z(t)}{\mathrm{d}t} + \frac{Z_a}{RC}q_Z(t) + \frac{q(t)}{C}\,, \\ \frac{\mathrm{d}q_Z(t)}{\mathrm{d}t} &= \frac{\mathrm{d}q(t)}{\mathrm{d}t} - \frac{Z_a}{L}q_Z(t)\,, \end{aligned}\right\} \tag{2.30}$$

von linearen Differentialgleichungen und bestimmt das vier-element WK Modell. Die Ausdrücke (2.26) und (2.27) führen zur ersten Gleichung, während die zweite aus (2.28) und der Zeitableitung von (2.29) folgt.

Mit entweder $p(t)$ oder $q(t)$ vorgeschrieben, kann das System (2.30) numerisch gelöst werden, und Abb. 2.16d zeigt eine solche (zeitabhängige) Lösung. Sie be-

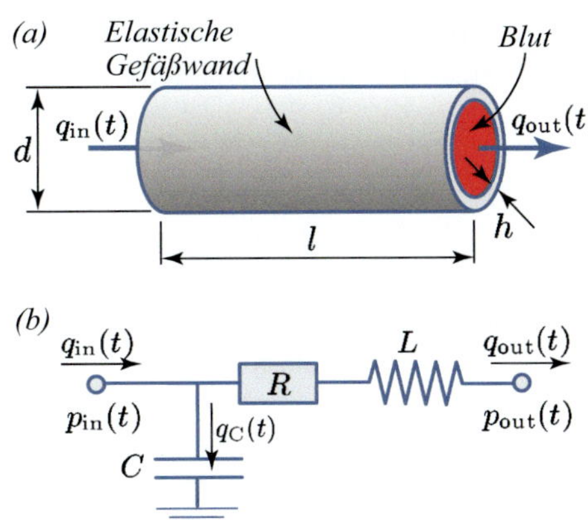

Abb. 2.23 (**a**) Schematische und (**b**) elektrische Darstellungen des drei-element Gefäßmodells. Die Ströme $q_{\text{in}}(t)$, $q_{\text{out}}(t)$ und die Drücke $p_{\text{in}}(t)$, $p_{\text{out}}(t)$ beschreiben die Ein- und Auslassbedingungen des Gefäßes. Die biomechanischen Eigenschaften des Gefäßes werden durch seine Compliance C, Widerstand R und Trägheit L ausgedrückt

rücksichtigt den in Abb. 2.16a gezeigten Fluss und verwendet die in Tab. 2.1 aufgeführten Parameter. Die Lösung beginnt bei der Anfangsbedingung $p_0 = 80$ mmHg, und Abb. 2.16d zeigt $p(t)$ unter bereits stationären periodischen Bedingungen.

2.3.2 Modellierung von Gefäßnetzwerken

Lumped-Parameter Modelle können auch zur Analyse eines *Netzwerks von Gefäßen* verwendet werden. Ein solches Modell erlaubt dann die Untersuchung, wie Veränderungen in einem Teil des Netzwerks den Druck $p(t)$ und den Fluss $q(t)$ an anderer Stelle im Netzwerk beeinflussen. Sie erlauben daher zum Beispiel die Vorabsimulation von Gefäßinterventionen. Ein Lumped-Parameter Modell drückt den Zusammenhang von Blutdruck und Blutfluss als Funktionen der Zeit t aus, vernachlässigt aber die Abhängigkeit der Gefäßpfadkoordinate x – ein Netzwerkmodell kann daher Phänomene wie Wellenausbreitung nicht simulieren.

Wir betrachten ein Netzwerk aus n Gefäßsegmenten, die jeweils durch ihre *Compliance* C_i, *Widerstand* R_i und *Trägheit* L_i; $i = 1, \ldots, n$, beschrieben werden und an m *Netzknoten* verbunden sind. Verschiedene Designs von Lumped-Parameter Modellen wurden vorgeschlagen, um die Biomechanik der Gefäßsegmente eines solchen Netzwerkes zu beschreiben. Das in Abb. 2.23 dargestellte *drei-element Gefäßmodell* ist ein mögliches Design. Es modelliert ein Gefäßsegment mit Durchmesser d [m], Länge l [m] und Wanddicke h [m], das vollständig mit Blut der Dichte ρ [kg m^{-3}] und der dynamischen Viskosität η [Pa s] gefüllt ist.

2.3.2.1 Widerstand des Gefäßsegments

Eine laminare, stationäre und voll ausgebildete Strömung in einem zylindrischen Gefäß führt zu einem *parabolischen Geschwindigkeitsprofil* über den Querschnitt des Gefäßes, das als Poiseuille-Strömung bezeichnet wird. Die WSS, die sich als Reaktion auf die Flüssigkeitströmung an der Gefäßwand entwickelt, kennzeichnet einen Widerstand gegenüber dem Fluss q. Bei einer Poiseuille-Strömung sind der Fluss q und die WSS τ_w durch $q = -r^3\pi\tau_w/4$ verbunden, wobei r den Gefäßradius bezeichnet, siehe Kap. 6.

Der Fluss q durch das Gefäß hängt vom Druckabfall Δp zwischen dem Ein- und Auslass des Gefäßes ab, und

$$R = \frac{\Delta p}{q} = \frac{128\eta l}{\pi d^4} \tag{2.31}$$

bestimmt den hydraulischen *Widerstand* R eine Beziehung, die als *Hagen-Poiseuille-Gesetz* bekannt ist. Poiseuille-Strömung bietet eine gute Beschreibung des Bluflusses in kleineren Gefäßen und Venen, während in großen Arterien der Blutfluss stark von Trägheitseffekten beeinflusst wird. Ein parabolisches Geschwindigkeitsprofil ist dann nur während der systolischen Phase des Herzzyklus vorhanden, siehe Kap. 6.

Der Widerstand R des Gefäßes repräsentiert Energieverluste, und zusätzlich zu (2.31), können dissipative Quellen auch mit instationärer Strömung, Strömungs Separation, Krümmung der Gefäße und Gefäßabgängen in Verbindung gebracht werden [40]. Neben seiner rechnerischen Bestimmung können auch Laborversuche zur direkten Messung des Widerstands R eines Gefäßes verwendet werden.

2.3.2.2 Compliance des Gefäßsegments

Die *Compliance* des Gefäßsegments drückt die Zunahme ΔV des Blutvolumens aus, das sich in Reaktion auf die Druckzunahme Δp einstellt. Sie kann entweder experimentell gemessen oder durch die Modellierung der Elastizität der Gefäßwand vorhergesagt werden. Wird die Gefäßwand mit linearer Elastizität, d.h. Hookeschen[17] Gesetz beschrieben, kennzeichnet

$$C = \frac{\Delta V}{\Delta p} = \frac{3d^3\pi l}{16hE} \tag{2.32}$$

die Compliance des Gefäßes, wobei E [Pa] den Elastizitätsmodul (oder Young[18] Modul) der Gefäßwand bezeichnet, siehe Abschn. 3.5.2. Wir können auch den generelleren Ausdruck (5.2) ableiten, der eine nichtlineare elastische Beschreibung der Gefäßwand berücksichtigt.

2.3.2.3 Bluträgheit

Mit der mittleren Blutflussgeschwindigkeit $v_{\text{mittel}}=q(t)/A$, liest sich das Kräftegleichgewicht des Blutsegments in axialer Richtung $\Delta pA = -\rho Al\dot{v}_{\text{mean}}$, wobei der Beitrag von WSS hier vernachlässigt wurde. Diese Beziehung ermöglicht es uns, die Druckerhöhung $\Delta p = \rho l\dot{q}/A$ als Funktion der Änderung des Flusses $\dot{q}$ auszudrücken, wobei der Querschnitt $A = d^2\pi/4$ als konstant entlang des Gefäßes angenommen wurde. Die Beziehung

$$L = \frac{\Delta p}{\dot{q}} = \frac{4\rho l}{d^2\pi} \tag{2.33}$$

beschreibt dann die *Trägheit* des Blutes im Gefäß gegenüber einer Änderung des Durchflusses.

[17] Robert Hooke, englischer Naturphilosoph, Architekt und Universalgelehrter, 1635–1703.

[18] Thomas Young, englischer Universalgelehrter und Arzt, 1773–1829.

Beispiel 2.8 (Anpassung der Nierenarterie an eine partielle Nephrektomie) Abb. 2.24 zeigt schematisch die chirurgische Entfernung eines Teils der Niere, ein Eingriff, der als partielle Nephrektomie bezeichnet wird. Es erhöht den Gefäßbettwiderstand der Niere R um den Faktor α. Im Ausgangszustand hat die Nierenarterie den Radius r_0 und die Wanddicke h_0, Größen, die sich als Reaktion auf den Eingriff zu r und h ändern. Die Homöostase kennzeichnet diese Anpassung, und r und h ändern sich so lange bis die Wandschubspannung (WSS) τ_w der Nierenarterie sowie seine zirkumferentieller Wandspannung σ_θ zu ihren homöostatischen Werten zurückkehren. Es kann angenommen werden, dass der arterielle Druck und die Bluteigenschaften nicht durch den chirurgischen Eingriff beeinflusst werden.

(a) Leiten Sie die Beziehung zwischen dem Faktor α, der die Erhöhung des hydraulischen Widerstand kennzeichnet, und dem mittleren Fluss q durch die Niere ab.
(b) Nehmen Sie Poiseuille-Strömung an und leiten Sie die Beziehung zwischen der WSS τ_w und dem mittleren Fluss q durch die Nierenarterie ab.
(c) Drücken Sie die zirkumferentielle Wandspannung σ_θ als Funktion der Gefäßabmessungen und des Blutdrucks aus. Betrachten Sie die Dicke des Gefäßes als viel kleiner als seinen Durchmesser, sodass Membrantheorie angewandt werden kann.
(d) Bei erreichten homöostatischen Bedingungen von τ_w und σ_θ sollten r/r_0 und h/h_0 als Funktionen von α ausgedrückt werden.

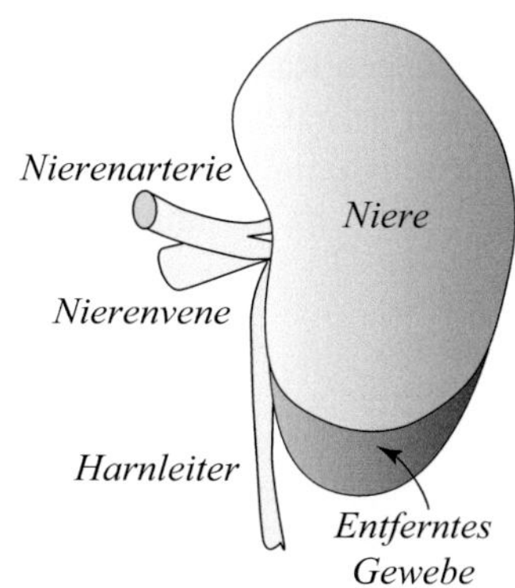

Abb. 2.24 Schematische Darstellung einer partiellen Nephrektomie, wobei der dunkle Bereich den entfernten Teil der Niere anzeigt

■

2.3.2.4 Beschreibende Gleichungen

Jedes Lumped-Parameter Modell eines Gefäßes hat seine spezifische beschreibende Gleichung, und dieser Abschnitt diskutiert das in Abb. 2.23 gezeigt Modell. Die Summe des Druckabfalls Δp_R über den Widerstand, sowie Δp_L über die Trägheit, bestimmt die gesamte Druckänderung

$$p_{\text{in}} - p_{\text{out}} = \Delta p_{\text{R}} + \Delta p_{\text{L}} = R q_{\text{out}} + L \dot{q}_{\text{out}}\,, \qquad (2.37)$$

wobei p_{in} und p_{out} den Druck am Gefäßeinlass und -auslass bezeichnen. Die Kontinuität des Flusses

$$q_{\text{in}} - q_{\text{out}} = q_{\text{C}} = C\dot{p}_{\text{in}} \tag{2.38}$$

schließt die mathematische Beschreibung ab, und bei der Ableitung von (2.37) und (2.38) wurden die in in Anhang E.1 zusammengefassten Eigenschaften verwendet. Das Modell geht auch von einem vernachlässigbaren Umgebungsdruck (interstitiellen Druck) aus, und die Compliance C ist daher direkt dem Einlassdruck p_{in} ausgesetzt.

Die Gl. (2.37) und (2.38) können umgestellt werden zu

$$\begin{aligned} p_{\text{out}} &= p_{\text{in}} - R(q_{\text{in}} - C\dot{p}_{\text{in}}) - L(\dot{q}_{\text{in}} - C\ddot{p}_{\text{in}})\,, \\ q_{\text{out}} &= q_{\text{in}} - C\dot{p}_{\text{in}}, \end{aligned}$$

welche dann das Verhältnis zwischen Ein- und Ausgabezuständen durch die Matrixgleichung

$$\begin{bmatrix} p_{\text{out}} \\ q_{\text{out}} \end{bmatrix} = \begin{bmatrix} 1 & -R \\ 0 & 1 \end{bmatrix} \begin{bmatrix} p_{\text{in}} \\ q_{\text{in}} \end{bmatrix} + \begin{bmatrix} RC & -L \\ -C & 0 \end{bmatrix} \begin{bmatrix} \dot{p}_{\text{in}} \\ \dot{q}_{\text{in}} \end{bmatrix} + \begin{bmatrix} LC & 0 \\ 0 & 0 \end{bmatrix} \begin{bmatrix} \ddot{p}_{\text{in}} \\ \ddot{q}_{\text{in}} \end{bmatrix} \tag{2.39}$$

ausdrücken. In symbolischer Notation lautet sie

$$\mathbf{d}_{\text{out}} = \mathbf{K}\mathbf{d}_{\text{in}} + \mathbf{D}\dot{\mathbf{d}}_{\text{in}} + \mathbf{M}\ddot{\mathbf{d}}_{\text{in}}\,. \tag{2.40}$$

Das Set $\{p, q, \dot{p}, \dot{q}, \ddot{p}, \ddot{q}\}$ der Zustandsvariablen beschreibt das System, und ein Zeitschritt-Algorithmus kann verwendet werden, um die Gleichung (2.40) bei vorgegebenen Rand- und Anfangsbedingungen zu lösen.

Wir könnten zum Beispiel eine rückwärts-gerichtete Euler (*backward-Euler)* Diskretisierung über den Zeitschritt Δt in Betracht ziehen, und die ersten und zweiten Zeitableitungen werden dann durch

$$\left.\begin{aligned} \dot{x}_{\text{in}} &= \frac{x_{\text{in}} - x_{\text{in}\,n}}{\Delta t} = \frac{x_{\text{in}}}{\Delta t} - \frac{x_{\text{in}\,n}}{\Delta t}\,, \\ \ddot{x}_{\text{in}} &= \frac{\dot{x}_{\text{in}} - \dot{x}_{\text{in}\,n}}{\Delta t} = \frac{x_{\text{in}}}{\Delta t^2} - \frac{x_{\text{in}\,n}}{\Delta t^2} - \frac{\dot{x}_{\text{in}\,n}}{\Delta t}\,, \end{aligned}\right\} \tag{2.41}$$

approximiert, wobei $x = p, q$ ist, und $(\bullet)_n$ eine Größe im vorherigen Zeitschritt bezeichnet. Diese Diskretisierung führt das Differentialgleichungsystem (2.40) über auf das algebraische Gleichungssystem

$$\begin{bmatrix} p_{\text{out}} \\ q_{\text{out}} \end{bmatrix} = \begin{bmatrix} 1 + \frac{RC}{\Delta t} + \frac{LC}{\Delta t^2} & -R - \frac{L}{\Delta t} \\ -\frac{C}{\Delta t} & 1 \end{bmatrix} \begin{bmatrix} p_{\text{in}} \\ q_{\text{in}} \end{bmatrix} + \mathbf{H}\,. \tag{2.42}$$

Hier speichert der *Vektor*

$$\mathbf{H} = \begin{bmatrix} -\frac{RC}{\Delta t} - \frac{LC}{\Delta t^2} & \frac{L}{\Delta t} \\ \frac{C}{\Delta t} & 0 \end{bmatrix} \begin{bmatrix} p_{\text{in}\,n} \\ q_{\text{in}\,n} \end{bmatrix} - \begin{bmatrix} \frac{LC}{\Delta t} & 0 \\ 0 & 0 \end{bmatrix} \begin{bmatrix} \dot{p}_{\text{in}\,n} \\ \dot{q}_{\text{in}\,n} \end{bmatrix}, \tag{2.43}$$

die Informationen aus dem vorherigen Zeitschritt, und das System (2.42) legt damit die Beziehung zwischen den Eingangs- und Ausgangszuständen eindeutig fest.

Beispiel 2.9 (Zwei-element Gefäßsegmentmodell) Ein arterielles Gefäßsegment mit dem hydraulischen Widerstand R und der Compliance C wird durch das in Abb. 2.25 dargestellte Lumped-Parameter Modell modelliert. Das Modell wird für eine stationäre periodische Analyse eines Gefäßnetzwerks verwendet.

(a) Leiten Sie die beschreibenden Gleichungen des in Abb. 2.25 dargestellten Lumped-Parameter Modells ab und ordnen Sie diese gemäß dem Gleichungssystem

$$\begin{bmatrix} \mathbf{p}_{\text{out}} \\ \mathbf{q}_{\text{out}} \end{bmatrix} = \begin{bmatrix} K_{11} & K_{12} \\ K_{21} & K_{22} \end{bmatrix} \begin{bmatrix} \mathbf{p}_{\text{in}} \\ \mathbf{q}_{\text{in}} \end{bmatrix} + \begin{bmatrix} D_{11} & D_{12} \\ D_{21} & D_{22} \end{bmatrix} \begin{bmatrix} \dot{\mathbf{p}}_{\text{in}} \\ \dot{\mathbf{q}}_{\text{in}} \end{bmatrix}$$

zu, wobei $\mathbf{p}_{\text{in}}$, $\mathbf{q}_{\text{in}}$ und $\mathbf{p}_{\text{out}}$, $\mathbf{q}_{\text{out}}$ komplexe Vektoren sind, die den Ein- und Auslass beschreiben.

(b) Berechnen Sie den Widerstand R und die Compliance C des Gefäßsegments anhand der Daten in Abb. 2.25.

(c) Berechnen Sie den Fluss und den Druck im Gefäß in Reaktion auf die periodischen Randbedingungen $\mathbf{p}_{\text{out}} = |\mathbf{p}_{\text{out}}| \exp[i(\omega t + \pi/6)]$ und $\mathbf{q}_{\text{in}} = |\mathbf{q}_{\text{in}}| \exp[i\omega t]$, wobei $|\mathbf{p}_{\text{out}}| = 12{,}5$ Pa und $|\mathbf{q}_{\text{in}}| = 4{,}3$ ml s^{-1} die Druck- und Flussamplituden sind, während $\omega = 73\pi$ die Winkelgeschwindigkeit der imaginären Vektoren bezeichnet. Verwenden Sie das Argand-Diagramm, um Druck und Fluss in der komplexen Ebene zu zeichnen.

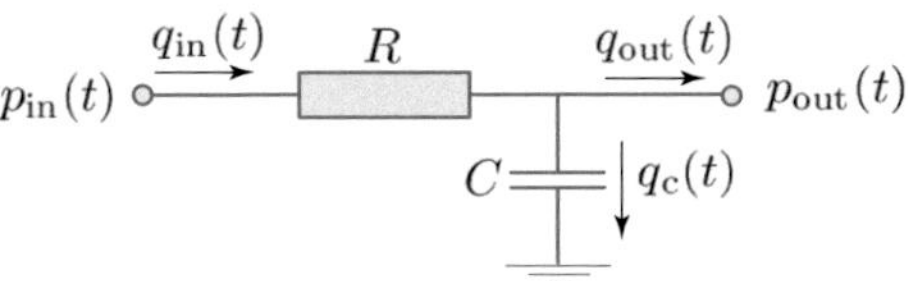

Gefäßdurchmesser d	5,2 mm
Länge des Gefäßabschnitts l	12,7 cm
Wandstärke des Gefäßes h	0,5 mm
Elastizitätsmodul der Gefäßwand E	34,0 kPa
Dynamische Blutviskosität η	4,0 mPa s

Abb. 2.25 Elektrische Darstellungen eines zwei-element Gefäßmodells mit den entsprechenden Gefäßsegmentparametern. Die Ströme $q_{\text{in}}(t)$, $q_{\text{out}}(t)$ und die Drücke $p_{\text{in}}(t)$, $p_{\text{out}}(t)$ beschreiben die Ein- und Auslassbedingungen des Gefäßes. Die biomechanischen Eigenschaften des Gefäßes werden durch die Compliance C und den Widerstand R ausgedrückt

■

Beispiel 2.10 (Drei-element Gefäßsegmentmodell) Das in Abb. 2.26 dargestellte Lumped-Parameter Modell verwendet den hydraulischen Widerstand R, die Compliance C und die Trägheit L zur Beschreibung eines arteriellen Gefäßsegments.

(a) Leiten Sie die beschreibenden Gleichungen des in Abb. 2.26 gezeigten Lumped-Parameter Modells ab und ordnen Sie diese gemäß dem Gleichungssystem

$q_{in}(t)$ R $p_C(t)$ L $q_{out}(t)$ $p_{in}(t)$ C $q_C(t)$ $p_{out}(t)$

Widerstand R	$2{,}22223 \cdot 10^6$ Pa s m^{-3}
Kapazität C	$7{,}12003 \cdot 10^{-10}$ m^3 Pa^{-1}
Trägheit L	$6{,}1846 \cdot 10^6$ Pa s^2 m^{-3}

Abb. 2.26 Elektrische Darstellungen eines drei-element Gefäßmodells mit den jeweiligen Gefäßsegmentparametern. Die Ströme $q_{in}(t)$, $q_{out}(t)$ und die Drücke $p_{in}(t)$, $p_{out}(t)$ beschreiben die Ein- und Auslassbedingungen des Gefäßes. Die biomechanischen Eigenschaften des Gefäßes werden durch den Widerstand R, die Compliance C und die Trägheit L ausgedrückt

$$\mathbf{d}_{out} = \mathbf{K}\mathbf{d}_{in} + \mathbf{D}\dot{\mathbf{d}}_{in} + \mathbf{M}\ddot{\mathbf{d}}_{in}$$

zu, wobei $\mathbf{d}_{out} = [p_{out} q_{out}]^T$ den Zustand am Gefäßauslass bezeichnet, während $\mathbf{d}_{in} = [p_{in} q_{in}]^T$, $\dot{\mathbf{d}}_{in} = [\dot{p}_{in}\ \dot{q}_{in}]^T$ und $\ddot{\mathbf{d}}_{in} = [\ddot{p}_{in}\ \ddot{q}_{in}]^T$ die Einlassbedingungen beschreiben.

(b) Berechnen Sie den Fluss und den Druck für die periodische Einströmung $\mathbf{q}_{in} = |\mathbf{q}_{in}| \exp[i\omega t]$ mit $|\mathbf{q}_{in}| = 4{,}3$ ml s^{-1} und $\omega = 2\pi$, und gegen den konstanten Auslassdruck $\mathbf{p}_{out} = |\mathbf{p}_{out}| = 1000{,}0$ Pa. Verwenden Sie Argand-Diagramme, um den Betrag und den Phasenwinkel jeder komplexen Größe zu veranschaulichen.

■

2.3.2.5 Zusammenbau von Gefäßnetzwerken

Gefäßsegmentmodelle, wie das durch Gleichung (2.40) beschriebene drei-element Modell, können an *Knoten* miteinander verbunden werden und bilden dann ein Netzwerk von Gefäßen. Die *Kompatibilitätsbedingungen* bestimmen dabei den Fluss q und den Druck p (und deren Zeitableitungen) über die Netzwerkknoten hinweg. Für ein einzelnes Gefäß, das sich mit einem anderen einzelnen Gefäß verbindet, lautet die Kompatibilitätsbedingung am Knoten einfach $q_1 = q_2$ und $p_1 = p_2$, wobei der Index die Gefäßnummer bezeichnet.

Für ein einzelnes Gefäß, das sich in zwei Gefäße aufteilt, lautet die Kompatibilitätsbedingung $q_1 = \xi_q q_2 + (1 - \xi_q) q_3$ und $p_1 = p_2 = p_3$, wobei der Index wieder die Gefäßnummer bezeichnet. Die Systemzustandsvariable $0 \le \xi_q \le 1$ beschreibt, wie sich die Strömung in der Verzweigung aufteilt, und wie die anderen Zustandsvariablen wird auch ξ_q durch die Lösung des gesamten Gleichungssystems bestimmt. Es könnte auch erforderlich sein, einen *Druckabfall* an Netzwerkknoten zu berücksichtigen, um die *Energieverluste* durch erhebliche Strömungsstörungen an der Verzweigung zu erfassen. Die Druckkompatibilitätsbedingungen lauten dann $p_1 = \xi_p p_2$. Hier berücksichtigt $0 \le \xi_p \le 1$ den Druckabfall, und p_1 und p_2 bezeichnen den Druck stromaufwärts und stromabwärts der Verzweigung.

Beispiel 2.11 (Verbundene Gefäßsegmente) Abb. 2.27 zeigt die Verbindung von drei Gefäßen und deren Eigenschaften. Der Zufluss $q_{\text{in}} = q_0[1 + \sin(\omega t)]$ mit $q_0 = 0{,}05$ ml s^{-1} und $\omega = 2\pi$ ist vorgegeben, während die konstanten Drücke $p_2 = 11{,}5$ kPa und $p_3 = 11{,}0$ kPa an den Auslässen angelegt werden. Die Gefäße sind gefüllt mit Blut der Dichte $\rho = 1060$ kg m^{-3} und der dynamischen Viskosität $\eta = 3{,}5$ mPa s.

(a) Berechnen Sie den hydraulischen Widerstand R_i, die Compliance C_i und die Trägheit L_i der drei Gefäße $i = 1, 2, 3$.
(b) Leiten Sie die beschreibende Gleichung des i-ten Gefäßes gemäß des Lumped-Parameter Modells in Abb. 2.27b ab.
(c) Geben Sie inkrementelle beschreibende Gleichungen der verbundenen Gefäße an, indem Sie die Zeitableitungen von Fluss und Druck gemäß der rückwärtsgerichteten Euler (backward-Euler) Diskretisierung (2.41) ausdrücken.
(d) Schlagen Sie einen Algorithmus für die iterative Lösung der inkrementellen Gleichungen vor. An der Verzweigung kann eine verlustfreie Strömung in Betracht gezogen werden, und der Faktor $0 \leq \xi \leq 1$ bestimmt die Aufteilung der Strömung.
(e) Zeichnen Sie den Druck am Einlass $p_{\text{in }1}(t)$, die Flüsse an den Auslässen $q_{\text{out }1}(t)$, $q_{\text{out }2}(t)$ sowie den Faktor $\xi(t)$ über die Zeit auf.

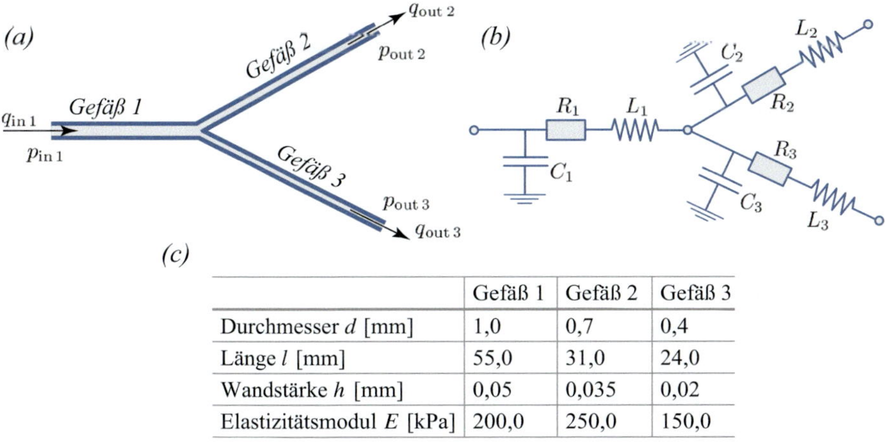

	Gefäß 1	Gefäß 2	Gefäß 3
Durchmesser d [mm]	1,0	0,7	0,4
Länge l [mm]	55,0	31,0	24,0
Wandstärke h [mm]	0,05	0,035	0,02
Elastizitätsmodul E [kPa]	200,0	250,0	150,0

Abb. 2.27 **(a)** Schematische und **(b)** elektrische Darstellung eines Lumped-Parameter Modells, das drei Gefäßsegmente miteinander verbindet. **(c)** Geometrische und mechanische Eigenschaften der Gefäßsegmente

■

2.4 Modellierung der Mikrozirkulation

Dieser Abschnitt beschreibt Modelle zum Stoffaustausch in der Mikrozirkulation. Sie beschränken sich auf passive mikrofluidische Transportmechanismen, und ein Bottom-up-Ansatz beschreibt dabei die Physik des mikrozirkulatorischen Austauschs. Austauschmodelle sind gut dokumentiert und ausgezeichneten Übersichten [3, 32, 50] in der Literatur verfügbar.

2.4.1 Transkapillärer Konzentrationsunterschied

Die Gefäßwand der Kapillaren kann als ein (starrer) poröser Körper angesehen werden, wo eine große Anzahl von Mikrokanälen das Gefäßlumen mit dem interstitiellen Raum verbinden. Der Transport von *Substanzen oder gelösten Stoffen* durch solche Mikrokanäle bestimmt den transkapillären Konzentrationsunterschied eines gelösten Stoffes. Zur Analyse dieser Eigenschaft betrachten wir einen Mikrokanal der Länge L, der mit Flüssigkeit gefüllt ist und einen gelösten Stoff in der Konzentration $c(x)$ [mol m^{-3}] enthält, wobei $0 \leq x \leq L$ die kartesische Koordinate entlang des Mikrokanals und somit über die Kapillarwand bezeichnet. Bei dem hier betrachteten mikrovaskulären Austauschs ist die Flüssigkeit im Wesentlichen *Wasser.*

Diffusiver und *advektiver* Transport bestimmen den *Stofffluss* J_s [mol $\mathrm{s}^{-1}\mathrm{m}^{-2}$] der gelösten Substanz bzw. Partikel. Im stationären Zustand ist J_s konstant entlang des Kanals und wird durch die partielle Differentialgleichung erster Ordnung

$$J_\mathrm{s} = \mathrm{const} = \underbrace{-D\,\mathrm{grad}c(x)}_{\text{Diffusion}} + \underbrace{c(x)v}_{\text{Advektion}} \tag{2.48}$$

geregelt, wobei v [m s^{-1}] die Transportgeschwindigkeit der gelösten Partikel bezeichnet, während D [m^2 s^{-1}] die Diffusionskonstante für gelöste Partikel in Wasser bezeichnet. Für eine dimensionslose Analyse können wir $\xi = x/d$ einführen und die Weglänge der gelösten Partikel x mit dem Durchmesser der gelösten Partikel d normalisieren. Gl. (2.48) hat dann die Lösung $c(\xi) = J_\mathrm{s}/v + H\exp(\xi Pe)$, wo $Pe = vd/D$ und H jeweils die Péclet[19] Zahl und eine Integrationskonstante bezeichnen.

Die Péclet Zahl kennzeichnet das Verhältnis zwischen advektivem und diffusivem Transport. Bei großen Péclet Zahlen bewegt sich der gelöste Stoff (die Solut) zusammen mit der Strömung des Lösungsmittels, während seine Bewegung bei niedrigen Péclet Zahlen unabhängig von der Bewegung der Lösungsmittels ist. Die gelösten Partikel sind im Allgemeinen nicht kugelförmig, und d bezeichnet dann den Stokes-Durchmesser – den Durchmesser des hydrodynamisch ähnlichen, aber kugelförmigen Partikels.

Die zuvor genannte Integrationskonstante H kann aus der Konzentration c_v im vaskulären Raum und somit am Einlass des Mikrokanals identifiziert werden. Die

[19] Jean Claude Eugène Péclet, französischer Physiker, 1793–1857.

Solutkonzentration lautet dann $c(\xi) = J_s/v + \exp(\xi Pe)(c_v - J_s/v)$. Wir führen nun die interstitielle Solutkonzentration $c_i = c(\xi = L/d)$ ein, so dass

$$J_s = c_v v - \frac{v\Delta c}{\exp[Pe(L/d)] - 1} \tag{2.49}$$

den gelösten Stofffluss über die Kapillarwand ausdrückt, wobei $\Delta c = c_i - c_v$ der transkapilläre Konzentrationsunterschied ist.

Im stationären Zustand hängt die interstitielle Solutkonzentration c_i vom transkapillaren Filtrationsfluss q_f [m s^{-1}] ab, der seinerseits die Flussrate über die Einheitsfläche der Kapillarwand bestimmt, siehe Abschn. 2.4.2. Experimentelle Daten legen nahe, dass c_i proportional zum Lösungsfluss J_s ist, aber umgekehrt proportional zum Filtrationsfluss q_f [55]. Es rechtfertigt daher die Beziehung $c_i = J_s/q_f$ und ermöglicht die Substitution von J_s in (2.49). Der transkapillare Konzentrationsunterschied lautet dann [38]

$$\Delta c = c_v - c_i = \sigma c_v \frac{\exp[Pe(L/d)] - 1}{\exp[Pe(L/d)] - \sigma}, \tag{2.50}$$

wobei die Geschwindigkeit der Solutpartikel $v = (1 - \sigma)q_f$ auf den Filtrationsfluss q_f durch die Anwendung von Stavermans[20] osmotischen Reflexionskoeffizienten σ [53] bezogen wurde, siehe Anhang E.3.

Beispiel 2.12 (LDL-Transport durch einen Mikrokanal) Low-Density Lipoprotein (LDL) ist ein Protein von etwa 25 nm Größe und transportiert Fettmoleküle im Körper. Eine erhöhte LDL-Konzentration korreliert mit der Entstehung von Arteriosklerose. Endothelzellen (EC) bilden Mikrokanäle, und LDL „sickert" schließlich langsam durch die endotheliale Barriere in die Gefäßwand. Das LDL in der Gefäßwand oxidiert dann und stellt damit ein Risiko für die Entwicklung von Arteriosklerose dar. Das in Abb. 2.28 gezeigte Modellsystem soll zur Untersuchung des LDL-Transports durch EC Zellkontakte verwendet werden.

(a) Betrachten Sie die Geschwindigkeit $v = q_f(1 - \sigma)$ der LDL-Partikel und drücken Sie den LDL-Fluss aus. Hierbei bezeichnen $q_f = 1{,}0$ μm s^{-1} und $\sigma = 0{,}78$ die Lösungsmittelgeschwindigkeit und Stavermans osmotischen Reflexionskoeffizienten.
(b) Stellen Sie den LDL-Fluss bei den Péclet Zahlen $Pe = 0{,}01$; $0{,}1$; $1{,}0$ und den Randkonzentrationen von $c_b = 2{,}0$ mol m^{-3} und $c_w = 0{,}1$ mol m^{-3} dar.

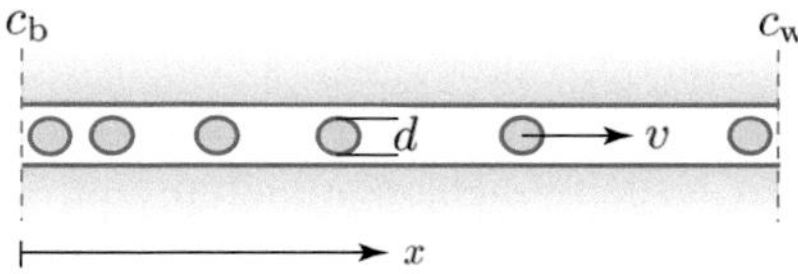

Abb. 2.28 Transport von Low-Density Lipoprotein (LDL) mit Durchmesser d und Geschwindigkeit v durch einen Mikrokanal. Die LDL-Konzentrationen im Blutstrom und in der Arterienwand werden durch c_b und c_w bezeichnet

■

[20] Albert Jan Staverman, niederländischer Chemiker, 1911–1993.

2.4.2 Filtration

Filtration ist der Transport von Wasser durch die Kapillarwand in Reaktion auf *hydrostatische* und *osmotische* Druckunterschiede. Vom Gefäßraum zum interstitiellen Raum fällt der hydrostatische Druck von p_v auf p_i, während COP von Π_v auf Π_i ansteigt. Der Austausch von Wasser zwischen den beiden Räumen wird durch den *Filtrationsfluss* q_f [m s^{-1}] bestimmt, der die Flussrate durch die Einheitsfläche der Wand bezeichnet, siehe Anhang E.2. Wenn der Fluss durch die Gefäßwand in radiale Richtung des Gefäßes erfolgt, ist der Fluss q_f identisch mit der Fließgeschwindigkeit.

2.4.2.1 Starlings Filtrationsmodell

Die Filtration in der Mikrogefäßstruktur kann durch Starlings Filtrationsmodell [52]

$$q_f = L_p(\Delta p - \sigma \Delta \Pi) \tag{2.51}$$

dargestellt werden, wobei $\Delta p = p_v - p_i$ der transkapilläre hydrostatische Druck ist, während $\Delta \Pi = \Pi_v - \Pi_i$ den transkapillären COP bezeichnet. Der Begriff $\Delta p - \sigma \Delta \Pi$ wird als *Nettofiltrationsdruck* bezeichnet und ist positiv für den Fluss vom Gefäßsystem hinein in das Interstitium. In (2.51) bezeichnen L_p [m $Pa^{-1}s^{-1}$] und σ jeweils die hydraulische Leitfähigkeit der Kapillarwand und ihren Stavermanschen osmotischen Reflexionskoeffizienten [53]. Während die hydraulische Leitfähigkeit die Durchlässigkeit der Wand für Wasser beschreibt, korrigiert der Reflexionskoeffizient σ den theoretischen COP-Unterschied, um dem effektiven zu entsprechen, siehe Anhänge E.2 und E.3.

Gemäß (2.51), wird die Filtration durch die vier „Starling-Kräfte“ p_v, p_i, $\sigma\Pi_v$, und $\sigma\Pi_i$ gesteuert. Das Modell ist auch „symmetrisch“ – die Erhöhung von p_v (oder Π_v) oder die Abnahme von p_i (oder Π_i) um den gleichen Betrag beeinflusst die Filtration gleichmäßig.

2.4.2.2 Vorhergesagter Austausch

Der Nettoeffekt vom Ein- und Ausfluss des Wassers über die Kapillarwände bestimmt den Austausch im Gefäßbett. Die direkte Messung des Austauschs ist schwierig, und ein Modell, wie das Filtrationsgesetz von Starling (2.51), hilft, (unvollständige) experimentelle Daten zu interpretieren.

Die lineare Beziehung zwischen q_f und Δp wurde in einigen Geweben beobachtet [30], wohingegen die Linearität zwischen q_f und $\Delta \Pi$ von viel weniger experimentellen Daten bestätigt wurde [44]. Die Entwicklung eines Blutstroms erfordert immer einen abnehmenden hydrostatischen Druck p_v entlang des Gefäßbaums. Bei menschlichen Nagelfalz-Hautkapillaren zum Beispiel wurden Drücke von $p_v = 35$ bis 45 mmHg auf der arteriellen Seite und $p_v = 12$ bis 15 mmHg auf der venösen Seite berichtet [31]. Darüber hinaus liegt der interstitielle hydrostatische Druck von $p_i = -4$ bis 0 mmHg in vielen Geweben leicht unter dem atmosphärischen Druck, und $\Pi_v = 25$ bis 28 mmHg charakterisiert den vaskulären COP im

Tab. 2.5 Repräsentative Parameter zur Beschreibung der Filtration in einer Anzahl von weichen biologischen Geweben

Hydrostatischer Druck in der Kapillare p_v	Arterielle/venöse Seite: 35,0/12,0 mmHg
Hydrostatischer Druck im Interstitium p_i	−2,0 mmHg
Kolloidosmotischer Druck (COP) in der Kapillare Π_v	Arterielle/venöse Seite: 28,0/25,0 mmHg
COP im Interstitium Π_i	1,0 mmHg
Hydraulische Leitfähigkeit der Kapillarwand L_p	$1{,}5 \cdot 10^{-9}$ m s^{-1}mmHg^{-1}
Stavermanscher osmotischer Reflexionskoeffizient der Kapillarwand σ	1,0

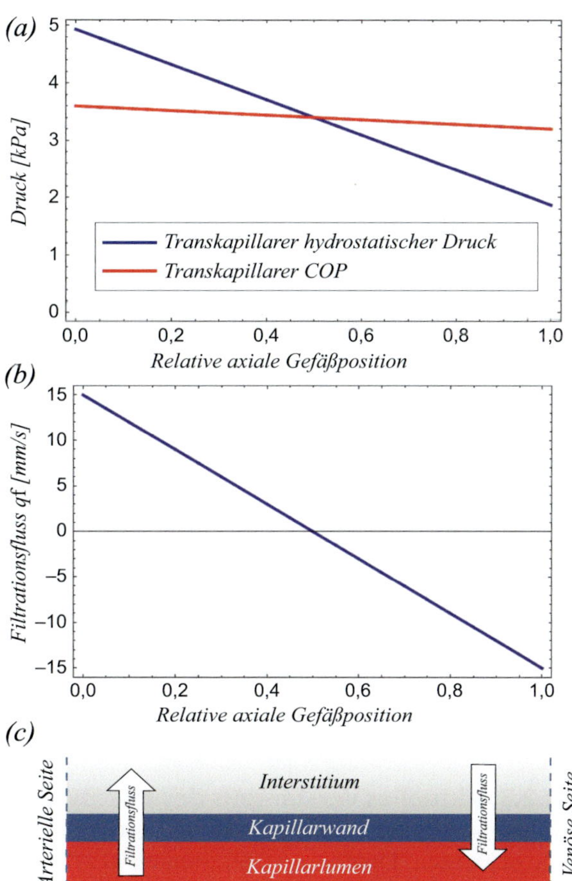

Abb. 2.29 Austausch von Flüssigkeit (Filtration) entlang der Kapillaren. (**a**) Transkapillarer hydrostatischer Druck Δp und transkapillarer kolloidosmotischer Druck (COP) $\Delta\Pi$. (**b**) Filtrationsfluss q_f über die Kapillarwand. Austausch nach dem Starling Filtrationsmodell (2.51) und den in Tab. 2.5 aufgeführten Daten. (**c**) Netto-Ausfluss auf der arteriellen Seite und Netto-Einfluss auf der venösen Seite

Menschen. Tab. 2.5 fasst diese Informationen zusammen, und das Starling Gesetz (2.51) prognostiziert dann den in Abb. 2.29 dargestellten Flüssigkeitsaustausch.

Diese Ergebnisse legen den von Starling im Jahr 1896 vorgeschlagenen Austauschmechanismus nahe [52]; Flüssigkeitstransport in das Interstitium über die arterielle Hälfte der Kapillare, wo $\Delta p > \sigma \Delta \Pi$, und Reabsorption über die venöse Hälfte, wo $\Delta p < \sigma \Delta \Pi$, siehe Abb. 2.29c. Unter bestimmten Bedingungen wurde dieser Mechanismus auch durch neuere Experimente bestätigt [39], wohingegen dies in einer Reihe von Geweben, speziell unter stationären Austauschbedingungen nicht bestätigt werden konnte. Ein überarbeitetes Modell des vaskulären Austauschs wird in Abschn. 2.4.2.3 vorgestellt.

Beispiel 2.13 (Transport über die Wand der aufsteigenden Vasa Recta) Das in Abb. 2.30 dargestellte Modellsystem sollte zur Untersuchung des Austauschs von gelösten Stoffen zwischen den aufsteigenden Vasa Recta (AVR) des Nierenmarks und seinem interstitiellen Raum verwendet werden. Das AVR-Segment ist $l = 1{,}2$ mm lang, hat einen Durchmesser von $d = 29$ μm und Blut durchströmt es mit einer Rate von $q = 35$ nl min^{-1}.

(a) Berechnen Sie die Verteilung des hydrostatischen Drucks p_v entlang des AVR-Segments. Blut kann als Newtonsche Flüssigkeit mit der dynamischen Viskosität $\eta = 3{,}5$ mPa s betrachtet werden, und der Druck $p_{\text{v art}} = 7{,}8$ mmHg herrscht am arteriellen Ende des AVR-Segments.
(b) Berechnen Sie den Austausch entlang des AVR-Segments nach dem Filtrationsgesetz von Starling. Im Interstitium sind der hydrostatische Druck $p_\text{i} = 6{,}0$ mmHg und der kolloidosmotische Druck (COP) $\Pi_\text{i} = 3{,}7$ mmHg gegeben. Darüber hinaus ändert sich der COP linear von $\Pi_{\text{v art}} = 26{,}0$ mmHg am arteriellen Ende zu $\Pi_{\text{v ven}} = 16{,}7$ mmHg am venösen Ende. Der Stavermansche osmotische Reflexionskoeffizient $\sigma = 0{,}78$ und die hydraulische Leitfähigkeit $L_\text{p} = 1{,}5 \cdot 10^{-9}$ m s^{-1}mmHg^{-1} können zur Beschreibung der Gefäßwand angenommen werden.

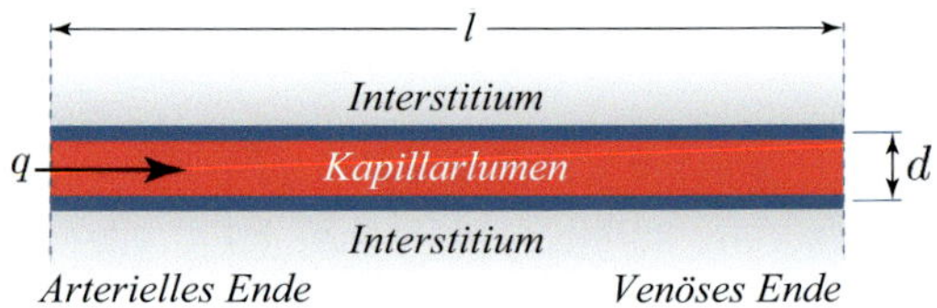

Abb. 2.30 Modellsystem zur Untersuchung des Austauschs zwischen den aufsteigenden Vasa Recta (AVR) und dem Interstitium

■

2.4.2.3 Aktuelles Verständnis des mikrovaskulären Austauschs

Filtrationsmessungen in Reaktion auf eine plötzliche Änderung des kapillaren hydrostatischen Drucks p_v [39] stellten Starlings Gesetz des mikrovaskulären Austauschs in Frage. Das Filtrationsexperiment zeichnete *instationäre Ergebnisse* direkt nach dem Drucksprung, sowie *stationäre Ergebnisse* mindestens zwei Minuten danach auf. Während die instationären Ergebnisse frühere Experimente bestätigten [44], und erneut die Linearität zwischen q_f und dem transkapillaren hydrostatischen Druck Δp_v validierten, zeigten die stationären Ergebnisse keine solche Linearität und widersprachen damit dem Filtrationsgesetz von Starling

(2.51). Das beobachtete leichte Ungleichgewicht des transkapillaren hydrostatischen Druck begünstigt einen positiven Nettofiltrationsdruck unter stationären Bedingungen. Die Flüssigkeit bewegt sich daher in den interstitiellen Raum und muss dann dann *fast ausschließlich* über die Lymphgefäße abgeleitet werden. Bei konstanten interstitiellen Flüssigkeitsvolumen, wie es bei stationären Bedingungen gegeben ist, ist der Filtrationsfluss multipliziert mit der Kapillaroberfläche gleich dem Lymphfluss. Während viele Gewebe einen solchen stationären Austausch zeigen, ist der Nettofiltrationsdruck in einigen anderen Geweben auch negativ [32] und erleichtert die Funktion von Organen, wie der Niere und der Darmschleimhaut. Der Löwenanteil der interstitiellen Flüssigkeit wird dann wieder in das Gefäßkompartiment aufgenommen.

2.4.2.4 Kolloidosmotischer Druck

Das Makromolekül *Albumin* ist der Hauptbeitragende zum COP im Körper. Im Gefäßraum bleibt die Albuminkonzentration ungefähr konstant, und der transkapillare COP wird daher hauptsächlich durch die *interstitielle* Albuminkonzentration gesteuert.

Mit der transkapillaren Albuminkonzentration Δc_{alb} erlaubt Hoffs[21] Gesetz die jeweilige transkapillaren COP

$$\Delta \Pi_{\mathrm{alb}} = \phi \overline{R} \theta \, \Delta c_{\mathrm{alb}} \tag{2.53}$$

zu bestimmen, wobei die universelle Gaskonstante $\overline{R} = 8{,}3145$ J K^{-1}mol^{-1}, die absolute Temperatur θ [K], und der osmotische Koeffizient ϕ eingeführt wurden, siehe Anhang E.2. Albumin ist ein relativ kleines Protein und kann daher die Kapillarwand zusammen mit Wasser relativ einfach passieren. Filtration bestimmt damit die transkapillare Albuminkonzentration Δc_{alb}. Mit den Bedingungen (2.50) und (2.53), kann der Albumin-relevante transkapillare COP daher durch

$$\Delta \Pi_{\mathrm{alb}} = \sigma \, \Pi_{\mathrm{v\,alb}} \frac{\xi - 1}{\xi - \sigma} \; ; \; \xi = \exp[Pe(L/d_{\mathrm{alb}})] \tag{2.54}$$

ausgedrückt werden, wobei d_{alb} und L der Stokes-Durchmesser des Albumins und die Dicke der Kapillarwand sind. Darüber hinaus bezeichnet $\Pi_{\mathrm{v\,alb}} = \phi \overline{R} \theta c_{\mathrm{v\,alb}}$ den COP des Albumins im Gefäßraum und $Pe = (1 - \sigma) q_{\mathrm{f}} d_{\mathrm{alb}} / D$ die Péclet Zahl, wo die Diffusionskonstante von Albumin in Wasser mit D [s^{-1}m^{-1}] verwendet wurde. Die Berechnung von Pe geht davon aus, dass sich Albumin mit der Geschwindigkeit $v = (1 - \sigma) q_{\mathrm{f}}$ über die Kapillarwand bewegt, und σ und q_{f} bezeichnen jeweils Stavermanschen osmotischen Reflexionskoeffizienten und den Filtrationsfluss. Gl. (2.54) kann auch auf Proteine anderen Typs als Albumin angepasst werden.

[21] Jacobus Henricus van't Hoff, Jr., niederländischer Physikochemiker, 1852–1911.

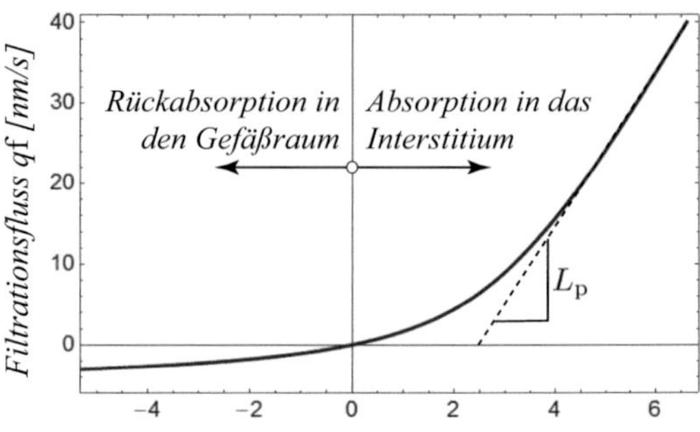

Abb. 2.31 Filtrationsfluss q_f in Beziehung zum transkapillaren hydrostatischen Druck Δp, wie vom nichtlinearen Filtrationsmodell (2.55) vorhergesagt. Bei hohen positiven Δp bestimmt die hydraulische Leitfähigkeit L_p des Gefäßes den Austausch, während bei negativen Δp fast kein Fluss auftritt

Tab. 2.6 Parameter, die im nichtlinearen Filtrationsmodell (2.55) verwendet werden

Diffusionskoeffizient D für Albumin in Wasser	$1{,}0 \cdot 10^{-14}\ \mathrm{m^{-2}s^{-1}}$
Dicke der Kapillarwand L	$2{,}0 \cdot 10^{-6}\ \mathrm{m}$
Kolloidosmotischer Druck (COD) im Gefäßraum $\Pi_{\mathrm{v\,alb}}$	28,0 mmHg
Hydraulische Leitfähigkeit der Kapillarwand L_p	$1{,}5 \cdot 10^{-9}\ \mathrm{m\,s^{-1}mmHg^{-1}}$
Stavermansche osmotische Reflexionskoeffizient σ	0,95

2.4.2.5 Das nichtlineare Filtrationsgesetz

Albumin ist hauptursächlich für die Osmose in der Mikrozirkulation verantwortlich, und $\Delta\Pi$ in Starlings Filtrationsmodell (2.51) kann daher durch (2.54) dargestellt werden, sodass

$$q_\mathrm{f} = L_\mathrm{p}\left[\Delta p - \sigma^2 \Pi_{\mathrm{v\,alb}} \frac{1-\xi}{1-\sigma\xi}\right] \; ; \; \xi = \exp[Pe(L/d_\mathrm{alb})] \tag{2.55}$$

die Filtration beschreibt.

Angesichts der Péclet Zahl $Pe = (1-\sigma)q_\mathrm{f} d_\mathrm{alb}/D$ ist der Ausdruck (2.55) implizit in Bezug auf den Filtrationsfluss q_f. Dieser kann aber wie in Abb. 2.31 gegenüber dem transkapillaren hydrostatischen Druck Δp dargestellt werden, wobei die Eigenschaften in Tab. 2.6 verwendet wurden. Die Darstellung veranschaulicht die *Nichtlinearität* zwischen q_f und Δp. Sie wird durch den zweiten Term auf der rechten Seite von Gl. $(2.55)_1$ verursacht und bestimmt den *diffusionsbezogenen* Beitrag zu Δp. Die Diffusion ist nur bei kleinen Péclet Zahlen signifikant, während bei hohen Péclet Zahlen dieser Term verschwindet und die Beziehung zwischen q_f und Δp vollständig durch die hydraulische Leitfähigkeit L_p der Wand bestimmt wird. Die Kurve in Abb. 2.31 ist daher bei hohen transkapillaren hydrostatischen Drücken linear.

Das nichtlineare Filtrationsmodell (2.55) gilt für stationäre Zustände – wenn genügend Zeit für die Entwicklung der Albuminkonzentration zur Verfügung steht, etablieren sich stationäre Zustände und die Annahmen zur Ableitung von (2.54) gelten.

Abb. 2.31 zeigt eine minimale Reabsorption zurück in den Gefäßraum, eine Bedingung, die für die meisten, aber nicht alle Gewebe gilt. In der Niere und der

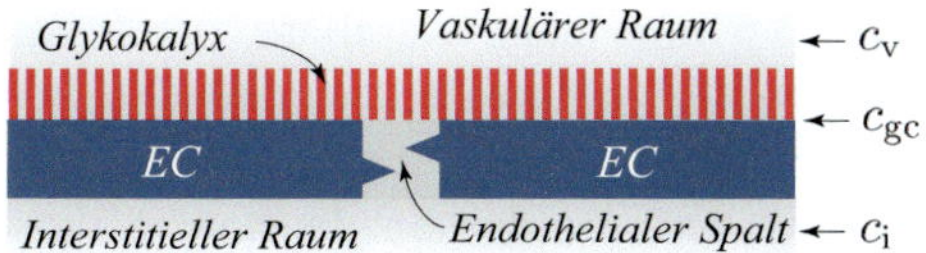

Abb. 2.32 Schematische Darstellung des Glykokalyx-Spalt Modells. Die Glykokalyx-Schicht bietet ein System von ultrafeinen Poren in Serie zu den größeren Poren, die durch die Spalten zwischen den Endothelzellen (EC) gebildet werden

Darmschleimhaut wird die interstitielle Flüssigkeit kontinuierlich durch proteinfreie Flüssigkeit erneuert, was dann die Abhängigkeit des Filtrationsflusses von der Solutkonzentration bricht. Die Annahmen, die zur Ableitung der Gl. (2.54) gemacht wurden, sind dann nicht gültig, und der Flüssigkeitsfluss wird am besten durch Starlings Filtrationsmodell (2.51) beschrieben.

2.4.2.6 Zwei-Poren Modelle

Der Filtrationsfluss (2.55) deutet auf eine minimale Reabsorption in den Gefäßraum auf der venösen Seite der Kapillaren hin [32], was auch experimentell in vielen Geweben bestätigt wird [39]. Das Fehlen einer Reabsorption in das Gefäßsystem macht es schwierig, diese Vorhersage mit den niedrigen *in vivo* Lymphflussraten in Einklang zu bringen. Eine Klasse von Modellen, bekannt als *Zwei-Poren Modelle,* versuchen diese Schwäche zu beheben [47]. Obwohl Albumin nicht zu den größten Proteinen gehört, kann es dennoch die Kapillarwand durch die meisten Poren nicht passieren. Der größte Teil des Flüssigkeitsflusses q_f erfolgt durch kleine Poren, die den Albumintransport nicht erlauben, während große Poren, die den Transport von Albumin unterstützen, nur einen winzigen Bruchteil des Wassers durch die Wand transportieren.

Das Glykokalyx-Spalt Modell dargestellt in Abb. 2.32 ist ein spezieller Fall eines Zwei-Poren Modells. Es nimmt an, dass die Glykokalyx, *nicht* die gesamte Kapillarwand, die Filtrationseigenschaften dominiert und die effektive osmotische Barriere darstellt. Die Glykokalyx bestimmt fast vollständig den Reflexionskoeffizienten σ und den transkapillaren COP. Der COP unter der Glykokalyx Schicht ist daher sehr niedrig, was dann Nettofiltrationsflüsse ergibt, die mit berichteten Lymphdrainageraten vergleichbar wären.

Beispiel 2.14 (Glykokalyx-Spalt Modell) Starlings Filtrationsmodell (2.51) überschätzt den Filtrationsfluss q_f und wurde unter Anderem zum Glykokalyx-Spalt Modell weiterentwickelt, wie in Abb. 2.32 gezeigt wird. Die Glykokalyx-Schicht stellt ein System von ultrafeinen Poren in Serie zu den größeren Poren dar, die durch die Spalten zwischen benachbarten Endothelzellen (EC) gebildet werden. Angesichts des starken Auswaschens von Albumin durch die Endothelspalten wird die Albuminkonzentration c_{gc} unter der Glykokalyx-Schicht sehr niedrig. Entlang des Filtrationspfades etablieren sich daher drei unterschiedliche Albuminkonzentrationen: c_v im Gefäßraum, c_{gc} unter der Glykokalyx-Schicht und c_i im interstitiellen Raum, siehe Abb. 2.32.

Gegeben sei eine $L = 3{,}5$ mm lange Kapillare, deren Wand die hydraulische Leitfähigkeit von $L_p = 2{,}3 \cdot 10^{-9}$ $s^{-1}mmHg^{-1}m$ und den Stavermanschen osmotischen Reflexionskoeffizienten $\sigma = 0{,}8$ aufweist. Das Glykokalyx-Spalt Modell soll nun verwendet werden, um den Stoffaustausch dieser Kapillare zu analysieren, wobei der hydrostatische Druck $p_i = -1{,}0$ mmHg und der kolloidosmotische Druck (COP) $\Pi_i = 3{,}7$ mmHg im Interstitium als annähernd konstant angenommen werden können. Im Gefäßraum ändert sich der hydrostatische Druck linear von $p_{v\ art} = 9{,}4$ mmHg zu $p_{v\ ven} = 6{,}7$ mmHg, und der COP von $\Pi_{v\ art} =$ 15,8 mmHg zu $\Pi_{v\ ven} = 13{,}9$ mmHg jeweils zwischen dem arteriellen und dem venösen Ende der Kapillare.

(a) Berechnen Sie den Flüssigkeitsfluss q_f über die Kapillarwand nach dem Filtrationsmodell von Starling (2.51).
(b) Berechnen Sie den Flüssigkeitsfluss q_f nach dem Glykokalyx-Spalt Modell für $\alpha = 1{,}0$; 0,9; 0,8, wobei der Verlauf $c_{gc} = (1-\alpha)cv + \alpha c_i$ die Albuminkonzentration unter der Glykokalyx-Schicht beschreibt.

■

2.5 Zusammenfassung und Schlussfolgerung

Nach der Einführung in die Physiologie des Blutkreislaufes betrachtete dieses Kapitel eine Reihe von Konzepten und Modellen zur Analyse von Gefäßmechanismen und Systemreaktionen. Die Modelle waren entweder 1D im Raum oder in der Zeit, oder die Kombination beider Dimensionen führte zu 2D-Problembeschreibungen. Solche Ansätze sind einfach und *sehr effektiv* bei der Untersuchung, wie Systemparameter interagieren und damit die Gefäßphysiologie und -pathologie beeinflussen. Wir gingen davon aus, dass Schlüsseleigenschaften der Gefäße durch Parameter wie Widerstand, Compliance, hydraulische Leitfähigkeit und dgl. beschrieben werden können. Komplexe Gefäßmechanismen wurden daher im Sinne von konzentrierten Parametern (Schlüsselsystemparameter) zusammengefasst, um die Beschreibung von Gefäßfunktionen zu ermöglichen. Die eingeführten Systemparameter können entweder direkt durch maßgeschneiderte Experimente gemessen oder indirekt durch Parameterkalibrierungsmethoden identifiziert werden.

Das Herz-Kreislauf-System ist mit einer großen Anzahl von hämodynamischen Regulierungsmechanismen ausgestattet, um Blutflüsse umzuleiten und den Körper optimal zu perfundieren [56]. Ein *funktioneller Austausch* zwischen zentralen und peripheren Segmenten des Kreislaufs muss gegeben sein, um eine optimale Funktion des Systems zu erreichen und damit Homöostase sicherzustellen [2]. Diese Kommunikation kann beeinträchtigt sein, sodass minimale Veränderungen in der zentralen arteriellen Steifigkeit oder der peripheren Resistenz sich aufschaukeln und dann zu den dramatischen Veränderungen in den arteriellen Eigenschaften führt, die als Reaktion auf Krankheiten und Alterung (die Mutter aller Krankheiten) beobachtet werden.

Obwohl die in diesem Kapitel diskutierten Modellierungsansätze für eine Reihe von Anwendungen geeignet sind, können sie oft keine Erklärungen liefern, wie lokale Mechanismen das Blutgefäßverhalten bestimmen und verändern. Darüber hinaus kann eine biomechanische Analyse eine mehrdimensionale Raum-Zeit-Beschreibung von Gefäßsegmenten erfordern. Dies übersteigt die Fähigkeiten der in diesem Kapitel diskutierten Ansätze, und die verbleibenden Teile dieses Buches befassen sich daher mit Werkzeugen und Modellen zur Analyse einzelner Blutgefäße oder Teilen davon. Es ermöglicht uns, lokalisierte Gefäßphänomene zu erforschen, um unser Verständnis der Gefäßfunktion zu vertiefen. Die Homogenisierung lokaler Gefäßeigenschaften erlaubt es dann, die konzentrierten Parameter, wie sie im vorliegenden Kapitel verwendet wurden, abzuleiten. Das kürzlich vorgestellte Rahmenwerk zur Ableitung konzentrierter (lumped) Parameter [40] wäre ein solches Beispiel. Es ermöglicht die Berechnung der Strömungs- und Druckverläufe in Blutgefäßen unter der Berücksichtigung verschiedener Energieverlustmechanismen.

Literatur

1. M. Absinta, S.K. Ha, G. Nair, P. Sati, N.J. Luciano, M. Palisoc, A. Louveau, K.A. Zaghloul, S. Pittaluga, J. Kipnis, D.S. Reich, Human and nonhuman primate meninges harbor lymphatic vessels that can be visualized noninvasively by MRI. Elife **6**, e29738 (2017)
2. M. AlGhatrif, E.G. Lakatta, The conundrum of arterial stiffness, elevated blood pressure, and aging. Curr. Hypertens. Rep. **17**, 12 (2015)
3. G. Bhave, E.G. Neilson, Body fluid dynamics: Back to the future. J. Am. Soc. Nephrol. **22**, 2166–2181 (2011)
4. R. Burattini, K.B. Campbell, Comparative analysis of aortic impedance and wave reflection in ferrets and dogs. Am. J. Physiol. **282**, H244–H255 (2002)
5. F.M. Burnet, The concept of immunological surveillance. Prog. Exp. Tumor. Res. **13**, 1–27 (1970)
6. W.R. Cannon, Organization for physiological homeostasis. Physiol. Rev. **9**, 399–431 (1929)
7. Y. Castier, R.P. Brandes, G. Leseche, A. Tedgui, S. Lehoux, p47phox-dependent NADPH oxidase regulates flow-induced vascular remodeling. Circ. Res. **97**, 533–540 (2005)
8. J.M. Clark, S. Glagov, Transmural organization of the arterial media: the lamellar unit revisited. Arteriosclerosis **5**, 19–34 (1985)
9. A.J. Cocciolone, J.Z. Hawes, M.C. Staiculescu, E.O. Johnson, M. Murshed, J.E. Wagenseil, Elastin, arterial mechanics, and cardiovascular disease. Am. J. Physiol. Heart Circ. Physiol. **315**, H189–H205 (2018)
10. J.B. Dixon, A.A. Gashev, D.C. Zawieja, J.E. Moore, G.L. Cote, Image correlation algorithm for measuring lymphocyte velocity and diameter changes in contracting microlymphatics. Ann. Biomed. Eng. **35**, 387–396 (2007)
11. J.B. Dixon, S.T. Greiner, A.A. Gashev, G.L. Cote, J.E. Moore, Lymph flow, shear stress, and lymphocyte velocity in rat mesenteric prenodal lymphatics. Microcirculation **13**, 597–610 (2006)
12. M. Ellmerer, L. Schaupp, G.A. Brunner, G. Sendlhofer, A. Wutte, P. Wach, T.R. Pieber, Measurement of interstitial albumin in human skeletal muscle and adipose tissue by open-flow microperfusion. Am. J. Physiol. Endocrinol. Metab. **278**, E352–E356 (2000)
13. J.T. Flaherty, J.E. Pierce, V.J. Ferrans, D.J. Patel, W.K. Tucker, D.L. Fry, Endothelial nuclear patterns in the canine arterial tree with particular reference to hemodynamic events. Circulation **30**, 23–33 (1972)

14. O. Frank, Die grundform des arteriellen pulses. Z. Bio. **37**, 483–526 (1899)
15. A.A. Gashev, D.C. Zawieja, Hydrodynamic regulation of lymphatic transport and the impact of aging. Pathophysiology **17**, 277–287 (2010)
16. O.Y. Gasheva, D.C. Zawieja, A.A. Gashev, Contraction-initiated no-dependent lymphatic relaxation: a self-regulatory mechanism in rat thoracic duct. J. Physiol. **575**, 821–832 (2006)
17. R.L. Gleason, E. Wilson, J.D. Humphrey, Biaxial biomechanical adaptations of mouse carotid arteries cultured at altered axial extension. J. Biomech. **40**, 766–776 (2007)
18. S.E. Greenwald, Ageing of the conduit arteries. J. Pathol. **211**, 157–172 (2007)
19. X. Guo, G.S. Kassab, Variation of mechanical properties along the length of the aorta. Am. J. Physiol. Heart Circ. Physiol. **285**, H2614–H2622 (2003)
20. A.C. Guyton, J.E. Hall, *Human Physiology and Mechanisms of Disease*, 6. Aufl. (W. B. Saunders, Philadelphia, 1996)
21. R.J. Guzman, K. Abe, C.K. Zarins, Flow-induced arterial enlargement is inhibited by suppression of nitric oxide synthase activity in vivo. Surgery **122**, 273–279 (1997)
22. E.S. Helton, S. Palladino, E.E. Ubogu, A novel method for measuring hydraulic conductivity at the human blood-nerve barrier in vitro. Microvasc. Res. **109**, 1–6 (2017)
23. J.P. Holt, Flow through collapsible tubes and through in situ veins. IEEE T. Biomed. Eng. **16**, 274–283 (1969)
24. P.A. Jackson, B.R. Duling, Myogenic response and wall mechanics of arterioles. Am. J. Physiol. Heart Circ. Physiol. **257**, H1147–H1155 (1989)
25. S. Jamalian, M. Jafarnejad, S.D. Zawieja, C.D. Bertram, A.A. Gashev, D.C. Zawieja, M.J. Davis, J.E. Moore, Demonstration and analysis of the suction effect for pumping lymph from tissue beds at subatmospheric pressure. Sci. Rep. **7**, 12080 (2017)
26. M.J. Joyner, D.P. Casey, Regulation of increased blood flow (hyperemia) to muscles during exercise: a hierarchy of competing physiological needs. Physiol. Rev. **95**, 549–601 (2015)
27. P.P.N. Kemper, S. Mahmoudi, I. Apostolakis, E. Konofagou, Feasibility of bi-linear mechanical characterization of the abdominal aorta in a hypertensive mouse model. Ultrasound Med. Biol. (2021)
28. A.W. Khira, K.H. Parker, Wave intensity in the ascending aorta: effects of arterial occlusion. J. Biomech. **38**, 647–655 (2005)
29. M.H. Kim, N.R. Harris, J.M. Tarbell, Regulation of capillary hydraulic conductivity in response to acute change in shear. Am. J. Physiol. **289**, H2126–H2136 (2005)
30. E.M. Landis, Micro-injection studies of capillary permeability. II. The relation between capillary pressure and the rate at which fluid passes through the walls of single capillaries. Am. J. Physiol. **82**, 217–238 (1927)
31. E.M. Landis, Micro-injection studies of capillary blood pressure in human skin. Heart **30**, 209–228 (1930)
32. J.R. Levick, C.C. Michel, Microvascular fluid exchange and the revised starling principle. Cardiovasc. Res. **87**, 198–210 (2010)
33. S.V. Lopez-Quintero, R. Amaya, M. Pahakis, J.M. Tarbell, The endothelial glycocalyx mediates shear-induced changes in hydraulic conductivity. Am. J. Physiol. **296**, H1451–H1456 (2009)
34. K.N. Margaris, R.A. Black, Modelling the lymphatic system: challenges and opportunities. J. R. Soc. Interface **9**, 601–612 (2012)
35. J.M. Marshall, H.C. Tandon, Direct observations of muscle arterioles and venules following contraction of skeletal muscle fibres in the rat. J. Physiol. **350**, 447–459 (1984)
36. T. Matsumoto, K. Hayashi, Stress and strain distribution in hypertensive and normotensive rat aorta considering residual strain. J. Biomech. **118**, 62–73 (1996)
37. A. Melcher, D.E. Donald, Maintained ability of carotid baroreflex to regulate arterial pressure during exercise. Am. J. Physiol. Heart Circ. Physiol. **241**, H838–H849 (1981)
38. C.C. Michel, Fluid movements through the capillary wall, in *Handbook of Physiology; Section 2: The Cardiovascular System*, Hrsg. E.M. Renkin, C.C. Michel. The Microcirculation, Bd. 4 (American Physiological Society, Rockville, 1984), S. 375–409

39. C.C. Michel, M.E. Phillips, Steady-state fluid filtration at different capillary pressures in perfused frog mesenteric capillaries. J. Physiol. **388**, 421–435 (1987)
40. M. Mirramezani, S.C. Shadden, A distributed lumped parameter model of blood flow. Ann. Biomed. Eng. **48**, 2870–2886 (2020)
41. W.W. Nichols, M.F. O'Rourke, C. Vlachopoulos, *McDonald's Blood Flow in Arteries*. Theoretical, Experimental and Clinical Principles, 6. Aufl. (Arnold, London, 2011)
42. I.T. Nizamutdinova, D. Maejima, T. Nagai, C.J. Meininger, A.A. Gashev, Histamine as an endothelium-derived relaxing factor in aged mesenteric lymphatic vessels. Lymphat. Res. Biol. **15**, 136–145 (2017)
43. M. Noris, M. Morigi, R. Donadelli, S. Aiello, M. Foppolo, M. Todeschini, S. Orisio, G. Remuzzi, A. Remuzzi, Nitric oxide synthesis by cultured endothelial cells is modulated by flow conditions. Circ. Res. **76**, 536–543 (1995)
44. J.R. Pappenheimer, A. Soto-Rivera, Effective osmotic pressure of the plasma proteins and other quantities associated with the capillary circulation in the hind-limbs of cats and dogs. Am. J. Physiol. **152**, 471–491 (1948)
45. S.W. Patterson, E.H. Starling, On the mechanical factors which determine the output of the ventricles. J. Physiol. **48**, 357–379 (1914)
46. M.S. Razavi, J.B. Dixon, R.L. Gleason, Characterization of rat tail lymphatic contractility and biomechanics: incorporating nitric oxide-mediated vasoregulation. J. R. Soc. Interface **17**, 20200598 (2020)
47. B. Rippe, B. Haraldsson, Transport of macromolecules across microvascular walls: the two-pore theory. Physiol. Rev. **74**, 163–219 (1994)
48. L.B. Rowell, G.L. Brengelmann, J.R. Blackmon, R.A. Bruce, J.A. Murray, Disparities between aortic and peripheral pulse pressures induced by upright exercise and vasomotor changes in man. Circulation **37**, 954–964 (1968)
49. H. Sakai, F. Ikomi, T. Ohhashi, Effects of endothelin on spontaneous contractions in lymph vessels. Am. J. Physiol. **277**, H459–H466 (1999)
50. J. Scallan, V.H. Huxley, R.J. Korthuis, *Capillary Fluid Exchange: Regulation, Functions, and Pathology* (Morgan & Claypool Life Sciences, University of Missouri-Columbia, 2010)
51. R. Schubert, M.J. Mulvany, The myogenic response: established facts and attractive hypotheses. Clin. Sci. **96**, 313–326 (1999)
52. E.H. Starling, The production and absorption of lymph, in *Textbook of Physiology*, ed. by E.A. Schäfer, vol. 1 (Pentland, London, 1898), pp. 285–311
53. A.J. Staverman, The theory of measurement of osmotic pressure. Recueil Trav. Chim. **70**, 344–352 (1951)
54. N. Stergiopulos, J.-J. Meister, N Westerhof, Evaluation of methods for estimation of total arterial compliance. Am. J. Physiol. **268**, H1540–H1548 (1995)
55. A.E. Taylor, D.N. Granger, Exchange of macromolecules across the circulation, in *Handbook of Physiology; Section 2: The Cardiovascular System*, ed. by E.M Renkin and C.C. Michel, Bd. 4: The Microcirculation (American Physiological Society, 1984), S. 467–520
56. M. Thiriet (ed.), *Anatomy and Physiology of the Circulatory and Ventilatory Systems* (Springer, New York, 2014)
57. J.S. Torday, Homeostasis as the mechanism of evolution. Biology (Basel) **4**, 573–590 (2015)
58. E.M. Urbina, R.V. Williams, B.S. Alpert, R.T. Collins, S.R. Daniels, L. Hayman, M. Jacobson, L. Mahoney, M. Mietus-Snyder, A. Rocchini, J. Steinberger, B. McCrindle, Noninvasive assessment of subclinical atherosclerosis in children and adolescents: recommendations for standard assessment for clinical research: a scientific statement from the American Heart Association and on behalf of the American Heart Association Atherosclerosis, Hypertension, and Obesity in Youth Committee of the council on cardiovascular disease in the young. Hypertension **54**, 919–950 (2009)
59. J.W. van Teeffelen, S.S. Segal, Rapid dilation of arterioles with single contraction of hamster skeletal muscle. Am. J. Physiol. Heart Circ. Physiol. **290**, H119–H127 (2006)

60. J. von Kries, On the relationships between pressure and velocity, which exist in connection with wave motion in elastic tubing, in *Festschrift of the 56th Convention of German Scientists and Physicians (in German)*, Tübingen, Germany, 1883 (Akademische Verlagsbuchhandlung), S. 67–88
61. N. Westerhof, J.-W. Lankhaar, B.E. Westerhof, The arterial windkessel. Med. Biol. Eng. Comput. **47**, 131–141 (2009)
62. H. Wolinsky, Effects of hypertension and its reversal on the thoracic aorta of male and female rats. Circ. Res. **28**, 622–637 (1971)
63. T. Young, The Croonian lecture: on the functions of the heart and arteries. Philos. T. R. Soc. B **99**, 1–31 (1809)

Kontinuumsmechanik

3

Zusammenfassung

Dieses Kapitel befasst sich mit linearer und nichtlinearer Kontinuumsmechanik. Wir führen das repräsentative Volumenelement (RVE) ein und liefern die kinematische Beschreibung der Verformung eines Körpers zwischen seiner Referenzkonfiguration und seiner räumlichen Konfiguration. Der Diskussion von Verzerrungsmaßen folgt die Einführung der Cauchy Spannung. Eine Analyse der einzelnen Spannungs- bzw. Verzerrungskomponenten, Koordinatentransformationen und die Ableitung der Hauptspannungen bzw. Hauptdehnungen zielt darauf ab, den Leser mit den Grundkonzepten der Tensoranalyse in Kartesischen Koordinaten vertraut zu machen. Wir verwenden dann die Piola Transformation, um die erste und zweite Piola-Kirchhoff Spannungen einzuführen. Motiviert durch die Beschreibung objektiver Raten werden auch die materielle (substanzielle) Zeitableitung von Verzerrungen und Spannungen entwickelt. Darüber hinaus führen wir eine Reihe von konstitutiven Modellen ein, die lineare, nichtlineare sowie viskoelastische Beschreibungen abdecken. Eine Vielzahl von Modellen betrachten dabei inkompressible Materialien, sodass die jeweiligen Spannungsausdrücke auch einen Lagrange Druckbeitrag beinhalten. Zwei Abschnitte dieses Kapitels behandeln allgemeine Prinzipien zur Lösung von Problemstellungen in der Kontinuumsmechanik. Der Leser wird dabei mit Freikörperdiagrammen (FBD), Massenerhaltung, Impulsbilanz, den ersten und zweiten Hauptsatz der Thermodynamik, Maxwell Transport und Lokalisierung sowie den starken und schwachen Formen des Randwertproblems (BVP) vertraut gemacht. Konzepte zur Beschreibung von Materialschädigung und Versagen werden auch kurz erwähnt, und eine Zusammenfassung schließt das Kapitel ab.

Ergänzende Information Die elektronische Version dieses Kapitels enthält Zusatzmaterial, auf das über folgenden Link zugegriffen werden kann https://doi.org/10.1007/978-3-031-52637-4_3.

T. Gasser, *Vaskuläre Biomechanik*, https://doi.org/10.1007/978-3-031-52637-4_3

3.1 Einführung

Im vorherigen Kapitel haben wir vereinfachte Parametermodelle und andere niedrigdimensionale Beschreibungen zur Erforschung des Gefäßsystems verwendet – eine kleine Anzahl von Parametern repräsentierte Schlüsseleigenschaften des Systems, wie Widerstand, Compliance und hydraulische Leitfähigkeit. Eine Reihe von Untersuchungen, wie die Studie vieler Gefäßerkrankungen, erfordern jedoch einen stärker *lokalisierten Ansatz* und die *Kontinuumsmechanik* stellt dann ein mächtigeres Analysewerkzeug dar.

Die Kontinuumsmechanik ist eine gut entwickelte Disziplin mit vielen hervorragenden und umfassenden Lehrbüchern [5, 12, 18, 22, 24]. Das vorliegende Kapitel behandelt *lineare* und *nichtlineare* Kontinuumsansätze für strukturmechanische und fluidmechanische Anwendungen. Es ist in sich konsistent und entwickelt alle Kenntnisse, um eine breite Palette von vaskulären biomechanischen Problemen zu lösen. Das Verständnis der Kontinuumsmechanik ist nicht nur grundlegend für die analytische Lösung von vaskulären biomechanischen Problemen, sondern auch für den effektiven Einsatz fortgeschrittener numerischer Werkzeuge, wie der Finite Elemente Methode (FEM).

Das Rückgrat der Kontinuumsmechanik ist die Einführung des *repräsentativen Volumenelements (RVE)* und damit die Beschreibung der Kontinuumseigenschaften eines Materials. Das RVE sollte groß genug sein, um eine homogenisierte Charakterisierung der Materialeigenschaften zu ermöglichen, aber gleichzeitig sollte das RVE viel kleiner sein als die charakteristische Dimension des vaskulären biomechanischen Problems. Ein Problem, das mit der Kontinuumsmechanik analysiert werden soll, muss daher mindestens zwei Skalen *trennen*: (i) die globale Skala, auf der das Gefäßproblem durch eine Diskretisierungsmethode wie die FEM-Methode gelöst wird, und (ii) die lokale Skala, auf der alle Heterogenitäten durch das RVE homogenisiert werden. Gefäßgewebe, und in gewissem Maße auch Blut, zeigen eine hierarchische Struktur, die eine solche *Trennung der Skalen* erschweren kann.

3.2 Kinematik

Wir betrachten einen kontinuierlichen Körper, der die *Referenzkonfiguration* Ω_0 innerhalb des kartesischen Koordinatensystems $\{\mathbf{e}_1, \ldots, \mathbf{e}_{n_{\text{dim}}}\}$ einnimmt, wobei n_{dim} die räumliche Dimension des Problems bezeichnet. Der Körper bewegt sich im Raum und nimmt zur Zeit t die räumliche Konfiguration Ω ein. Die *Bewegung* $\boldsymbol{\chi}(\mathbf{X}, t)$ bildet ein Materialpartikel (RVE) von seiner Referenzposition $\mathbf{X}$ in seine räumliche (oder aktuelle) Position $\mathbf{x}(t) = \boldsymbol{\chi}(\mathbf{X}, t)$ ab, siehe Abb. 3.1. Die Position des Materialpartikels $\mathbf{x}(t)$ beschreibt vollständig ein Cauchy[1] oder Boltzmann[2]

[1] Augustin-Louis Cauchy, französischer Mathematiker und Physiker, 1789–1857.

[2] Ludwig Eduard Boltzmann, österreichischer Physiker und Philosoph, 1844–1906.

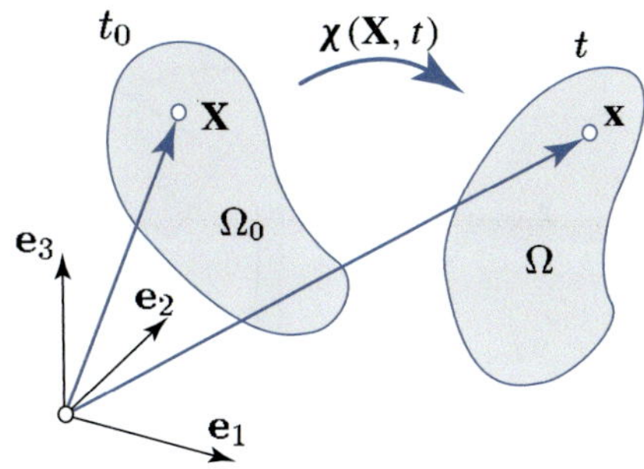

Abb. 3.1 Die Bewegung $\chi(\mathbf{X}, t)$ bildet den Körper von seiner Referenzkonfiguration Ω_0 auf seine räumliche Konfiguration Ω ab

Kontinuum. Höherordnungskontinua, wie das Cosserat[3] Kontinuum, verwenden zusätzlich zur Position $\mathbf{x}(t)$ auch die Rotation des Partikels.

3.2.1 Deformationsgradient

Zur Zeit t wird die Deformation in der Nähe eines Partikels durch den *Deformationsgradienten* definiert

$$\mathbf{F}(\mathbf{X}, t) = \text{Grad}\chi(\mathbf{X}, t) = \partial\chi(\mathbf{X}, t)/\partial\mathbf{X} \ ; \quad F_{iJ} = \partial\chi_i/\partial X_J \ . \tag{3.1}$$

Er enthält Informationen über die *starre Körperbewegung (Starrkörperrotation)* sowie die *Deformation* des Materialpartikels und erfüllt $\det\mathbf{F}>0$, um eine Selbstpenetration des Kontinuums zu vermeiden.

Die Eigenwertdarstellung des Deformationsgradienten lautet

$$\mathbf{F} = \lambda_i \widehat{\mathbf{n}}_i \otimes \widehat{\mathbf{N}}_i \ ; \ i = 1, \ldots, n_{\text{dim}} \ ,$$

wo λ_i die i-te *Hauptstreckung* bezeichnet. Die Einheitsvektoren $\widehat{\mathbf{n}}_i$ und $\widehat{\mathbf{N}}_i$ repräsentieren die i-ten *Hauptstreckungsrichtungen* in der räumlichen Ω und Referenz Ω_0 Konfiguration, jeweils. Der Deformationsgradient $\mathbf{F}$ ist daher ein *Zweipunkt-Tensor* der Ω mit Ω_0 „verbindet“. Dies wird auch durch seine Indexnotation F_{iJ} angezeigt – der Kleinbuchstaben-Index i bezieht sich auf Ω, während der Großbuchstaben Index J sich auf Ω_0 bezieht.

3.2.2 Multiplikative Zerlegung

Jede Bewegung $\chi(\mathbf{X})$ kann in eine Anzahl von inkrementellen Bewegungen $1, \ldots, n$ aufgeteilt werden, die jeweils nacheinander auftreten, und

[3] Eugène-Maurice-Pierre Cosserat, französischer Mathematiker und Astronom, 1866–1931.

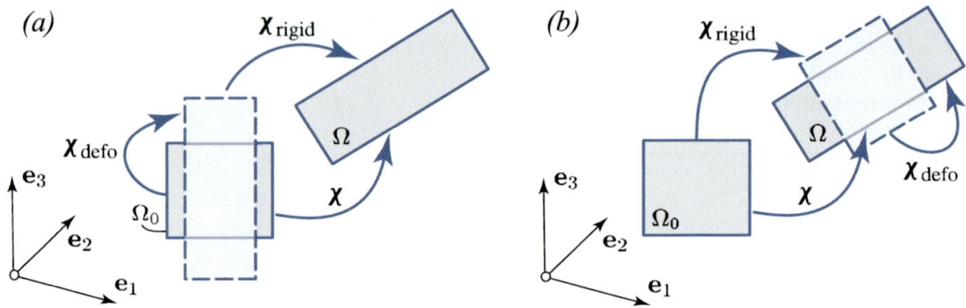

Abb. 3.2 Polare Zerlegung der lokalen Bewegung $\chi(\mathbf{X})$. (**a**) Rechte Polare Zerlegung $\chi_{\text{rigid}}(\chi_{\text{defo}}(\mathbf{X}))$. (**b**) Linke Polare Zerlegung $\chi(\mathbf{X}) = \chi_{\text{defo}}(\chi_{\text{rigid}}(\mathbf{X}))$. Zwischenkonfigurationen sind gestrichelt

$\chi(\mathbf{X}) = \chi_n(\chi_{n-1}(\cdots \chi_1(\mathbf{X}) \cdots))$ ergibt dann die Gesamtbewegung. Die *multiplikative Zerlegung*

$$\mathbf{F}(\mathbf{X}) = \partial\chi(\mathbf{X})/\partial\mathbf{X} = \mathbf{F}_n\mathbf{F}_{n-1}\cdots\mathbf{F}_1(\mathbf{X}) \tag{3.2}$$

spiegelt dann die Bewegung wider, bei der der Gesamtdeformationsgradient das Produkt der inkrementellen Deformationsgradienten $\mathbf{F}_i = \partial\chi_i(\mathbf{X})/\partial\chi_{i-1}(\mathbf{X})\ ;\ i = 1, \ldots, n$ ist.

3.2.3 Polare Zerlegung

Jede lokale Bewegung $\chi(\mathbf{X})$ kann in χ_{rigid} und χ_{defo}, Abbildungen, die sich auf *starre Körperbewegung* und *Deformation* beziehen, zerlegt werden. Die *rechte Polare Zerlegung* $\chi(\mathbf{X}) = \chi_{\text{rigid}}(\chi_{\text{defo}}(\mathbf{X}))$ oder die *linke Polare Zerlegung* $\chi_{\text{defo}}(\chi_{\text{rigid}}(\mathbf{X}))$ drückt dann die gesamte Bewegung des Materialpartikels aus, siehe Abb. 3.2. Mit (3.1) können wir daher die rechte Polare Zerlegung $\mathbf{F} = \mathbf{RU}$ oder die linke Polare Zerlegung $\mathbf{F} = \overline{\mathbf{v}}\mathbf{Q}$ verwenden, um den Deformationsgradienten auszudrücken, wobei $\mathbf{U}$ und $\overline{\mathbf{v}}$ die *rechten und linken Strecktensoren* bezeichnen. Die Rotationstensoren $\mathbf{R}$, $\mathbf{Q}$ bezeichnen die Starrkörperrotationen mit den Eigenschaften $\mathbf{R}^{-1} = \mathbf{R}^{\mathrm{T}}, \mathbf{Q}^{-1} = \mathbf{Q}^{\mathrm{T}}$ und $\det\mathbf{R} = \det\mathbf{Q} = +1$.

Die Eigenwertdarstellungen der rechten und linken Strecktensoren lauten

$$\mathbf{U} = \lambda_i\widehat{\mathbf{N}}_i \otimes \widehat{\mathbf{N}}_i\ ;\ \overline{\mathbf{v}} = \lambda_i\widehat{\mathbf{n}}_i \otimes \widehat{\mathbf{n}}_i\ ;\ i = 1, \ldots, n_{\text{dim}}\,,$$

wo λ_i die Hauptstreckungen bezeichnet, während $\widehat{\mathbf{n}}_i$ und $\widehat{\mathbf{N}}_i$ die Hauptstreckungsrichtungen, jeweils in Ω und Ω_0 sind. Die rechten und linken Strecktensoren sind daher Einpunkt-Tensoren, jeweils in referentieller und räumlicher Konfiguration. Dies wird durch ihre Indexnotationen U_{IJ} und $\overline{v}_{ij}$ veranschaulicht – die Großbuchstaben-Indizes beziehen sich auf Ω_0, während die Kleinbuchstaben-Indizes sich auf Ω beziehen.

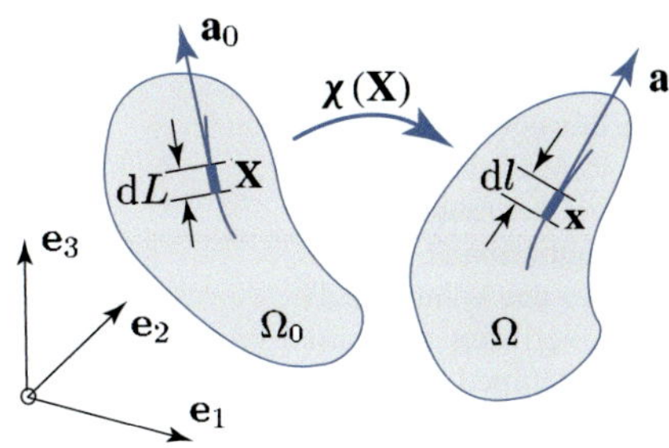

Abb. 3.3 Verformung des Linienelements während der Bewegung $\chi(\mathbf{X})$ von der Referenzkonfiguration Ω_0 zur räumlichen Konfigurationen Ω. Der Einheitsrichtungsvektor $\mathbf{a}_0$ beschreibt die Ausrichtung eines Fasersegments an der Position $\mathbf{X}$ in Ω_0

3.2.4 Verformung des Linienelements

Ein *Linienelement* $\mathrm{d}L$ an der Position $\mathbf{X}$ in Ω_0 kann als Fasersegment eines faserverstärkten Kontinuums betrachtet werden, siehe Abb. 3.3. Der Einheitsrichtungsvektor $\mathbf{a}_0(\mathbf{X})$ mit $|\mathbf{a}_0(\mathbf{X})| = 1$ gibt seine Ausrichtung an, und die Bewegung $\chi(\mathbf{X})$ ordnet es seiner räumlichen Position $\mathbf{x}$ in Ω zu. Die lineare Transformation $\mathbf{a} = \mathbf{F}\mathbf{a}_0$, mit $\mathbf{F}$ als Deformationsgradient, gibt die Transformation des Linienelements an, und

$$\lambda_{\mathbf{a}} = \frac{\mathrm{d}l}{\mathrm{d}L} = \frac{|\mathbf{F}\mathbf{a}_0|}{|\mathbf{a}_0|} = \sqrt{\mathbf{a}_0\mathbf{F}^{\mathrm{T}}\mathbf{F}\mathbf{a}_0} = \sqrt{\mathbf{A} : \mathbf{C}} = \sqrt{I_4} = |\mathbf{a}| \tag{3.3}$$

bestimmt dann die Streckung des Fasersegments. Hierbei bezeichnet $\mathbf{C} = \mathbf{F}^{\mathrm{T}}\mathbf{F}$ die rechte Cauchy-Green[4] Verzerrung (siehe Abschn. 3.2.7.2), während $\mathbf{A} = \mathbf{a}_0 \otimes \mathbf{a}_0$ ein *struktureller Tensor* ist und die Struktur des faserverstärkten Kontinuums an der Position $\mathbf{X}$ widerspiegelt. In (3.3) stellt $I_4 = \mathbf{C} : \mathbf{A}$ eine Invariante dar, die durch die symmetrischen Tensoren zweiter Ordnung $\mathbf{C}$ und $\mathbf{A}$ gebildet wird. Sie wird üblicherweise als die *vierte Invariante* bezeichnet, zusätzlich zu den standardmäßigen drei Invarianten eines Tensors zweiter Ordnung in 3D, siehe Anhang A.7.

3.2.5 Verformung des Volumenelements

Betrachten wir das referenzielle *Volumenelement* $\mathrm{d}V = \mathrm{d}X_1\mathrm{d}X_2\mathrm{d}X_3$, das ein 3D-Materialpartikel an der Position $\mathbf{X}$ in Ω_0 darstellt, siehe Abb. 3.4. Die Bewegung $\chi(\mathbf{X})$ bildet das Partikel auf seine räumliche Konfiguration $\mathbf{x}$ ab, und es verformt sich von einem Quader in Ω_0 zu einem Parallelepiped in Ω. Das räumliche Volumen des Partikels lautet

$$\begin{aligned} \mathrm{d}v &= (\mathrm{d}\mathbf{x}_1 \times \mathrm{d}\mathbf{x}_2) \cdot \mathrm{d}\mathbf{x}_3 = (\mathbf{F}\mathrm{d}\mathbf{X}_1 \times \mathbf{F}\mathrm{d}\mathbf{X}_2) \cdot \mathbf{F}\mathrm{d}\mathbf{X}_3 \\ &= \left(\begin{bmatrix} F_{11} \\ F_{21} \\ F_{31} \end{bmatrix} \times \begin{bmatrix} F_{12} \\ F_{22} \\ F_{32} \end{bmatrix} \right) \cdot \begin{bmatrix} F_{13} \\ F_{23} \\ F_{33} \end{bmatrix} \mathrm{d}X_1\mathrm{d}X_2\mathrm{d}X_3 = \det\mathbf{F}\mathrm{d}\mathbf{V} \,, \end{aligned}$$

wo

$$\mathrm{d}v = J\mathrm{d}V \tag{3.4}$$

[4] George Green, britischer Mathematiker und Physiker, 1793–1841.

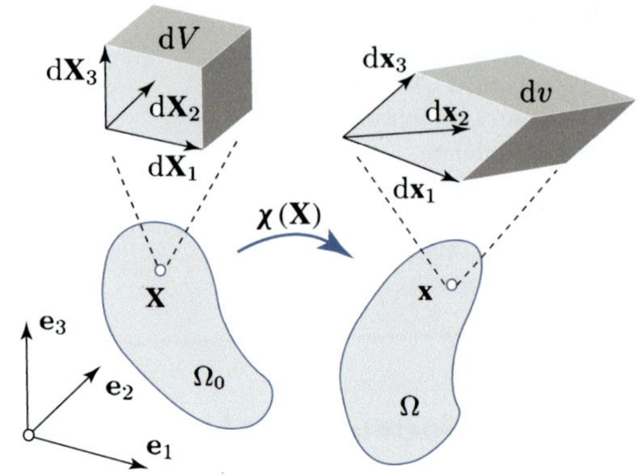

Abb. 3.4 Verformung des Volumenelements während der Bewegung $\boldsymbol{\chi}(\mathbf{X})$ zwischen der Referenzkonfiguration Ω_0 und der räumlichen Konfiguration Ω. Der Quader des Volumens $\mathrm{d}V$ in Ω_0 verformt sich zum Parallelepiped des Volumens $\mathrm{d}v$ in Ω

die Volumenverformung ausdrückt, und $J = \det\mathbf{F}$ somit das *Volumenverhältnis* bezeichnet. Es impliziert die Bedingung $\det\mathbf{F} > 0$ des Verformungsgradienten (3.1) um ein negatives Volumenelement $\mathrm{d}v$ von einem selbst durchdringenden Kontinuum zu vermeiden.

3.2.6 Verformung des Flächenelements

Betrachten wir den referenziellen *Flächenvektor* $\mathrm{d}\mathbf{S} = \mathbf{N}\mathrm{d}S$, der das Flächenelement $\mathrm{d}S$ an der Position $\mathbf{X}$ in Ω_0 darstellt, siehe Abb. 3.5. Die Bewegung $\boldsymbol{\chi}(\mathbf{X})$ bildet ihn auf $\mathrm{d}\mathbf{s} = \mathbf{n}\mathrm{d}s$ in der räumlichen Konfiguration ab.

Wir können das räumliche Volumenelement $\mathrm{d}v = \mathrm{d}\mathbf{x}_3 \cdot \mathrm{d}\mathbf{s} = \mathbf{F}\mathrm{d}\mathbf{X}_3 \cdot \mathrm{d}\mathbf{s}$ zur Ableitung der Beziehung zwischen $\mathrm{d}\mathbf{S}$ und $\mathrm{d}\mathbf{s}$ verwenden. Angesichts des Volumenverhältnisses (3.4) lautet es $\mathrm{d}v = J\mathrm{d}V = J\mathrm{d}\mathbf{X}_3 \cdot \mathrm{d}\mathbf{S}$, und

$$\mathrm{d}\mathbf{s} = J\mathbf{F}^{-\mathrm{T}}\mathrm{d}\mathbf{S} \;\; ; \;\; \mathrm{d}s_i = JF_{Ai}^{-1}\mathrm{d}S_A \tag{3.5}$$

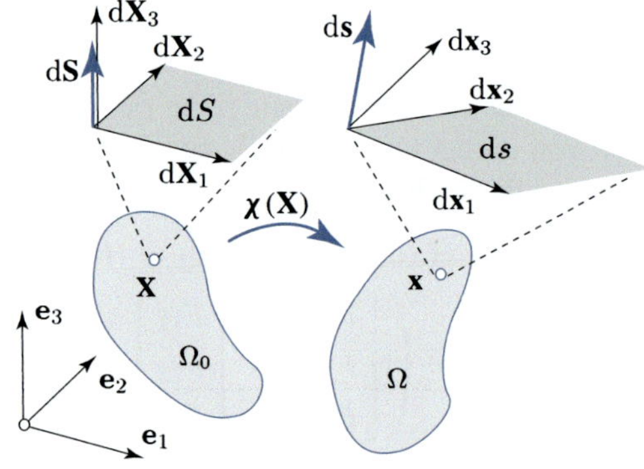

Abb. 3.5 Verformung des Flächenelements während der Bewegung $\boldsymbol{\chi}(\mathbf{X})$ zwischen der Referenzkonfiguration Ω_0 und der räumlichen Konfiguration Ω. Das Quadrat der Fläche $\mathrm{d}S$ in Ω_0 verformt sich zum Parallelogramm der Fläche $\mathrm{d}s$ in Ω. Die entsprechenden Flächenvektoren werden durch $\mathrm{d}\mathbf{S}$ und $\mathrm{d}\mathbf{s}$ bezeichnet

drückt dann die Beziehung zwischen den räumlichen und referenziellen Flächenelementen aus. Während dieser Ausdruck als *Nansons*[5] *Formel* bekannt ist, wurde er bereits früher von anderen, wie beispielsweise Piola, verwendet.[6]

Beispiel 3.1 (Verformung von Linien-, Volumen- und Flächenelementen) Der homogene Deformationsgradient

$$\mathbf{F} = \begin{bmatrix} 3 & 1 \\ 0 & 1{,}3 \end{bmatrix} \tag{3.6}$$

gibt die Abbildung eines 2D Körpers zwischen seiner Referenz Ω_0 und räumlichen Ω Konfiguration an. Bei einer homogenen Verformung werden alle Partikel des Körpers gleichmäßig verformt, und $\mathbf{F}$ ist daher im gesamten Körper konstant.

(a) Der Einheitsrichtungsvektor $\mathbf{a}_0 = [0.9553\ \ 0.2955]^\mathrm{T}$ bestimmt die Ausrichtung von elastischen Fasern in Ω_0, die im Körper eingebettet sind. Berechnen Sie die Dehnung innerhalb solcher Fasern, wobei die Annahme einer affinen Verformung zwischen den Fasern und dem Kontinuum verwendet werden kann.
(b) Angenommen, der Körper hat die referenzielle Fläche $A = 2.0\ \mathrm{m}^2$, berechnen Sie seine räumliche Fläche a. Beachten Sie, dass die Fläche in 2D dem Volumen in 3D entspricht und daher die oben abgeleitete Transformation des Volumenelements angewendet werden muss.
(c) Betrachten Sie den Normalvektor $\mathrm{d}\mathbf{S} = [0.7\,\mathrm{d}\mathbf{X}_1\ \ 3.2\,\mathrm{d}\mathbf{X}_2]^\mathrm{T}$, der senkrecht zu einem Linienelement $\mathrm{d}\mathbf{x}$ in Ω_0 steht, und berechnen Sie den entsprechenden Normalvektor $\mathrm{d}\mathbf{s}$ in Ω. Beachten Sie, dass ein Linienelement in 2D dem Flächenelement in 3D entspricht und daher die oben abgeleitete Transformation des Flächenelements angewendet werden muss.

■

3.2.7 Konzept der Deformation

Deformation (oder Verzerrung) ist ein dimensionsloses Maß für die Verformung des Materialpartikels – es drückt die durchschnittliche Verformung über das RVE aus. Normaldeformation spiegelt die Längenänderung wider, während Scherdeformation die Winkeländerung zwischen Paaren von Linien ausdrückt, die ursprünglich senkrecht zueinander standen, siehe Abb. 3.6. Normaldeformation und Scherdeformation werden gemeinsam durch einen Tensor zweiter Ordnung, den *Deformationstensor* dargestellt. In 3D hat ein solcher Deformationstensor sechs unabhängige Komponenten. Da die Deformation durch normalisierte Verschiebungen gebildet wird, führt die Verwendung unterschiedlicher Referenzen zu unterschiedlichen Deformationsdefinitionen.

---

[5] Edward J. Nanson, britischer Mathematiker, 1850–1936.

[6] Gabrio Piola, italienischer Mathematiker, 1794–1850.

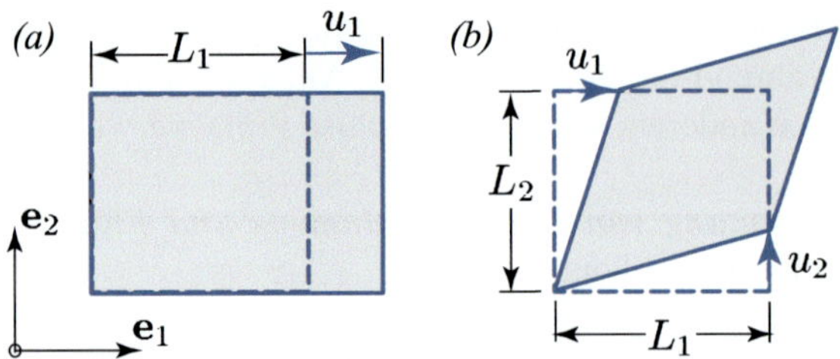

Abb. 3.6 Formänderungen eines Materialpartikels aufgrund von (**a**) Normalverzerrung und (**b**) Scherverzerrung. Die gestrichelte Linie zeigt die unverformte Konfiguration des Materialpartikels an, während u_1 und u_2 die jeweiligen Verschiebungen bezeichnen

Wie in Abschn. 3.2.3 skizziert, kann die Bewegung $\boldsymbol{\chi}(\mathbf{X})$ immer in Starrkörperrotation und deformationsbezogene Bewegung aufgeteilt werden. Wenn beide klein sind, kann eine geometrisch *lineare* Analyse durchgeführt werden, während, wenn beide endlich sind, eine geometrisch *exakte* Analyse erforderlich ist. Einige Probleme können durch eine kleine Partikeldeformation, die endlicher Starrkörperrotation überlagert ist, bestimmt werden; dann kann eine *endliche Rotationsanalyse* verwendet werden.

3.2.7.1 Lineare Verzerrung

Bei kleinen Deformationen sind die undeformierte und deformierte Konfiguration des Körpers fast identisch, $\Omega_0 \approx \Omega$, und die lineare Verzerrung (oder Verformung) ist dann ein ausreichend genaues Verzerrungsmaß.

Abb. 3.6 veranschaulicht die Deformation des Materialpartikels aufgrund von Normal- und Schubverzerrungen. Zu Illustrationszwecken wurden die Verschiebungen u_1 und u_2 vergrößert. Ihre normalisierten Gegenstücke bestimmen die Normalverzerrung $\varepsilon_{11} = u_1/L_1$ und die Scherverzerrung $\varepsilon_{12} = (u_1/L_2 + u_2/L_1)/2$. Angesichts eines infinitesimal kleinen Materialpartikels und somit der Kinematik an der Grenze $L_1, L_2 \to 0$, liest sich der lineare Verzerrungstensor

$$\boldsymbol{\varepsilon} = \tfrac{1}{2}\left[\operatorname{grad}\mathbf{u} + (\operatorname{grad}\mathbf{u})^{\mathrm{T}}\right] . \tag{3.9}$$

Er stellt einen symmetrischen Tensor zweiter Ordnung dar, der in kartesischen Koordinaten die Komponenten $\varepsilon_{ij} = \left(\partial u_i/\partial x_j + \partial u_j/\partial x_i\right)/2;\ i,j = 1,\ldots,n_{\mathrm{dim}}$ hat, wobei n_{dim} die räumliche Dimension bezeichnet. Die Eigenwertdarstellung $\boldsymbol{\varepsilon} = \varepsilon_i \widehat{\mathbf{N}}_i \otimes \widehat{\mathbf{N}}_i;\ i = 1,\ldots,n_{\mathrm{dim}}$ drückt die Verzerrung durch die Hauptverzerrungen ε_i und Hauptverzerrungsrichtungen $\widehat{\mathbf{N}}_i$ aus.

Die einzelnen Verzerrungskomponenten können nicht voneinander unabhängig sein, und sie müssen die *Verzerrungsverträglichkeit* erfüllen. Angesichts eines 2D-Problems in kartesischen Koordinaten ergibt sich die Verzerrungsverträglichkeit von

$$\frac{\partial^2 \varepsilon_{11}}{\partial x_2^2} - 2\frac{\partial^2 \varepsilon_{12}}{\partial x_1 \partial x_2} + \frac{\partial^2 \varepsilon_{22}}{\partial x_1^2} = 0 ,$$

während in 3D *sechs* solcher Verträglichkeitsbedingungen erfüllt sein müssen [12].

3.2.7.2 Nichtlineare Verzerrungsmaße

Bei endlichen Deformationen unterscheidet sich die Referenzkonfiguration des Körpers Ω_0 von seiner räumlichen Konfiguration Ω, und *nichtlineare* Verzerrungsmaße müssen verwendet werden, um die Verzerrung des Materialpartikels korrekt auszudrücken. Verschiedene nichtlineare Verzerrungsmaße können definiert werden und die gebräuchlichsten sind unten aufgeführt.

Die *rechte Cauchy-Green Verzerrung*

$$\mathbf{C} = \mathbf{F}^{\mathrm{T}}\mathbf{F} \quad ; \quad C_{IJ} = F_{aI}F_{aJ} \tag{3.10}$$

ist ein Verzerrungstensor, der in Bezug auf die Referenzkonfiguration des Körpers Ω_0 formuliert wird. Er ist das Quadrat des rechten Strecktensors $\mathbf{U}$. Bei einem n_{dim}-dimensionalen Problem drückt $\mathbf{C} = \lambda_i^2 \widehat{\mathbf{N}}_i \otimes \widehat{\mathbf{N}}_i;\ i = 1, \ldots, n_{\mathrm{dim}}$ daher seine Eigenwertdarstellung aus, wobei λ_i und $\widehat{\mathbf{N}}_i$ die Hauptstreckungen und die Hauptstreckungsrichtungen in Ω_0 bezeichnen.

Die *linke Cauchy-Green Verzerrung*

$$\mathbf{b} = \mathbf{F}\mathbf{F}^{\mathrm{T}} \quad ; \quad b_{ij} = F_{iA}F_{jA} \tag{3.11}$$

ist ein Verzerrungstensor, der in Bezug auf die räumliche Konfiguration des Körpers Ω formuliert wird. Er ist das Quadrat des linken Strecktensors $\overline{\mathbf{v}}$, und seine Eigenwertdarstellung lautet daher $\mathbf{b} = \lambda_i^2 \widehat{\mathbf{n}}_i \otimes \widehat{\mathbf{n}}_i;\ i = 1, \ldots, n_{\mathrm{dim}}$, wobei $\widehat{\mathbf{n}}_i$ die Hauptstreckungsrichtungen in der räumlichen Konfiguration Ω bezeichnet. Die rechten und linken Cauchy-Green Verzerrungen sind relative Verzerrungsmaße, und bei einem verzerrungsfreien Körper gilt daher $\mathbf{C} = \mathbf{b} = \mathbf{I}$.

Die *Green-Lagrange*[7] *Verzerrung*

$$\mathbf{E} = \frac{1}{2}(\mathbf{C} - \mathbf{I}) = \frac{1}{2}(\mathbf{F}^{\mathrm{T}}\mathbf{F} - \mathbf{I}) \quad ; \quad E_{IJ} = \frac{1}{2}(F_{aI}F_{aJ} - \delta_{IJ}) \tag{3.12}$$

ist ein Verzerrungstensor, der in Bezug auf die Referenzkonfiguration des Körpers Ω_0 formuliert ist, und δ_{IJ} bezeichnet das Kronecker[8] Delta. Die Eigenwertdarstellung der Green-Lagrange Verzerrung lautet $\mathbf{E} = E_i \widehat{\mathbf{N}}_i \otimes \widehat{\mathbf{N}}_i;\ i = 1, \ldots, n_{\mathrm{dim}}$, wobei $E_i = (\lambda_i^2 - 1)/2$ den Zusammenhang zwischen den Eigenwerten E_i und den Hauptstreckung λ_i ausdrückt.

Eine weiteres oft verwendetes Verzerrungsmaß ist die *Euler-Almansi*[9] *Verzerrung*

$$\mathbf{e} = \frac{1}{2}(\mathbf{I} - \mathbf{b}^{-1}) = \frac{1}{2}(\mathbf{I} - \mathbf{F}^{-\mathrm{T}}\mathbf{F}^{-1}) \quad ; \quad e_{ij} = \frac{1}{2}(\delta_{ij} - F_{Ai}^{-1}F_{Aj}^{-1})\,. \tag{3.13}$$

---

[7] Joseph-Louis Lagrange, französisch-italienischer Mathematiker und Astronom, 1736–1813.

[8] Leopold Kronecker, deutscher Mathematiker, 1823–1891.

[9] Emilio Almansi, italienischer Mathematiker, 1869–1948.

Sie ist in Bezug auf die räumliche Konfiguration Ω formuliert, und ihre Eigenwertdarstellung lautet $\mathbf{e} = e_i \widehat{\mathbf{n}}_i \otimes \widehat{\mathbf{n}}_i; i = 1, \ldots, n_{\text{dim}}$, wobei der Eigenwert e_i und die Hauptstreckung λ_i durch $e_i = (1 - \lambda_i^{-2})/2$ miteinander in Beziehung stehen. Die Green-Lagrange Verzerrung und die Euler-Almansi Verzerrung sind absolute Verzerrungsmaße, und für einen verzerrungsfreien Körper gilt $\mathbf{E} = \mathbf{e} = \mathbf{0}$. Im Grenzfall kleiner Verzerrungen nähern sich beide Verzerrungsmaße der linearen Verzerrung, und somit gilt $\mathbf{E} \rightarrow \boldsymbol{\varepsilon}$; $\mathbf{e} \rightarrow \boldsymbol{\varepsilon}$ für $\Omega \approx \Omega_0$.

Beispiel 3.2 (Nichtlineare Verformung) Die 2D-Bewegung $\boldsymbol{\chi}(\mathbf{X}, t) = [(1.5X_1^2 + X_2)t \;\; 1.3X_2 t]^{\mathrm{T}}$ bestimmt die Abbildung zwischen der Referenzkonfiguration Ω_0 und der räumlichen Konfiguration Ω eines Kontinuums, wobei $\mathbf{X}$ und t die referenzielle Partikelposition und die Zeit bezeichnen.

(a) Berechnen Sie den Deformationsgradienten $\mathbf{F}$ und diskutieren Sie seine physikalische Gültigkeit im Raum $\mathbf{X}$ und zur Zeit t.
(b) Berechnen Sie den Geschwindigkeitsgradienten, eine durch $\mathbf{l} = \dot{\mathbf{F}}\mathbf{F}^{-1}$ definierte Größe.
(c) Berechnen Sie die rechte Cauchy-Green Verzerrung $\mathbf{C}$, die linke Cauchy-Green Verzerrung $\mathbf{b}$, die Green-Lagrange Verzerrung $\mathbf{E}$ und die Euler-Almansi Verzerrung $\mathbf{e}$.

■

Beispiel 3.3 (Lineare versus nichtlineare Verzerrungsmaße) Eine 2D Starrkörperrotation $\mathbf{R}$ bildet ein Materialpartikel von seiner Referenzposition $\mathbf{X}$ auf seine räumliche Position $\mathbf{x} = \mathbf{R}\mathbf{X}$ ab.

(a) Führen Sie den Verschiebungsvektor $\mathbf{u} = \mathbf{x} - \mathbf{X}$ der Transformation ein und berechnen Sie die lineare Verzerrung $\boldsymbol{\varepsilon}$. Diskutieren Sie die Gültigkeit dieses Verzerrungsmaßes.
(b) Berechnen Sie die Green-Lagrange Verzerrung $\mathbf{E}$ und diskutieren Sie das Ergebnis.

■

Beispiel 3.4 (Unabhängigkeit der Verzerrung von Starrkörperrotation) Verwenden Sie die Polare Zerlegung und zeigen Sie, dass die unten aufgeführten Verzerrungsbeschreibungen unabhängig von einer Starrkörperrotation, die der räumlichen Konfiguration Ω eines Körpers überlagert ist, sind.

(a) Rechte und linke Cauchy-Green Verzerrung
(b) Green-Lagrange- und Euler-Almansi Verzerrung

■

Beispiel 3.5 (Kinematik der einfachen und reinen Scherdeformation) Ein Einheitswürfel aus inkompressiblem Material bewegt sich von seiner Referenzkonfiguration Ω_0 zu seiner aktuellen Konfiguration Ω in Reaktion auf die Scherspannung τ, siehe Abb. 3.7a. Die entsprechende Bewegung $\boldsymbol{\chi}(\mathbf{X})$ kann im Hauptdehnungskoordinatensystem $\{\widehat{\mathbf{e}}_1, \widehat{\mathbf{e}}_2, \widehat{\mathbf{e}}_3\}$ dargestellt werden, wie es in Abb. 3.7b gezeigt ist. Bei geringer Verformung kann diese auch im Koordinatensystem $\{\mathbf{e}_1, \mathbf{e}_2, \mathbf{e}_3\}$ ausgedrückt werden, das um den Winkel $\pi/4$ gedreht ist, siehe Abb. 3.7c. Die in Abb. 3.7b,c dargestellten Verformungskinematiken werden üblicherweise als reine Scherung und einfache Scherung bezeichnet.

(a) Betrachten Sie die reine Scherung und beschreiben Sie die entsprechende Bewegung $\widehat{\boldsymbol{\chi}}_{\mathrm{ps}}$ und den Deformationssgradienten $\widehat{\mathbf{F}}_{\mathrm{ps}}$.
(b) Betrachten Sie die einfache Scherung und beschreiben Sie die entsprechende Bewegung $\boldsymbol{\chi}_{\mathrm{ss}}$ und den Deformationsgradienten $\mathbf{F}_{\mathrm{ss}}$.
(c) Betrachten Sie die reine Scherung und beschreiben Sie die entsprechende Bewegung $\boldsymbol{\chi}_{\mathrm{ps}}$ und den Deformationsgradienten $\mathbf{F}_{\mathrm{ps}}$.
(d) Zeigen Sie, dass bei kleinen Deformationen reine Scherung und einfache Scherung die gleiche rechte Cauchy-Green Verzerrung ergeben.
(e) Zeigen Sie, dass reine Scherung, aber nicht einfache Scherung frei von Starrkörperrotation ist.

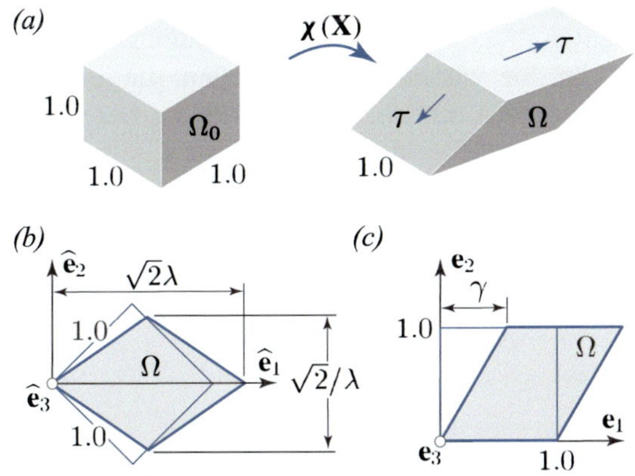

Abb. 3.7 Scherung. (**a**) Die Scherspannung τ verursacht die Bewegung $\boldsymbol{\chi}(\mathbf{X})$, die den Einheitswürfel von seiner Referenzkonfiguration Ω_0 in seine räumlichen Konfiguration Ω abbildet. (**b**) Reine Scherung. (**c**) Einfache Scherung

■

3.2.7.3 Bestimmte Verzerrungszustände

In einigen Anwendungen kann sich die Verformung nicht frei entwickeln, was dann zu charakteristischen Verformungsszuständen führt. Die *Ebene Verformung* ist ein solcher Zustand und wird durch die Komponenten $\varepsilon_{13} = \varepsilon_{23} = \varepsilon_{33} = 0$ der

Verzerrung $\boldsymbol{\varepsilon}$ bestimmt. Bei nichtlinearen Verzerrungsmaßen gelten äquivalente Bedingungen. *Rotationssymmetrie* definiert einen weiteren speziellen Verzerrungszustand, bei dem keine Scherung in der Ebene senkrecht zur Symmetrieachse entstehen kann.

3.3 Konzept der Spannung

Spannung repräsentiert die Last, die im Durchschnitt über das RVE eines Materialteilchens wirkt. Sie entspricht der auf die Fläche normierten Kraft, die durch das Materialteilchen hindurchgeht. Die Kraft $\mathrm{d}P_\mathrm{n}$, die senkrecht zur Fläche $\mathrm{d}s$ wirkt, führt zur *Normalspannung* $\sigma_{11} = \mathrm{d}P_\mathrm{n}/\mathrm{d}s$ [Pa], während die Kraft $\mathrm{d}P_\mathrm{s}$, die parallel zur Fläche $\mathrm{d}s$ wirkt, zur *Schubspannung* $\sigma_{12} = \mathrm{d}P_\mathrm{s}/\mathrm{d}s$ [Pa] führt, siehe Abb. 3.8a,b. Bei einem allgemeinen Lastfall treten Normalspannung und Schubspannung gemeinsam auf, und der Spannungszustand kann durch einen *Tensor zweiter Ordnung* dargestellt werden – die Cauchy Spannung $\boldsymbol{\sigma}$. Das Momentengleichgewicht erfordert

$$\boldsymbol{\sigma} = \boldsymbol{\sigma}^\mathrm{T}, \tag{3.19}$$

der Cauchy Spannungstensor ist damit *symmetrisch*.

In einem 3D-kartesischen Koordinatensystem $\{\mathbf{e}_1, \mathbf{e}_2, \mathbf{e}_3\}$, definieren die drei Normalspannungskomponenten σ_{11}, σ_{22}, σ_{33} zusammen mit den drei Schubspannungskomponenten σ_{12}, σ_{23}, σ_{13} den Spannungszustand des Materialteilchens, siehe Abb. 3.8c. Sie wirken auf die Flächen, die jeweils senkrecht zu den kartesischen Basisvektoren $\mathbf{e}_i$ stehen. Die Notation σ_{ij} bezeichnet die Spannungskomponente, die auf der Fläche, die senkrecht zu $\mathbf{e}_i$ steht, wirkt und die in die Richtung $\mathbf{e}_j$ zeigt, siehe Abb. 3.8c. Die Summe der Spannungskomponenten, die auf der i-ten Fläche des Materialteilchens wirken, bestimmt den Traktionsvektor (oder Cauchy Spannungsvektor) $\mathbf{t}_i$, wobei $i = 1, \ldots, n_\mathrm{dim}$ die räumliche Dimen-

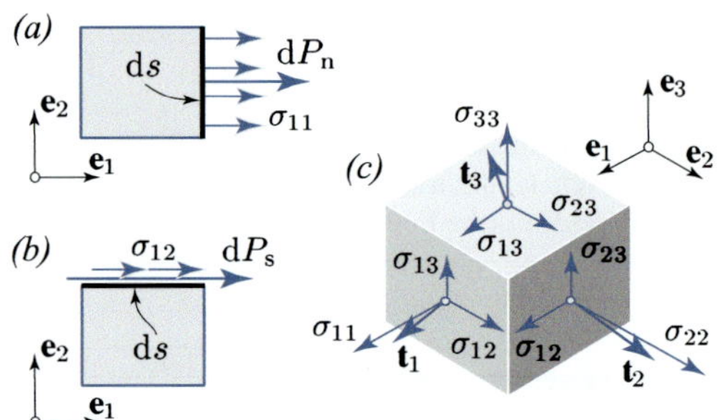

Abb. 3.8 Definition der Spannung. (**a**) Normalspannung $\sigma_{11} = \mathrm{d}P_\mathrm{n}/\mathrm{d}s$, und (**b**) Schubspannung $\sigma_{12} = \mathrm{d}P_\mathrm{s}/\mathrm{d}s$. (**c**) Die Normalspannungskomponenten σ_{11}, σ_{22}, σ_{33} und die Schubspannungskomponenten σ_{12}, σ_{23}, σ_{13} bestimmen jeweils die Traktionsvektoren $\mathbf{t}_1$, $\mathbf{t}_2$, $\mathbf{t}_3$.

Tab. 3.1 Grundlegende 3D-Spannungszustände

Einfacher Zug	$\sigma_{11} = \sigma$ und $\sigma_{ij} = 0$ sonst
Zweiaxialer Zug	$\sigma_{11} = \sigma_1, \sigma_{22} = \sigma_2$ und $\sigma_{ij} = 0$ sonst
Ebener Spannungszustand	$\sigma_{13} = \sigma_{23} = \sigma_{33} = 0$ und $\sigma_{ij} \neq 0$ sonst
Einfache Scherung⋆	$\sigma_{12} = \tau$ und $\sigma_{ij} = 0$ sonst
Reine Biegung	$\sigma_{11} = cx_2$ und $\sigma_{ij} = 0$ sonst
Reine Torsion⋆⋆	$\sigma_{12} = g(r)$ und $\sigma_{ij} = 0$ sonst

⋆ Entspricht der Verformungskinetik „einfache Scherung“ bei kleinen Deformationen.
⋆⋆ Der Radius $r = \sqrt{x_1^2 + x_2^2}$ ist der Abstand vom Drehzentrum, und $g(r)$ ist eine Funktion von r.

sion des Problems bezeichnet. Ein Spannungszustand $\boldsymbol{\sigma}$ muss die lokalen Gleichgewichtsbedingungen erfüllen (siehe Abschn. 3.6.2), und einige grundlegende Spannungszustände, die *a priori* im Gleichgewicht sind, sind in Tab. 3.1 aufgeführt. Bei endlichen Verformungen, wenn sich die Referenzkonfiguration des Körpers Ω_0 von seiner räumlichen Konfiguration Ω unterscheidet, können alternative Spannungstensoren definiert werden, siehe Abschn. 3.3.7 und 3.3.8.

Beispiel 3.6 (Symmetrie des Cauchyschen Spannungstensors) Abb. 3.9 zeigt die räumliche Konfiguration Ω eines Materialpartikels unter homogener Spannung und in Bezug auf das 2D-kartesische Koordinatensystem $\{\mathbf{e}_1, \mathbf{e}_2\}$. Das Materialpartikel befindet sich in Ruhe und ist frei von Volumenkräften.

(a) Verwenden Sie das Kräftegleichgewicht, auch bekannt als das erste Prinzip von Euler, und zeigen Sie, dass das Partikel im Gleichgewicht ist.
(b) Verwenden Sie das Momentengleichgewicht, auch bekannt als das zweite Prinzip von Euler, und zeigen Sie, dass das Partikel im Gleichgewicht ist, vorausgesetzt, der Cauchysche Spannungstensor ist symmetrisch $\boldsymbol{\sigma} = \boldsymbol{\sigma}^{\mathrm{T}}$.

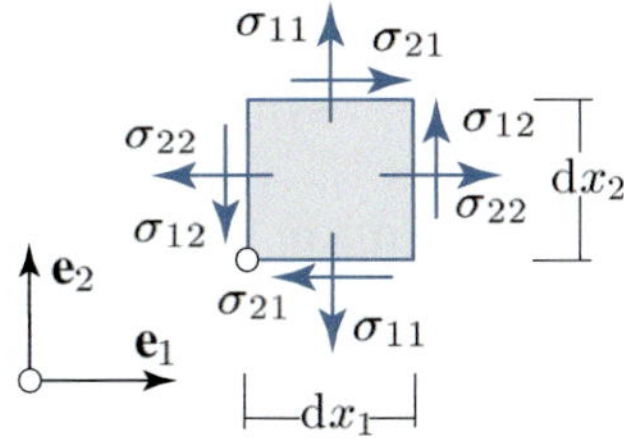

Abb. 3.9 Materialpartikel belastet durch die Normalspannungskomponenten σ_{11}, σ_{22} und die Scherspannungskomponenten σ_{12}, σ_{21}

■

3.3.1 Cauchysches Spannungstheorem

Wir betrachten einen Körper in seiner räumlichen Konfiguration Ω, wo die Cauchysche Spannung $\boldsymbol{\sigma}(\mathbf{x})$ auf ein Materialpartikel wirkt, das sich an der räumlichen Position $\mathbf{x}$ befindet. Ein hypothetischer Schnitt durch diesen Körper würde die Spannung unterhalb des Schnitts freisetzen, und um den Spannungszustand vor dem Schneiden wiederherzustellen, muss der Traktionsvektor $\mathbf{t}(\mathbf{x})$ angebracht werden, siehe Abb. 3.10. Der Traktionsvektor $\mathbf{t}$ wirkt auf das Flächenelement $\mathrm{d}s$, das senkrecht zum Einheitsnormalvektor $\mathbf{n}(\mathbf{x})$ steht, und nach *Cauchyschem Spannungssatz* stellt die lineare Transformation

$$\mathbf{t}(\mathbf{x}) = \boldsymbol{\sigma}(\mathbf{x})\mathbf{n}(\mathbf{x}) \;\; ; \;\; t_i = \sigma_{ia} n_a \; , \tag{3.20}$$

den Zusammenhang zwischen dem Traktionsvektor $\mathbf{t}$ und der Cauchyschen Spannung $\boldsymbol{\sigma}$ her. Diese Beziehung bestimmt den Traktionsvektor $\mathbf{t}$, der benötigt wird, um die Spannung unterhalb des hypothetischen Schnitts wieder herzustellen.

3.3.2 Hauptspannungen

Während der Spannungszustand $\boldsymbol{\sigma}$ *unabhängig* vom Koordinatensystem ist, ändern sich seine Komponenten σ_{ij} bei Änderung des Koordinatensystems. Es ist *immer* möglich, ein Koordinatensystem $\{\widehat{\mathbf{n}}_1, \ldots, \widehat{\mathbf{n}}_{n_\mathrm{dim}}\}$ zu finden, in dem die Scherspannungskomponenten verschwinden und $\sigma_{ij}=0$ für $i \neq j$ gilt. Ein solcher Spannungszustand wird als *Hauptspannungszustand* bezeichnet, und die Traktionsvektoren $\mathbf{t}_i$; $i=1, \ldots, n_\mathrm{dim}$ sind parallel zu den entsprechenden Basisvektoren $\widehat{\mathbf{n}}_i$ des Koordinatensystems, siehe Abb. 3.11. Damit gilt die Bedingung $\mathbf{t} = \lambda\widehat{\mathbf{n}}$, wobei $\lambda = |\mathbf{t}|$ die Norm des Traktionsvektors ist und die Normalspannung an der Oberfläche des Materialpartikels darstellt. Mit dem Cauchyschen Spannungstheorem (3.20) lässt sich diese Bedingung als $\mathbf{t} = \boldsymbol{\sigma}\widehat{\mathbf{n}} = \lambda\widehat{\mathbf{n}}$ darstellen und definiert dann ein klassisches *Eigenwertproblem*

$$(\boldsymbol{\sigma} - \lambda\mathbf{I})\widehat{\mathbf{n}} = \mathbf{0} \, . \tag{3.21}$$

Angesichts der Symmetrie des Cauchy Spannungstensors $\boldsymbol{\sigma} = \boldsymbol{\sigma}^\mathrm{T}$ stellt (3.21) ein symmetrisches Eigenwertproblem mit n_dim realen Lösungen $(\lambda_i, \widehat{\mathbf{n}}_i)$; $i = 1, \ldots, n_\mathrm{dim}$ dar. Darüber hinaus sind die Eigenvektoren senkrecht zueinander, $\widehat{\mathbf{n}}_i \cdot \widehat{\mathbf{n}}_j = \delta_{ij}$, wobei δ_{ij} das Kronecker-Delta bezeichnet. Die Eigenwerte λ_i und die Eigenvektoren $\widehat{\mathbf{n}}_i$ sind dann die *Hauptspannungen* und *Hauptspannungsrichtungen* des Spannungszustands.

Bei einem 3D-Problem sind die Wurzeln der charakteristischen Gleichung $\lambda^3 - I_1\lambda^2 + I_2\lambda - I_3 = 0$ die Lösung des Eigenwertproblems (3.21), wobei die drei *Spannungsinvarianten*

$$\left.\begin{aligned} I_1 &= \mathrm{tr}\boldsymbol{\sigma} = \sigma_{11} + \sigma_{22} + \sigma_{33} \; , \\ I_2 &= \left[(\mathrm{tr}\boldsymbol{\sigma})^2 - \mathrm{tr}\boldsymbol{\sigma}^2\right]/2 \\ &= \sigma_{11}\sigma_{22} + \sigma_{11}\sigma_{33} + \sigma_{22}\sigma_{33} - \sigma_{12}^2 - \sigma_{13}^2 - \sigma_{23}^2 \; , \\ I_3 &= \det\boldsymbol{\sigma} \; , \end{aligned}\right\} \tag{3.22}$$

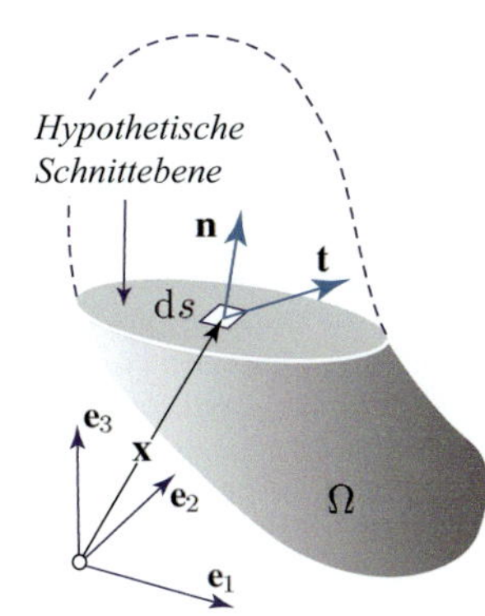

Abb. 3.10 Der Traktionsvektor $\mathbf{t} = \boldsymbol{\sigma}\mathbf{n}$ wirkt auf das Flächenelement ds senkrecht zur Einheitsnormalen $\mathbf{n}$. Er hält die Spannung $\boldsymbol{\sigma}$ unter einem hypothetischen Schnitt durch die räumliche Konfiguration Ω eines Kontinuumkörpers aufrecht

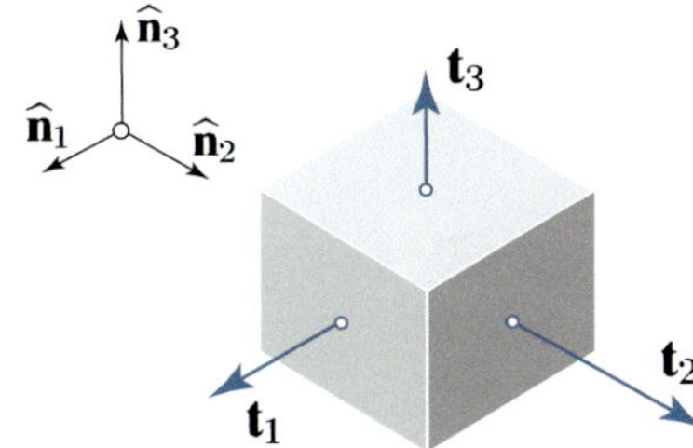

Abb. 3.11 Materialpartikel unter einem Hauptspannungszustand, dargestellt innerhalb des Koordinatensystems $\{\widehat{\mathbf{n}}_1, \widehat{\mathbf{n}}_2, \widehat{\mathbf{n}}_3\}$ der Hauptspannungsrichtungen

eingeführt wurden.

Am häufigsten werden die Hauptspannungen durch σ_i (anstatt λ_i) bezeichnet, und

$$\boldsymbol{\sigma} = \sigma_i \widehat{\mathbf{n}}_i \otimes \widehat{\mathbf{n}}_i \quad ; \quad i = 1, \ldots, n_{\text{dim}} \tag{3.23}$$

bezeichnet dann die Eigenwertdarstellung der Spannung $\boldsymbol{\sigma}$.

3.3.3 Koordinatenrotation und Spannungskomponenten

Wir betrachten die in Abb. 3.12 dargestellte Stange und untersuchen wie sich die Spannungskomponenten unter Rotation des Koordinatensystems verhalten. Die Stange kann als 2D-Kontinuum angesehen werden und als Reaktion auf die externe Last P entwickeln sich die internen Spannungskomponenten σ_{11}, σ_{22}, σ_{12}. Das Kräftegleichgewicht ermöglicht uns, den Spannungstensor durch

$$\boldsymbol{\sigma} = \begin{bmatrix} \sigma_{11} = P/a & \sigma_{12} = 0 \\ \sigma_{12} = 0 & \sigma_{22} = 0 \end{bmatrix},$$

darzustellen. Die Komponenten σ_{11}, σ_{22}, σ_{12} sind dabei auf das kartesische Koordinatensystem $\{\mathbf{e}_1, \mathbf{e}_2\}$ bezogen und a bezeichnet den Querschnitt der Stange. Die einzige nicht-verschwindende Spannungskomponente ist $\sigma_{11} = P/a$ [Pa], eine Normalspannung, die entlang der $\mathbf{e}_1$ Richtung wirkt. Die Vergrößerung

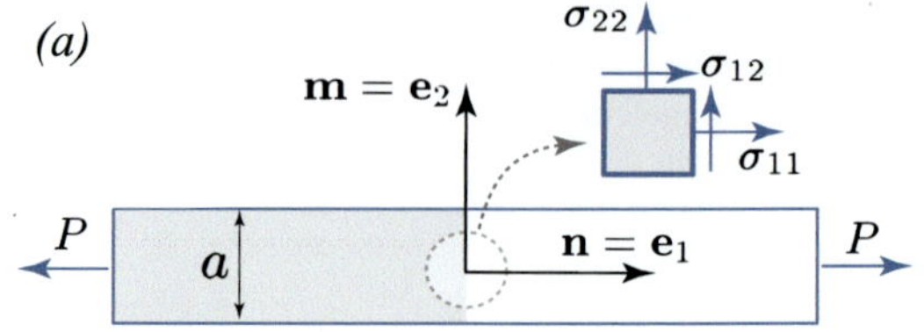

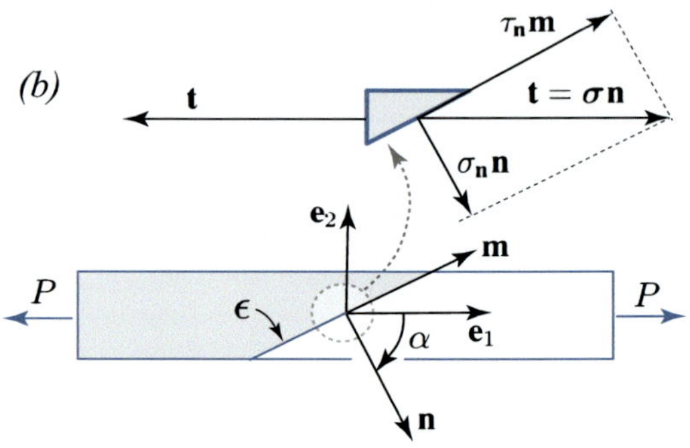

Abb. 3.12 2D-Kontinuum unter einfacher Spannung. (**a**) Spannungskomponenten, die auf ein Materialteilchen bezogen auf das kartesische Koordinatensystem $\{\mathbf{e}_1, \mathbf{e}_2\}$ wirken. (**b**) Spannungskomponenten, die auf der Ebene ϵ wirken, die um den Winkel α gegen die $\mathbf{e}_1$ Richtung gedreht ist

in Abb. 3.12a zeigt das Materialteilchen und die entsprechenden Spannungskomponenten σ_{11}, σ_{22}, σ_{12} an seiner Begrenzung. Das Materialteilchen ist entlang der Basisvektoren des Koordinatensystems $\mathbf{e}_1$, $\mathbf{e}_2$ ausgerichtet. Wir können nun die Spannungskomponenten an der Fläche ϵ untersuchen, eine Fläche, die um den Winkel α gegen den $\mathbf{e}_1$ Basisvektor gedreht ist, siehe Abb. 3.12b.

Die Normalspannung $\sigma_\mathbf{n}$ und die Schubspannung $\tau_\mathbf{n}$ wirken auf ϵ, eine Ebene, die durch den Einheitsnormalvektor $\mathbf{n} = [\cos\alpha \ \ -\sin\alpha]^\mathrm{T}$ bestimmt wird. Das Cauchysche Spannungstheorem (3.20) definiert den Traktionsvektor

$$\mathbf{t} = \boldsymbol{\sigma}\mathbf{n} = \left[\, (P/a)\cos\alpha \ \ 0 \right]^\mathrm{T}$$

der auf der Fläche ϵ wirkt, und Vektoralgebra liefern den Ausdruck

$$\sigma_\mathbf{n} = \mathbf{t}\cdot\mathbf{n} = (\boldsymbol{\sigma}\mathbf{n})\cdot\mathbf{n} = (P/a)\cos^2\alpha \tag{3.24}$$

für die Normalspannung. Mit dem Tangentialvektor $\mathbf{m} = [\sin\alpha \ \ \cos\alpha]^\mathrm{T}$ an der Fläche ϵ und der Vektorsubtraktion

$$\tau_\mathbf{n}\mathbf{m} = \mathbf{t} - \sigma\,\mathbf{n} = (\mathrm{P/a})\cos\alpha \left[\, 1 - \cos^2\alpha \quad \sin\alpha\cos\alpha \,\right]^\mathrm{T}$$

ergibt sich der Ausdruck

$$\tau_\mathbf{n} = (\tau_\mathbf{n}\mathbf{m})\cdot\mathbf{m} = (\mathrm{P/a})\cos\alpha\sin\alpha \tag{3.25}$$

und bezeichnet die Schubspannung, die an der Fläche ϵ wirkt.

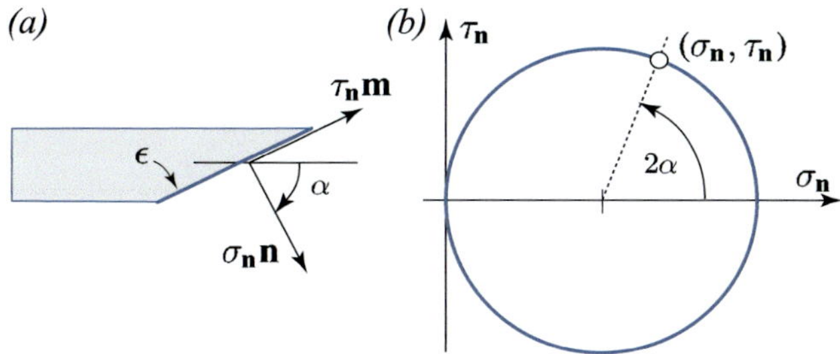

Abb. 3.13 Spannungszustand an der gedrehten Fläche ϵ (**a**) im physischen Raum und (**b**) im Mohrschen Spannungskreis

Wir betrachten nun ein Diagramm dessen x- und y-Achsen jeweils die Normalspannung (3.24) und die Schubspannung (3.25) darstellen. Der Kreis $(\sigma_{\mathbf{n}}(2\alpha), \tau_{\mathbf{n}}(2\alpha)) = (P/a \cos^2\alpha, P/a \cos\alpha \sin\alpha)$, auch bekannt als Mohrscher[10] Spannungskreis, bestimmt dann die Transformation der Spannungskomponenten, siehe Abb. 3.13. Die *im Uhrzeigersinn* erfolgende Drehung von α im physischen Raum entspricht dabei einer Drehung von 2α *gegen den Uhrzeigersinn* im Spannungsraum.

Beispiel 3.7 (Cauchyscher Spannungszustand in 2D) Ein Materialpartikel wird durch die Cauchy Spannung

$$\boldsymbol{\sigma} = \begin{bmatrix} -5 & 3 \\ 3 & 10 \end{bmatrix} [\text{MPa}]$$

im kartesischen Koordinatensystem $\{\mathbf{e}_1, \mathbf{e}_2\}$ belastet.

(a) Skizzieren Sie die Spannungskomponenten, die an den Grenzen des Materialpartikels wirken.
(b) Zeichnen Sie den Mohrschen Spannungskreis und bestimmen Sie die Hauptspannungen σ_1, σ_2 zusammen mit den Hauptspannungsrichtungen $\widehat{\mathbf{n}}_1, \widehat{\mathbf{n}}_2$.
(c) Berechnen Sie σ_1, σ_2 und $\widehat{\mathbf{n}}_1, \widehat{\mathbf{n}}_2$ durch die Lösung des entsprechenden Eigenwertproblems.
(d) Berechnen Sie die Koordinatentransformation $\mathbf{R}$, die die kartesischen Basisvektoren $\mathbf{e}_1$, $\mathbf{e}_2$ in die Hauptspannungsrichtungen $\widehat{\mathbf{n}}_1, \widehat{\mathbf{n}}_2$ dreht.
(e) Ziehen Sie eine allgemeine Schlussfolgerung bezüglich des Spannungszustands und der Komponenten des Spannungstensors zufolge der Koordinatentransformation.

■

[10] Christian Otto Mohr, deutscher Bauingenieur, 1835–1918.

3.3.4 Isochore und Volumetrische Spannung

Für einige Anwendungen ist es praktisch, die Spannung

$$\boldsymbol{\sigma} = \overline{\boldsymbol{\sigma}} + \boldsymbol{\sigma}_{\text{vol}} = \overline{\boldsymbol{\sigma}} + \underbrace{(\text{tr}\boldsymbol{\sigma}/n_{\text{dim}})}_{-p}\mathbf{I} \tag{3.27}$$

in *isochore (oder deviatorische)* $\overline{\boldsymbol{\sigma}} = \text{dev}\boldsymbol{\sigma}$ und *volumetrische (oder hydrostatische)* $\boldsymbol{\sigma}_{\text{vol}} = -p\mathbf{I}$ Beiträge zu entkoppeln, wobei p den negativen hydrostatischen Druck bezeichnet, und n_{dim} die räumliche Dimension des Problems darstellt. Die Beschreibung von duktilen Materialien wäre ein solches Beispiel. Plastische Verformung hängt von isochorer Spannung $\overline{\boldsymbol{\sigma}}$ ab, und die Invarianten von $\overline{\boldsymbol{\sigma}}$ sind daher von besonderem Interesse bei der Beschreibung von duktilen Materialien. Aufgrund der Definition von $\overline{\boldsymbol{\sigma}}$, ist seine erste Invariante $J_1 = \text{tr}\overline{\boldsymbol{\sigma}}$ identisch null. Die beiden anderen Invarianten sind durch

$$J_2 = 1/2[(\text{tr}\overline{\boldsymbol{\sigma}})^2 - \text{tr}\overline{\boldsymbol{\sigma}}^2] = -1/2\overline{\sigma}_{kl}\overline{\sigma}_{lk} = -I_1^2/3 + I_2 \;;$$

$$J_3 = \det\overline{\boldsymbol{\sigma}} = 2I_1^3/27 - I_1 I_2/3 + I_3 \;,$$

definiert, wobei die Spannungsinvarianten I_1, I_2, und I_3 gemäß den Definitionen (3.22) verwendet wurden.

3.3.5 Oktaedrische Spannung und von Mises Spannung

Die *oktaedrische Spannung* ist die Spannung, die auf der oktaedrischen Ebene ϵ wirkt, einer Ebene senkrecht zu $\mathbf{n} = (1/\sqrt{3})[1\ 1\ 1]^{\text{T}}$ im *Haupt*spannungskoordinatensystem $\{\widehat{\mathbf{n}}_1, \widehat{\mathbf{n}}_2, \widehat{\mathbf{n}}_3\}$, siehe Abb. 3.14a. Mit Hilfe des Cauchyschen Spannungstheorems (3.20), lesen sich die Normalspannung σ_{oct} und die Schubspannung τ_{oct} auf ϵ als

$$\sigma_{\text{oct}} = \mathbf{t} \cdot \mathbf{n} = (\boldsymbol{\sigma}\mathbf{n}) \cdot \mathbf{n} = \frac{1}{3}(\sigma_1 + \sigma_2 + \sigma_3) = \frac{1}{3}I_1 = -p \;;$$

$$\tau_{\text{oct}} = \sqrt{\mathbf{t} \cdot \mathbf{t} - \sigma_{\text{oct}}^2} = \sqrt{\frac{1}{3}(\sigma_1^2 + \sigma_2^2 + \sigma_3^2) - \frac{1}{9}(\sigma_1 + \sigma_2 + \sigma_3)^2}$$

$$= \frac{1}{3}\sqrt{(\sigma_1 - \sigma_2)^2 + (\sigma_2 - \sigma_3)^2 + (\sigma_1 - \sigma_3)^2} = \frac{1}{3}\sqrt{2I_1^2 - 6I_2} = \sqrt{-\frac{2}{3}J_2}\,,$$

wo σ_i; $i = 1, 2, 3$ die Hauptspannungen von $\boldsymbol{\sigma}$ bezeichnet.

Die oktaedrische *Scherspannung* τ_{oct} ist eine besonders wichtige Spannung. Sie wird oft zur Bewertung des Risikos plastischen Versagens (Verformung) eines duktilen Materials verwendet. Bei einfachem Zug, $\sigma_{11} = \sigma$ und $\sigma_{ij} = 0$ für alle anderen Spannungskomponenten, ist die oktaedrische Scherspannung $\tau_{\text{oct}} = \sqrt{2}/3\,\sigma$. Die *von Mises*[11] *Spannung* σ_{M} skaliert die oktaedrische Scherspannung τ_{oct}, so

[11] Richard von Mises, österreichisch-ungarischer Mathematiker, 1883–1953.

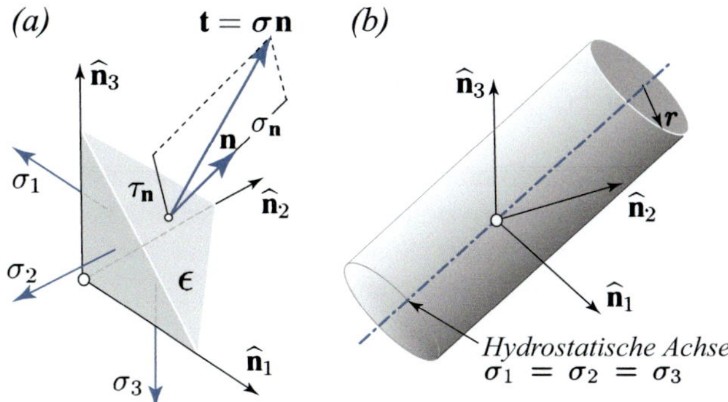

Abb. 3.14 (**a**) Oktaedrische Normalspannung σ_{oct} und Schubspannung τ_{oct} im Hauptspannungsraum $\{\widehat{\mathbf{n}}_1, \widehat{\mathbf{n}}_2, \widehat{\mathbf{n}}_3\}$. (**b**) Der Zylinder des Radius $r = \sqrt{2/3}\,\sigma_{\text{M}}$ um die hydrostatische Achse $\sigma_1 = \sigma_2 = \sigma_3$ beschreibt einen Spannungszustand konstanter von Mises Spannung σ_{M} in $\{\widehat{\mathbf{n}}_1, \widehat{\mathbf{n}}_2, \widehat{\mathbf{n}}_3\}$

dass sich $\sigma_{\text{M}} = \sigma$ für einfachen Zug ergibt. Bei einem allgemeinen 3D-Spannungszustand lautet die von Mises Spannung dann

$$\begin{aligned}
\sigma_{\text{M}} &= \frac{3}{\sqrt{2}}\tau_{\text{oct}} = \sqrt{-3J_2} \\
&= \frac{1}{\sqrt{2}}\sqrt{(\sigma_{11}-\sigma_{22})^2 + (\sigma_{22}-\sigma_{33})^2 + (\sigma_{11}-\sigma_{33})^2 + 6(\sigma_{12}^2 + \sigma_{23}^2 + \sigma_{13}^2)} \\
&= 1/\sqrt{2}\sqrt{(\sigma_1-\sigma_2)^2 + (\sigma_2-\sigma_3)^2 + (\sigma_1-\sigma_3)^2}\,,
\end{aligned} \tag{3.28}$$

wo σ_{ij}; $i, j = 1, 2, 3$, die Komponenten von $\boldsymbol{\sigma}$ in Bezug auf das kartesische Koordinatensystem $\{\mathbf{e}_1, \mathbf{e}_2, \mathbf{e}_3\}$ sind, während die Hauptspannungen durch σ_i bezeichnet wurden. Im Hauptspannungsraum $\{\widehat{\mathbf{n}}_1, \widehat{\mathbf{n}}_2, \widehat{\mathbf{n}}_3\}$, beschreibt eine konstante von Mises Spannung σ_{M} einen Zylinder mit dem Radius $r = \sqrt{2/3}\,\sigma_{\text{M}}$ um die hydrostatische Achse $\sigma_1 = \sigma_2 = \sigma_3$, siehe Abb. 3.14b.

Beispiel 3.8 (Oktaedrische Spannung und von Mises Spannung) Ein Materialpartikel wird durch die Cauchy Spannung

$$\boldsymbol{\sigma} = \begin{bmatrix} 10 & 5 & 0 \\ 5 & 25 & 5 \\ 0 & 5 & -14 \end{bmatrix} \text{ [MPa]}$$

in Bezug auf das kartesische Koordinatensystem $\{\mathbf{e}_1, \mathbf{e}_2, \mathbf{e}_3\}$, belastet.

(a) Berechnen Sie die zweite Invariante J_2 der deviatorischen Spannung $\overline{\boldsymbol{\sigma}}$.
(b) Berechnen Sie die oktaedrische Normalspannung σ_{oct} und Scherspannung τ_{oct}.
(c) Berechnen Sie die von Mises Spannung σ_{M}.

■

Beispiel 3.9 (Oktaeder Spannung und von Mises Spannung einiger Grundspannungszustände) Betrachten Sie ein Kontinuum unter (i) einfachem Zug, (ii) gleichachsigem Zug und (iii) einfacher Scherung.

(a) Verwenden Sie die Matrixnotation, um diese Spannungszustände in Bezug auf das kartesische Koordinatensystem $\{\mathbf{e}_1, \mathbf{e}_2, \mathbf{e}_3\}$ auszudrücken.
(b) Berechnen Sie die von Mises Spannung σ_M und die oktaedrische Scherspannung τ_oct der genannten Spannungszustände.

■

3.3.6 Cauchy Spannung in rotierten Koordinaten

Die *Cauchy Spannung* bezieht die Kraft $\mathrm{d}\mathbf{t} = \mathbf{t}\mathrm{d}s$ auf das Flächenelement $\mathrm{d}\mathbf{s} = \mathbf{n}\mathrm{d}s$, wobei der Traktionsvektor $\mathbf{t}$ und die Normale $\mathbf{n}$ in der räumlichen Konfiguration Ω des Kontinuums definiert sind. Zur Zeit t ist Ω die physisch existierende Konfiguration, und die Cauchy Spannung wird daher auch *„wahre Spannung"* bezeichnet. Angesichts der Rotation des Koordinatensystems, oder alternativ der Rotation von Ω in die Gegenrichtung, ändern sich die Komponenten σ_{ij} des Cauchy Spannungstensors $\boldsymbol{\sigma}$. Zur Untersuchung dieser Transformation betrachten wir die Starrkörperrotation $\mathbf{R}$, die die räumliche Konfiguration Ω des Körpers in eine neue räumliche Konfiguration $\widetilde{\Omega}$ überführt, siehe Abb. 3.15. Der Traktionsvektor $\mathbf{t}$ und der Einheitsnormalvektor $\mathbf{n}$ rotieren dann in $\widetilde{\mathbf{t}} = \mathbf{R}\mathbf{t}$ und $\widetilde{\mathbf{n}} = \mathbf{R}\mathbf{n}$. Die Anwendung des Cauchyschen Spannungstheorems (3.20) auf die rotierte Konfiguration $\widetilde{\Omega}$ lautet somit $\widetilde{\mathbf{t}} = \widetilde{\boldsymbol{\sigma}}\widetilde{\mathbf{n}} = \mathbf{R}\mathbf{t} = \widetilde{\boldsymbol{\sigma}}\mathbf{R}\mathbf{n}$, und daher gilt $\mathbf{t} = \mathbf{R}^\mathrm{T}\widetilde{\boldsymbol{\sigma}}\mathbf{R}\mathbf{n}$. Der Vergleich dieses Ergebnisses mit (3.20) zeigt, dass

$$\widetilde{\boldsymbol{\sigma}} = \mathbf{R}\boldsymbol{\sigma}\mathbf{R}^\mathrm{T} \quad ; \quad \widetilde{\sigma}_{ij} = R_{ia}\sigma_{ab}R_{jb} \tag{3.30}$$

die Transformation des Cauchy Spannungstensors unter Starrkörperrotation $\mathbf{R}$ bestimmt. Die Cauchy Spannung transformiert sich daher entsprechend der Transformation eines *räumlichen Ein-Punkt* Tensors.

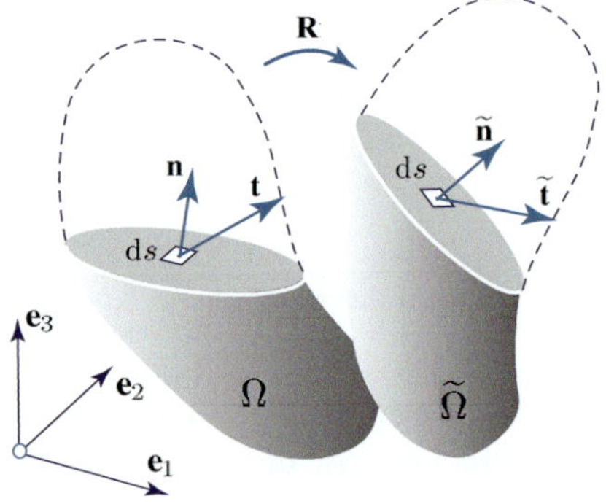

Abb. 3.15 Änderung des Traktionsvektors $\mathbf{t}$ und des Normalvektors $\mathbf{n}$ unter Starrkörperrotation $\mathbf{R}$ der räumlichen Konfiguration Ω zu $\widetilde{\Omega}$

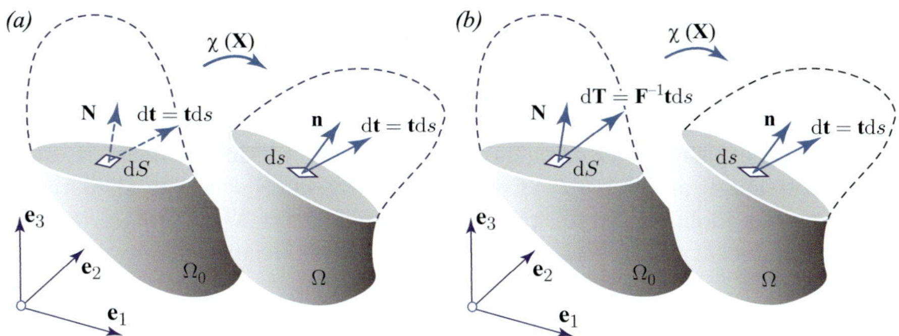

Abb. 3.16 Definition von (**a**) der ersten Piola-Kirchhoff Spannung **P** durch die Beziehung $d\mathbf{t} = \mathbf{P}\mathbf{N}dS$, und (**b**) der zweiten Piola-Kirchhoff Spannung **S** durch die Beziehung $d\mathbf{T} = \mathbf{S}\mathbf{N}dS$

3.3.7 Erste Piola-Kirchhoff Spannung

Die *erste Piola-Kirchhoff*[12] *Spannung* (oder die *Ingenieurspannung)* **P**, bezieht die Kraft $d\mathbf{t} = \mathbf{t}ds$ in der räumlichen Konfiguration Ω auf das Flächenelement $d\mathbf{S} = \mathbf{N}dS$ in der Referenzkonfiguration Ω_0, siehe Abb. 3.16a. Das Cauchysche Spannungstheorem (3.20) zusammen mit der Nansonschen Formel (3.5) ergibt dann $d\mathbf{t} = \boldsymbol{\sigma} J\mathbf{F}^{-\mathrm{T}}\mathbf{N}dS$ und liefert die Beziehung

$$\mathbf{P} = J\boldsymbol{\sigma}\mathbf{F}^{-\mathrm{T}} \quad ; \quad P_{iI} = J\sigma_{ia}F_{Ia}^{-1} \,. \tag{3.31}$$

Dieser Zusammenhang ist als die *erste Piola Transformation* der Cauchy Spannung bekannt und setzt die erste Piola-Kirchhoff Spannung **P** mit der Cauchy Spannung $\boldsymbol{\sigma}$ in Relation.

Die erste Piola-Kirchhoff Spannung ist ein *Zwei-Punkt* Tensor, und er bezieht sich auf die räumliche Konfiguration Ω als auch auf die Referenzkonfiguration Ω_0. Mit den Eigenwerten der ersten Piola-Kirchhoff Spannung P_i; $i = 1, \ldots, n_{\mathrm{dim}}$, ergibt sich seine Eigenwertdarstellung zu $\mathbf{P} = P_i\widehat{\mathbf{n}}_i \otimes \widehat{\mathbf{N}}_i$, wo $\widehat{\mathbf{n}}_i$ und $\widehat{\mathbf{N}}_i$ die Eigenvektoren in Ω und Ω_0 bezeichnen. Die erste Piola-Kirchhoff Spannung ist ein Zwei-Punkt Tensor, und die Frage nach seiner Symmetrie macht nicht viel Sinn – man kann referentielle $\widehat{\mathbf{N}}_i$ nicht mit räumlichen $\widehat{\mathbf{n}}_i$ Basisvektoren vergleichen. Dennoch können die Koeffizienten der ersten Piola-Kirchhoff Spannung durch eine Matrix dargestellt werden, und eine solche Matrix wäre dann *nicht* symmetrisch.

Eine Starrkörperrotation **R** der räumlichen Konfiguration des Körpers Ω beeinflusst nur ein „Bein" der ersten Piola-Kirchhoff Spannung. Sie transformiert nur den Traktionsvektor $\widetilde{\mathbf{t}} = \mathbf{R}\mathbf{t}$, nicht aber die Normale **N** des referenziellen Flächenelements. Die rotierte erste Piola-Kirchhoff Spannung lautet daher $\widetilde{\mathbf{P}} = \mathbf{R}\mathbf{P}$.

[12] Gustav Robert Kirchhoff, deutscher Physiker, 1824–1887.

3.3.8 Zweite Piola-Kirchhoff Spannung

Bei der Ableitung der *zweiten Piola-Kirchhoff Spannung* $\mathbf{S}$ wird die Kraft $\mathrm{d}\mathbf{t} = \mathbf{t}\mathrm{d}s$ in der räumlichen Konfiguration Ω auf die Referenzkonfiguration Ω_0, „zurückgezogen", was dann die Kraft $\mathrm{d}\mathbf{T} = \mathbf{F}^{-1}\mathbf{t}\mathrm{d}s$ in Ω_0 definiert, siehe Abb. 3.16b. Die Kraft $\mathrm{d}\mathbf{T}$ wird auf das Flächenelement $\mathrm{d}\mathbf{S} = \mathbf{N}\mathrm{d}S$ in Ω_0 bezogen, was die zweite Piola-Kirchhoff Spannung $\mathbf{S}$ dann definiert. Mit dem Cauchyschen Spannungstheorem (3.20) und Nansons Formel (3.5), ergibt sich der Ausdruck $\mathrm{d}\mathbf{T} = \mathbf{F}^{-1}\boldsymbol{\sigma} J\mathbf{F}^{-\mathrm{T}}\mathbf{N}\mathrm{d}S = \mathbf{S}\mathbf{N}\mathrm{d}S$, und die Beziehung

$$\mathbf{S} = J\mathbf{F}^{-1}\boldsymbol{\sigma}\mathbf{F}^{-\mathrm{T}} \quad ; \quad S_{IJ} = JF_{Ia}^{-1}\sigma_{ab}F_{Jb}^{-1} \tag{3.32}$$

kann abgeleitet werden. Sie ist als die *zweite Piola Transformation* bekannt und stellt die Beziehung zwischen der zweiten Piola-Kirchhoff Spannung $\mathbf{S}$ und der Cauchy Spannung $\boldsymbol{\sigma}$ her. Mit (3.31) und (3.32), folgt der Ausdruck

$$\mathbf{S} = \mathbf{F}^{-1}\mathbf{P} \quad ; \quad S_{IJ} = F_{Ia}^{-1}P_{aJ} \tag{3.33}$$

und liefert die Beziehung zwischen der ersten und zweiten Piola-Kirchhoff Spannung.

Die zweite Piola-Kirchhoff Spannung ist ein *referenzieller Ein-Punkt* Tensor, der vollständig in der Referenzkonfiguration Ω_0 definiert ist. Seine Eigenwertdarstellung lautet $\mathbf{S} = S_i\widehat{\mathbf{N}}_i \otimes \widehat{\mathbf{N}}_i$, wobei S_i und $\widehat{\mathbf{N}}_i, i = 1, \ldots, n_{\mathrm{dim}}$ die Hauptspannungen und Eigenvektoren der zweiten Piola-Kirchhoff Spannung in Ω_0 bezeichnen. Die Definition (3.32) führt zur *Symmetrie* der zweiten Piola-Kirchhoff Spannung, $\mathbf{S} = \mathbf{S}^{\mathrm{T}}$, und aufgrund ihrer Definition in Ω_0 wird sie nicht durch eine Starrkörperrotation $\mathbf{R}$ der räumlichen Konfiguration beeinflusst, $\widetilde{\mathbf{S}} = \mathbf{S}$.

Beispiel 3.10 (Spannungsmaße bei endlichen Verformungen) Die 2D-Bewegung $[3.0X_1 + X_2 \quad 1.3X_2]^{\mathrm{T}}$ bestimmt die Kinematik eines Materialpartikels, und die Cauchy Spannung

$$\boldsymbol{\sigma} = \begin{bmatrix} 1 & 5 \\ 5 & -10 \end{bmatrix} \text{ [MPa]}$$

bezeichnet seine Belastung in der räumlichen Konfiguration Ω.

(a) Berechnen Sie den Deformationsgradienten $\mathbf{F}$, das Volumenverhältnis J und den inversen Deformationsgradienten $\mathbf{F}^{-1}$.
(b) Drücken Sie die Belastung des Materialpartikels durch die erste Piola-Kirchhoff Spannung $\mathbf{P}$ und die zweite Piola-Kirchhoff Spannung $\mathbf{S}$ aus.

■

3.3.9 Auswirkung der Inkompressibilität auf den Spannungszustand

Für *ein inkompressibles Material* ist die volumetrische Spannung $\boldsymbol{\sigma}_{\mathrm{vol}} = -p\mathbf{I}$ mit $-\mathrm{tr}\boldsymbol{\sigma}/n_{\mathrm{dim}}$ als Bezeichnung für den negativen hydrostatischen Druck, keine

Funktion der Verformung (oder Verformungsrate), sondern lediglich ein *Lagrange Beitrag* um die Zwangsbedingung der Inkompressibilität $J = 1$ umzusetzen. Diese Eigenschaft eines inkompressiblen Materials motiviert damit die Entkopplung der Cauchy Spannung $\boldsymbol{\sigma} = \overline{\boldsymbol{\sigma}} - p\mathbf{I}$ wie in Abschn. 3.3.4 eingeführt.

Mit der Definition der zweite Piola-Kirchhoff Spannung (3.32) und der Inkompressibilität $J = 1$, ergibt sich $\mathbf{S} = \overline{\mathbf{S}} - p\mathbf{C}^{-1}$ als entkoppelte Darstellung der zweiten Piola-Kirchhoff Spannung, wobei $\overline{\mathbf{S}} = \mathbf{F}^{-1}\overline{\boldsymbol{\sigma}}\mathbf{F}^{-\mathrm{T}}$ und $\mathbf{C} = \mathbf{F}^{\mathrm{T}}\mathbf{F}$ die isochorische zweite Piola-Kirchhoff Spannung und die rechte Cauchy-Green Verzerrung bezeichnen.

3.4 Materielle Zeitableitungen

Die Zeitableitung einer Eigenschaft, die mit einem Materialpartikel verbunden ist, wird als *materielle oder substanzielle Zeitableitung* bezeichnet. Wir können die materielle Zeitableitung auch als die Ableitung, wie sie vom Materialpartikel „gefühlt" wird, sehen. Solche Ableitungen erscheinen in Bilanzgesetzen und werden zur Beschreibung ratenabhängigen Materialien verwendet. Die materielle Zeitableitung muss objektiv sein und somit unabhängig von der Wahl des Koordinatensystems sein. Da sich die räumliche Konfiguration Ω eines Körpers im Raum bewegt, kann die Berechnung der materiellen Zeitableitung einer räumlichen Größe herausfordernder sein als die einer materiellen Größe, also einer, die in der *festen* Referenzkonfiguration Ω_0 des Körpers definiert ist.

3.4.1 Kinematische Variablen

3.4.1.1 Geschwindigkeitsgradient

Der *räumliche* Gradient der Partikelgeschwindigkeit $\mathbf{v}(\mathbf{x})$ wird als *Geschwindigkeitsgradient* bezeichnet

$$\mathbf{l} = \operatorname{grad}\mathbf{v} = \frac{\partial \mathbf{v}(\mathbf{x}, t)}{\partial \mathbf{x}} = \frac{\partial \mathbf{v}(\mathbf{x}, t)}{\partial \mathbf{X}}\frac{\partial \mathbf{X}}{\partial \mathbf{x}} = \dot{\mathbf{F}}\mathbf{F}^{-1} \quad ; \quad l_{ij} = \dot{F}_{iA}F_{Aj}^{-1}\,, \tag{3.34}$$

wo $\dot{\mathbf{F}} = \mathrm{d}(\partial\boldsymbol{\chi}/\partial\mathbf{X})/\mathrm{d}t = \partial(\mathrm{d}\boldsymbol{\chi}/\mathrm{d}t)/\partial\mathbf{X} = \operatorname{Grad}\mathbf{v}$ die materielle Zeitableitung des Verformungsgradienten bezeichnet. Der Geschwindigkeitsgradient gibt an, wie schnell sich zwei benachbarte Punkte relativ zueinander bewegen. Durch $\mathbf{l} = \mathbf{w} + \mathbf{d}$ kann der Geschwindigkeitsgradient in den Spin-Tensor $\mathbf{w}$ und den Verzerrungsgeschwindigkeitstensor $\mathbf{d}$ zerlegt werden.

3.4.1.2 Verzerrungsrate

Die Green-Lagrange Verzerrung $\mathbf{E}$ ist in Ω_0 definiert und ihre materielle Zeitableitung lautet $\dot{\mathbf{E}} = (\dot{\mathbf{F}}^{\mathrm{T}}\mathbf{F} + \mathbf{F}^{\mathrm{T}}\dot{\mathbf{F}})/2$. Die Multiplikation von $\dot{\mathbf{E}}$ mit $\mathbf{F}^{-\mathrm{T}}$ von links und mit $\mathbf{F}^{-1}$ von rechts kann als das „Push-Forward" von $\dot{\mathbf{E}}$ zur räumlichen Konfiguration Ω gesehen werden. Es definiert den *Verzerrungsgeschwindigkeitstensor*

$$\mathbf{d} = \tfrac{1}{2}\left(\mathbf{F}^{-\mathrm{T}}\dot{\mathbf{F}}^{\mathrm{T}} + \dot{\mathbf{F}}\mathbf{F}^{-1}\right) = \tfrac{1}{2}\left(\mathbf{l}^{\mathrm{T}} + \mathbf{l}\right) \quad ; \quad d_{ij} = (l_{ji} + l_{ij})/2\,, \tag{3.35}$$

den symmetrischen Teil des Geschwindigkeitsgradienten (3.34).

3.4.1.3 Spin-Tensor

Der schiefsymmetrische Teil des Geschwindigkeitsgradienten (3.34) ist der *Spin-Tensor*

$$\mathbf{w} = \tfrac{1}{2}(\mathbf{l} - \mathbf{l}^{\mathrm{T}}) = \tfrac{1}{2}\big(\dot{\mathbf{F}}\mathbf{F}^{-1} - \mathbf{F}^{-\mathrm{T}}\dot{\mathbf{F}}^{\mathrm{T}}\big) \quad ; \quad w_{ij} = (l_{ji} - l_{ij})/2\,. \tag{3.36}$$

Die rechte Polare Zerlegung $\mathbf{F}=\mathbf{RU}$ ermöglicht es uns, den Spin-Tensor durch

$$\mathbf{w} = \dot{\mathbf{R}}\mathbf{R}^{\mathrm{T}} + \tfrac{1}{2}\mathbf{R}\big(\dot{\mathbf{U}}\mathbf{U}^{-1} - \mathbf{U}^{-1}\dot{\mathbf{U}}\big)\mathbf{R}^{\mathrm{T}}\,, \tag{3.37}$$

darzustellen, wo die Symmetrie $\mathbf{U}^{\mathrm{T}} = \mathbf{U}$ des rechten Strecktensors und die Orthogonalität $\mathbf{R}\mathbf{R}^{\mathrm{T}} = \mathbf{I}$ des Rotations-Tensors verwendet wurden. Die Ableitung von (3.37) verwendete auch $\dot{\mathbf{R}}\mathbf{R}^{\mathbf{T}} = -\mathbf{R}\dot{\mathbf{R}}^{\mathbf{T}}$, eine Beziehung, die direkt aus der zeitlichen Ableitung der Orthogonalität $\mathbf{R}\mathbf{R}^{\mathrm{T}} = \mathbf{I}$ folgt. Für die Starrkörperbewegung, $\mathbf{U} = \mathbf{I}$, ergibt sich der Spin-Tensor

$$\mathbf{w} = \dot{\mathbf{R}}\mathbf{R}^{\mathrm{T}} = \begin{bmatrix} 0 & -w_{12} & w_{13} \\ w_{12} & 0 & -w_{23} \\ -w_{13} & w_{23} & 0 \end{bmatrix} = \begin{bmatrix} 0 & -\omega_3 & \omega_2 \\ \omega_3 & 0 & -\omega_1 \\ -\omega_2 & \omega_1 & 0 \end{bmatrix},$$

wo $\omega_i;\ i=1, 2, 3$ die Komponenten der *Winkelgeschwindigkeit* $\boldsymbol{\omega}$ in 3D bezeichnet, siehe Abb. 3.17.

3.4.1.4 Änderungsrate des Volumens

Mit Jacobis[13] Formel $\partial \det\mathbf{F}/\partial\mathbf{F} = J\mathbf{F}^{-\mathrm{T}}$ und der Definition $J = \det\mathbf{F}$ des Volumenverhältnisses, ergibt sich die *Änderungsrate des Volumens zu* $\dot{J} = \partial J/\partial\mathbf{F} : \dot{\mathbf{F}} = J\mathbf{F}^{-\mathrm{T}} : \dot{\mathbf{F}} = J\mathbf{I} : \dot{\mathbf{F}}\mathbf{F}^{-1}$ und drückt die *Änderungsrate des Volumens* aus. Wir können dann den Geschwindigkeitsgradienten $\mathrm{grad}\mathbf{v} = \mathbf{l} = \dot{\mathbf{F}}\mathbf{F}^{-1}$ verwenden und

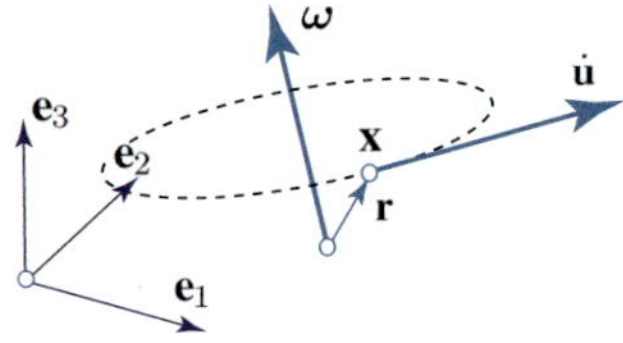

Abb. 3.17 Rotation eines Materialpartikels an der Position **x**. Die Winkelgeschwindigkeit $\boldsymbol{\omega}$ ergibt die Geschwindigkeit des Partikels $\mathbf{v} = \mathbf{r} \times \boldsymbol{\omega}$.

[13] Carl Gustav Jacob Jacobi, deutscher Mathematiker, 1804–1851.

$$\dot{J} = J\mathbf{I} : \dot{\mathbf{F}}\mathbf{F}^{-1} = J\mathbf{I} : \mathbf{l} = J\mathbf{I} : \mathrm{grad}\mathbf{v} = J\mathrm{div}\mathbf{v} = J\mathrm{tr}\mathbf{d}\,, \tag{3.38}$$

ableiten, wo $\mathbf{d} = (\mathbf{l} + \mathbf{l}^{\mathrm{T}})/2$ der Verzerrungsgeschwindigkeitstensor ist, während $\mathrm{div}(\bullet) = \mathbf{I}:\mathrm{grad}(\bullet)$ den Divergenzoperator bezeichnet. Mit der Eigenschaft $\mathrm{tr}\mathbf{d} = \mathbf{C}^{-1} : \dot{\mathbf{E}}$ aus Anhang C, liefert $\dot{J} = J\mathbf{C}^{-1} : \dot{\mathbf{E}}$ einen weiteren alternativen Ausdruck für die Änderungsrate des Volumens.

Beispiel 3.11 (Die physikalische Bedeutung des Verzerrungsgeschwindigkeitstensors) Die homogene 2D-Bewegung $\boldsymbol{\chi}(t)$ hat die Komponenten

$$\chi_1 = x_1 = X_1 + \gamma X_2 t\;;\;\; \chi_2 = x_2 = X_2\,, \tag{3.39}$$

eine Kinematik, die einfache Scherung bestimmt, wobei der Skalar γ den Betrag der Scherung bezeichnet.

(a) Berechnen Sie den Verzerrungsgeschwindigkeitstensor **d** und den Spin-Tensor **w**, die aus der Bewegung (3.39) resultieren.
(b) Betrachten Sie die konvektiven Vektoren **m** und **n**, die mit dem Körper verbunden sind und seiner (homogenen) Bewegung $\boldsymbol{\chi}(t)$ folgen, siehe Abb. 3.18. Berechnen Sie die Zeitableitungen der inneren Produkte $\mathbf{m}\cdot\mathbf{n}$ und $\mathbf{m}\cdot\mathbf{m}$ und geben Sie physikalische Interpretationen dieser Größen an.
(c) Untersuchen Sie die Verformung der konvektiven Vektorpaare ($\mathbf{m}_0 = [1\ 0]^{\mathrm{T}}$, $\mathbf{n}_0 = [0\ 1]^{\mathrm{T}}$) und ($\mathbf{m}_0 = [\sqrt{2}\ \sqrt{2}]^{\mathrm{T}}, \mathbf{n}_0 = [-\sqrt{2}\ \sqrt{2}]^{\mathrm{T}}$), siehe Abb. 3.18.

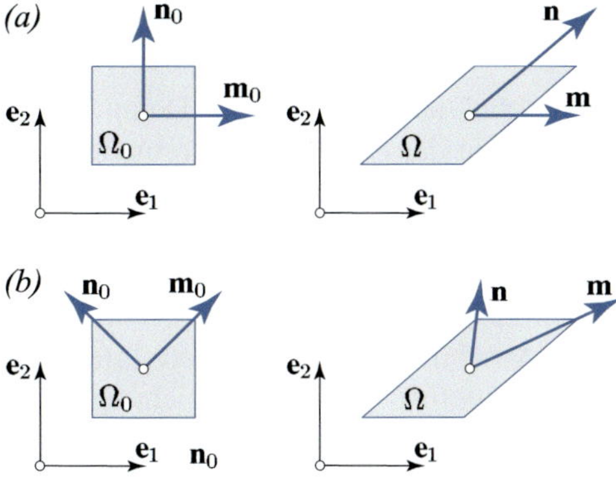

Abb. 3.18 Einfache Scherung bestimmt die Abbildung von konvektiven Vektoren von der Referenzkonfigurationen Ω_0 in die räumliche Konfigurationen Ω. Die Vektoren $\mathbf{m}_0$ und $\mathbf{n}_0$ sind entweder ausgerichtet (**a**) oder um $\pi/4$ gedreht (**b**) bezüglich der kartesischen Basisvektoren $\mathbf{e}_1$ und $\mathbf{e}_2$

■

3.4.2 Spannungsraten

Spannungsraten werden in der Beschreibung von zeitabhängigen physikalischen Prozessen verwendet – sie müssen daher *objektiv* sein. Zur Untersuchung ihrer Objektivität betrachten wir die räumliche Konfiguration $\widetilde{\Omega}$, die sich durch die Starrkörperrotation **R**, angewandt auf Ω, ergibt. Mit der Cauchy Spannung $\boldsymbol{\sigma}$ in Ω und der Transformation (3.30), ergibt sich der Ausdruck

$$\frac{\mathrm{d}}{\mathrm{d}t}\widetilde{\boldsymbol{\sigma}} = \overline{\mathbf{R}\boldsymbol{\sigma}\mathbf{R}^{\mathrm{T}}}^{\boldsymbol{\cdot}} = \dot{\mathbf{R}}\boldsymbol{\sigma}\mathbf{R}^{\mathrm{T}} + \mathbf{R}\dot{\boldsymbol{\sigma}}\mathbf{R}^{\mathrm{T}} + \mathbf{R}\boldsymbol{\sigma}\dot{\mathbf{R}}^{\mathrm{T}} \tag{3.40}$$

für die zeitliche Ableitung der Cauchy Spannung. Da die Cauchy Spannung ein räumlicher Ein-Punkt-Tensor ist, erwarten wir, dass sich auch seine zeitliche Ableitung wie ein räumlicher Ein-Punkt-Tensor transformiert und somit gemäß $\dot{\widetilde{\boldsymbol{\sigma}}} = \mathbf{R}\dot{\boldsymbol{\sigma}}\mathbf{R}^{\mathrm{T}}$. Der Ausdruck (3.40) zeigt, dass diese Eigenschaft nicht zutrifft, und die zeitliche Ableitung der Cauchy Spannung ist daher *nicht* objektiv und *darf nicht* zur Beschreibung von physikalischen Prozessen (bei endlichen Verformungen) verwendet werden.

Im Gegensatz zur Cauchy Spannung $\boldsymbol{\sigma}$ ist die zweite Piola-Kirchhoff Spannung $\mathbf{S}$ ein referentieller Ein-Punkt-Tensor und unabhängig von einer Starrkörperrotation $\mathbf{R}$ der räumlichen Konfiguration Ω. Ihre zeitliche Ableitung $\dot{\mathbf{S}}$ ist daher *a priori* eine objektive Spannungsrate. Andere objektive Spannungsraten sind die *Truesdell*[14] *Rate* der Cauchy Spannung

$$\overset{\circ}{\boldsymbol{\sigma}} = J^{-1}\mathbf{F}\dot{\mathbf{S}}\mathbf{F}^{\mathrm{T}} = J^{-1}\mathbf{F}\left[\mathrm{d}\left(J\mathbf{F}^{-1}\boldsymbol{\sigma}\mathbf{F}^{-\mathrm{T}}\right)/\mathrm{d}t\right]\mathbf{F}^{\mathrm{T}} = \dot{\boldsymbol{\sigma}} - \mathbf{l}\boldsymbol{\sigma} - \boldsymbol{\sigma}\mathbf{l}^{\mathrm{T}} + (\mathrm{tr}\mathbf{l})\boldsymbol{\sigma}$$

oder die *Jaumann*[15] *Rate* der Cauchy Spannung

$$\overset{\triangle}{\boldsymbol{\sigma}} = \dot{\boldsymbol{\sigma}} + \boldsymbol{\sigma}\mathbf{w} - \mathbf{w}\boldsymbol{\sigma}$$

mit den Geschwindigkeitsgradienten $\mathbf{l} = \mathrm{grad}\mathbf{v}$ und den Spin-Tensor $\mathbf{w} = (\mathbf{l} - \mathbf{l}^{\mathrm{T}})/2$. Die Begründung für diese Definitionen wird anderswo [22] gegeben.

3.4.3 Leistungskonjugierte Spannung und Verzerrungsraten

Angesichts unterschiedlicher Definitionen von Spannung und Verzerrungen in der Theorie der endlichen Deformation resultiert die Verformungsleistung aus der Multiplikation sogenannter *leistungskonjugierter* Paare von Spannung und Verzerrungsrate. Hier bezieht sich die Verformungsleistung auf die *Helmholtz*[16] *freie Energie* (oder *Deformationsenergie*) pro Zeiteinheit und bezeichnet den Teil der internen Leistung des Materials, der in *mechanische Leistung* umgewandelt werden kann. Abschn. 3.5.3 bietet weitere Informationen zur Helmholtz freien Energie.

Die Coleman[17] -Noll[18] Beziehung (3.129) $\mathbf{S} = 2\partial\Psi/\partial\mathbf{C}$ ermöglicht es uns, die zweite Piola-Kirchhoff Spannung $\mathbf{S}$ zu berechnen, wobei Ψ [J m^{-3}] die Helmholtz freie Energie pro *undeformiertes* Materialvolumen bezeichnet, während $\mathbf{C}$ die

[14] Clifford Ambrose Truesdell III, amerikanischer Mathematiker, Naturphilosoph und Wissenschaftshistoriker, 1919–2000.

[15] Gustav Jaumann, österreichischer Physiker, 1863–1924.

[16] Hermann Ludwig Ferdinand von Helmholtz, deutscher Arzt und Physiker, 1821–1894.

[17] Bernard D. Coleman, amerikanischer Arzt, 1929-datum.

[18] Walter Noll, amerikanischer Mathematiker, 1925–2017.

rechte Cauchy-Green Verzerrung ist. Die Verformungsleistung pro *undeformiertes Materialvolumen* lautet daher

$$\dot{\Psi} = \frac{\mathrm{d}\Psi}{\mathrm{d}t} = \frac{\partial \Psi}{\partial \mathbf{C}} : \frac{\mathrm{d}\mathbf{C}}{\mathrm{d}t} = \frac{1}{2}\mathbf{S} : \dot{\mathbf{C}}\,, \tag{3.41}$$

und $\mathbf{S}$ und $\dot{\mathbf{C}}/2$ sind somit leistungskonjugierte Größen.

Angesichts der Definition (3.33) der zweiten Piola-Kirchhoff Spannung zusammen mit den Definitionen der Verzerrungen (3.10) und (3.12), folgt der alternative Ausdruck $\dot{\Psi} = \mathbf{S} : \dot{\mathbf{E}} = \mathbf{P} : \dot{\mathbf{F}}$ aus (3.41). Die zweite Piola-Kirchhoff Spannung $\mathbf{S}$ ist daher auch leistungskonjugiert zur Rate der Green-Lagrange Verzerrung $\dot{\mathbf{E}}$, während die erste Piola-Kirchhoff Spannung $\mathbf{P}$ leistungskonjugiert zur Rate des Deformationsgradienten $\dot{\mathbf{F}}$ ist.

Im Hinblick auf die Ableitung eines leistungskonjugierten Paares, das sich auf die *räumliche Konfiguration* Ω des Körpers bezieht, betrachten wir die Verformungsleistung $\dot{\Gamma}$ [J s^{-1}] des gesamten Kontinuums. Die spezifische Verformungsleistung (3.41), die Definition (3.32) der zweiten Piola-Kirchhoff Spannung und die Zeitableitung $\dot{\mathbf{C}} = \dot{\mathbf{F}}^{\mathrm{T}}\mathbf{F} + \mathbf{F}^{\mathrm{T}}\dot{\mathbf{F}}$ der rechten Cauchy-Green Verzerrung ergibt den Ausdruck

$$\begin{aligned}
\dot{\Gamma} &= \frac{1}{2}\int_{\Omega_0} \mathbf{S} : \dot{\mathbf{C}}\mathrm{d}V = \frac{1}{2}\int_{\Omega_0} J\mathbf{F}^{-1}\boldsymbol{\sigma}\mathbf{F}^{-\mathrm{T}} : (\dot{\mathbf{F}}^{\mathrm{T}}\mathbf{F} + \mathbf{F}^{\mathrm{T}}\dot{\mathbf{F}})\mathrm{d}V = \\
&= \frac{1}{2}\int_{\Omega} [\mathrm{tr}(\mathbf{F}^{-1}\boldsymbol{\sigma}\mathbf{F}^{-\mathrm{T}}\dot{\mathbf{F}}^{\mathrm{T}}\mathbf{F}) + \mathrm{tr}(\mathbf{F}^{-1}\boldsymbol{\sigma}\mathbf{F}^{-\mathrm{T}}\mathbf{F}^{\mathrm{T}}\dot{\mathbf{F}})]\mathrm{d}v = \\
&= \frac{1}{2}\int_{\Omega} [\mathrm{tr}(\boldsymbol{\sigma}\mathbf{F}^{-\mathrm{T}}\dot{\mathbf{F}}^{\mathrm{T}}) + \mathrm{tr}(\boldsymbol{\sigma}\dot{\mathbf{F}}\mathbf{F}^{-1})]\mathrm{d}v = \\
&= \frac{1}{2}\int_{\Omega} \boldsymbol{\sigma} : (\mathbf{l}^{\mathrm{T}} + \mathbf{l})\mathrm{d}v = \int_{\Omega} \underbrace{\boldsymbol{\sigma} : \mathbf{d}}_{\dot{\psi}}\,\mathrm{d}v
\end{aligned}$$

für die Verformungsleistung des gesamten Körpers. Bei der Ableitung wurde das Volumenverhältnis $J = \mathrm{d}v/\mathrm{d}V$, der Verzerrungsgeschwindigkeitstensor $\mathbf{d} = (\mathbf{l} + \mathbf{l}^{\mathrm{T}})/2$, sowie die Eigenschaften $\mathbf{I} : \mathbf{A} = \mathrm{tr}\mathbf{A}$ und $\mathrm{tr}(\mathbf{ABC}) = \mathrm{tr}(\mathbf{BCA})$ verwendet. Die Cauchy Spannung $\boldsymbol{\sigma}$ und der Verzerrungsgeschwindigkeitstensor $\mathbf{d}$ sind daher leistungskonjugiert, und $\dot{\psi} = \boldsymbol{\sigma} : \mathbf{d}$ bestimmt die Verformungsleistung pro *Einheit deformiertes Materialvolumen.*

3.5 Konstitutive Modellierung

Ein konstitutives Modell ist die *mathematische Beschreibung* der mechanischen Eigenschaften des Materials. Ein Material kann viele, oft komplexe, physikalische Phänomene aufweisen, und es ist die beabsichtigte Modellanwendung (IMA), die festlegt, welche davon vom konstitutiven Modell zu erfassen sind. Dieser Abschnitt stellt die Grundlagen der konstitutiven Modellierung für lineare und nichtlineare Beschreibungen vor – viele weitere konstitutive Beschreibungen werden in den folgenden Kapiteln dieses Buches diskutiert.

3.5.1 Einige mechanische Eigenschaften von Materialien

3.5.1.1 Inkompressibilität

Ein *inkompressibles* Material behält sein Volumen während der Verformung bei. Der volumetrische Anteil der Spannung $\boldsymbol{\sigma}_{\text{vol}} = -p\mathbf{I}$ ist dann unabhängig von der Verzerrung und kann durch einen *Strafterm* oder *Lagrange* Beitrag dargestellt werden. Bei einem inkompressiblen Material ist sein Kompressionsmodul, und damit der Widerstand gegen Volumenänderungen, unendlich.

3.5.1.2 Isotropie und Anisotropie

Wenn die mechanischen Eigenschaften unabhängig von der räumlichen Orientierung sind, ist das Material *isotrop,* ansonsten ist es *anisotrop*. Die meisten Gefäßgewebe sind anisotrop. Die Charakterisierung eines anisotropen Materials erfordert mehr experimentelle Tests als die eines isotropen Materials. Abgesehen von seiner Abhängigkeit von der Verzerrung, hängt die Spannung in einem anisotropen Material auch von *strukturellen Informationen* ab, wie den Orientierungen, entlang denen das Material am weichsten und steifsten ist, bekannt als die *Hauptmaterialachsen.* Bei einem isotropen Material stimmen die Hauptspannungsrichtungen mit den Hauptverzerrungsrichtungen überein. Dies ist im Allgemeinen nicht der Fall bei einem anisotropen Material.

3.5.1.3 Verzerrungsenergie in Festkörpern

Die Verformung eines Körpers führt zur Umwandlung von externer Arbeit W in *Verformungsenergie* Γ. Bei einfachem Zug eines *linear-elastischen* Stabes der Länge l wird die externe Arbeit $W = Pu/2$ aufgebracht, um den Stab um $u = l\varepsilon_{11}$ zu verlängern, wobei $P = \sigma_{11}s$ die auf den Querschnitt s des Stabes wirkende Kraft bezeichnet, siehe Abb. 3.19a. Ein idealer *umkehrbarer* Prozess wandelt die externe Arbeit vollständig in Verformungsenergie um, und $W = \Gamma = Pu/2 = \sigma_{11}sl\varepsilon_{11}/2$ gilt. Die Verformungsenergie pro Volumeneinheit eines Materials, oder seine *spezifische Verformungsenergie,* beträgt dann $\Psi = \Gamma/V = \sigma_{11}\varepsilon_{11}/2$.

Bei einfacher Scherung eines *linear-elastischen* Blocks der Abmessungen $l \times s$ wird die externe Arbeit $W = Pu/2$ aufgebracht, um den Block um $u = 2l\varepsilon_{12}$ zu verzerren, wobei $P = \sigma_{12}s$ die Scherkraft bezeichnet, die auf die Fläche s wirkt, siehe Abb. 3.19b. Es wird darauf hingewiesen, dass der Scherwinkel $\gamma_{12} = 2\varepsilon_{12}$ doppelt so groß ist wie die Scherung ε_{12}. Ein idealer *umkehrbarer* Prozess bezeichnet die Verformungsenergie $\Gamma = Pu/2 = \sigma_{12}sl2\varepsilon_{12}/2$, und die spezifische Verformungsenergie beträgt daher $\Psi = \Gamma/V = \sigma_{12}\varepsilon_{12}$.

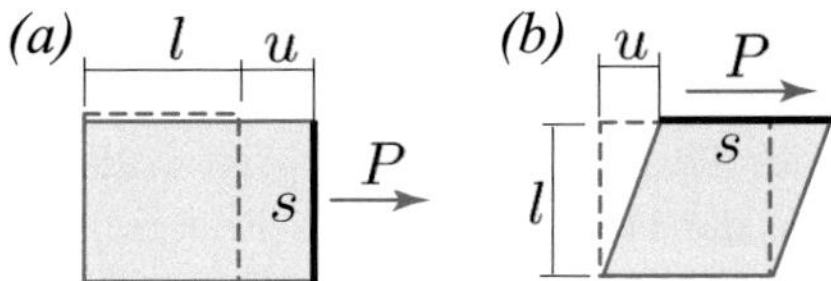

Abb. 3.19 Externe Arbeit $W = Pu/2$ zur Verformung eines linear-elastischen Körpers unter (**a**) einfachem Zug und (**b**) einfacher Scherung

Die Verallgemeinerung der vorhergehenden Ergebnisse auf einen mehrachsigen Spannungszustand eines *linear-elastischen* Materials ergibt die spezifische Verformungsenergie $\Psi = \boldsymbol{\sigma} : \boldsymbol{\varepsilon}/2$, und damit den Ausdruck

$$\begin{aligned}\Psi &= \sigma_{ab}\varepsilon_{ab}/2 \\ &= \sigma_{11}\varepsilon_{11}/2 + \sigma_{22}\varepsilon_{22}/2 + \sigma_{33}\varepsilon_{33}/2 + \sigma_{12}\varepsilon_{12} + \sigma_{23}\varepsilon_{23} + \sigma_{13}\varepsilon_{13}\end{aligned}$$

in Indexnotation eines 3D-Problems.

Für ein *nichtlineares* Material, ist die spezifische Deformationsenergie $\Psi = \int_t \boldsymbol{\sigma}(\boldsymbol{\varepsilon}) : \mathrm{d}\boldsymbol{\varepsilon}(t)$, wobei das Integral über den Deformationspfad des Materialpartikels genommen wird. Die Deformationsenergie Ψ eines elastischen Materials ist *pfadunabhängig,* und es ist daher irrelevant wie der endgültige Deformationszustand $\boldsymbol{\varepsilon}(t)$ erreicht wurde. Bei endlichen Deformationen kann die Deformationsenergie entweder in Bezug auf das *unverformte* Materialvolumen definiert, und mit Ψ bezeichnet werden, oder in Bezug auf das *verformte* Materialvolumen, und mit ψ bezeichnet werden.

3.5.1.4 Dissipation in isothermen Festkörpern

Unter isothermen Bedingungen führt die Clausius[19] -Duhem[20] Ungleichung (3.124) zur Dissipation

$$\mathcal{D} = -\dot{\psi} + \boldsymbol{\sigma} : \mathbf{d} \geq 0 \tag{3.42}$$

pro Volumseinheit des verformten Materials. Hier bestimmt die Cauchy Spannung $\boldsymbol{\sigma}$, multipliziert mit dem Verzerrungsgeschwindigkeitstensor $\mathbf{d}$ die *Verformungsleistung* $\boldsymbol{\sigma} : \mathbf{d}$, während $\dot{\psi}$ die Rate der Helmholtz freien Energie des Festkörpers pro Volumseinheit des verformten Materials bezeichnet.

Bei einem viskoelastischen Material, kann die Spannung $\boldsymbol{\sigma} = \boldsymbol{\sigma}_\mathrm{e} + \boldsymbol{\sigma}_\mathrm{v}$ in die *elastische* Spannung $\boldsymbol{\sigma}_\mathrm{e}$ und die *viskose Spannung* (oder *Über*spannung) $\boldsymbol{\sigma}_\mathrm{v}$ zerlegt werden. Die viskose Spannung bezieht sich auf Beiträge von Dämpfer-ähnlichen Elementen in der rheologischen Beschreibung von viskoelastischen Festkörpern, siehe Abschn. 3.5.4. Die viskose Spannung $\boldsymbol{\sigma}_\mathrm{v}$ hängt von der Deformation, der Deformationsrate und der *Belastungshistorie* des Materials ab. Bei festgehaltener

[19] Rudolf Julius Emanuel Clausius, deutscher Physiker und Mathematiker, 1822–1888.

[20] Pierre Maurice Marie Duhem, französischer Physiker, Mathematiker, Historiker und Wissenschaftsphilosoph, 1861–1916.

Deformation und zunehmender Zeit t tendiert $\boldsymbol{\sigma}_{\rm v}$ gegen null, und im Grenzfall $t \rightarrow \infty$ charakterisiert die elastische Spannung $\boldsymbol{\sigma}_{\rm e}$ das Material.

Der elastische Teil der Verformungsleistung ist vollständig rückgewinnbar, er entspricht daher der Rate der Helmholtz freien Energie, $\boldsymbol{\sigma}_{\rm e} : \mathbf{d} = \dot{\psi}$, und die Dissipation eines viskoelastischen Materials lautet damit

$$\mathcal{D} = \boldsymbol{\sigma}_{\rm v} : \mathbf{d} \geq 0\,. \tag{3.43}$$

Die Dissipation muss *nicht-negativ* für alle möglichen Verformungen sein, um dem zweiten Hauptsatz der Thermodynamik zu entsprechen, siehe Abschn. 3.6.3.2.

3.5.1.5 Dissipation in isothermen Flüssigkeiten

Im Gegensatz zu Festkörpern können (inelastische) Flüssigkeiten *keine* Verformungsenergie speichern, sodass $\dot{\psi} = 0$ gilt. Unter isothermen Bedingungen lautet die Clausius-Duhem Ungleichung (3.124) dann

$$\mathcal{D} = \boldsymbol{\sigma} : \mathbf{d} \geq 0 \tag{3.44}$$

und bestimmt die Dissipation $\mathcal{D}$ pro Volumseinheit des verformten Materials – die *gesamte* Verformungsleistung $\boldsymbol{\sigma} : \mathbf{d}$ wird damit dissipiert.

Wir betrachten nun eine inkompressible Newtonsche Flüssigkeit (siehe Abschn. 3.5.4.1), um weiter auf die Dissipationsungleichung einzugehen. Es entwickelt sich dabei die Spannung $\boldsymbol{\sigma} = 2\eta\mathbf{d} - p\mathbf{I}$ in der Flüssigkeit, wobei η und p die dynamische Viskosität und den Flüssigkeitsdruck bezeichnen. Die Leistung $p\mathbf{I} : \mathbf{d} = 2\eta\mathbf{d} : \mathbf{d}$ wird dann dissipiert. Bei der Ableitung dieses Ausdrucks wurde die Inkompressibilität (3.38) $\mathbf{I} : \mathbf{d}=0$, auch bekannt als Kontinuitätsbedingung einer inkompressiblen Flüssigkeit, verwendet. Beachten Sie, dass die Dissipation $\mathcal{D}$ der Newtonschen Flüssigkeit streng positiv für jeden möglichen Verzerrungsgeschwindigkeitstensor $\mathbf{d}$ ist.

3.5.1.6 Steifigkeit

Die *Steifigkeit* beschreibt, wie sich die Spannung in Reaktion auf die Verzerrung ändert. Die innere Struktur des Gefäßgewebes wird kontinuierlich erneuert, und seine Steifigkeit kann sich daher im Laufe der Zeit und in Reaktion auf Faktoren wie Alterung und Krankheit kontinuierlich verändern. Die Steifigkeit wird durch $\mathbb{C}$, den Steifigkeits-*Tensor vierter Ordnung* beschrieben, der die Spannungszunahme $\Delta\boldsymbol{\sigma}$ mit der Verzerrungszunahme $\Delta\boldsymbol{\varepsilon}$ gemäß

$$\Delta\boldsymbol{\sigma} = \mathbb{C} : \Delta\boldsymbol{\varepsilon}\,.$$

in Beziehung setzt. Bei einem 1D-Problem ist die Steifigkeit die Tangente zur Spannungs-Verzerrungs-Kurve, siehe Abb. 3.20. Der Steifigkeitstensor eines *isotropen linear-elastischen* Materials ist konstant und wird durch zwei Materialparameter bestimmt – das sind zum Beispiel der Elastizitätsmodul (auch Youngscher

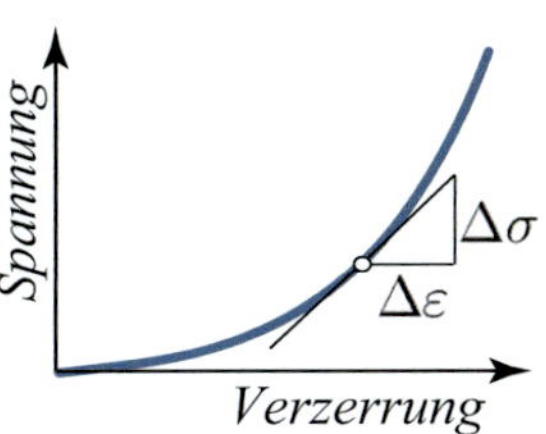

Abb. 3.20 Spannungs-Verzerrungs-Kurve eines Materials in 1D. Die Steifigkeit $k = \Delta\sigma/\Delta\varepsilon$ ist nicht konstant, sondern nimmt in diesen Fall mit der Verzerrung zu

Modul genannt) und die Poissonzahl[21]. Siehe Abschn. 3.5.2 für alternative Beschreibungen. Die Steifigkeit eines nichtlinearen Materials ist nicht konstant und hängt von der Verzerrung ab. Sie ist daher *keine* intrinsische Materialeigenschaft.

Der Steifigkeitstensor hat immer *Nebensymmetrie* $c_{ijkl} = c_{jikl} = c_{ijlk}$, und für die meisten Materialien auch *Hauptsymmetrie* $c_{ijkl} = c_{klij}$. Der Steifigkeitstensor eines elastischen Materials ist *positiv definit*, und $\Delta\boldsymbol{\varepsilon} : \mathbb{C} : \Delta\boldsymbol{\varepsilon}$ bleibt daher positiv für jedes mögliche Verzerrungsinkrement $\Delta\boldsymbol{\varepsilon}$.

Bei einer geometrisch nichtlinearen Analyse ist es zweckmäßig, die Steifigkeit $\mathbb{C}$ in Bezug auf das *unverformte* Material zu verwenden. Die Steifigkeit ist dann ein referentieller Ein-Punkt-Tensor und bezieht sich auf die Referenzkonfiguration des Körpers Ω_0. Die referentielle Steifigkeit drückt die Zunahme der zweiten Piola-Kirchhoff Spannung durch

$$\Delta\mathbf{S} = \mathbb{C} : \Delta\mathbf{E} = 2\mathbb{C} : \Delta\mathbf{C}\,,$$

aus, wo $\Delta\mathbf{E}$ und $\Delta\mathbf{C}$ die Zuwächse der Green-Lagrange Verzerrung und der rechten Cauchy-Green Verzerrung bezeichnen. Die Push-Forward-Operation $c_{ijkl} = J^{-1} F_{iI} F_{jJ} F_{kK} F_{lL} C_{IJKL}$ stellt dann den Zusammenhang des referentiellen Steifigkeitstensors $\mathbb{C}$ und des räumlichen Steifigkeitstensors $\mathbb{C}$ dar, wobei $\mathbf{F}$ und J den Deformationsgradienten und das Volumenverhältnis bezeichnen.

Für ein hyperelastisches Material (siehe Abschn. 3.5.3) leitet sich der referentielle Steifigkeitstensor

$$\mathbb{C}(\mathbf{C}) = 4\frac{\partial^2\Psi(\mathbf{C})}{\partial\mathbf{C}\partial\mathbf{C}} \tag{3.45}$$

von der Verzerrungsenergie $\Psi(\mathbf{C})$ pro Einheit des Referenzvolumens ab. Der Ausdruck (3.45) bewahrt Haupt- und Nebensymmetrien und führt zu *21 unabhängigen* Komponenten des Steifigkeitstensors. Die Entkopplung des Steifigkeitstensors in *isochorischen (oder deviatorischen)* $\overline{\mathbb{C}}$ und *volumetrischen (oder hydrostatischen)* $\mathbb{C}_{\text{vol}}$ Beitrag kann für einige Anwendungen motiviert sein.

In der Beschreibung eines inkompressiblen Materials bezeichnet $\mathbb{C}_{\text{vol}}$ einen *Lagrange* Beitrag, während es sich bei der Beschreibung eines quasi-inkompressiblen Materials um einen *Strafbeitrag* handelt.

---

[21] Baron Siméon Denis Poisson, französischer Mathematiker, Ingenieur und Physiker, 1781–1840.

3.5.1.7 Festigkeit

Die *Festigkeit* bezeichnet das *Spannungsniveau,* bei dem ein Material mechanisch *versagt*. Wie bei der Steifigkeit kann die Festigkeit von Gefäßgewebe im Laufe der Zeit variieren.

Ein Material kann durch eine Reihe verschiedener Mechanismen versagen. Ein duktiles Material *versagt* unter Scherspannung, während ein sprödes Material unter Normalspannung bricht. Eine Versagenshypothese definiert eine *äquivalente (skalare) Spannung*, die die Anfälligkeit des Materials für ein Versagen repräsentiert und seine Festigkeit unter *mehrachsigen* Spannungsbedingungen charakterisiert. Die von Mises Spannung und die Tresca[22] Spannung sind weit verbreitete äquivalente Spannungsmaße für duktile Materialien, während die maximale Hauptspannung, auch bekannt als das Rankine[23] Kriterium, zur Beschreibung spröder Materialien verwendet werden kann. Eine Reihe anderer Versagensmechanismen und Theorien wurden ebenfalls vorgeschlagen, und einige Konzepte werden in Abschn. 3.8 diskutiert.

3.5.1.8 Bruchzähigkeit

Die *Bruchzähigkeit* ist eine Eigenschaft, die die Fähigkeit eines Materials beschreibt, einem *Bruch* zu widerstehen. Die Ausbreitung eines Risses erfordert *Energie* zur Erzeugung neuer Bruchfläche, setzt aber gleichzeitig Energie durch elastisches Entlasten des Körpers in der Nähe der Rissspitze frei. Wenn die zur Erzeugung der Bruchfläche benötigte Energie geringer ist als die durch elastisches Entlasten freigesetzte Energie ist, breitet sich ein Riss *spontan* aus. Die Bruchzähigkeit ist eng mit der internen Dissipation oder der *Energiefreisetzungsrate* $\mathcal{D}_{\text{int}}$ [J m^{-2}] und somit der Energie, die pro Einheit der neu geschaffenen Bruchfläche dissipiert, verbunden.

3.5.2 Linear-elastisches Material

Ein *linear-elastisches* oder *Hooke*[24] Material zeigt lineare Spannungs-Verzerrungs-Eigenschaften. Bei einfacher Zugbelastung verhält es sich sehr ähnlich wie eine linear-elastische Feder. Die Normalspannung σ_{11} und die Normalverzerrung ε_{11} sind durch $\sigma_{11} = E\varepsilon_{11}$ miteinander verbunden, wobei der Proportionalitätsfaktor E als *Elastizitätsmodul* bezeichnet wird. Die Normalverzerrung in einer Richtung beeinflusst jedoch die Normalverzerrung in den Richtungen senkrecht dazu, ein Phänomen, das als *Poisson Effekt* bekannt ist. Unter einfachem Zug wird das Material daher nicht nur durch ε_{11} gedehnt, sondern auch in den Richtungen senkrecht dazu, $\varepsilon_{22} = \varepsilon_{33} = -\nu\varepsilon_{11}$. Der Proportionalitätsfaktor ν wird als *Poissonzahl* bezeichnet.

---

[22] Henri Édouard Tresca, französischer Maschinenbauingenieur, 1814–1885.

[23] William John Macquorn Rankine, schottischer Maschinenbauingenieur, 1820–1872.

[24] Robert Hooke, englischer Naturphilosoph, Architekt und Universalgelehrter, 1635–1703.

Bei einfacher Scherung drückt $\sigma_{12}=2G\varepsilon_{12}$ die Beziehung zwischen der Scherspannung σ_{12} und der Scherverzerrung ε_{12} aus, wobei der Proportionalitätsfaktor G als *Schubmodul* bezeichnet wird. Im Gegensatz zur Normalverzerrung beeinflusst die Scherverzerrung innerhalb einer Ebene die Scherverzerrungen senkrecht dazu *nicht* – die Scherverzerrungen sind entkoppelt.

Der Elastizitätsmodul E, der Schubmodul G und die Poissonzahl ν sind voneinander abhängig. Bei einem isotropen linear-elastischen Material gilt die Beziehung

$$E = 2(1+\nu)G \tag{3.46}$$

unter den Materialparametern. Das isotrope linear-elastische Material wird daher vollständig durch *zwei* unabhängige Materialparameter beschrieben.

Beispiel 3.12 (Abhängigkeit der Materialparameter) Der Elastizitätsmodul E, das Schubmodul G und die Poissonzahl ν beschreiben die Eigenschaften eines isotropen linear-elastischen Materials. Sie sind nicht unabhängig voneinander, und die Beziehung zwischen diesen Parametern soll bei kleinen Verformungen untersucht werden.

(a) Abb. 3.21a,b veranschaulicht die Verformung eines 2D-Materialpartikels. Das Partikel wird durch das Einheitsquadrat repräsentiert und durch einfachen Zug belastet. Leiten Sie, unter der Annahme kleiner Verformungen, die Beziehung zwischen der Normalverzerrung ε, dem Scherwinkel γ und der Poissonzahl ν ab.

(b) Betrachten Sie das verformte Materialpartikel in Hauptspannungsrichtungen und um $\pi/4$ gedreht dazu, siehe Abb. 3.21c,d. Leiten Sie die Beziehung (3.46) zwischen E, G und ν des linear-elastischen isotropen Materials ab.

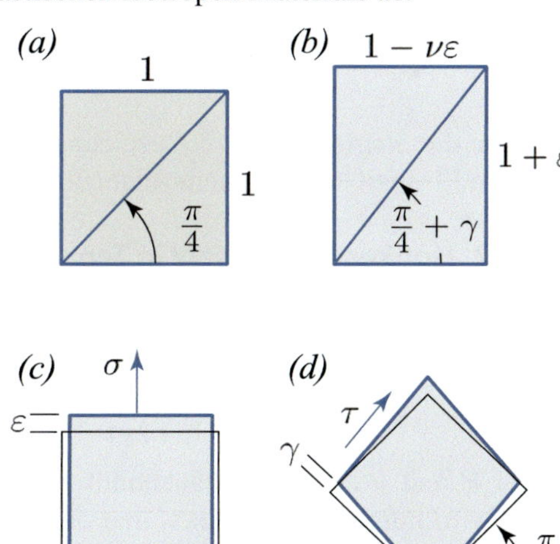

Abb. 3.21 Das Einheitsquadrat repräsentiert einen 2D-Materialpunkt unter einfachem Zug. (**a**) Referenzkonfiguration. (**b**) Verformte Konfiguration mit Normalverzerrung ε und Schwerwinkel γ. (**c**) Normalverzerrung ε und Normalspannung σ. (**d**) Scherwinkel γ und Scherspannung τ

■

3.5.2.1 Hookesches Gesetz in Voigt Notation

Zur Darstellung eines linear-elastischen Materials ist es zweckmäßig die *Voigtsche Notation* einzuführen. Bei einem 3D-Problem werden die Spannung und die Verzerrung dann durch die sechsdimensionalen Vektoren $\boldsymbol{\sigma} = [\sigma_{11}\ \sigma_{22}\ \sigma_{33}\ \sigma_{12}\ \sigma_{23}\ \sigma_{13}]^{\mathrm{T}}$ und $\boldsymbol{\varepsilon} = [\varepsilon_{11}\ \varepsilon_{22}\ \varepsilon_{33}\ \varepsilon_{12}\ \varepsilon_{23}\ \varepsilon_{13}]^{\mathrm{T}}$ ausgedrückt. Folglich kann ein isotropes linear-elastisches Material durch

$$\begin{bmatrix} \varepsilon_{11} \\ \varepsilon_{22} \\ \varepsilon_{33} \\ \varepsilon_{12} \\ \varepsilon_{23} \\ \varepsilon_{13} \end{bmatrix} = \underbrace{\frac{1}{E} \begin{bmatrix} 1 & -\nu & -\nu & 0 & 0 & 0 \\ -\nu & 1 & -\nu & 0 & 0 & 0 \\ -\nu & -\nu & 1 & 0 & 0 & 0 \\ 0 & 0 & 0 & 1+\nu & 0 & 0 \\ 0 & 0 & 0 & 0 & 1+\nu & 0 \\ 0 & 0 & 0 & 0 & 0 & 1+\nu \end{bmatrix}}_{\mathbf{g}} \begin{bmatrix} \sigma_{11} \\ \sigma_{22} \\ \sigma_{33} \\ \sigma_{12} \\ \sigma_{23} \\ \sigma_{13} \end{bmatrix}, \tag{3.49}$$

dargestellt werde, wobei $\mathbf{g}$ die *Nachgiebigkeitsmatrix* bezeichnet – sie ist konstant und wird hier durch den Elastizitätsmodul E und die Poissonzahl ν ausgedrückt. Die lineare Beziehung (3.49) kann invertiert werden, um die Spannung als Funktion der Verzerrung auszudrücken. Die Beziehung liest sich dann

$$\begin{bmatrix} \sigma_{11} \\ \sigma_{22} \\ \sigma_{33} \\ \sigma_{12} \\ \sigma_{23} \\ \sigma_{13} \end{bmatrix} = \underbrace{\widehat{E} \begin{bmatrix} (1-\nu) & \nu & \nu & 0 & 0 & 0 \\ \nu & 1-\nu & \nu & 0 & 0 & 0 \\ \nu & \nu & 1-\nu & 0 & 0 & 0 \\ 0 & 0 & 0 & 1-2\nu & 0 & 0 \\ 0 & 0 & 0 & 0 & 1-2\nu & 0 \\ 0 & 0 & 0 & 0 & 0 & 1-2\nu \end{bmatrix}}_{\mathbf{c}} \begin{bmatrix} \varepsilon_{11} \\ \varepsilon_{22} \\ \varepsilon_{33} \\ \varepsilon_{12} \\ \varepsilon_{23} \\ \varepsilon_{13} \end{bmatrix}, \tag{3.50}$$

wobei $\mathbf{c}$ die *Steifigkeitsmatrix* bezeichnet, und $\widehat{E} = E/[(1-2\nu)(1+\nu)]$ einen effektiven Elastizitätsmodul kennzeichnet.

3.5.2.2 Hookesches Gesetz in Tensor-Notation

Die Beziehung $\boldsymbol{\sigma} = \mathbb{C} : \boldsymbol{\varepsilon}$ drückt ein linear-elastisches Material aus, wobei C den *Elastizitätstensor* bezeichnet. Es ist ein Tensor *vierter Ordnung*

$$c_{ijkl} = \frac{E\nu}{(1+\nu)(1-2\nu)}\delta_{ij}\delta_{kl} + \frac{E}{2(1+\nu)}(\delta_{ik}\delta_{jl} + \delta_{il}\delta_{jk}), \tag{3.51}$$

wobei E und ν der Elastizitätsmodul und die Poissonzahl sind. Das Kronecker-Delta wird durch δ_{ij} bezeichnet, und der Ausdruck (3.51) zeigt, dass der Elastizitätstensor C die Hauptsymmetrie $c_{ijkl} = c_{klij}$ und die Nebensymmetrie $c_{ijkl} = c_{jikl} = c_{ijlk}$ erfüllt.

3.5.2.3 Hookesches Gesetz mit entkoppelten Scher- und Volumenbeiträgen

Das linear-elastische Material kann auch durch

$$\boldsymbol{\sigma} = \mathbb{C} : \boldsymbol{\varepsilon} = \overline{\boldsymbol{\sigma}} + \boldsymbol{\sigma}_{\mathrm{vol}} = (\overline{\mathbb{C}} + \mathbb{C}_{\mathrm{vol}}) : \boldsymbol{\varepsilon} \ ,$$

dargestellt werden, wobei $\overline{\boldsymbol{\sigma}}$ und $\boldsymbol{\sigma}_{\mathrm{vol}}$ die isochoren und volumetrischen Spannungsbeiträge bezeichnen. Der *entkoppelte* Elastizitätstensor $\mathbb{C}$ liest sich dann

$$c_{ijkl} = \underbrace{G[\delta_{ik}\delta_{jl} + \delta_{il}\delta_{jk} - (2/3)\delta_{ij}\delta_{kl}]}_{\overline{c}_{ijkl}} + \underbrace{K\delta_{ij}\delta_{kl}}_{c_{\mathrm{vol}\,ijkl}} \ ,$$

wobei δ_{ij} das Kronecker-Delta ist, während $G = E/[2(1+\nu)]$ und $K = E/[3(1-2\nu)]$ den *Schub-* und *Kompressionsmodul* bezeichnen. Während G den Widerstand des Materials gegen Formänderungen, wie Scherung, angibt, stellt K seinen Widerstand gegen Volumenänderungen dar.

Beispiel 3.13 (Hooke Material bei spezifischen Belastungsfällen) Betrachten Sie die Voigtsche Notation (3.49) eines linear-elastischen Materials in 3D und leiten Sie spezielle Spannungs-Verzerrungs-Ausdrücke für die Bedingungen von (a) einfacher Zug, (b) einfache Scherung, (c) ebener Spannungszustand und (d) ebener Verzerrungszustand ab.

■

3.5.3 Hyperelastizität

Die *hyperelastische* Beschreibung eines Materials geht davon aus, dass die Verformungsenergie, und somit die mechanische Arbeit zur Verformung des Festkörpers, bei Entlastung *vollständig* zurückgewonnen wird und *keine* Energiedissipation auftritt. Zur Beschreibung ist es zweckmäßig, die *Helmholtz freie Energie*, oder *Verformungsenergie* $\Psi = U - \theta S$ [J m^{-3}], einzuführen, wobei θ die Temperatur ist, während U und S die *innere Energie* und die *Entropie* bezeichnen. Die beiden letztgenannten Größen beziehen sich auf das *unverformte* Volumen des Materials. Das linear-elastische Material bei kleinen Verformungen ist ein Spezialfall eines hyperelastischen Materials, das durch die Verformungsenergie $\Psi = \boldsymbol{\sigma} : \boldsymbol{\varepsilon}/2 = \boldsymbol{\varepsilon} : \mathbb{C} : \boldsymbol{\varepsilon}/2$ beschrieben wird.

Die Verformungsenergie des Materials wird entweder durch den energetischen Beitrag U oder durch den entropischen Beitrag $-\theta S$ dominiert. Ein kristallines Material ist typischerweise ein energetisch-elastisches Material, bei dem die Verformungsenergie $\Psi \approx U$ durch die Änderung des Abstands zwischen den Atomen der Kristalle gespeichert wird. Im Gegensatz dazu ist Gummi ein entropisch-elastisches Material und die Verformungsenergie $\Psi \approx -\theta S$ wird durch das Ausrichten der Makromolekülketten, anstatt durch deren Dehnung, gespeichert.

3.5.3.1 Gekoppelte Formulierung

Die Helmholtz freie Energie Ψ ist eine Funktion der Verformung, und es ist vorteilhaft, ein *referenzielles* Verzerrungsmaß als Argument einer solchen Funktion zu verwenden. Die Energie ist dann *a priori* unabhängig von der Starrkörperrotation $\mathbf{R}$, die der räumlichen Konfiguration des Körpers Ω überlagert wäre. Die rechte Cauchy-Green Verzerrung $\mathbf{C}$ ist ein solches Verzerrungsmaß und die Helmholtz freie Energie lautet dann $\Psi = \Psi(\mathbf{C})$. Mit den drei Invarianten $I_1 = \text{tr}\mathbf{C}$, $I_2 = \left[(\text{tr}\mathbf{C})^2 - \text{tr}\mathbf{C}^2\right]/2$, und $I_3 = \det\mathbf{C}$ eines 3D-Problems kann die freie Energie durch $\Psi = \Psi(I_1, I_2, I_3)$ ausgedrückt werden.

Bei einem *anisotropen* Material, ist die Helmholtz freie Energie auch eine Funktion der internen Materialstruktur. Wir können n strukturelle Tensoren $\mathbf{A}_i$, $i = 1, \ldots, n$ verwenden, um eine solche Struktur zu beschreiben, und die freie Energie kann wieder durch die Invarianten I_i, $i = 1, \ldots, m$ ausgedrückt werden, d.h. $\Psi(\mathbf{C}, \mathbf{A}_i) = \Psi(I_1, \ldots, I_m)$. Die Invarianten I_i werden dann durch $\mathbf{C}$ und alle möglichen Kombinationen von $\mathbf{C}$ und $\mathbf{A}_i$ gebildet [33].

Coleman und Nolls Verfahren (3.129) ermöglicht es uns, die zweite Piola-Kirchhoff Spannung durch

$$\mathbf{S} = 2\frac{\partial\Psi(I_1, I_2, I_3, \ldots, I_m)}{\partial\mathbf{C}} = 2\frac{\partial\Psi(I_1, I_2, I_3, \ldots, I_m)}{\partial I_i}\frac{\partial I_i}{\partial\mathbf{C}}, \tag{3.54}$$

darzustellen, wobei die Terme $\partial I_i/\partial\mathbf{C}$ aus kinematischen Beziehungen der Deformation abgeleitet werden können. Anhang C gibt diese Ausdrücke für $i = 1, 2, 3$ und allgemeinere Ausdrücke sind anderswo [36] verfügbar. Ist die zweite Piola-Kirchhoff Spannung gegeben, ermöglicht die Piola Transformation (3.32) die Berechnung der Cauchy Spannung $\boldsymbol{\sigma} = J^{-1}\mathbf{F}\mathbf{S}\mathbf{F}^{\mathrm{T}}$.

Für die meisten Anwendungen ist die Helmholtz freie Energie ein stark-konvexes Potential in Bezug auf den Deformationsgradienten $\mathbf{F}$. Es führt dann zu einem *positiv-definiten* Elastizitätstensor, und das Material erfüllt die physikalische Anforderung, dass eine Spannungszunahme mit einer Verzerrungszunahme einhergeht und umgekehrt. Die Gestaltung solcher freien Energie-Funktionen ist herausfordernd. Als Beispiel siehe dazu das konstitutive Rahmenwerk von *a priori* polykonvexen Energiefunktionen für transversal-isotrope Materialien [31].

3.5.3.2 Volumetrisch-Isochorisch Entkoppelte Formulierung

Es kann von Vorteil sein, die Bewegung $\boldsymbol{\chi}(\mathbf{X}) = \overline{\boldsymbol{\chi}}(\boldsymbol{\chi}_{\text{vol}}(\mathbf{X}))$ des Materialpunkts $\mathbf{X}$ in *volumetrische* (volumenverändernde) $\boldsymbol{\chi}_{\text{vol}}$ und *isochorische* (formverändernde) $\overline{\boldsymbol{\chi}}$ Beiträge zu zerlegen, siehe Abb. 3.22. Der gesamte Deformationsgradient $\mathbf{F} = \text{Grad}\boldsymbol{\chi}(\mathbf{X}) = \overline{\mathbf{F}}\mathbf{F}_{\text{vol}}$ wird dann durch den isochorischen $\overline{\mathbf{F}} = \text{Grad}\overline{\boldsymbol{\chi}}(\boldsymbol{\chi}_{\text{vol}}(\mathbf{X})) = J^{-1/3}\mathbf{F}$ und volumetrischen $\mathbf{F}_{\text{vol}} = \text{Grad}\boldsymbol{\chi}_{\text{vol}}(\mathbf{X}) = J^{1/3}\mathbf{I}$ Beitrag ausgedrückt, wobei J das Volumenverhältnis bezeichnet. Ein solcher Ansatz steht in Verbindung mit der Zerlegung der Spannung, wie sie in Abschn. 3.3.4 diskutiert wird. Er basiert auf der Aufteilung der Helmholtz freien Energie

$$\Psi(J, \overline{\mathbf{C}}) = \Psi_{\text{iso}}(\overline{\mathbf{C}}) + \Psi_{\text{vol}}(J) \tag{3.55}$$

in isochore Ψ_{iso} und volumetrische Ψ_{vol} Beiträge, wo $\overline{\mathbf{C}} = \overline{\mathbf{F}}^{\mathrm{T}}\overline{\mathbf{F}}$ die *isochore* rechte Cauchy-Green Verzerrung bezeichnet. Aufgrund der Definition von $\overline{\mathbf{C}}$,

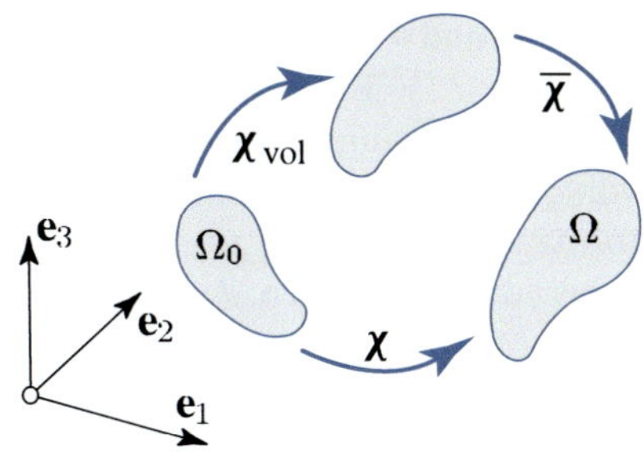

Abb. 3.22 Die gesamte Bewegung $\boldsymbol{\chi}(\mathbf{X}) = \overline{\boldsymbol{\chi}}(\boldsymbol{\chi}_{\text{vol}}(\mathbf{X}))$ wird in die volumetrische Bewegung $\boldsymbol{\chi}_{\text{vol}}$ und der nachfolgenden isochorischen Bewegung $\overline{\boldsymbol{\chi}}$ zerlegt

ist dessen dritte Invariante identisch Null, und eine invarianten-basierte Beschreibung von (3.55) lautet dann $\Psi = \Psi_{\text{iso}}(\overline{I}_1, \overline{I}_2) + \Psi_{\text{vol}}(J)$, wobei $\overline{I}_1 = \text{tr}\overline{\mathbf{C}}$ und $\overline{I}_2 = (\overline{I}_1{}^2 - \text{tr}\overline{\mathbf{C}}^2)/2$ die erste und zweite Invariante von $\overline{\mathbf{C}}$ bezeichnen.

Während die additive Zerlegung (3.55) allgemein auf isotrope Materialien anwendbar ist, unabhängig davon, ob sie kompressibel oder inkompressibel sind, beschreibt sie anisotrope Materialien nur an ihrer inkompressiblen Grenze. Bei Inkompressibilität „degeneriert" Ψ_{vol} zu einem Lagrange Beitrag, der die Inkompressibilität unabhängig von den konstitutiven Eigenschaften erzwingt.

Ist die Helmholtz freie Energie (3.55) gegeben, definiert das Verfahren von Coleman und Noll (3.129) die zweite Piola-Kirchhoff Spannung

$$\mathbf{S} = 2\frac{\partial\Psi(J,\overline{\mathbf{C}})}{\partial\mathbf{C}} = \underbrace{2\frac{\partial\Psi_{\text{iso}}(\overline{\mathbf{C}})}{\partial\overline{\mathbf{C}}} : \frac{\partial\overline{\mathbf{C}}}{\partial\mathbf{C}}}_{\overline{\mathbf{S}}} + \underbrace{2\frac{\partial\Psi_{\text{vol}}(J)}{\partial J}\frac{\partial J}{\partial\mathbf{C}}}_{\mathbf{S}_{\text{vol}}}, \tag{3.56}$$

die dann auch in isochore $\overline{\mathbf{S}}$ und volumetrische $\mathbf{S}_{\text{vol}}$ Beiträge zerlegt ist. Die Deformationskinematik bestimmt die Terme $\partial J/\partial\mathbf{C} = J\mathbf{C}^{-1}/2$ und $\partial\overline{\mathbf{C}}/\partial\mathbf{C} = J^{-2/3}[\mathbb{I} - (\mathbf{C} \otimes \mathbf{C}^{-1})/3]$ (siehe Anhang C), und die zweite Piola-Kirchhoff Spannung (3.56) lautet dann

$$\mathbf{S} = 2J^{-2/3}\text{Dev}\left(\frac{\Psi_{\text{iso}}(\overline{\mathbf{C}})}{\partial\overline{\mathbf{C}}}\right) - Jp\mathbf{C}^{-1}, \tag{3.57}$$

wobei $p = -\partial\Psi_{\text{vol}}(J)/\partial J$ der negative hydrostatische Druck ist, während $\text{Dev}(\bullet) = (\bullet) - [\mathbf{C} : (\bullet)]\mathbf{C}^{-1}/3$ den Deviatoroperator in der *referenziellen Beschreibung* bezeichnet. Sein „Push-Forward" ergibt den räumlichen Deviatoroperator $\text{dev}(\bullet) = (\bullet) - [\mathbf{I} : (\bullet)]\mathbf{I}/3$.

Die Piola Transformation $\boldsymbol{\sigma} = J^{-1}\mathbf{F}\mathbf{S}\mathbf{F}^{\text{T}}$ ermöglicht es uns dann, die Cauchy Spannung zu berechnen

$$\boldsymbol{\sigma} = J^{-1}\mathbf{F}\mathbf{S}\mathbf{F}^{\text{T}} = \underbrace{2\overline{\mathbf{F}}\left[\text{Dev}\left(\frac{\Psi_{\text{iso}}(\overline{\mathbf{C}})}{\partial\overline{\mathbf{C}}}\right)\right]\overline{\mathbf{F}}^{\text{T}}}_{\overline{\boldsymbol{\sigma}}} \underbrace{-p\mathbf{I}}_{\boldsymbol{\sigma}_{\text{vol}}}, \tag{3.58}$$

wobei $\overline{\boldsymbol{\sigma}}$ und $\boldsymbol{\sigma}_{\text{vol}}$ die jeweiligen isochoren und volumetrischen Beiträge sind, während $\overline{\mathbf{F}} = J^{-1/3}\mathbf{F}$ den isochoren Deformationsgradienten bezeichnet.

Die Spannungsausdrücke (3.56) und (3.58) können auch in der Beschreibung von quasi-inkompressiblen Materialien verwendet werden. Die volumetrische Deformationsenergie $\Psi_{\text{vol}}(J)$ dient dann als Strafterm um die Inkompressibilität annähernd zu erzwingen, $J = \det\mathbf{F} \approx 1$.

3.5.3.3 Inkompressible Formulierung

Die Beschreibung von inkompressiblen Festkörpern kann aus der oben beschriebenen volumetrisch-isochorisch entkoppelten Formulierung abgeleitet werden. Bei Inkompressibilität „degeneriert" der volumetrische Spannungsbeitrag $\mathbf{S}_{\text{vol}}$ zu $\mathbf{S}_{\text{vol}} = -p\mathbf{C}^{-1}$, und der Wert des hydrostatischen Drucks p stellt die Inkompressibilitätsbedingung $J = \det\mathbf{F} = 1$ sicher. Im Gegensatz zu Abschn. 3.5.3.2 wird p jetzt *nicht* aus einer Deformationsenergiefunktion abgeleitet, sondern ist ein deformationsunabhängiger *Lagrange Parameter* und wird durch das spezielle Randwertproblem (BVP) bestimmt.

Das Verfahren von Coleman und Noll für inkompressible Materialien (3.132) liefert dann die zweite Piola-Kirchhoff Spannung

$$\mathbf{S} = \underbrace{2\mathrm{Dev}\left(\frac{\partial \Psi_{\text{iso}}(\overline{\mathbf{C}})}{\partial \overline{\mathbf{C}}}\right)}_{\overline{\mathbf{S}}} \underbrace{-p\mathbf{C}^{-1}}_{\mathbf{S}_{\text{vol}}} . \tag{3.59}$$

Bei Inkompressibilität $J = 1$ ist die rechte Cauchy-Green Verzerrung identisch mit der isochorischen rechten Cauchy-Green Verzerrung $\mathbf{C} = J^{-2/3}\mathbf{C} = \overline{\mathbf{C}}$, und daher tritt nur *isochorische* Deformationsenergie auf, $\Psi = \Psi_{\text{iso}}$.

Die Piola Transformation (3.32), zusammen mit der Inkompressibilitätsbedingung $J = 1$, ermöglicht es uns dann, die Cauchy Spannung zu berechnen

$$\boldsymbol{\sigma} = \mathbf{F}\mathbf{S}\mathbf{F}^{\mathrm{T}} = \underbrace{2\mathrm{dev}\left(\mathbf{F}\frac{\partial \Psi_{\text{iso}}(\overline{\mathbf{C}})}{\partial \overline{\mathbf{C}}}\mathbf{F}^{\mathrm{T}}\right)}_{\overline{\boldsymbol{\sigma}}} \underbrace{-p\mathbf{I}}_{\boldsymbol{\sigma}_{\text{vol}}} , \tag{3.60}$$

wobei $\overline{\boldsymbol{\sigma}}$ und $\boldsymbol{\sigma}_{\text{vol}}$ die isochorischen und volumetrischen Spannungsbeiträge bezeichnen.

3.5.4 Viskoelastizität

Die *viskoelastische* Beschreibung eines Materials geht davon aus, dass die durch externe Kräfte geleistete Arbeit nicht vollständig in elastische Verformungsenergie umgewandelt wird, sondern ein Teil *dissipiert* zu Wärme. Die dem mechanischen System zugeführte Arbeit kann daher bei mechanischer Entlastung nicht vollständig zurückgewonnen werden.

3.5.4.1 Newtonsches Viskositätsmodell

Ein viskoses Fluid kann als viskoelastisches Material betrachtet werden, dem die Fähigkeit zur Speicherung elastischer Energie fehlt. Wir betrachten das Material unter der Spannung $\boldsymbol{\sigma} = \overline{\boldsymbol{\sigma}} - p\mathbf{I}$, wobei $\overline{\boldsymbol{\sigma}}$ und p die *isochore Spannung* und den negativen *hydrostatischen Druck* bezeichnen. Während die Spannung $\overline{\boldsymbol{\sigma}}$ von der Scherrate (Rate der Schubverzerrung oder auch Schergeschwindigkeit genannt) abhängt, ist der Druck p unabhängig von der Verformung, und durch das BVP bestimmt.

Das konstitutive Modell eines viskosen Fluids beschreibt die isochore Spannung $\overline{\boldsymbol{\sigma}}$ als Funktion der Scherrate und somit als Reaktion auf den Geschwindigkeitsgradienten grad$\mathbf{v}$. Das Modell des *Newtonschen*[25] *Fluids* berücksichtigt eine lineare Beziehung zwischen Spannung und Verzerrungsrate, eine Annahme, die für viele homogene Flüssigkeiten gilt. Für eine 1D-Strömung der Scherrate $\dot{\varepsilon}_{12}$, liefert das Modell die Scherspannung $\sigma_{12} = 2\eta\dot{\varepsilon}_{12} = \eta(\partial v_1/\partial x_2 + \partial v_2/\partial x_1)$, wobei η [Pas] die *Viskosität* bezeichnet, eine Konstante für ein Newtonsches Fluid. Wir können diesen Ausdruck verallgemeinern, und das System

$$\boldsymbol{\sigma} = \underbrace{\eta \begin{bmatrix} \dfrac{\partial v_1}{\partial x_1} & \dfrac{1}{2}\left(\dfrac{\partial v_1}{\partial x_2} + \dfrac{\partial v_2}{\partial x_1}\right) & \dfrac{1}{2}\left(\dfrac{\partial v_1}{\partial x_3} + \dfrac{\partial v_3}{\partial x_1}\right) \\ \dfrac{1}{2}\left(\dfrac{\partial v_1}{\partial x_2} + \dfrac{\partial v_2}{\partial x_1}\right) & \dfrac{\partial v_2}{\partial x_2} & \dfrac{1}{2}\left(\dfrac{\partial v_2}{\partial x_3} + \dfrac{\partial v_3}{\partial x_2}\right) \\ \dfrac{1}{2}\left(\dfrac{\partial v_1}{\partial x_3} + \dfrac{\partial v_3}{\partial x_1}\right) & \dfrac{1}{2}\left(\dfrac{\partial v_2}{\partial x_3} + \dfrac{\partial v_3}{\partial x_2}\right) & \dfrac{\partial v_3}{\partial x_3} \end{bmatrix}}_{\overline{\boldsymbol{\sigma}}} - \begin{bmatrix} p & 0 & 0 \\ 0 & p & 0 \\ 0 & 0 & p \end{bmatrix}$$

von Gleichungen beschreibt dann die Newtonsche Flüssigkeit in 3D-kartesischen Koordinaten. Zusätzlich zu den Scherspannungskomponenten kann die isochore Spannung $\overline{\boldsymbol{\sigma}}$ auch Normalspannungskomponenten enthalten. In symbolischer Notation liest sich die Newtonsche Flüssigkeit

$$\boldsymbol{\sigma} = 2\eta\mathbf{d} - p\mathbf{I}\,, \tag{3.61}$$

wo $\mathbf{d} = (\text{grad}\mathbf{v} + \text{grad}^{\mathrm{T}}\mathbf{v})/2$ den Verzerrungsgeschwindigkeitstensor bezeichnet. Die Kontinuität $\text{tr}\mathbf{d} = 0$ einer inkompressiblen Flüssigkeit bestätigt, dass p in (3.61) die Bedingung $p = -\text{tr}\boldsymbol{\sigma}/n_{\text{dim}}$ erfüllt und somit den negativen hydrostatischen Druck darstellt, wobei n_{dim} die räumliche Dimension bezeichnet.

3.5.4.2 Lineare Viskoelastizität

Wir betrachten ein 1D *lineares* viskoelastisches Material, welches das (Boltzmann) Superpositionsprinzip erfüllt. Das Material wird durch die Spannung

[25] Sir Isaac Newton, englischer Mathematiker, Astronom, Theologe, Autor und Physiker, 1642–1726.

$\sigma(t) = \Delta\sigma\mathcal{H}(t - t_0)$ belastet, wobei $\mathcal{H}(x)$ die Heaviside[26] Stufenfunktion mit den Werten 0 und 1 für $x < 0$ und $x \geq 0$ bezeichnet. Der Spannungssprung $\Delta\sigma$ zur Zeit t_0 verursacht die Dehnung $\varepsilon(t) = \mathcal{J}(t - t_0)\Delta\sigma$, wobei $\mathcal{J}(x)$ [Pa^{-1}] die *Kriechnachgiebigkeit* oder *Kriechfunktion* ist. Diese Funktion bestimmt die Reaktion des Materials auf den *Einheitssprung* der Spannung.

Angesichts der Linearität des Problems führt die Spannung $\sigma(t) = \Delta\sigma\mathcal{H}(t - t_1)$, und somit das Applizieren von $\Delta\sigma$ zur Zeit t_1, zur Dehnung $\varepsilon(t) = \mathcal{J}(t - t_1)\Delta\sigma$. Eine Sequenz von n Spannungszuwächsen $\Delta\sigma$ zu den Zeiten t_i führt damit zur Dehnung $\varepsilon(t) = \sum_{i=1}^{n} \varepsilon_i(t) = \sum_{i=1}^{n} \mathcal{J}(t - t_i)\Delta\sigma$. Das Aufbringen von infinitesimal kleinen Spannungszuwächsen $\mathrm{d}\sigma = \dot{\sigma}(t)\mathrm{d}t$ definiert somit die Dehnung

$$\varepsilon(t) = \int_{\xi=-\infty}^{t} \mathcal{J}(t - \xi)\dot{\sigma}(\xi)\mathrm{d}\xi\,, \tag{3.62}$$

wobei $\dot{\sigma}(t)$ die zeitliche *Geschichte* der Spannungsraten kennzeichnet. Das *Faltungs-* oder *Konvolutionsintegral* in (3.62), bekannt als *Boltzmanns Superpositionsintegral*, stellt einen Zusammenhang zwischen Spannung und Dehnung eines linearen viskoelastischen Materials dar – es repräsentiert die *konstitutive Information* des Materials.

Wir können den linearen viskoelastischen Körper auch durch die infinitesimal kleinen Dehnungszuwächse $\mathrm{d}\varepsilon = \dot{\varepsilon}\mathrm{d}t$ belasten, und ähnliche Argumente führen dann zur Spannung

$$\sigma(t) = \int_{\xi=-\infty}^{t} \mathcal{G}(t - \xi)\dot{\varepsilon}(\xi)\mathrm{d}\xi\,, \tag{3.63}$$

wobei $\dot{\varepsilon}(t)$ die zeitliche *Geschichte* der Dehnungsraten bezeichnet, während die *Relaxationsfunktion* $\mathcal{G}(x)$ [Pa] die Reaktion des Materials auf den *Einheitssprung* in der Dehnung darstellt und somit die konstitutive Information enthält.

Die Kriechfunktion $\mathcal{J}(t)$ und die Relaxationsfunktion $\mathcal{G}(t)$ müssen eine Reihe von physikalischen Einschränkungen erfüllen. Bei gewöhnlichen Materialien nimmt $\mathcal{J}(t)$ zu, während $\mathcal{G}(t)$ mit der Zeit t abnimmt. Die Funktionen erfüllen auch die Bedingungen $\mathcal{J}(t \to \infty) \geq 0$ und $\mathcal{G}(t \to \infty) = 0$. Laplace[27] und Fourier-Transformationen können verwendet werden, um die Faltungsintegrale (3.62) und (3.63) zu lösen, siehe Anhänge A.4 und B.

3.5.4.3 Maxwell Rheologie Element

Ein *Dämpfer* und eine *Feder*, die in Serie angeordnet sind, bilden ein *Maxwell-Element*, siehe Abb. 3.23a. Mit der Viskosität η [Pa s] des Dämpfers und der Steifigkeit E [Pa] der Feder, drücken $\sigma_\mathrm{d}=\eta(\mathrm{d}\varepsilon_\mathrm{d}/\mathrm{d}t)$ und $\sigma_\mathrm{s}= E\varepsilon_\mathrm{s}$ die Spannung

---

[26] Oliver Heaviside, Elektroingenieur, Mathematiker und Physiker, 1850–1925.

[27] Pierre-Simon, Marquis de Laplace, französischer Mathematiker, Physiker und Astronom, 1749–1827.

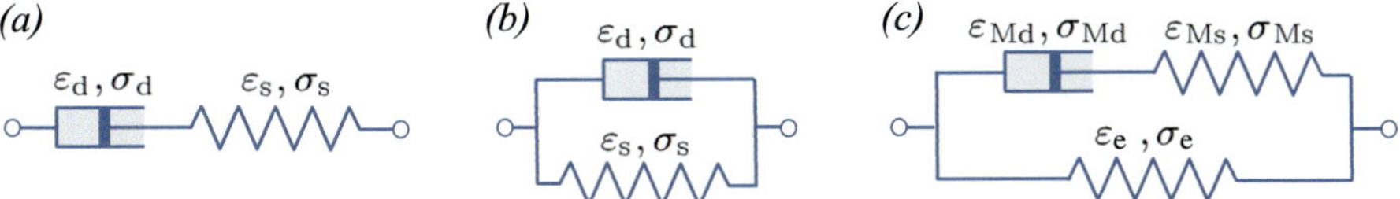

Abb. 3.23 Die rheologische Elemente Dämpfer und Feder beschreiben die viskoelastischen Eigenschaften von Festkörpern und Flüssigkeiten. (**a**) Maxwell-Element. (**b**) Kelvin-Voigt-Element. (**c**) Standard-Solid-Element

in diesen Elementen aus. Hier ist t die Zeit, während ε_d und ε_s die Dehnungen im Dämpfer und in der Feder bezeichnen. Die Zeitableitung der kinematischen Kompatibilität $\varepsilon = \varepsilon_d + \varepsilon_s$ lautet dann

$$\frac{d\varepsilon}{dt} = \frac{1}{E}\frac{d\sigma}{dt} + \frac{\sigma}{\eta} \tag{3.64}$$

und drückt die Beziehung zwischen der Spannung σ und der Dehnungsrate $\dot{\varepsilon}$ des Maxwell-Elements aus. Das Gleichgewicht $\sigma = \sigma_d = \sigma_s$ wurde zur Ableitung dieses Ausdrucks verwendet.

Die Dissipation $\mathcal{D} = \sigma(d\varepsilon_d/dt) = \sigma^2/\eta > 0$ des Maxwell-Elements tritt vollständig im Dämpfer auf. Bei sehr hohen sowie bei sehr niedrigen Dehnungsraten dissipiert das Modell keine Energie. Bei sehr hohen Dehnungsraten „sperrt" der Dämpfer, während bei sehr niedrigen Dehnungsraten keine Spannung im Maxwell Modell entstehen kann. Beide Bedingungen vermeiden Energiedissipation.

Für den Fall einer konstanten Dehnungsrate $\dot{\varepsilon}$ wird die Bedingung (3.64) des Maxwell-Elements zu einer inhomogenen linearen gewöhnlichen Differentialgleichung. Sie kann mit dem Integrationsfaktor $g(t) = \exp[\int(1/\tau)dt] = \exp(t/\tau)$ multipliziert werden und liest sich dann

$$\frac{d\sigma}{dt}\exp(t/\tau) + \frac{\sigma}{\tau}\exp(t/\tau) = \frac{d}{dt}\left[\sigma\exp(t/\tau)\right] = E\frac{d\varepsilon}{dt}\exp(t/\tau),$$

wobei $\tau = \eta/E$ [s] die Relaxationszeit bezeichnet. Die Integration dieser Differentialgleichung ergibt die Spannung

$$\sigma(t) = \eta\frac{d\varepsilon}{dt} + C\exp(-t/\tau), \tag{3.65}$$

wobei die Integrationskonstante C aus der Anfangsbedingung bestimmt werden muss.

Um die Eigenschaften des Maxwell-Elements zu untersuchen, betrachten wir die Entwicklung der Spannung eines *Relaxations*-Experiments. Das Dehnungsinkrement $\Delta\varepsilon$ wird zur Zeit $t=0$ aufgebracht, danach konstant gehalten, sodass die Spannung mit der Zeit t relaxiert. Angenommen, $\Delta\varepsilon$ wird innerhalb des unendlich kurzen Zeitbereichs $0<t<0^+$ aufgebracht, sodass der Dämpfer „sperrt" und die Feder die gesamte Dehnung aufnimmt. Das Maxwell-Element reagiert dann unmittelbar mit der Spannung $\Delta\sigma = E\,\Delta\varepsilon$, was uns erlaubt die Integrationskonstante in (3.65) aus der Bedingung $\Delta\sigma = E\dot{\varepsilon} + C\exp(-t/\tau)$ zu identifizieren. Mit der Bedingung $\dot{\varepsilon} = 0$ für $t \geq 0^+$ ergibt sich die Integrationskonstante $C = \Delta\sigma$, und

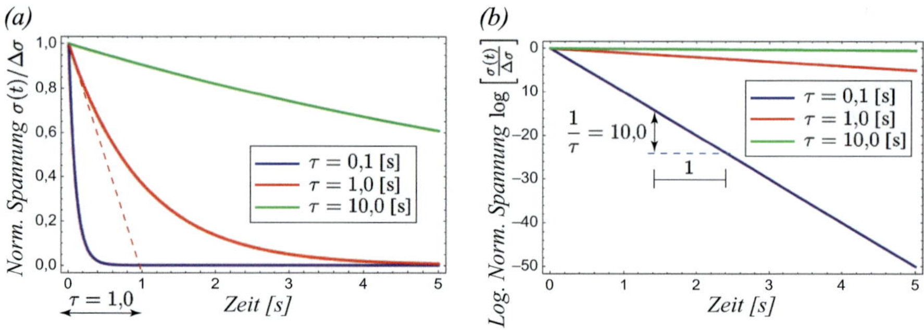

Abb. 3.24 Spannungsrelaxation zufolge eines Maxwell-Elements . (**a**) Normalisierte Spannung $\sigma(t)/\Delta\sigma$ und (**b**) logarithmische normalisierte Spannung $\log[\sigma(t)/\Delta\sigma]$ als Funktion der Zeit. Die Relaxationszeit wird durch τ bezeichnet, und ihre physikalische Bedeutung ist in den Diagrammen veranschaulicht

$$\sigma(t) = \Delta\sigma \exp(-t/\tau) \tag{3.66}$$

bestimmt die Spannung des Maxwell-Elements im Relaxationsversuch. Abb. 3.24 veranschaulicht die Relaxation, wobei die normalisierte Spannung $\sigma(t)/\Delta\sigma$ sowie die logarithmische normalisierte Spannung $\log[\sigma(t)/\Delta\sigma]$ über der Zeit dargestellt sind. Die Abbildung veranschaulicht auch die physikalische Bedeutung der Relaxationszeit τ.

Die Linearität des Maxwell-Elements ermöglicht die Überlagerung von Spannungszuwächsen. Die Anwendung von $\Delta\varepsilon$ zu den Zeiten t_i; $i=1, \ldots, n$ ergibt dann die resultierende Spannung

$$\sigma(t) = \begin{cases} 0 & ; \quad t < t_0\,, \\ \Delta\sigma_0 \exp(-(t-t_0)/\tau) & ; \; t_0^+ \leq t < t_1\,, \\ \Delta\sigma_0 \exp(-(t-t_0)/\tau) + \Delta\sigma_1 \exp(-(t-t_1)/\tau) & ; \; t_1^+ \leq t < t_2\,, \\ \ldots \end{cases} \tag{3.67}$$

Mit unendlich kleinen „Spannungsschritten“ $\mathrm{d}\sigma = E\dot{\varepsilon}\mathrm{d}t$, nähert sich die Reihe (3.67) dem Faltungsintegral

$$\sigma(t) = E \int_{\xi=-\infty}^{t} \exp(-(t-\xi)/\tau)\dot{\varepsilon}\mathrm{d}\xi\,. \tag{3.68}$$

Der Vergleich der Gl. (3.68) und (3.63) zeigt, dass $\mathcal{G}(x) = E\exp(-x/\tau)$ die *Relaxationsfunktion* des Maxwell-Elements bestimmt.

Zur weiteren Untersuchung des Maxwell-Elements werden wir nun die Spannung in Reaktion auf die Dehnung

$$\varepsilon(t) = \begin{cases} 0 \;\text{ für } t < 0\,, \\ kt \;\text{ für } 0 \leq t \leq 1\,s\,, \\ k \;\text{ für } t > 1\,s\,, \end{cases}$$

untersuchen, wobei k [s^{-1}] ein konstanter Proportionalitätsfaktor ist. Während des Zeitintervalls $0 \leq t \leq 1$ s liefert die Beziehung (3.68) die Spannung

$$\begin{aligned} \sigma(t) &= Ek \int_{\xi=0}^{t} \exp[-(t-\xi)/\tau]\mathrm{d}\xi = Ek\tau\{\exp[-(t-\xi)/\tau]\}_{\xi=0}^{t} \\ &= Ek\tau[1-\exp(-t/\tau)] \quad \text{für} \quad 0 \leq t \leq 1s\,, \end{aligned} \tag{3.69}$$

wobei $\dot{\varepsilon}(t) = k$ und die Anfangsbedingung $\sigma(0) = 0$ verwendet wurden. Für $t > 1$ gilt die Dehnungsrate $\dot{\varepsilon}(t) = 0$, und (3.68) liefert dann die Spannung

$$\begin{aligned} \sigma(t) &= Ek \int_{\xi=0}^{1.0} \exp[-(t-\xi)/\tau]\mathrm{d}\xi = Ek\tau\{\exp[-(t-\xi)/\tau]\}_{\xi=0}^{1} \\ &= Ek\tau\{\exp[-(t-1)/\tau] - \exp(-t/\tau)\} \quad \textit{für} \quad 1 << \infty\,. \end{aligned}$$

Abb. 3.25 zeigt die normalisierte Spannungsantwort des Maxwell Elements für verschiedene Relaxationszeiten τ.

Die Analyse der Spannungsreaktion (3.69) ermöglicht es uns, die physikalischen Eigenschaften des Maxwell Elements zu untersuchen. An den Grenzen ergibt (3.69)

$$\sigma(t) = \begin{cases} Ek\tau = \eta k & \text{für} \quad \tau \ll t\,, \\ Ekt = E\varepsilon & \text{für} \quad \tau \gg t\,, \end{cases}$$

wobei die Reihendarstellung $\exp(x) = 1 + x + x^2/2! + \cdots$ bei der Ableitung dieser Ausdrücke verwendet wurde. Bei einem sehr langsamen Prozess $\tau \ll t$ reagiert das Maxwell Element wie eine viskose Flüssigkeit, während es bei einem sehr schnellen Prozess $\tau \gg t$ elastische, federähnliche Eigenschaften aufweist.

3.5.4.4 Kelvin–Voigt Rheologie Element

Ein *Dämpfer* und eine *Feder in* paralleler Anordnung bilden ein *Kelvin-Voigt Element,* siehe Abb. 3.23b. Wie in Abschn. 3.5.4.3, bestimmt $\sigma_{\mathrm{d}} = \eta\ (\mathrm{d}\varepsilon_{\mathrm{d}}/\mathrm{d}t)$ und $\sigma_{\mathrm{s}} = E\varepsilon_{\mathrm{s}}$ die Spannungen im Dämpfer und in der Feder. Das Gleichgewicht

$$\sigma = E\varepsilon + \eta\frac{\mathrm{d}\varepsilon}{\mathrm{d}t}$$

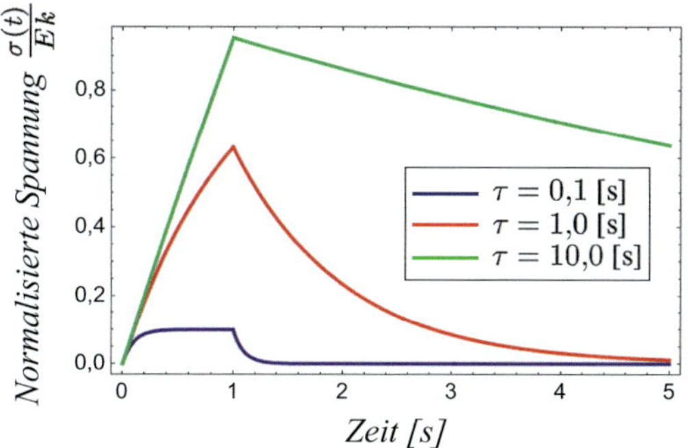

Abb. 3.25 Entwicklung der normalisierten Spannung zufolge des Maxwell Elements, wobei E und τ die elastische Steifigkeit und die Relaxationszeit bezeichnen. Für die Zeit $0 < t < 1$ s wird die konstante Dehnungsrate k vorgegeben, während die Dehnung für $t > 1$ s konstant ist

drückt dann die Spannung σ als Funktion der Dehnung ε und der Dehnungsrate $\dot{\varepsilon}$ aus. Die kinematische Kompatibilität $\varepsilon = \varepsilon_d = \varepsilon_s$ wurde ebenfalls bei der Ableitung dieses Ausdrucks verwendet.

Die Dissipation $\mathcal{D} = \sigma_d(d\varepsilon_d/dt) = \sigma_d^2/\eta > 0$ erscheint vollständig im Dämpfer. Bei sehr niedrigen Dehnungsraten entwickelt sich keine Spannung im Dämpfer, und es wird daher keine Energie dissipiert. Das Kelvin-Voigt Element erzeugt eine unendliche Spannung als Reaktion auf eine abrupte Dehnungsänderung und wirkt dann wie ein *starrer* Körper.

Beispiel 3.14 (Lineare Viskoelastizität: Kelvin-Voigt Element) Betrachten wir das Kelvin-Voigt Element aus Abschn. 3.5.4.4, dessen viskoelastische Eigenschaften durch die gewöhnliche Differentialgleichung $\dot{\varepsilon} + \varepsilon/\tau = \sigma/\eta$ bestimmt werden. Es hat konstante Koeffizienten, und das Verhältnis $\tau = \eta/E$ der Viskosität η und Steifigkeit E bezeichnet die Verzögerungszeit des Modells.

(a) Wir betrachten das Kelvin-Voigt Element unter konstanter Spannung σ. Lösen Sie die beschreibende Gleichung des Kelvin-Voigt Elements und drücken Sie die Dehnung $\varepsilon(t)$, bis auf eine unbekannten Integrationskonstante C, aus.

(b) Betrachten Sie ein Kriechexperiment und bringen Sie die Spannungserhöhung $\Delta\sigma$ zur Zeit $t = 0$ auf. Die Spannung wird dann konstant gehalten und die Dehnung $\varepsilon(t)$ entwickelt sich über die Zeit t. Identifizieren Sie die Integrationskonstante C des Kriechexperiments und zeichnen Sie die normalisierte Dehnung $\varepsilon(t)/\Delta\varepsilon$ über die Zeit t für verschiedene Verzögerungszeiten τ in einem Diagramm ein. Hier bezeichnet $\Delta\varepsilon = \Delta\sigma/E$ die Dehnung, die zur Zeit $t \gg \tau$ erreicht wird. Es bezeichnet somit das thermodynamische Gleichgewicht des Kelvin-Voigt Elements.

(c) Leiten Sie die Dehnung $\varepsilon(t)$ in Reaktion auf n Spannungsinkremente $\Delta\sigma$, die zu den Zeiten t_i; $i = 1, \ldots, n$ aufgebracht werden, ab. Verallgemeinern Sie den diskreten Ausdruck für infinitesimal kleine Spannungsinkremente $d\sigma = \dot{\sigma}\, dt/E$, wobei $\dot{\sigma}(t)$ die Spannungsrate bezeichnet.

(d) Berechnen Sie die Dehnung, die das Kelvin-Voigt Element in Reaktion auf die Spannung

$$\sigma(t) = \begin{cases} 0 & \text{für } t < 0\,, \\ kt & \text{für } 0 \le t \le 1\,s\,, \\ k & \text{für } t > 1\,s\,, \end{cases}$$

bezeichnet, wobei k [Pa s^{-1}] ein konstanter Proportionalitätsfaktor ist. Stellen Sie die Dehnungsantwort innerhalb des Zeitintervalls $0 < t < 5$ s sowie für die Verzögerungszeit $\tau = 0.1$; 1.0; 10.0 s in einem Diagramm dar.

(e) Betrachten Sie die Belastung $\sigma(t) = kt$ und beschreiben Sie die Eigenschaften des Kelvin-Voigt Elements an den Grenzen $\tau \gg t$ und $\tau \ll t$.

■

3.5.4.5 Standard Solid Rheologie Element

Eine *Hauptfeder* mit einem parallel dazu angeordneten *Maxwell Element* (siehe Abschn. 3.5.4.3), bildet das *Standard Solid Element*, siehe Abb. 3.23c. Die Hauptfeder hat die Steifigkeit E_e [Pa], wohingegen der Dämpfer der Viskosität η_M [Pa s] und die Feder der Steifigkeit E_M [Pa] das Maxwell Element bezeichnen. Zufolge der Dehnung ε_{Md} im Dämpfer und ε_{Ms} in der Feder tritt die Spannung $\sigma_M = \eta(\mathrm{d}\varepsilon_{Md}/\mathrm{d}t) = E_M\varepsilon_{Ms}$ im Maxwell Element auf, wobei t die Zeit bezeichnet. Zusätzlich zur Spannung des Maxwell Elements trägt die Hauptfeder die Spannung $\sigma_e = E_e\varepsilon$ bei, wobei ε_e die Dehnung des Standard Solid Elements bezeichnet.

Die kinematische Kompatibilität $\varepsilon = \varepsilon_{Md} + \varepsilon_{Ms}$, zusammen mit dem Gleichgewicht $\sigma = \sigma_M + \sigma_e$, bestimmt die Eigenschaften des Standard Solid Elements. Die Zeitdifferenzierung der kinematischen Kompatibilität ergibt dann

$$\frac{\mathrm{d}\varepsilon}{\mathrm{d}t} = \frac{\mathrm{d}\varepsilon_{\mathrm{Md}}}{\mathrm{d}t} + \frac{\mathrm{d}\varepsilon_{\mathrm{Ms}}}{\mathrm{d}t} = \frac{\sigma - E_e\varepsilon}{\eta} + \frac{1}{E_M}\left(\frac{\mathrm{d}\sigma}{\mathrm{d}t} - E_e\frac{\mathrm{d}\varepsilon}{\mathrm{d}t}\right).$$

Zur Herleitung wurden die konstitutiven Beschreibungen von Dämpfer und Federn, sowie das Gleichgewicht des Standard Solid Elements verwendet. Nach einiger algebraischer Manipulation ergibt diese Beziehung die Bedingung

$$\frac{\mathrm{d}\varepsilon}{\mathrm{d}t} = \frac{\frac{\mathrm{d}\sigma}{\mathrm{d}t} + \frac{E_M}{\eta}(\sigma - E_e\varepsilon)}{E_M + E_e} \tag{3.74}$$

für das Standard Solid Element. Unter konstanter Dehnung ε, tendiert die *Überspannung* $\sigma_M = E_M\varepsilon_{Ms}$ des Maxwell Elements für $t \to \infty$ gegen null und definiert damit das *thermodynamische Gleichgewicht* des Standard Solid Elements.

Das Standard Solid Element hat *festkörper-ähnliche* Eigenschaften. Unter einer konstanten Spannung σ, nähert sich die Dehnung mit der Zeit dem stabilen Limit von $\varepsilon = \sigma/E_e$, während das Modell elastische Eigenschaften unter abrupten Dehnungsänderungen zeigt. Die Dissipation $\mathcal{D} = \sigma_M(\mathrm{d}\varepsilon_{Md}/\mathrm{d}t) = \sigma_M^2/\eta > 0$ erscheint vollständig im Dämpfer des Maxwell Elements und, wie beim Maxwell Element, ist das Standard Solid Element frei von Dissipation bei sehr hohen als auch sehr niedrigen Dehnungsraten.

Eine, für die numerische Implementierung vorteilhafte Alternative zu (3.74) kann auch abgeleitet werden. Wir können die elastischen und inelastischen Verformungen entkoppeln, und die Überspannung $\sigma_M = E_M\varepsilon_{Ms}$, die Spannung, die vom Maxwell Element beigetragen wird, separat betrachten. Seine zeitliche Ableitung ergibt dann die Raten-Gleichung

$$\frac{\mathrm{d}\sigma_M}{\mathrm{d}t} + \frac{\sigma_M}{\tau} = \beta\frac{\mathrm{d}\sigma_e}{\mathrm{d}t}, \tag{3.75}$$

wobei die kinematische Beziehung $\varepsilon = \varepsilon_{Md} + \varepsilon_{Ms}$ zusammen mit den konstitutiven Beziehungen $\sigma_M = \eta(\mathrm{d}\varepsilon_{Md}/\mathrm{d}t)$ und $\sigma_e = E_e\varepsilon$ verwendet wurde. In (3.75), bezeichnet $\beta = E_M/E_e$ einen dimensionslosen *Steifigkeitsfaktor*, während $\tau = \eta/E_M$ [s] die *Relaxationszeit* des Maxwell-Elements ist. Die Raten-Gleichung (3.75) bestimmt die Entwicklung der Überspannung σ_M, die dann zur Spannung σ_e der Hauptfeder hinzugefügt wird.

3.5.4.6 Allgemeine Modelle

Die Verallgemeinerung der zuvor genannten 1D-Rheologiemodelle führt zur Beschreibung von n_{dim}-dimensionalen viskoelastischen Materialien. Bei *kleinen* Verformungen können ε und σ einfach durch die entsprechenden n_{dim}-dimensionalen tensoriellen Größen ersetzt werden – die *linear Verzerrung* $\boldsymbol{\varepsilon}$ und die *Cauchy Spannung* $\boldsymbol{\sigma}$, siehe Tab. 3.2.

Angesichts *endlicher* Verformungen soll die *Objektivität* der konstitutiven Beschreibung erhalten bleiben, und wir verwenden daher *a priori* objektive Verzerrungs- und Spannungsmaße. Die Dehnung ε und die Spannung σ der 1D-Beschreibungen werden dann durch die *Green-Lagrange Verzerrung* $\mathbf{E}$ und die *zweite Piola-Kirchhoff Spannung* $\mathbf{S}$ ersetzt, siehe Tab. 3.2. Sie sind in der Referenzkonfiguration des Körpers Ω_0 definiert, was die Objektivität des konstitutiven Modells gewährleistet. Angesichts von Anwendungen bei kleinen und endlichen Verformungen wird der Elastizitätsmodul E jeweils durch die *Elastizitätstensoren* und $\mathbb{C}$ ersetzt.

Tab. 3.2 Spannungs-, Verzerrungs- und Steifigkeitsdefinitionen von 1D- sowie n_{dim}-dimensionalen Rheologiemodellen für kleine und endliche Verformungen

Parameter	1D kleine Verformung	n_{dim} kleine Verformung	n_{dim} endliche Verformung
Dehnung/Verzerrung	ε	$\boldsymbol{\varepsilon} = \frac{1}{2}(\text{grad}\mathbf{u} + \text{grad}^T\mathbf{u})$	$\mathbf{E} = \frac{1}{2}(\mathbf{F}^T\mathbf{F} - \mathbf{I})$
Spannung	σ	$\boldsymbol{\sigma}$	$\mathbf{S}$
Steifigkeit	E	$\mathbb{C} = \partial\boldsymbol{\sigma}/\partial\boldsymbol{\varepsilon}$	$\mathbb{C} = \partial\mathbf{S}/\partial\mathbf{E}$

E: Elastizitätsmodul ; $\boldsymbol{\varepsilon}$: Lineare Verzerrung; $\mathbf{E}$: Green-Lagrange Verzerrung; $\boldsymbol{\sigma}$: Cauchy Spannung; $\mathbf{S}$: zweite Piola-Kirchhoff Spannung; $\mathbb{C}$: räumlicher Elastizitätstensor; $\mathbb{C}$: referentieller Elastizitätstensor; $\mathbf{u}$: Verschiebung; $\mathbf{F}$: Deformationsgradient

Tab. 3.3 Beschreibende Gleichungen von 1D- sowie n_{dim}-dimensionalen Rheologiemodellen für kleine und endliche Verformungen

Modell	1D kleine Verformung	n_{dim} kleine Verformung	n_{dim} endliche Verformung
Maxwell	$\dot{\varepsilon} = \dot{\sigma}/E + \sigma/\eta$	$\dot{\boldsymbol{\varepsilon}} = \mathbb{C}^{-1} : \dot{\boldsymbol{\sigma}} + \boldsymbol{\sigma}/\eta$	$\dot{\mathbf{E}} = \mathbb{C}^{-1} : \dot{\mathbf{S}} + \mathbf{S}/\eta$
Kelvin-Voigt	$\sigma = E\varepsilon + \eta\dot{\varepsilon}$	$\boldsymbol{\sigma} = \mathbb{C} : \boldsymbol{\varepsilon} + \eta\dot{\boldsymbol{\varepsilon}}$	$\mathbf{S} = \mathbb{C} : \mathbf{E} + \eta\dot{\mathbf{E}}$
Standard-Solid	$\sigma = \sigma_M + \sigma_e$;	$\boldsymbol{\sigma} = \boldsymbol{\sigma}_M + \boldsymbol{\sigma}_e$;	$\mathbf{S} = \mathbf{S}_M + \mathbf{S}_e$;
	$\dot{\sigma}_M + \sigma_M/\tau = \beta\dot{\sigma}_e$	$\dot{\boldsymbol{\sigma}}_M + \boldsymbol{\sigma}_M/\tau = \beta\dot{\boldsymbol{\sigma}}_e$	$\dot{\mathbf{S}}_M + \mathbf{S}_M/\tau = \beta\dot{\mathbf{S}}_e$

E: Elastizitätsmodul; η: Viskosität; τ: Relaxations- oder Verzögerungszeit; $\boldsymbol{\varepsilon}$: lineare Verzerrung; $\mathbf{E}$: Green-Lagrange Verzerrung; $\boldsymbol{\sigma}$: Cauchy Spannung; $\mathbf{S}$: zweite Piola-Kirchhoff Spannung; $\mathbb{C}$: räumlicher Elastizitätstensor; $\mathbb{C}$: referentieller Elastizitätstensor. Die Indizes e und M bezeichnen elastische und viskose Beiträge zur Spannung und Dehnung, und der überlagerte Punkt bezeichnet die materielle Zeitableitung

Tab. 3.3 listet die beschreibenden Gleichungen einiger viskoelastischer Modelle auf, die durch die Verallgemeinerung des Maxwell Modells, des Kelvin-Voigt Modells und des Standard-Solid Modells abgeleitet werden können. Angesichts des Standard-Solid Modells kann das Kontinuum als Überlagerung eines *Maxwell Körpers* und eines rein *elastischen Körpers* gesehen werden [13]. Diese Körper entsprechen dem Maxwell Element und der Hauptfeder des jeweiligen 1D-Standard-Solid Modells, siehe Abb. 3.23c. Der Maxwell Körper wird durch die Relaxationszeit τ und den Parameter β, der seine Steifigkeit mit der Steifigkeit des elastischen Körpers in Beziehung setzt, beschrieben; $\mathbb{C}_{\mathrm{M}} = \beta\mathbb{C}_{\mathrm{e}}$ bei kleinen Verformungen und $\mathbb{C}_{\mathrm{M}} = \beta\mathbb{C}_{\mathrm{e}}$ bei endlichen Verformungen. Eine solche verallgemeinerte Beschreibung vermeidet die explizite Einführung von zusätzlichen Steifigkeitstensoren (siehe letzte Zeile in Tab. 3.3) und unterstützt die Beschreibung von nichtlinearen Materialien.

3.5.4.7 Visko-Hyperelastizität für inkompressible Materialien

Eine hyperelastische Beschreibung kann verwendet werden, um die *elastische Spannung* und den *Elastizitätsmodul* von viskoelastischen Modellen mit endlicher Verformung zu definieren. Die elastischen Eigenschaften werden dann durch die Helmholtz freie Energiefunktion $\Psi(\mathbf{C}, \boldsymbol{\Xi})$ pro Volumeneinheit unverformten Materials dargestellt, wobei $\mathbf{C}$ und $\boldsymbol{\Xi}$ die rechte Cauchy-Green Verzerrung und eine verzerrungsähnliche *interne*, und daher *verborgene* Variable bezeichnet.

Wir betrachten das verallgemeinerte Standard-Solid Modell eines inkompressiblen Materials, das in Abb. 3.26 dargestellt ist. Die freie Energie $\Psi_{\mathrm{iso}}(\mathbf{C}, \mathbf{C}_{\mathrm{M}}) = \Psi_{\mathrm{iso\,E}}(\mathbf{C}) + \Psi_{\mathrm{iso\,M}}(\mathbf{C}_{\mathrm{M}})$ beschreibt das Material, wobei $\Psi_{\mathrm{iso\,E}}(\mathbf{C})$ und $\Psi_{\mathrm{iso\,M}}(\mathbf{C}_{\mathrm{M}})$ die Energien bezeichnen, die im elastischen Körper (Hauptfeder) und der Feder des Maxwell Körpers gespeichert sind. Die verborgene interne Variable ist dann die rechte Cauchy-Green Verzerrung der Feder des Maxwell Körpers, $\boldsymbol{\Xi} = \mathbf{C}_{\mathrm{M}}$.

Das Verfahren von Coleman und Noll für inkompressible Materialien (3.131) ermöglicht es uns, die zweite Piola-Kirchhoff Spannung

$$\mathbf{S} = 2\frac{\partial \Psi_{\mathrm{iso\,E}}(\mathbf{C})}{\partial \mathbf{C}} + 2\frac{\partial \Psi_{\mathrm{iso\,M}}(\mathbf{C}_{\mathrm{M}})}{\partial \mathbf{C}_{\mathrm{M}}} : \frac{\partial \mathbf{C}_{\mathrm{M}}}{\partial \mathbf{C}} - \kappa \mathbf{C}^{-1} \tag{3.76}$$

darzustellen, wobei κ den Lagrange Druck bezeichnet, der erforderlich ist, um die Inkompressibilität $J = 1$ zu erzwingen. Der Druck κ ist vom hydrostatischen Druck p zu unterscheiden.

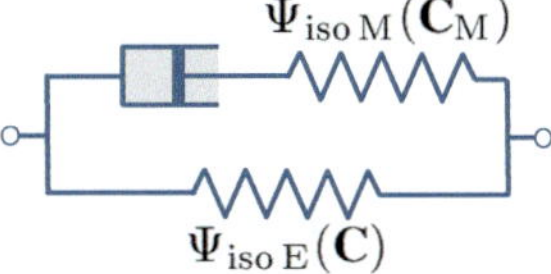

Abb. 3.26 Verallgemeinertes Standard-Solid Rheologieelement, wobei $\Psi_{\mathrm{iso\,E}}(\mathbf{C})$ und $\Psi_{\mathrm{iso\,M}}(\mathbf{C}_{\mathrm{M}})$ die Verformungsenergien, die in den beiden (hyperelastischen) Federn/Körpern gespeichert sind, bezeichnet

In der Beziehung (3.76), beschreibt der Begriff $\partial \mathbf{C}_M / \partial \mathbf{C}$ die Beziehung zwischen dem Verzerrungsinkrement $\Delta \mathbf{C}_M$ der Feder des Maxwell Körpers und dem gesamten Verzerrungsinkrement $\Delta \mathbf{C}$. Es handelt sich in der Regel um eine implizite Beziehung, die durch eine *Ratengleichung* spezifiziert wird. Aufgrund seiner *a priori* Objektivität kann die Green-Lagrange Verzerrung $\mathbf{E}$ in der Formulierung der Ratengleichung verwendet werden. Sie könnte

$$\dot{\mathbf{E}}_\mathrm{M} + \frac{1}{\tau}\mathbf{E}_\mathrm{M} = \dot{\mathbf{E}} \tag{3.77}$$

lauten, wobei τ die Relaxationszeit bezeichnet. Die Ratengleichung (3.77) erfüllt die physikalischen Grenzen bei sehr schnellen und sehr langsamen Verformungen. An der Grenze $t \ll \tau$ sperrt der Dämpfer, und $\dot{\mathbf{E}}_\mathrm{M} = \dot{\mathbf{E}}$, während bei $t \gg \tau$ die Verformung zu langsam ist, um die Feder des Maxwell Körpers zu aktivieren, und $\dot{\mathbf{E}}_\mathrm{M} = \mathbf{0}$ folgt daher aus (3.77).

Zum Abschluss der viskoelastischen Beschreibung wird eine Helmholtz freie Energie $\Psi_\mathrm{iso}(\mathbf{C}, \mathbf{C}_\mathrm{M})$, die die Clausius-Duhem Ungleichung (3.124) $-(\partial \Psi_\mathrm{iso}(\mathbf{C}, \mathbf{C}_\mathrm{M})/\partial \mathbf{C}_\mathrm{M}) : \dot{\mathbf{C}}_\mathrm{M} \geq 0$ für isothermer Prozesse erfüllt, ausgewählt. Das Modell gehorcht dann dem zweiten Hauptsatz der Thermodynamik, siehe Abschn. 3.6.3.2.

Beispiel 3.15 (Verzerrungsbasierte viskoelastische Verallgemeinerung des inkompressiblen neo-Hooke Materials) Wir betrachten ein inkompressibles viskoelastisches Material, dessen Eigenschaften durch das in Abb. 3.26 dargestellte rheologische Element repräsentiert werden. Die Helmholtz freie Energie $\Psi_\mathrm{iso}(\mathbf{C}, \mathbf{C}_\mathrm{M})$ pro Volumeneinheit (undeformiertes) Material hängt von der rechten Cauchy-Green Verzerrung $\mathbf{C}$ sowie der verborgenen Verzerrungsvariable $\mathbf{C}_\mathrm{M}$, der rechten Cauchy-Green Verzerrung des Maxwell Körpers, ab. Das Material ist dann durch die Helmholtz freie Energie

$$\Psi_\mathrm{iso}(\mathbf{C}, \mathbf{C}_\mathrm{M}) = \frac{G}{2}[(\mathrm{tr}\mathbf{C} - 3) + \beta(\mathrm{tr}\mathbf{C}_\mathrm{M} - 3)] \tag{3.78}$$

charakterisiert und kann als Verallgemeinerung des klassischen neo-Hooke Materialmodells gesehen werden, wobei G [Pa] den elastischen Schubmodul bei kleinen Verformungen des Materials bezeichnet. Der dimensionslose Parameter β repräsentiert das Verhältnis zwischen der Steifigkeit des elastischen Körpers (Hauptfeder) und der Steifigkeit des Maxwell Körpers.

(a) Betrachten Sie eine einfache Zug Belastung und berechnen Sie die Cauchy Spannung am thermodynamischen Limit des Materials.
(b) Nehmen Sie an, dass die Green-Lagrange Verzerrung $\mathbf{E}_\mathrm{M} = (\mathbf{C}_\mathrm{M} - \mathbf{I})/2$ im Maxwell Körper durch die Raten-Gleichung (3.77) beschrieben wird, und betrachten Sie einfache Zugbelastung zufolge der Green-Lagrange Verzerrungskomponente

$$E_{11}(t) = \begin{cases} 0 & \text{für } t < 0\,, \\ kt & \text{für } 0 \leq t \leq 1\,s\,, \\ k & \text{für } t > 1\,s \end{cases} \tag{3.79}$$

in Zugrichtung, wobei k [s^{-1}] ein konstanter Proportionalitätsfaktor ist. Zeichnen Sie die Entwicklung der normalisierten Verzerrungskomponente $E_{\mathrm{M}\,11}/k$ der Maxwell-Feder für das Intervall $0<t<5$ s und $\tau = 0{,}1$; $1{,}0$; $10{,}0$ s.

(c) Gegeben sind die Parameter $k = 1{,}0\ \mathrm{s}^{-1}$ und $\beta = 0{,}6$ Berechnen Sie die normalisierte Cauchy Spannung σ_{11}/G in Reaktion auf einfachen Zug, wie er durch (3.79) bestimmt wird. Zeichnen Sie die normalisierte Spannung für das Intervall $0<t<5$ s und $\tau = 0{,}1$; $1{,}0$; $10{,}0$ s.

■

3.5.4.8 Spannungs-Zerlegte Visko-Hyperelastizität für inkompressible Materialien

Alternativ zur Ableitung direkt aus der Helmholtz freien Energie $\Psi_{\mathrm{iso}}(\mathbf{C}, \Xi)$, wie in Abschn. 3.5.4.7 dargestellt, können visko-hyperelastische Beschreibungen auch auf der *additiven Zerlegung* $\mathbf{S} = \overline{\mathbf{S}}_{\mathrm{E}} + \overline{\mathbf{S}}_{\mathrm{M}} - p\mathbf{C}^{-1}$ der zweiten Piola-Kirchhoff Spannung basieren. Die deviatorischen Spannungsbeiträge $\overline{\mathbf{S}}_{\mathrm{E}}$ und $\overline{\mathbf{S}}_{\mathrm{M}}$ repräsentieren konstitutive Informationen, und der Term $p\mathbf{C}^{-1}$ erzwingt die Inkompressibilität, wobei p und $\mathbf{C}$ den negativen hydrostatischen Druck und die rechte Cauchy-Green Verzerrung bezeichnen. Während sich $\overline{\mathbf{S}}_{\mathrm{E}} = 2J^{-2/3}\mathrm{Dev}[\partial\Psi_{\mathrm{iso\,E}}(\mathbf{C})/\partial\mathbf{C}]$ aus der freien Energie $\Psi_{\mathrm{iso\,E}}$ ergibt, wobei $\mathrm{Dev}(\bullet) = (\bullet) - [\mathbf{C} : (\bullet)]\mathbf{C}^{-1}/3$ den referentiellen Deviator-Operator in 3D bezeichnet (siehe Abschn. 3.5.3.2), entwickelt sich die Überspannung $\overline{\mathbf{S}}_{\mathrm{M}}$ implizit durch eine Raten-Gleichung

$$\dot{\overline{\mathbf{S}}}_{\mathrm{M}} + \frac{1}{\tau}\overline{\mathbf{S}}_{\mathrm{M}} = \beta\dot{\overline{\mathbf{S}}}_{\mathrm{E}}\,, \tag{3.89}$$

wobei τ [s] und β die Relaxationszeit und einen Steifigkeitsparameter bezeichnen. Die Überspannung $\overline{\mathbf{S}}_{\mathrm{M}}$ kann mit dem Maxwell Körper des Standard-Solid Rheologie Modells in Verbindung gebracht werden, das in Abb. 3.26 dargestellt ist. Der Faktor β in (3.89) bezeichnet daher das Verhältnis zwischen der Steifigkeit des Maxwell Körpers und der Steifigkeit des elastischen Körpers. Angesichts der linearen Differentialgleichung (3.89), stellt das Faltungsintegral

$$\overline{\mathbf{S}}_{\mathrm{M}}(t) = \beta \int_0^t \exp[-(t-\xi)/\tau]\dot{\overline{\mathbf{S}}}_{\mathrm{E}}\mathrm{d}\xi \tag{3.90}$$

die geschlossene Lösung der Überspannung dar.

Der spannungszerlegte visko-hyperelastische Ansatz führt zu einer äußerst effizienten numerischen Implementierung [13, 15, 21, 32]. Obwohl die Beschreibung nicht aus dem freien Energiepotential $\Psi_{\mathrm{iso}}(\mathbf{C}, \Xi)$ abgeleitet wurde, zeigt seine algorithmische Tangente $\mathbb{C} = 2\partial\mathbf{S}/\partial\mathbf{C}$ Hauptsymmetrie und beweist daher die Existenz des Potentials $\Psi_{\mathrm{iso}}(\mathbf{C}, \Xi)$.

Beispiel 3.16 (Spannungsbasierte viskoelastische Verallgemeinerung des inkompressiblen neo-Hooke Materials) Wir betrachten ein inkompressibles viskoelastisches Material, dessen elastische Eigenschaften durch die neo-Hookesche Helmholtz freie Energie

$$\Psi_{\text{iso E}}(\mathbf{C}) = \frac{G}{2}(I_1 - 3) \tag{3.91}$$

gegeben ist, wo $I_1 = \text{tr}\mathbf{C}$ und G die erste Invariante der rechten Cauchy-Green Verzerrung $\mathbf{C}$ und den Schubmodul bei kleinen Verformungen bezeichnen.

(a) Betrachten Sie einfachen Zug und berechnen Sie die Cauchy Spannung am thermodynamischen Limit des Materials.
(b) Die entkoppelte Darstellung $\mathbf{S} = \overline{\mathbf{S}}_{\text{E}} + \overline{\mathbf{S}_{\text{M}}} - p\mathbf{C}^{-1}$ der zweiten Piola-Kirchhoff Spannung kann verwendet werden. Hier bestimmt das Potential (3.91) die isochorische elastische Spannung $\overline{\mathbf{S}}_{\text{E}}$, wohingegen (3.90) die Überspannung $\overline{\mathbf{S}}_{\text{M}}$ bestimmt. Berechnen Sie die Cauchy Spannung bei einfachem Zug entsprechend der Streckung

$$\lambda(t) = \begin{cases} 1 & \text{für } t < 0\,, \\ 1 + kt & \text{für } 0 \le t \le 1\,s\,, \\ 1 + k & \text{für } t > 1\,s\,, \end{cases} \tag{3.92}$$

als Funktion der Zeit t, wobei k ein konstanter Proportionalitätsfaktor ist. Gegeben sind die Parameter $k = 1{,}0\ s^{-1}$ und $\beta = 0{,}6$ Zeichnen Sie die normalisierte Cauchy Spannungskomponente σ_{11}/G für die Zeit $0 < t < 5$ s und die Relaxationszeiten $\tau = 0{,}1;\ 1{,}0;\ 10{,}0$ s.

■

3.5.5 Mehrphasige Kontinuumstheorien

Ein Körper kann aus *mehreren Materialphasen* bestehen, die sich während der Verformung gegenseitig beeinflussen. Angesichts der Gewebebiomechanik ist der Fall einer festen Phase (Gewebegerüst), die in Flüssigkeit eingetaucht ist, am interessantesten, und mehrere Kontinuumstheorien zur Beschreibung eines solchen Körpers wurden entwickelt. Die beiden bekanntesten Theorien sind die *Mischungstheorie* und die *Theorie der Poroelastizität*. Obwohl die Mischungstheorie allgemeiner ist und bessere konzeptionelle Mechanismen zur Integration physikalischer Zusammenhänge bietet [10], kann die Poroelastizität ähnliche Komplexitäten bewältigen, und zum Beispiel vom Blutfluss durchzogenes Myokardgewebe beschreiben [7].

3.5.5.1 Mischungstheorie

Die *Mischungstheorie* verallgemeinert die Prinzipien der Kontinuumsmechanik auf eine Anzahl *durchdringbarer* Kontinua. Sie geht von der grundlegenden Annahme aus, dass zu jedem Zeitpunkt alle Phasen am Materialpunkt *koexistieren*

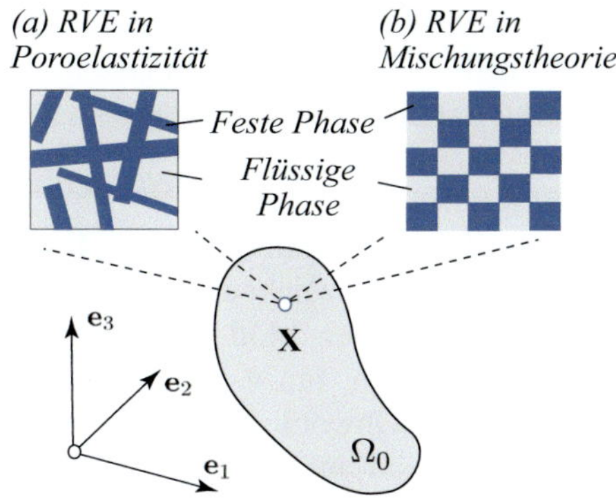

Abb. 3.27 Repräsentatives Volumenelement (RVE) eines zweiphasigen (flüssigen und festen) Materials (**a**) Poroelastizität und (**b**) Mischungstheorie. In der Poroelastizität erschließen die Phasen separate Bereiche innerhalb des RVE, während in der Mischungstheorie die Phasen gleichzeitig das gesamte RVE besetzen

und daher gleichzeitig die gleiche Position innerhalb des RVE einnehmen [6]. Abb. 3.27 zielt darauf ab, eine Zweiphasenmischung zu veranschaulichen. Der Transport der Phasen relativ zueinander wird dann durch Diffusionsmodelle erfasst, wie zum Beispiel dem Fickschen Gesetz, siehe Anhang E.2.

Wie bei anderen Modellen erfordert auch die Mischungstheorie konstitutive Beziehungen, um das System der Bilanzgleichungen zu schließen. Mit der rechten Cauchy-Green Verzerrung $\mathbf{C}$, beschreibt

$$\Psi(\mathbf{C}) = \sum_{i=1}^{n} \xi_i \Psi_i(\mathbf{C}) \quad \text{mit} \quad \sum_{i=1}^{n} \xi_i = 1 \tag{3.98}$$

die Verzerrungsenergie der Mischung von n Phasen, wobei ξ_i und Ψ_i den *referenziellen Volumenanteil* und die Verzerrungsenergie pro Einheit Referenzvolumen der i-ten Phase bezeichnen. Die meisten Mischungsmodelle von weichen biologischen Geweben setzen eine *affine* Verformung voraus. Die Grenzflächen zwischen den n Bestandteilen sind dann starr und $\mathbf{C}$ bestimmt direkt die Verformung der einzelnen Phasen.

3.5.5.2 Theorie der Poroelastizität

Poroelastizität betrachtet eine elastische feste Phase, die in einer Flüssigkeitsphase eingetaucht ist – beide Phasen besetzen zwei *getrennte* Bereiche des RVE, siehe Abb. 3.27. Der Volumenanteil der Flüssigkeit sei nun durch ξ bezeichnet. Die Kontinuität der Flüssigkeit (siehe Abschn. 3.6.1) am Materialpunkt lautet dann $\dot{\xi} = -\mathrm{div}\mathbf{q}$, wobei $\mathbf{q}$ [m s^{-1}] den Flüssigkeitsfluss bezeichnet – eine Eigenschaft, die der in Abschn. 2.4.2 diskutierten Flüssigkeitsfiltrationsgeschwindigkeit entspricht. Mit Berücksichtigung eines Darcy-Typ Filtergesetzes, können wir $\mathbf{q} = -L_\mathrm{p}\mathrm{grad}p - \mathbf{b}_{\mathrm{f\,f}}$ verwenden, um den Flüssigkeitsfluss $\mathbf{q}$ mit dem Flüssigkeits- (oder Poren-) Druck p in Beziehung zu setzen, siehe Anhang E.2. Hierbei bezeichnen L_p und $\mathbf{b}_{\mathrm{f\,f}}$ die hydraulische Leitfähigkeit und die auf die Flüssigkeitsphase wirkende Volumenkraft.

Nach Biot[28] [4] kann die Spannung $\boldsymbol{\sigma} = \boldsymbol{\sigma}_\mathrm{e} - \alpha p \mathbf{I}$ zerlegt werden, wobei $\boldsymbol{\sigma}_\mathrm{e}$ die effektive Cauchy Spannung des Festkörpers bezeichnet, α der *effektive Span-*

[28] Maurice Anthony Biot, belgisch-amerikanischer angewandter Physiker, 1905–1985.

nungskoeffizient von Biot ist, und p der negative hydrostatische Druck ist. Unter quasi-statischen Bedingungen beschreibt das Kräftegleichgewicht (Erhaltung des linearen Impulses; siehe Abschn. 3.6.2)

$$\mathrm{div}\boldsymbol{\sigma} = \mathrm{div}\boldsymbol{\sigma}_{\mathrm{e}} - \alpha p\mathbf{I} = \mathbf{b}_{\mathrm{f}} \tag{3.99}$$

das poroelastische Material, wobei $\mathbf{b}_{\mathrm{f}}$ die gesamte Volumenkraft, also die Kraft pro Volumeneinheit bezeichnet.

Wie bei anderen Modellen erfordert die Theorie der Poroelastizität konstitutive Beziehungen, um $\boldsymbol{\sigma}_{\mathrm{e}}$ auszudrücken und das System der Bilanzgleichungen zu schließen. Obwohl die Biotsche Theorie für kleine Deformationen abgeleitet wurde, kann sie auf endliche Deformationen verallgemeinert werden. *Objektive Spannungsraten*, wie die Jaumann-Rate der Cauchy Spannung $\overset{\triangle}{\boldsymbol{\sigma}} = \dot{\boldsymbol{\sigma}} + \boldsymbol{\sigma}\mathbf{w} - \mathbf{w}\boldsymbol{\sigma}$ implementieren dann (3.99), wobei $\mathbf{l} = \mathrm{grad}\mathbf{v}$ und $\mathbf{w} = (\mathbf{l} - \mathbf{l}^{\mathrm{T}})/2$ jeweils den Geschwindigkeitsgradienten und den Spin-Tensor bezeichnen [29].

3.6 Grundlegenden Physikalische Bilanzgesetze

Eine Reihe von physikalischen Prinzipien bestimmen die Bewegung $\boldsymbol{\chi}$ eines Kontinuums. Es muss die Bilanz von *Masse* und *Impuls* einhalten, sowie den *ersten* und *zweiten Hauptsatz der Thermodynamik* erfüllen. Solche Prinzipien können innerhalb einer *Lagrange* Beschreibung oder einer *(advektiven) Euler* Beschreibung formuliert werden, siehe Abb. 3.28. Während beide Beschreibungen das Materialteilchen in der räumlichen Konfiguration Ω betrachten, verwenden sie unterschiedliche Referenzsysteme. Bei der Lagrange Beschreibung bewegt sich der *Beobachter* zusammen mit dem Kontinuum, während bei der Euler Beschreibung der Beobachter sich nicht bewegt und am globalen Koordinatensystem fixiert ist. Die Lagrange Beschreibung wird üblicherweise für Festkörper verwendet, während Flüssigkeiten meist in einem Euler-Kontext beschrieben werden.

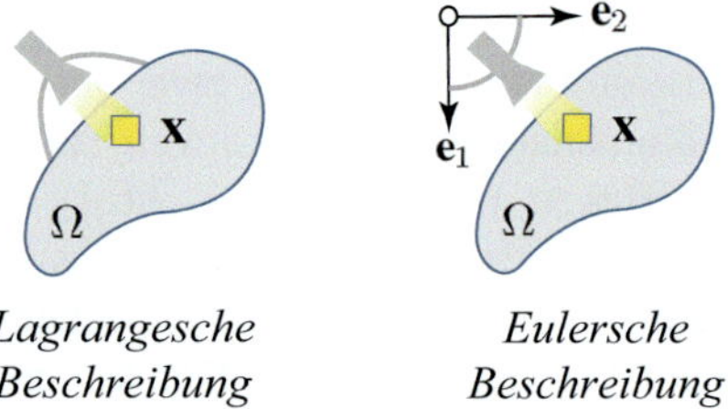

Abb. 3.28 Beobachtung eines Materialteilchens an seiner räumlichen Position $\mathbf{x}$ unter Verwendung der Lagrange Beschreibung und der Euler Beschreibung. Eine Taschenlampe kennzeichnet den Beobachter, der entweder am bewegenden Körper Ω (Lagrange Beschreibung) oder am (stationären) Koordinatensystem $\{\mathbf{e}_1, \mathbf{e}_2\}$ (Euler Beschreibung) fixiert ist

Zusätzlich zu den in diesem Abschnitt diskutierten Verfahren bietet *Maxwell-Transport* und Lokalisierung einen alternativen Ansatz zur Ableitung von Bilanzgleichungen, siehe Abschn. 3.7.1.

3.6.1 Massebilanz

Die Masse $\mathrm{d}m = \rho \mathrm{d}v$ [kg] jedes Materialteilchens bleibt konstant, und daher gilt

$$\frac{\mathrm{D}m}{\mathrm{D}t} = 0\,, \tag{3.100}$$

wobei $\mathrm{D}(\bullet)/\mathrm{D}t$ die *materielle Zeitableitung* bezeichnet. Sie entspricht der Veränderung, die vom Materialteilchen „gefühlt" wird.

In Gefäßbiomechanischen Anwendungen beschreibt die Massenerhaltung das Gefäßgewebe bezogen auf eine charakteristische Zeitskala, wie sie beispielsweise durch den Herzzyklus bestimmt wird. Über die Dauer von Stunden und Tagen können jedoch auch Faktoren wie der Umsatz von Gewebebestandteilen und Zellmigration zu einer Massenänderung führen. Der Materialpunkt wird dann nicht mehr durch ein *geschlossenes System,* sondern durch ein *offenes System* beschrieben, wie in Kap. 7 diskutiert.

3.6.1.1 Lagrange Beschreibung

In der Lagrange Beschreibung ist die materielle Zeitableitung gleich der partiellen Ableitung, $\mathrm{D}(\bullet)/\mathrm{D}t = \partial(\bullet)/\partial t$. Für ein Materialpartikel der Masse $\mathrm{d}m$, lautet dann die Massenerhaltung

$$\frac{\mathrm{D}m}{\mathrm{D}t} = \frac{\partial(\rho \mathrm{d}v)}{\partial t} = \frac{\partial \rho}{\partial t}\mathrm{d}v + \rho\frac{\partial(\mathrm{d}v)}{\partial t} = 0\,, \tag{3.101}$$

wobei ρ [kg m^{-3}] und $\mathrm{d}v$ [m^3] die Dichte und das Volumen des Materialpartikels an seiner räumlichen Position $\mathbf{x}$ und somit die Eigenschaften des deformierten Partikels bezeichnen. Die Massenerhaltung kann auch durch

$$\frac{\partial \rho}{\partial t} + \rho \mathrm{div}\mathbf{v} = \mathbf{0} \tag{3.102}$$

angegeben werden, wobei $\mathbf{v}$ die Geschwindigkeit des Materialpartikels bezeichnet. Bei der Ableitung dieser Beziehung wurde das Volumenelement $\mathrm{d}v = J\mathrm{d}V$ sowie die Änderungsrate des Volumens $(3.38)_4$, $\dot{J} = J\mathrm{div}\mathbf{v}$ verwendet. Hier bezeichnet J das Volumenverhältnis.

Für ein inkompressibles Material, ist die Dichte ρ konstant, und

$$\frac{\partial J}{\partial t} = 0$$

drückt dann die Erhaltung der Masse aus. Andere Darstellungen der Massenerhaltung folgen direkt aus den alternativen Beziehungen der Volumenänderungsrate (3.38).

3.6.1.2 Euler Beschreibung

In der Euler Beschreibung lautet die Massenerhaltung

$$\frac{\mathrm{D}m}{\mathrm{D}t} = \frac{\mathrm{D}(\rho \mathrm{d}v)}{\mathrm{D}t} = \frac{\mathrm{D}\rho}{\mathrm{D}t}\mathrm{d}v + \rho\frac{\mathrm{D}(\mathrm{d}v)}{\mathrm{D}t} = 0\,, \tag{3.103}$$

und ergibt dann mit der *materiellen Zeitableitung* $\mathrm{D}(\bullet)/\mathrm{D}t = \partial(\bullet)/\partial t + (\bullet)\,\mathrm{div}\mathbf{v}$

$$\frac{\mathrm{D}m}{\mathrm{D}t} = \left(\frac{\partial\rho}{\partial t} + \rho\,\mathrm{div}\mathbf{v}\right)\mathrm{d}v + \left(\frac{\partial(\mathrm{d}v)}{\partial t} + \mathrm{d}v\,\mathrm{div}\mathbf{v}\right)\rho = 0\,.$$

Für ein *inkompressibles* Material gilt die Bedingung $\mathrm{D}\rho/\mathrm{D}t = 0$, und die Massenbilanz liest sich $\mathrm{D}(\mathrm{d}v)/\mathrm{D}t = 0$. Ein Ausdruck, der auch durch

$$\mathrm{div}\mathbf{v} = \mathbf{0} \tag{3.104}$$

beschrieben werden kann, wobei $\mathbf{v}$ die Geschwindigkeit des Materialpartikels bezeichnet. Zusätzlich wurde $\mathrm{d}v = J\mathrm{d}V$ und die Änderungsrate des Volumens $(3.38)_4$ zur Herleitung verwendet. Die Erhaltung der Masse eines inkompressiblen Materials definiert daher ein *divergenzfreies* Geschwindigkeitsfeld. In der Fluidmechanik wird die Massenerhaltung üblicherweise als *Kontinuitätsgleichung* bezeichnet.

Beispiel 3.17 (Kontinuität der inkompressiblen Strömung) Ein inkompressibles Fluid strömt mit der Geschwindigkeit $\mathbf{v}$ durch ein Kontrollvolumen (Bereich) Ω. Betrachten Sie eine Euler Beschreibung, sodass das Gebiet Ω im Raum fixiert ist. Verwenden Sie die lineare Expansion der Strömungsgeschwindigkeit $\mathbf{v}(\mathbf{x} + \Delta\mathbf{x}) = \mathbf{v} + \mathrm{grad}\mathbf{v}(\mathbf{x})\,\Delta\mathbf{x}$, sodass dieses Problem von den in Abb. 3.39 gezeigten Geschwindigkeitskomponenten beschrieben wird.

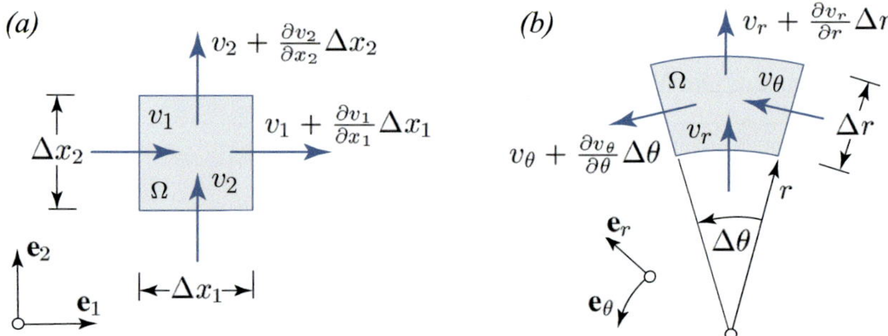

Abb. 3.29 Inkompressible Strömung durch ein im Raum fixiertes Kontrollvolumen Ω. Problemstellung in Bezug auf (**a**) das 2D-kartesische Koordinatensystem $\{\mathbf{e}_1, \mathbf{e}_2\}$ und (**b**) das zylindrische Koordinatensystem $\{\mathbf{e}_r, \mathbf{e}_\theta\}$

(a) Betrachten Sie das kartesische Koordinatensystem $\{\mathbf{e}_1, \mathbf{e}_2\}$ wie in Abb. 3.29a gezeigt, und leiten Sie die Strömungskontinuität ab. Überprüfen Sie das Ergebnis mit den Ausdruck (3.104).
(b) Betrachten Sie das zylindrische Koordinatensystem $\{\mathbf{e}_r, \mathbf{e}_\theta\}$ wie in Abb. 3.29b gezeigt, und leiten Sie die Strömungskontinuität ab. Überprüfen Sie das Ergebnis mit den Ausdruck (3.104).

■

3.6.2 Impulserhaltung

Wir können hypothetisch das Materialteilchen freischneiden und dazu ein Freikörperdiagramm (FBD; siehe Abschn. 3.7.2) verwenden. Die externen Kräfte, die auf das Materialteilchen wirken, können dann mit den internen Kräften, den Spannungen innerhalb des Teilchens, in Beziehung gesetzt werden. Zufolge der Impulsbilanz müssen diese Kräfte zu jedem Zeitpunkt t im *Gleichgewicht* sein, das Kräftegleichgewicht also erfüllt sein. Ein Materialteilchen der Dichte ρ, das sich mit der Geschwindigkeit $\mathbf{v}$ bewegt, muss daher das *Cauchy-Eulersche Bewegungsgesetz*

$$\rho \frac{\mathrm{D}\mathbf{v}}{\mathrm{D}t} = \mathrm{div}\boldsymbol{\sigma} + \mathbf{b}_\mathrm{f} \tag{3.107}$$

erfüllen, wobei $\boldsymbol{\sigma}$ den Cauchy Spannungstensor bezeichnet, während $\mathbf{b}_\mathrm{f}$ die Volumenkraft in Bezug auf das deformierte Einheitsvolumen ist. Das Cauchy-Eulersche Bewegungsgesetz (3.107) stellt die Anwendung des *zweiten Newtonschen Gesetzes der Mechanik* [23] auf ein Kontinuum dar und gilt für alle seine Materialteilchen.

Zusätzlich zur Bilanz des linearen Impulses muss das Materialteilchen im *Drehimpuls*gleichgewicht sein. Mit der Symmetrie des Cauchyschen Spannungstensors $\boldsymbol{\sigma} = \boldsymbol{\sigma}^\mathrm{T}$ ist das Drehimpulsgleichgewicht *a priori* erfüllt.

3.6.2.1 Lagrange Beschreibung

In der Lagrange Beschreibung bezeichnet $\mathrm{D}\mathbf{v}/\mathrm{D}t = \partial\mathbf{v}/\partial t$ die Beschleunigung des Materialteilchens, und das System

$$\rho \begin{bmatrix} \frac{\partial v_1}{\partial t} \\ \frac{\partial v_2}{\partial t} \\ \frac{\partial v_3}{\partial t} \end{bmatrix} = \begin{bmatrix} \frac{\partial \sigma_{11}}{\partial x_1} + \frac{\partial \sigma_{12}}{\partial x_2} + \frac{\partial \sigma_{13}}{\partial x_3} \\ \frac{\partial \sigma_{21}}{\partial x_1} + \frac{\partial \sigma_{22}}{\partial x_2} + \frac{\partial \sigma_{23}}{\partial x_3} \\ \frac{\partial \sigma_{31}}{\partial x_1} + \frac{\partial \sigma_{32}}{\partial x_2} + \frac{\partial \sigma_{33}}{\partial x_3} \end{bmatrix} + \begin{bmatrix} b_{\mathrm{f}1} \\ b_{\mathrm{f}2} \\ b_{\mathrm{f}3} \end{bmatrix} \tag{3.108}$$

drückt Cauchy-Eulersche Bewegungsgesetz (3.107) in 3D kartesischen Koordinaten aus. Es bestimmt die Verteilung der Spannung im Körper.

Beispiel 3.18 (Gleichgewicht des Materialpartikels in 2D) Betrachten wir ein Materialpartikel der Dichte ρ [kg m^{-3}], das mit $\dot{\mathbf{v}}$ [m s^{-2}] beschleunigt. Das Partikel ist Teil eines 2D Kontinuums unter inhomogenen ebenen Spannungszustand.

(a) Betrachten Sie das kartesische Koordinatensystem $\{\mathbf{e}_1, \mathbf{e}_2\}$ und bringen Sie alle Spannungskomponenten an, die auf das Materialpartikel wirken.
(b) Stellen Sie das lineare Impulsgleichgewicht entlang der $\mathbf{e}_1$ und $\mathbf{e}_2$ Richtungen her und vergleichen Sie das Ergebnis mit (3.107).
(c) Betrachten Sie das zylindrische Koordinatensystem $\{\mathbf{e}_r, \mathbf{e}_\theta\}$ und bringen Sie alle Spannungskomponenten an, die auf das Materialpartikel eines rotationssymmetrischen Problems wirken.
(d) Stellen Sie das lineare Impulsgleichgewicht entlang der $\mathbf{e}_r$ und $\mathbf{e}_\theta$ Richtungen her und vergleichen Sie das Ergebnis mit (3.107).

■

Beispiel 3.19 (Aufgeblasener dickwandiger linear-elastischer Zylinder) Abb. 3.30 zeigt einen dickwandigen Kreisquerschnitt, der eine Arterie darstellt, wobei $r_\mathrm{i} = 2{,}0$ mm und $r_\mathrm{o} = 3{,}0$ mm seine inneren und äußeren Radien bezeichnen. Der Querschnitt steht unter dem Innendruck p_i, und das linear-elastische Material mit dem Elastizitätsmodul $E = 625$ kPa und der Poissonzahl $\nu = 0{,}49$ beschreibt die Eigenschaften der Gefäßwand. Bei kleinen Verformungen sind die Komponenten der Cauchy Spannung in radialer Richtung σ_r und in zirkumferentieller Richtung σ_θ durch die Fundamentallösung

$$\sigma_r(r) = \frac{a_0}{r^2} + b_0 + c_0(2\ln r + 1) \ ; \ \sigma_\theta(r) = \frac{-a_0}{r^2} + b_0 + c_0(2\ln r + 3) \quad (3.111)$$

des rotationssymmetrischen ebenen Spannungsproblems gegeben, wobei a_0, b_0, c_0 Konstanten bezeichnen, die aus dem jeweiligen Randwertproblem (BVP) [34] zu identifizieren sind.

(a) Zeigen Sie, dass die Fundamentallösung (3.111) das Cauchy-Eulersche Bewegungsgesetz (3.107) erfüllt.
(b) Identifizieren Sie die Konstanten a_0, b_0 und c_0 aus den Randbedingungen, zusammen mit der Verformungsverträglichkeit

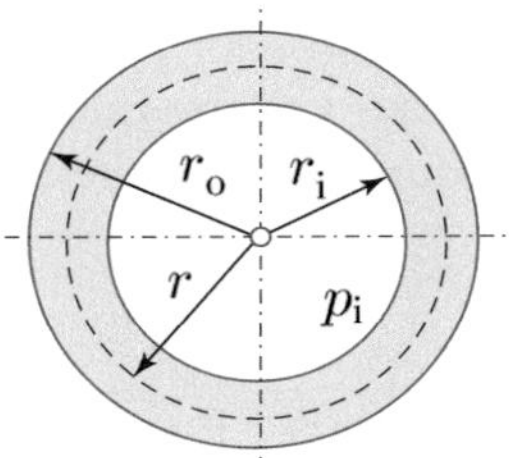

Abb. 3.30 Dickwandiger Zylinder unter Innendruck als Modell einer Arterie. Der Radius r zeigt auf die radiale Position eines Materialpartikels, während p_i den Innendruck bezeichnet

$$\frac{\partial(r\varepsilon_\theta)}{\partial r} - \varepsilon_r = 0 \tag{3.112}$$

eines rotationssymmetrischen Problems. Stellen Sie die radiale σ_r und die zirkumferenzielle σ_θ Spannungen in der Gefäßwand bei diastolischen $p_{\mathrm{i\,d}} = 75$ mmHg und systolischen $p_{\mathrm{i\,s}} = 120$ mmHg Blutdrücken dar.

(c) Berechnen Sie die radiale Verschiebungspulsation Δr an der Innenseite und an der Außenseite des Gefäßes, die als Reaktion auf die Blutdruckpulsation auftritt.

■

3.6.2.2 Euler Beschreibung

Bei einer Eulerschen Problembeschreibung bezeichnet $\mathrm{D}\mathbf{v}/\mathrm{D}t = \partial\mathbf{v}/\partial t + \mathrm{grad}(\mathbf{v})\cdot\mathbf{v}$ die Beschleunigung des Materialpartikels, wobei $\mathbf{v}$ seine Geschwindigkeit ist. Zusätzlich zur *lokalen* Geschwindigkeitsrate $\partial\mathbf{v}/\partial t$ trägt die *advektive* (oder *konvektive*) Geschwindigkeitsrate $\mathrm{grad}(\mathbf{v})\cdot\mathbf{v}$ zur Beschleunigung bei. Abb. 3.31 veranschaulicht die physische Bedeutung der advektiven Geschwindigkeitsrate. Sie zeigt eine stationäre, $\partial\mathbf{v}/\partial t = 0$, Strömung durch eine Düse. Zu Folge der betrachteten Eulerschen Problemstellung ist die Düse im Raum fixiert. Die Geschwindigkeit $\mathbf{v}_{\mathrm{i}}$ am Einlass *beschleunigt* zur Geschwindigkeit $\mathbf{v}_{\mathrm{o}}$ am Auslass, was im stationären Zustand nur durch den advektiven Term $\mathrm{grad}(\mathbf{v})\cdot\mathbf{v}$ erreicht werden kann.

Mit dem Modell eines Newtonschen Fluids, können wir die Spannung im Cauchy-Eulerschen Bewegungsgesetz (3.107) durch das Newtonsche Viskositätsmodell $\boldsymbol{\sigma} = 2\eta\mathbf{d} - p\mathbf{I}$ ersetzen, wo $\mathbf{d} = (\mathrm{grad}\mathbf{v} + \mathrm{grad}^{\mathrm{T}}\mathbf{v})/2$ den Verzerrungsgeschwindigkeitstensor bezeichnet, während p der Flüssigkeitsdruck ist, siehe Abschn. 3.5.4.1. Das Bewegungsgesetz (3.107) führt dann zur *Navier*[29]*-Stokes*[30] *Gleichung*. Sie lautet $\rho(\partial\mathbf{v}/\partial t + \mathbf{v}\cdot\mathrm{grad}\mathbf{v}) = \mathrm{div}(2\eta\mathbf{d} - p\mathbf{I}) + \mathbf{b}_{\mathrm{f}}$ und kann auch durch

$$\rho\left(\frac{\partial\mathbf{v}}{\partial t} + \mathbf{v}\cdot\mathrm{grad}\mathbf{v}\right) = \eta\mathrm{div}(\mathrm{grad}\mathbf{v}) - \mathrm{grad}\mathbf{p} + \mathbf{b}_{\mathrm{f}} \tag{3.115}$$

dargestellt werden, wobei $\mathrm{div}(\mathrm{grad}\mathbf{v})$ den Vektor-Laplace-Operator von $\mathbf{v}$ bezeichnet. In einem 3D kartesischen Koordinatensystem $\{\mathbf{e}_1, \mathbf{e}_2, \mathbf{e}_3\}$, lauten die Navier-Stokes Gleichungen

$$\rho\begin{bmatrix}\frac{\mathrm{D}v_1}{\mathrm{D}t}\\ \frac{\mathrm{D}v_2}{\mathrm{D}t}\\ \frac{\mathrm{D}v_3}{\mathrm{D}t}\end{bmatrix} = \eta\begin{bmatrix}\frac{\partial^2 v_1}{\partial x_1^2} + \frac{\partial^2 v_1}{\partial x_2^2} + \frac{\partial^2 v_1}{\partial x_3^2} + \frac{\partial^2 v_1}{\partial x_1\partial x_2} + \frac{\partial^2 v_1}{\partial x_1\partial x_3}\\ \frac{\partial^2 v_2}{\partial x_1^2} + \frac{\partial^2 v_2}{\partial x_2^2} + \frac{\partial^2 v_2}{\partial x_3^2} + \frac{\partial^2 v_2}{\partial x_1\partial x_3} + \frac{\partial^2 v_2}{\partial x_2\partial x_3}\\ \frac{\partial^2 v_3}{\partial x_1^2} + \frac{\partial^2 v_3}{\partial x_2^2} + \frac{\partial^2 v_3}{\partial x_3^2} + \frac{\partial^2 v_3}{\partial x_1\partial x_3} + \frac{\partial^2 v_3}{\partial x_2\partial x_3}\end{bmatrix} - \begin{bmatrix}\frac{\partial p}{\partial x_1}\\ \frac{\partial p}{\partial x_2}\\ \frac{\partial p}{\partial x_3}\end{bmatrix} + \begin{bmatrix}b_{\mathrm{f}1}\\ b_{\mathrm{f}2}\\ b_{\mathrm{f}3}\end{bmatrix},$$

wobei die materielle Zeitableitung

[29] Claude-Louis Navier, französischer Ingenieur und Physiker, 1785–1836.

[30] Sir George Gabriel Stokes, englisch-irischer Physiker und Mathematiker, 1819–1903.

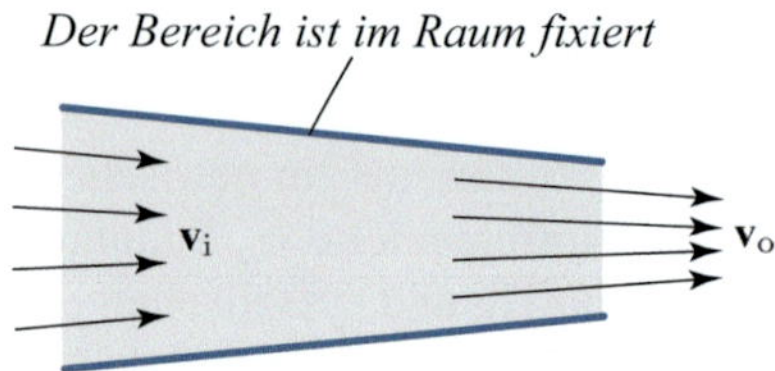

Abb. 3.31 Stationäre Strömung durch eine Düse, veranschaulicht die advektive Beschleunigung von der Einströmgeschwindigkeit $\mathbf{v}_\mathrm{i}$ zur Ausströmgeschwindigkeit $\mathbf{v}_\mathrm{o}$

$$\begin{bmatrix} \frac{\mathrm{D}v_1}{\mathrm{D}t} \\ \frac{\mathrm{D}v_2}{\mathrm{D}t} \\ \frac{\mathrm{D}v_3}{\mathrm{D}t} \end{bmatrix} = \begin{bmatrix} \frac{\partial v_1}{\partial t} \\ \frac{\partial v_2}{\partial t} \\ \frac{\partial v_3}{\partial t} \end{bmatrix} + \begin{bmatrix} v_1 \frac{\partial v_1}{\partial x_1} + v_1 \frac{\partial v_1}{\partial x_2} + v_1 \frac{\partial v_1}{\partial x_3} \\ v_2 \frac{\partial v_2}{\partial x_1} + v_2 \frac{\partial v_2}{\partial x_2} + v_2 \frac{\partial v_2}{\partial x_3} \\ v_3 \frac{\partial v_3}{\partial x_1} + v_3 \frac{\partial v_3}{\partial x_2} + v_3 \frac{\partial v_3}{\partial x_3} \end{bmatrix}$$

verwendet wurde.

Die verschiedenen Terme in der Navier-Stokes Gleichung repräsentieren verschiedene *physikalische Kräfte,* und die Normalisierung von Gl. (3.115) ermöglicht die Beurteilung ihrer individuellen Einflüsse auf ein spezifisches Strömungsproblem. Eine mögliche Normalisierung verwendet die charakteristische (problemspezifische) Länge L, Geschwindigkeit V und Zeit T. Die räumliche Position $\mathbf{x} = \mathbf{x}^*L$, die Geschwindigkeit $\mathbf{v} = \mathbf{v}^*V$, die Zeit $t = t^*T$, der Druck $p = p^*\rho V^2$ und die Volumenkraft $\mathbf{b}_\mathrm{f} = \mathbf{b}_\mathrm{f}^*\rho \mathbf{g}$ können dann in (3.115) eingesetzt werden. Dies führt zur *dimensionslosen* Navier-Stokes Gleichung

$$Sr \frac{\partial \mathbf{v}^*}{\partial t^*} + \mathbf{v}^* \cdot \mathrm{grad}^* \mathbf{v}^* = \frac{\mathrm{div}^*(\mathrm{grad}^* \mathbf{v}^*)}{Re} = -\mathrm{grad}^* p^* + \frac{\mathbf{b}_\mathrm{f}^*}{Fr^2}, \tag{3.116}$$

wobei die Divergenz div*(•) und der Gradient grad*(•) in Bezug auf die normalisierte Dimension $\mathbf{x}^*$ definiert wurden. Die *Strouhal*[31] $Sr = L/(TV)$, die *Reynolds*[32] $Re = VL\rho/\eta$, und die *Froude*[33] $Fr = V/\sqrt{gL}$ Zahlen zeigen das Ausmaß, in dem jeweils Masseneffekte, viskose Kräfte und Volumenkräfte das fluidmechanische Problem beeinflussen.

3.6.3 Thermodynamische Gesetze

Die Bewegung $\boldsymbol{\chi}$ eines Körpers kann als ein *thermodynamischer Prozess* betrachtet werden, bei dem der Körper eine Reihe von *thermodynamischen Zuständen* durchläuft. Diese Zustände werden dann von den Gesetzen der Thermodynamik bestimmt.

---

[31] Vincenc Strouhal, tschechischer Physiker, 1850–1922.

[32] Osborne Reynolds, irischer Innovator, 1842–1912.

[33] William Froude, englischer Ingenieur, 1810–1879.

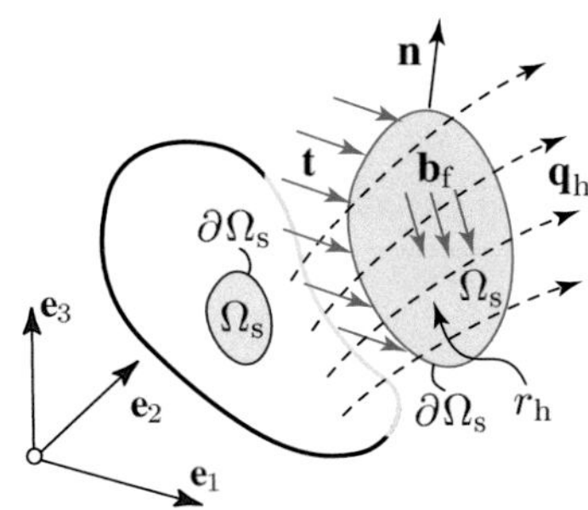

Abb. 3.32 Teilbereich Ω_s eines Kontinuums, das dem Wärmefluss $\mathbf{q}$, der Wärmequelle r und dem Traktionsvektor $\mathbf{t}$ ausgesetzt ist. Der nach außen gerichtete Normalvektor zur Systemgrenze $\partial\Omega_s$ wird durch $\mathbf{n}$ bezeichnet

3.6.3.1 Der erste Hauptsatz der Thermodynamik

Der *erste Hauptsatz der Thermodynamik* besagt, dass die Energie eines geschlossenen Systems erhalten bleibt. Die Änderung der *Systemenergie* $\dot{e}$ entspricht dann der *Wärmezufuhr* h_{input} und der *Leistungszufuhr* p_{input}; $\dot{e} = h_{\text{input}} + p_{\text{input}}$. Die Systemenergie enthält zwei Teile, die *innere Energie* u, wie elastische und chemische Energien, und die *kinetische Energie* $\rho|\mathbf{v}|^2/2$. Sie sind jeweils auf das räumliche Einheitsvolumen bezogen, und die Energieerhaltung des Teilbereichs Ω_s in Abb. 3.32 lautet dann

$$\underbrace{\frac{\mathrm{D}}{\mathrm{D}t}\int_{\Omega_s}\left(u+\rho\frac{|\mathbf{v}|^2}{2}\right)\mathrm{d}v}_{\text{Änderung der Systemenergie}} = \underbrace{\int_{\Omega_s} h_{\text{input}}\mathrm{d}v + \int_{\Omega_s} p_{\text{input}}\mathrm{d}v}_{\text{Zufuhr von Wärme und Leistung}} . \tag{3.117}$$

Die Wärme kann durch den *Wärmefluss* $\mathbf{q}_h$ oder die *Wärmequelle* r_h geliefert werden. Die Netto-Wärmezufuhr des Teilbereichs Ω_s wird daher durch

$$\int_{\Omega_s} h_{\text{input}}\mathrm{d}v = \int_{\Omega_s} r_h\mathrm{d}v - \int_{\partial\Omega_s}\mathbf{q}_h\cdot\mathbf{n}\mathrm{d}s = \int_{\Omega_s}(\mathbf{r}_h - \mathrm{div}\mathbf{q}_h)\mathrm{d}\mathbf{v}\,, \tag{3.118}$$

gegeben, wobei $\mathbf{n}$ den nach außen gerichteten Normalvektor zur Oberfläche des Teilbereichs $\partial\Omega_s$ bezeichnet und der Divergenzsatz (A.8.2) zur Ableitung dieses Ausdrucks verwendet wurden.

Die *Leistungszufuhr* p_{input} ist mit der *Volumenkraft* $\mathbf{b}_f$ verbunden, die in Ω_s wirkt, und der *Traktionsvektor* $\mathbf{t} = \boldsymbol{\sigma}\mathbf{n}$ wirkt an der Grenze $\partial\Omega_s$. Der letzte Ausdruck in (3.117) liest sich dann

$$\begin{aligned}\int_{\partial\Omega_s} p_{\text{input}}\mathrm{d}v &= \int_{\Omega_s}\mathbf{v}\cdot\mathbf{b}_f\mathrm{d}v + \int_{\partial\Omega_s}\mathbf{v}\cdot\boldsymbol{\sigma}\mathbf{n}\mathrm{d}s\\ &= \int_{\Omega_s}[\mathbf{v}\cdot\mathbf{b}_f + \mathrm{div}(\mathbf{v}\boldsymbol{\sigma})]\,\mathrm{d}v\\ &= \int_{\Omega_s}[\mathbf{v}\cdot(\mathbf{b}_f + \mathrm{div}\boldsymbol{\sigma}) + \boldsymbol{\sigma}:\mathbf{d}]\,\mathrm{d}v = \int_{\Omega_s}\left(\frac{\rho}{2}\frac{\mathrm{D}|\mathbf{v}|^2}{\mathrm{D}t} + \boldsymbol{\sigma}:\mathbf{d}\right)\mathrm{d}v\,,\end{aligned} \tag{3.119}$$

wobei die Verzerrungsgeschwindigkeit $\mathbf{d} = (\mathrm{grad}\,\mathbf{v} + \mathrm{grad}^{\mathrm{T}}\mathbf{v})/2$ und der Divergenzsatz (A.8.2) verwendet wurden. Darüber hinaus erlaubte das Cauchy-Eulersche

Bewegungsgesetz (3.107) die Substitution von $\mathbf{v} \cdot (\mathbf{b}_\mathrm{f} + \mathrm{div}\boldsymbol{\sigma})$ durch den Term $(1/2)\mathrm{D}|\mathbf{v}|^2/\mathrm{D}t$.

Mit der Wärmezufuhr (3.118) und der Leistungszufuhr (3.119), liest sich die Energieerhaltung (3.117)

$$\int_{\Omega_\mathrm{s}} (\dot{u} + \mathrm{div}\mathbf{q}_\mathrm{h} - r_\mathrm{h} - \boldsymbol{\sigma} : \mathbf{d})\, \mathrm{d}v = 0\,. \tag{3.120}$$

Diese Integralbedingung gilt für jeden räumlichen Teilbereich Ω_s des Körpers, und die Lokalisierung ergibt daher die *starke Bedingung*

$$\dot{u} + \mathrm{div}\mathbf{q}_\mathrm{h} - r_\mathrm{h} - \boldsymbol{\sigma} : \mathbf{d} = 0 \tag{3.121}$$

der Energiebilanz des Materialpartikels. In Sinne einer *Lagrange Beschreibung* bezeichnet die partielle Ableitung $\partial u/\partial t$ die materielle Zeitableitung der inneren Energie $\dot{u}$, wohingegen diese durch $\partial u/\partial t + u\mathrm{div}\mathbf{v}$ in der *Euler Beschreibung* gegeben ist.

Beispiel 3.20 (Energieerhaltung in der Referenzkonfiguration) Ähnlich zur räumlichen Version der Energieerhaltung (3.121), kann der erste Hauptsatz der Thermodynamik auch in Bezug auf die Referenzkonfiguration des Körpers, und somit in seiner materiellen Beschreibung ausgedrückt werden. Dazu betrachten wir ein Teilgebiet eines Kontinuums mit der Referenzkonfiguration $\Omega_{\mathrm{s}0}$ und der räumlichen Konfiguration Ω_s. Die Bewegung des Körpers ist langsam und kinetische Effekte können daher vernachlässigt werden.

(a) Unter der Verwendung der internen Energie U pro Einheitsvolumen in der Referenzkonfiguration, drücken Sie die Änderung der Systemenergie des Teilgebiets aus.
(b) Unter der Verwendung des Wärmeflusses $\mathbf{Q}_\mathrm{h}$ pro Einheitsfläche in der Referenzkonfiguration und der Wärmequelle R_h pro Einheitsvolumen in der Referenzkonfiguration, drücken Sie die Nettoakkumulation von Wärme innerhalb des Teilgebiets aus.
(c) Wenden Sie eine „Pull-Back" Operation der Gl. $(3.119)_4$ auf $\Omega_{\mathrm{s}\,0}$ an und drücken Sie damit die Leistungszufuhr in das Teilgebiet aus.
(d) Unter der Verwendung der obigen Ergebnisse, leiten Sie den ersten Hauptsatz der Thermodynamik in seiner materiellen Beschreibung ab.

■

3.6.3.2 Der zweite Hauptsatz der Thermodynamik

Wir betrachten einen Körper Ω bei der absoluten Temperatur θ, der einen thermodynamischen Prozess durchläuft. Der Wärmefluss $\mathbf{q}_\mathrm{h}$ und die Wärmequelle r_h drücken den Zufluss $-\mathrm{div}(\mathbf{q}_\mathrm{h}/\theta)$ und die jeweilige Versorgung r_h/θ von *Entropie s* pro Raumeinheitsvolumen aus. Der *zweite Hauptsatz der Thermodynamik* besagt, dass die Produktionsrate γ der Entropie s niemals negativ ist, was somit zur Ungleichung

$$\gamma = \dot{s} - \left[\frac{r_\mathrm{h}}{\theta} - \mathrm{div}\left(\frac{\mathbf{q}_\mathrm{h}}{\theta}\right)\right] \geq 0 \tag{3.122}$$

führt. Die Beziehung $\text{div}(\mathbf{q}_h/\theta) = (\text{div}\mathbf{q}_h)/\theta - (\mathbf{q}_h \cdot \text{grad}\theta)/\theta^2$ zusammen mit der Beschreibung der Wärmequelle $r_h = \dot{u} + \text{div}\mathbf{q}_h - \boldsymbol{\sigma} : \mathbf{d}$, ein Ausdruck, der sich aus der Energieerhaltung (3.121) ableitet, liefert

$$\gamma\theta = \theta\dot{s} - \dot{u} + \boldsymbol{\sigma} : \mathbf{d} - \frac{\mathbf{q}_h \cdot \text{grad}\theta}{\theta} \geq 0\,, \tag{3.123}$$

wobei u die innere Energie bezeichnet, während $\boldsymbol{\sigma}$ und $\mathbf{d}$ die Cauchy Spannung und die Verzerrungsgeschwindigkeit darstellen.

Mit der Definition der Helmholtz freien Energie $\psi = u - s\theta$ pro Einheit räumliches Volumen, liest sich die Rate der inneren Energie als $\dot{u} = \dot{\psi} + s\dot{\theta} + \theta\dot{s}$, und der zweite Hauptsatz der Thermodynamik lautet dann

$$\gamma\theta = -\dot{\psi} - s\dot{\theta} + \boldsymbol{\sigma} : \mathbf{d} - \frac{\mathbf{q}_h \cdot \text{grad}\theta}{\theta} \geq 0\,, \tag{3.124}$$

eine Beziehung, die als *Clausius-Duhem Ungleichung* bekannt ist.

Die Ungleichung (3.124) kann auch in ihrer materiellen Beschreibung ausgedrückt werden,

$$-\dot{\Psi} - S\dot{\theta} + \mathbf{P} : \dot{\mathbf{F}} - \frac{\mathbf{Q}_h \cdot \text{Grad}\theta}{\theta} \geq 0\,, \tag{3.125}$$

wobei S die Entropie pro Einheit *referentielles* Volumen bezeichnet. Hier sind die Helmholtz freie Energie $\Psi = U - S\theta$ und die innere Energie U auf das Einheitsvolumen in der Referenzkonfiguration bezogen. Darüber hinaus ist $\mathbf{Q}_h$ der Wärmefluss pro Einheit Referenzfläche, während Grad θ und $\text{Div}\mathbf{Q}_h$ den materiellen Gradienten der Temperatur θ und den materiellen Divergenzoperator bezeichnen. In einem kartesischen Koordinatensystem $\{\mathbf{e}_1, \mathbf{e}_2, \mathbf{e}_3\}$ drückt $\text{Grad}\theta = \partial\theta/\partial X_I \mathbf{e}_I$ (keine Summation) den Gradienten aus, und die Divergenz liest sich $\text{Div}\mathbf{Q}_h = \partial Q_{h\,I}/\partial X_I$. In der materiellen Version der Clausius-Duhem Ungleichung (3.125) drückt der Term $\mathbf{P} : \dot{\mathbf{F}}$ die Spannungsleistung pro Einheit Referenzvolumen aus, wobei $\mathbf{P}$ und $\mathbf{F}$ die erste Piola-Kirchhoff Spannung und den Deformationsgradienten bezeichnen.

Mit einer *Lagrange Beschreibung* entspricht die materielle Zeitableitung $\text{D}(\bullet)/\text{D}t$ des Skalars $(\bullet)$ der partiellen Zeitableitung $\partial(\bullet)/\partial t$, während in der *Euler Beschreibung* diese $\partial(\bullet)/\partial t + (\bullet)\text{div}\mathbf{v}$ lautet, wobei $\mathbf{v}$ die Geschwindigkeit bezeichnet.

3.6.4 Die Beziehung zwischen der Spannung und der Helmholtz freien Energie

Wir betrachten einen Körper, der durch eine Helmholtz freie Energie Ψ pro Einheit Referenzvolumen beschrieben wird. Die Formulierung ist objektiv und hat die Form $\Psi = \Psi(\mathbf{F}, \mathbf{H}_1, \ldots, \mathbf{H}_n)$, wobei $\mathbf{F}$ und $\mathbf{H}_i$ den Deformationsgradienten und n interne (verborgene) Variablen bezeichnen. Der Körper durchläuft die Bewegung $\boldsymbol{\chi}(t)$, und wie jeder andere zulässige thermodynamische Prozess, gehorcht er der

Clausius-Duhem Ungleichung (3.125). Bei den meisten biomechanischen Anwendungen ist ein solcher Prozess *isotherm*, und $\dot{\theta} = 0$ sowie $Grad\theta = \mathbf{0}$ gelten. Dies führt dann zur isothermen Version $-\dot{\Psi} + \mathbf{P} : \dot{\mathbf{F}} \geq 0$ der Clausius-Duhem Ungleichung, und mit $\Psi(\mathbf{F}, \mathbf{H}_1, \ldots, \mathbf{H}_n)$ beschreibt damit

$$\left(\mathbf{P} - \frac{\partial \Psi}{\partial \mathbf{F}}\right) : \dot{\mathbf{F}} - \frac{\partial \Psi}{\partial \mathbf{H}_i} : \dot{\mathbf{H}}_i \geq 0 \tag{3.126}$$

einen thermodynamisch zulässigen Prozess. Die Ungleichung (3.126) gilt für beliebige Deformationen und impliziert dann die konstitutive Beziehung

$$\mathbf{P} = \frac{\partial \Psi(\mathbf{F}, \mathbf{H}_1, \ldots, \mathbf{H}_n)}{\partial \mathbf{F}} \tag{3.127}$$

zwischen der ersten Piola-Kirchhoff Spannung $\mathbf{P}$ und der Helmholtz freien Energiefunktion Ψ.

Wir können auch n spannungsähnliche Variablen $\mathbf{L}_i = \partial\Psi/\partial\mathbf{H}_i$ einführen, die arbeitskonjugiert zu den internen Variablen $\mathbf{H}_i$ sind. Da (3.126) für jede Deformation gelten muss, stellt die Ungleichung

$$-\mathbf{L}_i : \dot{\mathbf{H}}_i \geq 0 \tag{3.128}$$

sicher, dass die Bewegung des Körpers dem *zweiten Hauptsatz der Thermodynamik* gehorcht. Der zuvor genannte Ansatz zur Ableitung der konstitutiven Beziehung (3.127) und der Dissipationsungleichung (3.128) ist als *Coleman und Noll Verfahren* bekannt.

Die Ausdrücke (3.127) und (3.128) verwenden Zwei-Punkt-Tensoren, und ein äquivalenter Ausdruck mit referenziellen Ein-Punkt-Tensoren kann auch abgeleitet werden. Wir führen dazu die *a priori* objektive Helmholtz freie Energie $\Psi = \Psi(\mathbf{C}, \mathbf{G}_1, \ldots, \mathbf{G}_n)$ als Funktion der rechten Cauchy-Green Verzerrung $\mathbf{C}$ und der verzerrungsähnlichen internen Variablen $\mathbf{G}_i$ ein. Wie bei $\mathbf{C}$ sind die internen Variablen $\mathbf{G}_i$ symmetrische Tensoren zweiter Ordnung, die in der Referenzkonfiguration des Körpers Ω_0 definiert sind. Mit der ersten Piola-Transformation (3.31), drückt die konstitutive Beziehung (3.127) dann die *zweite Piola-Kirchhoff Spannung* durch

$$\mathbf{S} = \mathbf{F}^{-1}\mathbf{P} = 2\frac{\partial \Psi(\mathbf{C}, \mathbf{G}_1, \ldots, \mathbf{G}_n)}{\partial \mathbf{C}}, \tag{3.129}$$

aus, wobei die Kettenregel $\mathbf{P} = (\partial\Psi/\partial\mathbf{C}) : (\partial\mathbf{C}/\partial\mathbf{F})$ und die kinematische Eigenschaft $(\partial\mathbf{C}/\partial\mathbf{F}) : \mathbf{F}^{-1} = 2\mathbf{I}$ in der Ableitung dieses Ausdrucks verwendet wurden. In Äquivalenz zur Dissipationsungleichung (3.128), liest sich die Dissipation pro Referenzeinheitsvolumen $-\mathbf{M}_i : \dot{\mathbf{G}}_i \geq 0$, wo $\mathbf{M}_i = \partial\Psi/\partial\mathbf{G}_i$ n spannungsähnliche Variablen darstellen, die arbeitskonjugiert zu $\mathbf{G}_i$ sind.

3.6.4.1 Spannung eines inkompressiblen Materials

Für eine Reihe von Anwendungen kann die Deformation von Gefäßgewebe als inkompressibel betrachtet werden. Die Bewegung $\boldsymbol{\chi}$ ist dann *eingeschränkt*, und die Zwangsgleichung $J - 1 = 0$ muss in der konstitutiven Beschreibung des Materials eingebettet werden. Nach der *Methode der Lagrange Multiplikatoren* führen wir das Lagrange Potential $\Psi = \Psi_{\text{iso}}(\mathbf{C}, \mathbf{G}_1, \ldots, \mathbf{G}_n) - \kappa(J-1)$ ein. Die isochore freie Energie Ψ_{iso} stellt hier konstitutive Informationen dar, während der Ausdruck $\kappa(J-1)$ den Lagrange Beitrag kennzeichnet. Er erzwingt die Inkompressibilität durch entsprechende Wahl von κ, den Lagrange Parameter. Das Verfahren von Coleman und Noll liefert dann

$$\mathbf{S} = 2\frac{\partial \Psi_{\text{iso}}(\mathbf{C}, \mathbf{G}_1, \ldots, \mathbf{G}_n)}{\partial \mathbf{C}} + 2\kappa \frac{\partial (J-1)}{\partial J}\frac{\partial J}{\partial \mathbf{C}}, \tag{3.130}$$

sodass sich mit $\partial J/\partial \mathbf{C} = J\mathbf{C}^{-1}/2$ und $J=1$, die zweite Piola–Kirchhoff Spannung eines inkompressiblen Materials zu

$$\mathbf{S} = 2\frac{\partial \Psi_{\text{iso}}(\mathbf{C}, \mathbf{G}_1, \ldots, \mathbf{G}_n)}{\partial \mathbf{C}} - \kappa \mathbf{C}^{-1} \tag{3.131}$$

ergibt. Wir betonen, dass der Lagrange Parameter κ in den zuvor abgeleiteten Ausdrücken *nicht* den hydrostatischen Druck p darstellt und daher die beiden Beiträge auf der rechten Seite von (3.131) *nicht* isochore und hydrostatische Spannungsbeiträge bezeichnen. Die entkoppelte Darstellung würde stattdessen

$$\mathbf{S} = \underbrace{2\mathrm{Dev}\left[\frac{\partial \Psi_{\text{iso}}(\mathbf{C}, \mathbf{G}_1, \ldots, \mathbf{G}_n)}{\partial \mathbf{C}}\right]}_{\overline{\mathbf{S}}} \underbrace{-p\mathbf{C}^{-1}}_{\mathbf{S}_{\text{vol}}} \tag{3.132}$$

lauten, wo $\overline{\mathbf{S}}$ und $\mathbf{S}_{\text{vol}}$ die isochore und jeweilige volumetrische zweite Piola-Kirchhoff Spannung sind, während $\mathrm{Dev}(\bullet) = (\bullet) - [\mathbf{C} : (\bullet)]\mathbf{C}^{-1}/3$ den Deviator-Operator in der referentiellen Beschreibung bezeichnet.

Mit (3.131) und (3.132), ergibt die Anwendung der zweiten Piola Transformation (3.32) für inkompressible Materialien $J=1$

$$\boldsymbol{\sigma} = 2\mathbf{F}\frac{\partial \Psi_{\text{iso}}(\mathbf{C}, \mathbf{G}_1, \ldots, \mathbf{G}_n)}{\partial \mathbf{C}}\mathbf{F}^{\mathrm{T}} - \kappa \mathbf{I} \tag{3.133}$$

und

$$\boldsymbol{\sigma} = \underbrace{2\mathrm{dev}\left[\mathbf{F}\frac{\partial \Psi_{\text{iso}}(\mathbf{C}, \mathbf{G}_1, \ldots, \mathbf{G}_n)}{\partial \mathbf{C}}\mathbf{F}^{\mathrm{T}}\right]}_{\overline{\boldsymbol{\sigma}}} \underbrace{-p\mathbf{I}}_{\boldsymbol{\sigma}_{\text{vol}}}, \tag{3.134}$$

die beiden entsprechenden Ausdrücke für die Cauchy Spannung, wobei $\overline{\boldsymbol{\sigma}}$ und $\boldsymbol{\sigma}_{\text{vol}}$ seine isochoren und volumetrischen Beiträge bezeichnen. Bei der Ableitung dieser Ausdrücke wurde die Identität $\mathrm{dev}[\mathbf{F}(\bullet)\mathbf{F}^{\mathrm{T}}] = \mathbf{F}\{\mathrm{Dev}[(\bullet)]\}\mathbf{F}^{\mathrm{T}}$ verwendet, siehe Anhang C.

Wie κ, kann auch der hydrostatische Druck p in (3.132) und (3.134) als ein *Lagrange Parameter* angesehen werden, der dann die Inkompressibilität erzwingt. Wie bei κ ist auch p unabhängig von der Deformation des Materials und wird alleinig durch das jeweilige BVP definiert.

Beispiel 3.21 (Das inkompressible neo-Hooke Material) Die neo-Hooke Helmholtz freie Energie $\Psi_{iso}(\mathbf{C}) = G(I_1 - 3)/2$ pro Einheit Referenzvolumen beschreibt einen inkompressiblen Körper, wobei $I_1 = \text{tr}\mathbf{C}$ die erste Invariante der rechten Cauchy-Green Verzerrung $\mathbf{C}$ bezeichnet, während G das Schermodul in der Referenzkonfiguration ist. Berechnen Sie die normalisierten Cauchy Spannung des Materials als Funktion der Deformation zufolge der vier Bewegungen $\boldsymbol{\chi}(\mathbf{X})$:

(a) Einfacher Zug. Die Komponenten

$$\chi_{\text{st}\,1} = \lambda X_1 \;\; ; \;\; \chi_{\text{st}\,2} = X_2/\sqrt{\lambda} \;\; ; \;\; \chi_{\text{st}\,3} = X_3/\sqrt{\lambda} \tag{3.135}$$

beschreiben die Bewegung, wobei λ die Streckung in Zugrichtung bezeichnet.

(b) Gleichachsiger (equi-biaxialer) Zug. Die Komponenten

$$\chi_{\text{bt}\,1} = \lambda X_1 \;\; ; \;\; \chi_{\text{bt}\,2} = \lambda X_2 \;\; ; \;\; \chi_{\text{bt}\,3} = X_2/(\lambda_1 \lambda_2) \tag{3.136}$$

beschreiben die Bewegung, wobei λ die Streckung in den beiden Zugrichtungen bezeichnet.

(c) Einfache Scherung. Die Komponenten

$$\chi_{\text{ss}\,1} = X_1 + \gamma X_2 \;\; ; \;\; \chi_{\text{ss}\,2} = X_2 \;\; ; \;\; \chi_{\text{ss}\,3} = X_3 \tag{3.137}$$

beschreiben die Bewegung, wobei γ den Betrag der Scherung bezeichnet.

(d) Reine Scherung. Die Komponenten

$$\chi_{\text{ps}\,1} = \frac{X_1 - X_2 + (X_1 + X_2)\lambda^2}{2\lambda} \;\; ; \;\; \chi_{\text{ps}\,2} = \frac{X_2 - X_1 + (X_1 + X_2)\lambda^2}{2\lambda} \;\; ; \;\; \chi_{\text{ps}\,3} = X_3 \tag{3.138}$$

beschreiben die Bewegung, wobei λ die Hauptdehnung bezeichnet. Bei kleinen Verformungen kennzeichnet $\lambda = 1 - \gamma/2$ den Zusammenhang zwischen der Streckung λ und dem Betrag der Scherung γ.

■

3.7 Allgemeine Prinzipien

Wie bei anderen Mechanik Disziplinen verwendet auch die Kontinuumsmechanik eine Reihe von Prinzipien zur Lösung spezifischer Anwendungen, und einige davon werden in diesem Abschnitt diskutiert.

3.7.1 Maxwell Transport und Lokalisierung

Die in den vorherigen Abschnitten diskutierten Bilanzgleichungen in der Kontinuumsmechanik hätten auch durch einen zweistufigen Ansatz abgeleitet werden können, der als *Maxwell Transport* und *Lokalisierung* bezeichnet wird.

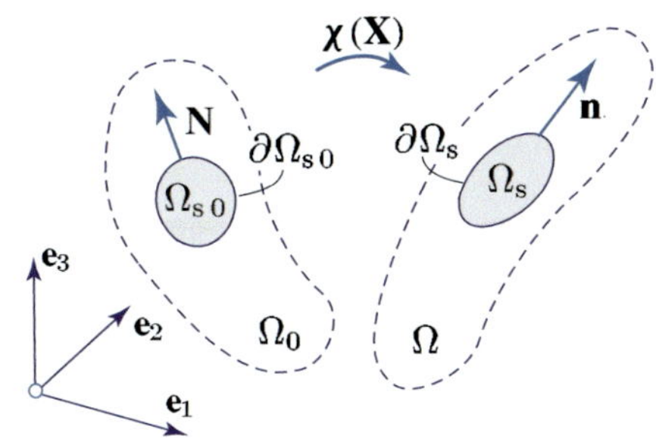

Abb. 3.33 Die Bewegung $\boldsymbol{\chi}(\mathbf{X})$ bildet einen Teilbereich eines Kontinuums von seiner referentiellen Konfiguration $\Omega_{\mathrm{s}\,0}$ auf seine räumliche Konfiguration Ω_{s} ab

Betrachten wir als Beispiel die Ableitung der Massenerhaltung. Gegeben sei der in Abb. 3.33 dargestellte Teilbereich Ω_{s}, sodass

$$\frac{\partial}{\partial t}\int_{\Omega_{\mathrm{s}}} \rho(\mathbf{x},t)\mathrm{d}v = 0 \tag{3.140}$$

gilt, wobei $\rho(\mathbf{x}, t)$ die Dichte pro deformierter Raumeinheit des Materials bezeichnet. Der Teilbereich Ω_{s} ist nicht konstant im Raum, er verändert sich über die Zeit, und die Zeitableitung des Integrals kann daher nicht direkt berechnet werden. In einem ersten Schritt ziehen wir daher das Integral auf die feste Referenzkonfiguration des Teilbereichs $\Omega_{\mathrm{s}\,0}$ zurück (pull-back). Angesichts der Transformation des Volumenelements $\mathrm{d}v = J\mathrm{d}V$, liest sich die Massenerhaltung in der Referenzkonfiguration damit

$$\frac{\partial}{\partial t}\int_{\Omega_{\mathrm{s}0}} \rho(\mathbf{x}(\mathbf{X},t),t)J\mathrm{d}V = 0\,.$$

Der Integrand kann nun differenziert werden, und (3.140) liest sich dann

$$\int_{\Omega_{\mathrm{s}0}} \frac{\partial}{\partial t}(J\rho)\mathrm{d}V = \int_{\Omega_{\mathrm{s}0}} \left(\frac{\partial\rho}{\partial t} + \rho\mathrm{div}\mathbf{v}\right)J\mathrm{d}V = 0\,,$$

wo die Rate der Volumenänderung $(3.38)_4$ verwendet wurde. Im zweiten Schritt wird das Integral auf die räumliche Konfiguration Ω_{s} vorgeschoben (Push-Forward). Die Massenerhaltung lautet dann

$$\int_{\Omega_{\mathrm{s}}} \left(\frac{\partial\rho}{\partial t} + \rho\mathrm{div}\mathbf{v}\right)\mathrm{d}v = 0\,,$$

und das Schrumpfen des Bereichs Ω_{s} zu einem Punkt, ein Prozess, der als Lokalisierung bezeichnet wird, ergibt dann

$$\frac{\partial\rho}{\partial t} + \rho\mathrm{div}\mathbf{v} = \mathbf{0}\,,$$

in Übereinstimmung mit dem Ausdruck (3.102).

Beispiel 3.22 (Kräftegleichgewicht in materieller Beschreibung) Wir betrachten einen Körper unter der Einwirkung der Volumenkraft $\mathbf{b}_{\mathrm{f}}$ pro Raumeinheit deformierten Materials. Die Bewegung $\boldsymbol{\chi}(\mathbf{X})$ bildet einen Teilbereich des Körpers von seiner Referenzkonfiguration $\Omega_{s\,0}$ auf seine räumliche Konfiguration Ω_s ab, siehe Abb. 3.33. Die Oberflächen des Teilbereichs und die Einheitsnormalvektoren werden durch $\partial\Omega_{s\,0}$, $\partial\Omega_s$ und $\mathbf{N}$, $\mathbf{n}$ in den jeweiligen Konfigurationen bezeichnet.

(a) Leiten Sie die Impulserhaltung für die räumliche Konfiguration Ω_s ab, und zeigen Sie, dass die Lokalisierung dieses Ausdrucks das (statische) Cauchy-Eulersche Bewegungsgesetz (3.107) ergibt.

(b) Zeigen Sie, dass das Kräftegleichgewicht in Bezug auf die Referenzkonfiguration des Körpers durch

$$\text{Div}\mathbf{P} + \mathbf{B}_\text{f} = \mathbf{0} \tag{3.141}$$

gekennzeichnet ist, wo Div(•) die Divergenz in der Referenzkonfiguration bezeichnet, während $\mathbf{P}$ und $\mathbf{B}_\text{f}$ die erste Piola-Kirchhoff Spannung und die Volumenkraft in Bezug auf das referentielle Einheitsvolumen sind.

■

3.7.2 Freikörperdiagramm

Ein Freikörperdiagramm (FBD) ist die einfachste Abstraktion von Kräften, die auf einen physischen Gegenstand wirken um zum Beispiel die Beziehung zwischen *externen* und *internen* Kräften eines Kontinuums abzuleiten. Die internen Kräfte werden durch das hypothetische *Zerschneiden* des Kontinuums eingeführt und können dann durch das erste und zweite Prinzip von Euler auf die entsprechenden Spannungskomponenten bezogen werden. Vereinfachungen, wie der eben Spannungszustand, werden oft bei der Anwendung von FBD verwendet.

Wir können Abb. 3.34a zur Veranschaulichung eines FBD betrachten. Sie zeigt eine Kugel mit dem Radius r [m] und einer Wandstärke h [m] in ihrer räumlichen und somit deformierten Konfiguration Ω. Aufgrund der Symmetrie des Problems bestimmt die Belastung durch den Druck p_i [Pa] einen gleichachsigen Spannungszustand in der Wand, der durch die Cauchy Spannung σ [Pa] beschrieben wird.

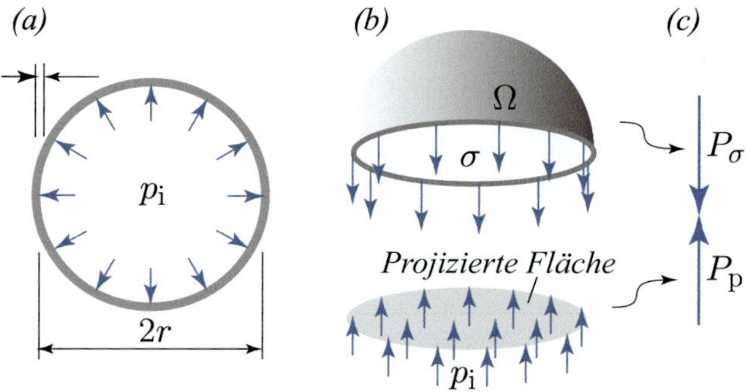

Abb. 3.34 Druckbeaufschlagte dünnwandige Kugel. (**a**) Problemdefinition. (**b**) Hypothetisch zerschnittene Struktur zur Freisetzung interner Kräfte. (**c**) Freikörperdiagramm (FBD)

Der Radius der Kugel ist viel größer als ihre Wandstärke, $r \gg h$, und daher stellt ein *ebener Spannungszustand* (oder ein *Membranspannungszustand*) eine vernünftige Annäherung an die Belastung in der Wand dar.

Wie in Abb. 3.34b gezeigt, legt der eingeführte Schnitt die Spannung σ frei, was dann zum FBD in Abb. 3.34c führt. Der Druck p_i verursacht die äußere Kraft $P_\mathrm{p} = r^2 \pi p_\mathrm{i}$, während die Spannung σ die innere Kraft $P_\sigma = 2r\pi h\sigma$ bestimmt. Aufgrund der Symmetrie des Problems sind nur die Kräfte entlang der axialen Richtung relevant und nur diese erscheinen im FBD. Die Multiplikation des Drucks p_i mit der projizierten Fläche der Kugel $r^2\pi$ bestimmt daher die äußere Kraft P_p, siehe Abb. 3.34b. Das erste Prinzip von Euler, und somit das Kräftegleichgewicht in der axialen Richtung, lautet dann $P_\mathrm{p} - P_\sigma = 0$. Es definiert die Spannung durch

$$\sigma = \frac{rp_\mathrm{i}}{2h}, \tag{3.144}$$

eine Funktion des Drucks p_i und der geometrischen Parameter r; h der deformierten Kugel. Dieses Problem der Kontinuumsmechanik wird als *statisch bestimmt* bezeichnet, und die Funktion (3.144) beinhaltet daher keine Materialeigenschaften der Kugel.

Beispiel 3.23 (Der druckbeaufschlagte dünnwandige und linear-elastische Rohr) Wir betrachten eine Arterie, die durch ein dünnwandiges Rohr mit dem Durchmesser $d = 5$ mm und der Wandstärke $h = 0{,}4$ mm dargestellt wird. Das Rohr ist unter dem Druck p_i, und die Wand kann durch ein linear-elastisches Material mit dem Elastizitätsmodul $E = 625$ kPa und der Poissonzahl $\nu = 0{,}49$ beschrieben werden. Angesichts dieses Problems kann die Theorie der kleinen Verformungen verwendet werden.

(a) Drücken Sie die Wandspannung als Funktion des Drucks p_i und der geometrischen Parameter d und h aus.
(b) Unter der Berücksichtigung des diastolischen $p_{\mathrm{i\,d}} = 75$ mmHg und des systolischen $p_{\mathrm{i\,s}} = 120$ mmHg Blutdrucks, berechnen Sie die entsprechende Änderung Δd des Gefäßdurchmessers.
(c) Berechnen Sie die Compliance C [mm^3 mmHg^{-1}] eines Gefäßsegments der Länge $l = 8{,}0$ cm. Es kann angenommen werden, dass die Länge des Gefäßes während der Druckpulsationen konstant bleibt.

■

3.7.3 Randwertproblem

Das *Randwertproblem (BVP)* ist die mathematische Beschreibung eines Problems in der Kontinuumsmechanik. Betrachten wir ein Problem der Festkörpermechanik, bei dem ein Körper den räumlichen Bereich Ω einnimmt und die Verschiebung

$\mathbf{u}$ die *primäre* oder *essentielle Unbekannte* bezeichnet. Innerhalb von Ω gilt das Cauchy-Eulersche Bewegungsgesetz (3.107) $\rho\left(\mathrm{D}^2\mathbf{u}/\mathrm{D}t^2\right) = \mathrm{div}\boldsymbol{\sigma} + \mathbf{b}_\mathrm{f}$, wobei $\mathbf{b}_\mathrm{f}$ die Volumenkraft pro räumliches Volumen bezeichnet.

Die Oberfläche des Körpers $\partial\Omega$ wird in $\partial\Omega_\mathrm{u}$ und $\partial\Omega_\mathrm{t}$ aufgeteilt, so dass $\partial\Omega_\mathrm{u} \cup \partial\Omega_\mathrm{t} = \partial\Omega$ und $\partial\Omega_\mathrm{u} \cap \partial\Omega_\mathrm{t} = \{0\}$ gilt. Bei $\partial\Omega_\mathrm{u}$ schreibt eine *Dirichlet*[34] oder *essentielle* Randbedingung die Verschiebung $\mathbf{u} = \bar{\mathbf{u}}$ vor, während bei $\partial\Omega_\mathrm{t}$ eine *Neumann*[35] oder *natürliche* Randbedingung den Traktionsvektor $\mathbf{t} = \boldsymbol{\sigma}\mathbf{n} = \bar{\mathbf{t}}$ vorschreibt, wobei das Cauchysche Spannungstheorem (3.20) verwendet wurde und $\mathbf{n}$ den Normalvektor auf den Rand bezeichnet, siehe Abb. 3.35a. Die Angabe von Dirichlet und Neumann Randbedingungen bezieht sich unabhängig auf die einzelnen Verschiebungskomponenten. Für ein 2D Problem kann zum Beispiel die erste Komponente der Verschiebung u_1 durch eine Dirichlet Bedingung festgelegt werden, während die zweite Komponente der Traktion t_2 durch eine Neumann Bedingung bestimmt wird.

Bei einem *zeitabhängigen Problem* wird die mathematische Beschreibung durch die Anfangsbedingungen in Ω zur Zeit t_0 angereichert, $\mathrm{D}\mathbf{u}/\mathrm{D}t = \mathbf{v}_0$ und $\mathbf{u} = \mathbf{u}_0$. Das Problem wird dann als Anfangs-Randwertproblem (iBVP) bezeichnet und ist bestimmt durch

$$\left.\begin{aligned} \mathrm{div}\boldsymbol{\sigma} + \mathbf{b}_\mathrm{f} &= \rho\frac{\mathrm{D}^2\mathbf{u}}{\mathrm{D}t^2} && \text{in} \quad \Omega \,, \\ \mathbf{u} &= \bar{\mathbf{u}} && \text{auf} \ \ \partial\Omega_\mathrm{u} \,, \\ \mathbf{t} = \boldsymbol{\sigma}\mathbf{n} &= \bar{\mathbf{t}} && \text{auf} \ \ \partial\Omega_\mathrm{t} \,, \\ \frac{\mathrm{D}\mathbf{u}}{\mathrm{D}t} &= \mathbf{v}_0;\, \mathbf{u} = \mathbf{u}_0 && \text{in } \Omega \text{ zu } t = t_0 \,. \end{aligned}\right\} \tag{3.146}$$

Eine Lagrange Beschreibung wird häufig für Probleme der Festkörpermechanik verwendet. Das Gebiet Ω folgt dann der Bewegung des Körpers, und $\mathrm{D}\mathbf{u}/\mathrm{D}t = \partial\mathbf{u}/\partial t$ und $\mathrm{D}^2\mathbf{u}/\mathrm{D}t^2 = \partial^2\mathbf{u}/\partial t^2$ drücken die erste und zweite materielle Zeitableitung der Verschiebung aus.

In der Beschreibung eines fluidmechanischen Problems bezeichnet die Geschwindigkeit $\mathbf{v}$ die *primäre* oder *essentielle* Unbekannte, siehe Abb. 3.35b. Das iBVP lautet dann

$$\left.\begin{aligned} \mathrm{div}\boldsymbol{\sigma} + \mathbf{b}_\mathrm{f} &= \rho\frac{\mathrm{D}\mathbf{v}}{\mathrm{D}t} && \text{in} \quad \Omega \,, \\ \mathbf{v} &= \bar{\mathbf{v}} && \text{auf} \ \ \partial\Omega_\mathrm{v} \,, \\ \mathbf{t} = \boldsymbol{\sigma}\mathbf{n} &= \bar{\mathbf{t}} && \text{auf} \ \ \partial\Omega_\mathrm{t} \,, \\ \mathbf{v} &= \mathbf{v}_0 && \text{in } \Omega \text{ zu } t = t_0 \,, \end{aligned}\right\} \tag{3.147}$$

[34] Johann Peter Gustav Lejeune Dirichlet, deutscher Mathematiker, 1805–1859.

[35] Carl Gottfried Neumann, deutscher Mathematiker, 1832–1925.

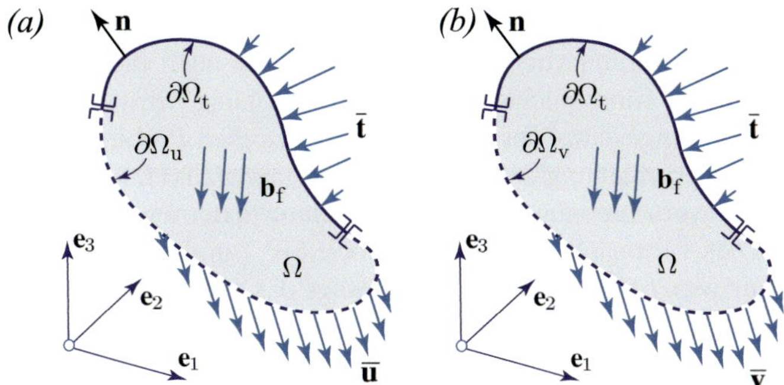

Abb. 3.35 Randwertproblem (BVP) in der Kontinuumsmechanik. (**a**) BVP in der Festkörpermechanik unter Verwendung der Lagrange Problem Beschreibung, bei der das Gebiet Ω mit dem Körper mitbewegt. (**b**) BVP in der Fluidmechanik unter Verwendung der Euler Problem Beschreibung, bei der das Gebiet Ω im Raum fixiert ist

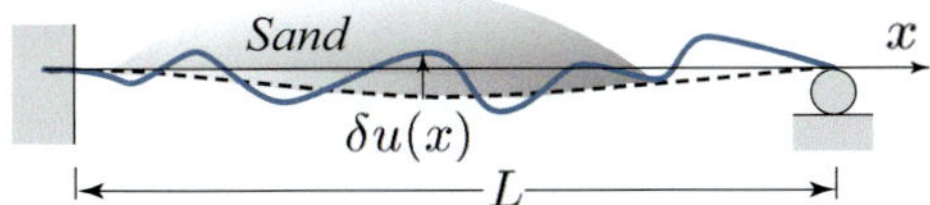

Abb. 3.36 Prinzip der virtuellen Arbeit (PVW). Die Gleichgewichtskonfiguration des Balkens (gestrichelte Linie) wird durch eine zulässige virtuelle Verschiebung $\delta u(x)$ gestört. Sie erfüllt die Dirichlet Randbedingungen am linken als auch rechten Rand des Balkens

und eine Euler Beschreibung wird häufig verwendet um dieses Problem zu untersuchen. Das Gebiet Ω ist dann im Raum fixiert, und $D\mathbf{v}/Dt = \partial\mathbf{v}/\partial t + \operatorname{grad}\mathbf{v} \cdot \mathbf{v}$ drückt die materielle Zeitableitung der Geschwindigkeit aus.

Die Beschreibungen (3.146) und (3.147) stellen die *starke* Form des iBVP dar, und das Gleichgewicht wird direkt am Materialpunkt vorgeschrieben. Während eine solche Beschreibung von einer Reihe von numerischen Methoden verwendet wird, verwendet die Finite Elemente Methode (FEM) die *schwache* oder *integrale Form* des iBVP, siehe Kap. 4.

3.7.4 Prinzip der virtuellen Arbeit

Das *Prinzip der virtuellen Arbeit (PVW)* ist ein Energieprinzip, das zur Lösung von Problemen in der Kontinuumsmechanik verwendet werden kann. Betrachten wir den Balken in Abb. 3.36 zur Veranschaulichung des PVW. Der Balken ist am linken Ende eingespannt und am rechten Ende einfach gelagert. Das Gewicht eines Sandhaufens, der darauf ruht, verursachet die Verschiebung $u(x)$, und der Balken befindet sich in seiner Gleichgewichtskonfiguration wie durch die gestrichelte Linie in Abb. 3.36 angezeigt. Wir können nun die Belastung „einfrieren" und die *virtuelle Verschiebung* $\delta u(x)$ aufbringen, was dann zu einer (hypothetischen)

Störung des Balken um seine Gleichgewichtskonfiguration führt. Abgesehen davon, dass $\delta u(x)$ kontinuierlich sein muss, muss sie auch die *Dirichlet Randbedingungen* erfüllen. Eine solche virtuelle Verschiebung wird dann als zulässige δu(x) bezeichnet. Angesichts des in Abb. 3.36 gezeigten Problems erfüllt eine zulässige virtuelle Verschiebung daher $\delta u(0) = \delta u'(0) = \delta u(L) = 0$.

Die virtuelle Verschiebung $\delta u(x)$ wirkt entlang externer Kräfte und verformt den Balken. Dies verursacht die *externe* Arbeit δW_{ext} und die *interne Arbeit* δW_{int}. Wenn, und nur wenn $\delta W_{ext} = \delta W_{int}$ gilt, besagt das PVW, dass die Störung $\delta u(x)$ der *Gleichgewichtskonfiguration* (und keiner anderen Konfiguration) des Balkens überlagert wurde. Das PVW ist eine alternative Form des zweiten Newtonschen Gesetzes der Mechanik und stellt die *schwache Form* (auch *integrale* oder *variationelle Form* genannt) des BVP dar. Die Variationsrechnung stellt eine alternative und allgemeinere Methode dar, um eine Problembeschreibung von der starken in die schwache Form überzuführen, siehe Abschn. 4.3.

Beispiel 3.24 (Anwendungen des Prinzips der virtuellen Arbeit) Das Prinzip der virtuellen Arbeit (PVW) $\delta W_{ext} = \delta W_{int}$, wo W_{ext} und W_{int} jeweils die externen und internen virtuellen Arbeiten bezeichnen, sollte verwendet werden, um die Gleichgewichtsbedingungen der folgenden mechanischen Systeme abzuleiten:

(a) Ein starrer Körper, der mit n konstanten Kräften $\mathbf{P}_i$ belastet ist, $i = 1, \ldots, n$, siehe Abb. 3.37a.
(b) Eine Feder der Steifigkeit k, die mit der konstanten Gravitationskraft G belastet ist, siehe Abb. 3.37b.
(c) Eine Flüssigkeitsschicht der Dicke H und der Grundfläche A, die mit der Schubspannung τ_0 belastet ist, siehe Abb. 3.37c. Die Flüssigkeit innerhalb der Schicht bewegt sich mit der Geschwindigkeit $v = Vy/H$, wobei V die Oberflächengeschwindigkeit bezeichnet. Die Schicht befindet sich im stationären Zustand, und die Flüssigkeit hat die konstante Viskosität η.

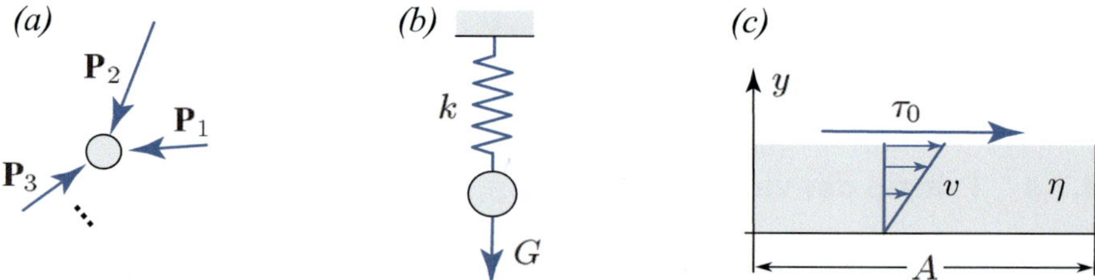

Abb. 3.37 Mechanische Systeme im Gleichgewicht. (**a**) Starrer Körper belastet mit den Kräften $\mathbf{P}_i$. (**b**) Feder der Steifigkeit k belastet durch die konstante Gravitationskraft G. (**c**) Flüssigkeitsschicht der Viskosität η, die durch die Schubspannung τ_0 belastet ist und sich mit der Geschwindigkeit v bewegt

■

3.7.4.1 Prinzip der virtuellen Arbeit für Probleme kleiner Verformungen

Im Hinblick auf die Anwendung des PVW in der Festkörpermechanik betrachten wir das BVP in Abb. 3.35a bei kleinen Verformungen. Die Gleichgewichtsverschiebung $\mathbf{u}$ wird durch die zulässige virtuelle Verschiebung $\delta\mathbf{u}$ gestört – gemäß der Theorie kleiner Verformungen ist $\delta\mathbf{u}$ auch klein. Die Störung führt dann zur virtuellen Arbeitsrelation

$$\underbrace{\int_{\Omega} \boldsymbol{\sigma} : \delta\boldsymbol{\varepsilon} \mathrm{d}v}_{\delta W_{\mathrm{int}}} = \underbrace{\int_{\Omega} \mathbf{b}_{\mathrm{f}} \cdot \delta\mathbf{u} \mathrm{d}v + \int_{\partial\Omega} \mathbf{t} \cdot \delta\mathbf{u} \mathrm{d}s}_{\delta W_{\mathrm{ext}}} , \tag{3.148}$$

wo $\delta\boldsymbol{\varepsilon} = [\partial\delta\mathbf{u}/\partial\mathbf{X} + (\partial\delta\mathbf{u}/\partial\mathbf{X})^{\mathrm{T}}]/2$ die *virtuelle lineare Verzerrung* in Reaktion auf die virtuelle Verschiebung $\delta\mathbf{u}$ bezeichnet. Der Ausdruck (3.148) spiegelt die *schwache* oder *integral Form* des BVP (3.146) bei kleinen Verformungen und statischen Bedingungen wider.

3.7.4.2 Prinzip der virtuellen Arbeit für Probleme endlicher Verformungen

Unter Verwendung von arbeitskonjugierten Spannungs- und Verzerrungsmaßen kann das PVW direkt auf Probleme endlicher Verformung angewendet werden. Es lautet dann

$$\underbrace{\int_{\Omega} \boldsymbol{\sigma} : \mathrm{grad}_{\mathrm{s}}\delta\mathbf{u} \mathrm{d}v}_{\delta W_{\mathrm{int}}} = \underbrace{\int_{\Omega} \mathbf{b}_{\mathrm{f}} \cdot \delta\mathbf{u} \mathrm{d}v + \int_{\partial\Omega} \mathbf{t} \cdot \delta\mathbf{u} \mathrm{d}s}_{\delta W_{\mathrm{ext}}} , \tag{3.149}$$

wo $\mathrm{grad}_{\mathrm{s}}\delta\mathbf{u} = [\partial\delta\mathbf{u}/\partial\mathbf{x} + (\partial\delta\mathbf{u}/\partial\mathbf{x})^{\mathrm{T}}]/2$ den symmetrischen Gradienten der virtuellen Verschiebung $\delta\mathbf{u}$ bezeichnet. Der Ausdruck (3.149) stellt das PVW in seiner *räumlichen* Formulierung dar. Die Integrationen werden daher über die räumliche Konfiguration Ω genommen, und die Volumenkraft $\mathbf{b}_{\mathrm{f}}$ und die Traktion $\mathbf{t}$ beziehen sich auf das räumliche Einheitsvolumen bzw. die räumliche Einheitsfläche.

Der räumliche Bereich Ω bewegt sich mit der Zeit und erschwert die praktische Anwendung von (3.149), Schwierigkeiten, die mit der *materiellen* Version des PVW vermieden werden. Für deren Ableitung verwenden wir die zweite Piola Transformation (3.32) $\boldsymbol{\sigma} = J^{-1}\mathbf{F}\mathbf{S}\mathbf{F}^{\mathrm{T}}$, die Volumentransformation $\mathrm{d}v = J\mathrm{d}V$, das Cauchysche Spannungstheorem (3.20) $\mathbf{t} = \boldsymbol{\sigma}\mathbf{n}$, und die Nansonsche Formel (3.5) $\mathbf{n}\mathrm{d}s = J\mathbf{F}^{-\mathrm{T}}\mathbf{N}\mathrm{d}S$. Die PVW Gleichung (3.149) kann dann durch

$$\int_{\Omega_0} J^{-1}\mathbf{F}\mathbf{S}\mathbf{F}^{\mathrm{T}} : \mathrm{grad}_{\mathrm{s}}\delta\mathbf{u} J \mathrm{d}V = \int_{\Omega_0} \mathbf{b}_{\mathrm{f}} \cdot \delta\mathbf{u} J \mathrm{d}V + \int_{\partial\Omega_0} \boldsymbol{\sigma} J\mathbf{F}^{-\mathrm{T}}\mathbf{N} \cdot \delta\mathbf{u} \mathrm{d}S ,$$

ausgedrückt werden, wobei $\mathbf{S}$ die zweite Piola-Kirchhoff Spannung bezeichnet, während $\mathbf{N}$ der Normalvektor zu $\partial\Omega_0$ ist. Alle Integrationen werden nun über *referenzielle* und somit feste Konfigurationen genommen. Mit der Volumenkraft pro

Referenzeinheitsvolumen $\mathbf{B}_\mathrm{f} = J\mathbf{b}_\mathrm{f}$ und dem Cauchy Spannungstheorem $\mathbf{T} = \mathbf{PN}$, liest sich die materielle Version des PVW damit

$$\underbrace{\int_{\Omega_0} \mathbf{S} : \delta\mathbf{E}\mathrm{d}\mathbf{V}}_{\delta W_\mathrm{int}} = \underbrace{\int_{\Omega_0} \mathbf{B}_\mathrm{f} \cdot \delta\mathbf{u}\mathrm{d}\mathbf{V} + \int_{\partial\Omega_\mathbf{0}} \mathbf{T} \cdot \delta\mathbf{u}\mathrm{d}\mathbf{S}}_{\delta W_\mathrm{ext}} \,, \tag{3.150}$$

wobei $\delta\mathbf{E} = \mathbf{F}^\mathrm{T}\mathrm{grad}_\mathrm{s}\delta\mathbf{u}\mathbf{F}$ die virtuelle Green-Lagrange Verzerrung bezeichnet, siehe Anhang D. Die Ausdrücke (3.149) und (3.150) spiegeln die schwache oder integrale Form des BVP (3.146) unter statischen Bedingungen, jeweils in der *räumlichen* und *materiellen* Beschreibung wider.

3.8 Schädigung und Versagen

Bei Belastungen über der elastischen Grenze eines Körpers wird die Mikrostruktur des Materials geschädigt und *Materialschädigung* entsteht. Bei vaskulärem Gewebe beginnen Mikrodefekte wie die Ruptur und/oder das Herausziehen von Kollagenfibrillen aufzutreten. Wenn solche Mikrodefekte nicht heilen, schwächt sich das Gewebe, und seine *Steifigkeit* und *Festigkeit* nehmen ab. Überschreitet man einen bestimmten Schwellenwert, wachsen Mikrodefekte zusammen, was dann zur Bildung von Makrodefekten führt. Das Anwachsen eines, oder einiger weniger Makrodefekte kennzeichnet schlussendlich das Versagen des Materials. Eine Reihe von Ingenieurkonzepten, wie die Kontinuums-Schädigungsmechanik (CDM), die lineare Bruchmechanik (LFM) und die kohäsive Zonenmodellierung ermöglichen die Untersuchung von Materialversagen.

CDM folgt einer *Kachanov-artigen* Formulierung [20], bei der ein *Schädigungsparameter* den Zustand der Schädigung beschreibt. Bei isotroper Schädigung ist der Schädigungsparameter ein Skalar und repräsentiert die Dichte von Mikrodefekten, während bei anisotroper Schädigung ein Schädigungstensor die Dichte zusammen mit der Orientierung von Mikrodefekten beschreibt. Es wird dabei der Zusammenhang der Spannung $\boldsymbol{\sigma}$ im Kontinuum mit der Spannung $\boldsymbol{\sigma}_\mathrm{eff}$ eines virtuell unbeschädigten Materials hergestellt. Für isotrope Schädigung lautet dieser Zusammenhang

$$\boldsymbol{\sigma} = (1 - D)\boldsymbol{\sigma}_\mathrm{eff} \,, \tag{3.151}$$

wobei D den skalaren Schädigungsparameter bezeichnet. Bei anisotroper Schädigung werden ähnliche Beziehungen verwendet, wobei ein symmetrischer Schädigungstensor zweiter Ordnung (oder höherer Ordnung) den Zustand der Schädigung bestimmt.

3.8.1 Physikalische Konsequenzen der Materialschädigung

Schädigung führt zu *Erweichung* des Materials. Nach Überschreitung eines Grenzpunktes nimmt die Spannung bei zunehmender Dehnung sogar ab, und der

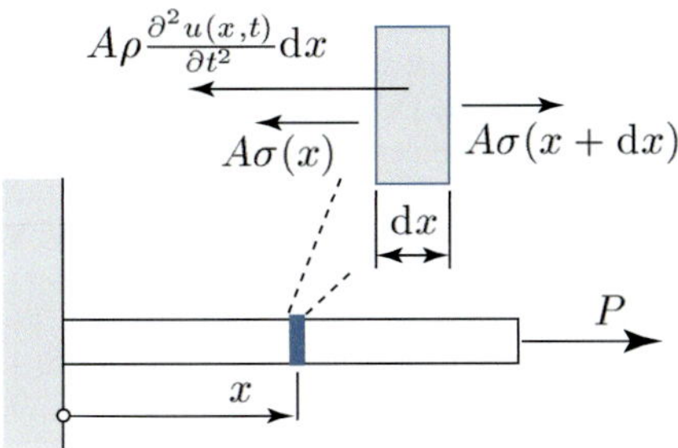

Abb. 3.38 Stab unter einfachem Zug mit Kräften, die am Querschnitt angreifen

Steifigkeitstensor des Materials ist nicht länger positiv definit – die Physik des mechanischen Problems ändert sich grundlegend.

Wir betrachten den Stab unter einfachem Zug, wie in Abb. 3.38 gezeigt wird, um die Folgen von Materialerweichung zu demonstrieren. Das Material wird durch den verformungsabhängigen Elastizitätsmodul $E(\varepsilon)$ beschrieben, und der Stab hat den konstanten Querschnitt A. Das Gleichgewicht in axialer Richtung lautet $-A\rho\mathrm{d}x(\partial^2 u/\partial t^2) - A\sigma(x) + A\sigma(x+\mathrm{d}x) = 0$ und bestimmt die problem-beschreibende Differentialgleichung

$$\frac{\partial^2 u(x,t)}{\partial t^2} - c\frac{\partial^2 u(x,t)}{\partial x^2} = 0 \quad \text{mit} \quad c = E(\varepsilon)/\rho\,, \tag{3.152}$$

wobei die lineare Expansion $\sigma(x+\mathrm{d}x) = \sigma(x) + \mathrm{d}\sigma = \sigma(x) + E(\varepsilon)(\partial^2 u/\partial x^2)\mathrm{d}x$ verwendet wurde. Gl. (3.152) kennzeichnet ein Wellenausbreitungsproblem, und der Parameter c bestimmt die Physik des Problems. Für $E(\varepsilon)>0$ (und somit $c>0$) ist das Problem *elliptisch* und Wellen *können* sich entlang des Stabes ausbreiten. Für $E(\varepsilon) <0$ (und somit $c<0$) hingegen zeigt das Material Verzerrungserweichung, das Problem ist dann *hyperbolisch* und Wellen können sich *nicht* mehr entlang des Stabes ausbreiten.

Für mehrdimensionale Probleme verallgemeinert sich die oben genannte 1D Bedingung $E(\varepsilon)>0$ auf die *starke Elliptizitätsbedingung*. Dann gilt $\Delta\boldsymbol{\varepsilon} : \mathbb{C}(\boldsymbol{\varepsilon}) : \Delta\boldsymbol{\varepsilon} > 0$ für alle möglichen Verzerrungszuwächse $\Delta\boldsymbol{\varepsilon}$, wobei $\mathbb{C}(\boldsymbol{\varepsilon})$ den (nicht konstanten) Elastizitätstensor bezeichnet [22]. Eine ähnliche Bedingung beschreibt Probleme mit endlicher Verformung [3, 25].

3.8.2 Verformungslokalisierung

Verzerrungserweichung führt zu Verformungslokalisierung, und die Verformung lokalisiert sich auf einen engen Bereich, in dem dann alle irreversiblen Prozesse stattfinden. Die Untersuchung von Verformungslokalisierungen erfordert geeignete rechnerische und experimentelle Methoden. Das klassische nicht-polare Kontinuum (Cauchy oder Boltzmann Kontinuum) ist *unzureichend* zur Analyse von Verformungslokalisierungen und erfordert eine Regularisierung, um nicht-physikalische Ergebnisse zu vermeiden. In einem nicht-polaren Kontinuum lokalisiert die Deformation innerhalb eines *unendlich kleinen* Volumens, und ein

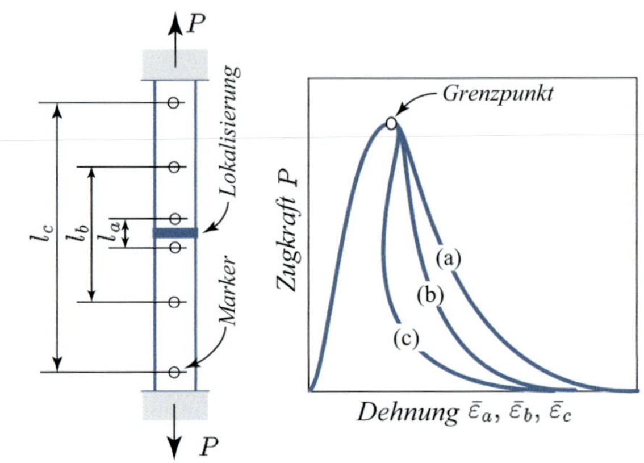

Abb. 3.39 Einfacher Zug als Bruchexperiment. Unterschiedliche Dehnungs-Kraft- Reaktionen ergeben sich im Bereich der Verzerrungserweichung. Drei Paare von Markern bestimmen die (durchschnittlichen) Dehnung in der Zugprobe

offensichtlich irreversibler Materialschädigungsprozess, zeigt dann fälschlicherweise *keine* Energie Dissipation [2]. In realen Materialien findet eine solche Lokalisierung jedoch immer innerhalb eines endlichen Volumens statt, dessen Größe durch den lokalen Spannungszustand und die Mikrostruktur des Materials bestimmt wird – Parameter, die die *innere Längenskala* des Versagensprozesses bestimmen. Das nicht-polare Kontinuum enthält keine innere Längenskala und kann daher nicht zur Analyse von Materialversagen verwendet werden [19].

Die Verformungslokalisierung stellt auch die experimentelle Charakterisierung von Materialien vor Herausforderungen, wie schematisch durch den Zugversuch in Abb. 3.39 gezeigt werden kann. Hier werden Marker zur Erfassung der (gemittelten) Dehnung $\bar{\varepsilon} = (l - L)/L$ verwendet, wobei L und l den Abstand zwischen entsprechenden Markern in referentieller und räumlicher Konfiguration bezeichnen. Die experimentellen Messungen hängen von den *Markerpositionen* ab. Marker, die sich nahe der Lokalisierungszone befinden (Fall (a) in Abb. 3.39), führen zu einer duktileren Reaktion, als jene die weiter von der Lokalisierungszone entfernt sind (Fall (c) in Abb. 3.39).

Beispiel 3.25 (Verformungslokalisierung in einem Zugstab) Die Entwicklung einer Verformungslokalisierung in einem Zugstab ist ein vieldiskutiertes Problem in der Literatur [35]. Abb. 3.40 zeigt einen Stab der Länge $L = 10{,}0$ m und dem Querschnitt $A = 1{,}0$ m^2. Er ist in n gleiche Abschnitte der Länge $l = L/n$ unterteilt, und Abb. 3.40b zeigt die bilinearen Spannungs-Dehnungs-Eigenschaft des Stabmaterials. Die Spannung steigt zufolge der Steifigkeit $E = 10{,}0$ MPa an, bis sie die elastische Grenze $Y = 1{,}0$ MPa erreicht und dann mit der Steifigkeit $H = 1{,}0$ MPa abnimmt.

Wir erhöhen schrittweise die Verschiebung u am rechten Ende des Stabes. Die Last P entwickelt sich dann bis zur Grenze $P = P_{\max}$, eine Konfiguration, die durch Zustand (II) in Abb. 3.40a angezeigt wird, und wo alle n Abschnitte die gleiche Dehnung $\varepsilon = u/L$ haben. Wenn diese Grenzlast erreicht ist, führt eine weitere Erhöhung von u zur Reduzierung von P. Der Stab beginnt dann eine Verformungslokalisierung zu entwickeln und die Lösung gabelt sich auf, siehe Zustand (III) in

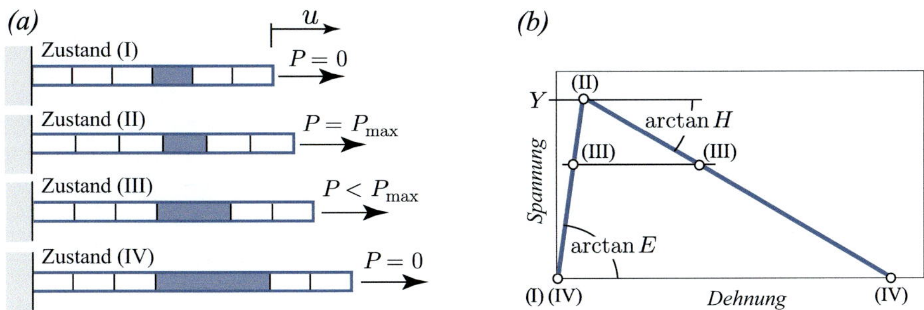

Abb. 3.40 Zugstab, der eine Verformungslokalisierung entwickelt. (**a**) Verformungen bei einer Anzahl von Belastungszuständen. (**b**) Bilineare Spannungs-Dehnungs-Eigenschaft mit den entsprechenden Belastungszuständen

Abb. 3.40. Der Abschnitt mit dem (numerisch) kleinsten Querschnitt (in Abb. 3.40 ist dieser Abschnitt schattiert) folgt dem Pfad der Verzerrungserweichung, während alle anderen Abschnitte elastisch entlasten, bis die Struktur bei Zustand (IV) vollständig spannungsfrei ist.

(a) Betrachten Sie den Stab in der Phase der Verzerrungserweichung und drücken Sie die durchschnittliche Dehnung $\bar{\varepsilon} = u/L$ als Funktion der Materialeigenschaften E und H, sowie der Anzahl der Abschnitte n aus.
(b) Berechnen Sie die Energie Dissipation $\mathcal{D}$ pro Volumeneinheit, die bei Zustand (IV) abgegeben wurde.
(c) Regularisieren Sie das Problem, indem Sie H durch die „abschnittsgrößenabhängige“ Steifigkeit $H_{reg} = H/n$ ersetzen. Berechnen Sie dann die regularisierte durchschnittliche Dehnung $\bar{\varepsilon}_{reg}$ und die regularisierte Energie Dissipation $\mathcal{D}_{reg}$.

■

Das nicht-polare Kontinuum kann mit verschieden Ansätzen regularisiert werden um nicht-physikalische Ergebnisse in der Beschreibung von verzerrungserweichenden Materialien zu verhindern. Das gradientenerweiterte Schädigungssmodell [28] wäre ein solches Konzept. Die Entwicklung des Schädigungsparameters D in einem Materialpunkt wird dann durch die Verformung in der Umgebung des Punktes beeinflusst, ein nichtlokaler Effekt, der durch Diffusionsgleichungen eingebaut werden kann, die mit den anderen problembeschreibenden Gleichungen gekoppelt sind [27].

3.8.3 Lineare Bruchmechanik

In der Linearen Bruchmechanik (LFM) wird die Bruchzähigkeit durch den *Spannungsintensitätsfaktor* K_i [Pa m$^{1/2}$] ausgedrückt, ein theoretisches Konstrukt zur Erfassung der Spannung nahe der Rissspitze. Der Index $i = I, II, III$ bezeichnet

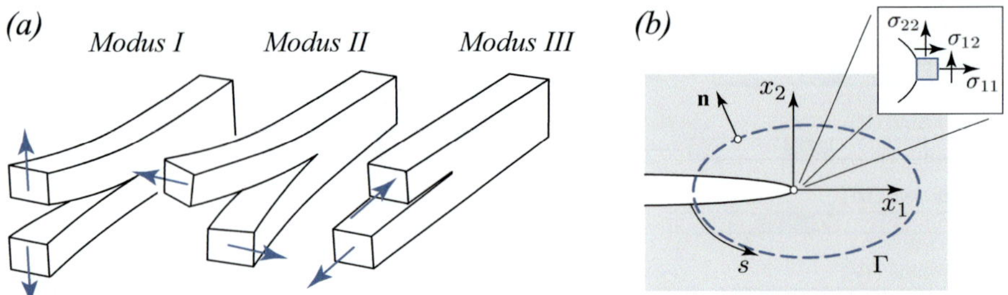

Abb. 3.41 Mechanische Konzepte zur Analyse von Problemen der Bruchmechanik. (**a**) Belastung an der Rissspitze zur Definition der Spannungsintensitätsfaktoren K_i, $i = I, II, III$. (**b**) Pfad Γ um eine Rissspitze zur Berechnung des J-Integrals in 2D

die Belastung der Rissspitze gemäß Abb. 3.41a. Die entsprechenden Spannungsintensitätsfaktoren lauten dann

$$K_I = \lim_{x_1 \to 0} \sqrt{2\pi x_1}\sigma_{22} \;\; ; \;\; K_{II} = \lim_{x_1 \to 0} \sqrt{2\pi x_1}\sigma_{12} \;\; ; \;\; K_{III} = \lim_{x_1 \to 0} \sqrt{2\pi x_1}\sigma_{23} \, ,$$

wo x_1 und $\boldsymbol{\sigma}$ den Abstand von der Rissspitze und die Spannung an der Rissspitze bezeichnen. Abb. 3.41b veranschaulicht die Spannung an der Rissspitze in 2D zur Definition dieser Parameter.

Für ein linear-elastisches Material (siehe Abschn. 3.5.2) mit dem Elastizitätsmodul E und der Poissonzahl ν, drückt

$$\mathcal{D} = K_I^2\left(\frac{1-\nu^2}{E}\right) + K_{II}^2\left(\frac{1-\nu^2}{E}\right) + K_{III}^2\left(\frac{1+\nu}{E}\right)$$

den Zusammenhang zwischen den Spannungsintensitätsfaktoren K_I, K_{II}, K_{III} und der Dissipation, d.h. der Energiefreisetzungsrate $\mathcal{D}$ der ausbreitenden Bruchstelle, aus. Die *Energiefreisetzungsrate* $\mathcal{D}$ [J m^{-2}] repräsentiert die Energie, die pro Einheit der neu entstandenen Bruchfläche dissipiert. Neben kleinen Verzerrungen setzt die LFM eine *scharfen* Bruchspitze voraus, was somit die Anwendung der LFM in der Gefäßbiomechanik maßgeblich einschränkt.

3.8.4 Nichtlineare Bruchmechanik

Die nichtlinearen mechanischen Eigenschaften von Gefäßgewebe und die Bildung einer stumpfen Bruchspitze erschweren die Anwendung der LFM. Obwohl die Versagensmechanismen von Gefäßgeweben noch immer schlecht verstanden sind, stehen trotzdem mehrere Werkzeuge zur Verfügung, um nichtlineare Probleme der Bruchmechanik zu analysieren – einige davon werden im Folgenden diskutiert.

3.8.4.1 J-Integral

Das *J-Integral* stellt eine Technik zur Berechnung der Energiefreisetzungsrate $\mathcal{D}$ eines Materials in Reaktion auf die Ausbreitung eines Risses dar [8, 30]. Mit der spezifischen Verformungsenergie $\psi = \int_0^{\boldsymbol{\varepsilon}} \boldsymbol{\sigma} : \mathrm{d}\bar{\boldsymbol{\varepsilon}}$ eines Festkörpers, lautet das J-Integral in 2D

$$\mathcal{J} = \int_\Gamma \left(\psi \mathrm{d}x_2 - \mathbf{t} \cdot \frac{\partial \mathbf{u}}{\partial x_1} \mathrm{d}s \right) = \mathcal{D} , \tag{3.155}$$

wobei $\mathbf{n}$ die Normale zum Pfad Γ bezeichnet, der die Bruchspitze umfasst, siehe Abb. 3.41b. Darüber hinaus bezeichnen $\mathbf{u}$ und $\mathbf{t} = \boldsymbol{\sigma}\mathbf{n}$ die Verschiebung und den Traktionsvektor. Das J-Integral (3.155) ist unabhängig von der Definition von Γ, solange der Pfad geschlossen ist [8, 30].

3.8.4.2 Kohäsive Zonenmodellierung

Die kohäsive Zonenmodellierung führt ein *Traktions-Separations Gesetz (TSL)* ein, um den Versagensprozess phänomenologisch zu beschreiben. Das TSL definiert die Traktion, die sich als Reaktion auf das Öffnen der Rissflächen ergibt, siehe Abb. 3.42. Oft wird das TSL aus einem unabhängigen kohäsiven Potential abgeleitet, womit die Eigenschaften der kohäsiven Zone *unabhängig* von den mechanischen Eigenschaften des Kontinuums werden.

Wir können ein isotropes kohäsives Potential $\Psi_c(\mathbf{u}_d, \zeta)$ pro Flächeneinheit in der Referenzkonfiguration einführen [14, 26], wobei $\mathbf{u}_d$ die Rissöffnung ist, während ζ eine skalare interne Variable bezeichnet, die den Schadenszustand bestimmt. Das Verfahren von Coleman und Noll [9] ermöglicht es uns dann, die kohäsive Traktion $\mathbf{T} = \mathbf{PN}$ und die Dissipation $\mathcal{D}$ gemäß

$$\mathbf{T} = \frac{\partial \Psi_c}{\partial \mathbf{u}_d} \quad ; \quad \mathcal{D} = -\frac{\partial \Psi_c}{\partial \zeta}\dot{\zeta} \geq 0 , \tag{3.156}$$

darzustellen, wobei $\mathbf{P}$ und $\mathbf{N}$ die erste Piola-Kirchhoff Spannung und die Rissnormale in der Referenzkonfiguration Ω_0 bezeichnen. Kohäsive Zonenmodellierung ist ein etabliertes Konzept [11] zur Beschreibung des Versagens von Metallen [1] und Beton [17], und es wurde auch verwendet, um Rupturen in biologischen Geweben zu analysieren [14, 16].

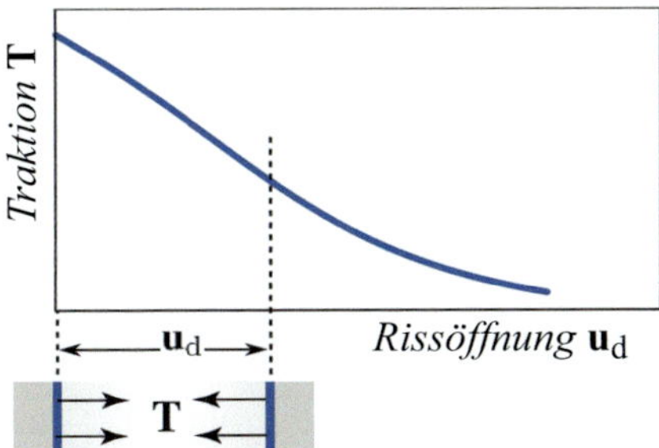

Abb. 3.42 Darstellung von Materialversagen durch ein kohäsives Zonenmodell. Ein Traktions-Separations Gesetz (TSL) dient als phänomenologische Beschreibung des Versagensprozesses und definiert die Traktion $\mathbf{T}$ als Funktion des Öffnens der Rissflächen $\mathbf{u}_d$

3.9 Zusammenfassung und Schlussfolgerung

Die Kontinuumsmechanik ist ein mächtiges Werkzeug bei der Untersuchung von biomechanischen Problemstellungen. Sie ermöglicht es uns, sowohl das vaskuläre Gewebe als auch die Blutzirkulation zu erforschen. Faktoren wie Spannung und Verzerrung sind nicht nur von großer Bedeutung, um die Physiologie des Gefäßsystems zu verstehen, sondern sie sind auch Indikatoren von Herz-Kreislauf-Erkrankungen und somit Faktoren von direkter klinischer Relevanz.

In der Kontinuumsmechanik wird ein Festkörper oder Fluid durch eine unendliche Anzahl von Materialpartikeln dargestellt, jeder davon beschreibt die Materialstruktur durch das RVE. Die *Spannung* drückt dabei die mechanische Belastung des RVE aus und kann als die grundlegendste Größe in der Kontinuumsmechanik betrachtet werden. Sie gehorcht dem Cauchy-Eulerschen Bewegungsgesetz und somit dem Newtonschen Gesetz der Mechanik.

Die *konstitutive Beschreibung* des Materials ist notwendig, um den Gleichungssatz der Kontinuumsmechanik zu schließen. Sie drückt die Beziehung zwischen *Spannung* und *Verzerrung* des Materialpartikels aus. Eine konstitutive Beschreibung charakterisiert die mechanischen Eigenschaften des RVE und gibt an, wie die innere Struktur des Materials bei der Übertragung der mechanischen Last reagiert. Dieses Verhalten kann entweder explizit darstellen werden, oder über stark vereinfachte phänomenologische Beziehung zwischen Spannung und Verzerrung, eventuell sogar basierend auf Maschinellem Lernen (ML), ausgedrückt werden. Wir können die Verformung eines Körpers als einen *thermodynamischen* Prozess betrachten, ein besonders mächtiges Konzept bei der Beschreibung von Problemen mit endlicher Verformung. Angesichts der Komplexität der Gefäßwandstruktur und des Blutes werden die zugehörigen konstitutiven Modelle in den folgenden Kapiteln ausführlich diskutiert.

Das iBVP ist die mathematische Beschreibung eines Problems in der Kontinuumsmechanik und ermöglicht es uns, verschiedene Fragestellungen in der Biomechanik zu formulieren. Die analytische Lösung des iBVP ist nur für eine sehr begrenzte Anzahl von Problemen möglich. Die Untersuchung der meisten biomechanischen Probleme erfordert daher die numerische Approximation des iBVP. Ein solcher Ansatz, die FEM, wird im nächsten Kapitel diskutiert.

Literatur

1. G.I. Barenblatt, The mathematical theory of equilibrium of cracks in brittle fracture. Adv. Appl. Mech. **7**, 55–129 (1962)
2. Z. P. Bažant, Concrete fracture models: Testing and practice. Eng. Fract. Mech. **69**, 165–205 (2002)
3. D. Bigoni, T. Hueckel, Uniqueness and localization—I. Associative and non-associative elastoplasticity. Int. J. Solids Struct. **28**, 197–213 (1991)
4. M.A. Biot, General theory of three-dimensional consolidation. J. Appl. Phys. **12**, 155–164 (1941)

5. J. Bonet, R.D. Wood, *Nonlinear Continuum Mechanics for Finite Element Analysis* (Cambridge University Press, Cambridge, 1997)
6. R.M. Bowen, Theory of mixtures, in *Continuum Physics*, Hrsg. A.C. Eringen, vol. III (Academic Press, New York, 1976)
7. D. Chapelle, J.-F. Gerbeau, J. Sainte-Marie, I.E. Vignon-Clementel, A poroelastic model valid in large strains with applications to perfusion in cardiac modeling. Comput. Mech. **46**, 91–101 (2010)
8. G.P. Cherepanov, The propagation of cracks in a continuous medium. J. Appl. Math. Mech. **31**, 503–512 (1967)
9. B.D. Coleman, W. Noll, The thermodynamics of elastic materials with heat conduction and viscosity. Arch. Rat. Mech. Anal. **13**, 167–178 (1963)
10. S.C. Cowin, L. Cardoso, Mixture theory-based poroelasticity as a model of interstitial tissue growth. Mech. Mat. **44**, 47–57 (2012)
11. D.S. Dugdale, Yielding of steel sheets containing slits. J. Mech. Phys. Solids **8**, 100–104 (1960)
12. Y.C. Fung, P. Tong, *Classical and Computational Solid Mechanic* (World Scientific Publishing, Singapore, 2001)
13. T.C. Gasser, C. Forsell, The numerical implementation of invariant-based viscoelastic formulations at finite strains. an anisotropic model for the passive myocardium. Comput. Methods Appl. Mech. Eng. **200**, 3637–3645 (2011)
14. T.C. Gasser, G.A. Holzapfel, Modeling dissection propagation in soft biological tissues. Eur. J. Mech. A/Solids **25**, 617–633 (2006)
15. S. Govindjee, J.C. Simo, Mullins' effect and the strain amplitude dependence of the storage modulus. Int. J. Solids Struct. **29**, 1737–1751 (1992)
16. A. Gustafsson, M. Tognini, F. Bengtsson, T.C. Gasser, H. Isaksson, L. Grassi, Subject-specific FE models of the human femur predict fracture path and bone strength under single-leg-stance loading. J. Mech. Behav. Biomed. Mater. **113**, 104118 (2021)
17. A. Hillerborg, M. Modeer, P.E. Petersson, Analysis of crack formation and crack growth in concrete by means of fracture mechanics and finite elements. Cement Concr. Res. **6**, 773–782 (1976)
18. J.D. Humphrey, *Cardiovascular Solid Mechanics. Cells, Tissues, and Organs* (Springer, New York, 2002)
19. M. Jirásek, M. Bauer, Numerical aspects of the crack band approach. Comput. Struct. **110**, 60–78
20. L.M. Kachanov, *Introduction to Continuum Damage Mechanics* (Martinus Nijhoff, Dordrecht, 1986)
21. M. Kaliske, H. Rothert, Formulation and implementation of three-dimensional viscoelasticity at small and finite strains. Comput. Mech. **19**, 228–239 (1997)
22. L.E. Malvern, *Introduction to the Mechanics of a Continuous Medium* (Prentice-Hall, Englewood Cliffs, 1969)
23. I. Newton, *Philosophiæ Naturalis Principia Mathematica* (1687)
24. R.W. Ogden, *Non-Linear Elastic Deformations* (Dover, New York, 1997)
25. R.W. Ogden, Elements of the theory of finite elasticity, in *Nonlinear Elasticity. Theory and Applications*, Hrsg. Y.B. Fu, R.W. Ogden (Cambridge University Press, Cambridge, 2001), S. 1–57
26. M. Ortiz, A. Pandolfi, Finite-deformation irreversible cohesive elements for three-dimensional crack-propagation analysis. Int. J. Numer. Meth. Eng. **44**, 1267–1282 (1999)
27. A. Paknahad, M. Goudarzi, N.W. Kucko, S.C.G. Leeuwenburgh, L.J. Sluys, Calcium phosphate cement reinforced with poly (vinyl alcohol) fibers: an experimental and numerical failure analysis. Acta Biomater. **119**, 458–471 (2021)
28. R.H.J. Peerlings, R. De Borst, W.A.M. Brekelmans, J.H.P. De Vree, Gradient enhanced damage for quasi-brittle materials. Int. J. Numer. Methods Eng. **39**(19), 3391–3403 (1996)

29. S. Polzer, T.C. Gasser, B. Markert, J. Bursa, P. Skacel, Impact of poroelasticity of the intraluminal thrombus on the wall stress of abdominal aortic aneurysms. Biomed. Eng. Online **11**, 62 (2012). https://doi.org/10.1186/1475--925X--11--62
30. J.R. Rice, A path independent integral and the approximate analysis of strain concentration by notches and cracks. J. Appl. Mech. **35**, 379–386 (1968)
31. J. Schröder, P. Neff, Invariant formulation of hyperelastic transverse isotropy based on polyconvex free energy functions. Int. J. Solids Struct. **40**(2), 401–445
32. J.C. Simo, A J_2-flow theory exhibiting a corner-like effect and suitable for large-scale computation. Comput. Methods Appl. Mech. Eng. **62**, 169–194 (1987)
33. A.J.M. Spencer, Theory of invariants, in *Continuum Physics*, Hrsg. A.C. Eringen, Bd. I (Academic Press, New York, 1971)
34. B. Sundström (Hrsg.), *Handbook of Solid Mechanics* (KTH Solid Mechanics, KTH Royal Institute of Technology, Stockholm, 2010)
35. O.C. Zienkiewicz, R.L. Taylor, *The Finite Element Method. Solid Mechanics*, Bd. 2, 5th Aufl. (Butterworth Heinemann, Oxford, 2000)
36. A.J.M. Spencer, Constitutive theory for strongly anisotropic solids, in Continuum Theory of the Mechanics of Fibre-Reinforced Composites, ed. by A.J.M. Spencer (Springer, Wien, 1984), pp. 1–32. CISM Courses and Lectures No. 282, International Centre for Mechanical Sciences

Die Finite Elemente Methode

4

Zusammenfassung

Dieses Kapitel behandelt die lineare und nichtlineare Finite Elemente Methode (FEM). Es beginnt mit der räumlichen Diskretisierung eines Kontinuums, gefolgt von der Einführung von Formfunktionen (Interpolationsfunktionen) und Gradientenoperatoren. Anschließend diskutieren wir die Variationsrechnung mit Anwendung auf Probleme wie Diffusion, Advektions-Diffusion (AD), lineare und nichtlineare Festkörpermechanik und inkompressibler Strömung. Die entsprechenden diskretisierten Gleichungen werden im darauffolgenden Abschnitt bereitgestellt. Um inkompressible Verformungen direkt auf der Ebene des finiten Elements zu beschreiben, werden Penalty-, Lagrange und erweiterte Lagrange Methoden diskutiert. Die individuellen Beiträge der einzelnen finiten Elemente werden dann zu einem globalen Gleichungssystem zusammengefasst, und die Stabilität und Regularisierung der diskretisierten Gleichungen untersucht. Anschließend präsentieren wir eine Reihe von Methoden zur Lösung des FEM-Gleichungssystems – es umfasst die Lösung von dünn besetzten linearen Systemen, nichtlinearen Systemen, Bogenlängenmethoden sowie expliziten und impliziten Lösungsansätzen. Eine Reihe von Fallstudien veranschaulicht die Lösung strukturmechanischer und strömungsmechanischer Problemstellungen, und eine Zusammenfassung schließt das Kapitel ab.

4.1 Einführung

Die Finite Element Methode (FEM) ist die am häufigsten verwendete numerische Methode zur Lösung partieller Differentialgleichungen (PDE) und somit auch die erste Wahl zur Berechnung von Lösungen für Probleme in der Gefäßbio-

---

Ergänzende Information Die elektronische Version dieses Kapitels enthält Zusatzmaterial, auf das über folgenden Link zugegriffen werden kann https://doi.org/10.1007/978-3-031-52637-4_4.

T. Gasser, *Vaskuläre Biomechanik*, https://doi.org/10.1007/978-3-031-52637-4_4

mechanik. Ein Problem wird in eine große Anzahl von finiten Elementen unterteilt und dann durch ein diskretes System von miteinander verbundenen Knoten approximiert. Zeitschritt- oder Prädiktor-Korrektor-Methoden werden verwendet, um die unabhängigen Knotenvariablen zu berechnen, wie die Verschiebung **u** eines festkörpermechanischen Problems oder die Geschwindigkeit **v** eines strömungsmechanischen Problems. Die FEM entstand aus mathematischen und ingenieurwissenschaftlichen Ansätzen, und der Begriff „finites Element" taucht erstmals in den 1960er Jahren auf [8]. Heute beschreiben hervorragende Texte die FEM [1, 3, 5, 20, 25–27], und effiziente kommerzielle und Open-Source-Software unterstützen die Lösung von FEM-Problemen für verschiedene Anwendungen.

Einblicke in ein Problem, wie Eigenschaften der erwarteten Lösung, können durch Kenntnis der Art der PDE, die seine Physik bestimmt, gewonnen werden. Die Klassifizierung von PDEs beruht darauf, ob Linien oder Flächen existieren, über die hinweg die Ableitung der Lösung diskontinuierlich ist [3]. PDEs können in drei Typen klassifiziert werden:

- Die *hyperbolische PDE* beschreibt Probleme wie Wellenausbreitung. Diskontinuitäten in den Anfangsbedingungen breiten sich durch das System aus. Bei nichtlinearen Problemen können selbst kontinuierliche Lösungsfelder in weiterer Folge zu Schockwellen führen.
- Die *elliptische PDE* beschreibt Probleme wie die Verformung elastischer Körper. Die Lösungen sind glatt, auch bei diskontinuierlichen Anfangsbedingungen. Allerdings neigen Randwerte dazu, das gesamte Gebiet zu beeinflussen. Eine große Schwierigkeit besteht darin, dass spitze Ecken am Rand zu Singularitäten in der Lösung führen.
- Die *parabolische PDE* beschreibt Probleme wie Wärmeleitung und kann als irgendwo zwischen den hyperbolischen und elliptischen Problemen gesehen werden.

Dieses Kapitel zielt darauf ab, die Grundlagen der FEM für gezielte Anwendungen in der Gefäßbiomechanik zu behandeln.

4.2 Räumliche Diskretisierung

Der Bereich Ω wird durch $\Omega^{\mathrm{h}} = \sum_{i=1}^{n_{\mathrm{e}}} \Omega_e$ approximiert, der selbst in n_{e} Teilbereiche Ω_e, die sogenannten finiten Elemente, unterteilt ist, siehe Abb. 4.1. Die Diskretisierung von Ω^{h} ermöglicht es, uns auf ein einzelnes finites Element Ω_e zur Implementierung der Grundgleichungen zu konzentrieren. Jedes finite Element hat n_{npe} Knoten $\mathbf{x}_i$, und die Elementkonnektivität gibt ihre Anordnung an. Diese Informationen werden in der FEM-Datenstruktur gespeichert.

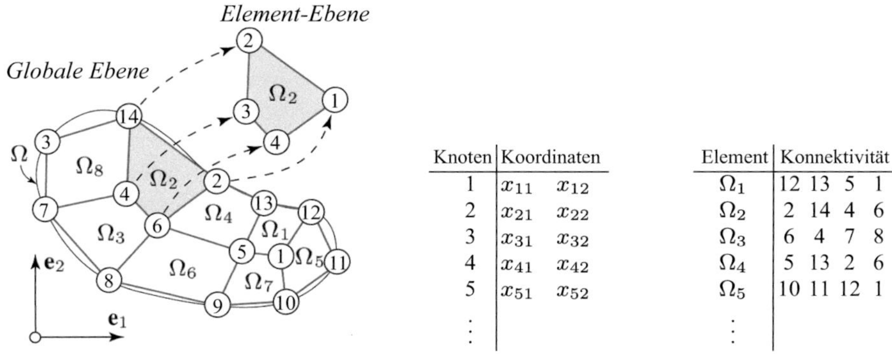

Knoten	Koordinaten	
1	x_{11}	x_{12}
2	x_{21}	x_{22}
3	x_{31}	x_{32}
4	x_{41}	x_{42}
5	x_{51}	x_{52}
⋮		

Element	Konnektivität			
Ω_1	12	13	5	1
Ω_2	2	14	4	6
Ω_3	6	4	7	8
Ω_4	5	13	2	6
Ω_5	10	11	12	1
⋮				

Abb. 4.1 Räumliche Diskretisierung des 2D-Bereichs Ω^h durch die Knoten $\mathbf{x}_i$; $i=1, \ldots, 14$ und die vierknoten finite Elemente Ω_e; $e=1, \ldots, 8$. (links) Die globale Knotennummerierung $i=1, \ldots, 14$ beschreibt das globale Problem, während die lokale Knotennummerierung $i=1, 2, 3, 4$ die Element-Ebene beschreibt. (rechts) Die FEM-Datenstruktur speichert die Knotenkoordinaten und die Elementkonnektivität

4.2.1 Formfunktion

Die n_{npe} finiten Elementknoten speichern die *unabhängigen* problembeschreibenden Variablen, wie die Verschiebungen $\mathbf{u}_i$; $i=1, \ldots, n_{\text{npe}}$, eines strukturmechanischen Problems. Sie werden auch die *wesentlichen* Variablen des FEM-Problems genannt. Die Formfunktion (oder Interpolationsfunktion) $N_i(\boldsymbol{\xi})$ interpoliert solche Variablen über das finite Element Ω_e, und der Ausdruck

$$\mathbf{u}(\boldsymbol{\xi}) = \sum_{i=1}^{n_{\text{npe}}} N_i(\boldsymbol{\xi})\mathbf{u}_i \tag{4.1}$$

gibt dann ihren Wert an der natürlichen Koordinate $\boldsymbol{\xi}$ innerhalb des finiten Elements an.

Wir können auch $\mathbf{h}$ einführen, einen n_{dof}-dimensionalen Vektor, der die wesentlichen Variablen eines finiten Elements speichert. Für ein finites Element, wo n_{dim} die Anzahl der räumlichen Dimensionen des Problems bezeichnet, hat der Vektor $\mathbf{h}$ die Dimension $n_{\text{dof}} = n_{\text{npe}} n_{\text{dim}}$. Die Interpolation (4.1) ergibt dann

$$\mathbf{u} = \mathbf{N}\mathbf{h} \quad ; \quad u_i = N_{ia} h_a \, , \tag{4.2}$$

wobei $\mathbf{N}$ die $n_{\text{dim}} \times n_{\text{dof}}$-dimensionale *Interpolationsmatrix* darstellt. Sie liest sich

$$\mathbf{N} = \begin{bmatrix} N_1 & 0 & 0 & \ldots & N_{n_{\text{npe}}} & 0 & 0 \\ 0 & N_1 & 0 & \ldots & 0 & N_{n_{\text{npe}}} & 0 \\ 0 & 0 & N_1 & \ldots & 0 & 0 & N_{n_{\text{npe}}} \end{bmatrix}$$

für ein 3D-Kontinuumproblem, während in Gegensatz dazu der Ausdruck $\mathbf{N} = \left[N_1 \ldots N_{n_{\text{npe}}}\right]$ skalare Variablen interpoliert.

Eine *isoparametrische* finite Elementformulierung verwendet für die Interpolation der räumlichen Koordinate $\mathbf{x}$ die gleichen Formfunktionen wie zur Interpolation von $\mathbf{u}$, und somit gilt $\mathbf{x}(\boldsymbol{\xi}) = \sum_{i=1}^{n_{\text{npe}}} N_i(\boldsymbol{\xi})\mathbf{x}_i$.

Die Formfunktionen werden oft innerhalb der natürlichen Koordinate $\boldsymbol{\xi}$ des finiten Elements definiert, ein Bereich, der mit der globalen Koordinate $\mathbf{x}$ durch die *Jacobi Transformation* $\mathbf{J} = \partial\mathbf{x}/\partial\boldsymbol{\xi}$ verbunden ist. Obwohl die Einführung der natürlichen Koordinate $\boldsymbol{\xi}$ nicht notwendig ist, ermöglicht sie ein einfacheres Design von Formfunktionen. Abb. 4.2 veranschaulicht die Abbildung eines vierknoten finiten Elements zwischen seinem physischen Bereich, beschrieben durch die globale Koordinate $\mathbf{x}$, und seinem Integrationsbereich, dem Bi-Quadrat $(-1 \leq \xi_1 \leq 1;$ $-1 \leq \xi_2 \leq 1)$ und beschrieben durch die natürliche Koordinate $\boldsymbol{\xi} = [\xi_1 \xi_2]^{\mathrm{T}}$.

Damit die FEM numerisch stabile und plausible Ergebnisse liefert, müssen die Formfunktionen mindestens drei Eigenschaften garantieren:

- *Eigenschaft der Zerlegung der Einheit,* so dass $\sum_{i=1}^{n_{\text{npe}}} N_i(\boldsymbol{\xi}) = 1$ für alle $\boldsymbol{\xi}$ gilt
- *Delta-Eigenschaft,* so dass $N_i(\boldsymbol{\xi}_j) = \delta_{ij}$ gilt, wobei $\boldsymbol{\xi}_j$ die natürlichen Koordinaten des j-ten Knotens des finiten Elements bezeichnet und δ_{ij} das Kronecker-Delta ist
- *Lineare Unabhängigkeit,* so dass $\sum_{i=1}^{n_{\text{npe}}} c_i N_i(\boldsymbol{\xi}) \neq 0$ für alle nicht verschwindenden Koeffizienten c_i gilt

Während diese Anforderungen für Kontinuum-Elemente ausreichend sind, erfordern strukturelle finite Elemente, wie Balken und Platten Elemente, zusätzliche Eigenschaften der Formfunktionen, die erfüllt sein müssen [26]. Bei FEM-Problemen mit beweglichen Gittern, wie zB. Problemen mit finiten Deformationen in der Lagrange-Formulierung, sind die Formfunktionen auch Funktionen der wesentlichen Problemvariablen.

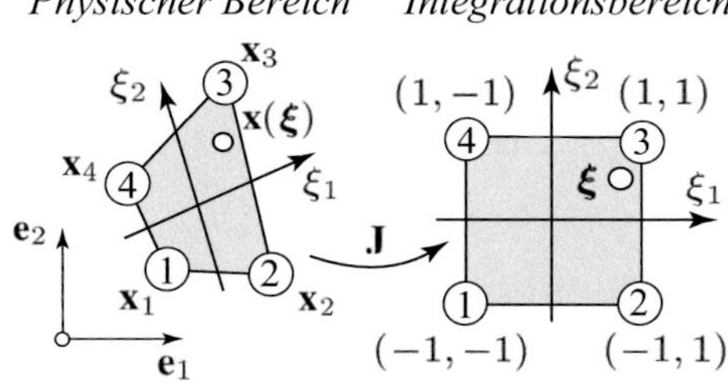

Abb. 4.2 Jacobi Transformation $\mathbf{J} = \partial\mathbf{x}/\partial\boldsymbol{\xi}$, die das finite Element von seinem physischen Bereich in den Integrationsbereich abbildet. Das Beispiel zeigt ein vierknoten finite Element mit den Knoten $\mathbf{x}_i$; $i = 1, 2, 3, 4$, das dann in das Bi-Quadrat $(-1 \leq \xi_1 \leq 1; -1 \leq \xi_2 \leq 1)$ transformiert wird

4.2.1.1 Formfunktionen für 1D-Probleme

Bei einem zweiknotigen Linienelement, das den Bereich $-1 \leq \xi \leq 1$ der natürlichen Koordinate abdeckt, lauten die entsprechenden linearen Formfunktionen

$$N_1(\xi) = (1-\xi)/2 \ ; \ N_2(\xi) = (1+\xi)/2 \, , \tag{4.3}$$

was in Abb. 4.3a dargestellt ist. Wir können einen Mittelpunktknoten hinzufügen, was dann zu einem dreiknotigen finiten Element und den quadratischen Formfunktionen

$$N_1(\xi) = (\xi^2-\xi)/2 \ ; \ N_2(\xi) = (\xi^2+\xi)/2 \ ; \ N_3(\xi) = 1-\xi^2 \, , \tag{4.4}$$

wie sie in Abb. 4.3b gezeigt sind, führt. Es kann leicht gezeigt werden, dass die Polynome (4.3) und (4.4) die zuvor genannten Anforderungen an Formfunktionen erfüllen.

4.2.1.2 Formfunktionen für 2D-Probleme

Gegeben sind die natürlichen Koordinaten $-1 \leq \xi_1 \leq 1$ und $-1 \leq \xi_2 \leq 1$ eines vierknoten finiten Elements. Die 2D-Formfunktionen können dann durch die Verallgemeinerung von 1D-Formfunktionen entworfen werden, sodass die bi-linearen Formfunktionen

$$\begin{aligned} N_1(\xi_1,\xi_2) &= \frac{1}{4}(1-\xi_1)(1-\xi_2) \ ; \ N_2(\xi_1,\xi_2) = \frac{1}{4}(1+\xi_1)(1-\xi_2) \ ; \\ N_3(\xi_1,\xi_2) &= \frac{1}{4}(1+\xi_1)(1+\xi_2) \ ; \ N_4(\xi_1,\xi_2) = \frac{1}{4}(1-\xi_1)(1+\xi_2) \end{aligned} \tag{4.5}$$

die Interpolation von Feldvariablen bestimmt, wobei Abb. 4.2 die entsprechende Knotennummerierung festlegt.

Eine alternative Darstellung der bi-linearen Formfunktionen trennt die konstanten, linearen und nichtlinearen Terme gemäß

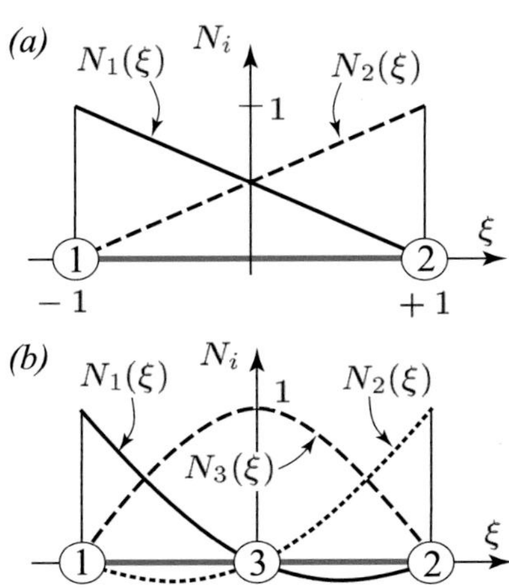

Abb. 4.3 Formfunktionen für 1D finite Elemente in ihrem Integrationsbereich $-1 \leq \xi \leq 1$. (**a**) Zweiknotiges finites Element mit linearen Formfunktionen $N_i(\xi)$; $i = 1, 2$. (**b**) Dreiknotiges finites Element mit quadratischen Formfunktionen $N_i(\xi)$; $i = 1, 2, 3$

$$\begin{bmatrix} N_1 \\ N_2 \\ N_3 \\ N_4 \end{bmatrix} = \frac{1}{4}\begin{bmatrix} 1 \\ 1 \\ 1 \\ 1 \end{bmatrix} + \frac{1}{4}\begin{bmatrix} -1 \\ 1 \\ 1 \\ -1 \end{bmatrix}\xi_1 + \frac{1}{4}\begin{bmatrix} -1 \\ -1 \\ 1 \\ 1 \end{bmatrix}\xi_2 + \frac{1}{4}\begin{bmatrix} 1 \\ -1 \\ 1 \\ -1 \end{bmatrix}\xi_1\xi_2\,,$$

wobei der letzte Term, der sogenannte *Hourglas-term*, die nichtlinearen Beiträge bezeichnet.

Während vierknoten finite Elemente sehr gute Eigenschaften haben und weit verbreitet sind, kann die Erzeugung der jeweiligen Berechnungsnetze herausfordernd sein. Dreiknoten Elemente erleichtern oft die Netzgenerierung und unterstützen eine einfache *lokale Netzverfeinerung* – ein dreiknoten Element wird einfach in drei dreiknoten Elemente aufgeteilt. Im Gegensatz dazu unterstützen vierknoten Elemente keine lokale Netzverfeinerung und Netzverfeinerungen erfordern immer komplexe *nicht-lokale* Netzmanipulationen.

Das rechtwinklige Einheitsdreieck bezeichnet den Integrationsbereich von dreiknoten finite Elementen, und die Formfunktionen lauten dann

$$N_1 = \xi_1 \;\; ; \;\; N_2 = \xi_2 \;\; ; \;\; N_3 = 1 - \xi_1 - \xi_2\,.$$

Sie können auch als Flächenkoordinaten interpretiert werden, $N_i = A_i/A$; $i = 1, 2, 3$, wobei A_i die jeweilige Teilfläche bezeichnet, während $A = \sum_{i=1}^{3} A_i$ die Fläche des dreiknoten finite Elements ist, siehe Abb. 4.4.

Während Formfunktionen oft auf polynomiellen Ausdrücken basieren, kann jede andere Funktion verwendet werden, die die genannten Anforderungen an Formfunktionen erfüllt. Die Literatur ist reich an Formfunktionen, und einige von ihnen sind auf die Lösung spezifischer Probleme zugeschnitten [25]. Sogar Nicht-Uniforme Rationale B-Splines (NURBS) können verwendet werden, um finite Elemente zu erstellen, ein Ansatz, der als isogeometrische Analyse bekannt ist [17]. Darüber hinaus führt die Virtuelle Element Methode (VEM) keine expliziten Formfunktionen ein und erlaubt die Verwendung von beliebig geformten finiten Elementen [2].

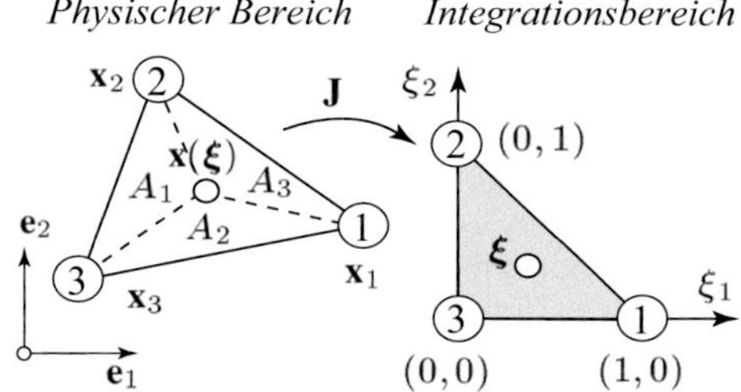

Abb. 4.4 Jacobi-Transformation **J**, die ein dreiknoten finite Element von seinem physischen Bereich auf seinen Integrationsbereich abbildet. Die Formfunktion kann als Flächenkoordinaten gesehen werden

Beispiel 4.1 (Transformation des vierknoten finite Elements) Die Knotenkoordinaten

$$\begin{bmatrix} x_1 \\ y_1 \end{bmatrix} = \begin{bmatrix} 0{,}0 \\ 0.0 \end{bmatrix} \;;\; \begin{bmatrix} x_2 \\ y_2 \end{bmatrix} = \begin{bmatrix} 3{,}5 \\ 0{,}5 \end{bmatrix} \;;\; \begin{bmatrix} x_3 \\ y_3 \end{bmatrix} = \begin{bmatrix} 3{,}0 \\ 2{,}3 \end{bmatrix} \;;\; \begin{bmatrix} x_4 \\ y_4 \end{bmatrix} = \begin{bmatrix} -0{,}5 \\ 2{,}4 \end{bmatrix},$$

spezifizieren ein vierknoten finite Element, wobei die Abmessungen in Zentimetern angegebenen sind.

(a) Geben Sie die Ausdrücke für die Interpolation der globalen Koordinaten $\mathbf{x} = [x\ y]^{\mathrm{T}}$ an.
(b) Berechnen Sie die Jacobi-Transformationsmatrix $\mathbf{J} = \partial\mathbf{x}/\partial\boldsymbol{\xi}$, die das finite Element auf seinen Integrationsbereich $-1 \leq \xi \leq 1$ und $-1 \leq \eta \leq 1$ abbildet, mit $\boldsymbol{\xi} = [\xi\ \eta]^{\mathrm{T}}$.
(c) Zeigen Sie, dass der Ausdruck $A = 4\det\mathbf{J}(\xi = 0, \eta = 0)$ die Fläche des finiten Elements bezeichnet.

■

4.2.1.3 Formfunktionen für 3D-Probleme

Die Erweiterung des vierknoten finiten Elements zum achtknoten hexaedrischen finiten Element ergibt die tri-linearen Formfunktionen

$$
\begin{aligned}
N_1 &= \frac{1}{8}(1-\xi_1)(1-\xi_2)(1-\xi_3) \ ; \ N_2 = \frac{1}{8}(1+\xi_1)(1-\xi_2)(1-\xi_3) \ ; \\
N_3 &= \frac{1}{8}(1+\xi_1)(1+\xi_2)(1-\xi_3) \ ; \ N_4 = \frac{1}{8}(1-\xi_1)(1+\xi_2)(1-\xi_3) \ ; \\
N_5 &= \frac{1}{8}(1-\xi_1)(1-\xi_2)(1+\xi_3) \ ; \ N_6 = \frac{1}{8}(1+\xi_1)(1-\xi_2)(1+\xi_3) \ ; \\
N_7 &= \frac{1}{8}(1+\xi_1)(1+\xi_2)(1+\xi_3) \ ; \ N_8 = \frac{1}{8}(1-\xi_1)(1+\xi_2)(1+\xi_3) \, ,
\end{aligned}
$$

während das vierknotige lineare tetraedrische finite Element durch die Formfunktionen

$$
N_1 = \xi_1 \ ; \ N_2 = \xi_2 \ ; \ N_3 = \xi_3 \ ; \ N_4 = 1 - \xi_1 - \xi_2 - \xi_3
$$

beschrieben wird. Viele andere Formfunktionen wurden vorgeschlagen und erfolgreich in der Lösung von FEM-Problemen eingesetzt, siehe unter anderem [25].

4.2.2 Gradientinterpolation

Mit der Interpolation (4.1) ergibt sich der symmetrische räumliche Gradient der essentiellen Variable zu

$$
\operatorname{grad}_{\mathrm{s}}\mathbf{u}(\boldsymbol{\xi}) = \frac{1}{2}\sum_{i=1}^{n_{\mathrm{npe}}} \mathbf{u}_i \otimes \operatorname{grad}N_i(\boldsymbol{\xi}) + \operatorname{grad}N_i(\boldsymbol{\xi}) \otimes \mathbf{u}_i \, . \tag{4.6}
$$

Es ist praktisch, die *Voigt-Notation* einzuführen und die n_{s} unabhängigen Komponenten von $\operatorname{grad}_{\mathrm{s}}\mathbf{u}$ durch einen Vektor $\operatorname{grad}_{\mathrm{s}}^{\mathrm{v}}\mathbf{u}$ auszudrücken. Für Kontinuum Elemente in 1D, 2D und 3D, ist jeweils $n_{\mathrm{s}} = 1$, $n_{\mathrm{s}} = 4$ und $n_{\mathrm{s}} = 6$. Die Gradientinterpolation liest sich dann

$$grad_s^v \mathbf{u} = \mathbf{B}\mathbf{h}\,, \tag{4.7}$$

wobei die *Gradientinterpolationsmatrix* $\mathbf{B}$ eine $n_s \times n_{dof} n_{npe}$-dimensionale Matrix ist, die die räumlichen Gradienten der Formfunktionen speichert. Sie liest sich

$$\mathbf{B} = \begin{bmatrix} \partial N_1/\partial x_1 & 0 & 0 & \dots & \partial N_{n_{npe}}/\partial x_1 & 0 & 0 \\ 0 & \partial N_1/\partial x_2 & 0 & \dots & 0 & \partial N_{n_{npe}}/\partial x_2 & 0 \\ 0 & 0 & \partial N_1/\partial x_3 & \dots & 0 & 0 & \partial N_{n_{npe}}/\partial x_3 \\ \partial N_1/\partial x_2 & \partial N_1/\partial x_1 & 0 & \dots & \partial N_{n_{npe}}/\partial x_2 & \partial N_{n_{npe}}/\partial x_1 & 0 \\ 0 & \partial N_1/\partial x_3 & \partial N_1/\partial x_2 & \dots & 0 & \partial N_{n_{npe}}/\partial x_3 & \partial N_{n_{npe}}/\partial x_2 \\ \partial N_1/\partial x_3 & 0 & \partial N_1/\partial x_1 & \dots & \partial N_{n_{npe}}/\partial x_3 & 0 & \partial N_{n_{npe}}/\partial x_1 \end{bmatrix}$$

für ein 3D-Kontinuumsproblem, und hier haben wir die Voigt-Notation mit der Speicherkonvention $[(\bullet)_{11} \quad (\bullet)_{22} \quad (\bullet)_{33} \quad (\bullet)_{12} \quad (\bullet)_{23} \quad (\bullet)_{13}]^T$ verwendet. Um den Gradienten einer skalaren essentiellen Variable über das finite Element zu interpolieren, liest sich die Gradientinterpolationsmatrix in 3D

$$\mathbf{B} = \begin{bmatrix} \partial N_1/\partial x_1 & \dots & \partial N_{n_{npe}}/\partial x_1 \\ \partial N_1/\partial x_2 & \dots & \partial N_{n_{npe}}/\partial x_2 \\ \partial N_1/\partial x_3 & \dots & \partial N_{n_{npe}}/\partial x_3 \end{bmatrix}.$$

Die Formfunktionen $N_i(\boldsymbol{\xi})$ sind Funktionen der natürlichen Koordinate $\boldsymbol{\xi}$, und die Berechnung des Gradienten bezüglich der globalen Koordinate $\mathbf{x}$ erfordert die Jacobimatrix $\mathbf{J} = \partial\mathbf{x}/\partial\boldsymbol{\xi}$. Unter der Voraussetzung, dass ihre Inverse $\mathbf{J}^{-1} = \partial\boldsymbol{\xi}/\partial\mathbf{x}$ existiert, ermöglicht der Ausdruck

$$\frac{\partial N_i(\boldsymbol{\xi})}{\partial \mathbf{x}} = \frac{\partial N_i(\boldsymbol{\xi})}{\partial \boldsymbol{\xi}} : \frac{\partial \boldsymbol{\xi}}{\partial \mathbf{x}} = \frac{\partial N_i(\boldsymbol{\xi})}{\partial \boldsymbol{\xi}} : \mathbf{J}^{-1} \quad ; \quad i = 1, \dots, n_{npe}$$

die Koeffizienten von $\mathbf{B}$ zu berechnen.

Schließlich kann die Divergenz eines Vektors $\mathbf{u}$ durch $\mathrm{div}\mathbf{u} = \mathbf{G} \cdot \mathbf{h}$ interpoliert werden, wobei die n_{dof}-dimensionale Divergenzinterpolationsmatrix $\mathbf{G}$ eingeführt wurde. Sie liest sich

$$\mathbf{G} = \begin{bmatrix} \partial N_1/\partial x_1 & \partial N_1/\partial x_2 & \partial N_1/\partial x_3 & \dots & \partial N_{n_{npe}}/\partial x_1 & \partial N_{n_{npe}}/\partial x_2 & \partial N_{n_{npe}}/\partial x_3 \end{bmatrix}$$

für ein 3D-Kontinuumsproblem.

Beispiel 4.2 (Verschiebungs- und Verzerrungsinterpolation) Ein vierknoten finite Element mit der bi-linearen Formfunktion (4.5) approximiert die Verschiebung $\mathbf{u}$ eines strukturmechanischen Problems.

(a) Stellen Sie die Verschiebungsinterpolationsmatrix $\mathbf{N}$ auf.
(b) Betrachten Sie die Definition der linearen Verzerrung $\boldsymbol{\varepsilon} = (\mathrm{grad}\,\mathbf{u} + \mathrm{grad}^T\mathbf{u})/2$ und leiten Sie die Verzerrungsinterpolationsmatrix $\mathbf{B}$ ab, sodass $\boldsymbol{\varepsilon}^v = \mathbf{B}\mathbf{h}$ gilt.

(c) Der Zusammenhang von globalen und natürlichen Koordinaten des finiten Elements ist durch die Jacobimatrix

$$\mathbf{J} = \begin{bmatrix} 1.75 & -0.25 \\ 0.1 - 0.15\eta & 1.05 - 0.15\xi \end{bmatrix}$$

gegeben. Berechnen Sie die numerischen Ausdrücke der Matrizen **N** und **B** an den natürlichen Koordinaten $\xi = 0.3$ und $\eta = -0.1$.

■

4.2.3 Gemischte und hybride Finite Elemente

Die Wechselwirkung von physikalischen Prozessen bestimmt oft ein biomechanisches Problem, bei dem jeder Prozess durch einen individuellen Satz von wesentlichen Variablen beschrieben wird. Die Strömung einer inkompressiblen Flüssigkeit wäre ein solches Beispiel – die Strömungsgeschwindigkeit $\mathbf{v}$ und der Flüssigkeitsdruck p sind dann die wesentlichen problembeschreibenden Variablen. Die Geschwindigkeit und der Druck könnten dann an den Knoten des finiten Elements durch die beiden Vektoren $\mathbf{h}$ und $\mathbf{q}$ der wesentlichen Variablen gespeichert werden. Beide Felder können in unterschiedlichen Interpolationsordnungen interpoliert werden, was dann zu einem *hybriden* finiten Element führt, siehe Abb. 4.5.

Bei einem Nebenbedingungsproblem (Problem mit Zwangsbedingung), wie die inkompressible Deformation der Gefäßwand, kann ein *irreduzibler* FEM-Ansatz zu Locking führen – das diskretisierte Problem ist dann (viel) steifer als das Kontinuumsproblem. Die irreduzible FEM verwendet die minimale Anzahl und damit den irreduziblen Satz von Problemvariablen, um die Lösung über das finite Element zu interpolieren. Im Gegensatz dazu führt ein *gemischter* Ansatz zusätzliche Variablen ein, mehr als notwendig sind, und interpoliert diese über das finite Element. An einigen Punkten des finiten Elements sind die jeweiligen Lösungsfelder dann durch die Nebenbedingungen des Problems gekoppelt. Das gemischte finite Element führt auch zu einem hybriden finiten Element, vorausgesetzt, die

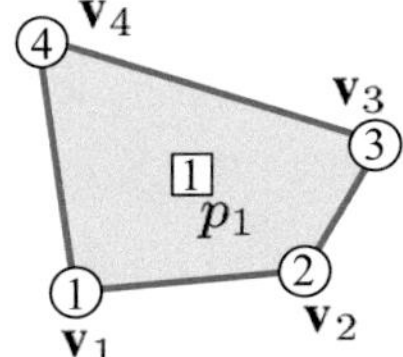

Abb. 4.5 Hybrides finites Element mit einer bi-linearen Interpolation der Geschwindigkeit $\mathbf{v}$ und einer konstanten Interpolation des Drucks p. Die Geschwindigkeit $\mathbf{v}$ wird an den vier Eckknoten des Elements gespeichert, während der Druck p an einem einzigen Mittelpunktknoten gespeichert wird

wesentlichen Variablen werden in unterschiedlichen Interpolationsordnungen vorgegeben.

4.3 Variationsrechnung

Die Beschreibung eines physikalischen Problems erfolgt oft durch *lokale* Erhaltungsgleichungen, die dann direkt die *starke Form* der Problembeschreibung ergeben. Während einige numerische Konzepte, wie die Finite-Differenzen-Methode (FDM), direkt die starke Form verwenden, erfordert die FEM die *schwache oder integrale Form* der Problembeschreibung. Die schwache Form einiger technischer Probleme kann durch Konzepte wie das Prinzip der virtuellen Arbeit (PVW) abgeleitet werden. Allerdings sind solche physikalisch motivierten Prinzipien nicht für alle technischen Probleme verfügbar, und die generellere Maschinerie der *Variationsrechnung* ermöglicht dann die Ableitung der schwachen Form aus der starken Form der Problembeschreibung. Die Variationsrechnung ist eine Methode, die die Erhaltungsgleichungen mit einer *Testfunktion*, auch bekannt als *zulässige Variation*, multipliziert. Das Ergebnis wird dann über das Kontinuum integriert und die Dirichlet-Randbedingung eingebettet – die *schwache Form* des Problems wurde nun abgeleitet.

Angenommen, die starke Form eines Problems hat eine Lösung, dann ist sie identisch mit der Lösung der schwachen Form der Problembeschreibung, eine Aussage, die als *Fundamentallemma der Variationsrechnung* bekannt ist. Die schwache Form ist auch als die *nicht-reduzierbare* Beschreibung bekannt, und eine weitere Reduzierung der Differenzierungsordnung der wesentlichen Variable ist nicht möglich. Die Genauigkeit einer numerischen Methode wird direkt durch die Anzahl der Differentiationen der wesentlichen Variablen beeinträchtigt, während eine Integration über die Variablen nicht (viel) zum numerischen Fehler beiträgt.

4.3.1 Diffusions Randwertproblem

Die Diffusion einer Substanz wird durch die *Poisson*[1] *Gleichung* beschrieben, und die starke Formulierung eines solchen Transportproblems lautet

$$\left.\begin{aligned} \operatorname{div}(grad c) + \alpha &= 0 \text{ in } \quad \Omega, \\ c &= \overline{c} \text{ auf } \partial\Omega_{\mathrm{c}}, \\ grad c \cdot \mathbf{n} &= \overline{q} \text{ auf } \partial\Omega_{\mathrm{q}}, \end{aligned}\right\} \tag{4.8}$$

wobei die Konzentration c die *unabhängige* oder *wesentliche* Problemvariable darstellt. Die spezifischen physikalischen Eigenschaften bestimmen die Konstante α,

[1] Siméon Denis Poisson, französischer Mathematiker, Ingenieur und Physiker, 1781–1840.

und Abb. 4.6 veranschaulicht das Diffusions-Randwertproblem (Diffusions-BVP). Die *Dirichlet* und *Neumann* Randbedingungen sind jeweils entlang $\partial\Omega_c$ und $\partial\Omega_q$ formuliert. Entlang $\partial\Omega_c$ wird der Wert von c auf $\overline{c}$ vorgeschrieben, während entlang $\partial\Omega_q$ der normale Fluss $q = \text{grad}c \cdot \mathbf{n}$ auf $\overline{q}$ vorgeschrieben wird, wobei $\mathbf{n}$ den nach außen gerichteten Normalvektor zum Rand $\partial\Omega$ bezeichnet.

Im Sinne der Variationsrechnung führen wir zunächst eine kontinuierliche *Testfunktion* δc ein, auch bekannt als zulässige Variation der wesentlichen Variable c. Die Testfunktion δc ist willkürlich, verschwindet jedoch entlang des Dirichlet-Randes, und somit gilt $\delta c = 0$ auf $\partial\Omega_c$. Die lokale Diffusionsgleichung $\text{div}(\text{grad}c) + \alpha = 0$ wird dann mit δc multipliziert und über Ω integriert, was zu

$$\int_\Omega \delta c \,\text{div}(\text{grad}c)\text{d}v = -\int_\Omega \delta c\, \alpha \text{d}v$$

führt. Die partielle Integration des Terms auf der linken Seite ergibt

$$\int_\Omega \delta c \,\text{div}(\text{grad}c)\text{d}v = \int_\Omega \text{div}(\delta c \,\text{grad}c)\text{d}v - \int_\Omega \text{grad}\delta c \cdot \text{grad}c \,\text{d}v\,,$$

was, mit dem Divergenzsatz $\int_\Omega \text{div}(\delta c \,\text{grad}c)\text{d}v = \int_{\partial\Omega} \delta c \,\text{grad} \cdot \mathbf{n}\text{d}s = \int_{\partial\Omega} \delta c\, \overline{q}\text{d}s$, dann auf die schwache Form des Diffusionsproblems

$$\int_\Omega \text{grad}\delta c \cdot \text{grad}c \,\text{d}v = \int_{\partial\Omega_q} \delta c\, \overline{q}\text{d}s + \int_\Omega \delta c\, \alpha \text{d}v \tag{4.9}$$

führt, wobei die Bedingung $\delta c = 0$ auf $\partial\Omega_c$ verwendet wurde. Die Beschreibung in seiner schwachen Form (4.9) ist auch nicht reduzierbar und beinhaltet nur die erste Ableitung von c, während die starke Form (4.8) auch die zweite Ableitung von c erfordert.

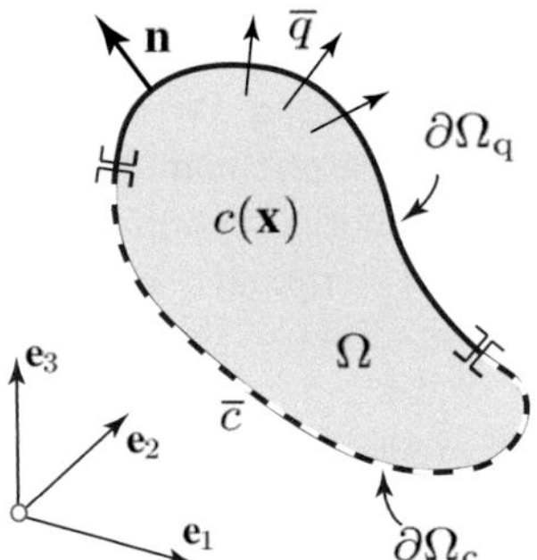

Abb. 4.6 Randwertproblem (BVP), das die Diffusion einer Substanz und somit die Verteilung ihrer Konzentration $c(\mathbf{x})$ innerhalb des Körpers Ω beschreibt. Der normale Fluss $\text{grad}c(\mathbf{x}) \cdot \mathbf{n} = \overline{\mathbf{q}}$ ist entlang des Neumann-Randes $\partial\Omega_q$ vorgeschrieben, während die Konzentration $c(\mathbf{x}) = \overline{c}$ entlang des Dirichlet-Randes $\partial\Omega_c$ vorgeschrieben ist

4.3.2 Advektions-Diffusions Randwertproblem

Ein allgemeinerer, als der oben beschriebene Transport wird durch das Advektions-Diffusions (AD) Problem beschrieben. Zur Vereinfachung betrachten wir das stationäre AD-Problem, dessen starke Form durch

$$\left.\begin{aligned} \mathbf{v}\cdot\mathrm{grad}c-\nu\mathrm{div}(\mathrm{grad}c)+\alpha=0 \text{ in } \quad \Omega, \\ c=\overline{c} \text{ auf } \partial\Omega_{\mathrm{c}}, \\ \mathrm{grad}c\cdot\mathbf{n}=\overline{q} \text{ auf } \partial\Omega_{\mathrm{q}}, \end{aligned}\right\} \tag{4.10}$$

beschrieben ist, wobei c die wesentliche Variable darstellt – es könnte zB. die Konzentration einer Substanz sein. Darüber hinaus beschreibt ν die Diffusivität der Substanz im Körper Ω, während $\mathbf{v}$ die advektive Geschwindigkeit und somit die Geschwindigkeit des Mediums, das die Substanz advektiert, bezeichnet. Dirichlet- und Neumann-Randbedingungen werden jeweils entlang $\partial\Omega_{\mathrm{c}}$ und $\partial\Omega_{\mathrm{q}}$ formuliert.

Die Variationsrechnung und somit die zuvor genannten Manipulationen führen zur schwachen Form

$$\int_{\Omega}\delta c\,\mathbf{v}\cdot\mathrm{grad}c\,\mathrm{d}v+\int_{\Omega}\nu\,\mathrm{grad}\delta c\cdot\mathrm{grad}c\,\mathrm{d}v=\int_{\partial\Omega_{\mathrm{q}}}\delta c\,\overline{q}\mathrm{d}s+\int_{\Omega}\delta c\alpha\mathrm{d}v \tag{4.11}$$

des AD-Problems, wobei δc die Testfunktion bezeichnet.

Beispiel 4.3 (Wärmeleitungsproblem) Gegeben sei ein Körper mit der Dichte ρ [kg m^{-3}] und der spezifischen Wärme c [J kg^{-1} K^{-1}]. Zusätzlich bestimmt die partielle Differentialgleichung

$$-\mathrm{div}\mathbf{q}+r=\rho c\frac{\partial\theta}{\partial t} \tag{4.12}$$

ein instationäres Wärmeleitungsproblem und beschreibt damit wie sich die Temperatur θ über die Zeit t innerhalb des Bereichs Ω verändert. Hierbei ist div(•) der räumliche Divergenzoperator, während $\mathbf{q}$ [W m^{-2}] und r [W m^{-3}] jeweils den Wärmefluss und eine Wärmequelle bezeichnen. Die partielle Differentialgleichung (4.12) wird durch die Dirichlet-Randbedingung $\theta=\overline{\theta}$ an $\partial\Omega_{\theta}$ und die Neumann-Randbedingung $\mathbf{q}\cdot\mathbf{n}=\overline{q}$ an $\partial\Omega_{\mathrm{q}}$ ergänzt, wo $\mathbf{n}$ den nach außen gerichteten Normalvektor zum Rand $\partial\Omega$ bezeichnet.

(a) Multiplizieren Sie das Wärmeleitungsproblem (4.12) mit der zulässigen Variation der Temperatur $\delta\theta$ und integrieren Sie dann über den Bereich Ω.
(b) Binden Sie die Dirichlet-Randbedingung ein und verwenden Sie das Fourier-Gesetz $q_i=-k\partial\theta/\partial x_i$ zur Ableitung der schwachen Form des instationären Wärmeleitungsproblems. Hierbei bezeichnet k [W m^{-1} K^{-1}] die Wärmeleitfähigkeit des isotropen thermischen Körpers.

■

4.3.3 Lineares Randwertproblem der Festkörpermechanik

Wir betrachten einen festen Körper der räumlichen Konfiguration Ω, und die Verschiebung $\mathbf{u}$ ist die wesentliche Variable in der Beschreibung des Problems. Die Verschiebung $\mathbf{u}$, die Geschwindigkeit $\dot{\mathbf{u}}$, und die Beschleunigung $\ddot{\mathbf{u}}$ bestimmen dann den Bewegungszustand. Der linear-elastische isotherme Körper ist mit der Cauchy Spannung $\boldsymbol{\sigma}(\mathbf{u}) = \mathbb{C} : \boldsymbol{\varepsilon}(\mathbf{u})$ belastet wobei $\mathbb{C}$ und $\boldsymbol{\varepsilon}(\mathbf{u}) = \text{grad}_\text{s}\mathbf{u}$ jeweils den Elastizitätstensor und die lineare Verzerrung bezeichnen. Am Dirichlet-Rand $\partial\Omega_\text{u}$ ist die Verschiebung $\mathbf{u} = \bar{\mathbf{u}}$ und am Neumann-Rand $\partial\Omega_\text{t}$ ist der Traktionsvektor $\mathbf{t} = \boldsymbol{\sigma}\mathbf{n} = \bar{\mathbf{t}}$ vorgeschrieben. Der nach außen gerichtete Normalvektor auf $\partial\Omega_\text{t}$ wird durch $\mathbf{n}$ bezeichnet. Für ein zeitabhängiges Problem beschreibt das Cauchy-Eulersche Bewegungsgesetz $\text{div}\boldsymbol{\sigma} + \mathbf{b}_\text{f} = \rho\ddot{\mathbf{u}} + \eta\dot{\mathbf{u}}$ die Bewegung des Körpers, wobei $\mathbf{b}_\text{f}$ [N m^{-3}] die Volumenkraft, ρ [kg m^{-3}] die Dichte, und η [N s m^{-4}] einen reibungsähnlichen Widerstand pro Volumeneinheit jeweils bezeichnen. Die *starke Form* des BVP lautet dann

$$\left.\begin{aligned} \text{div}\boldsymbol{\sigma} + \mathbf{b}_\text{f} - \rho\ddot{\mathbf{u}} - \eta\dot{\mathbf{u}} &= \mathbf{0} \quad \text{in} \quad \Omega\,, \\ \mathbf{u} &= \bar{\mathbf{u}} \quad \text{auf} \ \partial\Omega_\text{u}\,, \\ \mathbf{t} = \boldsymbol{\sigma}\mathbf{n} &= \bar{\mathbf{t}} \quad \text{auf} \ \partial\Omega_\text{t}\,. \end{aligned}\right\} \tag{4.15}$$

Sie wird ergänzt durch die Anfangsbedingungen für die Verschiebung $\mathbf{u} = \mathbf{u}_0$ und die Geschwindigkeit $\dot{\mathbf{u}} = \dot{\mathbf{u}}_0$, die die Bewegung des Körpers zur Zeit $t = t_0$, und somit zu Beginn der Analyse, beschreiben. Der Satz von Gl. (4.15), zusammen mit den Anfangsbedingungen, beschreibt das *Anfangs-Randwertproblem (iBVP).*

Im Sinne der Variationsrechnung wird das Cauchy-Eulersche Bewegungsgesetz $\text{div}\boldsymbol{\sigma} + \mathbf{b}_\text{f} - \rho\ddot{\mathbf{u}} - \eta\dot{\mathbf{u}} = \mathbf{0}$ mit $\delta\mathbf{u}$ multipliziert und über Ω integriert, was dann

$$\int_\Omega \delta\mathbf{u} \cdot (\text{div}\boldsymbol{\sigma} + \mathbf{b}_\text{f} - \rho\ddot{\mathbf{u}} - \eta\dot{\mathbf{u}})\text{d}v = 0 \tag{4.16}$$

ergibt, wobei die Testfunktion $\delta\mathbf{u}$ die Bedingung $\delta\mathbf{u} = \mathbf{0}$ an $\partial\Omega_\text{u}$ erfüllt. Partielle Integration

$$\int_\Omega \delta\mathbf{u} \cdot \text{div}\boldsymbol{\sigma}\ \text{d}v = \int_\Omega \text{div}(\boldsymbol{\sigma}\delta\mathbf{u})\text{d}v - \int_\Omega (\boldsymbol{\sigma} : \text{grad}\delta\mathbf{u})\text{d}v$$

und der Divergenzsatz $\int_\Omega \text{div}(\boldsymbol{\sigma}\delta\mathbf{u})\text{d}v = \int_{\partial\Omega}\delta\mathbf{u} \cdot \boldsymbol{\sigma}\mathbf{n}\text{d}s$ ermöglichen es uns, (4.16) durch

$$\int_{\partial\Omega} \delta\mathbf{u} \cdot \boldsymbol{\sigma}\mathbf{n}\,\text{d}s + \int_\Omega \left[\delta\mathbf{u} \cdot (\mathbf{b}_\text{f} - \rho\ddot{\mathbf{u}} - \eta\dot{\mathbf{u}}) - \boldsymbol{\sigma} : \text{grad}_\text{s}\delta\mathbf{u}\right]\text{d}v = 0\,,$$

auszudrücken, wobei die Symmetrie $\boldsymbol{\sigma} = \boldsymbol{\sigma}^{\mathrm{T}}$ der Cauchy Spannung verwendet wurde. Mit dem Cauchyschen Spannungstheorem $\mathbf{t} = \boldsymbol{\sigma}\mathbf{n} = \bar{\mathbf{t}}$ und der Dirichlet-Bedingung $\delta\mathbf{u} = \mathbf{0}$ an $\partial\Omega_{\mathrm{u}}$, kann das iBVP (4.15) durch seine schwache Form

$$\underbrace{\int_{\partial\Omega_{\mathrm{t}}} \bar{\mathbf{t}} \cdot \delta\mathbf{u}\,\mathrm{d}s + \int_{\Omega} \delta\mathbf{u} \cdot (\mathbf{b}_{\mathrm{f}} - \rho\ddot{\mathbf{u}} - \eta\dot{\mathbf{u}})\mathrm{d}v}_{\delta\Pi_{\mathrm{ext}}} - \underbrace{\int_{\Omega} \boldsymbol{\sigma} : \mathrm{grad}_{\mathrm{s}}\delta\mathbf{u}\,\mathrm{d}v}_{\delta\Pi_{\mathrm{int}}} = 0 \tag{4.17}$$

ausgedrückt werden, wobei $\delta\Pi_{\mathrm{ext}}$ und $\delta\Pi_{\mathrm{int}}$ die externe und interne Arbeit zufolge der Variation $\delta\mathbf{u}$ bezeichnen. Mit der Definition der zulässigen linearen Verzerrung $\delta\boldsymbol{\varepsilon} = \mathrm{grad}_{\mathrm{s}}\delta\mathbf{u}$, ist somit die schwache Form (4.17) identisch mit dem PVW, siehe Abschn. 3.7.4. Die schwache Form ist irreduzibel und benötigt nur die erste Ableitung der Verschiebung, während der Begriff $\mathrm{div}\boldsymbol{\sigma}$ in der starken Form (4.15), die zweite Ableitung von $\mathbf{u}$ benötigt.

4.3.4 Nichtlineares Randwertproblem der Festkörpermechanik

Finite Verformungen, ein nichtlineares konstitutives Modell und nicht konstante externe Kräfte führen zu einem nichtlinearen Problem in der Festkörpermechanik. Gleichung (4.17) muss dann verallgemeinert werden. Betrachten wir zur Vereinfachung einen Körper unter konstanten externen Lasten $\mathbf{t} = \mathbf{t}_0$ und $\mathbf{b}_{\mathrm{f}} = \mathbf{b}_{\mathrm{f}\,0}$, sodass

$$\delta\Pi_{\mathrm{int}} = \int_{\Omega} \delta\mathbf{e} : \boldsymbol{\sigma}\,\mathrm{d}v$$

den einzigen nichtlinearen Term der verallgemeinerten Version von (4.17) darstellt, wo die Variation der Euler-Almansi Verzerrung $\delta\mathbf{e} = \mathrm{grad}_{\mathrm{s}}\delta\mathbf{u}$ verwendet wurde. Es ist praktisch, $\delta\Pi_{\mathrm{int}}$ in Bezug auf die feststehende Referenzkonfiguration Ω_0 auszudrücken, d.h.

$$\delta\Pi_{\mathrm{int}} = \int_{\Omega} \delta\mathbf{e} : \boldsymbol{\sigma}\,\mathrm{d}v = \int_{\Omega_0} \delta\mathbf{E} : \mathbf{S}\,\mathrm{d}V, \tag{4.18}$$

wobei $\mathbf{S} = J\mathbf{F}^{-1}\boldsymbol{\sigma}\mathbf{F}^{-\mathrm{T}}$ die zweite Piola-Kirchhoff Spannung bezeichnet und $\delta\mathbf{E} = \mathrm{sym}(\mathbf{F}^{\mathrm{T}}\,\mathrm{Grad}\delta\mathbf{u})$ die Variation der Green-Lagrange Verzerrung ist. Die Variation kinematischer Größen ist in Anhang D aufgeführt.

Angesichts der festen Konfiguration Ω_0 vereinfacht Ausdruck $(4.18)_2$ die Herleitung der *Richtungsableitung* $D_{\mathbf{u}}\delta\Pi_{\mathrm{int}} = \delta\Pi_{\mathrm{int}}(\mathbf{u} + \Delta\mathbf{u}) - \delta\Pi_{\mathrm{int}}(\mathbf{u})$, d.h. der Änderung in Richtung des Inkrements $\Delta\mathbf{u}$ der Verschiebung $\mathbf{u}$. Die Linearisierung in der Referenzkonfiguration kann auf die räumliche Konfiguration Ω übertragen werden. Sie ergibt dann

$$D_{\mathbf{u}}\delta\Pi_{\mathrm{int}} = \int_{\Omega} \big(\mathrm{grad}_{\mathrm{s}}\delta\mathbf{u} : \mathrm{grad}_{\mathrm{s}}\Delta\mathbf{u}\boldsymbol{\sigma} + \mathrm{grad}_{\mathrm{s}}\delta\mathbf{u} : \mathbb{c} : \mathrm{grad}_{\mathrm{s}}\Delta\mathbf{u}\big)\,\mathrm{d}v\,, \tag{4.19}$$

wo die räumliche Materialsteifigkeit $\mathbb{c}$ die Beziehung zwischen dem Spannungsinkrement und dem Verzerrungsinkrement gemäß $\Delta\boldsymbol{\sigma} = \mathbb{c} : \mathrm{grad}_{\mathrm{s}}\Delta\mathbf{u}$ ausdrückt. Beispiel 4.4 erläutert diese Ableitung weiter.

Angesichts der Linearisierung (4.19), bezeichnen der *geometrische* Beitrag

$$D_{\mathbf{u}}\delta\Pi_{\text{int geo}} = \int_{\Omega} \left(\text{grad}_{\text{s}}\delta\mathbf{u} : \text{grad}_{\text{s}}\Delta\mathbf{u}\boldsymbol{\sigma}\right) \, \text{d}v \tag{4.20}$$

und der *materielle* Beitrag

$$D_{\mathbf{u}}\delta\Pi_{\text{int mat}} = \int_{\Omega} \left(\text{grad}_{\text{s}}\delta\mathbf{u} : \mathbb{C} : \text{grad}_{\text{s}}\Delta\mathbf{u}\right) \, \text{d}v \tag{4.21}$$

grundsätzlich unterschiedliche Anteile der linearisierten internen Arbeit.

Problemstellungen mit finiten Verformungen in der Festkörpermechanik folgen oft einer Lagrange-Beschreibung und das Finite-Elemente-Netz folgt der Verformung des Kontinuums. Der Begriff $\text{grad}_{\text{s}}\delta\mathbf{u}$ hängt daher von der Verschiebung ab und verursacht den geometrischen Beitrag (4.20). Der materielle Beitrag (4.21) trat bereits im linearen FEM-Problem auf, hier ist dieser aber nicht länger konstant sondern auch verformungsabhängig.

Beispiel 4.4 (Linearisierung von räumlichen Variationsausdrücken) Die räumliche Konfiguration Ω bewegt sich im Laufe der Zeit und erschwert damit die Linearisierung von räumlichen Variationsausdrücken, d.h. Variationsausdrücken die in Bezug auf Ω formuliert sind. Es ist daher zweckmäßig, diese Ausdrücke zuerst auf die Referenzkonfiguration Ω_0 zurückzuziehen (pull-back), sie dann bei fester Konfiguration Ω_0 zu linearisieren und die linearisierten Ausdrücke schlussendlich auf die räumliche Konfiguration Ω vorzuschieben (push-forward).

(a) Linearisieren Sie die Beziehung $(4.18)_2$ und geben Sie die Richtungsableitung $D_{\mathbf{u}}\delta\Pi_{\text{int}}$ in Bezug auf die Referenzkonfiguration Ω_0 an.
(b) Verwenden Sie die Piola-Transformation zusammen mit der Transformation des Volumenelements und zeigen Sie, dass der Ausdruck (4.19) die Linearisierung der Variation (4.18) darstellt.

■

4.3.5 Randwertproblem der inkompressiblen Strömung

Probleme in der Strömungsmechanik verwenden häufig eine Euler-Beschreibung, bei der das Finite-Elemente-Netz im Raum fixiert ist und die Flüssigkeit durch dieses hindurchfließt. Die Flüssigkeit nimmt dann den festen räumlichen Bereich Ω ein, und die Geschwindigkeit $\mathbf{v}$ ist die wesentliche Variable in der Beschreibung eines strömungsmechanischen Problems. Für eine inkompressible, laminare und isotherme Strömung, bezeichnet

$$\left.\begin{aligned} \text{div}\mathbf{v} &= 0 \quad \text{in} \quad \Omega\,, \\ \text{div}\boldsymbol{\sigma} + \mathbf{b}_{\text{f}} - \rho\frac{\text{D}\mathbf{v}}{\text{D}t} &= \mathbf{0} \quad \text{in} \quad \Omega\,, \\ \mathbf{v} &= \overline{\mathbf{v}} \quad \text{auf} \quad \partial\Omega_{\text{u}}\,, \\ \mathbf{t} = \boldsymbol{\sigma}\mathbf{n} &= \overline{\mathbf{t}} \quad \text{auf} \quad \partial\Omega_{\text{t}} \end{aligned}\right\} \tag{4.24}$$

die starke Form des iBVP, wobei $\mathrm{D}\mathbf{v}/\mathrm{D}t = \partial\mathbf{v}/\partial t + \mathbf{v}\cdot \mathrm{grad}\mathbf{v}$ die materielle Zeitableitung der Geschwindigkeit und somit die (gefühlte) Beschleunigung des Fluidpartikels darstellt. Der Gleichungssatz drückt die Kontinuität, das Cauchy-Eulersche Bewegungsgesetz und die Randbedingungen aus. Die Anfangsgeschwindigkeit $\mathbf{v} = \mathbf{v}_0$ beschreibt die Bewegung der Flüssigkeit zur Zeit $t = t_0$ und ergänzt (4.24).

Wir betrachten die beiden lokalen Gl. $(4.24)_1$ und $(4.24)_2$, führen die Testfunktionen δp und $\delta\mathbf{v}$ ein, und wenden die oben genannten Schritte der Variationsrechnung unabhängig auf beide Ausdrücke an. Ihre schwachen Formen lauten dann

$$\int_\Omega \delta p\, \mathrm{div}\mathbf{v}\mathrm{d}v = 0\,,$$

$$\int_{\partial\Omega_t} \delta\mathbf{v}\cdot\bar{\mathbf{t}}\mathrm{d}s + \int_\Omega \delta\mathbf{v}\cdot\left(\mathbf{b}_\mathrm{f} - \rho\frac{\mathrm{D}\mathbf{v}}{\mathrm{D}t}\right)\mathrm{d}v - \int_\Omega \delta\mathbf{d} : \boldsymbol{\sigma}\,\mathrm{d}v = 0\,,$$

wobei $\delta\mathbf{d} = \mathrm{grad}_\mathrm{s}\delta\mathbf{v}$ die Variation des symmetrischen Geschwindigkeitsgradienten (Verzerrungsgeschwindigkeitstensors) bezeichnet und der Divergenzsatz verwendet wurde.

Mit der entkoppelten Darstellung der Spannung $\boldsymbol{\sigma} = \overline{\boldsymbol{\sigma}} - p\mathbf{I}$, erhalten wir

$$\left.\begin{aligned} \int_\Omega \delta p\, \mathrm{div}\mathbf{v}\mathrm{d}v = 0\,, \\ \int_\Omega \delta\mathbf{v}\cdot\rho\left(\frac{\partial\mathbf{v}}{\partial t} + \mathbf{v}\cdot\mathrm{grad}\mathbf{v}\right)\mathrm{d}v + \int_\Omega \delta\mathbf{d} : \overline{\boldsymbol{\sigma}}\,\mathrm{d}v \\ -\int_\Omega \mathrm{div}\delta\mathbf{v}\,p\,\mathrm{d}v - \int_{\partial\Omega_t} \delta\mathbf{v}\cdot\bar{\mathbf{t}}\,\mathrm{d}s - \int_\Omega \delta\mathbf{v}\cdot\mathbf{b}_\mathrm{f}\mathrm{d}v = 0, \end{aligned}\right\} \tag{4.25}$$

wo die deviatorische Spannung $\overline{\boldsymbol{\sigma}}(\mathbf{d})$ durch das konstitutive Modell der jeweiligen Flüssigkeit definiert ist. Die Kontinuität $(4.24)_1$ kann auch als eine Nebengleichung gesehen werden, und die Testfunktion δp wäre dann ein Lagrange-Multiplikator.

4.4 Finite Element Gleichungen

Mit der Anwendung der räumlichen Interpolation der wesentlichen Variablen sowie ihrer Testfunktionen kann die *diskretisierte* schwache Form des BVP (oder iBVP) abgeleitet werden. Der *Galerkin*[2] Ansatz, zuerst eingeführt von Ritz,[3] verwendet jeweils die gleichen Formfunktionen für die wesentlichen Variablen und ihren Testfunktionen, während der *Petrov*[4]*–Galerkin* Ansatz unterschiedliche Formfunktionen zur Interpolation der beiden Felder verwendet.

[2] Boris Grigoryevich Galerkin, sowjetischer Mathematiker und Ingenieur, 1871–1945.

[3] Walther Heinrich Wilhelm Ritz, Schweizer theoretischer Physiker, 1878–1909.

[4] Georgii Ivanovich Petrov, russischer Wissenschaftler auf dem Gebiet der Aerodynamik, Gasdynamik und Raumforschung, 1912–1987.

4.4.1 Diffusionsprobleme

Die Konzentration $c(\mathbf{x})$ und ihr Gradient können durch $c = N_a h_a$ und grad$c = B_{ia} h_a$ interpoliert werden, wobei der n_{npe}-dimensionale Vektor $\mathbf{h}$ die Konzentrationen an den Elementknoten speichert, während $\mathbf{N}$ und $\mathbf{B}$ Interpolations- und Gradientinterpolationsmatrizen sind. Gemäß dem Galerkin-Ansatz werden dieselben Matrizen verwendet, um die Testfunktion $\delta c(\mathbf{x})$ zu interpolieren, und somit gilt $\delta c = N_a \delta h_a$ und grad$\delta c = B_{ia} \delta h_a$, wo $\delta \mathbf{h}$ die Knotenvariationen bezeichnet. Die schwache Form (4.9) des Diffusionsproblems für das e-te finite Element wird dann durch

$$\delta h_i \left[\underbrace{\int_{\Omega_e} B_{ai} B_{aj} \mathrm{d}v}_{D_{ij}} \, h_j - \underbrace{\left(\int_{\Omega_e} \alpha N_i \mathrm{d}v + \int_{\partial \Omega_{\mathrm{eq}}} \overline{q} N_i \mathrm{d}s \right)}_{f_i} \right] = 0 \tag{4.26}$$

ausgedückt, wobei $\mathbf{D}$ und $\mathbf{f}$ die Diffusionsmatrix des finiten Elements und der Kraftvektor (eine Terminologie, die aus der Strukturmechanik entlehnt ist) sind. Da die Knotenvariation $\delta \mathbf{h}$ beliebig (aber zulässig) sein kann, ergibt die Aussage (4.26) das algebraische lineare Gleichungssystem

$$\mathbf{D}\mathbf{h} - \mathbf{f} = \mathbf{0} \,. \tag{4.27}$$

Es stellt das diskretisierte Diffusionsproblem des e-ten Finite Elements dar, wobei $\mathbf{D}$ eine symmetrische $n_{\mathrm{npe}} \times n_{\mathrm{npe}}$ Matrix ist, während $\mathbf{h}$ und $\mathbf{f}$ jeweils n_{npe}-dimensionale Vektoren sind.

4.4.2 Advektion-Diffusionsprobleme

Nach dem Galerkin-Ansatz werden die Konzentration $c(\mathbf{x})$ und die Testfunktion $\delta c(\mathbf{x})$ gemäß $c = N_a h_a$ und $\delta c = N_a \delta h_a$ interpoliert. Die Gradienten lauten dann grad$c = B_{ia} h_a$ und grad$\delta c = B_{ia} \delta h_a$, wobei $\mathbf{h}$ und $\delta \mathbf{h}$ die Konzentrationen und die zulässigen Variationen an den n_{npe} Elementknoten speichern, während $\mathbf{N}$ und $\mathbf{B}$ die Interpolations- und Gradientinterpolationsmatrizen sind. Das AD-Problem (4.11) des e-ten finiten Elements wird dann durch die diskretisierte schwache Form

$$\begin{aligned} \delta h_i \Bigg[& \Bigg(\underbrace{\int_{\Omega_e} N_i v_a B_{aj} \mathrm{d}v}_{K_{ij}} + \underbrace{\int_{\Omega_e} B_{ai} \nu B_{aj} \mathrm{d}v}_{D_{ij}} \Bigg) h_j \\ & - \underbrace{\left(\int_{\Omega_e} \alpha N_i \mathrm{d}v + \int_{\partial \Omega_{\mathrm{eq}}} \overline{q} N_i \mathrm{d}s \right)}_{f_i} \Bigg] = 0 \end{aligned} \tag{4.28}$$

ausgedrückt, wobei **K** und **D** die Advektions- und Diffusionsmatrizen sind, während **f** den Kraftvektor bezeichnet. Für eine beliebige (aber zulässige) Knotenvariation $\delta\mathbf{h}$ ergibt die Aussage (4.28) das algebraische Gleichungssystem

$$(\mathbf{K} + \mathbf{D})\mathbf{h} - \mathbf{f} = \mathbf{0}\,, \tag{4.29}$$

wobei **K** eine nichtsymmetrische und **D** eine symmetrische $n_{\text{npe}} \times n_{\text{npe}}$ Matrix ist, während **h** und **f** jeweils n_{npe}-dimensionale Vektoren darstellen.

Beispiel 4.5 (Das 1D Advektion-Diffusion finite Element) Betrachten Sie ein zweiknotiges finites Element der Länge h $[m]$, das ein 1D Advektion-Diffusion (AD) Problem modelliert (4.11).

(a) Verwenden Sie die linearen Formfunktionen N_1, N_2 wie in (4.3) dargestellt und geben Sie die Advektionsmatrix **K**, die Diffusionsmatrix **D** und den Kraftvektors **f** einer Galerkin finite Elementformulierung an.
(b) Verwenden Sie die Formfunktionen N_1, N_2 für die Interpolation von c und die Formfunktionen $S_1 = (1 - \xi)/2 - 3\beta(1 - \xi^2)/4$ und $S_2 = (1 + \xi)/2 + 3\beta(1 - \xi^2)/4$ für die Interpolation der Testfunktion δc, wobei β eine Konstante bezeichnet, die jeweils die nichtlinearen Terme in S_1 und S_2 wichtet. Geben Sie angesichts dieser Interpolationen die Ausdrücke von **K**, **D** und **f** des entsprechenden Petrov-Galerkin-basierten finiten Elements an.

■

4.4.3 Probleme der linearen Festkörpermechanik

Nach dem Galerkin-Ansatz werden die Verschiebung $\mathbf{u}(\mathbf{x})$ und die Testfunktion $\delta\mathbf{u}(\mathbf{x})$ gemäß $u_i = N_{ia} h_a$ und $\delta u_i = N_{ia} \delta h_a$ interpoliert, wobei **h** und $\delta\mathbf{h}$ die Verschiebungen und ihre zulässigen Variationen an den n_{npe} Elementknoten speichern, während **N** die $n_{\text{dim}} \times n_{\text{dof}}$-dimensionale Interpolationsmatrix bezeichnet. Die gleiche Interpolation wird sowohl für die Geschwindigkeit $\dot{u}_i = N_{ia}\dot{h}_a$ als auch für die Beschleunigung $\ddot{u}_i = N_{ia}\ddot{h}_a$ verwendet, wobei $\dot{\mathbf{h}}$ und $\ddot{\mathbf{h}}$ die Knotengeschwindigkeiten und -beschleunigungen speichern. Die symmetrischen Gradienten von $\mathbf{u}(\mathbf{x})$ und $\delta\mathbf{u}(\mathbf{x})$ sind die lineare Verzerrung und die entsprechende virtuelle lineare Verzerrung. Sie werden durch $\varepsilon_i = B_{ia} h_a$ und $\delta\varepsilon_i = B_{ia} \delta h_a$ ausgedrückt, wobei **B** die $n_s \times n_{\text{dof}}$ -dimensionale Gradientinterpolationsmatrix bezeichnet.

Für ein linear-elastisches Material bei kleinen Verformungen beschreibt das Hookesche Gesetz $\boldsymbol{\sigma} = \mathbb{C} : \boldsymbol{\varepsilon}$ die Spannung $\boldsymbol{\sigma}$ als Funktion der Verzerrung $\boldsymbol{\varepsilon}$, wobei $\mathbb{C}$ einen konstanten Steifigkeitstensor bezeichnet. In Voigt-Notation liest sich das Hookesche Gesetz (3.49) $\sigma_i = C_{ij}\varepsilon_j$; $i, j = 1, \ldots, n_s$, was zusammen mit den zuvor genannten Interpolationen die diskretisierte schwache Form

$$\delta h_i \left[\underbrace{\int_{\Omega_e} N_{ai}\rho N_{aj}\mathrm{dv}}_{M_{ij}}\; \ddot{h}_j + \underbrace{\int_{\Omega_e} N_{ai}\eta N_{aj}\mathrm{dv}}_{C_{ij}}\; \dot{h}_j + \underbrace{\int_{\Omega_e} B_{ci}C_{ca}B_{aj}\mathrm{dv}}_{K_{ij}}\; h_j \right.$$
$$\left. - \underbrace{\left(\int_{\Omega_e} b_{\mathrm{f\,a}} N_{ai}\mathrm{dv} + \int_{\partial\Omega_{\mathrm{e\,t}}} \bar{\mathrm{t}}_{\mathrm{a}}\mathrm{N}_{\mathrm{ai}}\mathrm{ds} \right)}_{f_i} \right] = 0 \tag{4.30}$$

des linearen Problems in der Festkörpermechanik (4.17) des e-te finiten Elements ergibt.

Für eine beliebige (aber zulässige) Knotenvariation $\delta\mathbf{h}$, ergibt die Aussage (4.30) das System

$$\mathbf{M}\ddot{\mathbf{h}} + \mathbf{C}\dot{\mathbf{h}} + \mathbf{K}\mathbf{h} - \mathbf{f} = \mathbf{0} \tag{4.31}$$

linearer Differentialgleichungen, wobei $\mathbf{f}$ den n_{dof}-dimensionalen Knotenkraftvektor bezeichnet, während $\mathbf{M}$, $\mathbf{C}$ und $\mathbf{K}$ die $n_{\mathrm{dof}} \times n_{\mathrm{dof}}$-dimensionalen und symmetrischen Massen-, Dämpfungs- und Steifigkeitsmatrizen des finiten Elements sind.

4.4.3.1 Die linearen Gleichungen des Stabelements

Abb. 4.7 zeigt ein zweiknotiges finite Element, das einen Stab mit dem Querschnitt A und der Länge l darstellt. Es stellt ein 1D-Problem dar, und der Stab ist durch die Volumenkraft b_{f} entlang der x-Richtung belastet. Sein Material hat die Dichte ρ, und der Elastizitätsmodul E beschreibt seine linear-elastischen Eigenschaften.

Die Abbildung $x=(1+\xi)l/2$ stellt den Zusammenhang zwischen globalen und natürlichen Koordinaten des finiten Elements her und definiert dadurch auch die Jacobi Transformation $J=\partial x/\partial\xi = l/2$. Wir betrachten die linearen Formfunktionen (4.3) zusammen mit ihren räumlichen Gradienten (4.6), und die Matrizen

$$\mathbf{N} = \frac{1}{2}[(1-\xi)\ \ (1+\xi)]\ \ ;\ \ \mathbf{B} = \frac{1}{l}[-1\ \ 1] \tag{4.32}$$

definieren dann die Interpolationen der Verschiebungen und Verzerrungen. Diese Matrizen haben nur eine einzige Zeile, und im Folgenden verwenden wir daher die vereinfachte Notation $N_{1i}=N_i$ und $B_{1i}=B_i$ für $i=1, 2$.

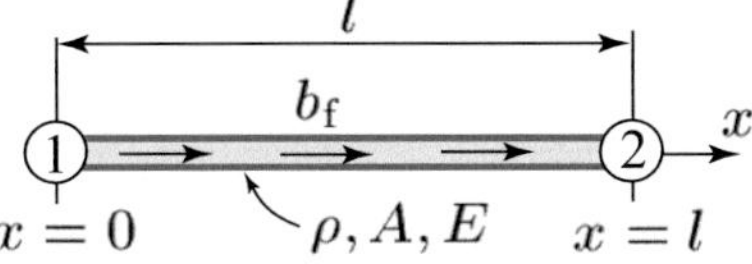

Abb. 4.7 Ein einzelnes zweiknotiges finites Element stellt einen Stab mit dem Querschnitt A und der Länge l dar. Der Stab ist durch die Volumenkraft b_{f} belastet, und sein linear-elastisches Material hat die Dichte ρ und den Elastizitätsmodul E

Mit dieser Verschiebungsinterpolation **N** und der Definition in (4.30), ergibt sich der Knotenkraftvektor des Stabelements zu

$$\mathbf{f} = \int_{\Omega_e} b_f N_i \mathrm{d}v = \frac{b_f A l}{4} \int_{\xi=-1}^{\xi=1} \begin{bmatrix} 1-\xi \\ 1+\xi \end{bmatrix} \mathrm{d}\xi = \frac{b_f A l}{2} \begin{bmatrix} 1 \\ 1 \end{bmatrix}, \tag{4.33}$$

wobei das Volumenelement $\mathrm{d}v = A\mathrm{d}x = AJ\mathrm{d}\xi = (Al/2)\mathrm{d}\xi$ verwendet wurde. Die gesamte externe Last $b_f Al$ wird daher halbiert und dann auf die beiden Elementknoten verteilt.

Darüber hinaus ergibt die in (4.30) gezeigte Definition die Massenmatrix

$$\begin{aligned} \mathbf{M} &= \int_{\Omega_e} N_i \rho N_j \mathrm{d}v \\ &= \frac{\rho A l}{4} \int_{\xi=-1}^{\xi=1} \begin{bmatrix} (1-\xi)^2 & (1-\xi)(1+\xi) \\ (1-\xi)(1+\xi) & (1+\xi)^2 \end{bmatrix} \mathrm{d}\xi = \frac{m}{6} \begin{bmatrix} 2 & 1 \\ 1 & 2 \end{bmatrix} \end{aligned} \tag{4.34}$$

des Stabelements, wobei $m = \rho Al$ die gesamte Masse des Stabes bezeichnet. Weil die Variationsrechnung zur Ableitung von (4.34) verwendet wurde, wird diese auch als *variationskonsistente* Massenmatrix bezeichnet. Sie ist symmetrisch, besitzt aber Terme außerhalb der Hauptdiagonale, die dann die Zeit der *expliziten Lösung* des globalen Gleichungssystems erheblich erhöhen, siehe Abschn. 4.8.5. Die Massenmatrix wird daher oft durch eine diagonale oder *konzentrierte Massenmatrix* approximiert, bei der die Summe aller Koeffizienten in einer Zeile (oder Spalte) auf die Diagonale konzentriert wird. Für die Massenmatrix (4.34), ergibt sich damit

$$\mathbf{M}_{\text{lumped}} = \frac{m}{2} \begin{bmatrix} 1 & 0 \\ 0 & 1 \end{bmatrix}$$

als die konzentrierte (diagonalisierte) Massenmatrix, und jeder der beiden Knoten „erhält" die Hälfte der Stabmasse. Eine konzentrierte Massenmatrix vernachlässigt *Kreiseleffekte,* die bei der Analyse von Strukturen, die große finite Elemente beinhalten, wichtig sein könnten.

Die Verzerrungsinterpolation **B** und die in (4.30) gezeigte Definition ermöglichen es uns, die Steifigkeitsmatrix des Stabelements zu berechnen

$$\mathbf{K} = \int_{\Omega_e} B_i E B_j \mathrm{d}v = B_i B_j \frac{EA}{2l} \int_{\xi=-1}^{\xi=1} \mathrm{d}\xi = \frac{EA}{l} \begin{bmatrix} 1 & -1 \\ -1 & 1 \end{bmatrix}, \tag{4.35}$$

wobei der Elastizitätsmodul E den Elastizitätstensor C_{ij} des Stabmaterials definierte. Das analysierte Stabproblem hat weder einen Beitrag von Reibungskräften, $\eta = 0$, noch einen Neumann-Randterm, $\bar{t} = 0$, und alle Beiträge der schwachen Form (4.30) wurden damit bereits abgeleitet.

Mit der Massenmatrix (4.34), der Steifigkeitsmatrix (4.35) und den Knotenkräften (4.33), drückt das System

$$\frac{m}{6}\begin{bmatrix} 2 & 1 \\ 1 & 2 \end{bmatrix}\begin{bmatrix} \ddot{u}_1 \\ \ddot{u}_2 \end{bmatrix} + \frac{EA}{l}\begin{bmatrix} 1 & -1 \\ -1 & 1 \end{bmatrix}\begin{bmatrix} u_1 \\ u_2 \end{bmatrix} = \frac{b_{\mathrm{f}}Al}{2}\begin{bmatrix} 1 \\ 1 \end{bmatrix}$$

von Differentialgleichungen zweiter Ordnung dann das Gleichgewicht des Stabelements aus.

Beispiel 4.6 (Gefäßsegment unter quasi-statischer Belastung) Die Zugkraft $P = 0{,}3$ N belastet ein steifes Gefäßsegment der Länge $l = 1{,}2$ cm, und dieses Problem soll durch ein einzelnes lineares Stabelement modelliert werden, siehe Abb. 4.8. Der Elastizitätsmodul $E = 223{,}5$ kPa beschreibt die linear-elastischen Eigenschaften der Gefäßwand, und $d_i = 3{,}2$ mm und $d_o = 5{,}8$ mm sind jeweils der innere und äußere Gefäßdurchmesser.

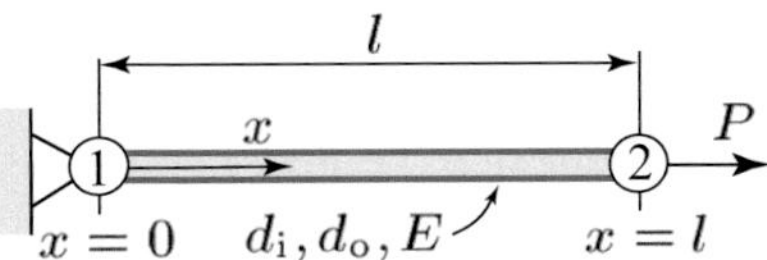

Abb. 4.8 Ein zweiknotiges finites Stabelement beschreibt ein Gefäßsegment der Länge l. Es wird von der Kraft P belastet und am linken Ende festgehalten. Die Parameter d_{i}, d_{o} und E beschreiben die Geometrie und die linear-elastischen Eigenschaften der Gefäßwand

(a) Leiten Sie den Satz algebraischer Gleichungen ab, die das quasi-statische Gleichgewicht des finiten Elements beschreibt.
(b) Lösen Sie das Gleichungssystem und berechnen Sie die Verteilung der Verschiebung in axialer Richtung des Gefäßes.

■

4.4.4 Probleme der nichtlinearen Festkörpermechanik

Die Substitution des Gradienten der Testfunktion $\mathrm{grad}_{\mathrm{s}}^{\mathrm{v}}\delta\mathbf{u} = \delta\mathbf{e}^{\mathrm{v}} = \mathbf{B}\delta\mathbf{h}$ in die Variation $(4.18)_1$ ergibt $\delta\Pi_{\mathrm{int}} = f_i\delta h_i$, wobei

$$f_i = \int_{\Omega_e} B_{ai}\sigma_a \mathrm{d}v \tag{4.36}$$

den *Knotenkraftvektor* bezeichnet. Bei einem nichtlinearen Festkörperproblem sind die Gradientinterpolationsmatrix $\mathbf{B}$ und die Spannung $\boldsymbol{\sigma}$ nichtlineare Funktionen der Verschiebungen – die Knotenkraft $\mathbf{f}$ ist dann auch eine nichtlineare Funktion der Knotenverschiebung $\mathbf{h}$.

Mit den Gradientenapproximationen $\mathrm{grad}_{\mathrm{s}}^{\mathrm{v}}\delta\mathbf{u} = \mathbf{B}\delta\mathbf{h}$ und $\mathrm{grad}_{\mathrm{s}}^{\mathrm{v}}\Delta\mathbf{u} = \mathbf{B}\Delta\mathbf{h}$ ergibt sich die linearisierte Variationsaussage (4.21) zu $D_{\mathbf{u}}\delta\Pi_{\mathrm{int\,mat}} = \delta h_i K_{\mathrm{mat}\,ij}\Delta h_j$, wobei

$$K_{\mathrm{mat}\,ij} = \int_{\Omega_e} B_{ai}C_{ab}B_{bj}\mathrm{d}v \tag{4.37}$$

die *Materialsteifigkeitsmatrix* des finiten Elements bezeichnet, und C_{ab} die Materialsteifigkeitsmatrix in Voigt-Notation darstellt. Während C_{ab} für ein Hookesches Material spärlich besetzt ist, ist die Materialsteifigkeitsmatrix in der Beschreibung eines nichtlinearen Materials bei endlichen Verformungen im Allgemeinen voll besetzt.

Die Substitution der Verschiebung $\delta\mathbf{u} = \mathbf{N}\delta\mathbf{h}$ und $\Delta\mathbf{u} = \mathbf{N}\Delta\mathbf{h}$ in den geometrischen Spannungsbeitrag (4.20) ergibt $D_{\mathbf{u}}\delta\Pi_{\text{int geo}} = \delta h_i\, K_{\text{geo}\,ij}\,\Delta h_j$, wobei

$$K_{\text{geo}\,ij} = \int_{\Omega_e} \frac{\partial N_{ai}}{\partial x_c} \sigma_{ab} \frac{\partial N_{cj}}{\partial x_b}\, \mathrm{d}v \tag{4.38}$$

die *geometrische Steifigkeitsmatrix* bezeichnet, und σ_{ab} die Komponenten der Cauchy Spannung darstellen. Die Struktur der Interpolationsmatrix führt zu einer diagonal besetzten geometrischen Steifigkeitsmatrix [5].

Beide Steifigkeitsbeiträge, $\mathbf{K}_{\text{geo}}$ und $\mathbf{K}_{\text{mat}}$, sind Funktionen der Lösungsvariablen $\mathbf{h}$ und müssen daher bei jeder Iteration, zB. einer Newton-Raphson[5] -basierten Lösungsmethode, neu berechnet werden, siehe Abschn. 4.8.6.1. Bei einem iterativen Lösungsschema bezieht sich die Spannung $\boldsymbol{\sigma}$ in (4.38) auf die Spannung zu Beginn der Iteration, und die geometrische Steifigkeit $K_{\text{geo}\,ij}$ wird daher auch als *Initialspannungssteifigkeit* bezeichnet.

Der Knotenkraftvektor (4.36) sowie die Steifigkeitsmatrizen (4.37) und (4.38) sind Integrale über das deformierte finite Element, und werden üblicherweise durch *numerische Quadratur* berechnet, siehe Abschn. 4.4.6.

4.4.4.1 Druckrandbedingung

Ein Druck p_0 kann entlang des Neumann-Randes $\partial\Omega_{\text{t}}$ vorgeschrieben werden. Der Traktionsvektor $\mathbf{t} = -p_0\mathbf{n}$ wirkt dann auf $\partial\Omega_{\text{t}}$, wobei $\mathbf{n}$ den nach außen gerichteten Normalvektor zum Rand bezeichnet. Bei endlichen Verformungen verformt sich der Rand und ändert dann den Traktionsvektor – die Druckbelastung wird daher auch als *Folgelast* bezeichnet. Der externe Beitrag des druckbeaufschlagten Randes zur virtuellen Arbeit lautet

$$\delta\Pi_{\text{ext p}} = \int_{\partial\Omega_t} \delta\mathbf{u} \cdot \mathbf{t}\, \mathrm{d}s = -p_0 \int_{\partial\Omega_t} \delta\mathbf{u} \cdot \mathbf{n}\, \mathrm{d}s\,. \tag{4.39}$$

Mit der Verschiebungsinterpolation $\delta u_i = N_{ia}\delta h_a$, kann der Ausdruck durch $\delta\Pi_{\text{ext p}} = f_{\text{p}i}\delta h_i$ angegeben werden, wobei

$$f_{\text{p}\,i} = -p_0 \int_{\partial\Omega_{\text{t}}} N_{ai} n_a \mathrm{d}s$$

den Beitrag der Druckrandbedingung zum *Knotenkraftvektor* bezeichnet.

Zur Ableitung der äußeren Steifigkeit der Druckrandbedingung verwenden wir die Nansonsche Formel (3.5) $\mathbf{n}\mathrm{d}s = J\mathbf{F}^{-\mathrm{T}}\mathbf{N}\mathrm{d}S$, um den Ausdruck (4.39) auf die Referenzkonfiguration zu beziehen. Er liest sich dann

[5] Joseph Raphson, englischer Mathematiker, 1648–1715.

$$\delta\Pi_{\text{ext p}} = -p_0 \int_{\partial\Omega_t} \delta\mathbf{u}\cdot\mathbf{n}\,\mathrm{d}s = -p_0 \int_{\partial\Omega_{0\,t}} \delta\mathbf{u}\cdot J\mathbf{F}^{-\mathrm{T}}\mathbf{N}\mathrm{d}S\,, \tag{4.40}$$

und die Integration erfolgt nun über den festen Referenzrand $\partial\Omega_{0\,t}$. Folglich drückt

$$\begin{aligned} D_{\mathbf{u}}\delta\Pi_{\text{ext p}} &= -p_0 \int_{\partial\Omega_{0\,t}} \delta\mathbf{u}\cdot D_{\mathbf{u}}\big(J\mathbf{F}^{-\mathrm{T}}\big)\mathbf{N}\mathrm{d}S \\ &= -p_0 \int_{\partial\Omega_{0\,t}} \delta\mathbf{u}\cdot\big(D_{\mathbf{u}}J\ \mathbf{F}^{-\mathrm{T}} + J\,D_{\mathbf{u}}\mathbf{F}^{-\mathrm{T}}\big)\mathbf{N}\mathrm{d}S \\ &= -p_0 \int_{\partial\Omega_{0\,t}} \delta\mathbf{u}\cdot\big(J\mathrm{div}\Delta\mathbf{u}\ \mathbf{F}^{-\mathrm{T}} - J\,\mathrm{grad}^{\mathrm{T}}\Delta\mathbf{u}\mathbf{F}^{-\mathrm{T}}\big)\mathbf{N}\mathrm{d}S \end{aligned} \tag{4.41}$$

die entsprechende Richtungsableitung von $\delta\Pi_{\text{ext p}}$ aus, wobei die Ergebnisse $D_{\mathbf{u}}J = J\mathrm{div}\,\Delta\mathbf{u}$ und $D_{\mathbf{u}}\mathbf{F}^{-1} = -\mathbf{F}^{-1}\mathrm{grad}\,\Delta\mathbf{u}$ verwendet wurden, siehe Anhang D.

Eine abermalige Anwendung der Nansonschen Formel erlaubt es den Ausdruck (4.41) auf die räumliche Konfiguration zu beziehen, und

$$D_{\mathbf{u}}\delta\Pi_{\text{ext p}} = -p_0 \int_{\partial\Omega_t} \delta\mathbf{u}\cdot\big(\mathbf{I}\,\mathrm{div}\Delta\mathbf{u} - \mathrm{grad}^{\mathrm{T}}\Delta\mathbf{u}\big)\mathbf{n}\mathrm{d}s \tag{4.42}$$

bezeichnet dann die Linearisierung der Druckrandbedingung in ihrer räumlichen Darstellung. Mit den Verschiebungsinterpolationen $\delta u_i = N_{ia}\delta h_a$ und $\Delta u_i = N_{ia}\Delta h_a$ erhalten wir

$$D_{\mathbf{u}}\delta\Pi_{\text{ext p}} = \delta h_i\ \underbrace{(-p_0)\int_{\partial\Omega_t}\left(N_{ai}\frac{\partial N_{cj}}{\partial x_c}n_a - N_{ai}\frac{\partial N_{cj}}{\partial x_a}n_c\right)\mathrm{d}s}_{K_{\mathrm{p}\,ij}}\ \Delta h_j\,,$$

wobei $K_{\mathrm{p}\,ij}$ die *Steifigkeitsmatrix* der Druckrandbedingung bezeichnet. Im Allgemeinen ist diese Steifigkeitsmatrix *nicht symmetrisch* $\mathbf{K}_{\mathrm{p}} \neq \mathbf{K}_{\mathrm{p}}^{\mathrm{T}}$.

Eine andere Ableitung, die nicht auf die Transformation des Ausdrucks (4.39) in die Referenzkonfiguration basiert, wurde anderswo dokumentiert [5].

4.4.5 Probleme mit inkompressibler Strömung

Mit der Interpolationsmatrix $\mathbf{N}$, der Divergenzinterpolationsmatrix $\mathbf{G}$ und der Gradientinterpolationsmatrix $\mathbf{B}$, approximieren die Ausdrücke $v_i = N_{ia}h_a$, $\partial v_i/\partial x_i = G_a h_a$ und $d_i = B_{ia}h_a$ die Geschwindigkeit $\mathbf{v}(\mathbf{x})$, ihre Divergenz $\mathrm{div}\mathbf{v}(\mathbf{x})$ und den Verzerrungsgeschwindigkeitstensor $\mathbf{d}(\mathbf{x})$ über das finite Element. Hier speichert der $n_{\text{npe}}n_{\text{dim}}$-dimensionale Vektor $\mathbf{h}$ die Knotengeschwindigkeiten, und mit der Identität $\mathbf{v}\cdot\mathrm{grad}\mathbf{v} = \mathrm{grad}|\mathbf{v}|^2/2$ können wir die advektive Beschleunigung durch $\mathrm{grad}|\mathbf{v}|^2/2 = \mathbf{N}_{ia}^2\mathbf{h}_a^2/2$ ausdrücken.

Zusätzlich zur Geschwindigkeit $\mathbf{v}(\mathbf{x})$ ist auch der Druck $p(\mathbf{x})$ eine unabhängige Variable einer inkompressiblen Strömung. Der Ausdruck $p = N_a q_a$ interpoliert ihn über das finite Element, wobei der n_{npe}-dimensionale Vektor $\mathbf{q}$ die Knotendrücke repräsentiert. Der Druck p ist eine Skalar, und daher unterscheidet sich hier die Interpolationsmatrix von jener zur Interpolation der Geschwindigkeiten. Dies ist durch einen einzelnen Index ihrer Koeffizienten N_a angezeigt, während die Geschwindigkeits-Interpolationsmatrix die Koeffizienten N_{ia} mit jeweils zwei Indizes hat.

Angesichts eines Galerkin-Ansatzes werden die gleichen Interpolationen für die physikalischen Variablen $\mathbf{v}$, p und ihre Testfunktionen $\delta\mathbf{v}$, δp verwendet, und die beiden diskretisierten Variationsaussagen (4.25) ergeben sich zu

$$\delta q_i \underbrace{\int_{\Omega_e} N_i G_j \mathrm{d}v}_{D_{ij}} \; h_j = 0 \, ; \tag{4.43}$$

$$\begin{aligned} \delta h_i \Bigg[& \underbrace{\int_{\Omega_e} N_{ai}\rho N_{aj} \mathrm{d}v}_{M_{ij}} \; \frac{\partial h_j}{\partial t} + \underbrace{\frac{1}{2}\int_{\Omega_e} N_{ai}\rho N_{aj}^2 \mathrm{d}v}_{A_{ij}} \; h_j^2 + \underbrace{\int_{\Omega_e} B_{ci}\overline{c}_{ca}B_{aj} \mathrm{d}v}_{K_{ij}} \; h_j \\ & - \underbrace{\int_{\Omega_e} G_i N_j \mathrm{d}v}_{D_{ij}^{\mathrm{T}}} \; q_j - \underbrace{\left(\int_{\Omega_e} b_{\mathrm{f\,a}} N_{ai} \mathrm{d}v + \int_{\partial\Omega_{\mathrm{et}}} \bar{\mathrm{t}}_{\mathrm{a}} \mathrm{N}_{\mathrm{ai}} \mathrm{d}s \right)}_{f_i} \Bigg] = 0 \, , \end{aligned} \tag{4.44}$$

wobei die Steifigkeit $\overline{c}_{ij}$ in (4.44) die Voigt-Notation des Steifigkeitstensors $\overline{\mathbb{C}} = \partial\overline{\boldsymbol{\sigma}}/\partial\mathbf{d}$ darstellt und den Widerstand der Flüssigkeit gegen Scherung bezeichnet.

Mit den beliebigen (aber zulässigen) Knotenvariationen $\delta\mathbf{h}$ und $\delta\mathbf{q}$ ergibt die Aussage (4.44) das nichtsymmetrische System

$$\mathbf{M}\dot{\mathbf{h}} + \mathbf{A}\mathbf{h}^2 + \mathbf{K}\mathbf{h} - \mathbf{D}^{\mathrm{T}}\mathbf{q} - \mathbf{f} = \mathbf{0} \tag{4.45}$$

von partiellen Differentialgleichungen erster Ordnung. Es muss unter der Nebenbedingung $\mathbf{D}\mathbf{h} = \mathbf{0}$, die Kontinuität (4.43) der inkompressiblen Flüssigkeit, gelöst werden. In (4.45) bezeichnet $\mathbf{f}$ den $n_{\text{nep}}n_{\text{dim}}$-dimensionalen Knotenkraftvektor, $\mathbf{M}$, $\mathbf{A}$, $\mathbf{K}$ sind $n_{\text{nep}}n_{\text{dim}} \times n_{\text{nep}}n_{\text{dim}}$-dimensionale quadratische Matrizen, während $\mathbf{D}$ die Dimension $n_{\text{nep}}n_{\text{dim}} \times n_{\text{nep}}$ hat. Aufgrund des advektiven Beschleunigungsterms ist das System (4.45) immer nichtlinear, selbst wenn alle Matrizen konstant sind.

4.4.6 Numerische Quadratur

Finite Elemente verwenden häufig polynomiale Formfunktionen, was dann die analytische Berechnung der Integrale zur Bestimmung des Elementkraftvektors und der Elementsteifigkeitsmatrizen ermöglicht. Allerdings ist eine numerische Quadratur dieser Integrale oft schneller. Die Integrale werden vom physischen

Bereich des Elements Ω_e in dessen Integrationsbereich ω_e transformiert, und die Quadratur wird dann über ω_e durchgeführt. Die Jacobi Transformation $\mathbf{J}$ verbindet Ω_e und ω_e, und mit der Beziehung $\mathrm{d}s = \det\mathbf{J}\mathrm{d}s_\omega$ zwischen den Flächenelementen $\mathrm{d}s$ und $\mathrm{d}s_\omega$, bezeichnet der Ausdruck

$$I = \int_{\partial\Omega_e} \mathcal{F}(\mathbf{x})\mathrm{d}s = \int_{\partial\omega_e} \mathcal{F}(\boldsymbol{\xi})\det\mathbf{J}(\boldsymbol{\xi})\mathrm{d}s_\omega \approx \sum_{l}^{l_{\mathrm{int}}} \mathcal{F}(\boldsymbol{\xi}_l)\det\mathbf{J}(\boldsymbol{\xi}_l)\mathbf{w}_l \tag{4.46}$$

das jeweilige Oberflächenintegral und ermöglicht die Berechnung des Neumann-Beitrags zum Knotenkraftvektor des finiten Elements. Hierbei bezeichnen $\boldsymbol{\xi}_l$; $l = 1, \ldots, l_{\mathrm{int}}$ die natürlichen Koordinaten der Integrationspunkte und w_l ihre jeweiligen Gewichte. Mit der Beziehung $\mathrm{d}v = \det\mathbf{J}\mathrm{d}v_\omega$ der Volumenelemente $\mathrm{d}v$ und $\mathrm{d}v_\omega$ bezeichnet der Ausdruck

$$I = \int_{\Omega_e} \mathcal{F}(\mathbf{x})\mathrm{d}v \approx \sum_{l}^{l_{\mathrm{int}}} \mathcal{F}(\boldsymbol{\xi}_l)\det\mathbf{J}(\boldsymbol{\xi}_l)\mathbf{w}_l \tag{4.47}$$

das jeweilige Volumenintegral und ermöglicht die Berechnung des Volumenkraftbeitrags zum Knotenkraftvektor des finiten Elements sowie die Berechnung der Steifigkeitsmatrizen des finiten Elements.

Während jede Quadraturregel angewendet werden kann, wird die *Gauß*[6]*–Legendre*[7]*Quadratur* häufig verwendet, um die Integrale der FEM-Gleichungen zu berechnen. Tab. 4.1 gibt die Gauß-Legendre Integrationspunktkoordinaten ξ_l und Gewichte w_l einer 1D Quadratur an.

Die Überlagerung von 1D-Quadraturen wird verwendet, um über höherdimensionale Funktionen zu integrieren, und somit stellt

$$I = \int_{-1}^{+1}\int_{-1}^{+1} \mathcal{F}(\xi_1, \xi_2)\mathrm{d}\xi_1\mathrm{d}\xi_2 \approx \sum_{k}^{k_{\mathrm{int}}}\sum_{l}^{l_{\mathrm{int}}} \mathcal{F}(\xi_{1k}\xi_{2l})w_k w_l \tag{4.48}$$

die numerische Integration der 2D-Funktion $\mathcal{F}(\xi_1, \xi_2)$ dar. Die Gauß-Legendre Quadratur hat die Ordnung $2n - 1$, so dass n Integrationspunkte entlang einer

Tab. 4.1 Integrationspunktkoordinaten ξ_l und Gewichte w_l der 1D Gauß-Legendre Quadratur

l_{int}	Integrationspunktkoordinaten und Gewichte (ξ_l, w_l)
1	(0,0. 2,0)
2	(±0,57735. 2,0)
3	(0,0. 0,88889); (±0,77460. 0,55556)
4	(±0,86113. 0,34786); (±0,33998. 0,65214)
5	(0,0. 0,56889); (±0,90618. 0,23693); (±0,53847. 0,47863)
6	(±0,66121. 0,36076); (±0,23862. 0,46791); (±0,93247. 0,17132)
7	(0,0. 0,41796); (±0,40585. 0,38183); (±0,74153. 0,27970);(±0,94911. 0,12948)

[6] Johann Carl Friedrich Gauß, deutscher Mathematiker und Physiker, 1777–1855.
[7] Adrien-Marie Legendre, französischer Mathematiker, 1752–1833.

Koordinatenrichtung für die exakte Integration der Funktion $\mathcal{F}(\boldsymbol{\xi})$ des Polynomgrades n erforderlich sind. Für dreieckige und tetraedrische Elemente existieren ähnliche Quadraturregeln [25].

Beispiel 4.7 (Knotenkräfte und Steifigkeit eines vierknoten finiten Elementes) Ein kleiner Abschnitt einer Gefäßwand kann als ebener Spannungszustand modelliert werden und sollte durch ein einzelnes vierknotiges finites Element beschrieben werden, siehe Abb. 4.9. Die Wand ist $h = 1{,}0$ mm dick und das finite Element hat die Knotenkoordinaten

$$\begin{bmatrix} x_1 \\ y_1 \end{bmatrix} = \begin{bmatrix} 0.0 \\ 0.0 \end{bmatrix} \; ; \; \begin{bmatrix} x_2 \\ y_2 \end{bmatrix} = \begin{bmatrix} 3.0 \\ 0.3 \end{bmatrix} \; ; \; \begin{bmatrix} x_3 \\ y_3 \end{bmatrix} = \begin{bmatrix} 4.0 \\ 2.0 \end{bmatrix} \; ; \; \begin{bmatrix} x_4 \\ y_4 \end{bmatrix} = \begin{bmatrix} -0.5 \\ 3.4 \end{bmatrix}$$

in Millimetern. Eine linear-elastische konstitutive Beschreibung der Gefäßwand kann verwendet werden, und

$$\begin{bmatrix} \sigma_{11} \\ \sigma_{22} \\ \sigma_{12} \end{bmatrix} = \frac{E}{1-\nu^2} \begin{bmatrix} 1 & \nu & 0 \\ \nu & 1 & 0 \\ 0 & 0 & 1-\nu \end{bmatrix} \begin{bmatrix} \varepsilon_{11} \\ \varepsilon_{22} \\ \varepsilon_{12} \end{bmatrix} \tag{4.49}$$

beschreibt dabei die Beziehung zwischen Spannung und Verzerrung, wobei $E = 1{,}3$ MPa und $\nu = 0{,}45$ den Elastizitätsmodul und die Poissonzahl bezeichnen. Der Traktionsvektor $\bar{\mathbf{t}} = [0.3\ 0.5]^{\mathrm{T}}$ [N mm^{-1}] wirkt entlang der Kante, die durch Knoten 1 und Knoten 2 des finiten Elements gebildet wird, siehe Abb. 4.9.

(a) Berechnen Sie die Verzerrungsinterpolationsmatrix $\mathbf{B}$ im Zentrum des finiten Elements.
(b) Ermitteln Sie die erforderliche Anzahl von Gauß-Legendre Integrationspunkten, um die exakten Ausdrücke des Knotenkraftvektors $\mathbf{f}$ und der Elementsteifigkeitsmatrix $\mathbf{K}$ zu berechnen.
(c) Verwenden Sie exakte Gauß-Legendre Integration zur Bestimmung von $\mathbf{f}$ und $\mathbf{K}$ und untersuchen Sie die Eigenwerte von $\mathbf{K}$.
(d) Verwenden Sie eine Ein-Punkt Gauß-Legendre Integration zur Bestimmung von $\mathbf{K}$ und erklären Sie, warum diese Matrix dann nicht von regulärem Rang ist.

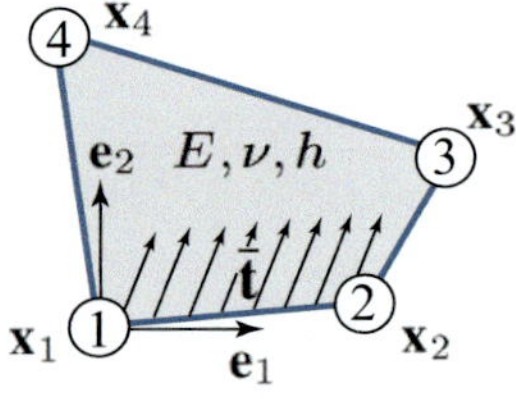

Abb. 4.9 Vierknotiges finites Element unter ebenen Spannungszustand. Das Element stellt ein Gefäßsegment aus linear-elastischem Material mit dem Elastizitätsmodul E und der Poissonzahl ν dar. Das Element ist h dick und wird durch den Traktionsvektor $\bar{\mathbf{t}}$ entlang der Kante zwischen Knoten 1 und Knoten 2 belastet

■

4.5 Probleme mit Nebenbedingungen

Die wesentlichen Variablen vieler biomechanischer Probleme können sich nicht „frei“ entwickeln – sie müssen Nebenbedingungen (oder Zwangsbedingungen) erfüllen. Angesichts des in Abschn. 4.4.5 diskutierten Strömungsproblems stellt die Inkompressibilität der Flüssigkeit eine solche Einschränkung dar. Sie führte zu dem Ausdruck $\mathbf{Dh} = \mathbf{0}$ zusätzlich zum Cauchy-Eulerschen Bewegungsgesetz (4.45). Die Nebenbedingung kann auch direkt auf der Ebene des finiten Elements eingebunden werden, ein Konzept, das in diesem Abschnitt verfolgt wird. Wir werden einen solchen Ansatz in der Beschreibung eines inkompressiblen Materials darstellen und daher den Cauchy Spannungstensor $\boldsymbol{\sigma} = \overline{\boldsymbol{\sigma}} + \boldsymbol{\sigma}_{\text{vol}}$ in deviatorische $\overline{\boldsymbol{\sigma}}$ und volumetrische $\boldsymbol{\sigma}_{\text{vol}}$ Spannungsbeiträge aufteilen. Die deviatorische Spannung $\overline{\boldsymbol{\sigma}}$ stellt dabei konstitutive Informationen dar, während die volumetrische Spannung $\boldsymbol{\sigma}_{\text{vol}}$ die *Inkompressibilität erzwingt* und damit die Nebenbedingung repräsentiert, siehe Abschn. 3.3.9.

4.5.1 Penalty Methode

Die entkoppelte Spannungsdarstellung $\boldsymbol{\sigma} = \overline{\boldsymbol{\sigma}} + \boldsymbol{\sigma}_{\text{vol}}$ führt zu einem entkoppelten Elastizitätstensor $\mathbb{C} = \overline{\mathbb{C}} + \mathbb{C}_{\text{vol}}$, wobei $\overline{\mathbb{C}}$ und $\mathbb{C}_{\text{vol}}$ die volumetrischen und isochorischen Beiträge bezeichnen. Die *Penaltymethode* implementiert die Bedingung $\mathbb{C}_{\text{vol}} >> \overline{\mathbb{C}}$ zur Annäherung an ein inkompressibles Material. An der inkompressiblen Grenze würden die Koeffizienten von $\mathbb{C}_{\text{vol}}$ dann gegen Unendlich gehen und die Inkompressibilität wäre dann exakt sichergestellt. Allerdings gilt: Je größer die Koeffizienten von $\mathbb{C}_{\text{vol}}$ im Verhältnis zu den Koeffizienten von $\overline{\mathbb{C}}$ sind, desto größer ist die Konditionszahl der Matrix, die $\mathbb{C}$ darstellt. Es wird dann immer schwieriger, das penalty-beschränkte FEM Problem zu lösen.

Ein FEM Problem kann als *Optimierungsproblem* betrachtet werden und dessen Lösung entspricht dann der Verschiebung $\mathbf{u}$ am Minimum des Potentials, siehe Abb. 4.10. Die Penaltymethode erweitert das isochorische Potential $\overline{\Pi}(\mathbf{u})$ und fügt dabei einen Strafbeitrag (Penaltybeitrag) zu Deformationszuständen hinzu, die die Nebenbedingung $C(\mathbf{u}) = 0$ verletzen. Es ergibt sich dann ein Potential $\Pi_{\text{p}}(\mathbf{u})$, dessen Minimierung grundsätzlich schwieriger ist als die Minimierung des unbeschränkten Potentials $\overline{\Pi}(\mathbf{u})$. Während die Penaltymethode *leicht zu implementieren* ist und dem FEM Problem keine zusätzlichen Freiheitsgrade hinzufügt, ist sie immer ein *Kompromiss* zwischen dem Fehler zufolge ungenauer Erfüllung der Nebenbedingung und der Schwierigkeit (Zeitaufwand), das Problem zu lösen.

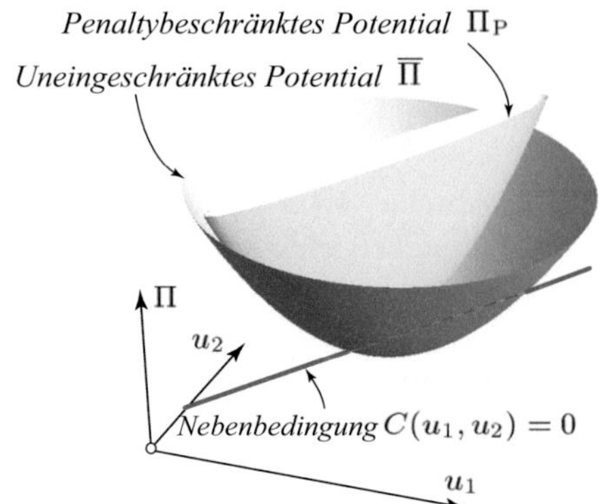

Abb. 4.10 Optimierung mit der Penaltymethode zur annähernden Durchsetzung der Nebenbedingung $C(u_1, u_2) = 0$. Durch das Hinzufügen des Strafbeitrags (Penaltybeitrags) ergibt sich ein eher „schlauchförmiges" Potential $\Pi_{\rm P}(u_1, u_2)$. Das Minimum $\Pi_{\rm P} \rightarrow$ min zu finden ist dann grundsätzlich schwieriger als die Optimierung des unbeschränkten Potentials $\overline{\Pi} \rightarrow$ min

4.5.2 Lagrange Methode

Die *Lagrange Methode* berücksichtigt die Nebenbedingung $C(\mathbf{u}) = 0$ durch Hinzufügen eines *Lagrange Beitrags* zum isochoren Potential $\overline{\Pi}(\mathbf{u})$. Das Lagrange-Potential lautet dann

$$\Pi_{\rm L}(\mathbf{u}, p) = \overline{\Pi}(\mathbf{u}) + \int_\Omega p(J(\mathbf{u}) - 1)\mathrm{d}v\,, \tag{4.50}$$

wo die Verschiebung $\mathbf{u}$ und der Lagrange-Parameter p die wesentlichen (unabhängigen) Problemvariablen sind. Bei einem inkompressiblen Material kann der Lagrange-Parameter p als hydrostatischer Druck $p = \mathrm{tr}\boldsymbol{\sigma}/n_{\rm dim}$ (oder als ein Teil davon) identifiziert werden, wobei $n_{\rm dim}$ die Anzahl der Dimensionen bezeichnet. Der Druck ist dann nicht mehr eine Funktion von $\mathbf{u}$, sondern eine zusätzliche wesentliche Problemvariable. Angesichts der beiden unabhängigen Variablen $\mathbf{u}$ und p stellt das Potential (4.50) ein *Zweifeld-Variationsproblem* dar und führt daher zu zwei Variationsaussagen. Sie lauten

$$\left.\begin{aligned} \delta_{\mathbf{u}}\Pi_{\rm L}(\mathbf{u}, p) &= \textstyle\int_\Omega \overline{\boldsymbol{\sigma}}(\mathbf{u}) : \mathrm{grad_s}\delta\mathbf{u}\,\mathrm{d}v + \int_\Omega p\,J(\mathbf{u})\mathrm{div}\delta\mathbf{u}\,\mathrm{d}v - \delta_{\mathbf{u}}\Pi_{\rm ext} \\ &= \textstyle\int_\Omega (\overline{\boldsymbol{\sigma}}(\mathbf{u}) + p\mathbf{I}) : \mathrm{grad_s}\delta\mathbf{u}\,\mathrm{d}v - \delta_{\mathbf{u}}\Pi_{\rm ext} = 0\,; \\ \delta_p\Pi_{\rm L}(\mathbf{u}, p) &= \textstyle\int_\Omega \delta p(J(\mathbf{u}) - 1)\mathrm{d}v - \delta_p\Pi_{\rm ext} = 0\,, \end{aligned}\right\} \tag{4.51}$$

wobei die Variation des Volumenverhältnisses $\delta_{\mathbf{u}}J(\mathbf{u}) = J(\mathbf{u})\mathrm{div}\delta\mathbf{u}$ verwendet wurde, siehe Anhang D. Während die Variationsaussage $(4.51)_1$ formal identisch mit der verschiebungsbasierten FEM-Formulierung (4.17) erscheint, wird darauf hingewiesen, dass p in $(4.51)_1$ eine unabhängige Variable ist.

Die Linearisierung der Variationsaussagen (4.51) ergibt

$$\left.\begin{aligned} D_{\mathbf{u}}\delta_{\mathbf{u}}\Pi_{\mathrm{L}} &= \int_{\Omega} (\mathrm{grad}\delta\mathbf{u} : \mathrm{grad}\Delta\mathbf{u}\overline{\boldsymbol{\sigma}} + \mathrm{grad}\delta\mathbf{u} : \overline{\mathbb{C}} : \mathrm{grad}\Delta\mathbf{u})\,\mathrm{d}v\,, \\ D_{\mathbf{u}}\delta_{\mathrm{p}}\Pi_{\mathrm{L}} = D_{\mathrm{p}}\delta_{\mathbf{u}}\Pi_{\mathrm{L}} &= \int_{\Omega} \big(\mathrm{grad}\delta\mathbf{u} : \mathrm{grad}\Delta\mathbf{u}\, p\mathbf{I} + \mathrm{grad}\delta\mathbf{u} : \overline{\mathbb{C}}_p : \mathrm{grad}\Delta\mathbf{u}\big)\,\mathrm{d}v\,, \\ D_{\mathrm{p}}\delta_{\mathrm{p}}\Pi_{\mathrm{L}} &= 0\,, \end{aligned}\right\} \tag{4.52}$$

wobei $D_{\mathrm{b}}\delta_{\mathrm{a}}\Pi_{\mathrm{L}}$ die Richtungsableitung von $\delta_{\mathrm{a}}\Pi_{\mathrm{L}}$ entlang der Richtung b bezeichnet. Diese Ergebnisse können abgeleitet werden, indem man (4.51) auf die Referenzkonfiguration Ω_0 zurückführt, die eigentliche Linearisierung unter Verwendung der Ausdrücke im Anhang D durchführt und dann die Ergebnisse auf die aktuelle Konfiguration Ω überträgt.

Die ersten und zweiten Terme in $(4.52)_{1,2}$ beziehen sich auf die jeweiligen *geometrischen* und *materiellen* Beiträge. Die isochore Steifigkeit wird durch $\overline{\mathbb{C}}$ bezeichnet und hängt von der Verschiebung $\mathbf{u}$ ab, während der Lagrange-Parameter p die volumetrische Steifigkeit $\overline{\mathbb{C}}_p = p(\mathbf{I} \otimes \mathbf{I} - 2\mathbb{I})$ bestimmt, wo $\mathbb{I} = (\delta_{ij}\delta_{kl} + \delta_{ik}\delta_{jl})/2$ den Identitätstensor vierter Ordnung bezeichnet. Wir können die wesentlichen Variablen $\mathbf{u}$, p und die entsprechenden Testfunktionen $\delta\mathbf{u}$, δp in (4.51) und (4.52) mit Formfunktionen interpolieren, was dann zum Kraftvektor und zur Steifigkeitsmatrix des Lagrange-beschränkten finiten Elements führt.

Während die Lagrange Methode die Nebenbedingung immer genau erzwingt, zeigt die Steifigkeitsmatrix Nullen in der Hauptdiagonale, d.h. einige *Pivotelemente* sind Null, siehe $(4.52)_3$. Dies kann als allgemeiner Nachteil angesehen werden und erlaubt es nicht, ein Lagrange-beschränktes Problem mit (schnellen) Gaußschen Eliminationsverfahren zu lösen.

4.5.3 Erweiterte Lagrange Methode

Die *erweiterte Lagrange Methode* verwendet das Potential

$$\Pi_{\mathrm{AL}}(\mathbf{u},p) = \Pi_{\mathrm{L}}(\mathbf{u},p) - \frac{1}{2\kappa}\int_{\Omega} p^2 \mathrm{d}v \tag{4.53}$$

um die Nebenbedingung $C(\mathbf{u})=0$ zu implementieren, ein Ansatz, der für $\kappa \to \infty$ dem Lagrange-Potential (4.50) nahekommt. Es vermeidet die schlechte Konditionierung der FEM Steifigkeitsmatrix sowie Null-Pivotelemente, Nachteile, die von den penaltybeschränkten und den Lagrange-beschränkten Problemen bekannt sind.

Das erweiterte Lagrange-Potential (4.53) führt zu den beiden Variationsaussagen

$$\left.\begin{aligned}\delta_u\Pi_{\mathrm{AL}}(\mathbf{u},p) &= \int_\Omega (\overline{\sigma}(\mathbf{u}) + p\mathbf{I}) : \mathrm{grad}_{\mathrm{s}}\delta\mathbf{u}\,\mathrm{d}v - \delta_u\Pi_{\mathrm{ext}} = 0\,,\\ \delta_p\Pi_{\mathrm{AL}}(\mathbf{u},p) &= \int_\Omega \delta p[(J(\mathbf{u}) - 1) - p/\kappa]\mathrm{d}v - \delta_p\Pi_{\mathrm{ext}} = 0\,,\end{aligned}\right\} \tag{4.54}$$

wobei die Ergebnisse (4.51) verwendet wurden. Die Lokalisierung von $(4.54)_2$ ergibt die Euler-Gleichung $p = \kappa(J(\mathbf{u}) - 1)$ und ermöglicht damit die Substitution des zusätzlichen Freiheitsgrades p. Das finite Element wird dann vollständig durch die Verschiebung $\mathbf{u}$ beschrieben, eine Methode, die als *allgemeine Verschiebungs* FEM Implementierung bekannt ist [5].

Beispiel 4.8 (Hu-Washizu Variationsprinzipien) Inkompressibilität kann zu Volumensperre (Locking) eines strukturmechanischen Problems führen. Die Lösung der FEM-approximierten Beschreibung ist dann (viel) steifer als das eigentliche Kontinuumsproblem. Auf der Ebene des finiten Elements ist das Locking die direkte Folge davon, dass die Formfunktionen die eingeschränkte Deformation nicht darstellen können. Die Einführung einer zusätzlichen unabhängigen kinematischen Variable θ in die Variationsformulierung kann Locking vermeiden. Diese Variable beschreibt die Änderung des Elementvolumens, und darf nicht mit dem Volumenverhältnis $J = \det\mathbf{F}(\mathbf{u})$ verwechselt werden, das seinerseits eine Funktion der Verschiebung $\mathbf{u}$ ist. Die drei unabhängigen Variablen (das Elementvolumen θ, die Verschiebung $\mathbf{u}$ und der Druck p) führen dann auf das Potential

$$\Pi_{\mathrm{HW}}(\mathbf{u},p,\theta) = \overline{\Pi}(\mathbf{u}) + \int_\Omega U(\theta)\mathrm{d}v + \int_\Omega p(J - \theta)\mathrm{d}v - \Pi_{\mathrm{ext}} = 0\,, \tag{4.55}$$

das seinerseits als das dreifeldrige Hu-Washizu-Variationsprinzip bekannt ist.

(a) Leiten Sie die drei Variationsaussagen ab, die aus dem Potential (4.55) folgen.
(b) Betrachten Sie ein erweitertes Hu–Washizu-Potential $\mathcal{L}(\mathbf{u},p,\theta,\lambda) = \Pi_{\mathrm{HW}}(\mathbf{u},p,\theta) + \int_\Omega \lambda h(\theta)\mathrm{d}v$, wo $h(\theta)$ eine Funktion mit der Bedingung $h(1) = 0$ bezeichnet, während λ eine zusätzliche wesentliche Variable ist. Leiten Sie die vier Variationsaussagen ab, die aus $\mathcal{L}(\mathbf{u},p,\theta,\lambda)$ folgen.

■

4.6 Globalisierung

Die Darstellung eines technischen Problems durch eine endliche Anzahl von finiten Elementen erfordert die *Assemblierung* (*Zusammenstellung)* des globalen Gleichungssystems und damit die Zuordnung der Beiträge der einzelnen finiten Elemente zu den jeweiligen globalen Knoten. Abb. 4.11 veranschaulicht diesen

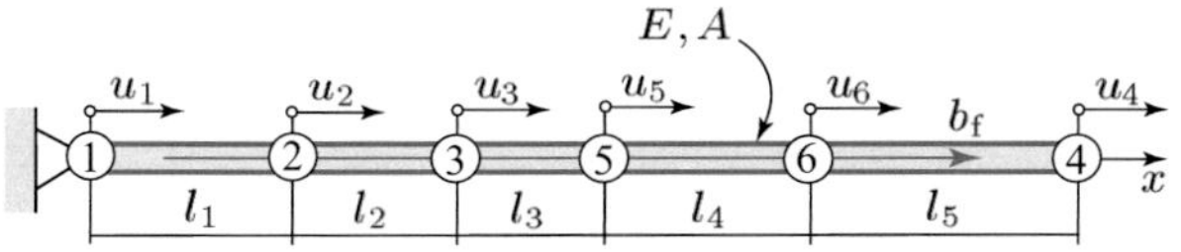

$$E = 1{,}5 \cdot 10^5 \text{ Pa}\,;\, A = 8{,}0 \text{ cm}^2\,;\, b_\mathrm{f} = 98{,}0 \text{ N dm}^{-3}$$
$$l_1 = 1{,}0 \text{ cm};\; l_2 = 1{,}4 \text{ cm};\; l_3 = 1{,}9 \text{ cm};\; l_4 = 0{,}7 \text{ cm};\; l_5 = 1{,}2 \text{ cm}$$

Abb. 4.11 Stabstruktur, die durch fünf zweiknotige finite Elemente diskretisiert ist und am Knoten 1 festgehalten wird. Der Stab wird durch die Volumenkraft b_f belastet, hat den Querschnitt A und besteht aus linear-elastischem Material mit dem Elastizitätsmodul E

Prozess für ein 1D Stabproblem, das durch $n_\mathrm{e} = 5$ linearen Elementen der Länge l_e; $e = 1, \ldots, 5$ diskretisiert ist. Der Stab hat den Querschnitt A und wird durch die Volumenkraft b_f belastet, während der Elastizitätsmodul E seine linear-elastischen Materialeigenschaften beschreibt. Der *globale* Knotenkraftvektor $\mathbf{f}$ wird dann gemäß

$$\mathbf{f} = \mathop{\mathsf{A}}_{e=1}^{n_\mathrm{e}} \mathbf{f}_e$$

zusammengestellt. Mit den Knotenkraftvektor $\mathbf{f}_e = b_\mathrm{f} A l_e [1\ 1]^\mathrm{T}/2$ des e-ten Stab-Elements, lautet diese Vorschrift explizit

$$\mathbf{f} = \frac{b_\mathrm{f} A l_1}{2}\begin{bmatrix}1\\1\\0\\0\\0\\0\end{bmatrix} + \frac{b_\mathrm{f} A l_2}{2}\begin{bmatrix}0\\1\\1\\0\\0\\0\end{bmatrix} + \frac{b_\mathrm{f} A l_3}{2}\begin{bmatrix}0\\0\\1\\0\\1\\0\end{bmatrix} + \frac{b_\mathrm{f} A l_4}{2}\begin{bmatrix}0\\0\\0\\0\\1\\1\end{bmatrix} + \frac{b_\mathrm{f} A l_5}{2}\begin{bmatrix}0\\0\\0\\1\\0\\1\end{bmatrix}.$$

Zusätzlich zu den Knotenkräften müssen wir auch die Steifigkeit

$$\mathbf{K}_e = \frac{EA}{l_e}\begin{bmatrix}1 & -1\\ -1 & 1\end{bmatrix}$$

des e-ten finiten Stab-Elementes auf die Knotensteifigkeit der jeweiligen *globalen* Knoten zuordnen. Die Operation

$$\mathbf{K} = \mathop{\mathsf{A}}_{e=1}^{n_\mathrm{e}} \mathbf{K}_e$$

lautet dann explizit

$$\mathbf{K} = \frac{EA}{l_1}\begin{bmatrix} 1 & -1 & 0 & 0 & 0 & 0 \\ -1 & 1 & 0 & 0 & 0 & 0 \\ 0 & 0 & 0 & 0 & 0 & 0 \\ 0 & 0 & 0 & 0 & 0 & 0 \\ 0 & 0 & 0 & 0 & 0 & 0 \\ 0 & 0 & 0 & 0 & 0 & 0 \end{bmatrix} + \frac{EA}{l_2}\begin{bmatrix} 0 & 0 & 0 & 0 & 0 & 0 \\ 0 & 1 & -1 & 0 & 0 & 0 \\ 0 & -1 & 1 & 0 & 0 & 0 \\ 0 & 0 & 0 & 0 & 0 & 0 \\ 0 & 0 & 0 & 0 & 0 & 0 \\ 0 & 0 & 0 & 0 & 0 & 0 \end{bmatrix}$$
$$+ \frac{EA}{l_3}\begin{bmatrix} 0 & 0 & 0 & 0 & 0 & 0 \\ 0 & 0 & 0 & 0 & 0 & 0 \\ 0 & 0 & 1 & 0 & -1 & 0 \\ 0 & 0 & 0 & 0 & 0 & 0 \\ 0 & 0 & -1 & 0 & 1 & 0 \\ 0 & 0 & 0 & 0 & 0 & 0 \end{bmatrix} + \frac{EA}{l_4}\begin{bmatrix} 0 & 0 & 0 & 0 & 0 & 0 \\ 0 & 0 & 0 & 0 & 0 & 0 \\ 0 & 0 & 0 & 0 & 0 & 0 \\ 0 & 0 & 0 & 0 & 0 & 0 \\ 0 & 0 & 0 & 0 & 1 & -1 \\ 0 & 0 & 0 & 0 & -1 & 1 \end{bmatrix}$$
$$+ \frac{EA}{l_5}\begin{bmatrix} 0 & 0 & 0 & 0 & 0 & 0 \\ 0 & 0 & 0 & 0 & 0 & 0 \\ 0 & 0 & 0 & 0 & 0 & 0 \\ 0 & 0 & 0 & 1 & 0 & -1 \\ 0 & 0 & 0 & 0 & 0 & 0 \\ 0 & 0 & 0 & -1 & 0 & 1 \end{bmatrix}.$$

Nachdem die Beiträge aller finiten Elemente assembliert wurden, ergibt sich das globale System

$$\mathbf{Kh} - \mathbf{f} = \mathbf{0} \tag{4.56}$$

von n_{dof} Gleichungen. Die n_{dof}-dimensionalen Vektoren **h** und **f** speichern jeweils die wesentlichen Variablen und die Knotenkräfte. Die $n_{\mathrm{dof}} \times n_{\mathrm{dof}}$-dimensionale globale Steifigkeitsmatrix **K** ist spärlich besetzt und in vielen Fällen auch symmetrisch.

Die Struktur der Steifigkeitsmatrix hängt von der globalen Knotennummerierung ab. Je enger die Nicht-Null-Terme um die Diagonale besetzt sind, d.h. je kleiner die Bandbreite von **K** ist, desto schneller und robuster kann das System (4.56) gelöst w3erden. In der Praxis werden globale Knoten automatisch (um)nummeriert, um die Bandbreite von **K** zu minimieren [25]. Darüber hinaus vermeiden sogenannte Sparse Solver (Lösungsverfahren für dünn besetzte lineare Algebra) das Speichern von Null-Elementen von **K** und optimieren das Speichermanagement von FEM-Problemen [19].

Das globale System der Gl. (4.56) des Stabproblems und die in Abb. 4.11 gezeigten Parameter führen auf

$$\begin{bmatrix} 12000 & -12000 & 0 & 0 & 0 & 0 \\ -12000 & 20571 & -8571 & 0 & 0 & 0 \\ 0 & -8571 & 14887 & 0 & -6316 & 0 \\ 0 & 0 & 0 & 10000 & 0 & -10000 \\ 0 & 0 & -6316 & 0 & 23459 & 17143 \\ 0 & 0 & 0 & -10000 & 17143 & 27143 \end{bmatrix} \begin{bmatrix} u_1 \\ u_2 \\ u_3 \\ u_4 \\ u_5 \\ u_6 \end{bmatrix} = \begin{bmatrix} 0.392 \\ 0.941 \\ 1.294 \\ 0.47 \\ 1.019 \\ 0.745 \end{bmatrix}.$$

Aufgrund von $\det\mathbf{K} = 0$ kann dieses System nicht ohne die Einbindung der Dirichlet-Randbedingung $u_1 = 0$ gelöst werden. Das System hätte ansonsten einen Null-Eigenwert, der die Translation des Stabs entlang der x-Richtung repräsentiert.

Die Dirichlet-Randbedingung $u_1 = 0$ entfernt die erste Zeile und Spalte aus dem System, und die Lösung von

$$\begin{bmatrix} 20571 & -8571 & 0 & 0 & 0 \\ -8571 & 14887 & 0 & -6316 & 0 \\ 0 & 0 & 10000 & 0 & -10000 \\ 0 & -6316 & 0 & 23459 & 17143 \\ 0 & 0 & -10000 & 17143 & 27143 \end{bmatrix} \begin{bmatrix} u_2 \\ u_3 \\ u_4 \\ u_5 \\ u_6 \end{bmatrix} = \begin{bmatrix} 0.941 \\ 1.294 \\ 0.47 \\ 1.019 \\ 0.745 \end{bmatrix},$$

liefert dann die Knotenverschiebungen $u_2 = 0{,}37$, $u_3 = 0{,}78$, $u_4 = 1{,}14$, $u_5 = 1{,}21$, $u_6 = 1{,}26$ mm.

4.7 Stabilisierung

Die Stabilität der Lösung von vor allem nichtlinearen Problemen ist von großem Interesse, und eine Lösung kann aufgrund von physikalischen und/oder numerischen Gründen instabil werden. In diesem Abschnitt werden wir uns mit der *numerischen Stabilität* befassen und somit mit Instabilitäten, die mit der Diskretisierung eines physikalisch stabilen Problems verbunden sind. Die Analyse ist auf lineare Probleme beschränkt und wir „hoffen", dass unsere Schlussfolgerungen auch auf nichtlineare Probleme anwendbar sind.

4.7.1 Positive Definitheit der Finite-Elemente-Steifigkeit

Eine Quelle für Instabilitäten eines diskretisierten Strukturproblems kann mit spontanen (falschen) Verformungsmoden des finiten Elements in Verbindung gebracht werden. Betrachten wir ein strukturelles finites Element, wo $\mathbf{Kh} = \mathbf{f}$ das Gleichgewicht auf der Elementebene bestimmt. Dirichlet-Randbedingungen wurden bereits eingebettet und unterdrücken jegliche Starrkörperbewegung.

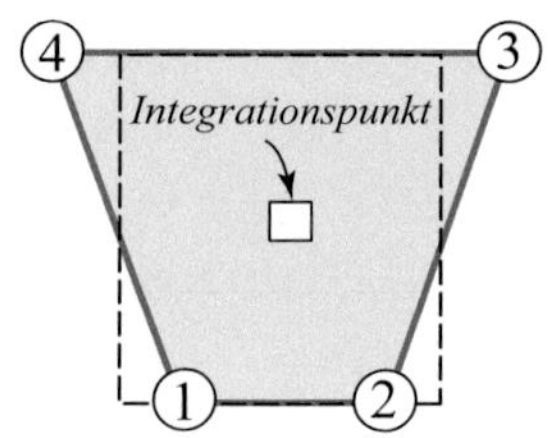

Abb. 4.12 Vierknotiges finites Element, das eine Hourglas-Instabilität zeigt. Die Quadratur durch einen einzigen Integrationspunkt führt zu Unterintegration und einer nicht positiv-definiten Elementsteifigkeit

Lyapunov[8] Stabilität würde dann erfordern, dass *kleine* Störungen des Lastvektors $\Delta\mathbf{f} = \mathbf{f}^\star - \mathbf{f}$ höchstens zu *kleinen* Änderungen der Verschiebungen $\Delta\mathbf{h} = \mathbf{h}^\star - \mathbf{h}$ führen, wobei $(\bullet)^\star$ den Zustand des gestörten Systems bezeichnet. Das finite Element wäre ansonsten instabil. Mit der symmetrischen finite Elemente Steifigkeitsmatrix $\mathbf{K}$, impliziert die Beziehung $\mathbf{K}\Delta\mathbf{h} = \Delta\mathbf{f}$, dass Lyapunov Stabilität für jede positiv definite Matrix $\mathbf{K}$ gewährleistet ist.

Abb. 4.12 zeigt eine *Hourglas-Instabilität*, eine Instabilität, die bei vierknotigen oder achtknotigen (hexaedrischen) finiten Elementen auftreten kann und durch die Unterintegration der Steifigkeitsmatrix verursacht wird. Es kennzeichnet eine mögliche Ursache für ein instabiles finites Element. Während die Unterintegration of zur Vermeidung von Locking und zur Beschleunigung der Berechnungszeiten verwendet wird, führt sie zu Rangdefekt und daher zu einer nicht positiv definiten Matrix $\mathbf{K}$. Methoden zur Stabilisierung unterintegrierter finiter Elemente sind gut dokumentiert [4, 14, 24].

4.7.2 Stabilisierung des Advektion-Diffusion finiten Elements

Das in Abschn. 4.3.2 diskutierte AD-Problem zeigt eine andere Art von numerischer Instabilität. Sie steht nicht im Zusammenhang mit der positiven Definitheit der Elementsteifigkeitsmatrix, sondern tritt in einem *advektionsdominierten* Problem auf. Ein hoher Wert des advektiven Terms $\mathbf{v}\cdot \operatorname{grad} c$ im Verhältnis zum diffusiven Term $\nu \operatorname{div}(\operatorname{grad} c)$ der beschreibenden Gleichungen (4.10) führt dann zu einer instabilen Lösung. Die gleiche Instabilität tritt in der Beschreibung von fluidmechanischen Problemen (4.3.5) mit einem signifikanten advektiven Geschwindigkeitsterm $\mathbf{v}\cdot \operatorname{grad}\mathbf{v}$ und somit bei hoher Reynolds-Zahl Re auf.

Wir können das in Beispiel 4.5 analysierte 1D AD Galerkin finite Element zur Untersuchung einer solchen Instabilität in Betracht ziehen. Das Gleichungssystem (4.29) liest sich dann

$$\left(\frac{v}{2}\begin{bmatrix} -1 & 1 \\ -1 & 1 \end{bmatrix} + \frac{\nu}{h}\begin{bmatrix} 1 & -1 \\ -1 & 1 \end{bmatrix}\right)\begin{bmatrix} \bar{c}_1 \\ \bar{c}_2 \end{bmatrix} = \frac{\alpha h}{2}\begin{bmatrix} 1 \\ 1 \end{bmatrix}, \tag{4.57}$$

[8] Aleksandr Mikhailovich Lyapunov, russischer Mathematiker, Mechaniker und Physiker, 1857–1918.

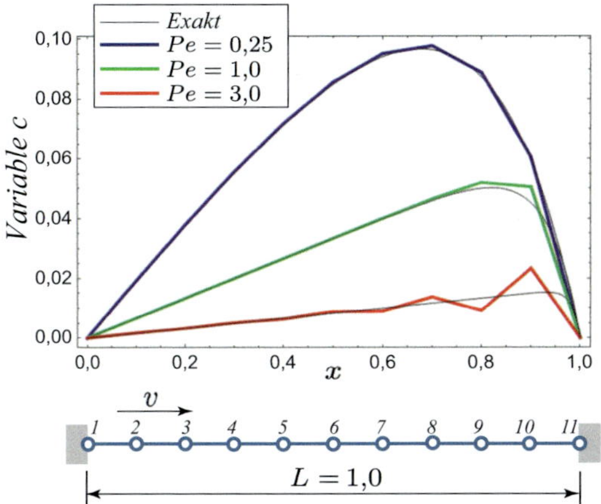

Abb. 4.13 Ergebnisse basierend auf der Galerkin finite Elemente Approximation des 1D Advektion-Diffusion (AD) Problems bei verschiedenen elementspezifische Péclet-Zahlen *Pe*. Die advektive Geschwindigkeit v zeigt in die positive x-Richtung, und $k=0{,}005$ definiert die rechte Seite des AD-Problems. Das Problem wird durch $n=10$ finite Elemente diskretisiert, und $c=0{,}0$ beschreibt die Dirichlet-Randbedingungen an Knoten 1 und Knoten 11

wobei v,ν und α die advektive Geschwindigkeit, die Diffusivität und eine Konstante, die die Physik des Problems beschreibt, bezeichnen. Darüber hinaus ist das finite Element h lang, und $\overline{c}_1$ und $\overline{c}_2$ sind die wesentlichen Problemvariablen an den beiden Knoten. Abb. 4.13 veranschaulicht ein 1D AD-Problem, das durch n solcher finiten Elemente diskretisiert ist. Das System

$$\left\{ Pe \begin{bmatrix} -1 & 1 & & & & \\ -1 & 0 & 1 & & & \\ & -1 & 0 & 1 & & \\ & & -1 & 0 & 1 & \\ & & & \ddots & \ddots & \ddots \end{bmatrix} + \begin{bmatrix} 1 & -1 & & & & \\ -1 & 2 & -1 & & & \\ & -1 & 2 & -1 & & \\ & & -1 & 2 & -1 & \\ & & & \ddots & \ddots & \ddots \end{bmatrix} \right\} \begin{bmatrix} c_1 \\ c_2 \\ c_3 \\ c_4 \\ \vdots \end{bmatrix} = k \begin{bmatrix} 1 \\ 2 \\ 2 \\ 2 \\ \vdots \end{bmatrix} \tag{4.58}$$

bestimmt dann das numerische Problem und die Unbekannten werden im Vektor $\mathbf{h}=[c_1 \ldots c_{n+1}]^{\mathrm{T}}$ gespeichert. Im Sinne einer dimensionslosen Untersuchung des Problems wurden die elementspezifische Péclet-Zahl $Pe=vh/(2\nu)$ und der Faktor $k=\alpha h^2/(2\nu)$ eingeführt. Die elementspezifische Péclet-Zahl gibt das Verhältnis zwischen advektivem und diffusivem Transport über ein finites Element an.

Abb. 4.13 zeigt das Ergebnis aus der Lösung des Systems (4.58). Während bei niedrigen *Pe*-Zahlen die numerische Lösung die exakte Lösung

$$c_{\text{exact}} = \frac{1}{v}\left[x - \frac{1-\exp(vx/\nu)}{1-\exp(v/\nu)}\right]$$

des Problems annähert, beobachten wir bei größeren *Pe*-Zahlen oszillierende Knoten-zu-Knoten-Schwankungen um die exakte Lösung herum. Bei einer hohen *Pe*-

Zahl entwickelt sich eine scharfe Grenzschicht nahe des rechten Randes und löst dann die Schwankungen in der Lösung aus.

4.7.2.1 Vollständige Upwind-Stabilisierung

Verschiedene Ansätze zur Stabilisierung des AD-Problems, d.h. um die zuvor genannten Oszillationen in der Lösung zu unterdrücken, wurden vorgeschlagen. Um die Ursache zu ergründen, betrachten wir den i-ten Knoten, wo sich die algebraische Beziehung

$$\nu \underbrace{\frac{c_{i+1} - c_{i-1}}{2h}}_{\approx \mathrm{d}c/\mathrm{d}x} - \nu \underbrace{\frac{c_{i+1} - 2c_i + c_{i-1}}{h^2}}_{\approx \mathrm{d}^2c/\mathrm{d}x^2} = \alpha \tag{4.59}$$

direkt aus dem System (4.58) ableiten lässt. Sie veranschaulicht die Darstellung der ersten und zweiten Ableitungen von c, zufolge der verwendeten Galerkin Approximation. Dabei wird die erste und die zweite Ableitung mit verschiedener Genauigkeit approximiert, was zu einem ungleichen Trunkierungsfehler führt, und damit zu einem AD-Problem, das eine geringerer Diffusivität (und damit geringerer Dissipation) als das exakte Problem hat. Es ist daher naheliegend *künstliche Diffusivität* hinzufügen, um für den Trunkierungsfehler zu kompensieren.

Im Gegensatz zum FEM Galerkin Ansatz führt die Finite-Differenzen-Diskretisierung am i-ten Knoten zu

$$\nu \frac{c_i - c_{i-1}}{h} - \nu \frac{c_{i+1} - 2c_i + c_{i-1}}{h^2} = \alpha\,, \tag{4.60}$$

wo das implizite (rückwärts-gerichtete) Euler Verfahren sowie die Mittelpunktsregel verwendet wurden, um den advektiven Term und den Diffusionsterm zu approximieren. Diese Diskretisierung des AD-Problems zeigt dann keine Oszillationen in der Lösung. Die identische Diskretisierung wird durch die Änderung von (4.59) in Richtung

$$\nu \frac{c_{i+1} - c_{i-1}}{2h} - \left(\nu + \nu^\star\right) \frac{c_{i+1} - 2c_i + c_{i-1}}{h^2} = \alpha$$

erreicht, wo die Diffusivität $\nu^\star = \nu h/2$ hinzugefügt wurde, um das Problem zu stabilisieren. Wir können diese Diffusivität direkt auf der Ebene des finiten Elements hinzufügen, und das System (4.57) liest sich dann

$$\left(\frac{\nu}{2}\begin{bmatrix} -1 & 1 \\ -1 & 1 \end{bmatrix} + \frac{\nu + \nu^\star}{h}\begin{bmatrix} 1 & -1 \\ -1 & 1 \end{bmatrix}\right)\begin{bmatrix} \bar{c}_1 \\ \bar{c}_2 \end{bmatrix} = \frac{\alpha h}{2}\begin{bmatrix} 1 \\ 1 \end{bmatrix}, \tag{4.61}$$

ein Ansatz, der als *vollständige Upwind-Stabilisierung* bekannt ist. Abb. 4.14 zeigt die damit erreichten Ergebnisse: Obwohl Oszillationen verhindert werden, ist die Lösung übermäßig diffusiv und beeinflusst auch die Lösung bei niedrigen *Pe*-Zahlen.

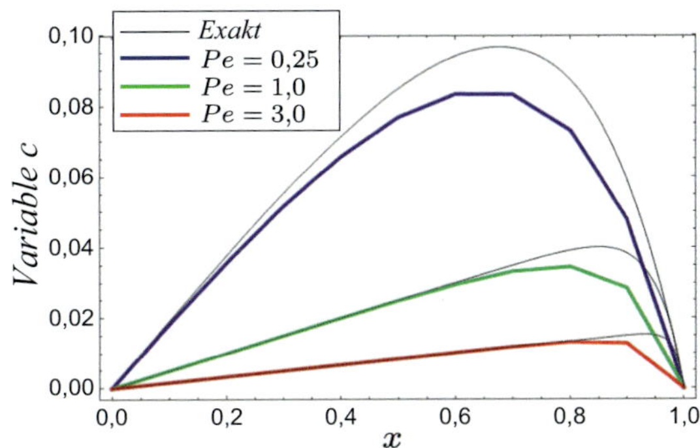

Abb. 4.14 Numerische Ergebnisse des vollständig upwind-stabilisierten 1D Advektion-Diffusion (AD) Problems bei verschiedenen elementspezifischen Péclet-Zahlen *Pe*

4.7.2.2 Petrov-Galerkin Finite Elemente

Ein Petrov-Galerkin finite Element verwendet *unterschiedliche* Formfunktionen zur Interpolation der physikalischen Größe und ihrer entsprechenden Testfunktion. Dies führt zu einem unsymmetrischen Effekt auf den i-ten Knoten, wie in Abb. 4.15 gezeigt. Um eine *Upwind-Stabilisierung* zu erreichen, muss der Einfluss der Upwind-Seite verstärkt werden, und der Buble-Mode $3\beta(1-\xi^2)/4$ kann den linearen Formfunktionen addiert werden. Die Formfunktionen

$$S_1 = (1+\xi)/2 - 3\beta(1-\xi^2)/4 \;\; ; \;\; S_2 = (1-\xi)/2 + 3\beta(1-\xi^2)/4 \quad (4.62)$$

bestimmen dann die Interpolation $\delta c = S_i \delta h_i$ der Testfunktion, wobei $\xi = 2x/h - 1$ die natürliche Koordinate bezeichnet, während β die Stärke der Upwind-Stabilisierung angibt. Nur die Interpolation der Testfunktion wird geändert, und $c = N_i h_i$ drückt nach wie vor die Interpolation der physikalischen Größe c aus. Die Advektions- und Diffusionsmatrizen

$$\mathbf{K} = \frac{v}{2}\begin{bmatrix} -1 & 1 \\ -1 & 1 \end{bmatrix} + \underbrace{\beta \frac{v}{2}\begin{bmatrix} 1 & -1 \\ -1 & 1 \end{bmatrix}}_{\text{Upwind}} \;\; ; \;\; \mathbf{D} = \frac{\nu}{h}\begin{bmatrix} 1 & -1 \\ -1 & 1 \end{bmatrix}$$

zusammen mit dem Knotenkraftvektor

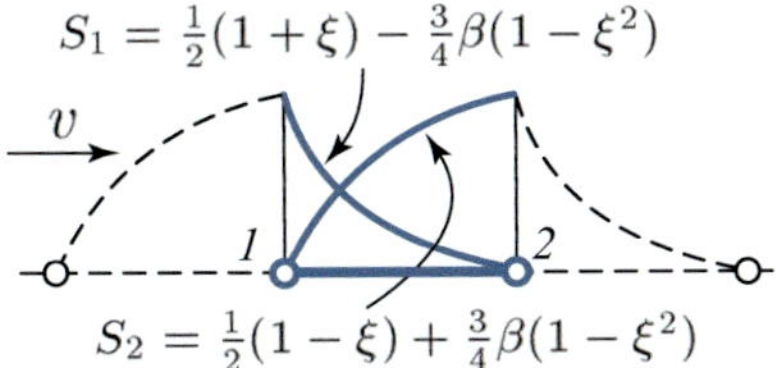

Abb. 4.15 Upwind-Stabilisierung des 1D Advektion-Diffusion (AD) Problems durch die Anwendung der Petrov-Galerkin Finite Elemente Methode (FEM). Buble-Modi werden den linearen Formfunktionen hinzugefügt und verändern die Interpolation der Testfunktion δc. Es resultiert in einem nicht-symmetrischen Effekt an den Knoten der finiten Elemente

$$\mathbf{f} = \frac{\alpha h}{2}\begin{bmatrix} 1 \\ 1 \end{bmatrix} + \underbrace{\beta\frac{\alpha h}{2}\begin{bmatrix} -1 \\ 1 \end{bmatrix}}_{\text{Upwind}}$$

definieren dann das Petrov-Galerkin 1D AD finite Element, siehe dazu auch Beispiel 4.5. Der Upwind-Beitrag von $\mathbf{f}$ betrifft nur den Rand und wird in vielen Anwendungen vernachlässigt. Die Diffusionsmatrix $\mathbf{D}$ und der Upwind-Beitrag zu $\mathbf{K}$ haben die gleiche Struktur. Es ermöglicht uns die FEM-Gleichungen gemäß (4.61) auszudrücken, wo $\nu^\star = \beta v h/2$ nun die hinzugefügte Diffusivität bestimmt, d.h. der Parameter β bestimmt die Menge der hinzugefügten Diffusivität. Er sollte groß genug sein, um Oszillationen zu unterdrücken, aber gleichzeitig so klein wie möglich, um übermäßig dissipative Ergebnisse zu vermeiden.

4.7.2.3 Allgemeine Anwendung für mehrdimensionale Probleme

Die zuvor genannten Ideen zur Stabilisierung des 1D AD-Problems können auf höhere Dimensionen erweitert werden. Die Diffusivität wird dann durch einen anisotropen *Diffusionstensor* hinzugefügt

$$\boldsymbol{\nu}^\star = \nu^\star\frac{\mathbf{v}\otimes\mathbf{v}}{|\mathbf{v}|^2}\,. \tag{4.63}$$

Der einzige nicht verschwindende Eigenwert von $\boldsymbol{\nu}^\star$ ist $|\mathbf{v}|^2$ und zeigt in die Richtung der Strömungsgeschwindigkeit $\mathbf{v}$. Entlang der Strömungsrichtung wird dadurch die Diffusivität $\nu^\star$ hinzugefügt und stabilisiert das Problem, während die Diffusivität senkrecht zur Strömung unverändert bleibt – *Querwinddiffusion* wird daher vermieden.

Unter Anwendung der Eigenschaft $\nu\mathrm{div}(\mathrm{grad}c) = \nu\mathbf{I}:\mathrm{grad}(\mathrm{grad}c)$, kann das AD-Problem (4.10) umgeschrieben werden, und die künstliche Diffusivität $\boldsymbol{\nu}^\star$ dann der physikalischen Diffusivität $\nu\mathbf{I}$ hinzugefügt werden. Der lokale Ausdruck $\mathbf{v}\cdot\mathrm{grad}c - (\nu\mathbf{I} + \boldsymbol{\nu}^\star):\mathrm{grad}(\mathrm{grad}c) + \alpha = 0$ regelt dann das stabilisierte AD-Problem und (4.63) führt zu

$$\mathbf{v}\cdot\mathrm{grad}\mathbf{c} - \frac{\nu^\star}{|\mathbf{v}|^2}(\mathbf{v}\otimes\mathbf{v}) : \mathrm{grad}(\mathrm{grad}c) - \nu\mathrm{div}(\mathrm{grad}\mathbf{c}) + \alpha = 0\,.$$

Die Anwendung der Variationsrechnung auf die ersten drei Terme ergibt dann

$$\int_\Omega \left(\delta c + \frac{\nu^\star}{|\mathbf{v}|^2}\mathbf{v}\cdot\mathrm{grad}\,\delta\mathbf{c}\right)\mathbf{v}\cdot\mathrm{grad}\mathbf{c}\,\mathrm{d}v + \int_\Omega \nu\,\mathrm{grad}\delta\mathbf{c}\cdot\mathrm{grad}\mathbf{c}\,\mathrm{d}v\,,$$

wobei die Oberflächenterme für die vorliegende Analyse nicht von Interesse sind und daher vernachlässigt wurden. Die Galerkin Interpolation $c = N_i h_i$ und $\delta c = N_i \delta h_i$ bestimmt dann die Advektions- und Diffusionsmatrizen

$$K_{ij} = \int_{\Omega_e} \underbrace{\left(N_i + \frac{\nu^\star}{|\mathbf{v}|^2}v_a B_{ai}\right)}_{S_i} v_b B_{bj}\,\mathrm{d}v \quad ; \quad D_{ij} = \int_{\Omega_e} B_{ai}\nu\, B_{aj}\,\mathrm{d}v \tag{4.64}$$

des e-ten finiten Elements. Wir können S_i auch als neu definierte Formfunktion zur Interpolation der Testfunktion interpretieren, $\delta c = S_i \delta h_i$, und $\mathbf{K}$ wäre dann aus einer Petrov-Galerkin-Näherung abgeleitet worden. Angesichts dessen, dass $\mathbf{D}$ immer noch auf einer Galerkin-Näherung basiert, sind die Matrizen (4.64) variationell inkonsistent, und diese Methode ist auch als *inkonsistente Streamline-Upwind (SU)* Stabilisierung bekannt.

4.7.2.4 Petrov-Galerkin-Formulierungen

Petrov-Galerkin-basierte Formulierungen für stabilisierte AD-Probleme können durch die folgende schwache Form zusammengefasst werden

$$\int_\Omega \delta c\, \mathbf{v} \cdot \mathrm{grad}\mathbf{c}\, \mathrm{d}\mathbf{v} + \int_\Omega \nu\, \mathrm{grad}\delta\mathbf{c} \cdot \mathrm{grad}\mathbf{c}\, \mathrm{d}\mathbf{v} + \underbrace{\int_\Omega \mathcal{P}(\delta c)\tau R(c)\, \mathrm{d}v}_{\text{Stabilisations Term}} = \int_{\partial\Omega_q} \delta c\, \overline{q} \mathrm{d}s - \int_\Omega \delta c \alpha \mathrm{d}v\,, \tag{4.65}$$

wobei τ einen vom Benutzer ausgewählten Stabilisierungsparameter bezeichnet, und $R(c) = \mathbf{v} \cdot \mathrm{grad}c - \nu \mathrm{div}(\mathrm{grad}c) + \alpha$ bezeichnet den Restfehler des AD-Problems $(4.10)_1$. Der Effekt der Stabilisierung ist niedrig bei einem kleinen R Term, und der Operator $\mathcal{P}(\delta c)$ wird durch die spezifische Stabilisierungsformulierung bestimmt.

Die Streamline Upwind Petrov-Galerkin (SUPG) Stabilisierung [6, 16] ist eine der am häufigsten verwendeten Stabilisierungsmethoden und verwendet

$$\mathcal{P}(\delta c) = \mathbf{v} \cdot \mathrm{grad}\delta\mathbf{c} \quad \text{and} \quad \tau = \nu^\star/|\mathbf{v}|^2\,.$$

Die Galerkin-Leastsquare (GLS) Stabilisierung ist eine weitere häufig verwendete Methode [18].

Beispiel 4.9 (SUPG-stabilisiertes 1D Advektion-Diffusion Problem) Um oszillierende Lösungen bei groben FEM-Netzen zu vermeiden, erfordert das Advektion-Diffusion (AD) Problem eine Stabilisierung. In diesem Beispiel soll das Streamline Upwind Petrov-Galerkin (SUPG)-stabilisierte finite Element zur Lösung des 1D AD Problems verwendet werden.

(a) Betrachten Sie die linearen Formfunktionen (4.3), und geben Sie die Ausdrücke von $\mathbf{K}$, $\mathbf{D}$ und $\mathbf{f}$ des SUPG-stabilisierten finiten Elements an. Bei gegebenen Stabilisierungsparameter β soll dabei die künstliche Diffusivität $\nu^\star = \beta v h/2$ in Betracht gezogen werden, wobei h und v jeweils die Länge des finiten Elements und die advektive Geschwindigkeit bezeichnen.
(b) Erklären Sie, warum das SUPG-stabilisierte finite Element als konsistentes Petrov-Galerkin finite Element betrachtet werden kann.
(c) Betrachten Sie das diskretisierte Problem wie es in Abb. 4.13 dargestellt ist, und verwenden Sie die Diffusivität $\nu = 1{,}0$ m^2 s^{-1}, die konstante Finite-Element-

Länge $h = 0{,}1$ m, und den Parameter $\alpha = 1{,}0\ \mathrm{s}^{-1}$ des AD-Problems. Berechnen Sie die wesentliche Variable c für die Péclet-Zahl $Pe = 1{,}0$ und schätzen Sie den Stabilisierungsparameter β (durch einfaches Probieren), der der exakten Lösung dieses Problems am nächsten kommt.

■

Wie beim AD-Problem können Galerkin-basierte FEM-Formulierungen auch bei der inkompressiblen Strömung (4.43) und (4.44) zu unerwünschten Knoten-zu-Knoten Oszillationen der Geschwindigkeit führen. Dies tritt vor allem in advektionsdominierten Strömungen sowie in Strömungen mit scharfen Grenzschichten auf. Die Verwendung von inkompatiblen Kombinationen der Formfunktionen für die Geschwindigkeit $\mathbf{v}$ und dem Druck p ist ebenfalls eine bekannte Ursache für numerische Instabilität. Sie führt zu Oszillationen, die hauptsächlich das Druckfeld beeinflussen. Sehr ähnliche Ansätze, wie sie zur Stabilisierung des AD-Problems diskutiert wurden, können auch zur Stabilisierung inkompressibler Strömungen verwendet werden [23].

4.8 Lösen des Systems der Finite-Elemente-Gleichungen

Die jeweilige biotechnische Anwendung bestimmt das zu lösende Gleichungssystem. Während ein lineares statisches strukturmechanisches Problem ein System von linearen algebraischen Gleichungen ergibt, erfordert ein nichtlineares dynamisches Problem die Lösung eines Systems von nichtlinearen partiellen Differentialgleichungen in der Zeit. Die Systeme können symmetrisch oder nicht symmetrisch sein und in vielen Fällen müssen die wesentlichen Variablen auch Nebenbedingungen erfüllen. In diesem Abschnitt werden häufig angewandte Ansätze zur Lösung von FEM-Gleichungssystemen diskutiert, Methoden wie sie auch zur Lösung der Systeme vieler anderer Diskretisierungsmethoden verwendet werden können.

4.8.1 Lösen spärlich besetzter linearer Systeme

Direkte oder *iterative* Strategien erlauben die Lösung des linearen Systems

$$\mathbf{Kh} - \mathbf{f} = \mathbf{0} \tag{4.68}$$

von algebraischen Gleichungen, und somit die Berechnung der wesentlichen Variable $\mathbf{h}$. In FEM-Anwendungen ist das System (4.68) in der Regel sehr groß und damit rechenintensiv. Die Matrix $\mathbf{K}$ ist konstant, spärlich besetzt und für viele Anwendungen auch symmetrisch. Speicherschemata, wie *Skyline*-Speicherung und *Sparse*-Speicherung, reduzieren dabei erheblich die zur Lösung benötigte Zeit sowie den Speicherbedarf der Daten. Sparse-Speicherschemata speichern nur die Nicht-Null-Elemente von $\mathbf{K}$, aber auf eine Weise, die dennoch effiziente Berechnungen, insbesondere von Matrix-Vektor-Produkten, ermöglicht.

4.8.1.1 Direkte Lösungsmethoden

Direkte Lösungsschemata und somit Varianten der *Gaußschen Elimination* eignen sich besonders für „kleine" Systeme mit bis zu etwa 100k Unbekannten. Paralleles Rechnen teilt das FEM Problem in kleinere Teilprobleme auf und ermöglicht, bei ausreichend vielen Prozessoren, auch die effiziente Lösung großer Probleme durch direkte Methoden.

LU-Faktorisierung ist eine direkte Lösungsmethode und drückt die Matrix durch $\mathbf{K} = \mathbf{LU}$ aus, wobei $\mathbf{L}$ und $\mathbf{U}$ die untere und die obere Dreiecksmatrizen sind. Hierbei bezeichnet $\mathbf{U}$ die etablierte Notation in der linearen Algebra und darf nicht mit dem rechten Strecktensor aus der Kontinuumsmechanik verwechselt werden. Alle auf der Gaußschen Elimination basierenden Methoden sind in ihrer reinen Form instabil, und ein *von Null verschiedenes Pivotelement* muss bei jedem Schritt des Eliminationsprozesses sichergestellt werden. Wegen der endlichen Präzision der numerischen Arithmetik können bereits kleine Pivotelemente das Schema instabil machen oder erhebliche numerische Fehler in die Lösung verursachen. Daher wird *Pivotisierung* verwendet.

Pivotisierung tauscht Zeilen des Gleichungssystems aus, um relativ große Einträge als Pivotelemente zu gewährleisten. Strategien wie teilweises Pivotisieren, vollständiges Pivotisieren und Turm-Pivotisieren können dabei angewandt werden. Das Ergebnis des Pivotisieren ist die Permutationsmatrix $\mathbf{I}_\mathrm{P}$, die Zeilen oder Spalten vertauscht. Das System (4.68) liest sich dann

$$\overline{\mathbf{Kh}} - \overline{\mathbf{f}} = \mathbf{0}\,,$$

wobei $\overline{\mathbf{K}} = \mathbf{I}_\mathrm{P}\mathbf{K}$, $\overline{\mathbf{f}} = \mathbf{I}_\mathrm{P}\mathbf{f}$, und $\overline{\mathbf{h}} = \mathbf{I}_\mathrm{P}\mathbf{h}$ die umgeordnete Matrix und Vektoren repräsentieren.

LDU-Faktorisierung ist ein weiterer häufig verwendeter Ansatz zur Lösung von spärlich besetzten linearen FEM Systemen. Er verwendet obere $\mathbf{U}$ und untere $\mathbf{L}$ Dreiecksmatrizen mit der Eigenschaft $\mathbf{L} = \mathbf{U}^\mathrm{T}$ sowie die Zerlegung $\mathbf{K} = \mathbf{LDU}$, wobei $\mathbf{D}$ eine nicht-singuläre Diagonalmatrix darstellt. Folglich lautet das System (4.68) $\mathbf{LDUh} = \mathbf{f}$ und seine Lösung erfordert drei aufeinanderfolgenden Schritte:

$$\begin{aligned}
\text{Vorwärtsreduktion: setze } \mathbf{DUh} &= \mathbf{z} \text{ und löse } \mathbf{Lz} = \mathbf{f} \text{ in } \mathbf{z}\,;\\
\text{Diagonalskalierung: setze } \mathbf{Uh} &= \mathbf{y} \text{ und löse } \mathbf{Dy} = \mathbf{z} \text{ in } \mathbf{y}\,;\\
\text{Rücksubstitution: löse } \mathbf{Uh} &= \mathbf{y} \text{ in } \mathbf{h}\,.
\end{aligned}$$

Es sind viele andere direkte Lösungsansätze bekannt, und reiche Literatur mit Methoden zur Lösung von spärlich besetzten linearen Systemen ist vorhanden [11].

4.8.1.2 Iterative Lösungsmethoden

Die Matrizen der FEM sind diagonal besetzt, eine Struktur, die die Anwendung von *iterativen* Lösungsmethoden unterstützt, die bevorzugte Wahl zur Lösung von „großen" Systemen mit mehr als etwa 100k Unbekannten.

Änderung des Vorzeichens und Hinzufügen von **Ah** zu beiden Seiten der Gl. (4.68) ergibt

$$\mathbf{Ah} = \mathbf{Ah} + \mathbf{f} - \mathbf{Kh}\,, \tag{4.69}$$

wobei **A** eine später zu spezifizierende Diagonalmatrix ist. Die Substitution $\mathbf{h} = \mathbf{h}_n$, angewendet aber nur auf die rechte Seite von (4.69), ergibt dann die Iterationsregel

$$\mathbf{Ah} = \mathbf{Ah}_n + \mathbf{f} - \mathbf{Kh}_n\ . \tag{4.70}$$

Wenn die Matrix **A** das FEM Problem approximiert, d.h. „ähnliche" Informationen wie **K** enthält, ist der Ausdruck (4.70) eine Fixpunktiteration und konvergiert zur Lösung von (4.68). Diese Iteration ist nur effizient, wenn **A** eine Diagonalmatrix ist, und das System (4.70) dann Zeile für Zeile gelöst werden kann. Die Diagonalmatrix **A** kann zB. durch die Diagonalelemente von **K** gebildet werden, oder indem alle Spaltenelemente von **K** in den entsprechenden Diagonalelement von **A** zusammengefasst werden.

Die Konvergenz der Iteration (4.70) kann durch *Vorkonditionierung* verbessert werden. Das System (4.68) wird dann vor dem Start der Iteration (4.70) mit einer problemspezifischen Vorkonditionierungsmatrix multipliziert. Es sind iterative Lösungsmethoden auch auf vielen anderen Ansätzen bekannt, und die Literatur beschreibt eine Vielzahl von schnellen iterativen Lösungsverfahren [13].

Beispiel 4.10 (Lösen eines linearen Gleichungssystems) Das symmetrische System linearer Gleichungen $\mathbf{Kh} = \mathbf{f}$ mit

$$\mathbf{K} = \begin{bmatrix} 8 & 2 & 1 & 0 \\ 2 & 9 & 5 & 3 \\ 1 & 5 & 12 & 2 \\ 0 & 3 & 2 & 6 \end{bmatrix} \quad ; \quad \mathbf{f} = \begin{bmatrix} 0 \\ 0 \\ 1 \\ 2 \end{bmatrix}$$

stellt ein diskretisiertes Strukturproblem dar.

(a) Verwenden Sie eine auf der LU-Faktorisierung basierende direkte Lösungsmethode, um das Gleichungssystem in **h** zu lösen.
(b) Verwenden Sie eine iterative Lösungsmethode, um das Gleichungssystem zu lösen und untersuchen Sie deren Konvergenz.

■

4.8.2 Zeitintegration

Die Lösung eines instationären FEM-Problems erfordert die Integration eines Systems von partiellen Differentialgleichungen in der Zeit. Um ein solches Problem zu untersuchen, betrachten wir einfachheitshalber die Differentialgleichung erster Ordnung $\mathrm{d}y/\mathrm{d}t = f(t, y)$, wobei y und t die wesentliche Variable und die Zeit bezeichnen. Ein *expliziter* oder *impliziter* Ansatz kann verwendet werden, um

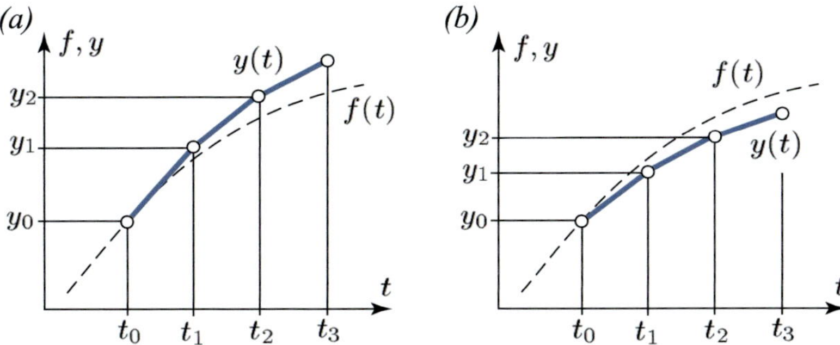

Abb. 4.16 Numerische Integration einer Differentialgleichung erster Ordnung, wobei deren exakte Lösung durch die Funktion $f(t)$ (gestrichelte Kurve) dargestellt wird. (**a**) Vorwärts-Euler Integration und (**b**) Rückwärts-Euler Integration liefern jeweils die Approximationen die mit $y(t)$ (durchgezogene Kurven) dargestellt wird

die Funktion $f(t, y)$ zu integrieren. Mit der wesentlichen Variablen y_n zur Zeit t_n, ermöglicht eine explizite Methode den expliziten Ausdruck der wesentlichen Variable y_{n+1} zur Zeit $t_{n+1} = t_n + \Delta t$, und somit um das Zeitinkrement Δt später. Im Gegensatz dazu erfordern implizite Methoden die Lösung eines impliziten Gleichungssystems zur Berechnung der wesentlichen Variable y_{n+1}. Im Allgemeinen kann eine zeitliche Iterationsvorschrift wie

$$y_{n+1} = y_n + \phi \Delta t$$

für die Integration verwendet werden – diese ist explizit für $\phi = \phi(t_n, y_n)$ und implizit für $\phi = \phi(t_{n+1}, y_{n+1})$.

Die *Euler Integration* verwendet den Faktor $\phi = \mathrm{d}y/\mathrm{d}t$ und führt entweder zu expliziten oder impliziten Integrationen, jeweils bekannt als vorwärts-gerichtete und rückwärts-gerichtete Euler Integrationen, siehe Abb. 4.16. Die Genauigkeit der Euler Integration ist von *erster Ordnung* und ihr *globaler* Rundungsfehler, der Fehler zu einem gegebenen Zeitpunkt t, ist daher proportional zur Schrittgröße Δt. Die Fehlerabschätzung

$$\epsilon(\Delta t) = |f - y| < C \Delta t^q$$

hat dann den Koeffizienten $q = 1$. Die Konstante C hängt von der Funktion f ab. Im Gegensatz dazu ist der *lokale* Rundungsfehler, der Fehler pro Schritt, proportional zu Δt^2. Die Euler Integration ist der einfachste Fall einer Familie von Zeitschrittalgorithmen, bekannt als *Runge*[9]*-Kutta*[10] Methoden. Neben der Genauigkeit ist die Stabilität der Zeitintegration entscheidend für die Lösung von praktischen Problemen und definiert Bedingungen für die Schrittgröße Δt, die zu einer konvergierenden numerischen Lösung führen. Die Stabilität ist besonders wichtig für sogenannte *steife* Probleme, bei denen die Lösung des Problems scharfe Gradienten in der Zeit aufweist, bevorzugte Bedingungen zur Bildung von Instabilitäten.

[9] Carl David Tolmé Runge, deutscher Mathematiker, Physiker und Spektroskopist, 1856–1927.

[10] Martin Wilhelm Kutta, deutscher Mathematiker, 1867–1944.

Beispiel 4.11 (Stabilität der Euler Integration) Betrachten Sie die steife Differentialgleichung

$$\mathrm{d}y/\mathrm{d}t = -yt \quad ; \quad y(0) = 1 \tag{4.72}$$

und testen Sie die Stabilität der Euler Integration.

(a) Geben Sie die Iteration der Vorwärts-Euler sowie der Rückwärts-Euler Integrationen an.
(b) Verwenden Sie die Schrittgröße $\Delta t = 9/10$ und benutzen Sie die Vorwärts-Euler sowie die Rückwärts-Euler Integrationen zur Lösung des Problems im Intervall $0 \leq t \leq 9$.

■

4.8.3 Nichtlineare Formulierungen

Eine Reihe biotechnischer Probleme werden durch nichtlineare Gleichungssysteme beschrieben. Die wesentliche Variable **h** wird dann durch die nichtlineare Vektorgleichung

$$\mathbf{g}(\mathbf{h}) - \mathbf{f}(\mathbf{h}) = \mathbf{0}\,, \tag{4.73}$$

bestimmt, wobei $\mathbf{g}(\mathbf{h})$ und $\mathbf{f}(\mathbf{h})$ jeweils die internen und externen Beiträge zu den Knotenkräften bezeichnen. Nichtlinearitäten können zB. von Eigenschaften herrühren, wie eine nichtlineare konstitutive Beschreibung, endliche Verformungen, dem advektiven Term in der materiellen Zeitableitung und Folgelasten.

Eine Taylor-Entwicklung erster Ordnung von (4.73) um $\mathbf{h}_0$ und über dem Inkrement $\Delta\mathbf{h}$ ergibt das System

$$\mathbf{g}(\mathbf{h}_0) + \mathbf{K}(\mathbf{h}_0)\Delta\mathbf{h} - \mathbf{f}(\mathbf{h}_0) - \mathbf{K}_\mathrm{f}(\mathbf{h}_0)\Delta\mathbf{h} = \mathbf{K}(\mathbf{h}_0)\Delta\mathbf{h} - \mathbf{K}_\mathrm{f}(\mathbf{h}_0)\Delta\mathbf{h} = \mathbf{0} \tag{4.74}$$

von linearisierten Gleichungen, wobei $\mathbf{K}(\mathbf{h}_0)$ und $\mathbf{K}_\mathrm{f}(\mathbf{h}_0)$ die internen und externen Beiträge zur Systemsteifigkeit kennzeichnen. Die Ableitung von $(4.74)_2$ verwendete die Gleichgewichtsrelation $\mathbf{g}(\mathbf{h}_0) - \mathbf{f}(\mathbf{h}_0) = \mathbf{0}$ im Zustand $\mathbf{h}_0$ der wesentlichen Variable.

Die internen **K** und externen $\mathbf{K}_\mathrm{f}$ Beiträge hängen von der speziellen Problemstellung ab. Für das lineare Problem im Abschn. 4.6, führt die konstante externe Last b_f zu $\mathbf{K}_\mathrm{f} = \mathbf{0}$, sodass, mit der konstanten Steifigkeit **K**, sich das Gleichgewicht (4.73) auf das lineare System $\mathbf{Kh} - \mathbf{f} = \mathbf{0}$, und somit auf (4.68), reduziert.

4.8.4 Inkrementelle Formulierung

Mit den externen und internen Knotenkräften **f** und **g**, sowie der Knotenbeiträge von Trägheit und Dämpfung **m** und **d**, bestimmt

$$\mathbf{m}(\ddot{\mathbf{h}}) + \mathbf{d}(\dot{\mathbf{h}}) + \mathbf{g}(\mathbf{h}) - \mathbf{f}(\mathbf{h}) = \mathbf{0} \tag{4.75}$$

die Bewegung eines Materialpartikels. Der Ausdruck beschreibt, wie sich der Bewegungszustand des Partikels, gekennzeichnet durch die Verschiebung $\mathbf{h}$, die Geschwindigkeit $\dot{\mathbf{h}}$, und die Beschleunigung $\ddot{\mathbf{h}}$, im Laufe der Zeit verändert.

Betrachten wir nun eine kleine Abweichung vom Gleichgewichtszustand. Die inkrementelle Beziehung $\Delta\mathbf{m}(\ddot{\mathbf{h}}) + \Delta\mathbf{d}(\dot{\mathbf{h}}) + \Delta\mathbf{g}(\mathbf{h}) - \Delta\mathbf{f}(\mathbf{h}) = \mathbf{0}$ folgt dann aus der Beziehung (4.75) und ergibt

$$\mathbf{M}(\mathbf{h})\Delta\ddot{\mathbf{h}}) + \mathbf{D}(\mathbf{h})\Delta\dot{\mathbf{h}} + \mathbf{K}(\mathbf{h})\Delta\mathbf{h} - \mathbf{K}_\mathrm{f}(\mathbf{h})\Delta\mathbf{h} = \mathbf{0}\,, \tag{4.76}$$

wo die linearen Approximationen $\Delta\mathbf{m}(\ddot{\mathbf{h}}) = \mathbf{M}\Delta\ddot{\mathbf{h}}$, $\Delta\mathbf{d}(\dot{\mathbf{h}}) = \mathbf{D}(\mathbf{h})\Delta\dot{\mathbf{h}}$, $\Delta\mathbf{g}(\mathbf{h}) = \mathbf{K}(\mathbf{h})\,\Delta\mathbf{h}$, und $\Delta\mathbf{f}(\mathbf{h}) = \mathbf{K}_\mathrm{f}(\mathbf{h})\,\Delta\mathbf{h}$ verwendet wurden. Die Massen- und Dämpfungsmatrizen werden hier durch $\mathbf{M}$ und $\mathbf{D}$ bezeichnet, während $\mathbf{K}$ und $\mathbf{K}_\mathrm{f}$ die Steifigkeitsmatrizen zufolge interner und externer Knotenkräfte bezeichnen. Die Lösung des Systems (4.76) liefert die Inkremente $\Delta\mathbf{h}$, $\Delta\dot{\mathbf{h}}$, und $\Delta\ddot{\mathbf{h}}$ und ermöglicht uns dann, den Zustand $\mathbf{h} = \mathbf{h}_n + \Delta\mathbf{h}$, $\dot{\mathbf{h}} = \dot{\mathbf{h}}_n + \Delta\dot{\mathbf{h}}$, und $\ddot{\mathbf{h}} = \ddot{\mathbf{h}}_n + \Delta\ddot{\mathbf{h}}$ zu aktualisieren, wobei $(\bullet)_n$ Zustandsvariablen zur vorherigen Zeit t_n bezeichnet.

Während die *Randbedingungen* bereits in (4.76) enthalten sind, erfordert die Berechnung von $\mathbf{h}, \dot{\mathbf{h}}, \ddot{\mathbf{h}}$ über den Zeitraum t auch die Angabe der Zustandsvariablen zur Zeit $t = 0$, d.h. die *Anfangsbedingungen* des Problems.

4.8.5 Explizite Lösung

Die *explizite Lösungsstrategie* löst das System (4.76) für die Beschleunigung, und damit das System

$$\mathbf{M}_n\Delta\ddot{\mathbf{h}}_{n+1} = \mathbf{K}_{\mathrm{f}\,n}\Delta\mathbf{h}_n - \mathbf{D}_n\Delta\dot{\mathbf{h}}_n - \mathbf{K}_n\Delta\mathbf{h}_n\,, \tag{4.77}$$

wobei $(\bullet)_n$ Information bezeichnet, die vom letzten Zeitpunkt her bekannt ist, während $(\bullet)_{n+1}$ die zu berechnende Beschleunigung kennzeichnet. Mit der Anwendung einer *konzentrierten Massenmatrix*, kann die Beschleunigungszunahme $\Delta\ddot{\mathbf{h}}_{n+1}$ schnell berechnet werden. Die Matrix $\mathbf{M}_n$ ist dann eine Diagonalmatrix und (4.77) stellt eine Iterationsregel dar, und vermeidet damit das Lösen eines eigentlichen Gleichungssystems. Mit der Beschleunigung $\ddot{\mathbf{h}}_{n+1} = \ddot{\mathbf{h}}_n + \Delta\ddot{\mathbf{h}}_{n+1}$ und dem Zeitinkrement Δt kann dann die Geschwindigkeit $\dot{\mathbf{h}}_{n+1} = \dot{\mathbf{h}}_n + \ddot{\mathbf{h}}_{n+1}\Delta t$, sowie die Verschiebung $\mathbf{h}_{n+1} = \mathbf{h}_n + \dot{\mathbf{h}}_{n+1}\Delta t$ bestimmt werden. Ein einzelner Iterationsschritt bestimmt damit diesen Zeitschrittalgorithmus.

Diese Lösungsstrategie verwendet ausschließlich Informationen zur Zeit t_n um den Systemzustand bei t_{n+1} zu berechnen, es handelt sich daher um eine *explizite* Zeitintegration. Das Courant-Friedrichs-Lewy (CFL) Kriterium [9]

$$\Delta t < \alpha \min(h/c) \tag{4.78}$$

kann dabei verwendet werden, um den Zeitschritt Δt so festzulegen, dass die Stabilität der Lösung gewährleistet ist. Der Faktor α wird oft auf eins gesetzt, während

h [m] und c [m s^{-1}] die charakteristische Länge des kleinsten finiten Elements des diskretisierten Problems und die Schallgeschwindigkeit im Material bezeichnen. Das CFL Kriterium stellt sicher, dass sich eine Schallwelle während eines Zeitschritts nicht vollständig durch das kleinste finite Element ausbreiten kann.

Eine explizite Lösung wird für Probleme mit signifikanten Trägheits- oder viskosen Kräften empfohlen, sodass der erste oder zweite Term in (4.76) einen erheblichen Beitrag zu den Knotenkräften leistet. Bei der Lösung von nichtlinearen Problemen mit einem expliziten Zeitschrittverfahren ist es immer schwierig, die Abweichung der numerischen von der exakten Lösung zu kontrollieren.

4.8.6 Implizite Lösung

Die *implizite Lösungsstrategie* löst das System (4.76) für die Verschiebungen. Es wird dann als

$$\mathbf{K}^\star(\mathbf{h})\Delta\mathbf{h} - \mathbf{f}^\star = \mathbf{0} \tag{4.79}$$

umgeschrieben, wo $\mathbf{K}^\star$ und $\mathbf{f}^\star$ jeweils die algorithmische Steifigkeitsmatrix und der algorithmische Lastvektor ist.

Betrachten wir das Problem ersten Ordnung $\mathbf{D}\Delta\dot{\mathbf{h}} + \mathbf{K}\Delta\mathbf{h} - \mathbf{K}_\mathrm{f}\Delta\mathbf{h} = \mathbf{0}$ um die Ableitung von $\mathbf{K}^\star$ und $\mathbf{f}^\star$ zu veranschaulichen. Mit $\Delta\dot{\mathbf{h}}_{n+1} = \dot{\mathbf{h}}_{n+1} - \dot{\mathbf{h}}_n$ und der impliziten (rückwärts-gerichteten) Euler-Approximation $\dot{\mathbf{h}}_{n+1} \approx \Delta\mathbf{h}_{n+1}/\Delta t$ der Geschwindigkeit, erhalten wir das zeitdiskretisierte System

$$\begin{aligned}
\mathbf{D}_{n+1}\Delta\mathbf{h}_{n+1}/\Delta t - \mathbf{D}_{n+1}\dot{\mathbf{h}}_n + \mathbf{K}_{n+1}\Delta\mathbf{h}_{n+1} - \mathbf{K}_{\mathrm{f}n+1}\Delta\mathbf{h}_{n+1} &= \mathbf{0}\\
\underbrace{(\mathbf{D}_{n+1}/\Delta t + \mathbf{K}_{n+1} - \mathbf{K}_{\mathrm{f}\,n+1})}_{\mathbf{K}^\star_{n+1}}\Delta\mathbf{h}_{n+1} - \underbrace{\mathbf{D}_{n+1}\dot{\mathbf{h}}_n}_{\mathbf{f}^\star_{n+1}} &= \mathbf{0}\,,
\end{aligned}$$

ein Ausdruck gemäß der Form (4.79).

Im Allgemeinen ist die algorithmische Steifigkeit und der Lastvektor durch

$$\mathbf{K}^\star = k_1\mathbf{K} + k_2\mathbf{D} + k_3\mathbf{M} - \mathbf{K}_\mathrm{f}\ ;\ \mathbf{f}^\star = (m_1\mathbf{D} + m_2\mathbf{M})\ddot{\mathbf{h}}_n + (d_1\mathbf{D} + d_2\mathbf{M})\dot{\mathbf{h}}_n$$

gegeben, wo die jeweilige Zeitintegrationsmethode, wie beispielsweise die Newmark-Methode oder die Hilber-Hughes-Taylor-Methode [15], dann die Koeffizienten k_i, d_i, m_i bestimmt. Für viele Anwendungen sind $\mathbf{D}$ und $\mathbf{M}$ konstant, und der algorithmische Lastvektor $\mathbf{f}^\star$ ist dann zeitunabhängig und kann als Historie-Vektor betrachtet werden. Dann beschreibt das nichtlineare System

$$\mathbf{K}^\star_{n+1}\Delta\mathbf{h}_{n+1} - \mathbf{f}^\star_n = \mathbf{0} \tag{4.80}$$

das instationäre physikalische Problem, und seine Lösung wird in den folgenden Abschnitten diskutiert.

4.8.6.1 Newton-Raphson-Methode

Ein nichtlineares FEM-Problem kann immer durch das System

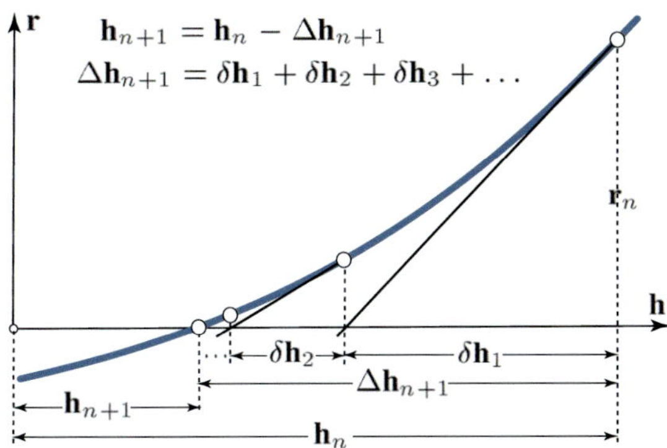

Abb. 4.17 Newton-Raphson Fixpunktiteration zur Berechnung der wesentlichen Variablen $\mathbf{h}$, sodass für das Residuum $\mathbf{r} = \mathbf{0}$ gilt. Beginnend bei $\mathbf{h}_n$ und dem Residuum $\mathbf{r}_n$, illustriert das Bild die Iterationen $\delta\mathbf{h}_i$, Inkremente die sich dann aufsummieren und letztendlich das Inkrement $\Delta\mathbf{h}_{n+1}$ ergeben. Das Update $\mathbf{h}_{n+1} = \mathbf{h}_n + \Delta\mathbf{h}_{n+1}$ liefert schließlich die Lösung

$$\mathbf{K}^\star(\mathbf{h})\Delta\mathbf{h} - \mathbf{f}^\star = \mathbf{r}(\mathbf{h}) \tag{4.81}$$

von Gleichungen dargestellt werden, wobei $\mathbf{r} = \mathbf{0}$ das Residuum bezeichnet. Das quasi-statische Problem unter konstanter Belastung ist ein spezieller Fall; $\mathbf{K}^\star(\mathbf{h}) = \mathbf{K}(\mathbf{h})$ bezeichnet dann die Steifigkeit, die nur aus den internen Beiträgen zu den Knotenkräften besteht, und $\mathbf{f}^\star(\mathbf{h}) = \mathbf{0}$ gilt. Das nichtlineare System (4.81) wird iterativ durch die Minimierung des Residuums $\mathbf{r}$ gelöst, bis $|\mathbf{r}| < \epsilon$, wobei ϵ eine Toleranz bezeichnet. Mit der Lösung $\mathbf{h}_n$ aus dem vorherigen Schritt, ergibt sich dann das aktuelle Inkrement $\Delta\mathbf{h}$ und ermöglicht uns, die Lösung $\mathbf{h} = \mathbf{h}_n + \Delta\mathbf{h}$ zu aktualisieren.

Die *Newton-Raphson* Fixpunktiteration $\Delta\mathbf{h} \leftarrow \Delta\mathbf{h} - [\partial\mathbf{r}/\partial\mathbf{h}]^{-1}\mathbf{r}$ stellt einen gängigen Ansatz zur Lösung des Systems (4.81) dar. Abb. 4.17 veranschaulicht die Berechnung des Inkrements $\Delta\mathbf{h}_{n+1}$, das dabei zur Aktualisierung der wesentlichen Variablen $\mathbf{h}_{n+1} = \mathbf{h}_n + \Delta\mathbf{h}_{n+1}$ verwendet wird. Angesichts der großen Dimension eines FEM-Systems wird seine Steifigkeitsmatrix $\mathbf{K}^\star = \partial\mathbf{r}/\partial\mathbf{h}$ nicht invertiert und die Speicherung von $\Delta\mathbf{h}$ wird ebenfalls vermieden. Eine praktisch anwendbare Implementierung der Newton-Raphson Fixpunktiterationen lautet dann

$$\mathbf{h} \leftarrow \mathbf{h} - \delta\mathbf{h} \;\; \text{mit}\, \delta\mathbf{h}\, \text{durch Lösung von} \;\; \mathbf{K}^\star(\mathbf{h})\delta\mathbf{h} = \mathbf{0} \;\; \text{mit} \;\; \mathbf{h}_0 = \mathbf{0}\,. \tag{4.82}$$

Bei einem kontinuierlichen Residuum $\mathbf{r}$ und einem Startvektor $\mathbf{h}$, der nahe an der Lösung liegt, konvergiert die Newton-Raphson Fixpunktiteration *quadratisch*. Die Lösung wird dann innerhalb einer kleinen Anzahl an Iterationen (drei bis sechs) gefunden und das Residuum erfüllt die Bedingung

$$\log\left(|\mathbf{r}|_{n+1}\right) / \log\left(|\mathbf{r}|_n\right) \approx 2 \tag{4.83}$$

zwischen zwei aufeinanderfolgenden Iterationen nahe der Lösung.

Tab. 4.2 Algorithmus zur Lösung eines nichtlinearen FEM-Problems mit Lastinkrementierung und Newton-Raphson Iteration

(1) Festlegen des Lastinkrements $\Delta\lambda = 1/n_l$, wobei n_l die Anzahl der Lastinkremente bezeichnet
(2) Initialisieren der wesentlichen Variablen $\mathbf{h} = \mathbf{0}$ und des Lastfaktors $\lambda = 0$
(3) Festlegen des Lastinkrements $\Delta\mathbf{f} = \Delta\lambda\mathbf{f}$
(4) Schleife über die Lastinkremente Fortsetzung solange $\lambda \leq 1$ $\lambda \leftarrow \lambda + \Delta\lambda$
(5) Schleife über die Newton-Raphson Iterationen Fortsetzung solange $\lvert\mathbf{r}\rvert \geq 10^{-8}$ Berechne $\delta\mathbf{h}$ aus der direkten oder iterativen Lösung von $\mathbf{K}(\mathbf{h})\delta\mathbf{h} - \Delta\mathbf{f} = \mathbf{r}(\mathbf{h})$ $\mathbf{h} \leftarrow \mathbf{h} - \delta\mathbf{h}$ Ende der Schleife Ende der Schleife

4.8.6.2 Lastinkrementierung

Die Newton-Raphson Iteration konvergiert unter Umständen *nicht* für große Inkremente $\Delta\mathbf{h}$ und somit für Initialisierungen $\mathbf{h}_n$, die zu weit von der Lösung $\mathbf{h}_{n+1}$ entfernt sind. Während bei instationären Problemen der Zeitschritt Δt reduziert werden kann, wird bei quasi-statischen Problemen häufig *Lastinkrementierung* angewendet, um diesen Nachteil der Newton-Raphson Methode zu überwinden. Ein Lastfaktor $0 \leq \lambda \leq 1$ wird eingeführt, und anstelle von (4.73), wird $\mathbf{g}(\mathbf{h}) - \lambda\mathbf{f} = \mathbf{0}$ gelöst, wobei wir zur Vereinfachung konstante Belastung betrachten. Sobald die Lösung gefunden ist, wird der Lastfaktor λ erhöht und das Problem dann erneut gelöst. Es entspricht dies dem Lösen des Systems

$$\mathbf{K}(\mathbf{h})\Delta\mathbf{h} - \Delta\mathbf{f} = \mathbf{r}(\mathbf{h}) \, , \tag{4.84}$$

für jedes Lastinkrement $\Delta\mathbf{f} = (\lambda_{n+1} - \lambda_n)\mathbf{f}$ und führt damit zu zwei verschachtelten Schleifen, siehe Tab. 4.2. Der Lastfaktor λ kann auch mit den wesentlichen Variablen $\mathbf{h}$ verknüpft sein, was dann zu Lösungstechniken führt, die als *Bogenlängen-* oder *Fortsetzungsmethoden* bekannt sind, siehe Abschn. 4.8.6.4.

4.8.6.3 Dirichlet *Versus* Neumann Randbedingungen

Die Beschreibung von entweder Dirichlet oder Neumann Randbedingungen kann wichtige Auswirkungen auf die Existenz der Lösung eines nichtlinearen Prob-

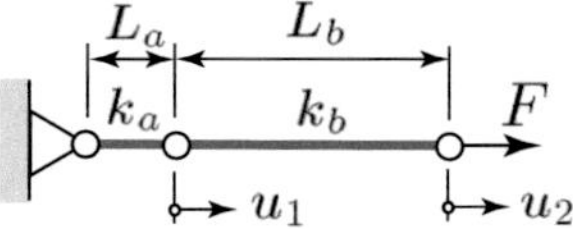

Abb. 4.18 Zwei finite Elemente zur Modellierung des Versagens eines Zugstabes. Element a erfasst die Materialerweichung, während Element b linear-elastische Eigenschaften hat

lems haben. Betrachten wir dazu einen Zugstab mit der Elastizitätsmodul E und dem Querschnitt A. Er wird durch zwei finite Elemente der Längen $L_a = \xi L$ und $L_b = (1-\xi)L$ mit $0<\xi<1$ modelliert, siehe Abb. 4.18. Element b ist linear-elastisch und hat die Steifigkeit $k_b = EA/[(1-\xi)L]$, während Element a die Erweichung bis zum Versagen des Stabes widerspiegelt. Die referenzielle Steifigkeit $k_{a0} = EA/(\xi L)$ des Elements a ändert sich daher mit zunehmender Verzerrung $\varepsilon = u_1/(\xi L)$ hin zu $k_a = -(k_{a0}/\varepsilon)\exp(-\varepsilon)[\exp(-\varepsilon) - 1]$.

Die beiden Gleichungen $F = -k_{a0}\exp[-u_1/(\xi L)]\{\exp[-u_1/(\xi L)] - 1\}$ und $F = k_b(u_2 - u_1)$ beschreiben dann das interne Gleichgewicht am Verbindungsknoten, und mit der Substitution $u_1 = u_2 - F/k_b$, erhalten wir die Residuumsgleichung

$$r(u_2, F) = k_{a0}\alpha(\alpha - 1) + F = 0 \quad \text{mit} \quad \alpha = \exp[(F/k_b - u_2)/(\xi L)] \tag{4.85}$$

des vorliegenden nichtlinearen Problems. Wir können nun entweder die Last F oder die Verschiebung u_2 vorschreiben, was dann entweder eine Neumann oder eine Dirichlet Randbedingung am rechten Ende des Stabes darstellt. Eine Newton-Raphson Methode kann dann verwendet werden, um die nicht vorgeschriebene Variable zu bestimmen.

Tab. 4.3 veranschaulicht die Vorgabe der Dirichlet Randbedingung oder der *verschiebungsgesteuerten* Problembeschreibung. Die Verschiebung u_2 wird dabei vorgegeben, während die Iteration $F \leftarrow F - \delta F$ mit $\delta F = r(\partial r/\partial F)^{-1}$ die Kraft im Stab bestimmt. Im Gegensatz dazu veranschaulicht Tab. 4.4 die Vorgabe der Neumann Randbedingung oder der *lastgesteuerten* Problembeschreibung, bei der die Kraft F vorgegeben ist und die Iteration $u_2 \leftarrow u_2 - \delta u_2$ mit $\delta u_2 = r(\partial r/\partial u_2)^{-1}$ dann die Verschiebung bestimmt. Solange die Nachgiebigkeit nicht verschwindet $\partial r/\partial F \neq 0$, kann eine verschiebungsgesteuerte Problembeschreibung die strukturelle Erweichung des Stabes beschreiben, während eine lastgesteuerte Beschreibung dies nur bis zum Erreichen der maximalen Last kann. An diesem Limit ist die

Tab. 4.3 Algorithmus für die verschiebungsgesteuerte Lösung des Residuums (4.85)

(1) Parameter festlegen $\xi = 0{,}4$; $E = 70{,}0$ MPa; $A = 1{,}0$ cm^2; $L = 0{,}5$ m $k_b = EA/[(1-\xi)L]$; $k_{a0} = EA/(\xi L)$
(2) Verschiebungsinkrement $\Delta u_2 = 1/n$ festlegen, wobei n die Anzahl der Inkremente bezeichnet
(3) Variablen initialisieren: $u_2 = 0$ und $F = 0$
(4) Schleife über die Lastinkremente Fortsetzen solange $u_2 \leq n\Delta u_2$ $u_2 \leftarrow u_2 + \Delta u_2$
(5) Schleife über die Newton-Raphson Iteration $r = 1$ Fortsetzen solange $r \geq 10^{-8}$ $r = k_{a0}\alpha[\alpha - 1] + F$; $K = \frac{k_{a0}\alpha(2\alpha-1)}{L\xi k_b} + 1$ mit $\alpha = \exp\left[\frac{F/k_b - u_2}{\xi L}\right]$ $F \leftarrow F - \delta F$ mit $\delta F = r/K$ Ende der Schleife Ende der Schleife

Tab. 4.4 Algorithmus für die lastgesteuerte Lösung des Residuums (4.85)

(1) Parameter festlegen $\xi=0{,}4$; $E=70{,}0$ MPa; $A=1.0$ cm^2; $L=0.5$ m $k_b=EA/[(1-\xi)L]$;$k_{a0}=EA/(\xi L)$
(2) Lastinkrement $\Delta u_2=1/n$ festlegen, wobei n die Anzahl der Inkremente bezeichnet
(3) Variablen initialisieren: $u_2=0$ und $F=0$
(4) Schleife über die Lastinkremente Fortsetzen solange $F\leq n\,\Delta F$ $F\leftarrow F+\Delta F$
(5) Schleife über die Newton-Raphson Iteration $r=1$ Fortsetzen solange $r\geq 10^{-8}$ $r=k_{a0}\alpha[\alpha-1]+F$; $K=-\frac{k_{a0}\alpha(2\alpha-1)}{\xi L}$ mit $\alpha=\exp\left[\frac{F/k_b-u_2}{\xi L}\right]$ $u_2\leftarrow u_2-\delta u_2$ mit $\delta u_2=r/K$ Ende der Schleife Ende der Schleife

Steifigkeit $\partial r/\partial u_2=0$ und dieser Ausdruck kann daher nicht invertiert werden. Abb. 4.20 zeigt die Kraft als Funktion der Verschiebung, jeweils berechnet mit den verschiebungs- und lastgesteuerten Lösungsansätzen.

Beispiel 4.12 (Federhebel) Abb. 4.19 zeigt eine Struktur, die durch die Kraft F belastet wird. Ein starrer Hebel leitet dabei die Kraft in eine Feder der Steifigkeit $k=1{,}2$ N mm^{-1} um. Die Struktur ist gewichtslos, und die Abmessungen $a=$ 38 mm und $b=20$ mm definieren ihre unbelastete Konfiguration. Das Kräftegleichgewicht bestimmt ihre räumliche Konfiguration, die durch die vertikale Verschiebung v parametrisiert werden kann.

(a) Leiten Sie die nichtlineare Residuumsgleichung dieses Problems her.
(b) Verwenden Sie eine Newton-Raphson Iteration, um die Kraft F bei einer vorgegebenen Verschiebung v zu berechnen.
(c) Verwenden Sie eine Newton-Raphson Iteration, um die Verschiebung v bei einer vorgegebenen Kraft F zu berechnen.

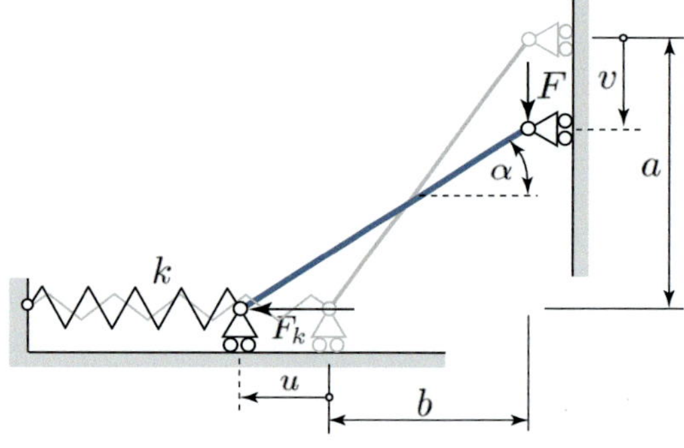

Abb. 4.19 Struktur, die durch die Kraft F belastet wird, die durch einen starren Hebel in eine Feder umgeleitet wird. Die Verschiebung v definiert die räumliche Konfiguration der Struktur

■

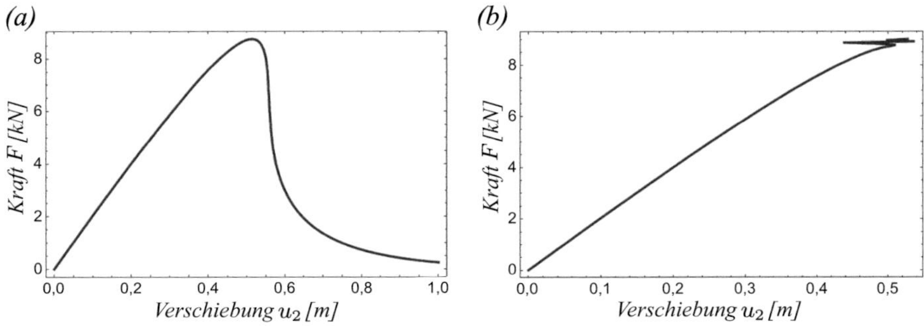

Abb. 4.20 Kraft-Verschiebungs Eigenschaften des in Abb. 4.18 gezeigten Zugstabs unter Verwendung der Parameter $E = 70{,}0$ MPa, $A = 1{,}0$ cm^2, $L = 0{,}5$ m und $\xi = 0{,}4$. (**a**) Verschiebungsgesteuerte Lösung. (**b**) Lastgesteuerte Lösung mit nicht konvergierten Ergebnissen nahe der Belastungsgrenze der Struktur

4.8.6.4 Bogenlängen- oder Fortsetzungsmethoden

Eine Struktur kann ein sogenanntes *Snap-back*-Verhalten aufweisen, d.h. die Struktur kann zurückschnappen, eine Konfigurationsänderung ähnlich dem Durchschlagen. Der Kraft-Verschiebungspfad wird dann instabil, und die Struktur ändert schnell (plötzlich) ihre Konfiguration. Selbst ein verschiebungsgesteuerter Lösungsansatz ist dann nicht anwendbar. Während eine instationäre Lösung, und somit die Berücksichtigung der Dynamik des Snap-back durchaus möglich wäre, ist die quasi-statische Lösung unter Zuhilfenahme der Bogenlängenmethode wesentlich schneller.

Das *Bogenlängenverfahren* führt den Lastfaktor λ ein, einen zusätzlichen Freiheitsgrad, der die externe Belastung wichtet. Er muss von jenem in Abschn. 4.8.6.2 unterschieden werden, wo der Lastfaktor in der Lösung des Problems vorgeschrieben wurde. Jetzt definieren die Knotenverschiebungen $\mathbf{u}$ zusammen mit dem Lastfaktor λ die generalisierte Variable $\mathbf{h} = [\mathbf{u}\ \lambda]^{\mathrm{T}}$, und das Problem wird entlang des Pfades gelöst, der durch die Inkremente $\Delta\mathbf{h}$ abgebildet wird. Für ein quasi-statisches Problem, wo $\mathbf{g}$ und $\mathbf{f}$ die internen und jeweiligen externen Knotenkräfte bezeichnen, bildet das System

$$\mathbf{g} - \lambda\mathbf{f} = \mathbf{r}_{\mathrm{u}} \quad ; \quad \Delta\mathbf{u} \cdot \Delta\mathbf{u} + \eta^2 \Delta\lambda^2 \mathbf{f} \cdot \mathbf{f} - \Delta\mathbf{h}^2 = \mathrm{r}_{\lambda} \tag{4.89}$$

das zu lösende mathematische Problem, wobei Δh eine vorgegebene Schrittgröße ist. Sie kann als der Radius einer Kugel in hochdimensionalen Raum, die durch die Freiheitsgrade des Problems gebildet wird, gesehen werden. Die auf die Struktur wirkende externe Kraft ist $\lambda\mathbf{f}$, und η in $(4.89)_2$ dient als Skalierungsfaktor, der den Einfluss der Verschiebung und der Last bei der Bestimmung des Lösungspfades wichtet. Bei den Grenzfällen $\eta = 0$ und $\eta = \infty$ entspricht die Bogenlängenmethode jeweils den verschiebungsgesteuerten und kraftgesteuerten Ansätzen.

Ist ein Versuchswert (Trial-Wert) der verallgemeinerten Variable gegeben, kann die Newton-Raphson Iteration $\mathbf{h} \leftarrow \mathbf{h} - \mathbf{K}^{-1}\mathbf{r}$ mit

$$\mathbf{K} = \begin{bmatrix} \partial \mathbf{r}_\mathrm{u}/\partial \mathbf{u} & \partial \mathbf{r}_\mathrm{u}/\partial \lambda \\ \partial r_\lambda/\partial \mathbf{u} & \partial r_\lambda/\partial \lambda \end{bmatrix} \quad \text{und} \quad \mathbf{r} = \begin{bmatrix} \mathbf{r}_\mathrm{u} \\ r_\lambda \end{bmatrix} \tag{4.90}$$

als der *Korrekturschritt* zur finalen Bestimmung von **h** verwendet werden. Selbst für den Fall, dass die verschiebungskontrollierte Steifigkeit $\partial \mathbf{r}_\mathrm{u}/\partial \mathbf{u}$ singulär wäre, ist **K** in $(4.90)_1$ nicht singulär und kann invertiert werden. Allerdings ist die Matrix **K** weder symmetrisch noch hat sie eine diagonale Bandstruktur. Während das oben genannte Konzept die Grundlagen aller Bogenlängenverfahren charakterisiert, sind viele verschiedene Varianten davon bekannt [10].

Wir können nun das in Abb. 4.18 gezeigte Problem mit einem speziellen Bogenlängenverfahren, bekannt als *Pseudo-Verschiebungskontrolle* lösen. Die Verschiebung eines einzelnen Knotens kontrolliert dann die Lösung des Problems, und Δu_1^2 ersetzt den Term $\Delta\mathbf{u}\cdot\Delta\mathbf{u}$ in Gleichung (4.89_2). Mit u_1, u_2, und F, bestimmt das nichtlineare System

$$\begin{aligned} r_{\mathrm{u}\,1} &= k_{a0}\alpha(\alpha - 1) + \lambda F = 0\,; \\ r_{\mathrm{u}\,2} &= k_b(u_2 - u_1) - \lambda F = 0\,; \\ r_\lambda &= \Delta u_1^2 + \Delta\lambda^2\eta^2 F^2 - \Delta h^2 = 0 \end{aligned}$$

dieses Problem, wobei die Abkürzung $\alpha = \exp[-u_1/(\xi L)]$ verwendet wurde. Zusätzlich definiert Δh die Schrittgröße der Lösungsmethode, und Δu_1, Δu_2 und $\Delta\lambda$ bezeichnen jeweils die Inkremente der Knotenverschiebungen und des Lastfaktors.

Bei gegebenem Versuchswert korrigiert die Newton-Raphson Iteration

$$\begin{bmatrix} u_1 \\ u_2 \\ \lambda \end{bmatrix} \leftarrow \begin{bmatrix} u_1 \\ u_2 \\ \lambda \end{bmatrix} - \begin{bmatrix} -\frac{k_{a0}}{\xi L}(2\alpha^2 - \alpha) & 0 & F \\ -k_b & k_b & -F \\ 2\Delta u_1 & 0 & 2F^2\eta^2\Delta\lambda \end{bmatrix}^{-1} \begin{bmatrix} r_{\mathrm{u}\,1} \\ r_{\mathrm{u}\,2} \\ r_\lambda \end{bmatrix}$$

dann die vermutete Startlösung. Abb. 4.21 zeigt Ergebnisse für verschiedene ξ Werte, und Tab. 4.5 fasst den Algorithmus, der zur Berechnung dieser Ergebnisse verwendet wurde, zusammen.

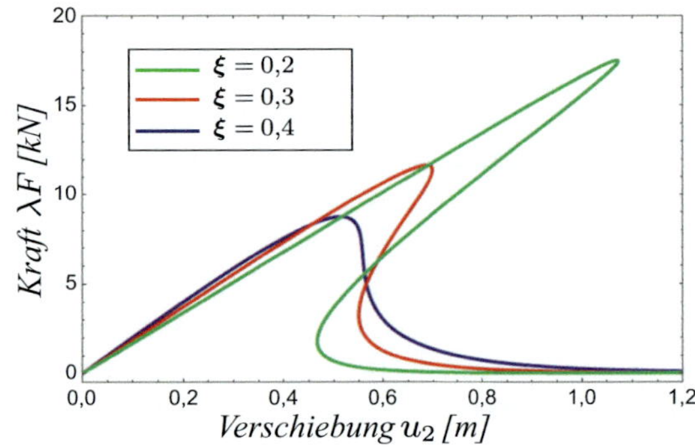

Abb. 4.21 Kraft als Funktion der Verschiebung des in Abb. 4.18 gezeigten Zugstabs. Der Parameter ξ beschreibt die Diskretisierung, und das Beispiel verwendet $E = 70{,}0$ MPa, $A = 1{,}0$ cm^2, und $L = 0{,}5$ m

Tab. 4.5 Algorithmus für die bogenlängengesteuerte Lösung des in Abb. 4.18 dargestellten Problems

(1) Parameter festlegen $\xi = 0{,}4$; $E = 70{,}0$ MPa; $A = 1{,}0\ \mathrm{cm}^2$; $L = 0.5$ m $k_b = EA/[(1-\xi)L]$; $k_{a0} = EA/(\xi L)$
(2) Referenzlast $F = 1.0 \cdot 10^3$ N und Skalierungsfaktor $\eta = 1.0 \cdot 10^{-4}$ festlegen.
(3) Schrittgröße $\Delta h = 0.01$ und die Anzahl der Inkremente $n = 300$ festlegen.
(4) Anfangsbedingungen $\mathbf{h}_0 = \mathbf{0}$ und $\Delta\mathbf{h} = [\sqrt{\Delta \mathbf{s}}\ \mathbf{0}\ \sqrt{\Delta \mathbf{s}}]^{\mathrm{T}}$ festlegen
(5) Schleife über Bogenlängenpfad-Inkremente Führe aus für $i = 1, \ldots, n$
(6) Versuchszustand festlegen $\mathbf{h} = \mathbf{h}_0 + \Delta\mathbf{h}$
(7) Schleife über Newton-Raphson Iteration $\lvert\mathbf{r}\rvert = 1$ Fortsetzen solange $\lvert\mathbf{r}\rvert \geq 10^{-8}$ $\alpha = \exp[-h_1/(\xi L)]$; $\Delta h_1 = h_1 - h_{01}$; $\Delta h_3 = h_3 - h_{03}$ $\mathbf{r} = \begin{bmatrix} k_{a0}\alpha(\alpha - 1) + h_3 F \\ k_b(h_2 - h_1) - h_3 F \\ \Delta h_1^2 + \Delta h_3^2 \eta^2 h_3^2 - \Delta h^2 \end{bmatrix}; \mathbf{K} = \begin{bmatrix} -\frac{k_{a0}}{\xi L}(2\alpha^2 - \alpha) & 0 & F \\ -k_b & k_b & -F \\ 2\Delta h_1 & 0 & 2F^2\eta^2\Delta h_3 \end{bmatrix}$ $\mathbf{h} \leftarrow \mathbf{h} - \mathbf{K}^{-1}\mathbf{r}$ Ende der Schleife
(8) Lösung aktualisieren $\Delta\mathbf{h} = \mathbf{h} - \mathbf{h}_0$; $\mathbf{h}_0 = \mathbf{h}$ Ende der Schleife

4.8.6.5 Inkompressible Strömung

Die inkompressible Strömungsgleichung (4.45) und die Inkompressibilität $\mathbf{Dh} = \mathbf{0}$ können *monolithisch* gelöst werden, und das gesamte System von Gleichungen

$$\begin{bmatrix} \mathbf{M} & \mathbf{0} \\ \mathbf{0} & \mathbf{0} \end{bmatrix} \begin{bmatrix} \dot{\mathbf{h}} \\ \dot{\mathbf{q}} \end{bmatrix} + \begin{bmatrix} \mathbf{Ah} + \mathbf{K} & -\mathbf{D}^{\mathrm{T}} \\ \mathbf{D} & \mathbf{0} \end{bmatrix} \begin{bmatrix} \mathbf{h} \\ \mathbf{q} \end{bmatrix} = \begin{bmatrix} \mathbf{f} \\ \mathbf{0} \end{bmatrix} \tag{4.91}$$

wird dann gemeinsam zur Berechnung der Knotengeschwindigkeit $\mathbf{h}$ und des Knotendrucks $\mathbf{q}$ gelöst.

Die Lösung des gesamten Systems (4.91) ist rechenintensiv und zeitaufwändig, und das Gleichungssystem kann alternativ in schwachinteragierende Subsysteme zerlegt werden. Eine solche Methode ist die *Chorin-Projektionsmethode* [7]. Sie geht davon aus, dass viskose Kräfte und Druckkräfte schwach interagieren und wir das System daher entkoppeln können (4.91). Die Cauchy-Eulersch Bewegungsgleichung (4.45) wird in die beiden Subsysteme

$$\mathbf{M}\dot{\mathbf{h}} + \mathbf{Ah}^2 + \mathbf{Kh} - \mathbf{f} = \mathbf{0}\,, \tag{4.92}$$

$$\mathbf{M}\dot{\mathbf{h}} - \mathbf{D}^{\mathrm{T}}\mathbf{q} = \mathbf{0} \tag{4.93}$$

aufgeteilt und zusammen mit der Inkompressibilität $\mathbf{Dh} = \mathbf{0}$ gelöst.

Wir können nun mit (4.92) eine Zwischengeschwindigkeit $\mathbf{h}^\star$ berechnen, damit die Lösung von (4.93) aktualisieren und somit die Geschwindigkeit $\mathbf{h}$ bestimmen.

Tab. 4.6 Chorinsche Projektionsmethode zur Lösung von inkompressiblen Strömungsproblemen

(1) Berechnen der Zwischengeschwindigkeit $\mathbf{h}\star$ aus der Lösung von $\mathbf{M}\dot{\mathbf{h}}^\star + \mathbf{A}\mathbf{h}^{\star 2} + \mathbf{K}\mathbf{h}^\star - \mathbf{f} = \mathbf{0}$
(2) Berechnen des Knotendruckes $\mathbf{q}$ aus der Lösung von $\mathbf{D}\mathbf{q} - \mathbf{f}_q = \mathbf{0}$
(3) Aktualisieren der Geschwindigkeit und berechnen von $\mathbf{h}$ aus der Lösung von $\mathbf{M}(\mathbf{h} - \mathbf{h}^\star)/\Delta t - \mathbf{D}^T\mathbf{q}$

Allerdings erfordert der Druckimpuls (4.93) den Knotendruck $\mathbf{q}$, der wie folgt bestimmt werden kann. Mit der Ableitung der Gleichungen für inkompressible Strömungen in Abschn. 4.3.5, entspricht der Druckimpuls (4.93) dem lokalen Ausdruck

$$\text{div} p\,\mathbf{I} = -\rho(\partial \mathbf{v})/\partial \mathbf{t}\,, \tag{4.94}$$

wobei p und ρ jeweils den Druck und die Dichte der Flüssigkeit bezeichnen. Wir betrachten nun eine Strömung die bereits ihre Zwischengeschwindigkeit $\mathbf{h}^\star$ erreicht hat. Die Diskretisierung des Druckimpulses (4.94) lautet dann $\text{div}p\mathbf{I} = -\rho(\mathbf{v}_{n+1} - \mathbf{v}^\star)/\Delta t$, wo Δt und v_{n+1} die Zeitschrittweite und die Geschwindigkeit zur Zeit t_{n+1} bezeichnen. Angesichts der Inkompressibilität $\text{div}\mathbf{v}_{n+1} = 0$, ergibt die Divergenz dieses Ausdrucks die Poisson-Gleichung

$$\text{div}(\text{div}p) - \rho\text{div}\mathbf{v}^\star/\Delta t = 0\,. \tag{4.95}$$

Die FEM-Approximation der Poisson-Gleichung wurde bereits in Abschn. 4.8 diskutiert und führt zu dem linearen System $\mathbf{D}\mathbf{q} - \mathbf{f}_q = \mathbf{0}$. Ihre Lösung ergibt dann den Knotendruck $\mathbf{q}$, und die Zeitdiskretisierung von (4.93), $\mathbf{M}(\mathbf{h} - \mathbf{h}^\star)/\Delta t - \mathbf{D}^T\mathbf{q}$ kann verwendet werden, um die Knotengeschwindigkeiten $\mathbf{h}$ zu aktualisieren. Tab. 4.6 fasst die drei Schritte der Chorin-Projektionsmethode zusammen.

4.9 Fallstudie: Ebene biaxiale Zugprüfung

Die ebene biaxiale Zugprobe ist ein häufig angewandtes experimentelles Protokoll zur mechanischen Charakterisierung der Gefäßwand [22], siehe Abb. 4.22a. Wir betrachten eine flache quadratische Gewebeprobe mit der Kantenlänge $A = 16{,}0$

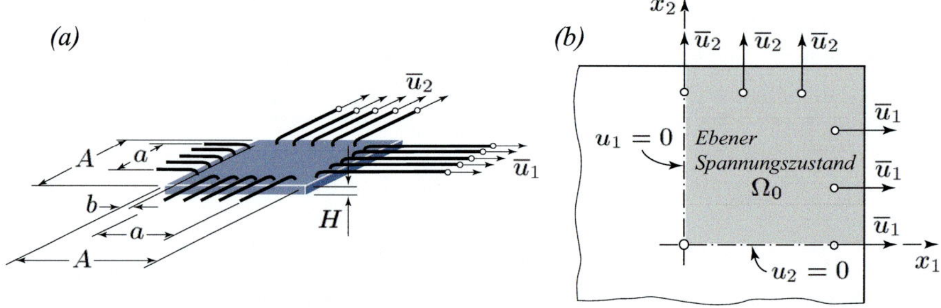

Abb. 4.22 Ebene biaxiale Zugprüfung zur mechanischen Charakterisierung der Gefäßwand. (**a**) Ein rechteckiges Stück Gefäßwand wird mit starren Drähten verbunden und dann den Verschiebungen $\overline{u}_1$ und $\overline{u}_2$ ausgesetzt. (**b**) Mechanische Problemstellung unter Ausnutzung von Symmetrie und unter Verwendung eines ebenen Spannungszustandes

mm und der Dicke $H = 2{,}3$ mm. An insgesamt 20 Ankerpunkten wird die Probe mit starren Drähten befestigt, die in weiterer Folge mit den Aktuatoren der Prüfmaschine verbunden sind. Die Abmessungen $a = 9{,}2$ mm und $b = A/12$ bestimmen den Abstand und die Positionierung der Drähte, und die FEM sollte zur Untersuchung der Spannungsverteilung innerhalb der Prüfprobe verwendet werden. Abschn. 5.6 und Anhang F liefern zusätzliche Information zur ebenen biaxialen Zugprüfung von Gefäßwandgewebe.

4.9.1 Beschreibung des mechanischen Problems

Angesichts der *Symmetrie* des Problems modellieren wir den Quadranten $x_1 \geq 0$, $x_2 \geq 0$ und verwenden einen ebenen Spannungszustand in der Beschreibung des mechanischen Problems, siehe Abb. 4.22b. Die Verschiebungen $\overline{u}_1, \overline{u}_2$ werden direkt an den Ankerpunkten vorgeschrieben, während $u_1 = u_2 = 0$ an den Symmetrieachsen gilt. Diese Vorgaben bestimmen die Dirichlet Randbedingungen des Problems, und die Neumann Bedingung eines belastungsfreien Randes (Nulltraktion) gilt für alle anderen Randbedingungen. Volumenkräfte werden in dieser Analyse vernachlässigt.

Die Gefäßwand wird als inkompressibles Yeoh Material beschrieben, wobei $\Psi(\mathbf{C}) = c_1(I_1 - 3) + c_2(I_1 - 3)^2$ die Verzerrungsenergie pro Einheit (undeformiertes) Gewebevolumen bezeichnet. Hierbei ist $I_1 = \mathrm{tr}\mathbf{C}$ die erste Invariante der rechten Cauchy-Green Verzerrung $\mathbf{C}$, während $c_1 = 1{,}1$ kPa und $c_2 = 15{,}5$ kPa die jeweiligen Materialparameter der Gefäßwandprobe bezeichnen.

Das Problem wurde mit quadratischen dreiknotigen finiten Elementen diskretisiert, das FEM-Netz hatte etwa 69k Freiheitsgraden, und die Lagrange-Methode erzwang die Inkompressibilität. Wir erwarten keine Grenzpunkte (Limit-Punkte) in den Kraft-Verschiebungscharakteristik des Problems, und verwenden daher eine Standard-*Verschiebungskontrollierte statische Analyse*, bis die Zielverschiebungen $\overline{u}_1 = 4.0$ mm und $\overline{u}_2 = 2.0$ mm erreicht werden.

4.9.2 Ergebnisse und Verifizierung

Abb. 4.23 zeigt die berechnete Verteilung der Cauchy-Spannungskomponenten σ_{11} und σ_{22}, jeweils der deformierten Konfiguration Ω der Zugprobe überlagert. Die Vorgabe der Verschiebungen $\overline{u}_1$ und $\overline{u}_2$ direkt an den finiten Elementknoten führt zu Spannungskonzentrationen und daher zu stark inhomogenen Spannungen nahe den Verankerungspunkten. Abseits der Verankerungspunkte homogenisiert sich der Spannungszustand und erreicht die Cauchy-Spannungskomponenten $\sigma_{11} = 131{,}85$ kPa und $\sigma_{22} = 75{,}36$ kPa im Zentrum der Probe. Die Hauptstreckungen $\lambda_1 = 1{,}513$ und $\lambda_2 = 1{,}200$ entsprechen diesem Deformationszustand. Die aufgebrachten Verschiebungen an den Verankerungspunkten führen zu der Gesamtreaktionskraft von $F_1 = 1{,}5249$ N und $F_2 = 1{,}2011$ N, jeweils entlang der x_1 und x_2 Richtungen.

Zur Überprüfung dieser Ergebnisse betrachten wir die inkompressible biaxiale Deformation in Hauptspannungsrichtungen. Das Verfahren von Coleman und Noll (5.7) liefert dann die Cauchy Spannung

$$\sigma_1 = \alpha(\lambda_1^2 - \lambda_1^{-2}\lambda_2^{-2}) \; ; \; \sigma_2 = \alpha(\lambda_2^2 - \lambda_2^{-2}\lambda_1^{-2}) \, , \tag{4.96}$$

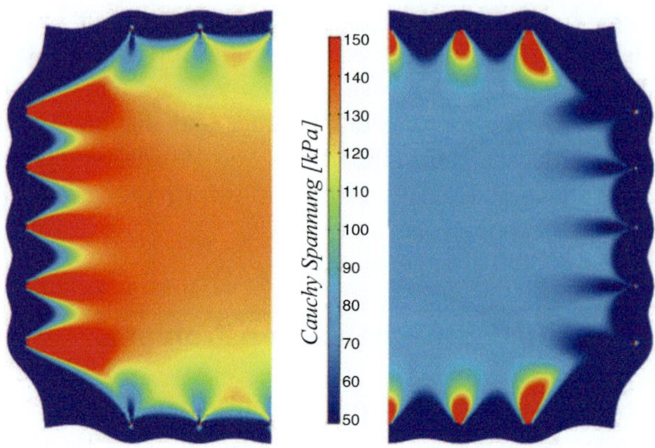

Abb. 4.23 Verteilung der Spannung in der Gefäßwand bei ebener biaxialer Zugprüfung. Die aufgebrachten Verschiebungen entsprechen $\overline{u}_1 = 4.0$ mm und $\overline{u}_2 = 2.0$ mm, und die Cauchy Spannungen σ_{11} (links) und σ_{22} (rechts) sind dargestellt. Zu Illustrationszwecken wurde der analysierte Bereich gespiegelt und die Spannung ist jeweils in der Hälfte der Testprobe gezeigt

wobei die erste Invariante $I_1 = \lambda_1^2 + \lambda_2^2 + \lambda_1^{-2}\lambda_2^{-2}$ und der Parameter $\alpha = 2c_1 + 4c_2(I_1 - 3)$ verwendet wurden. Wir können die Hauptstreckungen durch $\lambda_1 = 1 + 2\overline{u}_1/A = 1.5$ und $\lambda_2 = 1 + 2\overline{u}_2/A = 1.25$ ausdrücken, Werte, die den FEM-Ergebnissen im Zentrum der Probe nahekommen. Der Ausdruck (4.96) ergibt dann $\sigma_1 = 138{,}0$ kPa und $\sigma_2 = 89{,}7$ kPa, Werte, die erneut die FEM-Ergebnisse bestätigen. Die Spannung verteilt sich hauptsächlich über das Quadrat des Gewebes, das innerhalb der Ankerpunkte liegt, siehe Abb. 4.23. Die Kraft in den x_1 und x_2 Richtungen beträgt dann $F_1 = P_1 H(5A/12) = 1{,}411$ N und $F_2 = P_2 H(5A/12) = 1{,}1$ N, wobei $P_i = \sigma_i/\lambda_i$, $i = 1, 2$ (keine Summation), die Haupt-Piola-Kirchhoff-Spannungen bezeichnen.

4.10 Fallstudie: Druckbeaufschlagter Zylinder

Die Spannung und Verformung der Gefäßwand während des Inflationsexperiments, das in Abb. 4.24a gezeigt wird, sollten untersucht werden. In der unbelasteten Konfiguration ist das Gefäßsegment $L = 8{,}0$ cm lang, und $R_{\mathrm{i}} = 8{,}0$ mm und $R_{\mathrm{o}} = 11{,}0$ mm sind die jeweiligen inneren und äußeren Radien. Wir vernachlässigen Restspannungen, und diese Konfiguration ist daher auch die spannungsfreie Konfiguration des Gefäßes. Das Gefäß wird kanüliert, in seiner Referenzlänge L im Prüfgerät montiert und dann bis zum Druck von $p_{\mathrm{i}} = 26{,}0$ kPa aufgeblasen.

Die Gefäßwand wird als inkompressibles Yeoh Material modelliert, wobei $\Psi(\mathbf{C}) = c_1(I_1 - 3) + c_2(I_1 - 3)^2$ die Verzerrungsenergie pro Einheit (undeformiertes) Gewebevolumen bezeichnet. Hierbei ist $I_1 = \mathrm{tr}\mathbf{C}$ die erste Invariante der rechten Cauchy-Green Verzerrung $\mathbf{C}$, während die Materialparameter $c_1 = 18{,}1$ kPa und $c_2 = 138{,}0$ kPa die Gefäßwandprobe charakterisieren.

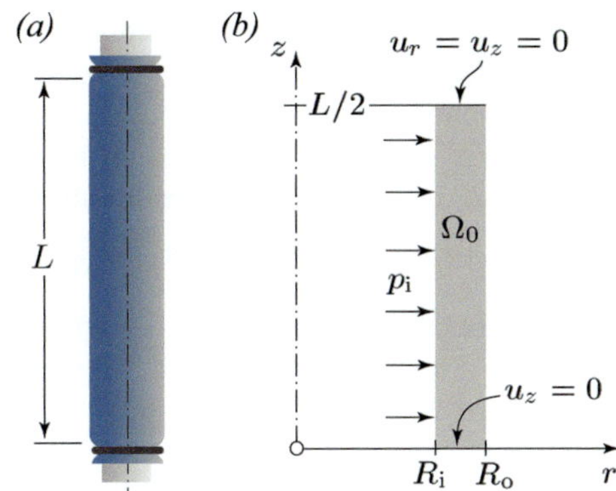

Abb. 4.24 Aufblasen eines zylindrischen Gefäßsegments. (**a**) Die Probe wird in ihrer Referenzlänge L kanüliert und dann mit dem Druck p_i aufgeblasen. (**b**) Achsensymmetrisches Modell zur Strukturanalyse

Die *Symmetrie* des Problems ermöglicht es uns, eine *2D-axialsymmetrische Analyse* durchzuführen, wobei der Bereich $R_\mathrm{i} \leq r \leq R_\mathrm{o}$, $0 \leq z \leq L/2$ die Referenzkonfiguration Ω_0 bestimmt, siehe Abb. 4.24b. Die Verschiebungen $u_r = u_z = 0$ sind auf Höhe der Kanülierung $z = L/2$ vorgeschrieben, und die Symmetriebedingung $u_z = 0$ bei $z = 0$ vervollständigt die Beschreibung der Dirichlet Randbedingungen des Problems. Am Endothel $r = R_\mathrm{i}$ wirkt der Druck p_i aufgebracht und „folgt" der Deformation, während die äußere Oberfläche des Gefäßes traktionsfrei ist. Neumann Randbedingungen werden bei der Vorschreibung dieser Bedingungen verwendet. Volumenkräfte werden in dieser Analyse vernachlässigt.

4.10.1 Ergebnisse und Verifizierung

Abb. 4.25a zeigt die Verteilung der von Mises Spannung in der Gefäßwand bei $p_\mathrm{i} = 26{,}0$ kPa Druckbeaufschlagung. Sie stellt das Ergebnis einer *statischen FEM-Analyse* dar, die quadratische dreieckige finite Elemente mit einem Netz von

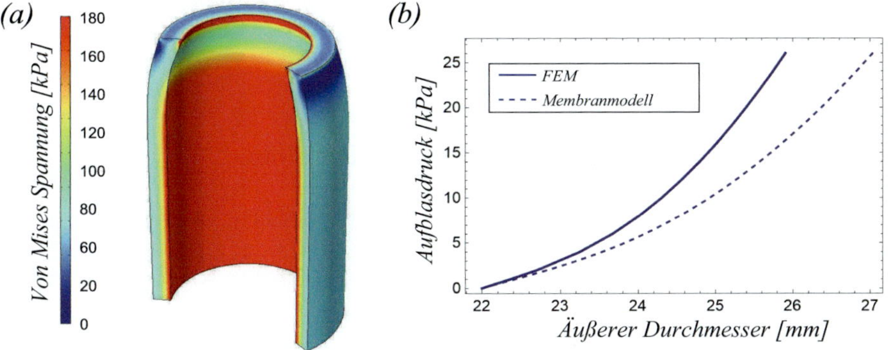

Abb. 4.25 (**a**) von Mises Spannung in der Gefäßwand bei 26,0 kPa Druckbeaufschlagung. Für eine bessere Visualisierung wurde die 2D-axialsymmetrische Lösung um die Gefäßachse rotiert. (**b**) Entwicklung des Außendurchmessers in der Mitte des Gefäßes mit steigender Druckbeaufschlagung

etwa 2,5k Freiheitsgraden verwendet. Die Lagrange Methode erzwingt die Inkompressibilität des Gewebes.

Wir können ein Membranmodell verwenden, um die FEM-Ergebnisse zu überprüfen. Wie im vorherigen Beispiel ist die Gefäßwand unter biaxialer Spannung. Mit $(4.96)_1$, liest sich die zirkumferentielle Cauchy Spannung in der Membran als

$$\sigma_\theta = \alpha(\lambda_\theta^2 - \lambda_\theta^{-2}) \;\; ; \;\; \alpha = 2c_1 + 4c_2(\lambda_\theta^2 + \lambda_\theta^{-2} - 2)\,, \tag{4.97}$$

wobei Randeffekte des Inflationsexperiments vernachlässigt wurden und $\lambda_z = 1$ die axiale Streckung spezifiziert. Angesichts des Gleichgewichts in der Umfangsrichtung $p_i(d - h) = 2\sigma_\theta h$ und dem Spannungsausdruck (4.97), ergibt sich der Inflationsdruck

$$p_\mathrm{i} = 2\alpha(1 - \lambda_\theta^{-4})H/(D_\mathrm{m} - H/\lambda_\theta^2)\,,$$

wobei $D_\mathrm{m} = R_\mathrm{i} + R_\mathrm{o}$ den Durchmesser des Membranmodells bezeichnet. Darüber hinaus wurden die Beziehungen $h = H/\lambda_\theta$ und $d_\mathrm{m} = D_\mathrm{m}\lambda_\theta$ verwendet, um die Wanddicke und den Durchmesser des deformierten Gefäßes auszudrücken. Mit der Umfangsstreckung λ_θ ergibt sich der Inflationsdruck p_i, und dieser kann dann über den äußeren Durchmesser des Gefäßes $d_\mathrm{o} = d_\mathrm{m} + h$ aufgetragen werden, siehe Abb. 4.29(b). Die Darstellung vergleicht die Lösung des Membranmodells mit dem FEM-Ergebnissen am äußeren Gefäßdurchmesser und bei $z = 0$. Die Nichtlinearität des Yeoh Materials führt zu einem hohen Spannungsgradienten über die Wanddicke, einem *Biegeeffekt*, der vom Membranmodell nicht berücksichtigt wird und damit das deutlich steifere Verhalten der FEM-Lösung erklärt.

4.11 Fallstudie: Bulge-Inflationsexperiment

Ein Bulge-Inflationsexperiment kann verwendet werden, um die elastischen Eigenschaften sowie die Versagenseigenschaften der Gefäßwand zu untersuchen [21]. Wir betrachten eine flache kreisförmige Gefäßwandprobe des Durchmessers $D = 4{,}0$ cm und der Dicke $H = 1{,}5$ mm. Entlang des Umfangs wird diese eingespannt und dann durch den Druck p_i aufgeblasen, siehe Abb. 4.26a. Ein FEM-Modell sollte verwendet werden, um die Spannung in der Gefäßwandprobe während der Druckbeaufschlagung zu berechnen.

4.11.1 Beschreibung des mechanischen Problems

Volumenkräfte werden vernachlässigt, und die Gefäßwand wird durch ein inkompressibles neo-Hooke Material beschrieben, wobei $\Psi(\mathbf{C}) = G(I_1 - 3)/2$ die Verzerrungsenergie pro Einheit (undeformiertes) Gewebevolumen darstellt. Hierbei bezeichnet $I_1 = \mathrm{tr}\mathbf{C}$ die erste Invariante der rechten Cauchy-Green Verzerrung $\mathbf{C}$, und der referentielle Schermodul $G = 422{,}5$ kPa charakterisiert die Steifigkeit der Gefäßwandprobe.

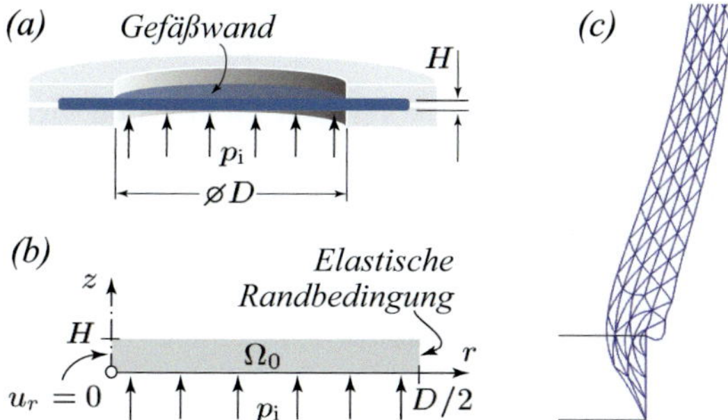

Abb. 4.26 Bulge-Inflationsexperiment. (**a**) Eine kreisförmige Gefäßwandprobe wird eingespannt und dann mit dem Druck p_i belastet. (**b**) Achsensymmetrisches Modell für die Strukturanalyse. (**c**) Starke FEM-Netzverzerrung mit der Beschreibung einer Dirichlet Randbedingung bei $r = D/2$

Angesichts der *isotropen* Beschreibung der Gefäßwand ist die Deformation *rotationssymmetrisch*. Der Bereich $0 \leq r \leq D/2$ und $0 \leq z \leq H$ definiert dann die Referenzkonfiguration Ω_0 des *2D-achsensymmetrischen Strukturproblems*, siehe Abb. 4.26b. Abgesehen vom Druck p_i, der bei $z = 0$ wirkt, ist der Rand traktionsfrei. Diese Bedingungen bestimmen die Neumann Randbedingungen des Problems. Der Druck p_i „folgt" der sich bewegenden Oberfläche und führt zu einer nicht-symmetrischen Steifigkeit unseres Problems, siehe Abschn. 4.4.4.1.

Die Symmetriebedingung $u_r = 0$ bei $r = 0$ kennzeichnet eine Dirichlet Randbedingungen des Problems. Wir könnten auch $u_r = u_z = 0$ bei $r = D/2$ vorschreiben, was eine weitere Dirichlet Randbedingung wäre. Bei großen Verformungen führt dies jedoch zu starker Netzverzerrung und lokalem Knicken, was schließlich die FEM-Berechnung schwierig bis unmöglich machen könnte, siehe Abb. 4.26c. Bei $r = D/2$ schreiben wir stattdessen eine linear-elastische Randbedingung[11] (Robin Randbedingung) mit der Federsteifigkeit $k_{bc} = 1{,}0$ GPa m^{-1} vor. Alternative Randbedingungen, einschließlich Kontaktmodellierung der Einspannung der Gewebeprobe, wären auch möglich, werden aber in der vorliegenden Fallstudie nicht weiter berücksichtigt.

4.11.2 Analytische Problembeurteilung

Bevor die FEM-Berechnung durchgeführt wird, untersuchen wir grundlegende Eigenschaften des Bulge-Inflationsexperiments mit einer vereinfachten analytischen Annäherung. Die Testprobe kann dann durch eine Membran approximiert werden, die sich in eine Kugel verformt, siehe Abb. 4.27a. Die Kugel hat den Radius $R = D^2/(8t) + t/2$, wobei t die Auslenkung (Verschiebung) in der Mitte bezeichnet. Das Modell nimmt dabei an, dass die Dehnung $\lambda = 2R\beta/D$ gleichmäßig über die gesamte Probe verteilt ist, wobei der Winkel $\beta = \arcsin[D/(2R)]$ in Abb. 4.27a veranschaulicht ist. Diese Kinematik führt zu einer gleichachsigen Verformung $\lambda = \lambda_\theta = \lambda_r$ mit der Cauchy Spannung

[11] Victor Gustave Robin, Fanzösicher Mathematiker, 1855–1897.

$$\sigma = G(\lambda^2 - \lambda^{-4})$$

in der Membran. Dieser Ausdruck folgt aus (4.96) und der Inkompressibilität $\lambda_\theta \lambda_r \lambda_z = 1$, wobei θ, r und z die Richtung der Hauptspannung bzw. Hauptstreckungen bezeichnet, d.h. die Umfangs-, Radial- und Axialrichtungen darstellen.

Das statische Gleichgewicht $D\pi h\sigma \sin\beta = p_\mathrm{i} D^2\pi/4$ stellt den Zusammenhang zwischen der Spannung σ in der Membran und dem Aufblasdruck p her, wobei $h = H/\lambda^2$ die Dicke der deformierten Membran bezeichnet. Wir können die Substitution $\sin\beta = D/(2R)$ verwenden, und der Druck ergibt sich dann zu

$$p_\mathrm{i} = \frac{2H\sigma}{R\lambda^2},$$

wobei σ, λ, und R explizite Funktionen der Auslenkung t sind. Der Druck p_i kann daher über t aufgetragen werden, ein Diagramm, das durch die gestrichelte Kurve in Abb. 4.27b dargestellt wird. Wir erkennen einen *Grenzpunkt* der Druck-Auslenkungseigenschaften, jenseits dieses Limits nimmt p_i mit zunehmender Auslenkung t ab.

Die oben skizzierte analytische Bewertung stellt eine sehr grobe strukturelle Beschreibung des Problems dar. Am wichtigsten dabei ist festzuhalten, dass die angewandte Kinematik *unvereinbar* mit den Randbedingungen des Problems ist – in der Nähe der Einspannung kann sich keine gleichachsige Verformung entwickeln. Die Spannung in der Probe kann daher nicht homogen sein, wie es durch das FEM-basierte Ergebnis in Abb. 4.32 illustriert wird.

4.11.3 Lösungsstrategie und Ergebnisse

Wie bei der zuvor genannten analytischen Bewertung erwarten wir auch einen Grenzpunkt in der FEM-Analyse des Problems. Eine einfache statische Analyse kann daher nicht verwendet werden und wir drücken den Druck durch $p_\mathrm{i} = \lambda p_0$

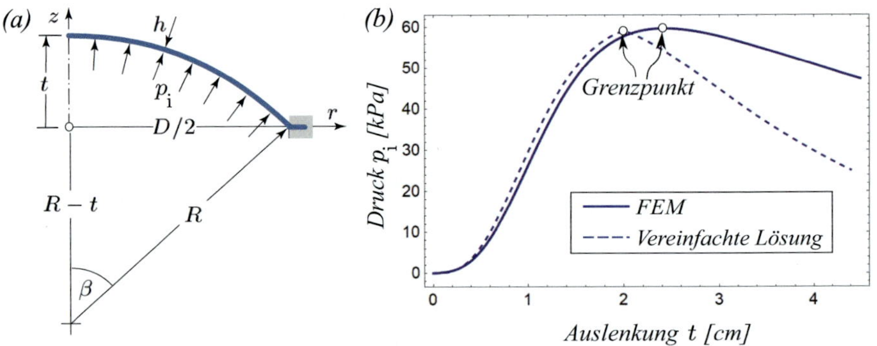

Abb. 4.27 Vereinfachte Lösung des Bulge-Inflationsexperiments. (**a**) Kugelförmige Deformationskinematik. (**b**) Druck p_i als Funktion der Auslenkung t mit Grenzpunkten

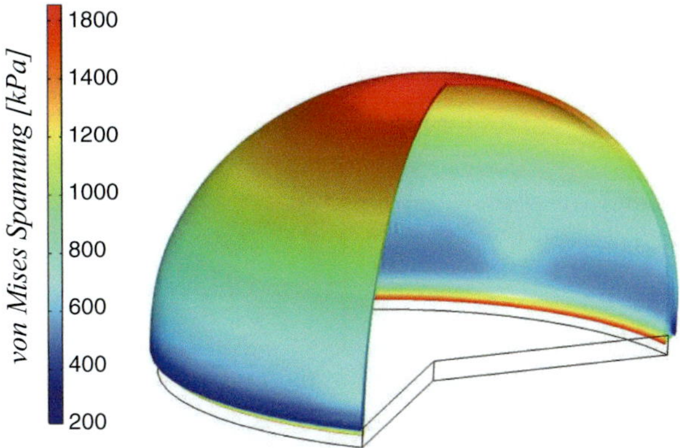

Abb. 4.28 FEM-basierte Simulation des Bulge-Inflationsexperiments. Die Druckbeaufschlagung entspricht der Auslenkung von $u_{z\,0}=22{,}5$ mm in der Mitte der Testprobe, und die von Mises Spannung ist auf die verformte Konfiguration farbkodiert dargestellt. Zur besseren Visualisierung wurde die berechnete achsensymmetrische Lösung um die vertikale Achse rotiert dargestellt

aus, wobei λ und p_0 jeweils einen Lastfaktor und einen Referenzdruck bezeichnen. Die globale Residuumsgleichung

$$r_\lambda = \overline{u}_{z\,0} - u_{z\,0}(\lambda) = 0$$

wird dann dem Gleichungssystem hinzugefügt und koppelt den Lastfaktor λ, einen zusätzlichen Freiheitsgrad, an die anderen Freiheitsgrade unseres Modells. Hier bezeichnet u_{z0} die axiale Auslenkung in der Mitte und somit am finite Elementknoten bei $r = z = 0$, während $\overline{u}_{z\,0}$ die *vorgeschriebene* Auslenkung dieses Knotens ist. Der beschriebene Ansatz entspricht einer *pseudo-verschiebungskontrollierten Bogenlängenmethode* und erlaubt Berechnungen über den Grenzpunkt hinweg und somit die Analyse eines instabilen Gleichgewichts. Die betrachtete Nebenbedingung (Zwangsbedingung) beschreibt die totale Auslenkung u_{z0}, und nicht dessen Inkremente, wie in Abschn. 4.8.6.4 beschrieben wurde. Das strukturelle Problem wurde durch 506 quadratische dreiknotige finite Elemente diskretisiert und die Lagrange Methode erzwang die Inkompressibilität. Abb. 4.28 veranschaulicht die Verformung der Testprobe und die entsprechende von Mises Spannung.

4.12 Fallstudie: Fluss durch ein Netzwerk von Arterien

Die FEM sollte verwendet werden, um den mittleren arteriellen Fluss in den großen Leitungsarterien unterhalb des Zwerchfells zu berechnen. Ein Netzwerk aus starren *zylindrischen Röhren* mit kreisförmigen Querschnitten kann in der Beschreibung des Gefäßbaums verwendet werden, siehe Abb. 4.33. Die Abmessungen der jeweiligen Blutgefäße können dem elektronischen Anhang entnommen werden. Eine Newtonsche Flüssigkeit mit der dynamischen Viskosität von $\eta = 3{,}5$ mPa s beschreibt die rheologischen Eigenschaften des Blutes, und wir

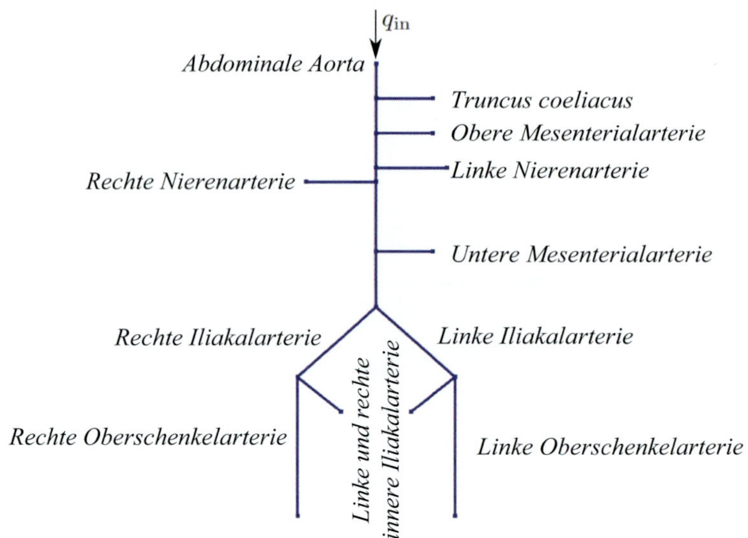

Abb. 4.29 Modellierung des Blutflusses durch ein Netzwerk von zylindrischen Röhren

betrachten eine *Stokes Strömung* zur Beschreibung des Blutflusses. Das Hagen-Poiseuille Gesetz (2.31) bestimmt dann den Widerstand eines Gefäßsegments. Der aortale Fluss $q_{\text{inl}} = 30$ ml s^{-1} wird auf Höhe des Zwerchfells vorgegeben, und der Druck von $p_{\text{out}} = 13{,}0$ kPa wird an allen Auslässen angelegt. Die Vasoreaktivität der kleinen (nachgeschalteten) Blutgefäße beeinflusst stark die Auslassdrücke an den einzelnen Gefäßen, was jedoch nicht in der vorliegenden Analyse berücksichtigt wurden. Gravitationseffekte werden ebenfalls nicht berücksichtigt, und wir nehmen

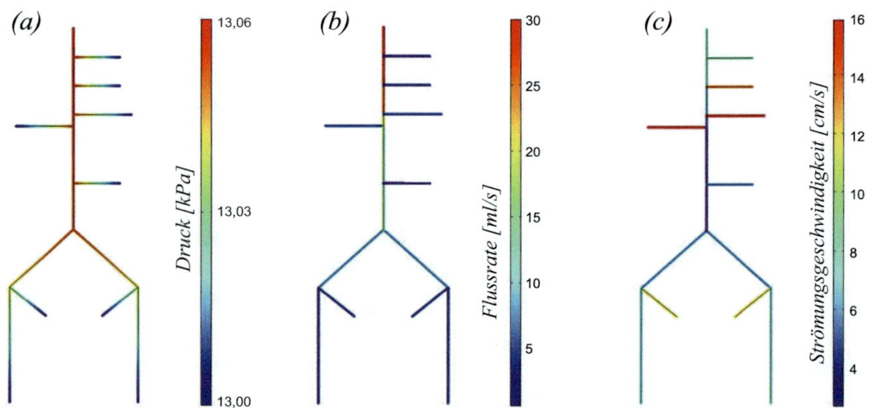

Abb. 4.30 Fluss durch ein Netzwerk von Leitungsarterien. Die Flussrate in die abdominale Aorta sowie die Drücke an den einzelnen Gefäßauslässen sind vorgegeben. (**a**) Druck. (**b**) Durchflussrate. (**c**) Strömungsgeschwindigkeit

idealen Fluss in allen Verzweigungen an – Druckabfälle an den Verbindungspunkten können daher vernachlässigt werden.

Eine *statische Analyse* wird durchgeführt und das Gleichungssystem mit 468 Freiheitsgraden gelöst. Abb. 4.30 zeigt die Verteilung des Drucks, der Durchflussrate und der Geschwindigkeit über den arteriellen Baum.

4.13 Fallstudie: Blutströmung durch das zylindrische Rohr

Die FEM sollte verwendet werden, um die Strömung durch ein gerades zylindrisches Rohr zu untersuchen, ein weit verbreitetes Modell zur Untersuchung des Blutflusses in der Gefäßstruktur. Blut kann durch eine Newtonsche Flüssigkeit mit der dynamischen Viskosität von $\eta = 3{,}5$ mPa s und der Dichte $\rho = 1060$ kg m^{-3} beschrieben werden. Das Gefäßsegment der Länge $l = 30{,}0$ cm und des Durchmessers $d = 2{,}4$ cm entspricht den Dimensionen einer menschlichen Aorta. Der Blutfluss in der Aorta ist komplex, und sowohl *stationäre* als auch *stetig-pulsatile* Bedingungen sollten untersucht werden. Unabhängig davon, dass das Problem rotationssymmetrisch ist, sollte eine vollständige *3D-Analyse* durchgeführt werden und damit die Entwicklung von Instabilitäten der numerischen Lösung zu erlauben.

4.13.1 Stationäre Analyse

Zusätzlich zur Haftbedingung (No-Slip-Bedingung) an der Wand beschreiben wir die Einlassgeschwindigkeit $v_{\mathrm{inl}} = 40{,}0$ cm s^{-1} homogen über den Einlassquerschnitt, siehe Abb. 4.31. Diese Bedingungen bestimmen den Dirichlet Rand des Problems, während die Vorgabe des Auslassdrucks $p_{\mathrm{out}} = 13{,}3$ kPa die Neumann Randbedingung spezifiziert. Bei einer inkompressiblen Flüssigkeit und einer starren Gefäßwand, beeinflusst der tatsächliche Wert des Auslassdrucks *nicht* den Blutfluss. Wir stellen auch fest, dass die Vorgabe der Einströmgeschwindigkeit einer inkompressiblen Flüssigkeit zu einem stark eingeschränkten mechanischen Problem führt.

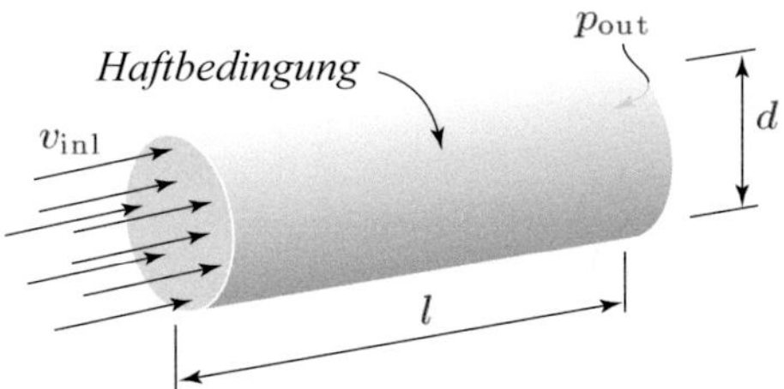

Abb. 4.31 Strömung einer inkompressiblen Newtonschen Flüssigkeit durch das kreisförmige Rohr. Die Beschreibung der Einströmgeschwindigkeit v_{inl} zusammen mit der Haftbedingung an der Wand definiert die Dirichlet Randbedingung des Problems, während der Auslassdruck p_{out} die Neumann Randbedingung des Problems spezifiziert

Abb. 4.33a zeigt die Entwicklung des Geschwindigkeitsprofils der stationären Rohrströmung. Das Ergebnis wurde mit einem tetraedrischen finite Elemente Netz von etwa 250k Freiheitsgraden erreicht. Das Netz wurde nahe der Wand verfeinert, um eine bessere Annäherung an den Geschwindigkeitsgradienten in der *Grenzschicht* zu erreichen. Das Rohr ist wesentlich kürzer als die *hydrodynamische Eintrittslänge* von $l_h = 0{,}05\ Re\ d = 345{,}6$ cm, die benötigt wird, um eine Poiseuille Strömung zu etablieren, wobei $Re = vd\rho/\eta = 2880$ die Reynolds Zahl bezeichnet. Selbst am Ende des Rohres hat sich ein Poiseuille Strömungsprofil (6.34)

$$v = \frac{8q}{d^2\pi}\left[1 - \left(\frac{2r}{d}\right)\right] \tag{4.98}$$

noch nicht eingestellt, wobei $q = v_{inl} d^2\pi/4 = 181.0$ ml s^{-1} die Durchflussrate durch das Gefäß bezeichnet, siehe Abb. 4.32a.

4.13.2 Stetig-Pulsatile Analyse

Die Einlassgeschwindigkeit $v_{inl} = v_0 \sin(2\pi t)$ mit $v_0 = 40{,}0$ cm s^{-1} und die Haftbedingung an der Wand beschreiben die Dirichlet Randbedingungen des Problems, während der Auslassdruck $p_{out} = 0$ die Neumann Randbedingung festlegt. Eine *zeitabhängige Analyse* mit dem zuvor genannten tetraedrischen finite Elemente Netz wurde verwendet, um die Strömung über den Zeitraum $0{,}0 \leq t \leq 3{,}0$ s und somit über drei Pulszyklen zu berechnen.

Abb. 4.33b zeigt das Geschwindigkeitsprofil zur Zeit $t = 2.25$ s, Bedingungen des maximalen Zuflusses im dritten Pulszyklus. Die berechneten Geschwindigkeitsprofile mehrerer Zeitpunkte und 18,0 cm stromabwärts des Einlasses sind in Abb. 4.32b dargestellt. Aufgrund der Trägheitseffekte unterscheidet sich die Geschwindigkeit stark von einer stationären Strömung. Die Strömung ändert ihre Richtung und die Geschwindigkeitsumkehr beginnt in der Schicht nahe der Wand.

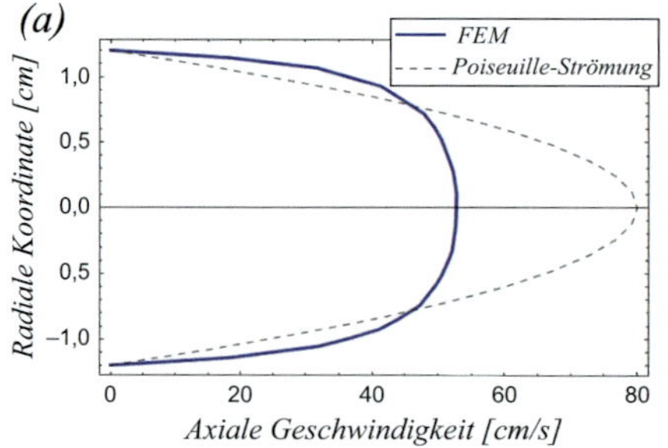

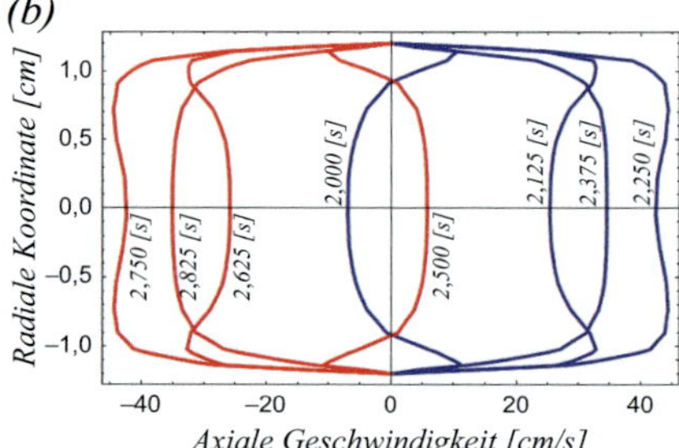

Abb. 4.32 Numerisch berechnetes Geschwindigkeitsprofile der Newtonschen Flüssigkeitsströmung im kreisförmigen Rohr. (**a**) Stationäre Strömung im Vergleich zur voll ausgebildeten Poiseuille Strömung. (**b**) Pulsierende Strömung zu verschiedenen Zeitpunkten. Blaue und rote Geschwindigkeitsprofile entsprechen jeweils Vorwärts- und Rückwärtsströmungen

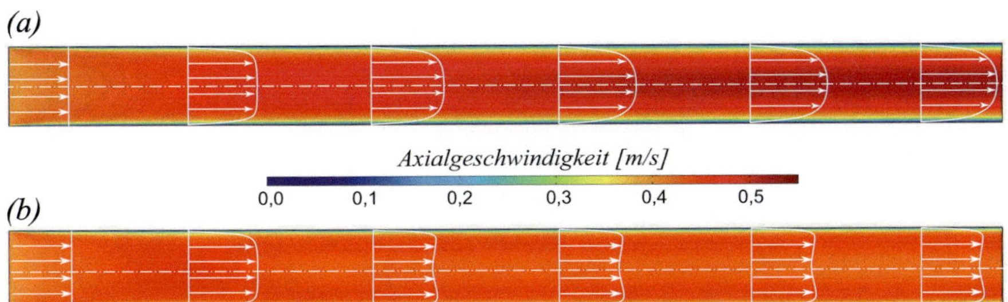

Abb. 4.33 Entwicklung des Geschwindigkeitsprofils im zylindrischen Rohr. Die Einlassgeschwindigkeit wird homogen über den Einlassquerschnitt vorgegeben und die Strömung entwickelt sich bei konstant bleibenden Auslassdruck. (**a**) Stationäre Strömung. (**b**) Pulsierende Strömung zum Zeitpunkt höchster Einlassgeschwindigkeit

4.13.3 Analyse mit Windkessel-Ausströmrandbedingung

Wir beschreiben den Druck p_{inl} am Einlass durch das in Abb. 4.34 dargestellte Profil, während ein Dreielement-Windkessel (WK) Modell den systemischen Kreislauf am Auslass des Strömungsgebiets beschreibt, siehe Abschn. 2.3.1.5 und Abb. 4.35a. Die Differentialgleichung (4.99)

$$C\frac{\mathrm{d}p_{out}(t)}{\mathrm{d}t} = \frac{R_1 + R_2}{R_2}q(t) - \frac{p_{out}(t)}{R_2} + R_1\frac{\mathrm{d}q(t)}{\mathrm{d}t}, \tag{4.99}$$

zusammen mit der Anfangsbedingung $p_{\mathrm{out}}(0)=0$, beschreibt dann die Beziehung zwischen dem zeitabhängigen Auslassdruck $p_{\mathrm{out}}(t)$ und dem Systemfluss $q(t)$. Hier sind $R_1=0{,}1$ mmHg s ml^{-1}, $R_2=1{,}8$ mmHg s ml^{-1}, und $C=0{,}9$ ml mmHg^{-1} jeweils die Widerstände und die Kapazität des systemischen Kreislaufs. Mit diesen Angaben analysieren wir die *instationäre* Strömung über eine Anzahl von Herzzyklen. Abb. 4.35b zeigt die Entwicklung des Drucks und Durchflusses – bereits im zweiten Herzzyklus hat das System den gleichmäßig-pulsatilen Zustand erreicht.

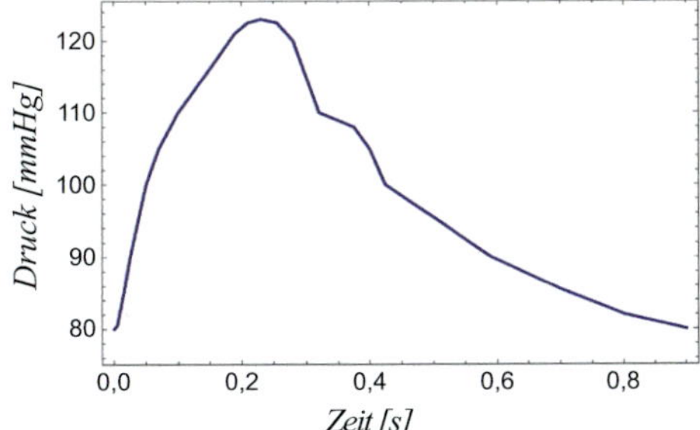

Zeit [s]	Druck [kPa]	Zeit [s]	Druck [kPa]
0,0	10,667	0,255	16,333
0,005	10,733	0,28	16,000
0,015	11,333	0,32	14,667
0,025	12,000	0,375	14,400
0,05	13,333	0,4	14,000
0,07	14,000	0,425	13,333
0,1	14,667	0,59	12,000
0,19	16,133	0,7	11,400
0,21	16,333	0,8	10,933
0,23	16,400	0,9	10,667

Abb. 4.34 Druckwellenform über der Zeit $T=0{,}9$ s eines Herzzyklus bei normaler Herzfunktion [12]

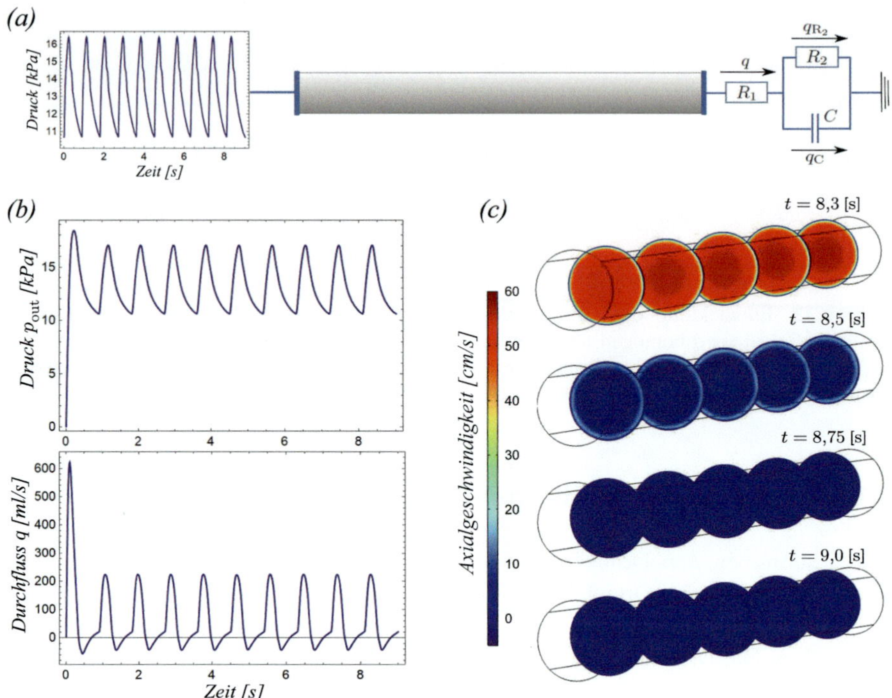

Abb. 4.35 (**a**) Druckwelle am Einlass und Windkessel (WK) am Auslass beschreiben Neumann Randbedingungen. (**b**) Entwicklung des Drucks am Ausgang und des Systemflusses über eine Anzahl von Herzzyklen. (**c**) Axiale Geschwindigkeit an ausgewählten Querschnitten im Rohr und Zeitpunkten im Herzzyklus

Darüber hinaus zeigt Abb. 4.35c die axiale Geschwindigkeit an ausgewählten Querschnitten im Rohr und Zeitpunkten im Herzzyklus.

4.14 Zusammenfassung und Schlussfolgerung

Im vergangenen halben Jahrhundert hat sich die Computersimulation zur dritten Säule, neben Theorie und Experiment, im wissenschaftlichen Arbeiten entwickelt. Die FEM hat sich als eine der erfolgreichsten Methoden herauskristallisiert und dabei die Tätigkeit und Vorgangsweise in der Lösung biotechnischer Probleme revolutioniert. Dieses Kapitel sollte den Leser mit dem grundlegenden Wissen für die gezielte Anwendung der FEM bei der Lösung von Problemen in der Gefäßbiomechanik vertraut machen. Während moderne Software FEM-Anwendungen erleichtert, ist das Verständnis des im Hintergrund laufenden Algorithmus für eine effiziente Problemlösung unerlässlich. Dies gilt insbesondere für die vielen nichtlinearen Probleme in der Gefäßbiomechanik. Ein tieferes Verständnis führt direkt zu einer höheren Erfolgsquote und mindert Frustration bei der Anwendung der FEM. Es wird auch empfohlen, immer mit einem sehr einfachen Modell (linear, niedrige Dimensionalität, robuste Randbedingungen usw.) zu beginnen und es dann sukzessive zu verfeinern, bis die erforderliche Modellgenauigkeit erreicht ist.

Die räumliche Diskretisierung und die Interpolation der wesentlichen Variablen zusammen mit der schwachen Form des beschreibenden BVP sind die Grundlage der FEM. Das lokale BVP vieler biotechnischer Probleme ist schnell verfügbar, und dann erlaubte uns die Variationsrechnung die jeweilige schwache Form daraus abzuleiten. Die Anwendung dieses Verfahrens wurde für verschiedene Klassen von Ingenieurproblemen demonstriert. Viele Problemstellungen in der Gefäßbiomechanik sind durch Nebenbedingungen (Zwangsbedingungen) gekennzeichnet, und die wesentlichen Variablen können sich dann nicht frei entwickeln. Nebenbedingungen können entweder direkt auf der Ebene der finiten Elemente eingeführt oder zusätzlich zu dem Satz der (anderen) beschreibenden Gleichungen gelöst werden – beide Ansätze wurden diskutiert.

Das FEM-diskretisierte Problem führt zu einem Gleichungssystem, das für die wesentlichen Knotenvariablen gelöst werden muss. Die Art des biotechnischen Problems bestimmt dieses System und verschiedene Lösungsstrategien für stationäre und instationäre Untersuchungen wurden vorgestellt. Angesichts des nichtlinearen Charakters der meisten biomechanischen Probleme ist die numerische Stabilität der Lösung für eine effiziente numerische Analyse wichtig. Wir haben die Stabilisierung des AD-Problems veranschaulicht und eine Reihe von Ansätzen diskutiert, die auch erfolgreich auf andere Problemstellungen, wie beispielsweise die Beschreibung der inkompressiblen Strömung, anwendbar sind.

Eine Reihe von Fallstudien schloss das Kapitel ab und demonstrierte die Anwendung der FEM auf verschiedene Problemstellungen in der Gefäßbiomechanik – viele weitere werden in den kommenden Kapiteln bereitgestellt.

Literatur

1. K.-J. Bathe, *Finite Element Procedures in Engineering Analysis* (Prentice Hall, Englewood Cliffs, 1982)
2. L. Beir ao Da Veiga, F. Brezzi, A. Cangiani, L.D. Marini, G. Manzini, A. Russo, Basic principles of virtual element methods. Math. Models Methods Appl. Sci. **23**, 199–214 (2013)
3. T. Belytschko, W.K. Liu, B. Moran, *Nonlinear Finite Elements for Continua and Structures* (Wiley, Chichester, 2000)
4. T. Belytschko, J.S.-J. Ong, W.K. Liu, J.M. Kennedy, Hourglass control in linear and nonlinear problems. Comput. Meth. Appl. Mech. Eng. **43**, 251–276 (1984)
5. J. Bonet, R.D. Wood, *Nonlinear Continuum Mechanics for Finite Element Analysis* (Cambridge University Press, Cambridge, 1997)
6. A.N. Brooks, T.J.R. Hughes, Streamline upwind/Petrov-Galerkin formulations for convection dominated flows with particular emphasis on the incompressible Navier–Stokes equations. Comput. Meth. Appl. Mech. Eng. **32**, 199–259 (1982)
7. A.J. Chorin, The numerical solution of the Navier–Stokes equations for an incompressible fluid. Bull. Am. Math. Soc. (N.S.) **73**, 928–931 (1967)

8. R.W. Clough, The finite element method in plane stress analysis, in *Proceedings of the Second ASCE Conference on Electronic Computation* (American Society of Civil Engineers, Reston, 1960)
9. R. Courant, K. Friedrichs, H. Lewy, über die partiellen differenzengleichungen der mathematischen physik. MATANNA **100**, 32–74 (1928)
10. M.A. Crisfield, *Non-linear Finite Element Analysis of Solids and Structures, Essentials*, Bd. 1 (Wiley, Chichester, 1991)
11. T. Davis, *Direct Methods for Sparse Linear Systems* (SIAM, Philadelphia, 2006)
12. S.J. Denardo, R. Nandyala, G.L. Freeman, G.L. Pierce, W.W. Nichols, Pulse wave analysis of the aortic pressure waveform in severe left ventricular systolic dysfunction. Circ. Heart Fail. **3**, 149–156 (2010)
13. H. Elman, D. Silvester, A. Wathen, *Finite Elements and Fast Iterative Solvers*, Bd. 2 (Oxford University Press, New York, 2014)
14. T.J.R. Hughes, *The Finite Element Method: Linear Static and Dynamic Finite Element Analysis* (Prentice-Hall, Englewood Cliffs, 1987)
15. T.J.R. Hughes, *The Finite Element Method: Linear Static and Dynamic Finite Element Analysis* (Dover, New York, 2000)
16. T.J.R. Hughes, A.N. Brooks, A multi-dimensional upwind scheme with no crosswind diffusion, in *Finite Element Methods for Convection Dominated Flows, AMD*, Hrsg. T.J.R. Hughes, Bd. 34 (ASME 1979), pp. 19–35
17. T.J.R. Hughes, J.A. Cottrell, Y. Bazilevs, Isogeometric analysis: CAD, finite elements, NURBS, exact geometry and mesh refinement. Comput. Methods Appl. Mech. Eng. **194**, 4135–4195 (2005)
18. T.J.R. Hughes, L.P. Franca, G.M. Hulbert, A new finite element formulation for computational fluid dynamics: VIII. The galerkin/least-squares method for advective-diffusive equations. Comput. Methods Appl. Mech. Eng. **73**, 173–189 (1989)
19. Pardiso Reference Manual (2018). https://www.pardiso-project.org/
20. J.N. Reddy (Hrsg.), *An Introduction to the Finite Element Method*, 2nd Aufl. (McGraw Hill, Boston, 1993).
21. A. Romo, P. Badel, A. Duprey, J.P. Favre, S. Avril, In vitro analysis of localized aneurysm rupture. J. Biomech. **189**, 607–616 (2014)
22. M.S. Sacks, Biaxial mechanical evaluation of planar biological materials. J. Elast. **61**, 199–246 (2000)
23. T.E. Tezduyar, Stabilized finite element formulations for incompressible flow computations'—this research was sponsored by NASA-Johnson space center (under grant nag 9–449), NSF (under grant MSM-8796352), U.S. Army (under contract DAAL03-89-C-0038), and the University of Paris VI. Bd. 28 of Advances in Applied Mechanics (Elsevier, Amsterdam, 1991), pp. 1–44
24. P. Wriggers, *Nonlinear Finite Element Methods* (Springer, Berlin, 2008)
25. O.C. Zienkiewicz, R.L. Taylor, *The Finite Element Method. The Basis*, Bd. 1, 5th Aufl. (Butterworth Heinemann, Oxford, 2000)
26. O.C. Zienkiewicz, R.L. Taylor, *The Finite Element Method. Solid Mechanics*, Bd. 2, 5th Aufl. (Butterworth Heinemann, Oxford, 2000)
27. O.C. Zienkiewicz, R.L. Taylor, *The Finite Element Method. Fluid Dynamics*, Bd. 3, 5th Aufl. (Butterworth Heinemann, Oxford, 2000)

5 Leitungsgefäße

Zusammenfassung

Dieses Kapitel befasst sich mit der Analyse von Leitungsgefäßen und bezieht sich aufgrund ihrer hohen klinischen Relevanz bei Gefäßerkrankungen hauptsächlich auf Arterien. Wir beginnen mit einem Überblick über die Histologie der Gefäßwand, wobei ein besonderer Schwerpunkt auf Kollagen und Elastin, den Hauptstrukturproteinen in der extrazellulären Matrix (ECM), liegt. Nach der allgemeinen Beschreibung der mechanischen Eigenschaften der Gefäßwand werden Gefäße wie die Aorta, Karotis, Koronar-, Iliakal- und Femoralarterien detaillierter behandelt. Atherosklerose und Aneurysma-Erkrankungen, zwei häufige Gefäßpathologien, werden dann diskutiert, wobei der Einfluss biomechanischer Faktoren auf den Krankheitsverlauf speziell analysiert wird. Ein zentraler Abschnitt dieses Kapitels befasst sich mit der konstitutiven Beschreibung der Gefäßwand, wobei phänomenologische und histomechanische Ansätze behandelt werden. Das druckbeaufschlagte Rohr, ein häufig angewandtes Gefäßmodell, wird dann verwendet, um die strukturellen Auswirkungen der verschiedenen konstitutiven Modelle zu testen. Neben elastischen und viskoelastischen Beschreibungen analysieren wir auch Schädigungs- und Versagensmodelle in der Beschreibung der Gefäßwand. Experimentelle Daten aus der ebenen biaxialen Gewebecharakterisierung werden dann verwendet, um Materialparameter für eine Reihe von konstitutiven Beschreibungen zu identifizieren. Eine Fallstudie verwendet die Finite Elemente Methode (FEM), um die Spannung in der aneurysmatischen Aorta zu berechnen, und abschließende Bemerkungen fassen das Kapitel zusammen.

Ergänzende Information Die elektronische Version dieses Kapitels enthält Zusatzmaterial, auf das über folgenden Link zugegriffen werden kann https://doi.org/10.1007/978-3-031-52637-4_5.

T. Gasser, *Vaskuläre Biomechanik*, https://doi.org/10.1007/978-3-031-52637-4_5

5.1 Einführung

Die (visko-)elastischen Eigenschaften der *Leitungsgefäße* spielen eine entscheidende Rolle für die ordnungsgemäße Funktion des Herz-Kreislauf-Systems [1]. Große Arterien bestimmen die *Compliance* des Gefäßsystems, und der enge Zusammenhang zwischen *arterieller Steifigkeit* und kardiovaskulärer Morbidität und Mortalität ist gut dokumentiert [2]. Darüber hinaus dienen große Venen als *Kompartimente* für Blut und beeinflussen somit den langfristigen Blutdruck. Die mechanischen Eigenschaften der Venen sind daher mit Bluthochdruck (Hypertonie) verbunden, einem Zustand, der eine Reihe von Herz-Kreislauf-Erkrankungen verursacht.

Neben den genannten zirkulatorischen Auswirkungen sind Arterien selbst auch besonders anfällig für *mechanikbedingte Verletzungen*, und histopathologische Veränderungen der Arterienwand zeigen eine auffällige räumliche Korrelation mit biomechanischer Spannung. Die Literatur berichtet über eine Reihe solcher Beobachtungen: Die Dilatation der aufsteigenden Aorta tritt bevorzugt an ihrer äußeren Krümmung auf [3] und somit an der Stelle der maximalen axialen Spannung. Die Veränderung des Blutflusses und damit der Wandscherspannung (WSS) durch Oberschenkelamputationen führt zu einer fünffach höheren Prävalenz für die Entwicklung eines Abdominalen Aortenaneurysmas (AAA) [4]. Bereiche der Gefäßwand, die einem komplexen Blutfluss ausgesetzt sind, entwickeln eher atherosklerotische Läsionen [5–7]. Viele weitere Studien könnten aufgelistet werden, und begründen die enorme Motivation, ein biomechanisches Verständnis der Blutgefäße zu gewinnen, um die Herz-Kreislauf-Physiologie und die Rolle von Gewebespannung und -verzerrung in der Pathologie zu ergründen. Neben dem rein wissenschaftlichen Interesse hätte ein solches Verständnis das Potential die klinische Therapie und Diagnostik zu revolutionieren und bessere gefäßmedizinische Produkte zu entwickeln.

Ein Blutgefäß sollte immer als ein *dynamisches biologisches System* betrachtet werden. Neben der *passiven* Verformung als Reaktion auf externe Kräfte erlauben kontraktile Zellen in der Wand sowie der kontinuierliche Umbau (die Remodellierung) der inneren Gewebestruktur eine kontinuierliche Anpassung des Gefäßes an eine veränderte Körperaktivität. Diese Mechanismen ermöglichen es den Gefäßen auch, ihre mechanischen Eigenschaften im Laufe der Zeit und als Reaktion auf Umweltreize zu verändern. Während das vorliegende Kapitel die passiven mechanischen Eigenschaften der Gefäßwand diskutiert, befasst sich Kap. 7 mit Mechanismen der Chemo-Mechanotransduktion in der Beschreibung der Gefäßwand.

5.2 Histologie und Morphologie der Gefäßwand

ECM-Komponenten wie Elastin, Kollagen, ProteoGlykane (PG), GlycosAminoGlykane (GAG), Fibronektin und Fibrillin gewährleisten die *strukturelle Integrität* der Gefäßwand, während vaskuläre Zellen wie Endothelzellen (EC), glatte Muskelzellen (SMC), Fibroblasten (FB) und Myofibroblasten ihren *Stoffwechsel* aufrechterhalten. ECM-Komponenten in der Gefäßwand werden kontinuierlich produziert und abgebaut – im normalen Gefäß sind diese Prozesse im homöostatischen

Gleichgewicht. Während die Zellen ECM-Komponenten produzieren, sind es hauptsächlich Matrix Metalloproteinasen (MMP), die diese abbauen [8].

Die Produktion und der Abbau von Gewebebestandteilen bestimmen den kontinuierlichen Umsatz von Gefäßgewebe, einen Mechanismus, der es der Wand ermöglicht, zu *wachsen* und sich *umzubilden*. Die geometrischen, histologischen und mechanischen Eigenschaften des Gefäßes ändern sich entlang des Gefäßbaums, um Bedingungen für einen optimalen mechanischen Betrieb des jeweiligen Gefäßsegments aufrechtzuerhalten [9]. Die Eigenschaften der Gefäßwand ändern sich auch in Reaktion auf viele andere Faktoren, wie Alter, Krankheit und Lebensstil.

5.2.1 Geschichtete Organisation der Gefäßwand

Die Gefäßwand wird durch *Intima, Media* und *Adventitia* gebildet, Schichten, die durch die *Membrana elastica interna (IEL)* und die *Membrana elastica externa (EEL)* getrennt sind, siehe Abb. 5.1.

Innerhalb der IEL gelegen, ist die Intima die innerste Schicht, siehe Abb. 5.1a. Sie besteht aus dem *Endothel*, einer einzelnen Schicht von EC, die auf einer dünnen *Basalmembran* – und einer subendothelialen Schicht von ECM ruht. Kollagen Typ IV, Laminin und PG [10] bilden die Basalmembran und bieten strukturellen Support für EC. Sie *entkoppelt* mechanisch die Scherdeformation von anderen Deformationen der Gefäßwand und ermöglicht es dem EC, auf die Wandscherspannung (WSS) zu reagieren. Während die WSS-Wahrnehmung eine wichtige Rolle in der Gefäßbiomechanik spielt, ist die strukturell-mechanische Auswirkung der Intima in nicht erkrankten Leitungsgefäßen oft vernachlässigbar. Das Endothel bietet auch eine anti-thrombogene und reibminimierte Auskleidung zwischen Blut und Gefäßgewebe. Es hat auch eine wichtige Barrierefunktion im Sinne des Stoffaustausches.

Zwischen der IEL und der EEL gelegen, ist die Media die mittlere Schicht der Gefäßwand, siehe Abb. 5.1a. Sie besteht aus einem komplexen 3D-Netzwerk von SMC, Elastin, Kollagenfasern und -fibrillen sowie anderem Bindegewebe. Diese strukturellen Komponenten sind vorwiegend entlang der zirkumferenziellen Gefäßrichtung ausgerichtet [11, 12] und in wiederkehrenden *medialen lamellaren Einheiten (MLU)* von 13 bis 15 μm Dicke [12–14] organisiert, siehe Abb. 5.1b. Die Dicke der MLUs ist unabhängig von der radialen Position in der Wand und die Anzahl der MLUs nimmt mit zunehmendem Gefäßdurchmesser zu – in der menschlichen Aorta können bis zu 60 MLU gezählt werden. Die Spannung, die von einer einzelnen MLU in der normalen Wand getragen wird, bleibt konstant bei etwa 1,6 bis 2,4 N m^{-1} [13]. Die geschichtete Struktur der Media geht allmählich in Richtung Peripherie verloren, und eine diskrete laminierte Architektur ist kaum mehr in muskulären Arterien oder kleineren Venen vorhanden. Der hohe SMC-Gehalt gibt der Media ausgezeichnete *Vasoaktivitätseigenschaften*. Diese Eigenschaft ist besonders in kleineren Gefäßen zur Regulierung von Blutströmen wichtig, siehe Kap. 2.

Außerhalb der EEL gelegen, ist die Adventitia die äußerste Schicht der Gefäßwand, siehe Abb. 5.1a. Sie besteht hauptsächlich aus FB, die in einer ECM aus dicken Bündeln von *Kollagen*, PGs, GAGs und etwas anderen Bindegewebe, wie einer geringen Anzahl von Elastinfasern, eingebettet sind. Die FB produzieren (syntheti-

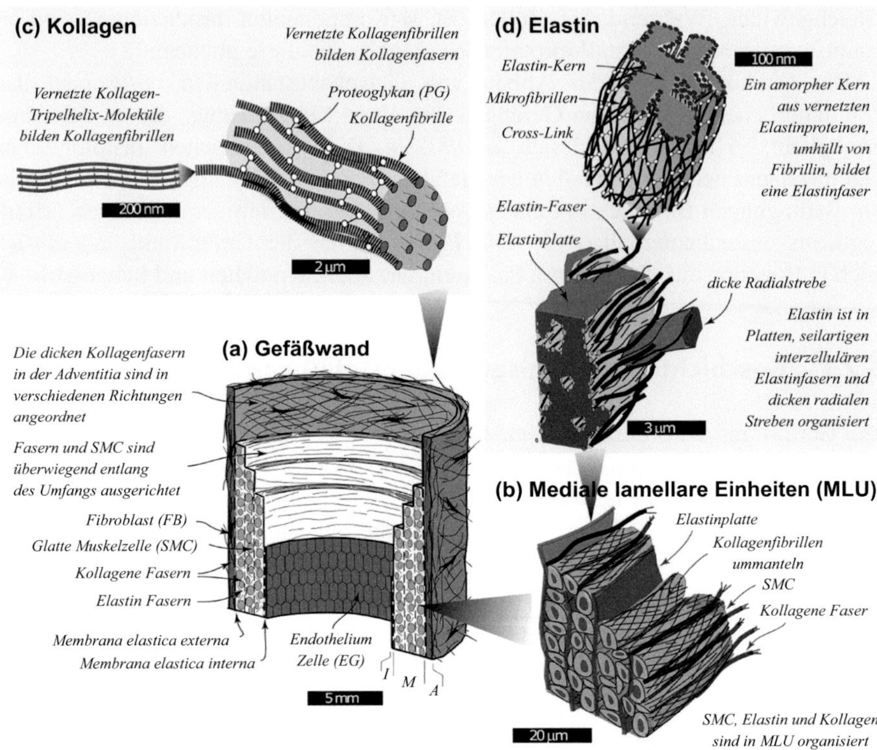

Abb. 5.1 Histologische Idealisierung der normalen Aorta. (**a**) Die Gefäßwand besteht aus drei Schichten: Intima (I), Media (M) und Adventitia (A). Die Intima ist die innerste Schicht, bestehend aus einer einzigen Schicht von Endothelzellen, einer dünnen Basalmembran und einer subendothelialen Schicht. (**b**) Glatte Muskelzellen (SMC), Elastin und Kollagen sind die wichtigsten mechanischen Bestandteile in der Media und sind in medialen lamellaren Einheiten (MLU) mit einer Dicke von 13 bis 15 μm angeordnet. In der Adventitia sind die Hauptbestandteile Kollagenfasern und Fibroblasten (FB). (**c**) Kollagenfasern mit einer Dicke im Mikrometerbereich werden von 50 bis 300 nm dicken Kollagenfibrillen zusammengefügt. Die Lastübertragung zwischen Kollagenfibrillen wird (wahrscheinlich) durch Proteoglykan (PG) Brücken aufrechterhalten. (**d**) Elastinfasern mit einer Dicke von Hunderten von Nanometern werden durch einen amorphen Kern aus stark vernetztem Elastinprotein gebildet, der von 5 nm dicken Mikrofibrillen umschlossen ist. Elastinfasern präsentieren sich als dünne konzentrische elastische Platten, seilartige interlamellare Elastinfasern und dicke radiale Streben

sieren) kontinuierlich ECM-Produkte, hauptsächlich um die große Menge an Kollagen in der Schicht aufrechtzuerhalten. Die Adventitia *schützt* die biologisch aktiven medialen und intimalen Schichten vor Überdehnung und *verankert* das Gefäß mit seiner Umgebung. Sie ist durchlöchert von *Nerven*, die die SMC in der medialen Schicht verbinden, und beherbergt das *Vasa vasorum*, winzige Blutgefäße, die nicht nur die Adventitia selbst, sondern auch die äußere Media durchbluten. Im Gegensatz dazu werden die Intima und die innere Media durch die radiale Konvektion von Flüssigkeit versorgt, eine Strömung, die durch das Druckgefälle zwischen der Zirkulation und dem viel niedrigeren interstitiellen Druck in der Adventitia entsteht.

Die Dicke der einzelnen Schichten der Gefäßwand hängt von der physiologischen Funktion des Blutgefäßes ab und ändert sich mit dem Alter und Krankheiten, wie Atherosklerose und Aneurysmabildung.

5.2.2 Unterschiede zwischen Arterien und Venen

Obwohl die Strukturen von Arterien und Venen sehr ähnlich sind, können einige Schlüsselunterschiede bemerkt werden. Während die arterielle Wand *dicker* ist, um dem höheren Blutdruck im arteriellen System standzuhalten, enthalten Arterien auch *mehr Elastin* als Venen, um die elastische Kontraktion des Blutgefäßes in Diastole zu gewährleisten. Angesichts des sehr niedrigen Druckgradienten entlang des venösen Pfades sind einige Venen mit passiven *Venenklappen* ausgestattet, um einen unidirektionalen Blutfluss sicher zu stellen. Solche ventilartige Strukturen sind im arteriellen System nicht erforderlich.

5.2.3 Extrazelluläre Matrix (ECM)

Die ECM ist ein organisiertes Netzwerk von Proteinen, das unter anderem durch Kollagen, Elastin und ein lockeres Netzwerk von PGs gekennzeichnet ist. Siehe die schematische Darstellung der Aorta in Abb. 5.1. Die 3D-Organisation der ECM-Komponenten ist für die ordnungsgemäße physiologische Funktion des Gefäßes von entscheidender Bedeutung. Die ECM sollte auch als eine mechanische Struktur, die den *mikromechanischen* und *makromechanischen* Zustand des Gefäßgewebes kontrolliert, gesehen werden, als nur ein Gerüstsystem für den Zusammenhalt von Zellen. Die ECM bestimmt die Spannung und Verzerrung, die auf die einzelnen Zellen übertragen wird, Parameter die bekanntermaßen ihren Stoffwechsel [15] und damit Faktoren wie Zelladhäsion, Proliferation, Migration, Differenzierung und Genexpression beeinflussen.

5.2.3.1 Kollagenstruktur

Kollagen der *Typen I, III, IV, V und VI* sind in den Gefäßwänden zu finden. Die fibrillären Kollagentypen I und III machen dabei den größten Teil des Kollagens aus, wobei Typ I alleine bereits 50 bis 70 % ausmacht. Typ IV ist hauptsächlich in der Basalmembran und um SMC zu finden. Venen haben im Allgemeinen einen höheren Kollagengehalt als Arterien.

Kollagen befindet sich in einem kontinuierlichen Zustand der Umbildung mit einer normalen Halbwertszeit von *60 bis 70 Tagen* [16]. Die Erhaltung der Kollagenstruktur beruht auf einem empfindlichen (gekoppelten) Gleichgewicht zwischen Produktion und Abbau. Während Zellen wie SMC, FB und Myofibroblasten [1] Kollagen synthetisieren, sind es hauptsächlich MMP, die kollektiv als *Kollagenasen* bezeichnet werden, die Kollagene abbauen. Die Kollagensynthese dauert das ganze Leben lang an und führt bei einem normalen Gefäß zu Kollagen von stabiler Qualität.

Kollagen verleiht der Gefäßwand *Steifheit, Festigkeit* und *Zähigkeit.* Frühere Beobachtungen zeigten, dass die kollagenreiche Bauchaorta steifer ist als die kollagenarme thorakale Aorta [17, 18] ist, und die regionale Variation der aortalen Eigenschaften wurde dann auch später spezifisch dokumentiert [19]. Abgesehen von der Menge an Kollagen in der Wand beeinflussen seine räumliche Ausrichtung [20], sowie die Streuung dieser Ausrichtungen [21], maßgeblich die makroskopischen mechanischen Eigenschaften der Gefäßwand. Bei mittlerem arteriellem Druck (MAP) sind nur etwa 6 bis 7 % der Kollagenfasern mechanisch belastet [22, 23].

Kollagen *Fibrillen* haben einen Durchmesser von fünfzig bis einigen hundert Nanometern und können als der grundlegende strukturelle Baustein vieler kollagenhaltiger Gewebe angesehen werden [20]. Es ist jedoch ihre Organisation in *suprafibrillare Strukturen,* die die makroskopischen mechanischen Eigenschaften der Gefäßwand dominieren. Innerhalb der MLU und somit zwischen den elastischen Lamellen der Media verlaufen Kollagenfibrillen oder Bündel von Fibrillen (10 bis 40 Fibrillen pro Bündel) parallel und umhüllen dabei auch eng die SMC [12]. Die Kollagenfasern sind *nicht* miteinander verwoben, sondern parallel ausgerichtet, ganz ähnlich wie in Sehnen oder Bändern, d.h. einer Struktur, die darauf ausgelegt ist, hohe mechanische Belastungen zu bewältigen [12], siehe Abb. 5.1b.

Die Kollagenfibrillen innerhalb einer Kollagen *Faser* sind untereinander vernetzt, um eine Struktur zu bilden, die geeignet ist, mechanische Lasten zu tragen. *PG-Brücken* [24, 25] könnten eine solche interfibrillare Vernetzung erzeugen, siehe Abb. 5.1c. Eine PG-Einheit besteht aus einem „Kernprotein" mit einer oder mehreren kovalent angehängten GAG-Ketten. Kleine PGs, wie Decorin, binden nicht-kovalent, aber spezifisch an Kollagenfibrillen und vernetzen damit benachbarte Kollagenfibrillen in etwa 60 nm Abständen voneinander [24]. Die reversible Verformbarkeit der PG-Brücken ist dabei entscheidend, um als form-erhaltende Module [24] *schnelle* als auch *langsame* Verformungsmechanismen zu unterstützen. Die schnelle (elastische) Verformung wird durch die plötzliche Dehnung von etwa 10 % des L-Idurons (ein elastischer Zucker) bei einer kritischen Last von etwa 200 pN unterstützt [26]. Die langsame (viskose) Verformung basiert auf einem Gleitfilamentmechanismus der Helix des Glykans [24]. Dies könnte auch den großen Anteil der makroskopischen Viskoelastizität erklären, der das Kollagen charakterisiert. Die PG-basierte Vernetzung wird durch eine Reihe von experimentellen Studien unterstützt, die die Rolle von PG bei der inter-fibrillaren Lastübertragung hervorheben [24, 27–29], ein Mechanismus, der auch durch theoretische Untersuchungen bestätigt wurde [30–32]. Die biomechanische Rolle von PGs ist jedoch noch unsicher, und einige Daten deuten auf einen minimalen, wenn überhaupt einen, PG-Beitrag zu den Zugfestigkeitseigenschaften des Gewebes hin [30, 33, 34].

5.2.3.2 Elastin Struktur

Elastin funktioniert in Partnerschaft mit Kollagen. Es bestimmt hauptsächlich die mechanischen Eigenschaften der Gefäßwand bei *niedriger* Deformation [35] und ist wichtig für die *Rückfederung* der Arterien während jedes Pulsschlags. Während Elastin in der Adventitia eine vernachlässigbare mechanische Rolle spielt, ist es eine Hauptstrukturkomponente der *Media*. Elastin erscheint als 1,0 bis 2,0 μm dicke konzentrische Schichten oder Platten (71 %), 100 bis 500 nm dicke seilartige interlamellare Elastinfasern (27 %) und etwa 1,5 μm dicke radiale Streben (2 %) [12, 14, 36], siehe Abb. 5.1b. Die Elastinschichten umschließen die MLU und sie sind perforiert (durchzogen) von den Elastinfasern, siehe Abb. 5.1d. In muskulären Arterien geht die geschichtete Struktur der Gefäßwand verloren und das meiste Elastin erscheint in der EEL. Diese Schicht ist dann dicker und besteht aus elastischen Fasern, die hauptsächlich in axialer Richtung des Gefäßes ausgerichtet sind. Diese Anordnung ist wichtig, um die Gefäße mit axialer Vorspannung zu versehen um ein Ausknicken der Gefäße während, beispielsweise Gliedmaßenbewegungen zu vermeiden [37].

Mikroskopische Studien zeigen, dass Elastin aus sich wiederholenden selbstähnlichen Strukturen auf vielen Längenskalen besteht [38]. Ein amorpher Kern aus stark vernetztem Elastinprotein macht 90 % der Masse aus, während 10 % auf eine fibrilläre Hülle von etwa 5 nm dicken Mikrofibrillen zurückzuführen ist [39, 40], siehe Abb. 5.1d. Eine Anzahl von Elastinmolekülen sind quervernetzt und auch mit anderen Molekülen, wie Mikrofibrillen, Fibulinen und Kollagen, verbunden.

Es ist der Wechsel von der Niedrigdruck- zur Hochdruckzirkulation um den Zeitpunkt der Geburt herum, der die Produktion von Elastin in den zentralen Arterien auslöst [41]. Elastin wird synthetisiert und von vaskulären SMC und FB abgesondert, ein Prozess, der normalerweise kurz nach der Pubertät, d.h. sobald der Körper seine Reife erreicht hat, stoppt. Obwohl die dichte Lysyl-Vernetzung Elastinfibrillen extrem unlöslich und stabil macht, was dann die Halbwertszeiten von *Jahrzehnten* erklärt [42], kann Elastin durch selektive MMP, die gemeinsam als *Elastasen* bezeichnet werden, abgebaut werden. Elastasen zerstören die Integrität der Elastinfasern und erweichen dabei die mechanischen Gewebeeigenschaften.

Elastin ist ein kritischer autokriner Faktor, der die vaskuläre Homöostase durch die Kommunikation biomechanischer und biologischer Signale aufrechterhält [43, 44]. Während der Abbau von Elastin mit Krankheiten, wie Atherosklerose, Marfan-Syndrom, Cutis laxa einhergeht, ist er auch für eine Anzahl von physiologischen Prozesse, wie Wachstum, Wundheilung, Schwangerschaft und Gewebeumbau, sehr wichtig [45]. Der proteolytische Abbau von Elastin ist daher auch für die normale Elastogenese und Reparaturprozesse entscheidend [46]. Die Reparatur von Protease-geschädigtem Elastin scheint jedoch kein Elastin von der gleichen Qualität, wie es ursprünglich während des primären Gefäßwachstums abgelagert wurde, zu produzieren [47]. Darüber hinaus werden elastische Fasern, die durch Alterung oder Krankheit beschädigt oder abgebaut werden, oft nicht repariert, sondern durch Kollagen und PG ersetzt, was dann die Gefäßwand versteift [48].

Elastin und Gummi teilen eine Reihe von mechanischen Ähnlichkeiten, wie hohe Verformbarkeit, entropische Elastizität, und beide Materialien durchlaufen einen Übergang von einem starren, glasartigen Zustand in einen weichen, gummiartigen Zustand. Im Gegensatz zu Gummi sind die hydrophoben Wechselwirkungen von Elastin jedoch ein bestimmender Faktor für seine Elastizität, und Elastin ist *nur* elastisch, wenn es in Wasser geschwollen ist [46].

5.2.4 Zellen

Gefäßzellen *spüren* und *reagieren* auf mechanische Belastungen. Diese Funktionalität erlaubt es dem Gefäß während der normalen Entwicklung, Alterung und als Reaktion auf Krankheiten oder implantierte medizinische Geräte viele unterschiedliche Veränderungen zu durchlaufen. Die Zellen arbeiten in Partnerschaft mit der ECM, und es ist diese koordinierte Reaktion, die dann zu einem Gefäß mit optimaler physiologischer Funktion führt. Darüber hinaus produzieren Zellen eine Reihe von Immun- und Entzündungsmediatoren, die die Migration von Immun- und Entzündungszellen aus dem Blutstrom in die Gefäßwand stimulieren.

Eine zusammenhängende Schicht von EC bildet das Endothel, eine *nicht-thrombotische* Oberfläche zwischen Blut und Gewebe. EC haben eine Halbwertszeit von 1 bis 3 Jahren. Sie sind ständig WSS ausgesetzt und als Reaktion darauf scheiden sie *vasoaktive Substanzen* aus, die dann in die Wand transportiert werden und den Tonus der angrenzenden kontraktilen SMC kontrollieren.

SMC sind in der Umfangsrichtung ausgerichtet und haben eine radiale Neigung von etwa 20 Grad [12, 49]. Neben ihren physiologischen Funktionen ist eine abnormale SMC-Funktion auch an einer Reihe von Gefäßerkrankungen beteiligt, wie Atherosklerose, Restenose, Hypertonie und der Bildung von Aneurysmen. SMC können in Reaktion auf *Umgebungsreize* zwischen Phänotypen wechseln – Pulsatilität und Druck scheinen den SMC-Phänotyp in den Arterien hauptsächlich zu bestimmen [50].

Im *kontraktilen* Phänotyp sind SMC ruhend und proliferieren nicht. Die Zellen kontrahieren als Reaktion auf elektrische, chemische oder mechanische Reize, Faktoren, die die Kontrolle über den Gefäßdurchmesser ermöglichen [51]. Es ist eine Schlüsseleigenschaft von Widerstandsgefäßen, und erlaubt es Blutströme umzuleiten. Während ein Leitungsgefäß zu groß ist, um Blutströme umzuleiten, beeinflusst die SMC-Kontraktion die Gefäßsteifigkeit und damit die Pulswellen Ausbreitungsgeschwindigkeit.

SMC in ihrem *synthetischen oder dedifferenzierten* Phänotyp können migrieren, proliferieren und mit einer Reihe von proinflammatorischen und sekretorischen Reaktionen auf Verletzungen und Krankheiten reagieren. Wie FB produzieren SMC auch ECM-Proteine und sezernieren gleichzeitig MMP, beides kontrolliert den Umbau (die Remodellierung) des Gefäßwandgewebes.

5.3 Mechanische Eigenschaften und experimentelle Beobachtungen

Die biomechanischen Eigenschaften der Gefäßwand wurden in einer großen Anzahl von experimentellen Studien untersucht, und Daten von vielen Gefäßen sind in der Literatur verfügbar [52]. *In vitro* Zugversuche zeigen einen ausgeprägten Drift im Spannungs- Deformationsverhalten während der ersten Belastungszyklen, bis das Gewebe *vorkonditioniert* ist und eine stabiles zyklisches Spannungs-Dehnungsverhalten beobachtet wird, siehe Abb. 5.2. Selbst nach der Vorkonditionierung ist die Gefäßwand *verzerrungssratenabhängig* und zeigt Phänomene wie Kriechen, Relaxation und Dissipation bei zyklischer Belastung, siehe Abb. 5.3a. Die Dissipation

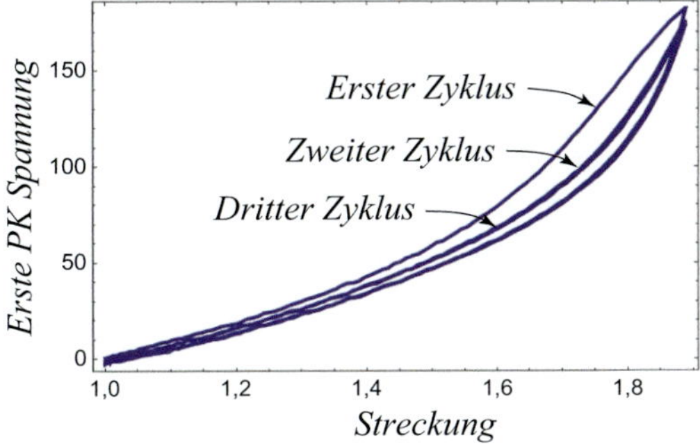

Abb. 5.2 Vorkonditionierung einer Gefäßwandprobe, die aus der absteigenden thorakalen Aorta eines Schweins entnommen wurde. Die Daten wurden während der ersten drei Belastungszyklen eines planaren äqui-biaxialen Zugtests aufgezeichnet. Die Grafik zeigt die zirkumferenzielle erste Piola-Kirchhoff Spannung als Funktion der zirkumferenziellen Streckung

bei zyklischer Belastung über eine Frequenz, die über fünf Größenordnungen variiert, ändert sich dabei jedoch nicht mehr als um den Faktor zwei [53]. Diese Beobachtung führte zur *pseudo-elastischen* Beschreibung der Gefäßwand. Die Belastungs- und Entlastungspfade sind ratenunabhängig, aber *unterscheiden sich von einander*, und das Gewebe zeigt dann eine frequenzunabhängige Dissipation bei zyklischer Belastung.

Die normale und gesunde Arterie ist hoch deformierbar, und wie bei den meisten weichen biologischen Geweben entwickelt sich die Spannung *nichtlinear* mit der Dehnung [54]. Im Bereich der physiologischen *in vivo* Verformung versteift sich die Wand progressiv, siehe Abb. 5.3b. Die mechanische Charakterisierung von Gefäßgewebe nach selektiver Zersetzung von Elastin (Elastase) oder Kollagen (Kollagenase) [35, 55–57] erklärt dieses Phänomen. Die jeweiligen Ergebnisse legen nahe, dass die Gefäßwand sich als Reaktion auf die schrittweise Rekrutierung der eingebetteten und *gewellten* Kollagenfasern versteift [35, 58, 59], ein Mechanismus, der nicht nur die *nichtlineare Elastizität* der Gefäßwand, sondern auch ihre *Anisotropie*, erklärt [60, 61], siehe Abb. 5.3b,c. Die Gefäßwand erscheint oft am steifsten in der zirkumferenziellen Richtung und damit in der Richtung, in der die meisten Kollagenfasern ausgerichtet sind [11, 12]. Die Gewebesteifigkeit kann als mechanische Manifestation des histologischen Aufbaus der Gefäßwand gesehen werden, und die kollagenreichen muskulären Arterien sind oft steifer als die elastischen Arterien. Die Steifigkeit der Gefäßwand hängt von der Verformung ab und ändert sich während der normalen Entwicklung, Alterung und als Reaktion auf Krankheiten und viele andere Faktoren.

Die Arterienwand kann als Mischung aus festen Bestandteilen, wie Elastin, Kollagen und SMC, betrachtet werden, die ihrerseits in Wasser eingebettet sind. Ein Großteil dieses Wassers ist *nicht* besonders beweglich, sondern an die hydrophilen PG, GAG und Elastin gebunden. Die große Menge an gebundenem Wasser erklärt dann, dass *in vivo* die volumetrische Dehnung drei Größenordnungen niedriger ist als die Umfangsdehnung [62]. Für viele mechanische Probleme kann die

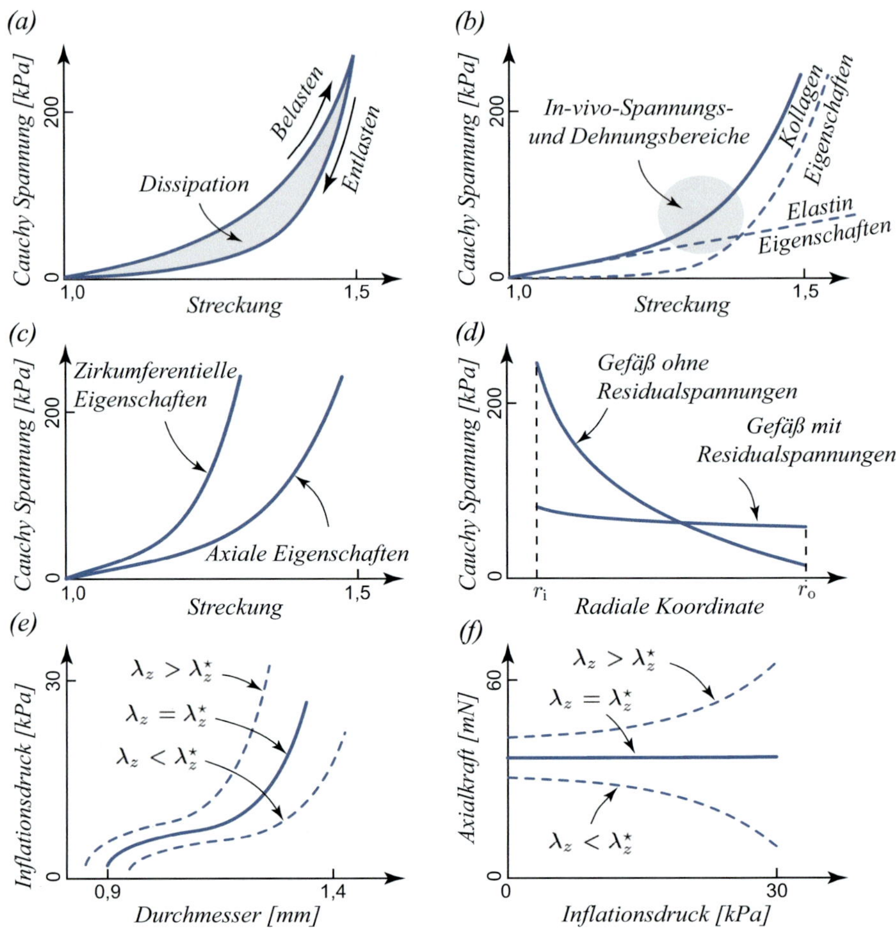

Abb. 5.3 Mechanische Eigenschaften der Gefäßwand mit Spannungs- und Dehnungsmagnituden, die für eine normale Arterie charakteristisch sind. (**a**) Spannungs-Streckungs Eigenschaften der Gefäßwand bei zyklischer Belastung. Der von den Belastungs- und Entlastungskurven eingeschlossene Bereich repräsentiert die spezifische Energie, die während eines einzelnen Belastungszyklus dissipiert wird. (**b**) Nichtlineare Spannungs-Streckungs Eigenschaften (durchgezogene Linie) der Gefäßwand unter Zugbelastung. Die gestrichelten Linien kennzeichnen die individuellen Beiträge von Kollagen und Elastin. Im Bereich der *in vivo* Deformation kommt es zum Übergang von den weichen elastin-dominierten zu den steifen kollagen-dominierten Eigenschaften. (**c**) Anisotropie der Gefäßwand. Die Eigenschaften entlang der zirkumferenziellen Gefäßrichtung sind steifer als entlang der axialen Richtung. (**d**) Die Restspannung des lastfreien Gefäßes führt zu einer annähernd homogenen Spannung über die Wand bei mittlerem Arteriellen Druck (MAP). (**e, f**) Die axiale Vorstreckung λ_z beeinflusst die Druck-Durchmesser Eigenschaften und die axiale Kraft in einem Gefäßsegment. Bei *in vivo* axialer Vorstreckung $\lambda_z^\star$ ist die axiale Kraft unabhängig vom Inflationsdruck

Gefäßwand daher als eine *inkompressible* homogenisierte Mischung aus in Wasser eingetauchten festen Bestandteilen betrachtet werden. Die Affinität von Wasser zu PG, GAG und Elastin führt zur Entwicklung von Druck innerhalb des Gewebes, der inhomogen über die Gefäßwand verteilt ist [63].

Der kontinuierliche Umbau von Gewebebestandteilen *homogenisiert* die Spannung über die Gefäßwand. Die Entnahme eines Gefäßsegments aus seiner *in vivo* Umgebung führt daher zu *Restspannungen* in der *lastfreien* Konfiguration des Gefäßes. Restspannungen in Arterien sind seit mindestens einem halben Jahrhundert bekannt [17], und ihre biomechanischen Konsequenzen sind in der Literatur gut diskutiert [64–67]. Es wird berichtet, dass sowohl Umfangs- [64, 67] als auch Längsstreifen [68] ihre Krümmung ändern, wenn sie aus der lastfreien Arterie herausgeschnitten werden. Restspannungen in der Gefäßwand sind daher mehrdimensional und das Ignorieren von Restspannungen kann eine erhebliche Einschränkung darstellen [69–71]. Die Vernachlässigung von Restspannungen in (passiven) biomechanischen Simulationen führt dann oft zu erheblichen Spannungsgradienten über die Wand des *in vivo* belasteten Gefäßes, siehe Abb. 5.3d. Dies ist dann nicht physiologisch und steht im Widerspruch zur Hypothese der gleichmäßigen Spannung [65].

Im Körper ist die Gefäßwand einem mehrachsigen Spannungszustand ausgesetzt, wobei σ_r, σ_θ und σ_z jeweils die Haupt-Cauchy Spannung in radialer, zirkumferentieller und axialer Richtung bezeichnet. Die radiale Spannung ist etwa eine Größenordnung niedriger als die anderen Spannungen, und ein *ebener Spannungszustand* ist eine häufig verwendete Annäherung an die Belastung der Gefäßwand. Während die *in vivo* Umfangsspannung σ_θ direkt mit dem Blutdruck zusammenhängt, wird die axiale Spannung σ_z auch durch die axiale *Vordehnung* des Gefäßes beeinflusst. Experimentelle Arterien die ein Gefäß bei *in vivo* Länge druckbeaufschlagen, zeigten, dass die axiale Kraft innerhalb des Gefäßes jedoch nicht vom Aufblasdruck abhängt [72], siehe Abb. 5.3e,f. Diese Beobachtung legt nahe, dass Arterien im Körper im Durchmesser pulsieren, aber nicht in ihrer axialen Richtung. Die aufsteigende thorakale Aorta ist eine Ausnahme und zeigt zusätzlich zur zirkumferentiellen auch axiale Pulsation [73].

Die Belastung von Gefäßwänden auf überphysiologische mechanische Spannung führt zu irreversibler (unumkehrbarer) Umordnungen der Gewebemikrostruktur. In Anlehnung an solche irreversiblen Mechanismen wurden bei Gefäßgeweben *schädigungsbezogene* Effekte [74, 75] und *plastizitätsbezogene* Effekte [75, 76] dokumentiert, siehe Abb. 5.4.

5.3.1 Aorta

Die *Aorta* ist das erste arterielle Segment des systemischen Blutkreislaufs und direkt mit dem linken Ventrikel durch die Aortenklappe verbunden. Sie ist die größte Arterie im menschlichen Körper, und das Zwerchfell trennt sie auf Höhe der zwölften Brustwirbel in die *thorakale* und *abdominale* Aorta, siehe Abb. 5.5. Die thorakale Aorta besteht aus der aufsteigenden thorakalen Aorta, dem Aortenbogen und der absteigenden thorakalen Aorta. Die Höhe der Nierenarterien trennt die abdominale Aorta und teilt sie in das suprarenale und infrarenale Segment.

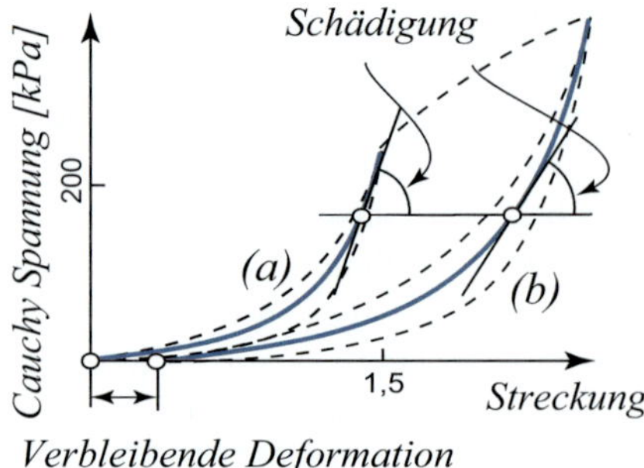

Abb. 5.4 Spannungs-Dehnungs Eigenschaften der Gefäßwand bei überphysiologischer Belastung. Im Vergleich zum physiologischen Belastungszyklus (**a**) zeigt die Gefäßwand nach überphysiologischen Belastungen verbleibende Verformungen und Erweichung (Schädigung) (**b**)

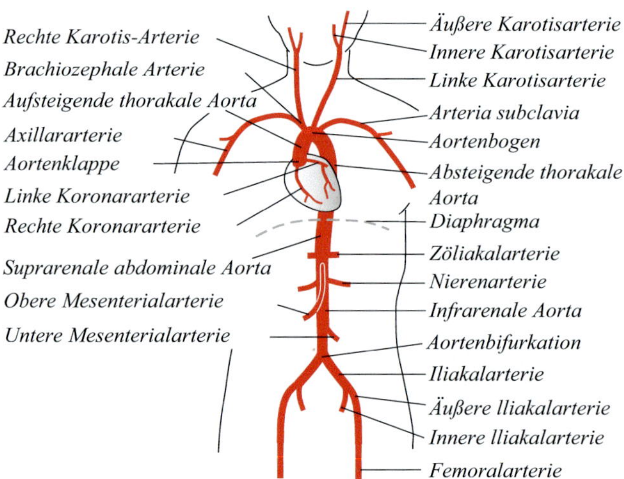

Abb. 5.5 Einige Hauptarterien des systemischen Kreislaufs

Aufgrund ihrer herausragenden Rolle ist die Aorta eines der am besten erforschten Blutgefäße. An ihrem Ursprung hat sie einen Durchmesser von etwa 3,0 cm, der sich auf etwa 1,8 bis 2,0 cm an der Aortenbifurkation reduziert, die auf Höhe des vierten Lendenwirbels liegt. Verschiedene Segmente der Aorta haben unterschiedliche embryologische Ursprünge. SMC im Aortenbogen stammen aus der Neuralleiste, in der absteigenden thorakalen Aorta aus den Somiten und in der infrarenalen Aorta aus dem splanchnischen Mesoderm [77].

Die Druck-Durchmesser Eigenschaft der Aorta ist von entscheidender Bedeutung für das gesamte Herz-Kreislauf-System und bestimmt den Zusammenhang von Bludruck und Blutfluss. Die Compliance der Aorta ist verantwortlich für fast die gesamte Compliance des systemischen Kreislaufs und definiert seine

Windkessel (WK) Eigenschaften. Die aortale Compliance ist über einen weiten Druckbereich konstant, und die thorakale Aorta ist für 85 % der systemischen Compliance verantwortlich [78]. Kollagenfasern sind gewellt und werden nur allmählich mit der Verformung der Gefäßwand belastet. In der abdominalen Aorta scheinen nur etwa jeweils 10% und 30 % des Kollagens bei diastolischen und systolischen Druck belastet zu sein [79].

Wie bei anderen Arterien ist die Aorta im Körper axial vorgedehnt. Beim Menschen beträgt die Vordehnung etwa 5 % [79], eine Eigenschaft, die mit dem Alter stark abnimmt [80] und sich auch zwischen den verschiedenen Aortensegmenten ändert [78]. Die Morphologie der Aorta variiert bemerkenswert zwischen Ursprung und Bifurkation, Veränderungen, die den Übergang von einem elastischen Gefäß zu einem muskulären Gefäß widerspiegeln, siehe Abb. 5.6. Die abdominale Aorta ist mit einer dicken Adventitia ausgestattet und steifer als die thorakale Aorta. Die Umfangssteifigkeit scheint auf Höhe des Zwerchfells am höchsten zu sein [53, 78], und sie könnte auch bei Männern höher sein als bei Frauen [81]. Die Steifigkeit und Festigkeit der Aorta wird weiter in Bezug auf aneurysmatische Erkrankungen in Abschn. 5.4.6 diskutiert.

Die Aorta ist sehr anfällig für *Alterung*. Die Menge an Elastin in der Wand nimmt dabei ab, während Kollagen und MMP-2 mit dem Alter zunehmen. Die gealterte Aortenwand ist auch dünner, zeigt Spaltung und Ausfransen von MLU sowie einen erhöhten Grad an Elastin-Glykation und Kollagen-Quervernetzung. Diese morphologischen Veränderungen erklären warum der Durchmesser bei MAP und die Steifigkeit der Aorta [1, 79, 82–85] viel schneller über die Zeit zunehmen als bei jeder anderen Arterie. Obwohl die thorakale Aorta schneller im Durchmesser wächst als andere Gefäße, behält sie jedoch ihre Compliance bei. Bei Vergleich der lastfreien Konfigurationen zeigt sich daher keine schnellere Erweiterung zugunsten der thorakalen Aorta [86]. In der thorakalen Aorta nimmt die Dehnung über einen Herzzyklus mit dem Alter von etwa 14 % auf 6 % ab [86].

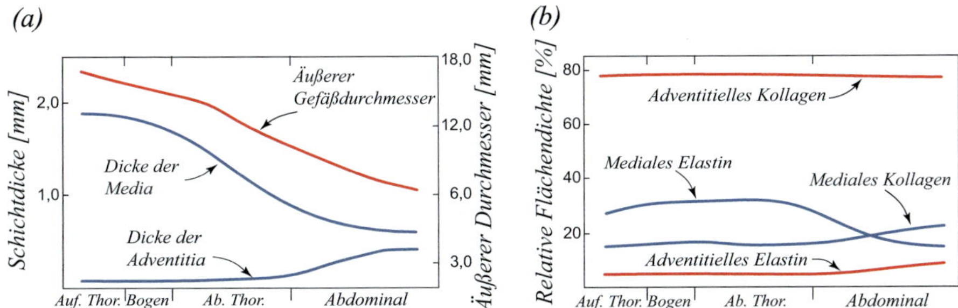

Abb. 5.6 Variation geometrischer und histologischer Eigenschaften der Schweineaorta, ähnlich einer Literaturstudie [19]. (**a**) Veränderung des äußeren Aortendurchmessers und der Dicken der medialen und der adventitiellen Schichten. Die Dicke der Intima beträgt weniger als 1 % der gesamten Wanddicke. (**b**) Relative Flächendichte von Elastin und Kollagen in den medialen und den adventitiellen Schichten. Die relative Flächendichte repräsentiert die Fläche, die von der jeweiligen Komponente in färbigen histologischen Schnitten bedeckt ist (Auf. Thor.-Aufsteigende thorakale Aorta; Bogen-Aortenbogen; Ab. Thor.-Absteigende thorakale Aorta; Abdominal-Abdominale Aorta)

5.3.2 Halsschlagader

Die linken und rechten gemeinsamen *Halsschlagadern (Karotis)* versorgen den Kopf und den Hals, siehe Abb. 5.5. Während die linke gemeinsame Halsschlagader direkt aus dem Aortenbogen entspringt, entsteht die rechte gemeinsame Halsschlagader an der Bifurkation der Arteria brachiocephalica. Die gemeinsame Halsschlagader teilt sich auf Höhe der vierten Halswirbel und bildet die *äußeren* und *inneren* Halsschlagadern. Die inneren Halsschlagadern versorgen das Gehirn, während die äußeren Halsschlagadern das Gesicht, die Kopfhaut und den Hals versorgen. Der *Karotissinus* ist eine erweiterte Stelle an der Basis der inneren Halsschlagader, direkt oberhalb der Bifurkation der inneren und äußeren Halsschlagadern. Der Karotissinus beherbergt Barorezeptoren, die kontinuierlich den Blutdruck aufzeichnen und die Informationen an entsprechende afferente Neuronen weiterleiten, siehe Abschn. 2.1.7. Die äußeren und inneren Halsschlagadern haben einen Durchmesser von jeweils etwa 6,5 mm und 5,0 mm, ein Maß, das von vielen Faktoren abhängt [87]. Aufgrund ihrer klinischen Bedeutung ist die Biomechanik der Halsschlagader gut erforscht. Die erkrankte (atherosklerotische) Halsschlagader ist an vielen Schlaganfällen beteiligt, und die Intima-Media-Dicke der Halsschlagaderwand ist ein Marker für subklinische Atherosklerose.

5.3.3 Koronararterie

An der Wurzel der aufsteigenden Aorta hat das Lumen drei kleine Taschen jeweils zwischen den Aortenklappen und der Aortenwand – die *Aortensinus*. Die linken und rechten Aortensinus bezeichnen den Ursprung der linken und rechten *Koronararterien*, Gefäße, die zusammen den Herzmuskel versorgen, siehe Abb. 5.5. Die Kontraktion des Herzmuskels erzeugt seinen eigenen Blutfluss, und der Koronarfluss unterscheidet sich daher von allen anderen Arterien. Während der systolischen Phase „drosselt" oder quetscht die linke Ventrikelkontraktion den Koronarblutfluss und der Großteil (etwa 80 %) des Flusses tritt während der *diastolischen Phase* auf, wenn das Herz entspannt ist, siehe Abb. 5.7 unten. Die Wechselwirkung zwischen Koronarfluss und zyklischer Herzkontraktion bestimmt einen *einzigartigen* pulsatilen Zustand, und Druck- und Flusswellen sowie arterielle und venöse Phasen unterscheiden sich bemerkenswert vom Blutfluss in den anderen Gefäßen. Während eines einzigen Herzzyklus durchläuft der Koronarfluss *zwei* Flusspulsationen, siehe Abb. 5.7 unten. Die Erforschung der einzigartigen Eigenschaften des Koronarflusses kennzeichnete eine Reihe von Studien [88].

Der Lumendurchmesser an der Ursprungsstelle der Koronararterien beträgt etwa 4,0 bis 4,5 mm und hängt von vielen Faktoren ab [89]. Aufgrund ihrer klinischen Bedeutung sind die Biomechanik der Koronararterie gut erforscht [90]. Die erkrankte (atherosklerotische) Koronararterie ist an klinischen Ereignissen wie Angina pectoris und Herzinfarkt beteiligt. Der Sauerstoffaustausch aus der Perfusion im Myokard ist sehr hoch. Eine Erhöhung der Sauerstoffversorgung kann

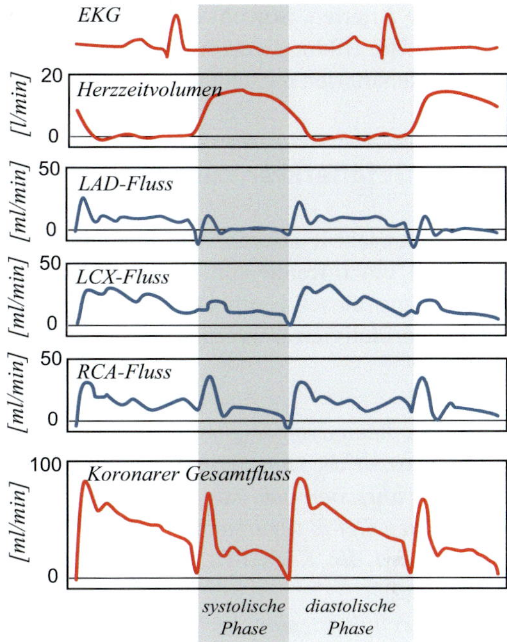

Abb. 5.7 Koronarblutfluss während des Herzzyklus. Der Großteil des Flusses tritt in der diastolischen Phase auf, und während eines einzigen Herzzyklus durchläuft der Koronarfluss zwei Pulsationen (ECG-Elektrokardiogramm; LAD-Linke vordere absteigende Koronararterie; LCX-Linke zirkumflexe Koronararterie; RCA-Rechte Koronararterie)

dann nur durch einen erhöhten Koronarblutfluss erreicht werden – es besteht daher eine starke lineare Korrelation zwischen dem Sauerstoffbedarf des Herzmuskels und dem Koronarfluss. Dies unterstreicht die Bedeutung der ordnungsgemäßen Funktion der Koronarautoregulation.

5.3.4 Becken- und Oberschenkelarterie

Die Aortenbifurkation bildet die linken und rechten gemeinsamen *Beckenarterien (Iliakalarterien)*, Gefäße, die die unteren Gliedmaßen versorgen, siehe Abb. 5.5. Nach etwa 5,0 cm teilt sich die gemeinsame Beckenarterie und bildet die *äußeren* und *inneren* Beckenarterien. Die inneren Beckenarterien versorgen das Becken, das Gesäß, die Fortpflanzungsorgane und das mediale Kompartiment des Oberschenkels, während die äußeren Beckenarterien die Hauptblutversorgung der Beine gewährleisten. Im unteren Teil des Abdomens wird die äußere Beckenarterie zur *Oberschenkelarterie (Femoralarterie)*. Der Lumendurchmesser der normalen Beckenarterie beträgt 9,0 bis 10,0 mm und korreliert mit Alter und Geschlecht [91]. Wie bei anderen Gefäßen nimmt die axiale Vorspannung der Becken- und Oberschenkelarterie mit dem Alter ab [37]. Die Dehnung über einen Herzzyklus nimmt jedoch mit dem Alter nur um etwa 1 % ab [86] – muskuläre Arterien sind viel weniger von altersbedingter zirkumferenzieller Versteifung betroffen als elastische Arterien. Sowohl die Becken- als auch die Oberschenkelarterie sind anfällig für die Bildung von Atherosklerose, während Aneurysmen hauptsächlich in den Beckenarterien entstehen.

5.4 Gefäßerkrankungen

Biomechanische Faktoren, wie Spannung und Verzerrung, stehen in Zusammenhang mit einer Reihe von Gefäßerkrankungen. Während die wissenschaftliche Erforschung dieses Einflusses oft von Neugier mit sehr unterschiedlichen Zielsetzungen motiviert wird, sind die folgenden vier Fragen von zentraler klinischer Relevanz:

- *Welche hämodynamischen Auswirkungen hat eine Gefäßpathologie und wie beeinflusst sie die Gewebeperfusion?*
- *Wie wahrscheinlich ist ein akutes kardiovaskuläres Ereignis, das vom erkrankten Gefäß verursacht wird?*
- *Wie wird die Krankheit fortschreiten und welche Auswirkungen sind zu erwarten?*
- *Wie beeinflusst eine spezifische Behandlung das kardiovaskuläre System und wie dauerhaft wird die Behandlung voraussichtlich sein?*

Die Gefäßbiomechanik kann helfen, diese Fragen zu beantworten und Ärzte bei der Auswahl der optimalen Behandlung für den einzelnen Patienten unterstützen.

In den letzten Jahrzehnten haben sich die Rahmenbedingungen, mit der eine biomechanische Analyse der Gefäße durchgeführt werden kann, starkt verbessert und heutzutage sind vollständige patientenspezifische biomechanische Untersuchungen möglich. Der Fortschritt der medizinischen Bildgebung, zusammen mit den Fortschritten in der mechanischen Charakterisierung von Gefäßen, führte zu biomechanischen Modellen, die immer mehr histologische und mechanische Eigenschaften integrierten können. Solche Modelle spielen mittlerweile eine bedeutende Rolle bei der Analyse von Gefäßpathologien, einige davon werden später in diesem Kapitel diskutiert.

5.4.1 Diagnostische Untersuchungen

Eine diagnostische Untersuchung ist ein Test, der zur Diagnose einer Krankheit oder eines Zustands verwendet wird. In vielen Fällen kann keine einzelne Untersuchung eine Gefäßerkrankung diagnostizieren, es handelt sich vielmehr um die Schlussfolgerung aus dem Ergebnis einer Reihe von diagnostischen Tests. Während funktionale Tests darauf abzielen, ein *Symptom* oder ein *Anzeichen* einer Gefäßdysfunktion zu erkennen, kann eine diagnostische Untersuchung auch *strukturelle, anatomische* und *morphologische* Informationen im Zusammenhang mit

Gefäßerkrankungen erfassen. Zur Erfassung und Nachbearbeitung diagnostischer Informationen werden sehr unterschiedliche Methoden verwendet, oft basierend auf medizinischer Bildgebung. Angesichts der Bedeutung des Herzens untersuchen eine Reihe von diagnostischen Tests das Herz und seine Gefäße.

Ein *Elektrokardiogramm (EKG)* ist ein einfacher Test, der die *elektrische Aktivität* des Herzens aufzeichnet und Informationen über den Herzschlag und den Rhythmus des Herzens liefert. Ein EKG kann Anzeichen von Herzschäden im Zusammenhang mit koronarer Herzkrankheit sowie Anzeichen von früheren oder aktuellen Herzinfarkten zeigen. Das EKG wird oft mit einem Belastungstest kombiniert, der mögliche Anzeichen und Symptome einer koronaren Herzkrankheit aufzeigen kann, wie Atemnot, Brustschmerzen und abnormale Veränderungen im Herzrhythmus, Blutdruck oder der elektrischen Aktivität des Herzens. Diese würden auftreten, wenn durch Plaque verengte Koronararterien während der Belastung nicht genügend sauerstoffreiches Blut liefern können, um den Bedürfnissen des Herzens gerecht zu werden.

Echokardiographie (Echo) verwendet Schallwellen, um das Herz *abzubilden*. Diese Bildgebungsmodalität verwendet Standard 2D-, 3D- oder Doppler-Ultraschall und liefert anatomische, morphologische und funktionelle Informationen. Eine anschließende Bildanalyse ermöglicht dann die Bestimmung von Größe und Form des Herzens und wie gut die Kammern und Klappen des Herzens funktionieren. Sie kann auch Bereiche mit schlechter Durchblutung des Herzens, Bereiche des Herzmuskels, die sich abnormal zusammenziehen, und Verletzungen, die zuvor am Herzmuskel aufgetreten sind, zeigen.

Ultraschall Untersuchung wird routinemäßig verwendet, um viele große Gefäße im Körper zu untersuchen, und Abb. 5.8a zeigt ein Ultraschallbild eines AAA. *Intravaskulärer Ultraschall (IVUS)* ist eine spezifische Echokardiographie-Modalität, die es ermöglicht, ein Gefäß von *innen nach außen* zu sehen und die Visualisierung von atherosklerotischen Läsionen zu ermöglichen. Es handelt sich um eine *invasive* Bildgebungsmodalität, bei der ein speziell konstruierter Katheter mit einer miniaturisierten Ultraschallsonde an seinem distalen Ende im Inneren des Gefäßes bewegt wird.

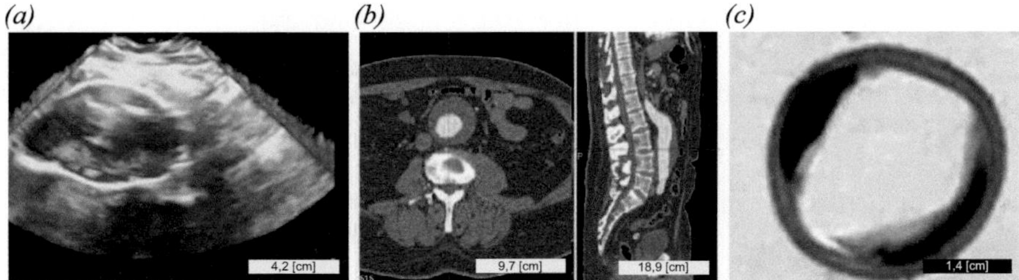

Abb. 5.8 Beispiele für Bilder, die mit verschiedenen Gefäßbildgebungsmodalitäten aufgenommen wurden. (**a**) Gefäßultraschall und (**b**) Computertomographie-Angiographie (CT-A) eines Abdominalen Aortenaneurysmas (AAA). (**c**) *In vitro* Magnetresonanz-Angiographie (MR-A) einer atherosklerotischen Halsschlagader

Pulswellen Bildgebung (PWI) ist eine nicht-invasive, auf Ultraschall basierende Bildgebungstechnik, die es ermöglicht, die Ausbreitung von Pulswellen entlang der Aorta mit hoher räumlicher und zeitlicher Auflösung zu verfolgen. Die erworbenen Informationen ermöglichen eine Abschätzung der Steifigkeit der Gefäßwand [92], ein Faktor, der mit Herz-Kreislauf-Erkrankungen in Verbindung gebracht wird.

Die Szintigraphie, auch bekannt als Gamma-Scan, liefert 2D anatomische, morphologische und funktionelle Informationen, die aus *Gammastrahlung* gewonnen werden, die von Radioisotopen ausgesendet wird. Die Radioisotope werden mit Medikamenten verabreicht und erreichen so das Zielgewebe. Thallium-201 ist ein häufig verwendetes Radioisotop, und seine Gammastrahlung korreliert mit der Blutversorgung des Gewebes. Das gleiche physikalische Prinzip verwendet die *Single-Photonen-Emissionscomputertomographie (SPECT)*, eine Bildgebungsmodalität, die echte 3D anatomische, morphologische und funktionelle Informationen abbildet.

Angiographie verwendet *röntgenbasierte* Techniken, wie Fluoroskopie, und liefert transversale Projektionen des Gefäßlumens. Sie erfordert die Injektion eines röntgenopaken Kontrastmittels in eine Vene, von wo aus es sich zum Zielgewebe verbreitet und dort das Gefäßlumen hervorhebt. Neben anatomischen Informationen visualisieren Angiographiebilder vor allem verengte Gefäßsegmente.

Computertomographie-Angiographie (CT-A) erfasst Röntgenbilder des Körpers aus vielen Winkeln und kombiniert sie zu 2D- oder 3D-Bildern. Wie bei einer Angiographie-Studie erfordert auch CT-A die Injektion eines Kontrastmittels in eine Vene. Der Grad der Absorption von Röntgenstrahlen durch eine Gewebekomponente bestimmt ihr Aussehen und damit den Grauwert oder die *Hounsfield*[1] *Einheit (HU)* im Bild. Kalzifizierte Ablagerungen, wie zB. in atherosklerotischen Läsionen, haben eine hohe Absorption und sind daher deutlich sichtbar in den Röntgenbildern. Allerdings wird das Volumen der kalzifizierten Ablagerungen überrepräsentiert und quantitative Studien sollten immer für dieses Artefakt korrigieren. Es gibt eine inhärente Schwierigkeit bei röntgenbasierten Methoden, zwischen den einzelnen Komponenten von Weichgewebe zu unterscheiden. Die typische Auflösung in röntgenbasierten Studien liegt in der Größenordnung von einem halben Millimeter und die gesamte Bildaufnahme kann in weniger als 10 s durchgeführt werden. Mit EKG-gesteuerter Bildgebung sind dynamische CT-A-Aufnahmen möglich und erlauben damit die Untersuchung von Gefäßbewegung und Myokardkontraktion. Abb. 5.8b zeigt transversale und sagittale CT-A-Bilder eines Patienten mit einem AAA.

Magnetresonanz-Angiographie (MR-A) ist eine *radiowellenbasierte* Bildgebungsmodalität, die mit oder ohne Kontrastmittel durchgeführt wird, um Gefäßanatomie und -morphologie, Blutfluss und Gefäßbewegung zu visualisieren. MR-A erlaubt eine bessere Unterscheidung von Weichgewebekomponenten als

---

[1] Sir Godfrey Newbold Hounsfield, englischer Elektroingenieur, 1919–2004.

CT-A, benötigt aber mehr Zeit und hat eine geringere räumliche Auflösung als röntgenbasierte Modalitäten. MR-A-Bildgebungsmethoden basieren auf der Detektion der Magnetisierung des Kerns von Wasserstoffatomen. Sie zielen darauf ab, einen hohen Kontrast zwischen stationären und beweglichen magnetischen Kernspins zu erzeugen, mit Methoden wie 2D- und 3D-Laufzeitverfahren, Phasenkontrast-MR-A, kontrastverstärkte MR-A und Black-Blood-MR-A [93]. Abb. 5.8c zeigt ein MR-A-Bild einer *in vitro*-Aufnahme der Halsschlagader.

Während die oben genannten Modalitäten häufig in der klinischen Untersuchung von Gefäßerkrankungen verwendet werden, stehen viele weitere Modalitäten und Methoden der Nachbearbeitung (Postprocessing) für die Gefäßbildgebung zur Verfügung, siehe [94, 95]. In jüngster Zeit haben auch viele Methoden des maschinellen Lernens (ML) ihren Weg in die Verarbeitung klinischer Bilder gefunden [96].

5.4.2 Atherosklerose

Atherosklerose ist eine langsam fortschreitende Krankheit der Intima, die zur Bildung von *intimalen Plaques* führt, Material innerhalb der Intima, das Lipide, SMC, Entzündungszellen, Bindegewebe und Verkalkungen enthält. Sie sollte von der *Arteriosklerose* unterschieden werden, die altersbedingte Veränderungen der Gefäßwand betrifft und daher einen allgemeineren Begriff darstellt, der auch andere Arteriopathien einschließt. Hervorragende Übersichtsarbeiten zur Atherosklerose sind in der Literatur verfügbar [97, 98] und zahlreiche pathologische Studien haben die morphologischen Merkmale von Plaques untersucht, einschließlich der Eigenschaften von *hochrisiko oder vulnerable Plaque*, Gewebeformationen, die zur Plaqueruptur und Atherothrombose neigen [99, 100].

Atherosklerose kann auch als eine dauerhafte *Entzündung* im Zusammenhang mit lokaler endothelialer Dysfunktion gesehen werden, ein Prozess, der die Gefäßwand dann kontinuierlich schwächt. Die Entstehung und Progression der Atherosklerose wird stark durch die Interaktion lokaler *biochemischer* und *biomechanischer Faktoren* beeinflusst. Neben blutflussinduzierter WSS und biomechanischer Belastung des Plaquegewebes wird die Atherosklerose durch Faktoren wie Infektion, oxidativen Stress, chronische Hypertonie und insbesondere durch einen erhöhten Spiegel von Lipoprotein niedriger Dichte (LDL) bestimmt. Am *dysfunktionalen Endothel* sickert LDL in die Gefäßwand ein, wo es mit reaktiven Sauerstoff *oxidiert* wird, siehe Abb. 5.9b. Der reaktive Sauerstoff ist natürlich im Gewebe vorhanden, wird jedoch in erhöhten Konzentrationen dann beobachtet, wenn der Patient einem oder mehreren Atherosklerose-*Risikofaktoren* ausgesetzt ist. Eine entzündliche Reaktion auf das oxidierte LDL wird dann ausgelöst. Monozyten werden lokal durch die Expression von entzündlichen Mediatoren und spezifischen Adhäsionsfaktoren auf dem Endothel aus dem Blut rekrutiert. Innerhalb der Intima werden *Monozyten* zu *Makrophagen* aktiviert und nehmen oxidiertes LDL auf. Nach umfangreicher phagozytischer Aktivität nehmen die geschwollenen Makrophagen ein schaumiges Aussehen an und werden dann als

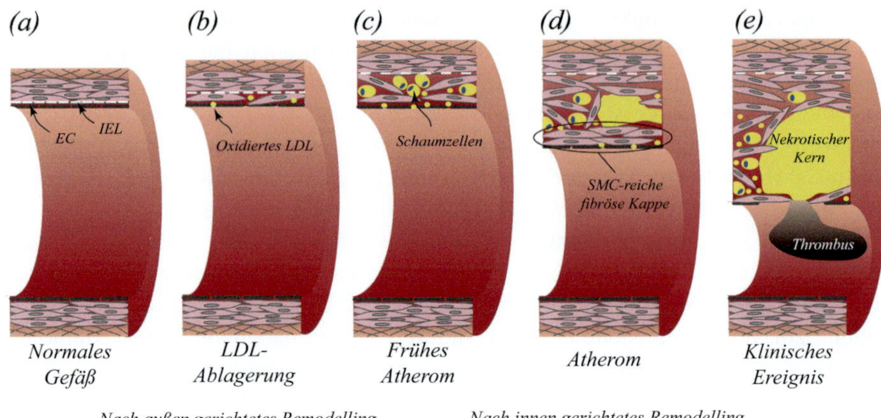

Abb. 5.9 Stadien der atherosklerotischen Plaquebildung. (**a**) Normales Gefäß: Intimale, mediale und adventitielle Schichten bilden die Wand. Die Intima wird von der Membrana elastica interna (IEL) und Endothelzellen (EC) gebildet. (**b**) Lipoprotein niedriger Dichte (LDL) Ablagerung: Dysfunktionales Endothel lässt entzündliche Zellen und apoB-haltiges (oxidiertes) LDL in die Gefäßwand einsickern. (**c**) Frühes Atherom: Oxidiertes LDL und entzündliche Zellen akkumulieren sich weiter in der Gefäßwand. Glatte Muskelzellen (SMC) werden rekrutiert und Monozyten zu Makrophagen aktiviert, das oxidierte LDL phagozytiert. Nach umfangreicher phagozytischer Aktivität werden die geschwollenen Makrophagen als Schaumzellen bezeichnet. Sie akkumulieren und bilden zusammen mit anderen zellulären und extrazellulären Abfällen eine atheromatöse Plaque. (**d**) Atherom: SMC proliferieren und rekrutieren zur Bildung einer SMC-reichen fibrösen Kappe, die die lipid- und makrophagenreichen Plaquekomponenten überlagert. (**e**) Klinisches Ereignis: Oberflächliche Plaqueerosion und Ruptur der geschwächten SMC-reichen fibrösen Kappe verursacht eine Plaque-assoziierte Thrombose, die zu einem klinischen Ereignis führt

Schaumzellen bezeichnet, siehe Abb. 5.9c. Es ist die Ansammlung von Schaumzellen, anderen entzündlichen Zellen und SMC zusammen mit Kollagen, Elastin, Fibrin, extrazellulärem Cholesterin, zellulärem Abfall und schließlich Verkalkungen, die eine *atheromatöse Plaque* bilden.

Das früheste makroskopische Zeichen der Atherosklerose ist das Vorhandensein von *Fettstreifen*, die durch die Ansammlung von lipidreichen Makrophagen und T-Lymphozyten unter dem Endothel verursacht werden [101]. Während das atherosklerotische Gefäß noch die passiven mechanischen Eigenschaften des normalen Gefäßes hat, kann seine aktive Reaktion in diesem Stadium bereits krankheitsbedingt beeinträchtigt sein. Mit fortschreitender Atherosklerose nimmt die arterielle Wand eine Struktur an, die sich deutlich von einer normalen Arterie unterscheidet. Die veränderten mechanischen Eigenschaften des erkrankten Gefäßes spiegeln dann deutlich solche Unterschiede wider.

Früh im Krankheitsverlauf, wenn sich *Schaumzellen* in der Intima ansammeln, remodelliert und erweitert sich die Gefäß nach außen, um das normale Lumen zu erhalten, ein Prozess, der als *nach außen gerichtete Remodellierung* bezeichnet wird [102], siehe Abb. 5.9b,c. Die äußere Gefäßwand nimmt dann lokal um die Plaque herum ein geschwollenes Aussehen an, und es ist wenig oder keine Lumeneinengung während beispielsweise einer angiographischen Untersuchung vorhanden, die das Gefäßlumen abbildet. Bei Koronararterien setzt sich dieser Prozess fort, bis etwa 40 % Durchmesserstenose erreicht ist [102], danach bestimmt die *nach innen gerichtete Remodellierung,* und damit die Einengung des Lumens die Entwicklung der Atherosklerose, siehe Abb. 5.9d,e.

Während die entzündliche Reaktion fortschreitet, werden SMC zur Proliferation und Rekrutierung aus der Media in Richtung Intima signalisiert, siehe Abb. 5.9d. Diese SMC zusammen mit fibrösen ECM-Komponenten überlagern dann die lipid- und makrophagenreichen Plaquekomponenten und bilden die *SMC-reiche fibröse Kappe*. Bei einigen atherosklerotischen Läsionen wird die fibröse Kappe intstabil – sie schwächt sich mit der Zeit ab und erodiert. Es ist die *Ruptur* oder *Ulzeration* einer solchen fibrösen Kappe, die dann hoch thrombogene Plaqueinhalte dem Blutstrom aussetzt, siehe Abb. 5.9e, und schließlich *akute thromboembolische Ereignisse*, wie Myokardinfarkt und Schlaganfall, verursacht. Kleinere Kalziumhydroxyapatit-Ablagerungen, sogenannte *Mikroverkalkungen*, können ebenfalls eine entscheidende Rolle bei der Ruptur oder Ulzeration der fibrösen Kappe spielen [103, 104].

Nicht jede Plaqueruptur verursacht ein thromboembolisches Ereignis, und viele von ihnen heilen mit der *Neubildung* der fibrösen Kappe. Eine Reihe von Rupturen und darauffolgende Heilungen kann schließlich zu einer großen Plaque führen, die nach innen in das Gefäßlumen wächst. Die Plaque bestimmt dann eine hochgradige arterielle Stenose mit *hämodynamischer Bedeutung*. Diese Plaques haben ein unregelmäßigeres Aussehen und eine unregelmäßigere Struktur. Die fibröse Kappe ist von nicht einheitlicher Dicke, der lipidreiche nekrotische Kern hat sehr unregelmäßige Formen und die Plaque enthält oft Makro- und Mikroverkalkungen.

Im Gegensatz zur normalen (dünnen) Intima hat eine verdickte Intima strukturmechanische Bedeutung, und die individuelle Morphologie und biomechanischen Eigenschaften der Plaque-Komponenten *dominieren* die Gefäßwand-Eigenschaften von stark stenosierten Gefäßen.

5.4.3 Biomechanische Faktoren bei Atherosklerose

Die atherosklerotische Arterienwand ist *sehr* unterschiedlich im Vergleich zur normalen Wand, sowohl in histologischer Zusammensetzung als auch in ihren mechanischen Eigenschaften. Atherosklerotische Gefäße zeigen eine faserige Intima, eine SMC-reiche faserige Kappe, einen lipidreichen und makrophagenreichen nekrotischen Kern, sowie Media und Adventitia als unterschiedliche strukturelle Komponenten mit individuellen mechanischen Eigenschaften. Natürlich hat jede dieser Komponenten auf histologischer Ebene eine hochgradig heterogene Mikrostruktur. Abgesehen von den histologischen Komplexitäten einer atherosklerotischen Läsion beinflussen zahlreiche *biochemische* Prozesse die mechanischen Eigenschaften.

Eine Vielzahl von MMP in der Läsion ist in der Lage, strukturelle ECM-Proteine *abzubauen*. Die MMP sind weitgehend *entzündungsbasiert*, und der Entzündungszustand der Läsion und ihrer Makrophagen bzw. Monozyten-Population beeinflusst beispielsweise stark die Steifigkeit und Festigkeit der SMC-reichen faserigen Kappe.

5.4.3.1 Entwicklung der Atherosklerose

Das Auftreten von Atherosklerose wurde mit lokaler *hämodynamischer Komplexität* korreliert. Bereiche der Gefäßwand, die einer *niedrigen WSS* von unter etwa 0,2 Pa, *Sekundärfluss* und *oszillierender WSS* ausgesetzt sind, entwickeln eher atherosklerotische Läsionen [5–7]. Neben der Mächtigkeit der Plaque ist auch eine niedrige WSS ein Indikator für das Anhalten von Plaque Wachstum und Lumen Verengung in atherosklerotischen Gefäßsegmenten [105].

Niedrige mittlere WSS und oszillierende WSS treten in Bereichen von Rezirkulation oder Oszillation der Blutströmung auf, und kennzeichnen Orte mit erhöhten Verweilzeiten für Blutpartikel. Niedrige WSS verändert auch die Genexpression der EC und unterstützt einen pro-entzündlichen Zustand [1], siehe Abschn. 7.3.2. Es erhöht dann auch vermutlich die *Durchlässigkeit* des Endothels [106–108], was zusammen mit der Erhöhung der Partikelverweilzeit den *Transport* von LDL und entzündlichen Zellen in die Gefäßwand erhöht [6]. Im Gegensatz zu niedriger WSS führt *konstant* normale *WSS* mit Werten von über etwa 1,0 Pa am Endothelium zur Expression von Genen, die dann die Wand schützen und eine Resistenz gegen Atherosklerose erzeugen.

Zusätzlich zu den genannten Faktoren könnte auch die lokale *Wandsteifigkeit* eine wesentliche Rolle bei der Entstehung von Atherosklerose spielen [109].

5.4.3.2 Plaque Spannung und Belastung

Eine Reihe von biomechanischen Studien betrachteten idealisierte Geometrien in der biomechanischen Untersuchung von atherosklerotischen Gefäßsegmenten. Dies erleichtert die Untersuchung der Mechanismen, durch die *Plaque Spannung und Belastung* mit *morphologischen Merkmalen*, wie der Dicke der fibrösen Kappe, dem Volumen des Lipidpools, dem Verkalkungsgrad, der Exzentrizität des Lumens und dem Remodellierungs-Index, zusammenhängen.

Eine frühe Studie [110] verwendete ein 2D Modell einer atherosklerotischen Koronararterie und stellte fest, dass die *Dicke der fibrösen Kappe*, und nicht nur die Mächtigkeit der Stenose, die Spannung in der fibrösen Kappe beeinflusst. Die Dicke der fibrösen Kappe, die einen nekrotischen Kern überzieht, könnte daher ein wichtiger Risikofaktor für Plaqueruptur sein. Fibröse Kappen dünner als 60 bis 100 μm, führten zu einer Spitzenspannungvon mehr als 300 kPa [111], eine Spannung, die bereits bei einer Durchmesserstenose von nur 10 % auftreten kann [112]. Während die Größe des Lipidpools *keinen* Einfluss auf die Spitzenspannung in der Kappe hat, können massive Verkalkungen die Spannung *reduzieren* [111] und die Plaque damit stabilisieren [99]. Diese Ergebnisse wurden grundsätzlich durch 3D- [113] und Fluid-Struktur-Interaktions (FSI) [114] Modelle bestätigt. Hier soll auch darauf hingewiesen werden, dass alle diese Studien Residualverzerrungen im Plaque vernachlässigen, die jedoch Auswirkungen auf die lokale Spannungsverteilung haben [271].

Eine andere Studie [115] kam zu dem Schluss, dass die Dicke der Kappe allein *nicht* in der Lage war, zwischen stabilen und instabilen Koronarplaques zu unterscheiden – Faktoren wie der Remodellierungs-Index und die relative Dicke des nekrotischen Kerns wären ähnlich wichtige Risikofaktoren. Der Remodellierungs-Index repräsentiert das Verhältnis zwischen der Fläche, die von der EEL an der Stelle der mächtigsten Stenose und einem normalen Gefäßquerschnitt eingeschlossen wird.

Plaque Gewebe ist hochgradig heterogen, und *steife Einschlüsse* in einem weichen Körper sind bekannt dafür, lokale Spannungsspitzen zu verursachen. Mikroverkalkungen von etwa 10 μm Größe, die eng beieinander liegen, haben daher das Potenzial, die Spannung in der fibrösen Kappe zumindest zu *verdoppeln* [104]. Dies könnte den dann Zusammenhang von Mikroverkalkungen mit instabileren und vulnerableren Läsionen erklären [116]. Die *Inkompatibilität* zwischen einem steifen Stent und der viel weicheren Gefäßwand führt ebenfalls zu lokalen Spannungskonzentrationen. Die Entwicklung von peristrutalen Mikroblutungen, Cholesterinakkumulation und Oxidation in gestenteten Koronararterien, und damit Faktoren für Neoatherosklerose, könnten damit ebenfalls erklärt werden [117].

Während hoher WSS die Gefäßwand vor der Bildung von Atherosklerose schützt, wurde auch von Plaquerupturen an Stellen mit hoher WSS berichtet [118]. Hohe WSS könnte die strukturelle Integrität der fibrösen Kappe destabilisieren [119, 120] und daher zur Plaqueruptur in späteren Stadien der Krankheit beitragen. Angesichts der Korrelation zwischen WSS und Gewebedehnung [121] bleibt jedoch unklar, ob WSS als unabhängiger Rupturrisikomarker betrachtet werden kann.

5.4.3.3 Klinische Relevanz der Atherosklerose

Atherosklerose betrifft *einige* größere Arterien, aber *nicht alle*. Während Arterien wie die Aorta, die Karotiden, die Koronararterien und die Iliakalarterien häufig Atherosklerose aufweisen, verschont die Krankheit Arterien in den oberen Gliedmaßen, wie die Mesenterial-, Nieren- und innere Brustarterie. Atherosklerose hat mehrere klinische Auswirkungen und kann den arteriellen Blutfluss und die Hämodynamik durch mindestens sechs verschiedene Faktoren beeinflussen [1].

- *Allmähliche Stenosebildung.* Sukzessive nach innen gerichtete Remodellierung schafft allmählich eine lokalisierte Stenose, die wiederum den Fluss von sauerstoffreichem Blut zum nachgeschalteten Gewebe einschränkt.
- *Sofortige Stenosebildung.* Enzymatischer Abbau von ECM-Komponenten schwächt ständig die fibröse Kappe. Mit der Zeit erodiert die Kappe oder bricht zu einem bestimmten Zeitpunkt sogar auf. Beide Ereignisse können einen Thrombus im Lumen bilden, der eine lokalisierte Stenose erzeugt und das Gefäß vollständig verschließt. Das thrombotische Ereignis begrenzt dann plötzlich den Fluss von sauerstoffreichem Blut zum nachgeschalteten Gewebe.
- *Embolisierung.* Erosion oder Ruptur der fibrösen Kappe kann zur Embolisierung von atheromatischem Material oder des damit assoziierten Thrombus in den kleineren peripheren Arterien führen. Dies verschließt periphere Arterien und begrenzt den Fluss von sauerstoffreichem Blut zum nachgeschalteten Gewebe.
- *Aneurysmabildung.* Enzymatischer Abbau von ECM-Komponenten schwächt die strukturelle Integrität der Gefäßwand. Atherosklerotische Plaque-basierte

Geschwüre können zu Dissektionen oder zur Bildung eines Aneurysmas in Gefäßen führen.
- *Systemische Auswirkung.* Atherosklerose erhöht die Steifigkeit der Gefäßwand, und wenn Atherosklerose grossflächig auftritt, verringert es die Kapazität des Gefäßsystems und erhöht die Belastung der linken Herzkammer. Es kann dann zu Herzkomplikationen, wie Kardiomyopathie, führen.
- *Endotheliale Dysfunktion.* Das Endothel spielt eine entscheidende Rolle bei der Kontrolle kontraktiler Zellen, Thrombozytenfunktion und Fibrinolyse. Die endotheliale Funktion in atherosklerotischen Gefäßen ist abnormal, was wiederum zu abnormaler Vasoreaktivität führen kann und das Potenzial eines Thrombus im Heilungsprozess einschränkt.

Tab. 5.1 listet Risikofaktoren für Arteriosklerose und ihre potenziellen Krankheitsmechanismen. Während einige der Risikofaktoren gut etabliert sind, sind andere lediglich vermutet, und statistische Evidenz fehlt noch.

5.4.4 Verengung der Halsschlagader

Die Verengung der Halsschlagader ist eine Krankheit, bei der *Plaque sich in den Karotiden ansammelt.* Sie entwickelt sich häufig dort, wo die Karotis sich in die inneren und äußeren Karotiden teilt, an einer Stelle die auch von komplexer Blutströmung gekennzeichnet ist. Beide inneren Karotiden versorgen den Kreis von Willis,[2] der dann das Blut zum Gehirn weiter verteilt. Die Bildung einer Stenose in einer der beiden inneren Karotiden ist daher nicht von großer Bedeutung für die Versorgung des Gehirns. Die Plaque in diesen Arterien kann jedoch *erodieren* oder *rupturieren* und eine *akute Thromboembolie* verursachen. Der Thrombus oder die abgebrochenen Plaque-Partikel bewegen sich dann mit der Blutströmung und verstopfen schließlich lebenswichtige Gehirnarterien [107]. Die Verengung der Halsschlagader birgt daher das Risiko eines *ischämischen Schlaganfalls.* Wenn das Gehirngewebe mehr als ein paar Minuten nicht mit Sauerstoff versorgt wird, beginnen die Gehirnzellen abzusterben. Dies führt dann zu dauerhaften Gehirnschäden mit Folgen wie Seh- oder Sprachproblemen, Lähmungen und Tod. Die Verengung der Halsschlagader ist eine Hauptursache für Schlaganfälle in vielen industrialisierten Ländern, und 10 bis 20 % aller Schlaganfälle entstehen aus Karotis-Plaques [122].

Ein akutes thromboembolisches Ereignis kann sich auch in Form eines *transienten ischämischen Anfalls* manifestieren und Symptome, die normalerweise innerhalb von 24 Stunden verschwinden, äußern. Es handelt sich um ein ernstes klinisches Zeichen einer Karotidenerkrankung und die Patienten benötigen *dringend* eine klinische Behandlung, um sie vor einem Schlaganfall und den damit verbundenen Folgen zu schützen. Patienten, die einen Schlaganfall erlitten haben, benötigen sofortige Behandlung, um die Chancen auf vollständige Genesung zu optimieren.

---

[2] Thomas Willis, englischer Arzt, 1621–1675.

Tab. 5.1 Hauptrisikofaktoren für Arteriosklerose mit dazugehörigen Krankheitsmechanismus

Diabetes	Die Insulinproduktion und -verwendung ist beeinträchtigt, was den Zuckerspiegel des Körpers erhöht. Diabetes erhöht die Prävalenz für Arteriosklerose um den Faktor vier
Genetische Veranlagung	Familiengeschichte von Arteriosklerose
Hypertonie	Hoher Blutdruck führt zu hoher mechanischer Spannung in der Gefäßwand. Dies kann das Gefäßgewebe schädigen und die Entwicklung von Arteriosklerose fördern
Mangel an körperlicher Aktivität	Der Mangel an aerobischer Aktivität kann andere Risikofaktoren für Arteriosklerose verschlechtern, wie ungesunder Blutcholesterinspiegel, hoher Blutdruck, Diabetes und Fettleibigkeit
Rauchen	Rauchen führt zu ungesunden Cholesterinspiegel. Es erhöht den Blutdruck als Folge von mehreren proatherogenen Mediatoren, die in Tabak und Zigarettenrauch vorhanden sind. Dies schädigt die Gefäßwand und beschleunigt die Entwicklung von Arteriosklerose
Ungesundes Cholesterin	Gestörte Blutfettspiegel lösen endotheliale Dysfunktion und Gefäßwandentzündung aus. Dies ist begründet durch einen hohen Gehalt an Lipoprotein niedrigen Dichte (LDL) und niedrigen Gehalt an Lipoprotein hoher Dichte (HDL)
Metabolisches Syndrom	Die fünf metabolischen Risikofaktoren sind: großer Taillenumfang (abdominale Fettleibigkeit), hoher Triglyceridspiegel (eine Art von Fett im Blut), niedriger HDL-Cholesterinspiegel, hoher Blutdruck und hoher Blutzucker. Das metabolische Syndrom wird diagnostiziert, wenn drei der genannten metabolischen Risikofaktoren gegeben sind
Höheres Alter	Das Risiko für Arteriosklerose steigt bei Männern ab 45 Jahren und bei Frauen ab 55 Jahren
Ungesunde Ernährung	Lebensmittel, die reich an gesättigten Fetten, Transfetten, Cholesterin, Natrium und Zucker sind, können andere Risikofaktoren für Arteriosklerose verschlechtern
Entzündung[a]	Hohe C-reaktive Proteinwerte im Blut sind ein Zeichen für Entzündungen im Körper und können das Risiko für Arteriosklerose erhöhen. Schäden an den inneren Arterienwänden können Entzündungen auslösen und die Entwicklung von Plaque unterstützen
Schlafapnoe[a]	Unbehandelte Schlafapnoe kann das Risiko für hohen Blutdruck, Diabetes und sogar einen Herzinfarkt oder Schlaganfall erhöhen
Mentaler Stress[a]	Stress wird häufig als „Auslöser" für einen Herzinfarkt berichtet. Es handelt sich um ein emotional aufwühlendes Ereignis, insbesondere eines, das Wut beinhaltet

[a]Verdächtigter Risikofaktor

Tab. 5.2 Konstitutive Eigenschaften des erkrankten Karotidengewebes von mechanischer *in vitro* Gewebecharakterisierung. Die konstitutiven Modelle werden weiter in Abschn. 5.5 diskutiert

Konstitutives Modell	Konstitutive Parameter [kPa]	Referenz
neo-Hooke Modell (5.9)	Fibrose Kappe: $c = 500{,}0$	[124]
	Lipidkern: $c = 5{,}0$	
	Normales Gefäß: $c = 150{,}0$	
Yeoh Modell (5.8) mit $N = 3$	Hart: $c_1 = 302{,}1$; $c_2 = -228{,}0$; $c_3 = 261{,}0$	[123]
	Gemischt: $c_1 = 23{,}5$; $c_2 = 126{,}0$; $c_3 = 112{,}0$	
	Weich: $c_1 = 29{,}6$; $c_2 = -33{,}2$; $c_3 = 128{,}0$	
Orthotrop linear-elastisch	$E_r = 50{,}0$; $E_\theta = 1000{,}0$	[125]
Kompressible neo-Hooke Modell	$2c = 7{,}0$ bis $100{,}0$; $E = 6c$	[126]
Orthotrop linear-elastisch	Normales Gefäß: $E_r = 10{,}0$; $E_\theta = E_z = 100{,}0$;	[115]
	$\nu_{r\theta} = 0{,}1^a$; $\nu_{\theta z} = 0{,}27^a$; $G_{r\theta} = 52{,}0$	
	Fibrose: $E_r = 115{,}6$; $E_\theta = E_z = 2312$;	
	$\nu_{r\theta} = 0{,}07^a$; $\nu_{\theta z} = 0{,}27^a$; $G_{r\theta} = 1175{,}0$	
	Nekrotischer Kern: $E = 1{,}0$; $\nu = 0{,}49^a$	

[a]dimensionsloser Parameter
r, θ, z bezeichnen die radiale, zirkumferenzielle und axiale Gefäßrichtung
E, G, ν bezeichnen den Elastizitätsmodul, den Schubmodul und die Poissonzahl
c_i bezeichnet Materialparameter, die vom jeweiligen konstitutiven Modell verwendet werden

Angesichts der wichtigen klinischen Rolle der Karotisarterien wurden diese auch biomechanisch sehr gut untersucht und in der Literatur dokumentiert [90]. Tab. 5.2 fasst eine Reihe solcher Studien zusammen, und Abb. 5.10 veranschaulicht die elastischen Materialeigenschaften erkrankten Karotidengewebes.

5.4.5 Koronare Herzkrankheit

Koronare Herzkrankheit ist eine Pathologie, bei der sich *Plaque* in den Koronararterien ansammelt. Sie verengt deren Lumen und bildet eine Stenose, die den Fluss von sauerstoffreichem Blut zum Herzen allmählich reduziert. Eine akute Thromboembolie kann von kranken Koronararterien verursacht werden, was schließlich zu einem *Herzinfarkt, Angina* oder *Arrhythmie* führen kann.

Ein Herzinfarkt tritt auf, wenn die Zufuhr von sauerstoffreichem Blut zu einem Teil des Herzmuskels unterbrochen wird. Flüssigkeiten sammeln sich dann im Körper an und verursachen Atemnot, Schwellungen in den Knöcheln, Füßen, Beinen, Bauch und Venen im Hals. Angina ist Brustschmerz oder Unbehagen, das sich auf die Schultern, Arme, Hals, Kiefer oder Rücken ausbreiten kann, der aber innerhalb weniger Minuten und bei Ruhe wieder verschwindet. Einige Symptome

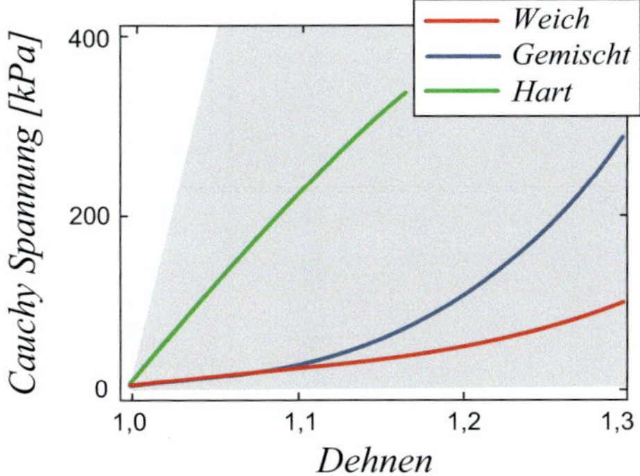

Abb. 5.10 Elastische Eigenschaften der erkrankten Karotiswand unter einfacher Zugbelastung. Der grau schattierte Bereich spiegelt Daten aus der Literatur wider und veranschaulicht die hohe Variabilität, während die Kurven die Eigenschaften der weichen, gemischten und harten atherosklerotischen Karotidenwand darstellen, wie in der Literatur berichtet [123]

von Angina können den Symptomen eines Herzinfarkts ähneln. Im Gegensatz dazu ist eine Arrhythmie ein Problem mit dem Herzrhythmus. Sie birgt das Risiko eines *plötzlichen Herzstillstands*, sodass das Herz plötzlich zu schlagen aufhört.

Wenn die Blutversorgung des Herzmuskels für mehr als einige Minuten unterbrochen wird, beginnen die Herzzellen abzusterben und normales Herzgewebe wird durch Narbengewebe ersetzt. Während der damit verbundene Herzschaden für den Patienten möglicherweise nicht offensichtlich ist, kann er schwerwiegende und lang anhaltende Probleme nach sich ziehen – im Laufe der Zeit kann er die Herzmuskulatur schwächen und zu Herzinsuffizienz und Arrhythmien führen.

5.4.6 Aneurysma

Ein *Aneurysma* ist eine lokale, langsam wachsende Erweiterung einer Arterie, die typischerweise durch mindestens 1,5-mal ihren normalen Durchmesser definiert ist. Obwohl jede Arterie aneurysmatisch werden kann, scheint die infrarenale abdominale Aorta am anfälligsten für diese Krankheit zu sein und entwickelt häufig ein AAA. Die Bildung von AAA wird durch Faktoren wie Rauchen, höheres Alter, männliches Geschlecht, ungesundes Cholesterin und hohen MAP gefördert. Die Erkrankung ist auch überrepräsentiert bei Personen mit AAA Familiengeschichte, Patienten mit koronarer Herzkrankheit und Chronisch Obstruktiver Lungenerkrankung (COPD) [127]. Aortenaneurysmen werden auch oft bei Patienten mit seltenen genetischen Krankheiten, wie Ehlers-Danlos-Syndrom Typ IV, Marfan-Syndrom, Loeys-Dietz-Syndrom und fibromuskuläre Dysplasie, diagnostiziert. Während die Bildung eines Aneurysmas und Arteriosklerose viele gemeinsame Risikofaktoren haben, haben beide Krankheiten unterschiedliche Genexpressionen [128]. Angesichts der klinischen Bedeutung sind AAA-Studien in der Literatur gut dokumentiert, und viele verschiedene Aspekte der Krankheit wurden untersucht [127, 129, 130].

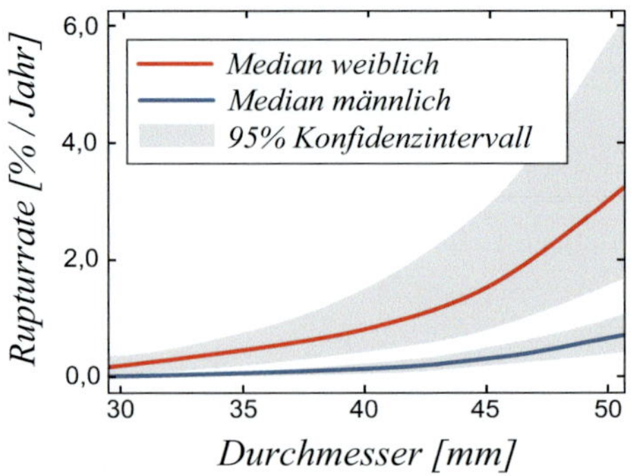

Abb. 5.11 Jährliche Rupturraten von Abdominalen Aortenaneurysma (AAA) bei Männern und Frauen. Die Daten repräsentieren Schätzungen der RESCAN-Studie [131]

Wenn sie unbehandelt bleiben, expandieren Aneurysmen weiter, bis die Spannung in der Wand schließlich die Bruchfestigkeit der degenerierten Aortenwand übersteigt – die Arterie *reißt*. Ein AAA-Ruptur führt oft zu massiven inneren Blutungen, und etwa 75 % der Patienten sterben daran. Die Prävalenz von AAA ist bei Männern viel höher, während Rupturen relativ häufiger bei Frauen auftreten, siehe Abb. 5.11.

Zusätzlich zum Risiko von inneren Blutungen und dem Abfall des Blutdrucks kann das Aufbrechen eines *zerebralen Aneurysmas* auch zu einem *hämorrhagischen Schlaganfall* führen. Das Blut tritt dann ins Gehirn aus und verursacht durch den steigenden intrakraniellen Druck den Zelltod.

5.4.6.1 Pathophysiologie des Aneurysmas

Ein Aneurysma ist das Endresultat einer irreversiblen pathologischen Umgestaltung der Gefäßwand [132, 133], und größere Aneurysmen zeigen ausgeprägte pathologische Merkmale [43, 132, 134–136], wie zum Beispiel

- *Abbau und Fragmentierung von Elastinfasern*
- *Apoptose von vaskulären SMC*
- *Erhöhter Kollagengehalt und verstärkte Kollagensynthese*
- *Übermäßige Entzündungsreaktion*
- *Erhöhter oxidativer Stress*

Während der Verlust von Elastin (und möglicherweise erhöhte SMC-Apoptose) die anfängliche Dilatation auslöst, bestimmt der Kollagenumsatz die Vergrößerung und lokale Schwächung der Wand, ein Mechanismus, der schließlich zur Ruptur führt [132].

Wegen der hohen klinischen Relevanz wurde die aneurysmatische infrarenale Aorta ausgiebig untersucht und eine Reihe von pathophysiologischen Prozessen postuliert, um ein umfassendes Verständnis der AAA-Krankheit zu gewinnen. Abb. 5.12 fasst einige dieser Prozesse zusammen, die letztendlich zur *Zerstörung* der strukturellen Organisation der normalen Gefäßwand, wie sie in Abb. 5.1 dargestellt ist, führen. Die AAA-Wand zeigt eine *abgebaute* Media mit wenigen SMC und fragmentierten Elastinstrukturen sowie eine entzündete und/oder fibrotische

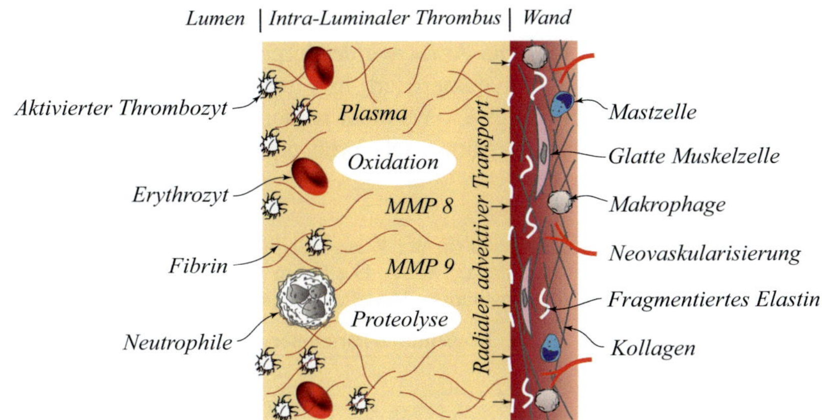

Abb. 5.12 Intra-luminaler Thrombus (ILT) und Gefäßwand eines Abdominalen Aortenaneurysmas (AAA). Der ILT fördert proteolytische und oxidative Aktivitäten und erleichtert den Abbau der ExtraCellulären Matrix (ECM), Apoptose von vaskulären Glatten Muskelzellen (SMC) und Aktivierung von Immunreaktionen. Dieser Prozess aktiviert auch Matrix Metalloproteinasen (MMP), wie MMP 8 und MMP 9, die zusammen mit anderen Substanzen in Richtung Gefäßwand strömen. Die AAA-Wand zeigt einen Abbau von SMC, Fragmentierung von Elastinfasern, zahlreiche entzündliche Reaktionen, sowie Mastzellen in der Adventitia, die die Neovaskularisation fördern

Adventitia, die auch *dicker* als normal sein kann. Mastzellen in der Adventitia lösen die Degranulation aus und setzen verschiedene vasoaktive Faktoren frei, die *Neovaskularisation* stimulieren [137]. Die damit verbundene „Perforation“ durch das dichte Vasa Vasorum kann dann die Festigkeit der Gefäßwand verringern [138]. Es ist oft schwierig, zwischen medialen und adventitiellen Schichten bei großen Aneurysmen zu unterscheiden – die gesamte Wand ähnelt einem faserigen kollagenen Gewebe, das der Adventitia in der normalen Aorta ähnelt [11].

Fast alle AAA klinisch relevanter Größe enthalten einen *Intra-Luminalen Thrombus (ILT)* [139], ein Pseudo-Gewebe, das sich aus koaguliertem Blut entwickelt. Es hat strukturmechanische Eigenschaften [140, 141] und seine Bildung kann durch komplexe (pathologische) Blutströmung gefördert werden [142, 143]. Der ILT besteht aus einem Fibrinnetz, das von einem Netzwerk miteinander verbundener Kanäle durchzogen ist. Der ILT enthält Blutpartikel, wie Erythrozyten, Neutrophile, aggregierte Thrombozyten, Blutproteine und zellulären Abfall [144, 145], siehe Abb. 5.12. Der ILT schafft eine Umgebung erhöhter *proteolytischer* und *oxidativer* Aktivität [146, 147], möglicherweise verbunden mit der strukturellen Schwächung [138] und Ausdünnung [134] der Gefäßwand. Die Reaktionsprodukte werden zur und in die Wand transportiert, wo sie zur ECM-Abbau und zur adventitiellen Immunantwort beitragen. Proteolyse, die durch Protasen katalysiert wird, kann fibrilläre ECM und intermediäre Adhäsionsproteine abbauen. Sie fördert damit die Desintegration von SMC aus der ECM und löst SMC Apoptose aus [127], so dass sich weder EC noch SMC in engem Kontakt mit dem ILT ausbreiten und proliferieren können. Dieser Mechanismus erklärt dann auch das Fehlen einer Endothelschicht der ILT-bedeckten AAA-Wand.

5.4.6.2 Die elastischen Eigenschaften der infrarenalen Aorta

Die normale und aneurysmatische Aorta wurde durch uniaxiale und biaxiale *in vitro* Zugversuchsexperimente charakterisiert, und Tab. 5.3 gibt einige Daten der Gefäßwand und des ILT an. Die AAA-Wand ist bemerkenswert steifer als die gealterte, aber normale infrarenale Aorta, siehe Abb. 5.13a. Im Vergleich zur Wand

Tab. 5.3 Konstitutive Eigenschaften von (a) der Wand und (b) dem Intra-Luminalen Thrombus (ILT) des infrarenalen Aorteneurysmas (AAA). Die Daten wurden durch *in vitro* Gewebecharakterisierung ermittelt, und die konstitutiven Modelle werden später in Abschn. 5.5 diskutiert

Konstitutive Beschreibung	Konstitutive Parameter [kPa]	Referenz
(a) AAA Wand		
Yeoh Modell (5.8) mit $N = 2$	$c_1 = 177{,}0$; $c_2 = 1881{,}0$	[148]
Yeoh Modell (5.8) mit $N = 5$	$c_1 = 5{,}0$; $c_2 = c_3 = 0{,}0$; $c_4 = 2{,}2 \cdot 10^3$;	[149]
	$c_5 = 13{,}741 \cdot 10^3$	
Orthotrop hyperelastisch (5.30)[b]	$c_0 = 0{,}14$; $c_1 = 477{,}0^a$;	[61]
	$c_2 = 416{,}4^a$; $c_3 = 408{,}3^a$	
(b) ILT		
Yeoh Modell (5.8) mit $N = 2$	Luminale Schicht: $c_1 = 7{,}98$; $c_2 = 8{,}71$	[141]
Reduziertes Ogden Modell (5.11)	Luminale Schicht: $c_0 = 2{,}62$	[140]
	Mediale Schicht: $c_0 = 1{,}98$	
	Abluminale Schicht: $c_0 = 1{,}73$	

c_i bezeichnet Materialparameter, die vom jeweiligen konstitutiven Modell verwendet werden
[a]Dimensionsloser Parameter
[b]Beschränkt auf die Beschreibung eines Membranproblems

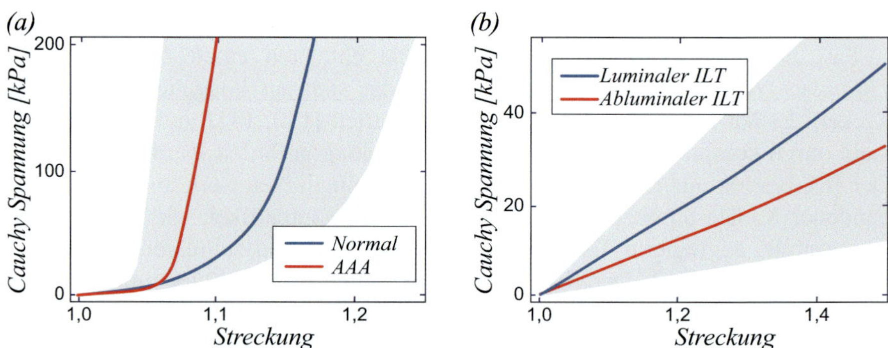

Abb. 5.13 Elastische Eigenschaften des infrarenalen Aortengewebes unter äqui-biaxialer Belastung. (**a**) Gealterte, aber normale infrarenale Aorta (Bauchaorta) im Vergleich zur Wand des infrarenalen Aorteneurysmas (AAA). Die Eigenschaften basieren auf *in vitro* experimenteller Gewebecharakterisierung [61]. (**b**) Intra-Luminaler Thrombus (ILT) des AAA. Die Daten wurden aus der *in vitro* experimentellen Gewebecharakterisierung der luminalen und abluminalen ILT-Abschnitte ermittelt [140]

ist der ILT viel weicher und zeigt einen linearen Anstieg der Cauchy Spannung mit der ansteigender Streckung, siehe Abb. 5.13b.

5.4.6.3 Festigkeit des Aortengewebes

Wie bereits durch die inhomogene Patho-Histologie der AAA-Wand angezeigt [150], ändert sich die Festigkeit der AAA-Wand erheblich innerhalb und zwischen Patienten [151]. Während einige der festigkeitsbeeinflussenden Faktoren bereits identifiziert wurden [152–156], sind viele noch unbekannt. Angesichts dieser Unbekannten sind die gemessenen Daten häufig stark gestreut. Tab. 5.4a fasst einige AAA-Festigkeits- und Dickenangaben der Literatur zusammen. Im Durchschnitt hält die AAA-Wand 865 (SD 390) kPa Belastung stand und ist 1,6 (SD 0,6) mm dick. Die aneurysmatische Aorta ist daher schwächer als die normale infrarenale Aorta, die eine Festigkeit von 1210 (SD 330) kPa [157] oder sogar 1710 (SD 140) kPa [158] aufweist.

Angesichts der berichteten Festigkeit von 1950 (SD 600) kPa [173] und 1470 (SD 910) kPa [174], ist die normale thorakale Aorta etwas stärker als die normale infrarenale Aorta. Verglichen mit AAA wurden weniger experimentelle Daten von der Wand des thorakalen Aortenaneurysmas (TAA) publiziert, einige davon sind in Tab. 5.4b aufgeführt.

Wie bei den elastischen Eigenschaften des ILT ändert sich auch seine Zugfestigkeit in Bezug auf die radiale Position, und das luminale und abluminale ILT-Gewebe versagt jeweils bei 156,5 (SD 57,9) kPa bzw. 47,7 (SD 22,9) kPa [140].

Tab. 5.4a zeigt die starke negative Korrelation zwischen AAA-Festigkeit und Wanddicke, eine Eigenschaft von der bereits zuvor berichtet wurde [151, 153]. Angesichts dieser Korrelation ist eine dünnere Wand relativ stärker, und *Wandspannung multipliziert mit Wanddicke* könnte ein robusterer Rupturrisikoprädiktor sein [168]. Die inverse Korrelation rechtfertigt auch in gewisser Weise eine einheitliche Wanddicke, die in FEM-Modellen von AAA verwendet wird.

Während die Aortenwand im Körper biaxial belastet wird, wurden die meisten Festigkeitsdaten, mit sehr wenigen Ausnahmen [175], durch uniaxiale Zugversuche gewonnen. Die so charakterisierten Wandfestigkeiten repräsentieren daher möglicherweise nicht den wirklichen Widerstand der Aorta gegen Wandruptur im Körper.

5.5 Konstitutive Beschreibungen

Konstitutive Modellierung von Gefäßgewebe ist gut in der Literatur dokumentiert, und zahlreiche Beschreibungen mit Anwendung auf Blutgefäße sind verfügbar [176]. Während rein *phänomenologische Ansätze* erfolgreich experimentellen Daten angepasst werden können, zeigen sie begrenzte Robustheit über den Verzerrungsbereich hinaus, innerhalb dessen die Modellparameter identifiziert wurden. Im Gegensatz dazu integrieren *strukturelle konstitutive Beschreibungen* histologische als auch mechanische Charakteristiken der Gefäßwand und liefern dabei robustere Vorhersagen. Abgesehen davon, dass sie robuster sind, fördert solche Modellierung unser Verständnis wie die äußere mechanische Belastung im Gefäßgewebe weitergeleitet wird und mit den strukturellen Bauteilen in der Wand interagiert.

Tab. 5.4 Festigkeit und Dicke der aneurysmatischen Aorta, charakterisiert im *in vitro* Zugbelastungsexperiment. (a) infrarenale Aortenaneurysma (AAA) Wand. (b) Thorakale Aortenaneurysma (TAA) Wand

Probenbeschreibung	Dicke [mm]	Festigkeit [MPa]	Referenz
(a) AAA Wand			
$N = 31$; faserig	1,2	1,2	[159]
$N = 38$; teilweise verkalkt	1,5	0,87	
$N = 28$	1,18	–	[160]
$N = 83$	–	0,81	[161]
$N = 26$	1,32	–	[61]
$N = 25$; $d < 55$ mm	1,53	0,77	[162]
$N = 65$; $d > 55$ mm	1,58	1,03	
$N = 76$	–	Weiblich: 0,68	[163]
		Männlich: 0,88	
$N = 163$	1,57	1,42	[151]
$N = 374/48$	1,48	1,26	[164]
$N = 14$	1,5 bis 1,9	Läng.: 0,93	[165]
		Umf.: 1,15	
$N = 16$	2,06	0,57	[152]
Vorderseite: $N = 29$	2,73	Läng.: 0,38	[166]
		Umf.: 0,52	
Seitlich: $N = 9$	2,52	Läng.: 0,51	
		Umf.: 0,73	
Hinterseite: $N = 9$	2,09	Läng.: 0,47	
		Umf.: 0,45	
Intaktes AAA: $N = 26$	2,5	0,82	[167]
Rupturiertes AAA: $N = 13$	3,6	0,54	
Intaktes AAA: $N = 278/56$	1,5	0,98	[168]
Rupturiertes AAA: $N = 141/21$	1,7	0,95	
Läng.: $N = 45$	–	0,86	[169]
Umf.: $N = 19$	–	1,02	
Läng.: $N = 49$	1,57	0,715	[170]
Umf.: $N = 41$	1,58	1,1	
$h > 4$ mm: $N = 7$	–	1,38	[138]
$h < 4$ mm: $N = 7$	–	2,16	
(b) TAA Wand			
$N = 163$	–	TAV: Läng.: 0,54	[171]
	–	Umf.: 0,961	
	–	BAV: Läng.: 0,698	
	–	Umf.: 1,656	

(Fortsetzung)

Tab. 5.4 (Fortsetzung)

Probenbeschreibung	Dicke [mm]	Festigkeit [MPa]	Referenz
$N = 27$	1,99	TAV: 0,878	[153]
	1,7	BAV: 1,310	
$N = 26$	2,0	TAV: Läng.: 0,88	[172]
	2,0	Umf.: 1,19	
	1,9	BAV: Läng.: 0,84	
	1,9	Umf.: 1,23	

N- Anzahl der Proben; *d*- Aortendurchmesser an der Stelle der Wandprobenentnahme; *h*- Dicke des intra-luminalen Thrombus (ILT) unter der Wandprobe; Umf.- Umfang; Läng.- Längsrichtung; ILT- Intra-Luminaler Thrombus; TAV- Aorta mit einer Trikuspidalklappe; BAV- Aorta mit einer Bikuspidalklappe

Dieser Abschnitt beschreibt die grundlegenden biomechanischen Eigenschaften der passiven Gefäßwand und modelliert diese als einen homogenisierten *inkompressiblen Festkörper*. Während in der Literatur viel komplexere Beschreibungen zu finden sind, bestimmt die beabsichtigte Modellanwendung (IMA) das Maß an Komplexität. Beispiele zeigen, dass sogar der hochporöse ILT als einphasiger inkompressibler Festkörper beschrieben werden kann, um dennoch brauchbare Vorhersagen der Spannung in der AAA-Wand treffen zu können [177].

5.5.1 Compliance eines Gefäßsegments

Die *Compliance*, oder die Volumennachgiebigkeit ist eine mechanische Eigenschaft, die von Lumped-Parameter Modellen verwendet wird um Gefäßsegmente zu beschreiben, siehe Abschn. 2.3.2. Wir approximieren dabei das Gefäß durch ein dünnwandiges Rohr unter ebenen Spannungszustand, das mit dem Blutdruck p_i belastet wird. Das statische Gleichgewicht, $\sigma_\theta = p_\mathrm{i} d/(2h)$ und $\sigma_z = \sigma_\theta/2$ beschreiben dabei jeweils die Umfangs- und axiale Spannung in der Gefäßwand. Ein linear-elastisches Material mit dem Elastizitätsmodul E und der Poissonschen Zahl $\nu = 0.5$ soll in der Beschreibung der elastischen Eigenschaften der Gefäßwand verwendet werden. Mit dem ebenen Spannungszustand ergibt das Hookesche Gesetz (3.49) die Umfangsdehnung $\varepsilon_\theta = \Delta d/d = 3\sigma_\theta/(4E)$, und mit der zuvor genannten Umfangsspannung ergibt sich dann die Druckerhöhung $\Delta p_\mathrm{i} = 8hE\,\Delta d/(3d^2)$ als Funktion der Durchmesseränderung Δd. Die Compliance des Gefäßes ergibt sich daher zu

$$C = \frac{\Delta V}{\Delta p_\mathrm{i}} = \frac{3d^3\pi l}{16hE} \;[\mathrm{m}^3\,\mathrm{Pa}^{-1}], \tag{5.1}$$

wobei die Volumenänderung $\Delta V = d\pi l\,\Delta d/2$ verwendet wurde, und l die Länge des Gefäßsegments bezeichnet. Die Compliance (5.1) ist konstant und somit unabhängig vom Blutdruck p_i.

Während das Compliancemodell (5.1) oft verwendet wird, ist bekannt, dass die Spannungs-Verzerrungs-Eigenschaften der Gefäßwand nicht linear sind und das Hookesche Gesetz daher eine sehr grobe Annäherung darstellt. Die Beschreibung der Gefäßcompliance (5.1) sollte daher für viele Anwendungen die nichtlinearen Gefäßwandeigenschaften berücksichtigen. Betrachten wir dazu ein allgemeines nichtlineares Material, bei dem $D_{\theta\theta}$ und $D_{\theta z}$ die Koeffizienten der (nicht konstanten) Compliance- oder Nachgiebigkeits-Matrix sind. Die Zunahme der Wanddehnung in Umfangsrichtung lautet dann $\Delta\varepsilon_\theta = \Delta d/d = D_{\theta\theta}\Delta\sigma_\theta + D_{\theta z}\Delta\sigma_z$, und mit $\sigma_z = \sigma_\theta/2$ können wir die Dehnungszunahme $\Delta\varepsilon_\theta = (D_{\theta\theta} + D_{\theta z}/2)\Delta\sigma_\theta$ als Funktion der Spannungszunahme $\Delta\sigma_\theta$ ausdrücken. Mit der Spannungszunahme $\Delta\sigma_\theta = \Delta p_\mathrm{i} d/(2h)$ aus dem statischen Gleichgewicht können wir die Druckzunahme $\Delta p_\mathrm{i} = 2h\,\Delta d/(d^2\alpha)$ nun als Funktion der Durchmesserzunahme Δd und des konstitutiven Faktors $\alpha = D_{\theta\theta} + D_{\theta z}/2$ ausdrücken. Die Compliance des Gefäßes lautet dann

$$C = \frac{\Delta V}{\Delta p_\mathrm{i}} = \frac{d^3\pi l\alpha}{4h}, \tag{5.2}$$

wobei die Volumenzunahme $\Delta V = d\pi l\,\Delta d/2$ verwendet wurde. Für ein nichtlineares Spannungs-Dehnungs-Gesetz hängt der Koeffizient α jedoch nun von der Dehnung ab. Die Compliance (5.2) ist daher nicht konstant, sondern eine Funktion des Blutdrucks p_i.

5.5.2 Hyperelastizität für inkompressible Festkörper

Die Spannungs-Verzerrungs-Eigenschaften der Gefäßwand können im Rahmen der Hyperelastizität für inkompressible Festkörper beschrieben werden. Das Volumenverhältnis $J = 1$ gilt dann, und das Verfahren von Coleman und Noll für inkompressible Materialien (3.131) ermöglicht es uns, die zweite Piola-Kirchhoff Spannung

$$\mathbf{S} = 2\frac{\partial\Psi(\mathbf{C})}{\partial\mathbf{C}} - \kappa\mathbf{C}^{-1} \tag{5.3}$$

aus einer gegebenen Verzerrungsenergie $\Psi(\mathbf{C})$ [J m^{-3}] pro Einheit (Referenz) Gewebevolumen abzuleiten, siehe Abschn. 3.6.4. Hierbei bezeichnet $\mathbf{C} = \mathbf{F}^\mathrm{T}\mathbf{F}$ die rechte Cauchy-Green Verzerrung, und $\mathbf{F}$ ist der Deformationsgradient. Der Druck κ, der vom hydrostatischen Druck p zu unterscheiden ist, wirkt auf die inverse rechte Cauchy-Green Verzerrung $\mathbf{C}^{-1}$ und dient als Lagrange-Parameter zur *Umsetzung der Inkompressibilität*. Er wird durch das jeweilige Randwertproblem (BVP) bestimmt, während alle konstitutiven Informationen durch die spezielle Form der Verzerrungsenergiedichte erfasst werden – spezifische Funktionen werden später in diesem Kapitel diskutiert.

Die zweite Piola Transformation (3.32) ermöglicht es uns, die Cauchy Spannung durch

$$\boldsymbol{\sigma} = 2\mathbf{F}\frac{\partial\Psi(\mathbf{C})}{\partial\mathbf{C}}\mathbf{F}^\mathrm{T} - \kappa\mathbf{I} \tag{5.4}$$

auszudrücken, wobei der Lagrange-Druck κ zur hydrostatischen Spannung beiträgt und auf die Identität $\mathbf{I}$ wirkt. Mit der Verzerrungsenergie Ψ und dem Deformationsgradienten $\mathbf{F}$, wird die Spannung dann bis auf den Lagrange-Parameter κ bestimmt.

5.5.2.1 Spannungs- und Verzerrungsanalyse in Hauptachsenrichtungen

Wir können die rechte Cauchy-Green Verzerrung $\mathbf{C} = \sum_{i=1}^{n_{\text{dim}}} \lambda_i^2 \widehat{\mathbf{N}}_i \otimes \widehat{\mathbf{N}}_i$ in Hauptachsenrichtungen $\widehat{\mathbf{N}}_i$ betrachten, wobei n_{dim} und λ_i die Anzahl der räumlichen Dimensionen und die Hauptstreckungen bezeichnen. Mit einem *inkompressiblen* und *isotropen* Material, folgt aus (5.3) dann für die zweiten Piola-Kirchhoff Hauptspannungen

$$S_i = \frac{1}{\lambda_i} \frac{\partial \Psi(\mathbf{C})}{\partial \lambda_i} - \frac{\kappa}{\lambda_i^2} \quad \text{(keine Summation)}, \tag{5.5}$$

wobei κ den Lagrange-Parameter bezeichnet und die Beziehung $\partial\lambda_i/\partial C_{ii} = (2\lambda_i)^{-1}$ (keine Summation) verwendet wurde. Diese Beziehung folgt direkt aus der zuvor genannten Eigenwertdarstellung der rechten Cauchy-Green Verzerrung.

Für ein isotropes Material stimmen die Hauptspannungsrichtungen mit den Hauptdehnungsrichtungen überein, und (5.5) kann dann immer verwendet werden. Im Gegensatz dazu sind bei einem *anisotropen* Material die Hauptspannungs- und Hauptdehnungsrichtungen im Allgemeinen nicht die selben, und (5.5) ist daher nicht allgemein gültig. Wenn jedoch die Hauptdehnungsrichtungen mit den *Hauptmaterialrichtungen* übereinstimmen, sind diese Richtungen dann auch die Hauptspannungsrichtungen. Wir können dann (5.5) auch in der Beschreibung eines anisotropen Materials verwenden. Die Hauptmaterialrichtungen sind die Richtungen, entlang denen das Material extremale Eigenschaften aufweist – es ist entlang diesen am steifsten oder am weichsten.

Mit der ersten Piola Transformation eines inkompressiblen Materials $P_i = \lambda_i S_i$ (keine Summation), ergibt (5.5) die ersten Piola-Kirchhoff-Spannungen

$$P_i = \frac{\partial \Psi(\mathbf{C})}{\partial \lambda_i} - \kappa/\lambda_i, \tag{5.6}$$

während die zweite Piola Transformation $\sigma_i = \lambda_i^2 S_i$ die jeweiligen Haupt-Cauchyspannungen bestimmt

$$\sigma_i = \lambda_i \frac{\partial \Psi(\mathbf{C})}{\partial \lambda_i} - \kappa, \tag{5.7}$$

wobei das jeweilige BVP den Lagrange-Parameter κ bestimmt.

5.5.3 Phänomenologische Beschreibungen der Gefäßwand

Eine konstitutive Beschreibung legt eine Verzerrungsenergiefunktion Ψ fest, die die mechanischen Eigenschaften der Gefäßwand charakterisiert. Bei einem rein phänomenologischen Ansatz ist Ψ dabei eine mathematische Funktion, die keinerlei Informationen über die Histologie der Gefäßwand, oder lasttragende Mechanismen innerhalb dieser, enthält. Da keine solchen „Einschränkungen" bestehen, kann die Funktion Ψ sehr „flexibel" in der Darstellung von experimentellen Daten sein. Dies macht sie jedoch auch für Vorhersagen *jenseits* des Bereichs, innerhalb dessen ihre Parameter kalibriert wurden, unzuverlässig.

5.5.3.1 Isotrope Modelle

Gefäßgewebe und Gummi teilen einige gemeinsame mechanische Eigenschaften, und Modelle, die ursprünglich für Gummi entwickelt wurden, werden daher auch häufig zur Beschreibung der Gefäßwand verwendet. Eines davon ist die *Yeoh* Verzerrungsenergiefunktion [178]

$$\Psi(\mathbf{C}) = \sum_{i=1}^{N} c_i (I_1 - 3)^i \,, \tag{5.8}$$

wobei $I_1 = \mathrm{tr}\mathbf{C}$ die erste Invariante der rechten Cauchy-Green Verzerrung bezeichnet, während c_i; $i = 1, \ldots, N$ [Pa] steifigkeitsbezogene Materialparameter der N Polynomterme der Energiefunktion sind. Mit Hinblick auf Anwendungen in der Gefäßbiomechanik werden am häufigsten zwei Polynomterme verwendet, wie beispielsweise in der Beschreibung der Aorta [141, 148, 151, 169]. Darüber hinaus wurde ein Yeoh Modell mit drei Polynomtermen zur Beschreibung von steifen, gemischt-steifen und weichen Karotidenplaques verwendet [123]. Fünf Terme wurden verwendet, um die stark nichtlinearen Spannungs-Verzerrungs-Eigenschaften der aneurysmatischen Aortenwand zu erfassen [149].

Im Falle $N = 1$ reduziert sich das Yeoh Modell auf das neo-Hooke Modell

$$\Psi(\mathbf{C}) = c(I_1 - 3) \,, \tag{5.9}$$

und $G = 2c$ [Pa] bezeichnet dann den Schubmodul in der Referenzkonfiguration. Das neo-Hooke Modell wird häufig in der Beschreibung von atherosklerotischen Plaque Komponenten verwendet, wie der SMC-reichen fibrösen Kappe, dem Lipidkern und Verkalkungen [124, 179].

Die *Ogden* Verzerrungsenergie

$$\Psi(\mathbf{C}) = \Psi(\lambda_1, \lambda_2, \lambda_3) = \sum_{i=1}^{N} \frac{c_i}{k_i} \left(\lambda_1^{k_i} + \lambda_2^{k_i} + \lambda_3^{k_i} - 3 \right) \tag{5.10}$$

ist ein weiteres Modell zur Beschreibung der 3D-Eigenschaften von Gefäßgewebe, wobei λ_1, λ_2, λ_3 die Hauptstreckungen sind. Die Materialparameter werden durch c_i [Pa] und k_i bezeichnet, wobei $c_0 = (\sum_i^N c_i k_i)/2$ [Pa] dann den Schubmodul des Gewebes in der Referenzkonfiguration bestimmt. Während das Modell häufig mit $N = 3$ Termen verwendet wird, wie in der Beschreibung von normalen und erkrankten Halsschlagadern [180], erfasste ein reduziertes Ogden Modell

$$\Psi = c_0(\lambda_1^4 + \lambda_2^4 + \lambda_3^4 - 3) \tag{5.11}$$

die Eigenschaften von ILT-Gewebe mit dem einzigen Materialparameter c_0 [Pa] [140].

Zusätzlich zu den für Gummimaterialien entwickelten Modellen wurden auch konstitutive Beschreibungen speziell für Gefäßgewebe vorgeschlagen. Die *Demiray* Verzerrungsenergie [181]

$$\Psi(\mathbf{C}) = c_1 \exp[c_2(I_1 - 3) - 1]\,, \tag{5.12}$$

wobei c_1 [Pa] und c_2 Materialparameter bezeichnen, berücksichtigt einen *exponentiellen* Term, um die progressive Versteifung des Gefäßgewebes mit ansteigender Verzerrung zu beschreiben. Das Modell wurde beispielsweise an aortalem Wandgewebe kalibriert [149, 182], und zur Analyse der Karotisbifurkation verwendet [183].

Beispiel 5.1 (Mechanische Charakterisierung eines Gefäßsegments) Wir betrachten ein Segment der Femoralarterie, das in einer experimentellen Testvorrichtung montiert ist, um seine biomechanischen Eigenschaften zu charakterisieren. Das Gefäßsegment kann durch das drei-elemente Modell in Abb. 5.14 dargestellt werden. Das Gefäß ist mit einer Newtonschen Flüssigkeit der Viskosität $\eta = 4{,}0$ mPa s und der Dichte $\rho = 1025{,}0$ kg m^{-3} perfundiert, Eigenschaften, die Blut nachahmen. Das Gefäßsegment kann als dünne Membran betrachtet werden, und der Durchmesser $D = 6{,}1$ mm und die Wanddicke $H = 0{,}7$ mm beschreiben seine lastfreie Konfiguration. Die Gefäßlänge von $l = 42$ cm bleibt während des Testzyklus konstant.

(a) Berechnen Sie die Compliance C, den Widerstand R und die Induktivität L des Segments der Femoralarterie. Bei dieser Aufgabe können kleine Verformungen angenommen werden, und die Gefäßwand wird durch ein linear-elastisches Material mit dem Elastizitätsmodul $E = 300{,}0$ kPa und der Poissonzahl $\nu = 0{,}5$ beschrieben.

(b) In einer verfeinerten Analyse sollten endliche Verformungen berücksichtigt werden, und die jeweiligen Eigenschaften R, C und L des Gefäßes sind bei einem mittleren arteriellen Druck (MAP) von 100,0 mmHg zu berechnen. Bei dieser Aufgabe werden die nichtlinearen Eigenschaften der Wand durch die Verzerrungsenergie $\Psi(\mathbf{C}) = c(I_1 - 3)^2$ pro Gewebevolumeneinheit dargestellt.

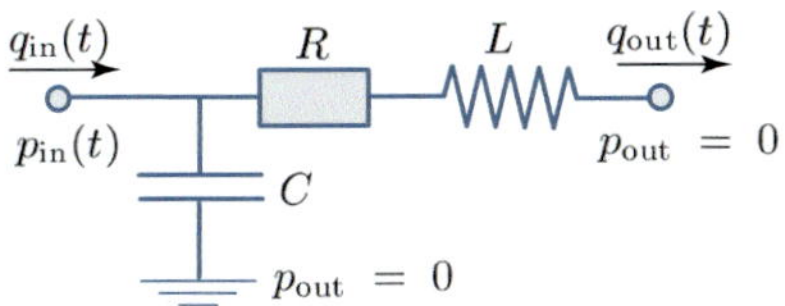

Abb. 5.14 Schematische Darstellung eines drei-element Modells eines Gefäßsegments. Die Ströme $q_{in}(t)$, $q_{out}(t)$ und die Drücke $p_{in}(t)$, $p_{out} = 0$ beschreiben jeweils die Ein- und Auslassbedingungen. Die biomechanischen Eigenschaften des Gefäßes werden durch seine Compliance C, Widerstand R und Induktivität L ausgedrückt

Hier kennzeichnet $c = 125{,}0$ kPa einen Steifigkeitsparameter, während $I_1 = \mathrm{tr}\mathbf{C}$ die erste Invariante der rechten Cauchy-Green Verzerrung $\mathbf{C}$ bezeichnet. Inkompressibilität des Gefäßgewebes kann dabei angenommen werden.

(c) Untersuchen Sie die Reaktion des in Abb. 5.14 dargestellten drei-elemente Modells im Hinblick auf die vorgeschriebenen Drücke $p_{\mathrm{in}} = \mathbf{P}\exp(i\omega t)$ und $p_{\mathrm{out}} = 0$. Hierbei bezeichnet $\mathbf{P}$ die komplexe Druckamplitude und $i = \sqrt{-1}$ ist die imaginäre Einheit. Unter diesen Randbedingungen stellt sich der Fluss $q(t)$ in der Femoralarterie ein. Benützen Sie die in den Aufgaben (a) und (b) bestimmten Eigenschaften R, C und L, und berechnen Sie den Impedanzmodul $|\mathbf{Z}|$ und die Phasenverschiebung $\arg(\mathbf{Z})$ als Funktion der Signalfrequenz $f = \omega/(2\pi)$.

■

5.5.4 Druckbeaufschlagtes und axial gestrecktes zweischichtiges Blutgefäß

Für eine Reihe von Anwendungen kann ein dünnwandiger Zylinder aus Media und Adventitia zur Beschreibung eines normalen und somit nicht erkrankten Gefäßes verwendet werden. Abb. 5.15 zeigt ein solches Modell, wobei $\Omega_{0\,\mathrm{m}}$ und $\Omega_{0\,\mathrm{a}}$ die spannungsfreien Referenzkonfigurationen der Media und Adventitia bezeichnen. Mit den Abmessungen $D_{\mathrm{m}} = 12$ mm, $L_{\mathrm{m}} = 23$ mm, $H_{\mathrm{m}} = 0{,}7$ mm und $D_{\mathrm{a}} = 14$ mm, $L_{\mathrm{a}} = 27$ mm, $H_{\mathrm{a}} = 0{,}5$ mm stellt das Modell eine infrarenale Aorta dar. Die Verzerrungsenergien

$$\Psi_{\mathrm{m}}(\mathbf{C}) = c_{\mathrm{m}}(I_{1\,\mathrm{m}} - 3)\ ;\ \ \Psi_{\mathrm{a}}(\mathbf{C}) = c_{\mathrm{a}}\{\exp[b(I_{1\,\mathrm{a}} - 3)] - 1\} \tag{5.19}$$

beschreiben jeweils die elastischen Eigenschaften von medialem und adventitiellem Gewebe, wobei $I_{1\,\mathrm{m}} = \mathrm{tr}\mathbf{C}$ und $I_{1\,\mathrm{a}} = \mathrm{tr}\mathbf{C}$ die ersten Invarianten der rechten Cauchy-Green Verzerrung $\mathbf{C}$ in den jeweiligen Schichten bezeichnet. Die konstitutiven Parameter $c_{\mathrm{m}} = 18{,}5$ kPa, $c_{\mathrm{a}} = 3{,}6$ kPa, und $b = 3{,}7$ wurden aus Gewebecharakterisierungsexperimenten identifiziert.

Wir fügen die beiden Gewebeschichten zusammen, was dann die lastfreie Konfiguration des Gefäßes $\Omega_{0\,\mathrm{ma}}$ bestimmt, eine Konfiguration frei von externer Belastung. Die einzelnen Konfigurationen $\Omega_{0\,\mathrm{m}}$ und $\Omega_{0\,\mathrm{a}}$ haben im Allgemeinen unterschiedliche Abmessungen, was dann zu *Restspannungen* in der lastfreien Konfiguration $\Omega_{0\,\mathrm{ma}}$ führt.

Zur Berechnung der Spannung in den einzelnen Gefäßschichten beginnen wir mit der Beschreibung ihrer Verformungen. Mit den Hauptstreckungen $\lambda_{\theta i}$, λ_{zi}, λ_{ri} in der Media, $i = \mathrm{m}$, und der Adventitia, $i = \mathrm{a}$, entlang der zirkumferenziellen θ, axialen z und radialen r Gefäßrichtungen, drückt $\mathbf{F}_i = \mathrm{Grad}(\boldsymbol{\chi}(\boldsymbol{\chi}_i)) = \mathrm{diag}[\lambda_{\theta i}, \lambda_{zi}, \lambda_{ri}]$ den jeweiligen Deformationsgradienten aus. Die erste Invariante der rechten Cauchy–Green Verzerrung $\mathbf{C}$ lautet dann $I_{1\,i} = \lambda_{\theta\,i}^2 + \lambda_{z\,i}^2 + \lambda_{r\,i}^2$; $i = \mathrm{m}, \mathrm{a}$, und die Verzerrungsenergiefunktionen (5.19), zusammen mit der Beziehung (5.7), ermöglichen es uns, die zirkumferenziellen und axialen Cauchy Spannungen

$$\sigma_{\theta\,i} = \xi_i(\lambda_{\theta\,i}^2 - \lambda_{r\,i}^2),\quad \sigma_{z\,i} = \xi_i(\lambda_{z\,i}^2 - \lambda_{r\,i}^2)\ ;\ \ i = \mathrm{m}, \mathrm{a}\ \ \text{(keine Summation)}\,,$$

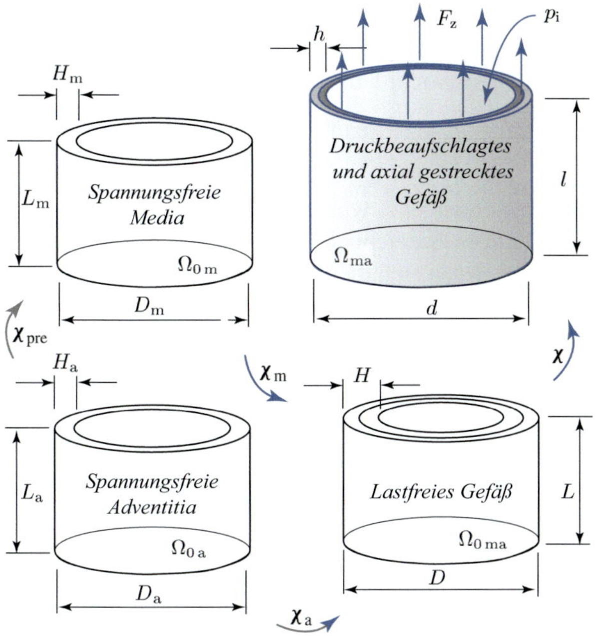

Abb. 5.15 Konfigurationen des zweischichtigen Blutgefäßmodells. Die Bewegungen χ_a und χ_m bilden die spannungsfreien Referenzkonfigurationen der Adventitia und Media auf die lastfreie Konfiguration des Gefäßes ab. Die Bewegung χ bildet das Gefäß auf seine belastete Konfiguration ab, während die Bewegung χ_{pre} die Adventitia verformt, um diese der Geometrie der Media anzupassen

zu bestimmen, wobei die Membranbedingung $\sigma_{r\,a} = \sigma_{r\,m} = 0$ verwendet wurde. Die Abkürzungen $\xi_a = 2bc_a \exp[b(\lambda_{\theta\,a}^2 + \lambda_{r\,a}^2 + \lambda_{z\,a}^2 - 3)]$ und $\xi_m = 2c_m$ wurden ebenfalls eingeführt.

Die kinematische Kompatibilität zwischen Media und Adventitia kann nun verwendet werden. Wir führen daher die Streckungen

$$\lambda_{\theta\,\mathrm{pre}} = D_m/D_a \quad ; \quad \lambda_{z\,\mathrm{pre}} = L_m/L_a \tag{5.20}$$

ein, die die Adventitia verformen, um sich der lastfreien Media $\Omega_{0\,m}$ anzupassen, siehe Abb. 5.15. Die Streckungen in der Adventitia können dann durch

$$\lambda_{\theta\,a} = \lambda_{\theta\,m}\lambda_{\theta\,\mathrm{pre}} \quad ; \quad \lambda_{z\,a} = \lambda_{z\,m}\lambda_{z\,\mathrm{pre}}$$

dargestellt werden. Die Definition $(5.20)_1$ verwendete infinitesimal dünne Gefäßwandschichten, und alternativ kann die zirkumferenzielle Vordehnung auch durch $\lambda_{\theta\,\mathrm{pre}} = (D_m - H_m/2)/(D_a + H_a/2)$ definiert werden. Diese Kinematik berücksichtigt dann endliche Wanddicken der jeweiligen Schichten, eine Verfeinerung, die in diesem Beispiel jedoch nicht weiter betrachtet wird. Die kinematische Beschreibung wird nun durch die Inkompressibilität des Gefäßgewebes abgeschlossen. Sie ermöglicht es uns, die radialen Streckungen jeweils durch $\lambda_{r\,a} = (\lambda_{\theta\,a}\lambda_{z\,a})^{-1}$ und $\lambda_{r\,m} = (\lambda_{\theta\,m}\lambda_{z\,m})^{-1}$ auszudrücken.

Im letzten Schritt betrachten wir die externe Belastung, d.h. den Inflationsdruck p_i und die axiale Spannungsresultierende N_z, welche auf das Gefäßsegment wirken. Das statische Gleichgewicht lautet dann

$$p_\mathrm{i} d = 2(\sigma_{\theta\,\mathrm{a}} h_\mathrm{a} + \sigma_{\theta\,\mathrm{m}} h_\mathrm{m}) \;\; ; \;\; N_z = (\sigma_{\theta\,\mathrm{a}} h_\mathrm{a} + \sigma_{\theta\,\mathrm{m}} h_\mathrm{m}) d\pi \,,$$

wobei $h_\mathrm{m} = H_\mathrm{m}\lambda_{r\,\mathrm{m}}$ und $h_\mathrm{a} = H_\mathrm{a}\lambda_{r\,\mathrm{a}}$ die deformierten Wanddicken der medialen und adventitiellen Schichten sind, während $d = D_\mathrm{m}\lambda_{\theta\,\mathrm{m}} = D_\mathrm{a}\lambda_{\theta\,\mathrm{a}}$ den deformierten Durchmesser des Gefäßes bezeichnet. Mit den geometrischen und konstitutiven Angaben des Problems, lesen sich diese Gleichungen dann

$$\left.\begin{aligned} \frac{p_\mathrm{i}}{\lambda_{\theta\,\mathrm{m}}^4 \lambda_{z\,\mathrm{m}}^3} &= 4316{,}7(\lambda_{\theta\,\mathrm{m}}^4 \lambda_{z\,\mathrm{m}}^2 - 1) + \zeta(3{,}376\lambda_{\theta\,\mathrm{m}}^4 \lambda_{z\,\mathrm{m}}^2 - 8{,}619) \;; \\ \frac{N_z}{\lambda_{\theta\,\mathrm{m}}^2 \lambda_{z\,\mathrm{m}}^3} &= 0{,}976(\lambda_{\theta\,\mathrm{m}}^2 \lambda_{z\,\mathrm{m}}^4 - 1) + 10^{-4}\zeta(7{,}542\lambda_{\theta\,\mathrm{m}}^2 \lambda_{z\,\mathrm{m}}^4 - 19{,}495) \end{aligned}\right\} , \quad (5.21)$$

wobei der Parameter $\zeta = 10^2 \exp[2{,}718\lambda_{\theta\,\mathrm{m}}^2 + 6{,}94(\lambda_{\theta\,\mathrm{m}}\lambda_{z\,\mathrm{m}})^{-2} + 2{,}685\lambda_{z\,\mathrm{m}}^2]$ verwendet wurde. Zusätzlich zur zirkumferenziellen Spannung wirkt der Druck p_i auch in axialer Richtung – ein Inflationsexperiment, das das Gefäß charakterisieren würde, misst daher nicht N_z, sondern die reduzierte axiale Kraft $F = N_z - p_\mathrm{i} d^2\pi/4$.

Abb. 5.16 zeigt die biomechanischen Eigenschaften des Gefäßes, wie sie von (5.21) vorhergesagt werden. Sie stimmen qualitativ mit den experimentellen Beobachtungen überein und veranschaulicht die Nichtlinearität des Aufblasdrucks p_i und der reduzierten axialen Kraft F.

Neben einer Funktion der Umfangs- und axialen Dehnungen ist die Spannung in der Gefäßwand auch in den medialen und adventitiellen Schichten unterschiedlich. Abb. 5.17a zeigt die Umfangsspannung in beiden Schichten während der Druckbeaufschlagung und bei der festgehaltener axialer Streckung $\lambda_{z\,\mathrm{m}} = 1{,}3$. Die progressive Zunahme der Spannung in der Adventitia bei höheren Verformungen ist charakteristisch für Blutgefäße, ein Mechanismus zum Schutz der Media und Intima vor Überdehnung. Die Spannung in der Gefäßwand ist biaxial, und die von Mises Spannung $\sigma_\mathrm{Mises} = \sqrt{\sigma_\theta^2 - \sigma_\theta\sigma_z + \sigma_z^2}$ kann verwendet werden, um den Spannungszustand auszudrücken. Abb. 5.17b zeigt sie in beiden Schichten während der Druckbeaufschlagung und bei $\lambda_{z\,\mathrm{m}} = 1{,}3$, ein Verhalten, das sehr ähnlich den Umfangsspannungs-Durchmessereigenschaften ist.

Im Hinblick auf die Berechnung der Restspannung in der lastfreien Konfiguration des Gefäßes benützen wir den Umstand, dass weder Druck noch axiale Kraft auf $\Omega_{0\,\mathrm{ma}}$ wirken. Die Lösung der Gleichungen (5.21) bei $p_\mathrm{i} = F_z = 0$ bestimmt daher die Restspannung in $\Omega_{0\,\mathrm{ma}}$. Sie führt auf ein System von zwei Gleichungen, deren Lösung durch die Streckungen $\lambda_{\theta\,\mathrm{m}} = 1{,}0836$ und $\lambda_{z\,\mathrm{m}} = 1{,}0863$ der medialen Schicht gegeben ist. Diese Lösung bestimmt den Durchmesser $D = D_\mathrm{m}\lambda_{\theta\,\mathrm{m}} = 13{,}003$ mm, die Länge $L = L_\mathrm{m}\lambda_{z\mathrm{m}} = 24{,}985$ mm, und die Wanddicke $H = H_\mathrm{a}\lambda_{r\,\mathrm{a}} + H_\mathrm{m}\lambda_{r\,\mathrm{a}} = 1{,}176$ mm des Gefäßes in seiner lastfreien Konfiguration $\Omega_{0\,\mathrm{ma}}$.

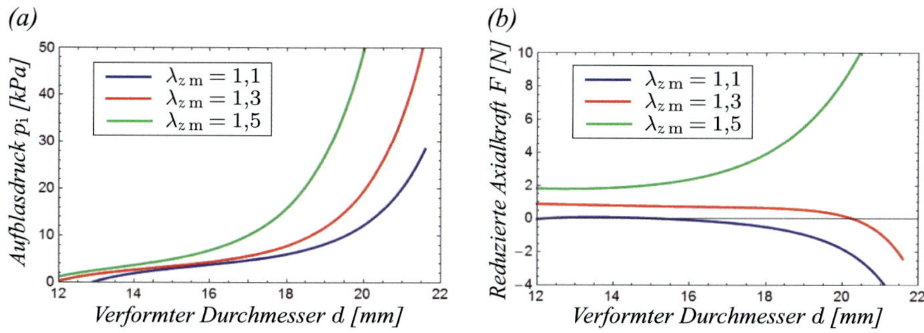

Abb. 5.16 Eigenschaften des zweischichtigen, dünnwandigen Verbundrohrs unter Druckbeaufschlagung und bei festgehaltener axialer Streckung $\lambda_{z\,m}$ der Media. (**a**) Aufblasdruck p_i als Funktion des verformten Gefäßdurchmessers *d*. (**b**) Reduzierte axiale Kraft *F* als Funktion des verformten Gefäßdurchmessers *d*

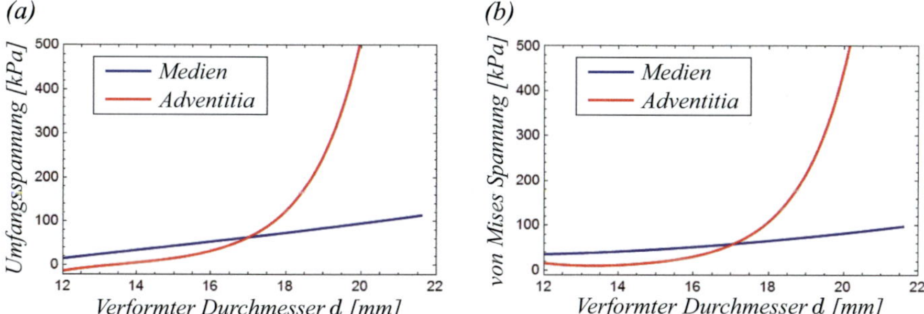

Abb. 5.17 Entwicklung der Spannung in den medialen und adventitiellen Schichten während der Druckbeaufschlagung und bei festgehaltener axialer Streckung $\lambda_{z\,m} = 1{,}3$. (**a**) Umfangsspannung und (**b**) von Mises Spannung als Funktionen des verformten Gefäßdurchmessers *d*

5.5.5 Druckbeaufschlagtes und axial gestrecktes dickwandiges Blutgefäß

Die Dicke der normalen Gefäßwand beträgt ungefähr 10 % ihres Durchmessers, und ein dickwandiges zylindrisches Rohr könnte eine genauere biomechanische Analyse als das zuvor beschriebene Membranmodell darstellen. Wir betrachten nun daher das in Abb. 5.18 gezeigte Aortensegment. Es nimmt die spannungsfreie Referenzkonfiguration Ω_0 ein, wobei $R_i = 10$ mm, $L = 23{,}0$ mm und $H = 2{,}0$ mm jeweils den inneren Radius, die Länge und die Wanddicke bezeichnen. In seiner *in vivo* Konfiguration ist das Gefäß mit den Druck p_i belastet und durch $\lambda_z = l/L$ in seiner axialen Richtung gestreckt, so dass r_i, l und h die räumliche Konfiguration des Gefäßes Ω bestimmen.

Die inkompressible elastische Verformung der Aortenwand kann durch die Yeoh Verzerrungsenergiedichte

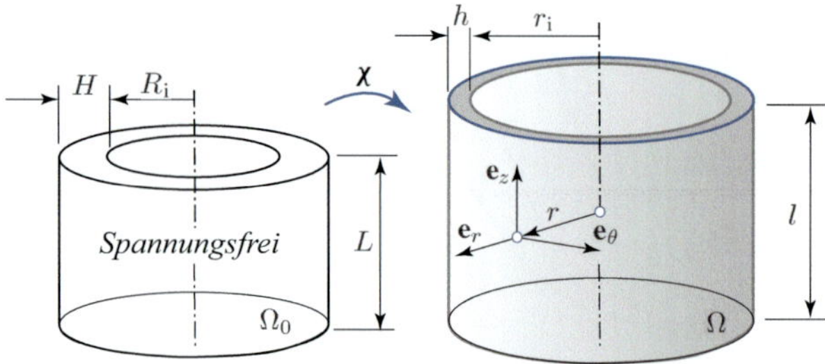

Abb. 5.18 Referenz- (links) und räumliche (rechts) Konfigurationen des dickwandigen Blutgefäßmodells

$$\Psi(\mathbf{C}) = c_1(I_1 - 3) + c_4(I_1 - 3)^4 \tag{5.22}$$

beschrieben werden, wobei $I_1 = \mathrm{tr}\mathbf{C}$ die erste Invariante der rechten Cauchy-Green Verzerrung $\mathbf{C}$ bezeichnet, während $c_1 = 12{,}7$ kPa und $c_4 = 1{,}4$ kPa konstitutive Parameter sind.

Zur Beschreibung der Kinematik dieses Problems führen wir den äußeren Radius $R_\mathrm{o} = R_\mathrm{i} + H$ des spannungsfreien Gefäßes ein und betrachten das Ringsegment, das zwischen dem inneren Radius R_i und dem Radius $R<R_\mathrm{o}$ gebildet wird. Angesichts der Inkompressibilität ist die Verformung durch $L(R^2 - R_\mathrm{i}^2) = l(r^2 - r_\mathrm{i}^2)$ beschrieben, und

$$r = \sqrt{r_\mathrm{i}^2 + (R^2 - R_\mathrm{i}^2)/\lambda_z} \tag{5.23}$$

kennzeichnet dann die radiale Position eines Materialpartikels in der deformierten Gefäßwand.

Die Verzerrungsenergiefunktion (5.22), zusammen mit der Beziehung (5.7) ermöglicht die Bestimmung der Cauchyschen Hauptspannungen $\sigma_i = \overline{\sigma}_i - \kappa;\ i = \theta, z, r$ entlang der Umfangsrichtung θ, axialen Richtung z und radialen Richtung r des Gefäßes. Die Gewebedeformation bestimmt dann die Spannung $\overline{\sigma}_i = 2\lambda_i^2[c_1 + 4c_4(I_1 - 3)^3]$, und die Randbedingungen kennzeichnen den Lagrange-Druck κ.

Die Cauchy-Eulersche Bewegungsgleichung (3.107) in zylindrischen Koordinaten $\{\mathbf{e}_\theta, \mathbf{e}_z, \mathbf{e}_r\}$ bestimmt das statische Gleichgewicht der Gefäßwand. Angesichts des achsensymmetrischen Problems ist die einzige nicht-triviale Komponente der Bewegungsgleichung das Gleichgewicht entlang der radialen Richtungen $\mathbf{e}_r$ und lautet $r\mathrm{d}\sigma_r/\mathrm{d}r = \sigma_\theta - \sigma_r$. Seine Integration unter Einbeziehung der Randbedingungen $\sigma_r(r_\mathrm{i}) = -p_\mathrm{i}$ und $\sigma_r(r_\mathrm{o}) = 0$ ergibt dann

$$p_\mathrm{i} = \int_{r_\mathrm{i}}^{r_\mathrm{o}} \frac{\overline{\sigma}_\theta - \overline{\sigma}_r}{r} \mathrm{d}r\,, \tag{5.24}$$

wobei die Identität $\sigma_\theta - \sigma_r = \overline{\sigma}_\theta - \overline{\sigma}_r$ verwendet wurde, und $r_\text{o} = r_\text{i} + h$ den äußeren Radius des deformierten Gefäßes bezeichnet.

Mit der kinematischen Beziehung (5.23) können wir die Umfangsstreckung durch $\lambda_\theta(r_\text{i}, \lambda_z, R) = r/R = \sqrt{r_\text{i}^2/R^2 + (1 - R_\text{i}^2/R^2)/\lambda_z}$ ausdrücken, und die Inkompressibilität erlaubt die Substitution $\lambda_r(r_\text{i}, \lambda_z, R) = \lambda_z^{-1}\lambda_\theta^{-1}$ der radialen Streckung. Die Spannungen $\overline{\sigma}_\theta$ und $\overline{\sigma}_r$ können daher als Funktionen von r_i, λ_z, und R angeschrieben werden, und das Gleichgewicht (5.24) lautet dann

$$p_\text{i} = \int_{R_\text{i}}^{R_\text{o}} \frac{\overline{\sigma}_\theta(r_\text{i}, \lambda_z, R) - \overline{\sigma}_r(r_\text{i}, \lambda_z, R)}{R} \mathrm{d}R\,,$$

wobei $r = \lambda_r R$ und $\mathrm{d}r = \lambda_r \mathrm{d}R$ verwendet wurden. Bei vorgeschriebener axialer Streckung λ_z und innerem Radius r_i kann dieser Ausdruck integriert werden – zumindest numerisch. Abb. 5.19a zeigt den Aufblasdruck p_i als Funktion des deformierten inneren Radius r_i und bei festgehaltener axialer Streckung λ_z.

Zusätzlich zur Streckung entlang des Umfangs wird das Gefäß auch in axialer Richtung belastet, wobei $N = 2\pi \int_{r_\text{i}}^{r_\text{o}} (\overline{\sigma}_z - \kappa) r \mathrm{d}r$ die axiale Spannungsresultierende bezeichnet. Angesichts der Beziehung $\kappa(\xi) = \overline{\sigma}_r(\xi) - \sigma_r(\xi)$ für den Lagrange-Druckbeitrag an der radialen Position ξ, und der Substitution $\sigma_r(\xi) = -p_\text{i} - \int_{r_\text{i}}^{\xi} (\overline{\sigma}_\theta - \overline{\sigma}_r)/r \mathrm{d}r = \int_{r_\text{o}}^{\xi} (\overline{\sigma}_\theta - \overline{\sigma}_r)/r \mathrm{d}r$ der radialen Spannung, ergibt sich die axiale Spannungsresultierende zu

$$\begin{aligned} N &= 2\pi \int_{r_\text{i}}^{r_\text{o}} \left(\overline{\sigma}_z - \overline{\sigma}_r + \int_{r_\text{o}}^{\xi} \frac{\overline{\sigma}_\theta - \overline{\sigma}_r}{r} \mathrm{d}r \right) \xi \mathrm{d}\xi \\ &= 2\pi \int_{r_\text{i}}^{r_\text{o}} (\overline{\sigma}_z - \overline{\sigma}_r) r \mathrm{d}r + 2\pi \int_{r_\text{i}}^{r_\text{o}} \int_{r_\text{o}}^{\xi} \frac{\overline{\sigma}_\theta - \overline{\sigma}_r}{r} \mathrm{d}r \xi \mathrm{d}\xi\,. \end{aligned}$$

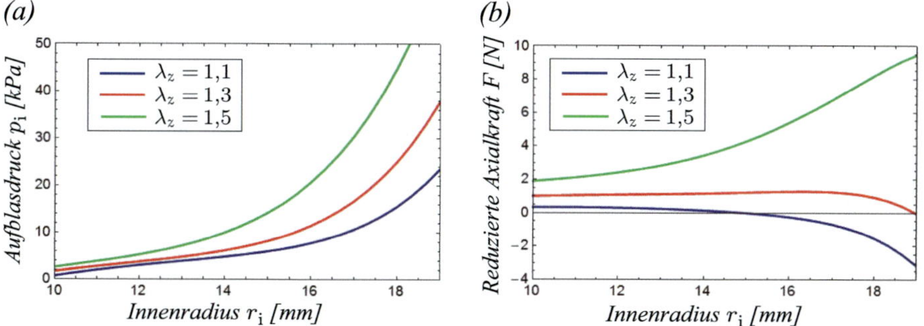

Abb. 5.19 Eigenschaften des druckbeaufschlagten dickwandigen Rohrs bei festgehaltener axialer Streckung λ_z. (**a**) Aufblasdruck p_i als Funktion des deformierten inneren Radius r_i. (**b**) Reduzierte axiale Kraft F als Funktion des deformierten inneren Radius r_i

Die Umkehrung der Integrationsreihenfolge des zweiten Integrals ergibt

$$
\begin{aligned}
N &= 2\pi \int_{r_\text{i}}^{r_\text{o}} (\overline{\sigma}_z - \overline{\sigma}_r) r \text{d}r + 2\pi \int_{r_\text{i}}^{r_\text{o}} \frac{\overline{\sigma}_\theta - \overline{\sigma}_r}{r} \int_{r_\text{i}}^{r} \xi \text{d}\xi \text{d}r \\
&= 2\pi \int_{r_\text{i}}^{r_\text{o}} (\overline{\sigma}_z - \overline{\sigma}_r) r \text{d}r - 2\pi \int_{r_\text{i}}^{r_\text{o}} \frac{\overline{\sigma}_\theta - \overline{\sigma}_r}{r} \left(\frac{r^2}{2} - \frac{r_\text{i}^2}{2} \right) \text{d}r \\
&= \pi \int_{r_\text{i}}^{r_\text{o}} (2\overline{\sigma}_z - \overline{\sigma}_r - \overline{\sigma}_\theta) r \text{d}r + \pi r_\text{i}^2 \underbrace{\int_{r_\text{i}}^{r_\text{o}} \frac{\overline{\sigma}_\theta - \overline{\sigma}_r}{r} \text{d}r}_{0+p_\text{i}} ,
\end{aligned}
$$

und

$$
F = N - p_\text{i} r_\text{i}^2 \pi = \pi \int_{r_\text{i}}^{r_\text{o}} (2\overline{\sigma}_z - \overline{\sigma}_r - \overline{\sigma}_\theta) r \text{d}r \tag{5.25}
$$

drückt dann die reduzierte axiale Kraft aus. Es ist eine Funktion der Spannungen $\overline{\sigma}_z, \overline{\sigma}_r, \overline{\sigma}_\theta$ und unabhängig vom Lagrange-Druck κ.

Wie beim Inflationsdruck p_i, kann die reduzierte axiale Kraft (5.25) als Funktion von r_i, λ_z und R ausgedrückt werden, und diese liest sich dann

$$
F = \pi \int_{R_\text{i}}^{R_\text{o}} \left[2\overline{\sigma}_z(r_\text{i}, \lambda_z, R) - \overline{\sigma}_r(r_\text{i}, \lambda_z, R) - \overline{\sigma}_\theta(r_\text{i}, \lambda_z, R) \right] R \lambda_r^2(r_\text{i}, R) \text{d}R ,
$$

wobei $r = \lambda_r R$ und $\text{d}r = \lambda_r \text{d}R$ verwendet wurden. Bei vorgeschriebener axialer Streckung λ_z und innerem Radius r_i, kann dieser Ausdruck integriert werden. Abb. 5.19b zeigt die Entwicklung der reduzierten axialen Kraft F während der Druckbeaufschlagung und bei bei festgehaltener axialer Streckung λ_z.

Während der vorgestellte Ansatz die Berechnung des Gefäßdurchmessers und der reduzierten axialen Kraft erlaubt, bleibt der Lagrange-Druck κ unbekannt – die Spannung in der Gefäßwand kann daher nicht bestimmt werden. Eine Diskretisierungsmethode, wie die in Abschn. 7.6.4 verwendete oder die in Kap. 4 diskutierte FEM, ist daher erforderlich, um die Spannung in der Gefäßwand zu berechnen.

5.5.5.1 Anisotrope Modelle

Die Gefäßwand ist anisotrop, eine Eigenschaft, die durch *anisotrope* hyperelastische Modelle erfasst werden kann. Solche Modelle werden oft in Bezug auf die *Hauptmaterialrichtungen* formuliert und somit innerhalb der Umfangsrichtung $\mathbf{e}_\theta$, der axialen Richtung $\mathbf{e}_z$ und der radialen Richtung $\mathbf{e}_r$ der Referenzkonfiguration des Gefäßes Ω_0. Das *Fung-Typ* Modell [184] ist eine solche Beschreibung und drückt die Verzerrungsenergie

$$
\Psi(\mathbf{E}, \mathbf{e}_\theta, \mathbf{e}_z, \mathbf{e}_r) = c_0[\exp(Q) - 1] \tag{5.26}
$$

als Funktion der Green-Lagrange Verzerrung $\mathbf{E} = (\mathbf{C} - \mathbf{I})/2$ aus, wobei

$$Q = c_1 E_{\theta\theta}^2 + c_2 E_{zz}^2 + c_3 E_{rr}^2 + c_4 E_{\theta\theta} E_{zz} + c_5 E_{zz} E_{rr} + c_6 E_{rr} E_{\theta\theta} + c_7 E_{\theta z}^2 + c_8 E_{rz}^2 + c_9 E_{r\theta}^2 \tag{5.28}$$

einen dehnungsabhängigen Skalar bezeichnet. Es ist eine Funktion der Komponenten der Green-Lagrange Verzerrung $E_{ij} = \mathbf{e}_i \cdot (\mathbf{E}\mathbf{e}_j)$; $i, j = \theta, z, r$ in Bezug auf Umfangs-, Axial- und Radialrichtung des Gefäßes. Das Modell verwendet die Materialparameter c_0 [Pa] und c_i; $i = 1, \ldots, 9$ und wird häufig in der Gefäßbiomechanik verwendet, wie beispielsweise für die Beschreibung der Aorta [185]. Für die Definition einer streng konvexen Verzerrungsenergie muss der Materialparameter c_0 positiv sein und die Parameter c_i; $i = 1, \ldots, 9$ können nicht voneinander unabhängig sein [186], siehe Abschn. 5.6.2.2.

Eine Klasse von Modellen drückt die Verzerrungsenergie in Bezug auf die Membran-Verzerrungskomponenten $E_{\theta\theta}$, E_{zz} und $E_{\theta z}$ aus. Während solche Modelle für eine *Membrananalyse* der Gefäßwand verwendet werden können, unterstützen sie jedoch keine allgemeine 3D-Spannungsanalyse, siehe Abschn. 4.2.1 in [187]. Das Hayashi-Typ Modell [188] ist eine solche Beschreibung und verwendet die Verzerrungsenergie

$$\Psi(\mathbf{E}, \mathbf{e}_\theta, \mathbf{e}_z) = c_0[\ln(1 - Q)]\,, \tag{5.29}$$

wobei der Skalar $Q = c_1 E_{\theta\theta}^2/2 + c_2 E_{zz}^2/2 + c_3 E_{\theta\theta} E_{zz}$ eine Funktion der Membran-Verzerrungskomponenten ist. Das Modell verwendet die Materialparameter c_0 [Pa] und c_i; $i = 1, 2, 3$, und es wurde beispielsweise zur Beschreibung der Karotisarterie des Hundes verwendet [188].

Ein weiteres Modell [189], auch beschränkt auf eine Membrananalyse der Gefäßwand, verwendet die Verzerrungsenergie

$$\Psi(\mathbf{E}, \mathbf{e}_\theta, \mathbf{e}_z) = c_0 \left[\exp[c_1 E_{\theta\theta}^2] + \exp(c_2 E_{zz}^2) + \exp(c_3 E_{\theta\theta} E_{zz}) - 3\right] \tag{5.30}$$

mit den Materialparametern c_0 [Pa] und c_i; $i = 1, 2, 3$. Es wurde beispielsweise zur Beschreibung der normalen und aneurysmatischen Aorta verwendet [61].

Die in diesem Abschnitt diskutierten Modelle zeichnen sich alle durch einen hohen Grad an Phänomenologie aus; sie sind im Wesentlichen *ad hoc* Annahmen mathematischer Funktionen. Viele weitere solche Modelle für die Gefäßwand sind bekannt, siehe unter anderem [176, 190–193].

5.5.6 Histo-mechanische Beschreibungen

Die passiven Eigenschaften der Gefäßwand können als Überlagerung der mechanischen Reaktionen von *Kollagen* und *Elastin* gesehen werden [187, 194–196]. Diese Annahme wird durch Ergebnisse aus der selektiven Zersetzung dieser strukturellen Proteine unterstützt [35, 55], Experimente, die auch darauf hindeuten, dass Elastin und Kollagen jeweils die mechanischen Eigenschaften der Wand unabhängig voneinander bei kleinen und großen Verformungen bestimmen. Kollagen und Elastin können daher durch *separate* Terme in der Verzerrungsenergiefunktion Ψ repräsentiert werden.

Angesichts der faserigen Struktur der Gefäßwand folgen eine Reihe von Modellierungskonzepten der Beschreibung eines *faserverstärkten Verbundwerkstoffs*. Die Fasern sind in N Faser-familien angeordnet, die ihrerseits in ein isotropes Matrixmaterial eingebettet sind. Die Fasern innerhalb der i-ten Familie sind parallel zueinander, und ihre Ausrichtung in der Referenzkonfiguration der Gefäßwand wird durch den Einheitsrichtungsvektor $\mathbf{a}_{0\,i}$ bestimmt. Ein Beispiel ist das HGO Modell [197] und durch die Verzerrungsenergie

$$\Psi(\mathbf{C}, \mathbf{a}_{0\,i}) = c_0(I_1 - 3) + \sum_{i=1}^{N} c_{1\,i}\{\exp[c_{2\,i}(I_{4\,i} - 1)^2] - 1\} \tag{5.31}$$

gekennzeichnet, wobei der neo-Hooke Parameter c_0 [Pa] die Eigenschaften des Matrixmaterials widerspiegelt, während die Parameter $c_{1\,i}$ [Pa] und $c_{2\,i}$; $i = 1, \ldots, N$ die i-te Faserfamilie kennzeichnen. Die Matrixverformung wird durch die erste Invariante $I_1 = \mathrm{tr}\mathbf{C}$ erfasst, während die Faserverformung durch die vierte Invariante $I_4 = \mathbf{C} : \mathbf{A}_\mathrm{i} = \lambda_\mathrm{a}^2$ bestimmt ist, wo $\mathbf{A}_i = \mathbf{a}_{0\,i} \otimes \mathbf{a}_{0\,i}$ den *Strukturtensor* bezeichnet und damit die Anordnung der i-ten Faserfamilie kennzeichnet. Das Modell wurde häufig in der Beschreibung von Blutgefäßen verwendet, wie beispielsweise der normalen und aneurysmatischen Aorta, jeweils modelliert mit $N = 2$ [185, 198, 199] und $N = 4$ [200, 201] Faserfamilien. Weitere Beschreibungen der Aorta und einer Reihe anderer Arterien verwendete ebenfalls $N = 4$ Faserfamilien [85, 202].

Das HGO Modell verwendet die Exponentialfunktion zur phänomenologischen Beschreibung der graduellen mechanischen Aktivierung von Kollagenfasern bei zunehmender Gewebedehnung – es erfasst damit die *progressive Versteifung* der Gefäßwand. Eine modifizierte Version des Modells verwendete einen polynominalen Term 6-ter Ordnung [203], so dass sich die Verzerrungsenergie zu

$$\Psi(\mathbf{C}, \mathbf{a}_{0\,i}) = c_0(I_1 - 3) + \sum_{i=1}^{2} c_1(I_{4\,i} - 1)^6 \tag{5.32}$$

ergibt, und die Materialparameter c_0, c_1 [Pa] jeweils die Matrix und die Fasern beschreiben. Das Modell wurde zur biomechanischen Beschreibung der Aorta verwendet [61, 203].

Eine weitere Modifikation des HGO Modells ersetzte die neo-Hooke-basierte Beschreibung der Matrix durch eine Exponentialfunktion [182]. Die Verzerrungsenergie lautet dann

$$\Psi(\mathbf{C}, \mathbf{a}_{0\,i}) = c_0\{\exp[c_1(I_1 - 3)] - 1\} + c_2\{\exp[c_3(I_4 - 1)] - 1\}\,, \tag{5.33}$$

wobei c_0, c_2 [Pa] und c_1, c_3 Materialparameter kennzeichnen. Das Modell wurde ebenfalls verwendet, um die Mechanik von Gefäßen, wie der Aorta [182], zu beschreiben.

Ein weiteres Modell schlug die Verzerrungsenergie [204]

$$\Psi(\mathbf{C}, \mathbf{a}_{0\,i}) = c_0(I_1 - 3) + \sum_{i=1}^{2} c_1[\exp(Q) - 1] \tag{5.34}$$

vor, mit $Q = c_2[c_3(I_{4\,i} - c_4)^2 + (1 - c_3)(I_1 - 3)^2]$. Das Modell führte die Materialparameter c_0, c_1 [Pa] und c_i; $i = 2, \ldots, 4$ ein und wurde ebenfalls verwendet, um die Aorta zu beschreiben [61, 204, 205].

Die Ausrichtung der Kollagenfasern in der Gefäßwand, insbesondere in der Adventitia, ist gestreut [206–208], siehe beispielsweise experimentelle Daten der normalen [209] und aneurysmatischen [11] Aorta. Die grundlegende Annahme von zwei (oder mehr) Familien von parallel ausgerichteten Kollagenfasern scheint daher unrealistisch [206] und führte zur Entwicklung des GOH Modells. Es stellt eine effiziente Möglichkeit dar, die Verteilung (Streuung) der Faserorientierungen in der Beschreibung der Verzerrungsenergiefunktion einzubeziehen [21]. Für ein faserverstärktes Verbundmaterial mit N Familien von (gestreuten) Fasern, schlägt das GOH Modell die Verzerrungsenergie

$$\Psi(\mathbf{C}, \mathbf{a}_{0\,i}, \kappa_i) = c_0(I_1 - 3) + \sum_{i=1}^{N} c_1[\exp(c_2 E_i^2) - 1] \tag{5.35}$$

vor, wobei der neo-Hooke Parameter c_0 [Pa] die Matrix beschreibt, während c_1 [Pa] und c_2 die Eigenschaften der Kollagenfasern kennzeichnet. Das Modell betrachtet alle Kollagenfasern innerhalb der i-ten (gestreuten) Faserfamilie als *homogen-deformiert*. Die Dehnung $E_i = \mathbf{H}_i{:}\mathbf{C} - 1$ kennzeichnet diese Verformung, wobei $\mathbf{H}_i = \kappa_i \mathbf{I} + (1 - 3\kappa_i)(\mathbf{a}_{0\,i} \otimes \mathbf{a}_{0\,i})$ einen *allgemeinen Strukturtensor* bezeichnet. Dieser Tensor beschreibt die Struktur der i-ten Faserfamilie unter der Annahme von transversal-isotroper Verteilung der Orientierung der Fasern innerhalb dieser Familie. Die i-te Familie von Kollagenfasern wird dann durch ihre *mittlere Ausrichtung* $\mathbf{a}_{0\,i}$ und ihre *Verteilung* κ_i, d.h. wie stark die Fasern um die mittlere Ausrichtung $\mathbf{a}_{0\,i}$ gestreut sind, erfasst. Das Modell wird häufig verwendet, wie beispielsweise in der Beschreibung der Aorta [210] und des nicht erkrankten Gewebes von Karotidenplaques [179].

Kollagenfasern können nur dann zur Wandspannung beitragen, wenn diese unter Zugspannung stehen, und eine Verzerrungsenergiefunktion sollte daher Fasern unter axialer Kompression nicht berücksichtigen. Angesichts der zuvor genannten konstitutiven Beschreibung von gestreuten Fasern ist der Ausschluss einzelner Fasern herausfordernd und verschiedene Kriterien [21, 211] wurden vorgeschlagen, um axial komprimierte Fasern zu vernachlässigen.

Unter der Verwendung der Wahrscheinlichkeitsdichtefunktion (PDF) $\rho(\mathbf{M})$ der Faserorientierung kann der allgemeine Strukturtensor durch Integration [21]

$$\mathbf{H} = \frac{1}{2\pi} \int_{-\frac{\pi}{2}}^{\frac{\pi}{2}} \int_{-\frac{\pi}{2}}^{\frac{\pi}{2}} \rho(\mathbf{M}) \mathbf{M} \otimes \mathbf{M} \cos\phi \, \mathrm{d}\theta \, \mathrm{d}\phi \tag{5.36}$$

über die Hemisphäre berechnet werden, und ermöglicht dann die Anwendung des Modells (5.35) auf jede beliebige Faserorientierungsverteilung $\rho(\mathbf{M})$. Der Faktor $1/(2\pi)$ in (5.36) normalisiert $\mathbf{H}$ über die Hemisphäre, und $\mathbf{M} = [\cos\phi\cos\theta \;\; \cos\phi\sin\theta \;\; \sin\phi]$ bezeichnet eine beliebige Ausrichtung in der

Referenzkonfiguration Ω_0, ausgedrückt durch den Horizontalwinkel (Azimut) θ und den Vertikalwinkel (Altitude) ϕ.

Das Kollagen in der Gefäßwand wird kontinuierlich umgebaut, d.h. synthetisiert und abgebaut. Die Annahme von homogen verformten Fasern innerhalb der i-ten Faserfamilie, wie sie vom GOH Modell gemacht wird, spiegelt daher angemessen *in vivo* (physiologische) Gefäßwandbedingungen wider, während bei vielen anderen Belastungsfällen die Kollagenfasern möglicherweise nicht homogen verformt werden.

5.5.7 Allgemeine Theorie des faserigen Bindegewebes

Die Eigenschaften der Gefäßwand können auch durch die *allgemeine Theorie des faserigen Bindegewebes* [212] ausgedrückt werden. Die Spannung in der Wand ist dann die Überlagerung von nicht interagierenden Fasern, deren Orientierungen durch $\rho(\mathbf{M})$ erfasst werden, eine PDF, die ihre Ausrichtung innerhalb der Gefäßwand bestimmt. Die Cauchy Spannung in der Gefäßwand lautet daher

$$\boldsymbol{\sigma} = \frac{1}{2\pi} \int_{\phi=-\pi/2}^{\pi/2} \int_{\theta=-\pi/2}^{\pi/2} \rho(\mathbf{M})\sigma(\lambda)\mathrm{dev}(\mathbf{m} \otimes \mathbf{m}) \cos\phi \mathrm{d}\phi \mathrm{d}\theta - p\mathbf{I} \,, \quad (5.37)$$

wobei $\mathbf{m} = \mathbf{FM}$ das Push-Forward der referenziellen Faserrichtung $\mathbf{M}$ mit $|\mathbf{M}| = 1$ bezeichnet, und $\mathrm{dev}(\bullet) = (\bullet) - \mathrm{tr}(\bullet)\mathbf{I}/3$ der räumliche Deviatoroperator ist. Hier drückt $\sigma(\lambda)$ die Cauchy Spannung in einer Faser als Funktion der Faserstreckung λ aus. Es handelt sich um ein 1D konstitutives Modell und erleichtert daher die Beschreibung der detaillierten Lastübertragungsmechanismen auf der Faserebene. Der hydrostatische Druck p wirkt auf die Identität $\mathbf{I}$ und dient als Lagrange Parameter zur Umsetzung der Inkompressibilität.

5.5.7.1 Kollagenfasermodelle

Die Kollagenfasern in der unbelasteten Gefäßwand sind gewellt und werden dann bei Belastung *allmählich mechanisch aktiviert (rekrutiert)*, ein Mechanismus, der die starke Versteifung des Gefäßgewebes bei zunehmender Dehnung kennzeichnet. Während die zuvor genannten Verzerrungsenergiefunktionen eine phänomenologische Beschreibung dieses Mechanismus implementierten, können wir auch explizit die *Statistik* der Rekrutierung von Kollagenfasern modellieren.

Vor fast 40 Jahren wurde bereits ein Gewebemodell auf der Basis von gewellten Kollagenfasern, die sich während der Belastung rekrutieren, dokumentiert [213]. Das Modell drückte die Gewebespannung durch

$$\sigma(\varepsilon) = c_0 \int_{-\infty}^{\varepsilon} (\varepsilon - x)\rho(x)\mathrm{d}x \quad (5.38)$$

aus, wobei c_0 [Pa] die Steifigkeit der einzelnen Kollagenfasern bezeichnet. Die Rekrutierungs-PDF $\rho(\varepsilon)$ bestimmt die Menge an Kollagenfasern, die sich bei ε, der Normalkomponente der Gewebedehnung in Richtung der Faser, *mechanisch rekrutieren.*

Verschiedene Rekrutierungs-PDF $\rho(x)$ wurden verwendet, um die Mechanik der Gefäßwand auf der Basis von (5.38) zu modellieren. Die Cauchy-Lorentz[3] PDF

$$\rho(x) = \frac{c_1}{\{2\pi[c_1^2/4 + (x - c_2)^2]\}}$$

wurde beispielsweise vorgeschlagen, um die Rekrutierung der Kollagenfasern in der Aorta zu beschreiben [214], während die log-logistische PDF

$$\rho(x) = \begin{cases} \frac{c_1(x-c_3/c_2)^{c_1-1}}{c_2[1+(x-c_3/c_2)^{c_2}]^2} & ; \quad x \leq c_3 \, , \\ 0 & ; \quad x > c_3 \, , \end{cases}$$

zur Beschreibung der Karotidenwand angewendet wurde [185]. Angesichts dieser PDF sind c_1, c_2, c_3 dimensionslose Parameter, die das Rekrutieren von Kollagenfasern beschreiben. Darüber hinaus wurde auch von einer dreieckigen Rekrutierungs-PDF

$$\rho(x) = \begin{cases} 0 & ; \quad 0 < x \leq c_1 \, , \\ \frac{2(x-c_1)}{(c_2-c_1)[(c_1+c_2)/2-c_1]} & ; \quad c_1 \leq x \leq \frac{c_2+c_1}{2} \, , \\ \frac{2(c_2-x)}{(c_2-c_1)[c_2-(c_1+c_2)/2]} & ; \quad \frac{c_2+c_1}{2} \leq x \leq c_2 \, , \\ 0 & ; \quad c_2 < x < \infty \, , \end{cases} \tag{5.39}$$

berichtet, wobei c_1 und c_2 den Beginn und das Ende der dreieckigen PDF bezeichnen [215]. Zusätzlich zur symmetrischen dreieckigen Verteilung (5.39) wurde auch die allgemeine und somit unsymmetrische dreieckige Verteilung verwendet, um experimentelle Daten genauer darzustellen [135].

Die meisten Modelle zur Einbindung von Kollagenfasern gehen davon aus, dass die Fasern einer *affinen* Transformation folgen. Die Gewebestreckung $\sqrt{\mathbf{C} : (\mathbf{M} \otimes \mathbf{M})}$ entlang $\mathbf{M}$ entspricht dann der Faserstreckung λ. Hierbei ist $\mathbf{C}$ die rechte Cauchy-Green Verzerrung und $\mathbf{M}$ bezeichnet den Einheitsrichtungsvektor der Faser in der Referenzkonfiguration Ω_0. Ist die PDF $\rho(x)$ gegeben, bestimmt die kumulative Dichtefunktion (CDF) $\Upsilon(\lambda) = \int_{-\infty}^{\lambda} \rho(x)\mathrm{d}x$ die Menge der Kollagenfasern, die bei λ rekrutiert sind und daher alle lasttragenden Fasern. Wir können die Gesamtstreckung $\lambda = \lambda_e \lambda_s$ einer Kollagenfaser zerlegen. Die Streckung λ_s bezeichnet dabei die notwendige Gewebedeformation um die Faser auszurichten (*gerade zu machen*) und bestimmt dabei ihre jeweilige *Zwischenkonfiguration*. Im Gegensatz dazu bezeichnet die Streckung λ_e die elastische Verformung der Faser in Bezug auf diese Zwischenkonfiguration, siehe Abb. 5.20.

Zusätzlich zur kinematischen Beschreibung ist ein konstitutives Modell der Fasern erforderlich, um das System der beschreibenden Gleichungen zu vervollständigen. Die Beschreibung der ersten Piola-Kirchhoff Spannung in Bezug auf die *Zwischenkonfiguration* der Faser ist dabei ein gängiger Ansatz, um ein solches

[3] Hendrik Antoon Lorentz, niederländischer Physiker, 1853–1928.

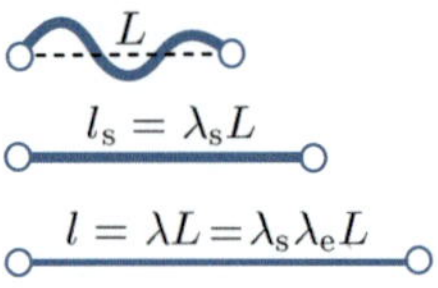

Referenzkonfiguration L

Zwischenkonfiguration $l_s = \lambda_s L$

Räumliche Konfiguration $l = \lambda L = \lambda_s \lambda_e L$

Abb. 5.20 Unterschiedliche Konfigurationen während des Streckens einer gewellten Faser. In der Referenzkonfiguration hat die Faser die Länge L, während l_s die ausgestreckte, aber noch unbelastete Faser bezeichnet

Modell zu formulieren [216]. Ein solches Modell sollte auch unabhängig von den Zwischenkonfigurationen der Fasern sein – es vermeidet dann die Betrachtung der unendlich großen Anzahl von Zwischenkonfigurationen während der Deformation einer Faser. Unter diesen Bedingungen ist die erste Piola-Kirchhoff Spannung $T = c_0 \log \lambda_e$ die einzige mögliche Funktion zur Beschreibung der Faser [216], wobei c_0 [Pa] die Fasersteifigkeit bezeichnet. Mit der kinematischen Beziehung $\lambda = \lambda_e \lambda_s$ liefert das Modell das Differential

$$\frac{dT}{d\lambda} = \frac{c_0}{\lambda_s}\frac{d\lambda_s}{d\lambda} = \frac{c_0}{\lambda} \tag{5.40}$$

das dann tatsächlich unabhängig von der Zwischenkonfiguration der Faser, und somit von der Dehnung λ_s ist. Der Ausdruck

$$P(\lambda) = c_0 \int_{-\infty}^{\lambda} \frac{\Upsilon(x)}{x} dx \tag{5.41}$$

bestimmt dann die erste Piola-Kirchhoff Spannung und somit die Summe aus allen beteiligten Fasern, wobei $\Upsilon(x)$ die CDF von $\rho(x)$ bezeichnet.

Der Ausdruck (5.41) kann integriert werden, und die Anwendung der ersten Piola-Transformation für inkompressible Festkörper $\sigma = \lambda P$ bestimmt dann die geschlossene Lösung der Cauchy Spannung

$$\sigma(\lambda) = \begin{cases} 0 & ; \ \lambda \le c_1 \,, \\ \frac{2c_0(\lambda-c_1)^3}{3(c_2-c_1)^2} & ; \ c_1 < \lambda \le \frac{c_2+c_1}{2} \,, \\ \frac{c_0(\lambda-c_1)(c_1^2-3c_2^2-2c_1\lambda+6c_2\lambda-2\lambda^2)}{3\lambda(c_2-c_1)^2} & ; \ \frac{c_2+c_1}{2} < \lambda \le c_2 \,, \\ c_0(\lambda - c_1) & ; \ c_2 < \lambda \le \infty \,, \end{cases} \tag{5.42}$$

wobei c_0 [Pa] und c_1, c_2 Parameter sind. Leicht unterschiedliche Annahmen wurden anderswo verwendet [215], und das dargestellte Modell wurde auf Aortenwandgewebe kalibriert [11, 206, 215, 217].

Während des Herzzyklus dehnt sich die Arterienwand in ihren Umfangs- und Axialrichtungen unterschiedlich stark. Die Kollagenfasern entlang dieser Richtungen werden dann unterschiedlichen Dehnungen ausgesetzt und entwickeln sich in Richtung unterschiedlicher homöostatischer Konfigurationen. Ein weiteres Modell

[11] berücksichtigte daher orientierungsabhängige Kollagenfasereigenschaften und schlug

$$\sigma(\lambda) = \begin{cases} 0 & ; \ \lambda \leq 1\,, \\ 2c_0\lambda(1 + c_1 \sin\theta)(\lambda^2 - 1)\exp[c_2(\lambda^2 - 1)] & ; \ 1 < \lambda \leq \infty\,, \end{cases} \tag{5.43}$$

vor, wobei c_0 [Pa] und c_1, c_2 Materialparameter bezeichnen. Der Winkel zwischen der Faserorientierung und der Umfangsrichtung des Gefäßes wird hier durch θ bezeichnet, und das Modell wurde kalibriert, um die aneurysmatische Aorta zu beschreiben [11].

Ein weiteres Modell [208] berücksichtigte

$$\sigma(\lambda) = \begin{cases} 0 & ; \ \lambda \leq c_0\,, \\ c_1(\lambda - c_0) & ; \ c_0 < \lambda \leq \infty \end{cases} \tag{5.44}$$

als Cauchy Spannung, einer durch λ gestreckten Kollagenfaser. Die Materialparameter werden hier durch c_0 [Pa] und c_1 bezeichnet, und das Modell wurde an die Aortenwand [218, 219] kalibriert. Es wurden viele weitere Modelle zur Beschreibung von Kollagenfasern vorgeschlagen, auch um deren komplexen zeitabhängigen Eigenschaften zu erfassen [217].

5.5.7.2 Beschreibung der Ausrichtungen von Kollagenfasern

Die Ausrichtung der Kollagenfasern in der Gefäßwand, insbesondere in der Adventitia, ist durch *Variabilität* gekennzeichnet. Eine strukturelle Eigenschaft, die einen bemerkenswerten Effekt auf die makroskopischen mechanischen Eigenschaften der Gefäßwand hat [21]. Die Verteilung der Kollagenfasern kann durch eine Orientierungs-PDF $\rho(\mathbf{M}(\phi,\, \theta))$ beschrieben werden, wo $\rho \cos\phi \;\mathrm{d}\theta\mathrm{d}\phi$ die normalisierte Menge an Kollagenfasern bestimmt, die innerhalb des infinitesimal kleinen Sektors $\{[\phi,\, \phi + \mathrm{d}\phi],\; [\theta,\, \theta + \mathrm{d}\theta]\}$ hindurch geht, siehe Abb. 5.21. Der Vertikalwinkel (Altitude) und der Horizontalwinkel (Azimut) werden jeweils durch ϕ und θ bezeichnet. Da die Orientierungs-PDF *normalisiert* ist, ergibt die Integration über alle möglichen Richtungen $\mathbf{M}(\phi,\, \theta)$ dann die Oberfläche der Einheitshalbkugel, und damit

$$\int_{-\pi}^{\pi} \int_{-\pi/2}^{\pi/2} \rho(\mathbf{M}) \cos\phi \mathrm{d}\theta \mathrm{d}\phi = 2\pi\,. \tag{5.45}$$

Die Orientierungs-PDF $\rho(\mathbf{M})$ ermöglicht es uns, den allgemeinen Strukturtensor $\mathbf{H}$ (5.36) des GOH Modells (5.35) zu berechnen, oder sie kann direkt in die Spannungsberechnungen gemäß der allgemeinen Theorie der faserigen Bindegewebe (5.37) einbezogen werden. Während $\rho(\mathbf{M})$ grundsätzlich zwischen experimentellen Datenpunkten interpoliert werden könnte [171, 208], sind solche Daten oft verrauscht und nur spärlich vorhanden. Die Orientierungsdaten des Kollagens werden daher üblicherweise durch eine statistische (analytische) PDF dargestellt, die dann an die experimentellen Datenpunkte kalibriert wird.

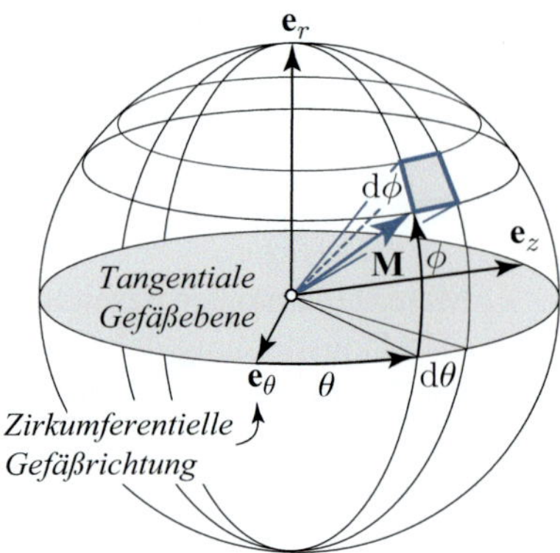

Abb. 5.21 Faserausrichtung in der Gefäßwand. Die Basisvektoren $\mathbf{e}_\theta$, $\mathbf{e}_z$, $\mathbf{e}_r$ bezeichnen die Umfangs-, Achsen- und Radialrichtungen der Gefäßwand. Die Tangentialebene wird durch die Umfangs- $\mathbf{e}_\theta$ und Achsenrichtungen $\mathbf{e}_z$ des Gefäßes gebildet. Der Vertikalwinkel (Altitude) ϕ und der Horizontalwinkel (Azimut) θ bestimmen die Faserrichtung $\mathbf{M}$ in der Gefäßwand. Der infinitesimal kleine Sektor $\{[\phi, \phi + \mathrm{d}\phi], [\theta, \theta + \mathrm{d}\theta]\}$ wird verwendet, um die Orientierungs-Wahrscheinlichkeitsdichtefunktion (Orientierungs-PDF) $\rho(\mathbf{M})$ der Fasern zu definieren

Angesichts der Tatsache, dass die Orientierungen der Kollagenfasern oft transversal-isotrop um die zirkumferenzielle Richtung $\mathbf{e}_\theta$ verteilt sind, kann die Orientierungs-PDF

$$\rho(\mathbf{M}) = \rho(\theta) = \overline{c}\exp[c_0 \cos(2\theta)] \tag{5.46}$$

zur Beschreibung der Gewebestruktur verwendet werden. Hier bezeichnet c_0 einen dimensionslosen Verteilungsparameter, während $\overline{c}$ ein dimensionsloser Normalisierungsparameter ist und die Bedingung (5.45) sicherstellt. Die transversal isotrope Verteilung von Kollagenfasern in der Gefäßwand ist durch einige ältere experimentelle Daten gerechtfertigt [209], und die PDF (5.46) wurde verwendet, um die Kollagenverteilung in der Aorta zu beschreiben [207].

Neuere experimentelle Daten [11, 207] deuten auf eine komplexere Orientierungsverteilung der Kollagenfasern in der Gefäßwand hin. Kollagenfasern zeigen eine höhere Streuung in der Tangentialebene als senkrecht dazu – die Streuung des Horizontalwinkels θ ist dann höher als die Streuung des Vertikalwinkels ϕ. Diese Struktur kann nicht durch die transversal isotrope PDF (5.46) erfasst werden, und die Bingham PDF [220]

$$\rho(\mathbf{M}) = \rho(\phi, \theta) = \overline{c}\exp[c_0(\cos\phi\cos\theta)^2 + c_1(\cos\phi\sin\theta)^2] \tag{5.47}$$

kann stattdessen verwendet werden, wobei c_0, c_1 dimensionslose Verteilungsparameter bezeichnen, während $\overline{c}$ die Bedingung (5.45) sicherstellt. Die Bingham PDF wurde beispielsweise verwendet um die Kollagenorientierungen der Karotidenwand [221] als auch der aneurysmatischen Aortenwand [11] darzustellen.

Unabhängig davon, dass die Kollagenorientierung immer 3D ist, kann für einige Anwendungen eine planare Verteilung verwendet werden. Die von Mises PDF

$$\rho(\mathbf{M}) = \rho(\theta) = \overline{c} \exp[c_0 \cos(2\theta)] \tag{5.48}$$

wurde beispielsweise vorgeschlagen, um das Kollagen in der Aortenwand zu beschreiben [206]. Der Parameter c_0 bestimmt dann die Form der PDF, und die 2D-Normalisierungsbedingung

$$\int_{-\pi}^{\pi} \rho(\mathbf{M}) \mathrm{d}\theta = 2\pi \tag{5.49}$$

bestimmt den Normalisierungsparameter $\overline{c}$.

5.5.8 Residualspannung und lastfreie Konfiguration

Die lastfreie Konfiguration des Gefäßes ist nicht spannungsfrei, und wir können die zuvor genannten konstitutiven Modelle nicht immer direkt anwenden – diese sind in Bezug auf die *spannungsfreie* Referenzkonfiguration der Gefäßwand formuliert. Einige dieser Modelle wurden daher mit Modellen zur Bestimmung von Residualverzerrungen kombiniert. Dabei wurden beispielsweise die Hypothese der gleichmäßigen Spannung [222], die inverse Bestimmung der lastfreien Konfiguration aus der aufgeblasenen Geometrie des Gefäßes [69, 182, 223], oder eine modifizierte aktualisierte Lagrange-Formulierung [223], verwendet.

Die Residualspannung ist mehrdimensional, und die Zerlegung eines Gefäßes in spannungsfreie Segmente ist im Allgemeinen nicht möglich. Ein Gefäß kann jedoch immer (gedanklich) aufgeschnitten werden, was dann zur *aufgeschnittenen Konfiguration* Ω_0, wie in Abb. 5.22 gezeigt, führt. Die aufgeschnittene Konfiguration wird oft als spannungsfrei angesehen und dann als Referenzkonfiguration Ω_0 für Spannungs- und Deformationsberechnungen verwendet. Obwohl dieser Ansatz weit verbreitet ist, vernachlässigt er das Vorhandensein von axialen Residualspannungen und ignoriert die Mehrdimensionalität der Residualdeformation in der Gefäßwand.

Beispiel 5.2 (Residualspannungen einer dickwandigen Arterie) Die lastfreie Konfiguration Ω eines Arteriensegments hat die Dimensionen r_i, l, h, siehe Abb. 5.22. In dieser Konfiguration enthält das Gefäß Residualspannungen, und das Aufschneiden führt dann zu seiner aufgeschnittenen Konfiguration Ω_0 mit den Dimensionen $R_\mathrm{i} = 10$ mm, $L = 23{,}0$ mm, $H = 2{,}0$ mm, und $\alpha = \pi/2$. Angesichts dieses Beispiels kann Ω_0 als die spannungsfreie Konfiguration angesehen werden. Das Gefäßgewebe ist inkompressibel und seine konstitutiven Eigenschaften können durch die neo-Hooke Verzerrungsenergie Funktion

$$\Psi(\mathbf{C}) = c_1(I_1 - 3) \tag{5.50}$$

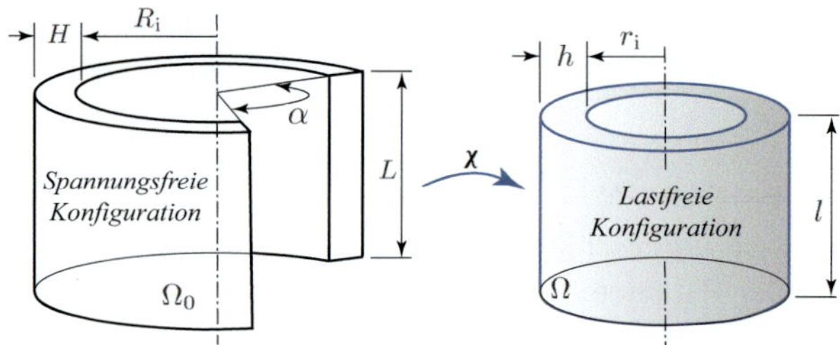

Abb. 5.22 Aufgeschnittene, und damit spannungsfrei-gedachte Konfiguration Ω_0, sowie lastfreie Konfiguration Ω eines Gefäßsegments. Die spannungsfreie Konfiguration Ω_0 dient als Referenzkonfiguration in der Beschreibung von Spannungen und Deformationen

pro Volumeneinheit Gefäßwandgewebe modelliert werden. Angesichts der Inkompressibilität müssen wir nicht zwischen Volumeneinheit des deformierten oder undefinierten Volumens unterscheiden. Der steifigkeitsbezogene Parameter $c_1 = 12{,}7$ kPa wurde aus der mechanischen Gewebecharakterisierung identifiziert, und $I_1 = \text{tr}\mathbf{C}$ bezeichnet die erste Invariante der rechten Cauchy-Green Verzerrung $\mathbf{C}$.

(a) Beschreiben Sie die Deformationskinematik dieses Problems und leiten Sie die Cauchy Spannung als Funktion der Hauptdehnungen ab.
(b) Leiten Sie die Gleichgewichtsgleichung in radialer Richtung ab, wie sie sich aus dem Cauchy-Eulerschen Bewegungsgesetz $\text{div}\boldsymbol{\sigma} = \mathbf{0}$ ergeben.
(c) Geben Sie die Beziehung der axialen Kraft N und damit die Spannungsresultierende in axialer Richtung des Gefäßes an.
(d) Zeigen Sie, dass die Konfiguration Ω mit $r_\text{i} = 7{,}26$ mm, $l = 23$ mm, $h = 2{,}0$ mm die Bilanzgleichungen der Aufgaben (b) und (c) erfüllt.
(e) Stellen Sie die Verteilung der Cauchyschen Spannungsdifferenzen $\sigma_\theta - \sigma_r$ und $\sigma_\theta - \sigma_z$ über die Wanddicke dar.
(f) Berechnen Sie die Cauchy Spannung in Umfangsrichtung σ_θ an der Innen- und Außenseite der Arterie.

■

5.5.9 Visko-hyperelastische Beschreibungen

Gefäßgewebe zeigt *nichtlineare viskoelastische* Eigenschaften [52, 224]. Neben den zeitabhängigen Eigenschaften der Zellen und ECM-Bestandteile selbst, trägt auch die Bewegung von Flüssigkeiten innerhalb des Gewebes zu den zeitabhängigen Gewebeeigenschaften bei. Wir können die linearen viskoelastischen Modelle, die in Abschn. 3.5.4 diskutiert wurden, zur Beschreibung von weichen biologischen Geweben verallgemeinern, ein Ansatz, der als *quasi-lineare Viskoelastizität* bekannt ist. Er wird oft in den Beschreibungen von Gefäßgeweben, wie beispielsweise der Koronararterie [225], Karotisarterie [226] und Ventrikelgewebe [227], angewendet. Wie bei der Reihenapproximation einer nichtlinearen Funktion

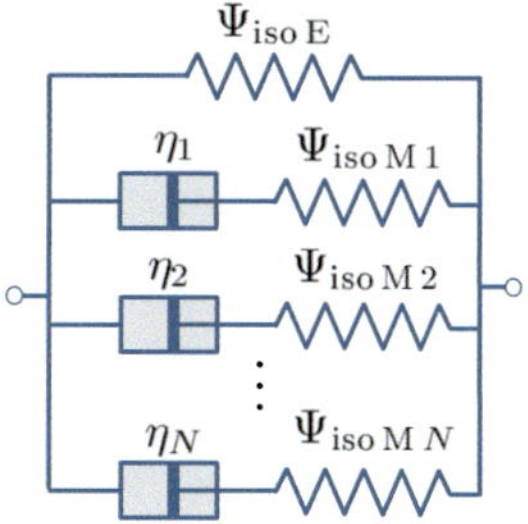

Abb. 5.23 Allgemeines Maxwell Rheologie Element, wobei $\Psi_{\text{iso E}}$ und $\Psi_{\text{iso M }i}$; $i = 1, \ldots, N$ die in den jeweiligen hyperelastischen Federn gespeicherten Verzerrungsenergien bezeichnen

führt die *Überlagerung* einer endlichen Anzahl von linearen viskoelastischen Modellen zu nichtlinearen viskoelastischen Eigenschaften.

Wir können die Gefäßwand mit dem in Abb. 5.23 dargestellten *allgemeinen Maxwell Rheologie Modell* beschreiben, ein Modell, das auch als *allgemeines Standard-Solid Modell* bezeichnet wird. Seine elastischen Eigenschaften werden dann durch die Helmholtz freie Energie $\Psi(\mathbf{C}, \mathbf{C}_{\text{M }1}, \mathbf{C}_{\text{M }2}, \ldots, \mathbf{C}_{\text{M }N})$ pro Einheit Gefäßgewebe dargestellt, wobei $\mathbf{C}$ die (totale) rechte Cauchy-Green Verzerrung bezeichnet, während $\mathbf{C}_{\text{M }i}$ die rechte Cauchy-Green Verzerrung des i-ten MaxwellKörpers (Feder) ist und als *verborgene (interne) Variable* dient. Die elastische Energie

$$\Psi_{\text{iso}} = \Psi_{\text{iso E}}(\mathbf{C}) + \sum_{i=1}^{N} \Psi_{\text{iso M}\,i}(\mathbf{C}_{\text{M}\,i}) \tag{5.54}$$

repräsentiert dann das Gewebe, wobei $\Psi_{\text{iso E}}(\mathbf{C})$ und $\Psi_{\text{iso M }i}(\mathbf{C}_{\text{M }i})$ die in dem elastischen Körper (Hauptfeder) sowie in der Feder des i-ten Maxwell Körpers gespeicherten Verformungsenergien bezeichnen. Das Verfahren von Coleman und Noll für inkompressible Materialien (3.131) liefert daher die zweite Piola-Kirchhoff Spannung

$$\mathbf{S} = \underbrace{2\frac{\partial \Psi_{\text{iso E}}(\mathbf{C})}{\partial \mathbf{C}}}_{\overline{\mathbf{S}}_{\text{E}}} \underbrace{+ 2\sum_{i=1}^{N} \frac{\partial \Psi_{\text{iso M}\,i}(\mathbf{C}_{\text{M}\,i})}{\partial \mathbf{C}_{\text{M}\,i}} : \frac{\partial \mathbf{C}_{\text{M}\,i}}{\partial \mathbf{C}}}_{\overline{\mathbf{S}}_{\text{M}}} - \kappa \mathbf{C}^{-1}\,, \tag{5.55}$$

wobei $\overline{\mathbf{S}}_{\text{E}}$ die *elastische Spannung* ist, während $\overline{\mathbf{S}}_{\text{M}} = \sum_{i=1}^{N} \overline{\mathbf{S}}_{\text{M}\,i}$ die *Überspannung* bezeichnet. Die Überspannung kennzeichnet eine Spannung, die solange auftritt, so lange das Material noch nicht sein thermodynamisches Gleichgewicht erreicht hat. Wie bei einer elastischen Beschreibung inkompressibler Materialien, trägt auch hier der Lagrange-Druck κ zum hydrostatischen Druck p bei und erzwingt damit die Inkompressibilität.

Der Ausdruck $\partial \mathbf{C}_{\text{M }i}/\partial \mathbf{C}$ in (5.55) stellt die Beziehung zwischen dem Verzerrungsinkrement $\Delta \mathbf{C}_{\text{M }i}$ des i-ten Maxwell Körpers und dem Verzerrungsinkrement $\Delta \mathbf{C}$ des Gewebes dar. Diese kinematische Beziehung wird im Allgemeinen durch *Ratengleichungen* bestimmt, siehe Abschn. 3.5.4.7. Wir können diese Beziehung auch implizit durch die Entwicklung der Überspannungen $\overline{\mathbf{S}}_{\mathrm{M}\,i}$ spezifizieren und dazu die linearen Ratengleichungen

$$\dot{\overline{\mathbf{S}}}_{\mathrm{M}\,i} + \frac{1}{\tau_i}\overline{\mathbf{S}}_{\mathrm{M}\,i} = \beta_i \dot{\overline{\mathbf{S}}}_{\mathrm{E}} \text{ (keine Summation)}\,, \tag{5.56}$$

einführen, wobei β_i und τ_i [s^{-1}] die Eigenschaften des i-ten Maxwell Körpers kennzeichnet. Während der Skalar β_i die Steifigkeit des i-ten Maxwell Körpers relativ zur Steifigkeit des elastischen Körpers bezeichnet, definiert τ_i die Relaxationszeit des i-ten Maxwell Körpers. Die Überspannung kann dann durch das Faltungsintegral

$$\overline{\mathbf{S}}_{\mathrm{M}}(t) = \sum_{i=1}^{N} \overline{\mathbf{S}}_{\mathrm{M}\,i} = \sum_{i=1}^{N} \left\{ \beta_i \int_0^t \exp[-(t-x)/\tau_i] \dot{\overline{\mathbf{S}}}_{\mathrm{E}} \mathrm{d}x \right\} \tag{5.57}$$

ausgedrückt werden, die geschlossene Lösung der Gleichung (5.56). Das skizzierte viskoelastische Modell führt zu einer äußerst effizienten FEM-Implementierung [228–230], und die Beobachtung, dass die *algorithmische Materialtangente* $\mathbb{C} = 2\partial\mathbf{S}/\partial\mathbf{C}$ Hauptsymmetrie aufweist, bestätigt die Existenz einer Helmholtz Freien-Energie-Funktion Ψ_{iso}.

5.5.10 Zyklische Verformung des visko-hyperelastischen dünnwandigen Rohrs

Wir können die Wand der Beckenarterie durch das in Abb. 5.23 dargestellte allgemeine Maxwell Modell mit $N = 2$ Maxwell Körpern (Rheologiemodellen) beschreiben. In seiner spannungsfreien Referenzkonfiguration Ω_0 kann die Arterie als zylindrische Membran mit dem Durchmesser $D = 9{,}0$ mm und der Wanddicke $H = 0{,}8$ mm betrachtet werden. Das Gefäßgewebe ist inkompressibel, und die Yeoh Verzerrungsenergie

$$\Psi(\mathbf{C}) = c_3(I_1 - 3)^3 \tag{5.58}$$

beschreibt seine elastischen Eigenschaften pro Volumeneinheit, wobei $I_1 = \mathrm{tr}\mathbf{C}$ und $c_3 = 50{,}0$ kPa jeweils die erste Invariante der rechten Cauchy-Green Verzerrung und einen steifigkeitsbezogenen Parameter bezeichnen. Die Überspannung $\overline{S}_{\mathrm{M}\,i};\, i = 1,2$ in der Gefäßwand werden durch die linearen Ratengleichungen (5.56) bestimmt, wobei die Eigenschaften $\beta_1 = 0{,}3$, $\beta_2 = 0{,}2$ und $\tau_1 = 0{,}2\ \mathrm{s}^{-1}$, $\tau_2 = 0{,}7\ \mathrm{s}^{-1}$ die jeweiligen Maxwell Körper beschreiben.

Mit der Verzerrungsenergie (5.58) und der Beziehung (5.5), bestimmen die Hauptwerte der zweiten Piola-Kirchhoff Spannungen $S_{\mathrm{E}\,i} = 6c_3(I_1 - 3)^2 - \kappa/\lambda_i^2$ die elastischen Eigenschaften der Gefäßwand, wobei κ einen Lagrange-Beitrag zum hydrostatischen Druck kennzeichnet und $i = \theta,\ z,\ r$ jeweils die Umfangs-, Achsen- und Radialrichtungen kennzeichnet. Zur Berechnung der Überspannung (5.57) bestimmen wir die isochore elastische zweite Piola-Kirchhoff Spannung $\overline{\mathbf{S}}_{\mathrm{E}} = \mathrm{Dev}\mathbf{S}_{\mathrm{E}} = \mathbf{S}_{\mathrm{E}} - (\mathbf{C} : \mathbf{S}_{\mathrm{E}})\mathbf{C}^{-1}/3$, die sich dann zu

$$\overline{\mathbf{S}}_{\mathrm{E}} = 2c_3(I_1 - 3)^2 \mathrm{diag}\left[2 - \frac{\lambda_r^2 + \lambda_z^2}{\lambda_\theta^2}, 2 - \frac{\lambda_\theta^2 + \lambda_r^2}{\lambda_z^2}, 2 - \frac{\lambda_\theta^2 + \lambda_z^2}{\lambda_r^2}\right]$$

ergibt, wobei die rechte Cauchy-Green Verzerrung $\mathbf{C} = \mathbf{F}^{\mathrm{T}}\mathbf{F} = \mathrm{diag}[\lambda_\theta^2, \lambda_z^2, \lambda_r^2]$ verwendet wurde.

Die Berechnung der Überspannung erfordert die Rate der isochorischen elastischen Spannung $\dot{\overline{\mathbf{S}}}_{\mathrm{E}}$, die selbst eine Funktion der Dehnungsraten ist. Während diese Raten im Allgemeinen aus der Lösung des Gleichgewichts resultieren, schreiben wir sie in dem vorliegenden Beispiel direkt vor, sodass

$$\lambda_\theta = 1{,}4 + 0{,}1 \sin(2\pi t) \;\; ; \;\; \lambda_z = 1{,}2 \;\; ; \;\; \lambda_r = (\lambda_\theta \lambda_z)^{-1}$$

die Entwicklung der Streckung über die Zeit bestimmt. Wir können nun das Faltungsintegral (5.57) lösen und die Überspannung $\overline{\mathbf{S}}_{\mathrm{M}}$ berechnen, eine Aufgabe, die im Allgemeinen ein numerisches Schema erfordert [231], siehe Beispiel 5.3. Das Gleichgewicht in radialer Richtung $\overline{S}_{\mathrm{E}\,r} + \overline{S}_{\mathrm{M}\,r} - p/\lambda_r^2 = 0$ ermöglicht uns dann den hydrostatischen Druck p (zu unterscheiden von dem oben eingeführten κ) auszudrücken und vervollständigt damit die Beschreibung der zweiten Piola-Kirchhoff Spannung $\mathbf{S} = \overline{\mathbf{S}}_{\mathrm{E}} + \overline{\mathbf{S}}_{\mathrm{M}} - p\mathbf{C}^{-1}$.

Das Gleichgewicht des aufgeblasenen dünnwandigen Rohrs bestimmt den Inflationsdruck $p_{\mathrm{i}} = 2\sigma_\theta h/d$ und die reduzierte axiale Kraft $F = \sigma_z d\pi h - pd^2\pi/4$, wobei $\sigma_\theta = S_\theta \lambda_\theta^2$ und $\sigma_z = S_z \lambda_z^2$ die Umfangs- und axialen Cauchy Spannungen bezeichnen. Die Substitution des deformierten Durchmessers $d = D\lambda_\theta$ und der deformierten Wandstärke $h = H\lambda_r = H(\lambda_\theta\lambda_z)^{-1}$ ergibt dann

$$p_{\mathrm{i}} = \frac{2S_\theta H}{\lambda_z D} \;\; ; \;\; F = S_z \lambda_z DH\pi - p_{\mathrm{i}} \frac{D^2 \lambda_\theta^2 \pi}{4} \,.$$

Abb. 5.24 veranschaulicht den Inflationsdruck und die reduzierte axiale Kraft über das Zeitintervall $0 < t < 3{,}0$ s, wobei die zuvor genannten Eigenschaften der Beckenarterie verwendet wurden. Abgesehen von einer *Hysterese* ist die visko-hyperelastische Lösung *steifer* als die rein hyperelastische Lösung. Unter zyklischen

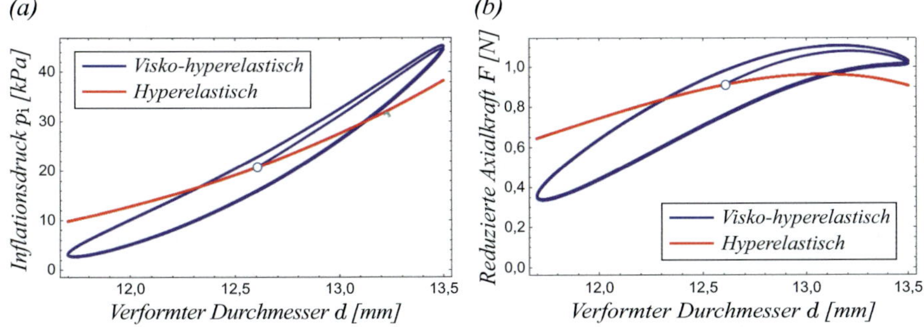

Abb. 5.24 Eigenschaften des aufgeblasenen visko-hyperelastischen dünnwandigen Schlauchs (blau) bei den vorgegebenen Umfangs- und axialen Streckungen von jeweils $\lambda_\theta = 1{,}4 + 0{,}1 \sin(2\pi t)$ und $\lambda_z = 1{,}2$. (**a**) Inflationsdruck p_{i} als Funktion des deformierten Durchmessers d. (**b**) Reduzierte axiale Kraft F als Funktion des deformierten Durchmesser d. Der eingetragene Punkt bezeichnet den Zeitpunkt $t = 0$ und die Kurven decken das Zeitintervall $0 < t < 3{,}0$ s ab. Zum Vergleich ist die hyperelastische Lösung in Rot dargestellt

periodischen Bedingungen bestimmt $\mathcal{D} = 2\pi \oint p_\mathrm{i} r \mathrm{d}r$ die Dissipation pro Zyklus, wobei $r = d/2$ den Radius des deformierten Gefäßes bezeichnet.

Beispiel 5.3 (Diskretisierung des Faltungsintegrals) Die viskoelastischen Eigenschaften einer Gefäßwand können durch ein verallgemeinertes Maxwell Modell beschrieben werden, und das Faltungsintegral (5.57) bestimmt dann die Überspannung.

(a) Verwenden Sie die Mittelpunkt-Integrationsregel und diskretisieren Sie das Faltungsintegral (5.57) zur Zeit t_{n+1}. Die elastische Spannung als auch die Überspannung am vorherigen Zeitpunkt t_n wären dabei in einem Historienvektor verfügbar.
(b) Verwenden Sie die Iterationsregel von Aufgabe (a), berechnen Sie die Spannung und replizieren Sie das in Abschn. 5.5.10 diskutierte Beispiel. Untersuchen Sie den Einfluss des Zeitschritts Δt auf die Genauigkeit der Ergebnisse.
(c) Stellen Sie sich eine Finite Elemente Methode (FEM) Implementierung des Modells vor und bestimmen Sie die algorithmische Tangente $\overline{\mathbb{C}}^{\mathrm{algo}}_{\mathrm{M}\,n+1}$, die sich aus der Linearisierung der Überspannung $\Delta\overline{\mathbf{S}}_\mathrm{M} = 2\overline{\mathbb{C}}^{\mathrm{algo}}_{\mathrm{M}\,n+1} : \Delta\mathbf{C}$, ergibt, wobei $\mathbf{C}$ die rechte Cauchy-Green Verzerrung bezeichnet.

■

5.5.11 Beschreibungen von Schädigung und Versagen

Die mechanische Belastung der verschiedenen histologischen Gewebekomponenten ist inhomogen und führt damit zu lokalen Spannungskonzentrationen innerhalb der Gefäßwand. Bei hohen Spannungen entwickeln sich *Mikrodefekte*, wie das Ausziehen und Reißen von Kollagenfasern, die dann die Mikrostruktur des Gewebes irreversibel verändern. Gesundes Gefäßgewebe unter physiologischen Spannungsniveaus repariert solche Defekte und hält damit die strukturelle Integrität der Gefäßwand aufrecht. Bei überphysiologischen Spannungsniveaus oder in krankem Gefäßgewebe kann die Heilung nicht mit der Entwicklung von Mikrodefekten mithalten und das Gewebe akkumuliert somit Schwachstellen. Wenn die Anzahl der Mikrodefekte pro Gewebevolumen einen bestimmten Schwellenwert überschreitet, koaleszieren Mikrodefekte und *Makrodefekten* bilden sich. Ein einzelner Makrodefekt breitet sich dann schließlich aus und reißt die Gefäßwand auf.

Die Untersuchung einiger gefäßbiomechanischer Probleme erfordert die konstitutive Beschreibung von Gefäßwandverletzungen, und *schadensbezogene* Effekte [74, 75, 232] sowie *plastizitätsbezogene* Effekte [75, 76] wurden dabei vorgeschlagen. Es hat die Entwicklung von Modellen angeregt, die sowohl Schädigung [210, 233–237], Plastizität [238, 239] und Versagen [240–244] der

Gefäßwand berücksichtigen. Häufig kamen dabei einphasige makroskopische Modelle zum Einsatz. Diese sind jedoch beispielsweise nicht in der Lage, die experimentell berichtete lokalisierte irreversible Verformung einzelner Kollagenfasern zu beschreiben [245, 246].

In der Biomechanik gibt es noch immer keine klare Definition von Gefäßgewebeverletzung, und herkömmliche mechanische Indikatoren wie sichtbares Versagen und Verminderung der Steifigkeit könnten das Toleranzniveau des Gewebes möglicherweise nicht angemessen identifizieren. Eine umfassendere Definition mechanischer Verletzung ist daher erforderlich, um mechanische und physiologische Veränderungen zu beschreiben, die in weiterer Folge dann zu *anatomischen* und *funktioneller* Schädigung führen [247].

5.5.11.1 Modellierung irreversibler Eigenschaften von Kollagenfasern

Bei großen Verformungen ist *Kollagen* das dominierende lasttragende Protein in der Gefäßwand, und sein mechanisches Versagen kennzeichnet damit maßgeblich die Schädigung der Gefäßwand. Eine Reihe konstitutiver Ansätze wurde in der Literatur vorgeschlagen, um die Schädigung und das Versagen von Kollagenfasern zu beschreiben, und einige davon werden im Folgenden diskutiert.

Kontinuums-Schädigungsmechanische (CDM) Beschreibung Eine Kollagenfaser kann als 1D seilartige Struktur betrachtet werden, und die erste Piola-Kirchhoff Spannung ist das natürlichste Spannungsmaß, um die konstitutiven Eigenschaften einer solchen Faser zu spezifizieren [216]. Gegeben sei eine *Kachanov-ähnliche* [248] Schädigungsvariable $0 \leq d \leq 1$, die den Zustand der Schwächung einer Kollagenfaser definiert, sodass

$$P(\lambda, d) = (1 - d)\widetilde{P}(\lambda) \tag{5.60}$$

die erste Piola-Kirchhoff Spannung bestimmt. Hierbei bezeichnet λ die Streckung, während $\widetilde{P}(\lambda)$ die Eigenschaften der unbeschädigten Kollagenfaser kennzeichnet, eine Funktion, die beispielsweise durch die in Abschn. 5.5.7.1 diskutierten Beschreibungen gegeben sei. Zusätzlich zu (5.60) bestimmt eine weitere Beziehung die *Entwicklung* des Schädigungszustands d und vervollständigt damit die konstitutive Beschreibung. Während ein solcher schädigungsbasierter Ansatz zur Beschreibung von Gefäßgeweben weit verbreitet ist [233, 236, 249], ist er durch einen hohen Grad an Phänomenologie gekennzeichnet und kann auch keine detaillierten mikrostrukturellen Einblicke in das Versagen von Gefäßgewebe liefern.

Statistikbasierte Beschreibung Eine Kollagenfaser kann als Anordnung eines Bündels gewellter *Kollagenfibrillen* mit vernachlässigbarer Biegesteifigkeit gesehen werden, siehe Abb. 5.25. Eine Aktivierungs-PDF $\rho_s(\lambda)$ bestimmt dann den Anteil der mechanisch eingebundenen Kollagenfibrillen [185, 214, 215]. Für eine einzelne Fibrille definiert λ_s ihre Zwischenkonfiguration, einen Zustand, in dem die Fibrille ausgerichtet, aber noch spannungsfrei ist. Bei Streckungen über λ_s

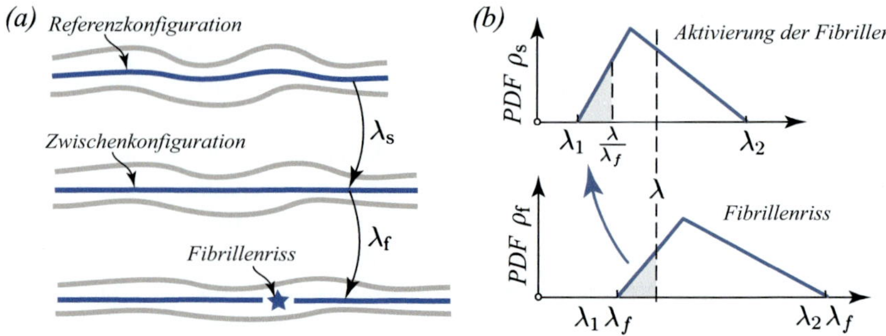

Abb. 5.25 Lastübertragungsmechanismen einer Kollagenfaser, die aus gewellten Kollagenfibrillen zusammengesetzt ist. Kollagenfibrillen unterschiedlicher Wellungen aktivieren sich schrittweise, bis sie schließlich reißen. (**a**) Verformung einer einzelnen Fibrille. Die Aktivierungsstreckung λ_s definiert die Zwischenkonfiguration der Fibrille, eine Verformung, bei der die Fibrille ausgerichtet ist und Last zu tragen beginnt. Das Aufbringen der Versagensstreckung λ_f relativ zur Zwischenkonfiguration definiert die Verformung, bei der die Fibrille reißt. (**b**) Die Konfigurationen der Kollagenfibrillen werden durch eine dreieckige Wahrscheinlichkeitsdichtefunktion (PDF) beschrieben. Sie beschreibt das mechanische Aktivieren (oben) und das „Strecken" der PDF um λ_f beschreibt dann das Reißen der Kollagenfibrillen (unten). Das grau schattierte Dreieck kennzeichnet den Anteil der Fibrillen, der bei der Streckung λ bereits gerissen sind

wird die Kollagenfibrille elastisch gedehnt, bis sie schließlich bei der Versagensstreckung λ_f versagt. Die Streckung λ_f wird relativ zur Zwischenkonfiguration der Fibrille gemessen, siehe Abb. 5.25a.

Der Anteil der gerissenen Fibrillen kann durch $\rho_f(\lambda)$ beschrieben werden, eine PDF, die sich ergibt, wenn man die Aktivierungs-PDF $\rho_s(\lambda)$ um λ_f „streckt" [139], siehe Abb. 5.25b. Der Anteil der gerissenen Fibrillen bei der Streckung λ wird dann direkt durch $\Upsilon_f(\lambda) = \int_{\lambda_f\lambda_1}^{\lambda} \rho_f(x)\mathrm{d}x$, die CDF von $\rho_f(\lambda)$, gegeben. Sie kann auch in der Grafik der Aktivierungs-PDF $\rho_s(\lambda)$ dargestellt werden, wo sie den Bereich $\lambda_1 < x \leq (\lambda/\lambda_f)$ abdeckt und somit das grau schattierte Dreieck in Abb. 5.25b ergibt. Die dreieckige PDF [216] und die normale PDF [250] wurden in der statistischen Beschreibung des Versagens von Kollagenfibrillen verwendet.

Beispiel 5.4 (Progressive Aktivierung und Reißen von Kollagenfibrillen) Die mechanischen Eigenschaften eines aus der Media der Gefäßwand entnommenen Gewebestückes können als kollagenfaserverstärktes Verbundmaterial modelliert werden. Alle Kollagenfibrillen sind in Umfangsrichtung ausgerichtet und in der unbelasteten Referenzkonfiguration des Gewebes erscheinen diese gewellt. Die dreieckige Wahrscheinlichkeitsdichtefunktion (PDF)

$$\rho_s(\lambda) = \begin{cases} 0 & ; \; 0 < \lambda \leq \lambda_1 \,, \\ \frac{2(\lambda-\lambda_1)}{(\lambda_2-\lambda_1)(\lambda_3-\lambda_1)} & ; \; \lambda_1 \leq \lambda \leq \lambda_3 \,, \\ \frac{2(\lambda_2-\lambda)}{(\lambda_2-\lambda_1)(\lambda_2-\lambda_3)} & ; \; \lambda_3 \leq \lambda \leq \lambda_2 \,, \\ 0 & ; \; \lambda_2 < \lambda < \infty \end{cases}$$

beschreibt das mechanische Aktivieren von Fibrillen bei Belastung, wobei $\lambda_1 = 1{,}05$ und $\lambda_2 = 1{,}8$ den jeweiligen Beginn und das Ende der dreieckigen PDF bezeichnen, während $\lambda_3 = 1{,}3$ die Streckung bei der höchsten Wahrscheinlichkeit angibt. Das Gewebe ist inkompressibel, und $P_\mathrm{f} = k(\lambda_\mathrm{e} - 1)$ mit $k =$ 3,8 MPa bestimmt die erste Piola-Kirchhoff Spannung als Funktion der Streckung einer einzelnen Kollagenfibrille. Die Streckung λ_e wird hier relativ zur Zwischenkonfiguration der Fibrille gemessen.

(a) Betrachten Sie eine einfache Zugbelastung in Umfangsrichtung und berechnen Sie die Cauchy Spannung als Funktion der Streckung des Gewebes.
(b) Betrachten Sie die Versagensstreckung $\lambda_\mathrm{f} = 1{,}28$, eine Streckung, die relativ zur Zwischenkonfiguration der Fibrille gemessen wird und bei der diese reißt. Angesichts dieser Annahme berechnen Sie die Cauchy Spannung, die sich bei kontinuierlicher Verlängerung in ihrer Umfangsrichtung entwickelt. Inkompressibilität kann angenommen werden.

■

Plastische Verformungsbasierte Beschreibung Kollagenfibrillen sind durch PG-Brücken *miteinander verbunden*, wie es in Abb. 5.26 schematisch gezeigt wird. Diese Vernetzung ermöglicht, bis zu einem gewissen Grad, das Gleiten benachbarter Kollagenfibrillen relativ zueinander. Vier verschiedene Verformungsmechanismen der PG-Brücke können dabei definiert werden [24, 251]:

- *Elastisch* – die PG-Brücke ändert ihre Konfiguration abrupt bei Belastung
- *Viskoelastisch* – das Gleiten zwischen den Glykanketten entwickelt sich über der Zeit, wobei nach Entlastung die ursprüngliche PG-Brückenkonfiguration wieder vollständig hergestellt wird
- *Plastisches Gleiten* – das PG-protein gleitet entlang der Kollagenfibrille und selbst bei vollständiger Entlastung bleibt eine permanente Verformung bestehen
- *Schädigung* – die Glykanketten oder das PG-protein sind auseinandergeglitten und die mechanische Verbindung damit gebrochen

Diese Mechanismen motivieren ein „dehnungsbasiertes“ konstitutives Konzept, bei dem das irreversible (plastische) Gleiten der Kollagenfibrillen nicht nur die irreversible Dehnung der Faser definiert, sondern auch ihren Schädigungszustand d. Die Schädigungsvariable d spiegelt den Verlust der Fasersteifigkeit durch nicht funktionale (gebrochene) PG-Brücken wider, und eine exponentielle Funktion $d = 1 - \exp(-a\varepsilon_\mathrm{pl}^2)$ setzt diese mit der plastischen Dehnung ε_pl der Kollagenfaser in Beziehung [251]. Kleine und große Werte des Parameters a definieren dann ein *duktiles* bzw. ein *sprödes* Materialversagen. Weitere Details, einschließlich der numerischen Implementierung des Modells, sind anderswo berichtet [251].

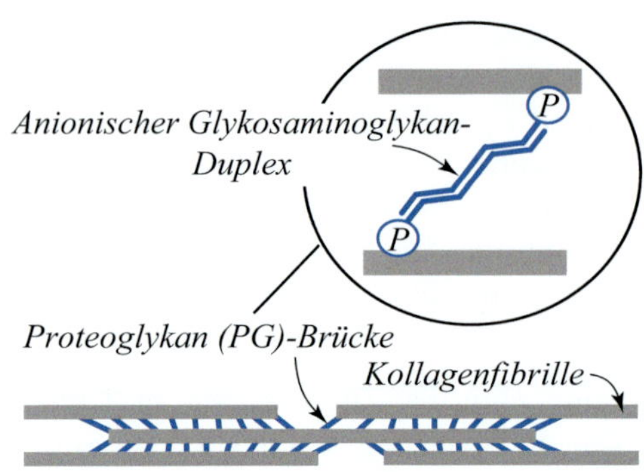

Abb. 5.26 Schematische Darstellung des Lastübertragungsmechanismus einer aus einer Anzahl von Kollagenfibrillen zusammengesetzten Kollagenfaser. Das Modell berücksichtigt gerade Kollagenfibrillen, bei denen Proteoglykan (PG) Brücken die Lastübertragung zwischen den Kollagenfibrillen unterstützen. Antiparallele anionische Glykosaminoglykan-Duplex bindet sich nicht-kovalent an die Kollagenfibrillen am Proteoglykanprotein (P)

5.5.11.2 Versagensbeschreibung durch kohäsive Zonen

Die zuvor genannten Schädigungsmodelle können direkt in Simulationen verwendet werden, solange die Determinante des Materialsteifigkeitstensors für alle möglichen Verformungen *positiv definit bleibt*, und somit $\det\mathbb{C} > 0$ gilt [252]. Jenseits dieser Grenze ist eine Regularisierung notwendig, um nicht-physikalische Ergebnisse zu vermeiden [253]. Neben der Einbindung einer *internen Längenskala* in die konstitutive Beschreibung, die die räumliche Dimension des (Kollagen-)Versagens spezifiziert, wurden auch eine Reihe anderer Methoden vorgeschlagen, um die Entwicklung des Versagens in einem Kontinuum zu beschreiben, siehe Abschn. 3.8.

Das Versagen des Gefäßgewebes kann beispielsweise auch durch eine *kohäsive Zone* modelliert werden, siehe Abschn. 3.8.4.2. Der Widerstand eines Risses gegen (weiteres) Öffnen wird dann durch ein kohäsives Potenzial $\psi = \psi(\mathbf{u}_\mathrm{d} \otimes \mathbf{u}_\mathrm{d}, \zeta)$ beschrieben, wobei die Verschiebung $\mathbf{u}_\mathrm{d}$ und der Parameter ζ jeweils die Rissöffnung und die Schadensvariable bezeichnen. Die Theorie der Invarianten [254] ermöglicht es uns, das Potenzial durch $\psi = \psi(i_1, i_2, i_3, \zeta)$ auszudrücken, wobei i_1, i_2, i_3 die Invarianten des symmetrischen Tensors zweiter Ordnung $\mathbf{u}_\mathrm{d} \otimes \mathbf{u}_\mathrm{d}$ bezeichnen [255]. Betrachten wir beispielsweise eine Formulierung, die nur die erste Invariante $i_1 = \mathbf{u}_\mathrm{d} \cdot \mathbf{u}_\mathrm{d}$ berücksichtigt, dann wäre das kohäsive Potenzial

$$\psi(i_1, \zeta) = \tfrac{t_0}{2\zeta} \exp(-a\delta^b) i_1$$

eine mögliche Beschreibung, wobei t_0 [Pa] die kohäsive Zugfestigkeit bezeichnet, während die nicht-negativen Parameter a und b die Entfestigung erfassen und somit den Abfall der kohäsiven Traktion mit zunehmender Rissöffnung $|\mathbf{u}_\mathrm{d}|$ beschreiben. Die konstitutive Beschreibung wird mit der Definition der Versagensfläche $\phi(\mathbf{u}_\mathrm{d}, \delta) = |\mathbf{u}_\mathrm{d}| - \zeta = 0$ und der Evolution der Schädigungsvariable $\dot{\zeta} = \overline{|\mathbf{u}_\mathrm{d}|}$

für $\phi > 0$ abgeschlossen. Das Verfahren von Coleman und Noll (3.156) ermöglicht es uns dann die kohäsive Traktion

$$\mathbf{T} = c\mathbf{u}_\mathrm{d} \; ; \; c = t_0 \exp(-a\zeta^b)/\zeta \; ; \; \gamma = c(1 + ab\zeta^b)/\zeta$$

zu bestimmen, wobei $\partial i_\mathrm{I}/\partial \mathbf{u}_\mathrm{d} = 2\mathbf{u}_\mathrm{d}$ verwendet wurde. Ein Beweis, dass dabei die Dissipation nicht negativ ist und somit $\mathcal{D}_\mathrm{int} \geq 0$ gilt, wird anderswo gegeben [255].

Bei einem FEM-Modell können kohäsive Zonen entweder innerhalb der finiten Elemente *eingebettet* sein [272] oder einfach den Flächen der finiten Elemente hinzugefügt [273] werden. Der erste Ansatz führt zur Partition of Unity FEM (PUFEM) [255, 256], auch bekannt als erweiterte FEM (XFEM), wobei zusätzlich ein Rissverfolgungsalgorithmus benötigt wird [257] um das Versagen einer Struktur zu handhaben. Das Anbringen von kohäsiven Zonen an den Flächen der finiten Elemente erfordert *a priori* Kenntnisse der Rissformation und macht die Erzeugung des FEM-Netzes schwieriger. Es erfordert auch eine *künstliche elastische Steifigkeit* der kohäsiven Zone mit möglicherweise erheblichen Auswirkungen auf die Physik des Problems.

5.6 Identifikation von konstitutiven Parametern

Gefäßgewebemodelle, wie die in Abschn. 5.5 aufgeführten, benötigen *konstitutive Parameter*, die mit Hilfe von experimentellen Daten identifiziert werden müssen. Die Parameter können entweder intuitiv angepasst und die Modellvorhersagen dann mit den experimentellen Daten verglichen werden, oder die Parameter können konsistenter Weise auch durch die Verwendung von *Optimierungsmethoden* identifiziert werden.

Um die optimierungsbasierte Parameteridentifikation zu veranschaulichen, betrachten wir die experimentellen Daten aus dem *planaren biaxialen Test* der infrarenalen Schweineaorta, die in Anhang F dargestellt sind. Der planare biaxiale Test ist eine etablierte experimentelle Gewebe-Charakterisierung und ermöglicht die Anwendung von Lasten, die den *in vivo* Bedingungen des Gefäßes nahekommen. Eine quadratische Gefäßwandprobe ist dabei vollständig in physiologischer Kochsalzlösung von 37 Grad Celsius eingetaucht, und zwei Aktuatoren bringen die Verschiebungen u_θ und u_z entlang der Umfangsrichtung θ und axialen Richtung z der Gefäßwand auf, siehe Abb. 5.27. Gleichzeitig messen zwei Kraftzellen die entsprechenden Kräfte F_θ und F_z. Die im Anhang F gezeigten Daten wurden durch ein *verschiebungsgesteuertes* Belastungsprotokoll erzeugt, das die drei Verschiebungskombinationen $u_\theta/u_z = 2/1;\ 1/1;\ 1/2$ realisierte.

In seiner unverformten Konfiguration hatte die Gefäßwandprobe eine Dicke von $H = 1{,}9$ mm und eine Kantenlänge von $L = 9{,}7$ mm, während $L_\mathrm{i} = 6$ mm das Quadrat innerhalb der Ankerpunkte spezifizierte. Randeffekte der Probenmontage (des Einklemmens) können aus Gründen der Einfachheit vernachlässigt werden. Die vorgeschriebenen Verschiebungen ergeben dann direkt die Verhältnisse $\varepsilon_\theta/\varepsilon_z = 2/1;\ 1/1;\ 1/2$ zwischen der Umfangsdehnung $\varepsilon_\theta = u_\theta/L_\mathrm{i}$ und der axialen Dehnung $\varepsilon_z = u_z/L_\mathrm{i}$. Mit Hilfe der Abmessungen der Probe können dann

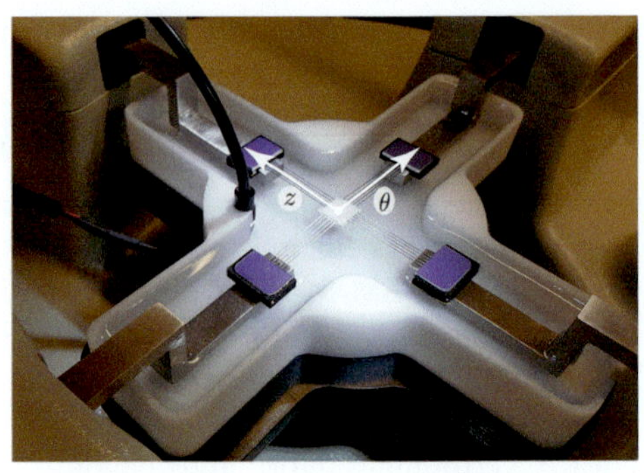

Abb. 5.27 Probe der Wand der infrarenalen Schweineaorta, montiert in einer planaren biaxialen Testmaschine. Die Probe ist in Kochsalzlösung eingetaucht und die Umfangsrichtung θ und die axiale Richtung z des Gefäßes sind dargestellt

die experimentellen Aufzeichnungen in vierdimensionale Datenpunkte des Formats $(\lambda_\theta^{\mathrm{e}}, \lambda_z^{\mathrm{e}}, P_\theta^{\mathrm{e}}, P_z^{\mathrm{e}})$ übertragen werden, siehe Tab. F.1. Hier sind $\lambda_\theta^{\mathrm{e}} = 1 + \varepsilon_\theta$ und $\lambda_z^{\mathrm{e}} = 1 + \varepsilon_z$ die Streckungen entlang der Umfangs- und axialen Gefäßrichtungen, während $P_\theta^{\mathrm{e}} = F_\theta/(HL_{\mathrm{i}})$ und $P_z^{\mathrm{e}} = F_z/(HL_{\mathrm{i}})$ die entsprechenden ersten Piola-Kirchhoff Spannungen bezeichnen. Diese Annahmen stellen eine starke Vereinfachung des komplexen inhomogenen Spannungsfeldes der planaren biaxialen Zugprüfung dar, siehe die FEM-Analyse der Fallstudie in Abschn. 4.9. Im Hinblick auf reproduzierbare experimentelle Daten wurde die Gefäßwandprobe mittels vier Belastungszyklen *vorkonditioniert*. Die Daten aus dem fünften Zyklus sind in Tab. F.1 aufgeführt und grafisch in Abb. 5.28 dargestellt. Die Daten veranschaulichen *finite Verformung*, *Nichtlinearität* und *Anisotropie* der Gefäßwandprobe.

5.6.1 Analytische Modelle der Gefäßwand

Mit (5.5) und (3.33), liest sich die erste Piola-Kirchhoff Spannung $P_i = \partial\Psi(\mathbf{C})/\partial\lambda_i - \kappa/\lambda_i$, wobei κ den Lagrange-Druck bezeichnet, der aus dem Gleichgewicht in radialer Richtung ermittelt werden kann, $P_r = \partial\Psi(\mathbf{C})/\partial\lambda_r - \kappa/\lambda_r = 0$. Die beiden Hauptwerte der ersten Piola-Kirchhoff Spannung lauten dann

$$P_\theta = \frac{\partial\Psi(\mathbf{C})}{\partial\lambda_\theta} - \frac{\lambda_r}{\lambda_\theta}\frac{\partial\Psi(\mathbf{C})}{\partial\lambda_r}\ ;\ P_z = \frac{\partial\psi(\mathbf{C})}{\partial\lambda_z} - \frac{\lambda_r}{\lambda_z}\frac{\partial\Psi(\mathbf{C})}{\partial\lambda_r} \tag{5.63}$$

mit $\Psi(\mathbf{C})$ als Bezeichnung für die Helmholtzsche freie Energie pro Volumeneinheit der Gefäßwand.

5.6.1.1 Yeoh Modell

Mit dem zweiparametrigen Yeoh Modell $\Psi(\mathbf{C}) = c_1(I_1 - 3) + c_2(I_1 - 3)^2$ ergibt sich die Spannungsbeziehungen (5.63) explizit zu

$$P_\theta(\lambda_\theta, \lambda_z) = \alpha(\lambda_\theta - \lambda_\theta^{-3}\lambda_z^{-2})\ ;\ P_z(\lambda_\theta, \lambda_z) = \alpha(\lambda_z - \lambda_z^{-3}\lambda_\theta^{-2})\ , \tag{5.64}$$

wobei die Definition des ersten Invariante $I_1 = \lambda_\theta^2 + \lambda_z^2 + \lambda_r^2$ und der Parameter $\alpha = 2c_1 + 4c_2(I_1 - 3)$ verwendet wurden. Das Yeoh Modell ist *isotrop*, und die

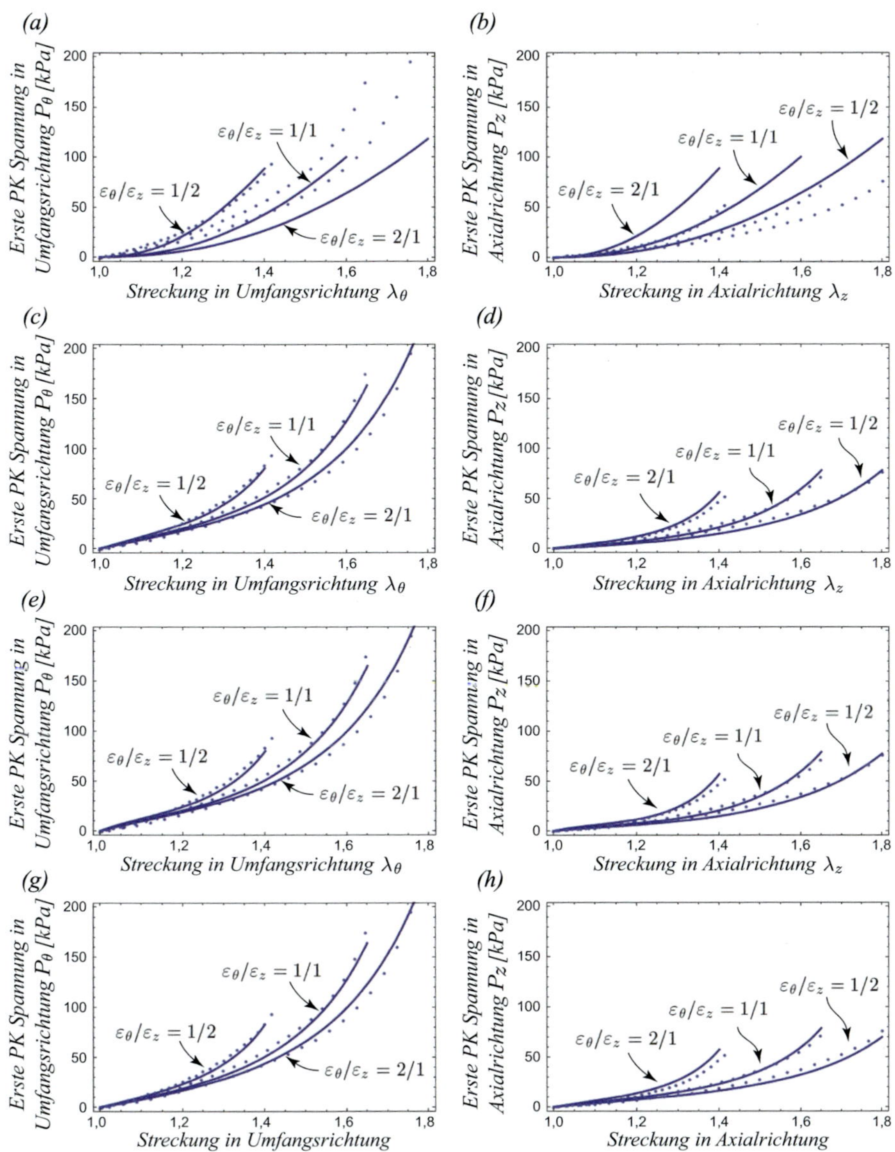

Abb. 5.28 Eigenschaften der Gefäßwand unter planarer biaxialer Belastung und drei verschiedenen Belastungsprotokolle: $\varepsilon_\theta/\varepsilon_z = 2/1$; $1/1$; $1/2$. (Linke Spalte) Erste Piola-Kirchhoff Spannung in Umfangsrichtung P_θ gegenüber der Umfangsstreckung $\lambda_\theta = 1 + \varepsilon_\theta$. (Rechte Spalte) Erste Piola-Kirchhoff Spannung in axialer Richtung P_z gegenüber der axialen Streckung $\lambda_z = 1 + \varepsilon_z$. Durchgezogene Kurven sind modellbasierte Vorhersagen, während die Punkte experimentelle Aufzeichnungen darstellen. (**a**, **b**) Vorhersagen mit der Yeoh Verzerrungsenergie Funktion (5.8) und optimierten Parametern c_i; $i = 1, 2$. (**c**, **d**) Vorhersagen mit der Fung Verzerrungsenergie Funktion (5.26) und optimierten Parametern c_i; $i = 0, \ldots, 6$. (**e**, **f**) Vorhersagen mit der Fung Verzerrungsenergie Funktion (5.26) und optimierten Parametern c_i; $i = 0, \ldots, 6$ unter der Nebenbedingung einer konvexen Verzerrungsenergie. (**g**, **h**) Vorhersagen mit der GOH Verzerrungsenergie Funktion (5.35) und optimierten Parametern c_0, $c_{1\,\mathrm{m}}$, $c_{2\,\mathrm{m}}$, $c_{3\,\mathrm{m}}$, $c_{4\,\mathrm{m}}$. PK–Piola-Kirchhoff

Spannungsbeziehungen (5.64) sind daher symmetrisch in Bezug auf die Streckungen λ_θ und λ_z.

5.6.1.2 Fung Modell

Planare biaxiale Zugversuche entlang der Hauptachsen der Gefäßwand unterdrücken Scherformänderungen, und die außerdiagonalen Komponenten der Green-Lagrange Verzerrung $\mathbf{E}$ sind null. Die Verzerrungsenergie $\Psi(\mathbf{E}, \mathbf{e}_\theta, \mathbf{e}_z, \mathbf{e}_r) = c_0[\exp(\mathbf{Q}) - 1]$ des Fung Modells beinhaltet dann den Skalar $Q = c_1 E_{\theta\theta}^2 + c_2 E_{zz}^2 + c_3 E_{rr}^2 + c_4 E_{\theta\theta} E_{zz} + c_5 E_{zz} E_{rr} + c_6 E_{rr} E_{\theta\theta}$, wobei c_i; $i = 0, \ldots, 6$ die Materialparameter kennzeichnet. Die erste Piola-Kirchhoff Spannungen leiten sich dann aus den Beziehungen (5.63) ab, wo die dabei entstehenden langen Ausdrücke hier nicht explizit gezeigt werden.

5.6.1.3 GOH Modell

Die GOH Verzerrungsenergie (5.35) berücksichtigt die Ausrichtung der Kollagenfasern in der Gefäßwand. Während das Kollagen in der Media kohärent in die zirkumferenzielle Richtung ausgerichtet ist, ist seine Ausrichtung in der Adventitia stark gestreut. Wir beschreiben daher die Kollagenausrichtung in den beiden Schichten jeweils durch $\rho_{\mathrm{m}}(\phi, \theta)$ und $\rho_{\mathrm{a}}(\phi, \theta)$, Bingham-PDFs (5.47), die in Abb. 5.29 dargestellt sind. Die Parameter $c_{0\,\mathrm{m}} = 15{,}0$, $c_{1\,\mathrm{m}} = 0{,}0$ und $c_{0\,\mathrm{a}} = 10{,}0$, $c_{1\,\mathrm{a}} = 10{,}0$ repräsentieren dabei jeweils die Kollagenverteilung in der Media und Adventitia. Das mediale Kollagen ist entlang der zirkumferenziellen Richtung konzentriert und somit um den Horizontalwinkel $\phi = 0$ und den Vertikalwinkel $\theta = 0$ gruppiert. Das adventitielle Kollagen ist isotrop in der Tangentialebene, während es eine moderate Streuung in radialer Richtung aufweist. Zusätzlich zu den Parametern, die die Form der Bingham-Verteilung bestimmen, wurden $\bar{c}_{\mathrm{m}} = 1{,}769 \cdot 10^{-5}$ und $\bar{c}_{\mathrm{a}} = 3{,}24 \cdot 10^{-5}$ verwendet, um die Verteilungen gemäß (5.45) zu normalisieren.

Die Definition (5.36) ermöglicht es uns nun, die verallgemeinerten Strukturtensoren durch

$$\mathbf{H}_i = \frac{1}{2\pi} \int_{-\frac{\pi}{2}}^{\frac{\pi}{2}} \int_{-\frac{\pi}{2}}^{\frac{\pi}{2}} \rho(\phi, \theta) \mathbf{M}(\phi, \theta) \otimes \mathbf{M}(\phi, \theta) \cos\phi \,\mathrm{d}\theta \,\mathrm{d}\phi \; ; \; i = \mathrm{m}, \mathrm{a} \quad (5.65)$$

auszudrücken, wobei der Richtungsvektor $\mathbf{M} = [\cos\phi \cos\theta \;\; \cos\phi \sin\theta \;\; \sin\phi]^{\mathrm{T}}$ durch die Vertikal- und Horizontalwinkel ϕ und θ ausgedrückt wurde.

Mit (5.65) und den Dichten $\rho_{\mathrm{m}}(\phi, \theta)$ und $\rho_{\mathrm{a}}(\phi, \theta)$, repräsentieren die allgemeinen Strukturtensoren $\mathbf{H}_{\mathrm{m}} = \mathrm{diag}[0{,}9306, \; 0{,}0347, \; 0{,}0347]$ und $\mathbf{H}_{\mathrm{a}} = \mathrm{diag}[0{,}475, \; 0{,}475, \; 0{,}05]$ jeweils das Kollagen in den medialen und adventitiellen Schichten. Wir erkennen auch die Bedingungen $\mathrm{tr}\mathbf{H}_{\mathrm{m}} = \mathrm{tr}\mathbf{H}_{\mathrm{a}} = 1$, eine direkte Folge der Normalisierung (5.45).

Die Beschreibung der Media und der Adventitia durch das GOH Modell (5.35) unter der Verwendung von Membrankinematik führt zur Verzerrungsenergie Funktion

$$\Psi(\mathbf{C}, \mathbf{H}_{\mathrm{m}}, \mathbf{H}_{\mathrm{a}}) = c_0(I_1 - 3) + \sum_{i=\mathrm{m,a}} c_{1\,i}[\exp(c_{2\,i} E_i^2) - 1] \, , \quad (5.66)$$

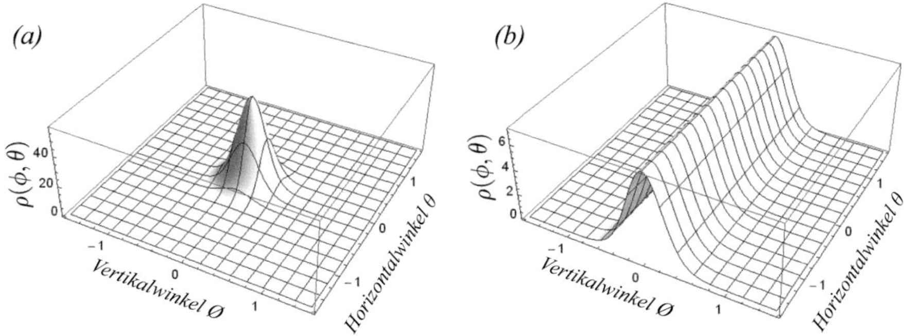

Abb. 5.29 Wahrscheinlichkeitsdichtefunktion (PDF) der Kollagenausrichtung in der Media (**a**) und der Adventitia (**b**). Die Verteilungen werden durch die Bingham-PDF (5.47) dargestellt. (**a**) Kollagen in der Media ist transversal isotrop und kohärent entlang der zirkumferenziellen Richtung ausgerichtet. (**b**) Kollagen in der Adventitia ist isotrop in der Tangentialebene und mäßig gestreut in radialer Richtung

wobei $E_\mathrm{m} = \mathbf{H}_\mathrm{m}{:}\mathbf{C} - 1$ und $E_\mathrm{a} = \mathbf{H}_\mathrm{a}{:}\mathbf{C} - 1$ die Dehnung von medialem und adventitiellem Kollagen darstellen. Während der Materialparameter c_0 die Mechanik der Matrix (alles andere als Kollagen) beschreibt, erfassen die Parameter $c_{1\,\mathrm{m}}$, $c_{2\,\mathrm{m}}$ und $c_{1\,\mathrm{a}}$, $c_{2\,\mathrm{a}}$ die Eigenschaften von medialem und adventitiellem Kollagen. Wir können dann die ersten Piola-Kirchhoff Spannungen aus den Beziehungen (5.63) berechnen, wobei die dabei entstehenden langen Ausdrücke hier nicht explizit gezeigt werden.

5.6.2 Optimierungsproblem

Die Methode der kleinsten Quadrate (Least-Square-Optimierung) kann verwendet werden, um die Modellparameter c_j mit Hilfe der experimentellen Messpunkte $(\lambda^\mathrm{e}_{z\,i}, \lambda^\mathrm{e}_{\theta\,i}, P^\mathrm{e}_{z\,i}, P^\mathrm{e}_{\theta\,i})$; $i = 1, \ldots, n$ zu identifizieren. Die *Zielfunktion (Fehlerquadratsumme)*

$$\Phi = \sum_{i=1}^{n} \left[\left(P_\theta(\lambda^\mathrm{e}_{\theta\,i}, \lambda^\mathrm{e}_{z\,i}) - P^\mathrm{e}_{\theta\,i} \right)^2 + \left(P_z(\lambda^\mathrm{e}_{\theta\,i}, \lambda^\mathrm{e}_{z\,i}) - P^\mathrm{e}_{z\,i} \right)^2 \right] \tag{5.67}$$

wird daher eingeführt, und ihre Minimierung $\Phi \to \mathrm{MIN}$ identifiziert dann die unbekannten Materialparameter c_j.

Die Definition (5.67) gewichtet gleichmäßig die Spannungsdifferenzen $P_\theta - P^\mathrm{e}_{\theta\,i}$ und $P_z - P^\mathrm{e}_{z\,i}$ und führt daher zu Parametern c_j, die eine optimierte Modellrepräsentation über den Deformationsbereich liefern, der von *allen* experimentellen Datenpunkten abgedeckt wird. Die Verwendung von anwendungsspezifischen Gewichtsfunktionen $w_k(\lambda_\theta, \lambda_z)$; $k = \theta, z$, die dann mit den Spannungsdifferenzen $P_k - P^\mathrm{e}_{k\,i}$; $k = \theta, z$ in (5.67) multipliziert werden, ermöglicht eine verbesserte Modellrepräsentation innerhalb eines vordefinierten Deformationsbereichs, jedoch auf Kosten einer schlechteren Repräsentation außerhalb dieses Bereichs.

5.6.2.1 Yeoh Modell

Die Zielfunktion Φ des zweiparametrigen Yeoh Modells führt zu einem Polynom zweiter Ordnung. Sie wird in Abb. 5.30 für die in Tab. F.1 aufgeführten experimentellen Daten dargestellt. Die Zielfunktion Φ hat ein einziges *lokales Minimum* ($\partial\Phi/\partial c_1 = \partial\Phi/\partial c_2 = 0$), das dann auch das *globale Minimum* der Funktion ist. Es liegt bei $c_1 = 1{,}054$ kPa und $c_2 = 7{,}068$ kPa, und Abb. 5.28a,b zeigt die vorhergesagte Modellantwort, den experimentellen Datenpunkten jeweils überlagert.

5.6.2.2 Fung Modell

Mit dem Fung Modell ist die Zielfunktion Φ eine komplexe siebendimensionale Funktion mit mehreren lokalen Minima. Ein numerisches Minimierungsverfahren identifizierte das globale Minimum bei $c_0 = 22{,}329$ kPa, $c_1 = 0{,}3684$, $c_2 = 0{,}3394$, $c_3 = -0{,}482$, $c_4 = -0{,}02877$, $c_5 = -0{,}1473$, und $c_6 = -1{,}7678$. Abb. 5.28c,d zeigt die Modellantwort und den experimentellen Daten jeweils überlagert.

Im Hinblick auf die Untersuchung der Konvexität der Fungschen Verzerrungsenergie (5.26), stellen wir fest, dass Ψ streng konvex ist, solange der Skalar Q positiv bleibt für *alle* möglichen Kombinationen der Hauptverzerrungskomponenten $E_{\theta\theta}$, E_{zz}, E_{rr}. Der Skalar kann dabei auch als

$$Q = \begin{bmatrix} E_{\theta\theta} & E_{zz} & E_{rr} \end{bmatrix} \underbrace{\begin{bmatrix} c_1 & c_4/2 & c_6/2 \\ c_4/2 & c_2 & c_5/2 \\ c_6/2 & c_5/2 & c_3 \end{bmatrix}}_{\mathbf{c}} \begin{bmatrix} E_{\theta\theta} \\ E_{zz} \\ E_{rr} \end{bmatrix} \tag{5.68}$$

angeschrieben werden, und die positive Definitheit $\det\mathbf{c} > 0$ gewährleistet dann eine streng konvexe Verzerrungsenergie Ψ [186]. Mit den zuvor identifizierten Parametern c_j; $j = 1, \ldots, 6$, ergibt sich die Determinante $\det\mathbf{c} = -0{,}329$, und Ψ ist daher nicht konvex. Eine nicht-konvexe Verzerrungsenergie kann zur Vorhersage von nicht-physischen Spannungszuständen führen, und die *Einschränkung* $\det\mathbf{c} > 0$ sollte daher dem Minimierungsproblem als Nebenbedingung hinzugefügt werden. Im gegebenen Beispiel führte diese Nebenbedingung zur Identifikation der Parameter $c_0 = 31{,}682$ kPa, $c_1 = 0{,}4825$, $c_2 = 0{,}3271$, $c_3 = 0{,}3292$, $c_4 = 0{,}1666$, $c_5 = 0{,}2922$, und $c_6 = -0{,}6235$, siehe Abb. 5.28e,f. Während diese Parameter ein

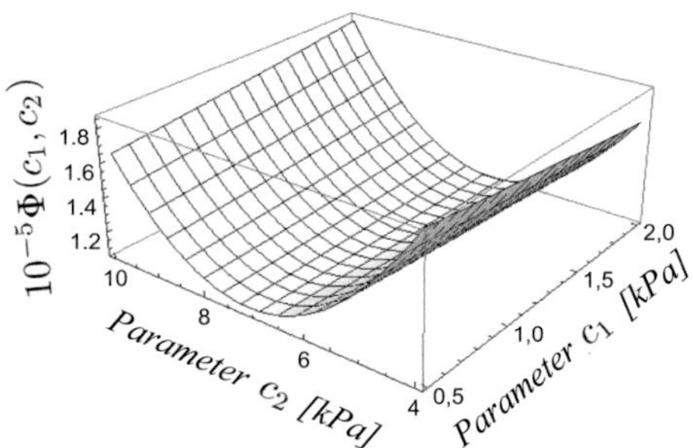

Abb. 5.30 Zielfunktion $\Phi(c_1, c_2)$, wobei dessen globales Minimum die optimalen Materialparameter c_1 und c_2 des zweiparametrigen Yeoh Modells definiert

sehr ähnliche Ergebnisse als jene des uneingeschränkten Fung Modells liefern (siehe Abb. 5.28c,d), gewährleisten sie die Konvexität des Gefäßwandmodells.

Um die Identifikation von „plausiblen" Materialparametern zu unterstützen, wird empfohlen, alle verfügbaren Informationen dem Minimierungsproblem als Nebenbedingungen hinzuzufügen. Neben der Konvexitätsbeschränkung wurde die homogene Spannungshypothese [65] und andere plausible Annahmen [72] verwendet. Es schränkt dann den Parameterraum ein, was zu einer erhöhten Zuverlässigkeit der geschätzten Modellparameter führt [258–260, 188].

5.6.2.3 GOH Modell

Mit dem GOH Modell ist die Zielfunktion Φ eine komplexe fünfdimensionale Funktion mit mehreren lokalen Minima. Ein numerischer Minimierungsalgorithmus identifizierte das globale Minimum bei $c_0 = 2{,}8973$ kPa, $c_{1\,\mathrm{m}} = 25{,}538$ kPa, $c_{2\,\mathrm{m}} = 0{,}20206$, $c_{3\,\mathrm{m}} = 12{,}357$ kPa, und $c_{4\,\mathrm{m}} = 0{,}39602$, und Abb. 5.28e,f veranschaulicht das Modell im Verhältnis zu den experimentellen Daten. Dieses Modell berücksichtigte eine zweischichtige Gefäßwandbeschreibung, und Abb. 5.31 zeigt die *individuellen* Spannungsbeiträge der Media und Adventitia.

5.6.2.4 Einfluss von verrauschten experimentellen Daten

Experimentelle Daten sind immer *verrauscht*, ein Faktor, der die Schätzung von Materialparametern beeinflussen kann. Lassen Sie uns zufällige Störungen zu den, in Tab. F.1 aufgeführten Daten hinzufügen, um diesen Effekt zu untersuchen. Die zufällig gestörten Streckungen und Spannungen lauten dann

$$\left.\begin{array}{lcl} \lambda_\theta^{\star\mathrm{e}} = \lambda_\theta^\mathrm{e} + \alpha w_{\lambda_\theta}(\lambda_\theta^\mathrm{e} - 1) & ; & \lambda_z^{\star\mathrm{e}} = \lambda_z^\mathrm{e} + \alpha w_{\lambda_z}(\lambda_z^\mathrm{e} - 1)\ ; \\ P_\theta^{\star\mathrm{e}} = P_\theta^\mathrm{e} + \alpha w_{P_\theta} P_\theta^\mathrm{e} & ; & P_z^{\star\mathrm{e}} = P_z^\mathrm{e} + \alpha w_{P_z} P_z^\mathrm{e}\ , \end{array}\right\} \tag{5.69}$$

wobei α das Rauschniveau bezeichnet, und $-\mathrm{mean}[(\bullet)] < w_{(\bullet)} < \mathrm{mean}[(\bullet)]$ mit $(\bullet) = \{\lambda_\theta\}, \{\lambda_z\}, \{P_\theta\}, \{P_z\}$ sind normalverteilte pseudozufällige Zahlen, die mit der Norm der experimentellen Daten skaliert wurden.

Für die so gestörten Eingangsdaten fasst Tab. 5.5 die jeweiligen least-square-optimierten Materialparameter der Yeoh bzw. Fung Modelle zusammen. Während die Modelle die bestmögliche Darstellung der (verrauschten) experimentellen Daten liefern, führten unterschiedliche Rauschniveaus zu sehr unterschiedlichen Modellparametern. Die grafische Darstellung der Zielfunktion Φ in Abb. 5.30 des Yeoh Modells hilft uns, diese Beobachtung zu verstehen. Der Plot zeigt bereits, dass es schwieriger ist, Φ im Hinblick auf c_1 als c_2 zu minimieren - die Krümmung von Φ entlang c_1 ist viel kleiner als entlang c_2. Die Einbeziehung von Rauschen in die experimentellen Daten führt dann zu einer höheren Variabilität von c_1 als c_2, siehe die Daten für das Yeoh Modell in Tab. 5.5.

Störungen in den experimentellen Daten beeinflussen die Bestimmung der Materialparameter, und die identifizierten Parameter sind daher nicht mehr deterministisch, sondern probabilistisch, und ein Satz von Parametern hat eine bestimmte Wahrscheinlichkeit aufzutreten. Angesichts des Rauschniveaus von $\alpha = 0{,}1$ und der Anwendung des Fung Modells ergeben sich die Parameter

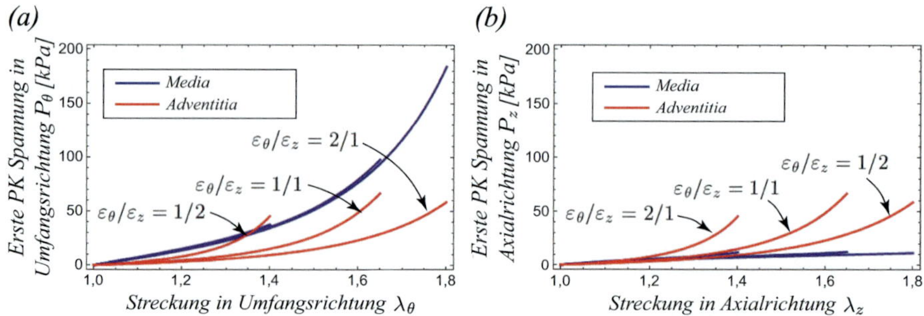

Abb. 5.31 Beiträge der Media und der Adventitia zu den mechanischen Eigenschaften der Gefäßwand für drei verschiedenen Belastungsprotokolle: $\varepsilon_\theta/\varepsilon_z = 2/1$; $1/1$; $1/2$. (**a**) Zirkumferenzielle erste Piola-Kirchhoff Spannung P_θ als Funktion der zirkumferenziellen Streckung $\lambda_\theta = 1 + \varepsilon_\theta$. (**b**) Axiale erste Piola–Kirchhoff Spannung P_z als Funktion der axialen Streckung $\lambda_z = 1 + \varepsilon_z$. Ausgezogene Kurven bezeichnen das analytische Modell, bei dem jede Wandschicht durch die GOH Verzerrungsenergie modelliert wird (5.35). Die Modellparameter wurden durch Least-Square-Optimierung der in Tab. F.1 aufgeführten experimentellen Daten bestimmt. PK–Piola-Kirchhoff

Tab. 5.5 Einfluss von Rauschen auf die Identifikation von Materialparametern

Rauschniveau α	0,0	0,05	0,1	0,15	0,2
(a) Yeoh Modell					
c_1 [kPa]	1,05424	1,42133	0,701512	1,68206	1,93777
c_2 [kPa]	7,06777	6,93361	7,06531	6,82147	6,75673
(b) Fung Modell					
c_0 [kPa]	31,6821	26,515	51,7766	41,0168	53,576
c_1	0,482481	0,5047	0,428366	0,406477	0,428047
c_2	0,327107	0,331239	0,211366	0,306464	0,172561
c_3	0,329228	0,380465	0,0618468	0,313789	0,0290524
c_4	0,166558	0,114796	0,149742	0,147198	0,104941
c_5	0,292222	0,162037	0,115555	0,335757	−0,0446757
c_6	−0,623488	−0,816747	−0,231142	−0,506722	−0,221245

$c_0 = 28{,}36$ (*SD* 4,319) kPa, $c_1 = 0{,}49$ (*SD* 0,01978), $c_2 = 0{,}3484$ (*SD* 0,0571), $c_3 = 0{,}4381$ (*SD* 0,2032), $c_4 = 0{,}1437$ (*SD* 0,05207), $c_5 = 0{,}2901$ (*SD* 0,177), $c_6 = -0{,}7498$ (*SD* 0,1849). Diese Parameter sind durch Mittelwert und Standardabweichung (SD) angegeben, und durch zehn unabhängige Minimierungen der Zielfunktion Φ mit den zufällig gestörten Eingangsdaten gemäß (5.69) identifiziert worden. Während die individuell geschätzten Parametersätze erheblich variieren, erfassen sie jeweils sehr gut die experimentellen Daten, siehe Abb. 5.32. Die Untersuchung von Modellparametervariationen alleine ist daher nicht aussagekräftig bei der Beurteilung eines nichtlinearen Modells.

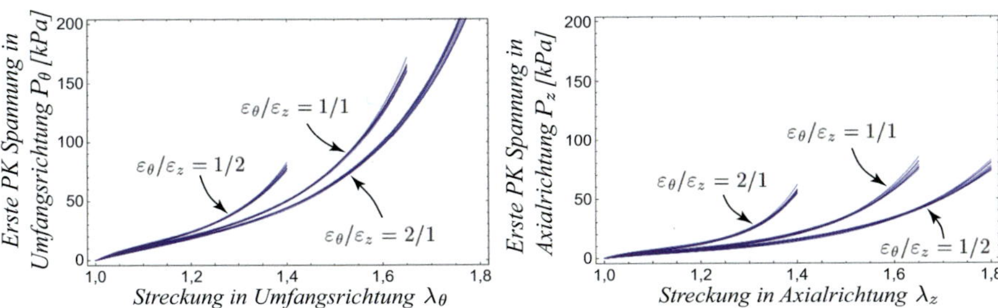

Abb. 5.32 Schätzung von Materialparametern auf der Basis von verrauschten experimentellen Daten. Zehn individuelle Ergebnisse werden gezeigt und die entsprechenden Parametersätze wurden aus zufällig gestörten Eingangsdaten mit dem Rauschniveau von $\alpha = 0{,}1$ identifiziert. Die Identifikationen verwendeten das Fungsche Modell (5.26) unter der Nebenbedingung einer streng konvexen Verzerrungsenergie

Beispiel 5.5 (Gewebe-Charakterisierung durch Einfache Scherung) Die in Abb. 5.33 gezeigte experimentelle Einrichtung wird zur Charakterisierung der Materialeigenschaften der Gefäßwand verwendet. Die Gewebeprobe wird zwischen zwei starren Platten einer einfachen Scherung ausgesetzt.

(a) Leiten Sie die Bewegung $\boldsymbol{\chi}(\mathbf{X})$ ab, die die unverformte Konfiguration Ω_0 in die verformte Konfiguration Ω der Gewebeprobe überführt.
(b) Leiten Sie die Beziehung der rechten Cauchy-Green Verzerrung $\mathbf{C}$ und der linken Cauchy-Green Verzerrung $\mathbf{b}$ ab.
(c) Geben Sie die Eigenwertdarstellung von $\mathbf{C}$ und $\mathbf{b}$ an.
(d) Leiten Sie die Beziehung der Kraft P als Funktion der Verschiebung u ab. Das Gefäßgewebe kann als inkompressibles Material und mit der Verzerrungsenergie

$$\Psi = c_1(I_1 - 3) + c_2(I_1 - 3)^2 \tag{5.70}$$

beschrieben werden, wobei $I_1 = \mathrm{tr}\mathbf{C}$ die erste Invariante der rechten Cauchy-Green Verzerrung $\mathbf{C} = \mathbf{F}^\mathrm{T}\mathbf{F}$ bezeichnet, und c_1, c_2 Materialparameter sind.

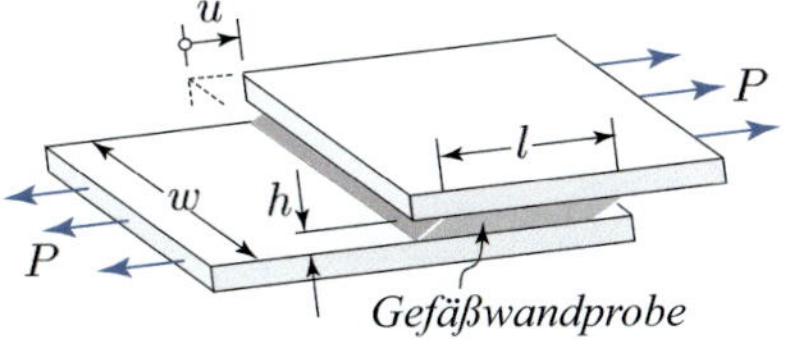

Abb. 5.33 Schematische Darstellung der einfachen Scherung einer Gefäßwandprobe. Der Aktuator gibt die Verschiebung u vor, während die Kraft P von einer Lastzelle gemessen wird

(e) Betrachten Sie die Abmessungen $l = 17$ mm, $w = 25$ mm, $h = 1{,}5$ mm und verwenden Sie die Methode der kleinsten Quadrate (Least-Square-Optimierung), um die Materialparameter c_1 und c_2 aus den Satz $\{(0{,}5,\ 0{,}3),\ (1{,}0,\ 0{,}5),\ (1{,}5,\ 1{,}2),\ (2{,}0,\ 2{,}3)\}$ von experimentellen Messpunkten zu bestimmen, wobei hier das Datenformat (u [mm], P [N]) verwendet wird.

■

Beispiel 5.6 (Gewebe Charakterisierung durch Inflationsexperiment) Ein *in vitro* Inflationsexperiment wird verwendet, um die Materialeigenschaften eines Koronararteriensegments zu charakterisieren. Das Gefäßsegment mit dem Referenzdurchmesser $D = 4{,}0$ mm, der Länge $L = 70{,}0$ mm und der Wanddicke $H = 1{,}0$ mm wird dabei in einem Zugprüfsystem montiert, siehe Abb. 5.34. Das Gefäß wird bei seiner deformierten Länge l fixiert und dann langsam (quasistatisch) bis zum Druck p_i aufgeblasen. Eine Kamera zeichnet den deformierten Gefäßdurchmesser d auf, und eine Lastzelle misst die reduzierte axiale Kraft F_z, und somit die Reaktionskraft, die vom Gefäß auf die linke Klemme übertragen wird. Die Gefäßwand kann als inkompressibles Material betrachtet werden, das durch die Verzerrungsenergie

$$\Psi = c(I_1 - 3)^2 \tag{5.75}$$

bestimmt ist, wobei $I_1 = \mathrm{tr}\mathbf{C}$ die erste Invariante der Cauchy-Green Verzerrung $\mathbf{C}$ bezeichnet. Membrantheorie kann bei der Analyse dieses Inflationsexperimentes verwendet werden.

(a) Leiten Sie die Beziehungen der Cauchy Spannung in Umfangs- σ_θ und Axialrichtung σ_z als Funktion der Streckung in Umfangs- λ_θ und der Axialrichtung λ_z ab.
(b) Verwenden Sie die Gleichgewichtsrelation, um den Inflationsdruck p_i und die reduzierte axiale Kraft F_z als Funktion des deformierten Gefäßdurchmessers d, der Länge l und der Wanddicke h, sowie des konstitutiven Parameters c auszudrücken.

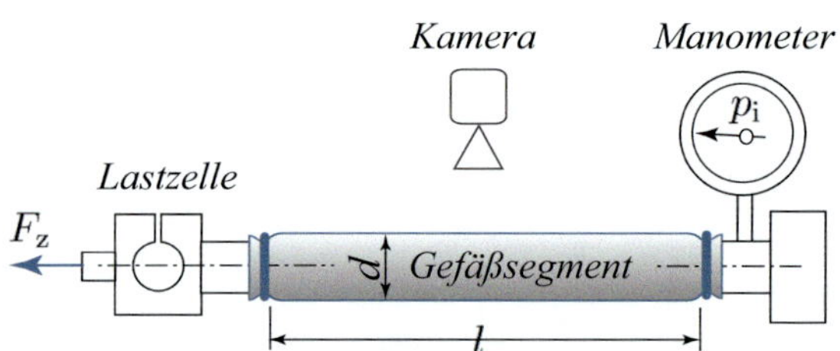

Abb. 5.34 Schematische Darstellung eines *in vitro* Inflationsexperimentes. Das Gefäßsegment wird dabei bei der axialen Länge l festgehalten und der Inflationsdruck p_i von einem Manometer gemessen. Die Kamera nimmt Bilder auf, um den Gefäßdurchmesser d zu messen, und die Lastzelle zeichnet die reduzierte axiale Kraft F_z auf

(c) Betrachten Sie den Satz {(4,6, 73,5, 5,2, 21), (5,1, 73,5, 15,0, 3)} von experimentellen Messpunkten und führen Sie eine Least-Square-Optimierung durch, um den konstitutiven Parameter c zu identifizieren. Ein Messpunkt wird hier im Format (d [mm], l [mm], p_i [kPa], F_z [mN]) angegeben. Betrachten Sie den identifizierten Parameter c und plotten Sie den Inflationsdruck p_i und die reduzierte axiale Kraft F_z als Funktion des deformierten Durchmessers d bei der festen Gefäßlänge von $l = 73{,}5$ mm.

■

Die in diesem Abschnitt skizzierten Ansätze zur Parameteridentifikation erforderten die Formulierung eines analytischen Modells, das die mechanischen Eigenschaften der Testprobe beschreibt. Eine solche Beschreibung ist normalerweise auf Deformationen beschränkt, die in der Gewebeprobe homogen sind. Einschränkungen in Sinne der Probenform und -größe lassen diese Voraussetzungen jedoch oft nicht zu, und es wurden daher auch generellere inverse Parameteridentifikationsansätze vorgeschlagen [126, 226, 261, 262].

5.7 Fallstudie: Strukturanalyse der aneurysmatischen infrarenalen Aorta

Angesichts der klinischen Relevanz eines AAA ist seine biomechanische Erforschung von enormem wissenschaftlichem und medizinischem Interesse. Die Wandspannung ist ein Indikator für das AAA-Rupturrisiko, siehe Abschn. 1.6, und diese Fallstudie demonstrieren alle Schritte zur Berechnung dieser Größe. Während das hier betrachtete AAA von 4,5 cm maximalem transversalem Durchmesser weit unter der Indikation zur Durchführung eines klinischen Eingriffes liegt, könnten sich bereits Bereiche hoher Wandspannung entwickelt haben.

5.7.1 Modellannahmen

Die Wand der infrarenalen Aorta wurde aus klinisch aufgezeichneten CT-A-Bildern rekonstruiert (A4clinics Research Edition, VASCOPS GmbH) und dann im Stereolithography (STL) Dateiformat gespeichert, siehe Abb. 5.35. Eine CT-A-Untersuchung des Abdomens dauert nur wenige Sekunden, während denen die Aorta zwischen diastolischer und systolischer Phase pulsiert. Die meisten Bildgebungsverfahren zielen dabei auf die Aufnahme in der diastolischen Phase ab, wie auch die CT-A-Aufnahme in Abb. 5.35a. Da die AAA-Wand viel steifer ist als die normale Aorta, wurde ihre Deformation vernachlässigt und die diastolische Geometrie repräsentierte daher auch die spannungsfreie Referenzkonfiguration Ω_0 unseres FEM-Modells. Die Dicke der AAA-Wand hängt von einer Reihe von Faktoren ab [134, 151] und CT-A-Bilder erlauben keine robuste Rekonstruktion der Wanddicke. Das Modell verwendete daher eine vorgegebene Wanddicke zwischen 1,13 mm und 1,5 mm, ein Wert, der von der Dicke der darunterliegenden ILT-Schicht abhängt [263].

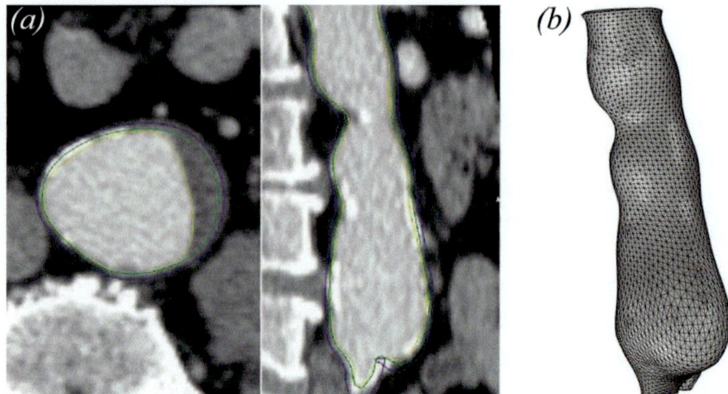

Abb. 5.35 (**a**) Computertomographie-Angiographie (CT-A) Bilder zur Rekonstruktion der Gefäßgeometrie eines Bauchaortenaneurysmas (AAA). Die gelbe Kurve umschließt das Lumen, der Bereich zwischen den gelben und grünen Linien repräsentiert den Intra-luminalen Thrombus (ILT), während die grünen und blauen Linien die Gefäßwand umschließen. (**b**) Rekonstruierte Gefäßwand im Stereolithography (STL) Dateiformat

Die AAA-Wand wurde als isotropes nichtlineares Kontinuum, das finite Deformationen erleiden kann, modelliert. Die Beiträge der verschiedenen Gefäßwandschichten wurden dabei homogenisiert und durch das Yeoh Modell (5.8) mit den konstitutiven Parametern $c_1 = 177{,}0\,\text{kPa}$ und $c_2 = 1881{,}0\,\text{kPa}$ beschrieben. Diese Information basiert auf *in vitro* 1D-Zugversuchen der AAA-Wand [148]. Obwohl unser AAA einen ILT beinhaltet, wurden die strukturellen Auswirkungen dieses Pseudo-Gewebes im FEM-Modell vernachlässigt, und dieser nicht modelliert.

Angesichts des individuellen systolischen/diastolischen Blutdrucks von 140/90 mmHg wurde der MAP $p_\text{i} = 14{,}2\,\text{kPa}$ als Neumann Randbedingung an der Innenseite der Gefäßwand vorgeschrieben. Der abdominale Druck wurde auf null gesetzt und die äußere Gefäßwand ist damit traktionsfrei. Zusätzlich zur Inflation durch den arteriellen Druck wird die Aorta auch in axialer Richtung gedehnt. Während die axiale *in vivo* Dehnung bei der jungen Aorta etwa 40 % erreicht, nimmt sie mit dem Alter stark ab [80]; wahrscheinlich auch mit der Entwicklung einer Aneurysmaerkrankung. Die axiale Vordehnung wurde daher in unserem AAA Modell vernachlässigt.

Die Aorta ist im Körper verankert, und Annahmen bezüglich dieser Randbedingung müssen getroffen werden. Zwei Stellen scheinen dabei eine wichtige Rolle zu spielen: die Bereiche der Nierenarterien und der Aortenbifurkation, Stellen, wo die Aorta fest mit den umgebenden Geweben verbunden ist. Alle Verschiebungen der Aortenwand in diesen Bereichen wurden daher gesperrt, und das Anbringen dieser Dirichlet Randbedingungen vervollständigt die Beschreibung des FEM-Modells. Wir können nun das FEM-Netz erzeugen und die Spannung in der AAA Wand aus der Lösung des quasi-statischen Gleichgewichts berechnen.

5.7.2 Ergebnisse und Interpretation der berechneten Wandspannung

Das FEM-Modell verwendete quadratische tetraedrische Finite Elemente mit etwa 100k Freiheitsgraden, um das strukturelle Problem zu approximieren. Abb. 5.36 veranschaulicht die Verteilung der von Mises Spannung. Da die Spannung in der Wand druckbeaufschlagter rohrförmiger Strukturen durch die lokale Krümmung bestimmt wird, ist die Spannung komplex über die Aneurysmawand verteilt. Sie erreicht bis zu etwa 200 kPa und ist daher bereits viel höher als die von Mises Spannung

$$\sigma_{\mathrm{M}} = \sqrt{\sigma_\theta^2 - 2\sigma_\theta\sigma_z + \sigma_z^2} = \frac{\sqrt{3}}{4}\sigma_\theta = 86{,}1\,\mathrm{kPa} \tag{5.77}$$

in der normalen infrarenalen Aorta. Bei der Ableitung dieses Ergebnisses haben wir die Membranannahme verwendet, sowie der Berechnung den Gefäßdurchmesser von $d = 21{,}0$ mm und die Wanddicke von $h = 1{,}5$ mm zu Grunde gelegt. Es ergab sich damit eine Umfangsspannung von $\sigma_\theta = p_\mathrm{i}d/(2h) = 99{,}4$ kPa und eine axiale Spannung von $\sigma_z = \sigma_\theta/2 = 49{,}7$ kPa in der Gefäßwand.

Die höchste Spannung tritt in der Aortenbifurkation auf, siehe Abb. 5.36b, an einer Stelle, die jedoch von der Analyse ausgeschlossen werden muss. In Bifurkationen passt sich das Gefäßgewebe der hohen mechanischen Belastung an und nimmt dabei sehnenähnliche Histologie an. Es unterscheidet sich dabei stark von der normalen Gefäßwand [264], sodass die Modellannahmen bezüglich der Wanddicke und der Gewebeeigenschaften in der Bifurkation nicht gelten. Darüber hinaus erlaubt die Annahme eines homogenen Kontinuums über die drei Gefäßwandschichten hinweg keine Schlussfolgerungen bezüglich der lokalen Spannung innerhalb der Wand. Wir können daher nur die Spannung im Durchschnitt über die Wand beurteilen. Unsere Analyse vernachlässigte auch Residualspannungen in der lastfreien Konfiguration Ω_0, ein Faktor, der den Spannungsgradienten über die Wand der druckbeaufschlagten Aorta verringert hätte.

5.8 Zusammenfassung und Schlussfolgerung

Die biomechanischen Eigenschaften von Leitungsgefäßen sind entscheidend für die Funktion des Herz-Kreislauf Systems. Neben der Erforschung physiologischer Mechanismen ist die Interaktion von biomechanischen, biochemischen und klinischen Faktoren von entscheidender Bedeutung, um unser Verständnis von Gefäßerkrankungen zu erweitern [265].

Die biomechanischen makroskopischen Eigenschaften der Gefäßwand resultieren aus der komplexen 3D-Anordnung und Interaktion von mikrostrukturellen Bestandteilen. Zahlreiche konstitutive Beschreibungen wurden in der Literatur vorgeschlagen, und die komplexen Eigenschaften der Gefäßwand führen in der Regel zu einer großen Anzahl von *strukturellen* und *mechanischen* Modellparametern. Sie müssen aus geeigneten experimentellen Informationen identifiziert werden. Die *in vitro* Charakterisierung ermöglicht es, die Gefäßwand unter kontrollierten

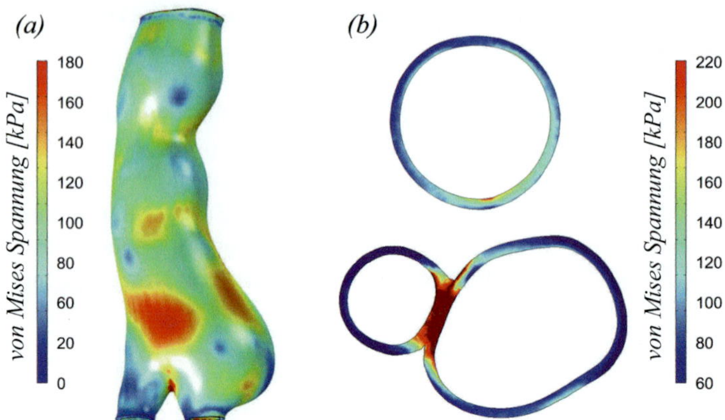

Abb. 5.36 Belastung der Wand eines Bauchaortenaneurysmas (AAA) bei einem Blutdruck von $p_\mathrm{i} = 14{,}2$ kPa. Die von Mises Spannung über das gesamte AAA **(a)** und an ausgewählten Querschnitten **(b)** wird gezeigt

Bedingungen zu belasten und erlaubt das Erfassen reichhaltiger experimenteller Daten für die Identifikation von Materialparametern. Allerdings muss das Gefäß dabei disseziert werden, ein Eingriff, der seine mechanischen Eigenschaften verändern kann. Im Gegensatz dazu bleibt das Gefäß bei der *in vivo* Charakterisierung intakt, es wird in seiner natürlichen Umgebung getestet. Es wird dabei jedoch oft zu wenig Informationen erfasst, um eine robuste Parameteridentifikation zu gewährleisten.

Trotz ermutigender Fortschritte in der Gefäßgewebebiomechanik bleibt die Variabilität der biomechanischen Vorhersagen aus der *Unsicherheit* der Eingangsinformationen eine herausfordernde Einschränkung. Schlüsselinformationen, wie detaillierte Gefäßmorphologie und lokale biomechanische Eigenschaften des Gefäßwandgewebes, bleiben oft unbekannt, oder ihre robuste Identifikation ist schwierig. Eine klare Grenze zwischen verschiedenen Gefäßkomponenten zu ziehen, kann auch herausfordernd sein. Selbst wenn dies gelingt, bleibt die mechanische Interaktion über diese Grenzen hinweg unklar. Die Beschreibung von Randbedingungen ist eine weitere herausfordernde Aufgabe, und es besteht nach wie vor ein sehr begrenztes Verständnis wie beispielsweise die Adventitia mit dem umgebenden Gewebe verankert ist [73]. Der Mangel an Inputinformation wird oft durch Parameter, die eine homogene *Durchschnittspopulation* beschreiben kompensiert. Inwieweit diese Vereinfachung die Modellvorhersagen beeinflusst, muss für jede einzelne Anwendung untersucht werden. *Probabilistische Ansätze* scheinen in dieser Hinsicht auch ein vielversprechender Weg zu sein, um mit dem Mangel an Inputinformation gefäßbiomechanischer Fragestellungen umzugehen [266–269].

Es besteht in der Regel eine große intra-patienten und inter-patienten Variation in den Materialeigenschaften von Gefäßgeweben. Derzeit ist jedoch *keine* nichtinvasive Technik bekannt, die in der Lage wäre, individuelle biomechanische

Eigenschaften von Gefäßgeweben zu erfassen, um ihre detaillierte biomechanische Analyse zu ermöglichen. Selbst unter gut definierten Laborbedingungen zeigt die *in vitro* experimentelle Charakterisierung von Gefäßwandeigenschaften eine enorme Variabilität und die identifizierten Gewebeeigenschaften variieren in der Regel mindestens um eine Größenordnung. Während die detaillierten Ursachen dieser Variabilität weitgehend unbekannt bleiben, wurden bereits mehrere beeinflussende Faktoren identifiziert. Chronische Nierenerkrankung (CKD) [151], COPD [152], bikuspide Aortenklappenanatomie [153, 156], Marfan-Syndrom [155], Diabetes mellitus [154], Gewebestoffwechselaktivität [151], Tabakkonsum [37] sowie die Verabreichung von Medikamenten, wie Beta-Blocker und Angiotensin-Converting-Enzyme (ACE) Hemmer [154], verändern die biomechanischen Eigenschaften der Gefäßwand. Ein besseres Verständnis davon, wie solche und derzeit unbekannte Faktoren die Mechanik des Gefäßgewebes beeinflussen, könnten die Zuverlässigkeit biomechanischer Simulationen entscheidend verbessern. Die oben genannten Faktoren beeinflussen sich oft gegenseitig, was die Erforschung ihres isolierten Auswirkung in der Biomechanik erschwert. Bei ausreichenden experimentellen Daten hat sich die Anwendung von auf maschinellem Lernen-basierten (ML-basierten) Ansätzen als erfolgreich erwiesen [268, 270] und könnte dazu beitragen, diese Wissenslücke zu schließen.

Literatur

1. W.W. Nichols, M.F. O'Rourke, C. Vlachopoulos, *McDonald's Blood Flow in Arteries*. Theoretical, Experimental and Clinical Principles, 6. Aufl. (Arnold, London, 2011)
2. S. Laurent, J. Cockcroft, L. Van Bortel, P. Boutouyrie, C. Giannattasio, D. Hayoz, B. Pannier, C. Vlachopoulos, I. Wilkinson, H. Struijker-Boudier, Expert consensus document on arterial stiffness: methodological issues and clinical applications. Eur. Heart J. **27**, 2588–2605 (2006)
3. D. Gomez, A. Al Haj Zen, L.F. Borges, M. Philippe, P.S. Gutierrez, G. Jondeau, et al, Syndromic and non-syndromic aneurysms of the human ascending aorta share activation of the smad2 pathway. J. Pathol. **218**, 131–142 (2009)
4. J.F. Vollmar, E. Paes, P. Pauschinger, E. Henze, A. Friesch, Aortic aneurysms as late sequelae of above-knee amputation. Lancet **2**, 834–835 (1989)
5. M.H. Friedman, D.L. Fry, Arterial permeability dynamics and vascular disease. Arteriosclerosis **104**, 189–194 (1993)
6. D.N. Ku, D.P. Giddens, C.K. Zarins, S. Glagov, Pulsatile flow and atherosclerosis in the human carotid bifurcation. Positive correlation between plaque location and low oscillating shear stress. Arteriosclerosis **5**, 293–302 (1985)
7. C.K. Zarins, D.P. Giddens, B.K. Bharadvaj, V.S. Sottiurai, R.F. Mabon, S. Glagov, Carotid bifurcation atherosclerosis. quantitative correlation of plaque localization with flow velocity profiles and wall shear stress. Circ. Res. **53**, 502–514 (1983)
8. D.A. McDonald, *Blood Flow in Arteries*, 6th edn. (Edward Arnold, London, 2011)
9. A. Rachev, S.E. Greenwald, T. Shazly, Are geometrical and structural variations along the length of the aorta governed by a principle of 'optimal mechanical operation'? ASME. J. Biomech. Eng. **135**, 81006 (2013). https://doi.org/10.1115/SBC2013-14427
10. P.D. Yurchenco, J.J. O'Rear, Basal lamina assembly. Curr. Opin. Cell Biol. **6**, 674–681 (1994)

11. T.C. Gasser, S. Gallinetti, X. Xing, C. Forsell, J. Swedenborg, J. Roy, Spatial orientation of collagen fibers in the Abdominal Aortic Aneurysm wall and its relation to wall mechanics. Acta Biomater. **8**, 3091–3103 (2012)
12. M.K. O'Connell, S. Murthy, S. Phan, C. Xu, J. Buchanan, R. Spilker, R.L. Dalman, C.K. Zarins, W. Denk, C.A. Taylor, The three-dimensional micro- and nanostructure of the aortic medial lamellar unit measured using 3d confocal and electron microscopy imaging. Matrix Biol. **27**, 171–181 (2008)
13. J.M. Clark, S. Glagov, Transmural organization of the arterial media: the lamellar unit revisited. Arteriosclerosis **5**, 19–34 (1985)
14. K.P. Dingemans, P. Teeling, J.H. Lagendijk, A.E. Becker, Extracellular matrix of the human aortic media: an ultrastructural histochemical and immunohistochemical study of the adult aortic media. Anat. Rec. **258**, 1–14 (2000)
15. D. Carey, Control of growth and differentiation of vascular cells by extracellular matrix proteins. Annu. Rev. Physiol. **53**, 161–177 (1991)
16. R. Nissen, G.J. Cardinale, S. Udenfriend, Increased turnover of arterial collagen in hypertensive rats. Proc. Natl. Acad. Sci. U.S.A. **75**, 451–453 (1978)
17. D.H. Bergel, The static elastic properties of the arterial wall. J. Physiol. **156**, 445–457 (1961)
18. G.J. Langewouters, K.H. Wesseling, W.J.A. Goedhard, The static elastic properties of 45 human thoracic and 20 abdominal aortas in vitro and the parameters of a new model. J. Biomech. **17**, 425–435 (1984)
19. D.P. Sokolis, Passive mechanical properties and structure of the aorta: segmental analysis. Acta Physiol. **190**, 277–289 (2007)
20. P. Fratzl (Hrsg.), *Collagen—Structure and Mechanics* (Springer, New York, 2008)
21. T.C. Gasser, R.W. Ogden, G.A. Holzapfel, Hyperelastic modelling of arterial layers with distributed collagen fibre orientations. J. R. Soc. Interface **3**, 15–35 (2006)
22. R.L. Armentano, J. Levenson, J.G. Barra, E.I. Fischer, G.J. Breitbart, R.H. Pichel, A. Simon, Assessment of elastin and collagen contribution to aortic elasticity in conscious dogs. Am. J. Physiol. **260**, H1870–H1877 (1991)
23. S.E. Greenwald, J.E. Moore, Jr., A. Rachev, T.P.C. Kane, J.-J. Meister, Experimental investigation of the distribution of residual strains in the artery wall. ASME. J. Biomech. Eng. **119**, 438–444 (1997)
24. J.E. Scott, Elasticity in extracellular matrix 'shape modules' of tendon, cartilage, etc. A sliding proteoglycan-filament model. J. Physiol. **553**(2), 335–343 (2003)
25. J.E. Scott, Cartilage is held together by elastic glycan strings. Physiological and pathological implications. Biorheology **45**, 209–217 (2008)
26. R. Haverkamp, M.W. Williams, J.E. Scott, Stretching single molecules of connective tissue glycans to characterize their shape-maintaining elasticity. Biomacromols **6**, 1816–1818 (2005)
27. J. Liao, I. Vesely, Skewness angle of interfibrillar proteoglycans increases with applied load on mitral valve chordae tendineae. J. Biomech. **40**, 390–398 (2007)
28. P.S. Robinson, T.F. Huang, E. Kazam, R.V. Iozzo, D.E. Birk, L.J. Soslowsky, Influence of decorin and biglycan on mechanical properties of multiple tendons in knockout mice. ASME. J. Biomech. Eng. **127**, 181–185 (2005)
29. N. Sasaki, S. Odajima, Elongation mechanism of collagen fibrils and force-strain relations of tendon at each level of the structural hierarchy. J. Biomech. **29**, 1131–1136 (1996)
30. G. Fessel, J.G. Snedeker, Equivalent stiffness after glycosaminoglycan depletion in tendon—an ultra-structural finite element model and corresponding experiments. J. Theor. Biol. **268**, 77–83 (2011)
31. A. Redaelli, S. Vesentini, M. Soncini, P. Vena, S. Mantero, F.M. Montevecchi, Possible role of decorin glycosaminoglycans in fibril to fibril force transfer in relative mature tendons—a computational study from molecular to microstructural level. J. Biomech. **36**, 1555–1569 (2003)

32. S. Vesentini, A. Redaelli, F.M. Montevecchi, Estimation of the binding force of the collagen molecule-decorin core protein complex in collagen fibril. J. Biomech. **38**, 433–443 (2005)
33. S. Rigozzi, R. Mueller, J.G. Snedeker, Local strain measurement reveals a varied regional dependence of tensile tendon mechanics on glycosaminoglycan content. J. Biomech. **42**, 1547–1552 (2009)
34. S. Rigozzi, R. Mueller, J.G. Snedeker, Collagen fibril morphology and mechanical properties of the achilles tendon in two inbred mouse strains. J. Anat. **216**, 724–731 (2010)
35. M.R. Roach, A.C. Burton, The reason for the shape of the distensibility curve of arteries. Canad. J. Biochem. Physiol. **35**, 681–690 (1957)
36. C.L. Berry, S.E. Greenwald, Effect of hypertension on the static mechanical properties and chemical composition of the rat aorta. Cardiovasc. Res. **10**, 437–451 (1976)
37. A. Kamenskiy, A. Seas, G. Bowen, P. Deegan, A. Desyatova, N. Bohlim, W. Poulson, J. MacTaggart, In situ longitudinal pre-stretch in the human femoropopliteal artery. Acta Biomater. **32**, 231–237 (2016)
38. A.M. Tamburro, A. DeStradis, L. D'Alessio, Fractal aspects of elastin supramolecular structure. J. Biomol. Struct. Dyn. **12**, 1161–1172 (1995)
39. E.G. Cleary, The microfibrillar component of the elastic fibers. morphology and biochemistry, in *Connective Tissue Disease. Molecular Pathology of the Extracellular Matrix*, Hrsg. by J. Uitto, A.J. Perejda, Bd. 12 (Dekker, New York, 1987), S. 55–81
40. R.R. Ross, P. Bornstein, The elastic fiber: I. The separation and partial characterization of its macromolecular components. J. Cell Biol. **40**, 366–381 (1969)
41. G. Faury, Function-structure relationship of elastic arteries in evolution: from microfibrils to elastin and elastic fibres. Pathol. Biol. **49**, 310–325 (2001)
42. B. Alberts, D. Bray, J. Lewis, M. Raff, K. Roberts, J.D. Watson, *Molecular Biology of the Cell* (Garland Publishing, New York, 1994)
43. M. Bäck, T.C. Gasser, J.-B. Michel, G. Caligiuri, Review. biomechanical factors in the biology of aortic wall and aortic valve diseases. Cardiovasc. Res. **99**, 232–241 (2013)
44. R. Krams, M. Bäck (eds.), *The ESC Textbook of Vascular Biology* (Oxford University Press, Oxford, 2017)
45. Z. Werb, M.J. Banda, J.H. McKerrow, R.A. Sandhaus, Elastases and elastin degradation. J. Invest. Dermatol. **79**, 154–159 (1982)
46. B. Vrhovski, A.S. Weiss, Biochemistry of tropoelastin. Eur. J. Biochem. **258**, 1–18 (1998)
47. N.T. Soskel, L. B.Sandberg, Pulmonary emphysema. from animal models to human diseases, in *Connective Tissue Disease. Molecular Pathology of the Extracellular Matrix*, Hrsg. by J. Uitto, A.J. Perejda, Bd. 12 (Dekker, New York, 1987), S. 423–453
48. A.J. Cocciolone, J.Z. Hawes, M.C. Staiculescu, E.O. Johnson, M. Murshed, J.E. Wagenseil, Elastin, arterial mechanics, and cardiovascular disease. Am. J. Physiol. Heart Circ. Physiol. **315**, H189–H205 (2018)
49. T. Fujiwara, Y. Uehara, The cytoarchitecture of the medial layer in rat thoracic aorta: a scanning electron-microscopic study. Cell Tissue Res. **270**, 165–172 (1992)
50. M.-L. Bochaton-Piallat, C.J.M. de Vries, G.J. van Eys, Vascular smooth muscle cells, in *The ESC Textbook of Vascular Biology*, Hrsg. by R. Krams, M. Bäck, chapter 7 (Oxford University Press, Oxford, 2017), pp. 91–103
51. D.M. Milewicz, C.S. Kwartler, C.L. Papke, E.S. Regalado, J. Cao, A.J. Reid, Genetic variants promoting smooth muscle cell proliferation can result in diffuse and diverse vascular diseases: evidence for a hyperplastic vasculomyopathy. Genet. Med. **12**, 196–203 (2010)
52. H. Abè, K. Hayashi, M. Sato (Hrsg.), *Data Book on Mechanical Properties of Living Cells, Tissues, and Organs* (Springer, New York, 1996)
53. T.T. Tanaka, Y.C. Fung, Elastic and inelastic properties of the canine aorta and their variation along the aortic tree. J. Biomech. **7**, 357–370 (1974)
54. C.S. Roy, The elastic properties of the arterial wall. J. Physiol. **3**, 125–159 (1881)
55. P.B. Dobrin, T.R. Canfield, Elastase, collagenase, and the biaxial elastic properties of dog carotid artery. Am. J. Physiol. **247**, H124–H131 (1984)

56. N. Gundiah, A.R. Babu, L.A. Pruitt, Effects of elastase and collagenase on the nonlinearity and anisotropy of porcine aorta. Physiol. Meas. **34**, 1657–73 (2013)
57. J.N. Marsh, S. Takiuchi, S.J. Lin, G.M. Lanza, S.A. Wickline, Ultrasonic delineation of aortic microstructure: the relative contribution of elastin and collagen to aortic elasticity. J. Acoust. Soc. Am. **115**, 2032–2040 (2004)
58. Z.J. Samila, S.A. Carter, The effect of age on the unfolding of elastin lamellae and collagen fibers with stretch in human carotid arteries. Canad. J. Physiol. Pharm. **59**, 1050–1057 (1981)
59. H. Wolinsky, S. Glagov, Structural basis for the static mechanical properties of the aortic media. Circ. Res. **14**, 400–413 (1964)
60. D.J. Patel, J.S. Janicki, T.E. Carew, Static anisotropic elastic properties of the aorta in living dogs. Circ. Res. **25**, 765–779 (1969)
61. J.P. Vande Geest, M.S. Sacks, D.A. Vorp, The effects of aneurysm on the biaxial mechanical behavior of human abdominal aorta. J. Biomech. **39**, 1324–1334 (2006)
62. T.E. Carew, R.N. Vaishnav, D.J. Patel, Compressibility of the arterial wall. Circ. Res. **23**, 61–68 (1968)
63. S. Roccabianca, C. Bellini, J.D. Humphrey, Computational modelling suggests good, bad and ugly roles of glycosaminoglycans in arterial wall mechanics and mechanobiology. J. R. Soc. Interface **11**, 20140397 (2014)
64. C.J. Choung, Y.C. Fung, Residual stress in arteries, in *Frontiers in Biomechanics*, Hrsg. by G.W. Schmid-Schoenbein, S.L. Woo, B.W. Zweifach (Springer, New York, 1986), S. 117–129
65. Y.C. Fung, What are the residual stresses doing in our blood vessels? Ann. Biomed. Eng. **19**, 237–249 (1991)
66. A. Rachev, S.E. Greenwald, Residual strains in conduit arteries. J. Biomech. **36**, 661–670 (2003)
67. R.N. Vaishnav, J. Vossoughi, Residual stress and strain in aortic segments. J. Biomech. **20**, 235–239 (1987)
68. J. Vossoughi, Longitudinal residual strains in arteries, in *Proceedings of the 11th Southern Biomedical Engineering Conference* (Memphis, 1992), S. 17–19
69. S. de Putter, B.J.B.M. Wolters, M.C.M. Rutten, M. Breeuwer, F.A. Gerritsen, F.N. van de Vosse, Patient-specific initial wall stress in Abdominal Aortic Aneurysms with a backward incremental method. J. Biomech. **40**, 1081–1090 (2007)
70. J.T. Keyes, D.R. Lockwood, U. Utzinger, L.G. Montilla, R.S. Witte, J.P. Vande Geest, Comparisons of planar and tubular biaxial tensile testing protocols of the same porcine coronary arteries. Ann. Biomed. Eng. **41**, 1579–1791 (2013). https://doi.org/10.1007/s10439-012-0679-0
71. J. Lu, X. Zhou, M.L. Raghavan, Inverse elastostatic stress analysis in pre-deformed biological structures: Demonstration using Abdominal Aortic Aneurysms. J. Biomech. **40**, 693–696 (2007)
72. H.W. Weizsäcker, H. Lambert, K. Pascale, Analysis of the passive mechanical properties of rat carotid arteries. J. Biomech. **16**, 703–715 (1983)
73. J. Ferruzzi, P. mboxDi Achille, G. Tellides, J.D. Humphrey, Combining in vivo and in vitro biomechanical data reveals key roles of perivascular tethering in central artery function. PLOS ONE **13**, e0201379 (2018)
74. J.L. Emery, J.H. Omens, A.D. McCulloch, Strain softening in rat left ventricular myocardium. ASME. J. Biomech. Eng. **119**, 6–12 (1997)
75. H.S. Oktay, T. Kang, J.D. Humphrey, G.G. Bishop, Changes in the mechanical behavior of arteries following balloon angioplasty, in *ASME 1991 Biomechanics Symposium, AMD-Vol. 120* (American Society of Mechanical Engineers, New York, 1991)
76. N.V. Salunke, L.D.T. Topoleski, Biomechanics of atherosclerotic plaque. Crit. Rev. Biomed. Eng. **25**, 243–285 (1997)

77. H. Kuivaniemi, E.J. Ryer, J.R. Elmore, G. Tromp, Understanding the pathogenesis of abdominal aortic aneurysms. Expert Rev. Cardiovasc. Ther. **13**, 975–987 (2015)
78. X. Guo, G.S. Kassab, Variation of mechanical properties along the length of the aorta. Am. J. Physiol. Heart Circ. Physiol. **285**, H2614–H2622 (2003)
79. H. Astrand, J. Stålhand, J. Karlsson, M. Karlsson, B. Sonesson Band T. Länne. In vivo estimation of the contribution of elastin and collagen to the mechanical properties in the human abdominal aorta: effect of age and sex. J. Appl. Physiol. **110**, 176–187 (2011)
80. L. Horny, T. Adamek, R. Zitny, Age-related changes in longitudinal prestress in human abdominal aorta. Arch. Appl. Mech. **83**, 875–888 (2013)
81. B. Sonesson, F. Hansen, H. Stale, T. Länne, Compliance and diameter in the huma abdomial aorta—the influence of age and sex. Eur. J. Vasc. Surg. **7**, 690–697 (1993)
82. A.J. Bailey, R.G. Paul, L. Knott, Mechanism of maturation and ageing of collagen. Mech. Ageing Dev. **106**, 1–56 (1998)
83. M. Jadidi, M. Habibnezhad, E. Anttila, K. Maleckis, A. Desyatova, J. MacTaggart, A. Kamenskiy, Mechanical and structural changes in human thoracic aortas with age. Acta Biomater. **103**, 172–188 (2020)
84. T. Länne, B. Sonesson, D. Bergqvist, H. Bengtsson, D. Gustafsson, Diameter and compliance in the male human abdominal aorta: influence of age and aortic aneurysm. Eur. J. Vasc. Surg. **6**, 178–184 (1992)
85. S. Roccabianca, C.A. Figueroa, G. Tellides, J.D. Humphrey, Quantification of regional differences in aortic stiffness in the aging human. J. Mech. Behav. Biomed. Mater. **29**, 618–634 (2014)
86. A.V. Kamenskiy, M. Jadidi, S. A. Razian, M. Habibnezhad, E. Anttila, Mechanical, structural, and physiologic differences in human elastic and muscular arteries of different ages: comparison of the descending thoracic aorta to the superficial femoral artery. Acta Biomater. **119**, 268–283 (2021)
87. J. Krejza, M. Arkuszewski, S.E. Kasner, J. Weigele, A. Ustymowicz, R.W. Hurst, B.L. Cucchiara, S.R. Messe, Carotid artery diameter in men and women and the relation to body and neck size. Stroke **37**, 1103–1105 (2006)
88. S.L. Waters, J. Alastruey, D.A. Beard, P.H.M. Bovendeerd, P.F. Davies, G. Jayaraman, O.E. Jensen, J. Lee, K.H. Parker, A.S. Popel, T.W. Secomb, M. Siebes, S.J. Sherwin, R.J. Shipley, N.P. Smith, F.N. van de Vosse, Theoretical models for coronary vascular biomechanics: progress & challenges. Prog. Biophys. Mol. Biol. **104**, 49–76 (2011)
89. J.T. Dodge Jr., B.G. Brown, E.L. Bolson, H.T. Dodge, Lumen diameter of normal human coronary arteries. influence of age, sex, anatomic variation, and left ventricular hypertrophy or dilation. Circulation **86**, 232–246 (1992)
90. J. Ohayon, G. Finet, R.I. Pettigrew (eds.), *Biomechanics of Coronary Atherosclerotic Plaque: From Model to Patient*. Biomechanics of Living Organs (Elsevier, 2020)
91. O.M. Pedersen, A. Aslaksen, H. Vik-Mo, Ultrasound measurement of the luminal diameter of the abdominal aorta and iliac arteries in patients without vascular disease. J. Vasc. Surg. **17**, 596–601 (1993)
92. J. Vappou, J. Luo, E.E. Konofagou, Pulse wave imaging for noninvasive and quantitative measurement of arterial stiffness in vivo. Am. J. Hypertens. **23**, 393–398 (2010)
93. J.R. Leach, M.R. Kaazempur Mofrad, D. Saloner, *Computational Models of Vascular Mechanics, in Computational Modeling in Biomechanics* (Springer, Berlin, 2010)
94. M. Sonka, J.M. Fitzpatrick, *Handbook of Medical Imaging. Volume 2. Medical Image Processing and Analysis* (Spie Press, Bellingham, 2000)
95. P. Suetens, *Fundamentals of Medical Imaging*, 3. Aufl. (Cambridge, 2017)
96. B.J. Erickson, P. Korfiatis, Z. Akkus, T.L. Kline, Machine learning for medical imaging. RadioGraphics **37**(2), (2017). https://doi.org/10.1148/rg.2017160130
97. G.V.R. Born, P.D. Richardson, Mechanical properties of human atherosclerotic lesions, in *Pathology of Human Atherosclerotic Plaques*, Hrsg. by S. Glagov, W.P. Newman, S.A. Schaffer (Springer, New York, 1990), S. 413–423

98. H.C. Stary, *Atlas of Atherosclerosis: Progression and Regression*, 2nd edn. (The Parthenon Publishing Group Limited, Boca Raton, London, New York, Washington, 2003)
99. E. Karlöf, Seime T, Dias N, Lengquist M, Witasp A, Almqvist H, Kronqvist M, Gåadin JR, Odeberg J, Maegdefessel L, Stenvinkel P, Matic LP, Hedin U. Correlation of computed tomography with carotid plaque transcriptomes associates calcification with lesion-stabilization. Atherosclerosis **288**, 175–185 (2019). https://doi.org/10.1016/j.atherosclerosis.2019.05.005 Epub 2019 May 11
100. R. Virmani, A.P. Burke, A. Farb, F.D. Kolodgie, Pathology of the vulnerable plaque. Am. J. Cardiol. **47**, C13–C18 (2006)
101. C.L. Lendon, M.J. Davies, G.V.R. Born, P.D. Richardson, Atherosclerotic plaque caps are locally weakened when macrophages density is increased. Atherosclerosis **87**, 87–90 (1991)
102. S. Glagov, E. Weisenberg, C.K. Zarins, R. Stankunavicius, G.J. Kolettis, Compensatory enlargement of human atherosclerotic coronary arteries. N. Engl. J. Med. **316**, 1371–1375 (1987)
103. L. Cardoso, S. Weinbaum, Changing views of the biomechanics of vulnerable plaque rupture: a review. Ann. Biomed. Eng. **42**, 415–431 (2014)
104. A. Kelly-Arnold, N. Maldonado, D. Laudier, E. Aikawa, L. Cardoso, S Weinbaum, Revised microcalcification hypothesis for fibrous cap rupture in human coronary arteries. Proc. Natl. Acad. Sci. U.S.A. **110**, 10741–10746 (2013)
105. P.H. Stone, S. Saito, S. Takahashi, Y. Makita, S. Nakamura, T. Kawasaki, A. Takahashi, T. Katsuki, S. Nakamura, A. Namiki, A. Hirohata, T. Matsumura, S. Yamazaki, H. Yokoi, S. Tanaka, S. Otsuji, F. Yoshimachi, J. Honye, D. Harwood, M. Reitman, A.U. Coskun, M.I. Papafaklis, C.L. Feldman, Prediction of progression of coronary artery disease and clinical outcomes using vascular profiling of endothelial shear stress and arterial plaque characteristics: the prediction study. Circulation **126**, 172–181 (2012)
106. J.S. Forrester, The pathogenesis of atherosclerosis and plaque instability, in *Atherosclerosis and Oxidant Stress: A New Perspective*, Hrsg. by J.L. Holtzman (Springer, New York, 2007)
107. P.D. Richardson, Biomechanics of plaque rupture: progress, problems, and new frontiers. Ann. Biomed. Eng. **30**, 524–536 (2002)
108. G. Stoll, M. Bendszus, Minflammation and atherosclerosis: novel insights into plaque formation and destabilization. Stroke **37**, 1923–1932 (2006)
109. J. Ohayon, A.M. Gharib, A. Garcia, J. Heroux, S.K. Yazdani, M. Malvè, P. Tracqui, M.A. Martinez, M. Doblare, G. Finet, R.I. Pettigrew, Is arterial wall-strain stiffening an additional process responsible for atherosclerosis in coronary bifurcations? Am. J. Physiol. Heart Circ. Physiol. **301**, H1097–H1106 (2011)
110. H.M. Loree, R.D. Kamm, R.G. Stringfellow, R.T. Lee, Effects of fibrous cap thickness on peak circumferential stress in model atherosclerotic vessels. Circ. Res. **71**, 850–858 (1992)
111. K. Imoto, T. Hiro, T. Fujii, A. Murashige, Y. Fukumoto, G. Hashimoto, T. Okamura, J. Yamada, K. Mori, M. Matsuzaki, Longitudinal structural determinants of atherosclerotic plaque vulnerability: a computational analysis of stress distribution using vessel models and three-dimensional intravascular ultrasound imaging. J. Am. Coll. Cardiol. **46**, 1507–1515 (2005)
112. Z-Y. Li, S.P. Howarth, T. Tang, J.H. Gillard, How critical is fibrous cap thickness to carotid plaque stability? A flow-plaque interaction model. Stroke **37**, 1195–1199 (2006)
113. M. Cilla, E. Pe na, M.A. Martínez, 3d computational parametric analysis of eccentric atheroma plaque: influence of axial and circumferential residual stresses. Biomech. Model. Mechanobio. **11**, 1001–1013 (2012)
114. D. Tang, C. Yang, S. Kobayashi, D.N. Ku, Effect of a lipid pool on stress/strain distributions in stenotic arteries: 3-d fluid-structure interactions (FSI) models. ASME. J. Biomech. Eng. **126**, 336–370 (2004)
115. J. Ohayon, G. Finet, A.M. Gharib, D.A. Herzka, P. Tracqui, J. Heroux, G. Rioufol, M.S. Kotys, A. Elagha, R.I. Pettigrew, Necrotic core thickness and positive arterial remodeling

index: emergent biomechanical factors for evaluating the risk of plaque rupture. Am. J. Physiol. Heart Circ. Physiol. **295**, H717–H727 (2008)

116. T. Nakahara, M.R. Dweck, N. Narula, D. Pisapia, J. Narula, H.W. Strauss, Coronary artery calcification: From mechanism to molecular imaging. JACC Cardiovasc. Imaging **10**, 582–593 (2017)
117. Z. Terzian, T.C. Gasser, F. Blackwell, F. Hyafil, L. Louedec, C. Deschildre, W. Ghodbane, R. Dorent, A. Nicoletti, M. Morvan, M. Nejjari, L. Feldman, G. Pavon-Djavid, J.-B. Michel, Peri-strut micro-hemorrhages: a possible cause of in-stent neoatherosclerosis? Cardiovasc. Pathol. **26**, 30–38 (2016). https://doi.org/10.1016/j.carpath.2016.08.007
118. A.G. van der Giessen, *Coronary Atherosclerosis and Wall Shear Stress—Towards Application of CT Angiography*. Ph.D. thesis, Eindhoven Technical University, 2010. ISBN: 978-90-90-25382-4
119. Y. Fukumoto, T. Hiro, T. Fujii, G. Hashimoto, T. Fujimura, J. Yamada, T. Okamura, M. Matsuzaki, Localized elevation of shear stress is related to coronary plaque rupture: a 3-dimensional intravascular ultrasound study with in-vivo color mapping of shear stress distribution. J. Am. Coll. Cardiol. **51**, 645–650 (2008)
120. H.C. Groen, F.J. Gijsen, A. van der Lugt, M.S. Ferguson, T.S. Hatsukami, A.F. van der Steen, C. Yuan, J.J. Wentzel, Plaque rupture in the carotid artery is localized at the high shear stress region: a case report. Stroke **38**, 2379–2381 (2007)
121. F.J.H. Gijsen, J.J. Wentzel, A. Thury, F. Mastik, J.A. Schaar, J.C.H. Schuurbiers, C.J. Slager, W.J. van der Giessen, P.J. de Feyter, A.F.W. van der Steen, P.W. Serruys, Strain distribution over plaques in human coronary arteries relates to shear stress. Am. J. Physiol. Heart Circ. Physiol. **295**, H1608–H1614 (2008)
122. R.C. Pasternak, M.H. Criqui, E.J. Benjamin, F.G.R. Fowkes, E.M. Isselbacher, P.A. McCullough, P.A. Wolf, Z.-J. Zheng, Atherosclerotic vascular disease conference: writing group I: epidemiology. Circulation **109**, 2605–2612 (2004)
123. M.G. Lawlor, M.R. O'Donnell, B.M. O'Connell, M.T. Walsh, Experimental determination of circumferential properties of fresh carotid artery plaques. J. Biomech. **44**, 1709–1715 (2011)
124. J. Ohayon, O. Dubreuil, P. Tracqui, S. Le Floc'h, G. Rioufol, L. Chalabreysse, F. Thivolet, R.I. Pettigrew, G. Finet, Influence of residual stress/strain on the biomechanical stability of vulnerable coronary plaques: potential impact for evaluating the risk of plaque rupture. Am. J. Physiol. Heart Circ. Physiol. **293**, H1987–H1996 (2007)
125. G.C. Cheng, H.M. Loree, R.D. Kamm, M.C. Fishbein, R.T. Lee, Distribution of circumferential stress in ruptured and stable atherosclerotic lesions: a structural analysis with histopathological correlation. Circulation **87**, 1179–1187 (1993)
126. S.R.H. Barrett, M.P.F. Sutcliffe, S. Howarth, Z-Y. Li, J.H. Gillard, Experimental measurement of the mechanical properties of carotid artherothrombotic plaque fibrous cap. J. Biomech. **42**, 1650–1655 (2009)
127. N. Sakalihasan, J.-B. Michel, A. Katsargyris, H. Kuivaniemi, J.-O. Defraigne, A. Nchimi, J.T. Powell, K. Yoshimura, R. Hultgren, Abdominal aortic aneurysms. Nat. Rev. Dis. Primers **4**, 34 (2018)
128. E. Biros, G. Gäbel, C.S. Moran, C. Schreurs, J.H. Lindeman, P.J. Walker, M. Nataatmadja, M. West, L.M. Holdt, I. Hinterseher, C. Pilarsky, J. Golledge. Shear deformable shell elements for large strains and rotations. Oncotarget **30**, 12984–12996 (2015)
129. R.L. Dalman, A. Wanhainen, K. Mani, B. Modarai, Top 10 candidate aortic disease trials. J. Intern. Med. https://doi.org/10.1111/joim.13042
130. M.L. Liljeqvist, Geometric, biomechanical and molecular analyses of abdominal aortic aneurysms, PhD thesis, Karolinska Institutet, ISBN: 978-91-7831-918-3 (2020)
131. RESCAN Collaborators, M.J. Bown, M.J. Sweeting, L.C. Brownand J.T. Powell, S.G. Thompson, Surveillance intervals for small abdominal aortic aneurysms. J. Am. Med. Assoc. **309**, 806–813 (2013)

132. E. Choke, G. Cockerill, W.R. Wilson, S. Sayed, J. Dawson, I. Loftus, M.M. Thompson, A review of biological factors implicated in Abdominal Aortic Aneurysm rupture. Eur. J. Vasc. Endovasc. Surg. **30**, 227–244 (2005)
133. M.J. Davis, Aortic aneurysm formation: lessons from human studies and experimental models. Circulation **98**, 193–195 (1998)
134. M. Kazi, J. Thyberg, P. Religa, J. Roy, P. Eriksson, U. Hedin, J. Swedenborg, Influence of intraluminal thrombus on structural and cellular composition of Abdominal Aortic Aneurysm wall. J. Vasc. Surg. **38**, 1283–1292 (2003)
135. J.-B. Michel, J.L. Martin-Ventura, J. Egido, N. Sakalihasan, V. Treska, J. Lindholt, E. Allaire, U. Thorsteinsdottir, G. Cockerill, J. Swedenborg, Novel aspects of the pathogenesis of aneurysms of the abdominal aorta in humans. Cardiovasc. Res. **90**, 18–27 (2011)
136. R.J. Rizzo, W.J. McCarthy, S.N. Dixit, M.P. Lilly, V.P. Shively, W.R. Flinn, J.S.T. Yao, Collagen types and matrix protein content in human abdominal aortic aneurysms. J. Vasc. Surg. **10**, 365–373 (1989)
137. M.I. Mäyränpää, J.A. Trosien, V. Fontaine, M. Folkesson, M. Kazi, P. Eriksson, J. Swedenborg, U. Hedin, Mast cells associate with neovessels in the media and adventitia of abdominal aortic aneurysms. J. Vasc. Surg. **50**, 388–396 (2009)
138. D.A. Vorp, P.C. Lee, D.H. Wang, M.S. Makaroun, E.M. Nemoto, S. Ogawa, M.W. Webster, Association of intraluminal thrombus in Abdominal Aortic Aneurysm with local hypoxia and wall weakening. J. Vasc. Surg. **34**, 291–299 (2001)
139. S.S. Hans, O. Jareunpoon, M. Balasubramaniam, G.B. Zelenock, Size and location of thrombus in intact and ruptured Abdominal Aortic Aneurysms. J. Vasc. Surg. **41**, 584–588 (2005)
140. T.C. Gasser, G. Görgülü, M. Folkesson, J. Swedenborg, Failure properties of intra-luminal thrombus in Abdominal Aortic Aneurysm under static and pulsating mechanical loads. J. Vasc. Surg. **48**, 179–188 (2008)
141. J.P. Vande Geest, M.S. Sacks, D.A. Vorp, A planar biaxial constitutive relation for the luminal layer of intra-luminal thrombus in Abdominal Aortic Aneurysms. J. Biomech. **39**, 2347–2354 (2006)
142. J. Biasetti, F. Hussain, T.C. Gasser, Blood flow and coherent vortices in the normal and aneurysmatic aortas. A fluid dynamical approach to Intra-Luminal Thrombus formation. J. R. Soc. Interface **8**, 1449–1461 (2011)
143. J. Biasetti, P.G. Spazzini, T.C. Gasser, An integrated fluido-chemical model towards modeling the formation of intra-luminal thrombus in abdominal aortic aneurysms. Front. Physiol. **3**, 266 (2011)
144. R. Adolph, D.A. Vorp, D.L. Steed, M.W. Webster, M.V. Kameneva, S.C. Watkins, Cellular content and permeability of intraluminal thrombus in Abdominal Aortic Aneurysm. J. Vasc. Surg. **25**, 916–926 (1997)
145. T.C. Gasser, G. Martufi, M. Auer, M. Folkesson, J. Swedenborg, Micro-mechanical characterization of intra-luminal thrombus tissue from abdominal aortic aneurysms. Ann. Biomed. Eng. **38**, 371–379 (2010)
146. M. Folkesson, A. Silveira, P. Eriksson, J. Swedenborg, Protease activity in the multi-layered intra-luminal thrombus of abdominal aortic aneurysms. Atherosclerosis **218**, 294–299 (2011)
147. J. Swedenborg, P. Eriksson, The intraluminal thrombus as a source of proteolytic activity. Ann. N.Y. Acad. Sci. **1085**, 133–138 (2006)
148. M.L. Raghavan, D.A. Vorp, Toward a biomechanical tool to evaluate rupture potential of Abdominal Aortic Aneurysm: identification of a finite strain constitutive model and evaluation of its applicability. J. Biomech. **33**, 475–482 (2000)
149. S. Polzer, T.C. Gasserb, J. Bursa, R. Staffa, R. Vlachovsky, V. Mana, P. Skacela, Importance of material model in wall stress prediction in abdominal aortic aneurysms. Med. Eng. Phys. **35**, 1282–1289 (2013)

150. P. Erhart, C. Grond-Ginsbach, M. Hakimi, F. Lasitschka, S. Dihlmann, D. Böckler, and A. Hyhlik-Dürr, Finite element analysis of abdominal aortic aneurysms: predicted rupture risk correlates with aortic wall histology in individual patients. J. Endovas. Ther. **21**, 556–564 (2014)
151. C. Reeps, A. Maier, J. Pelisek, F. Hartl, V. Grabher-Maier, W.A. Wall, M. Essler, H.-H. Eckstein, M.W. Gee, Measuring and modeling patient-specific distributions of material properties in abdominal aortic wall. Biomech. Model. Mechanobio. **12**, 717–733 (2013)
152. C. Forsell, T.C. Gasser, J. Swedenborg, J. Roy, The quasi-static failure properties of the abdominal aortic aneurysm wall estimated by a mixed experimental-numerical approach. Ann. Biomed. Eng. (2012). https://doi.org/10.1007/s10439-012-0712-3
153. C. Forsell, H. M. Björck, P. Eriksson, A. Franco-Cereceda, T.C. Gasser, Biomechanical properties of the thoracic aneurysmal wall; differences between bicuspid aortic valve (BAV) and tricuspid aortic valve (TAV) patients. Ann. Thorac Surg. **98**, 65–71 (2014)
154. A. Maier, M. Essler, M.W. Gee, H.H. Eckstein, W.A. Wall, C. Reeps, Correlation of biomechanics to tissue reaction in aortic aneurysms assessed by finite elements and [18F]-fluorodeoxyglucose-PET/CT. Int. J. Numer. Meth. Biomed. Eng. **28**, 456–471 (2012)
155. V. Marque, P. Kieffer, B. Gayraud, I. Lartaud-Idjouadiene, F. Ramirez, J. Atkinson, Aortic wall mechanics and composition in a transgenic mouse model of Marfan syndrome. Arterioscl. Thromb. Vasc. Biol. **21**, 1184–1189 (2001)
156. C.Y. Shim, I.J. Cho, W.-I. Yang, M.-K. Kang, S. Park, J.-W. Ha, Y. Jang, N. Chung, Central aortic stiffness and its association with ascending aorta dilation in subjects with a bicuspid aortic valve. J. Am. Soc. Echoradiogr. **24**, 847–852 (2011)
157. D.A. Vorp, M.L. Raghavan, S.C. Muluk, M.S. Makaroun, D.L. Steed, R. Shapiro, M.W. Webster, Wall strength and stiffness of aneurysmal and nonaneurysmal abdominal aorta. Ann. N.Y. Acad. Sci. **800**, 274–276 (1996)
158. D.A. Vorp, B.J. Schiro, M.P. Ehrlich, T.S. Juvonen, M.A. Ergin, B.P. Griffith, Effect of aneurysm on the tensile strength and biomechanical behavior of the ascending thoracic aorta. Ann. Thorac Surg. **800**, 1210–1214 (2003)
159. S.A. O'Leary, J.J. Mulvihill, H.E. Barrett, E.G. Kavanagh, M.T. Walsh, T.M. McGloughlin, B.J. Doyle, Determining the influence of calcification on the failure properties of abdominal aortic aneurysm (AAA) tissue. J. Mech. Behav. Biomed. Mater. **42**, 154–167 (2015)
160. S.A. O'Leary, D. Healy, E.G. Kavanagh, M.T. Walsh, T.M. McGloughlin, B.J. Doyle, The biaxial biomechanical behavior of abdominal aortic aneurysm tissue. Ann. Biomed. Eng. **42**, 2440–2450 (2014)
161. J.P. Vande Geest, D.H.J. Wang, S.R. Wisniewski, M.S. Makaroun, D.A. Vorp, Towards a noninvasive method for determination of patient-specific wall strength distribution in Abdominal Aortic Aneurysms. Ann. Biomed. Eng. **34**, 1098–1106 (2006)
162. J.A.T. Monteiro, E.S. da Silva, M.L. Raghavan, P. Puech-Leão, M. de Lourdes Higuchi, J.P. Otoch, Histologic, histochemical, and biomechanical properties of fragments isolated from the anterior wall of abdominal aortic aneurysms. J. Vasc. Surg. **59**, 1393–1401 (2013)
163. J.P. Vande Geest, E.D. Dillavou, E.S. DiMartino, M. Oberdier, A. Bohra, M.S. Makaroun, D.A. Vorp, Gender-related differences in the tensile strength of Abdominal Aortic Aneurysm. Ann. N.Y. Acad. Sci. **1085**, 400–402 (2006)
164. M.L. Raghavan, J. Kratzberg, E. Castro de Tolosa, M. Hanaoka, P. Walker, E. da Silva, Regional distribution of wall thickness and failure properties of human Abdominal Aortic Aneurysm. J. Biomech. **39**, 3010–3016 (2006)
165. J. Xiong, S.M. Wang, W. Zhou, J.G. Wu, Measurement and analysis of ultimate mechanical properties, stress-strain curve fit, and elastic modulus formula of human abdominal aortic aneurysm and nonaneurysmal abdominal aorta. J. Vasc. Surg. **48**, 189–195 (2008)
166. M.J. Thubrikar, M. Labrosse, F. Robicsek, J. Al-Soudi, B. Fowler, Mechanical properties of abdominal aortic aneurysm wall. J. Med. Eng. Technol. **25**, 133–142 (2001)

167. E.S. DiMartino, A. Bohra, J.P. Vande Geest, N. Gupta, M.S. Makaroun, D.A. Vorp, Biomechanical properties of ruptured versus electively repaired Abdominal Aortic Aneurysm wall tissue. J. Vasc. Surg. **43**, 570–576 (2006)
168. M.L. Raghavan, M.M. Hanaoka, J.A. Kratzberg, M. de Lourdes Higuchi, E.S. da Silva, Biomechanical failure properties and microstructural content of ruptured and unruptured abdominal aortic aneurysms. J. Biomech. **44**, 2501–2507 (2011)
169. M.L. Raghavan, M.W. Webster, D.A. Vorp, Ex vivo biomechanical behavior of Abdominal Aortic Aneurysm: assesment using a new mathematical model. Ann. Biomed. Eng. **24**, 573–582 (1996)
170. S. Polzer, V. Man, R. Vlachovský, L. Kubíček, J. Kracík, R. Staffa, T. Novotny, J. Bursa, M.L. Raghavan, Failure properties of abdominal aortic aneurysm tissue are orientation dependent. J. Mech. Behav. Biomed. Mater. **114**, 104181 (2020). https://doi.org/10.1016/j.jmbbm.2020.104181:104181
171. J.E. Pichamuthu, J.A. Phillippi, D.A. Cleary, D.W. Chew, J. Hempel, D.A. Vorp, T.G. Gleason, Differential tensile strength and collagen composition in ascending aortic aneurysms by aortic valve phenotype. Ann. Thorac Surg. **96**, 2147–2154 (2013)
172. C.M. Garcìa-Herrera, J.M. Atienza, F.J. Rojo, E. Claes, G.V. Guinea, D.J. Celentano, C. Garcìa-Montero, R.L. Burgos, Mechanical behaviour and rupture of normal and pathological human ascending aortic wall. Med. Biol. Eng. Comput. **50**, 559–566 (2012)
173. M. Adham, J.P. Gournier, J.P. Favre, E. De La Roche, C. Ducerf, J. Baulieux, X. Barral, M. Pouyet, Mechanical characteristics of fresh and frozen human descending thoracic aorta. J. Surg. Res. **64**, 32–34 (1996)
174. D. Mohan, J.W. Melvin, Failure properties of passive human aortic tissue I—uniaxial tension tests. J. Biomech. **15**, 887–902 (1982)
175. A. Romo, P. Badel, A. Duprey, J.P. Favre, S. Avril, In vitro analysis of localized aneurysm rupture. J. Biomech. **189**, 607–616 (2014)
176. J. Ohayon, Y. Payan (Hrsg.), *Biomechanics of Living Organs: Hyperelastic Constitutive Laws for Finite Element Modeling* (Elsevier, Amsterdam, 2017)
177. S. Polzer, T.C. Gasser, B. Markert, J. Bursa, P. Skacel, Impact of poroelasticity of the intraluminal thrombus on the wall stress of abdominal aortic aneurysms. Biomed. Eng. Online **11**, 62 (2012). https://doi.org/10.1186/1475--925X--11--62
178. O.H. Yeoh, Some forms of strain energy functions for rubber. Rubber Chem. Technol. **66**, 754–771 (1993)
179. J. Ohayon, N. Mesnier, A. Broisat, J. Toczek, L. Riou, P. Tracqui, Elucidating atherosclerotic vulnerable plaque rupture by modeling cross substitution of ApoE$^{-/-}$ mouse and human plaque components stiffness. Biomech. Model. Mechanobio. **11**, 801–813 (2011)
180. Z.-Y. Li, S.P.S. Howarth, T. Tang, M.J. Graves, J. U-King-Im, R.A. Trivedi, P.J.K., J.H. Gillard, Structural analysis and magnetic resonance imaging predict plaque vulnerability: a study comparing symptomatic and asymptomatic individuals. J. Vasc. Surg. **45**, 768–775 (2007)
181. H. Demiray, Large deformation analysis of some soft biological tissues. ASME. J. Biomech. Eng. **103**, 73–78 (1981)
182. F. Riveros, S. Chandra, E.A. Finol, T.C. Gasser, J.F. Rodriguez, A pull-back algorithm to determine the unloaded vascular geometry in anisotropic hyperelastic AAA passive mechanics. Ann. Biomed. Eng. **41**, 694–708 (2013)
183. A. Delfino, N. Stergiopulos, J.E. Moore Jr., J.-J. Meister, Residual strain effects on the stress field in a thick wall finite element model of the human carotid bifurcation. J. Biomech. **30**, 777–786 (1997)
184. C.J. Chuong, Y.C. Fung, Three-dimensional stress distribution in arteries. J. Biomed. Eng. **105**, 268–274 (1983)
185. M.A. Zulliger, P. Fridez, K. Hayashi, N. Stergiopulos, A strain energy function for arteries accounting for wall composition and structure. J. Biomech. **37**, 989–1000 (2004)

186. S. Federico, A. Grillo, G. Giaquinta, W. Herzog, Convex fung-type potentials for biological tissues. Meccanica **43**, 279–288 (2008)
187. G.A. Holzapfel, T.C. Gasser, R.W. Ogden, A new constitutive framework for arterial wall mechanics and a comparative study of material models. J. Elast. **61**, 1–48 (2000)
188. K. Takamizawa, K. Hayashi, Strain energy density function and uniform strain hypothesis for arterial mechanics. J. Biomech. **20**, 7–17 (1987)
189. H.S. Choi, R.P. Vito, Two-dimensional stress-strain relationship for canine pericardium. ASME. J. Biomech. Eng. **112**, 153–159 (1990)
190. Y.C. Fung, K. Fronek, P. Patitucci, Pseudoelasticity of arteries and the choice of its mathematical expression. Am. J. Physiol. **237**, H620–H631 (1979)
191. C.O. Horgan, G. Saccomandi, A description of arterial wall mechanics using limiting chain extensibility constitutive models. Biomech. Model. Mechanobio. **1**, 251–266 (2003)
192. M.H. Kural, M. Cai, D. Tang, T. Gwyther, J. Zheng, K.L. Billiar, Planar biaxial characterization of diseased human coronary and carotid arteries for computational modeling. J. Biomech. **45**, 790–798 (2012)
193. R.N. Vaishnav, J.T. Young, J.S. Janicki, D.J. Patel, Nonlinear anisotropic elastic properties of the canine aorta. Biophys. J. **12**, 1008–1027 (1972)
194. J.D. Humphrey, K.R. Rajagopal, A constrained mixture model for growth and remodeling of soft tissues. Math. Model. Methods Appl. Sci. **12**, 407–430 (2002)
195. S. Oka, T. Azuma, Physical theory of tension in thick walled blood vessels in equilibrium. Biorheology **7**, 109–118 (1970)
196. D.P. Sokolis, E.M. Kefaloyannis, M. Kouloukoussa, E. Marinos, H. Boudoulas, P.E. Karayannacos, A structural basis for the aortic stress-strain relation in uniaxial tension. J. Biomech. **39**, 1651–1662 (2006)
197. G.A. Holzapfel, T.C. Gasser, A viscoelastic model for fiber-reinforced composites at finite strains: continuum basis, computational aspects and applications. Comput. Methods Appl. Mech. Eng. **190**, 4379–4403 (2001)
198. J. Stålhand, A. Klarbring, M. Karlsson, Towards in vivo material identification and stress estimation. Biomech. Model. Mechanobio. **2**, 169–186 (2004)
199. S. Zeinali-Davarani, M.-J. Chow, R. Turcotte, Y. Zhang, Characterization of biaxial mechanical behavior of porcine aorta under gradual elastin degradation. Ann. Biomed. Eng. **41**, 1528–1538 (2013)
200. S. Baek, R. Gleason, K.R. Rajagopal, J.D. Humphrey, Theory of small on large: Potential utility in computations of fluid-solid interactions in arteries. Comput. Meth. Appl. Mech. Eng. **196**, 3070–3078 (2009)
201. J. Ferruzzi, D.A. Vorp, J.D. Humphrey, On constitutive descriptors of the biaxial mechanical behaviour of human abdominal aorta and aneurysms. J. R. Soc. Interface **8**, 435–450 (2011)
202. A.V Kamenskiy, Y.A. Dzenis, S.A.J. Kazmi, M.A. Pemberton, I.I.I. Pipinos, N.Y. Phillips, K. Herber, T. Woodford, C.S. Lomneth R.E. Bowen, J.N. MacTaggart, Biaxial mechanical properties of the human thoracic and abdominal aorta, common carotid, subclavian, renal and common iliac arteries. Biomech. Model. Mechanobio. **13**, 1341–1359 (2014)
203. C.A. Basciano, C. Kleinstreuer, Invariant-based anisotropic constitutive models of the healthy and aneurysmal abdominal aortic wall. ASME. J. Biomech. Eng. **131**, 021009 (2009)
204. J.F. Rodríguez, C. Ruiz, M. Doblaré, G.A. Holzapfel, Mechanical stresses in abdominal aortic aneurysms: influence of diameter, asymmetry, and material anisotropy. ASME. J. Biomech. Eng. **130**, 021023 (2008)
205. J.F. Rodríguez, G. Martufi, M. Doblaré, E. Finol, The effect of material model formulation in the stress analysis of abdominal aortic aneurysms. Ann. Biomed. Eng. **37**, 2218–2221 (2009)
206. S. Polzer, T.C. Gasser, K. Novak, V. Man, M. Tichy, P. Skacel, J. Bursa, Structure-based constitutive model can accurately predict planar biaxial properties of aortic wall tissue. Acta Biomater. **14**, 133–145 (2015)

207. A.J. Schriefl, G. Zeindlinger, D.M. Pierce, P. Regitnig, G.A. Holzapfel, Determination of the layer-specific distributed collagen fiber orientations in human thoracic and abdominal aortas and common iliac arteries. J. R. Soc. Interface **7**, 1275–1286 (2012)
208. J.R. Thunes, S. Pal, R.N. Fortunato, J.A. Phillippi, G. Gleason, D.A. Vorp, S. Maiti, A structural finite element model for lamellar unit of aortic media indicates heterogeneous stress field after collagen recruitment. J. Biomech. **49**, 1562–1569 (2016)
209. H.M. Finlay, L. McCullough, P.B. Canham, Three-dimensional collagen organization of human brain arteries at different transmural pressures. J. Vasc. Res. **32**, 301–312 (1995)
210. C. Noble, N. Smulders, N.H. Green, R. Lewis, M.J. Carré, S.E. Franklin, S. MacNeil, Z.A. Taylor, Creating a model of diseased artery damage and failure from healthy porcine aorta. J. Mech. Behav. Biomed. Mater. **60**, 378–393 (2016)
211. A.V. Melnik, H.B. Da Rocha, A. Goriely, On the modeling of fiber dispersion in fiber-reinforced elastic materials. Int. J. Non-Linear Mech. **75**, 92–106 (2015)
212. Y. Lanir, Constitutive equations for fibrous connective tissues. J. Biomech. **16**, 1–12 (1983)
213. W.F. Decraemer, M.A. Maes, V.J. Vanhuyse, An elastic stress-strain relation for soft biological tissues based on a structural model. J. Biomech. **13**, 463–468 (1980)
214. F.L. Wuyts, V.J. Vanhuyse, G.J. Langewouters, W.F. Decraemer, E.R. Raman, S. Buyle, Elastic properties of human aortas in relation to age and atherosclerosis: A structural model. Phys. Med. Biol. **40**, 1577–1597 (1995)
215. G. Martufi, T.C. Gasser, A constitutive model for vascular tissue that integrates fibril, fiber and continuum levels. J. Biomech. **44**, 2544–2550 (2011)
216. A. Hamedzadeh, T.C. Gasser, S. Federico, On the constitutive modelling of recruitment and damage of collagen fibres in soft biological tissues. Eur. J. Mech. A/Solids **72**, 483–496 (2018)
217. C. Miller, T.C. Gasser, A microstructurally motivated constitutive description of collagenous soft biological tissue towards the description of their non-linear and time-dependent properties. J. Mech. Phys. Solids, **154**, 104500 (2021).
218. H. Miyazaki, K. Hayashi, Tensile tests of collagen fibers obtained from the rabbit patellar tendon. Biomed. Microdevices **2**, 151–157 (1999)
219. M.A. Zulliger, N. Stergiopulos, Structural strain energy function applied to the ageing of the human aorta. J. Biomech. **40**, 3061–3069 (2007)
220. C. Bingham, An antipodally symmetric distribution on the sphere. Ann. Stat. **2**, 1201–1225 (1974)
221. P. Sáez, A. García, E. Pe a, T.C. Gasser, M.A. Martínez, Microstructural quantification of collagen fiber orientations and its integration in constitutive modeling of the porcine carotid artery. Acta Biomater. **33**, 1183–193 (2016)
222. S. Polzer, J. Bursa, T.C. Gasser, R. Staffa, R. Vlachovsky, Numerical implementation to predict residual strains from the homogeneous stress hypothesis with application to abdominal aortic aneurysms. Ann. Biomed. Eng. **41**, 1516–1527 (2013)
223. M.W. Gee, C. Reeps, H.-H. Eckstein, W.A. Wall, Prestressing in finite deformation abdominal aortic aneurysm simulation. J. Biomech. **42**, 1732–1739 (2009)
224. Y.C. Fung, *Biomechanics: Mechanical Properties of Living Tissue* (Springer, New York, 1981)
225. G.A. Holzapfel, T.C. Gasser, M. Stadler, A structural model for the viscoelastic behavior of arterial walls: continuum formulation and finite element analysis. Eur. J. Mech. A/Solids **21**, 441–463 (2002)
226. V.M. Heiland, C. Forsell, J. Roy, U. Hedin, T.C. Gasser, Identification of carotid plaque tissue properties using an experimental-numerical approach. J. Mech. Behav. Biomed. Mater. **27**, 226–238 (2013)
227. T.C. Gasser, C. Forsell, The numerical implementation of invariant-based viscoelastic formulations at finite strains. an anisotropic model for the passive myocardium. Comput. Methods Appl. Mech. Eng. **200**, 3637–3645 (2011)

228. S. Govindjee, J.C. Simo, Mullins' effect and the strain amplitude dependence of the storage modulus. Int. J. Solids Struct. **29**, 1737–1751 (1992)
229. M. Kaliske, H. Rothert, Formulation and implementation of three-dimensional viscoelasticity at small and finite strains. Comput. Mech. **19**, 228–239 (1997)
230. J.C. Simo, A J_2-flow theory exhibiting a corner-like effect and suitable for large-scale computation. Comput. Methods Appl. Mech. Eng. **62**, 169–194 (1987)
231. J.C. Simo, T.J.R. Hughes, *Computational Inelasticity* (Springer, New York, 1998)
232. J.L. Emery, J.H. Omens, A.D. McCulloch, Biaxial mechanics of the passively overstretched left ventricle. Am. J. Physiol. **272**, H2299–H2305 (1997)
233. D. Balzani, J. Schröder, D. Gross, Simulation of discontinuous damage incorporating residual stresses in circumferentially overstretched atherosclerotic arteries. Acta Biomater. **2**, 609–618 (2006)
234. B. Calvo, E. Peña, P. Martins, T. Mascarenhas, M. Doblaré, R.M. Natal Jorge, A. Ferreira, On modelling damage process in vaginal tissue. J. Biomech. **42**, 642–651 (2009)
235. J. Hokanson, S. Yazdani, A constitutive model of the artery with damage. Mech. Res. Commun. **24**, 151–159 (1997)
236. G. Marini, A. Maier, C. Reeps, H.-H. Eckstein, W.A. Wall, M.W. Gee, A continuum description of the damage process in the arterial wall of abdominal aortic aneurysms. Int. J. Numer. Methods Bioeng. **28**, 87–99 (2012)
237. K.Y. Volokh, D.A. Vorp, A model of growth and rupture of abdominal aortic aneurysm. J. Biomech. **41**, 1015–1021 (2008)
238. T.C. Gasser, G.A. Holzapfel, A rate-independent elastoplastic constitutive model for (biological) fiber-reinforced composites at finite strains: Continuum basis, algorithmic formulation and finite element implementation. Comput. Mech. **29**, 340–360 (2002)
239. E. Tanaka, H. Yamada, An inelastic constitutive model of blood vessels. Acta Mech. **82**, 21–30 (1990)
240. A. Ferrara, A. Pandolfi, Numerical modeling of fracture in human arteries. Comput. Meth. Biomech. Biomed. Eng. **11**, 553–567 (2008)
241. C. Forsell, T.C. Gasser, Numerical simulation of the failure of ventricular tissue due to deep penetration: the impact of constitutive properties. J. Biomech. **44**, 45–51 (2011)
242. T.C. Gasser, G.A. Holzapfel, Modeling dissection propagation in soft biological tissues. Eur. J. Mech. A/Solids **25**, 617–633 (2006)
243. T.C. Gasser, G.A. Holzapfel, Modeling dissection failure during balloon angioplasty. Ann. Biomed. Eng. **35**, 711–723 (2007)
244. I. Ionescu, J.E. Guilkey, M. Berzins, R.M. Kirby, J.A. Weiss, Simulation of soft tissue failure using the material point method. ASME. J. Biomech. Eng. **128**, 917–94 (2006)
245. E. Knörzer, W. Folkhard, W. Geercken, C. Boschert, M. H. Koch, B. Hilbert, H. Krahl, E. Mosler, H. Nemetschek-Gansler, T. Nemetschek, New aspects of the etiology of tendon rupture. An analysis of time-resolved dynamic-mechanical measurements using synchrotron radiation. Arch. Orthop. Trauma. Surg. **105**, 113–120 (1986)
246. K.P. Quinn, B.A. Winkelstein, Altered collagen fiber kinematics define the onset of localized ligament damage during loading. J. Appl. Physiol. **105**, 1881–1888 (2008)
247. D.C. Viano, A.I. King, J.W. Melvin, K. Weber, Injury biomechanics research: an essential element in the prevention of trauma. J. Biomech. **22**, 403–417 (1989)
248. L.M. Kachanov, *Introduction to Continuum Damage Mechanics* (Martinus Nijhoff Publishers, Dordrecht, 1986)
249. B. Calvo, E. Peña, M.A. Martínez, M. Doblaré, An uncoupled directional damage model for fibred biological soft tissues. formulation and computational aspects. Int. J. Numer. Meth. Bioeng. **69**, 2036–2057 (2007)
250. C. Hurschler, B. Loitz-Ramage, R. Vanderby Jr., A structurally based stress-stretch relationship for tendon and ligament. ASME. J. Biomech. Eng. **119**, 392–399 (1997)

251. T.C. Gasser, An irreversible constitutive model for fibrous soft biological tissue: a 3d microfiber approach with demonstrative application to Abdominal Aortic Aneurysms. Acta Biomater. **7**, 2457–2466 (2011)
252. R.W. Ogden, Elements of the theory of finite elasticity, in *Nonlinear Elasticity. Theory and Applications*, Hrsg. by Y.B. Fu, R.W. Ogden (Cambridge University Press, Cambridge, 2001), S. 1–57
253. Z.P. Bažant, G. Pijaudier-Cabot, Nonlocal continuum damage, localization instability and convergence. J. Appl. Mech. **55**, 287–293 (1988)
254. A.J.M. Spencer, Constitutive theory for strongly anisotropic solids, in *Continuum Theory of the Mechanics of Fibre-Reinforced Composites*, Hrsg. by A.J.M. Spencer (Springer, Wien, 1984), S. 1–32. CISM Courses and Lectures No. 282, International Centre for Mechanical Sciences
255. T.C. Gasser, G.A. Holzapfel, Modeling 3D crack propagation in unreinfoced concrete using PUFEM. Comput. Methods Appl. Mech. Eng. **194**, 2859–2896 (2005)
256. G.N. Wells, R. de Borst, L.J. Sluys, A consistent geometrically non-linear approach for delamination. Int. J. Numer. Methods Eng. **54**, 1333–1355 (2002)
257. T.C Gasser, G.A. Holzapfel, 3D crack propagation in unreinforced concrete. A new smoothing algorithm for tracking 3D crack surfaces. Comput. Methods Appl. Mech. Eng. **195**, 5198–5219 (2006)
258. A. Rachev, N. Stergiopulos, J.-J. Meister, Theoretical study of dynamics of arterial wall remodeling in response to changes in blood pressure. J. Biomech. **29**, 635–642 (1996)
259. J. Stålhand, A. Klarbring, Aorta in vivo parameter identification using an axial force constraint. Biomech. Model. Mechanobio. **3**, 191–199 (2005)
260. L.A. Taber, J.D. Humphrey, Stress-modulated growth, residual stress, and vascular heterogeneity. ASME. J. Biomech. Eng. **123**, 528–535 (2001)
261. J.V. Beck, K.A. Woodbury, Inverse problems and parameter estimation: integration of measurements and analysis. Meas. Sci. Tech. **9**, 839–847 (1998)
262. A. Duprey, K. Khanafer, M. Schlicht, S. Avril, D.M. Williams, R. Berguer, In vitro characterization of physiological and maximum elastic modulus of ascending thoracic aortic aneurysm using uniaxial tensile testing. Eur. J. Vasc. Endovasc. Surg. **39**, 700–707 (2010)
263. T.C. Gasser, M. Auer, F. Labruto, J. Swedenborg, J. Roy, Biomechanical rupture risk assessment of Abdominal Aortic Aneurysms. Model complexity versus predictability of finite element simulations. Eur. J. Vasc. Endovasc. Surg. **40**, 176–185 (2010)
264. H.M. Finlay, P. Whittaker, P.B. Canham, Collagen organization in the branching region of human brain arteries. Stroke **29**, 1595–1601 (1998)
265. T.C. Gasser, U. Hedin, J. Roy, in *Biomechanics of Coronary Atherosclerotic Plaque: From Model to Patient*, chapter 7: The Interaction of Biochemical, Biomechanical, and Clinical Factors of Coronary Disease. Biomechanics of Living Organs (Elsevier, Amsterdam, 2020), pp. 171–186
266. J. Biehler, M.W. Gee, W.A. Wall, Towards efficient uncertainty quantification in complex and large scale biomechanical problems based on a Bayesian multi fidelity scheme. Biomech. Model. Mechanobio. **14**, 489–513 (2014)
267. J. Biehler, W.A. Wall, The impact of personalized probabilistic wall thickness models on peak wall stress in abdominal aortic aneurysms. Int. J. Numer. Meth. Bioeng. **34**, e2922 (2018).
268. L. Bruder, J. Pelisek, H.-H. Eckstein, M.W. Gee, Biomechanical rupture risk assessment of abdominal aortic aneurysms using clinical data: a patient-specific, probabilistic framework and comparative case-control study. PLOS ONE **15**, e0242097 (2020)
269. S. Polzer, T.C. Gasser, Biomechanical rupture risk assessment of abdominal aortic aneurysms based on a novel probabilistic rupture risk index. J. R. Soc. Interface **12**, 20150852 (2015)
270. M. Liu, L. Liang, W. Sun, A generic physics-informed neural network-based constitutive model for soft biological tissues. Comput. Methods Appl. Mech. Eng. **372**, 113402 (2020)

271. A. Mastrofini, M. Marino, E. Karlöf, U. Hedin, T.C. Gasser. On the impact of residual strains in the stress analysis of patient-specific atherosclerotic carotid vessels: Predictions based on the homogenous stress hypothesis. Ann. Biomed. Eng. **52**(5), 1347–1358 (2024). https://scholar.google.com/citations?view_op=view_citation&hl=en&user=1_oixyMAAAAJ&sortby=pubdate&citation_for_view=1_oixyMAAAAJ:DJbcl8HfkQkC.
272. C. Miller, T.C. Gasser. Simulation of fracture in vascular tissue: coupling a continuum damage formulation with an embedded representation of fracture. Comput. Mec. **73**(6), 1421–1438 (2024)
273. M. Alloisio, T.C. Gasser. Fracture of porcine aorta—Part 2: FEM modelling and inverse parameter identification. Acta Biomater. **167**, 158–170 (2023)

Hämodynamik

6

Zusammenfassung

Dieses Kapitel behandelt den Blutfluss in Leitungsgefäßen. Wir diskutieren die Zusammensetzung des Blutes, eine Suspension von unterschiedlich großen Partikeln in Plasma. Die Untersuchung der Kräfte, die auf Blutpartikel wirken resultiert in der Beschreibung der rheologischen Eigenschaften des Blutes, wobei einphasige und zweiphasige Modelle behandelt werden. Anschließend untersuchen wir Schädigungsmechanismen des Blutes mit Schwerpunkt auf Hämolyse und abnormer Thrombozytenaktivierung. Ein zentraler Abschnitt dieses Kapitels befasst sich mit der Beschreibung von inkompressiblen Strömungen durch Lösung der Navier-Stokes Gleichungen für eine Reihe von Stromungsproblemen. Es resultiert in der Beschreibung von stationären als auch pulsatilen (periodisch-stationären) Strömungen durch kreisförmige Röhren, d.h. jeweils den Poiseuille- und Womersley-Geschwindigkeitsprofilen. Die Untersuchung durchströmter elastischer Röhren führt dann auf die Wellenausbreitungsgeschwindigkeit, eine wichtige biomechanische Eigenschaft zur Charakterisierung des Gefäßsystems. Mehrdimensionale Strömungsphänomene, die Eigenschaften der Grenzschichtströmung und der Unterschied zwischen laminarer und turbulenter Strömung werden danach behandelt. Wandscherspannungs-bezogene (WSS-bezogene) und transportbezogene Strömungsparameter werden dann im Sinne einer quantitativen Beschreibung von Blutströmungen verwendet. Eine Fallstudie verwendet die Finite Elemente Methode (FEM), um den Blutfluss in der aneurysmatischen Aorta zu analysieren, und abschließende Bemerkungen fassen das Kapitel zusammen.

Ergänzende Information Die elektronische Version dieses Kapitels enthält Zusatzmaterial, auf das über folgenden Link zugegriffen werden kann https://doi.org/10.1007/978-3-031-52637-4_6.

T. Gasser, *Vaskuläre Biomechanik*, https://doi.org/10.1007/978-3-031-52637-4_6

6.1 Einführung

Blut ist eine *Suspension*, die kontinuierlich Nährstoffe, Sauerstoff und andere Faktoren zu den Zellen liefert, sowie gleichzeitig metabolische Abfallprodukte abtransportiert. Neben diesen primären Aufgaben trägt das Blut auch zur Immunantwort, Wundheilung, Transport von Informationen durch Hormone, Regulation der Gewebetemperatur und des Wasserstoffpotenzials (pH Wert Kontrolle) bei. Alle diese Aufgaben werden von etwa *fünf* Litern Blut bei Erwachsenen erfüllt. Die Dynamik der Blutströmung ändert sich bemerkenswert zwischen den verschiedenen Blutgefäßen. Während die Blutflussgeschwindigkeit in den größeren Arterien *stark oszilliert* und zusätzlich zum Vorwärtsfluss auch Phasen des Rückflusses zeigt, herrscht eine *eindirektionale* Strömung in kleineren Gefäßen und Venen. Der Blutfluss kann die vaskuläre Biologie durch mechanische Faktoren [1], wie beispielsweise WSS [2], Blutdruck [3], und Vortex (VS) Dynamik [4] beeinflussen. Sie kontrollieren die Homöostase normaler Gefäße und ermöglichen es dem vaskulären System auf Veränderungen zu reagieren. Allerdings sind dieselben mechanischen Faktoren auch an pathologischen Veränderungen involviert und damit an der Entwicklung von Herz-Kreislauf-Erkrankungen beteiligt.

6.2 Blutzusammensetzung

Blut ist eine Suspension von *Zellen* und *Makromolekülen* in Plasma. Erythrozyten, Leukozyten und Thrombozyten sind die prominentesten Zellen, während Globulin, Albumin, Fibrinogen, Vitamine und Fettsäuren wichtige Makromoleküle im Blut darstellen. Die mechanischen, elektrischen und molekularen Wechselwirkungen zwischen diesen Partikeln definieren die makroskopischen biomechanischen Eigenschaften des Blutes und bestimmen die Charakteristika des Blutflusses.

6.2.1 Erythrozyt

Die Hauptpartikel im Blut sind *Erythrozyten* (oder rote Blutkörperchen) und ihre Hauptaufgabe ist die *Sauerstoffversorgung*. Ein Mikroliter Blut enthält etwa 5 Mio. Erythrozyten und ihr Volumenprozentsatz wird als *Hämatokrit* bezeichnet. Bei Männern liegt der Hämatokrit normalerweise zwischen 41 und 52 %, während bei Frauen Werte von 36 bis 48 % zu sehen sind. Aufgrund ihres hohen Volumenanteils bestimmen Erythrozyten maßgeblich die *Blutviskosität*. Erythrozyten sind hochgradig *verformbar* und haben keinen Zellkern. In Ruhe oder bei niedrigen Scherraten (oder Schergeschwindigkeiten) erscheinen sie als bikonkave Scheiben, die etwa 6 bis 8 μm im Durchmesser und 2 bis 4 μm in der Höhe messen, siehe Abb. 6.1a,b. Die Größe und Form der Erythrozyten sind bei allen Säugetieren bemerkenswert ähnlich.

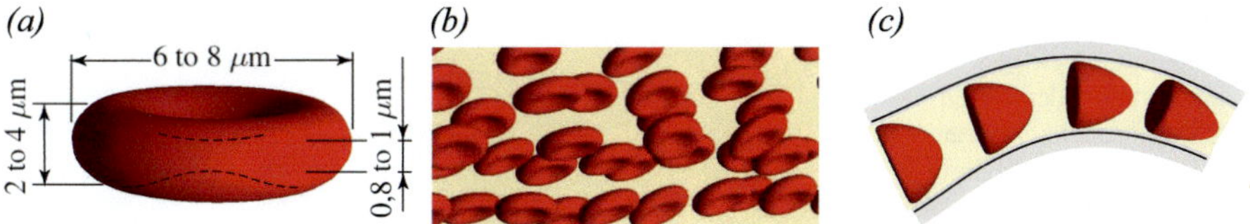

Abb. 6.1 Form und Abmessungen von Erythrozyten (oder roten Blutkörperchen). (**a**) Bikonkave Form eines Erythrozyten in Ruhe. (**b**) Erythrozyten in einem Blutfluss niedriger Scherrate. (**c**) Erythrozyten nehmen pistolenkugelförmige Formen an, um ein Mikrogefäß zu passieren

Erythrozyten transportieren Sauerstoff von den Lungen zu den Zellen. Sie enthalten ein spezielles Protein namens *Hämoglobin*, das die reversible Bindung von Sauerstoff ermöglicht. Etwa 98 % des Sauerstoffs im Blut binden an Hämoglobin und nur 2 % bleiben ungebunden. Mit Sauerstoff vollständig gesättigtes Hämoglobin wird als Oxyhämoglobin bezeichnet und erscheint rot. Hämoglobin, das frei von Sauerstoff ist, wird im Gegensatz dazu als Desoxyhämoglobin bezeichnet und erscheint bläulich violett. In den Lungen, wo der Partialdruck des Sauerstoffs *hoch* ist, bindet Sauerstoff an das Hämoglobin der Erythrozyten und wird dann vom Blutstrom abtransportiert. An Stellen mit niedrigem Sauerstoffgehalt ist der Partialdruck des Sauerstoffs *niedrig*, und Sauerstoff wird vom Hämoglobin der nahegelegenen Erythrozyten in das Gefäßlumen freigesetzt. Der Sauerstoff diffundiert dann weiter in die Gewebezellen. Normale Erythrozyten sind hochgradig verformbar und ihr Zytoskelett unterstützt Formveränderungen ohne dabei Zellbauteile zu zerstören. Sie können daher leicht pistolenkugelförmige Formen annehmen, um Mikrogefäße zu passieren, dessen Durchmesser viel kleiner ist als Erythrozyten in Ruhe, siehe Abb. 6.1c.

Erythrozyten haben eine Lebensdauer von etwa 120 Tagen, und der Körper ersetzt kontinuierlich alte Erythrozyten durch neu gebildete – ein Prozess, der im Knochenmark stattfindet und als *Erythropoese* bezeichnet wird.

6.2.2 Leukozyt

Leukozyten (oder weiße Blutkörperchen) sind Zellen des *Immunsystems* und machen etwa 0,7 % des Blutvolumens aus. Sie erreichen eine Größe von bis zu 30 μm im Durchmesser und repräsentieren eine Familie von Zellen, von denen einige in Abb. 6.2 dargestellt sind. Jeder Leukozyt hat eine andere Rolle beim Schutz des Körpers gegen *infektiöse Krankheiten* und fremde *Eindringlinge*. *Neutrophile* beispielsweise nehmen Bakterien und Pilze auf und verarbeiten diese. *Eosinophile* und *Basophile* greifen größere Parasiten an und sind an der Allergiereaktion beteiligt. *Monozyten* werden vom Blut zu den Geweben transportiert und verwandeln sich dann in *Makrophagen*, die schädliche Organismen zerstören und

Abb. 6.2 Form und Abmessungen einiger Leukozyten (oder weiße Blutkörperchen), Zellen des Immunsystems, die den Körper vor infektiösen Krankheiten und fremden Eindringlingen schützen

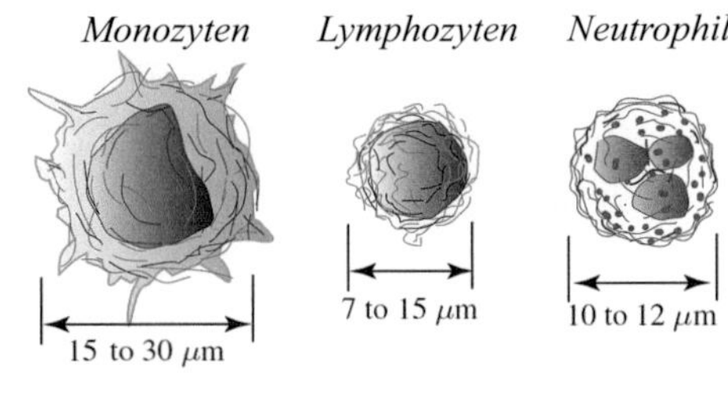

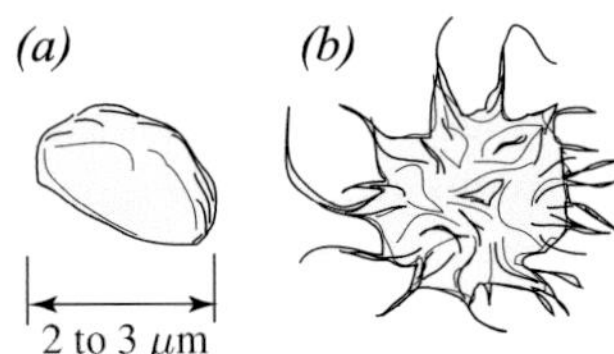

Abb. 6.3 Thrombozyt (oder Blutplättchen) in seinem nicht-aktivierten (**a**) und aktivierten (**b**) Zustand. Aktivierte Thrombozyten sind in der Lage, einen Thrombus zu bilden, was den ersten Schritt der Wundheilung darstellt

andere Immunzellen, wie T-Zellen, aktivieren. *Lymphozyten* greifen eindringende Bakterien und Viren an und helfen, kranke oder infizierte Zellen zu abzubauen.

Eine erhöhte Volumenfraktion von Leukozyten ist die normale Reaktion auf *Infektionen*, während eine abnormale Zunahme Krankheiten wie Leukämie andeuten kann. Ein vermindertes Volumen an Leukozyten kann hingegen auf Krankheiten hinweisen, die mit einer beeinträchtigten Funktion des Immunsystems verbunden sind.

6.2.3 Thrombozyt

Thrombozyten (oder Blutplättchen) sind Fragmente von viel größeren Zellen, die als *Megakaryozyten* bezeichnet werden und machen etwa 0,3 % des Blutvolumens aus. Zusammen mit *Gerinnungsfaktoren* stoppen sie Blutungen durch die Bildung eines *Blutgerinnsels*, ein Prozess, der innerhalb von Sekunden bis Minuten auftritt. Thrombozyten haben *keinen* Zellkern und können in *nicht-aktivierten* und *aktivierten* Zuständen auftreten. Die Mehrheit der Thrombozyten ist nicht aktiviert. Sie haben dann eine kompakte plattenähnliche Form (daher werden sie als Plättchen bezeichnet) und sind etwa 2 bis 3 μm groß, siehe Abb. 6.3a. Bei Aktivierung verwandeln sich die Plättchen in (klebrige) oktopusähnliche Formen mit mehreren Armen und Beinen, siehe Abb. 6.3b. Diese Transformation ist wichtig, um aktivierten Thrombozyten das Zusammenklumpen und die Bildung von Blutgerinnseln zu ermöglichen. An Stellen *geschädigten Endothels* aktiviert der Kontakt mit Kollagen die Thrombozyten und ermöglicht ihnen, am Kollagen zu haften. Dieser Prozess dichtet den beschädigten Bereich ab und leitet die nachfolgenden

Heilungsschritte ein [5]. Auch *hohe Scherbelastung* des Blutes kann Thrombozyten durch das Strecken des *von Willebrands*[1] *Faktors (vWF)*, einem im Blut zirkulierenden Haftproteins, aktivieren. Bei ausreichender Zeit bindet sich vWF an die Blutplättchen, was diese dann aktivieren kann [6–8].

Ein Thrombozyt hat eine Lebensdauer von etwa 8 bis 10 Tagen und eine Reihe von hämatologischen Krankheiten sensibilisieren die Reaktionsfähigkeit von Thrombozyten [9]. Ein geringer Volumenanteil von Thrombozyten steht in Zusammenhang mit einer Reihe von Krankheiten und führt zu einer beeinträchtigten Gerinnungsfähigkeit und dem Risiko von lebensbedrohlichem Blutverlust bereits bei kleinen Wunden. Im Gegensatz dazu erhöht ein hohes Thrombozytenvolumen das Risiko von Thrombosen und damit die Anfalligkeit von beispielsweise Schlaganfall und Herzinfarkt.

6.2.4 Plasma

Plasma ist eine strohfarbene Flüssigkeit, die aus 90 % Wasser, 9 % verschiedenen Molekülen und 1 % Elektrolyten besteht. Die *Elektrolytkonzentration* ist wichtig für die Regulierung des Flüssigkeitsgehalts innerhalb der Zellen, während *Moleküle* für die Immunabwehr wichtig sind und den kolloidosmotischen Druck (COP) sowie die Blutgerinnung kontrollieren.

Die Mehrheit der Moleküle sind *Proteine*, wie zum Beispiel Globulin, das eine zentrale Rolle bei der Immunabwehr spielt, Albumin, das den COP kontrolliert (siehe Abschn. 2.1.6.2), und Fibrinogen, ein Schlüsselfaktor bei der Blutgerinnung. Moleküle im Transit umfassen Vitamine, Kohlendioxid und Sauerstoff sowie Abfallprodukte wie Harnstoff und Ammoniak. Das Plasma enthält auch eine Reihe von Verdauungsprodukten, wie Fettsäuren, Aminosäuren und Peptide. Low-Density Lipoprotein (LDL) und High-Density Lipoprotein (HDL) sind wichtige Fettsäuren, die mit Arteriosklerose in Verbindung gebracht wurden, siehe Abschn. 5.4.2.

Ein geringer Volumenanteil von Plasma wird durch Dehydration, Salzmangel oder Blutverlust verursacht, während ein hohes Plasmavolumen als Folge einer unzureichenden Salzausscheidung auftreten kann, und auf Nierenerkrankung hinweisen kann.

6.3 Kräfte, die auf Blutpartikel wirken

Die Blutpartikel im Plasma stehen unter dem Einfluss von *mechanischen*, *elektrischen* und *molekularen* Kräften. Während diese den Transport der Partikel im Plasma direkt bestimmen, beeinflussen sie auch die makroskopischen

[1] Erik Adolf von Willebrand, finnischer Internist, 1870–1949.

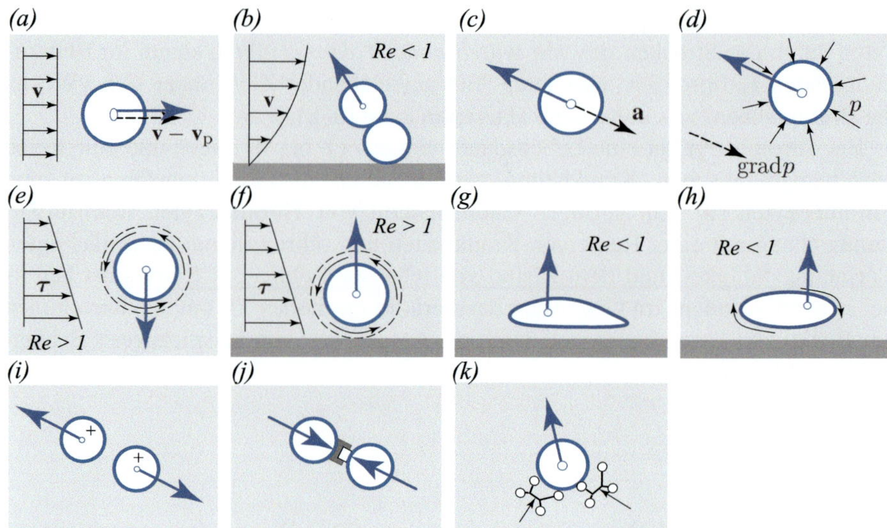

Abb. 6.4 Kräfte, die auf Blutpartikel im Plasma wirken. Plasmageschwindigkeit, Scherspannung und Druck werden jeweils durch **v**, τ und p bezeichnet. (**a**) Strömungswiderstandskraft, die auf ein Partikel der Geschwindigkeit $\mathbf{v}_p$ wirkt. (**b**) Aufprallkräfte durch Kollision mit anderen Partikeln in der Nähe der Wand. (**c**) Gravitations- oder Trägheitskraft. (**d**) Hydrostatische Kraft durch eine inhomogene Druckverteilung p. (**e**) Trägheitsauftriebskraft und (**f**) Trägheitswandauftriebskraft zufolge der Trägheit der Flüssigkeit, die um ein rotierendes Partikel strömt. (**g**) Auftrieb durch Verlust der Partikelsymmetrie. (**h**) Auftrieb durch panzerkettenähnlicher Partikelbewegung. (**i**) Elektrostatische Abstoßung Partikel gleicher Ladungen. (**j**) Molekulare Bindungskraft. (**k**) Stöße mit Makromolekülen führen zu erratischer Brownscher Bewegung

biomechanischen Eigenschaften des Blutes und damit die Blutflusseigenschaften. Wir können die Kräfte auf Strömungswiderstand, Gravitations- und Trägheitseffekte, inhomogene Druck- und Geschwindigkeitsfelder, Kollisionen, chemische und elektrische Effekte zurückführen. Während die Strömungswiderstandskraft die Partikel *entlang* von Stromlinien bewegt, können die anderen Kräfte Partikel dazu veranlassen, die Stromlinien zu *kreuzen*.

6.3.1 Strömungswiderstandskraft

Der *Strömungswiderstand* tendiert dazu, eingetauchte Partikel entlang von Stromlinien und somit in Richtung der Strömungsgeschwindigkeit zu transportieren, siehe Abb. 6.4a. Diese Kraft drängt daher Partikel dazu, sich zusammen mit der Flüssigkeit zu bewegen, ein Transportphänomen, das als *Advektion* bekannt ist. Wie präzise ein Partikel mit Durchmesser d den Stromlinien folgt, wird durch die *Stokes*[2] *Zahl*

[2] Sir George Gabriel Stokes, irischer Physiker und Mathematiker, 1819–1903.

$$St = \frac{T|\mathbf{v}|}{d} \tag{6.1}$$

bestimmt, wobei $\mathbf{v}$ die Geschwindigkeit der Flüssigkeit bezeichnet, während T die Relaxationszeit des Partikels ist. Stellen wir uns vor, ein ruhendes Partikel wird gedanklich in eine bewegte Flüssigkeit gegeben. Die Relaxationszeit T bezeichnet dann die Zeit, die das Partikel benötigt, um 63 % der Strömungsgeschwindigkeit zu erreichen. Eine kleine *St*-Zahl bestimmt ein Partikel, das den Stromlinien präzise folgt, während der Weg eines Partikels mit einer hohen *St*-Zahl erheblich von den Stromlinien abweichen kann. Unter normalen Bedingungen ist die *St*-Zahl in den Blutgefäßen niedrig und *Stokesscher Widerstand* gilt. Große Partikel, die mit thromboembolischen Ereignissen in Verbindung stehen, wären eine Ausnahme. Für eine *Kriech- oder Stokes-Strömung* ist die *St*-Zahl die inverse Reynolds Zahl (*Re*-Zahl), $St = Re^{-1}$.

6.3.2 Gravitations- und Trägheitskräfte

Im Beschleunigungsfeld $\mathbf{a}$ wirkt die *Trägheitskraft* $\mathbf{F}_\mathrm{i} = m\mathbf{a}$ auf das Partikel der Masse m, siehe Abb. 6.4c. Mit einer Dichte von 1125 kg m^{-3} sind Erythrozyten etwas schwerer als Plasma mit einer Dichte von 1025 kg m^{-3}, und die Trägheitskraft ermöglicht daher die Trennung von Erythrozyten vom Plasma in einer Zentrifuge. Die Gravitationskraft ist ein Spezialfall der Trägheitskraft und bezieht sich auf die Beschleunigung von $|\mathbf{a}| = 9{,}81$ m s^{-2}.

6.3.3 Kräfte verursacht durch Flüssigkeitsdruck

Die *hydrostatische Kraft* $\mathbf{F}_\mathrm{h} = -\int_{\partial\Omega} p\mathbf{n}\mathrm{d}s$ wirkt auf ein Partikel, das in eine Flüssigkeit des Drucks p eingetaucht ist, wobei $\mathbf{n}$ den nach außen gerichteten Normalvektor zur Partikeloberfläche bezeichnet, während ds das Flächenelement ist. Die Integration erfolgt über die gesamte Oberfläche $\partial\Omega$ des Partikels. Bei einem inhomogenen Druck ergibt dieses Integral eine hydrostatische Kraft, die als Resultierende auf das Partikel wirkt, siehe Abb. 6.4d.

6.3.4 Kräfte verursacht durch Geschwindigkeit und Scherspannung der Flüssigkeit

Ein Geschwindigkeitsfeld, das einen Scherspannungsgradienten erzeugt, führt zu *rotierenden* Partikeln. Bei einer Strömung mit einer *hohen Re*-Zahl bestimmen die *Trägheitseffekte* der Flüssigkeit die Kräfte auf das Partikel – die Trägheit der Flüssigkeit, die das rotierende kreisförmige Partikel umgibt, führt dann zu einer

Trägheitsauftriebskraft [10], siehe Abb. 6.4e. Die Trägheitsauftriebskraft lenkt Partikel der freien Strömung in Richtung höherer Scherung [11]. Eine Reihe von Trägheitskräften wirken auf Partikel, die sich nahe einer Wand befinden, oder diese sogar berühren. Sie werden gemeinsam als *Trägheitswandauftriebskräfte* bezeichnet und sind der Wand immer abgewandt, d.h. sie weisen von der Wand weg, siehe Abb. 6.4f. Auftriebskräfte führen zur Partikelmigration, ein Effekt, der bereits in laminarer Rohrströmung beobachtbar ist. Am Einlass eines Rohres noch gleichmäßig verteilte Partikel, neigen dazu, sich in einem Ring von etwa 60 % des Rohrdurchmessers anzusiedeln [12], ein Effekt, der als *Röhren-Pinch-Effekt* oder *Segré-Silberberg-Effekt* bekannt ist, siehe Abb. 6.5a.

Neben den zuvor genannten trägheitsdominierten Effekten bestimmen *viskose Kräfte* die Migration von Partikeln bei *niedrigen Re*-Zahlen. Erythrozyten sind hoch deformierbar und nahe der Wand verformen sie sich in *asymmetrische* Formen. Die asymmetrische Form erzeugt Kräfte, die die Partikel dann von der Wand weglenken [14], siehe Abb. 6.4g. Elastische Partikel nahe der Wand können auch *„panzerkettenähnliche"* Bewegungen ausführen, die dann auch zu wandabweisenden Migrationskräften führen, siehe Abb. 6.4h.

Angesichts der hohen zeitlichen und räumlichen Auflösung, die benötigt wäre, ist die direkte experimentelle Beobachtung der genannten Phänomene eine Herausforderung und Simulationen lieferten einfachere Einblicke in die Bewegung und den Transport von Blutpartikeln in Suspension [15–19].

6.3.5 Kräfte aus Kollisionen

Zufällige zeitliche Schwankungen in der Anzahl der Plasmamoleküle, die mit Partikeln kollidieren, bestimmen kleine zufällige Kräfte. Die in Plasma gelösten

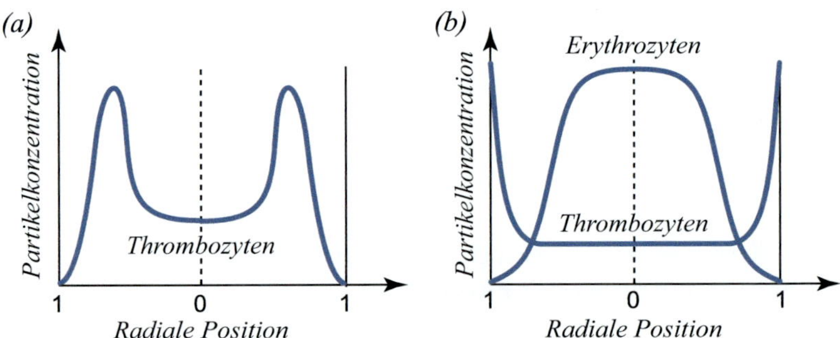

Abb. 6.5 Verteilung von Blutpartikeln in laminarer Rohrströmung. Die Daten stammen aus der Strömung in Glasröhren von 3 mm Durchmesser und bei der Wandscherrate von etwa 1000 s^{-1} [13]. (**a**) Thrombozyten in Salzlösung zeigen den Segré-Silberberg-Effekt und gruppieren sich in einem Ring von etwa 60 % des Rohrdurchmessers [12]. (**b**) Erythrozytenäquivalente und Thrombozyten in Salzlösung. Erythrozytenäquivalente konzentrieren sich in der Mitte, während Thrombozyten sich an der Wand konzentrieren

Abb. 6.6 Fåhræus-Effekt. Scherung verursacht eine Migration der Erythrozyten hin zur Mitte des Rohres, was dann zu einem niedrigeren durchschnittlichen Hämatokritwert in kleinen Gefäßen führt. Dies kann aus der Anzahl der Erythrozyten innerhalb der beiden gleich großen transparenten Quadrate in der Abbildung abgeleitet werden

Blutpartikel zeigen daher zufällige *erratische* Bewegungen, bekannt als *Brownsche*[3] *Bewegung*, siehe Abb. 6.4k.

Mit der Zunahme des Partikelanteils nimmt auch die Kollision zwischen den Partikeln selbst zu, ein Effekt, der schließlich die Verteilung der Blutpartikel dominiert und die lokale Viskosität der Suspension bestimmt. Bei starren kugelförmigen Partikeln wird die Viskosität einer Suspension bei einem Volumenverhältnis von etwa 64 % *unendlich gross* [20]. Die Partikel können sich dann nicht mehr aneinander vorbeibewegen und die Flüssigkeit erstarrt. Bei verformbaren Partikeln existiert eine solche Grenze nicht und Erythrozytensuspensionen mit Volumenanteilen von bis zu 80 % bleiben nach wie vor flüssig [21].

Mit steigender Scherrate müssen sich mehr und mehr Partikel aneinander vorbeibewegen, was dann auch zu mehr Kollisionen führt. Die Kollisionsrate der Partikel ist daher proportional zur Scherrate in der Flüssigkeit. Die Partikel versuchen solche Kollisionen zu vermeiden und wandern in Regionen mit niedrigeren Kollisionsraten und damit niedrigeren Scherraten ab, siehe Abb. 6.4b. Die scherrateninduzierte Migration von Partikeln reduziert die Konzentration von Erythrozyten (oder den Hämatokritwert) an der Wand von Gefäßen kleiner Durchmesser [13], bekannt als der *Fåhræus*[4] *Effekt* [22]. Dieser Migrationseffekt hat auch einen starken Einfluss auf die Viskosität des Blutes und erklärt seine verringerte Viskosität in kleinen Blutgefäßen, bekannt als der *Fåhræus-Lindqvist-Effekt* [23]. Beide Effekte werden bereits in Gefäßen mit Durchmessern von unter etwa 0,2 mm beobachtet, also in Gefäßen, die klein genug sind, dass die Dicke der erythrozytenarmen Grenzschicht an Bedeutung gewinnt, siehe Abb. 6.6. Konstitutive Beschreibungen, wie das Phillips Modell [24] ermöglichen die quantitative Beschreibung der scherrateninduzierten Migration von Partikeln.

[3] Robert Brown, schottischer Botaniker und Paläobotaniker, 1773–1858.

[4] Robert Fåhræus, schwedischer klinischer Professor und Pathologe, 1888–1968.

6.3.6 Chemische und elektrische Kräfte

Chemische und *elektrische Kräfte* wirken auf *kurze Distanzen* und treten durch direkte Wechselwirkung zwischen Blutpartikeln auf. Elektrisch geladene Partikel ziehen Partikel der entgegengesetzten Ladung an bzw. stoßen Partikel gleicher Ladung ab, siehe Abb. 6.4i. Erythrozyten, Leukozyten und Thrombozyten sind alle *negativ* geladen, was sie vor Kollisionen schützt und Thrombusbildung im normalen Kreislauf verhindern. Elektrostatische Kräfte können auch durch elektrische Ladungen in der Gefäßwand und den jeweiligen Blutpartikeln entstehen.

Wenn zwei Partikel einander berühren, können *molekulare Bindungen* die elektrostatische Abstoßung überwinden – die Partikel haften aneinander, siehe Abb. 6.4j. Die Rouleaux-Bildung [25], Leukozytenadhäsion, Thrombozytenaggregation und -adhäsion sind Beispiele für Adhäsionsphänomene im Blut.

Rouleaux-Bildung tritt bei niedrigen Scherraten auf, wodurch Erythrozyten mit den jeweiligen Breitseiten zusammenklumpen, siehe Abb. 6.7. Die Aggregation von Erythrozyten wird durch einen reversiblen Aggregations-Dissoziations Mechanismus verursacht und erfordert das Vorhandensein von Albumin, Fibrinogen und Globulin. Fibrinogen spielt dabei die wichtigste Rolle [26] und die Aggregation nimmt zunächst mit der Polymerkonzentration zu, erreicht ein Maximum und nimmt dann wieder ab [27]. Bei sehr niedrigen Scherraten entstehen sogar sekundäre Strukturen von 3D-Aggregaten, wobei sich Rouleaux Ende-zu-Ende bzw. Seite-zu-Seite zusammenschließen. In dieser Konfiguration zeigt das Blut feststoffähnliche Eigenschaften.

Leukozytenadhäsion tritt auf, wenn ein Leukozyt nahe an das *Endothel* kommt und Leukozytenliganden an Selektinmoleküle auf der Endothelzelle binden. Der Leukozyt kann dann in die Gefäßwand einwandern und eine Immunabwehr einleiten.

Thrombozytenaggregation und *Adhäsion* entstehen durch die Bindung *aktivierter* Thrombozyten und wird über Plasmamakromoleküle, wie beispielsweise Fibrinogen und vWF bewerkstelligt [8]. Neben der Selbstadhäsion binden Thrombozyten an eine Reihe von Substanzen, die dem Blutstrom ausgesetzt sind. Thrombozytenaggregation und -adhäsion sind wichtige Faktoren bei der Bildung eines Thrombus und damit ein kritischer Schritt bei der Wundheilung.

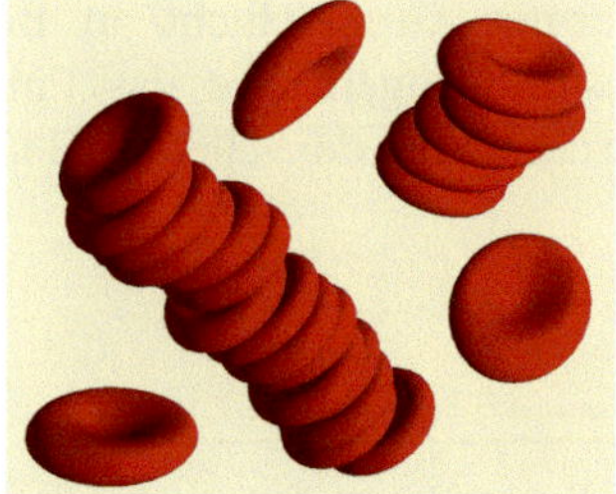

Abb. 6.7 Rouleaux-Bildung. Erythrozyten klumpen jeweils mit den Breitseiten zusammen, ein Mechanismus, der bei niedrigen Scherraten im Blut auftritt

6.3.7 Segregation von Blutpartikeln

Die kleineren Blutpartikel verhindern im Allgemeinen den Kontakt mit den größeren Partikel, und Makromoleküle, wie beispielsweise Albumin, hindern Partikel, wie Erythrozyten, daran, mit sich selbst zu kollidieren. Blut enthält viele unterschiedlich große Partikel, und ihre Wechselwirkungen im Plasma führen zu einer Reihe von *Segregationseffekten*. Schon in bimodalen Suspensionen entwickelt sich die Verteilung der Partikel sehr unterschiedlich im Vergleich zu unimodalen Suspensionen. Dies wurde beispielsweise durch *in vitro* Experimente in Glasröhren veranschaulicht, die Erythrozytenäquivalente (durch Entfernung ihres Hämoglobins transparent gemachte Erythrozyten, die auch als Erythrozytengespenster bezeichnet werden) und Thrombozyten in Salzlösung verwendeten [13]. Die größeren Partikel (Erythrozytenäquivalente) konzentrieren sich dann in der Mitte, während die kleineren Partikel (Thrombozyten) sich an der Wand anreichern, siehe Abb. 6.5b. Der Partikelsegregation wird durch *Mischen* entgegengewirkt, wie es bei komplexen Strömungen (Wirbel- und Turbulenzströmung) immer auftritt.

6.4 Modellierung der Blutrheologie

Die *rheologischen Eigenschaften* des Blutes sind entscheidend für eine funktionierende *Gewebeperfusion*. Kenntnisse über Veränderungen der Bluteigenschaften und ihre Auswirkungen auf das Herz-Kreislauf-System beinhalten daher wichtige klinische Informationen. Pathologien mit hämatologischem Ursprung, wie beispielsweise Leukämie, hämolytische Anämie, Sichelzellenkrankheit, Zustände, die mit dem Risiko für Thrombosen und andere kardiovaskuläre Ereignisse verbunden sind, hängen alle mit der *Störung der lokalen Homöostase* zusammen. Neben experimentellen Studien können mathematische Beschreibungen der Blutrheologie dazu beitragen, die genannten zirkulatorischen Implikationen zu erforschen und besser zu verstehen [28, 29].

Die rheologischen Eigenschaften einer Flüssigkeit werden mit einem *Rheometer* gemessen, wobei das Couette[5] Rheometer, das Kegel-Platten-Rheometer und das Kapillarrheometer die am häufigsten verwendeten experimentellen Geräte sind. Die Scherraten werden dabei mit sehr unterschiedlichen Prinzipien ermittelt, was dann auch den Quervergleich der erworbenen experimentellen Daten einschränkt. Neben der experimentellen Technik können auch vaskuläre Kontrollmechanismen wie metabolische Autoregulation und/oder Modulation der endothelialen Funktion die Blutrheologie verändern. Dies könnte erklären, dass Blut unter *in vivo* Bedingungen weniger viskos zu sein scheint als unter *in vitro* Bedingungen, siehe [30].

[5] Maurice Marie Alfred Couette, französischer Physiker, 1858–1943.

6.4.1 Scherratenabhängige Veränderungen der Blutmikrostruktur

Der hohe Gehalt an *Erythrozyten* führt zu signifikanten *nicht-Newtonschen Effekten* [31], und die Viskosität des Blutes ist damit *nicht* konstant. Bei sehr niedrigen Scherraten schließen sich Erythrozyten-Rouleaux zusammen und bilden sekundäre Strukturen von Aggregaten, siehe Abb. 6.8. In diesem Zustand hat das Blut feste Eigenschaften und damit theoretisch *unendliche Viskosität*. Überschreitet man die *Fließgrenze*, zerfällt das feste Blut in ein Netzwerk von Aggregaten. Dieser Prozess ist zeitabhängig, aber reversibel, und es ist noch unklar, ob die Fließgrenze als Materialeigenschaft des Blutes im engeren Sinn betrachtet werden kann. Die Aggregate bewegen sich dann unabhängig voneinander im Blut und ihre Größe verringert sich mit steigenden Scherraten, ein Prozess, der so lange anhält, bis alle Aggregate zerbrochen sind und die Erythrozyten sich unabhängig bewegen können. Große solide Hindernisse erhöhen die Viskosität einer Flüssigkeit erheblich, und ihr Zerbrechen in kleinere Teile führt daher bereits bei niedrigen Scherraten zu einem *raschen Abfall* der Blutviskosität, siehe Abb. 6.8. Bei hohen Scherraten verformen sich Erythrozyten selbst zu ellipsoiden Formen, die sich mit dem Blutstrom ausrichten, ein Mechanismus, der den Strömungswiderstand des Blutes weiter reduziert, siehe Abb. 6.8. Bei Scherraten über etwa 100 bis 200 s^{-1} wird die Blutviskosität schließlich *unempfindlich* gegenüber der Scherrate, und die Newtonsche Annahme einer *konstanten Viskosität* ist dann gerechtfertigt.

Der Abbau und die Bildung der Blutmikrostruktur ist *zeitabhängig*, und die rheologischen Eigenschaften des Blutes sind damit *thixotrop*. Betrachten wir Blut bei einer konstant gehaltenen hohen Scherrate mit ausgebildeter Mikrostruktur und der Viskosität η_{hoch}. Nach einem plötzlichen Abfall auf eine niedrigere und wieder konstant gehaltene Scherrate ist nun einige Zeit erforderlich, bis sich die neue Mikrostruktur des Blutes ausgebildet und die neue Viskosität η_{niedrig} erreicht wird. Die Viskosität hinkt daher immer der Scherrate hinterher, eine Eigenschaft,

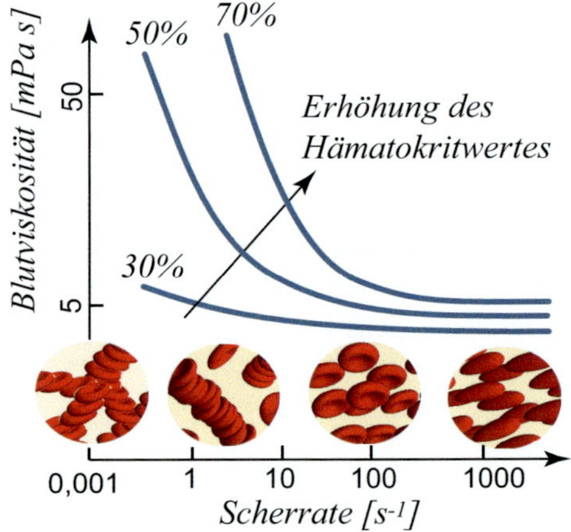

Abb. 6.8 Abhängigkeit der Viskosität von Vollblut von der Scherrate und dem Hämatokritwert. Die Einfügungen zeigen die Form und Verteilung der Erythrozyten bei den verschiedenen Scherraten

die als *Thixotropie* bezeichnet wird und in gewisser Weise der Viskoelastizität eines Festkörpers ähnelt, siehe Abschn. 3.5.4. Die Halbwertszeit für die Bildung von Aggregaten im Blut liegt im Bereich von 3 bis 5 s [32], und kann aber für pathologisches Blut wesentlich kürzer sein.

6.4.2 Modellierung generalisierter Newtonscher Flüssigkeiten

Wir betrachten eine inkompressible und isotrope Flüssigkeit mit der Geschwindigkeit $\mathbf{v}$, sodass $\mathbf{l} = \text{grad}\mathbf{v}$ den räumlichen Geschwindigkeitsgradienten bezeichnet. Die Cauchy Spannung kann dann durch

$$\boldsymbol{\sigma} = \boldsymbol{\tau}(\mathbf{d}) - \kappa\mathbf{I} \tag{6.2}$$

ausgedrückt werden, wobei $\mathbf{d} = (\mathbf{l} + \mathbf{l}^{\mathrm{T}})/2$ den Verzerrungsgeschwindigkeitstensor bezeichnet, während κ ein Lagrange Beitrag zum hydrostatischen Druck ist und die Inkompressibilität erzwingt. Eine mögliche Spezifizierung des konstitutiven Modells (6.2) lautet

$$\boldsymbol{\sigma} = 2\eta(\mathbf{d})\mathbf{d} - p\mathbf{I} \,, \tag{6.3}$$

wobei die *dynamische Viskosität* der Flüssigkeit $\eta(\mathbf{d})$ [Pa s] eine Funktion der Verzerrungsgeschwindigkeit $\mathbf{d}$ ist. Die *Newtonsche* Flüssigkeit wäre damit ein Spezialfall mit einer *konstanten* Viskosität η. Bei einer inkompressiblen Flüssigkeit gilt die *Kontinuität* $\text{tr}\mathbf{d} = 0$, und p in (6.3) bezeichnet dann den hydrostatischen Druck. Diese Aussage folgt direkt aus der Spur von (6.3), $\text{tr}\boldsymbol{\sigma} = -n_{\text{dim}}p$, wobei n_{dim} die Anzahl der räumlichen Dimensionen bezeichnet.

Wie bei jeder Funktion eines symmetrischen Tensors zweiter Ordnung kann die Viskosität durch $\eta = \eta(\mathbf{d}) = \eta(I_{\mathbf{d}\,1}, I_{\mathbf{d}\,2}, I_{\mathbf{d}\,3})$ ausgedrückt werden, wobei

$$I_{\mathbf{d}\,1} = \text{tr}\mathbf{d} \;;\; I_{\mathbf{d}\,2} = [(\text{tr}\mathbf{d})^2 - \text{tr}\mathbf{d}^2]/2 \;;\; I_{\mathbf{d}\,3} = \det\mathbf{d} \tag{6.4}$$

die drei Invarianten des Verzerrungsgeschwindigkeitstensors $\mathbf{d}$ sind. Angesichts der Kontinuität $\text{tr}\mathbf{d} = 0 = I_{\mathbf{d}\,1}$ trägt die erste Invariante keine Informationen zur konstitutiven Beschreibung der Flüssigkeit bei. Darüber hinaus berücksichtigen Viskositätsmodelle fast immer nur die zweite Invariante $I_{\mathbf{d}\,2} = (\text{tr}\mathbf{d}^2)/2$, die dann durch die *skalare Scherrate* ersetzt wird,

$$\dot{\gamma} = \sqrt{2\text{tr}\mathbf{d}^2} \;\; [s^{-1}] \,. \tag{6.5}$$

Dies führt zu einem nicht-konstanten Viskositätsmodell der Form $\eta(\dot{\gamma})$, das auch als *generalisiertes Newtonsches Modell* bezeichnet wird. Eine Reihe solcher Modelle wird in den folgenden Abschnitten diskutiert, und die Beschreibung der Blutviskosität ist generell wichtiger in kleineren Gefäßen, wo die viskosen Kräfte die Trägheitskräfte in der Impulsgleichung (3.107) übertreffen.

6.4.3 Einphasige Viskositätsmodelle für Blut

6.4.3.1 Potenzgesetz Modell

Das *Potenzgesetz Modell* drückt die Flüssigkeitsviskosität durch

$$\eta(\dot{\gamma}) = \eta_0(\lambda\dot{\gamma})^{n-1} \tag{6.6}$$

aus, wobei η_0 [Pa s] die Viskosität bei $\dot{\gamma} = 1/\lambda$ bezeichnet, und n die Potenzkonstante ist. Blut ist eine scherverdünnende Flüssigkeit und wird hier durch $n<1$ erfasst. Bei einer scherverdickenden Flüssigkeit ist $n>1$, während $n=1$ ein Newtonsches Fluid beschreibt. Die Zeitkonstante λ [s] kann als Modellparameter betrachtet und zusammen mit den anderen Parametern aus experimentellen Daten identifiziert werden. Allerdings wird sie üblicherweise auf λ = 1,0 s gesetzt und daher nur zur Korrektur der Dimensionen in (6.6) verwendet. Das Potenzgesetz Modell nähert sich der nicht-physikalischen Viskosität $\eta = 0$ an der Grenze $\dot{\gamma} \to \infty$.

6.4.3.2 Carreau–Yasuda Modell

Das *Carreau–Yasuda Modell* [33] drückt die Flüssigkeitsviskosität durch

$$\eta(\dot{\gamma}) = \eta_\infty + (\eta_0 - \eta_\infty)(1 + \lambda\dot{\gamma}^\alpha)^{(n-1)/\alpha} \tag{6.7}$$

aus, wobei λ [s] eine Zeitkonstante ist, η_0 und η_∞ [Pa s] bezeichnet die Niveaus der Viskosität bei niedrigen und hohen Scherraten, während n die Potenzkonstante ist. Der Parameter α bestimmt den Übergang von niedrigen zu hohen Viskositätsniveaus. Die untere Viskositätsgrenze η_0 hat nur theoretische Bedeutung, und es ist unklar, ob eine solche Grenze existiert. Mit den Parameter $\alpha = 2$ wird das Modell auch oft als *Carreau Modell* bezeichnet.

6.4.3.3 Casson Modell

Das *Casson Modell* [34] drückt die Flüssigkeitsviskosität durch

$$\eta(\dot{\gamma}) = \eta_\infty \left[1 + \left(\frac{\tau_0}{\eta_\infty\dot{\gamma}}\right)^{1/2}\right]^2 \tag{6.8}$$

aus, wobei η_∞ [Pa s] das Viskositätsniveau bei hohen Scherraten ist, während τ_0 [Pa] die Fließgrenze bezeichnet, oberhalb derer keine Bildung von Erythrozyten-Rouleaux auftritt [35]. Eine solche Grenze ist schwer festzulegen und könnte eventuell nicht existieren, so dass τ_0 mehr oder weniger ein phänomenologischer Modellparameter ist.

Abb. 6.9 veranschaulicht einen Vergleich verschiedener Blutviskositätsmodelle. Die Modellvorhersagen werden in Bezug auf experimentelle Daten von Hundeblut bei 37 °C [31] sowie menschlichen Erythrozyten in homologem Acid Citrate Dextrose-Plasma (ACD-Plasma) bei 25 °C und 48 % Hämatokrit dargestellt. Modellvorhersagen basieren auf den in Tab. 6.1 aufgeführten Parametern.

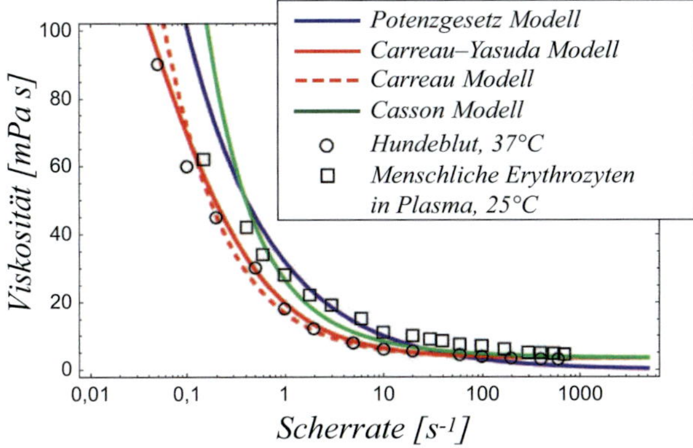

Abb. 6.9 Vergleich von Blutviskositätsmodellen in Bezug auf experimentelle Daten von Hundeblut bei 37 °C (○) und menschlichen roten Blutkörperchen (RBC) in homologem ACD-Plasma bei 25 °C und 48 % Hämatokrit (□). Modellvorhersagen verwenden das Potenzgesetz Modell (6.6), das Carreau–Yasuda Modell (6.7), das Casson Modell (6.8), wobei die in Tab. 6.1 aufgeführten Parameter verwendet wurden

Tab. 6.1 Parameter zur rheologischen Beschreibung von Blut

Potenzgesetz Modell (6.6)	$\eta_0 = 31{,}9$ mPa s; $n = 0{,}5$
Carreau–Yasuda Modell (6.7)	$\eta_0 = 200$ mPa s; $\eta_\infty = 3{,}5$ mPa s; $\lambda = 8{,}2$ s
	$n = 0{,}2128$; $\alpha = 0{,}7$
Carreau Modell (6.7)	$\eta_0 = 200$ mPa s; $\eta_\infty = 3{,}5$ mPa s; $\lambda = 1800$ s
	$n = 0{,}28$; $\alpha = 2{,}0$
Casson Modell (6.8)	$\eta_\infty = 3{,}5$ mPa s; $\tau_0 = 10{,}86$ mPa
Krieger-basiertes Modell (6.11)	$\eta_\mathrm{p} = 1{,}2$ mPa s; $\phi_{\max} = 0{,}98$; $\lambda = 95$ s;

6.4.4 Zusammensetzungsbasierte Viskositätsmodelle für Blut

Ein detailliertes Modell der Blutviskosität sollte die funktionale Abhängigkeit von wesentlichen Faktoren, wie Scherrate, Hämatokrit, Temperatur und Plasmaproteine beinhalten. Während solche Beschreibungen oft mit rationalen Konzepten und physikalischen Phänomenen beginnen, werden dann später oft empirische Beziehungen eingeführt, um makroskopische experimentelle Bluteigenschaften auch quantitativ abzubilden zu können.

6.4.4.1 Walburn–Schneck Modell

Das Potenzgesetz Viskositätsmodell (6.6) kann verallgemeinert werden im Sinne von Parametern, die vom Hämatokritniveau $0 < \phi < 1$, und damit von der Volumendichte der Erythrozyten, abhängen. Diese Verallgemeinerung ist dann als das *Walburn–Schneck Modell* bekannt [36] und verwendet die empirischen Beziehungen

$$\eta_0 = c_1 \exp(c_2\phi) \; ; \; n = 1 - c_3\phi \,, \tag{6.9}$$

wobei c_1 [Pa s] und c_2, c_3 Modellparameter sind, die aus experimentellen Daten identifiziert werden müssen.

6.4.4.2 Quemada Modell

Das *Quemada Modell* [37] betrachtet Blut als eine *konzentrierte Dispersion* von Erythrozyten in Plasma. Es verwendet einen semi-phänomenologischen Ansatz, der in der Viskosität

$$\eta = \eta_\mathrm{p}\left[1 - \frac{\left(k_0 + k_\infty\sqrt{\dot{\gamma}/\dot{\gamma}_\mathrm{c}}\right)}{2\left(1 + \sqrt{\dot{\gamma}/\dot{\gamma}_\mathrm{c}}\right)}\phi\right]^{-2} \tag{6.10}$$

resultiert, wobei η_p [Pa s] die Viskosität des Blutplasmas ist, während $0 < \phi < 1$ das Hämatokritniveau bezeichnet. Die Modellparameter

$$k_0 = \exp\left(\sum_{i=0}^{3} a_i\phi^i\right) \; ; \; k_\infty = \exp\left(\sum_{i=0}^{3} b_i\phi^i\right) \; ; \; \dot{\gamma}_\mathrm{c} = \exp\left(\sum_{i=0}^{3} c_i\phi^i\right)$$

hängen vom Hämatokritniveau ϕ ab, wobei a_i, b_i, und c_i [$\ln(s^{-1})$] Konstanten sind. Das Quemada Modell zeigt Diskontinuitäten, wenn es weite Hämatokritniveaus ϕ abdecken muss [38]. Für die meisten Anwendungen sind solche Diskontinuitäten jedoch nicht ausschlaggebend.

6.4.4.3 Krieger-basiertes Modell

Das *Krieger Modell* [39] basiert auf Eyrings[6] Theorie der Ratenprozesse mit Anwendung auf die Suspension von festen Kugeln. Zur Beschreibung von Blut wurde das Rahmenwerk dann empirisch modifiziert, um die Verformung der Erythrozyten zu berücksichtigen [38, 40]. Es beschreibt die Viskosität durch

$$\eta = \eta_\mathrm{p}\left(1 - \frac{\phi}{\phi_\mathrm{max}}\right)^{-n}, \tag{6.11}$$

wobei ϕ_max das maximal mögliche Hämatokritniveau darstellt, ein Grenzwert, bei dem die Suspension aufhört zu fließen. Blut mit normalen Erythrozyten fließt bis zu Hämatokritwerten von 98 % [41] und wahrscheinlich sogar darüber hinaus. Das maximal mögliche Hämatokritniveau wird daher auf $\phi_\mathrm{c} = 0{,}98$ [38] festgelegt – für pathologisch versteifte Erythrozyten wäre ϕ_c jedoch deutlich niedriger.

Während für starre sphärische Partikel der Krieger-Exponent $n = 1{,}66$ beträgt, verändert die Verformbarkeit der Erythrozyten diesen theoretischen Wert und n

[6] Henry Eyring, mexikanisch-amerikanischer theoretischer Chemiker, 1901–1981.

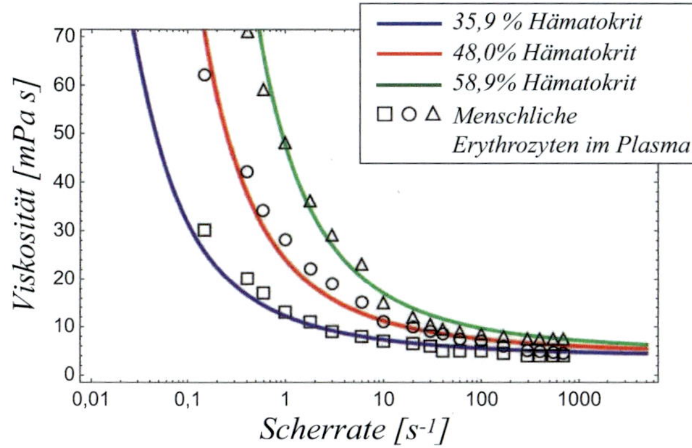

Abb. 6.10 Viskosität einer Suspension von menschlichen roten Blutkörperchen (RBC) in homologem ACD-Plasma bei 25 °C für Hämatokritwerte von jeweils 35,9 % (□), 48 % (○) und 58,9 % (△). Modellvorhersagen (durchgezogene Linien) unter Verwendung des Krieger-basierten Modells (6.11) mit den in Tab. 6.1 aufgeführten Parametern

ist nicht mehr konstant, sondern hängt von der Scherrate ab. Die empirische Beziehung

$$n = a + b\exp(-c\phi) + \begin{cases} 0 & ;\ \phi \leq 0{,}2 \\ n_{\text{st}} & ;\ \phi > 0{,}2 \end{cases} \tag{6.12}$$

wurde daher vorgeschlagen [38], wo a, b und c Modellparameter darstellen. Die Scherverdünnung des Blutes wird experimentell nur über einem bestimmten Hämatokritwert beobachtet, und daher wird der Beitrag n_{st} zum Krieger-Exponenten nur für Hämatokritwerte $\phi > 0{,}2$ hinzugefügt. Die Scherverdünnung selbst wird durch

$$n_{\text{st}} = \beta\left[1 + (\lambda\dot{\gamma})^2\right]^{-\nu} \tag{6.13}$$

dargestellt, eine empirische Beziehung, die Effekte von Erythrozytenaggregation bei niedrigen Scherraten zusammen mit ihrer Verlängerung bei hohen Scherraten erfasst. Hier sind λ [s] und β Konstanten, während $\dot{\gamma}$ die Scherrate bezeichnet.

Abb. 6.10 veranschaulicht die Fähigkeit des Modells, die experimentell gemessene Viskosität von menschlichen Erythrozytensuspensionen in homologem ACD-Plasma bei 25 °C zu erfassen [42]. Die verwendeten Modellparameter sind in Tab. 6.1 aufgeführt. Das Krieger-basierende Viskositätsmodell kann weiter generalisiert werden, um Effekte wie Temperatur und Plasmaprotein-Konzentrationen zu berücksichtigen [38].

Beispiel 6.1 (Walburn-Schneck Viskositätsmodell) Tab. 6.2 listet die Viskosität η einer Suspension von Erythrozyten (roten Blutkörperchen) in Acid Citrate Dextrose-Plasma (ACD-Plasma) für jeweils drei verschiedenen Hämatokritniveaus ϕ_i,

Tab. 6.2 Viskosität η in Bezug auf die Scherrate $\dot{\gamma}$ einer Suspension von menschlichen Erythrozyten in homologem Acid Citrate Dextrose-Plasma (ACD-Plasma) bei 25 °C [42]. Der Hämatokrit wird durch die drei Stufen $\phi_1 = 0{,}359$, $\phi_2 = 0{,}48$, und $\phi_3 = 0{,}589$, bezeichnet

	η [mPa s]		
$\dot{\gamma}$ [s^{-1}]	ϕ_1	ϕ_2	ϕ_3
0,15	30	62	–
0,41	20	42	71
0,6	17	34	59
1	13	28	48
1,8	11	22	36
3	9	19	29
5	8	15	23
10	7	11	15
20	6,5	10	12
30	6	9	10,5
40	5	8,5	9,5
60	5	7,5	9
100	4	7	8,5
170	4	6	8
300	4	5	7,5
400	4	4,9	7,5
550	4	4,7	7,5
700	4	4,5	7,5

$i = 1, 2, 3$. Es zeigt, die für Blut typische Scherverdünnung mit steigender Scherrate $\dot{\gamma}$. Die gemessene Viskosität sollte durch das Walburn-Schneck Viskositätsmodell

$$\eta_{\mathrm{WS}}(\dot{\gamma}, \phi) = \eta_0(\lambda\dot{\gamma})^{n-1} \tag{6.14}$$

dargestellt werden, wobei der Ausdruck (6.9) den Parameter η_0 definiert.

(a) Verwenden Sie die Methode der kleinsten Quadrate zur Identifizierung der drei Parameter c_1, c_2 und c_3 des Walburn-Schneck Modells anhand der in Tab. 6.2 aufgeführten experimentellen Daten.
(b) Stellen Sie die vorhergesagte Viskosität η_{WS} als Funktion der Scherrate $\dot{\gamma}$ dar und überlagern Sie diese den experimentell gemessenen Viskositäten. Verwenden Sie eine logarithmische Skala der Scherrate $\dot{\gamma}$.

■

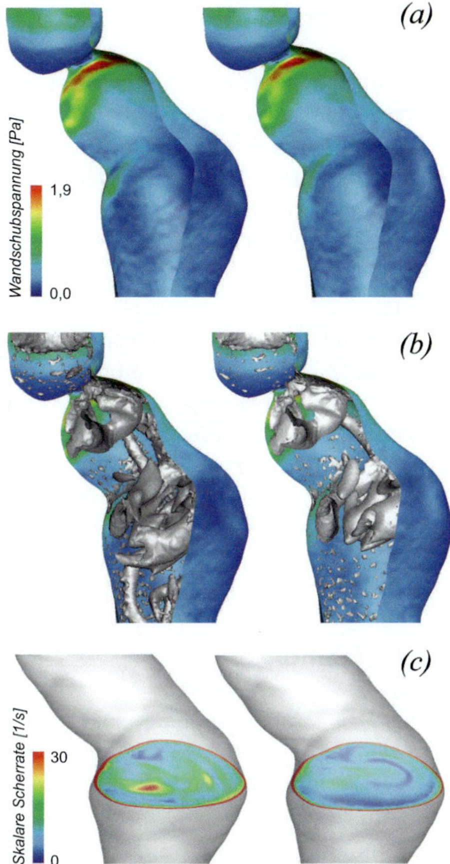

Abb. 6.11 Vergleich der Ergebnisse numerischer Strömungsmechanik (CFD) Analyse unter der Verwendung des Newtonschen (linke Spalte) oder des Carreau-Yasuda (rechte Spalte) Blutviskositätsmodells. Die Simulation stellt den Blutfluss in der aneurysmatischen Aorta in der späten Systole des Herzzyklus dar. (**a**) Wandschubspannung (WSS). (**b**) Vortexstruktur (VS). (**c**) Skalare Scherrate $\dot{\gamma}$ in einer ausgewählten transversalen Ebene

Die beabsichtigte Modellanwendung (IMA) der individuellen Simulation bestimmt die Auswahl der konstitutiven Beschreibung des Blutes. Verschiedene Modelle zeigen in der Regel unterschiedliche Ergebnisse, und der Analyst muss die Strömungsmerkmale, wie sie für die spezifische Studie von Interesse sind, festlegen, und dann das Modell dementsprechend auswählen. Zur Verdeutlichung zeigt Abb. 6.11 Unterschiede in der berechneten Blutströmung in der aneurysmatischen Aorta. Dabei wurde das Newtonsche sowie das Carreau-Yasuda Blutviskositätsmodell, bei sonst identischen Modellannahmen, verwendet. Die vorhergesagte WSS ist fast identisch zwischen beiden Modellen, während VS sowie die skalare Scherrate $\dot{\gamma}$ in der Kernströmung bemerkenswert unterschiedlich sind. VS als auch die Sekundärströmung sind stark von den scherverdünnenden Eigenschaften des Blutes beeinflusst [43]. Bei komplexen Strömungen können Strömungsindikatoren, wie sie häufig zur Untersuchung der Blutgefäße verwendet werden, um 50 bis 200 % variieren, je nachdem ob Blut als Newtonsche oder nicht-Newtonsche Flüssigkeit beschrieben wird [44, 45].

6.5 Blutschädigung

Medizinische Geräte, wie Herzunterstützungssysteme und künstliche Herzklappen, führen nicht-physiologische Aspekte in den Kreislauf ein und können zu *schubspannungsinduzierten* Blutschädigungen führen. Ihre Minimierung ist eines der *wichtigsten* Ziele bei der Entwicklung von medizinischen Geräten. Die Minimierung von Stromungsmechanik-bezogener Blutschädigung ermöglicht es, die Dosis von Antikoagulanzien bei Patienten mit Implantaten zu reduzieren, was dann auch die Nebenwirkungen einer solchen Medikamententherapie erheblich reduziert.

Hohe mechanische Schubspannungen können zu einer Reihe von Blutschädigungsmechanismen führen, von denen *Hämolyse* und nicht-physiologische *Thrombozytenaktivierung* (auch als Thrombozytenschädigung bezeichnet) die am meisten untersuchten Phänomene darstellen. Während Blutschädigung eine Hauptursache für das Versagen von medizinischen Geräten sind, sind die zugrundeliegenden Schädigungsmechanismen unzureichend verstanden und aktuelle biomechanische Modelle zeichnen sich durch einen sehr hohen Grad an Phänomenologie aus.

6.5.1 Hämolyse

Mechanische Scherspannung kann die Membran von Erythrozyten *zerreißen* oder *beschädigen*, ein Blutschädigungsmechanismus, der als *Hämolyse* bezeichnet wird. Dies führt zur Freisetzung von *Hämoglobin* in das Blutplasma, und das Verhältnis zwischen dem im Plasma gelöstem Hämoglobin und dem gesamten Hämoglobin im Blut, ein Parameter, der als *Hämolyse-Index (HI)* bezeichnet wird, quantifiziert das Ausmaß dieser Blutschädigung. Im normalen (nicht beschädigten) Blut erscheint etwa 2 % des Hämoglobins frei im Plasma, und höhere Werte würden auf Erythrozytenschäden hinweisen. Experimente mit Erythrozyten zeigen, dass die schädigungsbedingte Freisetzung von Hämoglobin nur bei Überschreitung eines bestimmten Scherspannungsniveau auftritt – die Literatur berichtet von Schwellenwerten im Bereich von $\overline{\tau} = 100$ bis 250 Pa [46]. Neben dem *Spannungsniveau* beeinflusst die *Expositionszeit* die Hämolyse. Aufgrund der viskoelastischen Eigenschaften der Erythrozyten ist Zeit erforderlich, um die angreifende Spannung in Zellmembrandeformation umzuwandeln, die dann schließlich zur Hämolyse führt. Während die Scherspannung mit zunehmender Durchflussrate des Bluts durch ein medizinisches Gerät zunimmt, verringert sich die Verweilzeit der Erythrozyten und somit die Zeit, in der sie nicht-physiologischen Aspekten (Belastungen) ausgesetzt sind. Das spezielle Design des medizinischen Geräts ist dann ein wichtiger Faktor bei der HI Minimierung, siehe zum Beispiel die Analyse verschiedener Herzunterstützungssysteme [47].

Betrachten wir nun eine schädigungsbedingte Freisetzung von Hämoglobin, wobei ΔH_{b} die Menge an Hämoglobin bezeichnet, die in den Blutkreislauf

Tab. 6.3 Parameter des Potenzgesetz Modell (6.15) zur Beschreibung der Hämolyse als Funktion der Scherspannung τ [Pa] und der Expositionszeit t [s]

C [Pa$^{-\alpha}$ s$^{-\beta}$]	α	β	Blutquelle	Referenz
$3{,}63 \cdot 10^{-7}$	2,416	0,785	Mensch	[49, 50]
$1{,}8 \cdot 10^{-8}$	1,991	0,765	Schwein	[51]
$1{,}228 \cdot 10^{-7}$	1,9918	0,6606	Schaf	[52]
$6{,}701 \cdot 10^{-6}$	1,0981	0,2778	Schwein	[52]
$3{,}458 \cdot 10^{-8}$	2,0639	0,2777	Mensch	[52]
$9{,}772 \cdot 10^{-7}$	1,4445	0,2076	Rind	[52]

freigesetzt wird, während H_b das gesamte Hämoglobin kennzeichnet. Wir können dann das Verhältnis zwischen beiden Werten durch das Potenzgesetz Modell

$$H(\tau, t) = \frac{\Delta H_b}{H_b} = \begin{cases} C\tau^{\alpha} t^{\beta} & \text{for } \tau \geq \overline{\tau}, \\ 0 & \text{for } \tau < \overline{\tau}, \end{cases} \tag{6.15}$$

ausdrücken, wobei C [Pa$^{-\alpha}$ s$^{-\beta}$] und α, β Konstanten sind, die aus experimentellen Daten ermittelt werden müssen. Eine Reihe von Studien haben diese Parameter aus Scherflussexperimenten ermittelt, und Tab. 6.3 listet Parameter aus der Literatur. Die Verallgemeinerung des Hämolysemodells (6.15) auf mehrdimensionale Strömungen erfordert die Einführung einer *skalaren Scherspannung* τ, ein Skalar, der den Scherspannungstensor $\boldsymbol{\tau}$ repräsentiert. Es sollte die Belastung der Erythrozyten angemessen erfassen und könnte beispielsweise eine Funktion der Invarianten von $\boldsymbol{\tau}$ sein. Im Vergleich zu den Modellparametern C, α, β hat die jeweilige Definition von τ nur einen geringen Einfluss auf H [48]. Oft wird die von Mises Spannung

$$\tau = \sqrt{3(\tau_{12}^2 + \tau_{23}^2 + \tau_{13}^2)} = \sqrt{-3I_{\tau\,2}}$$

in der Studie der Hämolyse verwendet, wobei $I_{\tau\,2} = [(\text{tr}\boldsymbol{\tau})^2 - \text{tr}\boldsymbol{\tau}^2]/2$ die zweite Invariante des Scherspannungstensors bezeichnet. Die Ableitung verwendete die Eigenschaft $\text{tr}\boldsymbol{\tau} = 0$, die direkt aus der Struktur des Fluidspannungstensors $\boldsymbol{\sigma} = \boldsymbol{\tau} - p\mathbf{I}$ folgt, wo p den hydrostatischen Druck bezeichnet.

Neben dem Potenzgesetz Modell (6.15) wurden viele andere Ansätze vorgeschlagen, um Blutschädigung vorherzusagen. Eine Überprüfung der Modelle zusammen mit einem Quervergleich ihrer Vorhersagen ist anderswo berichtet [48], und kürzlich wurde auch die Hämolyse mit der Energiedissipationsrate in Verbindung gebracht [53]. Die Schädigung von Blutkomponenten anderer Art als Erythrozyten, kann ähnlich der Hämolysebeschreibung modelliert werden. Dabei werden zwar die gleichen Modelle, aber mit unterschiedliche Modellkonstanten, verwendet.

Das Potenzgesetz Modell (6.15) kann in einer numerische Strömungsmechanik Analyse (CFD-Analyse) mit dem *Eulerschen* Ansatz oder dem *Lagrangeschen* Ansatz implementiert werden. Im Eulerschen Ansatz wird das Modell als Transportgleichung implementiert, während es im Lagrangeschen Ansatz entlang von Pfadlinien integriert wird.

6.5.1.1 Eulersche Implementierung des Hämolyse Potenzgesetz Modells

Die Transformation $H_L = H^{1/\beta}$ bildet das Potenzgesetz Modell (6.15) auf $H_L = C^{1/\beta}\tau^{\alpha/\beta}t$ ab, eine Gleichung, die linear in der Zeit t ist. Mit der materiellen Zeitableitung $DH_L/Dt = C^{1/\beta}\tau^{\alpha/\beta}$, führt (6.15) dann zur *Transportgleichung*

$$\frac{\partial H_L}{\partial t} + \mathbf{v} \cdot \mathrm{grad} H_L = C^{1/\beta}\tau^{\alpha/\beta}(1 - H_L), \tag{6.16}$$

wobei der Term $(1 - H_L)$ als Regularisierungsterm dient, um vor unphysikalischen Lösungen, wie $H_L > 1$, zu schützten, siehe [48]. Die Transportgleichung (6.16) ist viel praktischer als das ursprüngliche Modell (6.15) und kann direkt in einer CFD-Analyse implementiert werden.

6.5.1.2 Lagrangesche Implementierung des Hämolyse Potenzgesetz Modells

Wir können das Potenzgesetz Modell (6.15) entlang von Pfadlinien integrieren, und

$$H(\tau, t) = H_0 + \int_0^t C\tau^\alpha t^\beta \mathrm{d}t \tag{6.17}$$

stellt dann die Schädigung der Erythrozyten dar, wie sie sich über die Zeit t ansammelt, wobei $H_0 = H(\tau, 0)$ die anfängliche Erythrozytenschädigung bezeichnet. Die einfache Approximation $H(\tau, t) \approx H_0 + \sum_{i=1}^n C\tau_i^\alpha t_i^\beta \Delta t_i$ von (6.17) an n diskreten Zeitpunkten, liefert jedoch eine ungenaue Hämolysevorhersage, und fortgeschrittenere Methoden soll der Vorzug gegeben werden [54].

Eine Pfadlinie hängt von ihrem Ursprung im Raum und Zeit ab, und die genaue Darstellung der Schädigung des Blutes beruht auf der angemessenen Abdeckung von Pfadlinien im gesamten Strömungsbereich. Während dies für einfache Strömungsbereiche ohne bemerkenswerte Rezirkulationsregionen in der Regel nicht schwierig zu bewerkstelligen ist, kann es für komplexere Geometrien mit großen stabilen VS herausfordernd sein. Pfadlinien, die am Gefäßeinlass homogen verteilt entspringen, decken möglicherweise nicht den gesamten Strömungsbereich ab, und beeinflussen damit die Hämolysevorhersagen negativ. Das homogen verteilte Entspringen von Pfadlinien im gesamten Flussbereich verbessert die Situation zwar, ist aber selten ausreichend, um das genannte Problem vollständig zu beherrschen – Bereiche mit hohem Schädigungspotenzial, wie Rezirkulationszonen und Grenzschichten, könnten erneut von keiner, oder nur sehr wenigen Pfadlinien durchzogen sein.

6.5.2 Thrombozytenaktivierung

Zusätzlich zu *chemischen Agonisten*, wie Adenosindiphosphat (ADP), Thrombin, Thromboxan A2 und Serotonin, kann auch *mechanische Scherspannung*

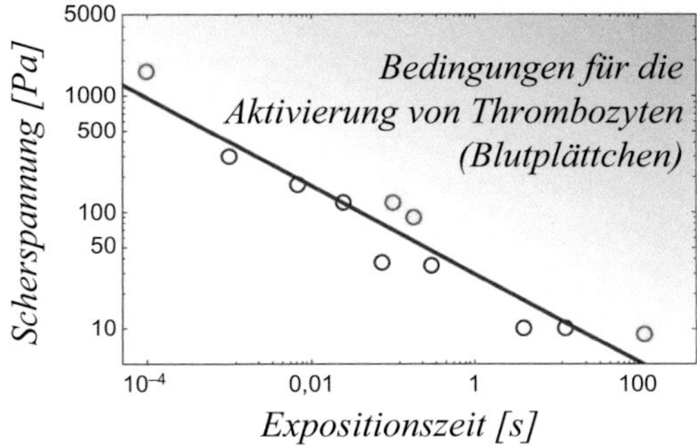

Abb. 6.12 Schwellenwerte von Scherspannung τ und Expositionszeit t die zur Aktivierung von Thrombozyten (Blutplättchen) führen. Datenpunkte stammen aus experimentellen Studien, die anderswo berichtet wurden [50, 55–59]. Die Methode der kleinsten Quadrate definiert, die in Blau dargestellte, und in (6.18) angegebene, Regressionslinie

Thrombozyten (Blutplättchen) aktivieren. Obwohl dies ein notwendiger erster Schritt bei der Wundheilung ist, erhöht die Aktivierung einer großen Anzahl von Thrombozyten beim Durchströmen medizinischen Gerätes das Risiko für *Geräteversagen*. Geronnenes Blut kann nicht nur das Gerät verstopfen, sondern die in den Blutstrom freigesetzten Blutgerinnsel können distale Gefäße verschließen und damit zu *akuten thromboembolischen Ereignissen* führen. Die Aktivierung der Thrombozyten wird durch die Expositionszeit und das Niveau des Scherspannung beeinflusst. Aufgrund einer Reihe von experimentellen Beobachtungen [50, 55–59] kennzeichnet der empirische Ausdruck

$$\tau = 29.598\, t^{-0,377} \tag{6.18}$$

die Bedingungen zwischen der Scherspannung τ [Pa] und der Expositionszeiten t [s], die zur Aktivierung von Thrombozyten führen, siehe Abb. 6.12.

6.6 Beschreibung inkompressibler Strömungen

6.6.1 Energieerhaltung

Für einige Anwendungen kann Blut als ein *ideales Fluid* ohne Viskosität betrachtet werden. Jegliche Dissipation der Blutströmung wird dann vernachlässigt, und die Strömung kann vollständig durch das Prinzip der *Energieerhaltung* untersucht werden. An jedem Punkt im Strömungssystem bleibt die Summe der spezifischen potenziellen Energie $gh + p/\rho$ [J kg^{-1}] und der spezifischen kinetischen Energie $v^2/2$ [J kg^{-1}] dann konstant, wobei v und p die Geschwindigkeit und den Druck bezeichnen, während ρ die Dichte der Flüssigkeit ist. Darüber hinaus

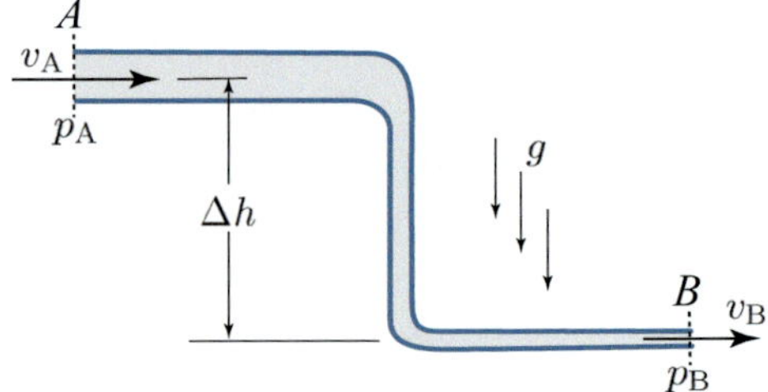

Abb. 6.13 Blutfluss durch ein Gefäßsegment, bei dem der Flussweg von Einlass *A* zu Auslass *B* um Δh abfällt. Die Gravitation ist durch *g* bezeichnet.

bezeichnet $g = 9{,}81$ m s^{-2} die Gravitation und *h* ist die Höhenkoordinate relativ zu einem Referenzpunkt des Strömungssystems. Die Energieerhaltung lautet dann

$$\frac{v^2}{2} + gh + \frac{p}{\rho} = C\,, \tag{6.19}$$

ein Ausdruck, der als *Bernoulli*[7] *Gleichung* bekannt ist und für eine erste Schätzung der Druckverteilung im Gefäßsystem verwendet werden kann. Die Blutflussgeschwindigkeiten folgen direkt, und unabhängig vom Druck, aus der Kontinuität der Blutströmung.

6.6.1.1 Blutfluss unter der Wirkung der Gravitation

Der Blutfluss im Körper wird durch die Schwerkraft beeinflusst, und Abb. 6.13 zeigt ein arterielles Segment zur Analyse dieses Mechanismus. Das Gefäß hat kreisförmige Querschnitte, wobei $d_A = 1{,}9$ cm und $d_B = 1{,}5$ cm den Durchmesser am Einlass *A* und am Auslass *B* bezeichnen. Am Einlass hat das Blut die Geschwindigkeit $v_A = 12{,}4$ cm s^{-1} und den Druck $p_A = 98$ mm Hg, es fällt dann um die Höhe $\Delta h = 38{,}6$ cm und verlässt das System durch *B*. Das Blut hat dann die Geschwindigkeit v_B und den Druck p_B, Zustandsvariablen, die im Folgenden bestimmt werden sollen.

Die Kontinuität eines stationären inkompressiblen Flusses erfordert, dass die Zuflussrate $q_A = v_A d_A^2 \pi/4$ der Abflussrate $q_B = v_B d_B^2 \pi/4$ entspricht, eine Beziehung, die es uns ermöglicht, die Abflussgeschwindigkeit

$$v_B = v_A (d_A/d_B)^2 = 19{,}9 \text{ cm s}^{-1}$$

zu berechnen. Die Abflussgeschwindigkeit v_B wird daher eindeutig durch die Durchmesser des Gefäßes bestimmt und ist unabhängig von der Schwerkraft sowie dem Höhenunterschied Δh.

Angesichts dieses Beispiels kann Blut als ideales (nicht-viskoses) Fluid mit der Dichte $\rho = 1060$ kg m^{-3} betrachtet werden. Die Bernoulli Gleichung (6.19)

$$v_A^2/2 + gh_A + p_A/\rho = v_B^2/2 + gh_B + p_B/\rho$$

[7] Daniel Bernoulli, Schweizer Mathematiker und Physiker, 1700–1782.

ermöglicht es uns somit, den Abflussdruck

$$p_{\text{B}} = p_{\text{A}} + \rho(v_{\text{A}}^2 - v_{\text{B}}^2)/2 + \rho g \Delta h = 17.067 \text{ kPa} = 128{,}0 \text{ mm Hg} \quad (6.20)$$

auszudrücken, wobei $\rho(v_{\text{A}}^2 - v_{\text{B}}^2)/2$ und $\rho g \Delta h$ die *kinetische Energie* und die *potenzielle Energie* bezeichnen. Der Beitrag der potenziellen Energie kann als Auswirkung der Schwerkraft auf den Blutfluss gesehen werden. Er dominiert oft über den Beitrag der kinetischen Energie, und das Gefäßsystem muss daher aktiv auf Schwerkrafteinwirkungen mittels nervensystemgesteuerte Blutdruckkompensation reagieren, siehe Abschn. 2.1.7.2.

Für den Spezialfall $\Delta h = 0$ verschwindet der Gravitationseffekt in (6.20) und die Bernoulli Gleichung (6.20) führt dann zum Druckunterschied

$$\Delta p = p_{\text{B}} - p_{\text{A}} = \rho(v_{\text{A}}^2 - v_{\text{B}}^2)/2 = -12{,}8 \text{ Pa} = -0{,}096 \text{ mm Hg}\,.$$

Die *Zunahme* der Strömungsgeschwindigkeit um 7,5 cm s^{-1} vom größeren Gefäßdurchmesser d_{A} zum kleineren Gefäßdurchmesser d_{B} kennzeichnet dann den *Abfall* des Drucks um 0,096 mm Hg. Dies ist ein kontraintuitives Ergebnis, und man könnte fälschlicherweise denken, dass Blut mit höherer Geschwindigkeit auch einen höheren Druck hätte.

Beispiel 6.2 (Kollaps eines verengten Gefäßsegments) Abb. 6.14 zeigt den Blutfluss durch ein verengtes kreisförmiges Gefäß, wobei d_{i} und d_{c} die Durchmesser am Einlass und an der Verengung bezeichnen. Das Blut hat die Dichte $\rho = 1060$ kg m^{-3} und kann als ideale (nicht-viskose) Flüssigkeit mit der Geschwindigkeit $v_{\text{i}} = 23{,}2$ cm s^{-1} und dem Druck $p_{\text{i}} = 75$ mm Hg am Gefäßeinlass betrachtet werden. Die Gefäßwand kann als eine Membran, d.h. eine Struktur ohne Biegesteifigkeit, betrachtet werden, und $p_0 = 12{,}0$ mm Hg bestimmt den Umgebungsdruck außerhalb des Gefäßes.

(a) Betrachten Sie inkompressibles Blut und drücken Sie die Strömungsgeschwindigkeit v_{c} in der Verengung aus.
(b) Verwenden Sie die Bernoulli Gleichung (6.19) und drücken Sie den Druck p_{i} in der Verengung aus.
(c) Geben Sie die relative Durchmesserstenose $S_{\text{diameter}} = (d_{\text{i}} - d_{\text{c}})/d_{\text{i}}$ sowie die relative Flächenstenose $S_{\text{area}} = (A_{\text{i}} - A_{\text{c}})/A_{\text{i}}$ an, bei dem Gefäßkollaps eintreten würde. Hier bezeichnen A_{i} und A_{c} die Querschnittsflächen jeweils am Einlass und an der Verengung.

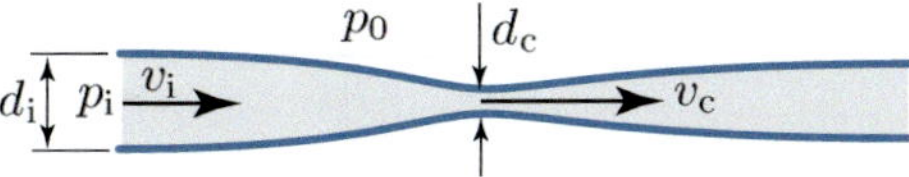

Abb. 6.14 Blutfluss durch eine Gefäßverengung

■

6.6.2 Erhaltung des linearen Impulses

Eine 1D-Strömung ist eine Strömung, dessen Geschwindigkeit $\mathbf{v}$ nur von der Zeit t und *einer* räumlichen Dimension abhängt. Wie jede andere Strömung muss sie das Cauchy-Eulersche Bewegungsgesetz (3.107) $\rho(\mathrm{D}\mathbf{v}/\mathrm{D}t) = \mathrm{div}\boldsymbol{\sigma} + \mathbf{b}_\mathrm{f}$ erfüllen, wobei $\boldsymbol{\sigma}$ und $\mathbf{b}_\mathrm{f}$ die Cauchy Spannung und die Körperkraft pro räumliches Volumen (Volumenkraft) bezeichnen. Die materielle Zeitableitung $\mathrm{D}\mathbf{v}/\mathrm{D}t = \partial\mathbf{v}/\partial t + \mathbf{v}\cdot\mathrm{grad}\mathbf{v}$ gibt die Beschleunigung an, wie sie vom Flüssigkeitspartikel wahrgenommen wird, und ρ bezeichnet die Flüssigkeitsdichte pro räumliche Volumeneinheit. Die Kontinuität (3.104) der inkompressiblen Flüssigkeit $\mathrm{div}\mathbf{v} = 0$ ist ebenfalls Teil ihrer mathematischen Beschreibung. Die Kontinuität und das Cauchy-Eulersche Bewegungsgesetz können zusammengefaßt werden, und führen dann auf Beziehungen, die sich in verschiedenen Koordinatensystemen unterschiedlich präsentieren.

6.6.2.1 1D-Strömung in kartesischen Koordinaten

Ohne Einschränkung der Allgemeinheit betrachten wir eine Strömung entlang der x_1 Koordinatenrichtung, wie sie in Abb. 6.15a dargestellt ist. Die Geschwindigkeit $\mathbf{v} = \mathbf{v}(x_3, t)$ hat dann die Komponenten $v_1(x_3, t)$ und $v_2 = v_3 = 0$, und die Kontinuität

$$\mathrm{div}\mathbf{v} = \nabla\cdot\mathbf{v} = \frac{\partial v_1}{\partial x_1} + \frac{\partial v_2}{\partial x_2} + \frac{\partial v_3}{\partial x_3} = 0$$

ist *a priori* erfüllt. Der Geschwindigkeitsgradient der 1D-Strömung liest sich dann

$$\mathrm{grad}\mathbf{v} = \begin{bmatrix} \partial v_1/\partial x_1 & \partial v_1/\partial x_2 & \partial v_1/\partial x_3 \\ \partial v_2/\partial x_1 & \partial v_2/\partial x_2 & \partial v_2/\partial x_3 \\ \partial v_3/\partial x_1 & \partial v_3/\partial x_2 & \partial v_3/\partial x_3 \end{bmatrix} = \begin{bmatrix} 0 & 0 & \partial v_1/\partial x_3 \\ 0 & 0 & 0 \\ 0 & 0 & 0 \end{bmatrix},$$

sodass

$$\mathbf{d} = \tfrac{1}{2}\left(\mathrm{grad}\mathbf{v} + \mathrm{grad}^\mathrm{T}\mathbf{v}\right) = \tfrac{1}{2}\begin{bmatrix} 0 & 0 & \partial v_1/\partial x_3 \\ 0 & 0 & 0 \\ \partial v_1/\partial x_3 & 0 & 0 \end{bmatrix}$$

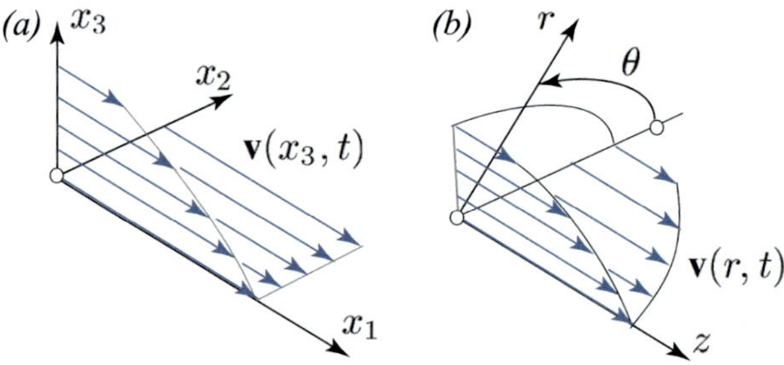

Abb. 6.15 1D-Strömung in (**a**) kartesischen und (**b**) zylindrischen Koordinaten. Die Vektoren bezeichnen die Flussgeschwindigkeit $\mathbf{v}(x_3, t)$ und $\mathbf{v}(r, t)$ jeweils in kartesischen und zylindrischen Koordinaten.

den Verzerrungsgeschwindigkeitstensor bezeichnet. Die einzige nicht verschwindende Scherspannungskomponente, die auf das Fluidpartikel wirkt, lautet damit $\tau_{13} = 2\eta d_{13} = \eta(\partial v_1/\partial x_3)$, wobei η [Pa s] die dynamische Viskosität bezeichnet. Während η für ein Newtonsches Fluid konstant ist, hängt die Viskosität bei einem allgemeinen Newtonschen Fluid von der Scherrate ab, siehe Abschn. 6.4.2.

Angesichts der entkoppelten Spannungsdarstellung $\boldsymbol{\sigma} = \boldsymbol{\tau} - p\mathbf{I}$, mit der Scherspannung $\boldsymbol{\tau} = 2\eta\mathbf{d}$ und dem Druck p, ergibt sich das Cauchy-Eulersche Bewegungsgesetz $\rho(\mathrm{D}\mathbf{v}/\mathrm{D}t) = \mathrm{div}\boldsymbol{\sigma} + \mathbf{b}_\mathrm{f}$ explizit für die 1D inkompressiblen Strömung zu

$$\rho\left(\begin{bmatrix} \partial v_1/\partial t \\ 0 \\ 0 \end{bmatrix} + \begin{bmatrix} 0 & 0 & \partial v_1/\partial x_3 \\ 0 & 0 & 0 \\ 0 & 0 & 0 \end{bmatrix}\begin{bmatrix} v_1 \\ 0 \\ 0 \end{bmatrix}\right) = \begin{bmatrix} \partial \tau_{13}/\partial x_3 - \partial p/\partial x_1 \\ -\,\partial p/\partial x_2 \\ -\,\partial p/\partial x_3 \end{bmatrix} + \begin{bmatrix} b_{\mathrm{f}\,1} \\ b_{\mathrm{f}\,2} \\ b_{\mathrm{f}\,3} \end{bmatrix},$$

wobei die materielle Zeitableitung $\mathrm{D}\mathbf{v}/\mathrm{D}t = \partial\mathbf{v}/\partial t + \mathbf{v} \cdot \mathrm{grad}\mathbf{v}$ und die Spannungsdivergenz (A.18) in kartesischen Koordinaten verwendet wurden. Beachten Sie, dass der *advektive Beschleunigungsterm* verschwindet und $\mathbf{v} \cdot \mathrm{grad}\mathbf{v} = \mathbf{0}$ für die betrachtete Strömung gilt.

Die Scherspannung kann durch $\tau_{13} = \eta(\partial v_1/\partial x_3)$ ausgedrückt werden, und das Strömungsproblem wird damit durch den Satz

$$\rho\frac{\partial v_1}{\partial t} = \frac{\partial}{\partial x_3}\left(\eta\frac{\partial v_1}{\partial x_3}\right) - \frac{\partial p}{\partial x_1} + b_{\mathrm{f}\,1}; \quad \frac{\partial p}{\partial x_2} = b_{\mathrm{f}\,2}; \quad \frac{\partial p}{\partial x_3} = b_{\mathrm{f}\,3} \tag{6.22}$$

an Gleichungen bestimmt, wobei $p = p(x_1, x_2, x_3)$ und $\mathbf{b}_\mathrm{f}(x_1, x_2, x_3)$ den Druck und die Volumenkraft als Funktion der kartesischen Koordinaten ausdrücken.

6.6.2.2 Strömung entlang der geneigten Ebene

Während die kartesische 1D-Strömung in der Gefäßstruktur nur begrenzte Anwendungen hat, ist sie für das mechanische Verständnis von Strömungsproblemen von entscheidender Bedeutung. Ein solches Beispiel ist in Abb. 6.16 dargestellt.

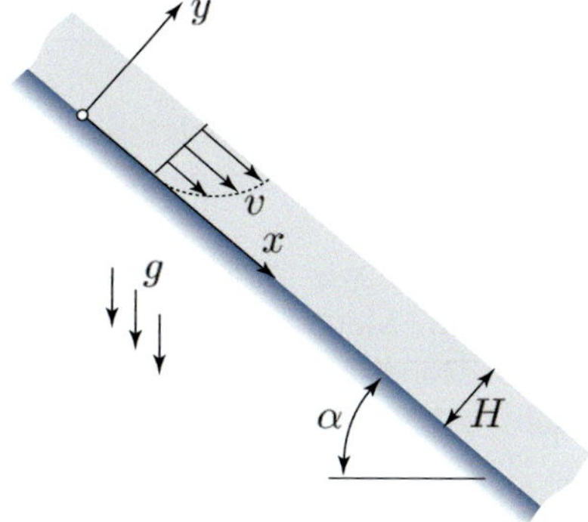

Abb. 6.16 Flüssigkeit fließt entlang einer Ebene, die um den Winkel α geneigt ist. Die Fluidschicht hat die Dicke H, und die Gravitation ist durch g bezeichnet

Ein Newtonsches Fluid mit einer Viskosität von $\eta = 37{,}0$ mPa s und der Dichte $\rho = 1{,}12$ kg dm^{-3} fließt entlang einer Ebene, die um den Winkel $\alpha = \pi/6$ geneigt ist. Das Fluid ist von Luft vernachlässigbarer Dichte umgeben, die Strömung ist laminar und voll entwickelt, und Eintrittseffekte können vernachlässigt werden.

Beginnen wir mit der Spezifikation der bezeichnenden Gleichungen dieser 1D stationären Strömung. Mit dem Winkel $\beta = \pi/2 - \alpha$ und der Volumenkraft $\mathbf{b}_\mathrm{f} = \rho g[\cos\beta \quad -\sin\beta \;\; 0]^\mathrm{T}$ ergibt Gleichungen (6.22) die Ausdrücke

$$\frac{\partial \tau}{\partial y} - \frac{\partial p}{\partial x} + \rho g \cos\beta = 0\;; \; -\frac{\partial p}{\partial y} - \rho g \sin\beta = 0\,, \tag{6.23}$$

wobei $g = 9{,}81$ m s^{-2} die Gravitation bezeichnet. Diese Gleichungen bestimmen den Druck p und das Geschwindigkeitsprofil v, die sich innerhalb der Flüssigkeitsschicht einstellen.

Die Integration von $(6.23)_2$ ergibt den Druck

$$p = \rho g \sin\beta (H - y)\,,$$

wobei die Randbedingung $p(H) = 0$ verwendet wurde. Angesichts der voll entwickelten Strömung ist $\partial p/\partial x = 0$, und Gleichung $(6.23)_1$ lautet dann

$$\eta \frac{\mathrm{d}^2 v}{\mathrm{d}y^2} + \rho g \cos\beta = 0\,,$$

wobei eine Newtonsche Flüssigkeit, d.h. $\tau = \eta(\mathrm{d}v/\mathrm{d}y)$ verwendet wurde. Die Eindimensionalität des Problems erlaubte es uns, die partielle Ableitung durch die gewöhnliche Ableitung zu ersetzen. Die zweifache Integration dieser Beziehung ergibt

$$v = -\frac{\rho g \cos\beta}{2\eta} y^2 + C_1 y + C_2\,,$$

wobei die Integrationskonstanten $C_1 = \rho g \cos\beta H/\eta$ und $C_2 = 0$ aus der *Haftbedingung* $v(0) = 0$ an der Wand, sowie der *verschwindenden Scherspannung* $\tau(H) = 0$ an der freien Oberfläche identifiziert werden konnten. Mit diesen Bedingungen liest sich die Geschwindigkeit der Flüssigkeitsschicht als

$$v = \frac{\rho g \cos\beta}{2\eta} \left(2yH - y^2\right). \tag{6.24}$$

Aufgrund verschwindender Scherspannung an der freien Oberfläche $\tau(H) = 0$, verschwindet dort auch der Geschwindigkeitsgradient, und es gilt $\mathrm{d}v/\mathrm{d}y = 0$ bei $y = H$.

Betrachten wir nun beispielsweise 2,3 l Flüssigkeitvolumen, das pro Sekunde und Meter Breite die geneigten Ebene hinunter fließt, um die jeweilige Höhe H der Flüssigkeitsschicht zu bestimmen. Die Integration der Geschwindigkeit (6.24) über die Schichtdicke ergibt dann die Flussrate $q = \int_{y=0}^{H} v \mathrm{d}y = \rho g \cos\beta H^3/(3\eta) = 49491{,}9 H^3$ m^2 s^{-1} und resultiert in die Höhe $H = 3{,}595$ mm der Flüssigkeitsschicht. Die Höhe der Flüssigkeitsschicht erlaubt es uns auch die Scherspannung $\tau(0) = \rho g \cos\beta H = 19.751$ Pa, die an der Wand

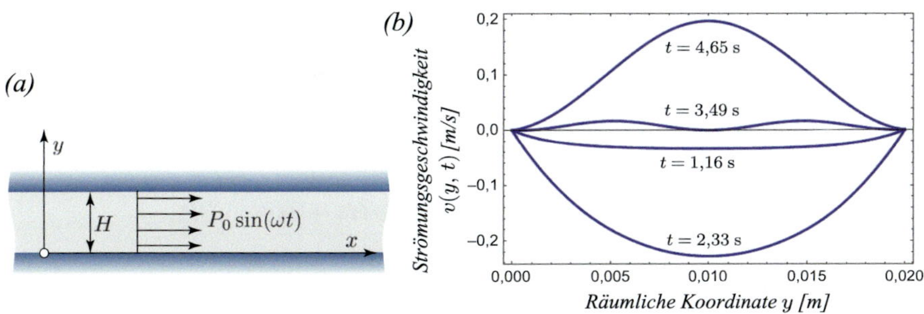

Abb. 6.17 Flüssigkeitsschicht, die oszillierendem Druck ausgesetzt ist. (**a**) Problemdefinition. (**b**) Geschwindigkeitsprofile $v(y, t)$ zu verschiedenen Zeitpunkten t

wirkt, zu berechnen, wo eine Newtonsche Flüssigkeit $\tau = \eta(\mathrm{d}v/\mathrm{d}y)$ und das Geschwindigkeitsprofil (6.24) verwendet wurden. Dieses Ergebnis ergibt sich auch direkt aus dem statischen Gleichgewicht der Flüssigkeitsschicht. Die Gravitationskraft $G = \rho g H$ wirkt auf die Flüssigkeitsschicht pro Quadratmeter der geneigten Ebene, und die tangentiale Komponente dieser Kraft bestimmt dann $\tau = G \cos \beta$.

6.6.2.3 Flüssigkeitsschicht bei oszillierender Druckbelastung

Die Kontraktion des Herzmuskels erzeugt einen pulsierenden Druck und Fluss im arteriellen System. Dies führt zum dynamischen Austausch zwischen der potenziellen und kinetischen Energie des Blutes und beeinflusst stark die Strömung in den großen Leitungsarterien. Die Wechselwirkung von Druck und Fluss kann bereits durch das in Abb. 6.17a dargestellte 1D-kartesische Strömungsproblem gezeigt werden. Ein Flüssigkeitskanal der Breite $H = 2{,}0$ cm ist mit einem Newtonschen Fluid der Dichte $\rho = 1025{,}0\ \mathrm{kg\,m^{-3}}$ und der dynamischen Viskosität $\eta = 4{,}0$ mPa s gefüllt. Über die Zeit t ist die Flüssigkeitsschicht dem Druck $P_0 \sin(\omega t)$ ausgesetzt, wobei P_0 und ω die Druckamplitude und die Winkelgeschwindigkeit bezeichnen.

Unter gleichmäßig-periodischen Bedingungen kann die Geschwindigkeit durch $v(y,t) = V(y) \sin(\omega t)$ ausgedrückt werden, wobei $V(y)$ die Amplitude der Geschwindigkeit als Funktion der Koordinate y bezeichnet. Mit (6.22) und dem Druck $P_0 \sin(\omega t)$, lautet die bestimmende Gleichung dieses zeitabhängigen (transienten) 1D-Strömungsproblems

$$\frac{\partial^2 V(y)}{\partial y^2} - \frac{\rho \omega V(y)}{\eta \tan(\omega t)} = P_0 ,$$

und ihre Integration ergibt die Geschwindigkeitsamplitude

$$V(y) = C_1 \exp(\alpha y) + C_2 \exp(-\alpha y) - \frac{P_0}{\alpha^2} \quad \text{mit } \alpha = \sqrt{\frac{\rho\omega}{\eta} \cot(\omega t)} . \tag{6.25}$$

Die beiden Integrationskonstanten C_1 und C_2 können aus den beiden *Haftbedingungen* $V(0) = V(H) = 0$ ermittelt werden und ergeben sich zu

$$C_2(t) = P_0/\alpha^2 - C_1(t)\ ;\ C_1(t) = \frac{P_0}{\alpha^2[1 + \exp(\alpha H)]}.$$

Die Substitution von C_1 und C_2 in (6.25) liefert dann die Geschwindigkeitsamplitude über die Flüssigkeitsschicht

$$V(y) = \frac{[1 - \exp(-\alpha y)][-\exp(\alpha H) + \exp(\alpha y)]P_0}{\alpha^2[1 + \exp(\alpha H)]}.$$

Diese kann auch durch

$$V(y) = \frac{P_0}{\alpha^2}\left[\cosh(\alpha y) - \sinh(\alpha y)\tanh(\alpha H/2) - 1\right]\sin(\omega t)$$

ausgedrückt werden, und die Strömungsgeschwindigkeit $v(y,t) = V(y)\sin(\omega t)$ kennzeichnet somit unser Problem. Abb. 6.17b zeigt das Geschwindigkeitsprofil jeweils zu den Zeitpunkten $t = 1{,}16;\ 2{,}33;\ 3{,}49;\ 4{,}65$ s, wo die Winkelgeschwindigkeit $\omega = 0{,}6\ \text{s}^{-1}$ und die Druckamplitude $P_0 = 10{,}0$ kPa verwendet wurden.

Beispiel 6.3 (Oszillierende Platte auf einer Flüssigkeitsschicht) Abb. 6.18 zeigt eine starre Platte, die sich mit der Geschwindigkeit $V_0\sin(\omega t)$ auf einer Flüssigkeitsschicht der Dicke $H = 1{,}0$ cm bewegt, wobei t die Zeit bezeichnet. Die Geschwindigkeitsamplitude $V_0 = 1{,}0\ \text{cm s}^{-1}$ und die Winkelgeschwindigkeit $\omega = 0{,}6\ \text{s}^{-1}$ sind gegeben. Einschwingungseffekte sind bereits vollständig abgeklungen, und die Flüssigkeitsschicht bewegt sich unter gleichmäßig-periodischen Bedingungen. Die Flüssigkeit hat die Dichte $\rho = 1025{,}0\ \text{kg m}^{-3}$ und die konstante dynamische Viskosität $\eta = 4{,}0$ mPa s.

(a) Geben Sie die beschreibende Gleichung für dieses zeitabhängige (transiente) 1D-Flüssigkeitsproblem an. Nehmen Sie dabei ein Geschwindigkeitsprofil der Form $v(y,t) = V(y)\sin(\omega t)$ sowie einen konstanten Druck in der Flüssigkeitsschicht an. Integrieren Sie die beschreibende Gleichung, identifizieren Sie die Integrationskonstanten und drücken Sie die Strömungsgeschwindigkeit $v(y, t)$ aus.
(b) Zeichnen Sie das Geschwindigkeitsprofil $v(y, t)$ als Funktion der Koordinate y jeweils zu den Zeitpunkten $t = 1;\ 2;\ 3;\ 4$ s.

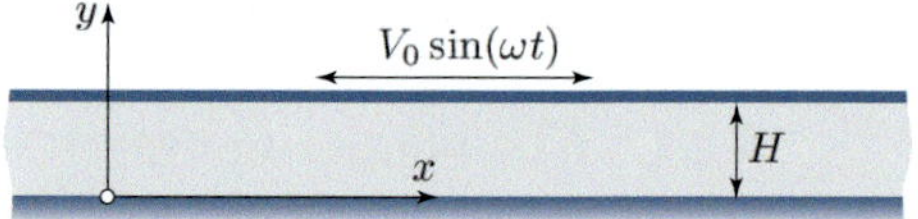

Abb. 6.18 Starre Platte, die auf einer Flüssigkeitsschicht der Dicke H oszilliert

■

6.6.2.4 1D-Strömungen in zylindrischen Koordinaten

Wir betrachten eine Flüssigkeitsströmung in einem zylindrischen Koordinatensystem entlang der z-Koordinatenrichtung, siehe Abb. 6.15b. Die Geschwindigkeit $\mathbf{v} = \mathbf{v}(r, t)$ hat dann die Komponenten $v_z\,(r, t)$ und $v_r = v_\theta = 0$, und die Kontinuität der Strömung in zylindrischen Koordinaten

$$\mathrm{div}\mathbf{v} = \nabla \cdot \mathbf{v} = \frac{1}{r}\frac{\partial(rv_r)}{\partial r} + \frac{1}{r}\frac{\partial v_\theta}{\partial \theta} + \frac{\partial v_z}{\partial z} = 0$$

ist *a priori* erfüllt. Der Geschwindigkeitsgradient in zylindrischen Koordinaten liest sich damit als

$$\mathrm{grad}\mathbf{v} = \begin{bmatrix} \partial v_r/\partial r & (\partial v_r/\partial\theta)/r - v_\theta/r & \partial v_r/\partial z \\ \partial v_\theta/\partial r & (\partial v_\theta/\partial\theta)/r + v_r/r & \partial v_\theta/\partial z \\ \partial v_z/\partial r & (\partial v_z/\partial\theta)/r & \partial v_z/\partial z \end{bmatrix} = \begin{bmatrix} 0 & 0 & 0 \\ 0 & 0 & 0 \\ \partial v_z/\partial r & 0 & 0 \end{bmatrix}, \tag{6.26}$$

wo wir Rotationssymmetrie berücksichtigten, und somit die Bedingung $\partial(\bullet)/\partial\theta = 0$ verwendeten. Der Geschwindigkeitsgradient (6.26) liefert die Verzerrungsgeschwindigkeit

$$\mathbf{d} = \tfrac{1}{2}\left(\mathrm{grad}\mathbf{v} + \mathrm{grad}^{\mathrm{T}}\mathbf{v}\right) = \tfrac{1}{2}\begin{bmatrix} 0 & 0 & \partial v_z/\partial r \\ 0 & 0 & 0 \\ \partial v_z/\partial r & 0 & 0 \end{bmatrix}, \tag{6.27}$$

und $\tau_{rz} = 2\eta d_{rz} = \eta\partial v_z/\partial r$ ist somit die einzige nicht verschwindende Scherspannungskomponente, die auf das Fluidpartikel wirkt.

Angesichts der entkoppelten Spannungsrepräsentation $\boldsymbol{\sigma} = \boldsymbol{\tau} - p\mathbf{I}$, mit der Scherspannung $\boldsymbol{\tau} = 2\eta\mathbf{d}$ und dem Druck p, liest sich das Cauchy-Eulersche Bewegungsgesetz $\rho(\mathrm{D}\mathbf{v}/\mathrm{D}t) = \mathrm{div}\boldsymbol{\sigma} + \mathbf{b}_\mathrm{f}$ unserer 1D inkompressiblen Strömung in zylindrischen Koordinaten als

$$\rho\left(\begin{bmatrix} 0 \\ 0 \\ \frac{\partial v_z}{\partial t} \end{bmatrix} + \begin{bmatrix} 0 & 0 & 0 \\ 0 & 0 & 0 \\ \frac{\partial v_z}{\partial r} & 0 & 0 \end{bmatrix}\begin{bmatrix} 0 \\ 0 \\ v_z \end{bmatrix}\right) = \begin{bmatrix} \frac{\partial \tau_{rz}}{\partial z} - \frac{\partial p}{\partial r} \\ 0 \\ \frac{\partial \tau_{rz}}{\partial r} + \frac{\tau_{rz}}{r} - \frac{\partial p}{\partial z} \end{bmatrix} + \begin{bmatrix} b_{\mathrm{f}\,r} \\ 0 \\ b_{\mathrm{f}\,z} \end{bmatrix}. \tag{6.28}$$

Hier wurde die materielle Zeitableitung $\mathrm{D}\mathbf{v}/\mathrm{D}t = \partial\mathbf{v}/\partial t + \mathbf{v}\cdot\mathrm{grad}\mathbf{v}$ verwendet, und $\mathbf{b}_\mathrm{f} = [b_{\mathrm{f}\,r}\ 0\ b_{\mathrm{f}\,z}]^\mathrm{T}$ bezeichnet den rotationssymmetrischen Volumenkraftvektor pro Einheit räumliches Volumen. Darüber hinaus drückt

$$\mathrm{div}\boldsymbol{\sigma} = \begin{bmatrix} \partial\sigma_{rr}/\partial r + (\sigma_{rr} - \sigma_{\theta\theta})/r + \partial\sigma_{rz}/\partial z \\ 0 \\ \partial\sigma_{rz}/\partial r + \sigma_{rz}/r + \partial\sigma_{zz}/\partial z \end{bmatrix}$$

die Spannungsdivergenz in zylindrischen Koordinaten (A.19) unter Rotationssymmetrie aus, eine Bedingung, bei der $\sigma_{r\theta} = \sigma_{\theta z} = 0$ und $\partial(\bullet)/\partial\theta = 0$ gelten.

Für eine voll entwickelte Strömung $\partial\tau_{rz}/\partial z = 0$ bestimmt somit

$$\rho \frac{\partial v_z}{\partial t} = \frac{\partial}{\partial r}\left(\eta \frac{\partial v_z}{\partial r}\right) + \frac{\eta}{r}\frac{\partial v_z}{\partial r} - \frac{\partial p}{\partial z} + b_{\mathrm{f}\,z};\ \frac{\partial p}{\partial r} = b_{\mathrm{f}\,r} \tag{6.29}$$

unser 1D-Strömungsproblem. Bei der Ableitung dieses Ergebnisses wurde die einzige nicht verschwindende Scherspannungskomponente durch $\tau_{rz} = \eta(\partial v_z/\partial r)$ ausgedrückt.

Bei einer Newtonschen Flüssigkeit ist die Viskosität η konstant, und dann bestimmt

$$\rho \frac{\partial v_z}{\partial t} = \frac{\eta}{r}\frac{\partial}{\partial r}\left(r \frac{\partial v_z}{\partial r}\right) - \frac{\partial p}{\partial z} + b_{\mathrm{f}\,z};\ \frac{\partial p}{\partial r} = b_{\mathrm{f}\,r} \tag{6.30}$$

die rotationssymmetrische inkompressible 1D-Flüssigkeitsströmung in zylindrischen Koordinaten.

6.6.2.5 Stationäre Strömung einer Newtonschen Flüssigkeit im zylindrischen Rohr

Obwohl Blutgefäße ihren Durchmesser über den Herzzyklus verändert, ist für viele Anwendungen die Strömung durch ein *starres* zylindrisches Rohr ein adäquates Modell der Blutströmung. Die Strömung durch ein gerades zylindrisches Rohr ist daher ein klassisches Modell und für das Verständnis der Blutströmung von entscheidender Bedeutung.

Betrachten wir eine voll entwickelte stationäre Strömung mit Blut als Newtonsche Flüssigkeit der Viskosität η. Das Cauchy-Eulersche Bewegungsgesetz (6.28) liest sich dann

$$\begin{bmatrix} 0 \\ 0 \\ 0 \end{bmatrix} = \begin{bmatrix} \partial\tau_{rz}/\mathrm{d}z - \partial p/\partial r \\ 0 \\ \partial\tau_{rz}/\partial r + \tau_{rz}/r - \partial p/\partial z \end{bmatrix},$$

wobei die statische Bedingung $\partial(\bullet)/\partial t = 0$ in der Ableitung dieses Ausdrucks verwendet wurde. Für eine voll entwickelte Strömung gilt $\partial\tau_{rz}/\partial z = 0$, und die Gleichungen

$$\frac{\partial p}{\partial z} = \frac{1}{r}\frac{\partial(r\tau_{rz})}{\partial r}\ ;\ \frac{\partial p}{\partial r} = 0 \tag{6.31}$$

bestimmen das Rohrströmungsproblem, wobei $\tau_{rz} = \eta(\partial v_z/\partial r)$ die einzige nicht verschwindende Scherspannungskomponente bezeichnet.

Gleichung $(6.31)_2$ führt zu einem konstanten Druck über den jeweiligen Rohrquerschnitt, $p(r, z) = p(z)$, und

$$\frac{\mathrm{d}p}{\mathrm{d}z} = \frac{1}{r}\frac{\mathrm{d}(r\tau_{rz})}{\mathrm{d}r} \tag{6.32}$$

bleibt die einzige nicht-triviale Gleichung des Strömungsproblems. Der Druck und die Scherspannung sind Funktionen von jeweils einem einzelnen Argument, $p(z)$ und $\tau_{rz}(r)$, und die partiellen Ableitungen wurden daher durch die gewöhnlichen Ableitungen ersetzt.

Die Integration von (6.32) ergibt

$$\frac{\mathrm{d}p}{\mathrm{d}z}\frac{r^2}{2} = r\tau_{rz} + C\,, \tag{6.33}$$

wobei die Integrationskonstante $C = 0$ aus der *Symmetriebedingung* $\tau_{rz}(r = 0) = 0$ resultiert. Der Druckgradient $\mathrm{d}p/\mathrm{d}z$ in (6.33) ist eine Konstante, die den Fluss entlang der z-Richtung „antreibt“. Wir können die Scherspannung durch das Newtonsche Fluidmodell $\tau_{rz} = \eta(\mathrm{d}v_z/\mathrm{d}r)$ ausdrücken und die Haftbedingung $v_z(r_o) = 0$ bei der Integration von (6.33) über r verwenden. Das Ergebnis ist das *quadratische Geschwindigkeitsprofil*

$$v_z(r) = v_{\max}\left[1 - (r/r_o)^2\right] \text{ mit } v_{\max} = -\frac{\mathrm{d}p}{\mathrm{d}z}\frac{r_o^2}{4\eta} \tag{6.34}$$

der Rohrströmung, wobei r_o der Rohrradius ist, und $v_{\max}$ die Geschwindigkeit im Zentrum, d.h. die höchste Flüssigkeitsgeschwindigkeit, bezeichnet. Das negative Vorzeichen stellt sicher, dass ein negativer Druckgradient zu einer Geschwindigkeit in die positive z-Richtung führt. Das Geschwindigkeitsprofil (6.34) ist als *Poiseuille-Strömungsprofil* bekannt. Während es den Blutfluss in kleinen Arterien und Venen gut beschreibt, stellt sich ein solches Geschwindigkeitsprofil in den großen Arterien nur während der systolischen Phase des Herzzyklus ein.

Die Integration von (6.34) über den Querschnitt bestimmt die Durchflussrate

$$q = 2\pi\int_{r=0}^{r_o} v_z r\mathrm{d}r = \frac{\pi r_o^4}{8\eta}\left(-\frac{\mathrm{d}p}{\mathrm{d}z}\right) \tag{6.35}$$

und liefert die Beziehung zwischen dem Druckgradienten und dem Durchfluss durch das Gefäß. Mit (6.33), liest sich die Scherspannung, die am Fluidpartikel angreift, als

$$\tau_{rz} = \frac{r}{2}\frac{\mathrm{d}p}{\mathrm{d}z} = -\frac{4\eta q r}{\pi r_o^4}\,, \tag{6.36}$$

und an der Wand $r = r_o$ ergibt sich somit die WSS von $\tau_{rz} = 4\eta q/(\pi r_o^3)$. Die WSS ist die Spannung, die vom Endothel, nicht vom Blutpartikel, gefühlt wird, und wir haben daher das Vorzeichen geändert.

Beispiel 6.4 (Stationäre Strömung in einem Gefäßsegment) Betrachten wir die Poiseuille Strömung in der Beschreibung des systolischen Blutflusses durch die Beckenarterie. Das Gefäß hat den Durchmesser $d = 4{,}2$ mm, und Blut der Viskosität $\eta = 4{,}0$ mPa s fließt mit der Flussrate von $q = 3{,}8$ ml s^{-1}.

(a) Berechnen Sie die Flüssigkeitsgeschwindigkeit $v(r)$, die sich in der Beckenarterie einstellt, wobei r die radiale Koordinate bezeichnet.
(b) Berechnen Sie die Scherspannung $\tau(r)$, die auf Fluidpartikel wirken.
(c) Berechnen Sie den Druckabfall Δp, der über eine Länge von $l = 10{,}0$ cm der Beckenarterie auftritt.

■

Beispiel 6.5 (Stationäre Rohrströmung mit Potenzgesetz Flüssigkeit) Die Viskosität des Blutes ist nicht konstant, ein Faktor, der die Entwicklung der Blutflußgeschwindigkeit beeinflusst. In diesem Beispiel wird Blut durch das Potenzgesetz Modell (6.6) repräsentiert um die Strömung durch ein starres Rohr mit Kreisquerschnitt zu veranschaulichen.

(a) Leiten Sie die problembeschreibende Gleichung ab und drücken Sie die skalare Scherrate $\dot{\gamma}$ der stationären Rohrströmung aus.
(b) Integrieren Sie die problembeschreibende Gleichung um den Ausdruck für die Strömungsgeschwindigkeit herzuleiten. *Hinweis: Identifizieren Sie Integrationskonstanten so früh wie möglich, um die nachfolgende Integration zu vereinfachen.*
(c) Gegeben die Potenzkonstanten $n = 5{,}0$; $1{,}0$; $0{,}5$; $0{,}2$ vor und stellen Sie die normalisierte Geschwindigkeit $v_z/v_{z\,\max}$ als Funktion des normalisierten Radius r/r_o dar. Hier bezeichnet $v_{z\,\max}$ und r_o jeweils die maximale Geschwindigkeit und den Rohrradius.
(d) Berechnen Sie die Durchflussrate q, die sich in einem Rohr mit dem Durchmesser $r_o = 2{,}0$ mm einstellt. Der Druckgradient von $\mathrm{d}p/\mathrm{d}z = -7{,}0$ mmHg m^{-1} sowie die Parameter $\eta_0 = 5$ mPa s und $n = 0{,}8$ des Potenzgesetz Modells können dabei verwendet werden.

■

6.6.2.6 Widerstand eines Gefäßsegments

Ein Gefäßsegment mit dem Radius r_o und der Länge l bietet den Widerstand R [Pa m^{-3} s] gegenüber eines Durchflusses der Rate q [m^3 s^{-1}]. Bei einer Poiseuille Strömung ergibt sich der Widerstand

$$R = \frac{\Delta p}{q} = \frac{8\eta l}{\pi r_o^4}, \tag{6.42}$$

des Gefäßsegments, wobei η die Viskosität des Blutes bezeichnet und $\Delta p = p_{\mathrm{Eingang}} - p_{\mathrm{Ausgang}} = -(\mathrm{d}p/\mathrm{d}z)l$ den Druckabfall zwischen dem Eingang und Ausgang des Gefäßsegments darstellt. Diese Beziehung ist als *Hagen-Poiseuille Gesetz* bekannt und folgt direkt aus dem Ausdruck (6.36).

Abb. 6.19 veranschaulicht den normalisierten Widerstand $R/(\eta l)$ eines Gefäßsegments. Er strebt gegen Unendlich für $r_o \to 0$, und die Darstellung zeigt auch, dass nur die kleinen Blutgefäße, die sogenannten Widerstandsgefäße, in der Lage sind, maßgeblichen Widerstand im Blutkreislauf aufzubauen. Der periphere Widerstand bestimmt somit den mittleren arteriellen Druck (MAP) des Gefäßsystems.

Abb. 6.19 Widerstand eines Rohrs gegenüber Durchfluss einer Newtonschen Flüssigkeit. Die Grafik zeigt die Beziehung zwischen dem normalisierten Strömungswiderstand $R/(\eta l)$ und dem Radius r_o des Rohrs

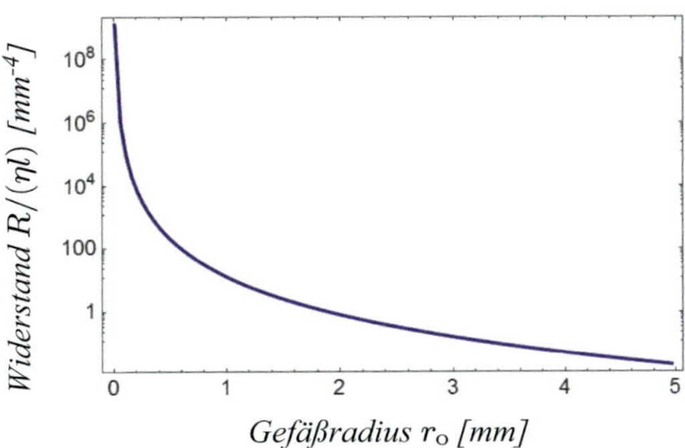

Beispiel 6.6 (Stentimplantiertes Blutgefäß) Die Entwicklung von Arteriosklerose korreliert mit Bereichen niedriger Wandschubspannung (WSS), eine Beobachtung, die zur Entwicklung einer Reihe experimenteller Gefäßstents geführt hat. Abb. 6.20 zeigt ein solches Konzept, einen Stent der die WSS in einem stenotischen Gefäßsegment erhöht. Wir betrachten einen stationären Fluss $q = 3{,}8\ \mathrm{l\ min}^{-1}$ durch ein Gefäß mit dem Durchmesser $d_\mathrm{v} = 4{,}9$ mm und Blut als Newtonsche Flüssigkeit der Viskosität $\eta = 4{,}0$ mPa s. Die Strömung ist voll entwickelt, und der Stent der Länge $l = 5{,}6$ cm ist lang genug, um Randeffekte am Ein- und Auslass zu vernachlässigen. Unter diesen Annahmen sollte die hämodynamische Wirkung des Stents bewertet werden.

(a) Betrachten Sie das Gefäß ohne den Stent, und berechnen Sie die Blutflussgeschwindigkeit v sowie die WSS.
(b) Betrachten Sie den Nabendurchmesser von $d_\mathrm{s} = 0{,}7$ mm und berechnen Sie dann die Blutflussgeschwindigkeit v und WSS im stentimplantierten Blutgefäß.
(c) Berechnen Sie den Widerstand R des Stents, den diese auf die Blutströmung ausübt.

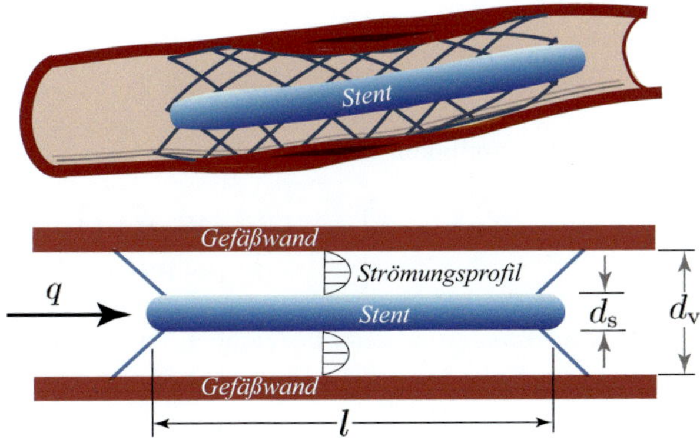

Abb. 6.20 Schematische Darstellung eines experimentellen Gefäßstents, der die Wandschubspannung (WSS) in atherosklerotischen Blutgefäßen erhöht

■

6.6.2.7 Pulsierende Strömung einer Newtonschen Flüssigkeit im zylindrischen Rohr

Die rhythmische Kontraktion des Herzmuskels bestimmt den pulsierenden Fluss im arteriellen System, wobei kontinuierlich potentielle und kinetische Energien ausgetauscht werden. Der zyklische Fluss einer Newtonschen Flüssigkeit mit der Viskosität η und Dichte ρ in einem geraden Rohr mit Kreisquerschnitt erlaubt solche Bedingungen zu studieren. Bei gleichmäßig-periodischen Bedingungen kann der Druckgradient durch $\mathrm{d}p/\mathrm{d}z = P\exp(i\omega t)$ ausgedrückt werden, wobei $i = \sqrt{-1}$ die imaginäre Einheit bezeichnet, wohingegen ω und P jeweils die Winkelgeschwindigkeit und die Druckamplitude darstellt. In Reaktion auf den zyklischen Druckgradienten stellt sich die zyklische Strömungsgeschwindigkeit $v(r,t) = V(r)\exp(i\omega t)$ ein, wobei die Amplitude $V(r)$ eine Funktion des Radius r ist. Diese Annahmen sind gerechtfertigt, da in einem starren Rohr keine Phasenverschiebung zwischen Geschwindigkeit und Druck entstehen kann.

Geschwindigkeit und Druck, sowie die Bedingung (6.30) der 1D-Strömung in zylindrischen Koordinaten, kennzeichnen die *Bessel*[8] *Differentialgleichung*

$$\frac{\mathrm{d}^2V}{\mathrm{d}r^2} + \frac{1}{r}\frac{\mathrm{d}V}{\mathrm{d}r} - \frac{i\omega}{\nu}V = \frac{P}{\nu\rho},$$

des Strömungsproblems, wobei $\nu = \eta/\rho$ [m^2 s^{-1}] die kinematische Viskosität des Blutes darstellt. Diese Differentialgleichung hat die allgemeine Lösung

$$V(r) = \frac{-P}{i\rho\omega} + C_1 J_0\left(i^{3/2}\sqrt{\omega/\nu}\, r\right) + C_2 Y_0\left(i^{3/2}\sqrt{\omega/\nu}\, r\right),$$

wobei $J_0(x)$ und $Y_0(x)$ jeweils Besselfunktionen erster Ordnung von erster und zweiter Art bezeichnen.

Hier sind die Bedingungen $Y_0(0) = -\infty$ und $C_2 = 0$ erforderlich, um die Geschwindigkeitsamplitude V im Zentrum des Gefäßes endlich zu halten. Die Haftbedingung an der Wand $V(r = r_o) = 0$ ermöglicht es uns letztendlich, die verbleibende Integrationskonstante

$$C_1 = \frac{-iP}{\rho\omega J_0\left(i^{3/2}\sqrt{\omega/\nu}\, r\right)}$$

zu identifizieren. Die Geschwindigkeit lautet damit

$$v(r,t) = \frac{iP\exp(i\omega t)}{\rho\omega}\left[1 - \frac{J_0\left(i^{3/2}\, Wo\, r/r_o\right)}{J_0\left(i^{3/2}\, Wo\right)}\right], \tag{6.46}$$

wobei $Wo = r_o\sqrt{\omega/\nu}$ die *Womersley*[9] *Zahl* bezeichnet. Diese Kennzahl kann auch als

[8] Friedrich Wilhelm Bessel, deutscher Astronom, Mathematiker, Physiker und Geodät, 1784–1846.

[9] John Ronald Womersley, britischer Mathematiker und Informatiker, 1907–1958.

$$Wo = \sqrt{\frac{\text{Trägheitskraft}}{\text{Zähigkeitskraft}}}, \tag{6.47}$$

angeschrieben werden, und die Womersley Zahl repräsentiert daher den relativen Einfluss von Trägheits- zu Zähigkeitskräften in der Strömung.

Beispiel 6.7 (Pulsierender Blutfluss in einem Gefäßsegment) Wir betrachten einen gleichmäßig-periodischen Blutfluss in einer Arterie mit dem Durchmesser $d = 6{,}0$ mm. Der Fluss ist die Reaktion des Blutes auf den Druckgradienten $\mathrm{d}p/\mathrm{d}z = P\exp(i\omega t)$, wo $P = 10{,}0$ kPa m^{-1} und $\omega = 2{,}0\pi$ die Druckamplitude und die Winkelgeschwindigkeit bezeichnen. Die imaginäre Einheit wird durch $i = \sqrt{-1}$ bezeichnet, und Blut kann als eine Newtonsche Flüssigkeit mit der dynamischen Viskosität $\eta = 3{,}5$ mPa s und der Dichte $\rho = 1{,}06$ kg dm^{-3} betrachtet werden.

(a) Berechnen Sie die Womersley Zahl, die den Blutfluss charakterisiert.
(b) Berechnen Sie Geschwindigkeitsprofile, die sich im Gefäß jeweils zu den Zeitpunkten $t = 0{,}0; 0{,}1; \ldots; 0{,}5$ s über den Herzzyklus hinweg einstellen.

■

6.6.3 Strömung in der elastischen Röhre

Die Blutströmung wird von Wellen beeinflusst, die sich entlang des Gefäßbaums ausbreiten und gegenseitig beinflussen. Die Strömung einer inkompressiblen und *reibungslosen* Flüssigkeit in einem *elastischen* Rohr mit kreisförmigem Querschnitt kann als erstes Modellsystem zur Untersuchung der Ausbreitung solcher Wellen betrachtet werden. Das Rohr besteht aus einer dünnen elastischen Wand und sein Durchmesser d ist klein im Vergleich zu seiner Länge. Die Wellenlänge ist auch *viel länger* als der Rohrdurchmesser und führt nur zu einer *kleinen* Störung Δd des Durchmessers. Es resultiert in eine kleine, aber wichtige radiale Geschwindigkeit v_r, die der axialen Geschwindigkeit v_z überlagert ist, und der Fluss kann daher nicht länger als 1D betrachtet werden. Zur Zeit t und bei der axialen Position z, expandiert die Gefäßwand mit der Geschwindigkeit $(\partial d/\partial t)/2$, siehe Abb. 6.21. Die Flüssigkeit folgt dann der Bewegung der Gefäßwand, und

$$v_r = \frac{\partial d}{\partial t}\frac{r}{d}$$

kennzeichnet die radiale Geschwindigkeit als Funktion der radialen Koordinate r. Die Kontinuität $\operatorname{div}\mathbf{v} = 0$ der inkompressiblen Strömung in zylindrischen Koordinaten lautet dann

$$\operatorname{div}\mathbf{v} = \frac{1}{r}\frac{\partial(rv_r)}{\partial r} + \frac{\partial v_z}{\partial z} = \frac{2}{d}\frac{\partial d}{\partial t} + \frac{\partial v_z}{\partial z} = 0\,, \tag{6.48}$$

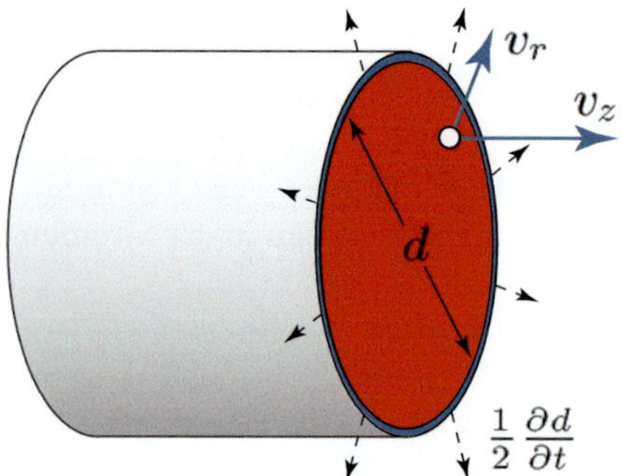

Abb. 6.21 Geschwindigkeitskomponenten v_r und v_z jeweils in den radialen und axialen Richtungen der Strömung im elastischen kreisförmigen Rohr des Durchmessers d. Die Gefäßwand bewegt sich in radialer Richtung mit der Geschwindigkeit $(\partial d/\partial t)/2$

wobei die Rotationssymmetrie $v_\theta = 0$ und $\partial(\bullet)/\partial\theta = 0$ verwendet wurde.

Mit der *Durchmessersteifigkeit* α [m Pa $^{-1}$] der Gefäßwand beschreibt das inkrementelle konstitutive Modell

$$\alpha \Delta p_{\mathrm{i}} = \Delta d \tag{6.49}$$

die elastischen Eigenschaften der Gefäßwand. Es stellt einen Zusammenhang zwischen dem Durchmesser d und dem Druck p_{i} im Gefäß her und ermöglicht es uns, die Änderungsrate des Durchmessers $\partial d/\partial t$ in (6.48) auszudrücken. Die Beziehung

$$\alpha \frac{\partial p_{\mathrm{i}}}{\partial t} + \frac{d}{2}\frac{\partial v_z}{\partial z} = 0 \tag{6.50}$$

stellt dann den Zusammenhang zwischen der Druckänderung und dem axialen Geschwindigkeitsgradienten her.

Das Cauchy-Eulersche Bewegungsgesetz schließt die Beschreibung ab, wobei der Geschwindigkeitsgradient in zylindrischen Koordinaten

$$\mathrm{grad}\mathbf{v} = \begin{bmatrix} \partial v_r/\partial r & (\partial v_r/\partial\theta)/r - v_\theta/r & \partial v_r/\partial z \\ \partial v_\theta/\partial r & (\partial v_\theta/\partial\theta)/r + v_r/r & \partial v_\theta/\partial z \\ \partial v_z/\partial r & (\partial v_z/\partial\theta)/r & \partial v_z/\partial z \end{bmatrix} = \begin{bmatrix} 0 & 0 & 0 \\ 0 & 0 & 0 \\ \partial v_z/\partial r & 0 & 0 \end{bmatrix}$$

benötigt wird. Hier wurde die Approximation $\partial(\bullet)/\partial z \approx 0$ einer langen Welle verwendet, was die Bedingung $v_r \ll v_z$ impliziert und auf den Geschwindigkeitsgradienten (6.26) , wie er von der 1D-Strömung bekannt ist, führt.

Die reibungslose Flüssigkeit ist immer unter hydrostatischer Spannung $\boldsymbol{\sigma} = -p\mathbf{I}$, und das Cauchy-Eulersche Bewegungsgesetz $\rho(\mathrm{D}\mathbf{v}/\mathrm{D}t) = -\mathrm{div}p\mathbf{I}$ der 1D-incompressiblen Strömung in zylindrischen Koordinaten liest sich somit als

$$\rho\left(\begin{bmatrix} 0 \\ 0 \\ \partial v_z/\partial t \end{bmatrix} + \begin{bmatrix} 0 & 0 & 0 \\ 0 & 0 & 0 \\ \partial v_z/\partial r & 0 & 0 \end{bmatrix}\begin{bmatrix} v_r \\ 0 \\ v_z \end{bmatrix}\right) = \begin{bmatrix} -\partial p/\partial r \\ 0 \\ -\partial p/\partial z \end{bmatrix}, \tag{6.51}$$

wobei die materielle Zeitableitung $\mathrm{D}\mathbf{v}/\mathrm{D}t = \partial\mathbf{v}/\partial t + \mathbf{v}\cdot\mathrm{grad}\mathbf{v}$ verwendet wurde, während Volumenkräfte vernachlässigt wurden. Für $v_r \ll v_z$, liefert es die einzige nicht-triviale Gleichung

$$\rho\frac{\partial v_z}{\partial t} = -\frac{\partial p}{\partial z}, \tag{6.52}$$

die dieses Strömungsproblem bestimmt.

Wir können nun (6.50) nach der Zeit t und (6.52) nach der axialen Koordinate z ableiten, um die axiale Geschwindigkeit v_z zu ersetzen. Die Strömung im elastischen Rohr wird dann durch die Wellenausbreitungsgleichung

$$\frac{\partial^2 p_\mathrm{i}}{\partial t^2} - c^2\frac{\partial^2 p_\mathrm{i}}{\partial z^2} = 0$$

beschrieben, wobei die *Wellenausbreitungsgeschwindigkeit* c [m s^{-1}]

$$c = \sqrt{\frac{d}{2\rho\alpha}} \tag{6.53}$$

verwendet wurde. Anstelle der Durchmessersteifigkeit α wird häufig die *Flächenelastizität* $D = (\mathrm{d}A/\mathrm{d}p)/A = 2\alpha/d$ [Pa^{-1}] zur Beschreibung der Wellenausbreitung verwendet, wobei A den Querschnitt des Gefäßes bezeichnet. Die Wellenausbreitungsgeschwindigkeit (6.53) ist dann durch $c = 1/\sqrt{\rho D}$ gekennzeichnet, ein Term, der bereits zuvor in Abschn. 2.2.1 eingeführt wurde. Ein weiterer Ausdruck zur Beschreibung der Wellenausbreitungsgeschwindigkeit lautet

$$c = \sqrt{\frac{A}{\rho(\mathrm{d}A/\mathrm{d}p)}}$$

und wird als *Frank/Bramwell*[10] *–Hill*[11] *Gleichung* bezeichnet.

Die Gefäßwand hat nichtlineare Spannungs-Verzerrungs-Eigenschaften und ist im Körper einer biaxialen Spannung ausgesetzt. In einer groben Annäherung können wir Wand jedoch als inkrementelles linear-elastisches Material, das einachsigem Zug in Umfangrichtung ausgesetzt ist, beschreiben. Die Durchmessersteifigkeit ergibt sich dann zu $\alpha = d^2/(2Eh)$, wobei E und h jeweils den inkrementellen Elastizitätsmodul und die (konstante) Wanddicke bezeichnen. Die Wellenausbreitungsgeschwindigkeit liest sich somit als

$$c = \sqrt{\frac{Eh}{\rho d}}, \tag{6.54}$$

[10] John Crighton Bramwell, britischer Kardiologe, 1889–1976.

[11] Archibald Vivian Hill, britischer Physiologe, 1886–1977.

die *Moens*[12] *-Korteweg*[13] *Gleichung* [60], die oft bei der Identifikation der Gefäßsteifigkeit aus Pulswellengeschwindigkeitsmessungen eingesetzt wird.

6.7 Phänomene des Blutflusses

Die Blutströmung in den Blutgefäßen wird durch Faktoren wie die Geometrie des Gefäßsegments, die Flussrate und die Randbedingungen beeinflusst. Während die oben präsentierten analytischen Ausdrücke einige grundlegende Einblicke erlauben, können eine Reihe von Strömungsmechanismen damit nicht untersucht werden. Schon im stationären Zustand ist der Blutfluss komplex und CFD-Simulationen oder direkte experimentelle Messungen wie die Particle Image Velocimetry (PIV) sind erforderlich, um ein umfassendes Bild der unterschiedlichen Strömungsphänomene zu erhalten.

6.7.1 Laminare und Turbulente Strömung

Die Bewegung eines Fluids in parallelen Schichten ohne Störungen zwischen diesen Schichten bestimmt eine *laminare Strömung*. Die benachbarten Flüssigkeitsschichten gleiten dann wie „Spielkarten" aneinander ab. Es gibt weder Querströmungen senkrecht zur Strömungsrichtung, noch Wirbel in der Strömung, die sich über mehrere kleine Längenskalen erstrecken.

Eine laminare Strömung stellt sich ein, wenn die Viskosität der Flüssigkeit ausreicht, um die kinetische Energie der Strömung zu *dissipieren*, ohne in kleinere Strömungsstrukturen zu zerfallen. Andernfalls wird die Strömung *turbulent* und führt zur Bildung von Wirbeln oder Vortex-Strukturen (VS) auf vielen verschiedenen Längenskalen – die Strömungsregime zeigen dann chaotische Partikelgeschwindigkeiten. Durch einen im Wesentlichen viskositätsfreien Mechanismus übertragen großskalige Strukturen mit hoher turbulenter kinetischer Energie ihre Energie auf kleinere und noch kleinere Strukturen in der Strömung [61]. Es entsteht eine Kaskade von Wirbeln, entlang derer die Energie bis hin zur kleinstmöglichen Längenskala, der sogenannten *Kolmogorov*[14] *Längenskala*, übertragen wird, wo dann die Viskosität dominiert und die (verbleibende) kinetische Energie schließlich dissipiert wird [62]. Bei einem CFD-Problem kann das Rechengitter verfeinert werden, um die Kolmogorov-Längenskala aufzulösen, ein Ansatz, der dann zur Direkten Numerischen Simulation (DNS) der Strömung führt. Die Kolmogorov-Längenskala ist problemspezifisch und beträgt beispielsweise etwa 100 μm bei Blutströmung in den Herzkammern [63].

---

[12] Adriaan Isebree Moens, niederländischer Physiologe, 1846–1891.

[13] Diederik Johannes Korteweg, niederländischer Mathematiker, 1848–1941.

[14] Andrey Nikolaevich Kolmogorov, russischer Mathematiker, 1903–1987.

Ist die Längenskala des Rechengitters größer als die Kolmogorov-Längenskala, wird die *Reynolds-Zerlegung* verwendet um die Gleichungen der Strömungsmechanik zu lösen. Die Zustandsvariablen werden dann in zeitgemittelte und fluktuierende Größen aufgeteilt, und die Reynolds-gemittelten Navier-Stokes Gleichungen (RANS-Gleichungen) beschreiben das Fluidproblem. Die scheinbare Spannung, die das fluktuierende Geschwindigkeitsfeld repräsentiert, wird als *Reynolds Spannung* bezeichnet. Sie wird durch *Turbulenzmodelle* beschrieben und erfasst die chaotische Natur turbulenter Strömungen. Diese basieren auf statistischen Methoden, und bis heute ist leider kein solches Modell allgemein anerkannt zur Beschreibung turbulenter Blutströmungen.

Die chaotische Natur turbulenter Strömungen vermischt Fluidpartikeln sehr stark und verhindert damit deren Segregation. Unter physiologischen Bedingungen sind Übergang zur, und turbulente Strömungen selbst im Herz-Kreislauf-System eher selten. Diese Bedingungen treten jedoch beim Füllen der Herzkammern, sowie während Diastole im ersten Aortensegment [63] oder kleinen Bereichen der aufsteigenden und absteigenden Aorta [64] ein. Turbulenz, und Übergang dazu sind in der erkrankten Gefäßstruktur jedoch wesentlich stärker ausgeprägt und wird beispielsweise oft in stenotischen Gefäßsegmenten oder künstlichen Herzklappen beobachtet.

6.7.2 Grenzschichtströmung

Eine *Grenzschichtströmung* stellt die Flüssigkeitsströmung in unmittelbarer Nähe einer Begrenzungsfläche dar. Aufgrund der hohen Scherraten in der Grenzschicht dominieren *viskose Effekte* hier über Trägheitseffekte und bestimmen damit die Bewegung der Fluidpartikel. Die Grenzschicht kann sich ablösen und damit die Bildung eines VS auslösen. Es tritt auf, sobald die Strömung in der Begrenzungsfläche ihre Richtung umkehrt. Die WSS ist dann null und die Grenzschicht erhöht plötzlich ihre Dicke.

In Blutgefäßen ist die wandnahe Strömung durch eine *zellarme Plasmaschicht* von der Dicke der Größe der Erythrozyten gekennzeichnet. Die Erythrozyten entfernen sich von der Wand (siehe Abschn. 6.3) und die damit entstehende zellarme Schicht enthält nur kleine und rheologisch irrelevante Partikel, wie Thrombozyten und Makromoleküle. Die Scherspannung an der Gefäßwand ist daher eine Funktion der Plasmaviskosität [65], während Erythrozyten die Scherspannung im Hauptstrom stark beeinflussen.

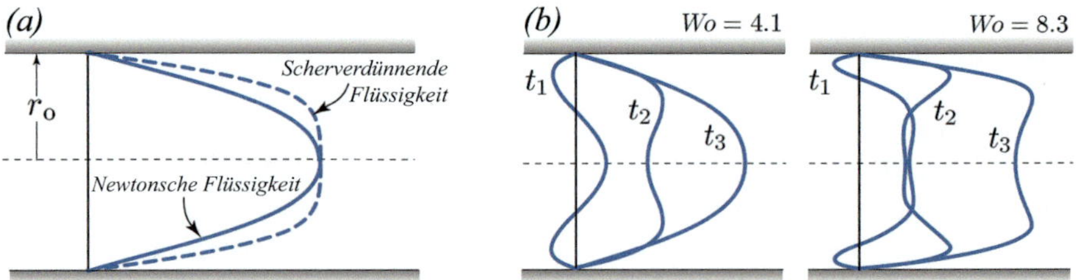

Abb. 6.22 Geschwindigkeitsprofile, die sich in einer Röhre mit Kreisquerschnitt bei laminarem Durchfluss einstellen. (**a**) Stationäre Strömung. Die Newtonsche Flüssigkeit charakterisiert ein quadratisches Geschwindigkeitsprofil (Poiseuille Strömung), während eine scherverdünnende Flüssigkeit dieses in Richtung Pfropfenströmung verzerrt. (**b**) Pulsierende Flüsse. Strömungsprofile zu verschiedenen Zeiten t_i des Herzzyklus, wobei *Wo* die Womersley-Zahl bezeichnet

6.7.3 Blutfluss durch zirkuläre Röhren

Vaskuläre Segmente können durch zylindrische Röhren angenähert werden, ein Blutgefäßmodell von grundlegendem biomechanischem Interesse. Ist die Durchmessernachgiebigkeit gering und und die Länge des Gefäßsegments wesentlich größer als sein Durchmesser, stellt sich eine 1D-Strömung mit den in Abschn. 6.6.2.5 und 6.6.2.7 gezeigten Geschwindigkeitsprofilen ein.

Für einige Anwendungen kann Blut als eine stationäre Strömung einer Newtonschen Flüssigkeit beschrieben werden, und das quadratische *Poiseuille* Geschwindigkeitsprofil (6.34) baut sich auf, siehe die durchgezogene Linie in Abb. 6.22a. Die Geschwindigkeit ist dann direkt proportional zum negativen Druckgradienten $-\mathrm{d}p/\mathrm{d}z$, d.h. wie schnell der Druck entlang des Flusspfades abnimmt. Bei laminarer Strömung kann der Druckgradient auch durch die Durchflussrate q gemäß (6.36) ersetzt werden, was dann zum Gesetz von *Hagen–Poiseuille* (6.42) führt. Es erklärt warum sich nur in den Widerstandsgefäßen ein signifikanter Druckabfall $\Delta p = (\mathrm{d}p/\mathrm{d}z)l$ über die Gefäßlänge l aufbauen kann. Die physiologische Relevanz dieses Mechanismus wurde in Kap. 2 diskutiert. Mit einer Pfropfen- oder Kolbenströmung am Eingang, ist die hydrodynamische Eingangslänge von $0{,}1 r_0 Re$ erforderlich, damit die Strömung sich einem Poiseuille Fluss annähert. Diese Bedingungen sind in den Blutgefäßen kaum gegeben, und hier charakterisiert die Reynolds Zahl Re die jeweilige Strömung in einem Rohr vom Radius r_0.

Bei einer *nicht-Newtonschen* Flüssigkeit hängt die Viskosität η von der Scherrate $\dot{\gamma}$ ab, eine Abhängigkeit, die das Geschwindigkeitsprofil und die WSS beeinflussen. Blut ist eine scherverdünnende Flüssigkeit, und das Cauchy-Eulersche Bewegungsgesetz (6.28) verzerrt dann das Poiseuille Strömungsprofil in Richtung Pfropfenströmung, siehe die gestrichelte Linie in Abb. 6.22a.

Der Blutfluss in den größeren Arterien ist nicht stationär, sondern pulsierend – er entwickelt sich somit als Reaktion auf Trägheits- *und* viskosen Kräften. Phasen von Vorwärts- und Rückwärtsströmung charakterisieren dann die Blutbewegung, und die *Womersley Zahl Wo* [66] bestimmt die Form des Geschwindigkeitsprofils, siehe Abschn. 6.6.2.7. Womersley Zahlen der Grundkreisfrequenz von $\omega = 2\pi$, reichen von etwa 2 bis 20 in den großen Arterien, und Abb. 6.22b zeigt dazu typische Geschwindigkeitsprofile.

6.7.4 Mehrdimensionale Strömungsphänomene

Die Analyse von mehrdimensionalen Strömungsphänomenen mit analytischen Methoden ist herausfordernd, und CFD ist daher oft die leichter anwendbare Methode. Die in diesem Abschnitt diskutierten Strömungsprobleme wurden mit der FEM, wie sie im Kap. 4 diskutiert wurde, analysiert.

6.7.4.1 Sekundärströmung

Die Strömungsgeschwindigkeit in geraden Rohren ändert sich über den Flussquerschnitt, und wenn eine solche Strömung gezwungen wird sich umzulenken, führt das Cauchy-Eulersche Bewegungsgesetz (3.107) auf die Entwicklung von *rotierenden* oder *verwirbelten* Strömungskomponenten [67–72]. Rechtsdrehender helikaler Fluss ist charakteristisch für die später Systole in den meisten normalen oberen Aortenbögen, wohingegen retrograder Fluss entlang der inneren Wandkrümmungen währen dem Ende der Systole auftritt [73]. Neben Rohrkrümmungen können viele weiter Strömungszustände, wie beispielsweise Jets, auch zu Sekundärströmungen führen.

Die Sekundärströmung beeinflusst den Blutfluss [74] in den großen Gefäßen erheblich – die WSS nimmt beispielsweise auf der Innenseite der Biegung ab, wohingegen diese auf der Außenseite zunimmt, siehe Abb. 6.23. Eine detaillierte Analyse der Formeffekte von stationären und pulsierenden Strömungen in Geometrien, wie Verzweigungen, Anastomosen und Stenosen, ist in der Literatur gut dokumentiert [75].

6.7.4.2 Vortexströmung und Vortex-Strukturen

Ein VS ist eine Bereich der Strömung, innerhalb welchem das Blut im Wesentlichen in Rotationsbewegung ist, ein Strömungsmerkmal, das auch bei der klinischen

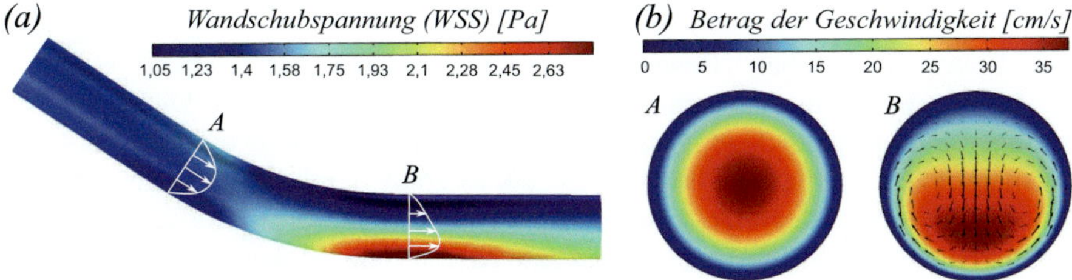

Abb. 6.23 Strömung durch das gebogene Rohr. (**a**) Verteilung der Wandschubspannung (WSS) mit zwei charakteristischen Geschwindigkeitsprofilen. (**b**) Blutflussgeschwindigkeit an zwei Querschnitten, wobei die Vektoren den Sekundärfluss anzeigen

Beurteilung von Herz-Kreislauf-Erkrankungen verwendet werden kann [76]. Eine schnelle Veränderung der Flußrichtung (siehe Abb. 6.23) und Strömungsseparation sind zwei Mechanismen, die die Bildung einer VS auslösen können – von eine Reihe anderer Strömungszustände wurde ebenfalls berichtet [77]. VS können sich in der Strömung fortbewegen, weiterentwickeln und miteinander interagieren [78], und damit zu komplexen, aber immer noch laminaren 3D-Strömungen führen. Eine VS kann im Vergleich zur Hauptströmung relativ schwach erscheinen, und es ist daher nicht immer leicht diesen zu erkennen.

Eine VS grenzt einen gewissen Bereich an Blut ab und verhindert, dass dieser sich mit dem umgebenden Blut vermischen kann. Innerhalb der VS können Bedingungen entstehen, die chemische Reaktionen begünstigen, wie die Aktivierung von Thrombozyten und die Bildung von Thrombin [4, 79–81]. Eine VS kann Bluttaschen über weite Strecken transportieren, bis die VS schließlich aufbricht und das darin enthaltene Blut sich wieder mit dem umgebenden Blut vermischt.

6.7.4.3 Strahlströmung

Ein *Strahl oder Jet* ist ein schneller Flüssigkeitsstrom, der sich in Flussverengungen, wie beispielsweise stenotischen Gefäßen und pathologischen Herzklappen, entwickelt. Der Jet hat einen hohen Impuls, der es ihm ermöglicht, lange Strecken ohne signifikante Energieverluste zurückzulegen. Einige Entfernung von der Verengung weg kann das Aufbrechen von (Haarnadel-) VS den Übergang von der laminaren zur turbulenten Strömung kennzeichnen. Ein Jet führt zu stark inhomogener WSS. Während in der Verengung die WSS das stromaufwärts liegende WSS-Niveau um ein Vielfaches übersteigt, ist sie im Bereich der Stromungsseparation unmittelbar stromabwärts der Verengung sehr niedrig [82, 83]. An der Stelle des Strömungsabrisses ist die WSS per Definition null.

6.7.4.4 Kriechströmung

Wenn die advektiven Trägheitskräfte im Vergleich zu den anderen Kräften in der Flüssigkeit klein sind, wird ihre Bewegung durch eine *Kriech-* oder *Stokes Strömung* beschrieben. Die *Re*-Zahl ist dann niedrig, ein Zustand, der in den kleinen Blutgefäßen auftritt, wo die Strömungsgeschwindigkeiten niedrig und die Längenskalen klein sind. Kriechströmung wird durch die Linearisierung

$$\rho \frac{\partial \mathbf{v}}{\partial t} = \mathrm{div}\boldsymbol{\sigma} + \mathbf{b}_\mathrm{f} \tag{6.55}$$

des Cauchy-Eulerschen Bewegungsgesetzes (3.107) beschrieben, wobei $\boldsymbol{\sigma}$ die Cauchy Spannung bezeichnet, während ρ und $\mathbf{b}_\mathrm{f}$ jeweils die Dichte und die Volumenkraft kennzeichnet. Angesichts der geringen Geschwindigkeit $\mathbf{v}$ wurde die materielle Zeitableitung $\mathrm{D}\mathbf{v}/\mathrm{D}t = \partial\mathbf{v}/\partial t + \mathbf{v} \cdot \mathrm{grad}\mathbf{v}$ durch die partielle Ableitung $\partial\mathbf{v}/\partial t$ approximiert. In vielen Anwendungen ist sogar der Term $\partial\mathbf{v}/\partial t$ vernachlässigbar, und $\mathrm{div}\boldsymbol{\sigma} + \mathbf{b}_\mathrm{f} = \mathbf{0}$ beschreibt dann eine Kriech- oder Stokes Strömung.

6.7.4.5 Reibungsfreie Strömung

Wenn die viskosen Kräfte im Vergleich zu den Trägheitskräften klein sind, wird die Flüssigkeit durch eine *reibungslose Strömung* beschrieben. Die *Re*-Zahl ist hoch, und die Flüssigkeit verhält sich daher wie ein ideales Fluid. Die Spannung $\boldsymbol{\sigma} = -p\mathbf{I}$ ist dann rein hydrostatisch, und das Cauchy-Eulersche Bewegungsgesetz (3.107) lautet

$$\rho \frac{\mathrm{D}\mathbf{v}}{\mathrm{D}t} = -\mathrm{grad}p + \mathbf{b}_\mathrm{f} \,, \tag{6.56}$$

wobei p den Druck bezeichnet, während ρ und $\mathbf{b}_\mathrm{f}$ jeweils die Dichte und die Volumenkraft kennzeichnet. In vielen Anwendungen ist sogar $\mathbf{b}_\mathrm{f}$ vernachlässigbar, und $\rho\mathrm{D}\mathbf{v}/\mathrm{D}t = -\mathrm{grad}p$ beschreibt dann eine reibungslose Strömung.

Sind zusätzlich die Trägheitseffekte vernachlässigbar, lautet die Impulsgleichung (6.56) $\mathrm{grad}p = \mathbf{b}_\mathrm{f}$ und beschreibt dann das *hydrostatische* Gleichgewicht.

6.8 Quantitative Beschreibung der Blutströmung

Die Hämodynamik ist eng mit der biochemischen Aktivität der Gefäße verknüpft, und es wurden eine Reihe von Strömungsparametern eingeführt, um die Auswirkungen der Blutströmung auf die Gefäßphysiologie und -pathologie zu untersuchen. Neben *WSS-bezogenen* Mechanismen bringen *transportbezogene* Mechanismen reaktive Spezies in der Blutströmung zueinander und beeinflussen dadurch chemische Reaktionen. Beide Mechanismen sind durch eine Reihe von Strömungsparametern gekennzeichnet, von denen einige im Folgenden diskutiert werden.

6.8.1 Parameter auf Basis der Wandschubspannung

Betrachten wir die Gefäßwand und bezeichnen, den in das Gefäßlumen gerichteten Normalvektor mit $\mathbf{n}$. Das Endothel ist dann der Schertraktion (dem Scherspannungsvektor)

$$\boldsymbol{\tau}_\mathrm{w}(t) = \boldsymbol{\sigma}(t)\mathbf{n} - (\mathbf{n} \cdot \boldsymbol{\sigma}(t)\mathbf{n})\mathbf{n}$$

ausgesetzt, wobei $\boldsymbol{\sigma}(t)$ die Cauchy Spannung des Fluidpartikels unmittelbar am Endothel bezeichnet. Wir haben das Cauchysche Spannungstheorem (3.20), die Vektorsumme und das Gleichgewicht an der Grenzfläche zwischen Fluid und Endothel in der Ableitung dieses Ausdrucks verwendet. Der Vektor $\boldsymbol{\tau}_\mathrm{w}$ hängt von der räumlichen Position und der Zeit t ab und ermöglicht die Definition einer Reihe von skalaren Blutflussparametern.

Die *maximale,* und über den Herzzyklus $0 < t < T$ *zeitgemittelte, Scherspannung*

$$WSS_{\max} = \max(|\boldsymbol{\tau}_{\mathrm{w}}(t)|) \quad ; \quad WSS_{\mathrm{mean}} = \frac{1}{T}\int_0^T |\boldsymbol{\tau}_{\mathrm{w}}(t)|\mathrm{d}t$$

sowie der *oszillatorische Scherindex*

$$OSI = \frac{1}{2}\left(1 - \frac{|\mathbf{WSS}_{\mathrm{mean}}|}{WSS_{\mathrm{mean}}}\right) \text{ mit } \mathbf{WSS}_{\mathrm{mean}} = \frac{1}{T}\int_0^T \boldsymbol{\tau}_{\mathrm{w}}(t)\mathrm{d}t$$

wurden dabei in der Literatur ausgiebig verwendet, um die Auswirkungen des Blutflusses auf die Gefäßwand auszudrücken. Ein funktionales Endothel ist jedoch eine grundlegende Voraussetzung, um diese Parameter mit der Biologie zu verknüpfen.

Bei einer stationären unidirektionalen Strömung gilt $|\mathbf{WSS}_{\mathrm{mean}}| = WSS_{\mathrm{mean}}$ und führt damit auf $OSI = 0$, während eine rein oszillierende Strömung durch $|\mathbf{WSS}_{\mathrm{mean}}| = 0$ gekennzeichnet ist und auf $OSI = 0{,}5$ führt. Der OSI ist auch mit der *Partikelverweilzeit* verbunden. Bei $OSI = 0{,}5$ bewegen sich Blutpartikel nahe der Wand an der gleichen Position hin und her, was wiederum Zeit für lokale chemische Reaktionen zwischen Blutpartikeln und dem Endothel bietet. Mit einem Fluid der Viskosität η, kennzeichnet die *Relative Verweilzeit* $RRT = \eta/[(1 - 2OSI)WSS_{\mathrm{mean}}]$ die Zeit, die ein Partikel nahe einer räumlichen Position an der Wand verbringt [84].

In einem Versuch, jene Bereiche der Wand zu lokalisieren, die sowohl hohen OSI als auch niedrigen WSS_{mean} ausgesetzt sind, wurde das Verhältnis

$$ECAP = \frac{OSI}{WSS_{\mathrm{mean}}}$$

vorgeschlagen und als endotheliales Zellaktivierungspotential (ECAP) bezeichnet [85].

Während die zuvor genannten Parameter die Wechselwirkung zwischen Blut und Endothel behandelten, spielt die Scherspannung im Blut auch eine entscheidende Rolle bei Mechanismen wie beispielsweise Thrombozytenaktivierung, Rouleaux-Bildung und Erythrozytenschädigung. Diese Prozesse können überall im Blutstrom auftreten und sind nicht notwendigerweise an den wandnahen Bereich gebunden. Die *maximale,* und über den Herzzyklus $0 < t < T$ *zeitgemittelte, Scherbelastungen*

$$SS_{\max} = \max\left(\frac{\sigma_{\max}(t) - \sigma_{\min}(t)}{2}\right) \quad ; \quad SS_{\mathrm{mean}} = \frac{1}{T}\int_0^T \frac{\sigma_{\max}(t) - \sigma_{\min}(t)}{2}\mathrm{d}t$$

sind dann sinnvolle Parameter den Blutfluss zu beschreiben, wobei $\sigma_{\max}$ und $\sigma_{\min}$ die größte und kleinste Cauchysche Hauptspannung bezeichnen.

Bei einem Newtonschen Fluid ist die Scherspannung proportional zur Scherrate $\dot{\gamma}(t) = \sqrt{2\mathrm{tr}\mathbf{d}^2}$, wobei $\mathbf{d}$ den Verzerrungsgeschwindigkeitstensor bezeichnet. Die maximale skalare Scherrate

$$\dot{\gamma}_{\max} = \max\left(\dot{\gamma}(t)\right),$$

stellt dann ein Ersatzmaß für die Scherbelastung dar, die auf Blutpartikel wirkt.

Blut in den Blutgefäßen ist einer stark inhomogenen Scherbelastung ausgesetzt, und Blutpartikel haben bereits eine *Scherbelastungshistorie* hinter sich, wenn sie zur Zeit t an der Position $\mathbf{x}$ des Strömungsgebiets ankommen. Eine lokale Analyse der Strömung an der Position $\mathbf{x}$ vermisst diese Belastungshistorie des Blutpartikels und spiegelt möglicherweise nicht ausreichend sein Potenzial für chemische Reaktionen wider. Neben dem Scherbelastungsniveau ist auch die Zeit, die ein Partikel dieser Belastung ausgesetzt war (Expositionszeit), ein wichtiger Faktor. Bei *kleinen* Partikeln, d.h. Problemen mit niedrigen *St-Zahlen* (6.1), folgen die Partikel eng den Stromlinien, und Formulierungen, wie in Abschn. 6.5.1 diskutiert, können verwendet werden. *Große* Partikel hingegen folgen möglicherweise nicht der Strömung und ihre Trägheit ermöglicht es ihnen, Stromlinien zu kreuzen. Wir müssen dann die Bewegungsgleichung eines jeweiligen Partikels lösen, um seine Bewegung zu verfolgen. Während in einer Reihe von Anwendungen das Problem nur einseitig gekoppelt ist und die Partikel die Strömung nicht beeinflussen, beeinflussen *sehr* große Partikel jedoch den Blutfluss, was dann ein zweiseitig-gekoppeltes Fluid-Struktur Interaktionsproblem (FSI-problem) kennzeichnet. Solche Partikel könnten beispielsweise Blutgerinnsel, die einen erheblichen Teil des Lumens einnehmen, sein.

6.8.2 Transportbasierte Strömungsparameter

Eine chemische Reaktion kann nur auftreten, wenn die reaktiven Partner sich in enger Nähe zueinander befinden, und das *Mischen* eines Fluids erhöht daher die Wahrscheinlichkeit von chemischen Reaktionen. Eine *hohe Wirbelstärke (starke VS)* kennzeichnet ein starkes Vermischen der Strömung und ein großer Wert von $|\mathbf{w}|$ bezieht sich daher auch auf eine hohe chemische Reaktivität des Blutes. Hier bezeichnet $\mathbf{w} = (\mathbf{l} - \mathbf{l}^{\mathrm{T}})/2$ den Spin-Tensor, den schiefsymmetrischen Teil des räumlichen Geschwindigkeitsgradienten $\mathbf{l} = \mathrm{grad}\mathbf{v}$.

VS grenzen Bereiche innerhalb der Blutströmung ab und können viel länger als einen Herzzyklus überdauern. Sie sind mit stark vermischten Blut gefüllt und bieten daher ideale Bedingungen für chemische Reaktionen. VS-Visualisierungsmethoden [86] wurden daher zur qualitativen Untersuchung der Reaktivität des Blutflusses verwendet [4].

6.9 Fallstudie: Blutfluss in der aneurysmatischen infrarenalen Aorta

Angesichts der klinischen Relevanz eines Abdominalen Aortenaneurysmas (AAA) wurde seine Hämodynamik intensiv untersucht, eine Aufgabe auch dieser Fallstudie. Wir setzen dabei die Analyse, des in Abschn. 5.7 diskutierten AAA fort. Sein Lumen wurde aus klinisch aufgezeichneten Computertomographie-Angiographie (CT-A) Bildern rekonstruiert (A4clinics Research Edition, VASCOPS GmbH) und dann weiterverarbeitet, um die Berechnung der Blutflussgeschwindigkeit (COMSOL Multiphysics, COMSOL AB) zu ermöglichen.

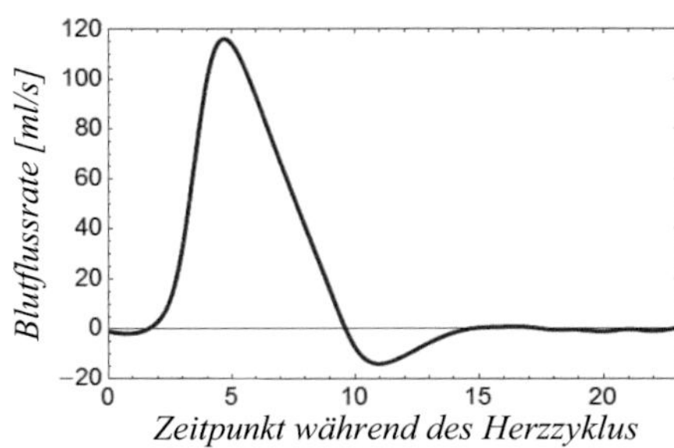

Zeitpunkt	Durchfluss [ml s^{-1}]	Zeitlicher Rahmen	Durchfluss [ml s^{-1}]
0	-1,08	12	-10,9
1	-1,8	13	-5,71
2	2,88	14	-1,67
3	32,4	15	0,333
4	99,6	16	0,702
5	114	17	0,594
6	92,8	18	-0,497
7	66,7	19	-0,481
8	41,1	20	-1,17
9	15,4	21	-0,306
10	-7,55	22	-0,951
11	-14,2	23	0,418

Abb. 6.24 Blutflussrate über den Herzzyklus in Abdominalen Aortenaneurysmen (AAA). Die Daten spiegeln den durchschnittlichen infrarenalen Aortenfluss von 36 Patienten mit kleinen (Durchmesser $d < 50$ mm) AAA wider, und wurden durch Magnetresonanz-Angiographie (MR-A) aufgenommen [88]

6.9.1 Modellierungsannahmen

Die AAA-Wand ist sehr steif [87], eine Eigenschaft, die es uns ermöglicht, eine *starre Gefäßwand* im FEM-Modell bei der Berechnung des Blutflusses über den Herzzyklus zu verwenden. Dirichlet Randbedingungen beschrieben die Haftbedingung an der Blut-Wand Schnittstelle und modellierten den pulsierenden Zufluss. Die Verteilung der Strömungsgeschwindigkeit über den Einlassquerschnitt der infrarenalen Aorta ist unbekannt und wird von vielen Faktoren beeinflusst, siehe Abschn. 6.7.3. Während beispielsweise Doppler-Ultraschall diese Information bereitstellen könnte, ist es nicht Teil der regulären Patientenuntersuchung. Wir schreiben daher die Geschwindigkeit $v_{\text{in}}(t) = q(t)/A$ homogen über den Einlassquerschnitts $A = 3{,}8\ \text{cm}^2$ vor, wobei die Durchflussrate $q(t)$ den durchschnittlichen infrarenalen Fluss bei AAA-Patienten darstellt [88], siehe Abb. 6.24. In unserer Fallstudie betrachteten wir einen Herzzyklus der Zeit $T = 0{,}8$ s und lösten die zeitabhängigen Cauchy-Eulerschen Bewegungsgleichungen über drei Herzzyklen.

Am Auslass schrieb die Neumann Randbedingung einen konstanten Druck von $p = 13{,}3$ kPa in den Iliakalarterien vor. Angesichts einer inkompressiblen Flüssigkeit und einer starren Gefäßwand beeinflusst der tatsächliche Wert des Auslassdrucks den vorhergesagten Blutfluss *nicht*.

Der Fluss in der Aorta ist komplex, und das Blut ist über den Herzzyklus hinweg Phasen hoher und niedriger Scherraten ausgesetzt. Das Carreau–Yasuda Modell (6.7) mit den Parametern $\eta_0 = 200$ mPa s, $\eta_\infty = 3{,}5$ mPa s, $\lambda = 1800$ s, $n = 0{,}28$ und $\alpha = 2{,}0$ (siehe Tab. 6.1, und Abb. 6.9) wurde verwendet, um die rheologischen Eigenschaften des Blutes über ein breites Spektrum von Scherraten zu erfassen. Thixotrope Eigenschaften wurden vernachlässigt, und wir gingen daher davon aus, dass die Viskosität des Blutes sofort auf Scherrateänderungen reagiert.

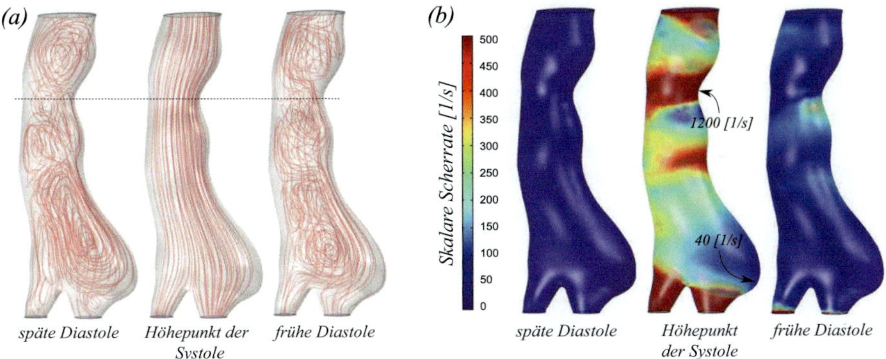

Abb. 6.25 Hämodynamik des Abdominalen Aortenaneurysmas (AAA) in später Diastole, auf dem Höhepunkt der Systole und in früher Diastole. (**a**) Stromlinien zeigen starke Vermischung des Blutes während Diastole und gut organisierten Fluss auf dem Höhepunkt der Systole. Die gestrichelte Linie zeigt einen ausgewählten Querschnitt an, der in Abb. 6.26 weiter analysiert wird. (**b**) Verteilung der skalaren Scherrate $\dot{\gamma}$ an der Wand. Die Ergebnisse repräsentieren den dritten Herzzyklus und beziehen sich jeweils auf die Zeiten 1,6 s (späte Diastole), 1,76 s (Höhepunkt der Systole) und 2,0 s (frühe Diastole) der Berechnung

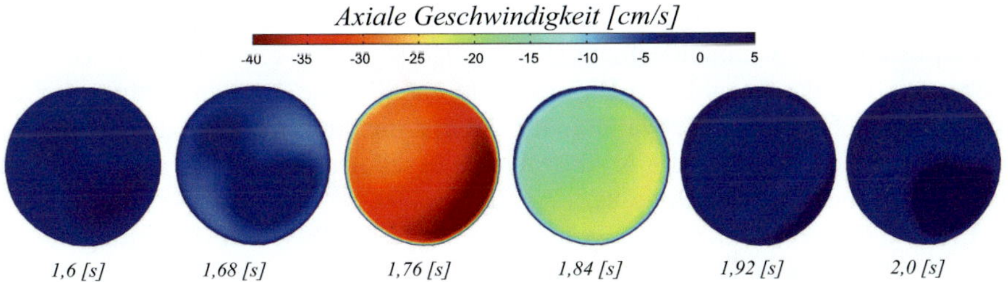

Abb. 6.26 Entwicklung der Geschwindigkeitskomponente v_z in axialer Gefäßrichtung am Querschnitt, der durch die gestrichelte Linie in Abb. 6.25a angezeigt wird. Die Zustände zeigen die Entwicklung der Geschwindigkeit zwischen der späten und der frühen diastolischen Phase an

6.9.2 Ergebnisse

Ein Netz mit tetraedrischen quadratischen finiten Elementen von etwa 180k Freiheitsgraden wurde verwendet, um das hämodynamische Problem zu lösen, und Abb. 6.25 zeigt ausgewählte Ergebnisse vom dritten berechneten Herzzyklus. Auf dem Höhepunkt der Systole ist der Fluss gut organisiert und zeigt parallele Stromlinien. Während der Verzögerung in der späten systolischen Phase bricht die Strömung zusammen, und das Blut wird dann während der gesamten diastolischen Phase stark gemischt. Die Wand ist komplexen Belastungen ausgesetzt, und die WSS ist sowohl räumlich als auch über den Herzzyklus hinweg stark inhomogen. Auf dem Höhepunkt der Systole liegt die skalare Scherrate im aneurysmatischen Wandbereich zwischen etwa $\dot{\gamma}_{\text{min}} = 40\ \text{s}^{-1}$ und $\dot{\gamma}_{\text{max}} = 1200\ \text{s}^{-1}$, siehe Abb. 6.25b.

Das Carreau-Yasuda Modell prognostiziert dann die Blutviskosität von $\eta_{\text{min}} = 4{,}42$ mPa s und $\eta_{\text{max}} = 3{,}58$ mPa s und die Wand erfährt daher eine WSS zwischen jeweils $\tau_{\text{min}} = \eta_{\text{min}}\dot{\gamma}_{\text{min}} = 0{,}18$ Pa und $\tau_{\text{max}} = \eta_{\text{max}}\dot{\gamma}_{\text{max}} = 4{,}30$ Pa. Diese Werte können mit der normalen infrarenalen Aorta verglichen werden, wo eine Spitzen-WSS von etwa 2,72 Pa herrscht [89]. Die vorgeschriebene Pfropfenströmung mit der Einlassgeschwindigkeit $v_{\text{in}}(t)$ führt zu unrealistischen Scherraten am Einlass, und das aortale Segment in der Nähe des Einlasses wurde daher von dieser Analyse ausgeschlossen.

Abb. 6.26 zeigt die Entwicklung der Geschwindigkeitskomponente v_z in axialer Gefäßrichtung zwischen der späten und frühen Diastole. Die Diagramme entsprechen dem Querschnitt, der durch die gestrichelte Linie in Abb. 6.25a angezeigt wird, und die Blutströmung ist durch Phasen und Bereiche von Vorwärts- und Rückwärtsflüssen gekennzeichnet. Die Hämodynamik an diesem Gefäßquerschnitt ähnelt dem Blutfluss in der normalen Aorta, während die aneurysma-bezogene pathologische Strömung sich dann weiter stromabwärts entwickelt.

6.10 Zusammenfassung und Schlussfolgerung

Blut ist eine Suspension von Partikeln in Plasma, wobei die Partikel etwa 50 % des Blutvolumens ausmachen. Im Sinne der Kontinuumsmechanik ist das Blut durch das repräsentative Volumenelement (RVE) charakterisiert, einen Bereich, der eine *ausreichend große* Anzahl von Blutpartikeln enthält. Die größten Blutpartikel erreichen eine Größe von etwa 30 μm, sodass die konsistente Anwendung der Kontinuumsmechanik auf die Analyse von Blutgefäßen, die größer als etwa einen halben Millimeter im Durchmesser sind, beschränkt ist.

Eine Reihe von Untersuchungen verwendet eine *Poiseuille*-Strömung in der Analyse der Blutgefäße. Obwohl diese Einblicke in die Gefäßfunktion bietet, kann ein solches Modell nicht rigoros auf den Blutkreislauf angewendet werden. Es erfordert einen stationären Fluss einer *Newtonschen* Flüssigkeit in starren, langen und geraden Röhren, damit sich eine Poiseuille Strömung etabliert. Die Annahme einer starren Wand mag in der Analyse von Arterien akzeptabel sein, aber Venen gehorchen dieser Annahme im Allgemeinen nicht und ändern ihren Durchmesser sehr stark mit dem Druck – einige Venen kollabieren sogar während des Herzzyklus. Darüber hinaus wird der Fluss in großen Arterien stark von Trägheitseffekten beeinflusst, und die Blutflussgeschwindigkeit entwickelt sich hin zu einem *Womersley* Profil. Wie bei der Poiseuille Strömung basiert auch der Womersley Fluss auf einer Newtonschen Flüssigkeit, die in starren, langen und geraden Röhren fließt. Diese Bedingungen gelten kaum für den Blutkreislauf, und bereits in normalen Gefäßen wird der Blutfluss stark durch Faktoren wie einer nicht-Newtonschen Viskosität, Gefäßkrümmung, Gefäßbifurkationen und Randeffekten beeinflusst.

Erythrozyten stellen bei weitem den größten Anteil der Blutpartikel dar und dominieren damit das *scherverdünnende* rheologische Verhalten Blutes, eine Eigenschaft, die nicht nur in den kleinen Blutgefäßen wichtig ist, sondern auch in den großen Gefäßen die Strömung maßgeblich beinflussen kann. Die Strömungsdynamik im Kern der aneurysmatischen Aorta unterscheidet sich beispielsweise bemerkenswert zwischen Newtonschen und nicht-Newtonschen Flüssigkeiten, siehe Abb. 6.11. Obwohl viele Modelle zur Erfassung der rheologischen Eigenschaften des Blutes zur Verfügung stehen, kann die Identifizierung von Modellparametern für einige von ihnen herausfordernd sein [90].

Nicht-physiologische Aspekte des Kreislaufs können zu scherspannungsinduzierter *Blutschädigung* führen, wobei Hämolyse und Thrombozytenaktivierung für die Entwicklung von Medizingeräten von größter Bedeutung sind. Experimentelle Untersuchungen in dieser Hinsicht führten zu einer Reihe von Blutschädigungsmodellen. Aufgrund der unterschiedlichen zugrundeliegenden experimentellen Protokolle und dem hohen Grad an Phänomenologie solcher Modelle, sollte deren Anwendung immer an eine Unsicherheitsanalyse gebunden sein [81].

Mischen wirkt der Segregation von Blutpartikeln entgegen und trägt zur chemischen Reaktivität des Blutes bei. Da eine VS eine isolierte Bluttasche mit hoher Verwirbelung darstellt, kann sie in diesem Sinne eine bedeutende Rolle in der Biologie des Blutflusses spielen. Neben *transportbezogenen* Effekten hat auch *Scherspannung* maßgebliche Auswirkungen auf die Gefäßphysiologie und -pathologie. Beide Mechanismen kennzeichnen eine Reihe von Blutflussparametern und Strömungsanalysemethoden zur Beurteilung der biologischen Auswirkungen des Blutflusses auf die Gefäßstruktur.

Während die Untersuchung des Blutflusses in der normalen Gefäßstruktur bereits viele physiologische Mechanismen offenbart hat, ist nur die Untersuchung von erkrankten Blutgefäßen von klinischer Relevanz. Die Berechnung der 3D-Blutströmung innerhalb solcher Gefäßsegmente erfordert fast immer CFD-Methoden, manchmal sogar Hochleistungsrechnen (HPC). Die Ergebnisse von CFD-Simulationen sind sensibel gegenüber Geometrie, Randbedingungen, Belastung und Blutrheologie. Selbst unter gut definierten Laborbedingungen ist es schwierig diese Faktoren genau zu erfassen, was dann die Anwendbarkeit von CFD-Simulationen beschränkt. Eine Unsicherheitsanalyse kann beispielsweise durchgeführt werden, um die Robustheit der CFD-basierten Ergebnisse zu bewerten [91, 92]. Wie bei vielen biomechanischen Modellen ist auch hier die Unsicherheit der (klinisch) erhobenen Eingabeinformationen fast immer der begrenzende Faktor und bestimmt damit auch die Robustheit der Ergebnisse. Moderne Bildgebungsmodalitäten liefern zwar detaillierte anatomische Informationen der Gefäßstruktur, aber es sind meist die Randbedingungen, die die CFD-Ergebnisse am stärksten beeinflussen [93–96] – die Personalisierung von Computermodellen erfordert mehr als die anatomische Personalisierung [97].

Literatur

1. M. Bäck, T.C. Gasser, J.-B. Michel, G. Caligiuri, Review. biomechanical factors in the biology of aortic wall and aortic valve diseases. Cardiovasc. Res. **99**, 232–241 (2013)
2. Y.S. Chatzizisis, A.U. Coskun, M. Jonas, E.R. Edelman, C.L. Feldman, P.H. Stone, Role of endothelial shear stress in the natural history of coronary atherosclerosis and vascular remodeling: molecular, cellular, and vascular behavior. J. Am. Coll. Cardiol. **49**(25), 2379–2393 (2007)
3. R. Schubert, M.J. Mulvany, The myogenic response: established facts and attractive hypotheses. Clin. Sci. **96**, 313–326 (1999)
4. J. Biasetti, F. Hussain, T.C. Gasser, Blood flow and coherent vortices in the normal and aneurysmatic aortas. A fluid dynamical approach to Intra-Luminal Thrombus formation. J. R. Soc. Interface **8**, 1449–1461 (2011)
5. P.E.J. van der Meijden, J.W.M. Heemskerk, Platelet biology and functions: new concepts and clinical perspectives. Nat Rev Cardiol. **16**, 166–179 (2019). https://doi.org/10.1038/s41569-018-0110-0
6. H. Fu, Y. Jiang, D. Yang, F. Scheiflinger, W.P. Wong, T.A. Springer, Flow-induced elongation of von Willebrand factor precedes tension-dependent activation. Nat. Commun. **8**, 324 (2017)
7. Z.M. Ruggeri, Von willebrand factor, platelets and endothelial cell interactions. Thromb. Haemost. **1**, 1335–1342 (2003)
8. Z.M. Ruggeri, G.L. Mendolicchio, Adhesion mechanisms in platelet function. Circ. Res. **100**, 1673–1685 (2007)
9. C.C.F.M.J. Baaten, H.T. Cate, P.E.J. van der Meijden, J.W.M. Heemskerk, Platelet populations and priming in hematological diseases. Blood Rev. **31**, 389–399 (2017)
10. A.A. Gavrilov, K.A. Finnikov, Y.S.Ignatenko, O.B. Bocharov, R. May, Drag and lift forces acting on a sphere in shear flow of power-law fluid. Fluid. J. Engin. Thermophys. **27**, 474–488 (2018)
11. B.P. Ho, L.G. Leal, Inertial migration of rigid spheres in two-dimensional unidirectional flows. J. Fluid Mech. **65**, 365–400 (1974)
12. G. Segrè, A. Silberberg, Behavior of macroscopic rigid spheres in Poiseuille flow. J. Fluid Mech. **14**, 136–157 (1962)
13. P.A. Aarts, S.A. van den Broek, G.W. Prins, G.D. Kuiken, J.J. Sixma, R.M. Heethaar, Blood platelets are concentrated near the wall and red blood cells, in the center in flowing blood. Arteriosclerosis **8**, 819–824 (1988)
14. I. Cantat, C. Misbah, Lift force and dynamical unbinding of adhering vesicles under shear flow. Phys. Rev. Lett. **83**, 880–883 (1999)
15. F. Ahmed, M. Mehrabadi, Z. Liu, G.A. Barabino, C.K. Aidun, Internal viscosity-dependent margination of red blood cells in microfluidic channels. J. Biomed. Eng. **140**, 2605–2607 (2018)
16. D.A. Fedosov, M. Dao, G.E. Karniadakis, S. Suresh, Computational biorheology of human blood flow in health and disease. Ann. Biomed. Eng. **42**, 368–387 (2013)
17. A. Passos, J.M. Sherwood, E. Kaliviotis, R. Agrawal, C. Pavesio, S. Balabani, The effect of deformability on the microscale flow behavior of red blood cell suspensions. Phys. Fluids **31**, 1–11 (2019)
18. D.A. Reasor, M. Mehrabadi, D.N. Ku, C.K. Aidun, Determination of critical parameters in platelet margination. Ann. Biomed. Eng. **41**, 238–249 (2012)
19. N. Takeishi, M.E. Rosti, Y. Imai, S. Wada, L. Brandt, Haemorheology in dilute, semi-dilute and dense suspensions of red blood cells. J. Fluid Mech. **872**, 818–848 (2019)
20. P. Gondret, L. Petit, Dynamic viscosity of macroscopic suspensions of bimodal sized solid spheres. J. Rheol. **41**, 1261–1274 (1997)
21. H.L Goldsmith, J.C Marlow, Flow behavior of erythrocytes. II. particle motions in concentrated suspensions of ghost cells. J. Colloid Interface Sci. **71**, 383–407 (1979)
22. R. Fåhræus, The suspension stability of the blood. Physiol. Rev. **9**, 241–274 (1929)

23. R. Fåhræus, T. Lindqvist, The viscosity of the blood in narrow capillary tubes. Am. J. Physiol. **96**, 562–568 (1931)
24. R.J. Phillips, R.C. Armstrong, R.A. Brown, A.L. Graham, J.R. Abbott, A constitutive equation for concentrated suspensions that accounts for shearinduced particle migration. Phys. Fluids **4**, 30–40 (1991)
25. C. Wagner, P. Steffen, S. Svetina, Aggregation of red blood cells: from Rouleaux to Clot formation. C. R. Phys. **14**(6), 459–469 (2013)
26. O. Baskurt, B. Neu, H. Meiselman, *Red Blood Cell Aggregation* (CRC Press, Boca Raton, 2011)
27. D. Flormann, K. Schirra, T. Podgorski, C. Wagner, On the rheology of red blood cell suspensions with different amounts of dextran: separating the effect of aggregation and increase in viscosity of the suspending phase. Rheol. Acta **55**, 477–483 (2016)
28. A. Fasano, A. Sequeira, *Hemomath—The Mathematics of Blood* (Springer, Berlin, 2017)
29. A.M. Robertson, A. Sequeira, R.G. Owens, Rheological models for blood, in *Cardiovascular Mathematics*, Hrsg. by L. Formaggia, A. Quarteroni, A.Veneziani (Springer, Milano, 2009)
30. D.A. McDonald, *Blood Flow in Arteries*, 6. Aufl. (Edward Arnold, London, 2011)
31. S. Chien, Shear dependence of effective cell volume as a determinant of blood viscosity. Science **168**, 977–979 (1970)
32. H. Schmid-Schönbein, E. Volger, H.J. Klose, Microrheology and light transmission of blood. Pflügers Arch. – Eur. J. Physiol. **333**, 140–155 (1972)
33. P.J. Carreau, D. DeKee, R.P. Chhabra, *Rheology of Polymeric Systems: Principles and Applications* (Hanser, Munich, 1997)
34. N. Casson, *A Flow Equation for Pigment Oil-Suspensions of the Printing Ink Type* (Pergamon Press, Oxford, 1959)
35. G.R. Cokelet, J.R. Brown, S.L. Codd, J.D. Seymour, Magnetic resonance microscopy determined velocity and hematocrit distributions in a Couette viscometer. Biorheology **42**, 385–399 (2005)
36. F.J. Walburn, D.J. Schneck, A constitutive equation for whole human blood. Biorheology **13**, 201–210 (1976)
37. D. Quemada, Rheology of concentrated disperse systems and minimum energy dissipation principle. Rheol. Acta **16**, 82–94 (1977)
38. S.J. Hund, M.V. Kameneva, J.F. Antaki, A quasi-mechanistic mathematical representation for blood viscosity. Fluids **2**(1), 10 (2017)
39. I.M. Krieger, T.J. Dougherty, A mechanism for non-Newtonian flow in suspensions of rigid spheres. Trans. Soc. Rheo. **3**, 137–152 (1959)
40. R. Pal, Rheology of concentrated suspensions of deformable elastic particles such as human erythrocytes. J. Biomech. **36**, 981–989 (2003)
41. A.L. Zydney, J.D. Oliver, C.K. Colton, A constitutive equation for the viscosity of stored red cell suspensions: Effect of hematocrit, shear rate, and suspending phase. J. Rheol. **35**, 1639–1680 (1991)
42. D.E. Brooks, J.W. Goodwin, G.V. Seaman, Interactions among erythrocytes under shear. J. Appl. Physiol. **28**, 172–177 (1970)
43. E.M. Cherry, J.K. Eaton, Shear thinning effects on blood flow in straight and curved tubes. Phys. Fluids **25**, 073104 (2013). https://doi.org/10.1063/1.4816369
44. S. van Wyk, L. Prahl Wittberg, L. Fuchs, Wall shear stress variations and unsteadiness of pulsatile blood-like flows in 90-degree bifurcations. Comp. Biol. Med. **43**, 1025–1036 (2013)
45. S. van Wyk, L. Prahl Wittberg, L. Fuchs, Atherosclerotic indicators for blood-like fluids in 90-degree arterial-like bifurcations. Compos. Biol. Med. **50**, 56–69 (2014)
46. D. Lacasse, A. Garon, D. Pelletier, Mechanical hemolysis in blood flow: user-independent predictions with the solution of a partial differential equation. Comput. Meth. Biomech. Biomed. Eng. **10**, 1–12 (2007)

47. K.H. Fraser, T. Zhang, M.E. Taskin, B.P. Griffith, Z.J. Wu, A quantitative comparison of mechanical blood damage parameters in rotary ventricular assist devices: Shear stress, exposure time and hemolysis index. J. Biomed. Eng. **134**, 081002 (2012)
48. H. Yu, S. Engel, G. Janiga, D. Thévenin, A review of hemolysis prediction models forcomputational fluid dynamics. Artif. Organs **41**, 603–621 (2017)
49. M. Giersiepen, L.J. Wurzinger, R. Opitz, H. Reul, Estimation of shear stress-related blood damage in heart valve prosthesis. In vitro comparison of 25 aortic valves. Int. J. Artificial Organs **13**, 300–306 (1990)
50. L.J. Wurzinger, R. Opitz, P. Blasberg, H. Schmid-Schonbein, Platelet and coagulation parameters following millisecond exposure to laminar shear stress. Thromb. Haemost. **54**, 381–386 (1985)
51. G. Heuser, R.A. Opitz, A Couette viscometer for short timeshearing of blood. Biorheology **17**, 17–24 (1980)
52. J. Ding, S. Niu, Z. Chen, T. Zhang, B.P. Griffith, Z.J. Wu, Shear-induced hemolysis: species differences. Artif. Organs **30**, 419–429 (2015)
53. P. Wu, S. Groß-Hardt, F. Boehning, P.-L. Hsu, An energy-dissipation-based power-law formulation for estimating hemolysis. Biomech. Model. Mechanobio. **19**, 591–602 (2019)
54. L. Goubergrits, K. Affeld, Numerical estimation of blooddamage in artificial organs. Artif. Organs **28**, 499–507 (2004)
55. G. Colantuoni, J.D. Hellums, J.L. Moake, C.P. Alfrey Jr., Response of human platelets to shear stress at short exposure times. Trans. Am. Soc. Artif. Intern. Organs **23**, 626–630 (1977)
56. J.D. Hellums, 1993 Whitaker lecture: Biorheology in thrombosis research. Ann. Biomed. Eng. **22**, 445–455 (1994)
57. J.M. Ramstack, L. Zuckerman, L.F. Mockros, Activation of platelets. J. Biomech. **12**, 113–125 (1979)
58. K.S. Sakariassen, P.A. Holme, U. Orvin, R.M. Barstad, N.O. Solum, F.R. Brosstad, Shear-induced platelet activation and platelet microparticle formation in native human blood. Thromb. Res. **92**, S33–S41 (1998)
59. J.-N. Zhang, A.L. Bergeron, Q. Yu, C. Sun, L. McBride, P.F. Bray, J.F. Dong, Duration of exposure to high fluid shear stress is critical in shear-induced platelet activation-aggregation. Thromb. Haemost. **90**, 672–678 (2003)
60. A.I. Moens, *Die Pulskurve* (E.J. Brill, Leiden, 1878)
61. S.B. Pope, *Turbulent flows* (Cambridge University Press, Cambridge, 2012)
62. A. Kolmogorov, The local structure of turbulence in incompressible viscous fluid for very large Reynolds' numbers. Doklady Akademiia Nauk SSSR **30**, 301–305 (1941)
63. C. Chnafa, *Using image-based large-eddy simulations to investigate the intracardiac flow and its turbulent nature*. Ph.D. thesis, Universite de Montpellier, Montpellier, France, 2014
64. A.F. Stalder, A. Frydrychowicz, M.F. Russe, J.G. Korvink, J. Hennig, K. Li, M.Markl, Assessment of flow instabilities in the healthy aorta using flow-sensitive MRI. J. Musculoskel. Neuron. Interact. **33**, 839–846 (2011)
65. L. Gustafsson, L. Appelgren, H.E. Myrvold, Effects of increased plasma viscosity and red blood cell aggregation on blood viscosity in vivo. Am. J. Physiol. **241**, H513–18 (1981)
66. J.R. Womersley, Method for the calculation of velocity, rate of flow and viscous drag in arteries when the pressure gradient is known. J. Physiol. **127**, 553–563 (1955)
67. W.R. Dean, Fluid motion in a curved channel. Proc. R. Soc. Lond. A **121**, 402–420 (1928)
68. W. Lyne, Unsteady viscous flow in a curved pipe. J. Fluid Mech. **45**, 13–31 (1971)
69. M.R. Najjari, C. Cox, M.W. Plesniak, Formation and interaction of multiple secondary flow vortical structures in a curved pipe: transient and oscillatory flows. J. Fluid Mech. **876**, 481–526 (2019)
70. T.J. Pedley, *The Fluid Mechanics of Large Blood Vessels*. Cambridge Monographs on Mechanics and Applied Mathematics (Cambridge University Press, New York, 1980)
71. F.T. Smith, Fluid flow into a curved pipe. Proc. R. Soc. Lond. A **351**, 71–87 (1968)

72. S. van Wyk, L. Prahl Wittberg, K.V. Bulusu, L. Fuchs, M.W. Plesniak, Non-newtonian perspectives on pulsatile blood-analog flows in a 180-degree curved artery model. Phys. Fluids **27**, 071901 (2015)
73. P.J. Kilner, G.Z. Yang, R.H. Mohiaddin, D.N. Firmin, D.B. Longmore, Helical and retrograde secondary flow patterns in the aortic arch studied by three-directional magnetic resonance velocity mapping. Circulation **88**, 2235–2247 (1993)
74. C.G. Caro, D.J. Doorly, M. Tarnawaski, K.T. Scott, Q. Long, C.L. Dumoulin, Non-planar curvature and branching of arteries and non-planar type flow. Proc. R. Soc. Lond. A **452**, 185–197 (1996)
75. D. Doorly, S. Sherwin, Geometry and flow, in *Cardiovascular Mathematics*, Hrsg. by L. Formaggia, A. Quarteroni, A. Veneziani. MS&A, Bd. 1 (Springer, Milan, 2009), S. 177–209
76. A. Kheradvar, C. Rickers, D. Morisawa, M. Kim, G.-R. Hong, G. Pedrizzetti, Diagnostic and prognostic significance of cardiovascular vortex formation. J. Cardiol. **74**, 403–411 (2019)
77. P.K. Kundu, I.M. Cohen, *Fluid mechanics*, 4. Aufl. (Academic Press, London, 2008)
78. F. Hussain, Coherent structures and turbulence. J. Fluid Mech. **173**, 303–356 (1986)
79. J. Biasetti, P.G. Spazzini, T.C. Gasser, An integrated fluido-chemical model towards modeling the formation of intra-luminal thrombus in abdominal aortic aneurysms. Front. Physiol. **3**, 266 (2011)
80. D. Bluestein, E. Rambod, M. Gharib, Vortex shedding as a mechanism for free emboli formation in mechanical heart valves. ASME. J. Biomech. Eng. **122**, 125–134 (2000)
81. G. Fuchs, N. Berg, L.M. Broman, L. Prahl Wittberg, Modeling sensitivity and uncertainties in platelet activation models applied on centrifugal pumps for extracorporeal life support. Sci. Reports **9**, 8809 (2019)
82. S.S. Varghese, S.H. Frankel, P.F. Fischer, Direct numerical simulation of stenotic flows. Part 1. Steady flow. J. Fluid Mech. **582**, 253–280 (2007)
83. S.S. Varghese, S.H. Frankel, P.F. Fischer, Direct numerical simulation of stenotic flows. Part 2. Pulsatile flow. J. Fluid Mech. **582**, 281–318 (2007)
84. D. Gallo, G. De Santis, F. Negri, D. Tresoldi, R. Ponzini, D. Massai, M.A. Deriu, P. Segers, B. Verhegghe, G. Rizzo, U. Morbiducci, On the use of in vivo measured flow rates as boundary conditions for image-based hemodynamic models of the human aorta: implications for indicators of abnormal flow. Ann. Biomed. Eng. **40**, 729–741 (2012)
85. P. Di Achille, G. Tellides, C.A. Figueroa, J.D. Humphrey, A haemodynamic predictor of intraluminal thrombus formation in abdominal aortic aneurysms. Proc. R. Soc. Lond. A **470**, 20140163 (2014)
86. J. Jeong, F. Hussain, On the identification of a vortex. J. Fluid Mech. **285**, 69–94 (1995)
87. R. Taniguchi, K. Hoshina, A. Hosaka, T. Miyahara, H. Okamoto, K. Shigematsu, T. Miyata, T. Watanabe, Strain analysis of wall motion in abdominal aortic aneurysms. Ann. Vasc. Dis. **7**, 393–398 (2014)
88. A.S. Les, J.J. Yeung, G.M. Schultz, R.J. Herfkens, R.L. Dalman, C.A. Taylor, Supraceliac and infrarenal aortic flow in patients with abdominal aortic aneurysms: mean flows, waveforms, and allometric scaling relationships. Cardiovasc. Eng. Technol. (2010). https://doi.org/10.1007/s13239-010-0004-8
89. S. Oyre, E.M. Pedersen, S. Ringgaard, P. Boesiger, W.P. Paaske, In vivo wall shear stress measured by magnetic resonance velocity mapping in the normal human abdominal aorta. Eur. J. Vasc. Endovasc. Surg. **13**, 263–271 (1997)
90. M.T. Gallagher, R.A.J. Wain, S. Dari, J.P. Whitty, D.J. Smith, Non-identifiability of parameters for a class of shear-thinning rheological models, with implications for haematological fluid dynamics. J. Biomech. **85**, 230–238 (2019)
91. C.M. Fleeter, G. Geraci, D.E. Schiavazzi, A.M. Kahnd, A.L. Marsden, Multilevel and multifidelity uncertainty quantification for cardiovascular hemodynamics. Comput. Methods Appl. Mech. Eng., **365** (2020)

92. R. Rapadamnaba, M. Ribatet, B. Mohammadi, Global sensitivity analysis for assessing the parameters importance and setting a stopping criterion in a biomedical inverse problem. Int. J. Numer. Methods Biomed. Eng., **37** (2021)
93. N. Berg, L. Fuchs, L. Prahl Wittberg, Blood flow simulations of the renal arteries—effect of segmentation and stenosis removal. Flow Turbulence Combust **102**, 27–41 (2019)
94. S. Bozzi, U. Morbiducci, D. Gallo, R. Ponzini, G. Rizzo, C. Bignardi, G. Passoni, Uncertainty propagation of phase contrast-MRI derived inlet boundary conditions in computational hemodynamics models of thoracic aorta. Comput. Meth. Biomech. Biomed. Eng. **20**, 1104–1111 (2017)
95. G. Fuchs, N. Berg, L. Prahl Wittberg, Pulsatile aortic blood flow—a critical assessment of boundary conditions. J. Engr. Mech. **4**, 011002 (2021)
96. M.L. Rizzini, D. Gallo, G. De Nisco, F. D'Ascenzo, C. Chiastra, P.P. Bocchino, F. Piroli, G.M. De Ferrari, U. Morbiducci, Does the inflow velocity profile influence physiologically relevant flow patterns in computational hemodynamic models of left anterior descending coronary artery? Med. Eng. Phys. **82**, 58–69 (2020)
97. D.R. Hose, P.V. Lawford, W. Huberts, L.R. Hellevik, S.W. Omholt, F.N. van de Vosse, Cardiovascular models for personalised medicine: where now and where next? Med. Eng. Phys. **72**, 38–48 (2019)

Die Gefäßwand, eine aktive Einheit 7

Zusammenfassung

Dieses Kapitel befasst sich mit den aktiven Eigenschaften von Blutgefäßen und Schwerpunkt auf Vasoreaktivität und Arteriogenese. Wir lernen die Struktur und Funktion von glatten Muskelzellen (SMC) und ihre Wechselwirkung mit Endothelzellen (EC) kennen. Die Diskussion über die Synthese von Kollagen und Elastin zielt darauf ab, ein grundlegendes Verständnis der Arteriogenese zu vermitteln. Ein zentraler Abschnitt dieses Kapitels betrifft die konstitutive Beschreibung der Vasoreaktivität, wobei phänomenologische, strukturbasierte und kalziumkonzentrationsbasierte Beschreibungen behandelt werden. Wir präsentieren auch eine chemo-mechanische Beschreibung von SMC und diskutieren die damit verbundenen thermodynamischen Aspekte. Ein weiterer zentraler Abschnitt betrifft die Modellierung der Arteriogenese im Rahmen der Thermodynamik offener Systeme. Kinematikbasierte und gewebsumsatzbasierte Wachstumsbeschreibungen werden eingeführt und dann anhand klassischer Randwertprobleme der Kontinuumsmechanik veranschaulicht. Wir berechnen die Verteilung frisch synthetisierter Gewebsmasse der jeweiligen Wachstumsbeschreibungen und unter Vorgabe verschiedener homöostatischer Zielvariablen. Eine Zusammenfassung der in der Literatur bekannten aktiven Gefäßbeschreibungen folgt, und abschließende Bemerkungen fassen das Kapitel zusammen.

Ergänzende Information Die elektronische Version dieses Kapitels enthält Zusatzmaterial, auf das über folgenden Link zugegriffen werden kann https://doi.org/10.1007/978-3-031-52637-4_7.

T. Gasser, *Vaskuläre Biomechanik*, https://doi.org/10.1007/978-3-031-52637-4_7

7.1 Einführung

Das Blutgefäß ist eine *dynamische Struktur,* und eine Reihe von Mechanismen ermöglichen es dem Gefäßgewebe, sich an Veränderungen anzupassen und damit die Gewebeperfusion zu optimieren. *Homöostase* leitet diese Anpassung in normalen (nicht erkrankten) Gefäßen und hält dabei biomechanische Eigenschaften, wie Wandschubspannung (WSS) [14, 50], zirkumferenzielle Wandspannung [86, 128] und axiale Streckung [43, 68] relativ konstant [66, 123]. Das Versagen, solche homöostatische Zielvariablen zu erreichen, kann jedoch auch zu vaskulären *Pathologien* führen. Am Beispiel eines Aneurysmas führt die verminderte biologische Aktivität der Gefäßwand [85, 97] dann zu dessen kontinuierlichem Wachstum und der Entwicklung lebensbedrohlich hoher Wandspannungen. Die Anpassung (Adaption) der Blutgefäße erfolgt durch eine Vielzahl von Mechanismen, wie beispielsweise SMC-Kontraktion und Entspannung, Zellproliferation, Apoptose, das Ausbilden von Gewebemustern und Synthese bzw. Abbau extrazellulärer Matrix (ECM).

Die Funktion von Gefäßzellen ist eng mit der *Mechanik* verbunden, und die Synthese von ECM, Zellproliferation und Vasoreaktivität geht mit dem Aufbau des Blutdruckes in der embryonalen Zirkulation einher. Durch Chemo-Mechanotransduktion beeinflussen externe Reize die Zellfunktion auf der Ebene der Genexpression und helfen so Struktur und Funktion von Gefäßgeweben zu kontrollieren. Eine Reihe von Zellkomplexen ist in der Lage mechanische Signale in chemische Reaktionen umwandeln und damit interzelluläre Signalwege zu aktivieren. Wir können vier unterschiedliche Gruppen and Sensoren unterscheiden:

- *Moleküle* in der Kernmembran (Kernhülle), wie Kernporen
- *Moleküle* in der Zellmembran, wie Ionenkanäle, Rezeptoren, Adhäsionsmoleküle und die Glykokalyx
- Membran *Mikro-Domänen,* wie die primären Zilien und die Caveola
- *Zellunterstützende Strukturen,* wie das Zytoskelett und die lipid-doppelschichtige Plasmamembran

Diese Sensoren überwachen ständig die mechanische Belastung der Zellen, Informationen, die dann die Veränderung der Gefäßwand kontrollieren. Die Gefäßwand durchläuft dabei Veränderungen im Sinne deren normalen Entwicklung und Alterung, aber auch als Reaktion auf Krankheiten oder implantierte Geräte. Auf dem lokalen Niveau des Gewebes führt dies zu

- *Kontraktilität* – die Veränderung des Muskeltonus
- *Umbau* – die Veränderung der makroskopischen mechanischen Gewebeeigenschaften
- *Wachstum oder Atrophie* – die Veränderung der Gewebemasse

Die Wechselwirkung dieser Faktoren führt auch zur Entwicklung von Restspannungen in lastfreien Blutgefäßen und bestimmt die Morphogenese der Gefäße, d.h. die Entwicklung der jeweiligen Blutgefäßform.

Neben den Gefäßzellen, die mechanische Belastung wahrnehmen und darauf aktiv reagieren können, spielt auch die ECM eine wichtige Rolle bei der Anpassung der Gefäßwand. Sie überträgt, die auf das Gefäß aufgebrachte äußere Belastung letztendlich auf die Zellen und kontrolliert damit ihre mikromechanische Umgebung. Die ECM soll daher nicht nur als passive Struktur gesehen werden, die durch Wandspannungen belastet ist, sondern die ECM ist auch aktiv an der Biologie der Gefäßwand beteiligt. Die Dynamik der Gefäßwand kann als *Vasoreaktivität, Arteriogenese* und *Angiogenese* klassifiziert werden. Während die ersten beiden Faktoren detailliert in diesem Kapitel diskutiert werden, wird der letztere nur kurz angesprochen.

7.2 Vasoreaktivität

Die Gefäßwand ist mit kontraktilen Zellen ausgestattet – Perizyten in den Kapillaren und SMC in den anderen Gefäßen. Es ermöglicht dem Gefäß, seinen Durchmesser zu kontrollieren und innerhalb von Sekunden auf geänderte Anforderungen zu reagieren, eine Eigenschaft, die als *Vasoreaktivität* bezeichnet wird. In der Mikrozirkulation ermöglicht Vasoreaktivität die Umleitung des Blutflusses sowie die Kontrolle des mittleren arteriellen Drucks (MAP), siehe Kap. 2. Im Gegensatz dazu beeinflusst Vasoreaktivität in mittleren und großen Blutgefäßen hauptsächlich die Pulswellenausbreitungsgeschwindigkeit durch die dementsprechende Veränderung der Elastizität der Gefäßwand.

Die Physiologie und Funktion von gewöhnlichen [33, 126] und vaskulären SMC [11] sind gut erforscht, wohingegen nur wenige über die Funktion von Perizyten bekannt ist. Während ihre Beteiligung bei der Bildung von Blutgefäßen (Arteriogenese) und deren Instandhaltung [8] berichtet wurde, bleibt die kontraktile Funktion von Perizyten noch etwas umstritten [55, 59].

7.2.1 SMC Phänotypische Modulation

Eine einzigartige Eigenschaft von SMC ist ihre Fähigkeit, den *Phänotyp* zwischen *kontraktil (oder differenziert)* und *synthetisch (oder dedifferenziert)* zu wechseln – Kerne, Zellform und die Expression kontraktiler Marker sind direkt mit dem SMC-Phänotyp verbunden. Der Wechsel ist *reversibel* und tritt als Reaktion auf mechanische Kräfte und chemische Faktoren auf. Der Wechsel zwischen den beiden Phänotypen stattet vaskuläre SMC mit einer breiten Palette von Funktionen aus. Im synthetischen Phänotyp synthetisiert bzw. sekretiert die Zelle ECM-Bestandteile, proliferiert und migriert. Im kontraktilen Phänotyp ist die SMC in der Lage zu kontrahieren und zeigt weder Proliferation noch Migration. SMC in der (elastischen) thorakalen Aorta erscheint in beiden, synthetischen als auch kontraktilen Phänotypen [100], während muskuläre Arterien hauptsächlich kontraktile SMC enthalten. Der Wechsel zwischen den jeweiligen Phänotypen ist kein spontanes Ereignis, sondern beinhaltet mehrere Stufen [11]. Kürzlich wurde auch vorgeschlagen, dass SMC in einem weiteren Phänotyp, den *degradativen* Phänotyp auftreten können und dann Aufgaben ähnlich wie Makrophagen erfüllen [80].

Um die richtige Balance zwischen Phänotypen aufrechtzuerhalten, kommunizieren SMC sowohl miteinander als auch mit EC, um ausreichend Umgebungsinformation zu erhalten. Die Zusammensetzung des SMC-Phänotyps wird auch durch Reaktion auf mechanische Faktoren beinflusst. Neben der direkten mechanischen Belastung der SMC, moduliert auch, die am Endothelium anliegende WSS den Phänotyp der benachbarten SMC [103]. Die EC setzen Stickstoffmonoxid (NO) frei, das zusammen mit reaktiven Sauerstoffspezies (ROS) zu einer phänotypischen Modulation führt. ROS ist ein starker Modulator der NO-Konzentration, und eine Erhöhung von ROS führt zu einer Abnahme der NO-Konzentration und fördert damit den Wechsel der SMC in ihren synthetischen Phänotyp. Der Abbau von NO ist auch ein Schlüsselmechanismus der endothelabhängigen Vasorelaxation, siehe Abschn. 7.2.2.1.

Mit dem Alter steigt die ROS Konzentration in der Gefäßwand, und das Altern ist daher mit einer progressiven Verschiebung von kontraktilen zu synthetischen SMC Phänotypen verbunden. Der synthetische Phänotyp fördert die Produktion von ECM (insbesondere Kollagen) und könnte daher die Versteifung der Gefäßwand im Alter erklären. Darüber hinaus sind SMC in der gealterten Gefäßwand kleiner, und sie zeigen oft Seneszenz und Apoptose.

7.2.2 Struktur und Kontraktionsmechanismus der kontraktilen SMC

SMC sind *verlängerte spindelförmige* Zellen, die in die Gefäßwand integriert sind. Sie haben einen Durchmesser von 2 bis 10 µm, sind 50 bis 400 µm lang und in Medialen Lamellaren Einheiten (MLU) organisiert. SMC sind in die zirkumferenzielle Richtung ausgerichtet und haben eine radiale Neigung von etwa 20 Grad [37, 99]. Sie haben einen zentral plazierten Kern und Filamente, die in *verzweigten* Bündeln angeordnet sind, siehe Abb. 7.1. *Myofilamente* werden durch die Interaktion von *Aktin* (dünnes Filament) und *Myosin* (dickes Filament) gebildet, während *intermediäre Filamente* hauptsächlich aus Vimentin und Desmin bestehen. Filamente verzweigen sich an *dichten Körpern* und *dichten Plaques*, intrazelluläre Verdichtungszonen, die unter einem Elektronenmikroskop „elektronendicht" und damit dunkler erscheinen. Dichte Körper befinden sich im Inneren der SMC, während dichte Plaques, auch *fokale Adhäsionen* genannt, in die Zellmembran integriert sind. Sie verbinden Zellen miteinander oder verankern sie an ECM-Bestandteilen, siehe Abb. 7.1a. Fokale Adhäsionen sind makromolekulare Proteinkomplexe, die in der Lage sind, die in die SMC eintretenden Kräfte zu *übertragen* und auch zu *fühlen*. Diese *Mechanosensoren* übersetzen mechanische Belastungen in biochemische Signale, die dann Genexpressionsmuster, SMC-Phänotyp, Myofilamentkontraktion und ECM-Synthese beeinflussen. Während Myofilamente aktiv kontrahieren, sind intermediäre Filamente und Mikrotubuli passiv in die SMC-Kontraktionskinematik integriert. Neben der mechanischen Kopplung

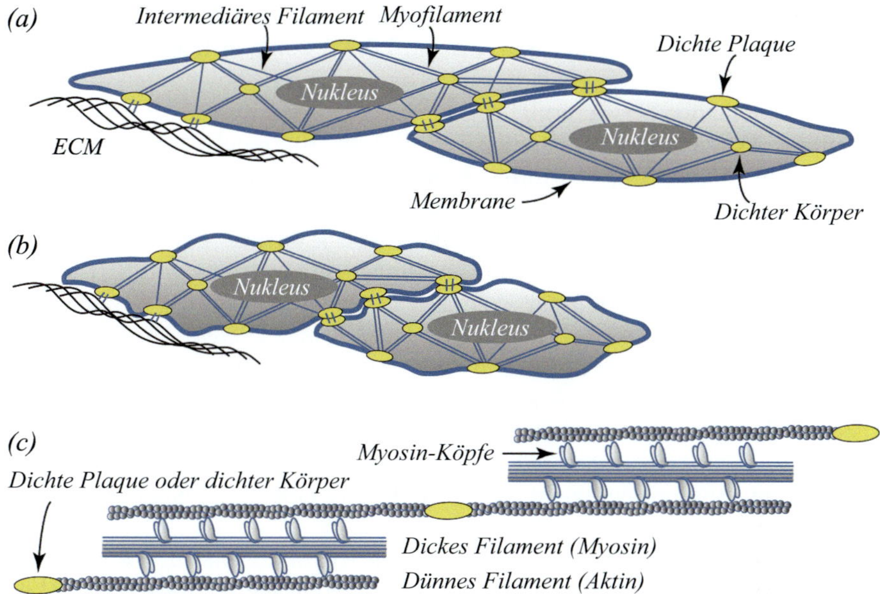

Abb. 7.1 Der Kontraktionsmechanismus glatter Muskelzellen (SMC). (**a**) Bündel von Myofilamenten (Aktin Spannungsfasern) und intermediären Filamenten verbinden sich an jeweils dichten Körpern und dichten Plaques. Dichte Plaques verbinden sich sowohl über SMC hinweg als auch mit extrazellulärer Matrix (ECM) Bestandteilen. (**b**) Bei Aktivierung verkürzen sich die Myofilamente, und die SMC schrumpft hauptsächlich entlang ihrer Längsrichtung. (**c**) Ein antiparalleler Querbrücken-Mechanismus (Cross-Bridge-Mechanismus) bewegt zwei benachbarte Filamente relativ zueinander. Er verkürzt Myofilamente und reduziert damit den Abstand zwischen zwei dichten Körpern/Plaques

über fokale Adhäsionen ermöglichen *Gap Junctions* die elektrische und chemische Kommunikation zwischen benachbarten SMC.

Im Gegensatz zu Skelettmuskeln erscheinen SMC unter dem Lichtmikroskop nicht gestreift, und die kontraktilen Proteine sind nicht in Myofibrillen angeordnet. Aktin ist mit Myosin vernetzt und kontrahiert durch einen *antiparallelen Querbrücken*-Mechanismus, siehe Abb. 7.1c. Das Aktinfilament einer Muskelzelle verbindet sich dabei mit dichten Körpern oder dichten Plaques und überträgt so die Kontraktion auf den Zellkörper.

7.2.2.1 Kontraktion und Entspannung

Die SMC *Kontraktion* wird hauptsächlich durch die Konzentration von zytosolischem (intrazellulärem) *freiem* Ca^{2+} reguliert. Der Austausch zwischen der Zelle und dem extrazellulären Raum und damit der Transport durch die Zellmembran sowie der Austausch mit dem sarkoplasmatischen Retikulum (einem intrazellulären Ca^{2+} Speicher) beeinflusst die Konzentration von freiem Ca^{2+}. Im Ruhezustand beträgt diese Konzentration etwa 80 bis 140 nmol l^{-1}. Dieser Wert ändert sich in Reaktion auf eine Reihe von pro-kontraktilen Agonisten, und einige davon sind in Abb. 7.3 dargestellt sowie in Abschn. 7.2.2.2 weiter diskutiert. Ein Agonist ist eine Chemikalie, die an einen Rezeptor bindet, diesen aktiviert und damit eine biologische Reaktion hervorzuruft.

Bei der Aktivierungskonzentration von 500 bis 700 nmol l^{-1} bindet Ca^{2+} an das Molekül *Calmodulin*, und formt damit einen Kalzium-Calmodulin Komplex. Dieser Komplex bindet dann an die *Myosin-Leichtketten-Kinase (MLCK)* und aktiviert diese. Bei Aktivierung wird die regulatorische Myosin-Leichtkette (MLC), ein Komplex, der sich auf dem Myosin-Motor befindet, phosphoryliert und ermöglicht die Reaktionen hin zur Kontraktion. Das Aktin und das Myosin interagieren dann und die *Querbrückenzyklen (Cross-Bridge Zyklen)* setzen ein – das Myofilament kontrahiert und die SMC verkürzt sich. Die Energie für den Querbrückenzyklus wird durch *Adenosintriphosphat (ATP)* bereitgestellt, das sich in Adenosindiphosphat (ADP) und ein Phosphation (Pi) spaltet, eine Reaktion, die eine *molekulare Konformationsänderung* der Myosin-Schwerketten hervorruft. Der Myosinkopf kippt und zieht das Aktinfilament eine kleine Strecke von etwa 10 bis 12 nm mit sich.

Im Gegensatz zur Kontraktion katalysiert die *Myosin-Leichtketten-Phosphatase (MLCP)* die *Dephosphorylierung* der MLC, die dann die Bildung neuer Aktin-Myosin-Querbrücken verhindert – die SMC entspannt sich. Abb. 7.2 fasst die einzelnen Schritte der SMC-Kontraktion und -Entspannung zusammen, und die regulatorischen Pfade der MLCK- und MLCP-Aktivierung und -Deaktivierung sind gut dokumentiert [94], siehe auch Abb. 7.3.

7.2.2.2 Regulation der SMC-Kontraktion und -Entspannung

Die SMC *Kontraktion* und *Entspannung* wird durch die *Phosphorylierung* und entsprechende *Dephosphorylierung* des regulatorischen *MLC* reguliert. Die *MLC-*

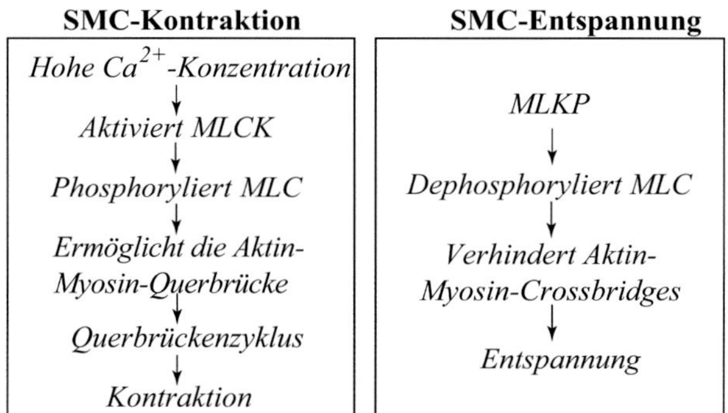

Abb. 7.2 Kontraktion der glatten Muskelzelle (SMC): Ca^{2+} aktiviert die Myosin-Leichtketten-Kinase (MLCK) und phosphoryliert die regulatorische Myosin-Leichtkette (MLC). Es ermöglicht dann die Bildung von Querbrückenzyklen. Entspannung der SMC: Myosin-Leichtketten-Phosphatase (MLCP) führt zur Dephosphorylierung der MLC und verhindert dann die Bildung von Querbrückenzyklen

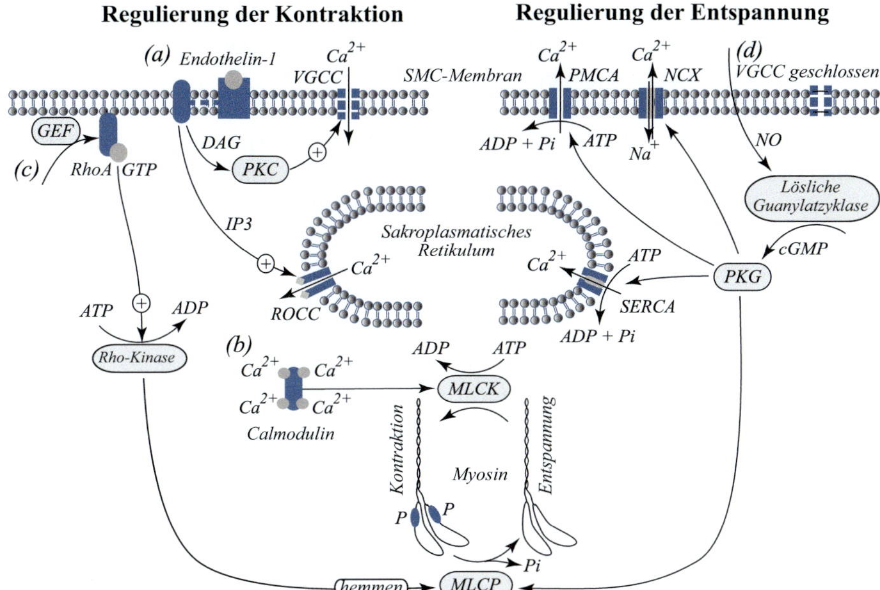

Abb. 7.3 Regulation der Kontraktion (linke Tafel) und Entspannung (rechte Tafel) von glatten Muskelzellen (SMC). **(a)** Endothelin-1 aktiviert die Freisetzung von Inositoltriphosphat (IP3) und Diacylglycerol (DAG) aus der Membran. IP3 erhöht die Freisetzung von Ca^{2+} aus dem sarkoplasmatischen Retikulum durch Rezeptor-gesteuerte Kalziumkanäle (ROCC). DAG stimuliert Protein-Kinase C (PKC) und erhöht den interzellulären Ca^{2+}-Fluss durch spannungsgesteuerte Kalziumkanäle (VGCC). **(b)** Zytosolisches freies Ca^{2+} bindet an Calmodulin und aktiviert die Myosin-Leichtketten-Kinase (MLCK). Es phosphoryliert die regulatorische Myosin-Leichtkette (MLC), so dass Aktin- und Myosin-Querbrücken entstehen und die SMC kontrahiert. **(c)** Agonisten binden an Rezeptoren in der Zellmembran und aktivieren die Rho-Kinase. Es hemmt die Myosin-Leichtketten-Phosphatase (MLCP) und stellt die Phosphorylierung der regulatorischen MLC sicher, was dann die SMC-Kontraktion aufrecht erhält. **(d)** Stickstoffmonoxid (NO) diffundiert in die Zellmembran und aktiviert die lösliche Guanylatzyklase. Dies erhöht das zytosolische zyklische Guanylylmonophosphat (cGMP) und aktiviert die Protein-Kinase G (PKG). PKG aktiviert MLCP und verhindert die Phosphorylierung von MLC. Es erhöht auch den Transport von Ca^{2+} in das sarkoplasmatische Retikulum durch Sarco/Endoplasmatisches Retikulum Ca^{2+}- ATPasen (SERCA) Kalziumpumpen und reduziert den Eintritt von Ca^{2+} über spannungsgesteuerte Ca^{2+} Kanäle in der Oberflächenmembran durch den Einsatz von Na^{+}- Ca^{2+} Austauscher (NCX) und Plasma Membran Ca^{2+} ATPase (PMCA)

Phosphorylierung ist eine Voraussetzung für die Interaktion von Myosin und Aktin. Sie ermöglicht *Querbrückenzyklen* zu etablieren und die SMC zu kontrahieren bzw. mechanische Spannung zu erzeugen. Der Zustand der MLC-Phosphorylierung ergibt sich aus dem Gleichgewicht zwischen MLCK- und MLCP-Aktivitäten und wird durch eine Reihe von Pfaden reguliert.

Das Blutgefäßendothel spielt eine zentrale Rolle bei der Regulation der SMC-Kontraktion und -Entspannung. Durch den Abbau, die Umwandlung oder die Aufnahme von *vasoaktiven Signalstoffen* kann die EC den Kontraktionszustand benachbarter SMC *passiv* regulieren. Die EC kann auch *aktiv* die SMC durch die

Bildung und Freisetzung von Endothelin-1, NO, Prostacyclin und endotheliumbasierte Hyperpolarisationsfaktoren regulieren. Letztere werden gemeinsam als vasoaktive Autakoide bezeichnet.

Endothelin-1 ist eine Aminosäure mit bekannten *vasokonstriktorischen* Eigenschaften. Die unterschiedlichen regionalen Rezeptorexpressionen von Endothelin-1 unterstützen selektive Reaktionen in verschiedenen Blutgefäßen [131]. Die thorakale Aorta reagiert beispielsweise schwach auf Endothelin-1, während es ein starker Konstriktor in der abdominalen Aorta ist. Endothelin-1 aktiviert ein Enzym, das dann *Inositoltriphosphat (IP3)* und *Diacylglycerol (DAG)* aus einem Membranlipid freisetzt, siehe Abb. 7.3a. Während IP3 Rezeptor-gesteuerte Kalziumkanäle (ROCC) aktiviert und die Freisetzung von Ca^{2+} aus dem sarkoplasmatischen Retikulum erhöht, stimuliert DAG die Proteinkinase C (PKC), die die Zelle depolarisiert, was den Eintritt von Ca^{2+} über spannungsabhängige Ca^{2+} Kanäle (VGCC) ermöglicht. Beide Faktoren *erhöhen* die Konzentration von freiem zytosolischem Ca^{2+} und *aktivieren* MLCK. Dies phosphoryliert die regulatorische MLC und führt zu Querbrückenzyklen. Neben Endothelin-1 aktivieren eine Vielzahl *anderer Agonisten,* wie Noradrenalin, Histamin, Leukotriene und Thromboxan A2, die SMC-Kontraktion über die gleichen Reaktionswege.

Ein weiterer Pfad der SMC-Kontraktion erfolgt durch *Rho-Kinase,* siehe Abb. 7.3c. Mehrere Agonisten, von denen einige EC-abgeleitet sind, aktivieren das kleine G-Protein RhoA Monomer durch die Bindung an Rezeptoren in der Zellmembran. Es aktiviert die Rho-Kinase und *hemmt* MLCP. Die Phosphorylierung der regulatorischen MLC wird dann aufrechterhalten, was die Kraftentwicklung, auch in Abwesenheit einer maßgeblichen Ca^{2+}-Konzentration, bewirkt. Insgesamt erhöht die Hemmung von MLCP die Empfindlichkeit von MLCK gegenüber der Ca^{2+}-Konzentration, und die SMC-Kontraktion wird daher gegenüber Veränderungen in Ca^{2+} sensibilisiert, eine Eigenschaft, die als *Kalziumsensibilisierung* bezeichnet wird.

Im Gegensatz zu den zuvor genannten Vasokonstriktoren ist NO der wichtigste Endothelium-basierte *Vasodilatator.* Die Bildung von NO wird durch die *endotheliale NO-Synthase (eNOS)* katalysiert; sie wird kontinuierlich durch zahlreiche Faktoren exprimiert und beeinflusst damit den Grad der eNOS-Expression und -Aktivität. Neben mechanischen Kräften modulieren Neurotransmitter, Hormone, Autakoide und Gerinnungsfaktoren die eNOS-Expression und -Aktivität [34]. Das endothelbasierte NO diffundiert in die SMC, wo es die lösliche Guanylatzyklase aktiviert und das zytosolische zyklische Guanylylmonophosphat (cGMP) erhöht, siehe Abb. 7.3d. Dies aktiviert die Proteinkinase G (PKG) und fördert den Transport von Ca^{2+} in das sarkoplasmatische Retikulum sowie dessen Ausfluss durch die Zellmembran. Die Konzentration von freiem zytosolischem Ca^{2+} reduziert sich dabei und die SMC *entspannt* sich. PKG aktiviert auch MLCP und verhindert so die Phosphorylierung von MLC und die Bildung von Aktin-Myosin Querbrücken.

Der Transport von Ca^{2+} in das sarkoplasmatische Retikulum wird durch Sarco/Endoplasmatische Retikulum Ca^{2+}-ATPase (SERCA) Kalziumpumpen erleichtert, wobei zwei Ca^{2+} pro hydrolysiertem ATP transportiert werden. ATPasen sind eine Klasse von Enzymen, die die Zersetzung von ATP in ADP und ein freies

Phosphation katalysieren und die entsprechende umgekehrte Reaktion durchführen. Die Dephosphorylierungsreaktion setzt Energie frei, die in den meisten Fällen andere chemische Reaktionen aktiviert. Im Gegensatz dazu wird der Ca^{2+}-Ausfluss über die Zellmembran durch den Na^{+}-Ca^{2+}-Austauscher (NCX) sowie Plasmamembran Ca^{2+} ATPase (PMCA) vermittelt. NCX tauscht hier drei Na^{+} gegen ein Ca^{2+} aus, wohingegen PMCA jeweils ein Ca^{2+} pro hydrolysiertes ATP-Molekül aus der Zelle transportiert. NO führt auch zur Hyperpolarisation der SMC und hemmt somit den Eintritt von Ca^{2+} über spannungsabhängige Ca^{2+}-Kanäle (VGCC) in der Oberflächenmembran.

Die zuvor genannten Reaktionspfade sind in elastischen, muskulären und Widerstandsarterien unterschiedlich aktiv [94], und ein Ungleichgewicht aufgrund endothelialer Dysfunktion kennzeichnet Pathologien wie beispielsweise Hypertonie. Ein detailliertes Wissen der jeweiligen Reaktionspfade ist auch für die *in vitro* experimentelle Charakterisierung der aktiven Gefäßwandeigenschaften unersätzlich.

7.2.3 SMC-Tonus und Gefäßwandeigenschaften

Des Gefäßtonus, d.h. der Grad an SMC-Aktivierung in der Gefäßwand wird durch Faktoren bestimmt, wie von autonomen Nerven freigesetzten Neurotransmittern, zirkulierenden vasoaktiven Verbindungen, Gewebemetaboliten und endothel-abgeleitete Autakoide. Diese Faktoren verändern sich in Reaktion auf biomechanische Reize, wie Blutfluss [25] oder Druck [67, 109], hormonelle Reize, neuronale Reize und Medikamente. Der kontraktile Apparat der SMC wird auch durch Dehnung aktiviert, was zu einer autonomen Kontraktion, die als *myogene Reaktion* bekannt ist, führt. Der Grad der SMC-Aktivierung hängt nicht nur von der zirkumferenziellen Dehnung des Gewebes [67] ab, sondern auch von dessen axialer Dehnung [15, 132].

SMC sind in MLU organisiert und vorwiegend in zirkumferenzieller Richtung ausgerichtet. Daher trägt die SMC-Kontraktion hauptsächlich zur zirkumferenziellen Wandspannung bei und hat nur einen sehr geringen Einfluss auf die anderen Spannungskomponenten. In Arterien kann die Aktivierung von SMC den Gefäßdurchmesser um 20 bis 50 % reduzieren [7, 21, 27, 93]. Die Spannung aus der SMC-Kontraktion ist maximal beim physiologischen Blutdruck und somit beim *in vivo* Durchmesser des Gefäßes (siehe Abb. 7.4a), d.h. wenn die SMC sich in ihrer homöostatischen Länge befindet [95].

Die Aktivierung von SMC beeinflusst die Steifigkeit der Gefäßwand, und es wurde dabei sowohl von Zunahme [20] als auch von Abnahme [46] dieser berichtet. Die damit verbundenen experimentellen Bedingungen könnten diesen Widerspruch erklären, siehe Abb. 7.4. Sie zeigt Daten von *in vitro* Inflationsexperimenten an Rattenkarotiden [133], wobei p den transmuralen Druck bezeichnet. Die Durchmessersteifigkeit des Gefäßes $\Delta p/\Delta d$ ist dabei offensichtlich eine Funktion des Gefäßdurchmessers d. Während bei kleineren Durchmessern die Steifigkeit des aktivierten Gefäßes höher als die des passiven Gefäßes ist, gilt das Gegenteil bei größeren Durchmessern, siehe Abb. 7.4b.

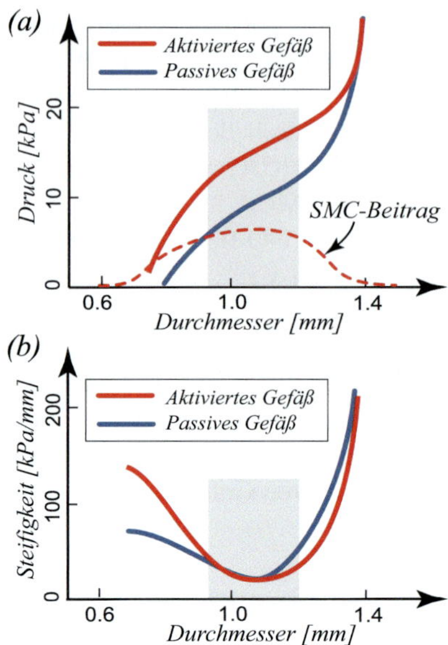

Abb. 7.4 Mechanische Blutgefäßeigenschaften mit (aktiviertes Gefäß) und ohne (passives Gefäß) Beitrag von glatten Muskelzellen (SMC). Die Daten repräsentieren die Eigenschaften aus *in vitro* Tests an Rattenkarotiden [133], wobei der grau schattierte Bereich die *in vivo* Deformation des Gefäßes anzeigt. **(a)** Druck p als Funktion des Durchmessers d des aktivierten (rot) und passiven (blau) Gefäßes. Die gestrichelte Kurve illustriert den SMC-bezogenen Beitrag und stellt den Unterschied zwischen der Druck-Durchmesser Relation von aktivierten und passiven Gefäßen dar. **(b)** Durchmessersteifigkeit $\Delta p/\Delta d$ des aktivierten (rot) und passiven (blau) Gefäßes

Bei ausreichlich freiem zytosolischem Ca^{2+} korreliert die Kontraktionsgeschwindigkeit von SMC gut mit dem Grad der MLC-Phosphorylierung. Innerhalb weniger Minuten nach Beginn der Kontraktion sinkt der Ca^{2+}-Spiegel deutlich ab, so dass die MLC-Phosphorylierung und damit der Energieverbrauch des Gewebes abnehmen. Während diese Beobachtung Skelettmuskulatur ähnelt, kann SMC jedoch die Kontraktionskraft auch bei niedrigen Ca^{2+}-Spiegeln für eine längere Zeit aufrechterhalten. Die SMC ist dann sehr wirtschaftlich und hält die Kontraktionskraft bei minimalem Energieverbrauch, und damit bei niedrigen ATP-Hydrolyseraten, aufrecht. Diese anhaltende Phase wurde spezifischen (verriegelten) Myosin-Querbrücken zugeschrieben, die als *Latch-Brücken (Riegelbrücken)* bezeichnet werden. Sie sind dephosphorylierte, aber noch angeheftete Querbrücken [26]. Unabhängig von der noch unbekannten molekularen Basis zeigen Latch-Brücken eine sehr langsame und Ca^{2+}-unabhängige MLC-Dephosphorylierung. Dies führt zu langsamen Querbrückenzyklen von Latch-Brücken und der Aufrechterhaltung der Kraft bei geringen Energiekosten. Bei SMC sind die normalisierten Verläufe von Kraft und Kontraktionsgeschwindigkeiten daher Funktionen der Querbrückenphosphorylierung [92], was im klaren Gegensatz zur Skelettmuskulatur steht.

Die Höhe der Spannung aus der Wandkontraktion hängt auch davon ab, ob sich die SMC unter *isometrischen* oder *isotonischen* Bedingungen kontrahieren. Bei der isometrischen oder isotonischen Kontraktion wird jeweils die Dehnung oder die Spannung der Gefäßwand konstant gehalten. Wie bei der Skelettmuskulatur erzeugt auch die SMC unter isometrischen Bedingungen die maximale Kontraktionskraft.

Je nach ihrer physiologischen Funktion kann eine Arterie entweder als ein *elastisches oder muskuläres Gefäß* klassifiziert werden, und trägt somit entweder zur Kapazität oder dem Widerstand des Gefäßsystems bei. Vasokonstriktion verändert die Druck-Durchmesser Eigenschaften viel stärker in muskulären als in elastischen Arterien, siehe Abb. 7.5. Diese Abbildung zeigt die Druck-Durchmesser Kurven von aktivierten Blutgefäßen im Vergleich zu ihrer passiven Eigenschaften für eine Anzahl von Hundearterien [22]. Die Daten wurden durch *in vitro* zyklische Inflation bei *in vivo* Länge der jeweiligen Blutgefäße mit Kalium (K) in physiologischer Salzlösung als Vasokonstriktor generiert. Obwohl die Koronararterien allgemein als muskuläre Arterien angesehen werden, zeigen diese Daten einen minimalen SMC-bezogenen Beitrag zu ihren Druck-Durchmesser

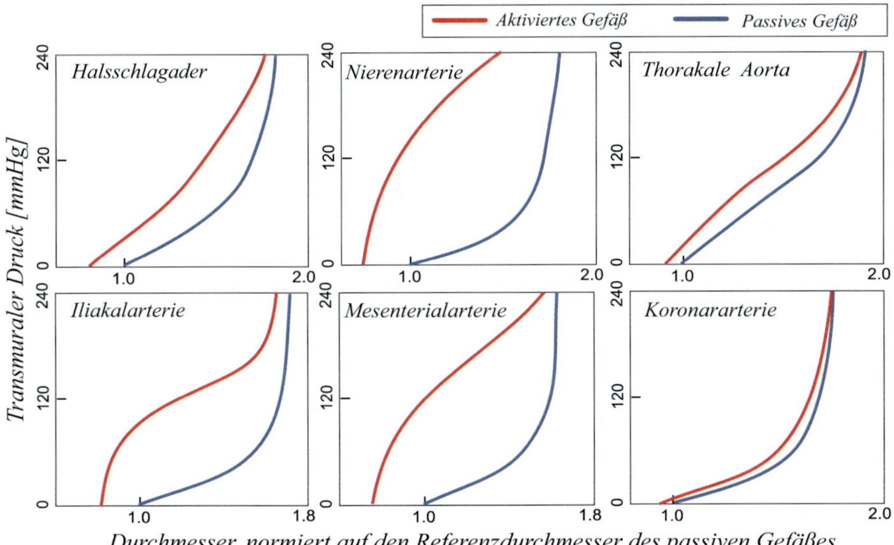

Abb. 7.5 Durchmesser als Funktion des Druckes von aktivierten (rot) und passiven (blau) Arterien. Daten repräsentieren Ergebnisse von *in vitro* zyklischer Inflation bei *in vivo* Länge von Hundearterien mit Kalium (K) als Vasokonstriktor [22]

Eigenschaften und unterstreichen damit abermals die außergewöhnlichen Eigenschaften der Koronararterien.

Zusätzlich zur Modifikation der Druck-Durchmesser Eigenschaften des Gefäßes kann die SMC-Spannung auch zur Homogenisierung des transmuralen Spannungsgradienten bei physiologischer Belastung beitragen [65, 105].

7.3 Arteriogenese

Während die Vasoreaktivität es dem Gefäß ermöglicht, innerhalb von Sekunden auf Umgebungsreize durch die Modulation von kontraktilen Zellen in der Wand zu reagieren, arbeitet die *Arteriogenese* im Bereich von Tagen und Wochen und kennzeichnet die Fähigkeit, Gefäßwandgewebe hinzuzufügen oder zu entfernen. Sie beruht auf einem sensiblen (gekoppelten) Gleichgewicht zwischen Abbau und Synthese von Gefäßwandproteinen, die gemeinsam als *Gewebeumsatz* bezeichnet werden. Gefäßzellen, wie Makrophagen, SMC und Fibroblasten, synthetisieren nicht nur ECM und kontraktile Proteine, sondern sezernieren auch Matrix Metalloproteinasen (MMP), die dann ständig ECM abbauen. Dies ermöglicht es der Gefäßwand viele Veränderungen im Sinne der normalen Entwicklung und als Reaktion auf Krankheiten zu durchlaufen. Während die Vasoaktivität die erste funktionelle Reaktion des Gefäßes auf den plötzlichen Bedarf des Gewebes an Sauerstoff und Nährstoffen ist, kann die Vasoreaktivität als die zeitliche Fortsetzung dieser Reaktion angesehen werden.

Mechanische Kräfte spielen eine zentrale Rolle in der Arteriogenese und beeinflussen sowohl die Synthese als auch den Abbau von Gefäßwandgewebe. Gefäßzellen sind an ECM-Proteine verankert, und diese mechanische Kommunikation ermöglicht es den Zellen, Kräfte zu spüren und damit die Synthese von ECM-Proteinen, MMP und anderen Verbindungen anzupassen [9, 10, 40, 47, 96, 110, 118]. Die Kräfte können sehr unterschiedliche Ursprünge haben, und beziehen sich beispielsweise auf die WSS vom Blutfluss über das Endothel, zyklische Wandspannung zufolge Blutdruckpulsation, sowie Spannung, induziert durch transmurale interstitielle Flüssigkeitsströmung durch die Gefäßwand. Der transmurale interstitielle Fluss transportiert auch eine Reihe von Mediatoren zu den Zellen, die in der Lage sind, die Zellfunktion zu beeinflussen [90]. Wie bei der Synthese ist auch der Abbau von ECM-Proteinen an mechanische Faktoren gekoppelt. In einem Laborversuch ist es daher oft schwierig, einen mechanischen Faktor entweder der Synthese oder dem Abbau von ECM-Verbindungen zuzuordnen.

Die *Reaktionskinetik,* und damit die Raten, mit denen einzelne ECM-Proteine synthetisiert oder abgebaut werden, sind sehr unterschiedlich und führen zu sehr unterschiedlichen Zeitskalen im Umbau der Gefäßwand. In der homöostatischen und reifen Gefäßwand hat das Kollagen eine Halbwertszeit von etwa zwei Monaten [98]. Elastin hingegen ist sehr schwer löslich und extrem stabil – es hat Halbwertszeiten in der Größenordnung von Jahrzehnten [1]. Elastin kann jedoch durch selektive MMP abgebaut werden, ein Prozess, der für physiologische Prozesse, wie Elastogenese und Reparatur, wichtig ist [122].

7.3.1 Interaktion von Endothelzellen und glatten Muskelzellen

Die Beteiligung von mechanischen Faktoren an der Arteriogenese ist seit langem bekannt: zyklisches Dehnen von vaskulären SMC erhöht ihre MMP-Produktion [47], was dann den Kollagenabbau erhöht und zu einer ausgleichenden Hochregulation des Kollagenumsatzes führt [79]. Zusätzlich zu einer solchen direkten zellulären Reaktion auf mechanische Faktoren wird die SMC-Funktion auch indirekt durch das Endothel gesteuert. EC sind ständig WSS ausgesetzt, eine Belastung, die mit Veränderungen in den Genexpressionsmustern durch positive als auch negative WSS-sensiblen Elemente in ihren Promotorregionen in Verbindung gebracht wurde [16]. WSS-Sensing wurde verschiedenen Mechanosensoren zugeschrieben, einschließlich G-Protein-gekoppelten Rezeptoren, Glykokalyx, primärem Zilium, Ionenkanälen und dem endothelspezifischen junktionalen Komplex bestehend aus Platelet- endotheliales Zelladhäsionsmolekül-1 (PECAM1), vaskulär-endotheliales Cadherin (VE-Cadherin) und vaskulär-endothelialer Wachstumsfaktor (VEGFs) [6, 52]. Es ist seit langem bekannt, dass Veränderungen der Durchflussrate zu proportionalen Veränderungen des Gefäßdurchmessers führen, ein Prozess, um das ursprüngliche WSS-Niveau wiederherzustellen [69, 70, 74, 117, 119, 120]. Diese und ähnliche Beobachtungen legen nahe, dass EC die Arteriogenese modulieren, um WSS aufrechtzuerhalten. Bei homöostatischen WSS-Niveaus werden biologische Reaktionswege aktiviert, die zur Stabilisierung von Blutgefäßen beitragen, während Arteriogenese-charakteristische Pfade in Blutgefäßen abseits Homöostase ausgelöst werden [6], sowie MMP in der Gefäßwand moduliert wird [18, 51, 89].

7.3.2 WSS-Profil und Entzündung

Die Blutströmung ändert sich bemerkenswert entlang des Gefäßbaums und ist besonders komplex in Gefäßsegmenten, die Bifurkationen, Verengungen und Dilatationen aufweisen. All diese Komplexität wird vom Endothel wahrgenommen und verarbeitet, und die Mechanosensoren der EC können solche hochfrequente Information entschlüsseln. Die Belastung von EC mit WSS unterschiedlicher Frequenzspektren führt zu sehr unterschiedlichen Expressionen des nuklearen Faktors kappa-Leichtkette-Verstärker aktivierter B- Zellen (nuclear factor kappa-light-chain-enhancer of activated B cells; NF-κB) [32], siehe Abb. 7.6. NF-κB ist ein Protein-Komplex, der die Transkription von Desoxyribonukleinsäure (DNA), die Produktion von Zytokinen und das Überleben von Zellen steuert. Er findet sich in fast allen Tierzelltypen und ist ein wichtiger Regulator von Entzündungen. Da Entzündungen eine zentrale Rolle bei der Atherosklerose spielen (siehe Abschn. 5.4.2), wurde die Expression von NF-κB in atherosklerotischen Gefäßen ausgiebig untersucht.

Die Auswirkung des Blutflusses auf das Endothel könnte grob als *statische WSS*, *pulsatile WSS* und *oszillierende WSS* klassifiziert werden. Statische WSS ist zeitlich konstant, pulsierende WSS ändert sich über den Herzzyklus hinweg, zeigt aber immer in die gleiche Richtung, während oszillierende WSS seine Richtung mit den Phasen von Vorwärts- und Rückwärtsströmung ändert. Vaskuläre EC reagieren sehr unterschiedlich auf solche WSS-Charakteristika, siehe Abb. 7.6. Die Sterne in den Diagrammen bezeichnen Segmente der Karotiden, die schützend (rote Kurve; pulsierende WSS) und anfällig (grüne Kurve; oszillierende WSS) für die Bildung von Atherosklerose sind. Eine hohe Expression von NF-κB tritt in EC auf, die dem oszillierenden WSS-Profil, wie es in der inneren Karotide herrscht, ausgesetzt ist. Dieses Gefäßsegment ist bekanntermaßen sehr anfällig für Atherosklerose. Atherosklerose ist eine inhärent entzündliche Krankheit, und die Daten in Abb. 7.6 bekräftigen die Schlüsselrolle, die NF-κB bei der Kontrolle vieler an der Entzündung beteiligter Gene spielt.

7.3.3 Kollagensynthese

Zusätzlich zu synthetischen SMC erfolgt die meiste Kollagensynthese durch *Fibroblasten,* einen Zelltyp, der auf die Kollagensynthese spezialisiert ist. Abb. 7.7 veranschaulicht den Werdegang von Kollagen, der sowohl *intrazelluläre* als auch *extrazelluläre* Prozesse beinhaltet. Die Kollagensynthese beginnt im Zellkern und endet im extrazellulären Raum.

7.3.3.1 Intrazelluläre Prozesse

Im Zellkern findet der erste Schritt der DNA-basierten Genexpression, die *Transkription* von Boten-Ribonukleinsäure (Messenger-Ribonukleinsäure; mRNA), statt. Die mRNA bewegt sich dann in das Zytoplasma und interagiert mit freien Ribosomen zur *Translation.* Die Verbindung wird nun *Prä-Prokollagen* genannt

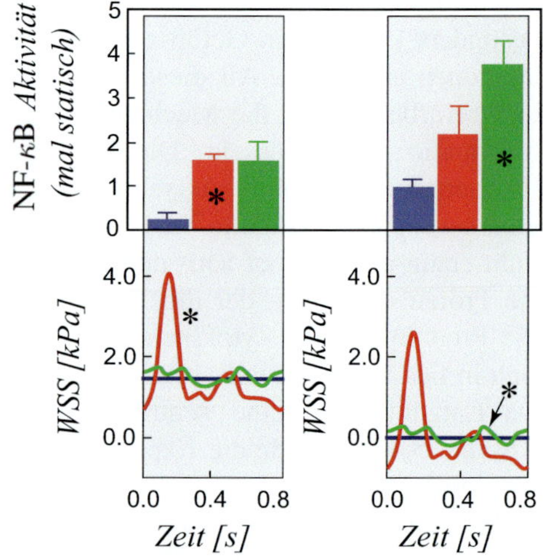

Abb. 7.6 *In vitro* Expression des nuklearen Faktors kappa-Leichtkette-Verstärker aktivierter B-Zellen (NF-κB) von Endothelzellen (EC) in Reaktion auf Wandscherspannung (WSS) [32]. Mit Stern markiert Daten repräsentieren mechanische *in vivo* Bedingungen von Karotidensegmenten, die jeweils schützend (rot) und anfällig (grün) für die Bildung von Atherosklerose sind

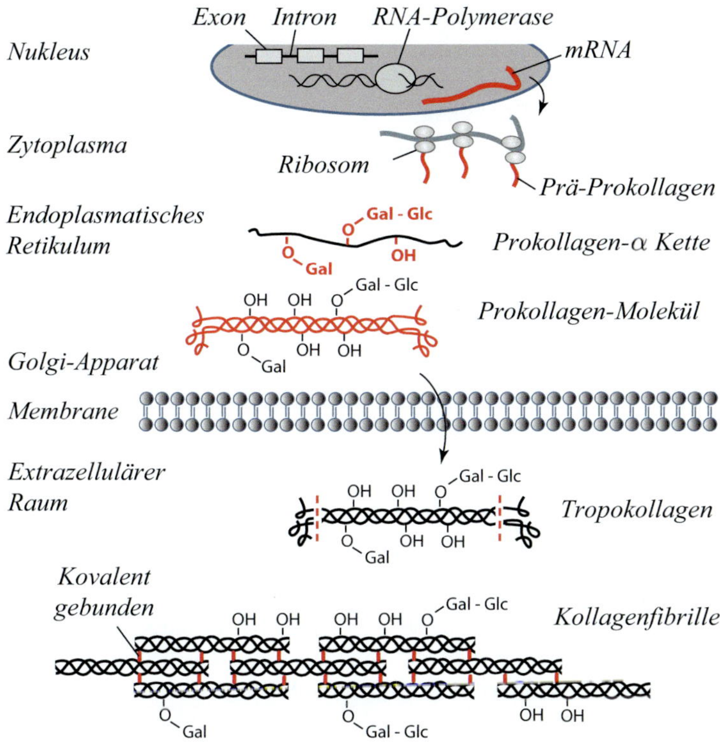

Abb. 7.7 Kollagensynthese. Transkription und Translation führen zu Prä-Prokollagen, das dann in eine Prokollagen α-Kette modifiziert wird. Drei solche Ketten bilden ein Prokollagenmolekül und werden dann in den extravaskulären Raum transportiert. Durch Entfernen beider Enden des Prokollagens entsteht Tropokollagen. Ein Paket Tropokollagenmoleküle bildet schließlich eine Kollagenfibrille. mRNA–Boten-Ribonukleinsäure; HO–Hydroxylgruppe; Gal–Galaktose; Glc–Glukose

und begibt sich in das endoplasmatische Retikulum zur posttranslationalen Modifikation, Schritte, die in einer *Prokollagen α-Kette* resultieren. Die Modifikationen beinhalten die Entfernung des Signalpeptids am N-Terminus, das Hinzufügen von Hydroxylgruppen (OH) und die Glykosylierung der ausgewählten Hydroxylgruppen mit Galaktose (Gal) und Glukose (Glc). Der N-Terminus bezieht sich hier auf NH_2, eine freie Aminogruppe, die sich an einem Ende eines Proteins befindet, während der C-Terminus, eine freie Carboxylgruppe COOH und damit das andere Ende bildet. Die Translation eines Proteins aus mRNA beginnt mit dem N-Terminus und endet mit dem C-Terminus. Drei Prokollagen α-Ketten bilden dann ein *Prokollagenmolekül* und markieren den letzten Schritt der intrazellulären Kollagensynthese. Das Molekül wird dann zum Golgi-Apparat transportiert, wo es in sekretorische Vesikel eingebaut und durch die Zellmembran in den extrazellulären Raum transportiert wird, ein Prozess, der als Exozytose bezeichnet wird.

7.3.3.2 Extrazelluläre Prozesse

Beim Eintritt in den extrazellulären Raum bildet die Propeptidspaltung dann *Tropokollagen.* Hier werden beide Enden (N-Terminus und C-Terminus) des Prokollagenmoleküls durch Enzyme, die als Kollagenpeptidasen bekannt sind, entfernt. Lysyloxidase, ein kupferabhängiges Enzym, wirkt dann auf Lysin und Hydroxylysine, und kovalente Bindungen zwischen Tropokollagenmolekülen resultieren in eine *Kollagenfibrille.* Kollagenfibrillen können als die grundlegende strukturelle Einheit kollagenen Gewebes betrachtet werden – eine große Anzahl von supra-fibrillären Strukturen entsteht daraus. In Blutgefäßen bilden Kollagenfibrillen beispielsweise *Kollagenfasern,* seilartige Bündel von Fibrillen, die die Gefäßwand verstärken, siehe Abschn. 5.2.1.

7.3.4 Elastinsynthese

Im normalen Gefäß von Erwachsenen ist die Elastinsynthese oft vernachlässigbar. Proteolytischer Abbau und Reparatur von Elastin sind jedoch wichtige Faktoren bei Wachstum, Wundheilung, Schwangerschaft und Gewebeumbau, und erfordern eine hochregulierte Elastinsynthese. Wie bei Kollagen ist auch Elastin eine bemerkenswerte hierarchische Struktur, und eine Anzahl kleiner *Tropoelastin*-Proteinmoleküle bildet schließlich den sehr stabilen Elastin-Komplex. Die Tropoelastin-Moleküle sind über ihre Lysinreste mit Desmosin- und Isodesmosin-Querverbindungsmolekülen vernetzt. Lysyloxidase stellt letztlich die Quervernetzung her und führt zu einer sehr stabilen Struktur.

7.4 Angiogenese

Angiogenese ist ein weiterer vaskulärer Prozess zur Optimierung der Gewebeperfusion. Sie führt zur Bildung neuer Kapillaren, die aus den bereits vorhandenen Gefäßen sprießen. Während die Arteriogenese bestehende Kollateralgefäße verändert, erweitert die Angiogenese den bestehenden Gefäßbaum, um auf diese Art die Gewebeperfusion sicher zu stellen. Hypoxie ist der primäre Auslöser. Die Angiogenese ist daher *ischämiegetrieben* und neue Kapillaren bilden sich als Reaktion auf den Sauerstoffmangel im umgebenden Gewebe.

Neben der normalen Entwicklung ist die Angiogenese auch ein Schlüsselfaktor im Tumorwachstum und wird durch Proteine wie Integrine und Prostaglandine sowie Wachstumsfaktoren wie VEGF stimuliert. Die Diskussion mechanischer Faktoren in der Angiogenese geht weit über den Rahmen dieses Buches hinaus, und der Leser wird auf weiterführende Literatur [112] verwiesen.

7.5 Modellierung der Vasoreaktivität

Die Vasoreaktivität kennzeichnet Zeitskalen, die für den Austausch von Gewebemasse (Gewebeumbau) zu kurz sind, und die klassischen Gesetze eines *geschlossenen Systems* gelten daher, siehe Abschn. 3.6. In diesem Rahmen wurden eine Reihe mathematischer Beschreibungen vorgeschlagen, um den Spannungsbeitrag von kontraktilen Zellen in der Gefäßwand zu modellieren – einige davon werden im Folgenden diskutiert.

7.5.1 Hill's Drei-Parameter Muskelmodell

Das Hillsche drei-parameter Modell für tetanische Muskelkontraktion drückt die Spannung P als Funktion der Kontraktionsgeschwindigkeit v aus. Es folgt aus der *Energiebilanz* und resultiert in der hyperbolischen Beziehung

$$P = \frac{P_0(1 - v/v_0)}{1 - (P_0/a)(v/v_0)}, \tag{7.1}$$

wobei P_0 [N] und v_0 [m s^{-1}] jeweils die maximale isometrische Spannung und die maximale Kontraktionsgeschwindigkeit des Muskels bezeichnet. Zusätzlich wird die jeweilige Form der Kraft-Geschwindigkeitskurve durch den Parameter a beschrieben. Der Muskel erzeugt die maximale Kraft P_0 bei $v_0 = 0$, und die maximale Kontraktionsgeschwindigkeit wird bei $P_0 = 0$ erreicht. Das Hillsche Modell (7.1) kennzeichnet eine abnehmende Kraft (Spannung) bei zunehmender Kontraktionsgeschwindigkeit (Verzerrungsrate). Es steht daher im direkten Gegensatz zur Viskoelastizität, bei der die Spannung bei zunehmender Verzerrungsrate ansteigt. Während das Modell (7.1) weitgehend zur Beschreibung von Skelettmuskeln angewendet wird, ist dies kaum der Fall für SMC.

7.5.2 Phänomenologische Beschreibungen

Die Gesamtspannung der kontrahierten Gefäßwand ergibt sich aus der Überlagerung des ECM-basierten passiven Spannung und des zellbasierten aktiven Spannung. Während viele externe Faktoren in der Lage sind, kontraktile Zellen in der Wand zu aktivieren, hat die Beschreibung der *myogenen Autoregulation* die meiste biomechanische Aufmerksamkeit auf sich gezogen. Die Zellen werden dann durch die Dehnung der Gefäßwand aktiviert.

Betrachten wir ein Beispiel einer rein phänomenologischen Beschreibung der Vasoreaktivität. Eine Gefäßwandprobe mit spannungsfreier Referenzkonfiguration der Länge $L = 54{,}0$ mm, Breite $W = 5{,}4$ mm und Dicke $H = 2{,}2$ mm wird in einer Zugprüfmaschine montiert und in Umfangsrichtung gedehnt. Das Testprotokoll sieht zwei Belastungszyklen vor – im ersten Zyklus sind die SMC in der Gefäßwand aktiv, während ihre Kontraktilität im zweiten Zyklus chemisch unterdrückt wird. Tab. 7.1 gibt die experimentell aufgezeichneten Eigenschaften der Gefäßwand für beide Belastungszyklen und nach Präkonditionierung an. In der Tabelle bezeichnen λ_θ und F jeweils die Streckung und Kraft, wie sie in der Zugprüfung aufgezeichnet wurden.

Die passive Gefäßwand repräsentiert die ECM-Eigenschaften und wird durch die erste Piola-Kirchhoff Spannung

$$P_{\text{ECM}} = c_{\text{ECM}}(\lambda_\theta - 1)\exp[(\lambda_\theta - 1)^2]$$

ausgedrückt, wobei λ_θ die Gewebestreckung in Umfangsrichtung bezeichnet, während c_{ECM} [Pa] ein steifigkeitsbezogener Materialparameter ist. Wir können c_{ECM} aus der Minimierung der Zielfunktion (Fehlerquadratsumme)

$$\Phi = \sum_{k=1}^{4} \left[P_{\text{ECM}}(\lambda_{\theta k})WH - F_{\text{ECM}k}^{\text{exp}}\right]^2 \tag{7.2}$$

identifizieren, wobei WH [m^2] den referenziellen Querschnitt des Gefäßwandpräparats bezeichnet und $F_{\text{ECM}k}^{\text{exp}}$ die Kraft, die am k-ten Messpunkt aufgezeichnet wurde, ist. Die Daten beziehen sich auf die Eigenschaften der passiven Wand, wie sie in der zweiten Zeile der Tab. 7.1 gekennzeichnet sind. Die Minimierung $\Phi \to \text{MIN}$ von (7.2) ergibt dann den Parameter $c_{\text{ECM}} = 36{,}025$ kPa, und die passive Kraft als Funktion der Streckung ist in Abb. 7.8 dargestellt.

Mit einem rein phänomenologischen Modell beschreiben wir nun den Beitrag der SMC-Kontraktion an der ersten Piola-Kirchhoff Spannung der Wand durch

$$P_{\text{SMC}} = c_{\text{SMC}} \exp\left[-\frac{(\lambda_\theta - \lambda_{\text{m}})^2}{2\lambda_{\text{d}}}\right], \tag{7.3}$$

wobei c_{SMC} [Pa] und λ_{m}, λ_{d} Materialparameter darstellen, die aus den experimentellen Aufzeichnungen der kontrahierten Gefäßwand zu identifizieren sind. Angesichts der spärlichen experimentellen Daten war die gleichzeitige Identifizierung aller Modellparameter nicht möglich, und der Dispersionsparameter wurde daher auf $\lambda_{\text{d}} = 0{,}05$ festgesetzt. Damit ergab sich ein wohldefiniertes Minimierungsproblem $\Phi \to \text{MIN}$ und die Zielfunktion

$$\Phi = \sum_{k=1}^{4} \left\{[P_{\text{ECM}}(\lambda_{\theta k}) + P_{\text{SMC}}(\lambda_{\theta k})]WH - F_{\text{active}\,k}^{\text{exp}}\right\}^2,$$

Tab. 7.1 Datenpunkte im Format (λ_θ, F [N]), die die aktive und passive Gefäßwand charakterisieren

Aktive Wand	(1, 0,08)	(1,3, 0,6)	(1,6, 0,8)	(1,9, 0,95)
Passive Wand	(1, 0,01)	(1,3, 0,17)	(1,6, 0,3)	(1,9, 0,89)

identifizierte die Parameter $c_{\mathrm{SMC}} = 47{,}141$ kPa und $\lambda_{\mathrm{m}} = 1{,}4422$, wobei $P_{\mathrm{ECM}} + P_{\mathrm{SMC}}$ und $F^{\exp}_{\mathrm{active}\,k}$ jeweils die analytische Spannung und die experimentellen Kraftmessungen bezeichnen. Abb. 7.8 veranschaulicht den Kraft-Streckungsverlauf der kontrahierten Gefäßwand.

Wir können nun die von SMC geleistete externe mechanische Arbeit untersuchen und die beiden Grenzfälle einer *isotonischen* und *isometrischen* Kontraktionen betrachten. Bei isotonischer Kontraktion kontrahiert SMC gegen eine konstante Kraft, während bei isometrischer Kontraktion die SMC-Dehnung bei der Kontraktion konstant gehalten wird. Die Pfadlinien beider Kontraktionen sind in Abb. 7.8 eingetragen, und die Fläche unter der jeweiligen Pfadlinie repräsentiert das Produkt aus Kraft und Dehnung. Es handelt sich daher um die spezifische externe Arbeit $\mathcal{W}/L$ pro Referenzlänge L der Gewebeprobe. Während eine isotonische Kontraktion externe Arbeit kennzeichnet, ist dies bei einer isometrischen Kontraktion nicht der Fall. Eine isotonischer Kontraktion gegen die Kraft von $F = 0{,}6$ N kennzeichnet die Arbeit von

$$\mathcal{W}_{\text{isotonic}} = 0{,}6WHL(\lambda_{\theta\,\text{passive}} - \lambda_{\theta\,\text{active}}) = 3{,}02237 \cdot 10^{-7}\,J\,,$$

wobei die Streckungen $\lambda_{\theta\ \mathrm{passiv}} = 1{,}7722$ und $\lambda_{\theta\mathrm{aktiv}} = 1{,}3011$ sich aus der Lösung der jeweiligen Gleichgewichtsbedingungen

$$\begin{aligned} P_{\text{ECM}}(\lambda_{\theta\,\text{passive}})WH &= 0{,}6\,; \\ (P_{\text{ECM}}(\lambda_{\theta\,\text{active}}) + P_{\text{SMC}}(\lambda_{\theta\,\text{active}}))WH &= 0{,}6 \end{aligned}$$

ergab. Wir können die Beschreibung der Kontraktion weiter verfeinern und einen Skalar $0 \leq \alpha \leq 1$ einführen, der das Niveau der SMC-Kontraktion darstellt, eine Eigenschaft, die auch als *Muskeltonus* bekannt ist [105]. Die erste Piola-Kirchhoff Spannung lautet dann $P_{\mathrm{SMC}} = \alpha P^{\star}_{\mathrm{SMC}}$, wobei $P^{\star}_{\mathrm{SMC}}$ die Spannungs-Streckungs Beziehung der vollständig aktivierten SMC ausdrückt.

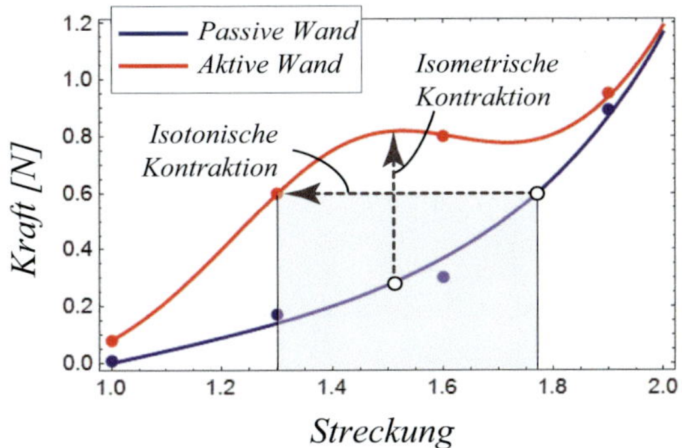

Abb. 7.8 Kraft als Funktion der Streckung der passiven (blau) und aktiven (rot) Gefäßwand. Modellparameter wurden aus den dargestellten Messpunkten identifiziert. Gestrichelte Pfeile repräsentieren jeweils isotonische und isometrische Kontraktionen. Der schattierte Bereich veranschaulicht die spezifische mechanische Arbeit, die durch isotonische Kontraktion am Widerstand von 0,6 N geleistet wird

Beispiel 7.1 (Biaxial belastetes Gefäßwandgewebe) Eine Gefäßwandprobe der Aorta wird in einer biaxialen Zugprüfmaschine montiert, um die Veränderung der Wandspannung bei Aktivierung der glatten Muskelzellen (SMC) zu untersuchen. Für dieses Experiment ist die räumliche Konfiguration Ω unveränderlich und durch die Kantenlänge $a=2{,}3$ cm und die Dicke $h=1{,}7$ mm der Gewebeprobe bestimmt, siehe Abb. 7.9. Inkompressibilität der Gefäßwand kann angenommen werden, und die SMC-Fasern sind in Richtung $\mathbf{a} = [\sqrt{3}/2 \;\; 1/2 \;\; 0]^{\mathrm{T}}$ ausgerichtet.

(a) Die passive Wandprobe befindet sich unter einer äqui-biaxialen Spannung von $T=1{,}2$ N. Berechnen Sie nun die entsprechende Verformung und die elastische Energie, die in der Gewebeprobe gespeichert ist. Die extrazelluläre Matrix (ECM) kann dabei durch eine neo-Hookesche Verzerrungsenergie $\psi_{\mathrm{ECM}}=c_{\mathrm{ECM}}(I_1-1)/2$ beschrieben werden, wobei $c_{\mathrm{ECM}}=35{,}38$ kPa die referentielle Steifigkeit und $I_1=\mathrm{tr}\mathbf{C}$ die erste Invariante der rechten Cauchy-Green Verzerrung $\mathbf{C}$ kennzeichnen.

(b) Berechnen Sie die erste Piola-Kirchhoff Spannung der vollständig aktivierten Gefäßwandprobe. Die aktivierten SMC-Fasern können dabei durch Ausdruck (7.3) beschrieben werden, wobei die Materialparameter $c_{\mathrm{SMC}}=28{,}15$ kPa, $\lambda_{\mathrm{m}}=1{,}15$ und $\lambda_{\mathrm{d}}=0{,}01$ die myogene Kontraktion modellieren. Die Streckung λ der SMC-Faser ist dabei in Bezug auf die spannungsfreie Konfiguration der Probe Ω_0 zu sehen.

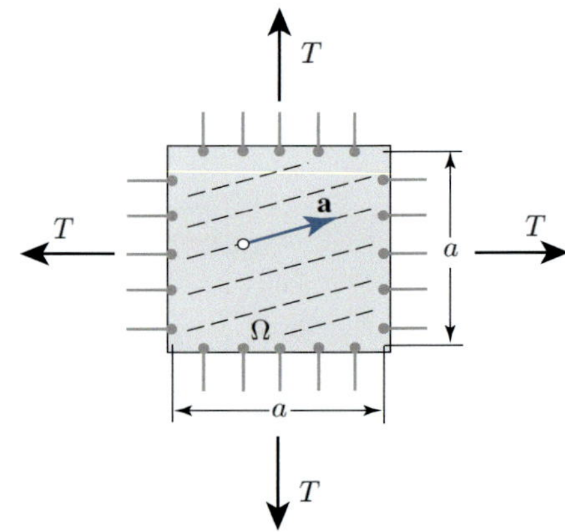

Abb. 7.9 Gefäßwandprobe in einer biaxialen Prüfmaschine. Die Probe deckt den räumlichen Bereich Ω ab, und der Einheitsrichtungsvektor **a** bestimmt die Ausrichtung der glatten Muskelzellen (SMC) Fasern.

■

7.5.3 Strukturbasierte Beschreibungen

SMC sind hauptsächlich entlang der Umfangsrichtung ausgerichtet und können als *aktive Spannungsfasern* betrachtet werden, die parallel zur ECM der Gefäßwand Belastung abtragen. Das Rheologiemodell in Abb. 7.10 stellt dabei eine solche strukturelle Sichtweise dar. Es ist bekannt als das *Hillsche Drei-Element Modell* (zu unterscheiden vom Hillschen drei-parameter Modell [58]) und wurde ursprünglich zur Modellierung der Skelettmuskulatur vorgeschlagen. In diesem Abschnitt wird das Hill Modell auf Hyperelastizität verallgemeinert und dann zur Modellierung der nichtlinearen Eigenschaften der Gefäßwand verwendet.

Wir repräsentieren die Umfangsstreckung der Gefäßwand durch $\lambda_\theta = \sqrt{\mathbf{C} : (\mathbf{e}_\theta \otimes \mathbf{e}_\theta)}$, wobei $\mathbf{e}_\theta$ der Einheitsrichtungsvektor entlang des Umfangs des Blutgefäßes ist, und $\mathbf{C} = \mathbf{F}^{\mathrm{T}}\mathbf{F}$ kennzeichnet hier die rechte Cauchy-Green Verzerrung in Bezug auf die spannungsfreie Referenzkonfiguration der Gefäßwand Ω_0. SMC-Fasern sind entlang des Umfangs ausgerichtet und mit

$$\lambda_{\mathrm{SMC}} = \lambda_\theta \lambda_{\mathrm{pre}}$$

gestreckt, wobei endliche Deformationskinematik verwendet wurde, und λ_{pre} die Vorstreckung der SMC in Bezug auf die Referenzkonfiguration der Gefäßwand bezeichnet, siehe Abb. 7.10.

Wir betrachten die Gefäßwand als eine Mischung aus ECM und SMC und charakterisieren diese durch die jeweiligen Helmholtzschen freie Energie-Funktionen Ψ_{ECM} und Ψ_{SMC}. SMC kann unterschiedlichen Tonus, d.h. Aktivierungsniveaus aufweisen, und das hier eingeführte Ψ_{SMC} bezeichnet die Verzerrungsenergie bei maximaler Aktivierung. Der Aktivierungsgrad von SMC, oder *Tonus* wird darüber hinaus durch den Skalar $0 \leq \alpha \leq 1$ ausgedrückt, und

$$\Psi(\mathbf{C}) = \Psi_{\mathrm{ECM}}(\mathbf{C}) + \alpha(\mathbf{C})\Psi_{\mathrm{SMC}}(\lambda_{\mathrm{SMC}}) \tag{7.5}$$

beschreibt dann die in der Gefäßwand pro Einheit an (Referenz) Gewebevolumen gespeicherte elastische Energie. Um die *myogene* Kontraktion zu beschreiben, ist die Verzerrung $\mathbf{C}$ das wichtigste Argument der Tonusfunktion α. Darüber hinaus kann jedes Modell aus Abschn. 5.5.2 verwendet werden, um den Beitrag von ECM Ψ_{ECM} in (7.5) zu beschreiben.

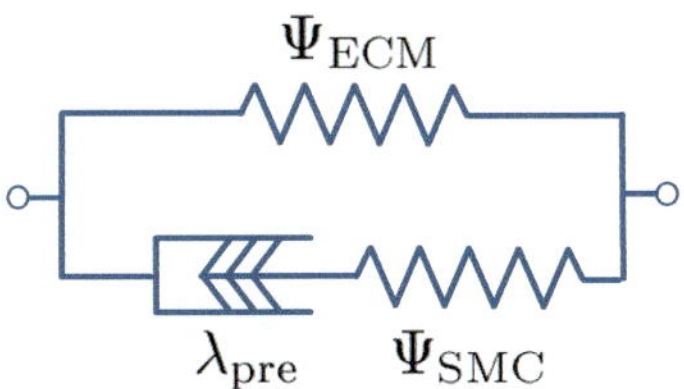

Abb. 7.10 Hill Drei-Element Rheologiemodell, bei dem $\Psi_{\mathrm{iso\ ECM}}$ und $\Psi_{\mathrm{iso\ SMC}}$ die in der extrazellulären Matrix (ECM) und den glatten Muskelzellen (SMC) gespeicherten Verzerrungsenergien darstellen. SMC ist auf λ_{pre} relativ zur Referenzkonfiguration der Gefäßwand vorgestreckt

Ein lineares Spannungs-Streckungs Gesetz wurde beispielsweise vorgeschlagen, um vaskuläre SMC zu modellieren [133], und die Energie

$$\Psi_{\mathrm{SMC}}(\lambda_{\mathrm{SMC}}) = c_{\mathrm{SMC}}[\lambda_{\mathrm{SMC}} - \ln(\lambda_{\mathrm{SMC}}) - 1] \qquad (7.6)$$

erfasst dann seine elastischen Eigenschaften, wobei c_{SMC} [Pa] die Steifigkeit der SMC in der Gefäßwand bezeichnet.

Um die Beschreibung der Gefäßwand abzuschließen, wird der Tonus α als Funktion der Verzerrung $\mathbf{C}$ festgelegt. SMC kann sich nur im Bereich $\lambda_{\theta\,\mathrm{min}} < \lambda_\theta < \lambda_{\theta\,\mathrm{max}}$ kontrahieren, wobei $\lambda_\theta = \lambda_{\mathrm{SMC}}/\lambda_{\mathrm{pre}}$ die zirkumferentielle Streckung der Gefäßwand bezeichnet. Für $\lambda_\theta > \lambda_{\theta\,\mathrm{max}}$, ist die Überlappung von Aktin und Myosin zu kurz, damit Myofilamente kontrahieren könnten, während bei $\lambda_\theta < \lambda_{\theta\,\mathrm{min}}$ die Myofilamente zu lang sind und die relative Bewegung zwischen Aktin und Myosin damit keine Spannung erzeugen kann. Die Streckungsgrenzen von $\lambda_{\theta\,\mathrm{min}} = 0{,}68$ und $\lambda_{\theta\,\mathrm{max}} = 1{,}505$ wurden beispielsweise für die Analyse von Rattenkarotiden vorgeschlagen [133].

Für die normale Gefäßwand und Streckungen im Bereich von $\lambda_{\theta\,\mathrm{min}} < \lambda_\theta < \lambda_{\theta\,\mathrm{max}}$, kann beispielsweise

$$\alpha(\mathbf{C}) = \alpha_{\mathrm{basal}} + \frac{1 - \alpha_{\mathrm{basal}}}{2} \exp\left[-\frac{(Q - Q_{\mathrm{m}})^2}{2Q_{\mathrm{d}}} \right] \qquad (7.7)$$

verwendet werden, um den SMC-Tonus auszudrücken. Hier ist $Q(\mathbf{C})$ ein Skalar, der den Deformationszustand charakterisiert, wohingegen α_{basal} den *basalen Tonus* der Kontraktion bezeichnet. Der basale Tonus kennzeichnet das Kontraktionsniveau, wie es bereits bei Abwesenheit jeglicher Gewebedehnung vorhanden ist. Darüber hinaus bestimmen die Parameter Q_{m} und Q_{d} den Median und die Varianz der Tonusverteilung. Das oben genannte Modell kann die myogene Kontraktion in Reaktion auf lokale Dehnung vorhersagen, und weitere Details sind an anderer Stelle nachlesbar [133].

Beispiel 7.2 (Ringtest zur Charakterisierung eines Gefäßsegments) Die mechanischen Eigenschaften eines Gefäßsegments der Dimensionen D, L und H sollen

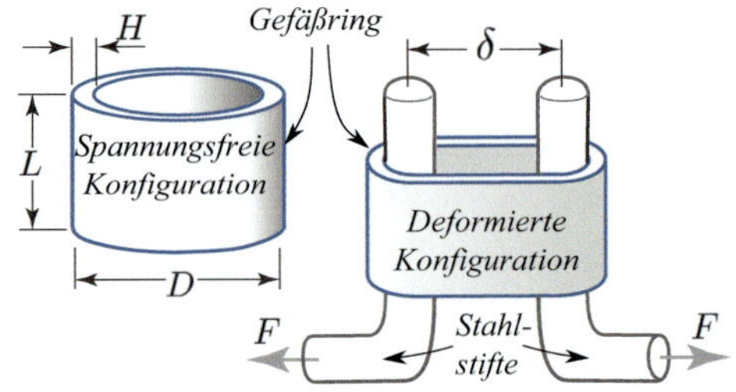

Abb. 7.11 Schematische Darstellung des Ringtests zur Charakterisierung der mechanischen Eigenschaften eines Gefäßsegments

durch einen Ringtest untersucht werden, siehe Abb. 7.11. Zwei Stahlstifte werden dazu in den Gefäßring eingeführt und auseinandergezogen, um die Kraft F als Funktion der Verschiebung δ zu messen. Das Experiment wird mit aktiven und passiven Gefäßwandringen durchgeführt. Ein einschichtiges Membranmodell kann dabei bei der Analyse des Ringtests verwendet werden, und die Grenzfälle von einfacher Zug- sowie reiner Scherkinematik sollten untersucht werden. Reibungsfreier Kontakt zwischen der Gefäßprobe und den Stahlstiften mit den Probendimensionen $L/D \ll 1$ würden dabei zu Kinematik des einfachen Zugs führen, während die reine Scherkinematik für $L/D \gg 1$ und Haftkontakt gekennzeichnet ist.

(a) Leiten Sie die Cauchyschen Spannungsbeiträge der passiven Gefäßwand unter einfachen Zug sowie reiner Scherung ab. Die ECM der Gefäßwand kann dabei durch eine neo-Hooke Verzerrungsenergiefunktion $\Psi_{\text{ECM}}(\mathbf{C}) = c_{\text{ECM}}(I_1 - 3)/2$ beschrieben werden, wobei $I_1 = \text{tr}\mathbf{C}$ die erste Invariant des rechten Cauchy-Green Verzerrungstensors $\mathbf{C}$ bezeichnet.

(b) Leiten Sie die Cauchyschen Spannungsbeiträge ab, wie sie sich aus der SMC-Kontraktion ergeben, wobei die Deformationskinematik des einfachen Zugs sowie reiner Scherung angenommen werden sollen. SMC sind dabei entlang der Umfangsrichtung ausgerichtet, und ihre Elastizität kann durch die Verzerrungsenergie (7.6) beschrieben werden, wobei

$$\alpha(\mathbf{C}) = \exp\left[-\frac{(\lambda_{\text{SMC}} - \lambda_{\text{m}})^2}{2\lambda_{\text{d}}}\right] \tag{7.8}$$

den Tonus ausgedrückt und λ_{m}, λ_{d} Materialparameter sind. Im Vergleich zum Modell (7.7) verwendet diese Beschreibung jeweils die Vereinfachungen $Q = \lambda_{\text{SMC}}$ und $\alpha_{\text{basal}} = 0$.

(c) Betrachten Sie einen Ringtest mit jeweils aktiven und passiven Gefäßringen und quantifizieren Sie den Faktor $r = F_{\text{st}}/F_{\text{ps}}$, wobei F_{st} und F_{ps} die Kräfte im Sinne der Deformationskinematik des einfachen Zugs sowie reiner Scherung kennzeichnen.

■

7.5.4 Kalziumkonzentrationsbasierte Beschreibungen

Die SMC-Kontraktion wird durch $\beta = [\text{Ca}^{2+}]$ [mol m^{-3}], die Konzentration von freiem zytosolischem (intrazellulärem) Kalzium, bestimmt – sie wird durch den Fluss über die Zellmembran sowie den Transport in und aus dem sarkoplasmatischen Retikulum moduliert. Elektrochemische Modelle, wie das *Hodgkin-Huxley-Typ elektrische Äquivalent* [60] von Zellmembranen, können beispielsweise verwendet werden, um die zytosolische Kalziumkonzentration zu beschreiben. Sie drücken explizit Ca^{2+} Flüsse durch VGCC, NCX und PMCA (siehe

Abb. 7.3) und andere Kanäle aus, und sie wurden auch bereits verwendet, um vaskuläre SMC zu beschreiben [129].

Zusätzlich zur zytosolischen Kalziumkonzentration müssen wir die Aktin-Myosin Interaktionen beschreiben und führen daher vier verschiedene Zustände von Myosin ein [54]:

α1 freies dephosphoryliertes Myosin,
α2 phosphoryliertes Myosin,
α3 phosphorylierte Querbrücken, die an Aktin angeheftet sind,
α4 dephosphorylierte Querbrücken, die an Aktin angeheftet sind.

Die beiden funktionalen Zustände α_3 und α_4 beziehen sich auf „kraftgenerierende“ Zustände und verknüpfen den funktionalen Myosinzustand mit der mechanischen SMC-Beschreibung. Der Zustand α_4 entspricht den Latch-Brücken (Riegelbrücken), deren Existenz postuliert wurde [54], um die sehr langsame MLC-Dephosphorylierung zu erfassen und dabei die SMC-Kraft bei geringen Energiekosten aufrechtzuerhalten.

Die vier verschiedenen funktionalen Myosinzustände sind durch sieben kinetische Raten $k_1, \ldots, k_7$ verbunden, siehe Abb. 7.12. Die Konstanten k_1 und k_6 repräsentieren die Raten für die Phosphorylierung von Myosin, während k_2 und k_5 die Dephosphorylierung von Myosin definieren. Die Raten k_3 und k_4 beziehen sich auf die Anhaftung und Ablösung der *(schnellen) zyklischen Querbrücken,* und k_7 ist die Geschwindigkeitskonstante für die Ablösung der *Latch-Brücken.* Mit diesen sieben Konstanten ergibt sich das gekoppelte System

$$\frac{\mathrm{d}}{\mathrm{d}t}\begin{bmatrix}\alpha_1\\ \alpha_2\\ \alpha_3\\ \alpha_4\end{bmatrix} = \begin{bmatrix} -k_1(\beta) & k_2 & 0 & k_7 \\ k_1(\beta) & -k_2-k_3 & k_4 & 0 \\ 0 & k_3 & -k_4-k_5 & k_6(\beta) \\ 0 & 0 & k_5 & -k_6(\beta)-k_7 \end{bmatrix}\begin{bmatrix}\alpha_1\\ \alpha_2\\ \alpha_3\\ \alpha_4\end{bmatrix} \tag{7.11}$$

von Differentialgleichungen erster Ordnung und verbindet die vier Myosinzustände, d.h. die funktionalen Zustände von SMC. Die Summe aller Myosinzustände

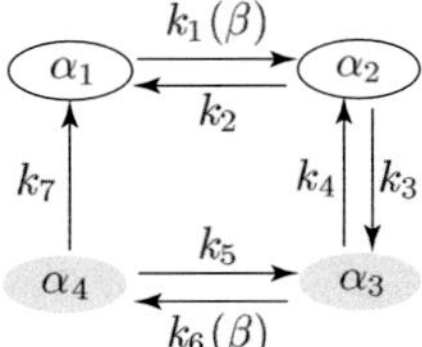

Abb. 7.12 Schematische Darstellung der vier funktionalen Myosinzustände α_1, α_2, α_3 und α_4 einer glatten Muskelzelle (SMC) [54]. Grau schattierte Zustände sind „Kraft erzeugende“ Zustände. Die verschiedenen Zustände sind durch die kinetischen Raten $k_1, \ldots, k_7$ verbunden, wobei k_1 und k_6 von der Konzentration $\beta = [\mathrm{Ca}^{2+}]$ des zytosolischen (intrazellulären) freien Kalziums abhängen, während die anderen konstant sind

bleibt dabei eins, $\alpha_1+\alpha_2+\alpha_3+\alpha_4=1$, so dass $\mathrm{d}(\alpha_1+\alpha_2+\alpha_3+\alpha_4)/\mathrm{d}t=0$ gilt, eine Eigenschaft, die durch die kinetische Beziehung (7.11) bereits erfüllt ist.

Die freie Ca^{2+}-Konzentration hat verschiedene Auswirkungen auf die SMC-Kinetik. Letztendlich bindet sich Ca^{2+} an Calmodulin, aktiviert die MLCK und phosphoryliert die MLC. Die Ca^{2+}-Konzentration bestimmt daher die Anteile von phosphoryliertem und nicht phosphoryliertem Myosin und somit die Raten k_1 und k_6. Alle anderen Raten werden als konstant angenommen. Die Reaktion $\alpha_3 \rightarrow \alpha_4$ von phosphorylierten Querbrücken zu dephosphorylierten Querbrücken ist irreversibel, und Myosin kann nicht an Aktin anhaften und „Kraft erzeugende" Zustände bilden, es sei denn, es wurde zuerst phosphoryliert. Es ist auch erwähnenswert, dass ein überarbeitetes SMC-Kinetikmodell [53] die ursprünglich vorgeschlagenen vier Zustände erweitert und einen *ultra-langsamen Querbrückenzyklus* hinzufügte. Es wurde dabei argumentiert, dass dünne Filament-basierte regulatorische Proteine die Aktomyosin-ATPase-Aktivität modulieren könnten, was dann einer SMC erlaubte *zwei* diskrete Querbrückenzyklen zu haben.

Typische Werte der kinetischen Raten $k_1, \ldots, k_7$ sind in Tab. 7.2 aufgeführt, wo die Sigmoidfunktion

$$\mathrm{sg}(\beta) = \frac{\exp\left[(\beta - \overline{\beta})/\gamma\right]}{\exp\left[(\beta - \overline{\beta})/\gamma\right] + 1} \tag{7.12}$$

verwendet wurde, um speziell k_1 und k_6 zu beschreiben. Hier bezeichnet $\overline{\beta}$ [mol l^{-1}] den Schwellenwert der Kalziumkonzentration, der die MLCK aktiviert und dann die MLC phosphorisiert, während γ die Empfindlichkeit in Bezug auf β dieser Aktivierung angibt.

Angesichts der Anteile α_3 und α_4 können die zugehörigen „kraftgenerierenden" Beiträge durch individuelle konstitutive Beschreibungen modelliert werden. Mehrere solche Beschreibungen sind in der Literatur bekannt [95, 111, 129].

Beispiel 7.3 (Kalzium bestimmt die funktionalen Myosinzustände) Die Zellmembran von glatten Muskelzellen (SMC) liegt bei einem Haltepotential von $-60{,}0$ mV. Eine 1,6 s lange andauernde Depolarisation auf 0,0 mV führt dann zur Konzentration $\beta=[Ca^{2+}]$ [nmol l^{-1}] von freiem Kalzium, die durch

$$\beta = \begin{cases} 150 & ;\ t < 0\,, \\ 630\exp(-t/9{,}0) + 150 & ;\ t \geq 0\,, \end{cases} \tag{7.13}$$

gegeben ist. Die funktionalen Myosinzustände $\boldsymbol{\alpha}=[\alpha_1\ \alpha_2\ \alpha_3\ \alpha_4]^{\mathrm{T}}$ werden durch die Differentialgleichungen erster Ordnung (7.11) mit den Koeffizienten in Tab. 7.2 bestimmt. Die Konzentrationsschwelle $\overline{\beta} = 400$ nmol l^{-1} und der Empfindlichkeitsparameter $\gamma=100$ können dabei verwendet werden.

Tab. 7.2 Typische kinetische Raten $k_1, \ldots, k_7$ [s^{-1}], die die funktionalen Myosinzustand $\boldsymbol{\alpha} = [\alpha_1\ \alpha_2\ \alpha_3\ \alpha_4]^T$ durch die Differentialgleichungen erster Ordnung (7.11) bestimmen. Hier bezeichnet $\mathrm{sg}(\beta)$ die Sigmoidfunktion (7.12) und $\beta = [Ca^{2+}]$ [nmol l^{-1}] ist die zytosolische (intrazelluläre) freie Kalziumkonzentration

k_1	k_2	k_3	k_4	k_5	k_6	k_7
0,3sg(β)	0,5	0,4	0,1	0,5	0,3sg(β)	0,01

(a) Berechnen Sie die funktionalen Myosinzustände $\boldsymbol{\alpha}$, die bei konstantem Haltepotential erreicht werden.
(b) Verwenden Sie eine vorwärts-gerichtete Euler Diskretisierung der Differentialgleichungen erster Ordnung (7.11) und berechnen Sie iterativ die zeitliche Änderung von $\boldsymbol{\alpha}$, die durch das Kalziumkonzentrationsprofil (7.13) bestimmt wird. Betrachten Sie dabei die funktionalen Myosinzustände, wie sie in Aufgabe (a) abgeleitet wurden, als Anfangsbedingung.

■

7.5.5 Thermodynamik der SMC-Kontraktion

Bei homogener Temperatur $\theta \neq \theta(\mathbf{X})$ verschwindet der Wärmefluss im Gewebe, $\mathbf{q}_h = \mathbf{0}$, und der *erste Hauptsatz der Thermodynamik* (3.121) liest sich dann

$$\dot{u} - r_h - \boldsymbol{\sigma} : \mathbf{d} = \mathbf{0}\,. \tag{7.19}$$

Hierbei bezeichnet u die innere Energie pro Volumeneinheit, r_h ist eine Wärmequelle, und der Term $\boldsymbol{\sigma}:\mathbf{d}$ drückt die Spannungsleistung aus, wobei $\boldsymbol{\sigma}$ und $\mathbf{d}$ die Cauchy Spannung und die Verzerrungsgeschwindigkeit bezeichnen. Diese Energien sind hier in Bezug auf das Volumen des deformierten Gewebes verwendet. Betrachten wir eine chemo-mechanische Beschreibung, bei der sich die innere Energie u der SMC mit $\beta = [Ca^{2+}]$ [mol m^{-3}], der Kalziumkonzentration pro Volumeneinheit verändert. Die Rate der inneren Energie kann somit durch

$$\dot{u} = \underbrace{b\dot{\beta}}_{\text{Chemische Leistung}} + \underbrace{c_v\dot{\theta}}_{\text{Thermische Leistung}}$$

ausgedrückt werden, wobei b [J mol^{-1} m^{-3}] eine arbeitskonjugierte Größe zur Kalziumkonzentration β ist. Sie repräsentiert die Energie, die benötigt wird, um die Ca^{2+}-Konzentration, um ein Mol pro SMC-Volumeneinheit zu verändern. Darüber hinaus bezeichnet c_v [J K^{-1} m^{-3}] die isochore Wärmekapazität pro SMC-Volumeneinheit.

Die Energiebilanz (7.19) lautet dann $b\dot{\beta} + c_v\dot{\theta} - r_h - \boldsymbol{\sigma} : \mathbf{d} = \mathbf{0}$, und die Piola-Transformation (3.31) ermöglicht es uns, sie durch

$$B\dot{\beta} + c_{0\,v}\dot{\theta} - R_h - \mathbf{P} : \dot{\mathbf{F}} = 0 \tag{7.20}$$

auszudrücken, wobei **P** und **F** die ersten Piola-Kirchhoff Spannung und den Deformationsgradienten bezeichnen. Der Term $B = Jb$ drückt die Energie, die zur Änderung der Kalziumkonzentration pro unverformtes SMC-Volumen benötigte wird, während $J = \det\mathbf{F}$ das Volumenverhältnis bezeichnet. Die Wärmekapazität und die Wärmequelle pro unverformtes SMC-Volumen sind jeweils durch $c_{0\,\mathrm{v}} = Jc_{\mathrm{v}}$ und $R_{\mathrm{h}} = Jr_{\mathrm{h}}$ bezeichnet.

Zusätzlich zur Energiebilanz (7.20) muss ein *zulässiger thermodynamischer Prozess* dem *zweiten Hauptsatz der Thermodynamik* gehorchen. Ohne Wärmefluss lautet die Clausius-Duhem Ungleichung (3.125)

$$-\dot{\Psi} - S\dot{\theta} + \mathbf{P} : \dot{\mathbf{F}} \geq \mathbf{0}\,, \tag{7.21}$$

wobei S die Entropie pro unverformtes SMC-Volumen bezeichnet.

Der gewöhnliche Deformationsgradient **F** zusammen mit dem aktiven Deformationsgradienten $\mathbf{F}_{\mathrm{a}}$, der das Gleiten zwischen den Aktin- und Myosinfilamenten widerspiegelt, beschreiben die Kinematik der Gewebedeformation. Zusammen mit den funktionalen Myosin Zustand $\boldsymbol{\alpha}$ (siehe Abschn. 7.5.4), kennzeichnen diese Deformationsgradienten den thermodynamischen Zustand der SMC. Hier soll auch festgehalten werden, dass die freie Kalziumkonzentration β implizit durch die Myosin-Aktin Konfiguration $\boldsymbol{\alpha}$ berücksichtigt wird. Die Helmholtzsche freie Energie lautet dann $\Psi(\mathbf{F}, \mathbf{F}_{\mathrm{a}}, \boldsymbol{\alpha})$, und die Clausius-Duhem Ungleichung (7.21)

$$\left(\mathbf{P} - \frac{\partial\Psi}{\partial\mathbf{F}}\right) : \dot{\mathbf{F}} - \frac{\partial\Psi}{\partial\mathbf{F}_{\mathrm{a}}} : \dot{\mathbf{F}}_{\mathrm{a}} - S\dot{\theta} - \frac{\partial\Psi}{\partial\boldsymbol{\alpha}} \cdot \dot{\boldsymbol{\alpha}} \geq 0$$

beschreibt einen thermodynamisch zulässigen Prozess. Diese Gleichung gilt für jeden beliebigen Prozess und impliziert damit das konstitutive Gesetz

$$\mathbf{P} = \frac{\partial\Psi}{\partial\mathbf{F}}, \tag{7.22}$$

das zusammen mit der Ungleichung

$$-\frac{\partial\Psi}{\partial\mathbf{F}_{\mathrm{a}}} : \dot{\mathbf{F}}_{\mathrm{a}} - S\dot{\theta} - \frac{\partial\Psi}{\partial\boldsymbol{\alpha}} \cdot \dot{\boldsymbol{\alpha}} \geq 0$$

einen zulässigen thermodynamischen Prozess bestimmt.

Unter physiologischen Bedingungen kann die SMC durch eine inkompressible Deformation beschrieben werden. Die konstitutive Beziehung (7.22) ist dann durch

$$\mathbf{P} = \frac{\partial\Psi}{\partial\mathbf{F}} - \kappa\mathbf{F}^{-1} \tag{7.23}$$

gegeben, wobei der Lagrange-Beitrag κ eingeführt wurde – er erzwingt die Inkompressibilität, siehe Abschn. 3.6.4.

SMC sind längliche Zellen und können daher für viele Anwendungen als aktive 1D Fasern in der Gefäßwand modelliert werden. Solche Fasern können keine

Spannung senkrecht zur Faserrichtung aufbauen, und daher gilt $\kappa=0$. Die Beziehung

$$B\dot{\beta} + c_{0\,\mathrm{v}}\dot{\theta} - R_{\mathrm{h}} - P\dot{\lambda} = 0$$

drückt dann die Energieerhaltung aus, während

$$P = \frac{\partial \Psi}{\partial \lambda} \quad ; \quad -\frac{\partial \Psi}{\partial \lambda_{\mathrm{a}}}\dot{\lambda}_{\mathrm{a}} - S\dot{\theta} - \frac{\partial \Psi}{\partial \boldsymbol{\alpha}} \cdot \dot{\boldsymbol{\alpha}} \geq 0 \tag{7.24}$$

jeweils das konstitutive Gesetz und die Dissipationsungleichung kennzeichnet. Hierbei ist λ die gesamte SMC-Streckung, wohingegen λ_{a} die aktive Streckung, d.h. die Kinematik des Gleitens zwischen Aktin- und Myosinfilamenten, ausdrückt.

7.5.6 Eine chemo-mechanische Beschreibung von SMC

Abb. 7.13 zeigt ein rheologisches Modell einer chemo-mechanischen SMC-Beschreibung. Es schlägt zwei parallele Elemente vor, und die gesamte erste Piola-Kirchhoff Spannung ergibt sich dann zu

$$P = P_{\mathrm{nMF}} + P_{\mathrm{MF}}\,, \tag{7.25}$$

wobei P_{nMF} die Spannung von Gewebestrukturen *anders* als dem Myofilamenten bezeichnet, während die Spannung P_{MF} die *Myofilamente* selbst beschreibt. Querbrücken übertragen die Myofilament Spannung zwischen Aktin und Myosin Filamente, so dass $P_{\mathrm{MF}}=P_{\mathrm{cb}}+P_{\mathrm{lb}}$ gilt, wobei P_{cb} und P_{lb} jeweils die Spannung von *zyklischen Querbrücken* und *Latch-Brücken* bezeichnet. SMC sind schlanke faserartige Strukturen, und die Bedingung $P = \max(0, P)$ ergänzt das Modell. SMC-Fasern sind daher nicht in der Lage, eine axiale Drucklast zu tragen.

Die einzelnen Spannungsbeiträge können direkt auf der Ebene der Mikrostruktur modelliert werden, wie anderswo [129] gezeigt. Angesichts des thermodynamischen Rahmens in Abschn. 7.5.5 wollen wir die Spannung jedoch aus der Helmholtzschen freien Energie

$$\Psi(\lambda, \lambda_{\mathrm{a}}, \beta, \alpha_3, \alpha_4) = \Psi_{\mathrm{nMF}}(\lambda) + \Psi_{\mathrm{MFp}}(\lambda, \lambda_{\mathrm{a}}, \alpha_3, \alpha_4) + \Psi_{\mathrm{MFa}}(\lambda_{\mathrm{a}}, \alpha_3, \alpha_4)$$

ableiten, wobei Ψ_{nMF} die elastische Energie, die in den Gewebestrukturen außer den Myofilamenten gespeichert ist, bezeichnet. Darüber hinaus kennzeichnet Ψ_{MFp} die elastische Energie, die bei passiver Verformung der Querbrücken in diesen gespeichert wird, während Ψ_{MFa} die Arbeit bezeichnet, die durch (aktives) Gleiten von Myosin relativ zum Aktin geleistet wird.

Die beobachtete *progressive* Zunahme der SMC-Spannung mit steigender Dehnung wird nicht Myofilament-bezogenen Strukturen zugeschrieben, und ist hier durch die Verzerrungsenergie

$$\Psi_{\mathrm{nMF}}(\lambda) = \frac{k_{\mathrm{a}}}{2k_{\mathrm{b}}}\left\{\exp\left[k_{\mathrm{b}}(\lambda - 1)^2\right] - 1\right\} \tag{7.26}$$

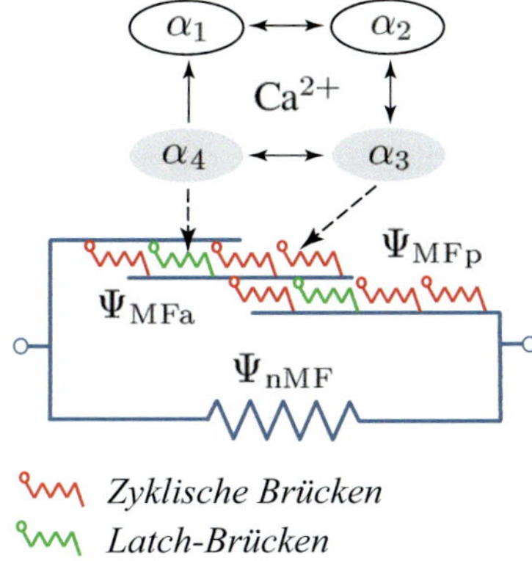

Abb. 7.13 Schematische Darstellung einer chemo-mechanischen Beschreibung von glatten Muskelzellen (SMC). Das chemische Potential Ψ_β bestimmt die Konzentration β an freiem Ca^{2+}, und damit die Entwicklung funktionaler SMC-Zustände. Die beiden „kraftgenerierenden" funktionalen Zustände α_3 und α_4 sind dann jeweils mit der Anzahl an Latch-Brücken und zyklischen Brücken verbunden. Die einzelnen mechanischen Strukturen werden durch die Energie Ψ_{nMF} und Ψ_{MFp} zufolge passiver Verformung sowie Ψ_{MFa} zufolge aktiver Verformung ausgedrückt

beschrieben, wobei k_{a} [Pa] und k_{b} Materialparameter sind. Das Potential (7.26) folgt direkt aus einem in der Literatur berichteten Vorschlag [129].

Sind die Myofilamente unter Spannung, werden auch die Querbrücken passiv verformt und speichern damit elastische Energie. Diese kann durch

$$\Psi_{\text{MFp}}(\lambda, \lambda_{\text{a}}, \alpha_3, \alpha_4) = \frac{k_{\text{cb}}\alpha_3 + k_{\text{lb}}\alpha_4}{2} \lambda_{\text{a}}(\lambda/\lambda_{\text{a}} - 1)^2 \rho(\lambda_{\text{a}}) \tag{7.27}$$

ausgedrückt werden, wobei k_{cb}, k_{lb} [Pa] jeweils die Steifigkeit von *zyklischen Brücken* und Latch-Brücken bezeichnet. Sie werden mit den entsprechenden Anteilen von phosphorylierten Querbrücken α_3 und dephosphorylierten Querbrücken α_4 multipliziert. Diese Parameter kennzeichnen die Anteile der funktionalen Myosinzustände, die sich jeweils auf zyklische Brücken und Latch-Brücken beziehen.

In (7.27) wurde die multiplikative Kinematik $\lambda_{\text{b}} = \lambda/\lambda_{\text{a}}$ verwendet, und die passive Streckung λ_{b} der Querbrücken wurde daher durch die gesamte Streckung λ und die jeweilige aktive Streckung λ_{a} ausgedrückt. Die aktive Streckung λ_{a} stellt die Bewegung zwischen Aktin- und Myosinfilamenten dar und wird im Durchschnitt über alle Aktin-Myosin-Überlappungen der Zelle genommen. SMC-Kontraktion und -Entspannung entsprechen dann jeweils $\dot{\lambda}_{\text{a}} = \mathrm{d}\lambda_{\text{a}}/\mathrm{d}t < 0$ und $\dot{\lambda}_{\text{a}} > 0$.

Eine SMC beherbergt eine große Anzahl von Myofibrillen, und Ausdruck (7.27) hat daher die Wahrscheinlichkeitsdichtefunktion (PDF) $\rho(\lambda_{\text{a}})$ in der Beschreibung der Aktin-Myosin-Überlappungen eingeführt. Hier kann beispielsweise die Normalverteilung (A.2) verwendet werden [129], wobei der Median (Mittelwert) dann der optimalen SMC-Länge entspricht. Es bezeichnet die Streckung $\overline{\lambda}_{\text{a}}$ bei der die maximale Überlappung zwischen Myosin- und Aktinfilamenten auftritt, und damit die Konfiguration, bei der die SMC die maximale Spannung entwickelt.

Wir können annehmen, dass nur zyklische Brücken und somit phosphorylierte Querbrücken in der Lage sind, eine aktive translatorische Bewegung zwischen Aktin- und Myosinfilamenten zu erzeugen. Das Gleiten erscheint mit der Streckungsrate $\dot{\lambda}_c$, einem Materialparameter, der angibt, wie schnell zyklische Brücken eine unbelastete SMC in Abwesenheit von Latch-Brücken, $\alpha_4 = 0$, kontrahieren. Der Ausdruck $\dot{u}_c = L\dot{\lambda}_c$ [m s^{-1}] bezeichnet dann die Zyklusgeschwindigkeit $\dot{u}_c$ und gibt an, wie schnell zyklische Brücken an Aktinfilamente einer SMC der Referenzlänge L abgleiten. Im Gegensatz zu zyklischen Brücken können Latch-Brücken die Zelle nicht kontrahieren, aber sie sind immer noch in der Lage, Widerstand (Kraft) gegenüber dem Ableiten von Aktin- und Myosinfilamenten zu erzeugen.

Mit dieser Erkenntnis erlaubt das Potenzial

$$\Psi_{\mathrm{MFa}}(\lambda_a, \alpha_3, \alpha_4) = \left[r_{\mathrm{cb}} \alpha_3 (\dot{\lambda}_c - \dot{\lambda}_a) + r_{\mathrm{lb}} \alpha_4 \dot{\lambda}_a \right] \Upsilon(\lambda_a) \tag{7.28}$$

die aktiven Eigenschaften der SMC zu erfassen. Der zweite Term in den Klammern beschreibt hier die Latch-Brücken, wobei α_4 den Anteil an dephosphorylierten Querbrücken bezeichnet. Latch-Brücken bieten Widerstand gegenüber SMC-Verängerung, und r_{lb} [Pa s] kann als Reibungskonstante gegenüber dem Abgleiten von Aktinfilamenten an Myosinfilamenten angesehen werden.

Der erste Term in der Klammer von (7.28) beschreibt den Beitrag zyklischer Brücken, wobei α_3 den Anteil der phosphorylierten Querbrücken bezeichnet, und

$$r_{\mathrm{cb}} = b(\dot{\lambda}_c - b\dot{\lambda}_a/a)^{-1} \quad \text{[Pa s]} \tag{7.29}$$

beschreibt dann die Reibung von zyklischen Brücken gegenüber dem Gleiten von Aktin-Myosinfilamenten. Die Reibung ist in gewisser Weise durch Hillsches dreiparameter Modell (7.1) motiviert und wird durch $\dot{\lambda}_c$ [s^{-1}] und a, b [Pa] bestimmt. In (7.28), bezeichnet $\Upsilon(\lambda_a) = \int_{-\infty}^{\lambda_a} \rho(X)\mathrm{d}X$ die kumulative Dichtefunktion (CDF) von $\rho(X)$ und berücksichtigt dahingehend die Überlappung von Aktin-Myosin. Im stationären Zustand $\dot{\lambda}_a = 0$ reduziert sich der Term in den Klammern von (7.28) und dann gilt $P_0 = b\alpha_3$.

Unsere Formulierung muss auch die interne Kraftkompatibilität

$$P_{\mathrm{MF}} = \underbrace{\frac{\partial \Psi_{\mathrm{MFa}}}{\partial \lambda_a}}_{P_{\mathrm{MFa}}} = \underbrace{\frac{\partial \Psi_{\mathrm{MFp}}}{\partial \lambda}}_{P_{\mathrm{MFp}}} \tag{7.30}$$

erfüllen, um das Gleichgewicht zwischen aktiver P_{MFa} und passiver P_{MFp} Spannung des Myofilaments zu gewährleisten, eine Bedingung, die dann die konstitutive SMC-Beschreibung vervollständigt.

Abb. 7.14 veranschaulicht die Reaktion eines Mikrogefäßes auf eine Rechteckschwingung der Ca^{2+}-Konzentration und dem oben genannten Modellierungskonzept. Die Ca^{2+}-Konzentration bestimmt die Anteile α_3 und α_4 der „kraft-

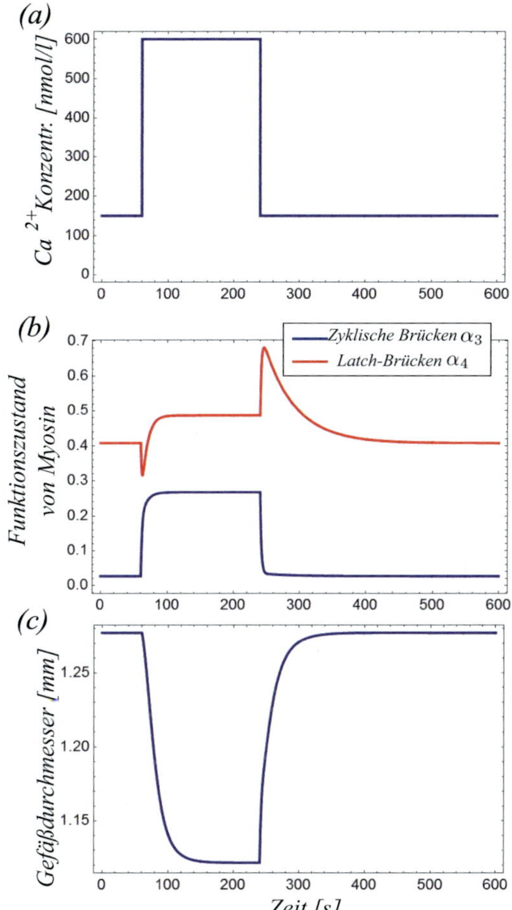

Abb. 7.14 Entwicklung des Gefäßdurchmessers in Reaktion auf eine Rechteckschwingung der Ca^{2+}-Konzentration. **(a)** Ca^{2+}-Konzentrationswelle. **(b)** Die beiden „kraftgenerierenden“ funktionalen Myosinzustände α_3 und α_4. **(c)** Gefäßdurchmesser als Funktion der Zeit mit Kontraktion und Entspannung jeweils beginnend bei der Zeit $t = 60$ s und $t = 240$ s. Mit der großen Anzahl an Latch-Brücken α_4, entspannt sich das Gefäß langsamer als es kontrahiert. Die Simulation verwendet Parameter wie in Beispiel 7.4

generierenden“ funktionalen Myosinzustände und führt zur kontraktilen Spannung P_{MF} der Myofilamente in der Gefäßwand. Der Durchmesser d des Gefäßes reagiert dann entsprechend, und weitere Details sind in Beispiel 7.4 angegeben.

7.5.6.1 Spannungs-Streckungseigenschaften

Wir betrachten ein isometrisches Experiment mit SMC, die bei einer festgehaltenen Streckung $\lambda = \lambda_a \lambda_b$ kontrahieren, wobei λ_a die Streckung zufolge der Aktin-Myosin-Überlappung bezeichnet und λ_b die Verformung der Querbrücken widerspiegelt. Bei der Kontraktion ändert sich die Aktin-Myosin-Überlappung λ_a bis diese schließlich den stationären Zustand $\dot{\lambda}_a = 0$ erreicht, einen Zustand, in dem die SMC die Spannung P erzeugt.

Zur Vereinfachung vernachlässigen wir in der vorliegenden Analyse die Spannung von allen nicht-Myofibrillen bezogenen Strukturen. Das Verfahren von Coleman und Noll $(7.24)_1$ mit Anwendung auf die Helmholtzschen Freien Energien (7.27) und (7.28) ergibt dann die ersten Piola-Kirchhoff Spannungen

$$P_{\mathrm{MFp}} = \partial\Psi_{\mathrm{MFp}}/\partial\lambda = (\alpha_3 k_{\mathrm{cb}} + \alpha_4 k_{\mathrm{lb}})(\lambda_{\mathrm{b}} - 1)\rho(\lambda_{\mathrm{a}})\,; \tag{7.31}$$

$$P_{\mathrm{MFa}} = \partial\Psi_{\mathrm{MFa}}/\partial\lambda_{\mathrm{a}} = \alpha_3 b\rho(\lambda_{\mathrm{a}})\,. \tag{7.32}$$

Bei der Ableitung des Ausdrucks $(7.31)_2$ wurde der stationäre Zustand $\dot{\lambda}_{\mathrm{a}} = 0$ und die kinematische Beziehung $\lambda = \lambda_a \lambda_b$ verwendet, sowie die Beziehung $\partial(\mathrm{d}X/\mathrm{d}t)/\partial X = \mathrm{d}(\partial X/\partial X)/\mathrm{d}t = 0$ zusammen mit der Definition der CDF, $\Upsilon(X) = \int \rho(X)\mathrm{d}X$.

Das interne Gleichgewicht $P_{\mathrm{MF}} = P_{\mathrm{MFp}} = P_{\mathrm{MFa}}$ ermöglicht es uns, die Querbrückenstreckung

$$\lambda_{\mathrm{b}} = (\alpha_3 k_{\mathrm{cb}} + \alpha_4 k_{\mathrm{lb}} + \alpha_3 b)/(\alpha_3 k_{\mathrm{cb}} + \alpha_4 k_{\mathrm{lb}}) \tag{7.33}$$

zu berechnen, und die Myofilament Spannung P_{MF} kann dann als Funktion der Gesamtstreckung λ ausgedrückt werden. Abb. 7.15a zeigt die normalisierte Spannung P_{MF}/P_0, wobei $P_0 = \alpha_3 b/(\sqrt{2\pi}\sigma_{\mathrm{a}})$ die maximale erste Piola-Kirchhoff Spannung bezeichnet. Die Berechnung verwendete die in Tab. 7.3 aufgeführten Eigenschaften.

7.5.6.2 Spannung als Funktion der Streckungsrate

Ein Quick-Release Experiment, ein Experiment, das die Belastung der Gefäßwand bei maximaler Kontraktion plötzlich freigibt, kann verwendet werden, um den Verlauf der Spannung mit der Streckungsrate zu untersuchen. Die SMC wird dabei bei der Streckung λ fixiert, sodass sich $\lambda_{\mathrm{a}} = \overline{\lambda}_{\mathrm{a}}$ einstellt, und die maximale kontraktile Spannung erreicht wird. Am Ende der isometrischen Kontraktion wird das Gewebe schlagartig freigesetzt und kontrahiert sich dann gegen den Widerstand der konstanten Spannung P. Das Gewebe folgt dann einer isotonischen Kontraktion mit der Streckungsrate $\dot{\lambda}$. Die Myosinkinetik kann den zeitlichen Änderungen am Punkt der plötzlichen Freisetzung nicht folgen und erlaubt die Annahme einer konstanten Myosinkonfiguration über den Wechsel von isometrischen zu isotonischen Bedingungen hinweg.

Zusätzlich zu P_{MFp} gemäß (7.31), liefert die Helmholtz freie Energie (7.28) die aktive erste Piola-Kirchhoff Spannung

$$P = P_{\mathrm{MF}} = \frac{\partial\Psi_{\mathrm{MFa}}}{\partial\lambda_{\mathrm{a}}} = \left[\frac{\alpha_3 b(\dot{\lambda}_{\mathrm{c}} - \dot{\lambda}_{\mathrm{a}})}{\dot{\lambda}_{\mathrm{c}} - (b/a)\dot{\lambda}_{\mathrm{a}}} + r_{\mathrm{lb}}\alpha_4\dot{\lambda}_{\mathrm{a}}\right]\left(\sqrt{2\pi}\sigma_{\mathrm{a}}\right)^{-1} \tag{7.34}$$

der Muskelkontraktion, wobei $\rho(\overline{\lambda}_{\mathrm{a}}) = (\sqrt{2\pi}\sigma_{\mathrm{a}})^{-1}$ verwendet wurde.

Das interne Gleichgewicht $P_{\mathrm{MF}} = P_{\mathrm{MFp}} = P_{\mathrm{MFa}}$ ermöglicht es uns dann, die Querbrückenstreckung durch

$$\lambda_{\mathrm{b}} = \frac{b\dot{\lambda}_{\mathrm{a}}[\alpha_3 k_{\mathrm{cb}} + \alpha_4(k_{\mathrm{lb}} + \dot{\lambda}_{\mathrm{a}} r_{\mathrm{lb}})] + a[\alpha_3 b\dot{\lambda}_{\mathrm{a}} - \alpha_3(b + k_{\mathrm{cb}})\dot{\lambda}_{\mathrm{c}} - \alpha_4\dot{\lambda}_{\mathrm{c}}(k_{\mathrm{lb}} + \dot{\lambda}_{\mathrm{a}} r_{\mathrm{lb}})]}{(\alpha_3 k_{\mathrm{cb}} + \alpha_4 k_{\mathrm{lb}})(b\dot{\lambda}_{\mathrm{a}} - a\dot{\lambda}_{\mathrm{c}})}$$

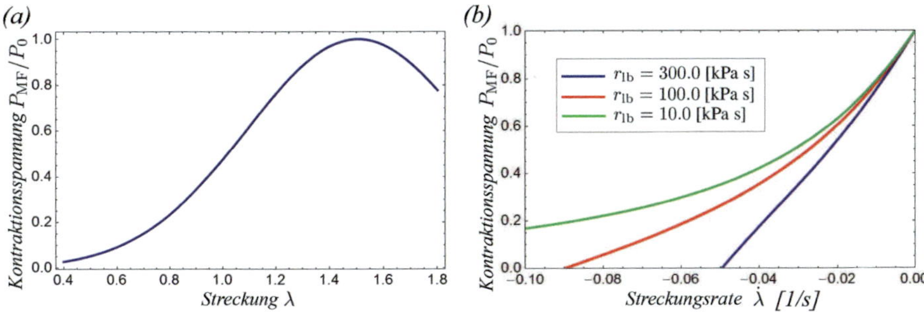

Abb. 7.15 (**a**) Normalisierte erste Piola-Kirchhoff Spannung P_{MF}/P_0 unter isometrischer Kontraktion bei der Streckung λ. (**b**) Normalisierte erste Piola-Kirchhoff Spannung P_{MF}/P_0 als Funktion der Streckungsrate $\dot{\lambda}$ bei isotonischer Kontraktion. Die maximale Kontraktionsspannung wird hier durch P_0 bezeichnet und die verwendeten Modellparameter sind in Tab. 7.3 angeführt.

auszudrücken, eine Streckung, die während der isotonischen Kontraktion konstant bleibt. Mit $\dot{\lambda}_a$ und die in Tab. 7.3 aufgeführten Parameter, kann die normalisierte Spannung P_{MF}/P_0 als Funktion der Streckungsrate $\dot{\lambda} = \dot{\lambda}_a \lambda_b$ dann aufgetragen werden, siehe Abb. 7.15b. Hier bezeichnet $P_0 = \alpha_3 b/(\sqrt{2\pi}\sigma_a)$ die maximale erste Piola-Kirchhoff Spannung, die Spannung, bei der das Gewebe im Quick-Release Experiment freigesetzt wurde. Wie in Abb. 7.15b gezeigt, verändert die Zunahme der Reibung der Latch-Brücke r_{lb} die Kontraktionseigenschaften von einem hyperbolischen zu einem linearen Verlauf von P_{MF}/P_0 über $\dot{\lambda}$.

7.5.6.3 Quick-Release Experiment

Ein Quick-Release Experiment beginnt mit einer Phase isometrischer Kontraktion, die dann von isotonischer Kontraktion gefolgt wird. Das Gefäßwandpräparat kontrahiert dabei über mehrere Sekunden hinweg, und seine numerische Analyse erfordert eine Diskretisierungsmethode.

Wir haben hier die vorwärts-gerichtete Euler Methode verwendet, um die Bestimmungsgleichungen des Quick-Release Experiments zu diskretisieren, und Tab. 7.3 listet den angewendeten iterativen Algorithmus auf. Nach der Spezifikation und Initialisierung der jeweiligen Parameter, können die Wandspannungsbeiträge P_{nMF}, P_{MFp} und P_{MFa} berechnet werden. Das Spannungsniveau P wird dann festgelegt, und die Rate $\dot{\lambda}_a$ der Aktin-Myosin Streckung, sowie die gesamte zirkumferentielle Streckung λ werden durch eine Newton-Raphson Fixpunktiteration berechnet. Sie löst das interne $f_1 = P_{MFa} - P_{MFp} = 0$ und externe $f_2 = P_{MFp} - P = 0$ Gleichgewicht. Abb. 7.16 zeigt die Entwicklung der Probenstreckung λ über die Zeit t an, wobei die Probe jeweils vom Spannungsniveau $P/P_0 = 0{,}2$; $0{,}5$; $0{,}8$ freigesetzt wurde. Am Punkt der Spannungsfreisetzung fällt die Streckung λ aufgrund der elastischen Entlastung unmittelbar ab, und die SMC zieht sich dann mit jeweiligen Streckungsrate zusammen, siehe die gestrichelten Linien in Abb. 7.16. Bei der Freisetzung vom Niveau $P/P_0 = 0{,}2$ prognostiziert das SMC Modell auch etwas Spannungserholung – die Spannung fällt zunächst ab und erholt sich dann etwas.

Tab. 7.3 Algorithmus zur Berechnung der Streckung λ einer Gefäßwandprobe während eines Quick-Release Experiments

(1) Festlegen von Zeitdiskretisierung und Parametern
$\Delta t = 0{,}01$ s ; $t_{max} = 60$ s ; $n = t_{max}/\Delta t$
$k_a = 67$ kPa ; $k_b = 3$ kPa ; $k_{lb} = 10$ kPa ; $k_{cb} = 28$ kPa
$r_{lb} = 300$ kPa s ; $a = -1$ kPa ; $b = 30$ kPa ; $\dot{\lambda}_c = -0,7$
$\overline{\lambda}_a = 0,8$; $\sigma_a = 0{,}22$; $\alpha_3 = 0{,}5$; $\alpha_4 = 0{,}3$
(2) Festlegen der Anfangsbedingungen
$i = 0$; $\lambda = 1{,}0$; $\lambda_a = \overline{\lambda}_a$; $\dot{\lambda}_a = 0$
DO solange $i \leq n$
$t_n = i\,\Delta t$
(3) Berechnen der Spannungsbeiträge
$\rho = \exp[-(\lambda_a - \overline{\lambda}_a)^2/(2\sigma_a^2)]/(\sqrt{2\pi}\sigma_a)$
$P_{nMF} = k_a(\lambda - 1)\exp[k_b(\lambda - 1)^2]$
$P_{MFp} = (\alpha_3 k_{cb} + \alpha_4 k_{lb})(\lambda/\lambda_a - 1)\rho$
$P_{MFa} = \left[\frac{\alpha_3 b(\dot{\lambda}_c - \dot{\lambda}_a)}{\dot{\lambda}_c - (b/a)\dot{\lambda}_a} + r_{lb}\alpha_4\dot{\lambda}_a\right]\rho$
(4) Festlegen des Spannungsniveaus
$P_0 = \alpha_3 b/(\sqrt{2\pi}\sigma_a)$
Wenn [$t_i > 20$, $P = 0{,}2/0{,}5/0{,}8P_0$, $P = P_0$] dann
(5) Lösen des internen und externen Gleichgewichts
$j = 0$; $f_1 = 1$; $f_2 = 1$
DO solange $(f_1^2 + f_2^2 > 10^{-12})$
$f_1 = P_{MFa} - P_{MFp}$; $f_2 = P_{MFp} - P$
$\begin{bmatrix}\Delta\dot{\lambda}_a \\ \Delta\lambda\end{bmatrix} = \begin{bmatrix}\partial f_1/\partial\dot{\lambda}_a & \partial f_1/\partial\lambda \\ \partial f_2/\partial\dot{\lambda}_a & \partial f_2/\partial\lambda\end{bmatrix}^{-1}\begin{bmatrix}f_1 \\ f_2\end{bmatrix}$
$\dot{\lambda}_a \leftarrow \dot{\lambda}_a - \Delta\dot{\lambda}_a$; $\lambda \leftarrow \lambda - \Delta\lambda$; $j \leftarrow j + 1$
Wenn $j = 15$, Lösung nicht gefunden: Beenden
ENDDO inneren Schleife
Speichern von λ_i zum Plotten
$\lambda_a \leftarrow \lambda_a + \dot{\lambda}_a\Delta t$; $i \leftarrow i + 1$
ENDDO äußeren Schleife

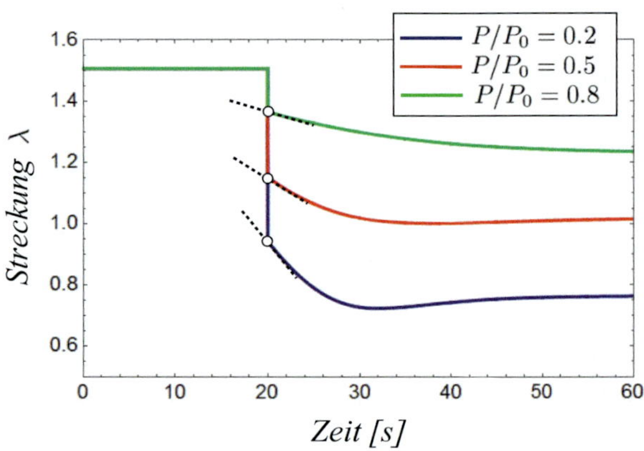

Abb. 7.16 Entwicklung der Streckung λ während eines Quick-Release Experiments. Die gestrichelten Linien zeigen die Streckungsraten zu Beginn der isotonischen Kontraktion an. Der Algorithmus, der zur Berechnung der Ergebnisse verwendet wurde, ist in Tab. 7.3 angegeben.

Beispiel 7.4 (Aktives Mikrogefäß) Wir betrachten ein Arteriolen-Segment mit dem spannungsfreien Referenzdurchmesser $D = 1{,}0$ mm und der Wanddicke $H = 0{,}08$ mm. Das Gefäß wird mit dem Druck p_i beaufschlagt und dabei in axialer Richtung fixiert. Die Gefäßwand ist inkompressibel und besteht vollständig aus glatten Muskelzellen (SMC), alle im kontraktilen Phänotyp. Wir können die chemo-mechanische Beschreibung von Abschn. 7.5.6 verwenden, um die Arteriole zu modellieren.

(a) Betrachten Sie das vollständig entspannte Gefäß, einen Zustand, bei dem die Verzerrungsenergie (7.26) mit $k_a = 67{,}0$ kPa und $k_b = 3{,}0$ die Wand beschreibt. Verwenden Sie die Membrantheorie und berechnen Sie den Inflationsdruck p_i, der zu einem Durchmesser d führt, der um 50 % größer ist als der Referenzdurchmesser D des Gefäßes ist.
(b) Die Gefäßwand ist nun auf die, als konstant anzunehmende Umfangsdehnung $\lambda = 1{,}2$ aufgeblasen, und die Zustände $\alpha_1 = 0{,}549207$, $\alpha_2 = 0{,}0168519$, $\alpha_3 = 0{,}0266816$, und $\alpha_4 = 0{,}40726$ bestimmen die Gleichgewichtskonfiguration von Myosin in Reaktion auf die Ca^{2+}-Konzentration von $\beta = 150$ nmol. Die Parameter $k_{cb} = 28{,}0$ kPa und $k_{lb} = 10{,}0$ kPa beschreiben dabei zyklische Brücken und Latch-Brücken, während $\lambda_a = 0{,}9$ die Streckung von Aktin-Myosin bestimmt. Die Überlappung zwischen Aktin und Myosin kann mit der Wahrscheinlichkeitsdichtefunktion (PDF)

$$\rho(\lambda_a) = \frac{\exp\left[-(\lambda_a - \overline{\lambda}_a)^2/(2\sigma^2)\right]}{\sqrt{2\pi}\,\sigma} \tag{7.35}$$

der Normalverteilung modelliert werden, wobei $\overline{\lambda}_a = 0{,}8$ und $\sigma = 0{,}22$ den Median und die Standardabweichung dieser bezeichnen. Verwenden Sie die Membrantheorie und berechnen Sie den Inflationsdruck p_i, der sich auf diesen Zustand hin in der Arteriole aufbaut.
(c) Berechnen Sie die Rate der aktiven Streckung $\dot{\lambda}_a = \mathrm{d}\lambda_a/\mathrm{d}t$ für den Zustand, der in Aufgabe (b) beschrieben ist. Die Parameter $a = -1{,}0$ kPa, $b = 30{,}0$ kPa zusammen mit der zyklischen Streckungsrate $\dot{\lambda}_c = -0{,}7\ \mathrm{s}^{-1}$ beschreiben die zyklischen Brücken, während die Latch-Brücken durch den Reibungskoeffizienten $r_{lb} = 2{,}1$ MPa s bestimmt werden.
(d) Verwenden Sie eine vorwärts-gerichtete Euler Diskretisierung der problembestimmenden Gleichungen und berechnen Sie den Verlauf des Gefäßdurchmessers als Funktion der Zeit. Dabei beschreibt

$$\beta = \begin{cases} 150\ ; & 0 \le t < 60\,\mathrm{s} \\ 600\ ; & 60 \le t < 240\,\mathrm{s} \\ 150\ ; & 240 \le t \le 600\,\mathrm{s} \end{cases} \tag{7.36}$$

den Verlauf der Konzentration $\beta = [Ca^{2+}]$ [nmol l^{-1}] über die Zeit t [s], und die funktionalen Myosinzustände α_i aus Aufgabe (b) können als Anfangsbedingungen verwendet werden. Zusätzlich beschreiben $\lambda = 1{,}27743$, $\lambda_a = 1{,}09549$, und $\dot{\lambda}_a = 0$ das Problem.

(e) Drücken Sie die Änderung der Temperatur der Gefäßwand $\dot{\theta}$ aus, die erforderlich ist, um die Entropie S auf einem konstanten Niveau zu halten.

■

7.6 Modellierung der Arteriogenese

Die Gefäßwand befindet sich in einem ständigen Erneuerungsprozess, Bedingungen, die *Wachstum* und *Umbau* auf lokaler Gewebeebene charakterisieren. Während das Wachstum die (spannungsfreie) Konfiguration des Gewebes verändert, modifiziert der Umbau die innere Struktur des Gewebes und damit die mechanischen Gewebeeigenschaften. Beide Mechanismen sind miteinander verknüpft und führen zur vaskulären Morphogenese, der Veränderung der *in vivo* Gefäßgeometrie.

Die Arteriogenese wird durch die Synthese und den Abbau von Gewebe bestimmt, und im Gegensatz zur Vasoreaktivität ist hier ein thermodynamisch *offenes System* in seiner mathematischen Beschreibung zu verwenden. Die Arteriogenese ist durch *Volumenwachstum* bestimmt, nicht durch Oberflächenwachstum oder Spitzenwachstum, Mechanismen, die üblicherweise mit Pflanzenwachstum verbunden sind [45]. Massenumschlag und seine Auswirkungen können entweder auf der makroskopischen Längenskala des Gewebes oder auf der Längenskala seiner Bestandteile, wie Kollagen, Elastin und SMC, modelliert werden.

Wachstum ist eine grundlegende Eigenschaft aller biologischen Gewebe, und seine mathematische Beschreibung ist gut dokumentiert [3, 19, 45, 62, 66, 72, 88]. Angesichts der klinischen Relevanz von Gefäßerkrankungen bezieht sich ein Großteil der Arbeit auf Aneurysmen [41, 72, 78, 84, 91, 121, 124, 127, 130], karotide [101] und koronare Atherosklerose [36].

7.6.1 Beschreibung Offener Systeme

Wir folgen einem Lagrange-Ansatz in der Beschreibung des wachsenden Kontinuums und passen die Beschreibung von Kap. 3 dementsprechend an. Ein *offenes System* beschreibt den jeweiligen Materialpunkt, und Gewebematerial kann diesem beitreten oder diesen verlassen. Der Austausch von Material hat seine eigene Zeitskala τ, und bei Gefäßgewebe liegt sie im Bereich von Tagen und Wochen. Sie ist viel länger als die Zeitskala t der elastischen Belastung durch den Herzzyklus. Die Annahme vom *langsamen Wachstum* gilt dann, und die beiden Zeitskalen t und τ können in der Beschreibung des wachsenden Gefäßgewebes voneinander getrennt werden.

7.6.1.1 Massebilanz

Bei einem offenen System verschwindet die rechte Seite der Massebilanz (3.102) nicht, sondern beschreibt die Massenänderung des Materialpunkts. Sie kann entweder durch eine Massenquelle oder einen Massenfluss über die Grenzen des offenen Systems auftreten. Während ein Massenfluss, wie die Migration von SMC in vaskulärem Gewebe auftritt, kann für viele Anwendungen der Flussterm über den Quellterm vernachlässigt werden. Die Massebilanz des offenen Systems lautet dann

$$\frac{\partial \rho}{\partial t} + \rho \mathrm{div}\mathbf{v} = \rho \varsigma_{\mathrm{v}} , \tag{7.41}$$

wobei $\mathbf{v}$ die Geschwindigkeit ist und ρ die Dichte des deformierten Gewebes bezeichnet. Darüber hinaus ist $\varsigma_{\mathrm{v}}(\mathbf{x}, \tau)$ $[\mathrm{s}^{-1}]$ ein Volumenquellenfeld, das die Änderungsrate des Volumens ausdrückt. Der Term $\partial(\mathrm{d}m)/\partial t = \rho\varsigma_{\mathrm{v}}\mathrm{d}v$ beschreibt dann die Masse, die pro Zeiteinheit zum Materialpunkt des Volumens $\mathrm{d}v$ hinzugefügt wird. Mit der Transformation des Volumenelements $\mathrm{d}v = J\mathrm{d}V$ kann es auch durch $\partial(\mathrm{d}m)/\partial t = \rho_0\varsigma_{\mathrm{v}}\mathrm{d}V$ ausgedrückt werden, wobei $\rho_0 = J\rho$ die Dichte des Gewebes in der Referenzkonfiguration bezeichnet.

7.6.1.2 Cauchy-Eulersches Bewegungsgesetz

Das wachsende vaskuläre Gewebe muss dem zweiten Newtonschen Gesetz der Mechanik folgen. Mit der Annahme des *langsamen Wachstums,* kann das Gewebewachstum das Newtonsche Gesetz nicht beeinflussen. Das Cauchy-Eulersche Bewegungsgesetz (3.108) und (3.19),

$$\rho \frac{\partial \mathbf{v}}{\partial t} = \mathrm{div}\boldsymbol{\sigma} + \mathbf{b}_{\mathrm{f}} \;\; ; \;\; \boldsymbol{\sigma} = \boldsymbol{\sigma}^{\mathrm{T}} , \tag{7.42}$$

gelten daher ohne Modifikationen, wobei $\mathbf{b}_{\mathrm{f}}$ Kräfte pro räumliches Volumen bezeichnet, siehe Abschn. 3.6.2. Die nicht mit dem Wachstum verbundene Gewebedeformation ermöglicht uns dann die Berechnung der Spannung $\boldsymbol{\sigma}$, wobei bekannte Konzepte wie Hyperelastizität, allgemeine Theorie des faserigen Bindegewebes und visko-Hyperelastizität verwendet werden können, siehe Abschn. 5.5.

7.6.1.3 Der erste Hauptsatz der Thermodynamik

Der wachstumsbezogene Austausch von Masse führt auch zu einem Wärmeaustausch über die Grenze des offenen Systems. Wir betrachten nun einen Materialpunkt mit der inneren Energie u und der kinetischen Energie $\rho|\mathbf{v}^2|/2$. Der Austausch von Material gleicher Energie, und somit der Austausch von *kompatibler* Wärme ändert die Systemenergie pro Volumeneinheit nicht – die Energiebilanz (3.121) bleibt weiterhin bestehen. Der Austausch von *nicht-kompatibler* Wärme ändert jedoch allmählich die Energie des Gewebes und erfordert eine Überarbeitung der Bilanz in Richtung

$$\frac{\partial u}{\partial t} + \mathrm{div}\mathbf{q}_{\mathrm{h}} - r_{\mathrm{h}} - \boldsymbol{\sigma} : \mathbf{d} = \varsigma_{\mathrm{h}} , \tag{7.43}$$

wobei $\varsigma_h(\mathbf{x}, \tau)$ die nicht-kompatible Wärmequelle pro räumliche Volumeneinheit bezeichnet. Sie ist mit der Zeitskala τ des Gewebemassenaustauschs verknüpft. In (7.43), bezeichnen $\mathbf{q}_h$ und r_h jeweils den räumlichen Wärmefluss und den räumlichen Quellterm, während $\mathbf{d}$ die Verzerrungsgeschwindigkeit ist, siehe Abschn. 3.6.3.1.

7.6.1.4 Der zweite Hauptsatz der Thermodynamik

Beim Austausch *kompatibler* Entropie s, gilt die Clausius-Duhem Ungleichung (3.124) auch für das offene System. Der Austausch von *nicht-kompatibler* Entropie ändert jedoch allmählich die Entropie des Gewebes, und die Ungleichung lautet dann

$$\gamma\theta = -\frac{\partial\psi}{\partial t} - s\frac{\partial\theta}{\partial t} + \boldsymbol{\sigma} : \mathbf{d} - \frac{\mathbf{q}_h \cdot \mathrm{grad}\theta}{\theta} + \varsigma_s \geq \mathbf{0}\,, \tag{7.44}$$

wobei $\varsigma_s(\mathbf{x}, \tau)$ die Quelle der nicht-kompatiblen Entropie pro räumliche Volumeneinheit bezeichnet. Sie tritt durch das Wachstum des Gewebes in das System ein und ist mit der Zeitskala τ verknüpft. Die Einbindung von Gewebefasern deren Welligkeit von der Welligkeit vorhandener Fasern im Materialpunkt abweicht, ist ein Beispiel für eine *nicht-kompatible* Entropiequelle. Siehe Abschn. 3.6.3 für eine detaillierte Beschreibung der anderen in (7.44) verwendeten Parameter.

7.6.2 Kinematikbasierte Wachstumsbeschreibung

Während *wachstumsbezogene* und *nicht-wachstumsbezogene* Bewegungen (Deformationen) gemeinsam auftreten, sind beide in ihrer Natur sehr unterschiedlich. Die mathematische Beschreibung trennt daher beide Bewegungen durch die Einführung der *intermediären Referenzkonfiguration* Ω_0, siehe Abb. 7.17. Sie ist spannungsfrei und dient als Referenzkonfiguration der nicht-wachstumsbezogenen Bewegung $\boldsymbol{\chi}(\mathbf{X}, t)$, während $\boldsymbol{\chi}_g(\tilde{\mathbf{X}}, \tau)$ die wachstumsbezogene Bewegung relativ zur *ursprünglichen Referenzkonfiguration* $\tilde{\Omega}_0$, einer sehr hypothetischen Entität, beschreibt. Die in Abb. 7.17 dargestellte Zerlegung der Bewegung, spiegelt die *Annahme eines langsamen Wachstums* wider und trennt die wachstumsbezogene Zeitskala τ von der nicht-wachstumsbezogenen Zeitskala t. Die referenziellen Gradienten $\mathbf{G}(\tilde{\mathbf{X}}, \tau) = \partial\boldsymbol{\chi}_g(\tilde{\mathbf{X}}, \tau)/\partial\tilde{\mathbf{X}}$ und $\mathbf{F}(\mathbf{X}, t) = \partial\boldsymbol{\chi}(\mathbf{X}, t)/\partial\mathbf{X}$ repräsentieren dann jeweils wachstumsbezogene und nicht-wachstumsbezogene Verformung.

Unabhängig vom in Abb. 7.17 eingeführten kinematischen Rahmen tritt das Gewebewachstum jedoch immer in der räumlichen Konfiguration Ω, der natürlichen Konfiguration des Gewebes, auf. Infolgedessen ist die spannungsfreie intermediäre Referenzkonfiguration Ω_0 inkompatibel – sie kann im Allgemeinen nicht gleichzeitig spannungsfrei und kompatibel sein. Jeder Materialpunkt $\mathbf{X}$ hat daher seine eigene Referenzkonfiguration, unabhängig von den Referenzkonfigurationen der benachbarten Punkte [113]. Abb. 7.17 zielt in diesem Sinne darauf ab, die Inkompatibilität von Ω_0 zu veranschaulichen. Das Zusammenfügen in eine kompatible Zwischenkonfiguration (nicht in Abb. 7.17 dargestellt) erfordert eine

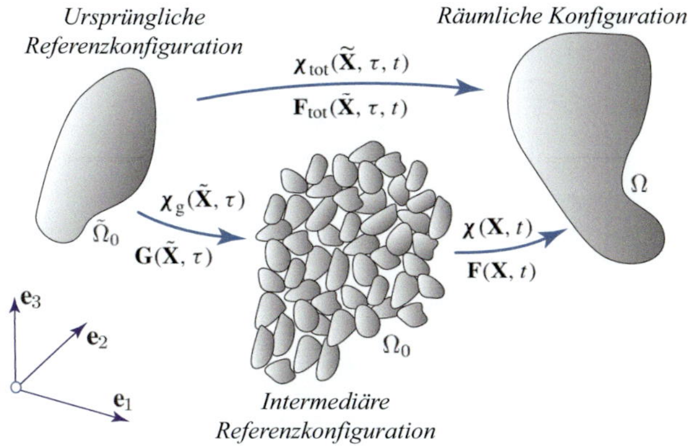

Abb. 7.17 Multiplikative Kinematik eines wachsenden Gewebes. Die inkompatible und spannungsfreie intermediäre Referenzkonfiguration Ω_0 trennt jeweils die wachstumsbezogene und nicht-wachstumsbezogene Bewegung $\chi_g(\tilde{\mathbf{X}}, \tau)$ und $\chi(\mathbf{X}, t)$

Gewebedeformation, und selbst in Abwesenheit von externer Belastung $\bar{\mathbf{t}}$ und $\mathbf{b}_f$, kann eine solche nicht spannungsfrei sein, sondern enthält Residualspannungen.

Angesichts des durch Abb. 7.17 eingeführten kinematischen Rahmens wird der Deformationsgradient der Gesamtbewegung $\chi_{tot}(\tilde{\mathbf{X}}, \tau, t)$ multiplikativ zerlegt und liest sich

$$\mathbf{F}_{tot}(\tilde{\mathbf{X}}, \tau, t) = \partial \chi_{tot}(\tilde{\mathbf{X}}, \tau, t)/\partial \tilde{\mathbf{X}} = \mathbf{F}(\mathbf{X}, t)\mathbf{G}(\tilde{\mathbf{X}}, \tau) . \tag{7.45}$$

Der Deformationsgradient $\mathbf{G}(\tilde{\mathbf{X}}, \tau)$ gibt das Wachstum in Bezug auf $\tilde{\Omega}_0$ an, und der Deformationsgradient $\mathbf{F}(\mathbf{X}, t)$ erfasst die nicht mit dem Wachstum verbundene Deformation in Bezug auf Ω_0. Die multiplikative Zerlegung des Deformationsgradienten durch die Einführung einer nicht-kompatiblen Zwischenkonfiguration ist ein etabliertes Konzept in der Beschreibung von Problemen, wie Elastoplastizität [71], Polymerquellung [35], Thermoelastizität [115] und weichem biologischen Gewebewachstum [36, 114]. Für eine detaillierte Diskussion dieses Konzepts und seiner Einschränkungen im Kontext der Wachstumsmodellierung wird auf die Literatur verwiesen [3, 44].

Beispiel 7.5 (Entwicklung von Residualspannungen zufolge Gefäßwachstums) Abb. 7.18 zeigt ein 2D-achsensymmetrisches Gefäßsegment, dessen räumliche Konfiguration Ω unter dem Druck p_i steht. Die anfängliche Referenzkonfiguration $\tilde{\Omega}_0$ ist spannungsfrei, und $\tilde{R}_i = 3.0$ mm und $\tilde{R}_o = 4.0$ mm bezeichnen die entsprechenden inneren und äußeren Radien. Die Wachstumsdeformation $\mathbf{G}(\tilde{\mathbf{R}})$ beschreibt das Gefäßwandwachstum in Bezug auf $\tilde{\Omega}_0$. Sie wird auf infinitesimal dünne Gefäßringe angewendet, und diese Abbildung ergibt damit eine unendliche Anzahl von nicht verbundenen Ringen, die jeweils spannungsfreie Zwischenreferenzkonfiguration Ω_0 bilden. Abb. 7.18 zeigt nur einen dieser

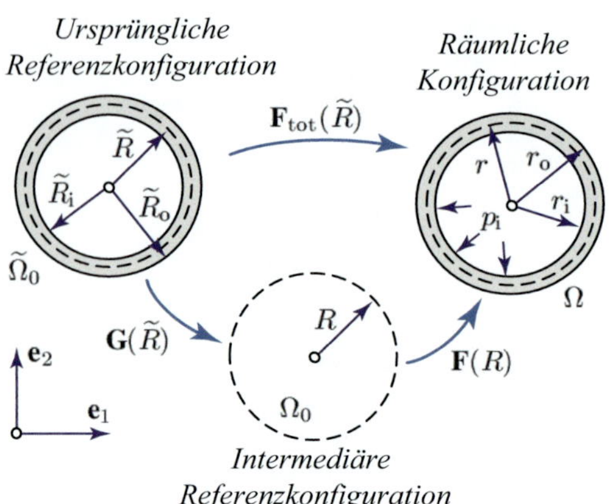

Abb. 7.18 Multiplikative Kinematik eines wachsenden dickwandigen Gefäßes in 2D. Die Wachstumsdeformation $\mathbf{G}(\widetilde{R})$ bildet einen infinitesimal dünnen Ring auf die jeweilige Zwischenkonfiguration (intermediäre Konfiguration) des Ringes ab. Alle solchen spannungsfreien Ringe bilden die Zwischenreferenzkonfiguration Ω_0 des Blutgefäßes. Sie trennt die Wachstumsdeformation $\mathbf{G}(\widetilde{R})$ von der elastischen Deformation $\mathbf{F}(R)$

Ringe. Eine individuelle elastische Deformation $\mathbf{F}(R)$ wird dann auf jeden dieser spannungsfreien Ringe angewendet und verbindet sie wieder zur räumlichen Konfiguration Ω.

Die Gefäßwand befindet sich in einem ebenen Verzerrungszustand und wird durch ein inkompressibles neo-Hooke Material beschrieben, mit der Verzerrungsenergiedichte $\Psi(\mathbf{C}) = c(\mathrm{tr}\mathbf{C} - 3)/2$, wobei $c = 120$ kPa die referentielle Steifigkeit ist und $\mathbf{C}$ den rechten Cauchy-Green Verzerrungstensor bezeichnet.

(a) Unter Verwendung der Hauptkomponenten der Wachstumsverformung

$$G_\theta(\widetilde{R}) = 1.2 - 0.4(\widetilde{R} - \widetilde{R}_{\mathrm{i}})/(\widetilde{R}_{\mathrm{o}} - \widetilde{R}_{\mathrm{i}}) \quad ; \quad G_R = 1.0\,, \tag{7.46}$$

sollen Sie den Radius r als Funktion des Radius $\widetilde{R}$ und des inneren Radius r_{i} ausdrücken.

(b) Lösen Sie das Gleichgewichtsproblem des dickwandigen zylindrischen Rohrs und bestimmen Sie die Beziehung zwischen dem Druck p_{i} und dem Radius r_{i}. Berechnen Sie p_{i} für eine Anzahl von Radien r_{i}.

(c) Zeigen Sie, dass das druckfreie Gefäß und somit die räumliche Konfiguration Ω bei $p_{\mathrm{i}} = 0$, Residualdehnungen enthält.

■

7.6.3 Räumliche Verteilung des Volumenwachstums

Um die Beschreibung der Wachstumskinetik abzuschließen, muss die Volumenrate $\varsigma_{\mathrm{v}}\mathrm{d}V$, die in Abschn. 7.6.1.1 eingeführt wurde, mit der wachstumsbedingten Verformung $\mathbf{G}$ verknüpft werden. Wir betrachten hier die Zeitskala τ, die die anfängliche Referenzkonfiguration $\widetilde{\Omega}_0$ mit der Referenzkonfiguration Ω_0 verbindet. Die Massenbilanz (7.41) lautet dann

$$\frac{\partial \rho_0}{\partial \tau} + \rho_0 \text{div} \mathbf{v}_g = \rho_0 \varsigma_v \,,$$

wobei $\mathbf{v}_g$ die wachstumsbezogene Geschwindigkeit des Materialpartikels ist und $\rho_0 = J\rho$ seine Dichte in der Referenzkonfiguration Ω_0 bezeichnet. Mit der kinematischen Beziehung $\mathbf{I} : \dot{\mathbf{G}}\mathbf{G}^{-1} = \text{div}\mathbf{v}_g$ (siehe den äquivalenten Ausdruck (3.38) mit dem Deformationsgradienten $\mathbf{F}$), kann die Massenbilanz durch

$$\frac{\partial \rho_0}{\partial \tau} + \rho_0 \text{tr}\left(\dot{\mathbf{G}}\mathbf{G}^{-1}\right) = \rho_0 \varsigma_v \tag{7.49}$$

ausgedrückt werden. Mit der Änderungsrate des Volumens ς_v und der Dichte ρ_0 in Ω_0, handelt es sich um eine skalare Gleichung in den neun Unbekannten G_{ij} in 3D – die Identifizierung von $\mathbf{G}$ erfordert daher weitere kinematische Annahmen.

7.6.3.1 Konstantes Volumenwachstum

Betrachten wir den Massenaustausch über die Grenze des offenen Systems ohne Nettoänderung des Gewebevolumens. Die Bedingung $\dot{\mathbf{G}} = \mathbf{0}$ gilt dann, und die Massenbilanz (7.49) reduziert sich auf

$$\frac{\partial \rho_0}{\partial \tau} = \rho_0 \varsigma_v \,.$$

Während das vaskuläre Gewebe dann seine Referenzkonfiguration beibehält, können sich die mechanischen Eigenschaften durch die Änderung der Gewebedichte ändern – das Gewebe remodelliert sich.

7.6.3.2 Wachstum mit konstanter Dichte

Für einen Massenaustausch über die Grenze des offenen Systems ohne Änderung der Gewebedichte, gilt $\dot{\rho}_0 = 0$. Die Massenbilanz (7.49) reduziert sich dann auf

$$\text{tr}\left(\dot{\mathbf{G}}\mathbf{G}^{-1}\right) = \varsigma_v \,, \tag{7.50}$$

und zusätzliche kinematische Annahmen sind abermals erforderlich, um $\mathbf{G}$ aus der Wachstumsrate ς_v festlegen zu können.

Das Gewebewachstum kann isotrop sein und dann in allen Richtungen gleich schnell auftreten. Der Wachstumstensor $\mathbf{G} = \alpha\mathbf{I}$ ist dann der skalierte sphärische Tensor $\mathbf{I}$, und in 3D liest sich die Massenbilanz (7.50) daher $\dot{\alpha} = \alpha\varsigma_v/3$. Die vorwärts-gerichtete Euler Integration über das Zeitinkrement $\Delta\tau$ bestimmt dann das Inkrement des Wachstumstensors $\Delta\mathbf{G} = (\alpha/3)\varsigma_v \Delta\tau\mathbf{I}$, und die Iteration $\mathbf{G} \leftarrow \mathbf{G} + \Delta\mathbf{G}$ definiert die Wachstumskinematik.

Das Wachstum von Gefäßgewebe ist oft anisotrop, und daher ist eine allgemeinere kinematische Beschreibung erforderlich. Betrachten wir die Eigenwertdarstellung

$$\mathbf{G} = G_1(\mathbf{E}_1 \otimes \widetilde{\mathbf{E}}_1) + G_2(\mathbf{E}_2 \otimes \widetilde{\mathbf{E}}_2) + G_3(\mathbf{E}_3 \otimes \widetilde{\mathbf{E}}_3)$$

in 3D, wobei G_i; $i=1, 2, 3$ die Eigenwerte von $\mathbf{G}$ und damit die wachstumsbezogenen Streckungen entlang der Hauptwachstumsrichtungen, bezeichnet. Da $\mathbf{G}$ ein Zwei-Punkt Tensor kennzeichnet, sind $\mathbf{E}_i$ und $\widetilde{\mathbf{E}}_i$ jeweils die Eigenvektoren in der Referenzkonfiguration Ω_0 und der anfänglichen Referenzkonfiguration $\widetilde{\Omega}_0$. Die Bilanz (7.50) ergibt dann

$$\dot{G}_1 G_1^{-1} + \dot{G}_2 G_2^{-1} + \dot{G}_3 G_3^{-1} = \varsigma_{\mathrm{v}},$$

und dessen Integration, d.h.

$$\ln G_1 + \ln G_2 + \ln G_3 = \int_{\tau_0}^{\tau} \varsigma_{\mathrm{v}}(\overline{\tau})\mathrm{d}\overline{\tau}$$

verknüpft die Rate der Volumenänderung und das Wachstum entlang der Hauptachsen. Hier wurden die Anfangsbedingungen $G_1=G_2=G_3=1$ bei $\tau=0$ verwendet.

Das Wachstum biologischen Gewebes reagiert empfindlich auf chemische Signale, wie Konzentrationen von Nährstoffen, Hormonen und Wachstumsfaktoren, sowie auf mechanische Signale, wie Verzerrung und Spannung. Zusätzlich beeinflusst auch die jeweilige Histologie des Gewebes die Wachstumskinematik stark. Experimentelle Beobachtungen aus Herzmuskelerweiterungen zeigen beispielsweise einen klaren Unterschied zwischen Gewebewachstum entlang und quer zu Faserung des Gewebes [44]. Ein weit verbreiteter Ansatz [73] berücksichtigt daher das Wachstum entlang vorgegebener (anatomischer) Geweberichtungen, während chemische und/oder mechanische Signale die Wachstumsrate und damit die Eigenwerte G_i bestimmen.

7.6.3.3 Homöostatisches Wachstum

Homöostase ist ein gängiges Konzept in der Beschreibung der Adaption von vaskulärem Gewebe. Die jeweiligen Ratengleichungen werden dann so formuliert, dass die Feldvariablen homöostatische Werte erreichen [104, 106, 116]. Während die meisten Modelle Homöostase auf lokaler Ebene implementieren, können auch nicht-lokale homöostatische Ziele verwendet werden. Dies ermöglicht beispielsweise die Homogenisierung der Spannung über die Gefäßwand [105] hinweg, d.h. gemäß der Hypothese der homogenen Spannung.

Beispiel 7.6 (Wachstum unter homöostatischen Spannungsbedingungen) Betrachten wir ein Membranmodell eines zylindrischen Gefäßsegments mit dem Durchmesser d und der Länge l. Das Gefäß ist bei der axialen Streckung λ_z mit dem Druck p_{i} beaufschlagt und seine Wanddicke h wächst in dem Bestreben, die Umfangsspannung σ_θ auf einem homöostatischen (konstanten) Niveau zu halten. Darüber hinaus kann Wachstum bei konstanter Dichte angenommen werden.

(a) Betrachten Sie den Wachstumstensor $\mathbf{G}$ im Hauptkoordinatensystem $\{\theta, z, r\}$ und drücken Sie seine Eigenwerte G_θ, G_z, G_r als Funktion der Volumenänderungsrate ς_{v} aus.

(b) Betrachten Sie isotropes Wachstum und berechnen Sie ς_v, das erforderlich ist, um die Homöostase in Reaktion auf die Rate $\dot{\lambda}_\theta$ der Umfangsstreckung aufrechtzuerhalten.

■

7.6.4 Die dickwandige elastische Röhre bei homöostatischem Wachstum

Wir betrachten ein 2D-achsensymmetrisches Gefäßsegment, dessen räumliche Konfiguration Ω mit dem Druck $p_i = 13.33$ kPa beaufschlagt ist, siehe Abb. 7.18. Zum Zeitpunkt $\tau = 0$ nimmt das Gefäß seine anfängliche (und spannungsfreie) Referenzkonfiguration $\widetilde{\Omega}_0$ ein, wobei $\widetilde{R}_i$ und $\widetilde{R}_o$ die inneren und äußeren Radien bezeichnen. Die (inkompatible) isotrope Wachstumsdeformation $\mathbf{G} = \alpha\mathbf{I}$ wird auf $\widetilde{\Omega}_0$ aufgebracht und dann von der elastischen Deformation $\mathbf{F}(R)$ gefolgt, was in Summe dann in die räumliche Konfiguration Ω resultiert.

Der Ring mit Radius $\widetilde{R}$ und Dicke $\mathrm{d}\widetilde{R}$ in $\widetilde{\Omega}_0$ wird dabei auf den Ring mit Radius r und Dicke $\mathrm{d}r$ in Ω abgebildet und ermöglicht damit den Ausdruck $2\pi r\mathrm{d}r = 2\pi\widetilde{R}\det\mathbf{G}(\widetilde{R})\det\mathbf{F}(R(\widetilde{R}))\mathrm{d}\widetilde{R}$. Mit der Inkompressibilität der elastischen Deformation $\det\mathbf{F} = 1$ ergibt seine Integration

$$r^2 - r_i^2 = 2\int_{\widetilde{R}_i}^{\widetilde{R}} x\det\mathbf{G}(\mathbf{x})\mathrm{d}\mathbf{x}\,,$$

und damit den räumlichen Radius $r = \sqrt{r_i^2\alpha^2(\widetilde{R}^2 - \widetilde{R}_i^2)}$, wobei $\det\mathbf{G}(x) = \alpha^2$ verwendet wurde. Mit der Abbildung $R = \alpha\widetilde{R}$, kann dann auch die elastische Umfangsdehnung

$$\lambda_\theta(\widetilde{R}) = \frac{2\pi r}{2\pi R} = \frac{\sqrt{r_i^2\alpha^2(\widetilde{R}^2 - \widetilde{R}_i^2)}}{\alpha\widetilde{R}} \tag{7.53}$$

berechnet werden. Es ist hier zu beachten, dass die Zwischenreferenzkonfiguration Ω_0 inkompatibel ist und daher $\lambda_r \neq r/R$ gilt.

Wir betrachten die Gefäßwand unter ebener Verzerrung und als inkompressibles neo-Hooke Material. Die Energiedichte $\Psi(\mathbf{C}) = c(\mathrm{tr}\mathbf{C} - 3)/2$ pro Einheit (unverformtes) Material repräsentiert dann das Gefäßgewebe, wobei $\mathbf{C}(R) = \mathbf{F}^\mathrm{T}(R)\mathbf{F}(R)$ den rechten Cauchy-Green Verzerrungstensor bezeichnet. Für dieses Problem nehmen wir Wachstum unter konstanter Dichte an, und

$$\varsigma_v = \zeta(\lambda_\theta - \overline{\lambda}_\theta) \tag{7.54}$$

beschreibt daher die Rate der Volumenänderung. Hier bezeichnet ζ [s^{-1}] eine Zeitkonstante, und $\overline{\lambda}_\theta$ ist ein homöostatischer Zielwert der Umfangsstreckung λ_θ. Der Massenaustausch skaliert dann mit der „Abweichung" von der Homöostase.

Mit isotropem Wachstum, $\mathbf{G}(\widetilde{R}) = \alpha(\widetilde{R})\mathbf{I}$, definiert die vorwärts-gerichtete Euler Integration von (7.50) über das Zeitintervall $\Delta\tau$ dann die Zunahme der wachstumsbezogenen Gradienten

$$\Delta G_\theta = \Delta G_r = \Delta\alpha(\widetilde{R}) = \alpha\varsigma_{\mathrm{v}}(\widetilde{R})\Delta\tau/2 = \alpha\zeta\left[\lambda_\theta(\widetilde{R}) - \overline{\lambda}_\theta\right]\Delta\tau/2\,, \quad (7.55)$$

wobei die elastische Streckung $\lambda_\theta(\widetilde{R})$ aus der Lösung des strukturellen Gleichgewichts folgt.

Angesichts eines achsensymmetrischen Problems in zylindrischen Koordinaten lautet die einzige nicht-triviale Gleichgewichtsrelation

$$r\mathrm{d}\sigma_r/\mathrm{d}r = \sigma_\theta - \sigma_r = \overline{\sigma}_\theta - \overline{\sigma}_r\,, \quad (7.56)$$

wobei die Cauchyschen Hauptspannungen $\sigma_i = \overline{\sigma}_i - \kappa;\, i = \theta, r$ in Umfangs- und jeweiligen radialen Richtungen verwendet wurden. Die Spannungen $\overline{\sigma}_i = \lambda_i\partial\Psi/\partial\lambda_i = \lambda_i^2 c$ werden durch die Verzerrungsenergie bestimmt, und κ bezeichnet den Lagrange-Druck, der die elastische Inkompressibilität erzwingt. Die Integration von (7.56) zwischen den Grenzen $\sigma_r(r_\mathrm{i}) = -p_\mathrm{i}$ und $\sigma_r(r_\mathrm{o}) = 0$ ergibt somit

$$p_\mathrm{i} = \int_{r_\mathrm{i}}^{r_\mathrm{o}} \frac{\overline{\sigma}_\theta - \overline{\sigma}_r}{r}\mathrm{d}r = \int_{\widetilde{R}_\mathrm{i}}^{\widetilde{R}_\mathrm{o}} \frac{\overline{\sigma}_\theta - \overline{\sigma}_r}{\widetilde{R}}\mathrm{d}\widetilde{R}\,, \quad (7.57)$$

wobei die kinematische Beziehung $r = \alpha\lambda_r\widetilde{R}$ verwendet wurde, und $\alpha\lambda_r$ die gesamte radiale Streckung relativ zu $\widetilde{\Omega}_0$ bezeichnet.

Wir können eine räumliche Diskretisierung des Gefäßes mit m Schichten verwenden, um das Integral in Gl. (7.57) zu approximieren. Eine Fixpunktiteration kann dann angewendet werden, um die diskreten Umfangsstreckungen $\lambda_{\theta\,j}$ aus dem Gleichgewicht

$$p_\mathrm{i} = c\sum_{j=1}^{m} \frac{\lambda_{\theta\,j}^2 - \lambda_{\theta\,j}^{-2}}{\widetilde{R}_j}\Delta\widetilde{R}$$

zu bestimmen, wobei $\Delta\widetilde{R} = (\widetilde{R}_\mathrm{o} - \widetilde{R}_\mathrm{i})/m$ die Dicke der diskreten Gefäßschichten bezeichnet, und die elastische Inkompressibilität $\lambda_{r\,j} = \lambda_{\theta\,j}^{-1}$ verwendet wurde. Mit $\lambda_{\theta\,j}$ gegeben, definiert die Bilanzrelation (7.55) die Inkremente $\Delta\alpha_j$ und ermöglicht es uns, die Wachstumsparameter $\alpha_j \leftarrow \alpha_j + \Delta\alpha_j$ über alle Diskretisierungsschichten j zu aktualisieren. Das vollständige iterative Schema ist in Tab. 7.4 angeführt.

Abb. 7.19 zeigt die Entwicklung des inneren Radius r_i über die Zeit, wobei $\overline{\lambda}_\theta = 1/m\sum_{j=1}^{m}\lambda_{\theta\,j}$ die Zielstreckung bestimmt. Es stellt ein *nicht-lokales* Ziel dar, an das sich das Gefäß anpasst. Die homöostatische Umfangsstreckung ist über die gesamte Gefäßwand homogen verteilt und nähert sich $\lambda_\theta = 1{,}10072$. Die wachstumsbedingte Streckung änderte sich dann von $\alpha = 1{,}03046$ im Inneren zu $\alpha = 0{,}968924$ an der Außenseite der Gefäßwand. Der Radius und die Wanddicke des Gefäßes änderten sich unbedeutend, und das System stabilisiert sich nach

Tab. 7.4 Algorithmus zur Lösung der dickwandigen elastischen Röhre unter isotropem Wachstum und über das Zeitinkrement $\Delta\tau$

(1) Parameter festlegen
$\widetilde{R}_\mathrm{i} = 3{,}0$ mm; $\widetilde{R}_\mathrm{o} = 4{,}0$ mm; $m = 30$
$c = 120$ kPa; $\zeta = 0{,}25$ Wochen^{-1}; $p_\mathrm{i} = 13{,}33$ kPa
(2) Räumliche Diskretisierung festlegen
$\Delta\widetilde{R} = (\widetilde{R}_\mathrm{o} - \widetilde{R}_\mathrm{i})/m$
$\widetilde{R}_j = \widetilde{R}_\mathrm{i} + (j - 0{,}5)\Delta\widetilde{R}$ für $j = 1, \ldots, m$
(3) Gleichgewicht lösen
$r_\mathrm{i} = 1.2\widetilde{R}_\mathrm{i};\ r_{\mathrm{i}\,n} = \widetilde{R}_\mathrm{i};\ p_n = 0;\ k = 1; k_\mathrm{max} = 10$
DO solange $k < k_\mathrm{max}$
$p = 0$
DO für $j = 1, \ldots, m$
$\lambda_{\theta\,j} = \frac{\sqrt{r_\mathrm{i}^2 + \alpha_j^2(\widetilde{R}_j^2 - \widetilde{R}_\mathrm{i}^2)}}{\alpha_j \widetilde{R}_j}$
$p \leftarrow p + c\frac{\lambda_{\theta\,j}^2 - \lambda_{\theta\,j}^{-2}}{\widetilde{R}_j}\Delta\widetilde{R}$
ENDDO innere Schleife
$r_\mathrm{i} \leftarrow r_\mathrm{i} - \beta(p - p_\mathrm{i})$ mit $\beta = \frac{r_\mathrm{i} - r_{\mathrm{i}\,n}}{p - p_n}$
$r_{\mathrm{i}\,n} = r_\mathrm{i}; p_n = p$
Wenn $\lvert p - p_\mathrm{i}\rvert < 10^{-6}$, $k = k_\mathrm{max} + 1$
Wenn $k = k_\mathrm{max}$, Lösung nicht gefunden: beenden
$k \leftarrow k + 1$
ENDDO äußere Schleife
(4) Wachstumsparameter aktualisieren
$\overline{\lambda}_\theta = 1/m\sum_{j=1}^{m}\lambda_{\theta\,j}$ oder $\overline{\lambda}_\theta = const$
DO für $j = 1, \ldots, m$
$\alpha_j \leftarrow \alpha_j + \alpha_j\zeta(\lambda_{\theta\,j} - \overline{\lambda}_\theta)\Delta\tau/2$
ENDDO

etwa 40 Wochen. Gibt man jedoch eine vordefinierte und konstante Zielstreckung $\overline{\lambda}_\theta$ an, führt dies zu einem übermäßig eingeschränkten Problem. Das Gefäß stabilisiert sich nicht, sondern es expandiert oder schrumpft, abhängig vom jeweils eingestellten Wert für $\overline{\lambda}_\theta$, siehe Abb. 7.19. Spannung und Streckung sind über das konstitutive Modell der Gefäßwand gekoppelt, und der aufgebrachte Druck p_i bestimmt über das strukturelle Gleichgewicht bereits die Wandstreckung. Die Einstellung von $\overline{\lambda}_\theta$ als Wachstumsziel führt dann zu der in Abb. 7.19 gezeigten nichtplausiblen Systemreaktion.

7.6.5 Beschreibung des Wachstums auf Basis kontinuierlichen Gewebeumsatzes

Unabhängig davon, dass die kinematikbasierte Wachstumsbeschreibung physikalisch vernünftige Ergebnisse liefert, basiert sie jedoch nicht auf der in der Gefäßwand stattfindenden kontinuierlichen Produktion und Degradation von Ge-

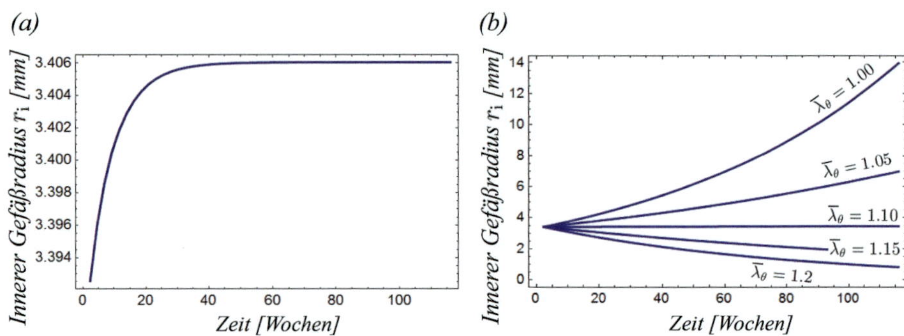

Abb. 7.19 Entwicklung des inneren Radius r_i über die Zeit τ des dickwandigen Rohrs, wobei isotropes Wachstum und ein streckungsbasiertes homöostatisches Ziel $\overline{\lambda}_\theta$ verwendet wird. (**a**) Die durchschnittliche Umfangsstreckung über die gesamte Wand legt das homöostatische Ziel fest. (**b**) Eine konstante Umfangsstreckung kennzeichnet das homöostatische Ziel. Tab. 7.4 listet die Parameter auf, die für die Berechnungen verwendet wurden

webebestandteilen. Gefäßzellen produzieren Gewebebestandteile, die dann in die Gefäßwand integriert werden, während Chemikalien, hauptsächlich MMP, diese ständig abbauen. Ein Prozess, der zum Gewebeumsatz, wie in Abb. 7.20 dargestellt, führt. Zum Zeitpunkt $\tau = \xi$ und während des Zeitintervalls $\mathrm{d}\tau$ wird das „Paket" der Gewebemasse

$$\mathrm{d}m^+ = \rho\varsigma_\mathrm{v}^+\mathrm{d}v = \rho_0\varsigma_\mathrm{v}^+\mathrm{d}V = \varsigma_\mathrm{m}^+\mathrm{d}v = \varsigma_\mathrm{M}^+\mathrm{d}V$$

produziert, durch den Deformationsgradienten $\mathbf{F}_\mathrm{pre}$ vorgespannt und schließlich im Kontinuum Ω integriert. Das Superskript „+" symbolisiert Zugang in das System, und „-" bezeichnet Abgang daraus. Die Rate der Volumenänderung wird durch ς_v bezeichnet und ist durch die Massenbilanzgleichung (7.41) gegeben, während ς_m und ς_M die Massendichteraten jeweils pro räumlichen und referenziellen Volumen kennzeichnet.

Wir können auch die Überlebensfunktion $S(\tau - \tau_0)$ einführen, die den Anteil quantifiziert, der zur Zeit τ von dem jeweiligen „Paket" an Gewebemasse verbleibt, das zur Zeit τ_0 abgelagert wurde und *noch nicht* von MMP abgebaut wurde. Die Überlebensfunktion $S(x)$ ist für $x \geq 0$ definiert und erfüllt die Bedingungen $S(0) = 1$ und $\mathrm{d}S/\mathrm{d}x < 0$. Die Massendichterate und die Überlebensfunktion hängen von der Zeit ab, aber auch von Faktoren wie Verzerrung, Spannung und chemischen Konzentrationen.

Die referenzielle Massendichte zur Zeit τ, wie sie sich aus dem kontinuierlichen Gewebeumsatz ergibt, wird dann durch

$$\rho_0(\tau) = \rho_0(0)S(\tau) + \int_{\xi=0}^{\tau} \varsigma_\mathrm{M}^+(\xi)S(\tau - \xi)\mathrm{d}\xi \tag{7.58}$$

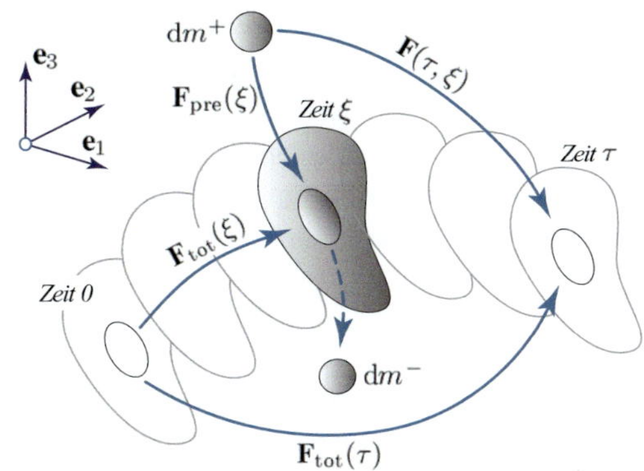

Abb. 7.20 Beschreibung des Gewebeumsatzes durch den kontinuierlichen Zugang von $\mathrm{d}m^+$ und Abgang von $\mathrm{d}m^-$ an Gewebemasse. Es führt in Summe zur Entwicklung der räumlichen Konfiguration über die Zeit $0<\xi<\tau$, und den entsprechenden Deformationsgradienten

beschrieben, ein Ausdruck, der die Lösung einer Zeitkonvolution beinhaltet, ähnlich wie bei der linearen Viskoelastizität, siehe Abschn. 3.5.4.2.

Im Sinne einer hyperelastischen Beschreibung speichert das „Paket" Gefäßgewebe der Masse $\mathrm{d}m^+$, das durch durch $\mathbf{F}$ verformt ist, die spezifische Verzerrungsenergiedichte $\Psi(\mathbf{F})/\rho_0$. Hier kennzeichnet Ψ die Verzerrungsenergiedichte pro Einheit Referenzvolumen, und

$$\Psi(\tau) = \frac{\rho_0(0)S(\tau)}{\rho_0(\tau)}\Psi(\mathbf{F}(\tau,0)) + \int\limits_{\xi=0}^{\tau} \frac{\varsigma_{\mathrm{M}}^{+}(\xi)S(\tau-\xi)}{\rho_0(\xi)}\Psi(\mathbf{F}(\tau,\xi))\mathrm{d}\xi \tag{7.59}$$

drückt dann die Energie aus, die zum Zeitpunkt τ elastisch im Gewebe gespeichert ist. Zusätzlich bezeichnet $\mathbf{F}(\tau, \xi)$ den Deformationsgradienten zum Zeitpunkt τ, der auf das Gewebe-„Paket", das zum Zeitpunkt ξ abgelagert wurde, aufgebracht ist. Die vorliegende Kinematik ergibt somit

$$\mathbf{F}(\tau,\xi) = \mathbf{F}_{\mathrm{tot}}(\tau)\mathbf{F}_{\mathrm{tot}}^{-1}(\xi)\mathbf{F}_{\mathrm{pre}}(\xi)\,, \tag{7.60}$$

siehe Abb. 7.20.

Ähnlich der Aufteilung des Gewebevolumens auf die Komponenten des Wachstumstensors $\mathbf{G}$ in Abschn. 7.6.3, muss auch hier angegeben werden, wie sich die Masse $\mathrm{d}m^+$ bei der Einbindung in den Körper verformt, d.h. man muss die Komponenten von $\mathbf{F}_{\mathrm{pre}}(\xi)$ spezifizieren.

Die hier dargestellte kontinuierliche Wachstumsbeschreibung wurde mit der Mischungstheorie kombiniert um Gefäßgewebe als ein Kontinuum zu beschreiben [64]. Die jeweiligen Gewebekomponenten unterlaufen dabei einer affinen Transformation, so dass die Gewebeverformung eingeschränkt ist und die Beschreibung daher als *eingeschränktes Mischmodell (constrained mixture model)* bezeichnet wird. Bis heute wurden mehrere Versionen und Anwendungen dieser Idee verwendet [5, 42, 63, 72, 78, 91]. Dieses Mischmodell wurde beispielsweise in Zusammenhang mit der Theorie des volumetrischen Wachstums [2], der mikrostrukturellen Beschreibung von Kollagenumbau [83] und der Variation des basalen Tonus von SMC [41] verwendet. Kürzlich wurde auch ein homogenisiertes eingeschränktes Mischmodell vorgeschlagen, um die Rechenkosten zu reduzieren und gleichzeitig die Schlüsselelemente der Theorie zu erhalten [23, 76, 77]. Für die i-te Gewebekomponente, kann die gesamte Wachstumsverformung jeweils in den Remodellierungsanteil $\mathbf{F}_\mathrm{r}$ und den Wachstumsteil $\mathbf{F}_\mathrm{g}$ zerlegt werden. Die Änderung der Referenzkonfiguration des Gewebes wird dann durch $\mathbf{G} = \mathbf{F}_\mathrm{r}\mathbf{F}_\mathrm{g}$ beschrieben, wobei isotropes und anisotropes Wachstum untersucht wurde [12].

7.6.6 Gewebe unter einfacher Zugbelastung und kontinuierlichem Massenumsatz

Wir betrachten eine Gewebeprobe, die durch die neo-Hooke Verzerrungsenergie $\Psi(\mathbf{C}) = c(\mathrm{tr}\mathbf{C} - 3)/2$ pro Einheit (unverformtes) Material gekennzeichnet ist, wobei $\mathbf{C}$ den rechten Cauchy-Green Verzerrungstensor bezeichnet und $c = 120$ kPa den referentiellen Schermodul des Gewebes kennzeichnet. Zum Zeitpunkt $\tau = 0$ nimmt das Gewebe seine anfängliche (und spannungsfreie) Referenzkonfiguration Ω_0 ein, und wird unter einfachem Zug belastet. Die Streckung $\lambda_\mathrm{tot} = 1 + k\tau$ bestimmt dann die Verformung des Gewebes über die Zeit τ, wobei $k = 10$ Woche^{-1} eine Konstante ist. Das Gewebe unterläuft kontinuierlich Produktion und Degradation, und das hinzugefügte Gewebe wird auf $\lambda_\mathrm{pre} = 1.5$ im Vergleich zu seiner unbelasteten Konfiguration vorgedehnt.

Die ursprüngliche referenzielle Dichte von $\rho_0 = 0{,}6$ kg dm^{-3} kennzeichnet die mechanisch relevanten Strukturproteine in der Wand, Masse wird mit der konstanten Rate $\varsigma_\mathrm{M}^+ = 0{,}1$ kg dm^{-3} Woche^{-1} produziert, was zusammen mit der Überlebensfunktion $S(\tau) = \exp(-\tau/\zeta)$ die Kinetik des Umsatzprozesses charakterisiert. Hierbei bezeichnet $\zeta = 2$ Wochen eine Zeitkonstante. Die Massendichte (7.58) kann integriert werden, und

$$\rho_0(\tau) = \rho_0(0)\exp(-\tau/\zeta) + \varsigma_\mathrm{M}^+\zeta[1 - \exp(-\tau/\zeta)] \tag{7.61}$$

liefert somit einen analytischen Ausdruck der Masse pro Referenzeinheitsvolumen und der Zeit τ, siehe Abb. 7.21a. Darüber hinaus definiert die Überlebensfunktion $S(\tau)$ den Abbau von Gewebemasse $\mathrm{d}m^-$, ein Teil des Gewebes, der jedoch keinen Einfluss auf die Mechanik des Gefäßes hat und daher nicht weiter berücksichtigt wird.

Mit der Verzerrungsenergie (7.59), liefert das Verfahren von Coleman und Noll für inkompressible Materialien (3.131) zusammen mit der zweiten Piola-Transformation die $i = 1, 2, 3$ Cauchyschen Hauptspannungen

$$\begin{aligned}\sigma_i(\tau) = {} & \frac{\rho_0(0)S(\tau)}{\rho_0(\tau)}\lambda_i(\tau)\frac{\partial\Psi(\mathbf{F}(\tau,0))}{\partial\lambda_i(\tau)} \\ & + \int\limits_{\xi=0}^{\tau} \frac{\varsigma_\mathrm{M}^+ S(\tau-\xi)}{\rho_0(\xi)}\lambda_i(\tau,\xi)\frac{\partial\Psi(\mathbf{F}(\tau,\xi))}{\partial\lambda_i(\tau,\xi)}\mathrm{d}\xi - \kappa\,,\end{aligned} \tag{7.62}$$

wobei κ einen Lagrange-Beitrag zur hydrostatischen Spannung bezeichnet und die Inkompressibilität erzwingt.

Die Hauptstreckungen eines inkompressiblen Materials unter einfachem Zug lauten

$$\lambda_1 = \frac{\lambda_{\text{tot}}(\tau)}{\lambda_{\text{tot}}(\xi)}\lambda_{\text{pre}}\,,\ \lambda_2 = \lambda_3 = \sqrt{\lambda_1}\,, \tag{7.63}$$

wo die multiplikative Kinematik der umsatzbasierten Wachstumsbeschreibung verwendet wurde, siehe Abb. 7.20. Die Substitution der genannten Hauptstreckungen in (7.62) und das Ergebnis $\partial\Psi/\partial\lambda_i = c\lambda_i$, ergibt dann die Cauchy Spannung in Zugrichtung

$$\begin{aligned}\sigma_1 = c\Bigg\{ & \frac{\rho_0(0)\exp\left(\frac{-\tau}{\zeta}\right)}{\rho_0(\tau)}\left(\lambda_{\text{pre}}^2 - \lambda_{\text{pre}}^{-1}\right) \\ & + \int\limits_{\xi=0}^{\tau} \frac{\varsigma_{\text{M}}^{+}\exp\left(\frac{\xi-\tau}{\zeta}\right)}{\rho_0(\xi)}\left[\left(\frac{\lambda_{\text{tot}}(\tau)\lambda_{\text{pre}}}{\lambda_{\text{tot}}(\xi)}\right)^2 - \frac{\lambda_{\text{tot}}(\xi)}{\lambda_{\text{tot}}(\tau)\lambda_{\text{pre}}}\right]\mathrm{d}\xi\Bigg\}\,,\end{aligned} \tag{7.64}$$

wobei das Gleichgewicht $\sigma_2 = \sigma_3 = 0$ in Querbelastungsrichtung verwendet wurde um κ zu identifizieren. Das Faltungsintegral in (7.64) kann numerisch gelöst werden, und die Spannung als Funktion der Zeit ist in Abb. 7.21b gezeigt. Nach einem übermäßigen Spannungsausschlag bei etwa 5 Wochen wird eine konstante Spannung im kontinuierlich wachsenden Gewebe erst nach etwa 40 Wochen vorhergesagt.

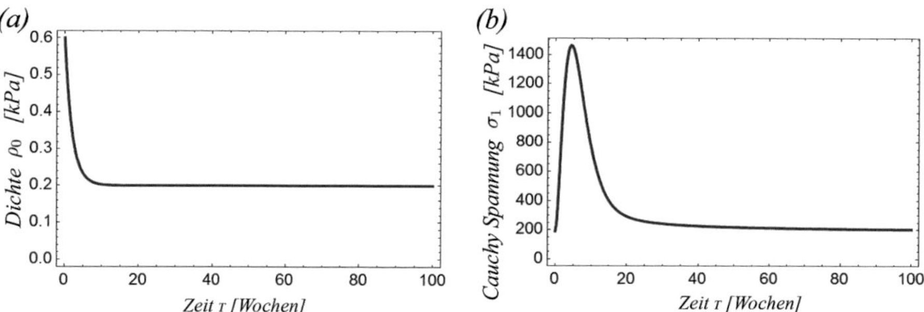

Abb. 7.21 Kontinuierliche umsatzbasierte Beschreibung von Blutgefäßgewebe unter einfacher Zugbelastung. Die Entwicklung der Dichte pro Referenzeinheitsvolumen (**a**) und der Cauchyschen Normalspannung (**b**) über die Zeit τ wird gezeigt

Beispiel 7.7 (Das dünnwandige Gefäß mit Gewebeumsatz) Betrachten wir ein Blutgefäß vom Durchmesser $D = 10{,}0$ mm und der Wandstärke $H = 1{,}0$ mm in seiner spannungsfreien Referenzkonfiguration Ω_0. Zum Zeitpunkt $\tau = 0$ werden die unverformten strukturellen Gefäßwandproteine durch die Massendichte

$\rho_0 = 0{,}6$ kg dm^{-3} bestimmt. Das Gefäß ist inkompressibel und wird mit der neo-Hooke Verzerrungsenergie $\Psi(\mathbf{C}) = c(\mathrm{tr}\mathbf{C} - 3)/2$ pro Einheit unverformten Materials modelliert, wobei $\mathbf{C}$ die rechte Cauchy-Green Verzerrung und $c =$ 120 kPa bezeichnet. Das Gefäß wird mit dem Druck p_i beaufschlagt und verformt sich in axialer Richtung nicht. Die Gefäßwand ist kontinuierlichem Gewebeumbau ausgesetzt, wobei $\lambda_\mathrm{pre} = 1{,}17$ die Vorstreckung des hinzugefügten Gewebes definiert. Die Kinetik wird durch die konstante Rate der Massenproduktion $\varsigma_\mathrm{M}^+ = 0.1$ kg dm^{-3} Woche^{-1} zusammen mit der Überlebensfunktion $S(\tau) = \exp(-\tau/\zeta)$ bestimmt, wobei $\zeta = 2$ Wochen eine Zeitkonstante bezeichnet.

(a) Geben Sie den analytischen Ausdruck der referenziellen Massendichte an.
(b) Leiten Sie den Ausdruck der zirkumferenziellen Cauchy Spannung σ aus der Verzerrungsenergie (7.59) ab.
(c) Teilen Sie den Zeitbereich in n konstante Intervalle der Größe $\Delta\tau$ ein und leiten Sie eine zeitdiskretisierte Darstellung der zirkumferenziellen Cauchy Spannung der Gefäßwand ab.
(d) Verwenden Sie das Gleichgewicht des druckbeaufschlagten Rohrs, um den Druck p_i als Funktion der Zeit zu berechnen. Untersuchen Sie den Grenzfall $\lambda_\mathrm{tot} = \lambda_\mathrm{pre}$ und zeigen Sie, dass sich der Druck p_i dem Druck des dünnwandigen Rohr aus neo-Hooke Material annähert.

■

Beispiel 7.8 (Wachstum der Gefäßwand zufolge Gewebeumsatzes) Wir betrachten ein 2D-achsensymmetrisches Gefäßsegment, wobei die räumliche Konfiguration Ω mit dem Druck $p_\mathrm{i} = 13{,}33$ kPa beaufschlagt ist, siehe Abb. 7.22. Zum Zeitpunkt $\tau = 0$ nimmt das Gefäß seine anfängliche (und spannungsfreie) Referenzkonfiguration Ω_0 ein, wobei die inneren und äußeren Radien durch $R_\mathrm{i} = 3{,}0$ mm und $R_\mathrm{o} = 4{,}0$ mm bezeichnet werden. Das Gewebe der Gefäßwand befindet sich unter ständigem Gewebeumsatz, und Gleichung (7.59) beschreibt die Verzerrungsenergie $\Psi(\tau)$ der Gefäßwand pro Referenzeinheitsvolumen in Ω_0. Wir betrachten die Gefäßwand unter ebener Verzerrung und als inkompressibles neo-Hooke Material mit der Verzerrungsenergie $\Psi(\mathbf{C}) = c(\mathrm{tr}\mathbf{C} - 3)/2$ pro undeformiertem Material. Hier ist $\mathbf{C}$ der rechte Cauchy-Green Verzerrungstensor und $c = 120$ kPa bezeichnet den referentiellen Schubmodul. Die konstante Rate der Massenproduktion $\varsigma_\mathrm{M}^+ = 0{,}1$ kg dm^{-3} Woche^{-1} zusammen mit der Überlebensfunktion $S(\tau) = \exp(-\tau/\zeta)$ definieren die Kinetik des Umsatzprozesses, wobei $\zeta = 6$ Wochen eine Zeitkonstante ist.

(a) Leiten Sie den Cauchy Spannung $\boldsymbol{\sigma}$ aus der Verzerrungsenergie (7.59) ab.
(b) Drücken Sie die Hauptstreckungen aus und leiten Sie die Cauchyschen Hauptspannungen ab. Diskretisieren Sie das Zeitintervall $0 < t < \tau$ durch n äquidistante Inkremente der Größe $\Delta\tau$ und leiten Sie die zeitdiskretisierte Darstellung der Hauptspannungen ab.
(c) Betrachten Sie das Gleichgewicht des dickwandigen Rohrs und diskretisieren Sie die jeweilige Gleichung in Zeit und Raum.

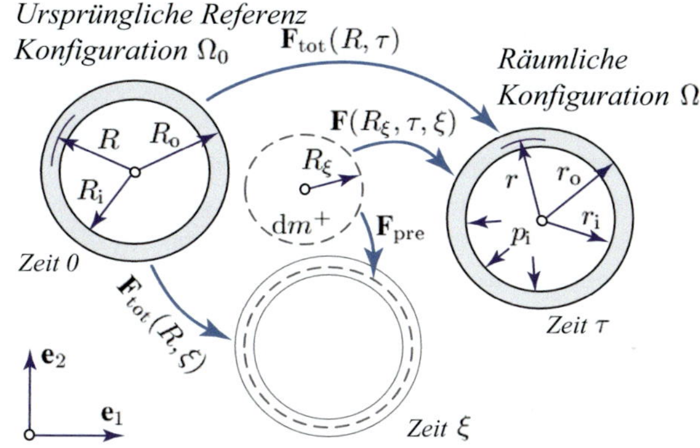

Abb. 7.22 Kontinuierliche umsatzbasierte Wachstumsbeschreibung des dickwandigen Gefäßes in 2D

(d) Passen Sie den in Tab. 7.4 gezeigten Algorithmus an und berechnen Sie die Entwicklung der räumlichen Konfiguration über die Zeit für eine Anzahl n an Zeitschritten.

■

7.6.7 Mehrphasige und alternative Beschreibungen

Die Gefäßwand kann als eine *Mischung* aus festen Bestandteilen, wie Elastin, Kollagen und SMC, betrachtet werden, die ihrerseits in Flüssigkeit eingetaucht sind. Während die Konvektion von Flüssigkeit innerhalb der Gewebe für eine Reihe von physiologischen Prozessen unerläßlich ist, kann die Wand in der Beschreibung vieler vaskulärer biomechanischer Probleme als ein *inkompressibler homogenisierter Festkörper* betrachtet werden. Die Cauchy Spannung ergibt sich dann zu $\boldsymbol{\sigma} = \sum_{i=1}^{n} \Phi_i \text{dev}(\boldsymbol{\sigma}_i) - p\mathbf{I}$. Die deviatorische Spannung wird dabei über die deviatorischen Spannungsbeiträge $\text{dev}(\boldsymbol{\sigma}_i)$ der n Bestandteile gemittelt und mit den jeweiligen Volumenfraktionen Φ_i gewichtet, während der hydrostatische Druck p die Inkompressibilität erzwingt und mit dem Porenflüssigkeitsfluss verknüpft ist. Neben der *affinen* Verformung der strukturellen Bestandteile nehmen die meisten Mischungsmodelle auch an, dass neu gebildete Bestandteile bei einer *vorgegebenen Spannung oder Dehnung* in die bestehende Struktur eingelagert werden. Gefäßzellen würden daher nicht nur Spannung oder Dehnung wahrnehmen und darauf reagieren können, sondern sie hätten auch die Fähigkeit, die ausgeschiedenen und neu zu integrierenden Gewebebestandteile *vorzudehnen*. Die Dehnung bei der Einlagerung unterscheidet sich zwischen den Geweben [30, 57], und es ist vernünftig anzunehmen, dass neu gebildetes Material bei der *homöostatischen* Dehnung eingelagert wird [31]. Alternativ könnte das Altern und damit das Schrumpfen der neu eingebundenen Gewebekomponenten die Entwicklung von Vordehnung erklären.

Ein spezifisches Mischungsmodell [125] führte separate Variablen in der Beschreibung der Dichte und der jeweiligen Welligkeit von Kollagenfasern ein. Beide Variablen werden durch belastungsbeeinflussende Ratengleichungen gesteuert und dann mit dem (passiven) histologiebasierten HGO Modell verknüpft [60]. Mehrere Variationen und Anwendungen dieses Ansatzes sind bekannt [108, 124], und kürzlich [4] wurde das Modell auch mit chemischen Reaktionswegen von Kollagensynthese und -abbau gekoppelt [24]. Die Änderung der normalisierten Gewebedichten bestimmt hier das volumetrische Wachstum und koppelt damit an die Theorie des volumetrischen Wachstums an [107]. Wie bei einphasigen Modellen muss auch hier eine Änderung des Gewebevolumens in die jeweilige Wachstumsrate $\dot{\mathbf{G}}$ übertragen werden (siehe Abschn. 7.6.3), und die damit verbundene Modellannahme beeinflusst stark das Wachstum der Gefäßwand [48].

Ein anderer Modellierungsansatz [39, 84] folgt der allgemeinen Theorie des faserigen Bindegewebes, siehe Abschn. 5.5.7. Er verknüpft die multistrukturelle Beschreibung von Kollagen (5.39) mit einer dehnungsbasierten Ratengleichung, und die synthetisierten Kollagenfibrillen werden nach einer vordefinierten dreieckigen Verteilungsfunktion integriert.

Ein weiteres Modell [75] basiert auf einer mikrostrukturellen Theorie der Adaption von Weichgewebe und betrachtet Elastin, Kollagen und Zellen als in Flüssigkeit eingetaucht. Das Modell verwendet einen dehnungsbasierten Stimulus und beschreibt den Umsatz der Bestandteile unter *konstant gehaltenem* Faser-Matrix Volumenanteil. Die deformationsabhängige Faserdegradation ist am geringsten bei der homöostatischen Dehnung des Gewebes, und das Modell nimmt eine normalverteilte Einlagerungsdehnung der Gewebefasern an.

Ein weiteres Modell [81, 82] befasst sich mit zellengesteuerter Gewebekompaktion in Verbindung mit dem Umsatz von Kollagenfasern. Neben vielen der zuvor genannten Mechanismen und Konzepte führt es auch *aktive* Spannungsfasern ein, um Gewebekompaktion zu modellieren. Es wird dabei angenommen, dass der Phänotyp der Zelle und die Dehnung auf Gewebeebene die Spannung in den Spannungsfasern beeinflussen.

Einige Aspekte der Gefäßwandadaption können auch durch die Evolution von Materialkonstanten erfasst werden, d.h. durch die Anpassung von Modellen, die ursprünglich zur Beschreibung der passiven Gefäßwand entwickelt wurden. Abgesehen von *ad hoc* Annahmen, kann die Evolution von Modellparametern Faktoren wie die mechanische Spannung oder Dehnung sowie die Konzentration oder den Fluss von Chemikalien berücksichtigen. Dieser Ansatz wurde in Form einer begrenzten elastischen Verzerrungsenergie [121], internen thermodynamischen Variablen [87], Kontinuums-Schädigungsmechanik (CDM) [17], oder der Umgestaltung von Kollagenfasern [28, 29, 56], verwirklicht.

7.7 Zusammenfassung und Schlussfolgerung

Die Gefäßwand ist mit einer Anzahl von Mechanismen ausgestattet, um auf Umgebungsveränderungen zu reagieren und sich diesen optimal anzupassen. Während die ECM das Dehnungsniveau der einzelnen Zellen bestimmt, sind es die Zellen selbst, die mechanische Belastungen wahrnehmen und darauf reagieren. Das *Endothel* liegt dabei an der strategisch wichtigen Schnittstelle zwischen Gewebe und Blut und spielt damit eine zentrale Rolle in der Kopplung zwischen der Gefäßwandbiologie und den hämodynamischen Kräften.

Dieses Kapitel konzentrierte sich auf die Beschreibung der *Vasoreaktivität,* der Regelung des Gefäßdurchmessers, sowie der *Arteriogenese,* dem Gleichgewicht zwischen Abbau und Synthese von Gefäßgewebebestandteilen. Die biochemischen Mechanismen dieser Gefäßeigenschaften wurden detailliert beschrieben und Modellierungsansätze von unterschiedlicher Komplexität, einschließlich thermodynamischer Argumente, wurden diskutiert. Die kinematikbasierte und die umsatzbasierte Beschreibungen des Wachstums sind zwei grundlegend verschiedene Rahmenbedingungen zur Modellierung der Arteriogenese. Während die letztere eng mit der Natur des Gewebeumsatzes verbunden ist, ist sie rechnerisch äußerst anspruchsvoll. Jüngste Entwicklungen haben daher Elemente der kinematikbasierten und der umsatzbasierten Beschreibungen kombiniert [12, 23, 38, 41, 49, 71, 76, 84, 91, 121, 125]. Eine der vielen offenen Fragen betrifft das Verhältnis zwischen Umsatz an Gewebemasse und der daraus resultierenden Wachstumskinematik. Unterschiedliche Annahmen führen zu sehr unterschiedlichen Simulationsergebnissen [49]. Bis heute können keine allgemeinen Schlussfolgerungen gezogen werden, und jüngste analytische Erkenntnisse deuten darauf hin, dass wachstumsbedingte Streckungen hauptsächlich in Richtungen der geringsten Steifigkeit auftreten könnten [13]. Es wird erwartet, dass die laufende Forschung diese Aspekte der Gefäßwandbiomechanik weiter ergründen wird.

Die Anpassung der Gefäßwand muss einer Reihe physikalischer Prinzipien gehorchen, und selbst innerhalb dieser Einschränkungen wurden sehr unterschiedliche Ansätze vorgeschlagen. Angesichts der limitierten experimentellen Daten sind die biologischen „Kräfte", die die Anpassung der Gefäßwand steuern, weitgehend unbekannt. Modelle müssen nach wie vor eine Reihe von *ad hoc* Annahmen treffen, die angemessen sein können oder eben auch nicht. Die gründliche Validierung dieser Annahmen in Bezug auf klar definierte beabsichtigte Modellanwendungen (IMA) wäre von entscheidender Bedeutung, um das Vertrauen in Modelle zur Beschreibung der Blutgefäßadaption zu erhöhen. Es ist dies auch eine grundlegende Voraussetzung für die rigorose Anwendung solcher Modelle. Neben maßgeschneiderten *in vitro* Experimenten ermöglichen moderne Bildgebungsmodalitäten die Erfassung von *funktionalen und biologischen* Informationen der Gefäßwand, Daten, die direkt in der Entwicklung und Validierung von besagten Modellen verwendet werden könnten. Ungeachtet der augenblicklich unausgereiften

Modellierungen wird ein besseres Verständnis der Adaption von Blutgefäßen die Gefäßbiomechanik revolutionieren.

Literatur

1. B. Alberts, D. Bray, J. Lewis, M. Raff, K. Roberts, J.D. Watson, *Molecular Biology of the Cell* (Garland Publishing, New York, 1994)
2. P.W. Alford, J.D. Humphrey, L.A. Taber, Growth and remodeling in a thick-walled artery model: effects of spatial variations in wall constituents. Biomech. Model. Mechanobio. **7**, 245–262 (2008)
3. D. Ambrosi, G.A. Ateshian, E.M. Arruda, S.C. Cowin, J. Dumais, A. Goriely, G.A. Holzapfel, J.D. Humphrey, R. Kemkemer, E. Kuhl, J.E. Olberding, L.A. Taber, K. Garikipati, Perspectives on biological growth and remodeling. J. Mech. Phys. Solids **59**, 863–883 (2011)
4. P. Aparicio, M. Thompson, P.N. Watton, A novel chemo-mechano-biological model of arterial tissue growth and remodelling. J. Biomech. **49**, 2321–233 (2016)
5. S. Baek, K.R. Rajagopal, J.D. Humphrey, A theoretical model of enlarging intracranial fusiform aneurysms. ASME. J. Biomech. Eng. **128**, 142–149 (2006)
6. N. Baeyens, M.A. Schwartz, Biomechanics of vascular mechanosensation and remodeling. Mol. Biol. Cell **27**, 7–11 (2016)
7. A.J. Bank, D.R. Kaiser, S. Rajala, A. Cheng, In vivo human brachial artery elastic mechanics: effects of smooth muscle relaxation. Circulation **100**, 41–47 (1999)
8. G. Bergers, S. Song, The role of pericytes in blood-vessel formation and maintenance. Neuro Oncol. **7**, 452–464 (2005)
9. A.P. Bhole, B.P. Flynn, M. Liles, N. Saeidi, C.A. Dimarzio, J.W. Ruberti, Mechanical strain enhances survivability of collagen micronetworks in the presence of collagenase: implications for loadbearing matrix growth and stability. Philos. T. R. Soc. A **367**, 3339–3362 (2009)
10. J.E. Bishop, G. Lindahl, Regulation of cardiovascular collagen synthesis by mechanical load. Cardiovasc. Res. **42**, 27–44 (1999)
11. M.-L. Bochaton-Piallat, C.J.M. de Vries, G.J. van Eys, Vascular smooth muscle cells, in *The ESC Textbook of Vascular Biology*, ed. by R. Krams, M. Bäck, chapter 7 (Oxford University Press, Oxford, 2017), pp. 91–103
12. F.A. Braeu, A. Seitz, R.C. Aydin, C.J. Cyron, Homogenized constrained mixture models for anisotropic volumetric growth and remodeling. Biomech. Model. Mechanobio. **16**, 9889–906 (2016)
13. F.A. Braeu, R.C. Aydin, C.J. Cyron, Anisotropic stiffness and tensional homeostasis induce a natural anisotropy of volumetric growth and remodeling in soft biological tissues. Biomech. Model. Mechanobio. **18**(2), 327–345 (2019)
14. Y. Castier, R.P. Brandes, G. Leseche, A. Tedgui, S. Lehoux, p47phox-dependent NADPH oxidase regulates flow-induced vascular remodeling. Circ. Res. **97**, 533–540 (2005)
15. A.W. Caulk, J.D. Humphrey, S.-I. Murtada, Fundamental roles of axial stretch in isometric and isobaric evaluations of vascular contractility. ASME. J. Biomech. Eng. **141**, 031008 (2018)
16. X.-L. Chen, S.E. Varner, A.S. Rao, J.Y. Grey, S. Thomas, C.K. Cook, M.A. Wasserman, R.M. Medford, A.K. Jaiswal, C. Kunsch, Laminar flow induction of antioxidant response element-mediated genes in endothelial cells. a novel anti-inflammatory mechanism. J. Bio. Chem. **278**, 703–711 (2003)
17. E. Comellas, T.C. Gasser, F.J. Bellomo, S. Oller, A homeostatic-driven turnover remodelling constitutive model for healing in soft tissues. J. R. Soc. Interface **13**, 20151081 (2016)

18. F. Condemi, S. Campisi, M. Viallon, P. Croisille, S. Avril, Relationship between ascending thoracic aortic aneurysms hemodynamics and biomechanical properties. IEEE T. Biomed. Eng. **67**(4), 949–956 (2019)
19. S.C. Cowin, Tissue growth and remodeling. Ann. Rev. Biomed. Eng. **6**, 77–107 (2004)
20. R.H. Cox, Effects of norepinephrine on mechanics of arteries in vitro. Am. J. Physiol. **23**, 420–425 (1976)
21. R.H. Cox, Mechanics of canine iliac artery smooth muscle in vitro. Am. J. Physiol. **230**, 462–470 (1976)
22. R.H. Cox, Regional variation of series elasticity in canine arterial smooth muscles. Am. J. Physiol. **234**, H542–H551 (1978)
23. C.J. Cyron, R.C. Aydin, J.D. Humphrey, A homogenized constrained mixture (and mechanical analog) model for growth and remodeling of soft tissue. Biomech. Model. Mechanobio. **15**, 1389–1403 (2016)
24. P. Dale, J. Sherratt, P. Maini, A mathematical model for collagen fibre formation during foetal and adult dermal wound healing. Proc. R. Soc. Lond. B **263**, 653–660 (1996)
25. P.F. Davies, Flow-mediated endothelial mechanotransduction. Physiol. Rev. **75**, 519–560 (1995)
26. P.F. Dillon, M.O. Aksoy, S.P. Driska, R.A. Murphy, Myosin phosphorylation and the cross-bridge cycle in arterial smooth muscle. Science **211**, 495–497 (1981)
27. P.B. Dobrin, A.A. Rovick, Influence of vascular smooth muscle on contractile mechanics and elasticity of arteries. Am. J. Physiol. **217**, 1644–1651 (1969)
28. N.J.B. Driessen, M.A.J. Cox, C.V.C. Bouten, F.P.T. Baaijens, Remodeling of the angular collagen fiber distribution in cardiovascular. Biomech. Model. Mechanobio. **7**, 93–103 (2008)
29. N.J.B. Driessen, W. Wilson, C.V.C. Bouten, F.P.T. Baaijens, A computational model for collagen fibre remodelling in the arterial wall. J. Theor. Biol. **226**, 53–64 (2004)
30. M. Eastwood, R. Porter, U. Khan G. McGrouther, R. Brown, Mechanistic micro-structural theory by dermal fibroblasts and the relationship to cell morphology. J. Cell. Physiol. **166**, 33–42 (1996)
31. J.C. Ellsmere, R.A. Khanna, J.M. Lee, Mechanical loading of bovine pericardium accelerates enzymatic degradation. Biomaterials **20**, 1143–1150 (1999)
32. R.E. Feaver, B.D. Gelfand, B.R. Blackman, Human haemodynamic frequency harmonics regulate the inflammatory phenotype of vascular endothelial cells. Nat. Commun. **4**, 1525 (2013)
33. J. Feher, *Quantitative Human Physiology. An Introduction*, 2nd edn. (Elsevier, Amsterdam, 2017)
34. I. Fleming, B.R. Kwak, M.J. Meens, The endothelial cell, in *The ESC Textbook of Vascular Biology*, ed. by R. Krams, M. Bäck, chapter 6 (Oxford University Press, Oxford, 2017), pp. 73–89
35. P.J. Flory, Thermodynamic relations for highly elastic materials. Trans. Faraday Soc. **57**, 829–838 (1961)
36. P.-W. Fok, N.M. Mirzaei, Modeling the Glagov's compensatory enlargement of human coronary atherosclerotic plaque, in *Biomechanics of Living Organs e Hyperelastic Constitutive Laws for Finite Element Modeling*, ed. by Y. Payan, J. Ohayon (Academic Press, London, 2017)
37. T. Fujiwara, Y. Uehara, The cytoarchitecture of the medial layer in rat thoracic aorta: a scanning electron-microscopic study. Cell Tissue Res. **270**, 165–172 (1992)
38. T.C. Gasser, The biomechanical rupture risk assessment of abdominal aortic aneurysms – method and clinical relevance, in *Biomedical Technology*, ed. by P. Wriggers, T. Lenarz, chapter x, pages x–x (Springer, New York, 2016)
39. T.C. Gasser, Biomechanical rupture risk assessment: a consistent and objective decision-making tool for abdominal aortic aneurysm patients. AORTA **4**, 42–60 (2016)

40. R.T. Gaul, D.R. Nolan, T. Ristori, C.V.C. Bouten, S. Loerakker, C. Lally, Pressure-induced collagen degradation in arterial tissue as a potential mechanism for degenerative arterial disease progression. J. Mech. Behav. Biomed. Mater. **109**, 103771 (2020)
41. A. Ghavamian, S.J. Mousavi, S. Avril, Computational study of growth and remodeling in ascending thoracic aortic aneurysms considering variations of smooth muscle cell basal tone. Front. Med. Biol. Eng. **8**, 1230 (2020)
42. R.L. Gleason, J.D. Humphrey, A mixture model of arterial growth and remodeling in hypertension: altered muscle tone and tissue turnover. J. Vasc. Res. **41**, 352–363 (2004)
43. R.L. Gleason, E. Wilson, J.D. Humphrey, Biaxial biomechanical adaptations of mouse carotid arteries cultured at altered axial extension. J. Biomech. **40**, 766–776 (2007)
44. M. Göktepe, O.J. Abilez, E.A. Kuhl, A generic approach towards finite growth with examples of athlete's heart, cardiac dilation, and cardiac wall thickening. J. Mech. Phys. Solids **58**, 1661–1680 (2010)
45. A. Goriely, *The Mathematics and Mechanics of Biological Growth*. Interdisciplinary Applied Mathematics, vol. 45 (Springer, New York, 2017)
46. B.S. Gow, *Handbook of Physiology. Section 2: The Cardiovascular System*, chapter Vascular Smooth Muscle, vol. 2 (American Physiological Society, Rockville, 1980), pp. 353–408
47. K. Grote, I. Flach, M. Luchtefeld, E. Akin, S.M. Holland, H. Drexler, B. Schieffer, Mechanical stretch enhances mRNA expression and proenzyme release of matrix metalloproteinase-2 (MMP-2) via NAD(P)H oxidase-derived reactive oxygen species. Circ. Res. **92**, e80–e86 (2003)
48. A. Grytsan, *Abdominal Aortic Aneurysm Inception and Evolution – A Computational Study*. Ph.D. thesis, KTH Royal Institute of Technology, Stockholm, Sweden, 2016
49. A. Grytsan, T.S.E. Eriksson, P.N. Watton, T.C. Gasser, Growth description for vessel wall adaptation: a thick-walled mixture model of abdominal aortic aneurysm evolution. Materials **10**, 994 (2017)
50. R.J. Guzman, K. Abe, C.K. Zarins, Flow-induced arterial enlargement is inhibited by suppression of nitric oxide synthase activity in vivo. Surgery **122**, 273–279 (1997)
51. D.G. Guzzardi, A.J. Barker, P. Van Ooij, S.C. Malaisrie, J.J. Puthumana, D.D. Belke, H.E.M. Mewhort, D.A. Svystonyuk, S. Kang, S. Verma, et al., Valve-related hemodynamics mediate human bicuspid aortopathy: insights from wall shear stress mapping. J. Am. Coll. Cardiol. **66**(8), 892–900 (2015)
52. C. Hahn, M.A. Schwartz, Mechanotransduction in vascular physiology and atherogenesis. Nat. Rev. Mol. Cell Bio. **10**, 53–62 (2008)
53. C.M. Hai, H.R. Kim, An expanded latch-bridge model of protein kinase c-mediated smooth muscle contraction. J. Appl. Physiol. **98**, 1356–1365 (2005)
54. C.M. Hai, R.A. Murphy, Cross-bridge phosphorylation and regulation of latch state in smooth muscle. Am. J. Physiol. **254**, C99–C106 (1988)
55. C.N. Hall, C. Reynell, B. Gesslein, N.B. Hamilton, A. Mishra, B.A. Sutherland, F.M. O'Farrell, A.M. Buchan, M. Lauritzen, D. Attwell, Capillary pericytes regulate cerebral blood flow in health and disease. NAT **508**, 55–60 (2014)
56. I. Hariton, G. de Botton, T.C. Gasser, G.A. Holzapfel, Stress-driven collagen fiber remodeling in arterial walls. Biomech. Model. Mechanobio. **6**, 163–75 (2007)
57. A.K. Harris, D. Stopak, P. Wild, Fibroblast traction as a mechanism for collagen morphogenesis. Nature **290**, 249–251 (1981)
58. A.V. Hill, The heat of shortening and dynamics constants of muscles. Proc. R. Soc. Lond. A **126**, 136–195 (1938)
59. R.A. Hill, L. Tong, P. Yuan, S. Murikinati, S. Gupta, J. Grutzendler, Regional blood flow in the normal and ischemic brain is controlled by arteriolar smooth muscle cell contractility and not by capillary pericytes. Neuron **87**, 95–110 (2015)
60. A.L. Hodgkin, A.F. Huxley, A quantitative description of membrane current and its application to conduction and excitation in nerve. J. Physiol. **117**, 500–544 (1952)

61. G.A. Holzapfel, T.C. Gasser, R.W. Ogden, A new constitutive framework for arterial wall mechanics and a comparative study of material models. J. Elast. **61**, 1–48 (2000)
62. J.D. Humphrey, *Cardiovascular Solid Mechanics. Cells, Tissues, and Organs* (Springer, New York, 2002)
63. J.D. Humphre. Constrained mixture models of soft tissue growth and remodeling – twenty years after. J Elast (2021). https://doi.org/10.1007/s10659-020-09809-1
64. J.D. Humphrey, K.R. Rajagopal, A constrained mixture model for growth and remodeling of soft tissues. Math. Model. Methods Appl. Sci. **12**, 407–430 (2002)
65. J.D. Humphrey, E. Wilson, A potential role of smooth muscle tone in early hypertension: a theoretical study. J. Biomech. **36**, 1595–1601 (2003)
66. J.D. Humphrey, E.R. Dufresne, M.A. Schwartz, Mechanotransduction and extracellular matrix homeostasis. Nat. Rev. Mol. Cell Bio. **15**, 802–812 (2014)
67. P.A. Jackson, B.R. Duling, Myogenic response and wall mechanics of arterioles. Am. J. Physiol. Heart Circ. Physiol. **257**, H1147–H1155 (1989)
68. Z.S. Jackson, A.I. Gotlieb, B.L. Langille, Wall tissue remodeling regulates longitudinal tension in arteries. Circ. Res. **90**, 918–925 (2002)
69. A. Kamiya, R. Bukhari, T. Togawa, Adaptive regulation of wall shear stress optimizing vascular tree function. Bull. Math. Biol. **46**, 127–137 (1984)
70. A. Kamiya, T. Togawa, Adaptive regulation of wall shear stress to flow change in the canine carotid artery. Am. J. Physiol. **239**, H14–H21 (1980)
71. E. Kröner, Allgemeine Kontinuumstheorie der Versetzungen und Eigenspannungen. Arch. Rat. Mech. Anal. **4**, 273–334 (1960)
72. M. Kroon, G.A. Holzapfel, A theoretical model for fibroblast-controlled growth of saccular cerebral aneurysms. J. Theor. Biol. **257**, 73–83 (2009)
73. E. Kuhl, R. Maas, G. Himpel, A. Menzel, Computational modeling of arterial wall growth. Biomech. Model. Mechanobio. **6**, 321–331 (2007)
74. B.L. Langille, M.P. Bendeck, F.W. Keeley, Adaptations of carotid arteries of young and mature rabbits to reduced carotid blood flow. Am. J. Physiol. **256**, H931–H939 (1989)
75. Y. Lanir, Mechanistic micro-structural theory of soft tissues growth and remodeling: tissues with unidirectional fibers. Biomech. Model. Mechanobio. **14**, 245–266 (2015)
76. M. Latorre, J.D. Humphrey, A mechanobiologically equilibrated constrained mixture model for growth and remodeling of soft tissues. Z. Angew. Math. Mech. **98**(12), 2048–2071 (2018)
77. M. Latorre, J.D. Humphrey, Fast, rate-independent, finite element implementation of a 3d constrained mixture model of soft tissue growth and remodeling. Comput. Meth. Appl. Mech. Eng. **368**, 113156 (2020)
78. J.D. Laubrie, J.S. Mousavi, S. Avril, A new finite-element shell model for arterial growth and remodeling after stent implantation. Int. J. Numer. Meth. Biomed. Eng. **36**(1), e3282 (2020)
79. D.Y. Leung, S. Glagov, M.B. Mathews, Cyclic stretching stimulates synthesis of matrix components by arterial smooth muscle cells in vitro. Science **191**, 475–477 (1976)
80. G. Li, M. Wang, A.W. Caulk, N.A. Cilfone, S. Gujja, L. Qin, P.-Y. Chen, Z. Chen, S. Yousef, Y. Jiao, C. He, B. Jiang, A. Korneva, M.R. Bersi, G. Wang, X. Liu, S. Mehta, A. Geirsson, J.R Gulcher, T.W. Chittenden, M. Simons, J.D. Humphrey, G. Tellides, Chronic mTOR activation induces a degradative smooth muscle cell phenotype. J. Clin. Invest. **130**, 1233–1251 (2020)
81. S. Loerakker, C. Obbink-Huizer, F.P.T. Baaijens, A physically motivated constitutive model for cell-mediated compaction and collagen remodeling in soft tissues. Biomech. Model. Mechanobio. **13**, 985–1001 (2014)
82. S. Loerakker, T. Ristoria, F.P.T. Baaijens, A computational analysis of cell-mediated compaction and collagen remodeling in tissue-engineered heart valves. J. Mech. Behav. Biomed. Mater. **58**, 173–187 (2016)

83. I.M. Machyshyn, P.H.M. Bovendeerd, A.A.F. van de Ven, P.M.J. Rongen, F.N. van de Vosse, A model for arterial adaptation combining microstructural collagen remodeling and 3d tissue growth. Biomech. Model. Mechanobio. **9**, 671–687 (2010)
84. G. Martufi, T.C. Gasser, Turnover of fibrillar collagen in soft biological tissue with application to the expansion of abdominal aortic aneurysms. J. R. Soc. Interface **9**, 3366–3377 (2012)
85. G. Martufi, M. Lindquist Liljeqvist, N. Sakalihasan, G. Panuccio, R. Hultgren, J. Roy, T.C. Gasser, Local diameter, wall stress and thrombus thickness influence the local growth of abdominal aortic aneurysms. J. Endovas. Ther. **23**, 957–966 (2016)
86. T. Matsumoto, K. Hayashi, Stress and strain distribution in hypertensive and normotensive rat aorta considering residual strain. J. Biomech. **118**, 62–73 (1996)
87. A. Menzel, Modelling of anisotropic growth in biological tissues. A new approach and computational aspects. Biomech. Model. Mechanobio. **3**, 147–171 (2005)
88. A. Menzel, E. Kuhl, Frontiers in growth and remodeling. Mech. Res. Commun. **42**, 1–14 (2012)
89. J.-B. Michel, G. Jondeau, D.M. Milewicz, From genetics to response to injury: vascular smooth muscle cells in aneurysms and dissections of the ascending aorta. Cardiovasc. Res. **114**(4), 578–589 (2018)
90. D.M. Milewicz, C.S. Kwartler, C.L. Papke, E.S. Regalado, J. Cao, A.J. Reid, Genetic variants promoting smooth muscle cell proliferation can result in diffuse and diverse vascular diseases: evidence for a hyperplastic vasculomyopathy. Genet. Med. **12**, 196–203 (2010)
91. S.J. Mousavi, S. Farzaneh, S. Avril, Patient-specific predictions of aneurysm growth and remodeling in the ascending thoracic aorta using the homogenized constrained mixture model. Biomech. Model. Mechanobio. **18**(6), 1895–1913 (2019)
92. R.A. Murphy, C.M. Rembold, The latch-bridge hypothesis of smooth muscle contraction. Canad. J. Physiol. Pharm. **83**, 857–864 (2005)
93. S.-I. Murtada, J. Ferruzzi, H. Yanagisawa, J.D. Humphrey, Reduced biaxial contractility in the descending thoracic aorta of fibulin-5 deficient mice. ASME. J. Biomech. Eng. **138**, 051008 (2016)
94. S.-I. Murtada, J.D. Humphrey, Regional heterogeneity in the regulation of vasoconstriction in arteries and its role in vascular mechanics, in *Molecular, Cellular, and Tissue Engineering of the Vascular System*, ed. by B.M. Fu, N.T. Wright (Springer, Switzerland, 2018), pp. 105–128
95. S.-I. Murtada, S. Lewin, A. Arner, J.D. Humphrey, Adaptation of active tone in the mouse descending thoracic aorta under acute changes in loading. Biomech. Model. Mechanobio. **15**, 579–592 (2016)
96. Y. Nabeshima, E.S. Grood, A. Sakurai, J.H. Herman, Uniaxial tension inhibits tendon collagen degradation by collagenase in vitro. J. Orthop. Res. **14**, 123–130 (1996)
97. A. Nchimi, J.-P. Cheramy-Bien, T.C. Gasser, G. Namur, P. Gomez, A. Albert, L. Seidel, J.O. Defraigne, N. Labropoulos, N. Sakalihasan, Multifactorial relationship between 18F-fluorodeoxy-glucose positron emission tomography signaling and biomechanical properties in unruptured aortic aneurysms. Circ. Cardiovasc. Imaging **7**, 82–91 (2014)
98. R. Nissen, G.J. Cardinale, S. Udenfriend, Increased turnover of arterial collagen in hypertensive rats. Proc. Natl. Acad. Sci. U.S.A. **75**, 451–453 (1978)
99. M.K. O'Connell, S. Murthy, S. Phan, C. Xu, J. Buchanan, R. Spilker, R.L. Dalman, C.K. Zarins, W. Denk, C.A. Taylor, The three-dimensional micro- and nanostructure of the aortic medial lamellar unit measured using 3d confocal and electron microscopy imaging. Matrix Biol. **27**, 171–181 (2008)
100. C. Petit, S.J. Mousavi, S. Avril, Review of the essential roles of SMCs in ATAA biomechanics, in *Advances in Biomechanics and Tissue Regeneration*, ed. by M.H. Doweidar (Elsevier, Amsterdam, 2019), pp. 95–114
101. D.S. Pleouras, A.I. Sakellarios, P. Tsompou, V. Kigka, S. Kyriakidis, S. Rocchiccioli, D. Neglia, J. Knuuti, G. Pelosi, L.K. Michalis, D.I. Fotiadis, Simulation of atherosclerotic

plaque growth using computational biomechanics and patient-specific data. Sci. Rep. **10**, 101–106 (2020)

102. S. Polzer, T.C. Gasserb, J. Bursa, R. Staffa, R. Vlachovsky, V. Mana, P. Skacela, Importance of material model in wall stress prediction in abdominal aortic aneurysms. Med. Eng. Phys. **35**, 1282–1289 (2013)
103. J. Qiu, Y. Zheng, J. Hu, D. Liao, H. Gregersen, X. Deng, Y. Fan, G. Wang, Biomechanical regulation of vascular smooth muscle cell functions: from in vitro to in vivo understanding. J. R. Soc. Interface **11**, 20130852 (2014). https://doi.org/10.1098/rsif.2013.085
104. A. Rachev, A model of arterial adaptation to alterations in blood flow. J. Elast. **61**, 83–111 (2000)
105. A. Rachev, K. Hayashi, Theoretical study of the effects of vascular smooth muscle contraction on strain and stress distributions in arteries. Ann. Biomed. Eng. **27**, 459–468 (1999)
106. A. Rachev, N. Stergiopulos, J.-J. Meister, Theoretical study of dynamics of arterial wall remodeling in response to changes in blood pressure. J. Biomech. **29**, 635–642 (1996)
107. E.K. Rodriguez, A. Hoger, A.D. McCulloch, Stress-dependent finite growth in soft elastic tissues. J. Biomech. **27**, 455–467 (1994)
108. H. Schmid, P.N. Watton, M.M. Maurerand J. Wimmer, P. Winkler, Y.K. Wang, O. Roehrle, M. Itskov, Impact of transmural heterogeneities on arterial adaptation. Biomech. Model. Mechanobio. **9**, 295–315 (2010)
109. R. Schubert, M.J. Mulvany, The myogenic response: established facts and attractive hypotheses. Clin. Sci. **96**, 313–326 (1999)
110. K.W. Seo, S.J. Lee, Y.H. Kim, J.U. Bae, S.Y. Park, S.S. Bae, C.D. Kim, Mechanical stretch increases MMP-2 production in vascular smooth muscle cells via activation of PDGFR-beta/AKT signaling pathway. PLOS ONE **8**, e70437 (2013)
111. B. Sharifimajd, J. Stålhand, A continuum model for excitation-contraction of smooth muscle under finite deformations. J. Theor. Biol. **355**, 1–9 (2014)
112. Y.-T. Shiu, J.A. Weiss, J.B. Hoying, M.N. Iwamoto, I.S. Joung, C.T. Quam, The role of mechanical stresses in angiogenesis. Crit. Rev. Biomed. Eng. **33**, 431–510 (2005)
113. R. Skalak, Growth as a finite displacement field, in *Proceedings of the IUTAM Symposium on Finite Elasticity, 1981*, ed. by D.E. Carlson, R.T. Shield (The Hague, Martinus Nijhoff Publishers, 1981)
114. R. Skalak, S. Zargaryan, R.K. Jain, P.A. Netti, A. Hoger, Compatibility and the genesis of residual stress by volumetric growth. J. Math. Biol. **34**, 889–914 (1996)
115. R. Stojanovic, On the stress relation in non-linear thermoelasticity. Int. J. Non-Linear Mech. **4**, 217–233 (1969)
116. L.A. Taber, D.W. Eggers, Theoretical study of stress-modulated growth in the aorta. J. Theor. Biol. **180**, 343–357 (1996)
117. R. Thoma (ed.), *Untersuchungen über die Histogenese und Histomechanik des Gefässystems* (Enke Verlag, Stuttgart, 1893)
118. O. Trabelsi, V. Dumas, E. Breysse, N. Larochet, S. Avril, In vitro histomechanical effects of enzymatic degradation in carotid arteries during inflation tests with pulsatile loading. J. Mech. Behav. Biomed. Mater. **103**, 103550 (2020)
119. F. Tronc, M. Wassef, B. Esposito, D. Henrion, S. Glagov, A. Tedgui, Role of no in flow-induced remodeling of the rabbit common carotid artery. Arterioscl. Thromb. and Vasc. Biol. **16**, 1256–1262 (1996)
120. J.L. Tuttle, R.D. Nachreiner, A.S. Bhuller, K.W. Condict, B.A. Connors, B.P. Herring, M.C. Dalsing, J.L. Unthank, Shear level influences resistance artery remodeling: wall dimensions, cell density, and eNOS expression. Am. J. Physiol. Heart Circ. Physiol. **281**, H1380–H1389 (2001)
121. K.Y. Volokh, D.A. Vorp, A model of growth and rupture of abdominal aortic aneurysm. J. Biomech. **41**, 1015–1021 (2008)
122. B. Vrhovski, A.S. Weiss, Biochemistry of tropoelastin. Eur. J. Biochem. **258**, 1–18 (1998)

123. J.E. Wagenseil, R.P. Mecham, Vascular extracellular matrix and arterial mechanics. Physiol. Rev. **89**, 957–989 (2009)
124. P.N. Watton, N.A. Hill, Evolving mechanical properties of a model of Abdominal Aortic Aneurysm. Biomech. Model. Mechanobio. **8**, 25–42 (2009)
125. P.N. Watton, N.A. Hill, M. Heil, A mathematical model for the growth of the Abdominal Aortic Aneurysm. Biomech. Model. Mechanobio. **3**, 98–113 (2004)
126. R.C Webb, Smooth muscle contraction and relaxation. Adv. Physiol. Educ. **27**, 201–206 (2003)
127. J.S. Wilson, S. Baek, J.D. Humphrey, Importance of initial aortic properties on the evolving regional anisotropy, stiffness and wall thickness of human abdominal aortic aneurysms. J. R. Soc. Interface **9**, 2047 (2012)
128. H. Wolinsky, Effects of hypertension and its reversal on the thoracic aorta of male and female rats. Circ. Res. **28**, 622–637 (1971)
129. J. Yang, J.W. Clark Jr., R.M. Bryan, C. Robertsson, The myogenic response in isolated rat cerebrovascular arteries: smooth muscle cell model. Med. Eng. Phys. **25**, 691–709 (2003)
130. S. Zeinali-Davarani, S. Baek, Medical image-based simulation of abdominal aortic aneurysm growth. Mech. Res. Commun. **42**, 107–117 (2012)
131. Y. Zhou, W.P. Dirksen, J.L. Zweier, M. Periasamy, Endothelin-1-induced responses in isolated mouse vessels: the expression and function of receptor types. Am. J. Physiol. Heart Circ. Physiol. **287**, H573–H578 (2004)
132. M.A. Zulliger, N.T. Kwak, T. Tsapikouni, N. Stergiopulos, Effects of longitudinal stretch on VSM tone and distensibility of muscular conduit arteries. Am. J. Physiol. Heart Circ. Physiol. **283**, H2599–H2605 (2002)
133. M.A. Zulliger, A. Rachev, N. Stergiopulos, A constitutive formulation of arterial mechanics including vascular smooth muscle tone. Am. J. Physiol. Heart Circ. Physiol. **287**, H1335–H1343 (2004)

Anhang A

Mathematische Grundlagen

A.1 Statistik

A.1.1 Definitionen und Terminologie

Korrelationskoeffizient	Quantifiziert die Korrelation (Abhängigkeit) zwischen zwei Datensätzen.
Bestimmtheitsmaß	Quantifiziert die Vorhersagbarkeit von Daten.
Konfidenzintervall (CI)	Maß für das Ausmaß der Unsicherheit, das mit einer Stichprobenstatistik verbunden ist.
Freiheitsgrade	Die Anzahl der unabhängigen Beobachtungen in einer Stichprobe minus der Anzahl der Populationsparameter, die aus den Stichprobendaten geschätzt werden müssen.
Falsch Positiv	Fälschlicherweise vorhergesagtes positives Ergebnis.
Falsch negativ	Fälschlicherweise vorhergesagtes negatives Ergebnis.
Unabhängigkeit	Zwei Ereignisse sind unabhängig, wenn das Auftreten des einen die Wahrscheinlichkeit des Auftretens des anderen nicht beeinflusst.
Interquartilbereich (IQR)	Ein Maß für die Variabilität, basierend auf der Aufteilung eines Datensatzes in Quartile. Alternativ: Der Unterschied zwischen dem größten und kleinsten Wert in den mittleren 50 % eines Datensatzes.
Intervallskala	Numerische Skalen mit Ordnung und genauen Unterschieden zwischen den Werten.
Mittelwert	Der arithmetische Durchschnitt aller Werte in einer Beobachtung.
Median	Der mittlere Wert der Beobachtungen. Wenn es eine gerade Anzahl von Beobachtungen

T. Gasser, *Vaskuläre Biomechanik*, https://doi.org/10.1007/978-3-031-52637-4

	gibt, ist der Median der Durchschnitt der beiden mittleren Werte.
Nominalskala	Skala, die zur Kennzeichnung von Variablen verwendet wird.
Einseitiger Signifikanztest	Signifikanztest, der ein Ende der Wahrscheinlichkeitsverteilung involviert.
Ordinalskala	Skala, die eine Reihenfolge hat, aber keinen spezifischen numerischen Wert.
Ausreißer	Ein extremer Wert, der sich stark von anderen Beobachtungswerten unterscheidet.
Population	Die Gesamtheit der Beobachtungen, die gemacht werden können.
Wahrscheinlichkeit	Ein Maß für das Auftreten einer Beobachtung.
Wahrscheinlichkeitsverteilung	Eine Regel, die jedes Ergebnis eines statistischen Experiments mit seiner Auftretenswahrscheinlichkeit verbindet.
Quantile	Quantile teilen einen ranggeordneten Datensatz in eine Anzahl gleicher Teile.
Quartil	Quartile teilen einen ranggeordneten Datensatz in vier gleiche Teile. Die Werte, die jeden Teil teilen, werden als erstes Q_1, zweites Q_2 (oder Median) und drittes Q_3 Quartil bezeichnet.
Verhältnisskala	Numerische Skalen, die jeden Wert annehmen können.
Stichprobe	Beobachtungen, die aus einer Population gezogen werden.
Signifikanzniveau	Die Wahrscheinlichkeit, einen Fehler 1. Art zu begehen.
Größe	Die Anzahl der Beobachtungen in einem Set.
Set	Eine gut definierte Sammlung von Objekten.
Standardfehler	Ein Maß für die Variabilität einer Statistik.
Standardabweichung (SD)	Ein numerischer Wert, der verwendet wird, um anzugeben, wie stark die Individuen in einer Gruppe variieren.
Statistik	Merkmal einer Stichprobe. Im Allgemeinen wird eine Statistik verwendet, um den Wert eines Populationsparameters zu schätzen.
Zweiseitiger Signifikanztest	Signifikanztest, der beide Enden der Wahrscheinlichkeitsverteilung einbezieht.
Fehler 1. Art	Fehler, der auftritt, wenn die Nullhypothese fälschlicherweise abgelehnt wird und somit ein falsch positives Ergebnis vorhergesagt wird. Die Wahrscheinlichkeit, einen Fehler 1. Art zu begehen, wird als Signifikanzniveau bezeichnet.

Fehler 2. Art Fehler, der auftritt, wenn die Nullhypothese eine negative Beobachtung nicht ablehnt und somit ein falsch negatives Ergebnis vorhergesagt wird. Die Wahrscheinlichkeit, einen Fehler 2. Art zu vermeiden, wird als Trennschärfe bezeichnet.

Varianz Ein Maß für die Variabilität einer Statistik.

A.1.2 Wahrscheinlichkeitsverteilungen

Die *Wahrscheinlichkeitsdichtefunktion (oder kurz Dichtefunktion) (PDF)* $\rho(X)$ wird verwendet, um die Verteilung einer Zufallsvariable X zu spezifizieren. Eine solche Zufallsvariable kann Beobachtungen einer Stichprobe oder einer Population repräsentieren. Variablen, die Stichproben beschreiben, werden durch Kleinbuchstaben (wie x) bezeichnet, während Großbuchstaben (wie X) Beobachtungen einer Population beschreiben. Die Wahrscheinlichkeit $0 \leq p \leq 1$, dass eine solche Zufallsvariable in das Intervall $X_1 \leq X \leq X_2$ fällt, lautet

$$p = \int_{X_1}^{X_2} \rho(X)\mathrm{d}X\,. \tag{A.1}$$

Die Integration $\Upsilon(X) = \int_{-\infty}^{X} \rho(\xi)\mathrm{d}\xi$ ergibt die *Kumulative Dichtefunktion (CDF)* mit den Eigenschaften $\Upsilon(-\infty)=0$ und $\Upsilon(\infty)=1$. Abb. A.1a,b zeigt ρ und Υ einer *Normalverteilung*.

Eine Zufallsvariable kann durch ein *Box-und-Whisker-Diagramm* visualisiert werden, siehe Abb. A.1c. Die Box wird durch den Interquartilsabstand (IQR) gebildet und somit dem Bereich zwischen dem dritten Quartil Q_3 und dem ersten Quartil Q_1, in dem 50 % der Daten fallen. Ein Box-und-Whisker-Diagramm zeigt auch den Stichprobenmedian (oder das zweite Quartil Q_2) zusammen mit einer Leiste, die 75 % der Daten abdeckt – der Whisker.

Die *Quartile* (Q_1, Median, Q_3) teilen die Daten in vier gleiche Teile, während die Aufteilung in m gleiche Teile die $m-1$ Daten *Quantile* definiert.

Variablen, die Beobachtungen in Stichproben oder Populationen repräsentieren, können verschiedenen PDF folgen. Die PDF der *Normalverteilung* (oder *Gaußschen Verteilung*) lautet

$$\rho_{\mathrm{n}}(X) = \frac{\exp[-(X-\overline{X})^2/(2\sigma^2)]}{\sqrt{2\pi\sigma^2}}\,, \tag{A.2}$$

wo $\overline{X}$ der Median ist, und σ^2 die *Varianz* bezeichnet. Es ist das Quadrat der *Standardabweichung (SD)* der Verteilung σ. Abb. A.1 zeigt eine solche Normalverteilung.

Die Verteilung einer Stichprobe der Größe n, die aus einer normalverteilten Population entnommen wurde, folgt *nicht* einer Normalverteilung, sondern stattdessen einer *Student t-Verteilung*. Der Unterschied zwischen beiden Verteilungen verringert sich mit zunehmender Stichprobengröße n. Die Stichprobengröße n

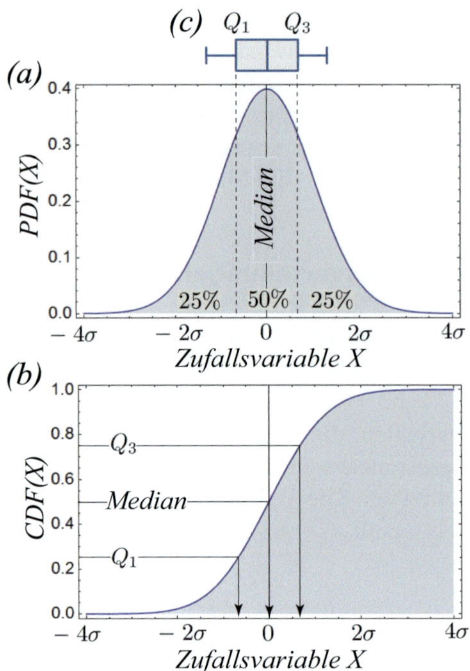

Abb. A.1 Darstellungen der Zufallsvariable X, die Beobachtungen in einer Population beschreibt. (**a**) Wahrscheinlichkeitsdichtefunktion (PDF) $\rho(X)$, (**b**) Kumulative Dichtefunktion (CDF) $\Upsilon(X)$, und (**c**) Box-und-Whisker-Diagramm von X. Das Beispiel zeigt eine Normalverteilung mit einem Median von null und der Standardabweichung σ. Insgesamt fallen 25 % der Daten unter das erste Quartil Q_1, 50 % unter den Median, und 75 % unter das dritte Quartil Q_3. Der Interquartilsabstand (IQR) liegt zwischen Q_1 und Q_3 und umfasst 50 % der Daten

definiert auch die Freiheitsgrade $\nu = n - 1$ der Student t-Verteilung. Die PDF der Student t-Verteilung lautet

$$\rho_t(x) = \frac{\Gamma(\frac{\nu+1}{2})}{\sqrt{\nu\pi}\,\Gamma(\frac{\nu}{2})}\left(1 + \frac{x^2}{\nu}\right)^{-\frac{\nu+1}{2}}, \tag{A.3}$$

wobei Γ die Gamma-Funktion ist und x die Stichprobenvariable bezeichnet. Abb. A.2a zeigt Student t-Verteilungen von $\nu = 3$ und $\nu = \infty$ Freiheitsgraden. Der Unterschied der Enden (Ausläufer) zwischen der Normalverteilung und der Student t-Verteilung wird besonders betont, siehe Abb. A.2a. Die Student t-Verteilung tritt oft in Hypothesentests auf, siehe Abschn. 1.4.3.

Einige PDFs erfassen begrenzte Daten, bei denen die Zufallsvariable jenseits bestimmter Grenzen null ist. Die *Beta-Verteilung* ist ein solches Beispiel. Sie ist bei 0 und 1 begrenzt und ihre PDF lautet

$$\rho_\beta(x) = X^{\alpha-1}(1-x)^{\beta-1}\frac{\Gamma(\alpha)\Gamma(\beta)}{\Gamma(\alpha+\beta)}, \tag{A.4}$$

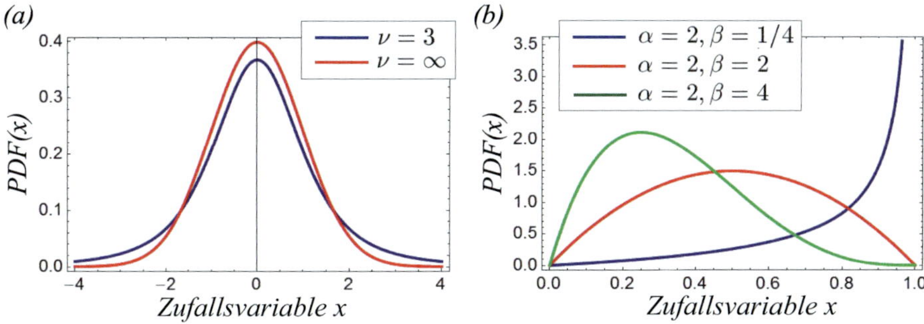

Abb. A.2 Unterschiedliche Wahrscheinlichkeitsdichtefunktionen (PDF), die die Zufallsvariable x darstellen. (**a**) Student t-Verteilung für verschiedene Freiheitsgrade ν. Der Fall $\nu = \infty$ repräsentiert die Normalverteilung. (**b**) Beta-Verteilung für verschiedene Formparameter α und β

wobei die Parameter α und β die Form der PDF bestimmen. Abb. A.2b veranschaulicht die Beta-Verteilung für einige Parameterkombinationen.

A.1.3 Datenverteilungstests

Statistische Analysemethoden erfordern oft eine bestimmte Verteilung der Daten innerhalb einer Stichprobe oder Population. Normalverteilte Daten sind der relevanteste Fall. Einer der ersten Schritte in der Datenanalyse ist daher die Beurteilung, wie gut eine Normalverteilung dem Histogramm des Datensatzes ähnelt, siehe Abb. A.3a. Bei einer geringen Anzahl von Datenpunkten kann ein Quantil-Quantil-Diagramm (QQ-Diagramm) verwendet werden. Ein QQ-Diagramm stellt die Datenquantile *gegenüber* den Quantilen der Normalverteilung dar. Normalität liegt daher vor, wenn die Datenpunkte um die Diagonale des QQ-Diagramms fallen, siehe Abb. A.3b. Jede andere Verteilung als eine Normalverteilung kann mit einem QQ-Diagramm auch getestet werden.

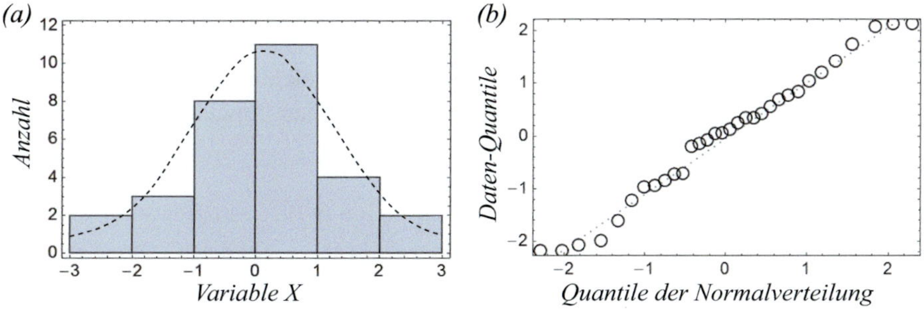

Abb. A.3 Grafische Methoden zur Bestimmung, ob ein Datensatz gut durch eine Normalverteilung dargestellt wird. (**a**) Histogramm-Diagramm. (**b**) Quantil-Quantil-Diagramm (QQ-Diagramm)

Die Verteilung der Daten innerhalb eines Satzes kann auch einem Hypothesentest (siehe Abschn. 1.4.3) unterzogen werden, so dass sie einer bestimmten Verteilung folgt. Solche Tests werden als *frequentistische Inferenztests* bezeichnet und ziehen Schlussfolgerungen aus Stichprobendaten.

A.1.4 Konfidenzintervall

Konfidenzintervalle (CI) beschreiben die Unsicherheit, die mit einer *Stichprobenabschätzung* eines *Populationsparameters* verbunden ist. Die Schätzung des *Populationsmittelwerts* μ aus einer Stichprobe ist ein solches Beispiel; verschiedene Stichproben ergeben natürlich unterschiedliche Populationsmittelwerte. Betrachten wir eine Stichprobe, die aus einer normalverteilten Population gezogen wurde, und Stichprobenmittelwert $\overline{x}$ und SD s wäre

$$\overline{x} = \frac{\sum_{i=1}^{n} x_i}{n} \quad ; \quad s = \sqrt{\frac{\sum_{i=1}^{n}(x_i - \overline{x})^2}{n-1}},$$

wobei x_i und n die Beobachtungen in der Stichprobe und die Stichprobengröße bezeichnen.

Wir können das *Konfidenzniveau* c, den Prozentsatz, den wir vom Populationsmittelwert μ innerhalb des CI $\mu_{\text{min}} \leq \mu_{\text{max}}$ erwarten, angeben. Mit dem Konfidenzniveau folgt die kritische Wahrscheinlichkeit $p^\star = (1 + c/100)/2$, sodass das Intervall $1 - p^\star \leq p \leq p^\star$ die Wahrscheinlichkeit des Konfidenzniveaus c abdeckt. Wir verwenden nun die *Student t-Verteilung* von $\nu = n - 1$ Freiheitsgraden zur Beschreibung der Stichprobe. Die entsprechende Statistik $t^\star$ folgt dann aus der Lösung der Gleichung $p^\star = \Upsilon(t^\star)$ wo $\Upsilon(x)$ die CDF der Student t-Verteilung bezeichnet. Die Ausdrücke $\overline{\mu}_{\text{min}} = \overline{x} - t^\star e_s$ und $\overline{\mu}_{\text{max}} = \overline{x} + t^\star e_s$ definieren dann das CI des Populationsmittelwerts, wobei $e_s = s/\sqrt{n}$ den *Standardfehler* der Stichprobe bezeichnet. Wäre die SD der Population ebenfalls bekannt, wäre eine genauere Schätzung des CI möglich.

Beispiel A.1 (Populationsmittelwert der Gefäßwandfestigkeit) Betrachten wir eine *in vitro* Gewebecharakterisierung, die Zugtests verwendet, um die Festigkeit x der Gefäßwand zu messen. Das Experiment erfasste Daten von Gefäßwandproben von insgesamt $n = 19$ Tieren; Tab. A.1 listet die Aufzeichnungen auf. Angesichts dieser Informationen sollten Schlussfolgerungen über den Populationsmittelwert μ der Gefäßwandfestigkeit gezogen werden.

Tab. A.1 Zugfestigkeit x von Gefäßwandproben, die von $n = 19$ Tieren erfasst wurden

Spezimen	Festigkeit [kPa]	Spezimen	Festigkeit [kPa]	Spezimen	Festigkeit [kPa]
1	1140.5	8	764.8	15	1691.3
2	759.2	9	1221.9	16	1089.8
3	465.2	10	886.6	17	1361.0
4	855.1	11	1289.3	18	1023.5
5	1646.4	12	1205.4	19	641.2
6	1090.7	13	976.0		
7	578.3	14	376.0		

(a) Untersuchen Sie, ob die Stichprobe normalverteilt ist oder nicht.
(b) Berechnen Sie den Stichprobenmittelwert $\bar{x}$, die Stichprobenstandardabweichung (SD) s und den Stichprobenstandardfehler e_s.
(c) Berechnen Sie für die Konfidenzniveaus von 90 % und 95 % die jeweiligen Konfidenzintervalle (CI) des Populationsmittelwerts μ.

■

A.2 Komplexe Zahlen

Eine komplexe Zahl kann durch $c = a + bi$ ausgedrückt werden, wobei a und b reale Zahlen sind, während $i = \sqrt{-1}$ die imaginäre Einheit bezeichnet. Eine komplexe Zahl kann formal durch einen *Vektor* $\mathbf{c} = a\mathbf{e}_R + b\mathbf{e}_I$ in der komplexen Ebene, auch bekannt als Argand Diagramm, dargestellt werden, siehe Abb. A.4. Die komplexe Ebene wird durch die eindimensionalen Basisvektoren $\mathbf{e}_R = 1$ und $\mathbf{e}_I = i$ definiert, die in die reale bzw. die imaginäre Richtung zeigen.

In Polarkoordinaten $\{r, \phi\}$, hat der Vektor die Koordinaten $a = r\cos\phi$ und $b = r\sin\phi$, und die komplexe Zahl lautet dann $\mathbf{c} = r\cos\phi\,\mathbf{e}_R + r\sin\phi\,\mathbf{e}_I = r(\cos\phi + i\sin\phi)$. Hierbei bezeichnen $r = |\mathbf{c}| = \sqrt{a^2 + b^2}$ und

$$\phi = \arg\mathbf{c} = \begin{cases} \arctan(b/a) & \text{wenn } a > 0 \\ \arctan(b/a) + \pi & \text{wenn } a < 0 \text{ und } b \geq 0 \\ \arctan(b/a) - \pi & \text{wenn } a < 0 \text{ und } b < 0 \\ \pi/2 & \text{wenn } a = 0 \text{ und } b > 0 \\ -\pi/2 & \text{wenn } a = 0 \text{ und } b < 0 \\ \text{unbestimmt} & \text{wenn } a = 0 \text{ und } b = 0 \end{cases} \tag{A.5}$$

ihre *Norm* und ihr *Argument*. Mit der Eulerschen Formel

$$\begin{aligned} \exp(i\phi) &= \textstyle\sum_{k=0}^{\infty} \frac{(i\phi)^k}{k!} \\ &= \left(1 - \frac{\phi^2}{2!} + \frac{\phi^4}{4!} - \cdots\right) + i\left(\phi - \frac{\phi^3}{3!} + \frac{\phi^5}{5!} - \cdots\right) \\ &= \cos\phi + i\sin\phi\,, \end{aligned}$$

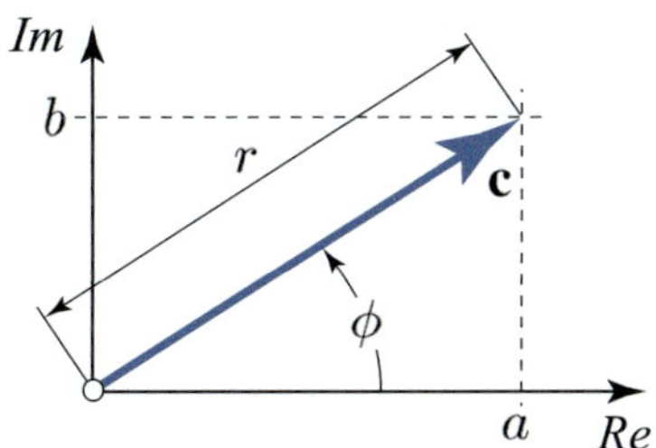

Abb. A.4 Die komplexe Zahl $a + bi$ dargestellt durch den Vektor $\mathbf{c}$ in der komplexen Ebene kann die komplexe Zahl durch $\mathbf{c} = |\mathbf{c}| \exp(i\phi)$ ausgedrückt werden. Alle bekannten algebraischen Manipulationen der Exponentialfunktion sind dann anwendbar.

Bei einem stationären periodischen Problem rotiert der Vektor, der die komplexe Zahl darstellt, mit der Winkelgeschwindigkeit ω um den Pol. Es liest sich damit als $\mathbf{c}\exp(i\omega t) = |\mathbf{c}| \exp(i\phi)\exp(i\omega t) = |\mathbf{c}| \exp[i(\omega t + \phi)]$, wo t die Zeit bezeichnet, während $\phi = \arg[\mathbf{c}]_{t=0}$ der Winkel zwischen der realen Achse und $\mathbf{c}$ zur Zeit $t=0$ ist.

A.3 Fourier-Reihen-Approximation

Jedes Signal $s(t)$, das *integrierbar* und über einen Zeitraum p *periodisch* ist, kann durch

$$\widetilde{s}(t) = \sum_{k=-N}^{N} c_k \exp(i\omega_k t); \; c_k = \frac{1}{p}\int_{t=0}^{p} s(t)\exp(i\omega_k t)\mathrm{d}t \tag{A.6}$$

approximiert werden, wobei $\omega_k = 2\pi k/p$ bezeichnet. Hier sind c_k die Fourier-Koeffizienten und die Approximation (A.6) konvergiert gegen die exakte Darstellung von $s(t)$ bei $N \rightarrow \infty$. Der Ausdruck (A.6) ist dann eine Fourier-Reihen-Darstellung von $s(t)$.

A.4 Laplace- und Fourier-Transformationen

Die Laplace-Transformation $\widehat{x}(s)$ und die Fourier-Transformation $\widetilde{x}(s)$ einer Zeitfunktion $x(t)$ sind definiert als

$$\widehat{x}(s) = \int_{0}^{\infty} x(t)\exp(-st)\mathrm{d}t; \; \widetilde{x}(\omega) = \int_{-\infty}^{\infty} x(t)\exp(-i\omega t)\mathrm{d}t. \tag{A.7}$$

Beides sind lineare Operatoren und einige ihrer Eigenschaften sind unten aufgelistet:

- Eine Faltung $I(t) = \int_{-\infty}^{\infty} x(\tau)y(t-\tau)\mathrm{d}\tau$ der Funktionen $x(t)$ und $y(t)$ im Zeitbereich entspricht dem Produkt $\widehat{I}(s) = \widehat{x}(s)\widehat{y}(s)$ im Laplace-Bereich oder dem Produkt $\widetilde{I}(\omega) = \widetilde{x}(\omega)\widetilde{y}(\omega)$ im Fourier-Bereich.
- Im Laplace-Bereich liest sich die Zeitableitung der kontinuierlichen Funktion $x(t)$ als $\widehat{\dot{x}}(s) = s\widehat{x}(s) - x(0)$, wobei $x(0)$ den Wert von $x(t)$ bei $t=0$ bezeichnet. Im Fourier-Bereich liest sich die Zeitableitung als $\widetilde{\dot{x}}(\omega) = i\omega\widetilde{x}(\omega)$.
- Angenommen, die Funktion $x(t)$ hat die Laplace-Transformation $\widehat{x}(s)$. Dann ist die Laplace-Transformation der Funktion $t^n x(t)$; $n=1, 2, 3\ldots$ als $\widehat{t^n x(t)} = (-1)^n(\mathrm{d}^n\widehat{x}(s)/\mathrm{d}s^n)$ bestimmt.

- Angenommen, die Funktion $x(t)$ hat die Fourier-Transformation $\widetilde{x}(\omega)$. Dann ist die Fourier-Transformation der Funktion $t^n x(t)$; $n = 1, 2, 3\ldots$ als $\widetilde{t^n x(t)} = i^n (\mathrm{d}^n \widetilde{x}(\omega)/\mathrm{d}\omega^n)$ gegeben.

A.5 Matrixalgebra

Eine *Matrix* der *Dimension* $m \times n$

$$\mathbf{A} = A_{ij} = \begin{bmatrix} A_{11} & A_{12} & \ldots & A_{1n} \\ A_{21} & A_{22} & \ldots & A_{2n} \\ \vdots & \vdots & \ddots & \vdots \\ A_{m1} & A_{m2} & \ldots & A_{mn} \end{bmatrix}$$

speichert Informationen, wie zum Beispiel die Komponenten eines Tensors zweiter Ordnung. Für $n = m$, handelt es sich um eine *quadratische Matrix* und eine solche Matrix könnte auch *symmetrisch* $\mathbf{A} = \mathbf{A}^{\mathrm{T}}$; $A_{ij} = A_{ji}$ oder *schiefsymmetrisch* $\mathbf{A} = -\mathbf{A}^{\mathrm{T}}$; $A_{ij} = -A_{ji}$ sein. Eine Matrix $\mathbf{A}$ kann mit einem Skalar α multipliziert werden, was zur skalierten Matrix $\mathbf{C} = \alpha\mathbf{A}$; $C_{ij} = \alpha A_{ij}$; $i = 1, \ldots, m$; $j = 1, \ldots, n$ führt.

Die Matrix $\mathbf{A}$ der Dimension $m \times n$ kann mit der Matrix $\mathbf{B}$ der Dimension $n \times o$ multipliziert werden, was $\mathbf{C} = \mathbf{AB}$; $C_{ij} = \sum_{k=1}^{n} A_{ik} B_{kj}$ ergibt. Gemäß der Summenkonvention von Einstein wird das Summenzeichen nicht explizit geschrieben. Die Multiplikation liest sich dann $C_{ij} = A_{ik} B_{kj}$, wobei k den Summations- (oder Dummy-) Index bezeichnet, während i und j jeweils die freien Indizes sind.

A.5.1 Spur einer Matrix

Die Summe über die Diagonalelemente einer quadratischen Matrix bildet ihre *Spur* $\mathrm{tr}\mathbf{A} = \mathbf{I} : \mathbf{A} = \delta_{kl} A_{kl} = A_{kk}$, wo

$$\delta_{ij} = \begin{cases} 1 \text{ wenn } i = j, \\ 0 \text{ wenn } i \neq j \end{cases}$$

das Kronecker-Delta bezeichnet.

A.5.2 Einheitsmatrix

Die *Einheitsmatrix*

$$\mathbf{I} = \delta_{ij} = \begin{bmatrix} 1 & 0 & 0 \\ 0 & 1 & 0 \\ 0 & 0 & 1 \end{bmatrix}$$

ist eine spezielle quadratische Matrix, und ihre Spur $\mathrm{tr}\mathbf{I} = \mathbf{I} : \mathbf{I} = \delta_{kl}\delta_{kl} = \delta_{kk} = n$ ist gleich ihrer Dimension n.

A.5.3 Determinante einer Matrix

Mit einer quadratischen Matrix der Dimension $n=3$, lautet ihre *Determinante*

$$\det\mathbf{A} = \frac{1}{6} e_{ijk} e_{lmn} A_{il} A_{jm} A_{kn},$$

wo das *Permutationssymbol*

$$e_{ijk} = \begin{cases} 1 \text{ wenn } (i,j,k) \text{ eine gerade Permutation ist, d. h. } e_{123} = e_{231} = e_{312} = 1\,, \\ -1 \text{ wenn } (i,j,k) \text{ eine ungerade Permutation ist, d. h. } e_{321} = e_{213} = e_{132} = -1, \\ 0 \text{ ansonsten,} \end{cases} \tag{A.8}$$

eingeführt wurde. Die Determinante lautet damit

$$\det\begin{bmatrix} A_{11} & A_{12} & A_{13} \\ A_{21} & A_{22} & A_{23} \\ A_{31} & A_{32} & A_{33} \end{bmatrix} = -A_{12}A_{22}A_{31} + A_{12}A_{23}A_{31} + A_{13}A_{21}A_{32} \\ - A_{11}A_{23}A_{32} - A_{12}A_{21}A_{33} + A_{11}A_{22}A_{33}\,.$$

Die Determinante von Matrizen anderer Dimensionen als $n=3$ kann ähnlich definiert werden.

Beispiel A.2 (Spur und Determinante einer Matrix) Gegeben ist die Matrix

$$\mathbf{A} = \begin{bmatrix} 1 & -2 & 3 \\ 4 & 5 & -6 \\ -7 & 8 & 9 \end{bmatrix}.$$

Berechnen Sie ihre Spur und Determinante.

■

A.5.4 Inverse und orthogonale Matrix

Wenn $\det\mathbf{A} \neq 0$ gilt, kann die quadratische Matrix $\mathbf{A}$ *invertiert* werden zu $\mathbf{A}^{-1}$, so dass $\mathbf{A}^{-1}\mathbf{A} = \mathbf{A}\mathbf{A}^{-1} = \mathbf{I}$ gilt.

Die *orthogonale Matrix* $\mathbf{R}$, ist eine besonders interessante Matrix, die $\mathbf{R}^{-1} = \mathbf{R}^{\mathrm{T}}$ und $\det\mathbf{R} = \pm 1$ erfüllt. Wenn $\det\mathbf{R} = +1$ gilt, ist $\mathbf{R}$ eine eigentliche orthogonale Matrix und repräsentiert eine *Starrkörperrotation*.

A.5.5 Lineare Vektor Transformation

Die *lineare Vektor Transformation* $\mathbf{b} = \mathbf{A}\mathbf{a}$; $b_i = A_{ij} a_j$ definiert die Multiplikation der Matrix $\mathbf{A}$ mit dem Vektor $\mathbf{a}$. Sie bildet den Vektor $\mathbf{a}$ auf einen anderen Vektor $\mathbf{b}$ ab. Mit der Inverse $\mathbf{A}^{-1}$ wird die Transformation in die „entgegengesetzte Richtung" durchgeführt, und somit $\mathbf{a} = \mathbf{A}^{-1}\mathbf{b}$. Die orthogonale Transformation $\mathbf{b} = \mathbf{R}\mathbf{a}$; $\mathbf{a} = \mathbf{R}^{\mathrm{T}}\mathbf{b}$ ist ein spezieller Fall einer linearen Vektor Transformation.

Beispiel A.3 (Lineare Vektor Transformation) Gegeben ist der Vektor $\mathbf{a} = [1\ 2\ 3]^{\mathrm{T}}$ und die Matrix

$$\mathbf{A} = \begin{bmatrix} 7 & 2 & -1 \\ 4 & 3 & 4 \\ 5 & 6 & 9 \end{bmatrix}.$$

Berechnen Sie die lineare Vektor Transformation $\mathbf{b} = \mathbf{A}\mathbf{a}$.

■

A.5.6 Eigenwertproblem

Die lineare Vektortransformation $\mathbf{A}\mathbf{x}$, die die Richtung des Vektors $\mathbf{x}$ beibehält und ihn um einen Faktor λ skaliert, tritt häufig in der Ingenieurmechanik auf. Sie wird als *Eigenwertproblem* bezeichnet und lautet

$$\mathbf{A}\mathbf{x} = \lambda\mathbf{x} \quad \text{oder alternativ} \quad (\mathbf{A} - \lambda\mathbf{I})\mathbf{x} = \mathbf{0}. \tag{A.9}$$

Seine nicht-triviale Lösung erfüllt $\det(\mathbf{A} - \lambda\mathbf{I}) = 0$, und in 3D führt sie zur *charakteristischen Gleichung*

$$\lambda^3 - I_1\lambda^2 + I_2\lambda - I_3 = 0\,,$$

wo $I_1 = \mathrm{tr}\mathbf{A}$, $I_2 = 1/2[(\mathrm{tr}\mathbf{A})^2 - \mathrm{tr}\mathbf{A}^2]$, und $I_3 = \det\mathbf{A}$ als *Invarianten* bekannte Koeffizienten sind.

Wenn $\mathbf{A} = \mathbf{A}^{\mathrm{T}}$ gilt, definiert (A.9) ein *symmetrisches* Eigenwertproblem. Seine Lösung hat dann *n reale* Eigenwerte λ_i; $i = 1, \ldots, n$, und die entsprechenden Eigenvektoren $\mathbf{x}_i$ sind *senkrecht* zueinander, und somit gilt $\mathbf{x}_i \cdot \mathbf{x}_j = \delta_{ij}$ für $i, j = 1, \ldots, n$.

Die Eigenvektoren bilden die eigentliche orthogonale Matrix $\mathbf{R}^{\mathrm{T}} = [\mathbf{x}_1, \ldots.\ \mathbf{x}_n]$ und rotiert die Matrix $\mathbf{A}$ in ihre Diagonalform. In 3D gilt dann

$$\mathbf{R}\mathbf{A}\mathbf{R}^{\mathrm{T}} = \begin{bmatrix} \mathbf{x}_1^{\mathrm{T}} \\ \mathbf{x}_2^{\mathrm{T}} \\ \mathbf{x}_3^{\mathrm{T}} \end{bmatrix} \underbrace{[\mathbf{A}\mathbf{x}_1 \ \ \mathbf{A}\mathbf{x}_2 \ \ \mathbf{A}\mathbf{x}_3]}_{[\lambda_1\mathbf{x}_1 \ \ \lambda_2\mathbf{x}_2 \ \ \lambda_3\mathbf{x}_3]} = \begin{bmatrix} \lambda_1 & 0 & 0 \\ 0 & \lambda_2 & 0 \\ 0 & 0 & \lambda_3 \end{bmatrix}, \tag{A.10}$$

wo die Eigenwerte λ_i; $i = 1, \ldots, 3$ entlang der Diagonalen erscheinen.

Beispiel A.4 (Eigenwertproblem) Gegeben ist die Matrix

$$\mathbf{A} = \begin{bmatrix} 0{,}8 & 0{,}3 \\ 0{,}2 & 0{,}7 \end{bmatrix}.$$

Berechnen Sie die Eigenwerte λ_i und die jeweiligen Eigenvektoren $\mathbf{x}_i$.

■

A.5.7 Beziehung zwischen der Spur und den Eigenwerten einer Matrix

Mit der Eigenschaft $\mathbf{R}\mathbf{R}^{\mathrm{T}} = \mathbf{I}$ der eigentlichen orthogonalen Matrix (Rotationsmatrix) kann die Beziehung $\mathrm{tr}(\mathbf{R}\mathbf{A}\mathbf{R}^{\mathrm{T}}) = R_{ik}A_{kl}R_{il} = \delta_{kl}A_{kl} = A_{kk} = \mathrm{tr}\mathbf{A}$ abgeleitet werden, die zusammen mit $\mathrm{tr}(\mathbf{R}\mathbf{A}\mathbf{R}^{\mathrm{T}}) = \lambda_1 + \lambda_2 + \lambda_3$ aus (A.10) zur Beziehung

$$\mathrm{tr}\mathbf{A} = \lambda_1 + \lambda_2 + \lambda_3 \tag{A.11}$$

zwischen den Eigenwerten λ_i und der Spur von $\mathbf{A}$ führt. Darüber hinaus können die Beziehungen

$$\mathrm{tr}\mathbf{A}^2 = \lambda_1^2 + \lambda_2^2 + \lambda_3^2 \quad \text{und} \quad \mathrm{tr}\mathbf{A}^3 = \lambda_1^3 + \lambda_2^3 + \lambda_3^2 \tag{A.12}$$

mit der gleichen Vorgangsweise abgeleitet werden.

A.5.8 Cayley-Hamilton Theorem

Das Cayley[1]-Hamilton[2] Theorem besagt, dass jede quadratische Matrix ihre eigene charakteristische Gleichung erfüllt, und es gilt somit

$$\mathbf{A}^3 - I_1\mathbf{A}^2 + I_2\mathbf{A} - I_3\mathbf{I} = \mathbf{0}\,, \tag{A.13}$$

wobei die Definitionen der Invarianten $I_1 = \mathrm{tr}\mathbf{A}$, $I_2 = [(\mathrm{tr}\mathbf{A})^2 - \mathrm{tr}\mathbf{A}^2]/2$, $I_3 = \det\mathbf{A}$ verwendet wurden. Die Berechnung der Spur von (A.13) zusammen mit der Verwendung von (A.11) und (A.12) ermöglicht die Ableitung von (A.13).

A.6 Vektoralgebra

Ein *Vektor* ist ein mathematisches Objekt, das eine *Größe* und eine *Richtung* hat. Im kartesischen Koordinatensystem $\{\mathbf{e}_1, \ldots, \mathbf{e}_n\}$ von n orthonormalen Basisvektoren $\mathbf{e}_i$, wird der Vektor $\mathbf{a}$ durch

$$\mathbf{a} = a_i\mathbf{e}_i \quad ; \quad i = 1, \ldots, n$$

ausgedrückt, wobei a_i die Vektor *Komponenten* sind. In 3D schreibt er sich $\mathbf{a} = a_1\mathbf{e}_1 + a_2\mathbf{e}_2 + a_3\mathbf{e}_3$, und Abb. A.5 veranschaulicht den Vektor $\mathbf{a}$ und seine Komponenten a_i; $i = 1, 2, 3$.

A.6.1 Grundlegende Vektoroperationen

Die *Größe* eines n-dimensionalen Vektors wird durch seine Euklidische[3] Norm $|\mathbf{a}| = \sqrt{\mathbf{a}\cdot\mathbf{a}} = \sqrt{a_i a_i}$; $i = 1, \ldots, n$ angegeben. Zwei Vektoren können addiert werden, und $\mathbf{c} = \mathbf{a} + \mathbf{b}$; $c_i = a_i + b_i$ bezeichnet dann die *Summe* der n-dimensionalen Vektoren $\mathbf{a}$ und $\mathbf{b}$. Ein Vektor $\mathbf{a}$ kann auch mit einem Skalar α multipliziert werden, was dann den skalierten Vektor $\mathbf{b} = \alpha\mathbf{a}$; $b_i = \alpha a_i$ ergibt.

Das *Punkt- (oder Innere) Produkt* $c = \mathbf{a}\cdot\mathbf{b} = |\mathbf{a}||\mathbf{b}|\cos\theta$; $c = a_i b_i$ der Vektoren $\mathbf{a}$ und $\mathbf{b}$ ergibt den Skalar c, wobei θ der Winkel zwischen beiden Vektoren bezeichnet, siehe Abb. A.6a. Das Punktprodukt eines Vektors mit sich selbst ergibt das Quadrat seiner Norm $\mathbf{a}\cdot\mathbf{a} = |\mathbf{a}|^2$.

Das *Kreuz- (oder Äußere) Produkt* der 3D-Vektoren $\mathbf{a}$ und $\mathbf{b}$ bildet sie auf einen 3D-(Pseudo-)Vektor $\mathbf{c}$ ab. Es lautet

[1] Arthur Cayley, britischer Mathematiker, 1821–1895.

[2] Sir William Rowan Hamilton, irischer Physiker, Astronom und Mathematiker, 1805–1865.

[3] Euklid von Alexandria, griechischer Mathematiker, 300 v. Chr.

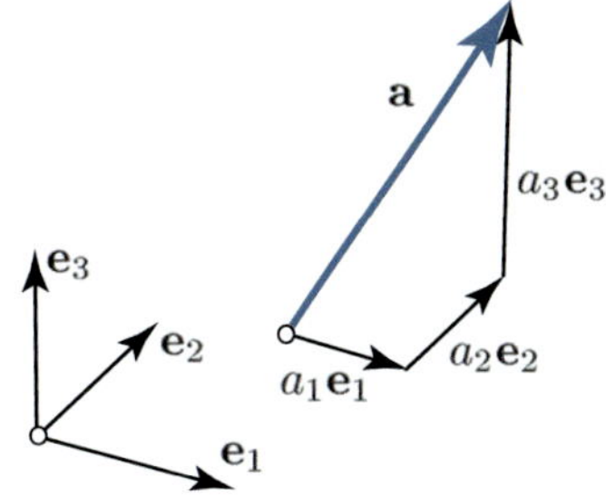

Abb. A.5 Veranschaulichung des Vektors **a** mit den Komponenten a_1, a_2, a_3 innerhalb des 3D-kartesischen Koordinatensystems $\{\mathbf{e}_1, \mathbf{e}_2, \mathbf{e}_3\}$

$$\mathbf{c} = \mathbf{a} \times \mathbf{b} = e_{ijk} a_j b_k \mathbf{e}_i \,,$$

wobei e_{ijk} das Permutationssymbol bezeichnet, siehe Abschn. A.5.3. Die Norm $|\mathbf{c}| = |\mathbf{a} \times \mathbf{b}|$ ist der Bereich, der von den beiden Vektoren **a** und **b** gebildet wird, siehe Abb. A.6b. Das Kreuzprodukt kann formal auch als

$$\mathbf{c} = \det \begin{bmatrix} \mathbf{e}_1 & \mathbf{e}_2 & \mathbf{e}_3 \\ a_1 & a_2 & a_3 \\ b_1 & b_2 & b_3 \end{bmatrix} = \begin{bmatrix} -a_3\, b_2 + a_2\, b_3 \\ a_3\, b_1 - a_1\, b_3 \\ -\, a_2\, b_1 + a_1\, b_2 \end{bmatrix} \tag{A.14}$$

geschrieben werden.

Ein weiteres Vektorprodukt, das durch die 3D-Vektoren **a**, **b** und **c** gebildet wird, wird als *Spatprodukt* bezeichnet. Es liest sich

$$d = (\mathbf{a} \times \mathbf{b}) \cdot \mathbf{c} = \det \begin{bmatrix} a_1 & a_2 & a_3 \\ b_1 & b_2 & b_3 \\ c_1 & c_2 & c_3 \end{bmatrix} = e_{ijk} a_i b_j c_k \,,$$

wobei e_{ijk} das Permutationssymbol bezeichnet. Der Skalar d stellt das Volumen des Spats (Parallelepipeds) dar, das durch die drei Vektoren **a**, **b** und **c** gebildet wird, siehe Abb. A.6c. Unter Verwendung des Permutationssymbol e_{ijk}, liest sich das Spatprodukt explizit als

$$d = \det \begin{bmatrix} A_{11} & A_{12} & A_{13} \\ A_{21} & A_{22} & A_{23} \\ A_{31} & A_{32} & A_{33} \end{bmatrix} = -A_{13}A_{22}A_{31} + A_{12}A_{23}A_{31}$$
$$+A_{13}A_{21}A_{32} - A_{11}A_{23}A_{32} - A_{12}A_{21}A_{33} + A_{11}A_{22}A_{33}.$$

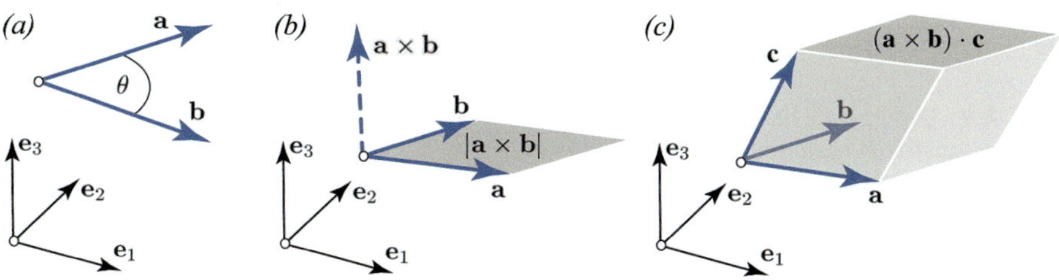

Abb. A.6 Definition von (**a**) Punktprodukt $\mathbf{a} \cdot \mathbf{b}$, (**b**) Kreuzprodukt $\mathbf{a} \times \mathbf{b}$, und (**c**) Spatprodukt $(\mathbf{a} \times \mathbf{b}) \cdot \mathbf{c}$

Ein weiteres Vektorprodukt wird als *dyadisches Produkt* bezeichnet. Unter Anwendung der n-dimensionalen Vektoren $\mathbf{a}$ und $\mathbf{b}$, bildet das dyadische Produkt diese auf den n-dimensionalen Tensor zweiter Ordnung

$$\mathbf{A} = \mathbf{a} \otimes \mathbf{b} = a_i b_j \mathbf{e}_i \otimes \mathbf{e}_j \ ; \ i,j = 1,\ldots,n$$

ab, wobei die Komponenten von $\mathbf{A}$ durch eine n-dimensionale Matrix dargestellt werden können. In 3D liest sich eine solche Matrix

$$\mathbf{A} = \begin{bmatrix} a_1b_1 & a_1b_2 & a_1b_3 \\ a_2b_1 & a_2b_2 & a_2b_3 \\ a_3b_1 & a_3b_2 & a_3b_3 \end{bmatrix} .$$

Das dyadische Produkt ist eine lineare, aber nicht kommutative Operation, und die Ausdrücke

$$\begin{aligned} \mathbf{a} \otimes \mathbf{b} &\neq \mathbf{b} \otimes \mathbf{a} \ , \\ (\alpha\mathbf{a}) \otimes \mathbf{b} &= \mathbf{a} \otimes (\alpha\mathbf{b}) = \alpha(\mathbf{a} \otimes \mathbf{b}) \ , \\ \mathbf{a} \otimes (\mathbf{b} + \mathbf{c}) &= \mathbf{a} \otimes \mathbf{b} + \mathbf{a} \otimes \mathbf{c} \ , \\ (\mathbf{a} \otimes \mathbf{b}) \cdot \mathbf{c} &= \mathbf{a}(\mathbf{b} \cdot \mathbf{c}) \end{aligned}$$

veranschaulichen einige Eigenschaften des dyadischen Produkts.

Beispiel A.5 (Norm eines Vektors und Vektorprodukte) Betrachten Sie die Vektoren $\mathbf{a} = [1 \ 2 \ 3]^\mathrm{T}$ und $\mathbf{b} = [4 \ 5 \ -6]^\mathrm{T}$ und berechnen Sie deren Normen. Berechnen Sie außerdem das Skalarprodukt, das Kreuzprodukt und das dyadische Produkt von $\mathbf{a}$ und $\mathbf{b}$, sowie das Spatprodukt $(\mathbf{a} \times \mathbf{b}) \cdot \mathbf{c}$, wobei $\mathbf{c} = [-7 \ 8 \ 9]^\mathrm{T}$ ist. ■

A.6.2 Koordinatentransformation

Während ein Vektor $\mathbf{a} = a_i \mathbf{e}_i = \widetilde{a}_i \widetilde{\mathbf{e}}_i; \, i = 1,\ldots,n$ *unabhängig* vom jeweiligen Koordinatensystem ist, sind seine Komponenten $a_i, \widetilde{a}_i$ *abhängig* vom gewählten Koordinatensystem. Betrachten wir eine eigentliche orthogonale Transformation $\mathbf{R}$, die das kartesische Koordinatensystem $\{\mathbf{e}_1, \ldots, \mathbf{e}_n\}$ in ein anderes kartesisches Koordinatensystem $\{\widetilde{\mathbf{e}}_1, \ldots, \widetilde{\mathbf{e}}_n\}$ abbildet, siehe Abb. A.7. Die eigentliche orthogonale Matrix

$$\mathbf{R} = \mathbf{e}_i \cdot \widetilde{\mathbf{e}}_j \ ; \, i = 1,\ldots,n$$

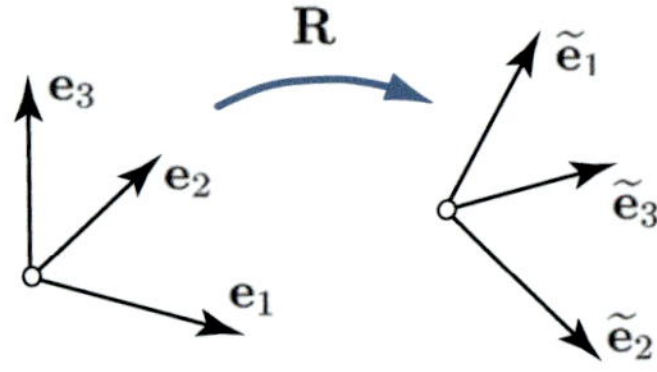

Abb. A.7 Die eigentliche Rotationsmatrix $\mathbf{R}$ bestimmt die Abbildung zwischen den kartesischen Koordinatensystemen $\{\mathbf{e}_1, \mathbf{e}_2, \mathbf{e}_3\}$ und $\{\widetilde{\mathbf{e}}_1, \widetilde{\mathbf{e}}_2, \widetilde{\mathbf{e}}_3\}$

verbindet daher die beide kartesischen Koordinatensysteme, und $\widetilde{\mathbf{e}}_i = \mathbf{R}\mathbf{e}_i$ bestimmt die Transformation zwischen ihren Basisvektoren. Die Koeffizienten von $R_{ij} = \mathbf{e}_i \cdot \widetilde{\mathbf{e}}_j$ sind die *Richtungskosinuse*, und somit die Kosinuse der Winkel zwischen den Basisvektoren $\mathbf{e}_j$ und $\widetilde{\mathbf{e}}_i$. Für ein 3D-Problem sind die Koeffizienten von $\mathbf{R}$ daher

$$\mathbf{R} = \begin{bmatrix} \mathbf{e}_1 \cdot \widetilde{\mathbf{e}}_1 & \mathbf{e}_1 \cdot \widetilde{\mathbf{e}}_2 & \mathbf{e}_1 \cdot \widetilde{\mathbf{e}}_3 \\ \mathbf{e}_2 \cdot \widetilde{\mathbf{e}}_1 & \mathbf{e}_2 \cdot \widetilde{\mathbf{e}}_2 & \mathbf{e}_2 \cdot \widetilde{\mathbf{e}}_3 \\ \mathbf{e}_3 \cdot \widetilde{\mathbf{e}}_1 & \mathbf{e}_3 \cdot \widetilde{\mathbf{e}}_2 & \mathbf{e}_3 \cdot \widetilde{\mathbf{e}}_3 \end{bmatrix}.$$

Die Basisvektoren $\mathbf{e}_i$ habe normalerweise die Komponenten $e_{i\,j} = \delta_{ij}$, sodass die Komponenten der rotierten Basisvektoren $\widetilde{\mathbf{e}}_i$ sich zu $\widetilde{e}_{i\,j} = R_{ji}$ ergeben.

A.6.2.1 Vektorkomponenten unter Koordinatentransformation

Wir betrachten das transformierte Koordinatensystem $\{\widetilde{\mathbf{e}}_1, \ldots, \widetilde{\mathbf{e}}_n\}$, innerhalb welchem die Komponenten

$$\widetilde{a}_i = \mathbf{a} \cdot \widetilde{\mathbf{e}}_i = \mathbf{a} \cdot (\mathbf{R}\mathbf{e}_i) = \mathbf{R}^{\mathrm{T}}\mathbf{a} \cdot \mathbf{e}_i \quad i = 1, \ldots, n$$

den Vektors $\mathbf{a}$ bestimmen. Mit den Komponenten $e_{i\,j} = \delta_{ij}$ der Basisvektoren $\mathbf{e}_i$ im nicht-transformierten Koordinatensystems, lassen sich die Vektorkomponenten in $\{\widetilde{\mathbf{e}}_1, \ldots, \widetilde{\mathbf{e}}_n\}$ dann durch $\widetilde{a}_i = R_{ai}a_a$ darstellen. Folglich beschreibt die Matrixrelation

$$\begin{bmatrix} \widetilde{a}_1 \\ \widetilde{a}_2 \\ \widetilde{a}_3 \end{bmatrix} = \left[\mathbf{R}^{\mathrm{T}}\right] \begin{bmatrix} a_1 \\ a_2 \\ a_3 \end{bmatrix}$$

die Änderung der Koeffizienten des Vektors $\mathbf{a}$ bei der Drehung des Koordinatensystems in 3D.

Beispiel A.6 (Koordinatentransformation) Abb. A.8 veranschaulicht die Rotation zwischen den Koordinatensystemen $\{\mathbf{e}_1, \mathbf{e}_2, \mathbf{e}_3\}$ und $\{\widetilde{\mathbf{e}}_1, \widetilde{\mathbf{e}}_2, \widetilde{\mathbf{e}}_3\}$, wo $\mathbf{e}_1 = [1\ 0\ 0]^{\mathrm{T}}$, $\mathbf{e}_2 = [0\ 1\ 0]^{\mathrm{T}}$, $\mathbf{e}_3 = [0\ 0\ 1]^{\mathrm{T}}$ und $\widetilde{\mathbf{e}}_1 = [-1/\sqrt{2}\ 1/\sqrt{2}\ 0]^{\mathrm{T}}$, $\widetilde{\mathbf{e}}_2 = [1/\sqrt{2}\ 1/\sqrt{2}\ 0]^{\mathrm{T}}$, $\widetilde{\mathbf{e}}_3 = [0\ 0\ -1]^{\mathrm{T}}$ die jeweiligen Basisvektoren bezeichnen. Beweisen Sie, dass beide

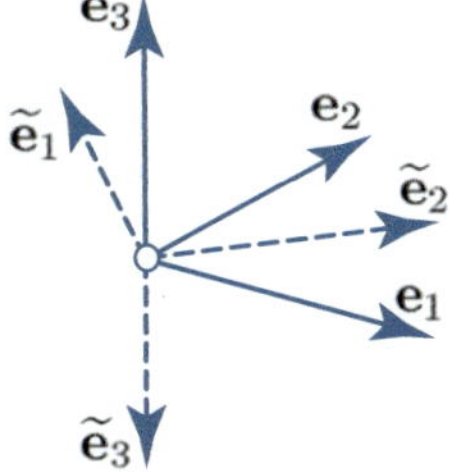

Abb. A.8 Transformation zwischen den kartesischen Koordinatensystemen $\{\mathbf{e}_1, \mathbf{e}_2, \mathbf{e}_3\}$ und $\{\widetilde{\mathbf{e}}_1, \widetilde{\mathbf{e}}_2, \widetilde{\mathbf{e}}_3\}$

Systeme kartesische Koordinatensysteme sind, und berechnen Sie die Rotationsmatrix $\mathbf{R}$, die die Transformation zwischen ihnen bestimmt. Stellen Sie eine grafische Skizze zur geometrischen Interpretation der Koeffizienten von $\mathbf{R}$ bereit. ■

Beispiel A.7 (Vektorkomponenten in verschiedenen Koordinatensystemen) Die Komponenten des Vektors $\mathbf{a}=[1\ \ 1]^{\mathrm{T}}$ sind im 2D kartesischen Koordinatensystem mit den Basisvektoren $\mathbf{e}_1=[1\ \ 0]^{\mathrm{T}}$ und $\mathbf{e}_2=[0\ \ 1]^{\mathrm{T}}$ gegeben. Das System $\{\mathbf{e}_1,\ \mathbf{e}_2\}$ wird dann um den Winkel $\alpha=\pi/6$ in ein anderes kartesisches Koordinatensystem $\{\widetilde{\mathbf{e}}_1,\widetilde{\mathbf{e}}_2\}$ gedreht, siehe Abb. A.9. Leiten Sie die Rotationsmatrix $\mathbf{R}$ ab, die das System $\{\mathbf{e}_1,\ \mathbf{e}_2\}$ in das System $\{\widetilde{\mathbf{e}}_1,\widetilde{\mathbf{e}}_2\}$ transformiert, und berechnen Sie die Komponenten des Vektors $\mathbf{a}$ innerhalb des kartesischen Koordinatensystems $\{\widetilde{\mathbf{e}}_1,\widetilde{\mathbf{e}}_2\}$.

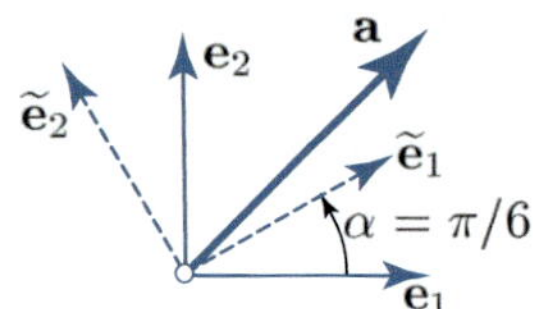

Abb. A.9 Beschreibung des Vektor $\mathbf{a}$ in den beiden kartesischen Koordinatensystemen $\{\mathbf{e}_1,\ \mathbf{e}_2\}$ und $\{\widetilde{\mathbf{e}}_1,\widetilde{\mathbf{e}}_2\}$. Die Systeme sind zueinander um den Winkel $\alpha=\pi/6$ verdreht

■

Beispiel A.8 (Objektivität von Vektoren) Gegeben ist ein kartesisches Koordinatensystem mit Basisvektoren $\mathbf{e}_1=[1\ \ 0\ \ 0]^{\mathrm{T}}$, $\mathbf{e}_2=[0\ \ 1\ \ 0]^{\mathrm{T}}$ und $\mathbf{e}_3=[0\ \ 0\ \ 1]^{\mathrm{T}}$, und es soll gezeigt werden, dass die Identität $a_i\mathbf{e}_i=\widetilde{a}_i\widetilde{\mathbf{e}}_i$ bei Rotation des Koordinatensystems, gilt. Hierbei bezeichnet $\mathbf{a}$ einen Vektor, während $\widetilde{\mathbf{e}}_i$ die Basisvektoren des rotierten kartesischen Koordinatensystems sind. ■

A.7 Tensoralgebra

Unter Zuhilfenahme des kartesischen Koordinatensystems $\{\mathbf{e}_1,\ \ldots,\ \mathbf{e}_n\}$ mit den Basisvektoren $\mathbf{e}_i$, kann ein *Tensor zweiter Ordnung* $\mathbf{A}$ durch das dyadische Produkt $\mathbf{A}=A_{ij}\mathbf{e}_i\otimes\mathbf{e}_j;\ i,\ j=1,\ \ldots,\ n$ *definiert werden.* Hierbei bezeichnen A_{ij} und $\mathbf{e}_i\otimes\mathbf{e}_j$ jeweils die Tensor *Komponenten* und die entsprechende *Tensorbasis* zweiter Ordnung. Wie Vektoren sind auch Tensoren *invariant* unter Rotationen des Koordinatensystems, und somit gilt

$$\mathbf{A}=A_{ij}\mathbf{e}_i\otimes\mathbf{e}_j=\widetilde{A}_{ij}\widetilde{\mathbf{e}}_i\otimes\widetilde{\mathbf{e}}_j=\widetilde{A}_{ij}\mathbf{R}\mathbf{e}_i\otimes\mathbf{R}\mathbf{e}_j\quad, \tag{A.15}$$

wobei $\widetilde{\mathbf{e}}_i=\mathbf{R}\mathbf{e}_i$ den rotierten i-ten Basisvektor bezeichnet. Die Transformation (A.15) liest sich in Indexnotation $A_{ij}e_{i\,k}e_{j\,l}=\widetilde{A}_{ij}R_{ik}e_{i\,k}R_{jl}e_{j\,l}$ und $A_{ij}=\widetilde{A}_{ij}R_{ik}R_{jl}$ transformiert daher die Tensor-Komponenten zwischen den beiden kartesischen Koordinatensystemen $\{\mathbf{e}_1,\ \ldots,\ \mathbf{e}_n\}$ und $\{\widetilde{\mathbf{e}}_1,\ldots,\widetilde{\mathbf{e}}_n\}$. Angesichts der Matrixdarstellungen $\mathbf{A}=[A_{ij}]$ und $\widetilde{\mathbf{A}}=[\widetilde{A}_{ij}]$ der jeweiligen Tensor-Komponenten drücken die symbolischen Beziehungen

$$\mathbf{A} = \mathbf{R}^{\mathrm{T}}\widetilde{\mathbf{A}}\mathbf{R} \quad \text{und} \quad \widetilde{\mathbf{A}} = \mathbf{R}\widetilde{\mathbf{A}}\mathbf{R}^{\mathrm{T}} \tag{A.16}$$

die Koordinatentransformation aus. Die Basis $\mathbf{e}_i \otimes \mathbf{e}_j$ eines Tensors zweiter Ordnung wird durch zwei Basisvektoren gebildet, und die Koordinatentransformation eines Tensors zweiter Ordnung erfordert daher *zweimalige* Multiplikation mit $\mathbf{R}$.

Ähnlich der Definition eines Tensors zweiter Ordnung kann auch ein Tensor

$$\mathbf{A} = \underbrace{A_{ab\ldots l}}_{m \text{ Indexe}} \underbrace{\mathbf{e}_a \otimes \mathbf{e}_b \otimes \ldots \otimes \mathbf{e}_l}_{m \text{ Basisvektoren}}$$

m-ten Ordnung durch das dyadische Vektorprodukt definiert werden. Im n-dimensionalen Raum hat ein Tensor m-ten Ordnung n^m Komponenten, und

$$\widetilde{A}_{pq\ldots t} = R_{pa}R_{qb}\ldots A_{ab\ldots l}$$

bestimmt die Koordinatentransformation der Tensorkomponenten. Im Einklang mit dem eingeführten Konzept der Tensoren kann ein Vektor daher als Tensor *erster Ordnung* angesehen werden.

A.7.1 Sphärischer Tensor

Das Kronecker-Delta δ_{ij} bildet die Komponenten des *sphärischen Tensors* $\mathbf{I} = \delta_{ij}\mathbf{e}_i \otimes \mathbf{e}_j$, auch isotroper Tensor, Identitätstensor oder Kugeltensor genannt. Seine Komponenten bleiben bei der Koordinatentransformation *unverändert*, und somit gilt $\widetilde{\delta}_{ij} = R_{ia}\delta_{ab}R_{jb} = R_{ib}R_{jb} = \delta_{ij}$, wobei die Transformation (A.16) verwendet wurde.

A.7.2 Tensoroperationen

Die Summe $\mathbf{C} = \mathbf{A} + \mathbf{B}$ ist für Tensoren $\mathbf{A}$ und $\mathbf{B}$ der *gleichen* Ordnung und Dimension definiert. Bei Tensoren zweiter Ordnung liest sich diese Operation $C_{ij} = A_{ij} + B_{ij}$; $i, j = 1, \ldots, n$, wobei n die räumliche Dimension bezeichnet.

Wie bei Vektoren können auch hier verschiedene Produkte definiert werden. Die Multiplikation $\mathbf{B} = \alpha\mathbf{A}$; $B_{ij} = \alpha A_{ij}$; $i, j = 1, \ldots, n$ eines Tensors $\mathbf{A}$ mit dem Skalar α, skaliert jede der Tensorkomponenten um den Faktor α. Das *äußere Tensorprodukt* $\underline{\mathbf{C}} = \mathbf{a} \otimes \mathbf{A} = a_i A_{jk}\mathbf{e}_i \otimes \mathbf{e}_j \otimes \mathbf{e}_k$ eines Tensors zweiter Ordnung $\mathbf{A}$ mit einem Vektor $\mathbf{a}$ bildet einen Tensor dritter Ordnung $\mathbf{C}$ mit den Komponenten $C_{ijk} = a_i A_{jk}$. Das äußere Tensorprodukt $\mathbb{C} = \mathbf{A} \otimes \mathbf{B} = A_{ij}A_{kl}\mathbf{e}_i \otimes \mathbf{e}_j \otimes \mathbf{e}_k \otimes \mathbf{e}_l$ zweier Tensoren zweiter Ordnung $\mathbf{A}$ und $\mathbf{B}$ bildet den Tensor vierter Ordnung $\mathbb{C}$ mit den Komponenten $C_{ijkl} = A_{ij}A_{kl}$. Die *Kontraktion* $\mathbf{c} = \mathbf{a}\mathbf{A} = \mathbf{A}^{\mathrm{T}}\mathbf{a} = a_k A_{ki}\mathbf{e}_i$ eines Tensors zweiter Ordnung $\mathbf{A}$ mit dem Vektor $\mathbf{a}$ bildet den Vektor $\mathbf{c}$ mit den Komponenten $c_i = a_k A_{ki}$. Die *einfache Kontraktion* $\mathbf{C} = \mathbf{A}\mathbf{B} = \mathbf{B}^{\mathrm{T}}\mathbf{A}^{\mathrm{T}} = A_{ik}A_{kj}\mathbf{e}_i \otimes \mathbf{e}_j$ zweier Tensoren zweiter Ordnung $\mathbf{A}$ und $\mathbf{B}$ bildet den Tensor zweiter Ordnung $\mathbf{C}$ mit den Komponenten $C_{ij} = A_{ik}A_{kj}$. Die *doppelte Kontraktion* $c = \mathbf{A} : \mathbf{B} = \mathrm{tr}(\mathbf{A}\mathbf{B}^{\mathrm{T}}) = A_{kl}B_{kl}$ zweier Tensoren zweiter Ordnung $\mathbf{A}$ und $\mathbf{B}$ bildet schließlich den Skalar c. Alle oben genannten Operationen erfordern Tensoren und Vektoren der gleichen Dimension.

Tab. A.2 Einige Multiplikationen mit Tensoren zweiter Ordnung, Vektoren und Skalaren. Jede Zeile präsentiert identische Ausdrücke jeweils in symbolischer Notation, Indexnotation und Matrixnotation

Symbolische Notation	Indexnotation	Matrixnotation
$c=\mathbf{a}\cdot\mathbf{b}$	$c=a_ib_i$	$[c]=[\mathbf{a}]^t[\mathbf{b}]$
$\mathbf{A}=\mathbf{a}\otimes\mathbf{b}$	$A_{ij}=a_ib_j$	$[\mathbf{A}]=[\mathbf{a}][\mathbf{b}]^T$
$\mathbf{b}=\mathbf{A}\mathbf{a}$	$b_i=A_{ik}a_k$	$[\mathbf{b}]=[\mathbf{A}][\mathbf{a}]$
$\mathbf{b}=\mathbf{a}\mathbf{A}$	$b_i=a_kA_{ki}$	$[\mathbf{b}]^T=[\mathbf{a}]^T[\mathbf{A}]$
$c=\mathbf{a}\mathbf{A}\mathbf{b}$	$c=a_kA_{kl}b_l$	$[c]=[\mathbf{a}]^T[\mathbf{A}][\mathbf{b}]$
$\mathbf{C}=\mathbf{A}\mathbf{B}$	$C_{ij}=A_{ik}B_{kl}$	$[\mathbf{C}]=[\mathbf{A}][\mathbf{B}]$
$\mathbf{C}=\mathbf{A}\mathbf{B}^T$	$C_{ij}=A_{ik}B_{lk}$	$[\mathbf{C}]=[\mathbf{A}][\mathbf{B}]^T$
$c=\mathbf{A}:\mathbf{B}$	$c=A_{kl}B_{kl}$	$[c]=\mathrm{tr}\left([\mathbf{A}][\mathbf{B}]^T\right)$
$c=\mathrm{tr}(\mathbf{A}\mathbf{B})$	$c=A_{kl}B_{lk}$	$[c]=\mathrm{tr}([\mathbf{A}][\mathbf{B}])$
$\mathbf{D}=\mathbf{A}\mathbf{B}\mathbf{C}$	$D_{ij}=A_{ik}B_{kl}C_{lj}$	$[\mathbf{D}]=[\mathbf{A}][\mathbf{B}][\mathbf{C}]$

Tab. A.2 veranschaulicht einige Multiplikationen von Tensoren, Vektoren und Skalaren. Jede Zeile in der Tabelle zeigt identische Ausdrücke jeweils in symbolischer Notation, Indexnotation und Matrixnotation. Die genannten Operationen können auch auf Tensoren höherer Ordnung verallgemeinert werden.

A.7.3 Invarianten von Tensoren zweiter Ordnung

Während Tensorkomponenten *abhängig* vom jeweiligen Koordinatensystem sind, definieren einige Kombinationen unter ihnen sogenannte *Invarianten*, d.h. Skalare die unabhängig vom Koordinatensystem sind. In 3D sind die Skalare tr$\mathbf{A}$, tr$\mathbf{A}^2$, tr$\mathbf{A}^3$ und jede Kombination unter ihnen unabhängig vom Koordinatensystem. In der Ingenieurmechanik werden üblicher Weise die linearen Kombinationen

$$I_1 = \mathrm{tr}\mathbf{A}\ ;\ I_2 = 1/2[(\mathrm{tr}\mathbf{A})^2 - \mathrm{tr}\mathbf{A}^2]\ ;\ I_3 = \det\mathbf{A} \tag{A.17}$$

als Invarianten eines Tensors zweiter Ordnung verwendet.

Beispiel A.9 (Objektivität von Tensoren) Zeigen Sie, dass die Invarianten I_1, I_2 und I_3 eines symmetrischen Tensors zweiter Ordnung $\mathbf{A}=\mathbf{a}\otimes\mathbf{a}$ invariant unter Koordinatentransformation sind. Die Definition (A.17) der Invarianten kann dabei verwendet werden, und die Koordinatentransformation wird durch den Rotationstensor $\mathbf{R}$ bestimmt.

■

A.8 Vektor- und Tensorrechnung

A.8.1 Lokale Änderungen von Feldvariablen

A.8.1.1 Gradient

Der *Gradient* gradϕ der *skalaren* Funktion $\phi(\mathbf{x})$ ist ein Maß dafür, wie schnell ϕ sich entlang der Richtungen der Basisvektoren des Koordinatensystems $\mathbf{e}_i$; $i=1, \ldots, n$ ändert. Abb. A.10 bietet eine geometrische Interpretation des Gradienten in

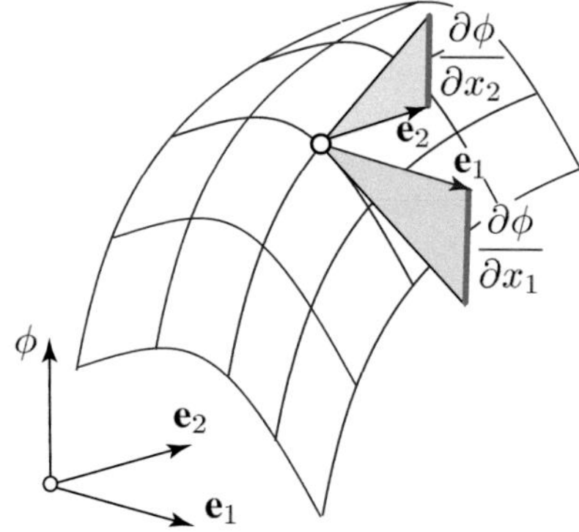

Abb. A.10 Geometrische Interpretation des Gradienten gradϕ der skalaren Funktion $\phi(\mathbf{x})$ in 2D

2D. Der Gradient gradϕ ist ein n-dimensionaler *Vektor* und in kartesischen Koordinaten bezeichnet

$$\mathbf{a} = \text{grad}\phi = \frac{\partial \phi}{\partial x_i}\mathbf{e}_i \; ; i = 1, \ldots, n \; ,$$

den Gradienten, wobei $\partial\phi/\partial x_i$ die jeweiligen Vektorkomponenten darstellt. Die Komponenten des Gradienten hängen vom Koordinatensystem ab, und

$$\left[a_r \; a_\theta \; a_z\right]^{\mathrm{T}} = \left[\frac{\partial \phi}{\partial r} \; \frac{1}{r}\frac{\partial \phi}{\partial \theta} \; \frac{\partial \phi}{\partial z}\right]^{\mathrm{T}}$$

drückt den Gradienten im zylindrischen Koordinatensystem $\{\mathbf{e}_r, \mathbf{e}_\theta, \mathbf{e}_z\}$ aus, wo r, θ, z die radiale, zirkumferenzielle und axiale Koordinate bezeichnen.

Der Gradient grad$\mathbf{a}$ der n-dimensionalen *Vektor*funktion $\mathbf{a}(\mathbf{x}) = a_i(\mathbf{x})\,\mathbf{e}_i$; $i = 1, \ldots, n$ ist ein n-dimensionaler *Tensor zweiter Ordnung* und liest sich

$$\mathbf{A} = \text{grad}\mathbf{a} = \frac{\partial a_i}{\partial x_j}\mathbf{e}_i \otimes \mathbf{e}_j \; .$$

In 3D kartesischen Koordinaten stellt

$$\begin{bmatrix} A_{11} & A_{12} & A_{13} \\ A_{21} & A_{22} & A_{23} \\ A_{31} & A_{32} & A_{33} \end{bmatrix} = \begin{bmatrix} \frac{\partial a_1}{\partial x_1} & \frac{\partial a_1}{\partial x_2} & \frac{\partial a_1}{\partial x_3} \\ \frac{\partial a_2}{\partial x_1} & \frac{\partial a_2}{\partial x_2} & \frac{\partial a_2}{\partial x_3} \\ \frac{\partial a_3}{\partial x_1} & \frac{\partial a_3}{\partial x_2} & \frac{\partial a_3}{\partial x_3} \end{bmatrix}$$

diesen Gradienten dar. Angesichts des zylindrischen Koordinatensystems $\{\mathbf{e}_r, \mathbf{e}_\theta, \mathbf{e}_z\}$, hat der Gradient grad$\mathbf{a}$ der Vektorfunktion $a_i(r, \theta, z)\,\mathbf{e}_i$; $i = r, \theta, z$ die Komponenten

$$\begin{bmatrix} A_{rr} & A_{r\theta} & A_{rz} \\ A_{\theta r} & A_{\theta\theta} & A_{\theta z} \\ A_{zr} & A_{z\theta} & A_{zz} \end{bmatrix} = \begin{bmatrix} \frac{\partial a_r}{\partial r} & \frac{1}{r}\frac{\partial a_r}{\partial \theta} - \frac{a_\theta}{r} & \frac{\partial a_r}{\partial z} \\ \frac{\partial a_\theta}{\partial r} & \frac{1}{r}\frac{\partial a_\theta}{\partial \theta} + \frac{a_r}{r} & \frac{\partial a_\theta}{\partial z} \\ \frac{\partial a_z}{\partial r} & \frac{1}{r}\frac{\partial a_z}{\partial \theta} & \frac{\partial a_z}{\partial z} \end{bmatrix} .$$

A.8.1.2 Divergenz

Die *Divergenz* der n-dimensionalen *Vektor*funktion $\mathbf{a}(\mathbf{x}) = a_i(\mathbf{x})\ \mathbf{e}_i;\ i = 1, \ldots, n$ ist ein *Skalar* und liest sich

$$a = \mathrm{div}\mathbf{a} = \frac{\partial a_i}{\partial x_i}\ .$$

Die Divergenz erscheint unterschiedlich in verschiedenen Koordinatensystemen. Im 3D kartesische Koordinaten $\{\mathbf{e}_1, \mathbf{e}_2, \mathbf{e}_3\}$ lautet sie $\mathrm{div}\mathbf{a} = \partial a_1/\partial x_1 + \partial a_2/\partial x_2 + \partial a_3/\partial x_3$, während in zylindrischen Koordinaten $\{\mathbf{e}_r, \mathbf{e}_\theta, \mathbf{e}_z\}$ $\mathrm{div}\mathbf{a} = [\partial(ra_r)/\partial r + \partial a_\theta/\partial\theta]/r + \partial a_z/\partial z$ die Divergenz bezeichnet.

Die Divergenz einer n-dimensionalen *Tensorfunktion zweiter Ordnung* $\mathbf{A}(\mathbf{x}) = A_{ij}(\mathbf{x})\ \mathbf{e}_i \otimes \mathbf{e}_j;\ i, j = 1, \ldots, n$ bezeichnet einen n-dimensionalen *Vektor* und liest

$$\mathbf{a} = \mathrm{div}\mathbf{A} = \frac{\partial A_{ik}}{\partial x_k}\mathbf{e}_i\ .$$

Dieser Vektor hat die Komponenten

$$\begin{bmatrix} a_1 \\ a_2 \\ a_3 \end{bmatrix} = \begin{bmatrix} \frac{\partial A_{11}}{\partial x_1} + \frac{\partial A_{12}}{\partial x_2} + \frac{\partial A_{13}}{\partial x_3} \\ \frac{\partial A_{21}}{\partial x_1} + \frac{\partial A_{22}}{\partial x_2} + \frac{\partial A_{23}}{\partial x_3} \\ \frac{\partial A_{31}}{\partial x_1} + \frac{\partial A_{32}}{\partial x_2} + \frac{\partial A_{33}}{\partial x_3} \end{bmatrix} \tag{A.18}$$

in einem 3D-kartesische Koordinatensystem $\{\mathbf{e}_1, \mathbf{e}_2, \mathbf{e}_3\}$. In zylindrischen Koordinaten $\{\mathbf{e}_r, \mathbf{e}_\theta, \mathbf{e}_z\}$ bezeichnet

$$\begin{bmatrix} a_r \\ a_\theta \\ a_z \end{bmatrix} = \begin{bmatrix} \frac{\partial A_{rr}}{\partial r} + \frac{1}{r}\frac{\partial A_{r\theta}}{\partial \theta} + \frac{\partial A_{rz}}{\partial z} + \frac{A_{rr} - A_{\theta\theta}}{r} \\ \frac{\partial A_{r\theta}}{\partial r} + \frac{1}{r}\frac{\partial A_{\theta\theta}}{\partial \theta} + \frac{\partial A_{\theta z}}{\partial z} + \frac{2A_{r\theta}}{r} \\ \frac{\partial A_{rz}}{\partial r} + \frac{1}{r}\frac{\partial A_{\theta z}}{\partial \theta} + \frac{\partial A_{zz}}{\partial z} + \frac{A_{rz}}{r} \end{bmatrix} \tag{A.19}$$

die Komponenten der Divergenz $\mathbf{a} = \mathrm{div}\mathbf{A}$ der Tensorfunktion zweiter Ordnung $A_{ij}(r, \theta, z)\ \mathbf{e}_i \otimes \mathbf{e}_j;\ i, j = r, \theta, z$.

A.8.2 Divergenztheorem

Das *Divergenztheorem*, oder Gauß Theorem, verknüpft das Integral über einen *Bereich* Ω mit dem Integral über seine *Oberfläche* $\partial\Omega$. Für die Divergenz div**a** einer Vektorfunktion $\mathbf{a}(\mathbf{x}) = a_i(\mathbf{x})\ \mathbf{e}_i;\ i = 1, \ldots, n$, lautet das Divergenztheorem

$$\int_\Omega \mathrm{div}\mathbf{a}\mathrm{d}v = \int_{\partial\Omega} \mathbf{a} \cdot \mathbf{n}\mathrm{d}s\ ,$$

wobei $\mathbf{n}(\mathbf{x})$ den nach außen gerichteten Einheitsnormalvektor auf die Oberfläche $\partial\Omega$ bezeichnet. In ähnlicher Weise drückt

$$\int_\Omega \mathrm{div}\mathbf{A}\mathrm{d}v = \int_{\partial\Omega} \mathbf{A}\mathbf{n}\mathrm{d}s$$

das Divergenztheorem angewandt auf die Divergenz der Tensorfunktion zweiter Ordnung $\mathbf{A}(\mathbf{x}) = A_{ij}(\mathbf{x})\ \mathbf{e}_i \otimes \mathbf{e}_j\ ,\ i, j = 1, \ldots, n$ aus.

Anhang B

Einige nützliche Laplace- und Fourier-Transformationen

B.1 Laplace-Transformationen

Dirac-Delta-Funktion $\delta(t)$

Unter Verwendung der Definition $(A.7)_1$ liest sich die Laplace-Transformation der Dirac-Delta-Funktion $\delta(t)$

$$\widehat{\delta}(s) = \int\limits_0^\infty \delta(t)\exp(-st)\mathrm{d}t = [\mathcal{H}(t)]_0^\infty = 1\,.$$

Hier wurde die Eigenschaft

$$\int f(t)\delta(t)\mathrm{d}t = [f(t)]_{t=0}\int \delta(t)\mathrm{d}t = [f(t)]_{t=0}\mathcal{H}(t) \tag{B.1}$$

verwendet, wobei $f(t)$ eine beliebige Funktion von t bezeichnet.

Heaviside-Funktion $\mathcal{H}(t)$

Unter Verwendung der Definition $(A.7)_1$ und der Eigenschaft $\delta(t) = \mathrm{d}\mathcal{H}(t)/\mathrm{d}t$, führt die partielle Integration zusammen mit der Eigenschaft (B.1) auf

$$\widehat{\mathcal{H}}(s) = \int\limits_0^\infty \mathcal{H}(t)\exp(-st)\mathrm{d}t = -\frac{1}{s}\big[\mathcal{H}(t)\exp(-st)\big]_0^\infty + \frac{1}{s}\underbrace{\int\limits_0^\infty \delta(t)\exp(-st)\mathrm{d}t}_{[\mathcal{H}(t)]_0^\infty}$$

$$= \frac{1}{s}\big\{\big[1-\exp(-st)\big]\mathcal{H}(t)\big\}_0^\infty = \frac{1}{s}$$

die Laplace-Transformation der Heaviside-Funktion $\mathcal{H}(t)$

Die Funktion $t\mathcal{H}(t)$

Unter Verwendung der Eigenschaft $\widehat{t^n x(t)} = (-1)^n(\mathrm{d}^n\widehat{x}(s)/\mathrm{d}s^n);\ n = 1, 2, 3, \ldots$ der Laplace-Transformation zusammen mit der Laplace-Transformation der Heaviside-Funktion $\widehat{\mathcal{H}}(s) = s^{-1}$, ergibt

T. Gasser, *Vaskuläre Biomechanik*, https://doi.org/10.1007/978-3-031-52637-4

$$\widehat{t\mathcal{H}}(s) = -\frac{\mathrm{d}s^{-1}}{\mathrm{d}s} = \frac{1}{s^2}$$

die Laplace-Transformation der Funktion $t\mathcal{H}(t)$.

Die Funktion $\sin(at)\mathcal{H}(t)$

Unter Verwendung der Eigenschaften $\int \sin(at)\exp(-st)\mathrm{d}t = -\exp(-st)[a\cos(at) + s\sin(at)]/(a^2+s^2)$ und $\delta(t) = \mathrm{d}\mathcal{H}(t)/\mathrm{d}t$, liefert die partielle Integration zusammen mit der Eigenschaft (B.1) den Ausdruck

$$\begin{aligned}
\widehat{\sin(at)\mathcal{H}}(s) &= \int_0^\infty \sin(at)\mathcal{H}(t)\exp(-st)\mathrm{d}t \\
&= \frac{1}{a^2+s^2}\underbrace{\{-\mathcal{H}(t)\exp(-st)[a\cos(at) + s\sin(at)]\}_0^\infty}_{0} \\
&+ \frac{1}{a^2+s^2}\underbrace{\int_0^\infty \delta(t)\exp(-st)[a\cos(at) + s\sin(at)]\mathrm{d}t}_{a[\mathcal{H}(t)]_0^\infty} \\
&= \frac{a}{a^2+s^2}
\end{aligned}$$

für die Laplace-Transformation der Funktion $\sin(at)\mathcal{H}(t)$.

Die Funktion $\cos(at)\mathcal{H}(t)$

Unter Verwendung der Eigenschaften $\int \cos(at)\exp(-st)\mathrm{d}t = \exp(-st)[-s\cos(at) + a\sin(at)]/(a^2+s^2)$ und $\delta(t) = \mathrm{d}\mathcal{H}(t)/\mathrm{d}t$, ergibt die partielle Integration zusammen mit der Eigenschaft (B.1) den Ausdruck

$$\begin{aligned}
\widehat{\cos(at)\mathcal{H}}(s) &= \int_0^\infty \cos(at)\mathcal{H}(t)\exp(-st)\mathrm{d}t \\
&= \frac{1}{a^2+s^2}\underbrace{\{\mathcal{H}(t)\exp(-st)[-s\cos(at) + a\sin(at)]\}_0^\infty}_{0} \\
&- \frac{1}{a^2+s^2}\underbrace{\int_0^\infty \delta(t)\exp(-st)[-s\cos(at) + a\sin(at)]\mathrm{d}t}_{-s[\mathcal{H}(t)]_0^\infty} \\
&= \frac{s}{a^2+s^2}
\end{aligned}$$

für die Laplace-Transformation der Funktion $\cos(at)\mathcal{H}(t)$.

B.2 Fourier-Transformationen

Dirac-Delta-Funktion $\delta(t)$
Unter Verwendung der Definition $(\mathrm{A.7})_2$ zusammen mit der Eigenschaft (B.1), liest sich die Fourier-Transformation der Dirac-Delta-Funktion $\delta(t)$

$$\widetilde{\delta}(\omega) = \int_{-\infty}^{\infty} \delta(t) \exp[(i\omega - a)t]\mathrm{d}t = \frac{1}{i\omega - a}[\mathcal{H}(t) \exp[(i\omega - a)t]]_{-\infty}^{\infty} - \frac{1}{i\omega - a} \underbrace{\int_{-\infty}^{\infty} \delta(t) \exp[(i\omega - a)t]\mathrm{d}t}_{[\mathcal{H}(t)]_{-\infty}^{\infty}} = \frac{1}{a - i\omega}\,.$$

Die Funktion $\exp(-at)\mathcal{H}(t)$
Unter Verwendung der Definition $(\mathrm{A.7})_2$ zusammen mit der Eigenschaft (B.1), liest sich die Fourier-Transformation der Funktion $\exp(-at)\mathcal{H}(t)$

$$\widetilde{\exp(-at)\mathcal{H}(t)} = \int_{-\infty}^{\infty} \mathcal{H}(t) \exp(-i\omega t)\mathrm{d}t = [\mathcal{H}(t)]_{-\infty}^{\infty} = 1\,.$$

Die Funktion $\sin(at)\mathcal{H}(t)$
Unter Verwendung der Eigenschaften $\int \sin(at) \exp(i\omega t)\mathrm{d}t = \exp(i\omega t)[a\cos(at) - i\omega \sin(at)]/(a^2 - \omega^2)$ und $\delta(t) = \mathrm{d}\mathcal{H}(t)/\mathrm{d}t$, ergibt die partielle Integration zusammen mit der Eigenschaft (B.1) den Ausdruck

$$\widetilde{\sin(at)\mathcal{H}}(\omega) = \int_{-\infty}^{\infty} \sin(at)\mathcal{H}(t) \exp(i\omega t)\mathrm{d}t = \frac{1}{a^2 - \omega^2} \underbrace{\{-\mathcal{H}(t) \exp(i\omega t)[a\cos(at) - i\omega \sin(at)]\}_{-\infty}^{\infty}}_{0} + \frac{1}{a^2 - \omega^2} \underbrace{\int_{-\infty}^{\infty} \delta(t) \exp(i\omega t)[a\cos(at) - i\omega \sin(at)]\mathrm{d}t}_{a[\mathcal{H}(t)]_{-\infty}^{\infty}} = \frac{a}{a^2 - \omega^2}$$

für die Fourier-Transformation der Funktion $\sin(at)\mathcal{H}(t)$. Hier wurden die Symmetrie der Kosinusfunktion $\cos(\alpha) - \cos(-\alpha) = 0$ und die Schiefsymmetrie der Sinusfunktion $\sin(\alpha) + \sin(-\alpha) = 0$ verwendet.

Die Funktion $\cos(at)\mathcal{H}(t)$

Unter Verwendung der Eigenschaften $\int \cos(at)\exp(i\omega t)\mathrm{d}t = i\exp(i\omega t)[\omega\cos(at) - ia\sin(at)]/(a^2 - \omega^2)$ und $\delta(t) = \mathrm{d}\mathcal{H}(t)/\mathrm{d}t$, ergibt die partielle Integration zusammen mit der Eigenschaft (B.1) den Ausdruck

$$\begin{aligned}
\widetilde{\cos(at)\mathcal{H}}(\omega) &= \int_{-\infty}^{\infty} \cos(at)\mathcal{H}(t)\exp(i\omega t)\mathrm{d}t \\
&= \frac{i}{a^2 - \omega^2} \underbrace{\{\mathcal{H}(t)\exp(i\omega t)[\omega\cos(at) - ia\sin(at)]\}_{-\infty}^{\infty}}_{0} \\
&\quad - \frac{i}{a^2 - \omega^2} \underbrace{\int_{-\infty}^{\infty} \delta(t)\exp(i\omega t)[\omega\cos(at) - ia\sin(at)]\mathrm{d}t}_{\omega[\mathcal{H}(t)]_{-\infty}^{\infty}} \\
&= \frac{i\omega}{a^2 - \omega^2}
\end{aligned}$$

für die Fourier-Transformation der Funktion $\cos(at)\mathcal{H}(t)$. Hier wurden die Symmetrie der Kosinusfunktion $\cos(\alpha) - \cos(-\alpha) = 0$ und die Schiefsymmetrie der Sinusfunktion $\sin(\alpha) + \sin(-\alpha) = 0$ verwendet.

Anhang C

Einige nützliche Tensorrelationen

Die Identität $(\partial \mathbf{C}/\partial \mathbf{F}):\mathbf{F}^{-1} = 2\mathbf{I}$
Unter Verwendung der Definition $\mathbf{C} = \mathbf{F}^{\mathrm{T}}\mathbf{F}$ der rechten Cauchy-Green Verzerrung und der Produktregel ergibt sich die Beziehung $(\partial \mathbf{C}/\partial \mathbf{F}):\mathbf{F}^{-1}$

$$\begin{aligned}
\partial(F_{aI}F_{aJ}/\partial F_{kL})F_{kL}^{-1} &= (\delta_{ak}\delta_{IL}F_{aJ} + F_{aI}\delta_{ak}\delta_{JL})F_{kL}^{-1} \\
&= (\delta_{IL}F_{kJ} + F_{kI}\delta_{JL})F_{kL}^{-1} \\
&= \delta_{IL}\delta_{LJ} + \delta_{LI}\delta_{JL} \\
&= 2\delta_{IJ} \; .
\end{aligned}$$

Die Zeitableitung von $\mathbf{C}^{-1}$
Die Beziehung $\mathbf{C}\mathbf{C}^{-1} = \mathbf{I}$ zusammen mit der Produktregel ergibt $\dot{\mathbf{C}}\mathbf{C}^{-1} + \mathbf{C}\dot{\overline{\mathbf{C}^{-1}}} = \mathbf{0}$, so dass $\dot{\overline{\mathbf{C}^{-1}}} = -\mathbf{C}^{-1}\dot{\mathbf{C}}\mathbf{C}^{-1}$ gilt.

Die Identität $\partial J/\partial \mathbf{C} = J\mathbf{C}^{-1}/2$
Unter Verwendung der Definition des Volumenverhältnisses $\det\mathbf{C} = \det(\mathbf{F}^{\mathrm{T}}\mathbf{F}) = J^2$ zusammen mit der Jacobi-Formel $\partial\det\mathbf{A}/\partial\mathbf{A} = \det\mathbf{A}\mathbf{A}^{-\mathrm{T}}$ des Tensors zweiter Ordnung $\mathbf{A}$, gilt die Identität

$$\frac{\partial J}{\partial \mathbf{C}} = \frac{\partial\sqrt{\det\mathbf{C}}}{\partial \mathbf{C}} = \frac{J}{2}\mathbf{C}^{-1} \; .$$

Die Identität $\partial I_1/\partial \mathbf{C} = \mathbf{I}$
Unter Verwendung der Definition der ersten Invariante $I_1 = \mathrm{tr}\mathbf{C} = \mathbf{I}:\mathbf{C}$, leitet sich die Beziehung $\partial I_1/\partial \mathbf{C} = \mathbf{I}$ ab.

Die Identität $\partial I_2/\partial \mathbf{C} = I_1\mathbf{I} - \mathbf{C}$
Unter Verwendung der Definition der zweiten Invariante $I_2 = (I_1^2 - \mathrm{tr}\mathbf{C}^2)/2$, zusammen mit der Definition der ersten Invariante $I_1 = \mathrm{tr}\mathbf{C}$, leitet sich die Beziehung $\partial I_2/\partial \mathbf{C} = I_1\mathbf{I} - \mathbf{C}$ ab.

T. Gasser, *Vaskuläre Biomechanik,* https://doi.org/10.1007/978-3-031-52637-4

Die Identität $\partial I_3/\partial \mathbf{C} = J^2\mathbf{C}^{-1}$
Unter Verwendung der Definition der dritten Invariante $I_3 = \det\mathbf{C}$, zusammen mit der Formel von Jacobi $\partial\det\mathbf{A}/\partial\mathbf{A} = \det\mathbf{A}\mathbf{A}^{-\mathrm{T}}$, gilt die Eigenschaft $\partial I_3/\partial\mathbf{C} = J^2\mathbf{C}^{-1}$ mit dem Volumenverhältnis $J = \det\mathbf{F}$.

Die Identität $\partial\overline{\mathbf{C}}/\partial\mathbf{C} = J^{-2/3}[\mathbb{I} - (\mathbf{C}\otimes\mathbf{C}^{-1})/3]$
Mit der Definition der isochorischen rechten Cauchy-Green Verzerrung $\overline{\mathbf{C}} = J^{-2/3}\mathbf{C}$, ergibt die Produktregel

$$\frac{\partial\overline{\mathbf{C}}}{\partial\mathbf{C}} = J^{-2/3}\frac{\partial\overline{\mathbf{C}}}{\partial\overline{\mathbf{C}}} + \mathbf{C}\otimes\frac{-2J^{-5/3}}{3}\frac{\partial J}{\partial\mathbf{C}},$$

und damit

$$\frac{\partial\overline{\mathbf{C}}}{\partial\mathbf{C}} = J^{-2/3}\left(\mathbb{I} - \frac{1}{3}\mathbf{C}\otimes\mathbf{C}^{-1}\right),$$

wobei die Beziehung $\partial J/\partial\mathbf{C} = J\mathbf{C}^{-1}/2$ verwendet wurde. Hier bezeichnet $\mathbb{I}$ den symmetrischen Identitätstensor vierter Ordnung mit den Komponenten $I_{ijkl} = (\delta_{ik}\delta_{jl} + \delta_{il}\delta_{jk})/2$.

Die Identität $\mathbf{C}^{-1} : \dot{\mathbf{E}} = \mathrm{tr}\mathbf{d}$
Unter Verwendung der Definitionen der rechten Cauchy-Green Verzerrung $\mathbf{C} = \mathbf{F}^{\mathrm{T}}\mathbf{F}$ und der Green-Lagrange Verzerrung $\mathbf{E} = (\mathbf{F}^{\mathrm{T}}\mathbf{F} - \mathbf{I})/2$, kann der Begriff $\mathbf{C}^{-1} : \dot{\mathbf{E}}$ durch

$$\begin{aligned}
\mathbf{C}^{-1} : \dot{\mathbf{E}} &= \mathrm{tr}(\mathbf{C}^{-1}\dot{\mathbf{E}}) = \mathrm{tr}[\mathbf{F}^{-1}\mathbf{F}^{-\mathrm{T}}(\dot{\mathbf{F}}^{\mathrm{T}}\mathbf{F} + \mathbf{F}^{\mathrm{T}}\dot{\mathbf{F}})/2] \\
&= [\mathrm{tr}(\mathbf{F}^{-1}\mathbf{F}^{-\mathrm{T}}\dot{\mathbf{F}}^{\mathrm{T}}\mathbf{F}) + \mathrm{tr}(\mathbf{F}^{-1}\mathbf{F}^{-\mathrm{T}}\mathbf{F}^{\mathrm{T}}\dot{\mathbf{F}})]/2 \\
&= [\mathrm{tr}(\mathbf{F}^{-\mathrm{T}}\dot{\mathbf{F}}^{\mathrm{T}}) + \mathrm{tr}(\mathbf{F}^{-1}\dot{\mathbf{F}})]/2 \\
&= [\mathrm{tr}(\dot{\mathbf{F}}\mathbf{F}^{-1})^{\mathrm{T}} + \mathrm{tr}(\dot{\mathbf{F}}\mathbf{F}^{-1})]/2 = (\mathrm{tr}\mathbf{l}^{\mathrm{T}} + \mathrm{tr}\mathbf{l})/2 = \mathrm{tr}\mathbf{d}
\end{aligned}$$

dargestellt werden, wobei $\mathbf{d} = (\mathbf{l} + \mathbf{l}^{\mathrm{T}})/2$ den Verzerrungsgeschwindigkeitstensor bezeichnet. Hier wurde die Eigenschaft $\mathrm{tr}(\mathbf{ABC}) = \mathrm{tr}(\mathbf{BCA})$ des Spuroperators verwendet.

Die Identität $\mathrm{dev}[\mathbf{FAF}^{\mathrm{T}}] = \mathbf{F}\{\mathrm{Dev}[\mathbf{A}]\}\mathbf{F}^{\mathrm{T}}$
Diese Identität leitet sich von den Definitionen des räumlichen Deviatorooperators $\mathrm{dev}(\bullet) = (\bullet) - [(\bullet) : \mathbf{I}]\mathbf{I}/3$ und des materiellen Deviatoroperators $\mathrm{Dev}(\bullet) = (\bullet) - [\mathbf{C} : (\bullet)]\mathbf{C}^{-1}$ab, sodass

$$\begin{aligned}
\mathbf{F}\{\mathrm{Dev}[\mathbf{A}]\}\mathbf{F}^{\mathrm{T}} &= \mathbf{FAF}^{\mathrm{T}} - \frac{1}{3}(\mathbf{A} : \mathbf{C})\mathbf{FC}^{-1}\mathbf{F}^{\mathrm{T}} \\
&= \mathbf{FAF}^{\mathrm{T}} - \frac{1}{3}\left[\mathbf{I} : (\mathbf{FAF}^{\mathrm{T}})\right]\mathbf{I} = \mathrm{dev}[\mathbf{FAF}^{\mathrm{T}}],
\end{aligned}$$

gilt, wobei die rechte Cauchy-Green Verzerrung $\mathbf{C} = \mathbf{F}^{\mathrm{T}}\mathbf{F}$ und ihre Inverse $\mathbf{C}^{-1} = \mathbf{F}^{-1}\mathbf{F}^{-\mathrm{T}}$ verwendet wurden.

Anhang D

Einige nützliche Variationen und Richtungsableitungen

Die Beziehungen $D_\mathbf{u}\mathbf{F} = \mathrm{Grad}\,\Delta\mathbf{u}$ und $\delta\mathbf{F} = \mathrm{Grad}\,\delta\mathbf{u}$
Mit der Definition des Deformationsgradienten $\mathbf{F} = \mathbf{I} + \mathrm{Grad}(\mathbf{u})$ ergibt sich dessen Richtungsableitung $D_\mathbf{u}\mathbf{F} = \mathrm{Grad}(\mathbf{u} + \Delta\mathbf{u}) - \mathrm{Grad}(\mathbf{u}) = \mathrm{Grad}\,\Delta\mathbf{u}$. Die gleichen Argumente führen zur Variation des Deformationsgradienten, $\delta\mathbf{F} = \mathrm{Grad}\,\delta\mathbf{u}$.

Die Beziehungen $D_\mathbf{u}\mathbf{E} = \mathrm{sym}(\mathbf{F}^\mathrm{T}\,\mathrm{Grad}\,\Delta\mathbf{u})$ und $\delta\mathbf{E} = \mathrm{sym}(\mathbf{F}^\mathrm{T}\,\mathrm{Grad}\,\delta\mathbf{u})$
Mit der Definition der Green-Lagrange Verzerrung $\mathbf{E} = (\mathbf{F}^\mathrm{T}\mathbf{F} - \mathbf{I})/2$, liest sich ihre Richtungsableitung $D_\mathbf{u}\mathbf{E} = (D_\mathbf{u}\mathbf{F}^\mathrm{T}\mathbf{F} + \mathbf{F}^\mathrm{T}D_\mathbf{u}\mathbf{F})/2$, was dann mit der Eigenschaft $D_\mathbf{u}\mathbf{F} = \mathrm{Grad}\,\Delta\mathbf{u}$ den Ausdruck $D_\mathbf{u}\mathbf{E} = (\mathrm{Grad}^\mathrm{T}\,\Delta\mathbf{u}\;\mathbf{F} + \mathbf{F}^\mathrm{T}\;\mathrm{Grad}\,\Delta\mathbf{u})/2$ ergibt. Die gleichen Argumente führen zur Variation der Green-Lagrange Verzerrung, $\delta\mathbf{E} = (\mathrm{Grad}^\mathrm{T}\delta\mathbf{u}\;\mathbf{F} + \mathbf{F}^\mathrm{T}\;\mathrm{Grad}\,\delta\mathbf{u})/2$.

Die Beziehung $D_\mathbf{u}\delta\mathbf{E} = \mathrm{sym}(\mathrm{Grad}^\mathrm{T}\,\Delta\mathbf{u}\;\mathrm{Grad}\,\delta\mathbf{u})$
Mit der Variation $\delta\mathbf{E} = (\mathrm{Grad}^\mathrm{T}\delta\mathbf{u}\;\mathbf{F} + \mathbf{F}^\mathrm{T}\;\mathrm{Grad}\,\delta\mathbf{u})/2$ der Green-Lagrange Verzerrung und der Richtungsableitung $D_\mathbf{u}\mathbf{F} = \mathrm{Grad}\,\Delta\mathbf{u}$ des Deformationsgradienten, liest sich die Richtungsableitung von $\delta\mathbf{E}$ dann als $D_\mathbf{u}\delta\mathbf{E} = (\mathrm{Grad}^\mathrm{T}\delta\mathbf{u}\;\mathrm{Grad}\,\Delta\mathbf{u} + \mathrm{Grad}^\mathrm{T}\,\Delta\mathbf{u}\;\mathrm{Grad}\,\delta\mathbf{u})/2$.

Die Beziehungen $D_\mathbf{u}\mathbf{e} = \mathrm{grad}_\mathrm{s}\,\Delta\mathbf{u}$ und $\delta\mathbf{e} = \mathrm{grad}_\mathrm{s}\delta\mathbf{u}$
Mit der Definition der Euler-Almansi Verzerrung als Vorwärtsabbildung (Push-Forward) der Green-Lagrange Verzerrung $\mathbf{e} = (\mathbf{I} - \mathbf{b}^{-1})/2 = \mathbf{F}^{-\mathrm{T}}\mathbf{E}\mathbf{F}^{-1}$, ergibt ihre Richtungsableitung zu $D_\mathbf{u}\mathbf{e} = \mathbf{F}^{-\mathrm{T}}D_\mathbf{u}\mathbf{E}\;\mathbf{F}^{-1} = \mathrm{grad}_\mathrm{s}\,\Delta\mathbf{u}$, wo $D_\mathbf{u}\mathbf{E} = (D_\mathbf{u}\mathbf{F}^\mathrm{T}\mathbf{F} + \mathbf{F}^\mathrm{T}D_\mathbf{u}\mathbf{F})/2$ die Richtungsableitung der Green-Lagrange Verzerrung bezeichnet, und die Eigenschaften $\mathrm{grad}_\mathrm{s}\,\Delta\mathbf{u} = \mathrm{Grad}_\mathrm{s}\,\Delta\mathbf{u}\mathbf{F}^{-1}$ und $D_\mathbf{u}\mathbf{F} = \mathrm{Grad}\,\Delta\mathbf{u}$ verwendet wurden. Die gleichen Argumente führen zur Variation der Euler-Almansi Verzerrung, $\delta\mathbf{e} = \mathbf{F}^{-\mathrm{T}}\delta\mathbf{E}\mathbf{F}^{-1} = \mathrm{grad}_\mathrm{s}\delta\mathbf{u}$.

T. Gasser, *Vaskuläre Biomechanik,* https://doi.org/10.1007/978-3-031-52637-4

Die Beziehungen $D_{\mathbf{u}}\mathbf{F}^{-1} = -\mathbf{F}^{-1}\mathbf{grad}\,\Delta\mathbf{u}$ und $\delta\mathbf{F}^{-1} = -\mathbf{F}^{-1}\mathbf{grad}\,\delta\mathbf{u}$

Die Richtungsableitung der Beziehung $\mathbf{F}\mathbf{F}^{-1} = \mathbf{I}$ ergibt $D_{\mathbf{u}}(\mathbf{F}\mathbf{F}^{-1}) = D_{\mathbf{u}}\mathbf{F}\ \mathbf{F}^{-1} + \mathbf{F}D_{\mathbf{u}}\mathbf{F}^{-1} = \mathbf{0}$. Mit $D_{\mathbf{u}}\mathbf{F} = \mathrm{Grad}\,\Delta\mathbf{u}$, liest sich damit die Richtungsableitung des inversen Deformationsgradienten $\mathbf{F}^{-1}$ als $D_{\mathbf{u}}\mathbf{F}^{-1} = -\mathbf{F}^{-1}\mathrm{Grad}\Delta\mathbf{u}\mathbf{F}^{-1} = -\mathbf{F}^{-1}\mathrm{grad}\,\Delta\mathbf{u}$. Die gleichen Argumente führen zur Variation des inversen Deformationsgradienten, $\delta\mathbf{F}^{-1} = -\mathbf{F}^{-1}\mathrm{grad}\ \delta\mathbf{u}$.

Die Beziehungen $D_{\mathbf{u}}\mathbf{grad}\ \delta\mathbf{u} = -\mathbf{grad}\ \delta\mathbf{u}\ \mathbf{grad}\,\Delta\mathbf{u}$

Mit der Eigenschaft $\mathrm{grad}\delta\mathbf{u} = \mathrm{Grad}\delta\mathbf{u}\ \mathbf{F}^{-1}$, liest sich die Richtungsableitung des räumlichen Gradienten der Verschiebungsvariation wie folgt

$$
\begin{aligned}
D_{\mathbf{u}}\mathrm{grad}\delta\mathbf{u} &= D_{\mathbf{u}}\mathrm{Grad}\delta\mathbf{u}\ \mathbf{F}^{-1} + \mathrm{Grad}\delta\mathbf{u}\ D_{\mathbf{u}}\mathbf{F}^{-1} \\
&= -\mathrm{Grad}\delta\mathbf{u}\ \mathbf{F}^{-1}\mathrm{grad}\Delta\mathbf{u} = -\mathrm{grad}\delta\mathbf{u}\ \mathrm{grad}\Delta\mathbf{u}\,,
\end{aligned}
$$

wobei die Eigenschaften $D_{\mathbf{u}}\mathrm{Grad}\delta\mathbf{u} = \mathbf{0}$ und $D_{\mathbf{u}}\mathbf{F}^{-1} = -\mathbf{F}^{-1}\mathrm{grad}\,\Delta\mathbf{u}$ verwendet wurden.

Die Beziehungen $D_{\mathbf{u}}J = J\mathbf{div}\ \Delta\mathbf{u}$ und $\delta J = J\mathbf{div}\ \delta\mathbf{u}$

Mit der Definition $J = \det\mathbf{F}$ des Volumenverhältnisses, ergibt die Kettenregel zusammen mit der Jacobi-Formel $\partial\det\mathbf{A}/\partial\mathbf{A} = \det\mathbf{A}\mathbf{A}^{-\mathrm{T}}$ ergibt sich $D_{\mathbf{u}}J = (\partial\det\mathbf{F}/\partial\mathbf{F}) : D_{\mathbf{u}}\mathbf{F} = J\mathbf{F}^{-\mathrm{T}} : D_{\mathbf{u}}\mathbf{F}$. Die Eigenschaft $\mathrm{div}(\bullet) = \mathrm{tr}(\mathrm{grad}(\bullet))$ und die Richtungsableitung des Deformationsgradienten $D_{\mathbf{u}}\mathbf{F} = \mathrm{Grad}\,\Delta\mathbf{u}$ ergeben dann $D_{\mathbf{u}}J = J\mathrm{div}\,\Delta\mathbf{u}$. Die gleichen Argumente führen zur Variation des Volumenverhältnisses $\delta J = J\mathrm{div}\ \delta\mathbf{u}$.

Anhang E

Physikalische Grundlagen

E.1 Grundlegende Schaltungselemente

E.1.1 Widerstandselement

Eine Blutströmung der Flussrate $q(t)$ [m^3 s^{-1}], die ein Blutgefäß mit dem *hydraulischen Widerstand* R [Pa s m^{-3}] passiert, verliert dabei an Druck $p(t)$ [Pa], und das Ohmsche[4] Gesetz

$$p(t) = Rq(t) \tag{E.1}$$

stellt die Beziehung zwischen Fluss und Druck her. Abb. E.1a zeigt die Darstellung des Widerstands in einem elektrischen Netzwerkdiagramm zusammen mit dem Flussvektor **q** und dem Druckvektor **p** in der komplexen Ebene. Beim Durchlaufen eines Widerstands bleiben der Fluss und der Druck *in Phase*, und es stellt sich der Phasenwinkel $\phi = 0$ zwischen **p** und **q** ein.

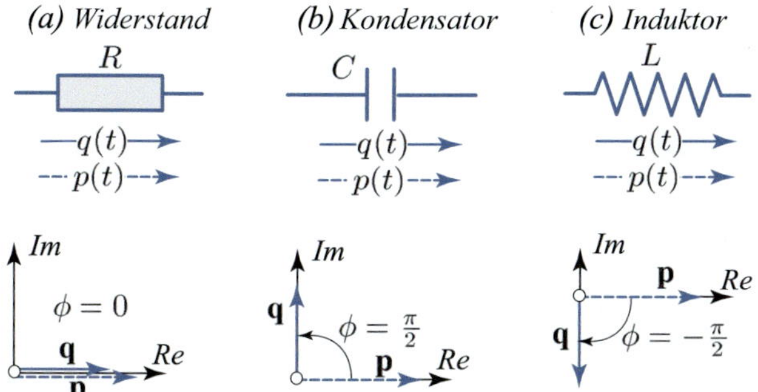

Abb. E.1 Grundlegende Schaltungselemente zur Analyse von Gefäßflusssystemen. Obere Reihe: Darstellung in elektrischen Netzwerkdiagrammen. Untere Reihe: Flussvektor **q** und Druckvektor **p** in der komplexen Ebene

[4]Georg Simon Ohm, deutscher Physiker und Mathematiker (1789–1854).

T. Gasser, *Vaskuläre Biomechanik*, https://doi.org/10.1007/978-3-031-52637-4

E.1.2 Kondensator Element

Wird der Druck in einem Blutgefäß der *Compliance* C *[m³ Pa⁻¹]* um $p(t)$ [Pa] erhöht, strömt Blut mit der Flussrate $q(t)$ [$\mathrm{m}^3\,\mathrm{s}^{-1}$] ein, und

$$q(t) = C\frac{\mathrm{d}p(t)}{\mathrm{d}t} \tag{E.2}$$

stellt die Beziehung zwischen Fluss und Druckänderung dar. Abb. E.1b zeigt die Darstellung des Kondensators (der Compliance) in einem elektrischen Netzwerkdiagramm zusammen mit dem Flussvektor $\mathbf{q}$ und dem Druckvektor $\mathbf{p}$ in der komplexen Ebene. Beim Durchlaufen eines Kondensators eilt der Fluss dem Druck um $\pi/2$ *voraus*, und somit stellt sich der Phasenwinkel $\phi = \pi/2$ zwischen $\mathbf{p}$ und $\mathbf{q}$ ein.

E.1.3 Induktorelement

Ein Blutfluss besitzt eine Massenträgheit, sodass eine Änderung der Flussrate eine Druckänderung hervorruft. Der Fluss der Rate $q(t)$ [$\mathrm{m}^3\,\mathrm{s}^{-1}$], der durch einen Induktor der *Induktivität (Trägkeit)* L [$\mathrm{Pa}\,\mathrm{s}^2\,\mathrm{m}^{-3}$] fließt, ruft daher den Druck $p(t)$ [Pa] hervor, und

$$p(t) = L\frac{\mathrm{d}q(t)}{\mathrm{d}t} \tag{E.3}$$

stellt die Beziehung zwischen Druck and Flussänderung dar. Abb. E.1c zeigt die Darstellung der Induktivität in einem elektrischen Netzwerkdiagramm zusammen mit dem Flussvektor $\mathbf{q}$ und dem Druckvektor $\mathbf{p}$ in der komplexen Ebene. Beim Durchlaufen eines Induktors liegt der Fluss $\pi/2$ *hinter* dem Druck, und somit stellt sich der Phasenwinkel $\phi = -\pi/2$ zwischen $\mathbf{p}$ und $\mathbf{q}$ ein.

E.2 Transportmechanismen

E.2.1 Diffusion

Diffusion ist die Bewegung eines gelösten Stoffes (Solut) von einem Bereich hoher Konzentration zu einem Bereich niedriger Konzentration *relativ* zur Bewegung des Gesamtmaterials. Mit der molaren Solutkonzentration c [$\mathrm{mol}\,\mathrm{m}^{-3}$], beschreibt das Ficksche[5] Gesetz der Diffusion [158]

$$\mathbf{J}_\mathrm{s} = -D\,\mathrm{grad}c \tag{E.4}$$

den jeweiligen molaren Diffusionsfluss $\mathbf{J}_\mathrm{s}$ [$\mathrm{mol}\,\mathrm{s}^{-1}\mathrm{m}^{-2}$], der sich im System einstellt, wobei grad$c$ und D [$\mathrm{s}^{-1}\mathrm{m}^{-1}$] den Solutgradienten und die *Diffusions-*

[5] Adolf Eugen Fick, in Deutschland geborener Arzt und Physiologe, 1829–1901.

konstante bezeichnen. Der Diffusionsfluss $\mathbf{J}_s$ gibt an, wie viele Mol Solut pro Sekunde durch die Einheitsfläche senkrecht zur Einheitsrichtungsvektor $\mathbf{n}= \mathbf{J}_s/|\mathbf{J}_s|$ diffundieren.

Gl. (E.4) beschreibt *isotrope* Materialien und somit Materialien ohne bevorzugte Richtungen für die Solutdiffusion. Bei *anisotropen* Materialien ist die Diffusionskonstante ein symmetrischer Tensor zweiter Ordnung. Sie kann auch von der Verformung des jeweiligen Materials abhängen. Das Ficksche Gesetz ist eine rein phänomenologische Beschreibung der Diffusion, und detailliertere Ansätze verwenden statistische Beschreibungen der diffundierenden Partikel.

E.2.2 Fluss durch poröse Medien

In Analogie zum Fickschen Gesetz wird die Flussrate $\mathbf{q}_f$ [m s^{-1}] einer Flüssigkeit durch die Einheitsfläche eines *porösen Mediums* durch das Darcy Gesetz beschrieben

$$\mathbf{q}_f = -\frac{k}{\eta}\operatorname{grad}p\,. \tag{E.5}$$

Es besagt, dass $\mathbf{q}_f$ proportional zum negativen Druckgradienten $-\operatorname{grad}p$ [Pa m^{-1}] und der *intrinsischen Permeabilität* k [m^2] ist, während es indirekt proportional zur *Viskosität* η [Pa s] der Flüssigkeit ist. Gl. (E.5) bezieht sich auf ein *isotropes* poröses Medium, und für ein *anisotropes* Material ist die Permeabilität ein symmetrischer Tensor zweiter Ordnung. Darcys Gesetz kann auch aus der Homogenisierung der Navier-Stokes Gleichungen abgeleitet werden.

Angesichts des Flusses durch eine poröse Wand der Dicke L [m] wird der Druckgradient durch $\operatorname{grad} p=(\Delta p/L)\,\mathbf{n}$ ausgedrückt, wobei $\mathbf{n}$ den Einheitsnormalvektor zur Wand bezeichnet und Δp [Pa] der Druckunterschied zwischen beiden Seiten der Wand darstellt. Das Darcysche Gesetz (E.5) lautet dann

$$\mathbf{q}_f = -L_p\Delta p\mathbf{n}\,, \tag{E.6}$$

wobei $L_p=k/(\eta L)$ [m $Pa^{-1}s^{-1}$] die hydraulische Leitfähigkeit der Wand bezeichnet. Bei endlichen Verformungen hängen die intrinsische Permeabilität k und die hydraulische Leitfähigkeit L_p von der Verformung des porösen Mediums ab.

E.2.3 Advektion

Advektion ist die Bewegung eines gelösten Stoffes (Solut) *zusammen* mit der jeweiligen Lösung, wie zum Beispiel der Transport von Proteinen zusammen mit Blutplasma. Mit der Geschwindigkeit $\mathbf{v}$ [m s^{-1}] der Lösung und der molaren Lösungskonzentration c [mol m^{-3}], drückt die Transportgleichung

$$\mathbf{J}_s = c\mathbf{v} \tag{E.7}$$

den molaren Advektionsfluss $\mathbf{J}_s$ [mol $s^{-1}m^{-2}$] aus. Sie beschreibt, wie viele Mol des gelösten Stoffes pro Sekunde mit der Lösung advektieren und somit durch die (feststehende) Einheitsfläche senkrecht zur Flußrichtung $\mathbf{n} = \mathbf{v}/|\mathbf{v}|$ hindurchtreten.

Advektion wird manchmal mit dem weitreichenderen Mechanismus der Konvektion verwechselt, der advektiven Transport zusammen mit diffusiven Transport beschreibt.

E.3 Osmose

Osmose ist die spontane Netto-Bewegung von Flüssigkeit (Lösungsmittel) durch eine semipermeable Membran in Richtung *höherer* Lösungskonzentration. Der Fluss weist damit in die Richtung, die die gelösten Konzentrationen auf den beiden Seiten auszugleichen versucht, siehe Abb. E.2. Osmose ist ein lebenswichtiger Prozess und bestimmt den Austausch von Wasser (Lösungsmittel) und gelösten Stoffen in der mikrovaskulären Zirkulation.

E.3.1 Osmotischer Druck

Der *osmotische Druck* ist der äußere Druck, der erforderlich wäre, um eine Nettoflüssigkeitsbewegung über eine semipermeable Membran zu verhindern, siehe Abb. E.2. Der osmotische Druck Π [Pa] wird von der molaren Konzentration des gelösten Stoffes c [mol m^{-3}] bestimmt und kann durch das Hoffsche Gesetz

$$\Pi = \phi \overline{R} \theta c \tag{E.8}$$

ausgedrückt werden, wobei $\overline{R} = 8{,}3145$ [J $K^{-1}mol^{-1}$] und θ [K] die ideale Gaskonstante und die Temperatur bezeichnen. Der osmotische Koeffizient ϕ passt die Beziehung an nicht-ideale Bedingungen an, wie zum Beispiel hohe Lösungsmittelkonzentration.

Die meisten gelösten Stoffe sind teilweise durchlässig und *sickern* durch eine semipermeable Membran; sie bewegen sich zusammen mit dem Lösungsmittelstrom oder diffundieren durch die Membran. Der theoretisch mögliche osmoti-

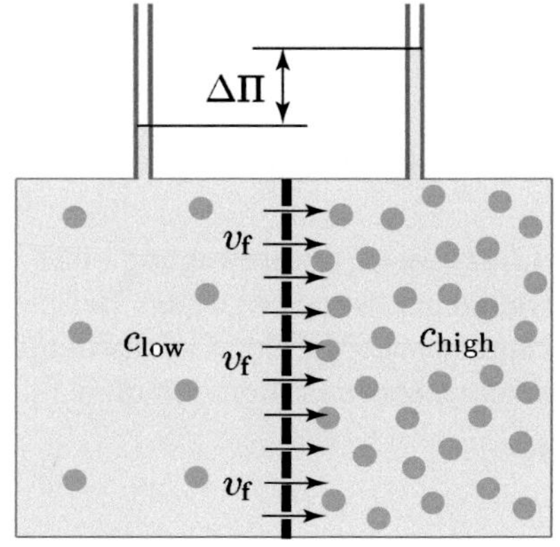

Abb. E.2 Entwicklung des osmotischen Druckunterschieds $\Delta\,\Pi$ über eine semipermeable Membran durch Flüssigkeitsbewegung (Lösungsmittelbewegung) mit der Geschwindigkeit v_f von niedriger Konzentration c_{low} in Richtung hoher Konzentration c_{high}

sche Druckunterschied $\Delta \Pi_{max}$ kann dann *nicht* erreicht werden und der niedrigere Druckunterschied $\Delta \Pi$ wird dann gemessen. Lösungen werden oft auf der Grundlage ihrer Fähigkeit, osmotischen Druck zu erzeugen, als effektive oder ineffektive Osmole klassifiziert.

Staverman verwendete lineare irreversible Thermodynamik, um die Durchlässigkeit in solchen „leaky" Membranen zu untersuchen [526] und führte den *Reflexionskoeffizienten*

$$\sigma = \frac{\Delta \Pi}{\Delta \Pi_{max}} \tag{E.9}$$

ein, der die jeweiligen osmotischen Druckunterschiede in Beziehung setzt. Stavermans osmotischer Reflexionskoeffizient σ reicht von null bis eins, und beschreibt dabei die vollständig *freie* Bewegung sowie die *vollständige Reflexion* des gelösten Stoffes durch die Membran. Für $\sigma = 1$ tritt kein gelöster Stoff durch die Membran und der maximal theoretisch mögliche osmotische Druckunterschied $\Delta \Pi_{max}$ entwickelt sich, während bei $\sigma = 0$ sich die gelösten Stoffe frei durch die Membran bewegen können und die Lösung daher keinen osmotischen Druckunterschied erzeugt, $\Delta \Pi = 0$. Die Etablierung eines osmotischen Flüssigkeitsflusses oder Drucks erfordert daher (i) einen Unterschied in der Solutkonzentration Δc, und (ii) einen beachtlichen Reflexionskoeffizienten $\sigma > 0$.

Lösungen, die mehrere gelöste Stoffe enthalten, erzeugen einen osmotischen Druck, der die Summe der osmotischen Drücke aller gelösten Stoffe darstellt, $\Pi = \sum \Pi_j$. Der osmotische Druck in den Blutgefäßen wird durch Proteine (hauptsächlich durch Albumin) ausgeübt und wird als *onkotischer Druck* oder *kolloidosmotischer Druck (COP)* bezeichnet. Der COP ist einfach osmotischer Druck mit Protein-Kolloiden als effektive Osmole und kleinen gelösten Stoffen als ineffektive Osmole. Geladene Proteine erzeugen COP nicht nur als gelöste Moleküle, sondern auch durch elektrostatische Anziehung von entgegengesetzt geladenen Ionen, bekannt als Gibbs[6] -Donnan[7] Effekt.

E.3.2 Transport über semipermeable Membranen

Die Eigenschaften der permeablen Membran zusammen mit den Solut (den gelösten Partikeln) bestimmen den Wert des Stavermanschen *osmotischen Reflexionskoeffizienten* σ. Er beschreibt die Selektivität der Membran für ein spezifische Solute und kann auch als Verhältnis $\sigma = L_{p\,f}/L_{p\,s}$ der hydraulischen Leitfähigkeiten der Membran für Flüssigkeit $L_{p\,f}$ bzw. für Solut $L_{p\,s}$ gesehen werden. Angesichts des Druckgradienten grad$p$ bewegt sich die Flüssigkeit mit der Geschwindigkeit (oder dem Fluss) $q_f = -L_{p\,f}\mathrm{grad}p$ über die semipermeable Mem-

[6]Josiah Willard Gibbs, amerikanischer mathematischer Physiker, 1839–1903.

[7]Frederick George Donnan, irischer physikalischer Chemiker, 1870–1956.

bran. Im Gegensatz dazu bewegt sich das Solut mit der Geschwindigkeit $v_s = -L_{p\,s}\mathrm{grad}p$ über die Membran, und

$$v_s = (1 - \sigma)q_f \tag{E.10}$$

setzt die beiden Geschwindigkeiten (oder Flüsse) in Bezug zueinander, siehe auch Abschn. E.2.2.

Die Summe aus *diffusivem* und *advektivem* Transport bestimmt den Lösungsmittelfluss

$$J_s = -D\mathrm{grad}c + (1 - \sigma)q_f\overline{c} \tag{E.11}$$

ungeladener Lösungsmitteln über eine semipermeable Membran hinweg, wobei q_f den Flüssigkeitsfluss (Lösungsmittelstrom) bezeichnet, siehe Abschn. E.2.1 und E.2.3. Hier ist $\mathrm{grad}c = (c_{high} - c_{low})/h$ der Gradient der molaren Solutkonzentration, während $\overline{c} = (c_{high} + c_{low})/2$ die durchschnittliche molare Solutkonzentration innerhalb der Membran der Dicke h bezeichnet.

Anhang F

Biaxialer Zugversuch der Gefäßwand

F.1 Gewebe und Probenpräparation

Eine intakte Schweineaorta wird im Schlachthof entgegen genommen, in physiologische Kochsalzlösung (0,9% NaCl) gelegt und gekühlt in die Laboranlagen transportiert. Abb. F.1a zeigt das thorakale Aortensegment, bei dem das umgebende Bindegewebe bereits sorgfältig disseziert wurde. Die Aorta wird entlang der Interkostalarterien geöffnet, um einen Gewebeflecken zu erhalten, der das Herausschneiden von homogenen rechteckigen Zugproben ermöglicht. Die Restspannungen im Gefäß tragen zur Abflachung des Gewebefleckens bei und erleichtern das Ausschneiden der Gewebeproben. In dieser Studie wird eine 18×18 mm große quadratische Zugprobe mit Hilfe einer Plexiglasschablone

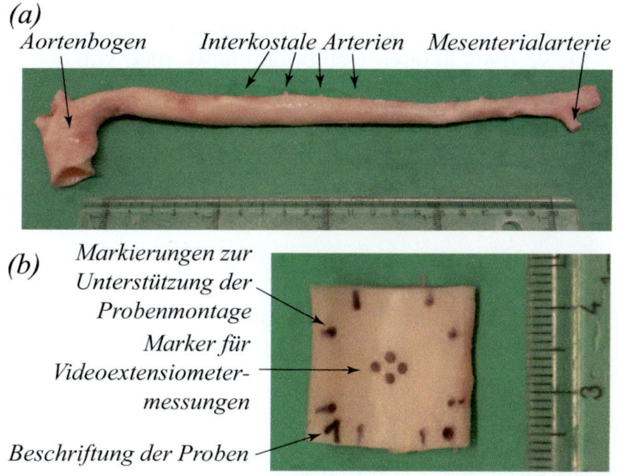

Abb. F.1 Vorbereitung der Gewebeprobe für die mechanische Charakterisierung der Schweineaortenwand. Ein Lineal zeigt die Abmessungen in Millimetern. (**a**) Thorakale Aorta, die vom umgebenden Bindegewebe disseziert wurde. (**b**) Quadratische Wandprobe für planare biaxiale Gewebetests. Die vertikale Richtung im Bild repräsentiert die axiale Gefäßrichtung

T. Gasser, *Vaskuläre Biomechanik,* https://doi.org/10.1007/978-3-031-52637-4

herausgeschnitten, siehe Abb. F.1b. Die Probe wird in die zirkumferenzielle und axiale Richtung des Gefäßes ausgerichtet, markiert und beschriftet, um

(a) die Dehnungsmessungen mit einem Video-Extensiometer zu erleichtern, indem die Bewegung von vier Punkten (optische Marker) in der Mitte der Probe verfolgt wird,
(b) die Montage der Probe in der Prüfmaschine zu unterstützen, und
(c) die Probe eindeutig zu identifizieren und die Ausrichtung innerhalb der Prüfmaschine festzulegen.

Während die Kantenlänge der Probe bereits durch die Plexiglasschablone festgelegt wurde, messen wir nun ihre Dicke. Die Probe wird dabei zwischen zwei Glasplatten, wie beispielsweise Mikroskopträgergläsern, platziert und mit einer Schieblehre kann nun die Dicke aller drei Schichten zusammen gemessen werden. Mit dieser Vorgangsweise wird die durchschnittliche Dicke H der Gefäßwandprobe bestimmt. Dabei ist von entscheidender Bedeutung, dass das Gewebe kontinuierlich befeuchtet wird und zu keinem Zeitpunkt während der Probenpräparation austrocknen kann.

F.2 Testprotokoll Definition und Datenaufzeichnung

Ein Biotester BT-50MM-01 (World Precision Instruments Ltd., UK) mit elektromechanischen Aktuatoren wird verwendet, um die mechanischen Eigenschaften der Aortenwand zu ermitteln, siehe Abb. 5.31. Ein verschiebungsgesteuertes Experiment wird durchgeführt, und die Verschiebungen u_θ und u_z in der zirkumferenziellen und jeweiligen axialen Gefäßrichtung werden von den Aktuatoren der Maschine vorgegeben. Die Verschiebungen werden symmetrisch in Bezug auf das Probenzentrum aufgebracht, und die entsprechenden Lasten F_θ und F_z in axialer und zirkumferenzieller Richtung werden von Lastzellen gemessen.

Die Gefäßwandprobe wird drei verschiedenen biaxialen Verschiebungskombinationen ausgesetzt, die Endverschiebungen sind dabei wie folgt festgelegt:

- Protokoll (a): $u_\theta = u_z = 6{,}5$ mm
- Protokoll (b): $u_\theta = 3{,}25$ mm und $u_z = 6{,}5$ mm
- Protokoll (c): $u_\theta = 6{,}5$ mm und $u_z = 3{,}25$ mm

Wir müssen auch die Verschiebungsraten angeben und somit die Zeit, innerhalb der die festgelegten Endverschiebungen erreicht werden. Die vorliegende Studie zielt darauf ab, die quasi-statischen Eigenschaften der Gefäßwand zu untersuchen, was auch die Verschiebungsraten bestimmt. Mit der gegebenen Probengröße würden Verschiebungsraten im Bereich von 1 bis 5 mm min^{-1} erfahrungsgemäß die quasi-statischen mechanischen Eigenschaften aufzeichnen. Mechanische Tests bei verschiedenen Verschiebungsraten können zusätzlich verwendet werden, um diese Einstellung zu validieren.

Die Gefäßwandprobe wird in physiologischer Kochsalzlösung bei 37°C getestet, um thermische *in vivo* Bedingungen zu simulieren. Die Lasten werden zu Null gesetzt, $F_\theta = F_z = 0$, das Präparat dann an die Aktuatoren montiert und die verschiebungsgesteuerte Testsequenz aktiviert. Das Aufzeichnen reproduzierbarer Ergebnisse erfordert eine Gewebepräkonditionierung, und daher wird jedes der Belastungsprotokolle (a), (b) und (c) fünfmal hintereinander durchlaufen. Während der fünfte Zyklus zur Charakterisierung des Gewebes dient (siehe Abschn. 5.6), konditionieren die anderen das Testpräparat.

F.3 Aufgezeichnete Testdaten

Die planare biaxiale Zugprüfung führt zu einer komplexen Verteilung von Spannung und Verzerrung über das Zugpräparat, siehe das Ergebnis der Finite Elemente Methode (FEM) Analyse in Abb. 4.27. Ungeachtet dieser Komplexität verwenden wir hier eine vereinfachte Analyse und nehmen eine homogene biaxiale Verformung innerhalb der Einhakstellen an, siehe Abb. F.2. Der Bereich $L_\text{i} \times L_\text{i} = 12{,}0\ \text{mm} \times 12{,}0\ \text{mm}$ wird dann als homogen biaxial verformt angesehen. Die genannten Testprotokolle führen daher jeweils zu durchschnittlichen Zielstreckung von (a) $\lambda_\theta = \lambda_z = 1{,}54$, (b) $\lambda_\theta = 1{,}27$ und $\lambda_z = 1{,}54$, sowie (c) $\lambda_\theta = 1{,}54$ und $\lambda_z = 1{,}27$. Die angewendeten Kräfte werden ebenfalls homogen über den Bereich $L_\text{i} \times L_\text{i}$ homogen verteilt angenommen, und $P_\theta = F_\theta/(L_\text{i}H)$ und $P_z = F_z/(L_\text{i}H)$ charakterisieren dann die erste Piola-Kirchhoff Spannung in den Umfangs- und axialen Richtungen.

Zu jedem Zeitpunkt erfasst ein biaxialer Test die beiden Verschiebungen u_θ, u_z (oder $\overline{u}_\theta, \overline{u}_z$ der optischen Marker, wenn die Option des Video-Extensiometers verwendet wird) und die beiden Kräfte F_θ, F_z. Mit der Abmessungen L_i und H der Zugprobe können wir daher die vierdimensionalen Datenpunkte

$$\{\lambda_\theta = 1 + u_\theta/L_\text{i};\ \lambda_z = 1 + u_z/L_\text{i};\ P_\theta = F_\theta/(L_\text{i}H);\ P_z = F_z/(L_\text{i}H)\}$$

berechnen, wobei λ_θ und λ_z die durchschnittlichen Umfangs- und Axialstreckungen bezeichnen, während P_θ und P_z jeweils die entsprechenden ersten

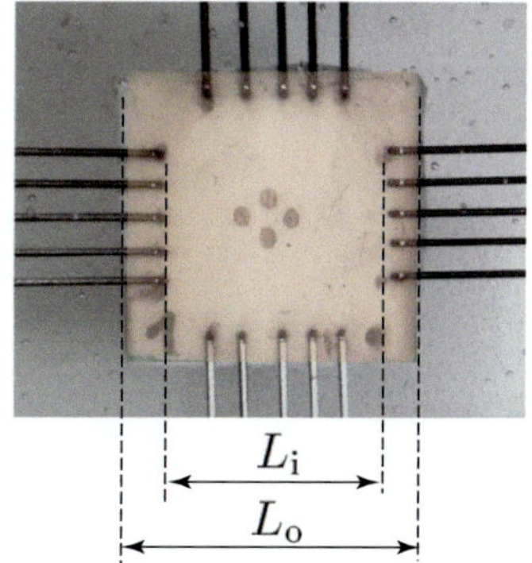

Abb. F.2 Gewebepräparat montiert in der Zugprüfmaschine und eingetaucht in physiologischer Kochsalzlösung. Die Dimension L_o bezeichnet die äußere Probenabmessung, während L_i innerhalb der Einhakstellen gemessen wird. Die vertikale Richtung im Bild repräsentiert die axiale Gefäßrichtung

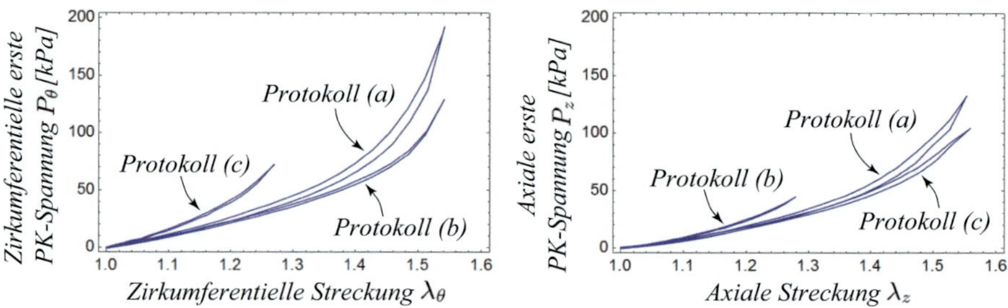

Abb. F.3 Erste Piola-Kirchhoff (PK) Spannung als Funktion der Streckung der präkonditionierten Schweineaorta. Die Daten wurden durch planaren biaxialen Zug bei drei verschiedenen Belastungsprotokollen (a), (b) und (c) erfasst, siehe Abschn. F.2

Piola-Kirchhoff Spannungen sind. Mit der Verwendung von Video-Extensiometer-Messungen sollen u_θ, u_z jeweils durch $\overline{u}_\theta, \overline{u}_z$ ersetzt werden.

Abb. F.3 illustriert die erste Piola-Kirchhoff Spannung als Funktion der Streckung für die jeweiligen Belastungsprotokolle (a), (b) und (c). Die Daten repräsentieren die experimentellen Testdaten nach Präkonditionierung und somit die Aufzeichnungen des letzten Belastungs-Entlastungszyklus. Die Daten zeigen nichtlineare Spannungs- Streckungseigenschaften der Gefäßwand und einen gewissen Grad an viskoelastischer Dissipation über die jeweiligen Zyklen, siehe Abschn. 5.3. Das Experiment deckt jeweils den Übergang von elastin-dominierten weichen Verhalten bei geringen Verzerrungen, hin zu kollagen-dominierten steifen Verhalten bei größerer Verzerrung ab. Zusätzlich listet Tab. F.1 die aufgezeichneten Daten auf, wie sie zur Bestimmung von Modellparameter der konstitutiven Modelle in Abschn. 5.6 verwendet wurden.

Tab. F.1 Experimentelle Daten aus dem planaren biaxialen Zugversuch der Schweineaortenwand. Streckungen und erste Piola-Kirchhoff Spannungen in zirkumferentieller- und axialer Gefäßwandrichtung sind jeweils durch λ_θ^e, λ_z^e, und P_θ^e, P_z^e bezeichnet. Die Gewebeprobe wurde dabei verschiebungskontrolliert entsprechend den Protokollen $u_\theta/u_z = 1/1; 2/1; 1/2$ gedehnt, wobei u_θ und u_z jeweils die Aktuatorverschiebung in zirkumferentieller und axialer Richtung bezeichnet

$u_\theta/u_z = 1/1$				$u_\theta/u_z = 2/1$				$u_\theta/u_z = 1/2$			
λ_θ^e	λ_z^e	P_θ^e [kPa]	P_z^e [kPa]	λ_θ^e	λ_z^e	P_θ^e [kPa]	P_z^e [kPa]	λ_θ^e	λ_z^e	P_θ^e [kPa]	P_z^e [kPa]
1,0050	1,0060	−0,86	0,00	1,0000	1,0000	−1,09	−0,46	1,0225	1,0120	0,34	0,00
1,0317	1,0327	2,23	1,54	1,0157	1,0323	0,57	1,09	1,0558	1,0287	3,20	0,86
1,0585	1,0595	3,89	1,54	1,0323	1,0658	2,45	1,31	1,0893	1,0453	4,86	1,54
1,0852	1,0862	6,23	2,00	1,0490	1,0992	3,66	2,23	1,1227	1,0620	8,17	2,00
1,1118	1,1128	9,60	3,54	1,0657	1,1327	6,23	3,54	1,1562	1,0788	11,71	2,23
1,1387	1,1397	12,40	5,31	1,0823	1,1660	7,94	5,31	1,1895	1,0955	14,80	3,54
1,1653	1,1663	15,94	6,40	1,0992	1,1995	9,83	6,63	1,2230	1,1122	19,03	4,40
1,1922	1,1932	19,54	8,40	1,1158	1,2328	12,91	8,40	1,2563	1,1288	22,11	5,54
1,2188	1,2198	23,31	9,71	1,1325	1,2663	14,29	9,71	1,2898	1,1457	26,86	6,63
1,2455	1,2465	27,09	10,86	1,1492	1,2997	16,91	11,94	1,3232	1,1623	31,60	7,94
1,2723	1,2733	31,37	13,03	1,1660	1,3332	19,54	13,94	1,3567	1,1790	36,34	9,94
1,2990	1,3000	36,34	15,71	1,1827	1,3667	22,34	16,34	1,3900	1,1957	41,77	10,17
1,3257	1,3268	40,86	17,71	1,1993	1,4000	25,20	18,34	1,4235	1,2125	47,20	11,94
1,3525	1,3535	45,83	19,49	1,2160	1,4335	28,97	21,26	1,4568	1,2292	53,14	13,94
1,3792	1,3802	51,26	22,34	1,2328	1,4668	31,60	24,57	1,4903	1,2458	60,23	15,49
1,4060	1,4070	57,43	25,20	1,2495	1,5002	35,89	26,97	1,5237	1,2625	67,37	17,49
1,4327	1,4337	64,74	28,11	1,2662	1,5337	38,91	30,29	1,5572	1,2793	76,34	19,49
1,4593	1,4605	71,14	31,66	1,2828	1,5670	43,43	34,29	1,5905	1,2960	86,06	21,66
1,4862	1,4872	78,97	34,74	1,2997	1,6005	46,74	37,37	1,6240	1,3127	98,86	24,57

(Fortsetzung)

Tab. F.1 (Fortsetzung)

$u_\theta/u_z = 1/1$				$u_\theta/u_z = 2/1$				$u_\theta/u_z = 1/2$			
λ_θ^e	λ_z^e	P_θ^e [kPa]	P_z^e [kPa]	λ_θ^e	λ_z^e	P_θ^e [kPa]	P_z^e [kPa]	λ_θ^e	λ_z^e	P_θ^e [kPa]	P_z^e [kPa]
1,5128	1,5138	87,71	38,69	1,3163	1,6338	52,46	41,83	1,6573	1,3293	113,77	26,97
1,5397	1,5407	98,63	43,14	1,3330	1,6673	57,43	46,91	1,6908	1,3460	133,20	30,74
1,5663	1,5673	110,91	48,46	1,3497	1,7007	62,86	52,00	1,7242	1,3628	159,71	34,74
1,5930	1,5942	127,03	54,40	1,3665	1,7342	68,80	58,17	1,7577	1,3795	194,51	40,29
1,6198	1,6208	147,37	61,03	1,3832	1,7675	75,14	65,71	1,7910	1,3962	238,11	45,77
1,6465	1,6477	174,17	70,34	1,3998	1,8010	82,74	75,43	1,8245	1,4128	282,86	51,54
				1,4165	1,8333	92,46	90,29				

Anhang G

Definitionen von Symbolen, Funktionen und Operatoren

Häufig verwendete Symbole

$\mathbf{a}_0$	Einheitsvektor in referentieller Konfiguration
$\mathbf{b}$	Linke Cauchy-Green Verzerrung
$\mathbf{B}$	Gradienteninterpolationsmatrix
$\mathbf{B}_\mathrm{f}$, $\mathbf{b}_\mathrm{f}$	Volumenkraft, Kraft pro referentiellem bzw. räumlichem Einheitsvolumen
c	Molare Konzentration, Wellenausbreitungsgeschwindigkeit
$\mathbf{C}$	Rechte Cauchy-Green Verzerrung; Dämpfungsmatrix
C	Kondensator, Compliance
$\overline{\mathbf{C}}$, $\overline{\mathbf{b}}$	Isochore rechte bzw. linke Cauchy-Green Verzerrung
$\mathbb{C}$, $\mathbb{c}$	Elastizitätstensor in referentieller bzw. räumlicher Konfiguration
D	Nachgiebigkeit; Durchmesser
$\mathrm{d}S$, $\mathrm{d}s$	Flächenelement in referentieller bzw. räumlicher Konfiguration
$\mathrm{d}\mathbf{S}$, $\mathrm{d}\mathbf{s}$	Flächenvektor in referentieller bzw. räumlicher Konfiguration
d	Schädigungsparameter; Durchmesser
$\mathrm{d}V$, $\mathrm{d}v$	Volumenelement in referentieller bzw. räumlicher Konfiguration
$\mathrm{d}L$, $\mathrm{d}l$	Linienelement in referentieller bzw. räumlicher Konfiguration
$\mathbf{d}$	Verzerrungsgeschwindigkeitstensor; dämpfungsbasierte Knotenkräfte
$\mathbf{D}$	Dämpfungsmatrix
$\mathbf{E}_i$, $\mathbf{e}_i$	Kartesische Basisvektoren in referentieller bzw. räumlicher Konfiguration
E	Elastizitätsmodul
$\mathbf{E}$, $\mathbf{e}$	Green-Lagrange bzw. Euler-Almansi Verzerrung
F	Reduzierte Axialkraft
f	Frequenz
$\mathbf{F}$	Deformationsgradient
g	Gravitationsbeschleunigung
$\mathbf{g}$	Interne Beiträge zu den Knotenkräften

(Fortsetzung)

T. Gasser, *Vaskuläre Biomechanik*, https://doi.org/10.1007/978-3-031-52637-4

$\mathbf{f}$	Externe Beiträge zu den Knotenkräften
G	Schermodul
G_i	Gewebewachstum in den Hauptwachstumsrichtungen
$\mathbf{G}$	Divergenzinterpolationsmatrix; Wachstumsdeformation
$\mathbf{H}$	Allgemeiner Strukturtensor
H	Hämolyse Faktor
H_0, H_a	Nullhypothese, Alternativhypothese
$\mathbf{h}, \dot{\mathbf{h}}, \dot{\mathbf{h}}$	Vektoren der wesentlichen Variablen
I_i	Tensorinvariante
$\overline{I}_i$	Invariante eines isochoren Tensors
$\mathbf{I}, \mathbb{I}$	Identitätstensor zweiter bzw. vierter Ordnung
$\mathbf{J}$	Jacobi-Matrix
J	Volumenverhältnis
$J_\mathrm{s}, \mathbf{J}_\mathrm{s}$	Molarer Fluß einer Substanz
K	Kompressionsmodul
k	Permeabilität
$\mathbf{K}$	Steifigkeitsmatrix
$\mathbf{K}_\mathrm{f}$	Steifigkeitsmatrix zufolge externer Belastung
$\mathbf{l}$	Geschwindigkeitsgradiententensor
l_p	Hydraulische Leitfähigkeit
L	Induktivität, Trägheit
$\mathbf{M}$	Massenmatrix
$\mathbf{m}$	Massenbasierte Knotenkräfte
N_i	Formfunktionen
$\mathbf{N}, \mathbf{n}$	Einheitsvektor referentieller bzw. räumlicher Konfiguration; Verschiebungsinterpolationsmatrix
n_dim	Anzahl der räumlichen Dimensionen
n_dof	Anzahl der Freiheitsgrade eines finiten Elements
n_e	Anzahl der finiten Elemente
n_npe	Anzahl der Knoten des finiten Elements
n_s	Anzahl unabhängiger Spannungs- bzw. Verzerrungskomponenten
$\widehat{\mathbf{N}}_i, \widehat{\mathbf{n}}_i$	Eigenvektoren
p	Druck; hydrostatischer Druck; p-Wert
$p_\mathrm{syst}, p_\mathrm{dias}, p_\mathrm{mean}$	Diastolischer, systolischer und durchschnittlicher Blutdruck
$\mathbf{p}$	Komplexer Druck
$\mathbf{P}$	Erste Piola-Kirchhoff Spannung
q	Fluß
q_f	Filtrationsfluss
$\mathbf{q}$	Komplexer Fluß; Vektor essentieller Variablen
$\mathbf{Q}$	Komplexe Flußamplitude; eigentlicher orthogonaler Tensor
$\mathbf{Q}_\mathrm{h}, \mathbf{q}_\mathrm{h}$	Wärmefluß pro referentieller bzw. räumlicher Fläche
R	Widerstand
r	Pearsons Produkt-Moment Korrelationskoeffizient
$\mathbf{r}$	Residuum

(Fortsetzung)

r_s	Spearmans Rangkorrelationskoeffizient
$\overline{R}$	Universelle Gaskonstante
$\mathbf{r}$	Residuum Vektor
$\mathbf{R}$	Eigentlicher orthogonaler Tensor
R_h, r_h	Wärmequelle pro referentielles bzw. räumliches Volumen
R^2	Bestimmtheitsmaß
S, s	Entropie pro referentielles bzw. räumliches Volumen
$\mathbf{S}$	Zweite Piola-Kirchhoff Spannung
t	Zeit
T	Zeitdauer des Herzzyklus
$\mathbf{T}, \mathbf{t}$	Traktionsvektor in referentieller bzw. räumlicher Konfiguration
U, u	Innere Energie pro referentielles bzw. räumliches Volumen
$\mathbf{u}, \dot{\mathbf{u}}, \ddot{\mathbf{u}}$	Verschiebung, Geschwindigkeit, und Beschleunigung
$\mathbf{U}$	Rechter Streckungstensor
v	Geschwindigkeit
$\overline{\mathbf{v}}$	Linker Streckungstensor
$\mathbf{v}$	Geschwindigkeitsvektor
V	Volumen
$\mathbf{w}$	Spin-Tensor
$\mathbf{X}, \mathbf{x}$	Referentielle bzw. räumliche Position eines Materialpartikels
Z	Impedanz
$\mathbf{Z}$	Komplexe Impedanz
$\beta = [Ca^{2+}]$	Kalzium Konzentration
$\boldsymbol{\varepsilon}$	Ingenieurverzerrung, lineare Verzerrung
δW	Virtuelle Arbeit
η	Viskosität
κ	Lagrange Druck um Inkompressibilität zu erzwingen
θ	Absolute Temperatur
λ_i	Eigenwert
λ	Lastfaktor
$\lambda_{\mathbf{a}}$	Streckung entlang der Richtung $\mathbf{a}_0$
μ	Mittelwert
ν	Poissonzahl, kinematische Fluidviskosität
ω	Winkelgeschwindigkeit
$\boldsymbol{\omega}$	Winkelgeschwindigkeitsvektor
Ω_0, Ω	Referentielle bzw. räumliche Konfiguration eines Körpers
$\partial\Omega_0, \partial\Omega$	Referentielle bzw. räumliche Oberfläche eines Körpers
Π	Osmotischer Druck; Kolloidosmotischer Druck (COP); Energiepotential

(Fortsetzung)

ρ, ρ_0	Wahrscheinlichkeitsdichtefunktion; Dichte in referentieller bzw. räumlicher Konfiguration
$\boldsymbol{\sigma}$	Cauchy Spannung
σ	Cauchy Spannung; Standardabweichung (SD); Stavermansche osmotischer Reflexionskoeffizient
τ	Zeit in Bezug auf Gewebewachstum und Remodellierung
$\boldsymbol{\tau}_{\mathrm{w}}$	Wandschubspannungsvektor
ϕ	Phasenwinkel; Hämatokritniveau
Φ	Fehlerquadratsumme
$\boldsymbol{\chi}$	Bewegungs- oder Deformationsfunktion
Ψ, ψ	Helmholtzsche freie Energie pro referentielles bzw. räumliches Volumen
Υ	Kumulative Dichtefunktion (CDF)
ς_{v}	Rate der Volumenänderung
ς_{h}	Nicht-kompatible Wärmequelle pro räumliches Volumen
ς_{s}	Nicht-kompatible Entropiequelle pro räumliches Volumen

Mathematische Operatoren und Funktionen

$\arccos(x)$	Inverser Kosinus von x
$\arcsin(x)$	Inverser Sinus von x
$\cos(x)$	Kosinus von x
$\cot(x)$	Kotangens von x
$\mathrm{d}(\bullet)/\mathrm{d}t$	Totale Zeitableitung
$\mathrm{D}(\bullet)/\mathrm{D}t$	Materielle Zeitableitung
$\mathrm{Dev}(\bullet)$, $\mathrm{dev}(\bullet)$	Deviatoroperator in der referenzieller bzw. räumlicher Beschreibung
$\det(\bullet)$	Determinante
$\mathrm{diag}[\bullet]$	Abkürzung für einen diagonalen Tensor zweiter Ordnung
$\mathrm{div}[\mathrm{grad}(\bullet)]$	Laplace Operator
$\mathrm{Div}(\bullet)$, $\mathrm{div}(\bullet)$	Divergenzoperator in der referenzieller bzw. räumlicher Beschreibung
$\exp(x)$	Exponentialfunktion von x
$\mathrm{grad}_s(\bullet)$	Symmetrischer räumlicher Gradient
$\mathrm{Grad}(\bullet)$, $\mathrm{grad}(\bullet)$	Gradient in referenzieller bzw. räumlicher Beschreibung
$\ln(x)$	Natürlicher Logarithmus von x
$\min(x)$	Minimum von x
$n!$	Fakultät von n
$\mathrm{P}(A)$	Wahrscheinlichkeit von Ereignis A
$\mathrm{P}(A\|B)$	Wahrscheinlichkeit von Ereignis A unter der Bedingung von Ereignis B
$\mathrm{rg}(\bullet)$	Rang
$Re[(\bullet)]$, $Im[(\bullet)]$	Real- bzw. Imaginärteil
$\mathrm{sg}(x)$	Sigmoidfunktion von x
$\mathrm{sign}(x)$	Vorzeichenfunktion von x
$\sin(x)$	Sinus von x
$\tan(x)$	Tangens von x
$\mathrm{Tr}(\bullet)$, $\mathrm{tr}(\bullet)$	Spuroperator in referentieller bzw. räumlicher Konfiguration
$\mathrm{Var}(X)$	Varianz von X
$\mathrm{Var}(Y\|X)$	Varianz von Y aufgrund der Variabilität von X
$x(SD\ y)$	Probe mit dem Mittelwert x und der Standardabweichung y
$\delta(\bullet)$	Virtuelle Variation; Iterationsinkrement
$\Delta(\bullet)$	Inkrement
$\partial(\bullet)/\partial t$	Partielle Ableitung
$D_{\mathbf{u}}(\bullet)$	Richtungsableitung entlang des Inkrements $\Delta\mathbf{u}$
$\binom{n}{k}$	Binomialkoeffizient $n!/[k!(n-k)!]$
$\int(\bullet)\mathrm{d}x$	Integral über $(\bullet)$
$\int_a^b(\bullet)\mathrm{d}x$	Bestimmtes Integral über $(\bullet)$ zwischen a und b
$\|(\bullet)\|$	Norm; Betrag
$\overline{(\bullet)}$	Durchschnitt

Lösungen

Beispiel 1.1 (Sensitivität des Widerstands eines Blutgefäßes)

(a) Der Sensitivitätsvektor

$$\mathbf{s} = \frac{\partial R}{\partial \mathbf{x}} = R\big[l^{-1} \; -4d^{-1} \; \eta^{-1}\big]^{\mathrm{T}}$$

bestimmt die lokale Empfindlichkeit des Hagen-Poiseuille Gesetzes.

(b) Mit dem Empfindlichkeitsvektor und Ausdruck (1.1), ergeben sich die absoluten und relativen Widerstandsfehler jeweils zu $\Delta R = \mathbf{s} \cdot \Delta \mathbf{x} = R(\Delta l/l - 4\Delta d/d + \Delta\eta/\eta)$ und $\Delta R/R = \Delta l/l - 4\,\Delta d/d + \Delta\eta/\eta)$. Wir betrachten nun die Variation eines Parameters jeweils separat. Die Bereiche

$$|\Delta l/l| \leq 10{,}0\,\% \;\; ; \;\; |\Delta d/d| \leq 2{,}5\,\% \;\; ; \;\; |\Delta\eta/\eta| \leq 10{,}0\,\% \, ,$$

würden dann sicherstellen, dass der Widerstandsfehler unter $\pm 10\%$ bleibt. Der relative Widerstandsfehler $\Delta R/R$ des Hagen-Poiseuille Gesetzes ist konstant und hängt daher nicht vom Modellparametervektor $\mathbf{x}$ ab.

(c) Das Worst-Case Szenario führt dann zu dem relativen Fehler $\Delta R/R = 10\,\% + 4 \cdot 2{,}5\,\% + 10\,\% = 30\,\%$.

■

Beispiel 1.2 (Globale versus lokale Sensitivitätsmaße)

(a) Die Minimierung der Errorfunktion

$$\Phi(a_0, a_1, a_2, b_1, b_2, c_1, c_2, c_3, c_4) = \sum_{i=1}^{48} [r(h_i, s_i) - r_i]^2 \rightarrow \text{MIN}$$

liefert den Satz

$$a_0 = 0{,}3776 \, , \;\; a_1 = 0{,}08583 \, , \;\; a_2 = -0{,}045 \, , \;\; b_1 = 0{,}00125 \, ,$$
$$b_2 = 3{,}8954 \cdot 10^{-7} \, , \;\; c_1 = 0 \, , \;\; c_2 = 0 \, , \;\; c_3 = 0 \, , \;\; c_4 = 6{,}6667 \cdot 10^{-8}$$

T. Gasser, *Vaskuläre Biomechanik,* https://doi.org/10.1007/978-3-031-52637-4

an Surrogatmodellparameter. Hierbei bezeichnet r_i die Risikoindizes in Tab. 1.1, während die Funktion $r(h_i, s_i)$ das Surrogatmodell (1.3) an den Datenpunkten h_i, s_i darstellt.

(b) Die partielle Ableitung des Modells (1.3) ergibt dann die lokale Sensitivität

$$\partial r/\partial h = a_1 + 2a_2 h + c_1 s + 2c_3 hs + c_2 s^2 + 2c_4 hs^2 \,,$$
$$\partial r/\partial s = b_1 + c_1 h + c_3 h^2 + 2b_2 s + 2c_2 hs + 2c_4 h^2 s \,.$$

Mit den identifizierten Parameter a_i, b_j, c_k, ergibt sich der Sensitivitätsvektor dann zu

$$\begin{bmatrix} \partial r/\partial h \\ \partial r/\partial s \end{bmatrix} = \begin{bmatrix} 0{,}1218\,\mathrm{mm}^{-1} \\ 2{,}43134 \cdot 10^{-3}\,\mathrm{kPa}^{-1} \end{bmatrix}$$

am gefragten Punkt im Parameterraum. Daher ändert eine Variation der Wanddicke um 0,6 mm den Risikoindex um 0,0731, wohingegen eine Variation der Gewebefestigkeit um 250,0 kPa den Risikoindex um 0,6078, und damit fast eine Größenordnung mehr, verändert.

(c) Die gegebenen Wahrscheinlichkeiten von h und s ergeben die in Abb. 1.4a dargestellte bi-normale Wahrscheinlichkeitsverteilung. Zur Stichprobenentnahme im Parameterbereich $0{,}0<h<4{,}0$ mm und $0{,}0<s<1600{,}0$ kPa wurde eine Monte-Carlo Simulation mit insgesamt 10.000 Punkten verwendet. Abb. 1.4b zeigt den Risikoindex, wie er mit dem parametrisierten Ersatzmodell prognostiziert wird. Es ist dies eine Stichprobe, die durch $r=2{,}0633(SD\ 0{,}6268)$ ausgedrückt werden kann.

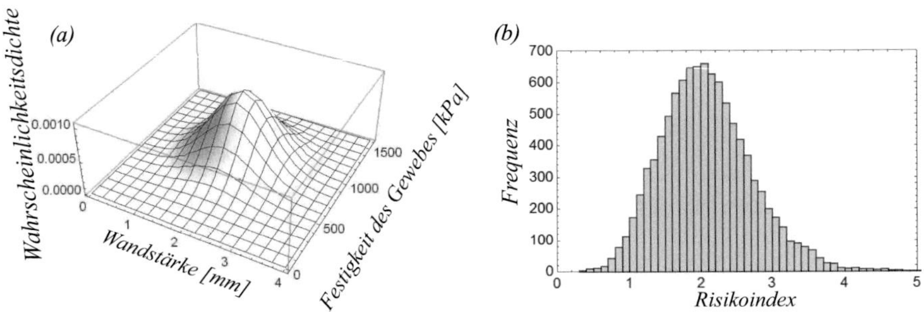

Abb. 1.4 (**a**) Bi-normale Wahrscheinlichkeitsverteilung über den Parameterbereich. (**b**) Verteilung, des durch die Monte-Carlo Simulation berechneten Risikoindexes

■

Beispiel 1.3 (Sobolsche Varianzbasierende Sensitivitätsanalyse)

(a) Mit einer ANOVA-Darstellung sind die Funktionen f_h, f_s, f_{hs} orthogonal, und damit die Bedingungen

$$\int_0^1 f_h \mathrm{d}h = \int_0^1 f_s \mathrm{d}s = \int_0^1 f_{hs} \mathrm{d}h = \int_0^1 f_{hs} \mathrm{d}s = 0 \tag{1.7}$$

des Modells (1.6) erfüllt.

(b) Die ANOVA Darstellung liefert dann den zerlegten Varianzausdruck

$$\begin{aligned} V = \mathrm{Var}(r) &= \int_0^1 r^2 \mathrm{d}h\mathrm{d}s - f_0^2 \\ &= \underbrace{\int_0^1 f_h^2 \mathrm{d}h}_{V_h=\mathrm{Var}(r|h)} + \underbrace{\int_0^1 f_s^2 \mathrm{d}s}_{V_s=\mathrm{Var}(r|s)} + \underbrace{\int_0^1 f_{hs}^2 \mathrm{d}h\mathrm{d}s}_{V_{hs}=\mathrm{Var}(r|h,s)-V_h-V_s} \quad . \end{aligned}$$

Mit $V = 6{,}01 \cdot 10^{-3}$, $V_h = 0{,}732 \cdot 10^{-3}$, $V_s = 5{,}21 \cdot 10^{-3}$, und $V_{hs} = 0{,}0694 \cdot 10^{-3}$, ergeben sich somit die Sobolschen Sensitivitätsindize zu

$$S_h = \frac{V_h}{V} = 0{,}122 \ , \quad S_s = \frac{V_s}{V} = 0{,}867 \ , \quad S_{hs} = \frac{V_{hs}}{V} = 0{,}0116 \, .$$

Hier bezeichnen S_h und S_s die Sensitivitäten erster Ordnung, während S_{hs} eine Sensitivität zweiter Ordnung und damit einen gemischten Effekt darstellt. Die verschiedenen Sensitivitäten sind in Abb. 1.5 dargestellt, und es zeigt sich, dass der Modellausgang am empfindlichsten auf die Gewebefestigkeit reagiert.

(c) Die Varianz der Wandstärke von $\mathrm{Var}(h) = 0{,}2$ resultiert in die Ausgangsvarianz von $\mathrm{Var}(r|\ h) = 0{,}2S_h = 0{,}0244$, wohingegen die Varianz der Gewebefestigkeit von $\mathrm{Var}(h) = 0{,}1$ eine Ausgangsvarianz von $\mathrm{Var}(r|\ s) = 0{,}1S_s = 0{,}0867$ zur Folge hat.

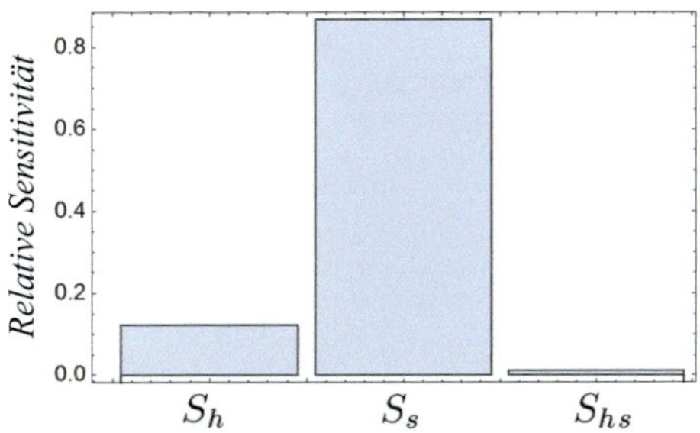

Abb. 1.5 Sensitivität des Risikofaktors r in Bezug auf die Eingangsinformationen. Die Indizes S_h und S_s bezeichnen jeweils die Sensitivitäten erster Ordnung der Wanddicke und der Gewebefestigkeit, während S_{hs} den gemischten Effekt von Wanddicke und Gewebefestigkeit darstellt

■

Beispiel 1.4 (Korrelation von Gefäßwandsteifigkeit und -festigkeit)

(a) Wir beginnen mit der Annahme einer linearen Korrelation zwischen der Steifigkeit x und der Festigkeit y. Ein lineares Regressionsmodell lautet dann

$$y_i = b_0 + b_1 x_i + e_i \ ; \quad i = 1, \ldots, 20 \ , \tag{1.14}$$

wobei e_i das Residuum bezeichnet. Die Koeffizienten b_0 und b_1 werden dabei durch Least-Square-Optimierung

$$\sum_{i=1}^{n} e_i^2 = \sum_{i=1}^{n} (y_i - b_0 - b_1 x_i)^2 \rightarrow \text{MIN}$$

identifiziert. Angesichts der in Tab. 1.2 aufgeführten Daten ergibt das Minimierungsproblem $b_0 = 747{,}526$ kPa und $b_1 = 4{,}86802$, und mit (1.14) können wir das Residuum $e_i = y_i - b_0 - b_1 x_i$ berechnen. Um die Annahme einer linearen Korrelation zu unterstützen, muss e_i normalverteilt sein. Ein Quantil-Quantil-Diagramm (QQ-Diagramm) wird verwendet, um die Normalität von e_i zu untersuchen. Das in Abb. 1.9a gezeigte QQ-Diagramm zeigt, dass e_i um die Diagonale fällt, was damit die Annahme einer linearen Korrelation zwischen x und y unterstützt. Abb. 1.9b zeigt das zugehörige Regressionsmodell.

(b) Mit den Mittelwerten $\overline{x} = (\sum_{i=1}^{20} x_i)/20 = 255{,}1$ kPa und $\overline{y} = (\sum_{i=1}^{20} y_i)/20 = 1989{,}3$ kPa, ergibt sich der Pearsonsche Produkt-Momenten Korrelationskoeffizient (1.8)

$$r = \frac{\sum_{i=1}^{20} (x_i - 255{,}1)(y_i - 1989{,}3)}{\sqrt{\sum_{i=1}^{20} (x_i - 255{,}1)^2 \sum_{i=1}^{n} (y_i - 1989{,}3)^2}} = 0{,}65 \, .$$

Der Pearsonsche Korrelationskoeffizient quantifiziert angemessen nur eine lineare Korrelation, und $r = 0{,}65$ deutet auf eine moderate und positive Korrelation zwischen dem Steifigkeitsparameter x und der Festigkeit y hin.

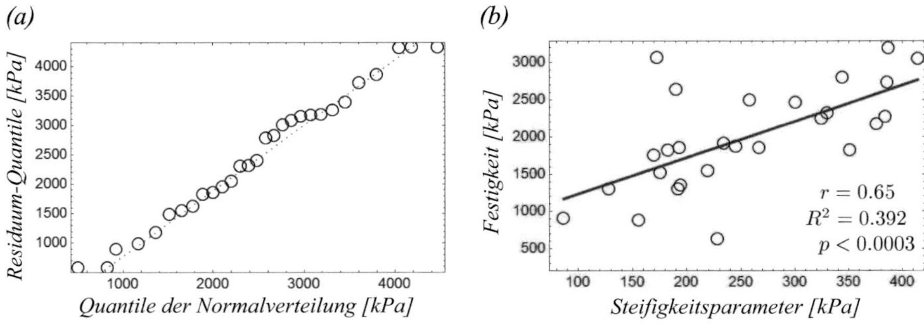

Abb. 1.9 Korrelation zwischen der Steifigkeit und Festigkeit der Gefäßwand. (**a**) Quantil-Quantil-Diagramm (QQ-Diagramm) zur Veranschaulichung der Normalverteilung des Residuums e_i. (**b**) Lineare Regression mit dem Pearson Korrelationskoeffizienten r, dem Bestimmtheitsmaß R^2 und der Signifikanz p der Regression

Dieser Pearson Korrelationskoeffizienten ergibt dann mit dem Ausdruck (1.11) den Bestimmtheitsgrad

$$R^2 = [r(n-1)/n]^2 = (0{,}6519/20)^2 = 0{,}392\,, \tag{1.15}$$

was eine eher schlechte Vorhersagbarkeit der Gefäßwandfestigkeit anzeigt.

(c) Um die Signifikanz der Regression zu testen, wird die Nullhypothese, dass x_i und y_i unkorreliert seien, untersucht. Mit b_1, das die Steigung der linearen Regression bezeichnet, lautet damit eine geeignete Nullhypothese $H_0 : b_1 = 0$. Mit (1.13), liest sich dann die Statistik als

$$t = \frac{0{,}65\sqrt{18}}{\sqrt{1-0{,}65^2}} = 4{,}27836\,, \tag{1.16}$$

und die Ablehnung von H_0 hat die Wahrscheinlichkeit von $p = 2\int_t^\infty \rho_t(x)\mathrm{d}x = 0{,}000242$. Hier bezeichnet $\rho_t(x)$ die PDF der Student t-Verteilung (A.3) mit $n = 18$ Freiheitsgraden des Regressionsproblems. Die Wahrscheinlichkeit von 0,0242 % liegt weit unter dem Signifikanzniveau von 5 %, und die Regression kann daher als statistisch signifikant betrachtet werden.

■

Beispiel 1.5 (Testen auf Hellsehen)

(a) Die Nullhypothese H_0 nimmt an, dass die Person einfach rät, und unter der Alternativhypothese H_a wäre die Person ein Hellseher. Angesichts der Wahrscheinlichkeit $p = 1/4$, eine Farbe richtig zu raten, lauten die genannten Hypothesen

$$H_0 : p = 1/4 \;\;;\;\; H_a : p > 1/4\,.$$

(b) Das in Abb. 1.11 dargestellte Baumdiagramm veranschaulicht die Entwicklung der Wahrscheinlichkeit des Tests bis zu $n = 3$ Versuchen. Angenommen, die Antworten wären immer korrekt, folgen wir dem rechtesten Pfad in Abb. 1.11. Die Ablehnung von H_0 für jede der $n = 25$ Karten ergibt dann die Falsch-Positiv-Wahrscheinlichkeit von

$$\mathrm{P}(\text{ablehne } H_0 | H_0 \text{ ist gültig}) = \mathrm{P}(x = 25 | p = 1/4) = (1/4)^{25} < 10^{-15}.$$

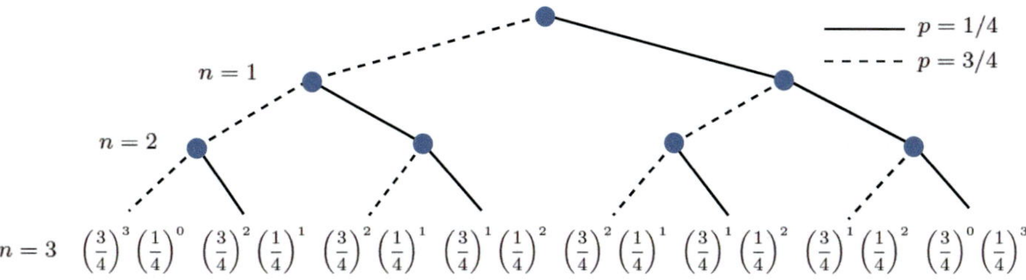

Abb. 1.11 Entwicklung der Wahrscheinlichkeit beim Hellsehen. Die durchgezogenen Linien bezeichnet die Wahrscheinlichkeit $p = 1/4$, d.h. korrekt zu antworten, wohingegen die gestrichelte Linie die Wahrscheinlichkeit $p = 3/4$ kennzeichnet, d.h. falsch zu antworten

Hier bezeichnet x die Anzahl der korrekten Antworten, und diese extrem niedrige Wahrscheinlichkeit spiegelt das zufällig korrekte Beantworten 25-mal in Folge wider. Daher wäre von 10^{15} Personen nicht eine einzige fälschlicherweise durch einen Fehler 1. Art charakterisiert worden.

(c) Wenn man sich Abb. 1.11 ansieht, ergibt sich die Wahrscheinlichkeit, nach drei Versuchen mindestens zwei richtige Antworten zu geben, zu

$$\mathrm{P}(x \geq 2|p = 1/4) = 2\left(\frac{3}{4}\right)^1\left(\frac{1}{4}\right)^2 + \left(\frac{3}{4}\right)^1\left(\frac{1}{4}\right)^2 + \left(\frac{3}{4}\right)^0\left(\frac{1}{4}\right)^3,$$

ein Ergebnis, das durch

$$\mathrm{P}(x \geq a|p = 1/4) = \sum_{k=a}^{n}\binom{n}{k}\left(\frac{3}{4}\right)^{n-k}\left(\frac{1}{4}\right)^k$$

verallgemeinert werden kann, wobei mindestens a richtige Antworten nach n Versuchen gegeben wurden. Die Wahrscheinlichkeit, H_0 für die Anzahl von $a = 9$ Karten abzulehnen, führt dann zur Wahrscheinlichkeit

$$\mathrm{P}(\text{ablehne}\, H_0|H_0\ \text{ist gültig}) = \sum_{k=9}^{25}\binom{25}{k}\left(\frac{3}{4}\right)^{25-k}\left(\frac{1}{4}\right)^k = 0{,}149438$$

von falsch positiven Ereignissen, d.h. etwa 15 % der Personen wären fälschlicherweise durch einen Fehler 1. Art zugeordnet worden.

(d) Die Wahrscheinlichkeit, H_0 für m korrekte Antworten abzulehnen, lautet

$$\mathrm{P}(x \geq m|p = 1/4) = \sum_{k=m}^{25}\binom{25}{k}\left(\frac{3}{4}\right)^{25-k}\left(\frac{1}{4}\right)^k < 0{,}05\,,$$

womit $m = 11$ bestimmt werden kann. Das zugehörige Signifikanzniveau wäre dann 2,97 %.

■

Beispiel 1.6 (Schlussfolgerungen aus Daten zur Gefäßwandsteifigkeit)

(a) Abb. 1.12 veranschaulicht die Daten durch Quantile-Quantile-Diagramme (QQ-Diagramme). Die Daten sind um die Diagonalen herum angeordnet und daher normalverteilt.

(b) Wir führen einen Mittelwertdifferenztest durch, um zu prüfen, ob die Daten vom Experimentator beeinflusst werden. Da die Daten von verschiedenen Ratten stammen, können wir Unabhängigkeit zwischen der von Experimentator A und Experimentator B erworbenen Probe annehmen. Wir wissen jedoch nicht, ob das Medikament die Daten beeinflusst und testen daher die Ausgangssteifigkeit unabhängig von der hypertensiven Steifigkeit.

Zwei-Stichproben t-Test der Ausgangssteifigkeit Die Ausgangssteifigkeiten, $\bar{x}_{\mathrm{A}} = 778{,}3$ kPa und $\bar{x}_{\mathrm{B}} = 839{,}7$ kPa bezeichnen jeweils die Mittel-

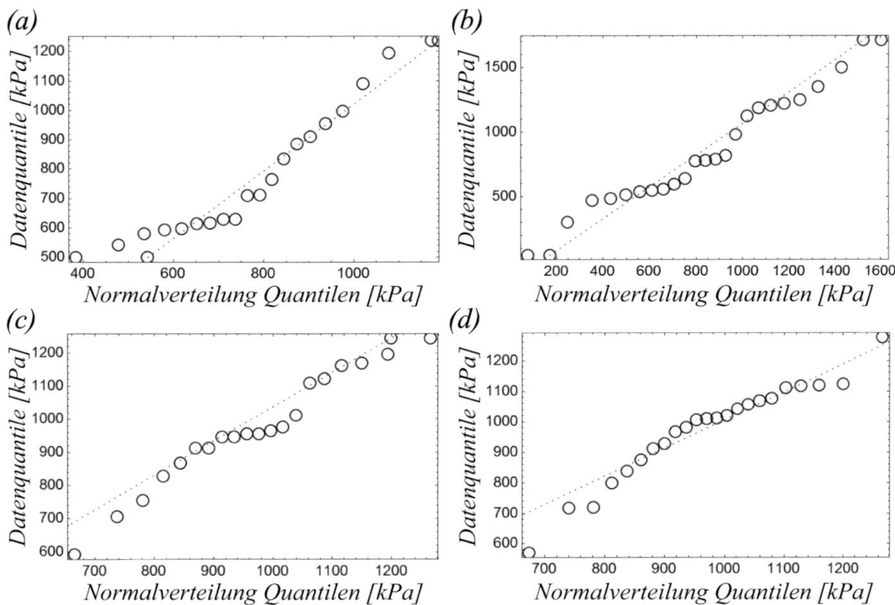

Abb. 1.12 Quantile-Quantile-Diagramme (QQ-Diagramme), die die Normalverteilung der in Tab. 1.3 aufgeführten Daten veranschaulichen. (**a**, **b**) Steifigkeitsdaten vor Medikation, jeweils erhoben von Experimentator A und Experimentatoren B. (**c**, **d**) Steifigkeitsdaten nach Medikation, jeweils erhoben von Experimentator A und Experimentator B

werte der von Experimentator A und B erhobenen Daten. Die jeweiligen Standardabweichungen (SDs) sind $s_A = 222{,}3$ kPa und $s_B = 414{,}4$ kPa, und der Standardfehler der kombinierten Verteilung ergibt sich zu $\bar{s} = \sqrt{s_A^2/n_A + s_B^2/n_B} = 99{,}7$ kPa. Die Statistik $t = (\bar{x}_A - \bar{x}_B)/\bar{s} = -0{,}615$ bestimmt dann dieses Problem, und die Freiheitsgrade der Student t-Verteilung sind durch $\nu = 35$ gegeben. Es ist dies die nächste ganze Zahl des Ausdrucks

$$(s_A^2/n_A + s_B^2/n_B)^2 / \left[\frac{(s_A^2/n_A)^2}{n_A - 1} + \frac{(s_B^2/n_B)^2}{n_B - 1} \right].$$

Die Wahrscheinlichkeit, dass die von den beiden Experimentatoren A und B erhobenen Proben die gleiche Population beschreiben, beträgt dann $p = 2\int_{-\infty}^{t} \rho_t(x)\mathrm{d}x = 0{,}542$, wobei $\rho_t(x)$ die PDF der Student t-Verteilung (A.3) bezeichnet. Die Nullhypothese, dass beide Proben die gleiche Population beschreiben, kann daher nicht verworfen werden.

Zwei-Stichproben t-Test der hypertensiven Steifigkeit Die gleiche Analyse der Daten zur hypertensiven Steifigkeit ergibt die Statistik $t = -0{,}08705$ und die Wahrscheinlichkeit $p = 0{,}931$, dass die von den beiden Experimentatoren erworbenen Proben verschiedene Populationen beschreiben würden. Die Hypothese, dass sie verschiedene Populationen beschreiben, muss abermals verworfen werden.

(c) Wir testen, ob der Unterschied Δx der Steifigkeit vor und nach der Medikation statistisch signifikant ist. Ein Ein-Stichproben- t-Test wird dazu verwendet, und wir fassen alle Proben zusammen, ein Vorgehen, das durch die Schlussfolgerung aus Aufgabe (b) gerechtfertigt ist. Die Stichprobe hat die Größe $n=43$, den Mittelwert $\overline{\Delta x} = 157{,}1$ kPa, und die SD $\Delta s=378{,}2$ kPa. Ihre Statistik lautet damit

$$t = \frac{\overline{\Delta x} - \mu_0}{s/\sqrt{n}} = 2{,}724\,, \tag{1.21}$$

und die Wahrscheinlichkeit die Nullhypothese abzulehnen, d.h. die Steifigkeit würde sich durch Medikation nicht ändern, wäre damit $p = 2\int_{-\infty}^{t} \rho_t(x)\mathrm{d}x = 0{,}009$, wobei $\rho_t(x)$ die PDF der Student t-Verteilung (A.3) bezeichnet. Sie liegt unter dem vordefinierten Signifikanzniveau von 0,05, und der Einfluss der Medikation ist daher statistisch signifikant. Abb. A.13 zeigt ein Box-und-Whisker Diagramm der Differenz in der Aortensteifigkeit durch Medikation.

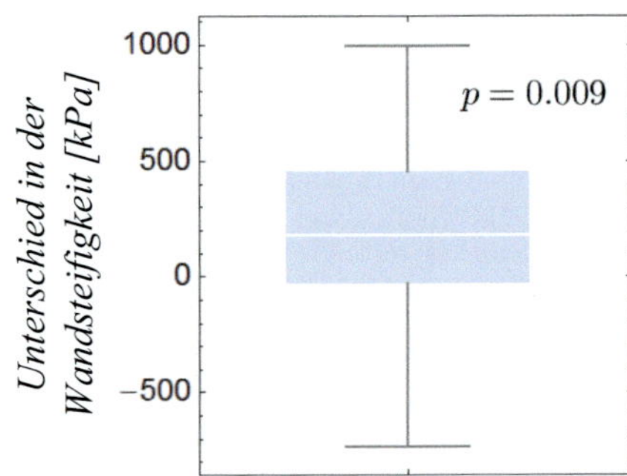

Abb. A.13 Box-und-Whisker-Diagramm zur Veranschaulichung des Einflusses der Medikation auf die Wandsteifigkeit. Die statistische Signifikanz wird durch p

■

Beispiel 1.7 (Training eines künstlichen Neuronalen Netzwerks)

(a) Wir führen den kleinsten Quadratfehler $\Phi = (y - \widetilde{y})^2$ ein und ersetzen y durch den Ausdruck (1.22). Die Minimierung von

$$\Phi = \left\{ \left[1 + \exp\left(-\sum_{i=1}^{2} x_i w_i \right) \right]^{-1} - \widetilde{y} \right\}^2 \to \text{MIN} \tag{1.23}$$

drückt dann das „Lernen" des ANN aus. Im Kontext der Künstlichen Intelligenz (KI) wird Φ üblicherweise als Verlustfunktion bezeichnet – nur im Fall $\Phi=0$ verlieren wir keine Informationen durch die Minimierung.

(b) Angesichts der Daten in Tab. 1.4 ergibt das Minimierungsproblem (1.23) $w_1=1{,}1848$ und $w_2=-0{,}0813323$, und die Fehlerquadratsumme wird dann $\Phi=0{,}00386171$ und drückt die dabei verloren gegangen Information aus.

■

Beispiel 2.1 (Stromaufwärts gerichtete Druckwellenausbreitung)

(a) Mit $c>>v$, bewegt sich das Kontrollvolumen mit der Wellenausbreitungsgeschwindigkeit c gegen die Strömungsrichtung, so dass der Massenstrom ρcA durch das Kontrollvolumen hindurchgeht.

(b) Die hydrostatische Kraft $F=-A\,\Delta p$ wirkt auf das Kontrollvolumen, wobei Δp den Druckunterschied zwischen seinen rechten und linken Grenzen bezeichnet. Passiert die Druckwelle das Kontrollvolumen, wird das Blut der Masse m im Kontrollvolumen mit a beschleunigt. Mit der Trägheit $ma=\rho cA\,\Delta v$, ergibt das Newtonsche zweite Gesetz $F=ma=-A\,\Delta p=\rho cA\,\Delta v$. Die Beziehung

$$\Delta p = -\rho c \Delta v\,, \tag{2.2}$$

auch bekannt als die Wasserschlaggleichung, drückt dann die Änderung des Drucks Δp als Funktion der Blutdichte ρ, der Wellenausbreitungsgeschwindigkeit c und der Geschwindigkeitsänderung Δv aus.

(c) Mit der Beziehung (2.1), breitet sich eine Welle im Gefäß mit $c=(\rho D)^{-1/2}=5{,}6\ \mathrm{m\ s^{-1}}$ aus.

(d) Die Wasserschlaggleichung (2.2) führt dann zu einer Geschwindigkeitsänderung von $\Delta v=-\,\Delta p/(\rho c)=-3{,}88\ \mathrm{cm\ s^{-1}}$ in Reaktion auf die Druckwelle.

■

Beispiel 2.2 (Vorhersagen des zwei-element Windkessel Modells)

(a) Der Herzzyklus ist in k äquidistante Zeitintervalle $\Delta t=t_i-t_{i-1}=T/k$ unterteilt, und die rückwärts-gerichtete Euler-Diskretisierung

$$\frac{\mathrm{d}p(t)}{\mathrm{d}t} \approx \frac{p_i - p_{i-1}}{\Delta t}$$

approximiert dann die Zeitableitung des Drucks, wobei p_i und p_{i-1} den Druck zu den Zeiten t_i und t_{i-1} bezeichnen. Mit den Blutfluss q_i zur Zeit t_i, lautet die diskretisierte problembestimmende Gleichung (2.6)

$$q_i = \frac{p_i}{R} + C\frac{p_i - p_{i-1}}{\Delta t}$$

und liefert den expliziten Ausdruck

$$p_i = \frac{\alpha p_{i-1} + Rq_i}{1+\alpha} \text{ mit } \alpha = CR/\Delta t \tag{2.8}$$

für den Druck p_i zur Zeit t_i.

(b) Mit dem Anfangsdruck $p_0=0$ ergibt die iterative Anwendung von Gl. (2.8) den Druck p_i jeweils zu den diskreten Zeitpunkten t_i. Nach einer ausreichenden Anzahl von Herzzyklen wird die in Abb. 2.16 dargestellte periodisch-pulsatile Druckantwort erreicht. Die Abbildung illustriert auch die Konvergenz hin zur exakten Lösung für jeweils $k=10;50;1000$ Zeitschritte über den Herzzyklus.

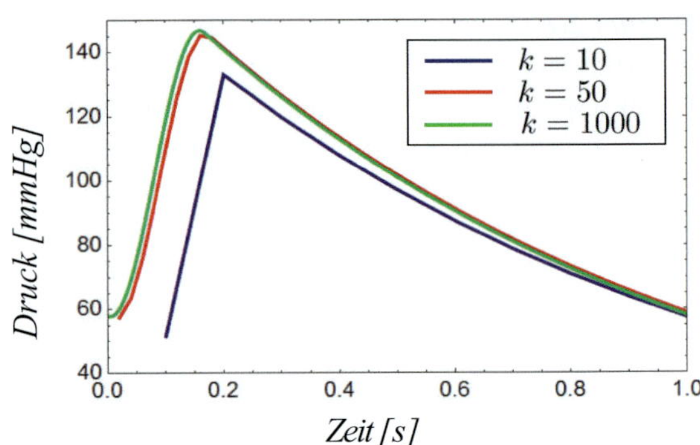

Abb. 2.16 Numerisch vorhergesagter Druck über den Herzzyklus. Drei verschiedene Zeitdiskretisierungen k veranschaulichen die Konvergenz hin zur exakten Lösung. Die Simulation verwendete $p_0 = 0$ als Anfangsbedingung und die Darstellung zeigt den Druck im 10. Herzzyklus

■

Beispiel 2.3 (Systemische Auswirkungen der EVAR-Behandlung)

(a) Mit der Annahme die radiale Steifigkeit des Stent-Grafts sei viel größer als die radiale Steifigkeit der normalen thorakalen Aorta, bestimmt die Compliance $C_{\text{EVAR}} = 0{,}3C_{\text{n}} + 0{,}7[\alpha C_{\text{sg}} + (1-\alpha)\ C_{\text{n}}]$ die systemische Compliance des behandelten Patienten. Die radiale Steifigkeit des Stent-Grafts k_{sg} bestimmt seine Compliance

$$C_{\text{sg}} = \frac{\Delta V}{\Delta p} = \frac{1}{2}\pi d_{\text{sg}} l_{\text{sg}} k_{\text{sg}} = 0{,}165\,\alpha\ [\text{cm}^3\text{kPa}^{-1}],$$

so dass

$$C_{\text{EVAR}} = 9{,}7 - 6{,}79\,\alpha + 0{,}1155\,\alpha^2\ [\text{cm}^3\text{kPa}^{-1}]$$

dann den behandelten Patienten charakterisiert.

(b) Die problembestimmende Gleichung des zwei-element WK Modells lautet

$$\dot{p}(t) + ap(t) = b(t) \quad \text{mit} \quad a = (RC_{\text{EVAR}})^{-1} \quad \text{und} \quad b = Q\sin(\omega t)^2/C_{\text{EVAR}},$$

wobei $\omega = \pi$. Es handelt sich um eine lineare Differentialgleichung erster Ordnung mit der geschlossenen Lösung $p(t) = (\int \mu b \text{d}t + A)/\mu$, wobei $\mu = \exp\left(\int a\text{d}t\right) = \exp[t/(RC_{\text{EVAR}})]$ den Integrationsfaktor bezeichnet und A eine Integrationskonstante ist. Der Druck wird daher durch

$$p(t) = \frac{\frac{Q}{C_{\text{EVAR}}}\int \exp[a\,t]\sin(\omega t)^2\text{d}t + A}{\exp[a\,t]}$$

beschrieben und dieser hat die geschlossene Lösung

$$p(t) = A\exp[-a\,x] + \frac{QR}{2} - \frac{QR[\cos(2\omega t) + 2C_{\text{EVAR}}R\omega\sin(2\omega t)]}{2 + 8C_{\text{EVAR}}^2R^2\omega^2}\,.$$

Die Identifizierung der Integrationskonstante A aus der Anfangsbedingung $p(0) = p_0$, ergibt dann schließlich

$$p(t) = 13{,}5 - 0{,}08875\exp(-0{,}5727t) - 0{,}1112\cos(2\pi x) - 1{,}22\sin(2\pi x)\,;$$
$$p(t) = 13{,}5 + 0{,}8623\exp(-1{,}836t) - 1{,}062\cos(2\pi t) - 3{,}635\sin(2\pi t)$$

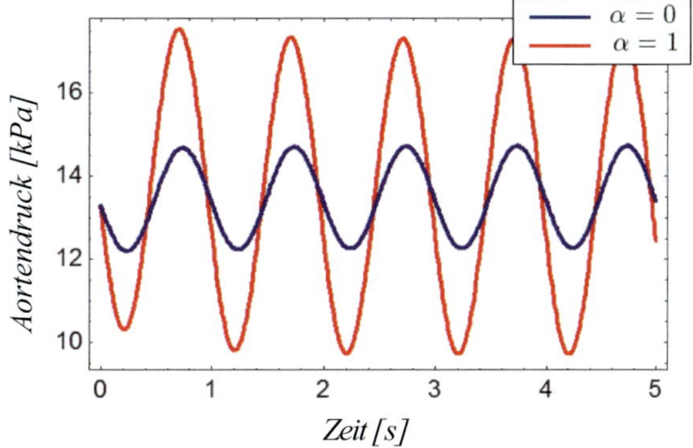

Abb. 2.18 Druckverlauf in der normalen ($\alpha = 0$) und vollständig mit Stent-Graft bedeckten ($\alpha = 1$) thorakalen Aorta, wie er mit einem zwei-element WK Modell vorhergesagt wird

jeweils für die Parameter $\alpha = 0$ und $\alpha = 1$. Abb. 2.18 veranschaulicht diese Lösungen und zeigt den Druck in der normalen ($\alpha = 0$) und der vollständig mit dem Stent-Graft bedeckten ($\alpha = 1$) thorakalen Aorta.

■

Beispiel 2.4 (Impedanz des Gefäßsystems)

(a) Der Herzzyklus $T = 0{,}375$ s kann in $N = 30$ (Anzahl der Datenpunkte minus eins) äquidistanten Zeitintervalle $\Delta t = T/N$ unterteilt werden. Mit der Trapezregel können die Fourier-Koeffizienten

$$\mathbf{c}_{j\,k} = \frac{1}{T} \int\limits_{t=0}^{T} s_j(t) \exp(-i\omega_k t) \mathrm{d}t$$
$$\approx \frac{1}{T} \sum_{k=1}^{N} \frac{s_j(k) + s_j(k+1)}{2} \exp\left[i2\pi k(k - 0{,}5)\frac{\Delta t}{p} \right] \; ; \; k = 1, \ldots, M$$

dann aus den experimentellen Daten berechnet werden. Hier kennzeichnet der Index $j = \mathrm{q}$ und $j = \mathrm{p}$ jeweils den Fluss und Druck, während k die einzelnen Terme der Fourier-Reihe bezeichnet. Tab. 2.3 listet diese jeweils für die Fluss- und Druckwellen auf.

Das Fourier-approximierte Signal lautet dann

$$\widetilde{s}_j(t) = \mathrm{Re}\left[\sum_{k=-M}^{M} \mathbf{c}_{j\,k} \exp(i\omega_k t) \right] \; ; \; j = \mathrm{q}, \mathrm{p} \, , \tag{2.13}$$

wobei $\omega_k = 2\pi k/T$ die Winkelgeschwindigkeit des komplexen Vektors bezeichnet. Die Fluss- und Druckwellen sind in Abb. 2.21a,b dargestellt.

(b) Mit den komplexen Fourier-Koeffizienten $\mathbf{c}_{j\,k} = a_{j\,k} + ib_{j\,k}$; $k = 1\ldots,\ M$ und $j = \mathrm{q},\ \mathrm{p}$ der Fluss- und Druckwellen, sind der Impedanzmodul $|\mathbf{Z}_k| = Z_k = |\mathbf{c}_{\mathrm{p}\,k}|/|\mathbf{c}_{\mathrm{q}\,k}|$ und der Impedanzwinkel $\phi_k = \arg \mathbf{c}_{\mathrm{p}\,k} - \arg \mathbf{c}_{\mathrm{q}\,k}$ definiert. Abb. 2.21c,d stellt diese Daten als Funktion der Frequenz $f_k = k/T$ dar.

Tab. 2.3 Fourier-Koeffizienten $\mathbf{c}_{q\,k}$ und $\mathbf{c}_{p\,k}$ jeweils zur Approximation von Fluss $q(t)$ und Druck p(t) Wellen

Modus k	Winkelgeschwindigkeit ω_k	$\mathbf{c}_{q\,k}$ [mls^{-1}]	$\mathbf{c}_{p\,k}$ [mmHg]
10	−167,552	$0{,}0136667-0{,}00144338i$	$2{,}41288\cdot10^{-14}-0{,}0721688i$
9	−150,796	$0{,}00722562-0{,}0347752i$	$-0{,}0813342-0{,}200008i$
8	−134,041	$-0{,}0593984-0{,}0217432i$	$-0{,}339697+0{,}0694108i$
7	−117,286	$-0{,}0233298+0{,}0691505i$	$-0{,}0208851+0{,}408154i$
6	−100,531	$0{,}0250477+0{,}0231058i$	$0{,}18498+0{,}136162i$
5	−83,7758	$0{,}0369504+0{,}0725i$	$0{,}259808+0{,}125i$
4	−67,0206	$0{,}216635-0{,}0557698i$	$0{,}981977-0{,}312774i$
3	−50,2655	$-0{,}0896779-0{,}408525i$	$-0{,}716424-1{,}97084i$
2	−33,5103	$-0{,}555816+0{,}112961i$	$-1{,}76808+0{,}691707i$
1	−16,7552	$0{,}0276938+0{,}646413i$	$-2{,}12634+1{,}60786i$
0	0	0,786333	85,25
1	16,7552	$0{,}0276938-0{,}646413i$	$-2{,}12634-1{,}60786i$
2	33,5103	$-0{,}555816-0{,}112961i$	$-1{,}76808-0{,}691707i$
3	50,2655	$-0{,}0896779+0{,}408525i$	$-0{,}716424+1{,}97084i$
4	67,0206	$0{,}216635+0{,}0557698i$	$0{,}981977+0{,}312774i$
5	83,7758	$0{,}0369504-0{,}0725i$	$0{,}259808-0{,}125i$
6	100,531	$0{,}0250477-0{,}0231058i$	$0{,}18498-0{,}136162i$
7	117,286	$-0{,}0233298-0{,}0691505i$	$-0{,}0208851-0{,}408154i$
8	134,041	$-0{,}0593984+0{,}0217432i$	$-0{,}339697-0{,}0694108i$
9	150,796	$0{,}00722562+0{,}0347752i$	$-0{,}0813342+0{,}200008i$
10	167,552	$0{,}0136667+0{,}00144338i$	$2{,}41288\cdot10^{-14}+0{,}0721688i$

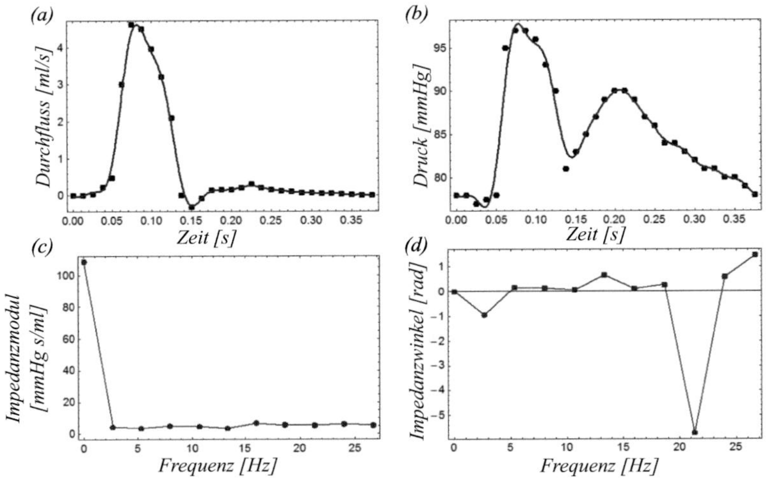

Abb. 2.21 Fourier-Reihen Approximation (durchgezogene Linie) von (**a**) $q(t)$ und (**b**) $p(t)$ und den experimentell gemessenen Punkten (Punkte) überlagert. (**c**) Impedanzmodul Z_k und (**d**) Impedanzwinkel ϕ_k als Funktion der Signalfrequenz f_k

■

Beispiel 2.5 (Abklingungsmethode zur Schätzung des Gefäßwiderstands)

(a) Abb. 2.23 zeigt das Lumped-Parameter Modell zur Analyse der experimentellen Einrichtung. Mit $q_m = 0$, bestimmt die Gleichung $q_{in}(t) = 0 = p_{in}(t)/R + C\dot{p}_{in}(t)$ das Problem, so dass die Beziehung $\ln(p_1/p_0) = -(t_1 - t_0)/(RC)$ den Widerstand

$$R = -\frac{t_1 - t_0}{C \ln(p_1/p_0)} = 166{,}247 \text{ mmHg s ml}^{-1}$$

des Gefäßbettes bestimmt, wobei die beiden Druckmessungen p_1 und p_2 verwendet wurden.

(b) Mit dem Zuflusses q_{in} in das Manometer lautet die problembestimmende Gleichung $q_{in}(t) = -\xi\dot{p}_{in}(t) = p_{in}(t)/R + C\dot{p}_{in}(t)$, und $\ln(p_1/p_0) = -(t_1 - t_0)/[R(C + \xi)]$ ermöglicht uns die Berechnung des Widerstands des Gefäßbettes zu

$$R = -\frac{t_1 - t_0}{(C + \xi)\ln(p_1/p_0)} = \frac{1{,}9946}{0{,}012 + \xi} \text{ [mmHg s ml}^{-1}\text{]}. \tag{2.16}$$

Abb. 2.24 zeigt die Entwicklung des relativen Fehlers e als Funktion des Geräteparameters ξ.

(c) Mit A und h, die jeweils den Querschnitt und die Höhe der Wassersäule in der Aufnahmeröhre bezeichnen, kennzeichnen die Beziehungen $q_m = A(\mathrm{d}h/\mathrm{d}t)$ und $p_{in} = \rho g h$ den Fluss

$$q_m(t) = \xi\frac{\mathrm{d}p_{in}}{\mathrm{d}t} = \xi\rho g\frac{\mathrm{d}h}{\mathrm{d}t} = \frac{d_i^2\pi}{4}\frac{\mathrm{d}h}{\mathrm{d}t}$$

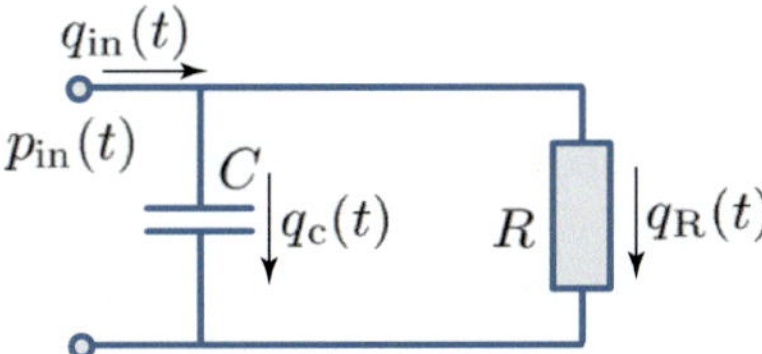

Abb. 2.23 Elektrische Darstellungen des zwei-element Lumped-Parameter Modells zur Analyse der experimentellen Einrichtung. Der Fluss $q(t)$ und der Druck $p(t)$ beschreiben dabei den Systemzustand, und R und C bezeichnen den Widerstand des Gefäßbettes und die arterielle Compliance des Organs

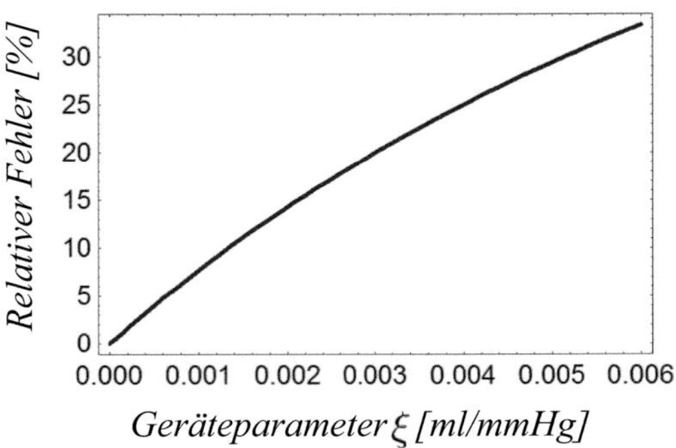

Abb. 2.24 Relativer Fehler $100(R-R_{\text{genau}})/R_{\text{genau}}$ als Funktion des geräteabhängigen Parameters ξ des Manometers

in die Aufnahmeröhre. Der gerätespezifische Parameter ergibt sich dann zu

$$\xi = \frac{d_{\mathrm{i}}^2 \pi}{4\rho g} = 8{,}0061 \cdot 10^{-11} \mathrm{m}^3\ \mathrm{Pa}^{-1} = 0{,}0106745\ \mathrm{ml\ mmHg}^{-1},$$

und (2.16) bestimmt den Widerstand $R=87{,}98$ mmHg s ml^{-1} des betreffenden Organs.

■

Beispiel 2.6 (Gegenüberstellung des zwei-element und drei-element WK Modells)

(a) Der periphere Widerstand R wird durch die Beziehung

$$R = \frac{p_{\text{mean}}}{q_{\text{mean}}} = \frac{\int_0^T p(t)\mathrm{d}t}{\int_0^T q(t)\mathrm{d}t} \approx \frac{\sum_{k=1}^N (p_k + p_{k+1})}{\sum_{k=1}^N (q_k + q_{k+1})} = 108{,}42\,\mathrm{mmHg\ s\ ml}^{-1}$$

ausgedrückt, wobei die Integration über den Herzzyklus von $T=0{,}375$ s durch die Trapezregel über $N=30$ (Anzahl der Datenpunkte minus eins) Zeitintervalle approximiert wurde. Es repräsentiert den Widerstand des zwei-element WK Modells, während R für das drei-element WK Modell angepasst werden muss, siehe Aufgabe (c).

(b) In der späten diastolischen Phase verschwindet der Fluss, d.h. $q(t)=0$, und das System wird dann durch $p(t)/R+C\mathrm{d}p(t)/\mathrm{d}t=0$ bestimmt. Diese Beziehung erlaubt uns die Compliance

$$C = \frac{t_1 - t_0}{R \ln\left(\frac{p_0}{p_1}\right)} = 1{,}1808 \cdot 10^{-2}\ \ \mathrm{ml\ mmHg}^{-1}$$

zu bestimmen, wobei die beiden späten diastolischen Zeitpunkte $t_0=0{,}25$ s und $t_1=0{,}375$ s zusammen mit dem entsprechenden Drücken $p(t_0)=86$ mmHg und $p(t_1)=78$ mmHg verwendet wurden.

(c) Mit dem aortalen Querschnitt $A=d^2\pi/4=3{,}801$ mm^2, ergibt sich die charakteristische Impedanz der Aorta $Z_{\mathrm{a}}=v_{\mathrm{pw}}\rho/A=2{,}36186\cdot 10^8$ Pa s m^{-3} oder 1,7714 mmHg s ml^{-1}. Für das drei-elementige WK Modell beeinflusst Z_{a} auch den Widerstand des Gesamtsystems, und

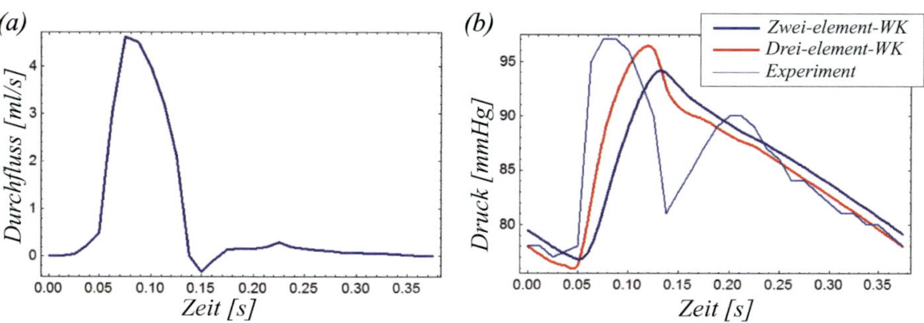

Abb. 2.26 (**a**) Vorgegebenes Durchflussprofil. (**b**) Vorhergesagter Druck unter Verwendung von zwei-element und drei-element Windkessel (WK) Modellen in Relation zu den experimentellen Daten

$$R = \frac{p_{\text{mean}}}{q_{\text{mean}}} - Z_{\text{a}} = 108{,}42 - 1{,}7714 = 106{,}66 \text{ mmHg}$$

bestimmt dann den peripheren Widerstand.

(d) Die vorhergesagten Druckprofile der zwei-element und drei-element WK Modelle sind in Abb. 2.26b dargestellt. Diese Ergebnisse verwenden die in Abb. 2.26a dargestellte Flusswelle zusammen mit den durch Aufgaben (a) bis (c) identifizierten Parametern.

■

Beispiel 2.7 (Impedanzbasierte Bestimmung von WK Parametern)

(a) Wir führen die Zielfunktion (Fehlerquadratsumme)

$$\Phi(R, C; \omega) = \sum_{k=1}^{N} \alpha \left[Z(R, C; \omega_k) - Z_{\exp k}\right]^2 + \left[\phi(R, C; \omega_k) - \phi_{\exp k}\right]^2 ,$$

des zwei-element WK Modells und

$$\Phi(R, C, Z_{\text{a}}; \omega) = \sum_{k=1}^{N} \alpha \left[Z(R, C, Z_{\text{a}}; \omega_k) - Z_{\exp k}\right]^2 + \left[\phi(R, C, Z_{\text{a}}; \omega_k) - \phi_{\exp k}\right]^2$$

des jeweiligen drei-element WK Modells ein. Hierbei bezeichnen $Z_{\exp\ k}$ und $\phi_{\exp\ k}$ die in Tab. 2.4 angegebenen $N = 5$ Impedanzmoduli und Impedanzwinkel, während die Beziehungen (2.12) und (2.23) die analytischen Ausdrücke für Z und ϕ der zwei- und drei-elementigen WK Modelle bestimmen. Die analytischen Ausdrücke werden bei $\omega_k = 2\pi f_k$ ausgewertet, wobei f_k die in Tab. 2.4 aufgeführten Frequenzen bezeichnet. Zur Vereinfachung setzen wir $\alpha = 1$, und die Minimierung der Zielfunktionen ergibt dann die folgenden Least-Square-optimierten Parameter:

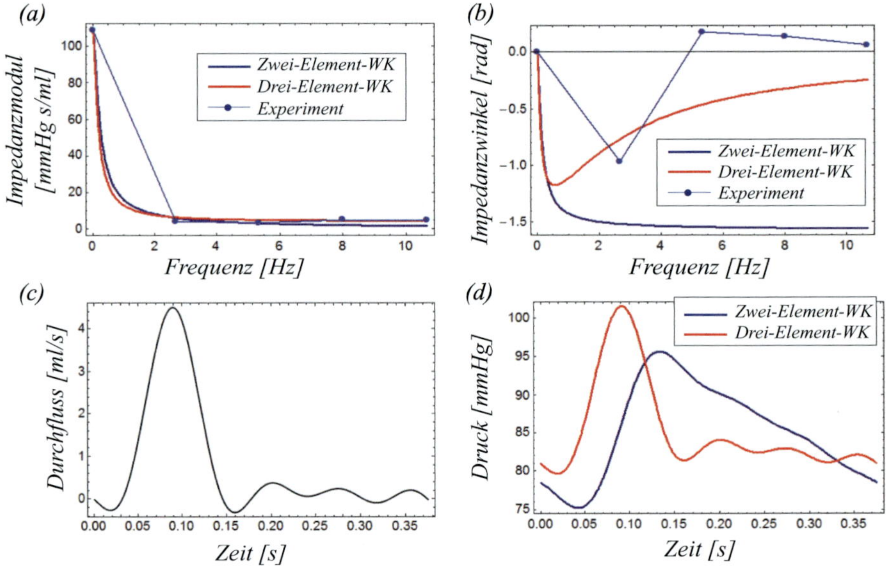

Abb. 2.27 (**a**, **b**) Vom Windkessel (WK) Modell vorhergesagter und gemessener Impedanzmodul Z und Impedanzwinkel ϕ des Systems. (**c**) Flusswelle $q(t)$, wie sie durch die Fourier-Koeffizienten in Tab. 2.5 repräsentiert wird. (**d**) Vom jeweiligen WK Modell vorhergesagte Druckwellen $p(t)$ zufolge einer zyklischen periodischen Analyse

- Zwei-element WK Modell: peripherer Widerstand $R=108{,}41$ mmHg s ml^{-1} und arterielle Compliance $C=9{,}8143\cdot 10^{-3}$ ml mmHg^{-1}
- Drei-element WK Modell: peripherer Widerstand $R=104{,}04$ mmHg s ml^{-1}, arterielle Compliance $C=84{,}787\cdot 10^{-3}$ ml mmHg^{-1} und aortale charakteristische Impedanz $Z_a=4{,}37$ mmHg s ml^{-1}

  Bemerkung Die Verwendung von $\alpha=0{,}01$ skaliert die beiden Beiträge in der Zielfunktion angemessener und führt dann zu einer besseren Annäherung an die experimentellen Daten. Das bereitgestellte elektronische Mathematica-Skript ermöglicht es dem Leser, das Problem mit den jeweiligen Skalierungsparameter neu zu berechnen.

(b) Abb. 2.27a,b zeigt den Impedanzmodul Z und den Impedanzwinkel ϕ, der vom jeweiligen WK Modell vorhergesagt wird.

(c) Die Fourier-Koeffizienten $\mathbf{c}_{\mathrm{q}\,k}=\mathbf{c}_{\mathrm{q}\,-k}$, die in Tab. 2.5 angegeben sind, bestimmen das zeitliche Flussprofil

$$\mathbf{q} = \sum_{k=-N}^{N} \mathbf{c}_{\mathrm{q}\,k} \exp{(i\omega_k t)},$$

wobei $\omega_k=2\pi k/T$ die Winkelgeschwindigkeit des komplexen Vektors bezeichnet. Abb. 2.27c zeigt die reale Komponente $q(t)=Re[\mathbf{q}]$. Mit den Fourier-Koeffizienten des Flusses $\mathbf{c}_{\mathrm{q}\,k}$, der Transformation (2.12) des zwei-

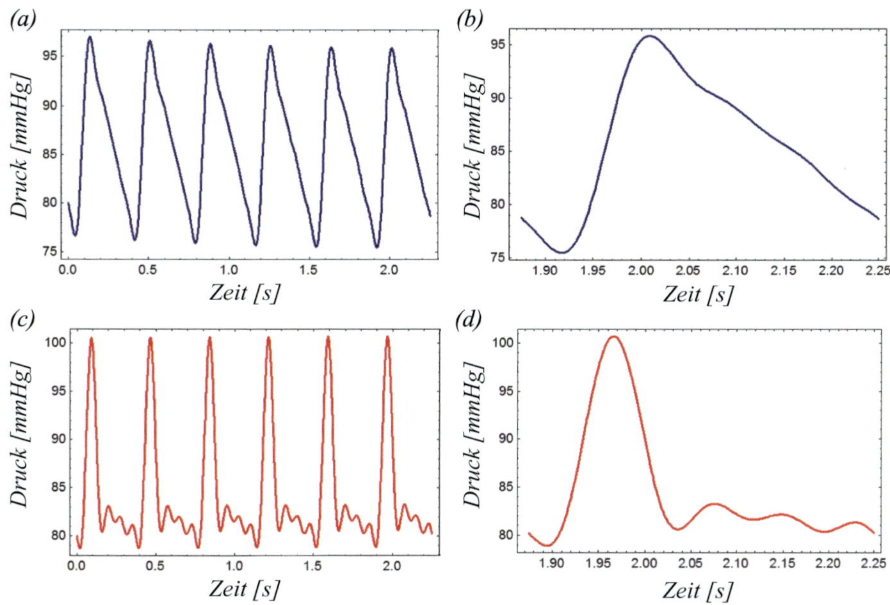

Abb. 2.28 Druckwelle $p(t)$ des zwei-element WK Modells (obere Reihe) und des drei-element WK Modells (untere Reihe). Die Wellen basieren auf der numerischen Lösung der problembestimmenden Gleichungen. Die Ergebnisse über die ersten sechs Zyklen (**a**, **c**) und den sechsten Zyklus (**b**, **d**) werden separat gezeigt

element WK Modells und (2.23) des drei-element WK Modells, ergeben sich die entsprechenden Fourier-Koeffizienten $\mathbf{c}_{\mathrm{p}\,k}$ der Druckwellen zu

$$|\mathbf{c}_{\mathrm{p}\,k}| = Z(\omega_k)|\mathbf{c}_{\mathrm{q}\,k}| \;;\; \alpha_k = \phi(\omega_k) + \arg(\mathbf{c}_{\mathrm{q}\,k})\,. \tag{2.24}$$

Die Überlagerung aller Fourier-Koeffizienten ergibt dann die Druckwelle

$$\mathbf{p} = \sum_{k=-N}^{N} |\mathbf{c}_{\mathrm{p}\,k}| \exp\left[i(\omega_k t + \alpha_k)\right], \tag{2.25}$$

und Abb. 2.27d zeigt den Realteil $p(t) = Re[\mathbf{p}]$ davon. Die numerische Lösung der Gleichung des zwei-Element WK Modells (2.6) sowie des drei-element WK Modells (2.20) unter der Anfangsbedingung $p(t=0) =$ 80 mmHg, bestimmen die in Abb. 2.28a,c gezeigten Druckzyklen. Im sechsten Zyklus ist die Lösung praktisch periodisch, und der Druckzyklus vergleicht sich sehr gut mit dem Ergebnis der stationären Analyse – vergleichen Sie Abb. 2.27d und 2.28b,d.

Die Fourier-Koeffizienten $\mathbf{c}_{\mathrm{q}\,k}$ wurden durch dem in der Literatur berichteten Fluss bestimmt [62], und Abb. 2.29 vergleicht die vom WK Modell vorhergesagten mit dem jeweils gemessenen Druckwellen. Weitere Details finden Sie im Beispiel 2.4.

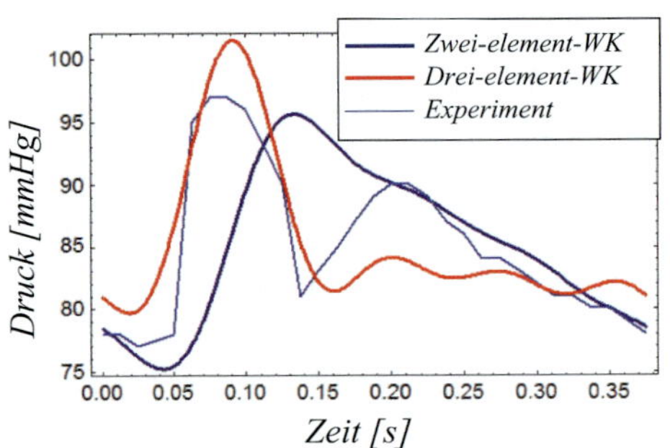

Abb. 2.29 Vom Windkessel (WK) Modellen vorhergesagte Druckwelle $p(t)$ in Relation zur gemessenen und in der Literatur angegebenen Druckwelle [62]

■

Beispiel 2.8 (Anpassung der Nierenarterie an eine partielle Nephrektomie)

(a) Der Druckunterschied Δp zwischen der Nierenarterie und der Nierenvene verursacht den mittleren Fluss $q = \Delta p/R$ durch die Niere, wobei R ihren Gefäßbettwiderstand bezeichnet. Der erhöhte Widerstand αR führt dann zum mittleren Fluss $q(\alpha) = \Delta p/(\alpha R)$.

(b) Wir betrachten Poiseuille-Strömung und somit eine vollständig ausgebildete stationäre laminare Strömung einer Newtonschen Flüssigkeit mit der Viskosität η in einem zylindrischen Rohr vom Radius r. Die Blutflussgeschwindigkeit

$$v_z = -\frac{r^2}{4\eta}\frac{\mathrm{d}p}{\mathrm{d}z}\left[1 - \left(\frac{\xi}{r}\right)^2\right] \tag{2.34}$$

folgt dann einem parabolischen Profil, wobei $0 \le \xi \le r$ und $\mathrm{d}p/\mathrm{d}z$ die radiale Koordinate und den Druckgradienten entlang der axialen Richtung z des Rohrs bezeichnen. Eine detaillierte Ableitung dieses Ausdrucks wird in Kapitel 6 gegeben. Das Profil (2.34) bestimmt den Durchfluss $q = 2\pi \int_0^r v_z r \mathrm{d}r = -\pi r^4(\mathrm{d}p/\mathrm{d}z)/(8\eta)$ und verursacht die WSS von $\tau_\mathrm{w} = \eta(\mathrm{d}v_z/\mathrm{d}\xi)_{\xi=r} = r(\mathrm{d}p/\mathrm{d}z)/(2\eta)$. Die Eliminierung des Druckgradienten $\mathrm{d}p/\mathrm{d}z$ aus diesen beiden Beziehungen ergibt dann

$$q = -r^3\pi\tau_\mathrm{w}/(4\eta)\,, \tag{2.35}$$

ein Ausdruck, der die WSS mit dem Fluss in der Nierenarterie in Beziehung setzt.

(c) Das Gleichgewicht $2\sigma_\theta h = 2pr$ in der Umfangsrichtung eines dünnwandigen Rohrs mit der Wandstärke h, das mit dem Druck p beaufschlagt ist, definiert das Gesetz von Laplace

$$\sigma_\theta = pr/h \tag{2.36}$$

und drückt die Cauchysche Umfangsspannung σ_θ in der Wand der Nierenarterie aus.

(d) Gemäß Aufgabe (a) ist der Durchfluss q umgekehrt proportional zum Faktor α. Der Ausdruck $q/q_0 = 1/\alpha$ und (2.35) bei konstantem τ_w, führen dann zum homöostatischen Gefäßradius $r = r_0/\sqrt[3]{\alpha}$.

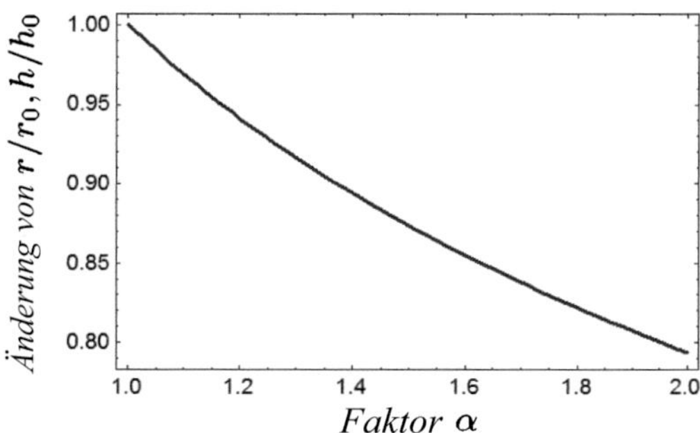

Abb. 2.33 Relative Änderung des Radius der Nierenarterie r/r_0 (oder der Wanddicke h/h_0) als Funktion des Faktors α

Mit (2.36) bei konstantem σ_θ und p, führt die Änderung von r_0 zu r zur Wanddicke $h = h_0 r/r_0$. Abb. 2.33 veranschaulicht die relative Änderung des Radius r/r_0 (oder der Wanddicke h/h_0) in Reaktion auf den Faktor α.

■

Beispiel 2.9 (Zwei-element Gefäßsegment Modell)

(a) Die Beziehungen $\mathbf{p}_{\text{in}} - R\mathbf{q}_{\text{in}} = \mathbf{p}_{\text{out}}$ und $\mathbf{q}_{\text{in}} - \mathbf{q}_{\text{c}} = \mathbf{q}_{\text{out}}$ ergeben das System

$$\begin{bmatrix} \mathbf{p}_{\text{out}} \\ \mathbf{q}_{\text{out}} \end{bmatrix} = \begin{bmatrix} 1 & -R \\ 0 & 1 \end{bmatrix} \begin{bmatrix} \mathbf{p}_{\text{in}} \\ \mathbf{q}_{\text{in}} \end{bmatrix} + \begin{bmatrix} 0 & 0 \\ -C & RC \end{bmatrix} \begin{bmatrix} \dot{\mathbf{p}}_{\text{in}} \\ \dot{\mathbf{q}}_{\text{in}} \end{bmatrix}, \tag{2.44}$$

wobei die Definition $\mathbf{q}_{\text{c}} = C\dot{\mathbf{p}}_{\text{out}}$ des Kondensators verwendet wurde.

(b) Mit (2.31) und (2.32), ergeben sich der Widerstand und die Compliance des Gefäßsegments als

$$R = \frac{128\eta l}{\pi d^4} = 2{,}83081 \cdot 10^6 \text{ Pa s m}^{-3} ,$$
$$C = \frac{3\pi d^3 l}{16Eh} = 6{,}18751 \cdot 10^{-10} \text{ m}^3 \text{ Pa}^{-1} ,$$

wobei die Daten in Abb. 2.25 verwendet wurden.

(c) Die erste Gleichung des Systems (2.44) ermöglicht es uns direkt, den Druck am Einlass durch

$$\begin{aligned} \mathbf{p}_{\text{in}} &= \mathbf{p}_{\text{out}} + R\mathbf{q}_{\text{in}} \\ &= 12{,}5 \exp[i(\omega t + \pi/6)] + 2{,}83081 \cdot 4{,}3 \exp[i\omega t] \\ &= |\mathbf{p}_{\text{in}}| \exp[i(\omega t + \alpha)] \end{aligned}$$

auszudrücken, wobei sich die Amplitude $|\mathbf{p}_{\text{in}}| = 23{,}83$ Pa und der Phasenwinkel $\alpha = 0{,}2653$ rad ergeben. Abb. 2.35a zeigt $\mathbf{p}_{\text{in}}$ in der komplexen Ebene.

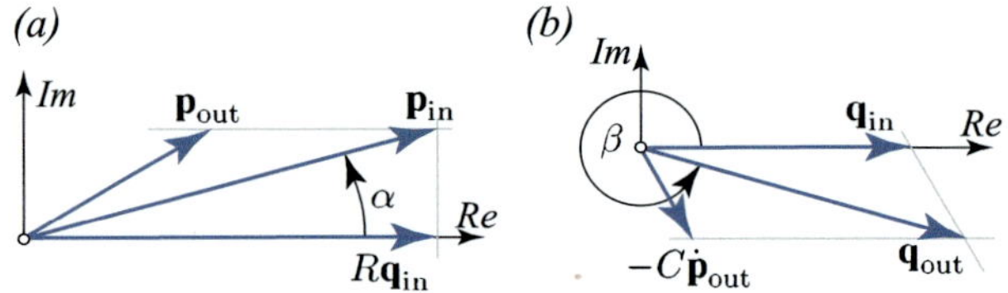

Abb. 2.35 Argandsche Diagramme zur Veranschaulichung von (**a**) dem Druck $\mathbf{p}_{\text{in}}$ am Einlass und (**b**) dem Fluss $\mathbf{q}_{\text{out}}$ am Auslass

Die zweite Gleichung des Systems (2.44) liefert den Fluss am Auslass

$$\begin{aligned}\mathbf{q}_{\text{out}} &= \mathbf{q}_{\text{in}} - C(\mathrm{d}\mathbf{p}_{\text{out}}/\mathrm{d}t)\\ &= 4{,}3 \cdot 10^{-6} \exp[i\omega t] - 6{,}18751 \cdot 12{,}5 \cdot \omega \cdot 10^{-10} \exp[i(\omega t + \pi/6 + \pi/2)]\\ &= |\mathbf{q}_{\text{out}}| \exp[i(\omega t + \beta)].\end{aligned}$$

Mit $\omega = 73\pi$, hat der Fluss $\mathbf{q}_{\text{out}}$ jeweils die Amplitude $|\mathbf{q}_{\text{out}}| = 5{,}41$ ml s^{-1} und den Phasenwinkel $\beta = -0{,}2879$ rad. Abb. 2.35b zeigt $\mathbf{q}_{\text{out}}$ in der komplexen Ebene.

■

Beispiel 2.10 (Drei-element Gefäßsegment Modell)

(a) Die Beziehungen $p_{\text{in}} - \Delta p_{\text{R}} - \Delta p_{\text{L}} = p_{\text{out}}$ und $q_{\text{in}} - q_{\text{c}} = q_{\text{out}}$ führen zu dem Satz

$$\begin{bmatrix} p_{\text{out}} \\ q_{\text{out}} \end{bmatrix} = \begin{bmatrix} 1 & -R \\ 0 & 1 \end{bmatrix} \begin{bmatrix} p_{\text{in}} \\ q_{\text{in}} \end{bmatrix} + \begin{bmatrix} 0 & -L \\ -C & RC \end{bmatrix} \begin{bmatrix} \dot{p}_{\text{in}} \\ \dot{q}_{\text{in}} \end{bmatrix} + \begin{bmatrix} LC & -RCL \\ 0 & 0 \end{bmatrix} \begin{bmatrix} \ddot{p}_{\text{in}} \\ \ddot{q}_{\text{in}} \end{bmatrix} \quad (2.45)$$

von Gleichungen, wobei die Ausdrücke $\Delta p_{\text{R}} = Rq_{\text{in}}$, $\Delta p_{\text{L}} = L\dot{q}_{\text{out}}$ und $q_{\text{C}} = C\dot{p}_{\text{C}}$ mit $p_{\text{C}} = p_{\text{in}} - \Delta p_{\text{R}}$ jeweils die Eigenschaften von Widerstand, Induktivität und Compliance beschreiben.

(b) Angesichts des zyklisch periodischen Flusses am Einlass $\mathbf{q}_{\text{in}} = |\mathbf{q}_{\text{in}}| \exp[i\omega t]$, können wir den komplexen Druck am Einlass als $\mathbf{p}_{\text{in}} = |\mathbf{p}_{\text{in}}| \exp[i(\omega t + \alpha)]$ einführen, und $(2.45)_1$ ergibt dann den komplexen Auslassdruck als

$$\begin{aligned}\mathbf{p}_{\text{out}} &= \mathbf{p}_{\text{in}} - R\mathbf{q}_{\text{in}} - L\dot{\mathbf{q}}_{\text{in}} + LC\ddot{\mathbf{p}}_{\text{in}} - RCL\ddot{\mathbf{q}}_{\text{in}}\\ &= -7{,}89445 - 167{,}094i + 0{,}826159|\mathbf{p}_{\text{in}}| \exp(i\alpha).\end{aligned}$$

Die Implementierung der Druck-Randbedingung $\mathrm{Re}[\mathbf{p}_{\text{out}}] = 100{,}0$ Pa und $\mathrm{Im}[\mathbf{p}_{\text{out}}] = 0$ am Auslass bestimmen dann den Einlassdruck der Größe $|\mathbf{p}_{\text{in}}| = 1236{,}63$ Pa und des Phasenwinkels $\alpha = 0{,}16429$. Abb. 2.37a veranschaulicht wie sich $\mathbf{p}_{\text{out}}$ in der komplexen Ebene zusammensetzt.
Mit $(2.45)_2$, ergibt sich der komplexe Ausflussvektor als

$$\begin{aligned}\mathbf{q}_{\text{out}} &= \mathbf{q}_{\text{in}} - C\dot{\mathbf{p}}_{\text{in}} + RC\dot{\mathbf{q}}_{\text{in}}\\ &= 5{,}20481 \cdot 10^{-6} - i5{,}415 \cdot 10^{-6}\end{aligned}$$

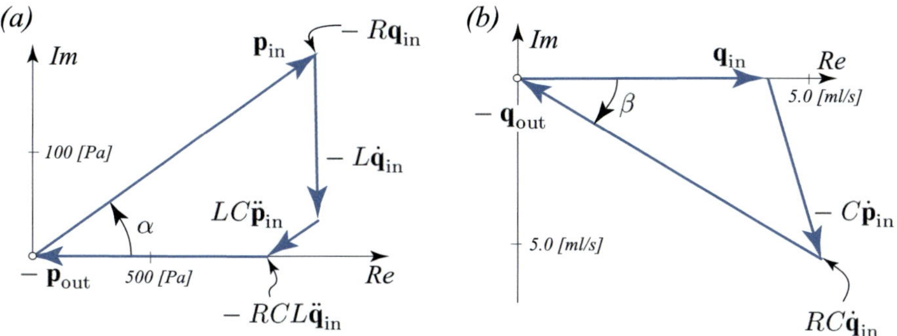

Abb. 2.37 Argandsche Diagramme veranschaulichen die Konstruktion von (**a**) dem Auslassdruck $\mathbf{p}_{\text{out}}$ und (**b**) dem Auslassfluss $\mathbf{q}_{\text{out}}$ des drei-element Gefäßmodells

und hat die Amplitude $|\mathbf{q}_{\text{out}}| = 7{,}51081$ ml s^{-1} sowie den Phasenwinkel $\arg\mathbf{q}_{\text{out}} = -0{,}805188$ rad. Abb. 2.37b veranschaulicht wie sich $\mathbf{q}_{\text{out}}$ in der komplexen Ebene zusammensetzt.

■

Beispiel 2.11 (Verbundene Gefäßsegmente)

(a) Tab. 2.7 gibt den Widerstand, die Compliance und die Induktivität der Gefäßsegmente an, wobei die Beziehungen (2.31), (2.32) und (2.33) zur Berechnung dieser Werte verwendet wurden.

(b) Angesichts der Druckabfälle $\Delta p_{\text{R}} = Rq_{\text{out}}$ und $\Delta p_{\text{L}} = L\dot{q}_{\text{out}}$ jeweils über den Widerstand R und die Induktivität L, kann die Beziehung

$$p_{\text{in}} - p_{\text{out}} = Rq_{\text{out}} + L\dot{q}_{\text{out}}$$

abgeleitet werden. Die Kontinuität des Flusses

$$q_{\text{in}} - q_{\text{out}} = q_{\text{C}}$$

mit der Beziehung $q_{\text{C}} = C\dot{p}_{\text{in}}$ der Compliance schließt die mathematische Beschreibung, und das System

$$\begin{bmatrix} p_{\text{out}} \\ q_{\text{out}} \end{bmatrix} = \begin{bmatrix} 1 & -R \\ 0 & 1 \end{bmatrix} \begin{bmatrix} p_{\text{in}} \\ q_{\text{in}} \end{bmatrix} + \begin{bmatrix} RC & -L \\ -C & 0 \end{bmatrix} \begin{bmatrix} \dot{p}_{\text{in}} \\ \dot{q}_{\text{in}} \end{bmatrix} + \begin{bmatrix} LC & 0 \\ 0 & 0 \end{bmatrix} \begin{bmatrix} \ddot{p}_{\text{in}} \\ \ddot{q}_{\text{in}} \end{bmatrix} \quad (2.46)$$

von Differentialgleichungen bestimmt dann das drei-element Gefäßmodell.

Tab. 2.7 Widerstand R, Compliance C und Induktivität L der Gefäßsegmente

	Gefäß 1	Gefäß 2	Gefäß 3
Widerstand R [Pa s m^{-3}]	$7{,}84316 \cdot 10^{9}$	$1{,}84119 \cdot 10^{10}$	$1{,}3369 \cdot 10^{11}$
Compliance C [m^{3} s^{-1}]	$3{,}23977 \cdot 10^{-12}$	$7{,}15812 \cdot 10^{-13}$	$3{,}01593 \cdot 10^{-13}$
Induktivität L [Pa s^{2} m^{-3}]	$7{,}42299 \cdot 10^{7}$	$8{,}5385 \cdot 10^{7}$	$2{,}02445 \cdot 10^{8}$

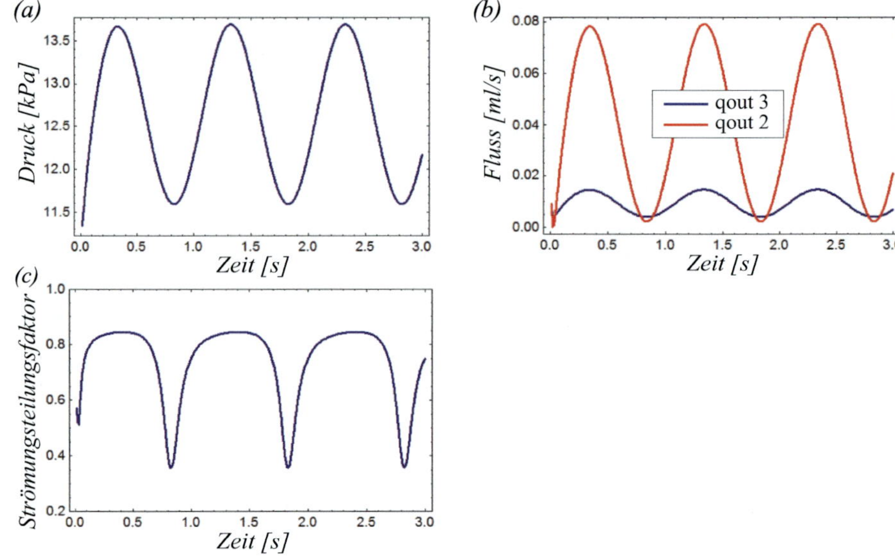

Abb. 2.39 Entwicklung der Systemvariablen über die Zeit. (**a**) Einlassdruck $p_{\text{in }1}$. (**b**) Auslassflüsse $q_{\text{out }2}$ und $q_{\text{out }3}$. (**c**) Strömungsteilungsfaktor ξ

(c) Die Substitution der Zeitableitungen in (2.46) durch die rückwärts-gerichtete Euler-Diskretisierung (2.41) ermöglicht es uns, den algebraischen Satz

$$\begin{bmatrix} p_{\text{out}} \\ q_{\text{out}} \end{bmatrix} = \begin{bmatrix} 1 + \frac{RC}{\Delta t} + \frac{LC}{\Delta t^2} & -R - \frac{L}{\Delta t} \\ -\frac{C}{\Delta t} & 1 \end{bmatrix} \begin{bmatrix} p_{\text{in}} \\ q_{\text{in}} \end{bmatrix} + \mathbf{H} \tag{2.47}$$

von Gleichungen abzuleiten, wobei

$$\mathbf{H} = \begin{bmatrix} -\frac{RC}{\Delta t} - \frac{LC}{\Delta t^2} & \frac{L}{\Delta t} \\ \frac{C}{\Delta t} & 0 \end{bmatrix} \begin{bmatrix} p_{\text{in}\,n} \\ q_{\text{in}\,n} \end{bmatrix} - \begin{bmatrix} \frac{LC}{\Delta t} & 0 \\ 0 & 0 \end{bmatrix} \begin{bmatrix} \dot{p}_{\text{in}\,n} \\ \dot{q}_{\text{in}\,n} \end{bmatrix}$$

Informationen aus dem vorherigen Zeitschritt speichert. Für das i-te Gefäßsegment drückt $\mathbf{d}_{\text{out }i} = \mathbf{K}_i \mathbf{d}_{\text{in }i} + \mathbf{H}_i$ die Bestimmungsgleichung (2.47) in symbolischer Notation aus.

(d) Abb. 2.39 zeigt die Entwicklung der Systemvariablen über die ersten drei Sekunden, Ergebnisse, die mit dem Algorithmus in Tab. 2.8 berechnet wurden.

Tab. 2.8 Algorithmus für die iterative Lösung von drei verbundenen Gefäßsegmenten

(1) Druck und Durchfluss initialisieren
$p_{\text{in}\,1\,0} = (p_2 + p_3)/2$ sowie $q_{\text{in}\,i\,0} = q_0$ und $\dot{p}_{\text{in}\,i\,0} = \dot{q}_{\text{in}\,i\,0} = 0$ für $i = 1, 2, 3$

(2) Setze die Anzahl der Iterationen auf $n = 300$ und die Zeitschrittgröße auf $\Delta t = 0.01$ s

(3) Führe aus für $k = 1, \ldots, n$
- (a) Berechne die Vektoren $\mathbf{H}_i$; $i = 1, 2, 3$
- (b) Den Zufluss vorgeben $p_{\text{in}\,1} = p_0[1 + \sin(\omega k \Delta t)]$
- (c) Berechne die Ausflussbedingungen $\mathbf{d}_{\text{out}\,1} = \mathbf{K}_1 \mathbf{d}_{\text{in}\,1} + \mathbf{H}_1$ des ersten Gefäßes, wobei der Eingangsdruck $p_{\text{in}\,1}$ im Vektor $\mathbf{d}_{\text{out}\,1}$ unbekannt ist
- (d) Geben Sie die Kompatibilitätsbedingungen an der Verzweigung an
$p_{\text{in}\,2} = p_{\text{in}\,3} = p_{\text{out}\,1}$; $q_{\text{in}\,2} = \xi q_{\text{out}\,1}$; $q_{\text{in}\,2} = (1 - \xi) q_{\text{out}\,1}$
- (e) Berechne die Ausflussbedingungen $\mathbf{d}_{\text{out}\,2} = \mathbf{K}_2 \mathbf{d}_{\text{in}\,2} + \mathbf{H}_2$ des zweiten Gefäßes, wobei der Eingangsdruck $p_{\text{in}\,1}$ und der Flussaufteilungsfaktor ξ in $\mathbf{d}_{\text{out}\,2}$ unbekannt sind
- (f) Berechne die Ausflussbedingungen $\mathbf{d}_{\text{out}\,3} = \mathbf{K}_2 \mathbf{d}_{\text{in}\,3} + \mathbf{H}_3$ des dritten Gefäßes, wobei der Eingangsdruck $p_{\text{in}\,1}$ und der Flussaufteilungsfaktor ξ in $\mathbf{d}_{\text{out}\,3}$ unbekannt sind
- (g) Verwende die vorgegebenen Auslassdrücke $p_{\text{out}\,2}(p_{\text{in}\,1}, \xi) = p_2$ und $p_{\text{out}\,3}(p_{\text{in}\,1}, \xi) = p_3$ um $p_{\text{in}\,1}$ und ξ aus diesen beiden Gleichungen zu lösen

Ende der Schleife

■

Beispiel 2.12 (LDL-Transport durch einen Mikrokanal)

(a) Wir können den Ausdruck $v = q_f(1 - \sigma)$ in (2.49) verwenden und

$$J_s = c_b q_f (1 - \sigma) - \frac{q_f(1 - \sigma)(c_w - c_b)}{\exp(Pe\,L/d) - 1}$$

drückt dann den LDL-Fluss aus.

(b) Abb. 2.41 veranschaulicht J_s als Funktion der normalisierten Kanallänge L/d. Eine kleine Péclet Zahl führt zu einem durch Diffusion dominierten Transport, während eine große Péclet Zahl einen durch Advektion dominierten Prozess bestimmt. Bei letzterem wird der Transport vollständig durch die Geschwindigkeit v bestimmt.

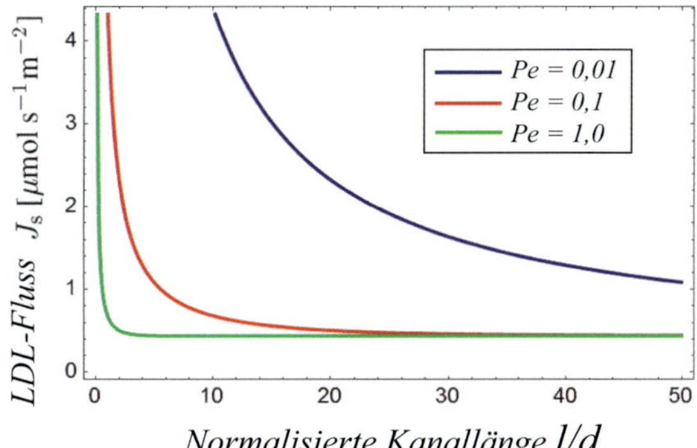

Abb. 2.41 Low-Density Lipoprotein (LDL) Fluss J durch einen Mikrokanal als Funktion der normalisierten Kanallänge L/d, wobei $Pe = vd/D$ die Péclet Zahl bezeichnet

■

Beispiel 2.13 (Transport über die Wand der aufsteigenden Vasa Recta)

(a) Nach dem Gesetz von Hagen-Poiseuille entwickelt sich der Druckgradient

$$\Delta p/l = 128q\eta/(\pi d^4) = 117{,}6\,\text{kPa m}^{-1} \tag{2.52}$$

in der Kapillare, wobei $p_v = p_{v\,art} - (\Delta p/l)\,x = 1{,}04 - 117{,}6x$ [kPa] den hydrostatischen Druck entlang des AVR-Segments beschreibt. Hier bezeichnet x [m] die axiale Koordinate, gemessen vom Einlass. Der hydrostatische Druck ändert sich dann linear von 1,04 kPa am arteriellen Ende des AVR-Segments zu 0,9 kPa an dessen venösen Ende.

(b) Mit $\Delta p_{art} = p_{v\,art} - p_i = 0{,}24$ kPa und $\Delta p_{ven} = p_{v\,ven} - p_i = 0{,}1$ kPa gegeben, beschreibt die Beziehung $\Delta p = 0{,}24 - 117{,}6x$ [kPa] den transkapillaren hydrostatischen Druck, wobei x [m] die axiale Koordinate entlang des AVR-Segments bezeichnet. Zusätzlich beschreibt $\Delta\Pi = 2{,}97 - 1033{,}3x$ [kPa] den transkapillaren COP entlang des AVR-Segments. Abb. 2.44a zeigt diese transkapillaren Drücke, und das Filtrationsgesetz von Starling (2.51) prognostiziert dann den Filtrationsfluss von $q_f = -23{,}4 + 7744{,}4x$ [nm s^{-1}]. Entlang des gesamten Gefäßes wird daher ein einwärts-gerichteter Fluss erhalten (siehe Abb. 2.44b), und die Flüssigkeit aus dem medullären Interstitium wird kontinuierlich in das AVR aufgenommen.

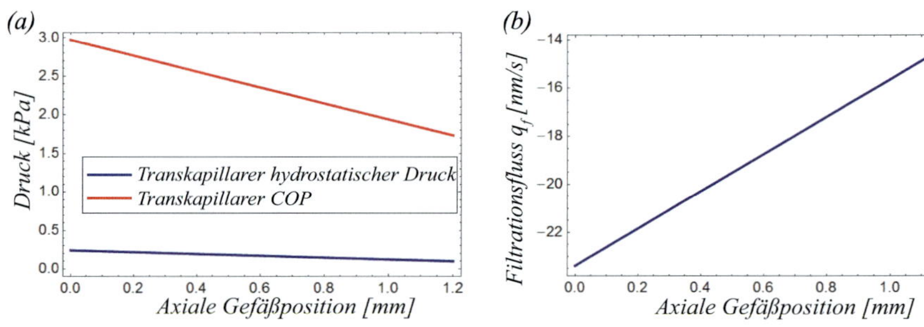

Abb. 2.44 Eigenschaften entlang der aufsteigenden Vasa Recta (AVR). (**a**) Transkapillarer hydrostatischer Druck Δp und transkapillarer kolloidosmotischer Druck (COP) $\Delta\Pi$. (**b**) Filtrationsfluss über die AVR-Wand

■

Beispiel 2.14 (Glykokalyx-Spalt Modell)

(a) Mit $\Delta p_{art} = p_{v\,art} - p_i = 1{,}387$ kPa und $\Delta p_{ven} = p_{v\,ven} - p_i = 1{,}026$ kPa, ergibt sich der transkapillare hydrostatische Druck $\Delta p = 1{,}387 - 102{,}86x$ [kPa], wobei x [m] die axiale Gefäßposition bezeichnet. Darüber hinaus beschreibt $\Delta\Pi = 1{,}613 - 72{,}381x$ [kPa] den transkapillaren COP entlang des Kapillar-

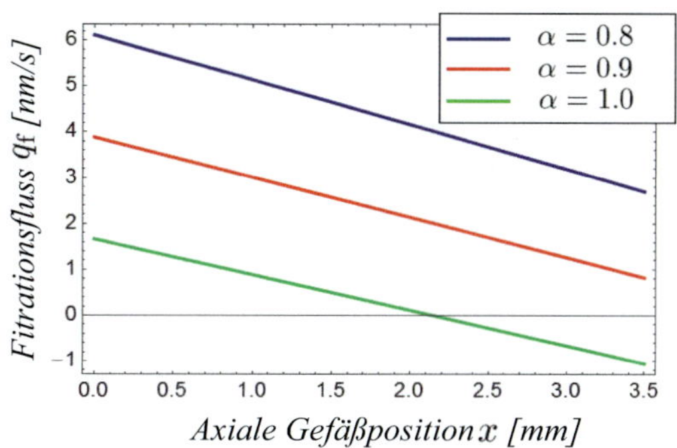

Abb. 2.47 Filtrationsfluss über die Kapillarwand, vorhergesagt durch das Glykokalyx-Spalt Modell. Der Parameter α bezieht den kolloidosmotischen Druck (COP) unter der Glykokalyx-Schicht auf die COP-Werte im Interstitium und im Gefäßlumen. Starlings Filtrationsmodell (2.51) entspricht $\alpha = 1{,}0$

segments. Das Filtrationsgesetz von Starling (2.51) prognostiziert dann den Filtrationsfluss

$$q_\mathrm{f} = L_\mathrm{p}(\Delta p - \sigma \Delta \Pi) = 1{,}656 - 775{,}429x \ \ [\mathrm{nm\,s^{-1}}]\,,$$

was somit zu einem Zufluss entlang der venösen Seite führt, siehe Abb. 2.47 (Fall $\alpha = 1{,}0$).

(b) Der Filtrationsfluss liest sich

$$q_\mathrm{f} = L_\mathrm{p}\big(\Delta p - \sigma \Delta \Pi_\mathrm{gc}\big)\,, \tag{2.56}$$

wobei $\Delta\Pi_{\mathrm{gc}} = \Pi_\mathrm{v} - \Pi_{\mathrm{gc}}$ den COP-Unterschied zwischen dem vaskulären Raum und der Position direkt unterhalb der Glykokalyx-Schicht bezeichnet. Er bestimmt den effektiven transkapillaren COP des Glykokalyx-Spalt Modells. Die Hoffsche Relation ermöglicht es uns, die molare Konzentration in COP umzurechnen, und somit gilt $\Pi_{\mathrm{gc}} = (1-\alpha)\Pi_\mathrm{v} + \alpha\Pi_\mathrm{i}$. Der effektive transkapillare COP ist dann $\Delta\Pi_{\mathrm{gc}} = \Pi_\mathrm{v} - \Pi_{\mathrm{gc}} = \alpha(1{,}613 - 72{,}381x)$ [kPa] und das Glykokalyx-Spalt Modell (2.56) liefert den Filtrationsfluss $q_\mathrm{f} = 23{,}92 + \alpha(-22{,}264 + 998{,}857x) - 1774{,}29x$ [nm s^{-1}], wobei der transkapillare hydrostatische Druck $\Delta p = 1{,}387 - 1{,}0286x$ [kPa] verwendet wurde. Abb. 2.47 veranschaulicht den Filtrationsfluss entlang des Gefäßes und als Funktion des Faktors α.

■

Beispiel 3.1 (Verformung von Linien-, Volumen- und Flächenelementen)

(a) Die eingebetteten Fasern bestimmen den strukturellen Tensor

$$\mathbf{A} = \mathbf{a}_0 \otimes \mathbf{a}_0 = \begin{bmatrix} a_{0\,1}a_{0\,1} & a_{0\,1}a_{0\,2} \\ a_{0\,2}a_{0\,1} & a_{0\,2}a_{0\,2} \end{bmatrix} = \begin{bmatrix} 0{,}9127 & 0{,}2823 \\ 0{,}2823 & 0{,}0873 \end{bmatrix}, \tag{3.7}$$

der das Material in der Referenzkonfiguration Ω_0 charakterisiert. Die Deformation des Kontinuums wird durch die rechte Cauchy-Green Verzerrung

$$\mathbf{C} = \mathbf{F}^\mathrm{T}\mathbf{F} = \begin{bmatrix} 3 & 0 \\ 1 & 1{,}3 \end{bmatrix} \begin{bmatrix} 3 & 1 \\ 0 & 1{,}3 \end{bmatrix} = \begin{bmatrix} 9 & 3 \\ 3 & 2{,}69 \end{bmatrix} \tag{3.8}$$

ausgedrückt und liefert die vierte Invariante $I_4 = \lambda_{\mathbf{a}}^2 = \mathbf{A} : \mathbf{C} = A_{kl}C_{kl} = 10{,}142$, wobei der strukturelle Tensor (3.7) verwendet wurde. Die Streckung in den Fasern ist dann $\lambda_{\mathbf{a}} = \sqrt{I_4} = 3{,}185$.

(b) Mit (3.6) ergibt sich das Flächenverhältnis (in Äquivalenz zum Volumenverhältnis in 3D) als

$$J = \det\mathbf{F} = 3{,}9 \,.$$

Der deformierte Körper Ω nimmt dann die Fläche $a = JA = 7{,}8\ \mathrm{m}^2$ ein.

(c) Der inverse Deformationsgradient lautet

$$\mathbf{F}^{-1} = \begin{bmatrix} 0{,}3333 & -0{,}2564 \\ 0 & 0{,}7692 \end{bmatrix},$$

und die Nansonsche Formel liefert somit den Normalvektor (in Äquivalenz zum Flächenvektor in 3D) als

$$\begin{aligned} \mathrm{d}\mathbf{s} = J\mathbf{F}^{-\mathrm{T}}\mathrm{d}\mathbf{S} &= 3{,}9 \begin{bmatrix} 0{,}333333 & 0 \\ -\,0{,}25641 & 0{,}769231 \end{bmatrix} \begin{bmatrix} 0{,}7\ \mathrm{d}x_1 \\ 3{,}2\ \mathrm{d}x_2 \end{bmatrix} \\ &= \begin{bmatrix} 0{,}91\,\mathrm{d}x_1 \\ -\,0{,}7\,\mathrm{d}x_1 + 9{,}6\,\mathrm{d}x_2 \end{bmatrix} [\mathrm{m}]\,, \end{aligned}$$

wobei $|\mathrm{d}\mathbf{s}|[\mathrm{m}]$ die Länge des Linienelements in Ω bezeichnet.

■

Beispiel 3.2 (Nichtlineare Verformung)

(a) Die Bewegung $\chi(\mathbf{X}, t)$ bestimmt den Deformationsgradienten

$$\mathbf{F} = \mathrm{Grad}\mathbf{x} = \mathrm{Grad}\boldsymbol{\chi}(\mathbf{X}, t) = \begin{bmatrix} \frac{\partial x_1}{\partial X_1} & \frac{\partial x_1}{\partial X_2} \\ \frac{\partial x_2}{\partial X_1} & \frac{\partial x_2}{\partial X_2} \end{bmatrix} = \begin{bmatrix} 3X_1 t & t \\ 0 & 1{,}3t \end{bmatrix}, \tag{3.14}$$

wo (3.1) verwendet wurde. Die Determinante des Deformationsgradienten lautet dann $\det\mathbf{F} = 3{,}9X_1 t^2$, und mit der Bedingung $\det\mathbf{F}(\mathbf{X}, t) > 0$, ist die Bewegung $\chi(\mathbf{X}, t)$ somit nur gültig für $X_1 > 0$ und $t \neq 0$.

(b) Für $X_1 \neq 0$ und $t \neq 0$ kann der Deformationsgradient invertiert werden. Die Inverse lautet dann

$$\mathbf{F}^{-1} = \begin{bmatrix} \frac{0{,}333333}{X_1 t} & -\frac{0{,}25641}{X_1 t} \\ 0 & \frac{0{,}769231}{t} \end{bmatrix},$$

und mit der materiellen Zeitableitung des Deformationsgradienten

$$\dot{\mathbf{F}} = \begin{bmatrix} 3X_1 & 1 \\ 0 & 1{,}3 \end{bmatrix} [\mathrm{s}^{-1}]\,,$$

ergibt sich der Geschwindigkeitsgradient zu

$$\mathbf{l} = \dot{\mathbf{F}}\mathbf{F}^{-1} = \begin{bmatrix} 3X_1 & 1 \\ 0 & 1{,}3 \end{bmatrix} \begin{bmatrix} \frac{0{,}333333}{X_1 t} & -\frac{0{,}25641}{X_1 t} \\ 0 & \frac{0{,}769231}{t} \end{bmatrix} = \begin{bmatrix} \frac{1}{t} & 0 \\ 0 & \frac{1}{t} \end{bmatrix} \; [\mathrm{s}^{-1}] \, .$$

Er ist definiert für die Zeit $t \neq 0$.

(c) Mit dem Deformationsgradienten (3.14), ergibt sich der rechte und linke Cauchy-Green Verzerrungstensor jeweils zu

$$\mathbf{C} = \mathbf{F}^{\mathrm{T}}\mathbf{F} = \begin{bmatrix} 3X_1 t & 0 \\ t & 1{,}3t \end{bmatrix} \begin{bmatrix} 3X_1 t & t \\ 0 & 1{,}3t \end{bmatrix} = \begin{bmatrix} 9X_1^2 t^2 & 3X_1 t^2 \\ 3X_1 t^2 & 2{,}69t^2; \end{bmatrix} = \mathbf{C}^{\mathrm{T}} \, ;$$

$$\mathbf{b} = \mathbf{F}\mathbf{F}^{\mathrm{T}} = \begin{bmatrix} 3X_1 t & t \\ 0 & 1{,}3t \end{bmatrix} \begin{bmatrix} 3X_1 t & 0 \\ t & 1{,}3t \end{bmatrix} = \begin{bmatrix} t^2 + 9X_1^2 t^2 & 1{,}3t^2 \\ 1{,}3t^2 & 1{,}69t^2 \end{bmatrix} = \mathbf{b}^{\mathrm{T}} \, ,$$

wobei die Definitionen (3.10) und (3.11) verwendet wurden. Mit der Definition (3.12), liest sich dann der Green-Lagrange Verzerrungstensor als

$$\mathbf{E} = \tfrac{1}{2}(\mathbf{C} - \mathbf{I}) = \begin{bmatrix} -0{,}5 + 4{,}5X_1^2 t^2 & 1{,}5X_1 t^2 \\ 1{,}5X_1 t^2 & -0{,}5 + 1{,}345t^2 \end{bmatrix} = \mathbf{E}^{\mathrm{T}} \, .$$

Wir können den linken Cauchy-Green Verzerrungstensor invertieren und erlaubt uns, den Euler-Almansi Verzerrungstensor als

$$\mathbf{e} = \tfrac{1}{2}(\mathbf{I} - \mathbf{b}^{-1}) = \begin{bmatrix} 0{,}5 - \frac{0{,}0556}{X_1^2 t^2} & \frac{0{,}0427}{X_1^2 t^2} \\ \frac{0{,}0427}{X_1^2 t^2} & 0{,}5 - \frac{0{,}2959}{t^2} - \frac{0{,}0329}{X_1^2 t^2} \end{bmatrix} = \mathbf{e}^{\mathrm{T}}$$

darzustellen, wobei die Definition (3.13) verwendet wurde.

■

Beispiel 3.3 (Lineare versus nichtlineare Verzerrungsmaße)

(a) Der Verschiebungsvektor lautet

$$\mathbf{u} = \mathbf{x} - \mathbf{X} = \mathbf{R}\mathbf{X} - \mathbf{X} = (\mathbf{R} - \mathbf{I})\mathbf{X} = \begin{bmatrix} \cos\alpha - 1 & -\sin\alpha \\ \sin\alpha & \cos\alpha - 1 \end{bmatrix} \begin{bmatrix} X_1 \\ X_2 \end{bmatrix}$$

und bestimmt damit die lineare (oder technische) Verzerrung

$$\boldsymbol{\varepsilon} = \frac{1}{2}\left[\frac{\partial \mathbf{u}}{\partial \mathbf{X}} + \left(\frac{\partial \mathbf{u}}{\partial \mathbf{X}}\right)^{\mathrm{T}}\right] = \frac{1}{2}(\mathbf{R} + \mathbf{R}^{\mathrm{T}}) - \mathbf{I} = \begin{bmatrix} \cos\alpha - 1 & 0 \\ 0 & \cos\alpha - 1 \end{bmatrix},$$

wobei die Definition (3.9) verwendet wurde. Eine Starrkörperrotation führt zu keiner Verformung im Körper, und die lineare Verzerrung liefert daher das korrekte Ergebnis nur für $\boldsymbol{\varepsilon} = \mathbf{0}$, d.h. kleinen Starrkörperrotationen $\alpha \rightarrow 0$.

(b) Die rechte Cauchy-Green Verzerrung (3.10) ergibt $\mathbf{C} = \mathbf{F}^T\mathbf{F} = \mathbf{R}^T\mathbf{R} = \mathbf{I}$, wobei der Deformationsgradient $\mathbf{F}$ hier durch die Starrkörperrotation $\mathbf{R}$ ersetzt wurde. Es ermöglicht uns dann, die Green-Lagrange Verzerrung (3.12) zu berechnen, die ein geometrisch genaues Verzerrungsmaß ist und daher das korrekte Ergebnis von $\mathbf{E} = (\mathbf{C} - \mathbf{I})/2 = \mathbf{0}$ liefert.

■

Beispiel 3.4 (Unabhängigkeit von Dehnungsmessungen von starrer Körperrotation)

(a) Die Verwendung der rechten $\mathbf{F} = \mathbf{RU}$ und linken $\mathbf{F} = \overline{\mathbf{v}}\mathbf{Q}$ Polardekompositionen des Deformationsgradienten ermöglichen es uns, die rechten und linken Cauchy-Green Verzerrungstensoren durch

$$\mathbf{C} = \mathbf{F}^T\mathbf{F} = (\mathbf{RU})^T\mathbf{RU} = \mathbf{U}^T\mathbf{U} = \mathbf{U}\mathbf{U}^T \quad \text{und} \quad \mathbf{b} = \mathbf{F}\mathbf{F}^T = \overline{\mathbf{v}}\mathbf{Q}(\overline{\mathbf{v}}\mathbf{Q})^T = \overline{\mathbf{v}}\overline{\mathbf{v}}^T = \overline{\mathbf{v}}^T\overline{\mathbf{v}}$$

auszudrücken. Der rechte $\mathbf{U}$ und linke $\overline{\mathbf{v}}$ Streckungstensor ist dabei unabhängig von Starrkörperrotation der räumlichen Konfiguration Ω. Die rechten und linken Cauchy-Green Verzerrungstensoren sind damit auch unabhängig von solchen Starrkörperrotationen.

(b) Die rechten $\mathbf{C} = \mathbf{U}^T\mathbf{U}$ und linken $\mathbf{b} = \overline{\mathbf{v}}\overline{\mathbf{v}}^T$ Cauchy-Green Verzerrungen bestimmen jeweils die Ausdrücke

$$\mathbf{E} = (\mathbf{C} - \mathbf{I})/2 = (\mathbf{U}^T\mathbf{U} - \mathbf{I})/2 \quad \text{und} \quad \mathbf{e} = (\mathbf{I} - \mathbf{b}^{-1})/2 = (\mathbf{I} - \overline{\mathbf{v}}^{-T}\overline{\mathbf{v}}^{-1})/2$$

der Green-Lagrange und Euler-Almansi Verzerrungen. Da die Tensoren $\mathbf{U}$ und $\overline{\mathbf{v}}$ unabhängig von Starrkörperrotationen sind, gilt dies auch jeweils für $\mathbf{E}$ und $\mathbf{e}$.

■

Beispiel 3.5 (Kinematik der einfachen und reinen Scherdeformation)

(a) Mit den Hauptstreckungen $\lambda_1 = \lambda$ und $\lambda_3 = 1$ kennzeichnet die Inkompressibilitätsbedingung $\lambda_1\lambda_2\lambda_3 = 1$ die verbleibende Hauptstreckung als $\lambda_2 = \lambda^{-1}$. Bezogen auf das Koordinatensystem $\{\widehat{\mathbf{e}}_1, \widehat{\mathbf{e}}_2, \widehat{\mathbf{e}}_3\}$ ist die reine Scherkinematik daher durch die Bewegung

$$\widehat{\chi}_{\mathrm{ps}\,1} = \lambda X_1 \;\; ; \;\; \widehat{\chi}_{\mathrm{ps}\,2} = X_2/\lambda \;\; ; \;\; \widehat{\chi}_{\mathrm{ps}\,3} = X_3 \tag{3.15}$$

definiert. Der Deformationsgradient liest sich dann

$$\widehat{\mathbf{F}}_{\mathrm{ps}} = \mathrm{Grad}\,\widehat{\boldsymbol{\chi}}_{\mathrm{ps}} = \begin{bmatrix} \lambda & 0 & 0 \\ 0 & \lambda^{-1} & 0 \\ 0 & 0 & 1 \end{bmatrix}$$

und spiegelt die Inkompressibilität $\det\widehat{\mathbf{F}}_{\mathrm{ps}} = 1$ wider.

(b) Abgeleitet von Abb. 3.7c, drückt die Bewegung

$$\chi_{\mathrm{ss}\,1} = X_1 + \gamma X_2 \;\; ; \;\; \chi_{\mathrm{ss}\,2} = X_2 \;\; ; \;\; \chi_{\mathrm{ss}\,3} = X_3$$

einfache Scherung in Bezug auf das Koordinatensystem $\{\mathbf{e}_1, \mathbf{e}_2, \mathbf{e}_3\}$ aus. Der Deformationsgradient liest sich dann

$$\mathbf{F}_{ss} = \text{Grad}\boldsymbol{\chi}_{ss} = \begin{bmatrix} 1 & \gamma & 0 \\ 0 & 1 & 0 \\ 0 & 0 & 1 \end{bmatrix} \tag{3.16}$$

und hat die Eigenschaft $\det\mathbf{F}_{ss} = 1$ der Inkompressibilität.

(c) Der Rotationstensor

$$\mathbf{R} = \begin{bmatrix} \widehat{\mathbf{e}}_1 \cdot \mathbf{e}_1 & \widehat{\mathbf{e}}_1 \cdot \mathbf{e}_2 & \widehat{\mathbf{e}}_1 \cdot \mathbf{e}_3 \\ \widehat{\mathbf{e}}_2 \cdot \mathbf{e}_1 & \widehat{\mathbf{e}}_2 \cdot \mathbf{e}_2 & \widehat{\mathbf{e}}_2 \cdot \mathbf{e}_3 \\ \widehat{\mathbf{e}}_3 \cdot \mathbf{e}_1 & \widehat{\mathbf{e}}_3 \cdot \mathbf{e}_2 & \widehat{\mathbf{e}}_3 \cdot \mathbf{e}_3 \end{bmatrix} = \begin{bmatrix} 1/\sqrt{2} & 1/\sqrt{2} & 0 \\ -1/\sqrt{2} & 1/\sqrt{2} & 0 \\ 0 & 0 & 1 \end{bmatrix}$$

erlaubt es uns, das Koordinatensystem $\{\widehat{\mathbf{e}}_1, \widehat{\mathbf{e}}_2, \widehat{\mathbf{e}}_3\}$ in $\{\mathbf{e}_1, \mathbf{e}_2, \mathbf{e}_3\}$ zu drehen. Die Beschreibung der reinen Scherkinematik $\chi_{ps}(\mathbf{X})$ innerhalb des gedrehten Koordinatensystems $\{\mathbf{e}_1, \mathbf{e}_2, \mathbf{e}_3\}$ erfordert die Drehung des Arguments sowie der Funktion selbst, $\boldsymbol{\chi}_{ps}(\mathbf{X}) = \mathbf{R}^{\mathrm{T}}\widehat{\boldsymbol{\chi}}_{ps}(\mathbf{RX})$. Diese Operationen können wie folgt interpretiert werden: Die Position $\mathbf{X}$ wird zuerst zu $\widehat{\mathbf{X}} = \mathbf{RX}$ gedreht, wo die Funktion $\widehat{\boldsymbol{\chi}}_{ps}(\widehat{\mathbf{X}})$ innerhalb des Hauptdehnungskoordinatensystems $\{\widehat{\mathbf{e}}_1, \widehat{\mathbf{e}}_2, \widehat{\mathbf{e}}_3\}$ ausgewertet wird, und das Ergebnis wird dann zurück in das Koordinatensystem $\{\mathbf{e}_1, \mathbf{e}_2, \mathbf{e}_3\}$, $\boldsymbol{\chi}_{ps} = \mathbf{R}^{\mathrm{T}}\widehat{\boldsymbol{\chi}}_{ps}$ gedreht. Die Komponenten von $\widehat{\mathbf{X}} = \mathbf{RX}$ lesen sich damit als

$$\widehat{X}_1 = (X_1 + X_2)/\sqrt{2} \; ; \; \widehat{X}_2 = (X_2 - X_1)/\sqrt{2} \; ; \; \widehat{X}_3 = X_3 \, , \tag{3.17}$$

und die Kinematik (3.15) zusammen mit der Rotation $\boldsymbol{\chi}_{ps} = \mathbf{R}^{\mathrm{T}}\widehat{\boldsymbol{\chi}}_{ps}$ ergeben

$$\chi_{ps\,1} = \frac{X_1 - X_2 + (X_1 + X_2)\lambda^2}{2\lambda} \; ; \; \chi_{ps\,2} = \frac{X_2 - X_1 + (X_1 + X_2)\lambda^2}{2\lambda} \; ; \; \chi_{ps\,3} = X_3 \, ,$$

Ausdrücke, die reine Scherung in Bezug auf $\{\mathbf{e}_1, \mathbf{e}_2, \mathbf{e}_3\}$ beschreiben. Der Deformationsgradient ergibt sich dann zu

$$\mathbf{F}_{ps} = \text{Grad}\boldsymbol{\chi}_{ps} = \frac{1}{2\lambda}\begin{bmatrix} 1+\lambda^2 & \lambda^2 - 1 & 0 \\ \lambda^2 - 1 & 1+\lambda^2 & 0 \\ 0 & 0 & 1 \end{bmatrix} \tag{3.18}$$

und hat nach wie vor die Eigenschaft $\det\mathbf{F}_{ps} = 1$.

(d) Mit den Deformationsgradienten (3.16) und (3.18), drücken die rechten Cauchy-Green Verzerrungen

$$\mathbf{C}_{ss} = \mathbf{F}_{ss}^{\mathrm{T}}\mathbf{F}_{ss} = \begin{bmatrix} 1 & \gamma & 0 \\ \gamma & 1+\gamma^2 & 0 \\ 0 & 0 & 1 \end{bmatrix} \; ; \; \mathbf{C}_{ps} = \mathbf{F}_{ps}^{\mathrm{T}}\mathbf{F}_{ps} = \frac{1}{2\lambda^2}\begin{bmatrix} 1+\lambda^4 & \lambda^4 - 1 & 0 \\ \lambda^4 - 1 & 1+\lambda^4 & 0 \\ 0 & 0 & 1 \end{bmatrix}$$

jeweils die einfache und reine Scherkinematik aus. Die lineare Expansion dieser Ausdrücke (für einfache Scherung bei $\gamma = 0$ und für reine Scherung bei $\lambda = 1$) ergibt in beiden Fällen die rechte Cauchy-Green Verzerrung

$$\mathbf{C}_{\text{ss lin}} = \mathbf{C}_{\text{ps lin}} = \begin{bmatrix} 1 & \gamma & 0 \\ \gamma & 1 & 0 \\ 0 & 0 & 1 \end{bmatrix},$$

wo $\lambda = 1 + \gamma/2$ verwendet wurde.

(e) Die rechte Polare Zerlegung erlaubt den Deformationsgradienten der reinen Scherung durch $\mathbf{F}_{\text{ps}} = \mathbf{R}_{\text{ps}}\mathbf{U}_{\text{ps}}$ auszudrücken, wobei $\mathbf{U}_{\text{ps}}$ und $\mathbf{R}_{\text{ps}}$ jeweils den rechten Streckungstensor und eine Starrkörperrotation bezeichnen. Darüber hinaus verwenden wir die Eigenwertdarstellung $\mathbf{U}_{\text{ps}} = \widehat{\lambda}_{\text{ps}\,i}\widehat{\mathbf{N}}_{\text{ps}\,i} \otimes \widehat{\mathbf{N}}_{\text{ps}\,i};\ i = 1, 2, 3$ des rechten Strecktensors, wobei $\widehat{\lambda}^2_{\text{ps}\,i}$ und $\widehat{\mathbf{N}}_{\text{ps}\,i}$ jeweils die Eigenwerte und Eigenvektoren der rechten Cauchy-GreenVerzerrung $\mathbf{C}_{\text{ps}} = \mathbf{F}^{\text{T}}_{\text{ps}}\mathbf{F}_{\text{ps}} = \mathbf{U}^{\text{T}}_{\text{ps}}\mathbf{U}_{\text{ps}}$ bezeichnen. Hier kennzeichnen die Eigenwerte

$$\widehat{\lambda}_{\text{ps}\,1} = 1 \;\; ; \;\; \widehat{\lambda}_{\text{ps}\,2} = 1/\lambda^2 \;\; ; \;\; \widehat{\lambda}_{\text{ps}\,3} = \lambda^2$$

und Eigenvektoren

$$\widehat{\mathbf{N}}_{\text{ps}\,1} = \widehat{\mathbf{e}}_3 = \begin{bmatrix} 0 \\ 0 \\ 1 \end{bmatrix} \;\; ; \;\; \widehat{\mathbf{N}}_{\text{ps}\,2} = \widehat{\mathbf{e}}_1 = \begin{bmatrix} -1/\sqrt{2} \\ 1/\sqrt{2} \\ 0 \end{bmatrix} \;\; ; \;\; \widehat{\mathbf{N}}_{\text{ps}\,3} = \widehat{\mathbf{e}}_2 = \begin{bmatrix} 1/\sqrt{2} \\ 1/\sqrt{2} \\ 0 \end{bmatrix},$$

jeweils die Hauptstreckungen und Hauptstreckungsrichtungen, wie sie verwendet wurden, um $\widehat{\boldsymbol{\chi}}_{\text{ps}}$ in Aufgabe (a) auszudrücken. Der rechte Streckungstensor und seine Inverse lauten dann

$$\mathbf{U}_{\text{ps}} = \frac{1}{2}\begin{bmatrix} 1/\lambda + \lambda & \lambda^2 - 1/\lambda & 0 \\ \lambda - 1/\lambda & 1/\lambda + \lambda & 0 \\ 0 & 0 & 2 \end{bmatrix} \;\; ; \;\; \mathbf{U}^{-1}_{\text{ps}} = \frac{1}{2\lambda}\begin{bmatrix} 1 + \lambda^2 & \lambda^2 - 1 & 0 \\ \lambda^2 - 1 & 1 + \lambda^2 & 0 \\ 0 & 0 & 2\lambda \end{bmatrix},$$

und zeigen an, dass reine Scherkinematik frei von jeglicher Starrkörperrotation ist. Mit den Deformationsgradienten (3.18), gilt somit die Eigenschaft $\mathbf{R}_{\text{ps}} = \mathbf{F}_{\text{ps}}\mathbf{U}^{-1}_{\text{ps}} = \mathbf{I}$, was wiederum auch die Bezeichnung „reine Scherung" erklärt. Angesichts einfacher Scherkinematik hingegen drückt $\mathbf{R}_{\text{ss}} = \mathbf{F}_{\text{ss}}\mathbf{U}^{-1}_{\text{ss}}$ die jeweilige Starrkörperrotation aus. Diese Matrixoperationen führen zu einem sehr langen Ausdruck, der hier nicht gezeigt wird. Stattdessen betrachten wir den speziellen Fall von $\gamma = 0{,}3$, der dann die Rotation

$$\mathbf{R}_{\text{ss}} = \begin{bmatrix} 0{,}988936 & 0{,}14834 & 0 \\ -0{,}14834 & 0{,}988936 & 0 \\ 0 & 0 & 1 \end{bmatrix}$$

kennzeichnet, wobei der Deformationsgradient (3.16) verwendet wurde. Die Rotation $\mathbf{R}_{\text{ss}}$ unterscheidet sich offensichtlich vom Identitätstensor, und einfache Scherkinematik führt daher zu Starrkörperrotation, die der jeweiligen Scherdeformation überlagert ist.

■

Beispiel 3.6 (Symmetrie des Cauchyschen Spannungstensors)

(a) Die Summe aller Kräfte in der $\mathbf{e}_1$ Richtung und der $\mathbf{e}_2$ Richtung lesen sich jeweils als $(\sigma_{11} - \sigma_{11})\mathrm{d}x_1$ und $(\sigma_{22} - \sigma_{22})\mathrm{d}x_2$. Beide Ausdrücke verschwinden, und das lineare Gleichgewicht ist daher a priori erfüllt.

(b) Das Rotationsgleichgewicht erfordert, dass die Summe aller Momente verschwindet. Die Momente, die jeweils um die linke untere Ecke des Materialpartikels (dargestellt durch den Punkt in Abb. 3.9) betrachtet werden, lesen sich als

$$-\sigma_{21}\mathrm{d}x_1\mathrm{d}x_2 + \sigma_{12}\mathrm{d}x_1\mathrm{d}x_2 + \frac{(\sigma_{11} - \sigma_{11})\mathrm{d}x_2\mathrm{d}x_1}{2} + \frac{(\sigma_{22} - \sigma_{22})\mathrm{d}x_2\mathrm{d}x_1}{2},$$

und ergeben einen Ausdruck, der für $\sigma_{21} = \sigma_{12}$ verschwindet. Die Cauchy Spannung muss daher symmetrisch sein, $\boldsymbol{\sigma} = \boldsymbol{\sigma}^{\mathrm{T}}$.

■

Beispiel 3.7 (Cauchyscher Spannungszustand in 2D)

(a) Die Spannungskomponenten σ_{11}, σ_{22}, σ_{12} bezogen auf das Koordinatensystem $\{\mathbf{e}_1, \mathbf{e}_2\}$ sind in Abb. 3.14a dargestellt.

(b) Angesichts der Paare (−5, 3) [MPa] und (10, 3) [MPa] von Normalspannungen und Scherspannungen kann der Mohrsche Spannungskreis gezeichnet werden, siehe Abb. 3.14b. Er hat das Zentrum

$$c = \frac{\sigma_{11} + \sigma_{22}}{2} = \frac{-5 + 10}{2} = 2{,}5 \text{ MPa},$$

und den Radius

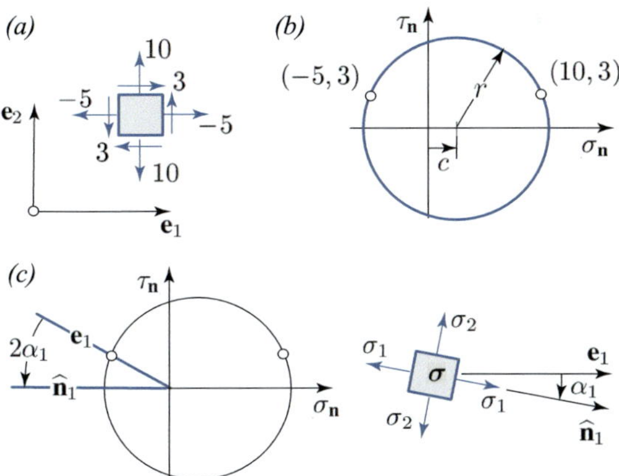

Abb. 3.14 2D Spannungszustand. (**a**) Spannungskomponenten, die auf die Flächen des Materialpartikels und im Sinne des Koordinatensystems $\{\mathbf{e}_1, \mathbf{e}_2\}$ wirken. (**b**) Mohrscher Spannungskreis, der dem in (**a**) gezeigten Spannungszustand entspricht. (**c**) Drehung des Basisvektors $\mathbf{e}_1$ in die erste Hauptspannungsrichtung $\widehat{\mathbf{n}}_1$, jeweils im Spannungsraum (links) und im physischen Raum (rechts)

$$r = \sqrt{(\sigma_{22} - c)^2 + \sigma_{12}^2} = \sqrt{(10 - 2{,}5)^2 + 3^2} = 8{,}078 \text{ MPa}.$$

Daher sind

$$\sigma_{\max} = \sigma_1 = c + r = 2{,}5 + 8{,}078 = 10{,}578 \text{ MPa},$$
$$\sigma_{\min} = \sigma_2 = c - r = 2{,}5 - 8{,}078 = -5{,}578 \text{ MPa},$$

die jeweiligen extremalen Normalspannungen, während

$$\tau_{\max} = +R = 8{,}078 \text{ MPa};$$
$$\tau_{\min} = -R = -8{,}078 \text{ MPa}$$

die extremalen Scherspannungen kennzeichnet. Wie im Mohrschen Spannungskreis zu sehen ist, verschwinden die Scherspannung bei den extremalen Normalspannungen $\sigma_{\max}$, $\sigma_{\min}$, und daher sind die extremalen Normalspannungen auch die Hauptspannungen, d.h. $\sigma_1 = \sigma_{\max}$; $\sigma_2 = \sigma_{\min}$. Der Koordinatenbasisvektor $\mathbf{e}_1$ kann in die Hauptspannungsrichtung $\widehat{\mathbf{n}}_1$ gemäß Abb. 3.14(c) gedreht werden. Verglichen mit der Drehung im Spannungsraum, drehen sich die Koordinatenachsen jeweils um die Hälfte des Winkels und in die entgegengesetzte Richtung im physischen Raum. Die Bedingung

$$2\alpha_1 = \arctan \tfrac{\sigma_{12}}{c - \sigma_{11}} = \arctan \tfrac{3}{7{,}5} = 0{,}381$$

folgt aus dem Mohrschen Spannungsdiagramm, und die erste Hauptspannungsrichtung $\widehat{\mathbf{n}}_1$ verdreht sich dann um $\alpha_1 = 0{,}190$ rad gegenüber den ersten Koordinatenbasisvektor $\mathbf{e}_1$, siehe in Abb. 3.14c. In Mohrschen Diagramm erscheint die zweite Hauptspannungsrichtung $\widehat{\mathbf{n}}_2$ um π [rad] gedreht gegenüber $\widehat{\mathbf{n}}_1$, und im physischen Raum ist $\widehat{\mathbf{n}}_2$ dann senkrecht zu $\widehat{\mathbf{n}}_1$.

(c) Die Hauptspannungen σ_i; $i = 1, 2$ sind die Lösungen des realen und symmetrischen Eigenwertproblems $(\boldsymbol{\sigma} - \sigma \mathbf{I})\widehat{\mathbf{n}} = \mathbf{0}$. Sie sind damit die Lösungen der charakteristischen Gleichung

$$\det[\boldsymbol{\sigma} - \sigma \mathbf{I}] = \det \begin{bmatrix} -5 - \sigma & 3 \\ 3 & 10 - \sigma \end{bmatrix} = \sigma^2 - 5\sigma - 59 = 0$$

und somit ergibt sich

$$\sigma_1 = 5/2 + \sqrt{(5/2)^2 + 59} = 10{,}578 \text{ MPa};$$
$$\sigma_2 = 5/2 - \sqrt{(5/2)^2 + 59} = -5{,}578 \text{ MPa}.$$

Die Substitution dieser Lösungen in das Eigenwertproblem $(\boldsymbol{\sigma} - \sigma \mathbf{I})\widehat{\mathbf{n}} = \mathbf{0}$ ergibt die beiden linearen Systeme

$$\begin{bmatrix} -15{,}578 & 3 \\ 3 & 0{,}578 \end{bmatrix} \begin{bmatrix} \widehat{n}_{11} \\ \widehat{n}_{12} \end{bmatrix} = \begin{bmatrix} 0 \\ 0 \end{bmatrix} ; \quad \begin{bmatrix} 0{,}578 & 3 \\ 3 & 15{,}578 \end{bmatrix} \begin{bmatrix} \widehat{n}_{21} \\ \widehat{n}_{22} \end{bmatrix} = \begin{bmatrix} 0 \\ 0 \end{bmatrix}$$

von Gleichungen und bestimmen die entsprechenden Hauptspannungsrichtungen

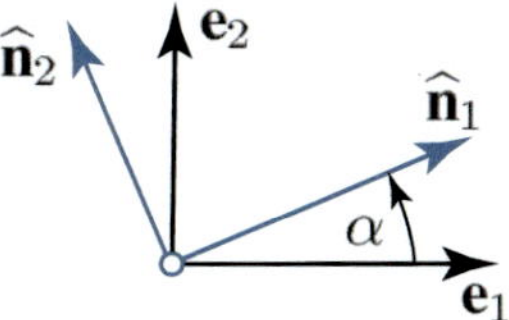

Abb. 3.15 Rotation des Koordinatensystems $\{\mathbf{e}_1, \mathbf{e}_2\}$ in das Hauptspannungskoordinatensystem $\{\widehat{\mathbf{n}}_1, \widehat{\mathbf{n}}_2\}$. Die Rotationsmatrix $\mathbf{R}(\alpha)$ gibt dabei die Transformation zwischen den jeweiligen kartesischen Koordinatensystemen an

$$\widehat{\mathbf{n}}_1 = \begin{bmatrix} 0{,}982 \\ -0{,}189 \end{bmatrix} ; \ \widehat{\mathbf{n}}_2 = \begin{bmatrix} 0{,}189 \\ 0{,}982 \end{bmatrix} . \tag{3.26}$$

(d) Die Rotationsmatrix

$$\mathbf{R} = [\widehat{\mathbf{n}}_1 \ \widehat{\mathbf{n}}_2]^{\mathrm{T}} = \begin{bmatrix} \widehat{\mathbf{n}}_1 \cdot \mathbf{e}_1 & \widehat{\mathbf{n}}_1 \cdot \mathbf{e}_2 \\ \widehat{\mathbf{n}}_2 \cdot \mathbf{e}_1 & \widehat{\mathbf{n}}_2 \cdot \mathbf{e}_2 \end{bmatrix} = \begin{bmatrix} \cos\alpha & \sin\alpha \\ -\sin\alpha & \cos\alpha \end{bmatrix} = \begin{bmatrix} 0{,}982 & -0{,}189 \\ 0{,}189 & 0{,}982 \end{bmatrix}$$

verknüpft die Koordinatensysteme $\{\mathbf{e}_1, \mathbf{e}_2\}$ und $\{\widehat{\mathbf{n}}_1, \widehat{\mathbf{n}}_2\}$; sie stellt die Rotation um den Winkel

$$\alpha = \arcsin(-0{,}189) = -0{,}190 \text{ rad}$$

dar. Abb. 3.15 veranschaulicht diese Rotation, und weitere Details zur Konstruktion von $\mathbf{R}$ finden sich in Abschn. A.5.6.

(e) Während der Spannungszustand $\boldsymbol{\sigma}$ durch eine Änderung des Koordinatensystems unverändert bleibt, erscheinen die Spannungskomponenten σ_{ij} in verschiedenen Koordinatensystemen unterschiedlich. Angesichts des vorliegenden Beispiels stellen die beiden Matrizen

$$\begin{bmatrix} -5 & 3 \\ 3 & 10 \end{bmatrix} [\text{MPa}] \quad \text{und} \quad \begin{bmatrix} -5{,}578 & 0 \\ 0 & 10{,}578 \end{bmatrix} [\text{MPa}]$$

jeweils die gleiche Spannung dar, jedoch in Bezug auf die beiden unterschiedlichen Koordinatensysteme $\{\mathbf{e}_1, \mathbf{e}_2\}$ und $\{\widehat{\mathbf{n}}_1, \widehat{\mathbf{n}}_2\}$.

■

Beispiel 3.8 (Oktaeder Spannung und von Mises Spannung)

(a) Angesichts der Belastung $\boldsymbol{\sigma}$, ergeben sich die erste und zweite Invariante jeweils als

$$\begin{aligned} I_1 &= \mathrm{tr}\boldsymbol{\sigma} = \sigma_{11} + \sigma_{22} + \sigma_{33} = 10 + 25 - 14 = 21 \text{ MPa} ; \\ I_2 &= \frac{1}{2}\left[(\mathrm{tr}\boldsymbol{\sigma})^2 - \mathrm{tr}\boldsymbol{\sigma}^2\right] \\ &= \sigma_{11}\sigma_{22} + \sigma_{11}\sigma_{33} + \sigma_{22}\sigma_{33} - \sigma_{12}^2 - \sigma_{13}^2 - \sigma_{23}^2 \\ &= 10 \cdot 25 - 10 \cdot 14 - 25 \cdot 14 - 5^2 - 0^2 - 5^2 = -290 \text{ MPa}^2 , \end{aligned}$$

und ermöglichen es uns dann die zweite Invariante

$$J_2 = -I_1^2/3 + I_2 = -441/3 - 290 = -437 \text{ MPa}^2$$

der deviatorischen Spannung $\overline{\boldsymbol{\sigma}} = \text{dev}\boldsymbol{\sigma}$ zu berechnen.

(b) Mit den Invarianten I_1 und J_2, ergeben sich dann die oktaedrischen Normal- und Scherspannungen jeweils zu

$$\sigma_{\text{oct}} = I_1/3 = 7{,}0 \text{ MPa} \; ; \tau_{\text{oct}} = \sqrt{-\frac{2}{3}J_2} = \sqrt{\frac{2}{3}437} = 17{,}07 \text{ MPa} \, ,$$

während

$$\sigma_{\text{M}} = \sqrt{-3J_2} = \sqrt{3 \cdot 437} = 36{,}21 \text{ MPa}$$

die von Mises Spannung des Materialpartikels ausdrückt.

■

Beispiel 3.9 (Oktaedrische Spannung und von Mises Spannung einiger Grundspannungszustände)

(a) Die Cauchy Spannungen des einachsigen Zugs $\boldsymbol{\sigma}_{\text{ut}}$, des äqui-biaxialen Zugs $\boldsymbol{\sigma}_{\text{bt}}$ und der einfachen Scherung $\boldsymbol{\sigma}_{\text{ss}}$ lauten jeweils

$$\boldsymbol{\sigma}_{\text{ut}} = \begin{bmatrix} \sigma & 0 & 0 \\ 0 & 0 & 0 \\ 0 & 0 & 0 \end{bmatrix} \; ; \; \boldsymbol{\sigma}_{\text{bt}} = \begin{bmatrix} \sigma & 0 & 0 \\ 0 & \sigma & 0 \\ 0 & 0 & 0 \end{bmatrix} \; ; \; \boldsymbol{\sigma}_{\text{ss}} = \begin{bmatrix} 0 & \tau & 0 \\ \tau & 0 & 0 \\ 0 & 0 & 0 \end{bmatrix} , \tag{3.29}$$

wobei σ und τ die jeweiligen Normal- und Scherspannungskomponenten kennzeichnen und die Spannungszustände parametrisieren.

(b) Mit der Definition $(3.28)_2$ und den Zuständen (3.29) ergeben sich von Mises Spannungen von $\sigma_{\text{M ut}}=\sigma$, $\sigma_{\text{M bt}}=\sigma$ und $\sigma_{\text{M ss}} = \sqrt{3}\tau$, jeweils für den einachsigen Zug, den äqui-biaxialen Zug und die einfache Scherung. Die entsprechenden oktaedrischen Scherspannungen sind $\tau_{\text{oct ut}} = \sqrt{2}\sigma/3$, $\tau_{\text{oct bt}} = \sqrt{2}\sigma/3$ und $\tau_{\text{oct ss}} = \sqrt{6}\tau/3$.

■

Beispiel 3.10 (Spannungsmaße bei endlichen Verformungen)

(a) Die Bewegung $\boldsymbol{\chi}(\mathbf{X})$ definiert den Deformationsgradienten $\mathbf{F}$, das Volumenverhältnis J und den inversen Deformationsgradienten $\mathbf{F}^{-1}$ gemäß

$$\mathbf{F} = \text{Grad}\boldsymbol{\chi}(\mathbf{X}) = \begin{bmatrix} 3 & 1 \\ 0 & 1{,}3 \end{bmatrix} \; ; \; J = \det\mathbf{F}{=}3{,}9 \; ; \; \mathbf{F}^{-1}{=}\begin{bmatrix} 0{,}33333 & -0{,}25641 \\ 0 & 0{,}76923 \end{bmatrix} .$$

(b) Die erste Piola-Transformation (3.31) liefert dann den Ausdruck

$$\begin{aligned} \mathbf{P} &= J\boldsymbol{\sigma}\mathbf{F}^{-\text{T}} \\ &= 3{,}9\begin{bmatrix} 1 & 5 \\ 5 & -10 \end{bmatrix}\begin{bmatrix} 0{,}33333 & 0 \\ -0{,}25641 & 0{,}76923 \end{bmatrix} = \begin{bmatrix} -3{,}7 & 15 \\ 16{,}5 & -30 \end{bmatrix} \text{[MPa]} \end{aligned}$$

für die erste Piola-Kirchhoff Spannung. Es handelt sich dabei um einen Zweipunkt-Tensor zweiter Ordnung.
Die zweite Piola-Transformation (3.32) liefert den Ausdruck

$$\mathbf{S} = J\mathbf{F}^{-1}\sigma\mathbf{F}^{-\mathrm{T}} = \mathbf{F}^{-1}\mathbf{P}$$
$$= \begin{bmatrix} 0{,}33333 & -0{,}25641 \\ 0 & 0{,}76923 \end{bmatrix} \begin{bmatrix} -3{,}7 & 15 \\ 16{,}5 & -30 \end{bmatrix} = \begin{bmatrix} -5{,}4641 & 12{,}6923 \\ 12{,}6923 & -23{,}0769 \end{bmatrix} \text{[MPa]}$$

für die zweite Piola-Kirchhoff Spannung. Es handelt sich dabei um einen Einpunkt-Tensor zweiter Ordnung der symmetrisch ist, $\mathbf{S} = \mathbf{S}^{\mathrm{T}}$.

■

Beispiel 3.11 (Die physikalische Bedeutung des Verzerrungsgeschwindigkeitstensors)

(a) Die Kinematik der einfachen Scherung (3.39) definiert den Deformationsgradienten $\mathbf{F}$, seine Inverse $\mathbf{F}^{-1}$, und seine materielle Zeitableitung $\dot{\mathbf{F}}$ gemäß

$$\mathbf{F} = \operatorname{Grad}\boldsymbol{\chi} = \begin{bmatrix} 1 & \gamma t \\ 0 & 1 \end{bmatrix} \; ; \; \mathbf{F}^{-1} = \begin{bmatrix} 1 & -\gamma t \\ 0 & 1 \end{bmatrix} \; ; \; \dot{\mathbf{F}} = \tfrac{\partial \boldsymbol{\chi}}{\partial t} = \begin{bmatrix} 0 & \gamma \\ 0 & 0 \end{bmatrix} .$$

Der Geschwindigkeitsgradient (3.34) lautet dann

$$\mathbf{l} = \dot{\mathbf{F}}\mathbf{F}^{-1} = \begin{bmatrix} 0 & \gamma \\ 0 & 0 \end{bmatrix} ,$$

und die symmetrischen und schiefsymmetrischen Teile davon definieren jeweils den Verzerrungsgeschwindigkeitstensor $\mathbf{d} = (\mathbf{l} + \mathbf{l}^{\mathrm{T}})/2$ und den Spintensor $\mathbf{w} = (\mathbf{l} - \mathbf{l}^{\mathrm{T}})/2$. Sie lesen sich

$$\mathbf{d} = \begin{bmatrix} 0 & \gamma/2 \\ \gamma/2 & 0 \end{bmatrix} [\mathrm{s}^{-1}] \; ; \; \mathbf{w} = \begin{bmatrix} 0 & \gamma/2 \\ -\gamma/2 & 0 \end{bmatrix} [\mathrm{s}^{-1}]$$

und sind Funktionen der Scherung γ. Bei einfacher Scherung verschwindet der Spin-Tensor nicht, $\mathbf{w} \neq \mathbf{0}$, und die Bewegung (3.39) ist daher nicht frei von Starrkörperrotation $\mathbf{R}$.

(b) Mit den linearen Transformationen $\mathbf{m} = \mathbf{F}\mathbf{m}_0$ und $\mathbf{n} = \mathbf{F}\mathbf{n}_0$ folgt der Ausdruck

$$\frac{\mathrm{d}(\mathbf{m} \cdot \mathbf{n})}{\mathrm{d}t} = \mathbf{m}_0 \cdot \dot{\mathbf{C}}\mathbf{n}_0 = 2\mathbf{m}_0 \cdot \dot{\mathbf{E}}\mathbf{n}_0 = 2\mathbf{m} \cdot \left(\mathbf{F}^{-\mathrm{T}}\dot{\mathbf{E}}\mathbf{F}^{-1}\right)\mathbf{n} = 2\mathbf{m} \cdot \mathbf{d}\mathbf{n} ,$$

wobei $\mathbf{m}_0$, $\mathbf{n}_0$ mit $|\mathbf{m}_0| = |\mathbf{n}_0| = 1$ konvektive Vektoren in ihren Referenzkonfigurationen sind, während $\mathbf{C} = \mathbf{F}^{\mathrm{T}}\mathbf{F}$ und $\mathbf{E} = (\mathbf{C} - \mathbf{I})/2$ jeweils die rechte Cauchy-Green und die Green-Lagrange Verzerrungen bezeichnen. Mit der Annahme, dass entlang der Richtungen $\mathbf{m}$ und $\mathbf{n}$ keine Dehnung auftritt, $|\mathbf{m}| = |\mathbf{n}| = 1$, bestimmt die Verzerrungsgeschwindigkeit $\mathbf{d}$ wie schnell sich der Winkel zwischen den beiden Vektoren $\mathbf{m}$ und $\mathbf{n}$ ändert—sie beschreibt damit die Scherrate.

Betrachten wir nun das Skalarprodukt $\mathbf{m}\cdot\mathbf{m}$, mit der zeitlichen Ableitung $\mathrm{d}(\mathbf{m}\cdot\mathbf{m})/\mathrm{d}t = 2\mathbf{m}\cdot\mathbf{dm} = 2\lambda_{\mathbf{m}}^2\mathbf{m}/|\mathbf{m}|\cdot\mathbf{dm}/|\mathbf{m}|$, wobei die Streckung $\lambda_{\mathbf{m}} = |\mathbf{m}|$ verwendet wurde. Mit $\mathrm{d}(\mathbf{m}\cdot\mathbf{m})/\mathrm{d}t = \mathrm{d}\lambda_{\mathbf{m}}^2/\mathrm{d}t = 2\lambda_{\mathbf{m}}\mathrm{d}\lambda_{\mathbf{m}}/\mathrm{d}t = 2\lambda_{\mathbf{m}}^2\mathrm{d}(\ln\lambda_{\mathbf{m}})/\mathrm{d}t$ führt dies zu

$$\frac{\mathbf{m}}{|\mathbf{m}|}\cdot\mathbf{d}\frac{\mathbf{m}}{|\mathbf{m}|} = \frac{\mathrm{d}(\ln\lambda_{\mathbf{m}})}{\mathrm{d}t},$$

und die Verzerrungsgeschwindigkeit $\mathbf{d}$ bestimmt daher die Änderung der logarithmischen Streckung in Richtung $\mathbf{m}$.

(c) Angesichts des Paares ($\mathbf{m}_0 = [1\ 0]^{\mathrm{T}}$, $\mathbf{n}_0 = [0\ 1]^{\mathrm{T}}$) konvektiver Vektoren in Ω_0, zeigt der Ausdruck

$$2\mathbf{m}\cdot\mathbf{dn} = 2\mathbf{F}\mathbf{m}_0\cdot\mathbf{dF}\mathbf{n}_0 = 2\begin{bmatrix}1 & \gamma t\\ 0 & 1\end{bmatrix}\begin{bmatrix}1\\0\end{bmatrix}\cdot\begin{bmatrix}0 & \gamma/2\\ \gamma/2 & 0\end{bmatrix}\begin{bmatrix}1 & \gamma t\\ 0 & 1\end{bmatrix}\begin{bmatrix}0\\1\end{bmatrix} = \gamma\,,$$

dass sich das Material mit der Scherrate γ verformt, siehe Abb. 3.20a. Aus $\mathbf{m}\cdot\mathbf{dm} = \mathbf{F}\mathbf{m}_0\cdot\mathbf{dF}\mathbf{m}_0 = 0$ schließen wir, dass keine Streckung entlang $\mathbf{m}$ auftritt, während

$$\mathbf{n}\cdot\mathbf{dn} = 2\lambda_{\mathbf{n}}(\mathrm{d}\lambda_{\mathbf{n}}/\mathrm{d}t) = \mathbf{F}\mathbf{n}_0\cdot\mathbf{dF}\mathbf{n}_0 = \gamma^2 t$$

die Entwicklung der Streckung entlang $\mathbf{n}$ charakterisiert. Unter Verwendung der Anfangsbedingung $\lambda_{\mathbf{n}} = 1$ bei $t = 0$, können wir diesen Ausdruck integrieren, was die Streckung $\lambda_{\mathbf{n}} = \sqrt{1+\gamma^2 t^2/2}$ als Funktion von γ und t ergibt.
Angesichts des Paares ($\mathbf{m}_0 = [\sqrt{2}\ \sqrt{2}]^{\mathrm{T}}, \mathbf{n}_0 = [-\sqrt{2}\ \sqrt{2}]^{\mathrm{T}}$) konvektiver Vektoren in Ω_0, zeigt der Ausdruck $2\mathbf{m}\cdot\mathbf{dn} = 2\mathbf{F}\mathbf{m}_0\cdot\mathbf{dF}\mathbf{n}_0 = 4\gamma^2 t$, dass das Material einer Scherungsverformung mit der Scherrate von $4\gamma^2 t$ ausgesetzt ist, siehe Abb. 3.20b. Darüber hinaus zeigen die Ausdrücke

$$\mathbf{m}\cdot\mathbf{dm} = 2\lambda_{\mathbf{m}}(\mathrm{d}\lambda_{\mathbf{m}}/\mathrm{d}t) = 2\gamma(\gamma t+1)\,;\quad \mathbf{n}\cdot\mathbf{dn} = 2\lambda_{\mathbf{n}}(\mathrm{d}\lambda_{\mathbf{n}}/\mathrm{d}t) = 2\gamma(\gamma t-1)$$

Streckungen jeweils entlang der Richtungen $\mathbf{m}$ und $\mathbf{n}$ an. Ihre Integration ergibt die Streckungen $\lambda_{\mathbf{m}} = 1+\gamma t$ und $\lambda_{\mathbf{n}} = 1-\gamma t$, wobei die Anfangsbedingungen $\lambda_{\mathbf{m}} = \lambda_{\mathbf{n}} = 1$ bei $t = 0$ verwendet wurden.
Zusammenfassend lässt sich damit sagen, dass einfache Scherverformung das Material einer Kombination aus Scherung und Dehnung aussetzt – nur bei kleinen Verformungen, $t = 0$, tendiert die Verformung gegen Null und das Material befindet sich dann in einer reinen Scherverformung.

■

Beispiel 3.12 (Abhängigkeit der Materialparameter)

(a) Die trigonometrische Beziehung $\tan(\pi/4+\gamma) = (1+\varepsilon)/(1-\nu\varepsilon)$ folgt direkt aus Abb. 3.23b, und die Annahme einer kleinen Dehnung ermöglicht es uns, die linke Seite durch

$$\tan(\pi/4+\gamma) = \frac{\sin(\pi/4+\gamma)}{\cos(\pi/4+\gamma)} \approx \frac{1+\gamma}{1-\gamma}$$

zu approximieren. Dies führt dann zu $(1+\gamma)(1-\nu\varepsilon)=(1-\gamma)(1+\varepsilon)$, und

$$2\gamma = (1+\nu)\varepsilon \qquad (3.48)$$

bestimmt die Beziehung zwischen ε, γ und ν, wobei der Term $\varepsilon\gamma$ von zweiter Ordnung klein war und daher vernachlässigt wurde.

(b) Einfacher Zug ergibt die Beziehung $\sigma=E\varepsilon$ zwischen der Normalspannung σ und der Normaldehnung ε, und die entsprechende Verformung ist in Abb. 3.23c dargestellt. Wir können das Materialteilchen auch um $\pi/4$ drehen und die Beziehung $\tau=2G\gamma$ zwischen der Scherspannung τ und der Scherdehnung γ ableiten, siehe Abb. 3.23d. Bei einfachem Zug bestimmt $\tau=\sigma/2$ die Beziehung zwischen der Normal- und Scherspannung, eine Bedingung, die der Mohrsche Spannungskreis unmittelbar offenbart. Die Substitution dieser Ergebnisse in (3.48) ergibt

$$E = 2G(1+\nu)$$

und beschreibt die Beziehung zwischen dem Elastizitätsmodul E, dem Schermodul G und der Poissonzahl ν des linear-elastischen Materials.

■

Beispiel 3.13 (Hooke Material bei spezifischen Belastungsfällen)

(a) Bei einfachen Zug entlang der $\mathbf{e}_1$ Richtung, ist σ_{11} die einzige nicht verschwindende Spannungskomponente, und $\sigma_{22}=\sigma_{33}=\sigma_{12}=\sigma_{23}=\sigma_{13}=0$ gilt daher. Das Hookesche Gesetz (3.49) liest sich dann

$$\varepsilon_{11} = \frac{\sigma_{11}}{E} \; ; \; \varepsilon_{22} = -\nu\frac{\sigma_{11}}{E} \; ; \; \varepsilon_{33} = -\nu\frac{\sigma_{11}}{E} \qquad (3.52)$$

und drückt die Normaldehnungen eines Materialpartikels unter einfachem Zug aus.

(b) Bei einfacher Scherung in der Ebene, die durch die $\mathbf{e}_1$ und $\mathbf{e}_2$ Richtungen gebildet wird, ist σ_{12} die einzige nicht verschwindende Spannungskomponente und $\sigma_{11}=\sigma_{22}=\sigma_{33}=\sigma_{23}=\sigma_{13}=0$ gilt daher. Das Hookesche Gesetz (3.49) zusammen mit der Beziehung (3.46) ergibt dann

$$\varepsilon_{12} = \frac{\sigma_{12}}{2G} \qquad (3.53)$$

und drückt dann die Scherung eines Materialpartikels bei einfacher Scherung aus.

(c) Bei einem ebenen Spannungszustand sind alle nicht in der Ebene liegenden Spannungskomponenten null, während sich die Dehnung rechtwinkelig zur Ebene frei entwickeln kann. Ist $\mathbf{e}_3$ die Richtung rechtwinkelig zur besagten Ebene, gilt somit $\sigma_{33}=\sigma_{23}=\sigma_{13}=0$, und das Hookesche Gesetz (3.49) lautet

$$\begin{bmatrix} \varepsilon_{11} \\ \varepsilon_{22} \\ \varepsilon_{33} \\ \varepsilon_{12} \end{bmatrix} = \underbrace{\frac{1}{E}\begin{bmatrix} 1 & -\nu & 0 \\ -\nu & 1 & 0 \\ -\nu & -\nu & 0 \\ 0 & 0 & 1+\nu \end{bmatrix}}_{\text{Nachgiebigkeitsmatrix}} \begin{bmatrix} \sigma_{11} \\ \sigma_{22} \\ \sigma_{12} \end{bmatrix} .$$

Während die Spannung außerhalb der Ebene verschwindet, $\sigma_{33}=0$, führt der Poissonsche Effekt zu einer Dehnung außerhalb der Ebene $\varepsilon_{33}\neq 0$. Wir können die Zeile, die zu ε_{33} gehört, aus dem System entfernen und dieses dann invertieren. Das System

$$\begin{bmatrix}\sigma_{11}\\ \sigma_{22}\\ \sigma_{12}\end{bmatrix} = \underbrace{\frac{E}{1-\nu^2}\begin{bmatrix}1 & \nu & 0\\ \nu & 1 & 0\\ 0 & 0 & 1-\nu\end{bmatrix}}_{\text{Steifigkeitsmatrix}}\begin{bmatrix}\varepsilon_{11}\\ \varepsilon_{22}\\ \varepsilon_{12}\end{bmatrix}$$

von Gleichungen drücken somit die Spannung als Funktion der Verzerrung aus.

(d) Bei einer ebenen Verzerrung sind die Verzerrungskomponenten außerhalb der Ebene null, eine Einschränkung, die ihrerseits Normalspannung rechtwinkelig zur Ebene hervorruft. Ist $\mathbf{e}_3$ die Richtung rechtwinkelig zur Ebene, gilt $\varepsilon_{33}=\varepsilon_{23}=\varepsilon_{13}=0$, und das Hookesche Gesetz (3.49) lautet dann

$$\begin{bmatrix}\sigma_{11}\\ \sigma_{22}\\ \sigma_{33}\\ \sigma_{12}\end{bmatrix} = \underbrace{\frac{E}{(1+\nu)(1-2\nu)}\begin{bmatrix}1-\nu & \nu & 0\\ \nu & 1-\nu & 0\\ \nu & \nu & 0\\ 0 & 0 & 1-2\nu\end{bmatrix}}_{\text{Steifigkeitsmatrix}}\begin{bmatrix}\varepsilon_{11}\\ \varepsilon_{22}\\ \varepsilon_{12}\end{bmatrix}.$$

Wir können die Zeile, die der Spannung rechtwinkelig zur Ebene σ_{33} entspricht, aus dem System entfernen und dieses dann invertieren. Das System

$$\begin{bmatrix}\varepsilon_{11}\\ \varepsilon_{22}\\ \varepsilon_{12}\end{bmatrix} = \underbrace{\frac{1}{E}\begin{bmatrix}1-\nu^2 & -\nu(1+\nu) & 0\\ -\nu(1+\nu) & 1-\nu^2 & 0\\ 0 & 0 & 1+\nu\end{bmatrix}}_{\text{Nachgiebigkeitsmatrix}}\begin{bmatrix}\sigma_{11}\\ \sigma_{22}\\ \sigma_{12}\end{bmatrix}$$

an Gleichungen drückt somit die Verzerrung als Funktion der Spannung aus.

■

Beispiel 3.14 (Lineare Viskoelastizität: Kelvin-Voigt-Element)

(a) Die bezeichnende Gleichung des Kelvin-Voigt-Elements kann mit dem Integrationsfaktor $g(t) = \exp[\int(1/\tau)\mathrm{d}t] = \exp(t/\tau)$ multipliziert werden, was dann zu

$$\frac{\mathrm{d}\varepsilon}{\mathrm{d}t}\exp(t/\tau) + \frac{\varepsilon}{\tau}\exp(t/\tau) = \frac{\mathrm{d}}{\mathrm{d}t}\left[\varepsilon\exp(t/\tau)\right] = \frac{\sigma}{\tau}\exp(t/\tau)$$

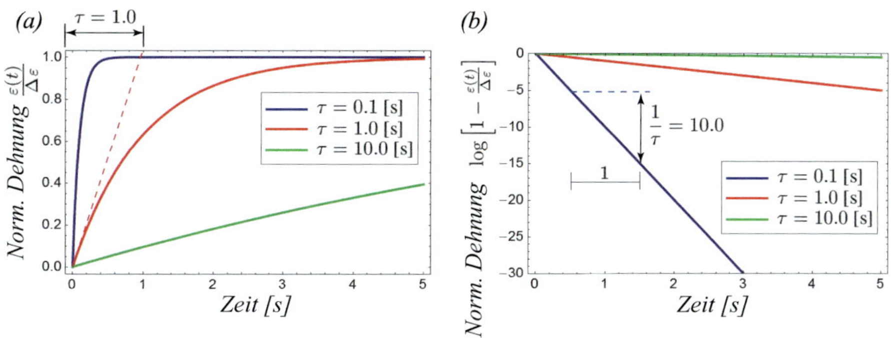

Abb. 3.28 Vom Kelvin-Voigt-Rheologieelement vorhergesagtes Kriechen. (**a**) Normalisierte Dehnung $\varepsilon(t)/\Delta\varepsilon$ und (**b**) logarithmische normalisierte Dehnung $\log[1-\varepsilon(t)/\Delta\varepsilon]$ als Funktion der Zeit. Die Verzögerungszeit wird durch τ bezeichnet, und ihre physikalische Bedeutung wird in den Diagrammen veranschaulicht

führt. Wir können diesen Ausdruck nun integrieren, und

$$\varepsilon(t) = \frac{\sigma}{E} + C\exp(-t/\tau) \tag{3.70}$$

bestimmt die Entwicklung der Dehnung des Kelvin-Voigt-Elements.

(b) Bei einem Kriechtest wird die Spannungserhöhung $\Delta\sigma$ während einem infinitesimal kurzen Zeitraum $0<t<0^+$ aufgebracht. Der Dämpfer „sperrt“ dann und das Kelvin-Voigt-Element entwickelt daher keine unmittelbare Dehnung, siehe Abb. 3.25b. Die Anfangsbedingung $\varepsilon(t=0^+)=0$ gilt, und die Integrationskonstante $C=-\Delta\sigma/E$ kann aus (3.70) identifiziert werden. Der Ausdruck

$$\varepsilon(t) = \Delta\sigma/E[1-\exp(-t/\tau)] \tag{3.71}$$

beschreibt somit die Entwicklung der Dehnung während des Kriechexperiments. Abb. 3.28 veranschaulicht diese Reaktion des Kelvin-Voigt-Elements, wobei die normalisierte Dehnung $\varepsilon(t)/\Delta\varepsilon$ und die normalisierte logarithmische Dehnung $\log[1-\varepsilon(t)/\Delta\varepsilon]$ dargestellt sind. Die Abbildung veranschaulicht auch die physikalische Bedeutung der Verzögerungszeit τ.

(c) Die Linearität des Kelvin-Voigt-Elements ermöglicht die Überlagerung mehrerer Dehnungsreaktionen. Bei einem diskreten Spannungsspektrum liest sich die resultierende Dehnung daher

$$\varepsilon(t) = \begin{cases} 0 & ; \quad t < t_0\,, \\ \Delta\varepsilon_0[1-\exp(-(t-t_0)/\tau)] & ; \quad t_0^+ \le t < t_1\,, \\ \Delta\varepsilon_0[1-\exp(-(t-t_0)/\tau)] + \Delta\varepsilon_1[1-\exp(-(t-t_1)/\tau)] & ; \quad t_1^+ \le t < t_2\,, \\ \ldots \end{cases}$$

eine Reihe, die das Faltungsintegral

$$\varepsilon(t) = \frac{1}{E} \int_{\xi=-\infty}^{t} \{1 - \exp[-(t-\xi)/\tau]\}\dot{\sigma}\,\mathrm{d}\xi \tag{3.72}$$

bei infinitesimal kleinen „Dehnungsschritten“ $\mathrm{d}\varepsilon = \dot{\sigma}\,\mathrm{d}t/E$ approximiert. Der Vergleich von Gln. (3.72) und (3.62) zeigt, dass $\mathcal{J}(x) = [1 - \exp(-x/\tau)]/E$ die Kriechfunktion des Kelvin-Voigt-Elements ausdrückt.

(d) Im Zeitintervall $0 \le t \le 1$ s gilt die Spannungsrate $\dot{\sigma}(t) = k$, so dass die Beziehung (3.72) die Dehnung

$$\begin{aligned}\varepsilon(t) &= \tfrac{k}{E} \int_{\xi=0}^{t} \{1 - \exp[-(t-\xi)/\tau]\}\mathrm{d}\xi = \tfrac{k}{E}\{\xi - \tau \exp[-(t-\xi)/\tau]\}_{\xi=0}^{t} \\ &= \tfrac{k}{E}\{t - \tau[1 - \exp(-t/\tau)]\} \quad \text{für} \quad 0 \le t \le 1,\end{aligned} \tag{3.73}$$

ergibt, wobei die Anfangsbedingung $\varepsilon(0)=0$ verwendet wurde. Bei $t>1$ gilt die Spannungsrate $\dot{\sigma}(t) = 0$, und (3.72) ergibt dann die Dehnung

$$\begin{aligned}\varepsilon(t) &= \tfrac{k}{E} \int_{\xi=0}^{1} \{1 - \exp[-(t-\xi)/\tau]\}\mathrm{d}\xi = \tfrac{k}{E}\{\xi - \tau \exp[-(t-\xi)/\tau]\}_{\xi=0}^{1} \\ &= \tfrac{k\tau}{E}\{1 - \tau \exp(-t/\tau)[\exp(-1/\tau) - 1]\} \quad \text{für} \quad 1 < t < \infty\,.\end{aligned}$$

Abb. 3.29 zeigt die normalisierte Dehnungsantwort des Kelvin-Voigt-Rheologie Elements für verschiedene Verzögerungszeiten τ.

(e) An den Grenzen $\tau \ll t$ und $\tau \gg t$ liest sich die Beziehung (3.73) jeweils

$$\varepsilon(t) = \begin{cases} kt/E = \sigma/E & \text{für} \quad \tau \ll t\,, \\ kt^2/\eta = \sigma/\eta t & \text{für} \quad \tau \gg t\,, \end{cases}$$

wobei die Reihenapproximation $\exp(x) = 1 + x + x^2/2! + \cdots$ in der Ableitung dieses Ausdrucks verwendet wurde. Bei einem sehr langsamen Prozess $\tau \ll t$ reagiert das Kelvin-Voigt-Element daher wie eine elastische Feder, während es bei einem sehr schnellen Prozess $\tau \gg t$ wie eine viskose Flüssigkeit reagiert. Solche Eigenschaften hätten auch aus dem zugrundeliegenden rheologischen Modell abgeleitet werden können, siehe Abb. 3.25b oder die Diagramme in Abb. 3.29

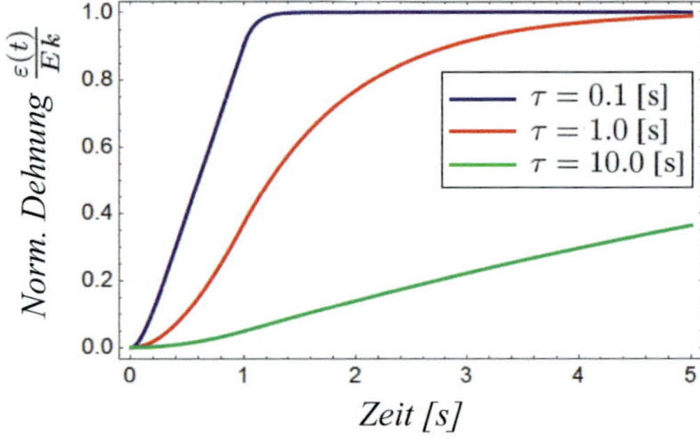

Abb. 3.29 Entwicklung der normalisierten Dehnung $\varepsilon(t)$ nach dem Kelvin-Voigt-Rheologieelement, wobei E und τ die elastische Steifigkeit und die Verzögerungszeit bezeichnen. Bei der Zeit $0<t<1{,}0$ s wird die konstante Spannungsrate k vorgeschrieben, während die Spannung für $t>1{,}0$ s konstant ist

■

Beispiel 3.15 (Verzerrungsbasierte viskoelastische Verallgemeinerung des inkompressiblen neo-Hooke Materials)

(a) Am thermodynamischen Limit verschwindet der viskose Beitrag zur freien Energie, und $\Psi_{\text{iso}}(\mathbf{C}, \mathbf{C}_{\text{M}}=\mathbf{I})=G(I_1-3)/2$ beschreibt dann das Material, wobei $I_1=\text{tr}\mathbf{C}$ die erste Invariante von $\mathbf{C}$ bezeichnet. Das Verfahren von Coleman und Noll für ein inkompressibles Material (3.131) ermöglicht es uns, die zweite Piola-Kirchhoff Spannung

$$\mathbf{S}_{\text{E}} = 2\frac{\partial \Psi_{\text{iso}}(\mathbf{C})}{\partial \mathbf{C}} - \kappa \mathbf{C}^{-1} \tag{3.80}$$

zu berechnen, wobei $\mathbf{C}=\mathbf{F}^{\text{T}}\mathbf{F}$ die rechte Cauchy-Green Verzerrung bezeichnet und der Druck κ als Lagrange-Multiplikator zur Umsetzung der Inkompressibilität dient. Mit der freien Energie Ψ_{iso} gilt die Beziehung $\partial\Psi_{\text{iso}}/\partial\mathbf{C}=G/2[\partial(I_1-3)/\partial I_1](\partial I_1/\partial\mathbf{C})=G\mathbf{I}/2$, und der Beitrag zur zweiten Piola-Kirchhoff Spannung, d.h. der Spannungsanteil zufolge des elastischen Körpers in Abb. 3.30 lautet dann $\mathbf{S}_{\text{E}}=G\mathbf{I}-\kappa\mathbf{C}^{-1}$. Die zweite Piola-Transformation inkompressibler Materialien ermöglicht es uns dann, die Cauchy Spannung

$$\boldsymbol{\sigma}_{\text{E}} = \mathbf{F}\mathbf{S}_{\text{E}}\mathbf{F}^{\text{T}} = G\mathbf{b} - \kappa\mathbf{I}\,, \tag{3.81}$$

auszudrücken, wobei $\mathbf{b}=\mathbf{F}\mathbf{F}^{\text{T}}$ die linke Cauchy-Green Verzerrung bezeichnet. Unter einfachen Zug eines inkompressiblen Materials führt der Deformationsgradient $\mathbf{F} = \text{Grad}\,\boldsymbol{\chi}(\mathbf{X}) = \text{diag}\left[\lambda, \lambda^{-1/2}, \lambda^{-1/2}\right]$ zur linken Cauchy-Green Verzerrung $\mathbf{b} = \mathbf{F}\mathbf{F}^{\text{T}} = \text{diag}\left[\lambda^2, \lambda^{-1}, \lambda^{-1}\right]$. Die Cauchy Spannung (3.81) liest sich somit $\boldsymbol{\sigma} = \text{diag}\left[G\lambda^2 - \kappa, G\lambda^{-1} - \kappa, G\lambda^{-1} - \kappa\right]$, und der Lagrange-Druck κ kann aus der Spannung $\sigma_{22}=\sigma_{33}=G\lambda^{-1}-\kappa=0$ senkrecht zur Zugrichtung identifiziert werden. Die einzige nicht-triviale Cauchysche Spannungskomponente liest sich dann $\sigma_{11}=G(\lambda^2-\lambda^{-1})$.

(b) Die Gleichung (3.79) hat die geschlossene Lösung

$$\mathbf{E}_{\text{M}} = \int_{-\infty}^{t} \exp[-(t-\xi)/\tau]\dot{\mathbf{E}}\text{d}\xi\;, \tag{3.82}$$

was uns erlaubt, die Green-Lagrange Verzerrung des Maxwell Körpers zu berechnen. Mit E_{11} gegeben durch (3.79) sowie die Green-Lagrange der Definition (3.12) bezeichnet der Ausdruck

$$\mathbf{E} = \text{diag}\left[kt, (2kt+1)^{-1/2} - 1, (2kt+1)^{-1/2} - 1\right] \tag{3.83}$$

dann die Green-Lagrange Verzerrung bei $0 \le t \le 1$, während

$$\mathbf{E} = \text{diag}\left[k, (2k+1)^{-1/2} - 1, (2k+1)^{-1/2} - 1\right] \tag{3.84}$$

die Verzerrung bei $t>1$ kennzeichnet. Die entsprechenden Verzerrungsraten lauten dann

$$\dot{\mathbf{E}} = k\,\text{diag}\left[1, -(2kt+1)^{-3/2}, -(2kt+1)^{-3/2}\right] \;\;;\;\; \dot{\mathbf{E}} = \mathbf{0}\,, \tag{3.85}$$

und (3.85) ergibt daher die Green-Lagrange Verzerrung

$$\mathbf{E}_{\mathrm{M}} = \int_0^t \exp[-(t-\xi)/\tau]\dot{\mathbf{E}}\mathrm{d}\xi = \tau[1-\exp(-t/\tau)]\dot{\mathbf{E}}\,,$$

des Maxwell-Körpers bei $0 \le t \le 1$ s, und

$$\begin{aligned}\mathbf{E}_{\mathrm{M}} &= \int_0^1 \exp[-(t-\xi)/\tau]\dot{\mathbf{E}}\mathrm{d}\xi + \int_1^t \exp[-(t-\xi)/\tau]\dot{\mathbf{E}}\mathrm{d}\xi \\ &= k^{-1}\tau\exp(-t/\tau)[-1+\exp(1/\tau)]\dot{\mathbf{E}}\end{aligned}$$

bei $t>1$ s. Abb. 3.31a veranschaulicht die Entwicklung der normalisierten Green-Lagrange Verzerrungskomponente $E_{\mathrm{M}\,11}/k$ des Maxwell Körpers für verschiedene Relaxationszeiten τ.

(c) Die Beziehung von Coleman und Noll für inkompressible Materialien (3.131) bestimmt die zweite Piola-Kirchhoff Spannung

$$\begin{aligned}\mathbf{S} &= 2\frac{\partial\Psi_{\mathrm{iso}}(\mathbf{C},\mathbf{C}_{\mathrm{M}})}{\partial\mathbf{C}} + 2\frac{\partial\Psi_{\mathrm{iso}}(\mathbf{C},\mathbf{C}_{\mathrm{M}})}{\partial\mathbf{C}_{\mathrm{M}}} : \frac{\partial\mathbf{C}_{\mathrm{M}}}{\partial\mathbf{C}} - \kappa\mathbf{C}^{-1} \\ &= G\left(\mathbf{I} + \beta\mathbf{I} : \frac{\partial\mathbf{C}_{\mathrm{M}}}{\partial\mathbf{C}}\right) - \kappa\mathbf{C}^{-1}\,,\end{aligned} \tag{3.86}$$

wobei mit der Green-Lagrange Verzerrung des Maxwell Körpers $\mathbf{E}_{\mathrm{M}}$ die rechte Cauchy-Green Verzerrung $\mathbf{C}_{\mathrm{M}} = 2\mathbf{E}_{\mathrm{M}} + \mathbf{I}$ ausgedrückt werden kann. Angesichts der Identität $\partial\mathbf{C}_{\mathrm{M}}/\partial\mathbf{C} = \partial\mathbf{E}_{\mathrm{M}}/\partial\mathbf{E}$ und Beziehung (3.82), kann der Faktor $\partial\mathbf{C}_{\mathrm{M}}/\partial\mathbf{C}$ in (3.86) durch

$$\frac{\partial\mathbf{C}_{\mathrm{M}}}{\partial\mathbf{C}} = \int_{-\infty}^t \exp[-(t-\xi)/\tau]\frac{\partial\dot{\mathbf{E}}}{\partial\mathbf{E}}\mathrm{d}\xi \tag{3.87}$$

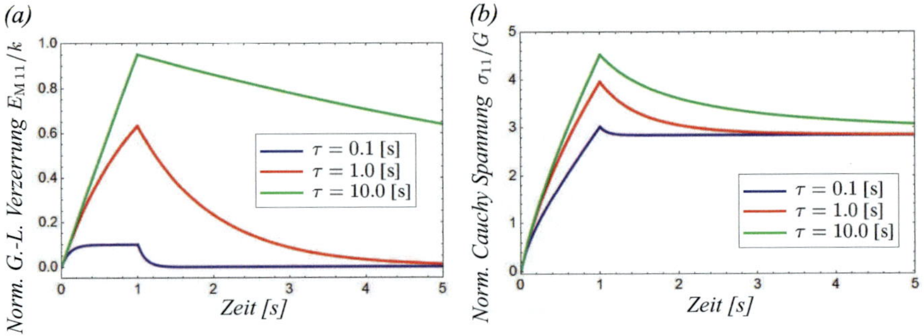

Abb. 3.31 Viskoelastische Verallgemeinerung des inkompressiblen neo-Hooke Materials unter einfachen Zug. (**a**) Entwicklung der normalisierten Green-Lagrange Verzerrungskomponente $E_{\mathrm{M}\,11}/k$ bei verschiedenen Relaxationszeiten τ. (**b**) Entwicklung der normalisierten Cauchyschen Spannungskomponente σ_{11}/G für den Parameter $k=1$, $\beta=0{,}6$, und bei verschiedenen Relaxationszeiten τ

ersetzt werden, so dass

$$\mathbf{S} = G\left(\mathbf{I} + \beta\mathbf{I} : \int_{-\infty}^{t} \exp[-(t-\xi)/\tau]\frac{\partial\dot{\mathbf{E}}}{\partial\mathbf{E}}\mathrm{d}\xi\right) - \kappa\mathbf{C}^{-1} \tag{3.88}$$

die zweite Piola-Kirchhoff Spannung ausdrückt. Der Lagrange-Druck κ kann dann aus dem Gleichgewicht senkrecht zur Zugrichtung berechnet werden, $S_{22}=S_{33}=0$, und die Ausdrücke (3.83) bis (3.85) liefern die Beziehung zwischen der Green-Lagrange Verzerrung $\mathbf{E}$ und ihrer Rate $\dot{\mathbf{E}}$. Bei $0 \leq t \leq 1$ lautet diese

$$\dot{E}_{11} = \frac{E_{11}}{t};\ \dot{E}_{22} = \frac{kE_{22}}{(1+2kt)(\sqrt{1+2kt}-1)};\ \dot{E}_{33} = \frac{kE_{33}}{(1+2kt)(\sqrt{1+2kt}-1)},$$

und die Ableitungen

$$\frac{\partial\dot{E}_{11}}{\partial E_{11}} = \frac{1}{t}\ ;\ \frac{\partial\dot{E}_{22}}{\partial E_{22}} = \frac{\partial\dot{E}_{33}}{\partial E_{33}} = \frac{k}{(1+2kt)(\sqrt{1+2kt}-1)}$$

können daher in der Berechnung von (3.88) verwendet werden. Bei $t>1$ ist die Verzerrung konstant und $\partial\dot{E}_{11}/\partial E_{11} = \partial\dot{E}_{22}/\partial E_{22} = \partial\dot{E}_{33}/\partial E_{33} = 0$ bestimmt dann die Berechnung von (3.88).Mit diesen Ergebnissen können wir das Integral (3.87) auswerten, die zweite Piola-Kirchhoff Spannung (3.86) berechnen und den Lagrange-Druck κ aus der Gleichung

$$S_{22} = S_{33} = 0 = G\left\{1 + \frac{k\beta\tau\alpha}{(1+2kt)(\sqrt{1+2kt}-1)}\right\} + \frac{\kappa}{1-2/\sqrt{1+2kt}}$$

bestimmen, wobei $\alpha = 1-\exp(-t/\tau)$ bei $0 \leq t \leq 1$, und $\alpha = \exp(-t/\tau)[\exp(1/\tau)-1]$ bei $t>1$ gelten. Mit κ, (3.86) und (3.87) gegeben, kann dann die Spannung S_{11} in der Zugrichtung berechnet werden. Die zweite Piola-Transformation für inkompressible Materialien definiert letztendlich die Cauchy Spannung

$$\sigma_{11} = S_{11}(1+2kt) = G(1+2kt)(1+\beta\tau\alpha/t) - \kappa$$

in der Zugrichtung. Abb. 3.31b zeigt die normalisierte Cauchy Spannung in Zugrichtung σ_{11}/G für eine Anzahl von Relaxationszeiten τ.

■

Beispiel 3.16 (Spannungsbasierte viskoelastische Verallgemeinerung des inkompressiblen neo-Hooke Materials)

(a) Die Beziehung von Coleman und Noll (3.131) und die isochor-volumetrische Aufteilung der Verformung, die in Abschn. 3.5.3.2 besprochen wird, ergeben die elastische zweite Piola-Kirchhoff Spannung

$$\mathbf{S}_{\mathrm{E}} = \underbrace{2J^{-2/3}\mathrm{Dev}\left(\frac{\partial\Psi_{\mathrm{iso}}(\mathbf{C})}{\partial\mathbf{C}}\right)}_{\overline{\mathbf{S}}_{\mathrm{E}}}\underbrace{-p\mathbf{C}^{-1}}_{\mathbf{S}_{\mathrm{E\,vol}}}, \tag{3.93}$$

wobei $\mathbf{C}$ die rechte Cauchy-Green Verzerrung ist, und $\mathrm{Dev}(\bullet) = (\bullet) - [\mathbf{C}:(\bullet)]\,\mathbf{C}^{-1}/3$ den referentiellen Deviator-Operator bezeichnet. Der negative hydrostatische Druck p ist ein Lagrange-Parameter, der die Inkompressibilität erzwingt.
Das neo-Hooke Potential (3.91) bestimmt die Beziehung $\partial\Psi_{\mathrm{iso\ E}}/\partial\mathbf{C} = G/2[\partial(I_1 - 3)/\partial I_1](\partial I_1/\partial\mathbf{C}) = G\mathbf{I}/2$, wobei die Definition $I_1 = \mathrm{tr}\mathbf{C}$ der Verzerrungsinvariante verwendet wurde. Die elastische zweite Piola-Kirchhoff Spannung liest sich dann

$$\mathbf{S}_{\mathrm{E}} = \overline{\mathbf{S}}_{\mathrm{E}} + \mathbf{S}_{\mathrm{E\,vol}} = G\mathrm{Dev}(\mathbf{I}) - p\mathbf{C}^{-1}\,, \tag{3.94}$$

und die zweite Piola-Transformation (3.32) für inkompressible Materialien bestimmt die elastische Cauchy Spannung zu

$$\boldsymbol{\sigma}_{\mathrm{E}} = \mathbf{F}\mathbf{S}_{\mathrm{E}}\mathbf{F}^{\mathrm{T}} = \underbrace{G\mathrm{dev}(\mathbf{b})}_{\overline{\boldsymbol{\sigma}}_{\mathrm{E}}}\ \underbrace{-p\mathbf{I}}_{\boldsymbol{\sigma}_{\mathrm{E\,vol}}}\,, \tag{3.95}$$

wobei $\mathbf{b} = \mathbf{F}\mathbf{F}^{\mathrm{T}}$ die (isochore) linke Cauchy-Green Verzerrung ist, und $\mathrm{dev}(\bullet) = (\bullet) - [\mathbf{I}:(\bullet)]\,\mathbf{I}/3$ den räumlichen Deviatoroperator bezeichnet.
Bei einfachem Zug eines inkompressiblen Materials definiert der Deformationsgradient $\mathbf{F} = \mathrm{Grad}\,\boldsymbol{\chi}(\mathbf{X}) = \mathrm{diag}\left[\lambda, \lambda^{-1/2}, \lambda^{-1/2}\right]$ die linke Cauchy-Green Verzerrung $\mathbf{b} = \mathbf{F}\mathbf{F}^{\mathrm{T}} = \mathrm{diag}\left[\lambda^2, \lambda^{-1}, \lambda^{-1}\right]$ mit $I_1 = \lambda^2 + 2\lambda^{-1}$. Die Cauchy Spannung (3.95) liest sich dann

$$\boldsymbol{\sigma}_{\mathrm{E}} = G/3\,\mathrm{diag}\left[2(\lambda^2 - \lambda^{-1}), (\lambda^{-1} - \lambda^2), (\lambda^{-1} - \lambda^2)\right] - p\,\mathrm{diag}[1,1,1]\,.$$

Der hydrostatische Druck p kann aus $\sigma_{\mathrm{E}\,22} = \sigma_{\mathrm{E}\,33} = G(\lambda^{-1} - \lambda^2)/3 - p = 0$ identifiziert werden, und die einzige nicht-triviale Spannungskomponente lautet somit $\sigma_{\mathrm{E}\,11} = G(\lambda^2 - \lambda^{-1})$.

(b) Bei einfachem Zug unter vorgeschriebener Dehnung (3.92), liest sich die rechte Cauchy-Green Verzerrung $\mathbf{C} = \mathbf{F}^{\mathrm{T}}\mathbf{F}$ als

$$\mathbf{C} = \mathrm{diag}\left[(1+\zeta)^2, (1+\zeta)^{-1}, (1+\zeta)^{-1}\right]$$

mit den Faktor $\zeta = kt$ und $\zeta = k$ jeweils in den Zeitintervallen $0 \le t \le 1$ und $t > 1$. Die elastische zweite Piola-Kirchhoff Spannung (3.94) ergibt sich dann zu

$$\begin{aligned}\mathbf{S}_{\mathrm{E}} =& G/3\,\mathrm{diag}\left[2[1 - (1+\zeta)^{-3}], -\zeta[3 + \zeta(3+\zeta)], -\zeta[3 + \zeta(3+\zeta)]\right] \\ &- p\,\mathrm{diag}\left[(1+\zeta)^{-2}, (1+\zeta), (1+\zeta)\right]\,.\end{aligned} \tag{3.96}$$

Das Gleichgewicht senkrecht zur Belastungsrichtung, $S_{\mathrm{E}\,22} = \overline{S}_{\mathrm{E}\,22} + S_{\mathrm{E\,vol}\,22} = 0$, bestimmt den hydrostatischen Druck

$$p = -\frac{G\zeta(3 + 3\zeta + \zeta^2)}{3(1+\zeta)}\,, \tag{3.97}$$

und (3.96) führt dann zu expliziten Spannungsausdrücken.
Zur Ableitung des viskoelastischen Beitrags (3.90), verwenden wir die materielle Zeitableitung der elastischen isochorischen zweiten Piola-Kirchhoff Spannung. Angesichts des entsprechenden Terms von (3.96), lautet diese

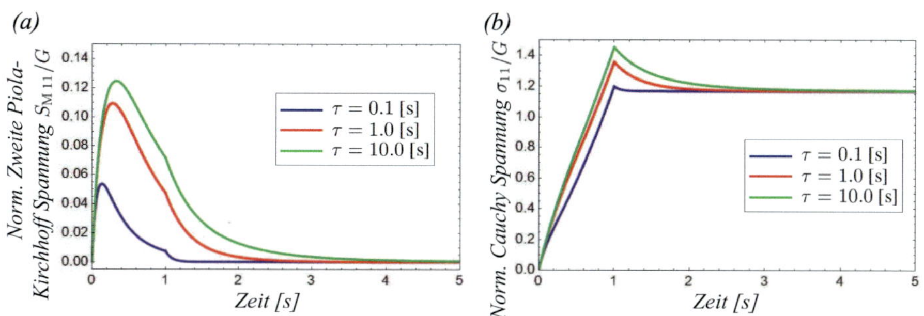

Abb. 3.32 Viskoelastische Verallgemeinerung des inkompressiblen neo-Hooke Materials unter einfachem Zug. (**a**) Entwicklung der Überspannung im Sinne der normalisierten zweiten Piola-Kirchhoff Spannungskomponente $S_{M\,11}/G$. (**b**) Entwicklung der normalisierten Cauchyschen Spannungskomponente σ_{11}/G. Die Berechnungen verwendeten die Parameter $k=1\ \mathrm{s}^{-1}$, $\beta=0{,}6$, und verschiedene Relaxationszeiten τ

$$\dot{\overline{\mathbf{S}}}_{\mathrm{E}} = Gk\,\mathrm{diag}\left[2(1+\zeta)^{-4}, -(1+\zeta)^2, -(1+\zeta)^2\right] \quad \text{und} \quad \dot{\overline{\mathbf{S}}}_{\mathrm{E}} = \mathbf{0}\,,$$

jeweils für $0 \le t \le 1$ und $t > 1$. Mit diesen Spannungsraten ergibt das Faltungsintegral (3.90) die Komponente

$$\overline{S}_{\mathrm{M}\,11}(t) = \frac{2Gk\beta\tau\alpha}{(1+kt)^4}\,,$$

der Überspannung in Zugrichtung, mit jeweils $\alpha = 1 - \exp(-t/\tau)$ bei $0 \le t \le 1$, und $\alpha = \exp(-t/\tau)[\exp(1/\tau) - 1]$ bei $t > 1$.

Abb. 3.32a zeigt die Entwicklung der normalisierten Überspannung $\overline{S}_{\mathrm{M}\,11}/G$ für eine Anzahl von Relaxationszeiten τ. Angesichts dieses Problems bestimmt (3.90) eine abnehmende Überspannung $S_{\mathrm{M}\,11}/G$ sogar während der Phase der Streckung.

Die Anwendung der zweiten Piola-Transformation $\boldsymbol{\sigma} = \mathbf{FSF}^{\mathrm{T}} = \mathbf{F}(\overline{\mathbf{S}}_{\mathrm{E}} + \overline{\mathbf{S}}_{\mathrm{M}})\mathbf{F}^{\mathrm{T}} - p\mathbf{I}$ für inkompressible Materialien ermöglicht es uns, die Cauchysche Spannungskomponente

$$\sigma_{11} = \frac{Gk\{t(1+kt)[3+kt(3+kt)] + 6[1 - \tau\beta\exp(-t/\tau)]\}}{3(1+kt)^2}$$

zur Zeit $0 \le t \le 1$, sowie

$$\sigma_{11} = \frac{Gk}{3(1+k)}\left\{3 + 3k + k^2 + \frac{6\tau\beta\exp(-t/\tau)[\exp(1/\tau) - 1](1+k)^3}{(1+kt)^4}\right\}$$

zur Zeit $t > 1$ zu berechnen. Abb. 3.32b zeigt σ_{11}/G für eine Anzahl von Relaxationszeiten τ.

■

Beispiel 3.17 (Kontinuität der inkompressiblen Strömung)

(a) Die Erhaltung der Masse erfordert, dass der Zufluss dem Abfluss entspricht und somit

$$v_1 \Delta x_2 + v_2 \Delta x_1 = \left(v_1 + \frac{\partial v_1}{\partial x_1} \Delta x_1 \right) \Delta x_2 + \left(v_2 + \frac{\partial v_2}{\partial x_2} \Delta x_2 \right) \Delta x_1$$

gilt. Diese Beziehung kann durch $\Delta x_1 \, \Delta x_2$ geteilt werden und ergibt dann

$$\frac{\partial v_1}{\partial x_1} + \frac{\partial v_2}{\partial x_2} = 0 \, . \tag{3.105}$$

Der Vergleich mit der Definition der Divergenz in Abschn. A.8.1.2 bestätigt, dass (3.105) die Indexnotation der Strömungskontinuität (3.104) in 2D kartesischen Koordinaten darstellt.

(b) Die Erhaltung der Masse erfordert, dass der Zufluss dem Abfluss entspricht und somit

$$v_r r \Delta \theta + v_\theta \Delta r = \left({}_r + \frac{\partial v_r}{\partial r} \Delta r \right) (r + \Delta r) \Delta \theta + \left(v_\theta + \frac{\partial v_\theta}{\partial \theta} \Delta \theta \right) \Delta r$$

gilt. Diese Beziehung kann durch $\Delta r \, \Delta \theta$ geteilt werden und ergibt dann

$$\frac{\partial v_r}{\partial r} + \frac{v_r}{r} + \frac{1}{r} \frac{\partial v_\theta}{\partial \theta} = \frac{1}{r} \left(\frac{\partial (r v_r)}{\partial r} + \frac{\partial v_\theta}{\partial \theta} \right) = 0 \, , \tag{3.106}$$

wobei der Term der Ordnung $\mathcal{O}(\Delta r)$ vernachlässigt wurde. Der Vergleich mit der Definition der Divergenz in Abschn. A.8.1.2 bestätigt, dass (3.106) die Indexnotation der Strömungskontinuität (3.104) in Zylinderkoordinaten darstellt.

■

Beispiel 3.18 (Gleichgewicht des Materialpartikels in 2D)

(a) Abb. 3.36a veranschaulicht die Cauchyschen Spannungskomponenten, wobei die lineare Extrapolation $\boldsymbol{\sigma}(\mathbf{x} + \Delta \mathbf{x}) = \boldsymbol{\sigma}(\mathbf{x}) + \operatorname{grad} \boldsymbol{\sigma}(\mathbf{x}) : \Delta \mathbf{x}$ verwendet wurde.

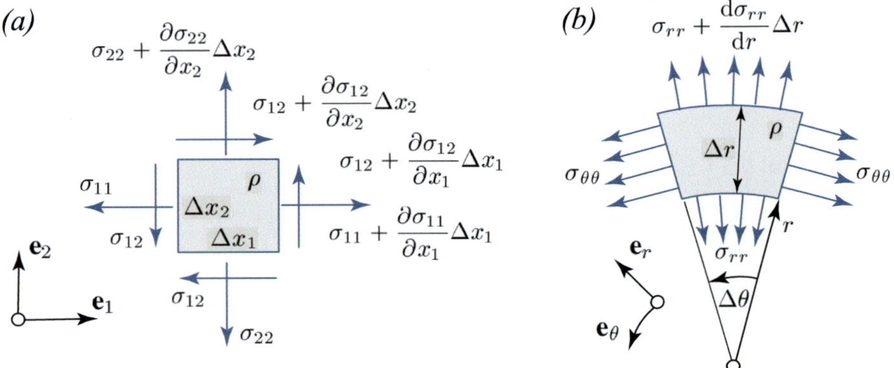

Abb. 3.36 Spannungen, die auf das Materialpartikel einwirken. (**a**) kartesische 2D-Koordinaten $\{\mathbf{e}_1, \mathbf{e}_2\}$. (**b**) zylindrische Koordinaten $\{\mathbf{e}_r, \mathbf{e}_\theta\}$ unter Rotationssymmetrie

(b) Die Multiplikation der Spannungskomponenten mit den jeweiligen Kantenlängen des Materialpartikels und die Einführung der Trägheitskraft $\rho \Delta x_1 \Delta x_2 \dot{\mathbf{v}}$, führt zum Gleichgewicht

$$\frac{\partial \sigma_{11}}{\partial x_1} \Delta x_1 \Delta x_2 + \frac{\partial \sigma_{12}}{\partial x_2} \Delta x_2 \Delta x_1 - \rho \Delta x_1 \Delta x_2 \dot{v}_1 = 0$$

entlang der $\mathbf{e}_1$ Richtung, sowie dem Gleichgewicht

$$\frac{\partial \sigma_{22}}{\partial x_2} \Delta x_2 \Delta x_1 + \frac{\partial \sigma_{12}}{\partial x_1} \Delta x_1 \Delta x_2 - \rho \Delta x_1 \Delta x_2 \dot{v}_2 = 0$$

entlang der $\mathbf{e}_2$ Richtung. Diese Ausdrücke können jeweils durch $\Delta x_1 \Delta x_2$ geteilt werden, und die partiellen Differentialgleichungen

$$\frac{\partial \sigma_{11}}{\partial x_1} + \frac{\partial \sigma_{12}}{\partial x_2} - \rho \dot{v}_1 = 0 \ ; \ \frac{\partial \sigma_{22}}{\partial x_2} + \frac{\partial \sigma_{12}}{\partial x_1} - \rho \dot{v}_2 = 0 \tag{3.109}$$

bestimmen somit das Cauchy-Eulersche Bewegungsgesetz (den Impulserhaltungssatz) in 2D-kartesischen Koordinaten.
Der Vergleich mit der Definition der Divergenz in Abschn. A.8.1.2 bestätigt, dass (3.109) die Indexnotation des Cauchy-Eulerschen Bewegungsgesetzes (3.107) in 2D-kartesischen Koordinaten darstellt.

(c) Bei Rotationssymmetrie verschwinden die Ableitungen entlang der Umfangsrichtung θ, zusammen mit der Scherspannung und -verzerrung in der r θ Ebene. Die Bedingungen $\partial(\bullet)/\partial\theta = 0$ und $\sigma_{r\theta} = \varepsilon_{r\theta} = 0$ gelten daher. Abb. 3.36b zeigt die Komponenten der rotationssymmetrischen Spannung, die dann auf das Materialpartikel wirken, wobei lineare Extrapolation der Spannungskomponenten verwendet wurden.

(d) Die Multiplikation der Spannungskomponenten mit den jeweiligen Kantenlängen des Materialpartikels und die Einführung der Trägheitskraft $\rho r \Delta\theta \Delta r \dot{\mathbf{v}}$, führt zum Gleichgewicht

$$-\sigma_{rr} r \Delta\theta + \left(\sigma_{rr} + \frac{\mathrm{d}\sigma_{rr}}{\mathrm{d}r} \Delta r \right)(r + \Delta R)\Delta\theta - 2\sigma_{\theta\theta} \frac{\Delta\theta}{2} \Delta r - \rho r \Delta\theta \Delta r \dot{v}_r = 0$$

entlang der $\mathbf{e}_r$ Richtung. Es ist die einzige nicht-triviale Gleichgewichtsrelation des rotations-symmetrischen Problems. Wir können diese Gleichung durch $r \Delta\theta \Delta r$ teilen, und die Differentialgleichung

$$\frac{\mathrm{d}\sigma_{rr}}{\mathrm{d}r} - \frac{\sigma_{\theta\theta} - \sigma_{rr}}{r} - \rho \dot{v}_r = 0 \tag{3.110}$$

gilt somit am Limit $\Delta\theta,\ \Delta r \to 0$. Sie drückt das Gleichgewicht des linearen Impulses in zylindrischen Koordinaten aus. In zylindrischen Koordinaten liest sich das Cauchy-Eulersche Bewegungsgesetz (3.107) als

$$\begin{bmatrix} \frac{\partial \sigma_{rr}}{\partial r} + \frac{1}{r}\frac{\partial \sigma_{r\theta}}{\partial \theta} + \frac{\sigma_{rr} - \sigma_{\theta\theta}}{r} \\ \frac{\partial \sigma_{r\theta}}{\partial r} + \frac{1}{r}\frac{\partial \sigma_{\theta\theta}}{\partial \theta} + \frac{2\sigma_{r\theta}}{r} \end{bmatrix} - \rho \begin{bmatrix} \dot{v}_r \\ \dot{v}_\theta \end{bmatrix} = \begin{bmatrix} 0 \\ 0 \end{bmatrix},$$

und bei Rotationssymmetrie $\partial(\bullet)/\partial\theta = 0$ und $\sigma_{r\theta} = u_\theta = 0$ ergibt sich damit die einzigen nicht-triviale Differentialgleichung (3.110).

■

Beispiel 3.19 (Aufgeblasener dickwandiger linear-elastischer Zylinder)

(a) Bei ebener Spannung $\sigma_{rz} = \sigma_{\theta z} = \sigma_{zz} = 0$, Rotationssymmetrie $\partial(\bullet)/\partial\theta = 0$, und mit der Definition der Divergenz in zylindrischen Koordinaten (A.19), ergibt das Cauchy-Eulersche Bewegungsgesetz (3.107) die einzige nicht-triviale gewöhnliche Differentialgleichung

$$\frac{\mathrm{d}\sigma_r}{\mathrm{d}r} + \frac{\sigma_r - \sigma_\theta}{r} = 0\,. \tag{3.113}$$

Die Substitution der Spannungen σ_r und σ_θ durch die Fundamentallösung (3.111) ergibt dann

$$-2a_0/r^3 + 2c_0/r + [2a_0/r^2 + c_0(1 + 2\log r) - c_0(3 + 2\log r)]/r = 0\,,$$

und zeigt, dass (3.111) das Cauchy-Eulersche Bewegungsgesetz (3.107) erfüllt.

(b) Mit dem Hookeschen Gesetz bei ebener Spannung können wir die Verzerrungen $\varepsilon_r = (\sigma_r - \nu\sigma_\theta)/E$ und $\varepsilon_\theta = (\sigma_\theta - \nu\sigma_r)/E$ in die Verzerrungskompatibilität (3.112) einsetzen, was den Ausdruck

$$\frac{\partial(r\sigma_\theta - r\nu\sigma_r)}{\partial r} - \sigma_r + \nu\sigma_\theta = 0$$

liefert. Die Substitution der Spannungen σ_r und σ_θ durch (3.111), ergibt dann $c = 0$, eine Bedingung, die immer für ebenen Spannungen und Rotationssymmetrie gilt.
Zur Identifizierung der verbleibenden Konstanten a_0 und b_0 verwenden wir die Randbedingungen $\sigma_r(r_\mathrm{i}) = -p_\mathrm{i}$ im Inneren und $\sigma_r(r_\mathrm{o}) = 0$ am Äußeren des Zylinders. Mit (3.111) und $c = 0$, ergeben sich die Bedingungen $-p_\mathrm{i} = b_0 + a_0/r_\mathrm{i}^2$ und $0 = b_0 + a_0/r_\mathrm{o}^2$, und resultieren dann in $a_0 = p_\mathrm{i}(r_\mathrm{i}r_\mathrm{o})^2/(r_\mathrm{i}^2 - r_\mathrm{o}^2)$ und $2b_0 = p_\mathrm{i}r_\mathrm{i}^2/(r_\mathrm{o}^2 - r_\mathrm{i}^2)$. Die Spannung in der Gefäßwand liest sich damit

$$\sigma_r = \frac{r_\mathrm{i}^2(r_\mathrm{o}^2 - r^2)}{r^2(r_\mathrm{i}^2 - r_\mathrm{o}^2)}p_\mathrm{i} \;\; ; \;\; \sigma_\theta = \frac{r_\mathrm{i}^2(r^2 + r_\mathrm{o}^2)}{r^2(r_\mathrm{o}^2 - r_\mathrm{i}^2)}p_\mathrm{i}\,, \tag{3.114}$$

ein Zustand, der unabhängig von den Materialparametern E und ν ist. Abb. 3.38 zeigt die Spannungen (3.114) jeweils bei diastolischem $p_{\mathrm{i\,d}}$ und systolischem $p_{\mathrm{i\,s}}$ Blutdruck.

(c) An der äußeren Oberfläche, $r = r_\mathrm{o}$, ist der Spannungszustand einachsig, $\sigma_{r\,\mathrm{o}} = 0$ und $\sigma_{\theta\,\mathrm{o}} = 2r_\mathrm{i}^2 p_\mathrm{i}/(r_\mathrm{o}^2 - r_\mathrm{i}^2) = 8p_\mathrm{i}/5$. Das Hookesche Gesetz liefert dann die Umfangsdehnung $\varepsilon_{\theta\,\mathrm{o}} = \sigma_{\theta\,\mathrm{o}}/E$, und $\Delta r_\mathrm{o} = \varepsilon_{\theta\,\mathrm{o}} r_\mathrm{o}$ drückt die radiale Änderung an der Außenseite des Gefäßes aus. Zwischen diastolischem $p_{\mathrm{i\,d}}$ und systolischem $p_{\mathrm{i\,s}}$ Blutdruck pulsiert der Radius dann um $\Delta r = 0{,}046$ mm.

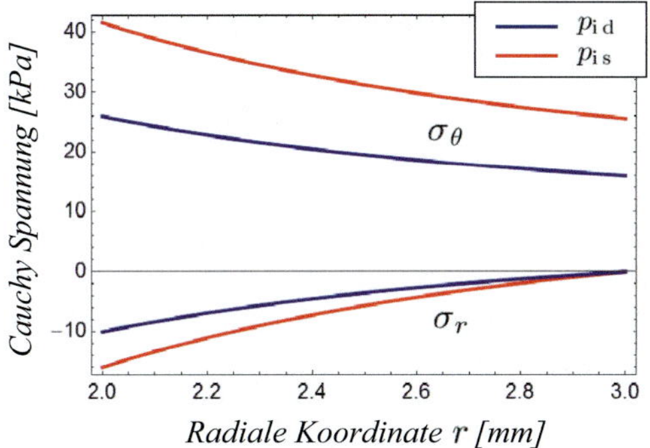

Abb. 3.38 Umfangsspannung σ_θ und radiale Spannung σ_r in der Gefäßwand bei diastolischem $p_{\mathrm{i\,d}} = 75$ mmHg und systolischem $p_{\mathrm{i\,s}} = 120$ mmHg Blutdruck

An der inneren Oberfläche, $r = r_{\mathrm{i}}$, ist der Spannungszustand zweiachsig, $\sigma_{r\,\mathrm{i}} = -p_{\mathrm{i}}$ und $\sigma_{\theta\,\mathrm{i}} = p_{\mathrm{i}}(r_{\mathrm{o}}^2 + r_{\mathrm{i}}^2)/(r_{\mathrm{o}}^2 - r_{\mathrm{i}}^2) = 13p_{\mathrm{i}}/5$. Das Hookesche Gesetz bei ebenen Spannungen

$$\begin{bmatrix} \varepsilon_{r\,\mathrm{i}} \\ \varepsilon_{\theta\,\mathrm{i}} \end{bmatrix} = \frac{p_{\mathrm{i}}}{E} \begin{bmatrix} 1 & -\nu \\ -\nu & 1 \end{bmatrix} \begin{bmatrix} -1 \\ 13/5 \end{bmatrix}$$

liefert dann die Umfangsdehnung $\varepsilon_{\theta\,\mathrm{i}} = (\nu + 13/5)\,p_{\mathrm{i}}/E$, und $\Delta r_{\mathrm{i}} = \varepsilon_{\theta\,\mathrm{i}} r_{\mathrm{i}}$ drückt die radiale Änderung an der Innenseite des Gefäßes aus. Die radiale Pulsatilität beträgt dann $\Delta r = 0{,}059$ mm zwischen diastolischer $p_{\mathrm{i\,d}}$ und systolischer $p_{\mathrm{i\,s}}$ Belastung.

■

Beispiel 3.20 (Energieerhaltung in der Referenzkonfiguration)

(a) Mit der internen Energie U drückt der Begriff $\mathrm{d}\left(\int_{\Omega_{s0}} U \mathrm{d}V\right)/\mathrm{d}t$ die Änderung der Systemenergie des betrachteten Teilbereichs aus, wobei $\mathrm{d}V$ und $\Omega_{\mathrm{s}\,0}$ jeweils das referenzielle Volumenelement und die Referenzkonfiguration des Teilbereichs bezeichnen.

(b) Mit dem Wärmefluss $\mathbf{Q}_{\mathrm{h}}$ und der Wärmequelle R_{h}, liest sich die Wärmezufuhr des Teilgebiets

$$\int_{\Omega_{s0}} H_{\mathrm{input}} \mathrm{d}V = \int_{\Omega_{s0}} R_{\mathrm{h}} \mathrm{d}V - \int_{\partial\Omega_{s0}} \mathbf{Q}_{\mathrm{h}} \cdot \mathbf{N} \mathrm{d}S = \int_{\Omega_{s0}} (R_{\mathrm{h}} - \mathrm{Div}\mathbf{Q}_{\mathrm{h}}) \mathrm{d}V\,,$$

wobei $\mathbf{N}$ den nach außen gerichteten Normalvektor zu $\partial\Omega_{\mathrm{s}\,0}$ bezeichnet, während $\mathrm{d}S$ das referenzielle Flächenelement ist. Wir haben das Divergenztheorem verwendet, um diesen Ausdruck abzuleiten, und $\mathrm{Div}\mathbf{Q}_{\mathrm{h}}$ bezeichnet die Divergenz des Wärmeflusses in Bezug auf Ω_0. In kartesischen Koordinaten liest sich diese daher $\partial Q_{\mathrm{h}\,I}/\partial X_I$, wo $\mathbf{X}$ die referenzielle Position des Materialpartikels bezeichnet.

(c) Mit der Definitionen des räumlichen Volumenelements $\mathrm{d}v = J\mathrm{d}V$, können wir das letzte Integral in (3.119) auf die Referenzkonfiguration $\Omega_{s\,0}$ des Teilbereichs zurückführen, und der Leistungsinput ergibt sich zu

$$\int_{\partial\Omega_{s0}} p_{\text{input}} \mathrm{d}V = \int_{\Omega_{s0}} \mathbf{P} : \dot{\mathbf{F}} \mathrm{d}V \,,$$

wobei $\mathbf{P}$ und $\mathbf{F}$ die ersten Piola-Kirchhoff Spannung und den Deformationsgradienten bezeichnen. Um diesen Ausdruck abzuleiten, wurden die erste Piola-Transformation (3.31), die Definition des Geschwindigkeitsgradienten (3.34) und die Symmetrie der Cauchy Spannung verwendet.

(d) Mit den Ergebnissen aus den Aufgaben (a) (b) (c) lautet die Energieerhaltung des Teilbereichs $\Omega_{s\,0}$

$$\int_{\Omega_{s0}} \left(\frac{\mathrm{d}U}{\mathrm{d}t} + \mathrm{Div}\mathbf{Q}_\mathrm{h} - R_\mathrm{h} - \mathbf{P} : \dot{\mathbf{F}} \right) \mathrm{d}V = 0 \,,$$

ein Ausdruck, der für einen beliebigen Teilbereich $\Omega_{s\,0}$ gilt. Die Lokalisierung führt daher zu der starken Bedingung $\mathrm{d}U/\mathrm{d}t + \mathrm{Div}\mathbf{Q}_\mathrm{h} - R_\mathrm{h} - \mathbf{P} : \dot{\mathbf{F}} = 0$, die dann den ersten Hauptsatz der Thermodynamik in der Referenzkonfiguration des Körpers Ω_0 ausdrückt.

■

Beispiel 3.21 (Das inkompressible neo-Hooke Material)

(a) Die Coleman und Noll Beziehung eines inkompressiblen Materials (3.133)

$$\boldsymbol{\sigma} = 2\mathbf{F} \frac{\partial \Psi_{\text{iso}}(\mathbf{C})}{\partial \mathbf{C}} \mathbf{F}^\mathrm{T} - \kappa \mathbf{I}$$

stellt die Beziehung zwischen der Cauchy Spannung $\boldsymbol{\sigma}$ und der freien Energie Ψ_{iso} pro Einheit (Referenz) Volumen dar. Der Lagrange-Druck κ erzwingt dabei die Inkompressibilität, wohingegen $\mathbf{F}$ und $\mathbf{C} = \mathbf{F}^\mathrm{T}\mathbf{F}$ jeweils den Deformationsgradienten und die rechte Cauchy-Green Verzerrung bezeichnet.
Mit der ersten Invariante $I_1 = \mathrm{tr}\mathbf{C}$ und der neo-Hookeschen freien Energie $\Psi_{\text{iso}} = G(I_1 - 3)/2$, gilt die Beziehung $\partial\Psi_{\text{iso}}/\partial\mathbf{C} = G/2[\partial(I_1 - 3)/\partial I_1](\partial I_1/\partial\mathbf{C}) = G\mathbf{I}/2$, und

$$\boldsymbol{\sigma} = G\mathbf{b} - \kappa \mathbf{I} \tag{3.139}$$

drückt dann die Cauchy Spannung des inkompressiblen neo-Hookeschen Materials aus. Hier steht $\mathbf{b} = \mathbf{F}\mathbf{F}^\mathrm{T}$ für die linke Cauchy-Green Verzerrung und repräsentiert damit die Deformationskinematik.
Bei einfachen Zug beschreibt $\mathbf{F} = \mathrm{Grad}\chi_{\text{st}}(\mathbf{X}) = \mathrm{diag}[\lambda,\ \lambda^{-1/2},\ \lambda^{-1/2}]$ den Deformationsgradienten, und $\mathbf{b} = \mathbf{F}\mathbf{F}^\mathrm{T} = \mathrm{diag}[\lambda^2,\ \lambda^{-1},\ \lambda^{-1}]$ drückt dann die linke Cauchy-Green Verzerrung aus. Die Cauchy Spannung (3.139) liest sich daher $\boldsymbol{\sigma} = \mathrm{diag}[G\lambda^2 - \kappa,\ G\lambda^{-1} - \kappa,\ G\lambda^{-1} - \kappa]$. Der Lagrange-Druck κ kann aus der Spannung $\sigma_{22} = \sigma_{33} = G\lambda^{-1} - \kappa = 0$ senkrecht zur Zugrichtung identifiziert werden, und $\sigma_{11} = G(\lambda^2 - \lambda^{-1})$ ergibt dann die einzige nicht-triviale Spannungskomponente, siehe Abb. 3.41a.

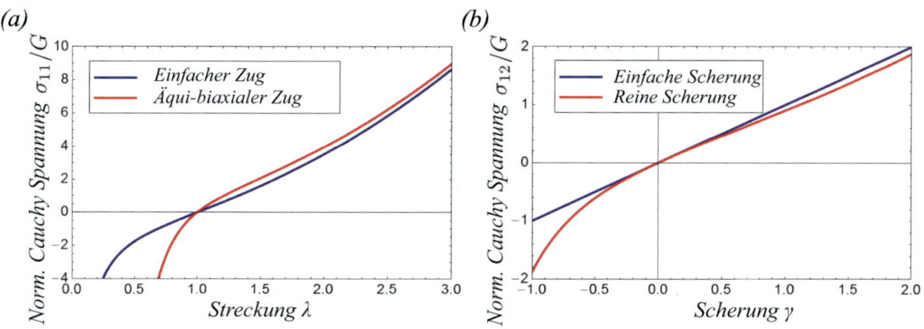

Abb. 3.41 Vorhersagen der Cauchy Spannung unter Verwendung eines inkompressiblen neo-Hookeschen Materials für eine Reihe elementarer Deformationsfälle. (**a**) Einfacher und äqui-biaxialer Zug. (**b**) Einfache und reine Scherung. Bei reiner Scherung wurde die Hauptdehnung $\lambda = 1 + \gamma/2$ durch die Scherung γ ersetzt.

(b) Mit äqui-biaxialem Zug bezeichenen $\mathbf{F} = \text{Grad}\boldsymbol{\chi}_{\text{et}}(\mathbf{X}) = \text{diag}[\lambda,\ \lambda,\ \lambda^{-2}]$ und $\mathbf{b} = \text{diag}[\lambda^2,\ \lambda^2,\ \lambda^{-4}]$ jeweils den Deformationsgradienten und die linke Cauchy-Green Verzerrung. Die Cauchy Spannung (3.139) lautet dann $\boldsymbol{\sigma} = \text{diag}[G\lambda^2 - \kappa,\ G\lambda^2 - \kappa,\ G\lambda^{-4} - \kappa]$, und die Identifizierung von $\kappa = G\lambda^{-4}$ aus $\sigma_{33} = 0$ ergibt die beiden Spannungskomponenten $\sigma_{11} = \sigma_{22} = G(\lambda^2 - \lambda^{-4})$, siehe Abb. 3.41a

(c) Bei einfacher Scherung bezeichnen

$$\mathbf{F} = \begin{bmatrix} 1 & \gamma & 0 \\ 0 & 1 & 0 \\ 0 & 0 & 1 \end{bmatrix} \quad ; \quad \mathbf{b} = \begin{bmatrix} 1+\gamma^2 & \gamma & 0 \\ \gamma & 1 & 0 \\ 0 & 0 & 1 \end{bmatrix}$$

jeweils den Deformationsgradienten $\mathbf{F} = \text{Grad}\boldsymbol{\chi}_{\text{ss}}(\mathbf{X})$ und die linke Cauchy-Green Verzerrung $\mathbf{b}$. Die Cauchy Spannung (3.139) liest sich dann

$$\boldsymbol{\sigma} = G \begin{bmatrix} \gamma^2 & \gamma & 0 \\ \gamma & 0 & 0 \\ 0 & 0 & 0 \end{bmatrix},$$

wobei die Normalspannungskomponente $\sigma_{33} = G - \kappa = 0$ verwendet wurde, um den Lagrange-Druck $\kappa = G$ zu ersetzen, siehe Abb. 3.41b.

(d) Bei reiner Scherung bezeichnen

$$\mathbf{F} = \frac{1}{2\lambda} \begin{bmatrix} 1+\lambda^2 & \lambda^2-1 & 0 \\ \lambda^2-1 & 1+\lambda^2 & 0 \\ 0 & 0 & 2\lambda \end{bmatrix} \quad ; \quad \mathbf{b} = \frac{1}{2\lambda^2} \begin{bmatrix} 1+\lambda^4 & \lambda^4-1 & 0 \\ \lambda^4-1 & 1+\lambda^4 & 0 \\ 0 & 0 & 2\lambda^2 \end{bmatrix}$$

jeweils den Deformationsgradienten $\mathbf{F} = \text{Grad}\boldsymbol{\chi}_{\text{ps}}(\mathbf{X})$ und die linke Cauchy-Green Verzerrung $\mathbf{b}$. Die Cauchy Spannung (3.139) liest sich dann wobei die Normalspannungskomponente $\sigma_{33}=G-\kappa=0$ verwendet wurde,

$$\boldsymbol{\sigma} = \frac{G}{2\lambda^2}\begin{bmatrix} (\lambda^2-1)^2 & \lambda^4-1 & 0 \\ \lambda^4-1 & (\lambda^2-1)^2 & 0 \\ 0 & 0 & 0 \end{bmatrix},$$

um den Lagrange-Druck $\kappa=G$ zu ersetzen, siehe Abb. 3.41b.

■

Beispiel 3.22 (Kräftegleichgewicht in materieller Beschreibung)

(a) Das lineare Impulsgleichgewicht des Teilbereichs Ω_s lautet $\int_{\partial\Omega_s} \mathbf{t}\mathrm{d}s + \int_{\Omega_s} \mathbf{b}_f\mathrm{d}v = \mathbf{0}$, wobei $\mathbf{t}$ den Traktionsvektor pro räumlicher Einheitsfläche bezeichnet. Wir können das Cauchysche Spannungstheorem $\mathbf{t}=\boldsymbol{\sigma}\mathbf{n}$ verwenden, um den Traktionsvektor zu ersetzen, was

$$\int_{\partial\Omega_s} \boldsymbol{\sigma}\mathbf{n}\mathrm{d}s + \int_{\Omega_s} \mathbf{b}_f\mathrm{d}v = \mathbf{0} \tag{3.142}$$

ergibt. Mit dem Divergenzsatz (A.8.2) können die beiden Integrale nun kombiniert werden, und $\int_{\Omega_s}(\mathrm{div}\boldsymbol{\sigma} + \mathbf{b}_f)\mathrm{d}v = \mathbf{0}$ drückt das lineare Impulsgleichgewicht des Teilbereichs aus. Die Lokalisierung ergibt dann

$$\mathrm{div}\boldsymbol{\sigma} + \mathbf{b}_f = \mathbf{0}\,,$$

entsprechend dem statischen Cauchy-Eulerschen Bewegungsgesetz (3.107).

(b) Mit der Nansonschen Formel (3.5) und der ersten Piola-Transformation (3.31), liest sich die Gleichgewichtsrelation (3.142)

$$\int_{\partial\Omega_{s0}} \mathbf{P}\mathbf{N}\mathrm{d}S + \int_{\Omega_{s0}} \mathbf{B}_f\mathrm{d}V = \mathbf{0}\,, \tag{3.143}$$

wobei $\mathrm{d}V=J^{-1}\mathrm{d}v$ das Referenzvolumenelement bezeichnet, während $\mathbf{B}_f=J\mathbf{b}_f$ die Volumenkraft, d.h. die Kraft pro Einheitsreferenzvolumen ausdrückt. Der Divergenzsatz (A.8.2) ermöglicht es uns nun, das Gleichgewicht des Teilgebiets durch $\int_{\Omega_{s0}}(\mathrm{Div}\mathbf{P} + \mathbf{B}_f)\mathrm{d}V = \mathbf{0}$ auszudrücken, und die Lokalisierung ergibt dann

$$\mathrm{Div}\mathbf{P} + \mathbf{B}_f = \mathbf{0}\,,$$

entsprechend dem Cauchy-Eulerschen Bewegungsgesetz (3.142) in der Referenzkonfiguration. Hier bezeichnet $\mathrm{Div}\mathbf{P}$ die Divergenz der ersten Piola-Kirchhoff Spannung in Bezug auf Ω_0. In kartesischen Koordinaten liest sich diese als $\partial P_{IJ}/\partial X_J$, wobei $\mathbf{X}$ hier die referenzielle Position des Materialpartikels bezeichnet.

■

Beispiel 3.23 (Das druckbeaufschlagte dünnwandige linear-elastische Rohr)

(a) Das Rohr kann in Längsrichtung aufgeschnitten werden, um die Umfangsspannung σ_θ frei zu legen, wie in Abb. 3.44a gezeigt, sowie in Querrichtung, um die axiale Spannung σ_z frei zu legen, wie in Abb. 3.44b gezeigt. Das Gleichgewicht entlang der Umfangs- und Axialrichtungen lautet dann jeweils $2\sigma_\theta h=p_i d$ und $d\pi h\sigma_z=p_i d^2\pi/4$. Bei der Ableitung dieser Ausdrücke gingen

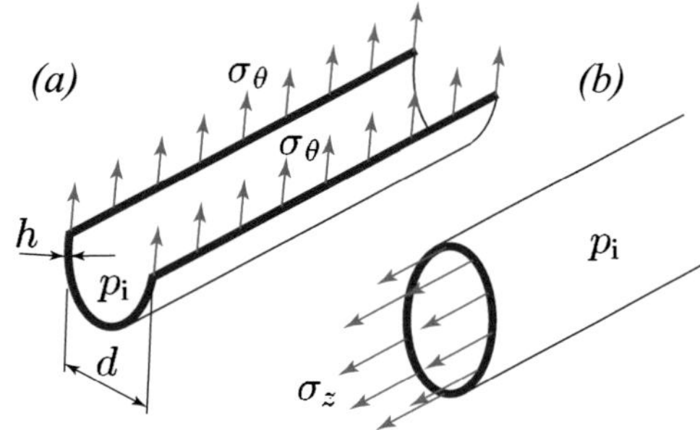

Abb. 3.44 Schnitte durch das aufgeblasene dünnwandige Rohrs zur Darstellung von (**a**) Umfangsspannung σ_θ und (**b**) axialer Spannung σ_z in der Wand

wir davon aus, dass der Blutdruck sich auch in axiale Gefäßwandspannung überträgt, was auf viele praktische Anwendungen zutrifft. Der biaxiale Spannungszustand der Gefäßwand lautet daher

$$\sigma_\theta = \frac{p_\mathrm{i} d}{2h} \;;\quad \sigma_z = \frac{p_\mathrm{i} d}{4h} = \sigma_\theta/2\,.$$

Die Ergebnisse $\sigma_{\theta\,\mathrm{d}} = 62{,}5$ kPa und $\sigma_{\theta\,\mathrm{s}} = 100{,}0$ kPa bestimmen dann die Umfangsspannungen in der Wand bei diastolischem und systolischem Blutdruck, während $\sigma_{z\,\mathrm{d}} = 31{,}3$ kPa und $\sigma_{z\,\mathrm{s}} = 50{,}0$ kPa die jeweiligen axialen Spannungen sind.

(b) Die Gefäßwand des aufgeblasenen dünnwandigen Rohrs stellt ein klassisches Problem eines ebenen Spannungszustandes dar, und die Umfangs- und Achsrichtungen sind die jeweiligen Hauptspannungsrichtungen. Das Hookesche Gesetz (3.49) lautet dann

$$\begin{bmatrix} \varepsilon_\theta \\ \varepsilon_z \\ \varepsilon_r \end{bmatrix} = \frac{1}{E} \begin{bmatrix} 1 & -\nu \\ -\nu & 1 \\ -\nu & -\nu \end{bmatrix} \begin{bmatrix} \sigma_\theta \\ \sigma_z \end{bmatrix}, \tag{3.145}$$

wobei Hauptverzerrungen ε_θ, ε_z, ε_r jeweils die linearen Verzerrungen in Umfangs- θ, Achsen- z und Radialrichtung r bezeichnen.

Mit (3.145), liest sich die Gefäßwanderzerrung bei diastolischem und systolischem Blutdruck jeweils

$$\begin{bmatrix} \varepsilon_{\theta\,\mathrm{d}} \\ \varepsilon_{z\,\mathrm{d}} \\ \varepsilon_{r\,\mathrm{d}} \end{bmatrix} = \frac{1}{625} \begin{bmatrix} 1 & -0{,}49 \\ -0{,}49 & 1 \\ -0{,}49 & -0{,}49 \end{bmatrix} \begin{bmatrix} 62{,}5 \\ 31{,}3 \end{bmatrix} = \begin{bmatrix} 0{,}0755 \\ 0{,}001 \\ -0{,}0735 \end{bmatrix},$$

$$\begin{bmatrix} \varepsilon_{\theta\,\mathrm{s}} \\ \varepsilon_{z\,\mathrm{s}} \\ \varepsilon_{r\,\mathrm{s}} \end{bmatrix} = \frac{1}{625} \begin{bmatrix} 1 & -0{,}49 \\ -0{,}49 & 1 \\ -0{,}49 & -0{,}49 \end{bmatrix} \begin{bmatrix} 100{,}0 \\ 50{,}0 \end{bmatrix} = \begin{bmatrix} 0{,}1208 \\ 0{,}0016 \\ -0{,}1176 \end{bmatrix}.$$

Der Durchmesser des Gefäßes pulsiert dann mit $\Delta d = (\varepsilon_{\theta\,\mathrm{s}} - \varepsilon_{\theta\,\mathrm{d}})d = 0{,}223$ mm zwischen den diastolischen und systolischen Blutdrücken. Wir stellen auch fest, dass die axiale Normalverzerrung etwa zwei Größenordnungen kleiner ist als die Verzerrung in Umfangsrichtung.

(c) Mit dem Ausdruck (2.32), ist die Compliance des elastischen Gefäßsegments $C = 3D^3\pi L/(16HE) = 235{,}62\ \text{mm}^3\text{Pa}^{-1} = 3{,}1416\ \text{mm}^3\ \text{mmHg}^{-1}$.

■

Beispiel 3.24 (Anwendungen des Prinzips der virtuellen Arbeit)

(a) Wir können die zulässige virtuelle Verschiebung $\delta\mathbf{u}$ einführen, die den starren Körper im Raum verschiebt. Bei „eingefrorener" Belastung $\mathbf{P}_i$ ergibt sich die externe virtuelle Arbeit $W_{\text{ext}} = \sum_{i=1}^{n} \mathbf{P}_i \cdot \delta\mathbf{u}$. Ein starrer Körper verformt sich nicht und daher tritt keine interne virtuelle Arbeit auf, $\delta W_{\text{int}} = 0$.
Da die virtuelle Verschiebung $\delta\mathbf{u}$ beliebig ist, ergibt das PVW $\delta W_{\text{ext}} - \delta W_{\text{int}} = \delta W_{\text{ext}} = 0$ dann $\sum_{i=1}^{n} \mathbf{P}_i = \mathbf{0}$, d.h. die klassische Kräftebilanz des linearen Impulses.

(b) Lassen Sie uns die Kraft $F = ku$ einführen, die an der Feder wirkt, wobei u die Verlängerung in Bezug auf ihre lastfreie Länge bezeichnet. Der belasteten Konfiguration überlagert, führen wir die willkürliche virtuelle Verschiebung δu ein. Die Kraft F wird bei der Aufbringung dieser Störung „eingefroren", und die entsprechenden externen und internen virtuellen Arbeiten lauten dann jeweils $\delta W_{\text{ext}} = -G\delta u$ und $\delta W_{\text{int}} = -F\delta u = -ku\delta u$.
Bei gegebener willkürlicher Verschiebung δu, führt das PVW $\delta W_{\text{ext}} - \delta W_{\text{int}} = -G\delta u + ku\delta u = 0$ dann zu $-G + ku = 0$ und entspricht damit dem klassischen Kräftegleichgewicht des linearen Impulses.

(c) Die Scherspannung $\tau = \eta\dot{\gamma}$ wirkt innerhalb der Flüssigkeitsschicht, wobei $\dot{\gamma} = V/H$ die Schergeschwindigkeit bezeichnet. Bei „eingefrorenen" Spannungen τ und τ_0 wird die Strömung nun durch die virtuelle Geschwindigkeit $\delta v = \delta V y/H$ gestört, ein Feld, das die wesentliche Randbedingung und damit die Haftbedingung $\delta v = 0$ bei $y = 0$ erfüllt.
Die Störung der Strömung verursacht externe und interne virtuelle Arbeit pro Zeiteinheit, d.h. externe virtuelle Leistung $\delta\dot{W}_{\text{ext}}$ als auch interne virtuelle Leistung $\delta\dot{W}_{\text{int}}$. Die externe virtuelle Leistung ergibt sich zu $\delta\dot{W}_{\text{ext}} = \tau_0 A\delta V$, und mit der virtuellen Scherrate $\delta\dot{\gamma} = \delta V/H$ ist die interne virtuelle Leistung durch $\delta\dot{W}_{\text{int}} = \int_y \tau A\delta\dot{\gamma}\,\mathrm{d}y = \eta AV/H \int_y \delta\dot{\gamma}\,\mathrm{d}y = \eta AV\delta V/H$ gekennzeichnet.
Mit beliebigem δV, führt das PVW $\delta\dot{W}_{\text{ext}} - \delta W_{\text{int}} = \tau_0 A\delta V - \eta AV\delta V/H = 0$ dann zu $\tau_0 - \eta V/H = \tau_0 - \tau = 0$ und entspricht der klassischen Bilanz des linearen Impulses.

■

Beispiel 3.25 (Verformungslokalisierung in einem Zugstab)

(a) Betrachten wir den Zugstab beim Zustand (III). Die Dehnung in den $n-1$ elastisch verformten Abschnitten beträgt dann $\varepsilon = \sigma/E$, während $\varepsilon^* = Y/E + (Y - \sigma)/H$ die Dehnung im lokalisierten Abschnitt ausdrückt, wobei σ die Spannung bezeichnet. Die gemittelte (verschmierte) Dehnung lautet dann

$$\bar{\varepsilon} = u/L = \frac{1}{n}[(n-1)\varepsilon + \varepsilon^*] = \frac{1}{n}\left[\frac{(n-1)\sigma + Y}{E} + \frac{Y - \sigma}{H}\right].$$

Diese Beziehung kann invertiert werden, und

$$\sigma = \frac{\bar{\varepsilon}HEn - Y(H+E)}{H(n-1) - E} \tag{3.153}$$

drückt somit die Spannung als Funktion der jeweiligen geometrischen und materiellen Parameter aus. Die Abhängigkeit von der Anzahl der Abschnitte n ist besonders interessant und in Abb. 3.51a dargestellt.

(b) Die Arbeit $\int \sigma \mathrm{d}\varepsilon$ wird dem mechanischen System pro Volumeneinheit zugefügt, Energie, die dann bei Zustand (IV) vollständig dissipiert ist. Mit der durchschnittlichen Dehnung $\bar{\varepsilon}_1 = Y(H+E)/(HEn)$ bei Zustand (IV) liest sich diese Dissipation pro Volumeneinheit $\mathcal{D} = \int_0^{\bar{\varepsilon}_1} \sigma \mathrm{d}\varepsilon$. Wir können das Integral bei $\bar{\varepsilon}_0 = Y/E$, der Dehnung an der elastischen Grenze Y, aufteilen, so dass $\sigma = E\bar{\varepsilon}$ und (3.153) jeweils die Spannung in den Bereichen $0 \leq \bar{\varepsilon} < \bar{\varepsilon}_0$ und $\bar{\varepsilon}_0 < \bar{\varepsilon} \leq \bar{\varepsilon}_1$ kennzeichnet. Die Integration ergibt dann die Dissipation

$$\mathcal{D} = \frac{Y^2}{2E} + \int_{\bar{\varepsilon}_0}^{\bar{\varepsilon}_1} \sigma \mathrm{d}\bar{\varepsilon} = \frac{Y^2}{2n}\left(\frac{1}{H} + \frac{1}{E}\right). \tag{3.154}$$

Da die gesamte Dissipation in der Deformationslokalisierung auftritt, ergibt die Dissipation des lokalisierten Abschnitts $\mathcal{D}_{\mathrm{loc}} = Y^2(1/H + 1/E)/2$, gewichtet mit dem Faktor $1/n$ das selbe Ergebnis.

Wie bei der Belastung (3.153), hängt auch die Dissipation (3.154) von der Anzahl der Abschnitte n ab, und $\mathcal{D}$ verschwindet sogar für $n \to \infty$; der kontinuumsmechanischen Lösung des Problems. Abb. 3.51a zeigt dieses Ergebnis; Belastung und Entlastung folgen dann dem gleichen Pfad. Dieses offensichtlich nicht-physikalische Ergebnis ist eine direkte Folge des zugrundegelegten nicht-polaren Kontinuums. Das Materialvolumen, innerhalb dessen sich die Lokalisierung entwickelt, tendiert gegen Null und die Dissipation $\mathcal{D}$ verschwindet damit.

(c) Die Substitution von H durch $H_{\mathrm{reg}} = H/n$ in den Gleichungen (3.153) und (3.154) regularisiert das Problem und führt zu

$$\bar{\varepsilon}_{\mathrm{reg}} = \frac{1}{n}\left[\frac{(n-1)\sigma + Y}{E} + \frac{Y - \sigma}{H/n}\right]; \quad \mathcal{D}_{\mathrm{reg}} = \frac{Y^2}{2n}\left(\frac{1}{H/n} + \frac{1}{E}\right).$$

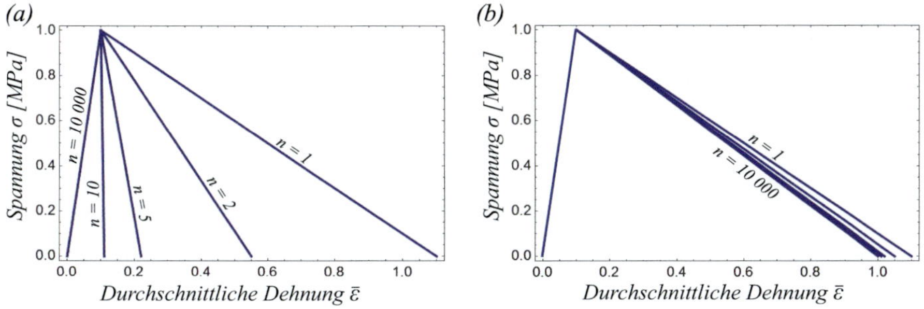

Abb. 3.51 Spannung σ als Funktion der gemittelten Dehnung $\bar{\varepsilon}$ einer, durch n Abschnitte diskretisierten Zugstab. (**a**) Nicht-regularisiertes Ergebnis. (**b**) Regularisiertes Ergebnis durch Verwendung des „diskretisierungs-abhängigen" Erweichungsmoduls $H_{\mathrm{reg}} = H/n$

Obwohl es nicht direkt ersichtlich ist, wurde hier implizit eine interne Längenskala eingeführt und damit die Entwicklung der Lokalisierung innerhalb eines infinitesimal kleinen Volumens verhindert. Die nichtgewollte Abhängigkeit von n verschwindet und die Lösung konvergiert mit $n \to \infty$ (siehe Abb. 3.51b), so dass die regularisierte Dissipation zum physikalisch korrekten Ergebnis von $\mathcal{D}_{\text{reg}\, n\to\infty} = Y^2/(2H)$ führt.

■

Beispiel 4.1 (Transformation des vierknoten finite Elementes)

(a) Mit den Formfunktionen (4.5), liest sich die räumliche Interpolation

$$x = \left(\eta^-\xi^- x_1 + \eta^-\xi^+ x_2 + \eta^+\xi^+ x_3 + \eta^+\xi^- x_4\right)/4\,;$$
$$y = \left(\eta^-\xi^- y_1 + \eta^-\xi^+ y_2 + \eta^+\xi^+ y_3 + \eta^+\xi^- y_4\right)/4\,,$$

wobei die Notation $\xi^+ = 1+\xi$, $\xi^- = 1-\xi$, $\eta^+ = 1+\eta$, und $\eta^- = 1-\eta$ verwendet wurde. Die Interpolation ergibt dann

$$x = 1{,}5 - 0{,}25\eta + 1{,}75\xi \quad ; \quad y = 1{,}3 + (1{,}05 - 0{,}15\xi)\eta + 0{,}1\xi\,,$$

wobei die spezifischen Knotenkoordinaten $\mathbf{x}$ verwendet wurden.

(b) Der räumliche Gradient, d.h. die Jacobi-Matrix der Transformation lautet und resultiert in

$$\mathbf{J} = \frac{\partial \mathbf{x}}{\partial \boldsymbol{\xi}} = \begin{bmatrix} \partial x/\partial\xi & \partial x/\partial\eta \\ \partial y/\partial\xi & \partial y/\partial\eta \end{bmatrix}$$

$$= \frac{1}{4}\begin{bmatrix} -\eta^- x_1 + \eta^- x_2 + \eta^+ x_3 - \eta^+ x_4 & -\xi^- x_1 - \xi^+ x_2 + \xi^+ x_3 + \xi^- x_4 \\ -\eta^- y_1 + \eta^- y_2 + \eta^+ y_3 - \eta^+ y_4 & -\xi^- y_1 - \xi^+ y_2 + \xi^+ y_3 + \xi^- y_4 \end{bmatrix}$$

$$\mathbf{J} = \begin{bmatrix} 1{,}75 & -0{,}25 \\ 0{,}1 - 0{,}15\eta & 1{,}05 - 0{,}15\xi \end{bmatrix},$$

wobei die spezifischen Knotenkoordinaten $\mathbf{x}$ verwendet wurden.

(c) Die Determinante der Jacobi-Matrix ergibt

$$\det\mathbf{J} = 1{,}8625 - 0{,}0375\eta - 0{,}2625\xi$$

und ist damit eine lineare Funktion der natürlichen Koordinaten. Die Fläche des finiten Elements beträgt $A = (|\mathbf{a}\times\mathbf{b}| + |\mathbf{b}\times\mathbf{c}|)/2 = 7{,}45\ \text{cm}^2$, wobei $\mathbf{a} = [x_2 y_2\ 0] - [x_1 y_1\ 0]^{\mathrm{T}}$, $\mathbf{b} = [x_3 y_3\ 0] - [x_1 y_1\ 0]^{\mathrm{T}}$, und $\mathbf{c} = [x_4 y_4\ 0] - [x_1 y_1\ 0]^{\mathrm{T}}$ Vektoren darstellen, die durch die Knotenkoordinaten bestimmt werden. Wir haben eine 3D-Vektor-Darstellung verwendet, um die Verwendung des Kreuzprodukts zu ermöglichen.

Der Vergleich dieses Ergebnisses mit der Determinante der Jacobi-Matrix im Zentrum des Elements zeigt, dass $A = 4\det\mathbf{J}(\boldsymbol{\xi} = \mathbf{0}) = 4\cdot 1{,}8625 = 7{,}45\ \text{cm}^2$ gilt, und damit auch die Fläche des finiten Elements angibt.

■

Beispiel 4.2 (Verschiebungs- und Verzerrungsinterpolation)

(a) Die Verschiebungsinterpolationsmatrix eines vierknoten finite Elements lautet

$$\mathbf{N} = \left[\begin{array}{cc|cc|cc|cc} N_1 & 0 & N_2 & 0 & N_3 & 0 & N_4 & 0 \\ 0 & N_1 & 0 & N_2 & 0 & N_3 & 0 & N_4 \end{array}\right].$$

(b) Mit der Definition der linearen Verzerrung liest sich die Verzerrungsinterpolationsmatrix als

$$\mathbf{B} = \left[\begin{array}{cc|cc|cc|cc} \frac{\partial N_1}{\partial x} & 0 & \frac{\partial N_2}{\partial x} & 0 & \frac{\partial N_3}{\partial x} & 0 & \frac{\partial N_4}{\partial x} & 0 \\ 0 & \frac{\partial N_1}{\partial y} & 0 & \frac{\partial N_2}{\partial y} & 0 & \frac{\partial N_3}{\partial y} & 0 & \frac{\partial N_4}{\partial y} \\ \frac{1}{2}\frac{\partial N_1}{\partial y} & \frac{1}{2}\frac{\partial N_1}{\partial x} & \frac{1}{2}\frac{\partial N_2}{\partial y} & \frac{1}{2}\frac{\partial N_2}{\partial x} & \frac{1}{2}\frac{\partial N_3}{\partial y} & \frac{1}{2}\frac{\partial N_3}{\partial x} & \frac{1}{2}\frac{\partial N_4}{\partial y} & \frac{1}{2}\frac{\partial N_4}{\partial x} \end{array}\right],$$

und mit der Jacobi-Matrix $\mathbf{J} = \partial\mathbf{x}/\partial\boldsymbol{\xi}$ können wir dann die räumlichen Gradienten

$$\frac{\partial N_i}{\partial \mathbf{x}} = \frac{\partial N_i}{\partial \boldsymbol{\xi}} : \frac{\partial \boldsymbol{\xi}}{\partial \mathbf{x}} = \frac{\partial N_i}{\partial \boldsymbol{\xi}} : \mathbf{J}^{-1} \quad ; \quad i = 1, \ldots, 4,$$

der Formfunktionen N_i berechnen.

(c) Mit den angegebenen natürlichen Koordinaten lässt sich die Verschiebungsinterpolationsmatrix

$$\mathbf{N} = \left[\begin{array}{cc|cc|cc|cc} 0{,}1925 & 0{,}0 & 0{,}3575 & 0{,}0 & 0{,}2925 & 0{,}0 & 0{,}1575 & 0{,}0 \\ 0{,}0 & 0{,}1925 & 0{,}0 & 0{,}3575 & 0{,}0 & 0{,}2925 & 0{,}0 & 0{,}1575 \end{array}\right],$$

und mit der inversen Jacobimatrix

$$\mathbf{J}^{-1} = \left[\begin{array}{cc} 0{,}562238 & 0{,}13986 \\ -0{,}0643357 & 0{,}979021 \end{array}\right],$$

dann auch die Verzerrungsinterpolationsmatrix

$$\mathbf{B} = \left[\begin{array}{cc|cc|cc|cc} -0{,}1433 & 0{,}0 & 0{,}1755 & 0{,}0 & 0{,}1056 & 0{,}0 & -0{,}1378 & 0{,}0 \\ 0{,}0 & -0{,}2098 & 0{,}0 & -0{,}2797 & 0{,}0 & 0{,}3497 & 0{,}0 & 0{,}1399 \\ -0{,}1049 & -0{,}0717 & -0{,}1399 & 0{,}0878 & 0{,}1748 & 0{,}0528 & 0{,}0699 & -0{,}0689 \end{array}\right],$$

berechnen.

■

Beispiel 4.3 (Wärmeleitungsproblem)

(a) Mit der zulässigen Variation der Temperatur $\delta\theta$ ergibt die partielle Differentialgleichung (4.12), jeweils multipliziert mit $\delta\theta$ und dann über Ω integriert, den Ausdruck

$$\int_{\Omega} \delta\theta \left(\frac{\partial q_i}{\partial x_i} - r + \rho c \dot{\theta} \right) \mathrm{d}v = 0. \tag{4.13}$$

(b) Die partielle Integration $\int_\Omega(\partial q_i/\partial x_i)\delta\theta \mathrm{d}v = \int_\Omega \partial(q_i\delta\theta)/\partial x_i \mathrm{d}v - \int_\Omega q_i(\partial\delta\theta/\partial x_i)\mathrm{d}v$ und die Anwendung des Divergenzsatzes $\int_\Omega \partial(q_i\delta\theta)/\partial x_i \mathrm{d}v = \int_{\partial\Omega} q_i\delta\theta n_i \mathrm{d}s$, ermöglicht es uns, (4.13) durch

$$\int_{\partial\Omega} \delta\theta q_i n_i \mathrm{d}s + \int_\Omega \delta\theta\big(\rho c\dot{\theta} - r\big)\mathrm{d}v - \int_\Omega \frac{\partial\delta\theta}{\partial x_i} q_i \mathrm{d}v = 0$$

auszudrücken, wobei n_i die Komponenten des nach außen gerichteten Normalvektors zur Grenze $\partial\Omega$ bezeichnet. Die Einbettung der Dirichlet-Randbedingung $\delta\theta = 0$ bei $\partial\Omega_\theta$ führt dann zur schwachen Form

$$\int_{\partial\Omega_\mathrm{q}} \delta\theta q_i n_i \mathrm{d}s + \int_\Omega \delta\theta\big(\rho c\dot{\theta} - r\big)\mathrm{d}v + \int_\Omega \frac{\partial\delta\theta}{\partial x_i} k \frac{\partial\theta}{\partial x_i}\mathrm{d}v = 0 \tag{4.14}$$

des zeitabhängigen Wärmeleitungsproblems, wobei das Fouriersche Wärmeleitungsgesetz zusammen mit $\partial\Omega_\mathrm{q} \cup \partial\Omega_\theta = \partial\Omega$ verwendet wurde.

■

Beispiel 4.4 (Linearisierung von räumlichen Variationsausdrücken)

(a) Die Richtungsableitung der Beziehung $(4.18)_2$ lautet

$$D_\mathbf{u}\int_{\Omega_0} \delta\mathbf{E} : \mathbf{S}\,\mathrm{d}V = \int_{\Omega_0} D_\mathbf{u}(\mathbf{S} : \delta\mathbf{E})\mathrm{d}V = \int_{\Omega_0} (D_\mathbf{u}\mathbf{E} : \mathbb{C} : \delta\mathbf{E} + \mathbf{S} : D_\mathbf{u}\delta\mathbf{E})\,\mathrm{d}V\,,$$

wobei die Kettenregel verwendet wurde, und $\mathbb{C} = \partial\mathbf{S}/\partial\mathbf{E}$ die Steifigkeit des Materials in der Referenzkonfiguration bezeichnet. Mit den Ausdrücken $D_\mathbf{u}\mathbf{E} = \mathrm{sym}(\mathbf{F}^\mathrm{T}\mathrm{Grad}\,\Delta\mathbf{u})$, $\delta\mathbf{E} = \mathrm{sym}(\mathbf{F}^\mathrm{T}\ \mathrm{Grad}\delta\mathbf{u})$ und $D_\mathbf{u}\delta\mathbf{E} = \mathrm{sym}(\mathrm{Grad}^\mathrm{T}\,\Delta\mathbf{u}\ \mathrm{Grad}\delta\mathbf{u})$ von Anhang D, lautet die Linearisierung dann

$$\begin{aligned} D_\mathbf{u}\int_{\Omega_0} \delta\mathbf{E} : \mathbf{S}\mathrm{d}V = \int_{\Omega_0} \Big[&(\mathbf{F}^\mathrm{T}\ \mathrm{Grad}\Delta\mathbf{u}) : \mathbb{C} : (\mathbf{F}^\mathrm{T}\ \mathrm{Grad}\delta\mathbf{u}) \\ &+\mathbf{S} : (\mathrm{Grad}^\mathrm{T}\Delta\mathbf{u}\ \mathrm{Grad}\delta\mathbf{u})\Big]\,\mathrm{d}V\,, \end{aligned} \tag{4.22}$$

wobei die Symmetrie von $\mathbb{C}$ und $\mathbf{S}$ verwendet wurde.

(b) Mit der zweiten Piola-Transformation $\mathbf{S} = J\mathbf{F}^{-1}\boldsymbol{\sigma}\mathbf{F}^{-\mathrm{T}}$ und der Beziehung $C_{IJKL} = Jc_{ijkl}F^{-1}_{iI}F^{-1}_{jJ}F^{-1}_{kK}F^{-1}_{lL}$ zwischen der Steifigkeit in der Referenz- und räumlichen Konfiguration, liest sich die Linearisierung (4.22) als

$$D_\mathbf{u}\delta\Pi_\mathrm{int} = \int_\Omega \big(\mathrm{grad}_\mathrm{s}\delta\mathbf{u} : \mathbb{c} : \mathrm{grad}_\mathrm{s}\Delta\mathbf{u} + \mathrm{grad}_\mathrm{s}\delta\mathbf{u} : \mathrm{grad}_\mathrm{s}\Delta\mathbf{u}\boldsymbol{\sigma}\big)\,\mathrm{d}v\,, \tag{4.23}$$

wobei die kinematischen Beziehungen $\mathrm{grad}(\bullet) = \mathrm{Grad}(\bullet)\ \mathbf{F}^{-1}$ und $\mathrm{d}v = J\mathrm{d}V$ verwendet wurden.

■

Beispiel 4.5 (Das 1D Advektion-Diffusion finite Element)

(a) Mit den Formfunktionen N_1, N_2 und den Definitionen **K**, **D** und **f** gemäß (4.28), erhalten wir jeweils

$$\mathbf{K} = v \int_0^h \begin{bmatrix} N_1 \frac{\mathrm{d}N_1}{\mathrm{d}x} & N_1 \frac{\mathrm{d}N_2}{\mathrm{d}x} \\ N_2 \frac{\mathrm{d}N_1}{\mathrm{d}x} & N_2 \frac{\mathrm{d}N_2}{\mathrm{d}x} \end{bmatrix} \mathrm{d}x = \frac{v}{2} \begin{bmatrix} -1 & 1 \\ -1 & 1 \end{bmatrix},$$

$$\mathbf{D} = \nu \int_0^h \begin{bmatrix} \frac{\mathrm{d}N_1}{\mathrm{d}x}\frac{\mathrm{d}N_1}{\mathrm{d}x} & \frac{\mathrm{d}N_1}{\mathrm{d}x}\frac{\mathrm{d}N_2}{\mathrm{d}x} \\ \frac{\mathrm{d}N_2}{\mathrm{d}x}\frac{\mathrm{d}N_1}{\mathrm{d}x} & \frac{\mathrm{d}N_2}{\mathrm{d}x}\frac{\mathrm{d}N_2}{\mathrm{d}x} \end{bmatrix} \mathrm{d}x = \frac{\nu}{h} \begin{bmatrix} 1 & -1 \\ -1 & 1 \end{bmatrix},$$

und

$$\mathbf{f} = \xi \int_0^h \begin{bmatrix} N_1 \\ N_2 \end{bmatrix} \mathrm{d}x = \frac{\alpha h}{2} \begin{bmatrix} 1 \\ 1 \end{bmatrix},$$

wobei die natürliche Koordinate $\xi = 2x/h - 1$ verwendet wurde.

(b) Mit den Formfunktionen N_1, N_2 und S_1, S_2, drücken die Interpolationen $c = N_i h_i$ und $\delta c = S_i \delta h_i$ jeweils die Konzentration c und die zugehörige Testfunktion δc aus. Folglich kennzeichnen die Ausdrücke

$$\mathbf{K} = v \int_0^h \begin{bmatrix} S_1 \frac{\mathrm{d}N_1}{\mathrm{d}x} & S_1 \frac{\mathrm{d}N_2}{\mathrm{d}x} \\ S_2 \frac{\mathrm{d}N_1}{\mathrm{d}x} & S_2 \frac{\mathrm{d}N_2}{\mathrm{d}x} \end{bmatrix} \mathrm{d}x = \frac{v}{2} \begin{bmatrix} -1 & 1 \\ -1 & 1 \end{bmatrix} + \beta \frac{v}{2} \begin{bmatrix} 1 & -1 \\ -1 & 1 \end{bmatrix},$$

$$\mathbf{D} = \nu \int_0^h \begin{bmatrix} \frac{\mathrm{d}S_1}{\mathrm{d}x}\frac{\mathrm{d}N_1}{\mathrm{d}x} & \frac{\mathrm{d}S_1}{\mathrm{d}x}\frac{\mathrm{d}N_2}{\mathrm{d}x} \\ \frac{\mathrm{d}S_2}{\mathrm{d}x}\frac{\mathrm{d}N_1}{\mathrm{d}x} & \frac{\mathrm{d}S_2}{\mathrm{d}x}\frac{\mathrm{d}N_2}{\mathrm{d}x} \end{bmatrix} \mathrm{d}x = \frac{\nu}{h} \begin{bmatrix} 1 & -1 \\ -1 & 1 \end{bmatrix},$$

und

$$\mathbf{f} = \xi \int_0^h \begin{bmatrix} S_1 \\ S_2 \end{bmatrix} \mathrm{d}x = \frac{\alpha h}{2} \begin{bmatrix} 1 \\ 1 \end{bmatrix} + \beta \frac{\alpha h}{2} \begin{bmatrix} -1 \\ 1 \end{bmatrix}$$

das Petrov-Galerkin 1D AD finite Element, wobei die natürliche Koordinate $\xi = 2x/h - 1$ verwendet wurde.

■

Beispiel 4.6 (Gefäßsegment unter quasi-statischer Belastung)

(a) Die Kraft P wirkt als externe Kraft am Knoten 2, was zusammen mit der Steifigkeitsmatrix **K** des linearen Stabelements (4.35) dann das System

$$\frac{EA}{l} \begin{bmatrix} 1 & -1 \\ -1 & 1 \end{bmatrix} \begin{bmatrix} u_1 \\ u_2 \end{bmatrix} = \begin{bmatrix} R \\ P \end{bmatrix}$$

von algebraischen Gleichungen ergibt, wobei die (im Allgemeinen unbekannte) Reaktionskraft R am Knoten 1 eingeführt wurde. Mit $\det\mathbf{K}=0$, ist dieses System singulär und kann nicht gelöst werden.

(b) Die Dirichlet-Randbedingung $u_1=0$ am Knoten 1 entfernt in Folge die erste Spalte und Zeile aus dem System. Die verbleibende Gleichung $EAu_2/l=342{,}3u_2=P$ ergibt dann die Knotenverschiebung $u_2=0{,}876$ mm, wobei der Querschnitt $A=(d_o^2-d_i^2)\pi/4=18{,}38\,\text{mm}^2$ verwendet wurde. Mit der linearen Interpolation ergibt sich die Verschiebung in axialer Richtung des Gefäßes zu $u=73{,}04\,x$ [mm], wobei x in Metern angegeben ist.

■

Beispiel 4.7 (Knotenkräfte und Steifigkeit eines vierknoten finiten Elements)

(a) Mit den Formfunktionen (4.5), der Definition (4.7) und den Knotenkoordinaten, ergibt sich die Verzerrungsinterpolationsmatrix im Zentrum $\xi=\eta=0$ zu

$$\mathbf{B}=\begin{bmatrix} -0{,}1598 & 0 & 0{,}1031 & 0 & 0{,}1598 & 0 & -0{,}1031 & 0 \\ 0 & -0{,}1804 & 0 & -0{,}2062 & 0 & 0{,}1804 & 0 & 0{,}2062 \\ -0{,}09021 & -0{,}0799 & -0{,}1031 & 0{,}05155 & 0{,}09021 & 0{,}0799 & 0{,}1031 & -0{,}05155 \end{bmatrix}$$

ein Ergebnis, das die inverse Jacobi-Matrix

$$\mathbf{J}^{-1}=\begin{bmatrix} 0{,}525773 & -0{,}0515464 \\ 0{,}113402 & 0{,}773196 \end{bmatrix}$$

bei der Berechnung der räumlichen Gradienten $\partial N_i/\partial\mathbf{x}$; $i=1,\ \dots,\ 4$ verwendete.

(b) Die Integrationsordnung $2n-1$ bestimmt die Gauß-Legendre Quadratur, wobei n die Anzahl der Integrationspunkte entlang einer Koordinatenrichtung bezeichnet. Die Definitionen (4.30) von $\mathbf{f}$ und $\mathbf{K}$ zusammen mit den Quadraturregeln (4.46) und (4.47) ermöglichen es uns, die Anzahl der Integrationspunkte zu ermitteln, die für eine exakte Integration benötigt werden. Der Traktionsvektor $\bar{t}_i$ und die Steifigkeit C_{ij} sind konstant, die Verzerrungsinterpolation B_{ij} enthält lineare Terme, die räumliche Interpolation N_{ij} sowie die Determinante der Jacobi-Matrix $\det\mathbf{J}$ enthalten quadratische Terme. Die Bestimmung von $\mathbf{f}$ und $\mathbf{K}$ stellt dann die Integration über Ausdrücke jeweils vierter Ordnung und zweiter Ordnung dar. Die exakte Integration erfordert daher mindestens jeweils $n=3$ und $n=2\times2=4$ Integrationspunkte.

(c) Tab. 4.2 und 4.3 illustriert die Algorithmen, die zur Berechnung von $\mathbf{f}$ und $\mathbf{K}$ verwendet wurden. Mit den bereitgestellten Daten liest sich der Kraftvektor als

$$\mathbf{f}=[0{,}7275\ 1{,}2125\ 0{,}7275\ 1{,}2125\ 0{,}0\ 0{,}0\ 0{,}0\ 0{,}0]^{\mathrm{T}}\ \ [\mathrm{N}]\,,$$

und die Steifigkeitsmatrix ergibt sich zu

Tab. 4.2 Algorithmus zur Berechnung des Knotenkraftvektors **f** mit Gauß-Legendre Quadratur

(1) Position und Gewichte für $n=3$ Integrationspunkte

$$\mathbf{g}=\begin{bmatrix} -0{,}774597 & -1{,}0 & 0{,}555556 \\ 0{,}0 & -1{,}0 & 0{,}888889 \\ 0{,}774597 & -1{,}0 & 0{,}555556 \end{bmatrix}$$

(2) Summation über die Integrationspunkte

$f_i=0;\ i=1,\ldots,8$

DO $l=1,\ldots,3$

Berechne die Jacobi-Matrix $\mathbf{J}$ und die Verschiebungsinterpolationsmatrix N_{ij} bei $\xi=g_{l1}$ und $\eta=g_{l2}$

Füge den Beitrag des Integrationspunkts der Knotenkraft hinzu

$f_i \leftarrow f_i + N_{ai}\bar{t}_a h\, w \det\mathbf{J}$ mit $w=g_{l3}$

ENDDO

Tab. 4.3 Algorithmus zur Berechnung der Elementsteifigkeitsmatrix **K** mit Gauß-Legendre Quadratur

(1) Position und Gewichte für $n=2\times 2=4$ Integrationspunkte

$$\mathbf{g}=\begin{bmatrix} -0{,}57735 & -0{,}57735 & 1{,}0 \\ 0{,}57735 & -0{,}57735 & 1{,}0 \\ 0{,}57735 & 0{,}57735 & 1{,}0 \\ 0{,}57735 & 0{,}57735 & 1{,}0 \end{bmatrix}$$

(2) Summation über die Integrationspunkte

$k_{ij}=0;\ i,j=1,\ldots,8$

DO $l=1,\ldots,4$

Berechne die Jacobi-Matrix $\mathbf{J}$ und die Gradienten der Formfunktion gradN_i bei $\xi=g_{l1}$ und $\eta=g_{l2}$

Invertiere $\mathbf{J}$ und berechne die Verzerrungsinterpolationsmatrix B_{ij} bei $\xi=g_{l1}$ und $\eta=g_{l2}$

Füge den Beitrag des Integrationspunkts der Elementsteifigkeit hinzu

$K_{ij} \leftarrow K_{ij}+B_{ai}C_{ab}B_{bj}h\, w \det\mathbf{J}$ mit $w=g_{l3}$

ENDDO

$$\mathbf{K}=\left[\begin{matrix} 584755. & 275405. & -357462. & 181732. \\ 275405. & 763267. & -72970. & 240848. \\ -357462. & -72970. & 547409. & -177679. \\ 181732. & 240848. & -177679. & 1197860 \\ -348424. & -259113. & -23801.2 & -208017. \\ -259113. & -349337. & 46685.5 & -908624. \\ 121131. & 56677.2 & -166146. & 203963. \\ -198025. & -654778. & 203963. & -530088. \end{matrix}\right.$$

$$\left.\begin{matrix} -348424. & -259113. & 121131. & -198025. \\ -259113. & -349337. & 56677.2 & -654778. \\ -23801.2 & 46685.5 & -166146. & 203963. \\ -208017. & -908624. & 203963. & -530088. \\ 618703. & 277746. & -246478. & 189384. \\ 277746. & 822726. & -65318.7 & 435235. \\ -246478. & -65318.7 & 291493. & -195322. \\ 189384. & 435235. & -195322. & 749631. \end{matrix}\right]\ [\mathrm{N\,mm^{-1}}]\,.$$

Das Set

$$\{2{,}827 \cdot 10^6, 1{,}001 \cdot 10^6, 7{,}506 \cdot 10^5, 6{,}358 \cdot 10^5,$$
$$3{,}61 \cdot 10^5, 3{,}993 \cdot 10^{-10}, -2{,}085 \cdot 10^{-10}, -1{,}197 \cdot 10^{-10}\},$$

kennzeichnet die acht Eigenwerte von **K**, von denen drei (ungefähr) null sind. Da keine Randbedingungen eingebettet wurden, entsprechen diese drei Eigenwerte jeweils zwei Translationen und einer Rotation des finiten Elements.

(d) Die Ein-Punkt Gauß-Legendre Quadratur ($\xi=0$, $\eta=0$, $w=4$) führt zur Elementsteifigkeitsmatrix

$$\mathbf{K} = \begin{bmatrix} 474508. & 267805. & -179604. & 193994. & -474508. & -267805. & 179604. & -193994. \\ 267805. & 570171. & -60708.4 & 552362. & -267805. & -570171. & 60708.4 & -552362. \\ -179604. & -60708.4 & 260479. & -197460. & 179604. & 60708.4 & -260479. & 197460. \\ 193994. & 552362. & -197460. & 695311. & -193994. & -552362. & 197460. & -695311. \\ -474508. & -267805. & 179604. & -193994. & 474508. & 267805. & -179604. & 193994. \\ -267805. & -570171. & 60708.4 & -552362. & 267805. & 570171. & -60708.4 & 552362. \\ 179604. & 60708.4 & -260479. & 197460. & -179604. & -60708.4 & 260479. & -197460. \\ -193994. & -552362. & 197460. & -695311. & 193994. & 552362. & -197460. & 695311. \end{bmatrix} [\mathrm{N\,mm^{-1}}].$$

Das Set

$$\{2{,}731 \cdot 10^6, 8{,}015 \cdot 10^5, 4{,}681 \cdot 10^5, 4{,}472 \cdot 10^{-10},$$
$$-2{,}3 \cdot 10^{-10}, 9{,}153 \cdot 10^{-11}, -8{,}256 \cdot 10^{-11}, 3{,}7 \cdot 10^{-12}\}$$

repräsentiert die Eigenwerte von **K**, von denen fünf (ungefähr) null sind. Sie entsprechen zwei Translationen, einer Rotation und zwei Hourglasverformungen des finiten Elements. Die Ein-Punkt Integration führt daher zu einer unterintegrierten finiten Elementsteifigkeit, und man erwartet falsche Deformationsmoden von der Anwendung eines solchen finiten Elements.

■

Beispiel 4.8 (Hu-Washizu Variationsprinzipien)

(a) Das Hu-Washizu Variationspotential führt jeweils zu den drei Variationsaussagen

$$\delta_{\mathbf{u}}\Pi_{\mathrm{HW}}(\mathbf{u},p,\theta) = \int_\Omega \overline{\boldsymbol{\sigma}}(\mathbf{u}) : \mathrm{grad}_{\mathrm{s}}\delta\mathbf{u}\,\mathrm{d}v + \int_\Omega pJ(\mathbf{u})\mathrm{div}\delta\mathbf{u}\,\mathrm{d}v - \delta_{\mathbf{u}}\Pi_{\mathrm{ext}} = 0\,;$$
$$\delta_p\Pi_{\mathrm{HW}}(\mathbf{u},p,\theta) = \int_\Omega (J(\mathbf{u}) - \theta)\delta p\,\mathrm{d}v - \delta_p\Pi_{\mathrm{ext}} = 0\,;$$
$$\delta_\theta\Pi_{\mathrm{HW}}(\mathbf{u},p,\theta) = \int_\Omega (\mathrm{d}U/\mathrm{d}\theta - p)\delta\theta\,\mathrm{d}v - \delta_\theta\Pi_{\mathrm{ext}} = 0\,,$$

wobei $\delta_{\mathbf{u}}J(\mathbf{u}) = J(\mathbf{u})\mathrm{div}\delta\mathbf{u}$ die Variation des Volumenverhältnisses ausdrückt.

(b) Die Variationen des erweiterten Hu-Washizu Potentials $\mathcal{L}(\mathbf{u},p,\theta,\lambda)$ führen jeweils zu den vier Variationsaussagen

$$\delta_{\mathbf{u}}\mathcal{L}(\mathbf{u},p,\theta,\lambda) = \delta_{\mathbf{u}}\Pi_{\mathrm{HW}}(\mathbf{u},p,\theta) \;\;;\;\; \delta_p\mathcal{L}(\mathbf{u},p,\theta,\lambda) = \delta_p\Pi_{\mathrm{HW}}(\mathbf{u},p,\theta)\,;$$
$$\delta_\lambda\mathcal{L}(\mathbf{u},p,\theta,\lambda) = \int_{\Omega_0} h(\theta)\delta\lambda\,\mathrm{d}V - \delta_\theta\Pi_{\mathrm{ext}} = 0\,;$$
$$\delta_\theta\mathcal{L}(\mathbf{u},p,\theta,\lambda) = \int_{\Omega_0} (\mathrm{d}U/\mathrm{d}\theta + \lambda\mathrm{d}h/\mathrm{d}\theta - p)\delta\theta\,\mathrm{d}V - \delta_\lambda\Pi_{\mathrm{ext}} = 0\,.$$

■

Beispiel 4.9 (SUPG-stabilisiertes 1D Advektion-Diffusion Problem)

(a) Mit den Formfunktionen N_1, N_2, der künstlichen Diffusivität $\nu^\star$ und der SUPG-Stabilisierung

$$\mathcal{P}(\delta c) = v\mathrm{d}\delta c/\mathrm{d}x \;\;;\;\; R(c) = v\mathrm{d}c/\mathrm{d}x - \nu\mathrm{d}^2c/\mathrm{d}x^2 + \alpha$$

ergibt die schwache Form (4.65) den Ausdruck

$$\begin{aligned} &\delta h_i\left[\int_\Omega N_i v B_j\,\mathrm{d}v + \int_\Omega B_i \nu B_j\,\mathrm{d}v + \int_\Omega B_i\frac{\beta h}{2}(vB_j + \alpha)\,\mathrm{d}v\right]h_j \\ &= -\delta h_i\int_\Omega N_i\alpha\mathrm{d}v\,. \end{aligned} \tag{4.66}$$

Die zweite Ableitung $\mathrm{d}^2c/\mathrm{d}x^2$ verschwand in diesem Ausdruck als Folge der linearen Formfunktionen. Wir ordnen die Ausdrücke in Richtung

$$\int_\Omega \left[v\left(N_i + \frac{\beta h}{2}B_i\right)B_j + B_i\nu B_j\right]\mathrm{d}v\;h_j = -\int_\Omega \alpha\left(N_i + \frac{\beta h}{2}B_i\right)\mathrm{d}v \tag{4.67}$$

um, so dass

$$\mathbf{K}_e = v\int_0^h \begin{bmatrix} S_1B_1 & S_1B_2 \\ S_2B_1 & S_2B_2 \end{bmatrix}\mathrm{d}x = \frac{v}{2}\left(\begin{bmatrix} -1 & 1 \\ -1 & 1 \end{bmatrix} + \beta\begin{bmatrix} 1 & -1 \\ -1 & 1 \end{bmatrix}\right)$$

und

$$\mathbf{D}_e = \nu\int_0^h \begin{bmatrix} B_1B_1 & B_1B_2 \\ B_2B_1 & B_2B_2 \end{bmatrix}\mathrm{d}x = \frac{\nu}{h}\begin{bmatrix} 1 & -1 \\ -1 & 1 \end{bmatrix}$$

jeweils die Advektions- und Diffusionsmatrix bezeichnen, während

$$\mathbf{f}_e = \alpha \int_0^h \begin{bmatrix} S_1 \\ S_2 \end{bmatrix} \mathrm{d}x = \frac{\xi h}{2} \begin{bmatrix} 1-\beta \\ 1+\beta \end{bmatrix}$$

den Lastvektor kennzeichnet. Hier interpolieren die Formfunktionen $S_i = N_i + \beta h B_i/2$; $i = 1, 2$ die Testfunktion δc, während $B_i = \mathrm{d}N_i/\mathrm{d}\,x$; $i = 1, 2$ den Gradienten von c über das finite Element interpoliert. Mit $\beta = 1$, sind die erhaltenen finiten Elementausdrücke identisch mit der 1D vollen Aufwindstabilisierung (4.61).

(b) Angesichts der Definition $S_i = N_i + \beta h B_i/2$ und der Eigenschaft $\mathrm{d}B_i/\mathrm{d}x = 0$ des linearen finiten Elements, kommen wir zu dem Schluss, dass $\mathrm{d}S_i/\mathrm{d}x = B_i$ gilt. Der Ausdruck (4.67) leitet sich daher direkt von den Interpolationen $\delta c = S_i \delta h_i$ und $c = N_i h_i$ ab und stellt damit ein konsistentes Petrov-Galerkin finite Element dar.

(c) Mit den Ausdrücke $\mathbf{K}_e$, $\mathbf{D}_e$ und $\mathbf{f}_e$ auf der Ebene des finiten Elements kann dann das globale System $(\mathbf{K} + \mathbf{D})\ \mathbf{h} = \mathbf{f}$ zusammengestellt werden. Durch Implementierung der Dirichlet-Randbedingungen $h_1 = h_{11} = 0$ kann das System dann auch gelöst werden. Abb. 4.16 veranschaulicht Ergebnisse mit dem SUPG finite Element für $\beta = 0{,}3$ im Verhältnis zur exakten Lösung dieses AD-Problems.

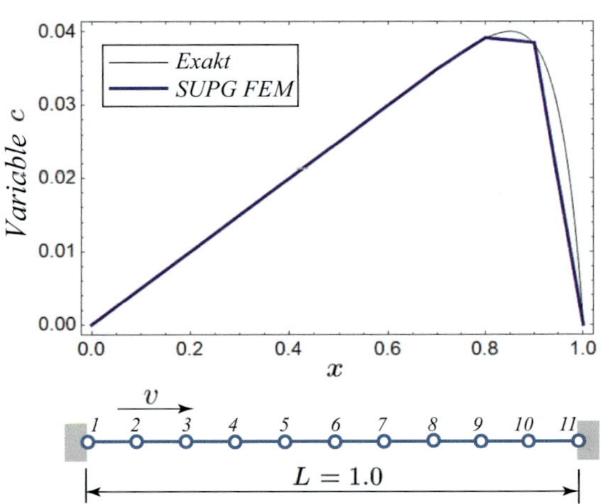

Abb. 4.16 SUPG-stabilisiertes 1D Advektion-Diffusions (AD) Problem. Die finite Elemente Lösung wurde dabei mit $\beta = 0{,}3$ stabilisiert

■

Beispiel 4.10 (Lösen eines linearen Gleichungssystems)

(a) Die LU-Faktorisierung von **K** lautet

$$\mathbf{L} = \begin{bmatrix} 1 & 0 & 0 & 0 \\ 2 & 1 & 0 & 0 \\ 0 & -3 & 1 & 0 \\ 8 & 38 & \frac{-57}{5} & 1 \end{bmatrix} \quad ; \quad \mathbf{U} = \begin{bmatrix} 1 & 5 & 12 & 2 \\ 0 & -1 & 19 & -1 \\ 0 & 0 & -55 & 3 \\ 0 & 0 & 0 & \frac{281}{5} \end{bmatrix} \quad ; \quad \mathbf{I}_\mathrm{P} = \begin{bmatrix} 0 & 0 & 1 & 0 \\ 0 & 1 & 0 & 0 \\ 0 & 0 & 0 & 1 \\ 1 & 0 & 0 & 0 \end{bmatrix},$$

wobei **L** und **U** jeweils die untere und obere Dreiecksmatrix ist, während $\mathbf{I}_\mathrm{P}$ die Permutationsmatrix bezeichnet. Mit den pivotierten Knotenkräften $\bar{\mathbf{f}} = \mathbf{I}_\mathrm{P}\mathbf{f} = [1\ 0\ 2\ 0]^\mathrm{T}$, leitet sich der Zwischenvektor $\mathbf{y} = [1\ -2\ -4\ 112/5]^\mathrm{T}$ aus der Vorwärtsreduktion von $\mathbf{Ly} = \bar{\mathbf{f}}$ ab, was uns dann erlaubt, die Lösung $\overline{\mathbf{h}} = [113/3091 \; -598/3091 \; 292/3091 \; 112/281]^{\mathrm{T}}$ aus der Rückwärtssubstitution von $\mathbf{y} = \mathbf{U}\overline{\mathbf{h}}$ zu berechnen.

(b) Mit der Initialisierung $\mathbf{h}_0 = \mathbf{0}$, kann die Iteration

$$\mathbf{A}\mathbf{h}_{n+1} = \mathbf{y}_n \text{ mit } \mathbf{y}_n = \mathbf{A}\mathbf{h}_n + \mathbf{f} - \mathbf{K}\mathbf{h}_n \tag{4.71}$$

verwendet werden, um das System iterativ zu lösen. Hierbei ist $\mathbf{A}$ eine Matrix, die die einzelnen Elemente der Steifigkeitsmatrix $\mathbf{K}$ auf die Diagonale „verdichtet" und diese liest sich damit $\mathbf{A} = \mathrm{diag}[11, 19, 20, 11]$.

Die Iteration (4.71) führt dann zu der in Abb. 4.17 dargestellten Konvergenz, wobei der relative logarithmische Fehler $\epsilon = \log(|\mathbf{h}_n|/|\mathbf{h}_{\mathrm{exact}}|)$ den Fehler der iterativen Lösung bei der n-ten Iteration quantifiziert.

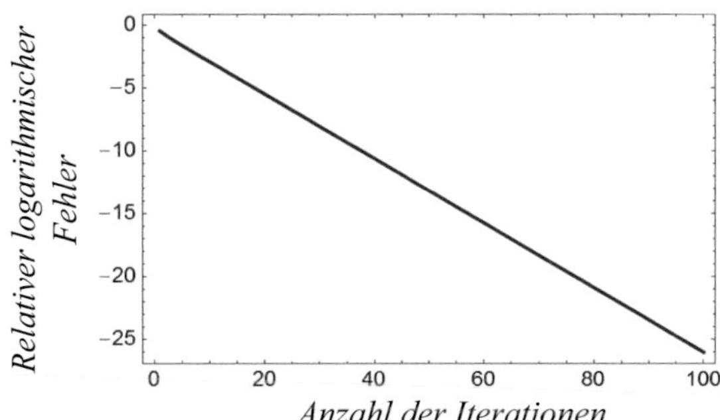

Abb. 4.17 Konvergenz der iterativen Lösung. Relativer logarithmischer Fehler in Bezug auf die Anzahl der Iterationen

■

Beispiel 4.11 (Stabilität der Euler Integration)

(a) Mit der Differentialgleichung (4.72), beschreibt die Iterationsvorschrift $y_{n+1} = y_n + \phi\,\Delta t$ mit $\phi = -y_n t_n$ die vorwärts-gerichtete und mit $\phi = -y_{n+1} t_{n+1}$ die rückwärts-gerichtete Euler Integration. Nach einigen algebraischen Manipulationen, drücken die Iterationen

$$y_{n+1} = y_n(1 - t_n \Delta t) \text{ und } y_{n+1} = y_n/(1 + t_{n+1}\Delta t)$$

jeweils die vorwärts-gerichtete und die rückwärts-gerichtete Euler Integration aus.

(b) Abb. 4.19 zeigt die numerischen Integrationen, der exakten Lösung $y = \exp(-at^2/2)$ jeweils überlagert. Mit der Schrittgröße $\Delta t = 9/10$, ist die

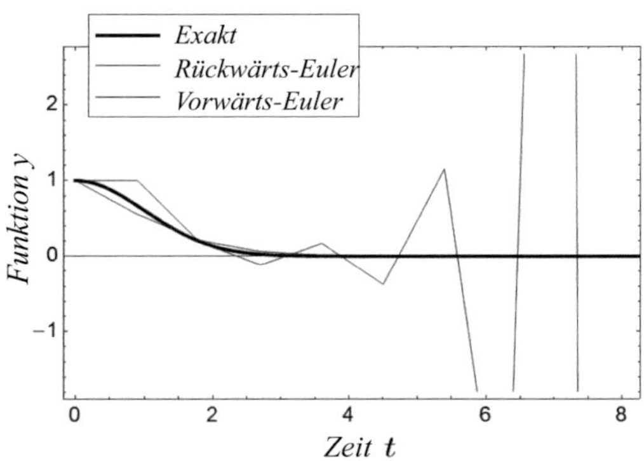

Abb. 4.19 Vorwärts-gerichtete und rückwärts-gerichtete Euler Integration. Die vorwärts-gerichtete Euler Integration ist instabil bei der gegebenen Schrittgröße

vorwärts-gerichtete Euler Integration instabil, während die rückwärts-gerichtete Euler Integration zum exakten Ergebnis $y(t \to \infty) = 0$ hin konvergiert. Bei der Schrittgröße $\Delta t \leq 1$, ist auch die vorwärts-gerichtete Euler Integration stabil.

■

Beispiel 4.12 (Federhebel)

(a) Mit der kinematischen Beziehung $u = \sqrt{a^2 + b^2 - (a - v)^2} - b$ zwischen den Verschiebungen u und v, und dem Gleichgewicht in der horizontalen Richtung $F_k = ku$, bestimmt

$$r = ku - \frac{F(b + u)}{a - v} = 0 \tag{4.86}$$

das vorliegende System, wobei die trigonometrische Beziehung $F/F_k = (b + u)/(a - v)$ verwendet wurde.

(b) Die vorgeschriebene Verschiebung v ermöglicht es uns, die verschiebungskontrollierte Newton-Raphson Iteration

$$F_{n+1} = F_n - r_n / K_n \tag{4.87}$$

anzuwenden, wobei $K_n = [\partial r / \partial F]_n = -(b + u)/(a - v)$ verwendet wurde. Bei einer vorgeschriebenen Verschiebungen v und mit der konstanten Steifigkeit K_n, konvergiert die Newton-Raphson Iteration innerhalb von nur zwei Schritten. Abb. 4.24 zeigt die Kraft als Funktion der Verschiebung, und Tab. 4.7 skizziert den Algorithmus zur Berechnung dieser Ergebnisse.

(c) Bei vorgeschriebener Kraft F ergibt sich die kraftgesteuerte Newton-Raphson Iteration

$$v_{n+1} = v_n - r_n / K_n; \, K_n = \left[\frac{\partial r}{\partial v} \right]_n = \frac{k(a - v) - F}{u + b} - \frac{F(u + b)}{(a - v)^2} \,. \tag{4.88}$$

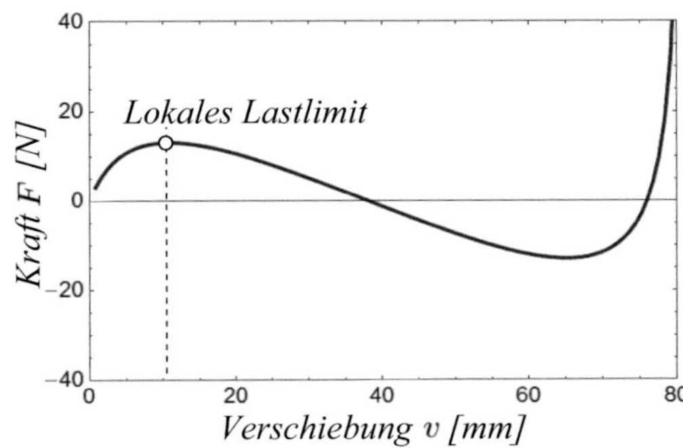

Abb. 4.24 Kraft als Funktion der Verschiebung des Federhebels. Ein verschiebungsgesteuerter Newton-Raphson Algorithmus kann auf den Verschiebungsbereich von $0 < v < 80$ mm angewandt werden. Die kraftgesteuerte Lösung kann das Problem jenseits von $v \approx 10$ mm, d.h. wo die Struktur eine lokales Lastlimit zeigt, nicht mehr lösen

Tab. 4.7 Algorithmus zur Berechnung der Kraft F bei einer vorgegebenen Verschiebung v und unter Verwendung der Newton-Raphson Iteration

(1) Lege Verschiebungsinkrement fest: $\Delta v = v_{max}/n_l$
(2) Initialisiere Verschiebung und Kraft: $v = 0$, $F = 0$
(3) Schleife über Verschiebungsinkremente
DO solange $v \leq v_{max}$ $v \leftarrow v + \Delta v$
(4) Schleife über Newton-Raphson Iteration $r = 1$ DO solange $\lvert r \rvert \geq 10^{-8}$ $r = ku - F(b+u)/(a-v)$ mit $u = \sqrt{a^2 + b^2 - (a-v)^2} - b$ $\delta F = r/K$ mit $K = -(u+b)/(a-v)$ $F \leftarrow F - \delta F$ ENDDO (Schleife über Newton-Raphson Iteration) ENDDO (Schleife über Verschiebungsinkremente)

Die Steifigkeit K_n ist eine Funktion von v, und die Newton-Raphson Iteration erfordert daher einige Iterationen, um zu konvergieren.
Bei der Verschiebung $v \approx 10$ mm erscheint ein lokaler Limitpunkt wo $\partial F / \partial v = 0$ gilt, siehe Abb. 4.24. Die Kraft kann dann nicht mehr erhöht werden und die kraftgesteuerte Lösungsstrategie kann das Problem über diesen Punkt hinaus nicht lösen.

■

Beispiel 5.1 (Mechanische Charakterisierung eines Gefäßsegments)

(a) Angesichts der Geometrie des spannungsfreien Blutgefäßes, der Fluideigenschaften und der linear-elastischen Beschreibung der Gefäßwand ergeben die Beziehungen (2.31), (2.32) (oder (5.1)), und (2.33)

$$R = \frac{128\mu l}{\pi D^4} = 4{,}94368 \cdot 10^7 \text{ Pa s m}^{-3}\,;$$
$$C = \frac{3D^3 \pi l}{16HE} = 2{,}67406 \cdot 10^{-10} \text{ m Pa}^{-3}\,;$$
$$L = \frac{4\rho l}{D^2 \pi} = 1{,}47307 \cdot 10^7 \text{ kg m}^{-4},$$

Ausdrücke, die jeweils den Widerstand R, die Compliance C und die Induktivität L der Femoralarterie bestimmen.

(b) Die rechte Cauchy-Green Verzerrung $\mathbf{C} = \text{diag}[\lambda_\theta^2, \lambda_z^2, \lambda_r^2]$ mit der ersten Invariante $I_1 = \text{tr}\mathbf{C} = \lambda_\theta^2 + \lambda_z^2 + \lambda_r^2$ bestimmt die Kinematik der Verformung, wobei θ, z, r jeweils die Umfangs-, Achsen- und Radialrichtungen des Gefäßes bezeichnen. Das Verfahren von Coleman und Noll (5.5) ermöglicht es uns dann, die umfangsbezogene zweite Piola-Kirchhoff Spannung

$$S_\theta = \frac{1}{\lambda_\theta}\frac{\partial\Psi}{\partial\lambda_\theta} - \frac{\lambda_r}{\lambda_\theta^2}\frac{\partial\Psi}{\partial\lambda_r} = 4c(I_1 - 3)\left[1 - (\lambda_r/\lambda_\theta)^2\right] \tag{5.13}$$

zu berechnen wobei die Membranbedingung $S_r = 0$ verwendet wurde, um den Lagrange-Druck κ in (5.5) auszudrücken. Die Cauchy Spannung lautet dann $\sigma_\theta = \lambda_\theta^2 S_\theta$, und $p_i d = 2\sigma_\theta h$ drückt das statische Gleichgewicht in der zirkumferenziellen Gefäßrichtung aus, wobei p_i den Inflationsdruck bezeichnet. Mit der Dehnungen $\lambda_\theta = d/D$, $\lambda_z = 1$ und der Beziehung $\lambda_r = h/H = \lambda_\theta^{-1}$, ergibt sich der Inflationsdruck zu

$$p_i = 2S_\theta H/D\,, \tag{5.14}$$

und die Substitution von S_θ durch (5.13) führt auf

$$p_i = 114754{,}1\frac{(\lambda_\theta^2 - 1)^3(1 + \lambda_\theta^2)}{\lambda_\theta^6}\ [\mathrm{Pa}]\,. \tag{5.15}$$

Wir haben die geometrischen und konstitutiven Daten des Gefäßes bei der Ableitung dieser nichtlinearen Beziehung zwischen p_i und λ_θ verwendet. Bei $p_i = 13333{,}3$ Pa (100,0 mmHg) hat diese Beziehung eine physikalisch vernünftige Lösung, $\lambda_\theta = 1{,}24702$. Diese Verformung entspricht dann dem Gefäßdurchmesser von $d = \lambda_\theta D = 7{,}607$ mm, und

$$R = \frac{128\mu l}{\pi d^4} = 2{,}04437 \cdot 10^7\ \mathrm{Pa\,s\,m^{-3}} \quad \text{und}$$
$$L = \frac{4\rho L}{d^2\pi} = 9{,}47279 \cdot 10^6\ \mathrm{kg\,m^{-4}}$$

bestimmen den Widerstand und die Induktivität der Femoralarterie bei besagtem Druck.

Die Berechnung der Compliance des Gefäßes $C = \Delta V/\Delta p$ bei besagtem Druck und somit bei $\lambda_\theta = 1{,}24702$, erfordert die Bestimmung der Volumensteigerung $\Delta V = dl\pi\,\Delta d/2$ des Gefäßlumens. Sie repräsentiert die Zunahme des Gefäßvolumens in Reaktion auf die Drucksteigerung Δp. Wir linearisieren daher (5.14), so dass sich der Zusammenhang

$$\Delta p = \frac{2K_{\theta\theta}H}{D^2}\Delta d \tag{5.16}$$

ergibt, wobei $\Delta d = D\,\Delta\lambda_\theta$ der Durchmesserzuwachs ist, und $K_{\theta\theta} = \partial S_\theta/\partial\lambda_\theta$ den Umfangssteifigkeitskoeffizienten des Gefäßes bezeichnet. Mit dem konstitutiven Gesetz (5.13) lautet dieser $K_{\theta\theta} = 8c(1 - 2\lambda_\theta^2 + \lambda_\theta^8)/\lambda_\theta^7 = 7{,}9704 \cdot 10^5$ Pa, und

$$C = \frac{\Delta V}{\Delta p} = \frac{dl\pi\,\Delta d}{2\Delta p} = \frac{\lambda_\theta D^3 l\pi}{4K_{\theta\theta}H} = 1{,}6735 \cdot 10^{-10}\ \mathrm{m\,Pa^{-3}}$$

bestimmt dann die Compliance der Arterie bei einem Druck von 100,0 mmHg.

(c) Mit der Substitution des Flusses am Auslaß q_{out} in (2.37) durch (2.38), wird das drei-element Gefäßmodell in Abb. 5.14 durch

$$p_{in} - p_{out} = R(q_{in} - C\dot{p}_{in}) + L(\dot{q}_{in} - C\ddot{p}_{in}) \tag{5.17}$$

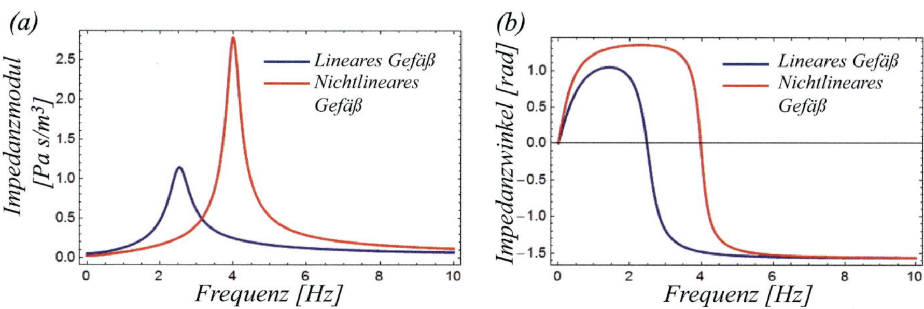

Abb. 5.15 Impedanz des drei-element Lumped-Parameter Modells. (**a**) Modulus |**Z**| und (**b**) Phasenverschiebung arg(**Z**) als Funktionen der Signalfrequenz. Blaue und rote Kurven entsprechen der linearen (Aufgabe (a)) und der nichtlinearen (Aufgabe (b)) Beschreibungen der Gefäßwand

charakterisiert. Zur Ableitung der Impedanz des Modells betrachten wir zyklisch periodische Bedingungen und führen den Fluss $q_{\text{in}} = \mathbf{Q}\exp(i\omega t)$ ein, wobei $\mathbf{Q}$ seine komplexe Amplitude bezeichnet. Die Drücke $p_{\text{in}} = \mathbf{P}\exp(i\omega t)$ und $p_{\text{out}}=0$ können in (5.17) eingesetzt werden, und die Impedanz liest sich dann

$$\mathbf{Z} = \frac{\mathbf{P}}{\mathbf{Q}} = \frac{R + i\omega L}{1 + i\omega RC - \omega^2 LC}\,. \tag{5.18}$$

Abb. 5.15 zeigt den Modulus |**Z**| und die Phasenverschiebung arg(**Z**) wie vom drei-element Lumped-Parameter Modell vorhergesagt.

■

Beispiel 5.2 (Residualspannungen einer dickwandigen Arterie)

(a) Wir betrachten das Ringsegment, das zwischen den Radien R_{i} und $R<R_{\text{o}}$ gebildet wird. Angesichts der Inkompressibilität gilt der Ausdruck $L(R^2 - R_{\text{i}}^2)k = l(r^2 - r_{\text{i}}^2)$ mit $k=2\pi/(2\pi-\alpha)$ und liefert die kinematische Beziehung

$$r = \sqrt{r_{\text{i}}^2 + (R^2 - R_i^2)/(k\lambda_z)}\,, \tag{5.51}$$

wobei $\lambda_z = l/L$ die axiale Streckung des Gefäßsegments bezeichnet. Die Verzerrungsenergiefunktion (5.50) zusammen mit der Beziehung (5.7) bestimmen dann die Hauptwerte $\sigma_i = \overline{\sigma}_i - \kappa$ der Cauchy Spannungen, wobei $i=\theta, z, r$ jeweils die Umfangs-, Axial- und Radialrichtung bezeichnet. Während die Streckung die Spannung $\overline{\sigma}_i = 2c_1\lambda_i^2$ bestimmt, trägt der Lagrange-Parameter κ zum hydrostatischen Druck bei und erzwingt so die Inkompressibilität.

(b) Die einzige nicht-triviale Gleichgewichtsrelation des achsensymmetrischen Problems in zylindrischen Koordinaten lautet $r\mathrm{d}\sigma_r/\mathrm{d}r=\sigma_\theta-\sigma_r$. Ihre Integration unter den Randbedingungen $\sigma_r(r_i) = \sigma_r(r_o) = 0$, ergibt den Gleichgewichtsausdruck

$$0 = \int_{r_i}^{r_o} \frac{\sigma_\theta - \sigma_r}{r} \mathrm{d}r \tag{5.52}$$

des dickwandigen Rohrs.

(c) Die axiale Spannung σ_z resultiert in der axialen Kraft $N = 2\pi \int_{r_i}^{r_o} (\overline{\sigma}_z - \kappa) r \mathrm{d}r$, und mit der Beziehung $\kappa(r) = \overline{\sigma}_r(r) - \sigma_r(r) = \overline{\sigma}_r(r) - \int_{r_i}^{r} (\sigma_\theta - \sigma_r)/\xi \mathrm{d}\xi$, liest sich diese dann

$$N = \pi \int_{r_i}^{r_o} (2\overline{\sigma}_z - \overline{\sigma}_r - \overline{\sigma}_\theta) r \mathrm{d}r = 0\,. \tag{5.53}$$

Eine detaillierte Ableitung dieser Beziehung wird in Abschn. 5.5.5 bereitgestellt.

(d) Angesichts der festgehaltenen axialen Dehnung $\lambda_z = 1$ und der Relation (5.51), können die radiale und zirkumferenzielle Streckung als Funktionen des deformierten inneren Radius r_i und des referenziellen Radius R ausgedrückt werden; $\lambda_\theta = \lambda_\theta(r_i, R)$ und $\lambda_r = \lambda_z^{-1}\lambda_\theta^{-1} = \lambda_r(r_i, R)$. Die Spannungen $\overline{\sigma}_i;\ i = \theta, z, r$ sind dann Funktionen von r_i und R, und mit der Beziehung $r = \lambda_r R$ und $\mathrm{d}r = \lambda_r \mathrm{d}R$, liest sich der Gleichgewichtsausdruck (5.52) als $0 = \int_{R_i}^{R_o} (\overline{\sigma}_\theta(r_i, R) - \overline{\sigma}_r(r_i, R))/R \mathrm{d}R$, ein Ausdruck, der bei $r_i = 7{,}26$ mm erfüllt ist. Darüber hinaus ergibt (5.53) $0 = \pi \int_{R_i}^{R_o} \left[2\overline{\sigma}_z(r_i, R) - \overline{\sigma}_r(r_i, R) - \overline{\sigma}_\theta(r_i, R)\right] R \lambda_r^2(r_i, R) \mathrm{d}R$, und seine numerische Integration bestätigt, dass $r_i = 7{,}26$ mm eine Lösung ist.

(e) Die Verteilung der Cauchyschen Spannungsdifferenzen über die Wand ist in Abb. 5.24 dargestellt.

(f) An der Innenseite und der Außenseite des Gefäßes gilt $\sigma_r = 0$, was zum Lagrange-Parameter $\kappa = \overline{\sigma}_r$ führt. Dies ermöglicht es uns, die jeweilige Umfangsspannung $\sigma_\theta = \overline{\sigma}_\theta - \kappa = \overline{\sigma}_\theta - \overline{\sigma}_r$ zu berechnen; $\sigma_\theta(R_i) = -3{,}307$ kPa und $\sigma_\theta(R_o) = 2{,}871$ kPa.

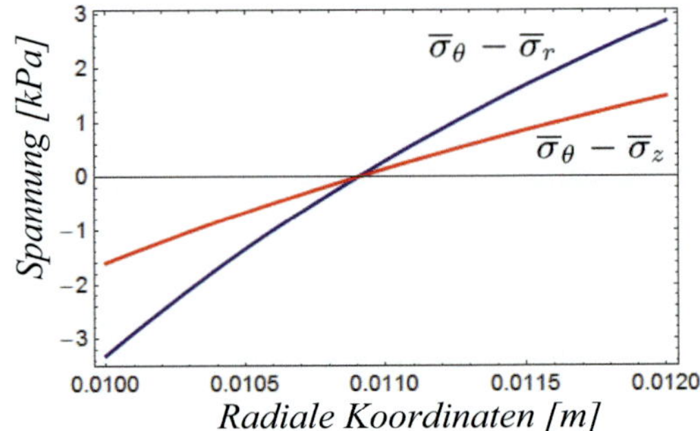

Abb. 5.24 Verteilung der Cauchyschen Spannungsdifferenzen $\overline{\sigma}_\theta - \overline{\sigma}_r = \sigma_\theta - \sigma_r$ und $\overline{\sigma}_\theta - \overline{\sigma}_z = \sigma_\theta - \sigma_z$ über die Wanddicke der lastfreien Konfiguration Ω

■

Beispiel 5.3 (Diskretisierung des Faltungsintegrals)

(a) Zum Zeitpunkt t_{n+1} kann das Faltungsintegral (5.57) in

$$\overline{\mathbf{S}}_{\mathrm{M}}(t_{n+1}) = \sum_{i=1}^{N} \left\{ \beta_i \exp[-\Delta t/\tau_i] \int_0^{t_n} \exp[-(t_n - x)/\tau_i] \dot{\overline{\mathbf{S}}}_{\mathrm{E}} \mathrm{d}x \right.$$
$$\left. + \beta_i \int_{t_n}^{t_{n+1}} \exp[-(t_{n+1} - x)/\tau_i] \dot{\overline{\mathbf{S}}}_{\mathrm{E}} \mathrm{d}x \right\}$$

aufgeteilt werden, wobei $\Delta t = t_{n+1} - t_n$ das Zeitintervall bezeichnet. Mit der Überspannung $\overline{\mathbf{S}}_{\mathrm{M}\,n\,i} = \beta_i \int_0^{t_n} \exp[-(t_n - x)/\tau_i] \dot{\overline{\mathbf{S}}}_{\mathrm{E}} \mathrm{d}x$ zur Zeit t_n, kann dann die Überspannung zur Zeit t_{n+1} durch

$$\overline{\mathbf{S}}_{\mathrm{M}}(t_{n+1}) \approx \overline{\mathbf{S}}_{\mathrm{M}\,n+1} = \sum_{i=1}^{N} \left[\xi_i^2 \overline{\mathbf{S}}_{\mathrm{M}\,n\,i} + \beta_i \xi_i \big(\overline{\mathbf{S}}_{\mathrm{E}\,n+1} - \overline{\mathbf{S}}_{\mathrm{E}\,n} \big) \right] \qquad (5.59)$$

ausgedrückt werden, wobei die Abkürzung $\xi_i = \exp[-\Delta t/(2\tau_i)]$ eingeführt wurde. Die Diskretisierung ist von zweiter Ordnung genau und basiert auf der Mittelpunkt-Integrationsregel

$$\int_{t_n}^{t_{n+1}} \exp\left(-\frac{t_{n+1} - x}{\tau_i} \right) \dot{\overline{\mathbf{S}}}_{\mathrm{E}} \mathrm{d}x \approx \exp\left(\frac{-t_{n+1} + t_{n+1} - \Delta t/2}{\tau_i} \right) \frac{\overline{\mathbf{S}}_{\mathrm{E}\,n+1} - \overline{\mathbf{S}}_{\mathrm{E}\,n}}{\Delta t} \Delta t \,.$$

(b) Tab. 5.5 fasst die verschiedenen Schritte zur Lösung des visko-hyperelastischen dünnwandigen Rohrs zusammen, und Abb. 5.27 präsentiert die Ergebnisse, die damit erzielt worden sind, jeweils unter Verwendung vont $n = 30$ und $n = 300$ Zeitschritten.

(c) Angesichts der Eigenschaft $\partial(\bullet)_n/\partial \mathbf{C}_{n+1} = \mathbf{0}$ aller Terme $(\bullet)_n$ vom vorhergehenden Zeitpunkt, ergibt die Ableitung der Überspannung (5.59) in Bezug auf die rechte Cauchy-Green Verzerrung $\mathbf{C}$

$$\overline{\mathbb{C}}^{\mathrm{algo}}_{\mathrm{M}\,n+1} = 2\partial \overline{\mathbf{S}}_{\mathrm{M}\,n+1}/\partial \mathbf{C}_{n+1} = \overline{\mathbb{C}}_{\mathrm{E}\,n+1} \sum_{i=1}^{N} \beta_i \xi_i \,,$$

wobei $\overline{\mathbb{C}}_{\mathrm{E}\,n+1} = 2\partial \overline{\mathbf{S}}_{\mathrm{E}\,n+1}/\partial \mathbf{C}_{n+1}$ die Steifigkeit der isochorischen elastischen Spannung bezeichnet. Beachten Sie, dass $\overline{\mathbb{C}}^{\mathrm{algo}}_{\mathrm{M}\,n+1}$ von dem algorithmischen Parameter $\xi_i = \exp[-\Delta t/(2\tau_i)]$ abhängt – sie wird daher als algorithmische Tangente bezeichnet.

Tab. 5.5 Algorithmus zur numerischen Lösung des visko-hyperelastischen dünnwandigen Rohrs

(1) Geometrie und konstitutive Parameter festlegen $D=9{,}0$ mm; $H=0{,}8$ mm ; $c_3=50{,}0$ kPa $\tau_1=0{,}2\ \mathrm{s}^{-1}$; $\tau_2=0{,}7\ \mathrm{s}^{-1}$; $\beta_1=0{,}3$; $\beta_2=0{,}2$
(2) Berechnen Sie die anfängliche isochore elastische zweite Piola-Kirchhoff Spannung $\lambda_\theta = 1{,}4;\ \lambda_z = 1{,}2;\ \lambda_r = (\lambda_\theta\lambda_z)^{-2};\ \alpha = 2c_3(\lambda_\theta^2 + \lambda_z^2 + \lambda_r^2 - 3)^2$ $\overline{S}_{\mathrm{E}\theta n} = \alpha\left(2 - \frac{\lambda_r^2+\lambda_z^2}{\lambda_\theta^2}\right); \overline{S}_{\mathrm{E}zn} = \alpha\left(2 - \frac{\lambda_\theta^2+\lambda_r^2}{\lambda_z^2}\right); \overline{S}_{\mathrm{E}rn} = \alpha\left(2 - \frac{\lambda_\theta^2+\lambda_z^2}{\lambda_r^2}\right)$
(3) Legen Sie die Zeitdiskretisierung fest und Schleife über die Zeitschritte $t_\mathrm{e}=3{,}0$ s ; $n=300$; $\Delta t=t_\mathrm{e}/n$; $t=0{,}0$ DO $i=1, \ldots, n$ $t=t+\Delta t$ $\lambda_\theta = 1{,}4 + 0{,}1\sin(2\pi t);\ \lambda_z = 1{,}2;\ \lambda_r = (\lambda_\theta\lambda_z)^{-2};\ \alpha = 2c_3(\lambda_\theta^2 + \lambda_z^2 + \lambda_r^2 - 3)^2$ $\overline{S}_{\mathrm{E}\theta} = \alpha\left(2 - \frac{\lambda_r^2+\lambda_z^2}{\lambda_\theta^2}\right); \overline{S}_{\mathrm{E}z} = \alpha\left(2 - \frac{\lambda_\theta^2+\lambda_r^2}{\lambda_z^2}\right); \overline{S}_{\mathrm{E}r} = \alpha\left(2 - \frac{\lambda_\theta^2+\lambda_z^2}{\lambda_r^2}\right)$
(4) Integrieren Sie das Faltungsintegral (5.57) über das Zeitintervall $\xi_j = \exp(\frac{\Delta t}{2\tau_j});\ \overline{S}_{\mathrm{M}kj} = \xi_j^2\overline{S}_{\mathrm{M}kjn} + \beta_j\xi_j(\overline{S}_{\mathrm{E}k} - \overline{S}_{\mathrm{E}kn});\ k = \theta, z, r;\ j = 1,2$
(5) Drücken Sie den hydrostatischen Druck aus und berechnen Sie die gesamte zweite Piola-Kirchhoff Spannung $p = \lambda_r^2\left(\sum_{j=1,2}\overline{S}_{\mathrm{M}rj} + \overline{S}_{\mathrm{E}r}\right)$ $S_k = \overline{S}_{\mathrm{E}k} + \sum_{j=1,2}\overline{S}_{\mathrm{M}kj} - p\lambda_k^{-2};\ k = \theta, z$
(6) Berechnen Sie den Inflationsdruck und die reduzierte axiale Kraft $p_\mathrm{i} = 2S_\theta\, H/(D\lambda_z);\ F = \lambda_z S_z DH\pi - p_\mathrm{i}\pi/4D^2\lambda_\theta^2$
(7) Aktualisieren Sie die Verlaufsvariablen $\overline{S}_{\mathrm{M}kjn} \leftarrow \overline{S}_{\mathrm{M}kj};\ k = \theta, z;\ j = 1,2$ $\overline{S}_{\mathrm{E}kn} \leftarrow \overline{S}_{\mathrm{E}k};\ k = \theta, z$ ENDDO (Schleife über die Zeitschritte)

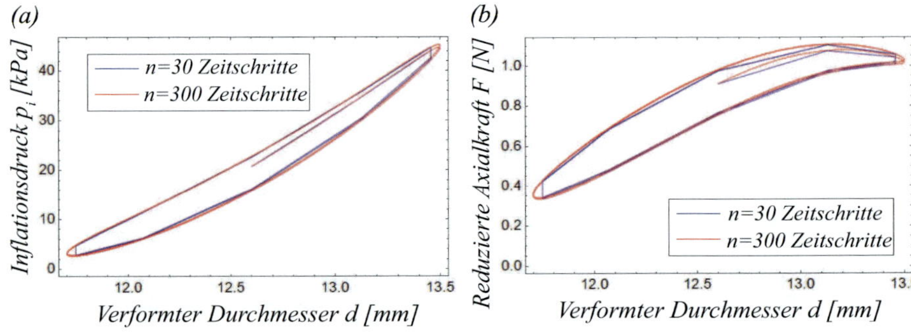

Abb. 5.27 Numerische Ergebnisse des druckbeaufschlagten visko-hyperelastischen dünnwandigen Rohrs bei vorgeschriebener Umfangs- und Axialstreckung jeweils von $\lambda_\theta = 1{,}4 + 0{,}1\sin(2\pi t)$ und $\lambda_z = 1{,}2$. (**a**) Inflationsdruck p_i als Funktion des verformten Durchmessers d des Rohrs. (**b**) Reduzierte axiale Kraft F als Funktion des verformten Durchmessers d des Rohrs. Die Kurven decken das Zeitintervall $0<t<3$ s ab und die Ergebnisse sind jeweils für $n=30$ und $n=300$ Zeitschritten präsentiert

■

Beispiel 5.4 (Progressive Aktivierung und Reißen von Kollagenfibrillen)

(a) Betrachten wir die Verformung einer einzelnen gewellten Fibrille, wobei λ die Streckung des Gewebes bezeichnet. Die Streckung kann in zwei Teile aufgeteilt werden, $\lambda = \lambda_s \lambda_e$, wobei λ_s die Zwischenkonfiguration der Fibrille definiert, während die Streckung λ_e die Fibrille relativ zu ihrer Zwischenkonfiguration elastisch verformt.

Die erste Piola-Kirchhoff Spannung des Gefäßwandgewebes kann dann durch das Integral

$$P = k \int_0^{\lambda} \Upsilon_s(x) \mathrm{d}x \tag{5.61}$$

dargestellt werden, wobei $\Upsilon_s(\lambda) = \int_{-\infty}^{\lambda} \rho_s(x) \mathrm{d}x$ die kumulative Dichtefunktion (CDF) bezeichnet. Sie bestimmt den Anteil der Kollagenfibrillen, die bei der Streckung λ mechanisch belastet sind. Die Integration von (5.61) ergibt die stückweise polynomialen Ausdrücke

$$P_e(\lambda) = \begin{cases} 0 & ; \ 0 < \lambda \le \lambda_1 \,, \\ \dfrac{k(\lambda-\lambda_1)^3}{3(\lambda_1-\lambda_2)(\lambda_1-\lambda_3)} & ; \ \lambda_1 \le \lambda \le \lambda_3 \,, \\ \dfrac{k[\lambda^3-\lambda_1^2(\lambda_2-\lambda_3)-\lambda_1(\lambda_2-\lambda_3)(\lambda_3-3\lambda)-\lambda_2(\lambda_3^2-3\lambda_3\lambda+3\lambda^2)]}{3(\lambda_1-\lambda_2)(\lambda_2-\lambda_3)} & ; \ \lambda_3 \le \lambda \le \lambda_2 \,, \\ \dfrac{k(3\lambda-\lambda_1-\lambda_2-\lambda_3)}{3} & ; \ \lambda_2 < \lambda < \infty \end{cases}$$

der ersten Piola-Kirchhoff Spannung. Die erste Piola-Transformation für inkompressible Materialien ermöglicht es uns dann, die Cauchy Spannung $\sigma_e = \lambda P_e$ zu berechnen. Abb. 5.29a zeigt die jeweiligen elastischen Eigenschaften des Gewebes.

(b) Die gerissenen Fibrillen tragen nicht zur Spannung im Gewebe bei, und wir ziehen daher ihren Beitrag von der elastischen Spannung (5.61) ab. Wir können die PDF der gerissenen Fibrillen $\rho_f(x)$ berechnen, indem wir die Rekrutierungs-PDF $\rho_s(\lambda)$ um den Faktor λ_f „strecken". Die CDF $\Upsilon_f(\lambda) = \int_{\lambda_f \lambda_1}^{\lambda} \rho_f(x) \mathrm{d}x$ bestimmt dann den Anteil der gerissenen Fibrillen, wobei λ_f die Streckung bei Versagen bezeichnet. Alternativ hätten wir die CDF durch $\Upsilon_f(\lambda) = \int_{\lambda_1}^{\lambda/\lambda_f} \rho_s(x) \mathrm{d}x$ berechnen können, siehe Abb. 5.29b.

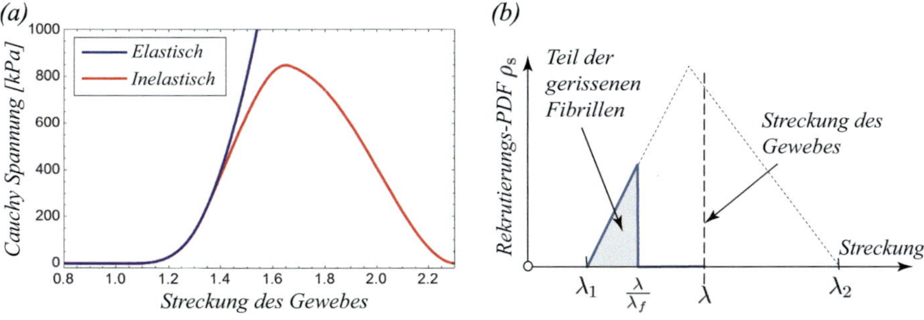

Abb. 5.29 (**a**) Cauchy Spannung als Funktion der Streckung der elastischen (blaue Kurve) und inelastischen (rote Kurve) Gewebeeigenschaften. (**b**) Wahrscheinlichkeitsdichtefunktion (PDF) zur Berechnung der gerissenen Fibrillen

Die erste Piola-Kirchhoff Spannung, die von der elastischen Spannung abgezogen wird, lautet dann

$$P_{\mathrm{f}} = k\left[\int_{\lambda_1}^{\lambda/\lambda_{\mathrm{f}}} \Upsilon_{\mathrm{s}}(x)\mathrm{d}x + \int_{\lambda/\lambda_{\mathrm{f}}}^{\lambda} \Upsilon_{\mathrm{s}}(\lambda/\lambda_{\mathrm{f}})\mathrm{d}x\right], \qquad (5.62)$$

und die aus der Integration entstehenden langen stückweisen Polynomausdrücke werden nicht explizit gezeigt. Mit der Spannung $P_{\mathrm{i}} = P_{\mathrm{e}} - P_{\mathrm{f}}$ des irreversibel verformten (beschädigten) Gewebes ergibt die erste Piola-Transformation dann die Cauchy Spannung $\sigma_{\mathrm{i}} = \lambda P_{\mathrm{i}}$. Abb. 5.29a veranschaulicht die jeweiligen Eigenschaften des beschädigten Gewebes.

■

Beispiel 5.5 (Gewebe Charakterisierung durch Einfache Scherung)

(a) Die Bewegung

$$x_1 = X_1 + \gamma X_2 \; ; \; x_2 = X_2 \; ; \; x_3 = X_3 \qquad (5.71)$$

bestimmt die einfache Scherkinematik, wobei $\mathbf{x} = \boldsymbol{\chi}(\mathbf{X}) = [x_1 \; x_2 \; x_3]^{\mathrm{T}}$ und $\mathbf{X} = [X_1 \; X_2 \; X_3]^{\mathrm{T}}$ jeweils die räumlichen und referenziellen Positionen bezeichnet. Abb. 5.38 veranschaulicht die Kinematik, und das betrachtete experimentelle Design ergibt die Beziehung $\gamma = u/h$.

(b) Die Bewegung (5.71) definiert den Deformationsgradienten

$$\mathbf{F} = \mathrm{Grad}\boldsymbol{\chi}(\mathbf{X}) = \frac{\partial \boldsymbol{\chi}}{\partial \mathbf{X}} = \begin{bmatrix} 1 & \gamma & 0 \\ 0 & 1 & 0 \\ 0 & 0 & 1 \end{bmatrix},$$

was dann jeweils zu den rechten und linken Cauchy-Green Verzerrungen führt,

$$\mathbf{C} = \mathbf{F}^{\mathrm{T}}\mathbf{F} = \begin{bmatrix} 1 & \gamma & 0 \\ \gamma & 1+\gamma^2 & 0 \\ 0 & 0 & 1 \end{bmatrix} \; ; \; \mathbf{b} = \mathbf{F}\mathbf{F}^{\mathrm{T}} = \begin{bmatrix} 1+\gamma^2 & \gamma & 0 \\ \gamma & 1 & 0 \\ 0 & 0 & 1 \end{bmatrix}. \qquad (5.72)$$

(c) Die Eigenwertanalyse des symmetrischen Tensors zweiter Ordnung $(5.72)_1$ ermöglicht es uns, die rechte Cauchy-Green Verzerrung durch $\mathbf{C} = \sum_{i=1}^{3} \lambda_{\mathbf{C}i} \mathbf{N}_i \otimes \mathbf{N}_i$ auszudrücken, wobei

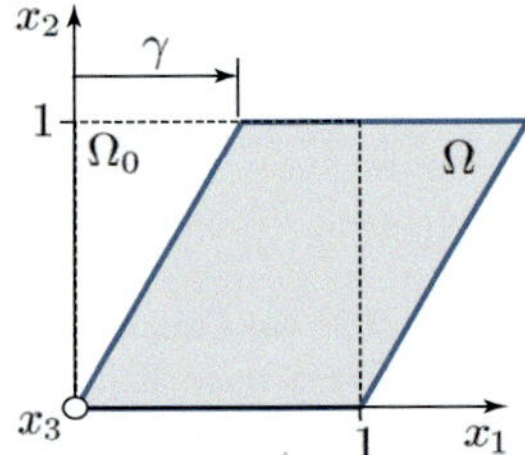

Abb. 5.38 Einfache Scherkinematik stellt die Beziehung zwischen der Referenzkonfiguration Ω_0 und der räumlichen Konfiguration Ω dar

$$\lambda_{\mathbf{C}1} = 1\,;\ \lambda_{\mathbf{C}2} = 1 + \left(\gamma^2 - \gamma\sqrt{4+\gamma^2}\right)/2\,;\ \lambda_{\mathbf{C}3} = 1 + \left(\gamma^2 + \gamma\sqrt{4+\gamma^2}\right)/2$$

die Eigenwerte sind, während

$$\mathbf{N}_1 = \begin{bmatrix} 0 \\ 0 \\ 1 \end{bmatrix}\ ;\ \mathbf{N}_2 = \begin{bmatrix} \frac{-\gamma-\sqrt{4+\gamma^2}}{2\sqrt{1+\lambda_{\mathbf{C}2}}} \\ \frac{1}{\sqrt{1+\lambda_{\mathbf{C}2}}} \\ 0 \end{bmatrix}\ ;\ \mathbf{N}_3 = \begin{bmatrix} \frac{-\gamma+\sqrt{4+\gamma^2}}{\sqrt{1+\lambda_{\mathbf{C}3}}} \\ \frac{1}{\sqrt{1+\lambda_{\mathbf{C}3}}} \\ 0 \end{bmatrix}$$

die Eigenvektoren kennzeichnet. Die Beziehung $\lambda_{\mathbf{C}i} = \lambda_i^2$ besteht jeweils zwischen den Eigenwerten von **C** und den Hauptstreckungen λ_i. Die Eigenvektoren hängen von der Verformung ab, und Abb. 5.39a veranschaulicht die Drehung von $\mathbf{N}_2$ und $\mathbf{N}_3$ mit zunehmender Scherung γ. Die Eigenwertanalyse der Matrix $(5.72)_2$ drückt die linke Cauchy-Green Verzerrung durch $\mathbf{b} = \sum_{i=1}^{3} \lambda_{\mathbf{b}i}\mathbf{n}_i \otimes \mathbf{n}_i$ aus, wobei $\lambda_{\mathbf{b}i}$ und $\mathbf{n}_i$ jeweils seine Eigenwerte und Eigenvektoren bezeichnen. Während **b** und **C** unterschiedliche Eigenvektoren haben, sind ihre Eigenwerte identisch, $\lambda_{\mathbf{b}i} = \lambda_{\mathbf{C}i}$; $i = 1, 2, 3$. Die Eigenvektoren von **b** sind durch

$$\mathbf{n}_1 = \begin{bmatrix} 0 \\ 0 \\ 1 \end{bmatrix}\ ;\ \mathbf{n}_2 = \begin{bmatrix} \frac{\gamma-\sqrt{4+\gamma^2}}{2\sqrt{1+\lambda_{\mathbf{b}2}}} \\ \frac{1}{\sqrt{1+\lambda_{\mathbf{b}2}}} \\ 0 \end{bmatrix}\ ;\ \mathbf{n}_3 = \begin{bmatrix} \frac{\gamma+\sqrt{4+\gamma^2}}{2\sqrt{1+\lambda_{\mathbf{b}3}}} \\ \frac{1}{\sqrt{1+\lambda_{\mathbf{b}3}}} \\ 0 \end{bmatrix}$$

gegeben, und wie bei $\mathbf{N}_i$, drehen sich auch $\mathbf{n}_i$ mit zunehmender Scherung, siehe Abb. 5.39b.

(d) Die Beziehung von Coleman und Noll für einen inkompressiblen Festkörper (5.4) zusammen mit der Verzerrungsenergie (5.70) ergibt die Cauchy Spannung

$$\boldsymbol{\sigma} = 2\alpha\mathbf{b} - \kappa\mathbf{I}\ ;\ \alpha = c_1 + 2c_2(I_1 - 3) = c_1 + 2c_2\gamma^2\,, \tag{5.73}$$

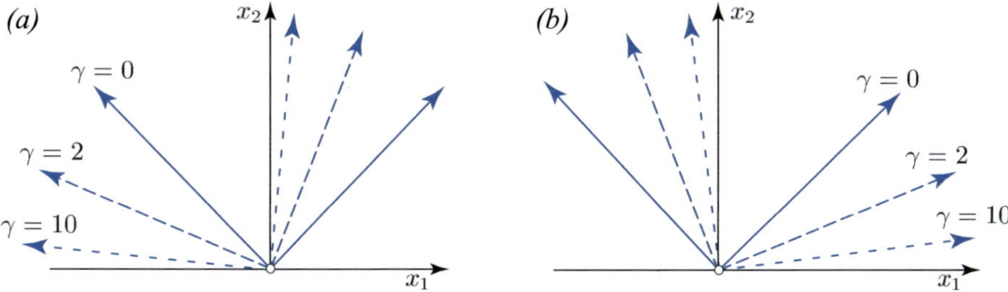

Abb. 5.39 Drehung der Hauptstreckungsrichtungen bei einfacher Scherkinematik mit zunehmenden Betrag an Scherung γ. (**a**) Hauptstreckungsrichtungen $\mathbf{N}_2$ und $\mathbf{N}_3$ der rechten Cauchy-Green Verzerrung **C**. (**b**) Hauptstreckungsrichtungen $\mathbf{n}_2$ und $\mathbf{n}_3$ der linken Cauchy-Green Verzerrung **b**.

wobei die erste Invariante $I_1 = \mathrm{tr}\mathbf{C} = 3 + \gamma^2$ aus $(5.72)_1$ folgt. Der Lagrange-Beitrag $\kappa = 2\alpha$ zum hydrostatischen Druck kann aus der Gleichgewichtsbedingung $\sigma_{33} = 0$ identifiziert werden, und der experimentelle Test belastet dann das Gewebe mit der Scherspannung $\sigma_{12} = 2\alpha\gamma = 2[c_1 + 2c_2(u/h)^2]\, u/h$ in der x_1- x_2 Ebene. Die Spannung verteilt sich über die Fläche wl, und die Kraft

$$P = 2wl\left[c_1\left(\frac{u}{h}\right) + 2c_2\left(\frac{u}{h}\right)^3\right] \tag{5.74}$$

wird daher von dem in Abb. 5.37 dargestellten Scherexperiment gemessen.

(e) Die Zielfunktion (Fehlerquadratsumme)

$$\Phi(c_1, c_2) = \sum_{j=1}^{n} \left[P_j^{\mathrm{exp}} - P(u_j)\right]^2$$

drückt den Quadratfehler zwischen Modell und Experiment aus, wobei $n = 4$ die Anzahl der experimentellen Messpunkte bezeichnet. Mit den experimentellen Daten ergibt sich die Zielfunktion von

$$\begin{aligned}\Phi(c_1, c_2) = {} & [3{,}0 - 283{,}333(c_1 + 0{,}222222c_2)]^2 \\ & + [5{,}0 - 566{,}667(c_1 + 0{,}888889c_2)]^2 \\ & + [12{,}0 - 850{,}0(c_1 + 2{,}0c_2)]^2 \\ & + [23{,}0 - 1133{,}33(c_1 + 3{,}55556c_2)]^2\,,\end{aligned}$$

und ihr Minimum $\Phi \to \mathrm{MIN}$ ergibt jeweils die Parameter $c_1 = 6{,}352$ kPa und $c_2 = 3{,}904$ kPa. Abb. 5.40 zeigt die Kraft P als Funktion der Verschiebung u für diese Parameter.

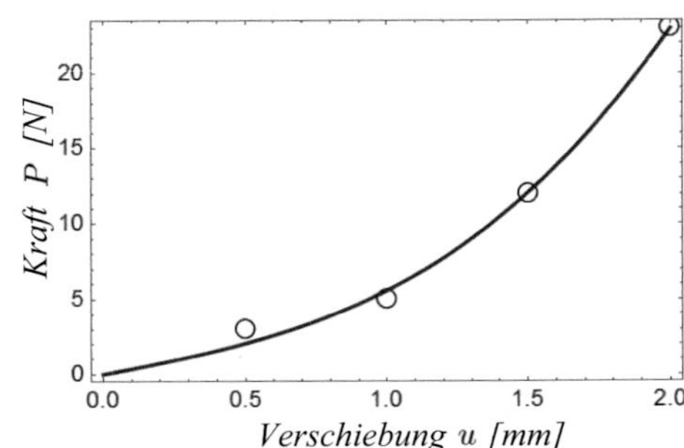

Abb. 5.40 Kraft P als Funktion der Verschiebung u des einfachen Scherexperiments. Die experimentellen Daten (Kreise) wurden verwendet, um die Least-Square-Optimierte Modellantwort (Kurve) festzulegen

■

Beispiel 5.6 (Gewebe Charakterisierung durch Inflationsexperiment)

(a) Der Deformationsgradient $\mathbf{F} = \mathrm{diag}[\lambda_\theta, \lambda_z, \lambda_r]$ bestimmt die Kinematik des Inflationsexperiments, wobei λ_θ, λ_z und λ_r die Streckungen in den Umfangs-, Achsen- und Radialrichtungen bezeichnen. Die rechte Cauchy-Green Verzerrung liest sich dann $\mathbf{C} = \text{diag}[\lambda_\theta^2, \lambda_z^2, \lambda_r^2]$ und $I_1 = \text{tr}\mathbf{C} = \lambda_\theta^2 + \lambda_z^2 + \lambda_r^2$ kennzeichnet seine erste Invariante.

Die Beziehung von Coleman und Noll für inkompressible Festkörper (5.7) definiert die Hauptwerte $\sigma_i = \lambda_i \partial\Psi/\partial\lambda_i - \kappa$ der Cauchy Spannung, wobei die Indizes $i = \theta, z, r$ jeweils die axiale, umfangs- und radiale Gefäßrichtung bezeichnet. Mit der Membranannahme ist die Spannung in radialer Richtung vernachlässigbar im Vergleich zu den anderen Spannungen, $\sigma_r \approx 0$. Es ermöglicht uns, den Lagrange-Beitrag zum hydrostatischen Druck $\kappa = \lambda_r \partial\Psi/\partial\lambda_r$ zu bestimmen und führt dann zu den Umfangs- und Axialspannungen

$$\left.\begin{aligned} \sigma_\theta &= \lambda_\theta \partial\Psi/\partial\lambda_\theta - \lambda_r \partial\Psi/\partial\lambda_r = \alpha(\lambda_\theta^2 - \lambda_r^2)\,; \\ \sigma_z &= \lambda_z \partial\Psi/\partial\lambda_z - \lambda_r \partial\Psi/\partial\lambda_r = \alpha(\lambda_z^2 - \lambda_r^2)\,, \end{aligned}\right\} \tag{5.76}$$

wobei die Verzerrungsenergiedichte (5.75) und der Faktor $\alpha = 4c(I_1 - 3)$ verwendet wurden.

(b) Das Gleichgewicht $p_i d = 2\sigma_\theta h$ entlang der Umfangsrichtung und $F_z = \sigma_z \pi dh - d^2\pi p_i/4$ entlang der axialen Richtung, zusammen mit den Spannungsbeziehungen (5.76), bestimmen die Ausdrücke

$$p_\text{i} = \frac{2h\alpha}{d}(\lambda_\theta^2 - \lambda_r^2)\ ;\ F_\text{z} = \frac{dh\alpha\pi}{2}(2\lambda_z^2 - \lambda_r^2 - \lambda_\theta^2)$$

des Inflationsdrucks und der reduzierten axialen Kraft. Hier wurden $\lambda_\theta = d/D$, $\lambda_z = l/L$ und $\lambda_r = DL(dl)^{-1}$ verwendet, um die Streckungen zu ersetzen.

(c) Der Quadratfehler zwischen Modell und Experiment wird durch die Zielfunktion

$$\Phi = \sum_{j=1}^n \left\{\alpha\left[p_{\text{i}j}^{\text{exp}} - p_\text{i}(d_j, l_j)\right]^2 + \left[F_{\text{z}j}^{\text{exp}} - F_\text{z}(d_j, l_j)\right]^2\right\}$$

ausgedrückt, wobei $n = 2$ die Anzahl der experimentellen Messpunkte bezeichnet. Da der Druck p_i und die reduzierte axiale Kraft F_z einen ähnlichen Datenbereich abdecken, haben wir in diesem Problem den Skalierungspara-

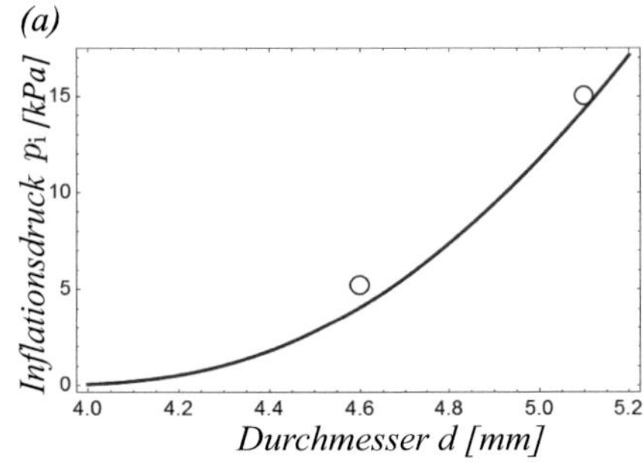

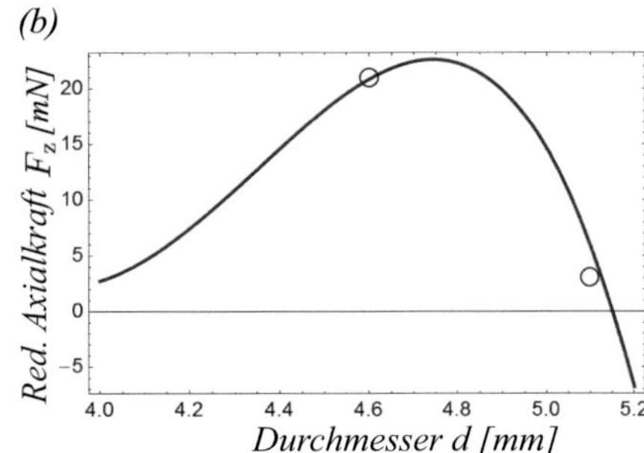

Abb. 5.42 Der Inflationsdruck p_i und die reduzierte axiale Kraft F_z als Funktionen des deformierten Gefäßdurchmessers d. Das Gefäß wird bei der festgehaltenen deformierten Gefäßlänge von $l = 73{,}5$ mm druckbeaufschlagt. Die Kreise zeigen die experimentellen Daten, die bei der Least-Square-Optimierung des konstitutiven Parameters c verwendet wurden, an

meter $\alpha = 1$ verwendet. Mit den experimentellen Daten ergibt sich die Zielfunktion zu

$$\Phi = (5{,}2 - 0{,}1016398c)^2 + (3{,}0 - 0{,}1466604c)^2 + (21{,}0 - 0{,}5217602c)^2 + (15{,}0 - 0{,}3578883c)^2 \,,$$

und ihre Minimierung $\Phi \rightarrow \text{MIN}$ bestimmt den Parameter $c = 40{,}0173$ kPa. Abb. 5.42 zeigt den Inflationsdruck p_i und die reduzierte axiale Kraft F_z als Funktionen des deformierten Gefäßdurchmessers d, und bei der konstanten axialen Streckung $\lambda_\mathrm{z} = l/L = 1{,}05$.

■

Beispiel 6.1 (Walburn–Schneck Viskositätsmodell)

(a) Wir führen die Zielfunktion (Fehlerquadratsumme)

$$\Phi(c_1, c_2, c_3) = \sum_{i=1}^{n} (\eta_{\mathrm{WS}}(\dot{\gamma}_i, \phi_i; c_1, c_2, c_3) - \eta_{\mathrm{exp}_i})^2$$

ein, wobei η_{exp_i} die an der i-ten Messstelle gemessene Viskosität bezeichnet, während $\eta_{\mathrm{WS}}(\dot{\gamma}_i, \phi_i; c_1, c_2, c_3)$ die vom Walburn-Schneck Modell an der i-ten Messstelle vorhergesagte Viskosität ist. Neben den Modellparametern hängt η_{WS} auch von der Scherrate $\dot{\gamma}_i$ und dem Hämatokritwert ϕ_i ab. Die Minimierung $\Phi(c_1, c_2, c_3) \rightarrow \text{MIN}$ ergibt dann die Least-Square-optimierten Parameter

$$c_1 = 2{,}971\,\text{mPa s} \;;\; c_2 = 4{,}729 \;;\; c_3 = 0{,}759$$

und somit die Parameter des Walburn-Schneck Viskositätsmodells mit dem geringsten Fehler zwischen der gemessenen und vorhergesagten Viskosität.

(b) Abb. 6.11 veranschaulicht die Fähigkeit des Modells, die experimentellen Daten darzustellen. Während das Walburn-Schneck Modell die Viskosität bei

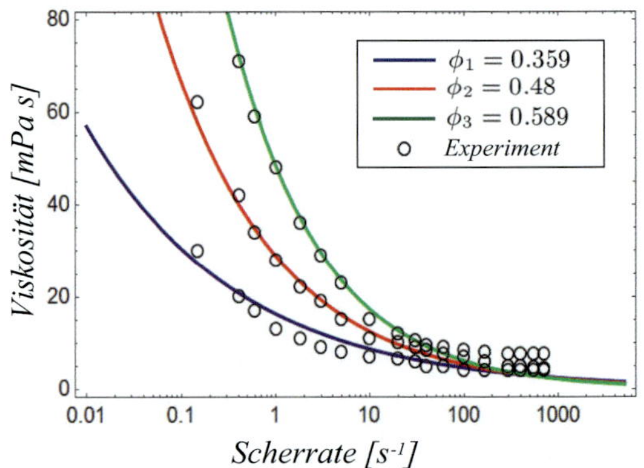

Abb. 6.11 Vorhersage des Walburn-Schneck Modells im Verhältnis zur experimentell gemessenen Viskosität. Die Modellparameter wurden durch Least-Square-Optimierung identifiziert, und ϕ_i bezeichnet dabei den jeweiligen Hämatokritwert

niedrigen Scherraten gut erfasst, verursacht die inhärente (und nicht-physische) Eigenschaft $\eta(\dot{\gamma} \to \infty) = 0$ des Potenzgesetz Modells erhebliche Fehler bei hohen Scherraten.

■

Beispiel 6.2 (Kollaps eines verengten Gefäßsegments)

(a) Im stationären Zustand entspricht die Zuflussrate $q_\mathrm{i} = v_\mathrm{i} d_\mathrm{i}^2 \pi/4$ der Durchflussrate $q_\mathrm{c} = v_\mathrm{c} d_\mathrm{c}^2 \pi/4$ in der Verengung. Das Blut hat dann die Geschwindigkeit $v_\mathrm{c} = v_\mathrm{i}\alpha$ in der Verengung, wobei $\alpha = (d_\mathrm{i}/d_\mathrm{c})^2$ den Verengungsfaktor bezeichnet.

(b) Die Bernoulli Gleichung (6.19) lautet $v_\mathrm{i}^2/2 + p_\mathrm{i}/\rho = v_\mathrm{c}^2/2 + p_\mathrm{c}/\rho$, und

$$p_\mathrm{c} = p_\mathrm{i} + \rho(v_\mathrm{i}^2 - v_\mathrm{c}^2)/2 = p_\mathrm{i} + \rho v_\mathrm{i}^2(1 - \alpha^2)/2 \tag{6.21}$$

drückt daher den Druck in der Verengung aus.

(c) Eine Gefäßwand ohne Biegesteifigkeit (eine Membran) knickt ein, sobald der Druck p_c in der Verengung unter den Umgebungsdruck p_0 fällt – das Gefäßsegment implodiert dann. Mit $p_\mathrm{c} = p_0$ bestimmt der Ausdruck (6.21) den Verengungsfaktor

$$\alpha = \sqrt{1 - \frac{2(p_0 - p_\mathrm{i})}{\rho v_\mathrm{i}^2}} = 17{,}189\,,$$

eine Bedingung, die zur Durchmesserstenose

$$S_\mathrm{diameter} = \frac{d_\mathrm{i} - d_\mathrm{c}}{d_\mathrm{i}} = (1 - \alpha^{-1/2}) = 0{,}7588$$

und der Flächenstenose

$$S_\mathrm{area} = \frac{A_\mathrm{i} - A_\mathrm{c}}{A_\mathrm{i}} = (1 - \alpha^{-1}) = 0{,}9418$$

führt, wobei $A_k = d_k^2\pi/4;\ k = \mathrm{i,c}$ die Flächen der jeweiligen kreisförmigen Querschnitte bezeichnet. Eine Verengung, die 76 % des Durchmessers oder 94 % der Querschnittsfläche einnimmt, führt daher zum Kollaps des Gefäßsegments.

■

Beispiel 6.3 (Oszillierende Platte auf einer Flüssigkeitsschicht)

(a) Mit den Annahmen über Geschwindigkeit und Druck ergibt sich die beschreibende Gleichung für 1D-Strömungen in kartesischen Koordinaten (6.22) als die gewöhnliche Differentialgleichung

$$\frac{\mathrm{d}^2 V(y)}{\mathrm{d}y^2} - \frac{\rho\omega V(y)}{\eta \tan(\omega t)} = 0\,,$$

so dass die Integration dann die Geschwindigkeitsamplitude

$$V(y) = C_1(t)\exp(\alpha y) + C_2(t)\exp(-\alpha y) \quad \text{mit} \quad \alpha = \sqrt{\tfrac{\rho\omega}{\eta}\cot(\omega t)}$$

ergibt. Die beiden Haftbedingungen $V(0)=0$ und $V(H)=V_0$ identifizieren dann die beiden Integrationskonstanten

$$C_2(t) = -C_1(t) \ ; \ C_1(t) = \frac{V_0}{\exp(\alpha H) - \exp(-\alpha H)} \ ,$$

so dass

$$v(y,t) = V_0 \frac{\exp(\alpha y) - \exp(-\alpha y)}{\exp(\alpha H) - \exp(-\alpha H)} \sin(\omega t)$$

die Geschwindigkeit der Flüssigkeitsschicht ausdrückt.

(b) Mit den bereitgestellten Parametern ergibt sich das Geschwindigkeitsprofil $v(y, t)$ wie in Abb. 6.20 dargestellt.

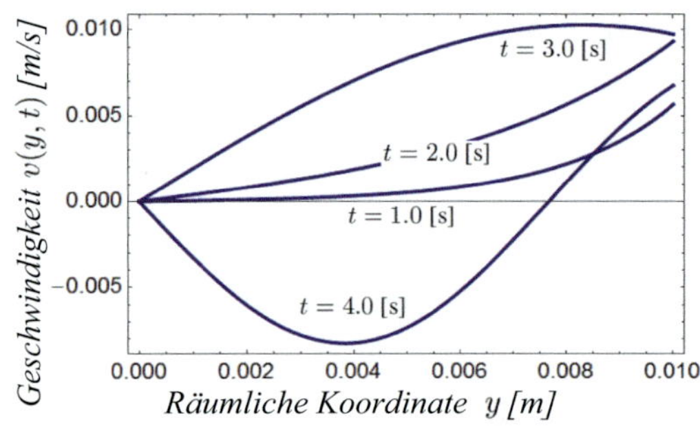

Abb. 6.20 Flüssigkeitsströmung unter einer oszillierenden Platte. Geschwindigkeit $v(y, t)$ als Funktion der Flüssigkeitsschichttiefe y und zu verschiedenen Zeiten t

■

Beispiel 6.4 (Stationäre Strömung in einem Gefäßsegment)

(a) Mit der Beziehung (6.35), liest sich der Druckgradient als

$$-\frac{\mathrm{d}p}{\mathrm{d}z} = \frac{8\eta q}{\pi r_o^4} = 1990{,}2 \text{ Pa m}^{-1} \ , \tag{6.37}$$

und $(6.34)_2$ ergibt dann die Geschwindigkeit $v_{\max} = -(\mathrm{d}p/\mathrm{d}z)(r_o^2/4\eta) = 0{,}5486 \text{ m s}^{-1}$ im Zentrum des Rohres. Bei der radialen Koordinate r[m] liest sich die Poiseuille-Fließgeschwindigkeit somit als

$$v(r) = v_{\max}\left[1 - (r/r_o)^2\right] = 0{,}5486 - 1{,}2439 \cdot 10^5 r^2 \text{ [m s}^{-1}] \ , \tag{6.38}$$

wobei $(6.34)_1$ bei der Berechnung dieses Ergebnisses verwendet wurde.

(b) Mit dem Geschwindigkeitsprofil (6.38), ergibt sich die Scherspannung als Funktion von r [m] zu

$$\tau = \eta \frac{\mathrm{d}v}{\mathrm{d}r} = r \frac{\mathrm{d}p}{\mathrm{d}z} = -995{,}122 r \text{ [kPa]} \ ,$$

wobei (6.37) verwendet wurde.

(c) Mit dem Druckgradienten (6.37), bezeichnet $\Delta p = (\mathrm{d}p/\mathrm{d}z)l = 199{,}0$ Pa den Druckabfall über ein 10,0 cm langes Segment der Iliakalarterie.

■

Beispiel 6.5 (Stationäre Rohrströmung mit Potenzgesetz Flüssigkeit)

(a) Der Strömung ist stationär $\partial(\bullet)/\partial t = 0$, vollständig entwickelt $\partial(\bullet)/\partial z = 0$, und frei von Volumenkräften $\mathbf{b}_\mathrm{f} = \mathbf{0}$. Das Cauchy-Eulersche Bewegungsgesetz (6.28) bestimmt dann die partiellen Differentialgleichungen

$$\frac{\partial \tau_{rz}}{\partial r} + \frac{\tau_{rz}}{r} - \frac{\partial p}{\partial z} = 0 \; ; \quad \frac{\partial p}{\partial r} = 0 \, , \tag{6.39}$$

die die Strömungsgeschwindigkeit v_z definieren. Die Beziehung $(6.39)_2$ impliziert $p = p(z)$, und

$$\frac{1}{r}\frac{\mathrm{d}}{\mathrm{d}r}(r\tau_{rz}) = \frac{\mathrm{d}p}{\mathrm{d}z} \quad \text{mit} \quad \tau_{rz} = \eta(\dot{\gamma})\frac{\mathrm{d}v_z}{\mathrm{d}r} \tag{6.40}$$

bestimmt das Problem, wobei die Viskosität eine Funktion der skalaren Scherrate $\dot{\gamma}$ ist. Die Produktregel wurde bei der Ableitung dieses Ausdrucks verwendet. Mit der Verzerrungsgeschwindigkeit $\mathbf{d}$ der vorliegenden Strömungskinematik (6.27), ergibt sich die skalare Scherrate von $\dot{\gamma} = \sqrt{2\mathrm{tr}\mathbf{d}^2} = \sqrt{2\mathbf{d} : \mathbf{d}} = \mathrm{d}v_z/\mathrm{d}r$.

(b) Die Integration der problembeschreibenden Gleichung (6.40) ergibt

$$\frac{\mathrm{d}p}{\mathrm{d}z}\frac{r^2}{2} = r\tau_{rz} + C \, ,$$

wobei die Symmetriebedingung $\tau_{rz}(0) = 0$ die Integrationskonstante $C = 0$ kennzeichnet. Mit dem Potenzgesetz Modell (6.6) und der Definition der Scherspannung $\tau_{rz} = \eta(\dot{\gamma})(\mathrm{d}v_z/\mathrm{d}r)$, ergibt sich die Differentialgleichung

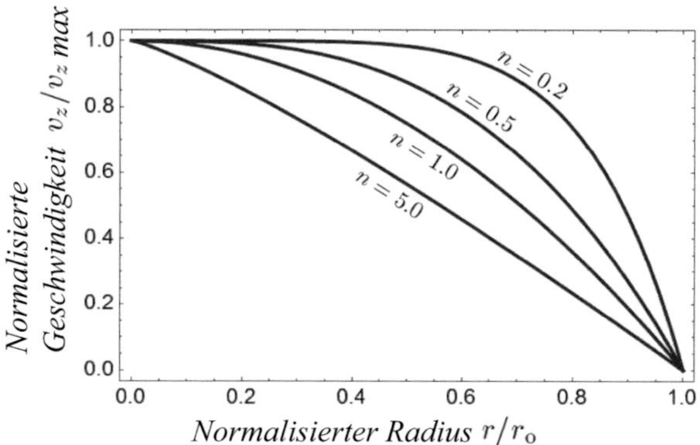

Abb. 6.21 Geschwindigkeitsprofile der Potenzgesetz Flüssigkeit bei Strömung durch ein kreisförmiges Rohr. Geschwindigkeit und Rohrradius sind normalisiert und Profile für verschiedene Potenzgesetzkonstanten n werden gezeigt. Die Newtonsche Flüssigkeit entspricht $n = 1$ und bestimmt das Poiseuille Strömungsprofil

$$\left(\frac{\mathrm{d}p}{\mathrm{d}z}\frac{r}{2\eta_0\lambda^{n-1}}\right)^{1/n}=\frac{\mathrm{d}v_z}{\mathrm{d}r} \tag{6.41}$$

und bestimmt das Problem. Die Integration und Verwendung der Haft-Randbedingung $v_z(r_o)=0$ kennzeichnet dann das Geschwindigkeitsprofil

$$v_z=\alpha\left[1-\left(\frac{r}{r_o}\right)^{\frac{n+1}{n}}\right] \quad \text{mit } \alpha=\frac{nr_o^{(n+1)/n}}{n+1}\sqrt[n]{\frac{-\mathrm{d}p/\mathrm{d}z}{2\eta_0\lambda^{n-1}}} \tag{6.41}$$

der Rohrströmung, wie es durch das Potenzgesetz Rheologiemodell beschrieben wird.

(c) Abb. 6.21 veranschaulicht die normalisierten Geschwindigkeitsprofile für eine Anzahl von Potenzgesetzkonstanten n.

(d) Mit den bereitgestellten Parametern ergibt die Integration über das Geschwindigkeitsprofil (6.41) die Durchflussrate $q=2\pi\int_0^{r_o}v_z r\mathrm{d}r=4{,}06748\ \mathrm{ml\ s^{-1}}$.

■

Beispiel 6.6 (Stentimplantiertes Blutgefäß)

(a) Die Strömung ist im stationären Zustand $\partial(\bullet)/\partial t=0$, vollständig entwickelt $\partial(\bullet)/\partial z=0$, frei von Volumenkräften $\mathbf{b}_f=\mathbf{0}$, und wird durch das Cauchy-Eulersche Bewegungsgesetz (6.28) bestimmt. Es führt dann zum Ausdruck

$$\frac{\mathrm{d}p}{\mathrm{d}z}=\frac{\eta}{r}\frac{\mathrm{d}}{\mathrm{d}r}\left(r\frac{\mathrm{d}v}{\mathrm{d}r}\right),$$

und seine zweimalige Integration kennzeichnet die Geschwindigkeit

$$v=\frac{1}{4\eta}\frac{\mathrm{d}p}{\mathrm{d}z}r^2-C_1\ln r-C_2\,, \tag{6.43}$$

wobei C_1 und C_2 Integrationskonstanten sind. Für das Gefäß ohne Stent gilt $C_1=0$, eine Bedingung, die die Geschwindigkeit bei $r=0$ begrenzt hält. Die Haft-Randbedingung $v(r_v)=0$ identifiziert die zweite Integrationskonstante $C_2=r_v^2/(4\eta)(\mathrm{d}p/\mathrm{d}z)$, und das Poiseuille Strömungsprofil

$$v=v_{\max}\left[1-(r/r_v)^2\right] \quad \text{mit } v_{\max}=\frac{r_v^2}{4\eta}\left(-\frac{\mathrm{d}p}{\mathrm{d}z}\right)$$

beschreibt somit die Geschwindigkeit, wobei $r_v=d_v/2$ den Gefäßradius bezeichnet. Die Geschwindigkeit $v_{\max}$ im Zentrum des Gefäßes wird durch die Durchflussrate $q=2\pi\int_0^{r_v}v r\mathrm{d}r=\pi r_v^4/(8\eta)(-\mathrm{d}p/\mathrm{d}z)$ bestimmt und ergibt sich zu $v_{\max}=2q/(\pi r_v^2)$.

Die Scherspannung $\tau(r)=\eta\mathrm{d}v/\mathrm{d}r=-4\eta q r/(\pi r_v^4)$ resultiert damit in die WSS von $-\tau(r_v)=21{,}9$ Pa.

(b) Der Geschwindigkeitsausdruck (6.43) bestimmt auch die Strömung durch den Ring, der zwischen der Stent-Nabe und der Gefäßwand gebildet wird, siehe Abb. 6.23. In diesem Fall können wir die beiden Integrationskonstanten aus den beiden Haft-Randbedingungen $v(r_v) = v(r_s) = 0$ identifizieren. Es ergibt

$$C_1 = \frac{r_s^2 - r_v^2}{4\eta[\ln(r_s) - \ln(r_v)]}\left(\frac{dp}{dz}\right) \ ; \ C_2 = \frac{r_v^2\ln(r_s) - r_s^2\ln(r_v)}{4\eta[\ln(r_s) - \ln(r_v)]}\left(\frac{dp}{dz}\right) ,$$

und nach einigen algebraischen Manipulationen kennzeichnet die Geschwindigkeit

$$v = \frac{1}{4\eta}\left[r^2 - \frac{r_s^2 - r_v^2}{\ln(r_s) - \ln(r_v)}\ln(r) - \frac{r_v^2\ln(r_s) - r_s^2\ln(r_v)}{\ln(r_s) - \ln(r_v)}\right]\left(\frac{dp}{dz}\right) \tag{6.44}$$

die Strömung im stentimplantierten Blutgefäß. Die Integration über dieses Geschwindigkeitsprofil ergibt dann die Durchflussrate $q = 2\pi\int_{r_s}^{r_v} vr\,dr$, und ermöglicht die Berechnung des Druckgradienten

$$\frac{dp}{dz} = \frac{8q\eta[\ln(r_s) - \ln(r_v)]}{\pi(r_s^2 - r_v^2)[-r_s^2 + r_v^2 + r_s^2\ln(r_s) + r_v^2\ln(r_s) - r_s^2\ln(r_v) - r_v^2\ln(r_v)]} = -35353{,}7 \ \text{Pa}\,\text{m}^{-1} . \tag{6.45}$$

Mit der Strömungsgeschwindigkeit (6.44) und dem Druckgradienten (6.45), ergibt sich die Scherspannung des 1D-Ringströmungsproblems zu

$$\tau = \eta\frac{dv}{dr} = \left\{\frac{r}{2} - \frac{r_s^2 - r_v^2}{4r[\ln(r_s) - \ln(r_v)]}\right\}\left(\frac{dp}{dz}\right) = 0{,}0267072r^{-1} - 17676{,}8r \ [\text{Pa}] .$$

Es handelt sich hier um eine Funktion von r [m], die eine WSS von $-\tau(r_v) = 32{,}41$ Pa im stentimplantierten Blutgefäß vorhersagt.

(c) Angesichts des Druckgradienten (6.45), fällt der Blutdruck um $\Delta p = (-dp/d\,z)\ l = 1979{,}81$ Pa über die Länge l des Stents.

■

Beispiel 6.7 (Pulsierender Blutfluss in einem Gefäßsegment)

(a) Mit dem Gefäßradius $r_o = d/2$ und der Winkelgeschwindigkeit ω, bestimmt die Womersley Zahl $Wo = r_o\sqrt{\omega/\nu} = 4{,}138$ die Strömung.

(b) Die Beziehung (6.46) ermöglicht es uns, das Geschwindigkeitsprofil zu verschiedenen Zeitpunkten zu berechnen, siehe Abb. 6.24. Die Grafik zeigt den Realteil der Geschwindigkeit $Re[v(r, t)]$ als Funktion der radialen Koordinate r. Die Geschwindigkeitsprofile weichen erheblich vom parabolischen Profil der Poiseuille Strömung ab, und Rückströmung beginnt in den Lamellen nahe der Wand.

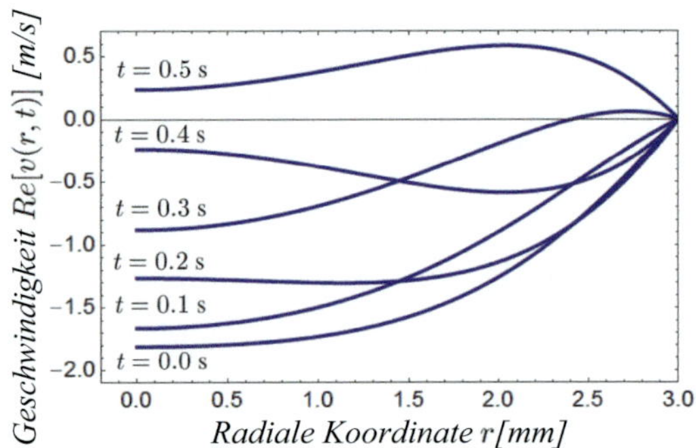

Abb. 6.24 Blutflussgeschwindigkeit bei pulsierender Rohrströmung, wie sie durch eine Newtonsche Flüssigkeit bei der Womersley Zahl $Wo = 4{,}138$ beschrieben wird. Geschwindigkeitsprofile sind zu verschiedenen Zeitpunkten t dargestellt

■

Beispiel 7.1 (Biaxial belastetes Gefäßwandgewebe)

(a) Die rechte Cauchy-Green Verzerrung $\mathbf{C} = \text{diag}[\lambda_1^2, \lambda_2^2, \lambda_3^2]$ mit der ersten Invarianten $I_1 = \lambda_1^2 + \lambda_2^2 + \lambda_3^2$ bestimmt den Hauptverzerrungszustand des passiven Wandpräparats. Das Verfahren von Coleman und Noll für inkompressible Materialien bestimmt dann die Hauptwerte der Cauchy Spannung

$$\sigma_i = \lambda_i \partial \psi_{\text{ECM}} / \partial \lambda_i - \lambda_3 \partial \psi_{\text{ECM}} / \partial \lambda_3; \; i = 1, 2, \quad \text{(keine Summation)} \tag{7.4}$$

wobei $\lambda_1 = \lambda_2 = \lambda$ und $\lambda_3 = \lambda^{-2}$ die jeweiligen Hauptstreckungen sind. Der Ausdruck $\sigma = T/(ah) = 30{,}69$ kPa definiert die Cauchy Spannung in der Gefäßwand, und die nichtlineare Gleichgewichtsrelation $\sigma_1(\lambda) = \sigma$ (oder alternativ $\sigma_2(\lambda) = \sigma$) bestimmt die Streckung λ. Die einzige physikalisch sinnvolle Lösung ist $\lambda = 1{,}1778$, und

$$\mathbf{F} = \begin{bmatrix} 1{,}1778 & 0 & 0 \\ 0 & 1{,}1778 & 0 \\ 0 & 0 & 0{,}7209 \end{bmatrix} \; ; \; \mathbf{P}_{\text{ECM}} = \begin{bmatrix} 26{,}06 & 0 & 0 \\ 0 & 26{,}06 & 0 \\ 0 & 0 & 0 \end{bmatrix} [\text{kPa}]$$

bezeichnet dann jeweils den Deformationsgradienten $\mathbf{F}$ und die erste Piola-Kirchhoff Spannung $\mathbf{P}_{\text{ECM}}$. In der räumlichen Konfiguration Ω speichert die Gefäßwandprobe somit die elastische Energie $W = \psi(\lambda)\, a^2 h = 0{,}00468$ J. Hierbei bezeichnen $A = a/\lambda = 1{,}9528$ cm und $H = h\lambda^2 = 2{,}3581$ mm jeweils die Kantenlänge und Dicke der spannungsfreien Probe in der Referenzkonfiguration Ω_0.

(b) Angesichts der festgehaltenen Konfiguration Ω bleibt auch die SMC-Ausrichtung bei Aktivierung unverändert. Der SMC-Faserrichtungsvektor $\mathbf{a}_0$ in der spannungsfreien Konfiguration Ω_0, ist somit identisch mit dem Faserrichtungsvektor $\mathbf{a}$ in Ω. Wir können SMC-bezogene Spannung als Beiträge von aktiven Spannungsfasern in der Gefäßwand betrachten. Der damit verbundene zweipunktige erste Piola-Kirchhoff Spannungstensor lautet dann $\mathbf{P}_{\text{SMC}} = T_{\text{SMC}} \mathbf{a} \otimes \mathbf{a}_0$, und

$$\mathbf{P}_{\text{active}} = \mathbf{P}_{\text{ECM}} + \mathbf{P}_{\text{SMC}}$$
$$= \begin{bmatrix} 26{,}06 & 0 & 0 \\ 0 & 26{,}06 & 0 \\ 0 & 0 & 0 \end{bmatrix} + \begin{bmatrix} 20{,}31 & 11{,}73 & 0 \\ 11{,}73 & 6{,}77 & 0 \\ 0 & 0 & 0 \end{bmatrix} = \begin{bmatrix} 46{,}37 & 11{,}73 & 0 \\ 11{,}73 & 32{,}83 & 0 \\ 0 & 0 & 0 \end{bmatrix} [\text{kPa}]$$

definiert den Spannungszustand der kontrahierten Gefäßwand, wobei $T_{\text{SMC}}(\lambda = 1{,}1778) = 27{,}085$ kPa aus (7.3) resultiert.

■

Beispiel 7.2 (Ringtest zur Charakterisierung eines Gefäßsegments)

(a) Der Deformationsgradient $\mathbf{F} = \text{diag}[\lambda_1, \lambda_2, \lambda_3]$ beschreibt die Kinematik, und das Verfahren von Coleman und Noll $\sigma_{\text{ECM}\,i} = \lambda_i \partial\psi_{\text{ECM}}/\partial\lambda_i - \kappa$; $i = 1, 2, 3$ liefert dann die ECM-bezogenen Hauptwerte der Cauchy Spannung

$$\sigma_{\text{ECM}\,i} = c_{\text{ECM}}(\lambda_i^2 - \lambda_3^2);\; i = 1, 2\;,$$

wobei der Lagrange-Parameter κ aus $\sigma_3 = 0$ identifiziert wurde. Bei einfachem Zug bestimmen die Hauptstreckungen $\lambda_1 = \lambda_\theta$ und $\lambda_2 = \lambda_3 = \lambda_\theta^{-1/2}$ das Problem und $\sigma_{\text{ECM}\,\theta}^{\text{st}} = c_{\text{ECM}}(\lambda_\theta^2 - \lambda_\theta^{-1})$ drückt dann die Cauchy Spannung in Umfangsrichtung aus. Bei reiner Scherung hingegen ist $\lambda_1 = \lambda_\theta$, $\lambda_2 = 1$, $\lambda_3 = \lambda_\theta^{-1}$, und $\sigma_{\text{ECM}\,\theta}^{\text{ps}} = c_{\text{ECM}}(\lambda_\theta^2 - \lambda_\theta^{-2})$ kennzeichnet die Cauchy Spannung in Umfangsrichtung.

(b) Das Verfahren von Coleman und Noll führt zu den SMC-bezogenen Hauptwerten der Cauchy Spannung $\sigma_{\text{SMC}\,i} = \lambda_i(\partial\Psi_{\text{SMC}}/\partial\lambda_i) - \kappa$; $i = r, \theta, z$, wobei κ den Lagrange-Parameter bezeichnet. Darüber hinaus definiert die kinematische Beziehung $\lambda_{\text{SMC}} = \lambda_\theta\lambda_{\text{pre}}$ den Ausdruck

$$\frac{\partial\Psi_{\text{SMC}}}{\partial\lambda_i} = \frac{\partial\Psi_{\text{SMC}}}{\partial\lambda_{\text{SMC}}}\frac{\partial\lambda_{\text{SMC}}}{\partial\lambda_i} = 0\;;\; i = r, z\,, \tag{7.9}$$

eine Folge davon, dass SMC-Fasern in zirkumferenzieller Richtung ausgerichtet sind. Das Gleichgewicht in radialer Richtung $\sigma_{\text{SMC}\,r} = 0$ impliziert dann $\kappa = 0$. Zusätzlich führen die Beziehung (7.9) und $\kappa = 0$ auf $\sigma_{\text{SMC}\,z} = 0$, und

$$\sigma_{\text{SMC}\,\theta} = \lambda_\theta \frac{\partial\Psi_{\text{SMC}}(\lambda_{\text{SMC}})}{\partial\lambda_{\text{SMC}}}\frac{\partial\lambda_{\text{SMC}}}{\partial\lambda_\theta} \tag{7.10}$$

verbleibt dann als der einzige nicht-verschwindende SMC-Spannungsbeitrag. Er zeigt in die SMC-Faserrichtung und damit in die zirkumferenzielle Gefäßrichtung. Mit der Beschreibung (7.8) des SMC-Aktivierungslevels ergibt sich die Spannung (7.10) schließlich zu

$$\sigma_{\text{SMC}\,\theta} = c_{\text{SMC}}\lambda_{\text{d}}^{-1}\alpha\{(\lambda_{\text{SMC}} - 1)[\lambda_{\text{d}} + \lambda_{\text{SMC}}(\lambda_{\text{m}} - \lambda_{\text{SMC}})] + \lambda_{\text{SMC}}(\lambda_{\text{SMC}} - \lambda_{\text{m}})\ln(\lambda_{\text{SMC}})\}\;.$$

Der SMC-Spannungsbeitrag ist damit identisch für einfachen Zug und reine Scherung, $\sigma_{\text{SMC}\,\theta}^{\text{st}} = \sigma_{\text{SMC}\,\theta}^{\text{ps}} = \sigma_{\text{SMC}\,\theta}$.

(c) Die erste Piola-Transformation $\sigma_\theta = \lambda_\theta P_\theta$ für inkompressible Materialien verknüpft die Cauchy Spannung σ_θ und die erste Piola-Kirchhoff Spannung P_θ, und mit dem Ergebnis aus Aufgabe (a), drückt das Kraftverhältnis

$$r_{\mathrm{ECM}} = \frac{F^{\mathrm{st}}_{\mathrm{ECM}}}{F^{\mathrm{ps}}_{\mathrm{ECM}}} = \frac{P^{\mathrm{st}}_{\mathrm{ECM}\,\theta}}{P^{\mathrm{ps}}_{\mathrm{ECM}\,\theta}} = \frac{\sigma^{\mathrm{st}}_{\mathrm{ECM}\,\theta}}{\sigma^{\mathrm{ps}}_{\mathrm{ECM}\,\theta}} = \frac{\lambda_\theta(1+\lambda_\theta+\lambda_\theta^2)}{(1+\lambda_\theta)(1+\lambda_\theta^2)}$$

die Beziehung zwischen den ECM-bezogenen Kräften bei einfachem Zug und reiner Scherung aus. Folglich ist $r_{\mathrm{ECM}} = 0{,}75$ bei $\lambda_\theta = 1$ und nähert sich dem Limit von $r_{\mathrm{ECM}} = 1{,}0$ für $\lambda_\theta \to \infty$ an, siehe Abb. 7.12. Da die SMC-bezogenen Spannung σ_{active} unabhängig von der jeweiligen Deformationskinematik ist, gilt weiters $r_{\mathrm{SMC}} = F^{\mathrm{st}}_{\mathrm{SMC}}/F^{\mathrm{ps}}_{\mathrm{SMC}} = 1$.

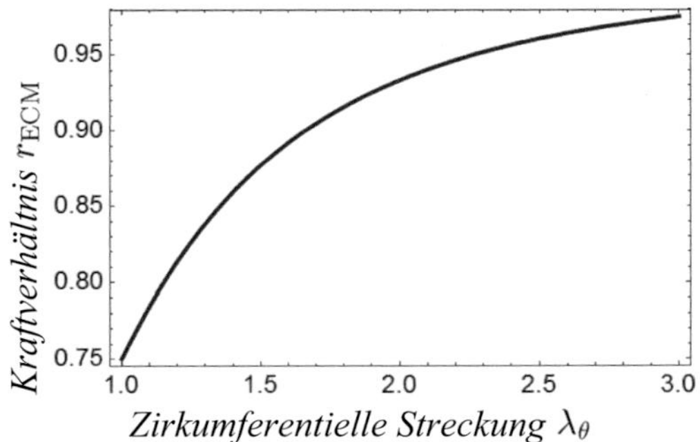

Abb. 7.12 Kraftverhältnis r_{ECM} des Ringversuchsexperiments. Es drückt das Verhältnis der Kräfte von einfacher Spannung und reiner Scherdeformationskinematik der extrazellulären Matrix (ECM) aus

■

Beispiel 7.3 (Kalzium bestimmt die funktionalen Myosin-Zustände)

(a) Mit der zytosolischen freien Ca^{2+}-Konzentration von $\beta = 150$ nmol l^{-1} nimmt die Sigmoidfunktion (7.12) den Wert sg(150) = 0,0758582 an. Die Phosphorylierungsrate $k_1(\beta)$ und die Dephosphorylierungsrate $k_6(\beta)$ ergeben daher $k_1 = k_6 = 0{,}0227575$ s^{-1}. Das System (7.11) liest sich damit

$$\begin{bmatrix} 0 \\ 0 \\ 0 \\ 0 \end{bmatrix} = \begin{bmatrix} -0{,}0227575 & 0{,}5 & 0 & 0{,}01 \\ 0{,}0227575 & -0{,}9 & 0{,}1 & 0 \\ 0 & 0{,}4 & -0{,}6 & 0{,}0227575 \\ 0 & 0 & 0{,}5 & -0{,}0327575 \end{bmatrix} \begin{bmatrix} \alpha_1 \\ \alpha_2 \\ \alpha_3 \\ \alpha_4 \end{bmatrix}, \qquad (7.14)$$

wobei die Gleichgewichtsbedingung $\mathrm{d}\boldsymbol{\alpha}/\mathrm{d}t = \mathbf{0}$ verwendet wurde. Wir fügen die Beschränkung $\alpha_1 + \alpha_2 + \alpha_3 + \alpha_4 = 1$ dem linearen System (7.14) hinzu, und die Lösung

$$\alpha_1 = 0{,}549207\ ;\ \alpha_2 = 0{,}0168519\ ;\ \alpha_3 = 0{,}0266816\ ;\ \alpha_4 = 0{,}40726 \qquad (7.15)$$

bestimmt dann die funktionalen Myosinzustände. Folglich sind 54,9 % des Myosins nicht phosphoryliert, 1,7 % sind phosphoryliert, 2,7 % bilden phosphorylierte, an Aktin gebundene Querbrücken (zyklische Querbrücken), und 40,7 % bilden dephosphorylierte, an Aktin gebunden Querbrücken (Latch-Brücken).

Tab. 7.3 Algorithmus zur Berechnung der funktionalen Myosinzustände bei einer vorgegebenen $\beta = [Ca^{2+}]$ Konzentration

(1) Zeitdiskretisierung festlegen
$\Delta t = 0{,}1$ s ; $t_{\max} = 50$ s ; $n = t_{\max}/\Delta t$

(2) Anfangsbedingungen festlegen
$i = 0$; $\boldsymbol{\alpha} = [0{,}549207\ 0{,}0168519\ 0{,}0266816\ 0{,}40726]^T$

(3) Gleichgewicht lösen
DO solange $i \leq n$
$t_i = i\,\Delta t$
$\beta = 630{,}0 \exp[(-t_i/9) + 150{,}0 \text{ nmol l}^{-1}]$
$k_1 = k_6 = 0{,}3\{\exp[(\beta - 400)/100]\}/\{\exp[(\beta - 400)/100] + 1\}\ [\text{s}^{-1}]$
$k_2 = k_5 = 0{,}5 \text{ s}^{-1}$; $k_3 = 0{,}4 \text{ s}^{-1}$; $k_4 = 0{,}1 \text{ s}^{-1}$; $k_7 = 0{,}01 \text{ s}^{-1}$

$$\mathbf{K} = \begin{bmatrix} -k_1 & k_2 & 0 & k_7 \\ k_1 & -k_2 - k_3 & k_4 & 0 \\ 0 & k_3 & -k_4 - k_5 & k_6 \\ 0 & 0 & k_5 & -k_6 - k_7 \end{bmatrix}$$

$\boldsymbol{\alpha} \leftarrow \boldsymbol{\alpha} + \mathbf{K}\boldsymbol{\alpha}\,\Delta t$
$i \leftarrow i + 1$
ENDDO (Gleichgewicht lösen)

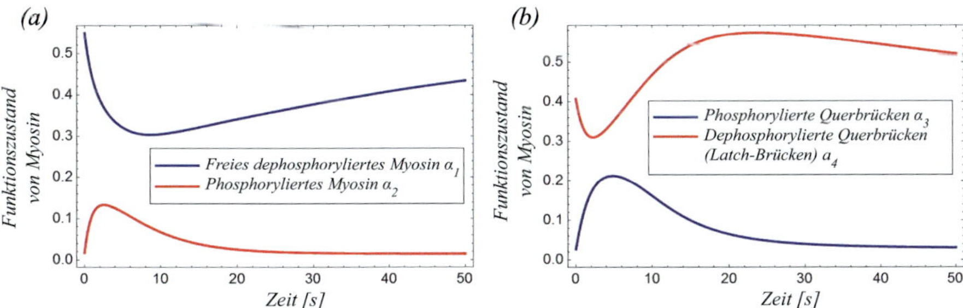

Abb. 7.14 Entwicklung der vier funktionalen Myosinzustände α_1, α_2, α_3, α_4 unter der durch (7.13) vorgeschriebenen Ca^{2+}-Konzentration. (**a**) Myosinzustände ohne Brücken α_1 und α_2. (**b**) „Kraft erzeugende" Myosinzustände α_3 und α_4. Myosin mit Latch-Brücken α_4 entspannt sich viel langsamer als Myosin mit zyklischen Querbrücken α_3

(b) Mit der Einführung des Zeitinkrements $\Delta t = t_{n+1} - t_n$, liest sich die vorwärtsgerichtete Euler Diskretisierung von (7.11)

$$\begin{bmatrix} \alpha_{1\,n+1} \\ \alpha_{2\,n+1} \\ \alpha_{3\,n+1} \\ \alpha_{4\,n+1} \end{bmatrix} = \begin{bmatrix} \alpha_{1\,n} \\ \alpha_{2\,n} \\ \alpha_{3\,n} \\ \alpha_{4\,n} \end{bmatrix} + \begin{bmatrix} -k_{1\,n} & k_2 & 0 & k_7 \\ k_{1\,n} & -k_2 - k_3 & k_4 & 0 \\ 0 & k_3 & -k_4 - k_5 & k_{6\,n} \\ 0 & 0 & k_5 & -k_{6\,n} - k_7 \end{bmatrix} \begin{bmatrix} \alpha_{1\,n} \\ \alpha_{2\,n} \\ \alpha_{3\,n} \\ \alpha_{4\,n} \end{bmatrix} \Delta t\,, \tag{7.16}$$

wobei die Notation $(\bullet)_n$ und $(\bullet)_{n+1}$ jeweils Parameter zur Zeit t_n und t_{n+1} bezeichnet. Wir verwenden den Ausdruck

$$k_{1n} = k_{6n} = 0{,}3\mathrm{sg}(\beta_n) = \frac{0{,}3\exp\left(\frac{-400+\beta_n}{100}\right)}{1+\exp\left(\frac{-400+\beta_n}{100}\right)} \quad [\mathrm{s}^{-1}] \tag{7.17}$$

um jeweils die Phosphorylierungs- und Dephosphorylierungsraten zu ersetzen. Mit den Anfangsbedingungen

$$\alpha_{1\,0} = 0{,}549207\ ;\ \alpha_{2\,0} = 0{,}0168519\ ;\ \alpha_{3\,0} = 0{,}0266816\ ;\ \alpha_{4\,0} = 0{,}40726\ , \tag{7.18}$$

der vorgeschriebenen Ca^{2+} Konzentration (7.13), und $\beta_n = \beta(t_n)$, lösen wir das System iterativ mit dem in der Tab. 7.3 gezeigten Algorithmus. Die Lösung ist praktisch konvergiert bei einem Zeitschritt von $\Delta t = 0{,}1$ s, und Abb. 7.14 zeigt die Entwicklung der funktionalen Myosinzustände $\boldsymbol{\alpha}$.

■

Beispiel 7.4 (Aktives Mikrogefäß)

(a) Das Verfahren von Coleman und Noll $(7.24)_1$ und die Verwendung der Piola-Transformation führen zur zirkumferenziellen Cauchy Spannung $\sigma_{\mathrm{nMF}} = \lambda(\partial\Psi_{\mathrm{nMF}}/\partial\lambda)$. Mit der Verzerrungsenergie (7.26), drückt dann

$$\sigma_{\mathrm{nMF}} = k_{\mathrm{a}}(\lambda^2 - \lambda)\exp[k_{\mathrm{b}}(\lambda - 1)^2] \tag{7.37}$$

die zirkumferenzielle Cauchy Spannung aus. Das Gleichgewicht des dünnwandigen Rohrs $2\sigma_{\mathrm{nMF}}h = p_{\mathrm{i}}d$ ermöglicht es uns, den Inflationsdruck durch

$$p_{\mathrm{i}} = 2k_{\mathrm{a}}(\lambda^2 - \lambda)\exp[k_{\mathrm{b}}(\lambda - 1)^2]h/(\lambda^2 D)$$

anzugeben, wobei $d = \lambda D$ und $h = \lambda_r H = H/\lambda$ jeweils den deformierten Durchmesser und die deformierte Wandstärke bezeichnet. Bei der Streckung $\lambda = d/D = 1{,}5$ befindet sich das Gefäß dann bei einem Druck von $p_{\mathrm{i}} = 7{,}56475$ kPa.

(b) Die Verzerrungsenergie (7.27) ermöglicht es uns, die Spannung unter der Verformung der Querbrücke zu berechnen. Die Cauchy Spannung lautet dann

$$\sigma_{\mathrm{MF}} = \lambda(\partial\Psi_{\mathrm{MF}}/\partial\lambda) = (\alpha_3 k_{\mathrm{cb}} + \alpha_4 k_{\mathrm{lb}})(\lambda^2/\lambda_{\mathrm{a}} - \lambda)\rho(\lambda_{\mathrm{a}}) = 3{,}15283\ \ \mathrm{kPa} \tag{7.38}$$

Mit der Gesamtverformung λ, ergibt Ausdruck (7.37) die Spannung $\sigma_{\mathrm{nMF}} = 18{,}1301$ kPa der nicht-myofibrillenbezogenen Strukturen, eine Spannung, die sich zu σ_{MF} addiert, so dass sich der Druck $p_{\mathrm{i}} = 2(\sigma_{\mathrm{nMF}} + \sigma_{\mathrm{MF}})\,H/(\lambda^2 D) = 2{,}36478$ kPa dann im Gefäßlumen etabliert.

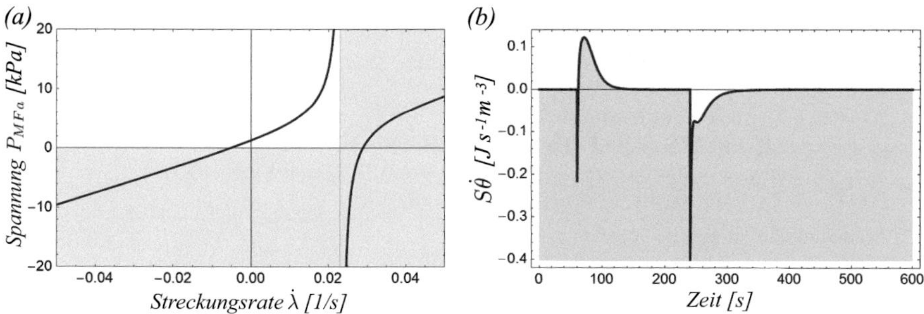

Abb. 7.19 (**a**) Von Myofibrillen erzeugte erste Piola-Kirchhoff Spannung P_{MFa}, wobei der grau schattierte Bereich das Gebiet einer nicht-physikalischen Lösungen anzeigt. (**b**) Zulässiger thermodynamischer Prozess als Reaktion auf eine Rechteckschwingung der Ca^{2+}-Konzentration. Das Produkt $S\dot{\theta}$ aus Entropie S und Temperaturrate $\dot{\theta}$ muss innerhalb des grau schattierten Bereichs liegen

(c) Die Kräfte zufolge der Verformung der Querbrücken und dem aktiven Gleiten der Filamente sind im Gleichgewicht; $P_{\mathrm{MF}} = P_{\mathrm{MFp}} = P_{\mathrm{MFa}}$. Die erste Piola-Kirchhoff Spannung $P_{\mathrm{MF}} = \sigma_{\mathrm{MF}\,2}/\lambda$ folgt aus der Piola-Transformation, während das Potential (7.28) und die konstitutive Beziehung (7.24) die Berechnung der aktiven ersten Piola-Kirchhoff Spannung P_{MFa} erlauben. Mit $\partial(\mathrm{d}X/\mathrm{d}t)/\partial X = \mathrm{d}(\partial X/\partial X)/\mathrm{d}t = 0$ und der Produktregel lautet diese

$$P_{\mathrm{MFa}} = \frac{\partial \Psi_{\mathrm{a}}}{\partial \lambda_{\mathrm{a}}} = \left[r_{\mathrm{lb}}\alpha_3\dot{\lambda}_{\mathrm{a}} + r_{\mathrm{cb}}\alpha_4\left(\dot{\lambda}_{\mathrm{a}} + \dot{\lambda}_{\mathrm{c}}\right)\right]\rho(\lambda_{\mathrm{a}})\,, \tag{7.39}$$

wobei der Zusammenhang $\Upsilon(X) = \int \rho(X)\mathrm{d}X$ zwischen CDF$\Upsilon(X)$ und PDF $\rho(X)$ verwendet wurde. Für das gegenwärtige Problem ergibt sich die aktive Spannung von

$$P_{\mathrm{MFa}} = 199{,}809\dot{\lambda}_{\mathrm{a}} + 1{,}35268/(1{,}0 - 42{,}8571\dot{\lambda}_{\mathrm{a}}) - 0{,}0436349\,,$$

eine Funktion, die in Abb. 7.19a dargestellt ist. Das Gleichgewicht $P_{\mathrm{MFa}} = P_{\mathrm{MFp}}$ bestimmt die Rate der aktiven Streckung

$$\dot{\lambda}_{\mathrm{a}\,1} = 0{,}00483 \quad \text{und} \quad \dot{\lambda}_{\mathrm{a}\,2} = 0{,}03187\,,$$

wovon nur $\dot{\lambda}_{\mathrm{a}\,1}$ physikalisch sinnvoll ist, siehe Abb. 7.19a. Die Überlappung zwischen Aktin- und Myosinfilamenten verringert sich daher um 0,48 % pro Sekunde, und die SMC entspannt sich entsprechend.

(d) Tab. 7.5 zeigt den iterativen Algorithmus zur Berechnung des Gefäßdurchmessers d als Reaktion auf die vorgeschriebene $\beta = [Ca^{2+}]$ Konzentration (7.36). Mit den „Kraft erzeugenden“ Myosin-Zustände α_3 und α_4, wie sie durch die kinetische Beziehung (7.11) gekennzeichnet sind, können jeweils die Beiträge zur Wandspannung P_{nMF}, P_{MFp}, und P_{MFa} berechnet werden. Die Rate $\dot{\lambda}_{\mathrm{a}}$ der Aktin-Myosin Streckung, sowie die gesamte zirkumferenzielle Streckung λ werden durch eine Newton-Raphson Fixpunktiteration berechnet. Sie löst dabei das interne $f_1 = P_{\mathrm{MFa}} - P_{\mathrm{MFp}} = 0$ und externe $f_2 = p_{\mathrm{i}} - p_0$ Gleichgewicht, wobei p_{i} den Inflationsdruck bezeichnet. Abb. 7.16 zeigt die Ent-

Tab. 7.5 Algorithmus zur Berechnung des Durchmessers d in Reaktion auf eine vorgeschriebene $\beta = [Ca^{2+}]$ Konzentration

(1) Zeitdiskretisierung und festlegen der Parameter
  $\Delta t = 0{,}1$ s ; $t_{max} = 600$ s ; $n = t_{max}/\Delta t$
  $p_0 = 3$ kPa ; $k_a = 67$ kPa ; $k_b = 3$ kPa ; $k_{lb} = 10$ kPa ; $k_{cb} = 28$ kPa
  $r_{lb} = 300$ kPa s ; $b = 30$ kPa ; $a = -1{,}0$ kPa ; $\dot{\lambda}_c = -0{,}7$; $\bar{\lambda}_a = 0{,}8$; $\sigma_a = 0{,}22$
  $k_2 = k_5 = 0{,}5\ s^{-1}$; $k_3 = 0{,}4\ s^{-1}$; $k_4 = 0{,}1\ s^{-1}$; $k_7 = 0{,}01\ s^{-1}$

(2) Anfangsbedingungen festlegen
  $i = 0$; $\boldsymbol{\alpha}_n = [0{,}549207\ 0{,}0168519\ 0{,}0266816\ 0{,}40726]^T$
  $\lambda = 1{,}2762$; $\lambda_a = 1{,}0365$; $\dot{\lambda}_a = 0$
  DO solange $i \leq n$ (Zeitschleife)
    $t = i\,\Delta t$

(3) Ca^{2+}-Konzentration festlegen und funktionelle Myosinzustände berechnen
    Wenn $\{t > 60$, Wenn $[t > 240,\ \beta = 150,\ \beta = 600],\ \beta = 150\}$ nmol l^{-1}
    $k_1 = k_6 = 0{,}3\{\exp[(\beta - 400)/100]\}/\{\exp[(\beta - 400)/100] + 1\}\ [s^{-1}]$
    $\boldsymbol{\alpha} \leftarrow \boldsymbol{\alpha} + \mathbf{K}\boldsymbol{\alpha}\,\Delta t$ mit $\mathbf{K}$ gegeben durch (7.11)

(4) Beiträge zur Wandspannung berechnen
    $\rho = \exp[-(\lambda_a - \bar{\lambda}_a)^2/(2\sigma_a^2)]/(\sqrt{2\pi}\sigma_a)$
    $P_{nMF} = k_a(\lambda - 1)\exp[k_b(\lambda - 1)^2]$; $\sigma_{nMF} = \lambda P_{nMF}$
    $P_{MFp} = (\alpha_3 k_{cb} + \alpha_4 k_{lb})(\lambda/\lambda_a - 1)\,\rho$; $\sigma_{MFp} = \lambda P_{MFp}$
    $P_{MFa} = \left[\frac{\alpha_3 b(\dot{\lambda}_c - \dot{\lambda}_a)}{\dot{\lambda}_c - (b/a)\dot{\lambda}_a} + r_{lb}\alpha_4\dot{\lambda}_a\right]\rho$

(5) Lösen von internen und externen Gleichgewichten
   $j = 0$; $f_1 = 1$; $f_2 = 1$
   Do solange $(f_1^2 + f_2^2 > 10^{-12})$
     $f_1 = P_{MFa} - P_{MFp}$; $f_2 = 2(\sigma_{nMF} + \sigma_{MFp})\,HD^{-1}\lambda^{-2} - p_0$

$$\begin{bmatrix} \Delta\dot{\lambda}_a \\ \Delta\lambda \end{bmatrix} = \begin{bmatrix} \partial f_1/\partial\dot{\lambda}_a & \partial f_1/\partial\lambda \\ \partial f_2/\partial\dot{\lambda}_a & \partial f_2/\partial\lambda \end{bmatrix}^{-1} \begin{bmatrix} f_1 \\ f_2 \end{bmatrix} \quad (\star)$$

     $\dot{\lambda}_a \leftarrow \dot{\lambda}_a - \Delta\dot{\lambda}_a$; $\lambda \leftarrow \lambda - \Delta\lambda$; $j \leftarrow j + 1$
     Wenn $j = 15$, Lösung nicht gefunden: beenden
   Ende DO (Lösen von internen und externen Gleichgewichten)
   $d = \lambda D$
   $\lambda_a \leftarrow \lambda_a + \dot{\lambda}_a\Delta t$; $i \leftarrow i + 1$
  ENDDO (Zeitschleife)

($\star$) Singular für $\dot{\lambda}_a = 0$.

wicklung der Kalziumkonzentration β, der funktionalen Myosin-Zustände α_3, α_4, und des verformten Gefäßdurchmessers $d = \lambda D$.

(e) Der zweite Hauptsatz der Thermodynamik $(7.24)_2$ kennzeichnet die Bedingung

$$S\dot{\theta} \leq -\frac{\partial\Psi}{\partial\lambda_a}\dot{\lambda}_a - \frac{\partial\Psi}{\partial\alpha_3}\dot{\alpha}_3 - \frac{\partial\Psi}{\partial\alpha_4}\dot{\alpha}_4 \tag{7.40}$$

eines thermodynamisch zulässigen Prozesses, wobei S und θ jeweils die Entropie pro Volumeneinheit des undeformierten Gewebes und die Temperatur bezeichnet. In Abb. 7.19b ist der Bereich eines zulässigen thermodynamischen Prozesses in Grau schattiert.

■

Beispiel 7.5 (Entwicklung von Residualspannungen zufolge Gefäßwachstums)

(a) Der Ring des Radiuses $\widetilde{R}$ und der Dicke $\mathrm{d}\widetilde{R}$ in $\widetilde{\Omega}$ bildet sich auf den Ring des Radiuses r und der Dicke $\mathrm{d}r$ in Ω ab, und somit gilt $2\pi r\mathrm{d}r = 2\pi\widetilde{R}\det\mathbf{G}(\widetilde{R})\det\mathbf{F}(R(\widetilde{R}))\mathrm{d}\widetilde{R}$. Bei inkompressibler elastischer Deformation, $\det\mathbf{F}=1$, ergibt die Integration dieses Ausdrucks

$$r^2 - r_\mathrm{i}^2 = 2\int_{\widetilde{R}_\mathrm{i}}^{\widetilde{R}} x\det\mathbf{G}(x)\mathrm{d}x\,,$$

und

$$r = \sqrt{r_\mathrm{i}^2 + 2{,}4\widetilde{R}^2 - 266{,}667\widetilde{R}^3 - 1{,}44\cdot 10^{-5}}\ [\mathrm{m}] \tag{7.47}$$

drückt dann den Radius des deformierten Gefäßes aus, wobei $\det\mathbf{G}(x)=G_\theta$ und R [m] verwendet wurden.

(b) Wir können die Hauptwerte der Cauchy Spannungen in Umfangsrichtung θ und radialer Richtung r des inkompressiblen Gefäßes durch $\sigma_i = \overline{\sigma}_i - \kappa;\, i = \theta, r$ ausdrücken, wobei $\overline{\sigma}_i = \lambda_i\partial\Psi/\partial\lambda_i = \lambda_i^2 c$ ist und κ den Lagrange-Druck bezeichnet. Die einzige nicht-triviale Gleichgewichtsrelation eines achsensymmetrischen Problems in zylindrischen Koordinaten lautet $r\mathrm{d}\sigma_r/\mathrm{d}r = \sigma_\theta - \sigma_r = \overline{\sigma}_\theta - \overline{\sigma}_r$. Ihre Integration zwischen den Grenzen $\sigma_r(r_\mathrm{i}) = -p_\mathrm{i}$ und $\sigma_r(r_\mathrm{o}) = 0$ ergibt dann

$$p_\mathrm{i} = \int_{r_\mathrm{i}}^{r_\mathrm{o}} \frac{\overline{\sigma}_\theta - \overline{\sigma}_r}{r}\mathrm{d}r = \int_{\widetilde{R}_\mathrm{i}}^{\widetilde{R}_\mathrm{o}} \frac{\overline{\sigma}_\theta - \overline{\sigma}_r}{\widetilde{R}}\mathrm{d}\widetilde{R}\,, \tag{7.48}$$

wobei die kinematische Beziehung $r = \lambda_{\mathrm{tot}\,r}\widetilde{R}$ verwendet wurde.
Mit der multiplikativen kinematischen Beziehung $\lambda_{\mathrm{tot}\,\theta} = \lambda_\theta G_\theta$, der elastischen Inkompressibilität $\lambda_\theta\lambda_r = \det\mathbf{F} = 1$, der gesamten Umfangsstreckung $\lambda_{\mathrm{tot}\,\theta} = r/\widetilde{R}$, und dem Ausdruck (7.47), können wir den Integranden von $(7.48)_2$ jeweils als Funktion von $\widetilde{R}$ und r_i ausdrücken. Mit r_i gegeben, kann $(7.48)_2$ (zumindest numerisch) integriert werden, und Abb. 7.22a zeigt die Ergebnisse für eine Anzahl von Radien r_i.

(c) Die Gl. (7.48) kann mit einer quasi-Newton-Raphson Fixpunktiteration

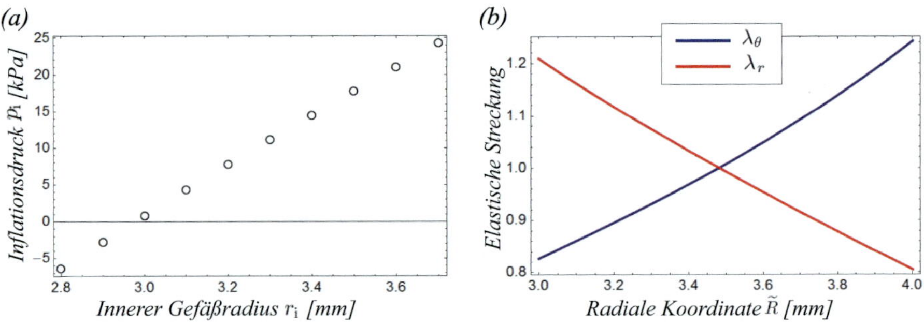

Abb. 7.22 (**a**) Inflationsdruck p_i als Funktion des inneren Radius r_i eines dickwandigen Gefäßsegments. (**b**) Umfangsstreckung λ_θ und radiale Streckung λ_r über die Wand des Gefäßsegments in seiner druckfreien Konfiguration

$$
\begin{aligned}
& r_i \leftarrow 1.3\widetilde{R}_i \\
& \text{Do Until } |p_i| < \varepsilon \\
& \qquad p_i = \int_{\widetilde{R}_i}^{\widetilde{R}_o} \frac{\overline{\sigma}_\theta - \overline{\sigma}_r}{\widetilde{R}} \mathrm{d}\widetilde{R} \\
& \qquad r_i \leftarrow r_i - kp_i \\
& \text{End Do ,}
\end{aligned}
$$

gelöst werden, wobei $k = \Delta r_i / \Delta p_i = 0{,}00002817$ m kPa^{-1} eine Steifigkeitsschätzung bezeichnet. Die Fixpunktiteration ergibt den Radius $r_i = 2{,}9776$ mm und definiert damit die Konfiguration des druckfreien Gefäßsegments. Abb. 7.22b zeigt die Verteilung der Streckung in der Gefäßwand in seiner druckfreien Konfiguration.

■

Beispiel 7.6 (Wachstum unter homöostatischen Spannungsbedingungen)

(a) Mit den wachstumsbezogenen Hauptstreckungen G_θ, G_z, G_r liest sich der Wachstumstensor

$$\mathbf{G} = G_\theta(\mathbf{E}_\theta \otimes \widetilde{\mathbf{E}}_\theta) + G_z(\mathbf{E}_z \otimes \widetilde{\mathbf{E}}_z) + G_r(\mathbf{E}_r \otimes \widetilde{\mathbf{E}}_r),$$

wobei $\mathbf{E}_\theta$, $\mathbf{E}_z$, $\mathbf{E}_r$ und $\widetilde{\mathbf{E}}_\theta, \widetilde{\mathbf{E}}_z, \widetilde{\mathbf{E}}_r$ jeweils die Umfangs-, Achsen- und Radialrichtungen des Gefäßes in der Referenzkonfiguration Ω_0 und der ursprünglichen Referenzkonfiguration $\widetilde{\Omega}_0$ bezeichnen. Bei konstantem volumetrischem Wachstum unter konstanter Dichte ermöglicht uns die Massenbilanz (7.50) die Ableitung von

$$G_\theta^{-1}\dot{G}_\theta + G_z^{-1}\dot{G}_z + G_r^{-1}\dot{G}_r = \varsigma_v\,, \tag{7.51}$$

einen Ausdruck, der G_θ, G_z, G_r und die Rate der Volumenänderung ς_v miteinander in Beziehung setzt.

(b) Das Gleichgewicht $2\sigma_\theta h = p_i d$ des druckbeaufschlagten dünnwandigen zylindrischen Rohrs kennzeichnet die räumliche Wandstärke $h = kd$, wobei $k = p_i/(2\sigma_\theta)$ eine Konstante und $d = \lambda_\theta D$ sind. Mit der Inkompressibilität der nicht-wachstumsbedingten Verformung $\lambda_\theta \lambda_z \lambda_r = 1$, ergibt sich die Dicke des Gefäßes in Ω_0 als $H = \lambda_\theta \lambda_z h$. Das radiale Wachstum kann dann durch

$$G_r = H/\widetilde{H} = \lambda_\theta^2 \lambda_z k D/\widetilde{H} \tag{7.52}$$

ausgedrückt werden, wobei $\widetilde{H}$ die Wandstärke in der ursprünglichen Referenzkonfiguration $\widetilde{\Omega}_0$ kennzeichnet.
Bei isotropem Wachstum gilt $G_\theta = G_z = G_r = G$ und (7.51) und führt dann auf

$$\varsigma_v = 3G^{-1}\dot{G} = 6\dot{\lambda}_\theta/\lambda_\theta\,,$$

wobei (7.52) verwendet wurde und $\lambda_z = l/L$ konstant gehalten wurde. Es bestimmt die Rate der Volumenänderung ς_v, die als Reaktion auf $\dot{\lambda}_\theta$ benötigt wird.

■

Beispiel 7.7 (Das dünnwandige Gefäß mit Gewebeumsatz)

(a) Die Beschreibung der Massendichte (7.58) kann integriert werden, und

$$\rho_0(\tau) = \rho_0(0)\exp(-\tau/\zeta) + \varsigma_M^+[\zeta - \zeta\exp(-\tau/\zeta)] \tag{7.65}$$

drückt dann die Dichte pro Referenzeinheitsvolumen zur jeweiligen Zeit τ aus.

(b) Mit der freien Energiedichte (7.59) folgt aus dem Verfahren von Coleman und Noll für inkompressible Materialien (3.131) und der zweiten Piola-Transformation der i-te Hauptwert

$$\begin{aligned}\sigma_i(\tau) = {} & \frac{\rho_0(0)\exp(-\tau/\zeta)}{\rho_0(\tau)}\lambda_i(\tau)\frac{\partial\Psi(\mathbf{F}(\tau,0))}{\partial\lambda_i(\tau)} \\ & + \int\limits_{\xi=0}^{\tau}\frac{\varsigma_M^+\exp[(\xi-\tau)/\zeta]}{\rho_0(\xi)}\lambda_i(\tau,\xi)\frac{\partial\Psi(\mathbf{F}(\tau,\xi))}{\partial\lambda_i(\tau,\xi)}\mathrm{d}\xi - \kappa\end{aligned} \tag{7.66}$$

der Cauchy Spannung, wobei κ ein Lagrange-Beitrag zur hydrostatischen Spannung ist, der die elastische Inkompressibilität erzwingt. Der Deformationsgradient des aufgeblasenen inkompressiblen dünnwandigen Rohrs lautet

$$\mathbf{F}(\tau,\xi) = \mathrm{diag}\left[\frac{\lambda_{\mathrm{tot}}(\tau)\lambda_{\mathrm{pre}}}{\lambda_{\mathrm{tot}}(\xi)}\,,\ 1\,,\ \frac{\lambda_{\mathrm{tot}}(\xi)}{\lambda_{\mathrm{tot}}(\tau)\lambda_{\mathrm{pre}}}\right], \tag{7.67}$$

wobei die multiplikative Kinematik der umsatzbasierten Wachstumsbeschreibung verwendet wurde, siehe Abb. 7.24. Mit der konstanten Streckung λ_{tot}, sind die Hauptstreckungen

$$\lambda_1 = \lambda_{\mathrm{pre}}\,,\ \lambda_2 = 1\,,\ \lambda_3 = \lambda_{\mathrm{pre}}^{-1}\,, \tag{7.68}$$

so dass sich (7.66) schließlich als

$$\sigma_1(\tau) = c\Bigg\{ \frac{\rho_0(0)\exp\left(\frac{-\tau}{\zeta}\right)}{\rho_0(\tau)}\left(\lambda_{\mathrm{pre}}^2 - \lambda_{\mathrm{pre}}^{-2}\right) + \int_{\xi=0}^{\tau} \frac{\varsigma_{\mathrm{M}}^{+}\exp\left(\frac{\xi-\tau}{\zeta}\right)}{\rho_0(\xi)}\left[\lambda_{\mathrm{pre}}^2 - \lambda_{\mathrm{pre}}^{-2}\right]\mathrm{d}\xi \Bigg\} \tag{7.69}$$

darstellen lässt, wobei das Gleichgewicht in radialer Richtung $\sigma_3=0$ verwendet wurde, um κ zu identifizieren.

(c) Die Aufteilung der Zeitdomäne $0<t<\tau$ in n Inkremente der Größe $\Delta\tau=\tau/n$ und die Verwendung der rückwärts-gerichteten Euler Diskretisierung des Integrals in (7.69) ergibt die Cauchy Spannung als

$$\sigma(\tau) \approx c\Bigg\{ \frac{\rho_0(0)\exp\left(\frac{-\tau}{\zeta}\right)}{\rho_0(\tau)}\left(\lambda_{\mathrm{pre}}^2 - \lambda_{\mathrm{pre}}^{-2}\right) + \sum_{l=1}^{n} \frac{\varsigma_{\mathrm{M}}^{+}\exp\left(\frac{(l-n)\Delta\tau}{\zeta}\right)}{\rho_0(l\Delta\tau)}\left[\lambda_{\mathrm{pre}}^2 - \lambda_{\mathrm{pre}}^{-2}\right]\Delta\tau \Bigg\}. \tag{7.70}$$

(d) Das Gleichgewicht des dünnwandigen Rohrs bestimmt den Inflationsdruck

$$p_{\mathrm{i}} = 2\frac{\sigma h}{d} = 2\frac{\sigma H}{D\lambda_{\mathrm{pre}}^2}, \tag{7.71}$$

wobei $\lambda_{\mathrm{tot}}=\lambda_{\mathrm{pre}}$ verwendet wurde. Mit der Massendichte (7.65) und der Spannungsapproximation (7.70), kann der Inflationsdruck p_{i} für verschiedene Zeitdiskretisierungen dann berechnet werden, siehe Abb. 7.26. Das Faltungsintegral in (7.69) kann auch numerisch integriert werden, was dann das als „exakte Lösung" bezeichnete Ergebnis in Abb. 7.26 lieferte.

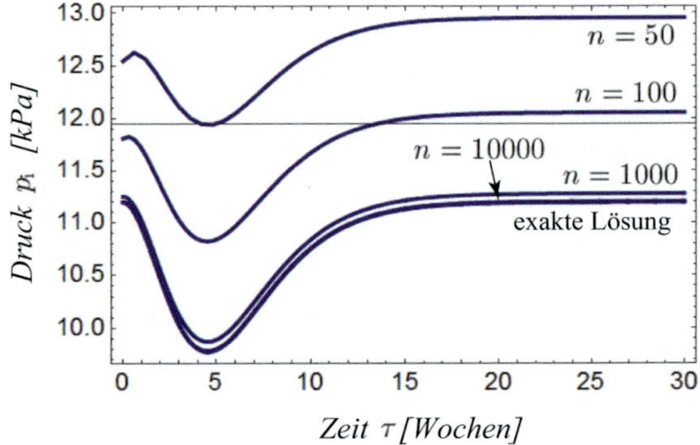

Abb. 7.26 Entwicklung des Drucks p_{i} in einem zylindrischen Rohr, dessen Wand durch kontinuierlichen Gewebeumsatz beschrieben wird. Die Konvergenz der numerischen Lösung hin zur exakten Lösung und als Funktion der Anzahl der Zeitschritte n, wird gezeigt

Der vom dünnwandigen Rohr aus neo-Hooke Material vorhergesagte Inflationsdruck ergibt sich zu $p_\mathrm{i} = 2cH(1 - \lambda_\mathrm{pre}^{-4})/D = 11{,}1924$ kPa.

■

Beispiel 7.8 (Wachstum der Gefäßwand durch Gewebeumsatz)

(a) Mit der freien Energiedichte (7.59), folgt aus dem Verfahren von Coleman und Noll für inkompressible Materialien (3.131) und mit der zweiten Piola-Transformation die Cauchy Spannung

$$\boldsymbol{\sigma}(\tau) = \underbrace{\frac{\rho_0(0)S(\tau)}{\rho_0(\tau)}\boldsymbol{\sigma}(\mathbf{F}_\mathrm{pre}) + \int\limits_{\xi=0}^{\tau} \frac{\overset{+}{\varsigma}_\mathrm{M} S(\tau-\xi)}{\rho_0(\xi)}\boldsymbol{\sigma}(\mathbf{F}(\tau,\xi))\mathrm{d}\xi}_{\overline{\sigma}_i} - \kappa\mathbf{I}\,, \tag{7.72}$$

wobei κ einen Lagrange-Beitrag zur hydrostatischen Spannung bezeichnet, um die elastische Inkompressibilität umzusetzen.

(b) Die Kinematik des Problems bestimmt die Hauptstreckungen

$$\lambda_\theta(\tau,\xi) = \lambda_{\theta\,\mathrm{tot}}(\tau)\lambda_{\theta\,\mathrm{pre}}/\lambda_{\theta\,\mathrm{tot}}(\xi)\;,\;\lambda_z = 1\;,\;\lambda_r(\tau,\xi) = \lambda_\theta^{-1}\,, \tag{7.73}$$

wobei multiplikative Kinematik wie in Abb. 7.27 gezeigt, verwendet wurde. Die Beziehung (7.72), zusammen mit der Cauchy Spannung $\sigma_i = c\lambda_i^2 - \kappa$ des neo-Hooke Materials führt dann zu den Hauptwerten

$$\sigma_\beta(\tau) = c\left\{\frac{\rho_0(0)}{\rho_0(\tau)}\exp\left(\frac{-\tau}{\zeta}\right)\lambda_{\beta\,\mathrm{pre}}^2 + \int_{\xi=0}^{\tau}\frac{\overset{+}{\varsigma}_\mathrm{M}}{\rho_0(\xi)}\exp\left(\frac{\xi-\tau}{\zeta}\right)\left(\frac{\lambda_{\beta\,\mathrm{tot}}(\tau)}{\lambda_{\beta\,\mathrm{tot}}(\xi)}\lambda_{\beta\,\mathrm{pre}}\right)^2\mathrm{d}\xi\right\} - \kappa$$

der Cauchy Spannung, wobei $\beta{=}\theta$, z, r jeweils die Umfangs-, Achsen- und Radialrichtungen des Gefäßes bezeichnet. Die referentielle Massendichte

$$\rho_0(\tau) = \rho_0(0)\exp(-\tau/\zeta) + \overset{+}{\varsigma}_\mathrm{M}[\zeta - \zeta\exp(-\tau/\zeta)]\,, \tag{7.74}$$

folgt aus der Integration von Gl. (7.58). Die Diskretisierung der Zeitdomäne $0<t<\tau$ durch n äquidistante Inkremente $\Delta\tau$ führt zur Approximation

$$\sigma_{\beta\,\alpha} = c\left\{\frac{\rho_{0\,1}}{\rho_{0\,\alpha}}\exp\left(\frac{-\alpha\Delta\tau}{\zeta}\right)\lambda_{\beta\,\mathrm{pre}}^2 + \sum_{k=1}^{\alpha}\frac{\overset{+}{\varsigma}_\mathrm{M}}{\rho_{0\,k}}\exp\left[\frac{(k-\alpha)\Delta\tau}{\zeta}\right]\left(\frac{\lambda_{\beta\,\mathrm{tot}\,\alpha}}{\lambda_{\beta\,\mathrm{tot}\,k}}\lambda_{\beta\,\mathrm{pre}}\right)^2\Delta\tau\right\} - \kappa \tag{7.75}$$

der Cauchy Spannungen $\sigma_{\beta\,\alpha}$; $\beta{=}\theta$, z, r zur Zeit $\tau_\alpha{=}\alpha\,\Delta\tau$. Hier ist die Massendichte $\rho_{0\alpha}$ zur Zeit τ_α durch (7.74) gegeben.

(c) Das Gleichgewicht des dickwandigen Rohres lautet

$$p_{\mathrm{i}} = \int_{r_{\mathrm{i}}}^{r_{\mathrm{o}}} \frac{\sigma_\theta - \sigma_r}{r} \mathrm{d}r = \int_{R_{\mathrm{i}}}^{R_{\mathrm{o}}} \frac{\sigma_\theta - \sigma_r}{R} \mathrm{d}R, \qquad (7.76)$$

wobei die kinematische Beziehung $r = \lambda_{\mathrm{tot}\ r} R$ verwendet wurde. Das Rohr kann durch m Ringe der Dicke $\Delta R = (R_{\mathrm{o}} - R_{\mathrm{i}})/m$ diskretisiert werden, was das Integral (7.76) durch

$$p_{\mathrm{i}} \approx \sum_{j=1}^{m} \frac{\sigma_{\theta j} - \sigma_{r j}}{R_j} \Delta R$$

approximiert. Wir können (7.75) verwenden, um die Hauptspannungen zu ersetzen, und

$$\begin{aligned} p_{\mathrm{i}} \approx \sum_{j=1}^{m} \frac{c \Delta R}{R_j} \Bigg\{ & \frac{\rho_{0\,1j}}{\rho_{0\,ij}} \exp\left(\frac{-\alpha \Delta\tau}{\zeta}\right) (\lambda_{\theta\,\mathrm{pre}}^2 - \lambda_{\theta\,\mathrm{pre}}^{-2}) \\ & + \sum_{k=1}^{\alpha} \frac{\varsigma_{\mathrm{M}}^{+}}{\rho_{0\,kj}} \exp\left[\frac{(k-\alpha)\Delta\tau}{\zeta}\right] \left(\frac{\lambda_{\theta\,\mathrm{tot}\,\alpha j}^4 \lambda_{\theta\,\mathrm{pre}}^4 - \lambda_{\theta\,\mathrm{tot}\,kj}^4}{\lambda_{\theta\,\mathrm{tot}\,kj}^2 \lambda_{\theta\,\mathrm{tot}\,\alpha j}^2 \lambda_{\theta\,\mathrm{pre}}^2} \right) \Delta\tau \Bigg\} \end{aligned} \qquad (7.77)$$

repräsentiert somit das Gleichgewicht des dickwandigen Gefäßes. Bei der Ableitung dieses Ausdrucks haben wir die elastische Inkompressibilität $\lambda_\theta \lambda_r = 1$ verwendet, um die radiale Dehnung λ_r zu ersetzen, während die Indizes k und j jeweils auf die Diskretisierung in Zeit und Raum verweisen.
Die Inkompressibilität verknüpft die zirkumferenzielle Streckung der einzelnen Schichten mit den Radien des Rohrs. Zur Zeit τ_α liest sich die zirkumferenzielle Streckung in der j-ten Schicht dann als $\lambda_{\theta\,\alpha j} = R_j^{-1}\sqrt{r_{\mathrm{i}\alpha}^2 + R_j^2 - R_{\mathrm{i}}^2}$, wobei $r_{\mathrm{i}\,\alpha}$ den inneren Radius der räumlichen Konfiguration zur Zeit τ_α bezeichnet.

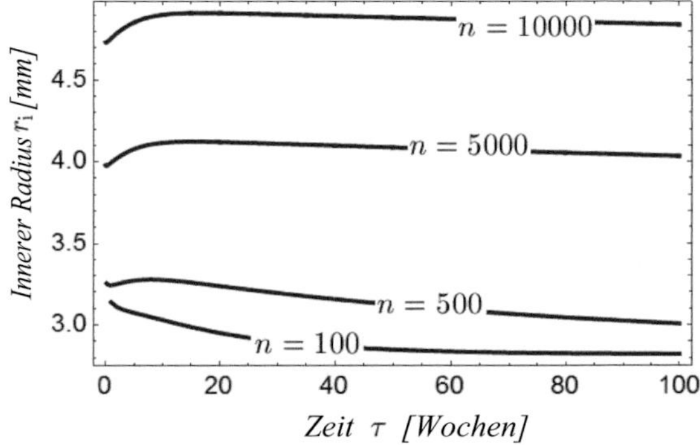

Abb. 7.28 Entwicklung des inneren Radius r_{i} über die Zeit des druckbeaufschlagten dickwandigen Gefäßes bei kontinuierlichem Gewebeumsatz. Lösungen für verschiedene Zeitdiskretisierungen n werden gezeigt. Selbst bei $n = 10,000$ ist die Lösung noch nicht konvergiert

Tab. 7.7 Algorithmus zur Lösung eines druckbeaufschlagten dickwandigen Gefäßes bei kontinuierlichem Gewebeumsatz zur Zeit $\tau_\alpha = \alpha\,\Delta\tau$

(1) Parameter festlegen $R_\mathrm{i} = 3{,}0$ mm; $R_\mathrm{o} = 4{,}0$ mm; $m = 30$ $c = 120$ kPa; $\zeta = 6{,}0$ Wochen^{-1}; $\overline{p}_\mathrm{i} = 13{,}33$ kPa $\rho_0 = 0{,}6$ kg dm^{-3}; $\varsigma_\mathrm{M}^+ = 0{,}1$ kg dm^{-3} Woche^{-1}
(2) Räumliche Diskretisierung festlegen $\Delta R = (R_\mathrm{o} - R_\mathrm{i})/m$ $R_j = R_\mathrm{i} + (j - 0{,}5)\,\Delta R$ für $j = 1, \ldots, m$
(3) Verfügbare Informationen von vorherigem Zeitpunkt ρ_{0lj} ; $\lambda_{\theta lj}$ für $l = 1, \ldots, \alpha - 1, j = 1, \ldots, m$
(4) Massendichte berechnen $\rho_{0\alpha j} = \rho_0 \exp\left[\frac{-\alpha\Delta\tau}{\zeta}\right] + \varsigma_\mathrm{M}^+ \zeta[1 - \exp(-\alpha\Delta\tau/\zeta)]$ für $j = 1, \ldots, m$
(5) Lösen des Gleichgewichts $r_\mathrm{i} = 1{,}2R_\mathrm{i}$; $r_{\mathrm{i}\,n} = R_\mathrm{i}$; $p_{\mathrm{i}\,n} = 0$; $k = 1$ DO solange $k < k_\mathrm{max}$ $p_\mathrm{i} = 0$ DO $j = 1, \ldots, m$ $\lambda_{\theta\,\alpha\,j} = \frac{\sqrt{r_\mathrm{i}^2 + R_j^2 - R_\mathrm{i}^2}}{R}$ $s = \sum_{l=1}^{\alpha} \frac{\varsigma_\mathrm{M}^+}{\rho_{0lj}} \exp\left[(l - \alpha)\frac{\Delta\tau}{\zeta}\right]\left(\frac{\lambda_{\theta\,\mathrm{tot}\,\alpha\,j}^4 \lambda_{\theta\,\mathrm{pre}}^4 - \lambda_{\theta\,\mathrm{tot}\,l\,j}^4}{\lambda_{\theta\,\mathrm{tot}\,\alpha\,j}^2 \lambda_{\theta\,\mathrm{tot}\,l\,j}^2 \lambda_{\theta\,\mathrm{pre}}^2}\right)\Delta\tau$ $\sigma_\theta - \sigma_r = c\left[\frac{\rho_{0\,l\,j}}{\rho_{0\,\alpha\,j}}\left(\lambda_{\theta\,\mathrm{pre}}^2 - \lambda_{\theta\,\mathrm{pre}}^{-2}\right) + s\right]$ $p_\mathrm{i} \leftarrow p_\mathrm{i} + \frac{\sigma_\theta - \sigma_r}{R_j}\Delta R$ ENDDO $r_\mathrm{i} \leftarrow r_\mathrm{i} - \beta(p_\mathrm{i} - \overline{p}_\mathrm{i})$ mit $\beta = \frac{r_\mathrm{i} - r_{\mathrm{i}\,n}}{p_\mathrm{i} - p_{\mathrm{i}\,n}}$ $r_{\mathrm{i}\,n} = r_\mathrm{i}$; $p_{\mathrm{i}\,n} = p_\mathrm{i}$ Wenn $\lvert p_\mathrm{i} - \overline{p}_\mathrm{i}\rvert < 10^{-6}, k = k_\mathrm{max} + 1$ Wenn $k = k_\mathrm{max}$, Lösung nicht gefunden: beenden $k \leftarrow k + 1$ ENDDO

(d) Mit dem Druck p_i und der Zeit τ_α gegeben, kann eine Fixpunktiteration zur Lösung von (7.77), d.h. der Berechnung von $r_{\mathrm{i}\,\alpha}$ verwendet werden. Tab. 7.7 zeigt den angewandten Algorithmus, und Abb. 7.28 illustriert einige Ergebnisse.

■

Beispiel A.1 (Populationsmittelwert der Gefäßwandfestigkeit)

(a) Angesichts des in Abb. A.4a dargestellten Quantile-Quantile-Diagramms (QQ-Diagramm) fallen die Festigkeitsdaten um die Diagonale und unterstützen daher die Annahme einer normal verteilten Stichprobe.

(b) Die Probe hat den Mittelwert

$$\overline{x} = \frac{\sum_{i=1}^{n} x_i}{n} = 1003{,}28 \text{ kPa},$$

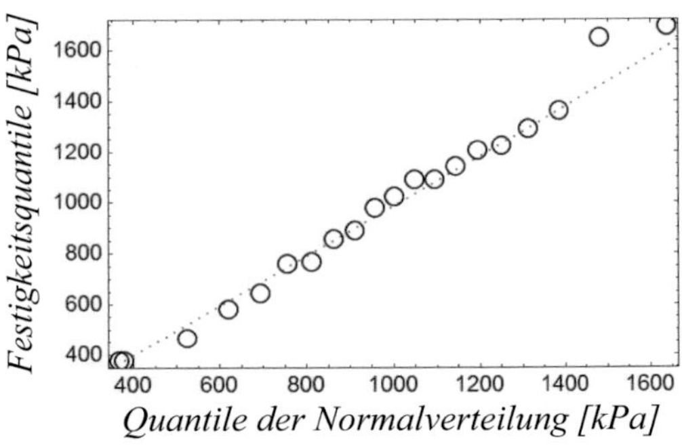

Abb. A.4 Quantile-Quantile-Diagramme (QQ-Diagramme) zur Veranschaulichung der Normalverteilung der Gefäßwandfestigkeit

wobei $n = 19$ die Probengröße bezeichnet. Seine Standardabweichung s und der Standardfehler e_s sind jeweils

$$s = \sqrt{\frac{\sum_{i=1}^{n}(x_i - \overline{x})^2}{n-1}} = 362{,}65 \text{ kPa} \quad \text{und} \quad e_s = \frac{s}{\sqrt{n}} = 83{,}2 \text{ kPa}\,.$$

(c) Die Konfidenzniveaus $c_{90}{=}90\%$ und $c_{95}{=}95\,\%$ entsprechen jeweils den Wahrscheinlichkeiten von $p^\star_{90} = (1 + c_{90}/100)/2 = 0{,}95$ und $p^\star_{95} = (1 + c_{95}/100)/2 = 0{,}975$. Die Lösung von $p^\star = \Upsilon(t^\star)$ ergibt $t^\star_{90} = 1{,}73406$ und $t^\star_{95} = 2{,}10092$, wobei $\Upsilon(x)$ die CDF der Student t-Verteilung mit $\nu{=}n-1{=}18$ Freiheitsgraden bezeichnet. Mit den in Aufgabe (b) berechneten Stichprobendaten, sind die jeweiligen Populationsmittelwerte und deren CI durch

$$90\,\% : \quad \overline{x} - t^\star_{90} e_s \le \mu \le \overline{x} + t^\star_{90} e_s \;; \quad 859{,}0\,\text{kPa} \le \mu \le 1147{,}6\,\text{kPa}\,,$$
$$95\,\% : \quad \overline{x} - t^\star_{95} e_s \le \mu \le \overline{x} + t^\star_{95} e_s \;; \quad 828{,}5\,\text{kPa} \le \mu \le 1178{,}1\,\text{kPa}$$

gekennzeichnet.

■

Beispiel A.2 (Spur und Determinante einer Matrix) Die Spur von **A** ist die Summe der Diagonalkomponenten der Matrix und liest sich

$$\text{tr}\mathbf{A} = 1 + 5 + 9 = 15\;.$$

Mit dem Permutationssymbol e_{ijk} (A.8), drückt

$$\begin{aligned}\det\mathbf{A} = &-3 \cdot 5 \cdot (-7) + (-2) \cdot (-6) \cdot (-7) \\ &+ 3 \cdot 4 \cdot 8 - 1 \cdot (-6) \cdot 8 - (-2) \cdot 4 \cdot 9 + 1 \cdot 5 \cdot 9 = 282\end{aligned}$$

die Determinante von **A** aus.

■

Beispiel A.3 (Lineare Vektor Transformation) Die Operationen

$$\mathbf{b} = \mathbf{Aa} = \begin{bmatrix} 7 & 2 & -1 \\ 4 & 3 & 4 \\ 5 & 6 & 9 \end{bmatrix} \begin{bmatrix} 1 \\ 2 \\ 3 \end{bmatrix} = \begin{bmatrix} 7+4-3 \\ 4+6+12 \\ 5+12+27 \end{bmatrix} = \begin{bmatrix} 8 \\ 22 \\ 44 \end{bmatrix}$$

kennzeichnen die lineare Vektor Transformation.

■

Beispiel A.4 (Eigenwertproblem) Die notwendige Bedingung

$$\det(\mathbf{A} - \lambda\mathbf{I}) = \det \begin{bmatrix} 0{,}8-\lambda & 0{,}3 \\ 0{,}2 & 0{,}7-\lambda \end{bmatrix} = 0$$

bestimmt die charakteristische Gleichung

$$\lambda^2 - \tfrac{3}{2}\lambda + \tfrac{1}{2} = (\lambda - 1)(\lambda - 1/2) = 0\ ,$$

und die beiden Lösungen $\lambda = 1$ und $\lambda = 1/2$ kennzeichnen die Eigenwerte von **A**.

Mit diesen Eigenwerten liefert das Eigenwertproblem $\mathbf{Ax} = \lambda\mathbf{x}$ die beiden linearen Gleichungssysteme:

$$\begin{bmatrix} 0{,}8 & 0{,}3 \\ 0{,}2 & 0{,}7 \end{bmatrix} \begin{bmatrix} x_{1\,1} \\ x_{1\,2} \end{bmatrix} = \begin{bmatrix} x_{1\,1} \\ x_{1\,2} \end{bmatrix} \Rightarrow \mathbf{x}_1 = \begin{bmatrix} 0{,}6 \\ 0{,}4 \end{bmatrix},$$

und

$$\begin{bmatrix} 0{,}8 & 0{,}3 \\ 0{,}2 & 0{,}7 \end{bmatrix} \begin{bmatrix} x_{2\,1} \\ x_{2\,2} \end{bmatrix} = \frac{1}{2} \begin{bmatrix} x_{2\,1} \\ x_{2\,2} \end{bmatrix} \Rightarrow \mathbf{x}_2 = \begin{bmatrix} 0{,}5 \\ -0{,}5 \end{bmatrix},$$

wobei $\mathbf{x}_1$ und $\mathbf{x}_2$ die jeweiligen Eigenvektoren von **A** sind.

■

Beispiel A.5 (Norm eines Vektors und Vektorprodukte)

Angesichts der Definition in Abschn. A.6.1 stellen die Normen $|\mathbf{a}| = \sqrt{1+4+9} = 3{,}742$ und $|\mathbf{b}| = \sqrt{16+25+36} = 8{,}775$ jeweils die Größen von **a** und **b** dar.

Das Skalarprodukt ergibt

$$\mathbf{a} \cdot \mathbf{b} = \begin{bmatrix} 1 \\ 2 \\ 3 \end{bmatrix} \cdot \begin{bmatrix} 4 \\ 5 \\ -6 \end{bmatrix} = 1 \cdot 4 + 2 \cdot 5 - 3 \cdot 6 = -4\ .$$

Das Kreuzprodukt ergibt

$$\mathbf{a} \times \mathbf{b} = \det \begin{bmatrix} \mathbf{e}_1 & \mathbf{e}_2 & \mathbf{e}_3 \\ 1 & 2 & 3 \\ 4 & 5 & -6 \end{bmatrix} = \begin{bmatrix} -3 \cdot 5 + 2 \cdot (-6) \\ 3 \cdot 4 - 1 \cdot (-6) \\ -2 \cdot 4 + 1 \cdot 5 \end{bmatrix} = \begin{bmatrix} -27 \\ 18 \\ -3 \end{bmatrix}.$$

Das dyadische Produkt ergibt

$$\mathbf{a} \otimes \mathbf{b} = \begin{bmatrix} 1 \\ 2 \\ 3 \end{bmatrix} \otimes \begin{bmatrix} 4 \\ 5 \\ -6 \end{bmatrix} = \begin{bmatrix} 1 \cdot 4 & 1 \cdot 5 & 1 \cdot (-6) \\ 2 \cdot 4 & 2 \cdot 5 & 2 \cdot (-6) \\ 3 \cdot 4 & 3 \cdot 5 & 3 \cdot (-6) \end{bmatrix} = \begin{bmatrix} 4 & 5 & -6 \\ 8 & 10 & -12 \\ 12 & 15 & -18 \end{bmatrix}.$$

Das Spatprodukt ergibt

$$(\mathbf{a} \times \mathbf{b}) \cdot \mathbf{c} = \det \begin{bmatrix} 1 & 2 & 3 \\ 4 & 5 & -6 \\ -7 & 8 & 9 \end{bmatrix} = -3 \cdot 5 \cdot (-7) + 2 \cdot (-6) \cdot (-7)$$
$$+ 3 \cdot 4 \cdot 8 - 1 \cdot (-6) \cdot 8 - 2 \cdot 4 \cdot 9 + 1 \cdot 5 \cdot 9 = 306\,.$$

Hier wurden jeweils die Definitionen in Abschn. A.6.1 verwendet.

■

Beispiel A.6 (Koordinatentransformation) Beide Systeme sind kartesische Koordinatensysteme, da ihre Basisvektoren die Normalitätsbedingung $|\mathbf{e}_i| = |\widetilde{\mathbf{e}}_i| = 1$ als auch die Orthogonalitätsbedingung $\mathbf{e}_i \cdot \mathbf{e}_j = \widetilde{\mathbf{e}}_i \cdot \widetilde{\mathbf{e}}_j = \delta_{ij}$ erfüllen, wobei δ_{ij} das Kronecker-Delta bezeichnet.

Beide Systeme sind durch die Rotationsmatrix

$$\mathbf{R} = \mathbf{e}_i \cdot \widetilde{\mathbf{e}}_j = \begin{bmatrix} \cos\theta_{11} & \cos\theta_{12} & \cos\theta_{13} \\ \cos\theta_{21} & \cos\theta_{22} & \cos\theta_{23} \\ \cos\theta_{31} & \cos\theta_{32} & \cos\theta_{33} \end{bmatrix} = \begin{bmatrix} -1/\sqrt{2} & 1/\sqrt{2} & 0 \\ 1/\sqrt{2} & 1/\sqrt{2} & 0 \\ 0 & 0 & -1 \end{bmatrix}$$

verbunden, die in diesem speziellen Fall symmetrisch ist.

Die Koeffizienten von $\mathbf{R}$ repräsentieren die Richtungskosinuse, wie es in Abb. A.10 dargestellt ist.

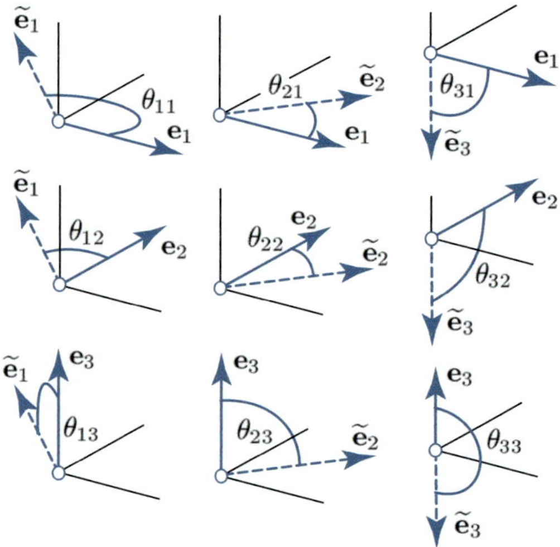

Abb. A.10 Die Koeffizienten $R_{ij} = \mathbf{e}_i \cdot \widetilde{\mathbf{e}}_j$ der Rotationsmatrix $\mathbf{R}$ repräsentieren die Richtungskosinuse $\cos\theta_{ij}$, und stellen somit jeweils den Kosinus der Winkel zwischen den beiden Basisvektoren $\mathbf{e}_i$ und $\widetilde{\mathbf{e}}_i$ dar

■

Beispiel A.7 (Vektorkomponenten in verschiedenen Koordinatensystemen)
Im kartesischen System $\{\mathbf{e}_1, \mathbf{e}_2\}$ können die Komponenten der Basisvektoren $\widetilde{\mathbf{e}}_1 = [\sqrt{3}/2 \; 1/2]^{\mathrm{T}}$ und $\widetilde{\mathbf{e}}_2 = [-1/2 \; \sqrt{3}/2]^{\mathrm{T}}$ jeweils aus Abb. A.9 abgelesen werden. Die Rotationsmatrix

$$\mathbf{R} = \begin{bmatrix} \mathbf{e}_1 \cdot \widetilde{\mathbf{e}}_1 & \mathbf{e}_1 \cdot \widetilde{\mathbf{e}}_2 \\ \mathbf{e}_2 \cdot \widetilde{\mathbf{e}}_1 & \mathbf{e}_2 \cdot \widetilde{\mathbf{e}}_2 \end{bmatrix} = \begin{bmatrix} \sqrt{3}/2 & -1/2 \\ 1/2 & \sqrt{3}/2 \end{bmatrix}$$

mit $\det\mathbf{R} = 1$ gibt somit die Abbildung zwischen $\{\mathbf{e}_1, \mathbf{e}_2\}$ und $\{\widetilde{\mathbf{e}}_1, \widetilde{\mathbf{e}}_2\}$ an.

Die Koordinatentransformation ändert die Vektorkomponenten gemäß

$$\begin{bmatrix} \widetilde{a}_1 \\ \widetilde{a}_2 \end{bmatrix} = \mathbf{R}^{\mathrm{T}} \begin{bmatrix} a_1 \\ a_2 \end{bmatrix} = \begin{bmatrix} \sqrt{3}/2 & 1/2 \\ -1/2 & \sqrt{3}/2 \end{bmatrix} \begin{bmatrix} 1 \\ 1 \end{bmatrix} = \frac{1}{2} \begin{bmatrix} \sqrt{3}+1 \\ \sqrt{3}-1 \end{bmatrix},$$

wobei auf die Verwendung der transponierten Rotationsmatrix $\mathbf{R}^{\mathrm{T}}$ hingewiesen wird.

■

Beispiel A.8 (Objektivität von Vektoren)
Mit der Transformation $\widetilde{\mathbf{e}}_i = \mathbf{R}\mathbf{e}_i$ der Basisvektoren, sowie $\widetilde{a}_i = \mathbf{R}^{\mathrm{T}}(\mathbf{a} \cdot \mathbf{e}_i)$ der Vektorkomponenten, drückt die Beziehung $\mathbf{a} = \widetilde{a}_i\widetilde{\mathbf{e}}_i = (\mathbf{R}^{\mathrm{T}}\mathbf{a} \cdot \mathbf{e}_i)\mathbf{R}\mathbf{e}_i$ den Vektor $\mathbf{a}$ im rotierten Koordinatensystem $\{\widetilde{\mathbf{e}}_1, \widetilde{\mathbf{e}}_2, \widetilde{\mathbf{e}}_3\}$ aus.

Die Indexnotation $\widetilde{a}_i\widetilde{e}_{ij} = R_{mk}a_m e_{ik} R_{jn} e_{in}$ dieses Ausdrucks, zusammen mit den Beziehungen $e_{ij} = \delta_{ij}$ und $R_{ki}R_{kj} = \delta_{ij}$, ergibt dann $\mathbf{a} = \widetilde{a}_i\widetilde{\mathbf{e}}_i = a_i\mathbf{e}_i$. Abgesehen von der Invarianz des Vektors $\mathbf{a}$, impliziert diese Beziehung auch, dass das Vektorprodukt $\mathbf{a} \cdot \mathbf{b} = a_i\mathbf{e}_i \cdot b_j\mathbf{e}_j = \widetilde{a}_i\widetilde{\mathbf{e}}_i \cdot \widetilde{b}_j\widetilde{\mathbf{e}}_j$ invariant bezüglich der Koordinatentransformation ist.

■

Beispiel A.9 (Objektivität von Tensoren)
Die erste Invariante $(\mathrm{A}.17)_1$ von $\mathbf{A} = \mathbf{a} \otimes \mathbf{a}$ ergibt $I_1 = \mathrm{tr}(\mathbf{a} \otimes \mathbf{a}) = \mathbf{I} : (\mathbf{a} \otimes \mathbf{a}) = \mathbf{a} \cdot \mathbf{a}$. Die Koordinatentransformation $\mathbf{R}$ rotiert den Vektor $\mathbf{a}$ in $\widetilde{\mathbf{a}} = \mathbf{R}\mathbf{a}$, und die erste Invariante liest sich dann $I_1 = \widetilde{\mathbf{a}} \cdot \widetilde{\mathbf{a}} = \mathbf{a}\mathbf{R}^{\mathrm{T}}\mathbf{R}\mathbf{a}$. Angesichts der Eigenschaft $\mathbf{R}^{\mathrm{T}}\mathbf{R} = \mathbf{I}$ des Rotationstensors gilt die Bedingung $\widetilde{\mathbf{a}} \cdot \widetilde{\mathbf{a}} = \mathbf{a} \cdot \mathbf{a}$, was wiederum impliziert, dass I_1 invariant unter Koordinatentransformation ist.

Die zweite Invariante $(\mathrm{A}.17)_2$ von $\mathbf{A} = \mathbf{a} \otimes \mathbf{a}$ ergibt $I_2 = 1/2[I_1^2 - \mathrm{tr}(\mathbf{a} \otimes \mathbf{a})^2]$, wobei der Ausdruck $\mathrm{tr}(\mathbf{a} \otimes \mathbf{a})^2$ durch $\mathrm{tr}(\mathbf{a} \otimes \mathbf{a} \cdot \mathbf{a} \otimes \mathbf{a}) = |\mathbf{a}|^2 \mathrm{tr}(\mathbf{a} \otimes \mathbf{a}) = |\mathbf{a}|^2 I_1$ ausgedrückt werden kann. Die Norm $|\mathbf{a}|$ ist invariant und daher bleibt auch $I_2 = 1/2(I_1^2 - |\mathbf{a}|^2 I_1)$ unverändert unter Koordinatentransformation.

Die dritte Invariante $(\mathrm{A}.17)_3$ von $\mathbf{A} = \mathbf{a} \otimes \mathbf{a}$ ergibt $I_3 = \det(\widetilde{\mathbf{a}} \otimes \widetilde{\mathbf{a}}) = \det(\mathbf{R}\mathbf{a} \otimes \mathbf{a}\mathbf{R}^{\mathrm{T}})$. Angesichts der Eigenschaft $\det\,[\mathbf{R}(\mathbf{a} \otimes \mathbf{a})\;\mathbf{R}^{\mathrm{T}}] = \det\mathbf{R}\,\det(\mathbf{a} \otimes \mathbf{a})\,\det\mathbf{R}^{\mathrm{T}}$ der Determinante und der Bedingung $\det\mathbf{R} = \det\mathbf{R}^{\mathrm{T}} = 1$ des Rotationstensors $\mathbf{R}$, bleibt auch die dritte Invariante $I_3 = \det(\mathbf{a} \otimes \mathbf{a}) = \det(\widetilde{\mathbf{a}} \otimes \widetilde{\mathbf{a}})$ unverändert bei Koordinatentransformation.

■

GPSR Compliance

The European Union's (EU) General Product Safety Regulation (GPSR) is a set of rules that requires consumer products to be safe and our obligations to ensure this.

If you have any concerns about our products, you can contact us on ProductSafety@springernature.com

In case Publisher is established outside the EU, the EU authorized representative is:

Springer Nature Customer Service Center GmbH
Europaplatz 3
69115 Heidelberg, Germany

Batch number: 08379206

Printed by Printforce, the Netherlands